한번에 합격하는
건설안전기사
기출문제집 필기
강윤진 지음

필수이론 + 14개년 기출 (5개년 + 9개년 PDF / APP 제공)

BM (주)도서출판 성안당

독자 여러분께 알려드립니다!

산업안전보건법이 자주 개정되어 본 도서에 미처 반영하지 못한 부분이 있을 수 있습니다. 책 발행 이후의 개정된 법규 내용 및 이로 인한 변경 및 오류사항은 성안당 홈페이지(www.cyber.co.kr)의 [자료실]-[정오표]에 게시하오니 확인 후 학습하시기 바랍니다.

수험생 여러분이 믿고 공부할 수 있도록 항상 최선을 다하겠습니다.

■ 도서 A/S 안내

성안당에서 발행하는 모든 도서는 저자와 출판사, 그리고 독자가 함께 만들어 나갑니다.

좋은 책을 펴내기 위해 많은 노력을 기울이고 있습니다. 혹시라도 내용상의 오류나 오탈자 등이 발견되면 **"좋은 책은 나라의 보배"**로서 우리 모두가 함께 만들어 간다는 마음으로 연락주시기 바랍니다. 수정 보완하여 더 나은 책이 되도록 최선을 다하겠습니다.

성안당은 늘 독자 여러분들의 소중한 의견을 기다리고 있습니다. 좋은 의견을 보내주시는 분께는 성안당 쇼핑몰의 포인트(3,000포인트)를 적립해 드립니다.

잘못 만들어진 책이나 부록 등이 파손된 경우에는 교환해 드립니다.

본서 기획자 e-mail : coh@cyber.co.kr(최옥현)
홈페이지 : http://www.cyber.co.kr
전화 : 031) 950-6300

한번에 합격하기 합격플래너
건설안전기사 기출문제집 [필기]

Plan 1 한달 완성!
Plan 2 2주 완성!

구분	내용	Plan 1	Plan 2
제1편 과목별 필수이론	제1과목. 산업재해 예방 및 안전보건교육	☐ DAY 1	☐ DAY 1
	제2과목. 인간공학 및 위험성 평가·관리	☐ DAY 2	
	제3과목. 건설시공	☐ DAY 3	☐ DAY 2
	제4과목. 건설재료	☐ DAY 4	
	제5과목. 건설공사 안전관리	☐ DAY 5	
제2편 과년도 기출문제	2021년 1회 기출문제	☐ DAY 6	☐ DAY 3
	2021년 2회 기출문제	☐ DAY 7	
	2021년 4회 기출문제	☐ DAY 8	
	2022년 1회 기출문제	☐ DAY 9	☐ DAY 4
	2022년 2회 기출문제	☐ DAY 10	
	2022년 4회 기출문제	☐ DAY 11	
	2023년 1회 기출문제	☐ DAY 12	☐ DAY 5
	2023년 2회 기출문제	☐ DAY 13	
	2023년 4회 기출문제	☐ DAY 14	
	2024년 1회 기출문제	☐ DAY 15	☐ DAY 6
	2024년 2회 기출문제	☐ DAY 16	
	2024년 3회 기출문제	☐ DAY 17	
	2025년 1회 기출문제 + 문제풀이 특강	☐ DAY 18	☐ DAY 7
	2025년 2회 기출문제 + 문제풀이 특강	☐ DAY 19	☐ DAY 8
	2025년 3회 기출문제 + 문제풀이 특강	☐ DAY 20	☐ DAY 9
별책부록 계산문제 공략집	FOMULA 1~20	☐ DAY 21	☐ DAY 10
	FOMULA 21~39	☐ DAY 22	
쿠폰 2012~2020년 기출문제	2012~2013년 1/2/4회 기출문제	☐ DAY 23	☐ DAY 11
	2014년 1/2/4회 기출문제	☐ DAY 24	
	2015년 1/2/4회 기출문제	☐ DAY 25	☐ DAY 12
	2016년 1/2/4회 기출문제	☐ DAY 26	
	2017년 1/2/4회 기출문제	☐ DAY 27	☐ DAY 13
	2018년 1/2/4회 기출문제	☐ DAY 28	
	2019년 1/2/4회 기출문제	☐ DAY 29	☐ DAY 14
	2020년 1/2/4회 기출문제	☐ DAY 30	

한번에 합격하기 합격플래너
건설안전기사 기출문제집 [필기]

Plan 3

나만의 합격코스

구분	내용	월/일	1회독	2회독	3회독	MEMO
제1편 과목별 필수이론	제1과목. 산업재해 예방 및 안전보건교육	월 일	☐	☐	☐	
	제2과목. 인간공학 및 위험성 평가·관리	월 일	☐	☐	☐	
	제3과목. 건설시공	월 일	☐	☐	☐	
	제4과목. 건설재료	월 일	☐	☐	☐	
	제5과목. 건설공사 안전관리	월 일	☐	☐	☐	
제2편 과년도 기출문제	2021년 1회 기출문제	월 일	☐	☐	☐	
	2021년 2회 기출문제	월 일	☐	☐	☐	
	2021년 4회 기출문제	월 일	☐	☐	☐	
	2022년 1회 기출문제	월 일	☐	☐	☐	
	2022년 2회 기출문제	월 일	☐	☐	☐	
	2022년 4회 기출문제	월 일	☐	☐	☐	
	2023년 1회 기출문제	월 일	☐	☐	☐	
	2023년 2회 기출문제	월 일	☐	☐	☐	
	2023년 4회 기출문제	월 일	☐	☐	☐	
	2024년 1회 기출문제	월 일	☐	☐	☐	
	2024년 2회 기출문제	월 일	☐	☐	☐	
	2024년 3회 기출문제	월 일	☐	☐	☐	
	2025년 1회 기출문제 + 문제풀이 특강	월 일	☐	☐	☐	
	2025년 2회 기출문제 + 문제풀이 특강	월 일	☐	☐	☐	
	2025년 3회 기출문제 + 문제풀이 특강	월 일	☐	☐	☐	
별책부록 계산문제 공략집	FOMULA 1~20	월 일	☐	☐	☐	
	FOMULA 21~39	월 일	☐	☐	☐	
쿠폰 2012~2020년 기출문제	2012~2013년 1/2/4회 기출문제	월 일	☐	☐	☐	
	2014년 1/2/4회 기출문제	월 일	☐	☐	☐	
	2015년 1/2/4회 기출문제	월 일	☐	☐	☐	
	2016년 1/2/4회 기출문제	월 일	☐	☐	☐	
	2017년 1/2/4회 기출문제	월 일	☐	☐	☐	
	2018년 1/2/4회 기출문제	월 일	☐	☐	☐	
	2019년 1/2/4회 기출문제	월 일	☐	☐	☐	
	2020년 1/2/4회 기출문제	월 일	☐	☐	☐	

머리말

최근 건설현장에서의 중대재해가 점차 증가함에 따라, 현장에서 일어나는 여러 가지 안전사고와 관리방법을 이해하고 재해 방지기술을 습득하여 건설 사고에 대한 규제대책과 제반시설의 검사 등 안전관리를 담당할 전문인력의 양성이 요구되고 있습니다.

이러한 사회적 요구에 따라, 건설현장에서 근로자의 생명과 안전 보호를 위해 체계적인 안전교육 및 감독을 담당함으로써 산업재해를 예방하고 현장의 생산성을 높이는 역할을 하는 건설안전기사의 가치는 더욱 증대되고 있으며, 국가에서도 건설안전기사의 채용을 법적으로 규정하여 안전관리자의 권한을 강화하도록 하였습니다.

이러한 움직임은 앞으로 더욱 빠르게 진행되면서 건설안전기사의 수요는 점점 늘어날 것이고, 지금도 건설안전기사는 많은 자격증 중에서도 취업, 승진, 수당혜택 등 자격증 활용 폭이 가장 넓은 자격증입니다.

이 책은 가장 최근에 개정된 산업안전보건법을 중심으로, 최신 출제기준에 맞추어 다음과 같이 구성하였습니다.

첫째, 출제과목별 필수이론만을 정리하여 단기간에 효율적으로 이론을 정리할 수 있도록 하였습니다.
둘째, 독학이 가능하도록 모든 기출문제에 해설을 추가하고, 이해하기 쉽게 풀이하였습니다.
셋째, 최근 5개년 기출문제는 도서에 수록하고, 이전 9년간의 기출문제는 PDF 파일과 모바일 앱으로 제공하여 많은 문제를 풀어보면서 시험에 자신감을 가질 수 있도록 하였습니다.
넷째, 가장 최근에 시행된 2025년도 기출문제에 대한 문제풀이 강의를 무료로 제공합니다.
다섯째, 도서 전체에 대한 저자 직강 동영상강의도 준비되어 있습니다.
여섯째, 실기시험에도 충분히 대비할 수 있도록 하였습니다.

건설안전 기사 및 산업기사 시험을 준비하시는 여러분! 건설현장의 안전사고를 방지하기 위해서는 현장에 전문 인력을 배치하여 재해를 근본적으로 감소시키는 것이 절대적으로 필요하며, 지금 여러분의 노력이 사회의 안전에 큰 힘이 될 것입니다.

마지막으로 본서가 출간되기까지 성안당 출판사 관계자 여러분들의 노고에 진심으로 감사드리며, 이 책을 선택하여 열심히 공부하신 수험생들에게 건설안전기사 자격 취득의 영광이 있기를 기원합니다.

저자 **강윤진**

자격 안내

1 자격 기본정보

- **자격명** : 건설안전기사(Engineer Construction Safety)
- **관련부처** : 고용노동부
- **시행기관** : 한국산업인력공단

(1) 자격 개요

건설업은 공사기간 단축, 비용절감 등의 이유로 사업주와 건축주들이 근로자의 보호를 소홀히할 수 있기 때문에 건설현장의 재해요인을 예측하고 재해를 예방하기 위하여 건설안전 분야에 대한 전문지식을 갖춘 전문인력을 양성하고자 자격제도를 제정하였다.

(2) 수행직무

① 건설재해 예방계획 수립, 작업환경의 점검 및 개선, 유해·위험 방지 등의 안전에 관한 기술적인 사항을 관리하며 건설물이나 설비작업의 위험에 따른 응급조치, 안전장치 및 보호구의 정기점검, 정비 등의 직무를 수행한다.

② 건설현장의 생산성 향상과 인적·물적 손실을 최소화하기 위한 안전계획을 수립하고, 그에 따른 작업환경의 점검 및 개선, 현장 근로자의 교육계획 수립 및 실시, 작업환경 순회감독 등 안전관리 업무를 통해 인명과 재산을 보호하고, 사고 발생 시 효과적이며 신속한 처리 및 재발 방지를 위한 대책 안을 수립·이행하는 등 안전에 관한 기술적인 관리업무를 수행한다.

(3) 연도별 검정현황 및 합격률

연 도	필 기			실 기		
	응시	합격	합격률	응시	합격	합격률
2024년	31,594명	15,477명	49.0%	22,247명	12,341명	55.5%
2023년	34,908명	17,932명	51.4%	19,937명	12,564명	63.0%
2022년	26,556명	12,837명	48.3%	14,674명	10,321명	70.3%
2021년	17,526명	8,044명	45.9%	10,653명	5,539명	51.9%
2020년	12,389명	6,607명	53.3%	8,995명	4,694명	52.2%
2019년	13,212명	6,388명	48.3%	7,584명	4,607명	60.7%
2018년	10,421명	3,806명	36.5%	5,384명	3,244명	60.3%
2017년	9,335명	4,026명	43.1%	5,869명	3,077명	52.4%
2016년	8,931명	3,956명	44.3%	4,941명	2,692명	54.5%
2015년	9,315명	3,723명	40%	4,809명	2,380명	49.5%

Engineer Construction Safety

건설안전기사 자격시험은 한국산업인력공단에서 시행합니다.
원서접수 및 시험일정 등 기타 자세한 사항은 한국산업인력공단에서 운영하는 사이트인 큐넷(q-net.or.kr)에서 확인하시기 바랍니다.

2 자격증 취득정보

(1) 건설안전기사 응시자격

다음 중 어느 하나에 해당하는 사람은 기사 시험을 응시할 수 있다.
① 산업기사 등급 이상의 자격을 취득한 후 응시하려는 종목이 속하는 동일 및 유사 직무분야에서 1년 이상 실무에 종사한 사람
② 기능사 자격을 취득한 후 응시하려는 종목이 속하는 동일 및 유사 직무분야에서 3년 이상 실무에 종사한 사람
③ 응시하려는 종목이 속하는 동일 및 유사 직무분야의 다른 종목 기사 등급 이상의 자격을 취득한 사람
④ 관련학과의 대학 졸업자 등 또는 그 졸업예정자
⑤ 3년제 전문대학 관련학과 졸업자 등으로서 졸업 후 응시하려는 종목이 속하는 동일 및 유사 직무분야에서 1년 이상 실무에 종사한 사람
⑥ 2년제 전문대학 관련학과 졸업자 등으로서 졸업 후 응시하려는 종목이 속하는 동일 및 유사 직무분야에서 2년 이상 실무에 종사한 사람
⑦ 동일 및 유사 직무분야의 기사 수준 기술훈련과정 이수자 또는 그 이수예정자
⑧ 동일 및 유사 직무분야의 산업기사 수준 기술훈련과정 이수자로서 이수 후 응시하려는 종목이 속하는 동일 및 유사 직무분야에서 2년 이상 실무에 종사한 사람
⑨ 응시하려는 종목이 속하는 동일 및 유사 직무분야에서 4년 이상 실무에 종사한 사람
⑩ 외국에서 동일한 종목에 해당하는 자격을 취득한 사람
※ 건설안전기사 관련학과 : 대학과 전문대학의 산업안전공학, 건설안전공학, 토목공학 건축공학 관련학과

(2) 응시자격서류 제출

① 응시자격을 응시 전 또는 응시 회별 별도 지정된 기간 내에 제출하여야 필기시험 합격자로 실기시험에 접수할 수 있으며, 지정된 기간 내에 제출하지 아니할 경우에는 필기시험 합격예정이 무효 처리된다.
② 국가기술시험 응시자격은 국가기술자격법에 따라 등급별 정해진 학력 또는 경력 등 응시자격을 충족하여야 필기 합격이 가능하다.
※ 응시자격서류 심사의 기준일 : 수험자가 응시하는 회별 필기시험일을 기준으로 요건 충족

자격증 취득과정

■ 원서 접수 유의사항

① 원서 접수는 온라인(인터넷, 모바일앱)에서만 가능하다.
   스마트폰, 태블릿 PC 사용자는 모바일앱 프로그램을 설치한 후 접수 및 취소/환불 서비스를 이용할 수 있다.

② 원서 접수 확인 및 수험표 출력기간은 접수 당일부터 시험 시행일까지이다.
   이외 기간에는 조회가 불가하며, 출력장애 등을 대비하여 사전에 출력하여 보관하여야 한다.

③ 원서 접수 시 반명함 사진 등록이 필요하다.
   사진은 6개월 이내 촬영한 3.5cm×4.5cm 컬러사진으로, 상반신 정면, 탈모, 무 배경을 원칙으로 한다.
   ※ 접수 불가능 사진 : 스냅사진, 스티커사진, 측면사진, 모자 및 선글라스 착용 사진, 혼란한 배경사진, 기타 신분확인이 불가한 사진

STEP 01 — 필기시험 원서접수
- Q-net(q-net.or.kr) 사이트 회원가입 후 접수 가능
- 응시자격 자가진단 확인 후 원서 접수 진행
- 지역에 상관없이 원하는 시험장 선택 가능

STEP 02 — 필기시험 응시
- 입실시간 미준수 시 시험 응시 불가
  (시험 시작 20분 전까지 입실)
- 수험표, 신분증, 필기구 지참
  (공학용 계산기 지참 시 반드시 포맷)

STEP 03 — 필기시험 합격자 확인
- CBT 시험 종료 후 즉시 합격여부 확인 가능
- Q-net 사이트에 게시된 공고로 확인 가능

STEP 04 — 실기시험 원서접수
- Q-net 사이트에서 원서 접수
- 실기시험 시험일자 및 시험장은 접수 시 수험자 본인이 선택
  (먼저 접수하는 수험자가 선택의 폭이 넓음)

Engineer Construction Safety

★ 필기/실기 시험 시 허용되는 공학용 계산기 기종
1. 카시오(CASIO) FX-901~999
2. 카시오(CASIO) FX-501~599
3. 카시오(CASIO) FX-301~399
4. 카시오(CASIO) FX-80~120
5. 샤프(SHARP) EL-501-599
6. 샤프(SHARP) EL-5100, EL-5230, EL-5250, EL-5500
7. 캐논(CANON) F-715SG, F-788SG, F-792SGA
8. 유니원(UNIONE) UC-400M, UC-600E, UC-800X
9. 모닝글로리(MORNING GLORY) ECS-101

※ 1. 직접 초기화가 불가능한 계산기는 사용 불가
2. 사칙연산만 가능한 일반 계산기는 기종 상관없이 사용 가능
3. 허용군 내 기종 번호 말미의 영어 표기(ES, MS, EX 등)는 무관

STEP 05
실기시험 응시

- 수험표, 신분증, 필기구, 공학용 계산기, 종목별 수험자 준비물 지참
(공학용 계산기는 허용된 종류에 한하여 사용 가능하며, 수험자 지참 준비물은 실기시험 접수기간에 확인 가능)

STEP 06
실기시험 합격자 확인

- 문자메시지, SNS 메신저를 통해 합격 통보
(합격자만 통보)
- Q-net 사이트 및 ARS (1666-0100)를 통해서 확인 가능

STEP 07
자격증 교부 신청

- Q-net 사이트에서 신청 가능
- 상장형 자격증, 수첩형 자격증 형식 신청 가능

STEP 08
자격증 수령

- 상장형 자격증은 합격자 발표 당일부터 인터넷으로 발급 가능
(직접 출력하여 사용)
- 수첩형 자격증은 인터넷 신청 후 우편 수령만 가능

CBT 안내

1 CBT란

Computer Based Test의 약자로, 컴퓨터 기반 시험을 의미한다.
정보기기운용기능사, 정보처리기능사, 굴삭기운전기능사, 지게차운전기능사, 제과기능사, 제빵기능사, 한식조리기능사, 양식조리기능사, 일식조리기능사, 중식조리기능사, 미용사(일반), 미용사(피부) 등 12종목은 이미 오래 전부터 CBT 시험을 시행하고 있으며, 이외의 기능사는 2016년 5회부터, 산업기사는 2020년 마지막 시험부터 시행되었고, 건설안전기사 등 모든 기사는 2022년 마지막 시험부터 CBT 시험이 시행되었다.

2 CBT 시험 과정

한국산업인력공단에서 운영하는 홈페이지 큐넷(Q-net)에서는 누구나 쉽게 CBT 시험을 볼 수 있도록 실제 자격시험 환경과 동일하게 구성한 가상 웹 체험 서비스를 제공하고 있으며, 그 과정을 요약한 내용은 아래와 같다.

(1) 시험시작 전 신분 확인절차

수험자가 자신에게 배정된 좌석에 앉아 있으면 신분 확인절차가 진행된다.
이것은 시험장 감독위원이 컴퓨터에 나온 수험자 정보와 신분증이 일치하는지를 확인하는 단계이다.

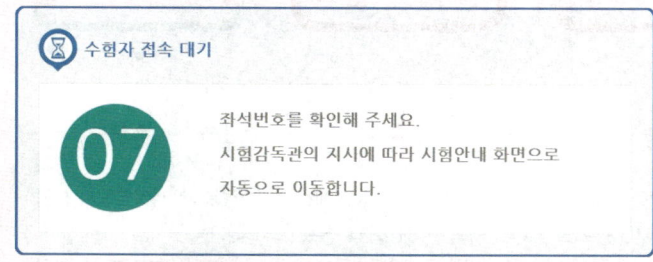

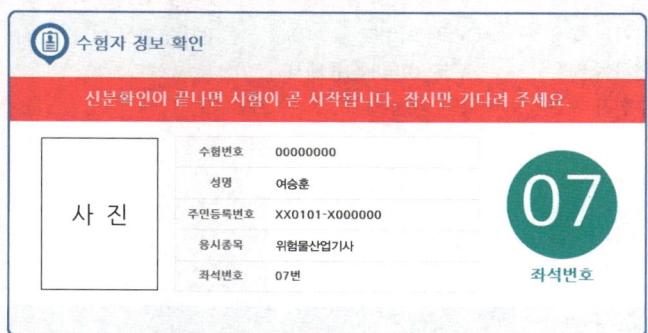

(2) CBT 시험안내 진행

신분 확인이 끝난 후 시험시작 전 CBT 시험안내가 진행된다.

> 안내사항 > 유의사항 > 메뉴 설명 > 문제풀이 연습 > 시험준비 완료

① 시험 [안내사항]을 확인한다.
- 시험은 총 5문제로 구성되어 있으며, 5분간 진행된다.
  ※ 자격종목별로 시험문제 수와 시험시간은 다를 수 있다.
  (건설안전기사 필기－100문제/2시간 30분)
- 시험도중 수험자 PC 장애 발생 시 손을 들어 시험감독관에게 알리면 긴급장애조치 또는 자리이동을 할 수 있다.
- 시험이 끝나면 합격 여부를 바로 확인할 수 있다.

② 시험 [유의사항]을 확인한다.
시험 중 금지되는 행위 및 저작권 보호에 관한 유의사항이 제시된다.

③ 문제풀이 [메뉴 설명]을 확인한다.
문제풀이 기능 설명을 유의해서 읽고 기능을 숙지해야 한다.

④ 자격검정 CBT [문제풀이 연습]을 진행한다.
실제 시험과 동일한 방식의 문제풀이 연습을 통해 CBT 시험을 준비한다.
- CBT 시험 문제화면의 기본 글자크기는 150%이다. 글자가 크거나 작을 경우 크기를 변경할 수 있다.
- 화면배치는 1단 배치가 기본 설정이다. 더 많은 문제를 볼 수 있는 2단 배치와 한 문제씩 보기 설정이 가능하다.

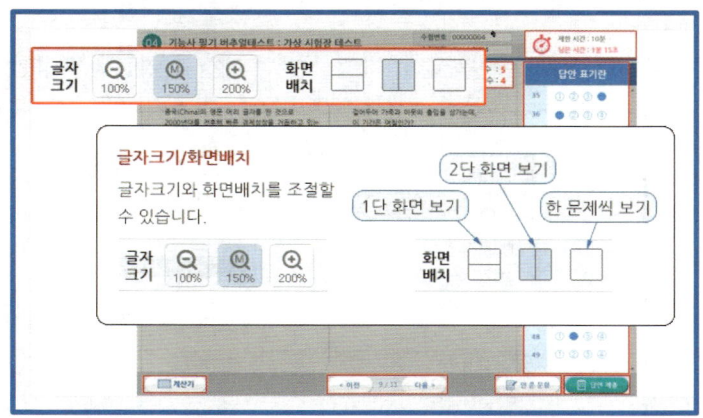

CBT 안내

- 답안은 문제의 보기번호를 클릭하거나 답안표기 칸의 번호를 클릭하여 입력할 수 있다.
- 입력된 답안은 문제화면 또는 답안표기 칸의 보기번호를 클릭하여 변경할 수 있다.

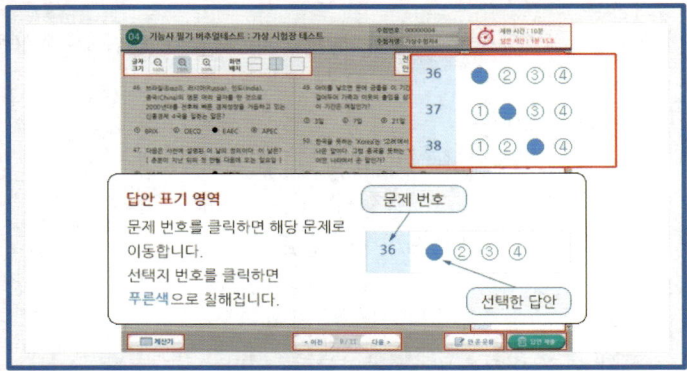

- 페이지 이동은 아래의 페이지 이동 버튼 또는 답안표기 칸의 문제번호를 클릭하여 이동할 수 있다.

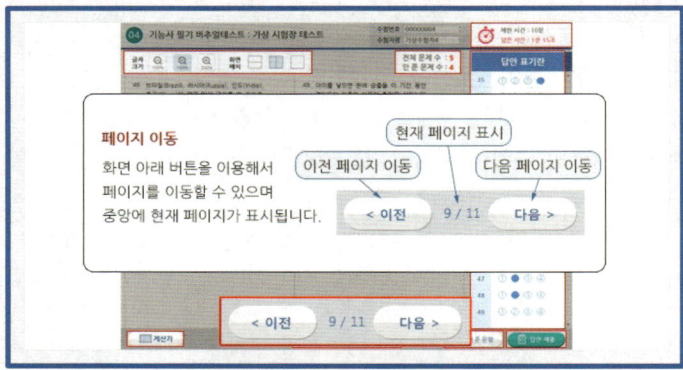

- 응시종목에 계산문제가 있을 경우 좌측 하단의 계산기 기능을 이용할 수 있다.

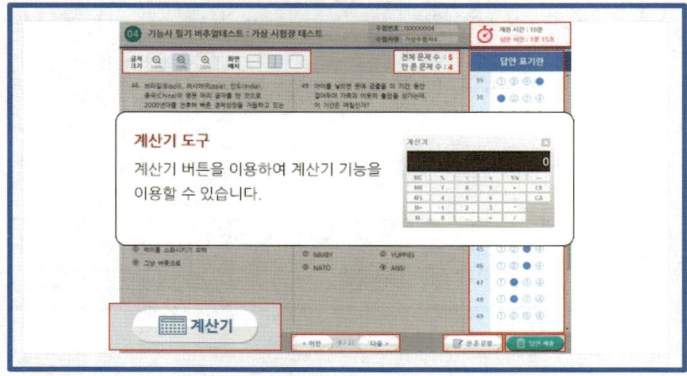

- 안 푼 문제 확인은 답안 표기란 좌측에 안 푼 문제 수를 확인하거나 답안 표기란 하단 [안 푼 문제] 버튼을 클릭하여 확인할 수 있다. 안 푼 문제번호 보기 팝업창에 안 푼 문제번호가 표시된다. 번호를 클릭하면 해당 문제로 이동한다.

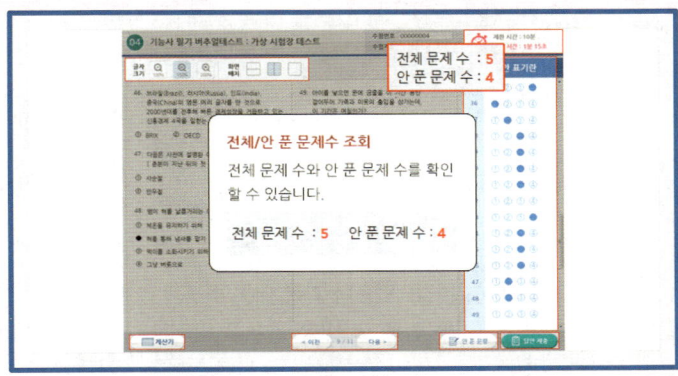

- 시험문제를 다 푼 후 답안 제출을 하거나 시험시간이 모두 경과되었을 경우 시험이 종료되며 시험결과를 바로 확인할 수 있다.
- [답안 제출] 버튼을 클릭하면 답안 제출 승인 알림창이 나온다. 시험을 마치려면 [예] 버튼을 클릭하고 시험을 계속 진행하려면 [아니오] 버튼을 클릭하면 된다. 답안 제출은 실수 방지를 위해 두 번의 확인 과정을 거친다. 이상이 없으면 [예] 버튼을 한 번 더 클릭하면 된다.

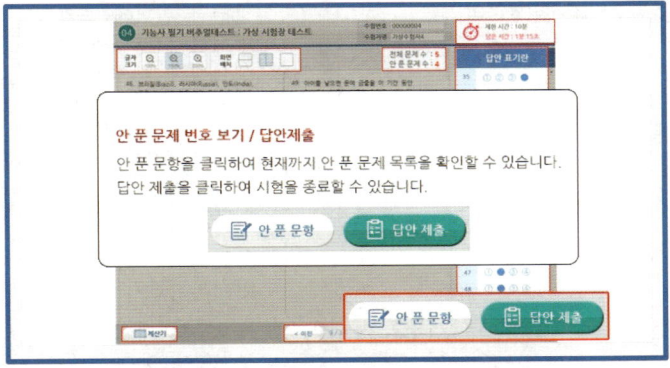

⑤ [시험준비 완료]를 한다.
  시험 안내사항 및 문제풀이 연습까지 모두 마친 수험자는 [시험준비 완료] 버튼을 클릭한 후 잠시 대기한다.

(3) CBT 시험 시행

(4) 답안 제출 및 합격 여부 확인

# 검정방법 / 출제기준

1 필기

- **시험과목** : 2026년부터 기존 총 6개 과목(120문항)에서 총 5개 과목(100문항)으로 시행

2021~2025년 출제기준	2026~2030년 출제기준
1과목. 산업안전관리론	1과목. 산업재해 예방 및 안전보건교육
2과목. 산업심리 및 교육	
3과목. 인간공학 및 시스템 안전공학	2과목. 인간공학 및 위험성 평가·관리
4과목. 건설시공학	3과목. 건설시공
5과목. 건설재료학	4과목. 건설재료
6과목. 건설안전기술	5과목. 건설공사 안전관리

  ※ 1·2과목이 통합되고 과목명이 변경되었으나 과목 내용이 크게 바뀌지는 않았으므로, 기존 기출문제의 전 과목을 모두 학습하면서 기본 이론 및 반복 문제를 암기하는 것이 필요합니다.

- **검정방법** : 객관식(4지 택일형), 총 100문제(과목당 20문항)
- **시험시간** : 2시간 30분(과목당 30분)
- **합격기준** : 100점을 만점으로 하여 과목당 40점 이상, 전 과목 평균 60점 이상

제1과목. 산업재해 예방 및 안전보건교육

주요 항목	세부 항목	세세 항목
1. 산업재해예방 계획 수립	(1) 안전관리	① 안전과 위험의 개념 ② 안전보건관리 제이론 ③ 생산성과 경제적 안전도 ④ 재해예방활동기법 ⑤ KOSHA GUIDE ⑥ 안전보건예산 편성 및 계상
	(2) 안전보건관리 체제 및 운용	① 안전보건관리조직 구성 ② 산업안전보건위원회 운영 ③ 안전보건경영시스템 ④ 안전보건관리규정
2. 안전보호구 관리	(1) 보호구 및 안전장구 관리	① 보호구의 개요 ② 보호구의 종류별 특성 ③ 보호구의 성능기준 및 시험방법 ④ 안전보건표지의 종류, 용도 및 적용 ⑤ 안전보건표지의 색채 및 색도기준
3. 산업안전심리	(1) 산업심리와 심리검사	① 심리검사의 종류 ② 심리학적 요인 ③ 지각과 정서 ④ 동기·좌절·갈등 ⑤ 불안과 스트레스

> 해당 건설안전기사 필기/실기 출제기준의 적용기간은
> 2026년 1월 1일 ~ 2030년 12월 31일까지입니다.

주요 항목	세부 항목	세세 항목
3. 산업안전심리	(2) 직업적성과 배치	① 직업적성의 분류 ② 적성검사의 종류 ③ 직무분석 및 직무평가 ④ 선발 및 배치 ⑤ 인사관리의 기초
	(3) 인간의 특성과 안전과의 관계	① 안전사고 요인 ② 산업안전심리의 요소 ③ 착상심리 ④ 착오 ⑤ 착시 ⑥ 착각현상
4. 인간의 행동과학	(1) 조직과 인간행동	① 인간관계 ② 사회행동의 기초 ③ 인간관계 메커니즘 ④ 집단행동 ⑤ 인간의 일반적인 행동특성
	(2) 재해 빈발성 및 행동과학	① 사고경향 ② 성격의 유형 ③ 재해 빈발성 ④ 동기부여 ⑤ 주의와 부주의
	(3) 집단관리와 리더십	① 리더십의 유형 ② 리더십과 헤드십 ③ 사기와 집단역학
	(4) 생체리듬과 피로	① 피로의 증상 및 대책 ② 피로의 측정법 ③ 작업강도와 피로 ④ 생체리듬 ⑤ 위험일
5. 안전보건교육의 내용 및 방법	(1) 교육의 필요성과 목적	① 교육목적 ② 교육의 개념 ③ 학습지도 이론 ④ 교육심리학의 이해
	(2) 교육방법	① 교육훈련기법 ② 안전보건교육방법(TWI, O.J.T, OFF.J.T 등) ③ 학습목적의 3요소 ④ 교육법의 4단계 ⑤ 교육훈련의 평가방법

주요 항목	세부 항목	세세 항목
5. 안전보건교육의 내용 및 방법	(3) 교육실시 방법	① 강의법 ② 토의법 ③ 실연법 ④ 프로그램학습법 ⑤ 모의법 ⑥ 시청각교육법 등
	(4) 안전보건교육계획 수립 및 실시	① 안전보건교육의 기본방향 ② 안전보건교육의 단계별 교육과정 ③ 안전보건교육 계획
	(5) 교육내용	① 근로자 정기안전보건 교육내용 ② 관리감독자 정기안전보건 교육내용 ③ 신규채용 시와 작업내용변경 시 안전보건 교육내용 ④ 특별교육대상 작업별 교육내용
6. 산업안전관계법규	(1) 산업안전보건법령	① 산업안전보건법 ② 산업안전보건법 시행령 ③ 산업안전보건법 시행규칙 ④ 산업안전보건기준 관한 규칙 ⑤ 관련 고시 및 지침에 관한 사항

제2과목. 인간공학 및 위험성 평가·관리

주요 항목	세부 항목	세세 항목
1. 안전과 인간공학	(1) 인간공학의 정의	① 정의 및 목적 ② 배경 및 필요성 ③ 작업관리와 인간공학 ④ 사업장에서의 인간공학 적용분야
	(2) 인간-기계체계	① 인간-기계 시스템의 정의 및 유형 ② 시스템의 특성
	(3) 체계설계와 인간 요소	① 목표 및 성능명세의 결정 ② 기본설계 ③ 계면설계 ④ 촉진물 설계 ⑤ 시험 및 평가 ⑥ 감성공학
	(4) 인간요소와 휴먼에러	① 인간실수의 분류 ② 형태적 특성 ③ 인간실수 확률에 대한 추정기법 ④ 인간실수 예방기법
2. 위험성 파악·결정	(1) 위험성 평가	① 위험성 평가의 정의 및 개요 ② 평가대상 선정 ③ 평가항목 ④ 관련법에 관한 사항
	(2) 시스템 위험성 추정 및 결정	① 시스템 위험성 분석 및 관리 ② 위험분석 기법 ③ 결함수 분석 ④ 정성적, 정량적 분석 ⑤ 신뢰도 계산

주요 항목	세부 항목	세세 항목
3. 위험성 감소 대책 수립·실행	(1) 위험성 감소대책 수립 및 실행	① 위험성 개선대책(공학적·관리적)의 종류 ② 허용가능한 위험수준 분석 ③ 감소대책에 따른 효과 분석 능력
4. 근골격계질환 예방관리	(1) 근골격계 유해요인	① 근골격계질환의 정의 및 유형 ② 근골격계 부담작업의 범위
	(2) 인간공학적 유해요인 평가	① OWAS ② RULA ③ REBA 등
	(3) 근골격계 유해요인 관리	① 작업관리의 목적 ② 방법연구 및 작업측정 ③ 문제해결절차 ④ 작업개선안의 원리 및 도출 방법
5. 유해요인 관리	(1) 물리적 유해요인 관리	① 물리적 유해요인 파악 ② 물리적 유해요인 노출기준 ③ 물리적 유해요인 관리대책 수립
	(2) 화학적 유해요인 관리	① 화학적 유해요인 파악 ② 화학적 유해요인 노출기준 ③ 화학적 유해요인 관리대책 수립
	(3) 생물학적 유해요인 관리	① 생물학적 유해요인 파악 ② 생물학적 유해요인 노출기준 ③ 생물학적 유해요인 관리대책 수립
6. 작업환경 관리	(1) 인체계측 및 체계제어	① 인체계측 및 응용원칙 ② 신체반응의 측정 ③ 표시장치 및 제어장치 ④ 통제표시비 ⑤ 양립성 ⑥ 수공구
	(2) 신체활동의 생리학적 측정법	① 신체반응의 측정 ② 신체역학 ③ 신체활동의 에너지 소비 ④ 동작의 속도와 정확성
	(3) 작업 공간 및 작업자세	① 부품배치의 원칙 ② 활동분석 ③ 개별 작업 공간 설계지침
	(4) 작업측정	① 표준시간 및 연구 ② work sampling의 원리 및 절차 ③ 표준자료(MTM, Work factor 등)
	(5) 작업환경과 인간공학	① 빛과 소음의 특성 ② 열교환과정과 열압박 ③ 진동과 가속도 ④ 실효온도와 Oxford 지수 ⑤ 이상환경(고열, 한랭, 기압, 고도 등) 및 노출에 따른 사고와 부상 ⑥ 사무/VDT 작업 설계 및 관리
	(6) 중량물 취급 작업	① 중량물 취급 방법 ② NIOSH Lifting Equation

검정방법 / 출제기준

제3과목. 건설시공

주요 항목	세부 항목	세세 항목
1. 시공일반	(1) 공사시공방식	① 직영공사 ② 도급의 종류 ③ 도급방식 ④ 도급업자의 선정 ⑤ 입찰집행 ⑥ 공사계약 ⑦ 시방서
	(2) 공사계획	① 제반확인절차 ② 공사기간의 결정 ③ 공사계획 ④ 재료계획 ⑤ 노무계획
	(3) 공사현장관리	① 공사 및 공정관리 ② 품질관리 ③ 안전 및 환경관리
	(4) 건설공사 특성분석	① 건설공사 특수성 분석 ② 안전관리 고려사항 확인 ③ 관련 공사자료 활용
	(5) 건설공사 전기작업 안전관리	① 건설공사 전기작업 위험성 파악 ② 건설공사 정전작업 수행 지원 ③ 건설공사 활선작업 수행 지원 ④ 건설공사 충전전로 근접작업 안전 확보 ⑤ 건설공사 감전 시 응급조치
	(6) 건설기계·운송장비 안전관리	① 건설기계·운송장비 위험요인 파악 ② 건설기계·운송장비 안전대책 제시 ③ 건설현장 보행자 안전 확보
2. 가설공사	(1) 가설공사	① 가설공사의 종류 ② 가설공사의 설치기준
3. 토공사	(1) 흙막이 가시설	① 공법의 종류 및 특징 ② 흙막이 지보공
	(2) 토공 및 기계	① 토공기계의 종류 및 선정 ② 토공기계의 운용계획
	(3) 흙파기	① 기초 터파기 ② 배수 ③ 되메우기 및 잔토처리
	(4) 계측관리	① 계측기의 종류 ② 계측기의 용도
	(5) 기타 토공사	① 흙깎기, 흙쌓기, 운반 등 기타 토공사
4. 기초공사	(1) 지정 및 기초	① 지정 ② 기초
5. 철근콘크리트공사	(1) 콘크리트공사	① 시멘트　　② 골재 ③ 물　　　　④ 혼화재료

16

주요 항목	세부 항목	세세 항목
5. 철근콘크리트공사	(2) 철근공사	① 재료시험 ② 가공도 ③ 철근가공 ④ 철근의 이음, 정착길이 및 배근 간격, 피복두께 ⑤ 철근의 조립 ⑥ 철근 이음 방법
	(3) 거푸집공사	① 거푸집, 동바리 ② 긴결재, 격리재, 박리제, 전용회수 ③ 거푸집의 종류 ④ 거푸집의 설치 ⑤ 거푸집의 해체
6. 철골공사	(1) 철골작업공작	① 공장작업 ② 원척도, 본뜨기 등 ③ 절단 및 가공 ④ 공장조립법 ⑤ 접합방법 ⑥ 녹막이칠 ⑦ 운반
	(2) 철골세우기	① 현장세우기 준비 ② 세우기용 기계설비 ③ 세우기 ④ 접합방법 ⑤ 현장 도장
7. 해체공사	(1) 해체공사	① 해체작업용 기계·기구 ② 해체공법

제4과목. 건설재료

주요 항목	세부 항목	세세 항목
1. 건설재료 일반	(1) 건설재료의 발달	① 구조물과 건설재료 ② 건설재료의 생산과 발달과정
	(2) 건설재료의 분류 및 특성	① 건설재료의 분류 ② 건설재료의 특성 ③ 새로운 재료 및 특성
	(3) 불연성재료의 분류 및 성능	① 불연·준불연·난연재료의 종류 ② 불연·준불연·난연재료의 성능
	(4) 건설현장 유해·위험물질 관리	① 건설현장 유해·위험물질 파악 ② 건설현장 유해·위험물질 관련 정보제공 ③ 건설현장 유해·위험물질 관리 ④ 건설현장 유해·위험물질 사고 대응 ⑤ 유해·위험물질 종류 및 성능
2. 각종 건설재료의 특성, 용도, 규격에 관한 사항	(1) 목재	① 목재일반 ② 목재제품
	(2) 점토재	① 일반적인 사항 ② 점토제품

검정방법 / 출제기준

주요 항목	세부 항목	세세 항목
2. 각종 건설재료의 특성, 용도, 규격에 관한 사항	(3) 시멘트 및 콘크리트	① 시멘트의 종류 및 특성 ② 시멘트의 배합 등 사용법 ③ 시멘트 제품 ④ 콘크리트 일반사항 ⑤ 골재
	(4) 강재	① 강재의 종류 및 특성 ② 철근의 종류 및 특성
	(5) 미장재	① 미장재의 종류 및 특성 ② 제조법 및 사용법
	(6) 합성수지	① 합성수지의 종류 및 특성 ② 합성수지 제품
	(7) 도료 및 접착제	① 도료 및 접착제의 종류 및 특성 ② 도료 및 접착제의 용도
	(8) 석재	① 석재의 종류 및 특성 ② 석재제품
	(9) 단열재 및 흡음재	① 단열재의 종류 및 특성 ② 흡음재의 종류 및 특성
	(10) 방수	① 방수재료의 종류 및 특성 ② 방수 재료별 용도
	(11) 기타재료	① 유리 ② 벽지 ③ 금속재료 ④ 기타 건설재료

제5과목. 건설공사 안전관리

주요 항목	세부 항목	세세 항목
1. 건설공사 특성분석	(1) 건설공사 특수성 분석	① 안전관리 계획 수립 ② 공사장 작업환경 특수성 ③ 계약조건의 특수성
	(2) 안전관리 고려사항 확인	① 설계도서 검토 ② 안전관리 조직 ③ 시공 및 재해사례검토
2. 건설공사 위험성	(1) 건설공사 유해·위험 요인 파악	① 유해·위험요인 선정 ② 안전보건자료 ③ 유해위험방지계획서
	(2) 건설공사 위험성 추정·결정	① 위험성 추정 및 평가 방법 ② 위험성 결정 관련 지침 활용
3. 건설업	(1) 건설업 산업안전보건 관리비 규정	① 건설업산업안전보건관리비의 계상 및 사용기준 ② 건설업산업안전보건관리비 대상액 작성요령 ③ 건설업산업안전보건관리비의 항목별 사용내역

주요 항목	세부 항목	세세 항목
4. 건설현장 안전시설관리	(1) 안전시설 설치 및 관리	① 추락 방지용 안전시설 ② 붕괴 방지용 안전시설 ③ 낙하, 비래방지용 안전시설
	(2) 건설공구 및 장비 안전수칙	① 건설공구의 종류 및 안전수칙 ② 건설장비의 종류 및 안전수칙
5. 비계·거푸집 가시설 위험방지	(1) 건설 가시설물 설치 및 관리	① 비계 ② 작업통로 및 발판 ③ 거푸집 및 동바리 ④ 흙막이
6. 공사 및 작업 종류별 안전	(1) 양중 및 해체 공사	① 양중공사 시 안전수칙 ② 해체공사 시 안전수칙
	(2) 콘크리트 및 PC 공사	① 콘크리트공사 시 안전수칙 ② PC공사 시 안전수칙
	(3) 운반 및 하역작업	① 운반작업 시 안전수칙 ② 하역작업 시 안전수칙

2 실기

- 검정방법 : 복합형(필답형+작업형)
- 시험시간 : 2시간 20분 정도(필답형 1시간 30분+작업형 50분 정도)
- 합격기준 : 100점을 만점으로 하여 60점 이상

[실기 과목명] 건설안전 실무

주요 항목	
1. 산업안전관리 계획수립	2. 산업안전교육
3. 협력업체 산업안전관리	4. 산업재해 대응
5. 산업안전 보호장비관리	6. 건설공사 특성분석
7. 건설현장 안전시설 관리	8. 건설현장 안전점검
9. 건설업 산업안전보건관리비 관리	10. 건설현장 유해·위험물질 관리
11. 건설공사 전기작업 안전관리	12. 건설기계·운송장비 안전관리
13. 건설현장 안전사고 예방	14. 건설공사 위험성평가

차 례

제1편 과목별 필수이론

제1과목 ▶ 산업재해 예방 및 안전보건교육

- 01 안전보건관리조직 ········· 3
- 02 안전보건관리규정·안전보건관리계획·안전보건개선계획 ········· 15
- 03 재해의 발생과 예방 및 조사 ········· 17
- 04 재해 관련 통계, 재해손실비용 및 재해사례 연구 ········· 22
- 05 안전점검과 안전인증 ········· 26
- 06 안전검사와 안전진단 ········· 30
- 07 작업위험 분석 ········· 31
- 08 무재해운동과 위험예지훈련 ········· 32
- 09 보호구 ········· 34
- 10 안전보건표지 ········· 44
- 11 적성과 인사관리 ········· 46
- 12 안전사고와 사고심리 ········· 47
- 13 피로와 바이오리듬 ········· 52
- 14 학습지도 ········· 54
- 15 안전보건교육 ········· 55
- 16 산업안전보건교육 ········· 57
- 17 안전보건교육의 방법 ········· 60
- ✤ 산업재해 예방 및 안전보건교육 개념 Plus⁺ ········· 64

제2과목 ▶ 인간공학 및 위험성 평가·관리

- 01 인간공학의 이해 ········· 66
- 02 휴먼에러(Human Error) ········· 68
- 03 신뢰도 ········· 69
- 04 인체와 작업공간의 관계 ········· 72
- 05 인간-기계의 통제 ········· 74
- 06 작업환경 관리 ········· 77
- 07 시스템 위험분석기법 ········· 82
- 08 안전성평가 ········· 87
- 09 유해위험방지계획서 ········· 90
- ✤ 인간공학 및 위험성 평가·관리 개념 Plus⁺ ········· 94

Engineer Construction Safety

제3과목 ▶ 건설시공

- 01 시공 일반 · 96
- 02 토공사 · 100
- 03 기초 공사 · 104
- 04 철근콘크리트 공사 · 108
- 05 철골 공사 · 112
- 06 조적 공사 · 116
- ✤ 건설시공 개념 Plus⁺ · 120

제4과목 ▶ 건설재료

- 01 목재 · 122
- 02 시멘트 · 127
- 03 콘크리트 · 130
- 04 석재 · 139
- 05 점토 · 142
- 06 금속재 · 144
- 07 미장재료 · 150
- 08 방수재료(아스팔트) · 152
- 09 합성수지 · 154
- 10 도료 및 접착제 · 157
- ✤ 건설재료 개념 Plus⁺ · 162

제5과목 ▶ 건설공사 안전관리

- 01 지반의 안전성 · 164
- 02 건설업의 산업안전보건관리비 · 165
- 03 차량계 건설기계·하역운반기계 · · · · · · · · · · · · · · · · · · · 170
- 04 토공기계 · 172
- 05 건설용 양중기 · 175
- 06 떨어짐(추락) 재해 · 178
- 07 떨어짐(낙하)·날아옴(비래) 재해 · · · · · · · · · · · · · · · · · · · 183
- 08 무너짐(붕괴) 재해 · 184
- 09 건설 가시설물의 설치기준 · 189
- 10 건설 구조물 공사 안전 · 199
- ✤ 건설공사 안전관리 개념 Plus⁺ · 204

차례

제 2 편 과년도 기출문제

- 2021년 1회 건설안전기사 ········· 21-1
- 2021년 2회 건설안전기사 ········· 21-29
- 2021년 4회 건설안전기사 ········· 21-56
- 2022년 1회 건설안전기사 ········· 22-1
- 2022년 2회 건설안전기사 ········· 22-30
- 2022년 4회 건설안전기사 CBT 복원문제 ········· 22-58
- 2023년 1회 건설안전기사 CBT 복원문제 ········· 23-1
- 2023년 2회 건설안전기사 CBT 복원문제 ········· 23-27
- 2023년 4회 건설안전기사 CBT 복원문제 ········· 23-55
- 2024년 1회 건설안전기사 CBT 복원문제 ········· 24-1
- 2024년 2회 건설안전기사 CBT 복원문제 ········· 24-28
- 2024년 3회 건설안전기사 CBT 복원문제 ········· 24-55
- 2025년 1회 건설안전기사 CBT 복원문제 ········· 25-1
- 2025년 2회 건설안전기사 CBT 복원문제 ········· 25-28
- 2025년 3회 건설안전기사 CBT 복원문제 ········· 25-54

- 2012~2020년 기출문제는 PDF 파일과 모바일 앱(App)으로 제공됩니다.
- 2025년 기출문제 풀이에 대한 동영상 강의는 무료로 수강하실 수 있습니다.
- ※ 기출문제 다운로드와 무료 동영상 강의 이용방법은 별책부록(계산문제 공략집) 표지 안쪽에 자세하게 설명되어 있습니다.

부록 계산문제 공략집

- 계산문제 공식 및 문제유형 수록 ········· 별책부록
  1. 연천인율과 도수율 / 2. 강도율 / 3. 환산도수율과 환산강도율 / 4. 종합재해지수 / 5. Safe-T-Score / 6. 건설업의 환산재해율 / 7. 안전활동률 / 8. 재해구성비율 / 9. 재해손실비용 / 10. 안전모의 내수성 시험(질량증가율) / 11. 방독마스크의 파과시간 / 12. 휴식시간 / 13. 인간과 기계의 신뢰도 / 14. 신뢰도와 고장률 및 시스템의 수명 / 15. 산소 소비량과 소비에너지 / 16. 에너지대사율 / 17. 통제표시비 / 18. 정보량의 측정 / 19. 옥스퍼드(Oxford) 지수 / 20. 조도와 반사율 및 굴절률 / 21. 소음 / 22. 인간오류확률 / 23. FT도의 고장발생확률 / 24. 안전율(안전계수) / 25. 압축강도 / 26. 굴착기계의 단위시간당 굴삭량 / 27. 사면의 전단강도 / 28. 흙의 예민비 / 29. 물·시멘트비(W/C비) / 30. 철근의 간격 / 31. 비용구배 / 32. 벽돌 소요량 / 33. 골재의 흡수율과 표면수율 / 34. 목재의 함수율 / 35. 골재의 비중 / 36. 공극률 / 37. 크리프계수 / 38. 건설업의 산업안전보건관리비 계상기준 / 39. 지면으로부터 안전대 고정점까지의 높이

당신을 만나는 모든 사람이
당신과 헤어질 때에는
더 나아지고 더 행복해질 수 있도록 해라.

- 마더 테레사 -

당신을 만나는 모든 사람들이 오늘보다 내일 더 행복해질 수 있도록
지금 당신의 하루가 행복했으면 좋겠습니다.
당신의 오늘을 응원합니다.^^

Engineer Construction Safety

제 1 편 과목별 필수이론

제1과목 산업재해 예방 및 안전보건교육

제2과목 인간공학 및 위험성 평가 · 관리

제3과목 건설시공

제4과목 건설재료

제5과목 건설공사 안전관리

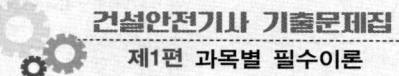

01 산업재해 예방 및 안전보건교육

01 안전보건관리조직

1 안전보건관리조직의 종류

종류	라인형 조직 (line system) [직계식]	스태프형 조직 (staff system) [참모식]	라인-스태프형 조직 (line-staff system) [직계-참모식]
특징	안전관리업무가 생산라인을 통하여 이루어지도록 편성된 조직	전문적인 스태프를 별도로 두고 안전보건업무를 주관하여 수행하는 조직	라인형과 스태프형의 장점을 절충한 이상적인 유형
	전문기술을 필요로 하지 않는 100명 미만의 소규모 사업장에 적용	근로자 100명 이상 1,000명 미만의 중규모 사업장에 적용	근로자 1,000명 이상의 대규모 사업장에 적용
	활성화를 위해서는 라인형 직제에 따른 체계적인 안전보건교육을 지속적으로 실시	활성화를 위해서는 스태프에 안전보건에 관한 인적·물적 사항을 조치할 수 있는 권한을 부여	활성화를 위해서는 라인과 스태프의 공조체제를 구축
장점	• 안전보건관리와 생산을 동시에 수행하는 조직형태로, 명령과 보고의 상하관계로만 이루어져 간단명료함 • 명령이나 지시가 신속하게 전달되어 개선조치가 빠르게 진행	• 안전전문가가 안전계획을 세워서 전문적인 문제해결 방안을 모색하고 조치 가능 • 경영자에게 조언과 자문 역할을 함 • 안전정보의 수집이 빠름 • 안전업무가 표준화되어 직장에 정착됨	• 안전전문가에 의해 입안된 것을 경영자의 지침으로 명령하여 실시하게 함으로써 정확하고 신속함 • 안전입안계획 평가조사는 스태프에서 실천되고 생산기술의 안전대책은 라인에서 실천됨 • 안전활동이 생산과 떨어지지 않으므로 운용이 적절하면 이상적임
단점	• 안전보건에 관한 전문지식이나 기술의 결여로 원만한 안전보건관리가 이루어지지 못함 • 일상 생산관계 업무에 쫓겨 안전보건관리가 소홀히 취급될 우려가 있음	• 생산 부분에 협력하여 안전명령을 전달·실시하기 때문에 안전과 생산을 별개로 취급하기 쉬움 • 생산 부문은 안전에 대한 책임과 권한이 없음 • 생산 부문과 안전 부문에는 권한 다툼이나 조정 때문에 마찰이 일어날 수 있음	• 명령계통과 조언 및 권고적 참여가 혼동되기 쉬움 • 스태프가 월권행위를 하는 경우가 있음 • 라인이 스태프에 의존하거나 활용치 않는 경우가 있음

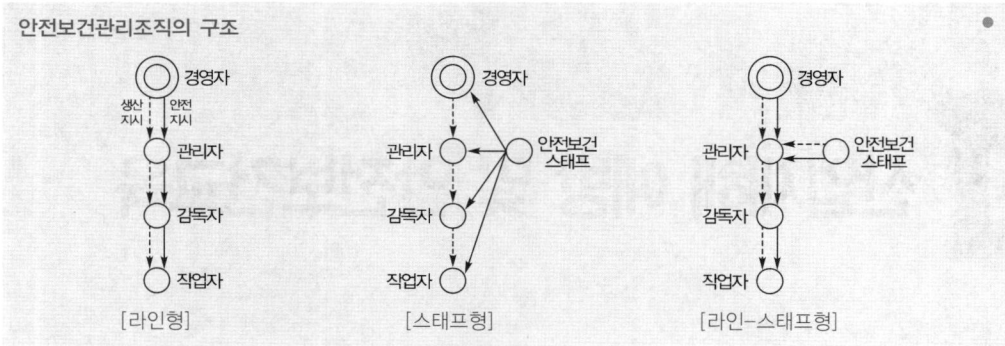

2 안전보건관리책임자

- **안전보건관리책임자의 업무** 빈출!
  ① 사업장의 산업재해 예방계획 수립에 관한 사항
  ② 안전보건관리규정의 작성 및 변경에 관한 사항
  ③ 안전보건교육에 관한 사항
  ④ 작업환경 측정 등 작업환경의 점검 및 개선에 관한 사항
  ⑤ 근로자의 건강진단 등 건강관리에 관한 사항
  ⑥ 산업재해의 원인 조사 및 재발 방지대책 수립에 관한 사항
  ⑦ 산업재해에 관한 통계의 기록 및 유지에 관한 사항
  ⑧ 안전장치 및 보호구 구입 시 적격품 여부 확인에 관한 사항
  ⑨ 그 밖에 근로자의 유해·위험 방지조치에 관한 사항으로서 고용노동부령으로 정하는 사항

3 관리감독자

(1) **관리감독자의 업무** 빈출!
  ① 사업장 내 관리감독자가 지휘·감독하는 작업(이하 "해당 작업")과 관련된 기계·기구 또는 설비의 안전·보건 점검 및 이상 유무의 확인
  ② 관리감독자에게 소속된 근로자의 작업복·보호구 및 방호장치의 점검과 그 착용·사용에 관한 교육·지도
  ③ 해당 작업에서 발생한 산업재해에 관한 보고 및 이에 대한 응급조치
  ④ 해당 작업의 작업장에 대한 정리정돈 및 통로 확보에 대한 확인·감독
  ⑤ 사업장의 다음 중 어느 하나에 해당하는 사람의 지도·조언에 대한 협조
    ㉠ 안전관리자 또는 안전관리자의 업무를 안전관리전문기관에 위탁한 사업장의 경우에는 그 안전관리전문기관의 해당 사업장 담당자
    ㉡ 보건관리자 또는 보건관리자의 업무를 보건관리전문기관에 위탁한 사업장의 경우에는 그 보건관리전문기관의 해당 사업장 담당자
    ㉢ 안전보건관리담당자 또는 안전보건관리담당자의 업무를 안전관리전문기관 또는 보건관리전문기관에 위탁한 사업장의 경우에는 그 안전관리전문기관 또는 보건관리전문기관의 해당 사업장 담당자
    ㉣ 산업보건의

⑥ 위험성평가를 위한 업무에 기인하는 유해·위험 요인의 파악 및 그 결과에 따른 개선조치의 시행에 대한 참여
⑦ 그 밖에 해당 작업의 안전·보건에 관한 사항으로서 고용노동부령으로 정하는 사항

(2) 관리감독자의 유해·위험 방지업무(19종)

작업의 종류	직무수행내용
① 프레스 등을 사용하는 작업	㉮ 프레스 등 및 그 방호장치를 점검하는 일 ㉯ 프레스 등 및 그 방호장치에 이상이 발견되면 즉시 필요한 조치를 하는 일 ㉰ 프레스 등 및 그 방호장치에 전환스위치를 설치했을 때 그 전환스위치의 열쇠를 관리하는 일 ㉱ 금형의 부착·해체 또는 조정 작업을 직접 지휘하는 일
② 목재가공용 기계를 취급하는 작업	㉮ 목재가공용 기계를 취급하는 작업을 지휘하는 일 ㉯ 목재가공용 기계 및 그 방호장치를 점검하는 일 ㉰ 목재가공용 기계 및 그 방호장치에 이상이 발견된 즉시 보고 및 필요한 조치를 하는 일 ㉱ 작업 중 지그(jig) 및 공구 등의 사용상황을 감독하는 일
③ 크레인을 사용하는 작업	㉮ 작업방법과 근로자 배치를 결정하고 그 작업을 지휘하는 일 ㉯ 재료의 결함 유무 또는 기구 및 공구의 기능을 점검하고 불량품을 제거하는 일 ㉰ 작업 중 안전대 또는 안전모의 착용상황을 감시하는 일
④ 위험물을 제조하거나 취급하는 작업	㉮ 작업을 지휘하는 일 ㉯ 위험물을 제조하거나 취급하는 설비 및 그 설비의 부속설비가 있는 장소의 온도·습도·차광 및 환기 상태 등을 수시로 점검하고 이상을 발견하면 즉시 필요한 조치를 하는 일 ㉰ ㉯에 따라 한 조치를 기록하고 보관하는 일
⑤ 건조설비를 사용하는 작업	㉮ 건조설비를 처음으로 사용하거나 건조방법 또는 건조물의 종류를 변경했을 때에는 근로자에게 미리 그 작업방법을 교육하고 작업을 직접 지휘하는 일 ㉯ 건조설비가 있는 장소를 항상 정리정돈하고 그 장소에 가연성 물질을 두지 않도록 하는 일
⑥ 아세틸렌 용접장치를 사용하는 금속의 용접·용단 또는 가열 작업	㉮ 작업방법을 결정하고 작업을 지휘하는 일 ㉯ 아세틸렌 용접장치의 취급에 종사하는 근로자로 하여금 다음의 작업요령을 준수하도록 하는 일 　㉠ 사용 중인 발생기에 불꽃을 발생시킬 우려가 있는 공구를 사용하거나 그 발생기에 충격을 가하지 않도록 할 것 　㉡ 아세틸렌 용접장치의 가스 누출을 점검할 때에는 비눗물을 사용하는 등 안전한 방법으로 할 것 　㉢ 발생기실의 출입구 문을 열어두지 않도록 할 것 　㉣ 이동식 아세틸렌 용접장치의 발생기에 카바이드를 교환할 때에는 옥외의 안전한 장소에서 할 것 ㉰ 아세틸렌 용접작업을 시작할 때에는 아세틸렌 용접장치를 점검하고 발생기 내부로부터 공기와 아세틸렌의 혼합가스를 배제하는 일 ㉱ 안전기는 작업 중 그 수위를 쉽게 확인할 수 있는 장소에 놓고 1일 1회 이상 점검하는 일 ㉲ 아세틸렌 용접장치 내의 물이 동결되는 것을 방지하기 위하여 아세틸렌 용접장치를 보온하거나 가열할 때에는 온수나 증기를 사용하는 등 안전한 방법으로 하도록 하는 일

작업의 종류	직무수행내용
	㉮ 발생기 사용을 중지하였을 때에는 물과 잔류 카바이드가 접촉하지 않은 상태로 유지하는 일 ㉯ 발생기를 수리·가공·운반 또는 보관할 때에는 아세틸렌 및 카바이드에 접촉하지 않은 상태로 유지하는 일 ㉰ 작업에 종사하는 근로자의 보안경 및 안전장갑의 착용상황을 감시하는 일

⑦ 가스집합 용접장치의 취급작업	㉮ 작업방법을 결정하고 작업을 직접 지휘하는 일
	㉯ 가스집합장치의 취급에 종사하는 근로자로 하여금 다음의 작업요령을 준수하도록 하는 일
	  ㉠ 부착할 가스용기의 마개 및 배관 연결부에 붙어 있는 유류·찌꺼기 등을 제거할 것
	  ㉡ 가스용기를 교환할 때에는 그 용기의 마개 및 배관 연결부 부분의 가스누출을 점검하고 배관 내의 가스가 공기와 혼합되지 않도록 할 것
	  ㉢ 가스 누출 점검은 비눗물을 사용하는 등 안전한 방법으로 할 것
	  ㉣ 밸브 또는 콕은 서서히 열고 닫을 것
	㉰ 가스용기의 교환작업을 감시하는 일
	㉱ 작업을 시작할 때에는 호스·취관·호스밴드 등의 기구를 점검하고 손상·마모 등으로 인하여 가스나 산소가 누출될 우려가 있다고 인정할 때에는 보수하거나 교환하는 일
	㉲ 안전기는 작업 중 그 기능을 쉽게 확인할 수 있는 장소에 두고 1일 1회 이상 점검하는 일
	㉳ 작업에 종사하는 근로자의 보안경 및 안전장갑의 착용상황을 감시하는 일

⑧ 거푸집 동바리의 고정·조립 또는 해체작업, 지반의 굴착작업, 흙막이 지보공의 고정·조립 또는 해체작업, 터널의 굴착작업, 건물 등의 해체작업	㉮ 안전한 작업방법을 결정하고 작업을 지휘하는 일 ㉯ 재료·기구의 결함 유무를 점검하고 불량품을 제거하는 일 ㉰ 작업 중 안전대 및 안전모 등 보호구의 착용상황을 감시하는 일
⑨ 달비계 또는 높이 5m 이상의 비계를 조립·해체하거나 변경하는 작업	㉮ 재료의 결함 유무를 점검하고 불량품을 제거하는 일 ㉯ 기구·공구·안전대 및 안전모 등의 기능을 점검하고 불량품을 제거하는 일 ㉰ 작업방법 및 근로자 배치를 결정하고 작업 진행상태를 감시하는 일 ㉱ 안전대와 안전모 등의 착용상황을 감시하는 일 ※ 해체작업의 경우 ㉮는 적용 제외
⑩ 발파작업	㉮ 점화 전에 점화작업에 종사하는 근로자가 아닌 사람에게 대피를 지시하는 일 ㉯ 점화작업에 종사하는 근로자에게 대피장소 및 경로를 지시하는 일 ㉰ 점화 전에 위험구역 내에서 근로자가 대피한 것을 확인하는 일 ㉱ 점화 순서 및 방법에 대하여 지시하는 일 ㉲ 점화신호를 하는 일 ㉳ 점화작업에 종사하는 근로자에게 대피신호를 하는 일 ㉴ 발파 후 터지지 않은 장약이나 남은 장약의 유무, 용수의 유무 및 암석·토사의 낙하 여부 등을 점검하는 일 ㉵ 점화하는 사람을 정하는 일 ㉶ 공기압축기의 안전밸브 작동 유무를 점검하는 일 ㉷ 안전모 등 보호구 착용상황을 감시하는 일

작업의 종류	직무수행내용
⑪ 채석을 위한 굴착작업	㉮ 대피방법을 미리 교육하는 일 ㉯ 작업을 시작하기 전 또는 폭우가 내린 후에는 암석·토사의 낙하·균열의 유무 또는 함수·용수 및 동결의 상태를 점검하는 일 ㉰ 발파한 후에 발파장소 및 그 주변의 암석·토사의 낙하·균열의 유무를 점검하는 일
⑫ 화물 취급작업	㉮ 작업방법 및 순서를 결정하고 작업을 지휘하는 일 ㉯ 기구 및 공구를 점검하고 불량품을 제거하는 일 ㉰ 그 작업장소에는 관계 근로자가 아닌 사람의 출입을 금지하는 일 ㉱ 로프 등의 해체작업을 할 때에는 하대 위 화물의 낙하위험 유무를 확인하고 작업의 착수를 지시하는 일
⑬ 부두와 선박에서의 하역작업	㉮ 작업방법을 결정하고 작업을 지휘하는 일 ㉯ 통행설비·하역기계·보호구 및 기구·공구를 점검·정비하고 이들의 사용 상황을 감시하는 일 ㉰ 주변 작업자 간의 연락을 조정하는 일
⑭ 전로 등 전기작업 또는 그 지지물의 설치, 점검, 수리 및 도장 등의 작업	㉮ 작업구간 내의 충전전로 등 모든 충전시설을 점검하는 일 ㉯ 작업방법 및 그 순서를 결정(근로자교육 포함)하고 작업을 지휘하는 일 ㉰ 작업근로자의 보호구 또는 절연용 보호구 착용상황을 감시하고 감전재해 요소를 제거하는 일 ㉱ 작업공구, 절연용 방호구 등의 결함 여부와 기능을 점검하고 불량품을 제거하는 일 ㉲ 작업장소에 관계 근로자 외에는 출입을 금지하고 주변 작업자와의 연락을 조정하며 도로작업 시 차량 및 통행인 등에 대한 교통통제 등 작업 전반에 대해 지휘·감시하는 일 ㉳ 활선작업용 기구를 사용하여 작업할 때 안전거리가 유지되는지 감시하는 일 ㉴ 감전재해를 비롯한 각종 산업재해에 따른 신속한 응급처치를 할 수 있도록 근로자들을 교육하는 일

⑮ 관리대상 유해물질을 취급하는 작업	㉮ 관리대상 유해물질을 취급하는 근로자가 물질에 오염되지 않도록 작업방법을 결정하고 작업을 지휘하는 업무
	㉯ 관리대상 유해물질을 취급하는 장소나 설비를 매월 1회 이상 순회점검하고 국소배기장치 등 환기설비에 대해서는 다음의 사항을 점검하여 필요한 조치를 하는 업무(단, 환기설비를 점검하는 경우에는 다음의 사항을 점검)
	  ㉠ 후드(hood)나 덕트(duct)의 마모·부식, 그 밖의 손상 여부 및 정도
	  ㉡ 송풍기와 배풍기의 주유 및 청결상태
	  ㉢ 덕트 접속부가 헐거워졌는지 여부
	  ㉣ 전동기와 배풍기를 연결하는 벨트의 작동상태
	  ㉤ 흡기 및 배기 능력상태
	㉰ 보호구의 착용상황을 감시하는 업무
	㉱ 근로자가 탱크 내부에서 관리대상 유해물질을 취급하는 경우에 다음의 조치를 했는지 확인하는 업무
	  ㉠ 관리대상 유해물질에 관하여 필요한 지식을 가진 사람이 해당 작업을 지휘
	  ㉡ 관리대상 유해물질이 들어올 우려가 없는 경우에는 작업을 하는 설비의 개구부를 모두 개방
	  ㉢ 근로자의 신체가 관리대상 유해물질에 의하여 오염되었거나 작업이 끝난 경우에는 즉시 몸을 씻는 조치
	  ㉣ 비상시에 작업설비 내부의 근로자를 즉시 대피시키거나 구조하기 위한 기구와 그 밖의 설비를 갖추는 조치

작업의 종류	직무수행내용
	⑩ 작업을 하는 설비의 내부에 대하여 작업 전에 관리대상 유해물질의 농도를 측정하거나 그 밖의 방법으로 근로자가 건강에 장해를 입을 우려가 있는지를 확인하는 조치 ⑪ ⑩에 따른 설비 내부에 관리대상 유해물질이 있는 경우에는 설비 내부를 충분히 환기하는 조치 ⑫ 유기화합물을 넣었던 탱크에 대하여 ㉠부터 ㉶까지의 조치 외에 다음의 조치 • 유기화합물이 탱크로부터 배출된 후 탱크 내부에 재유입되지 않도록 조치 • 물이나 수증기 등으로 탱크 내부를 씻은 후 그 씻은 물이나 수증기 등을 탱크로부터 배출 • 탱크 용적의 3배 이상의 공기를 채웠다가 내보내거나, 탱크에 물을 가득 채웠다가 내보내거나, 탱크에 물을 가득 채웠다가 배출 ⑬ ⑪에 따른 점검 및 조치 결과를 기록·관리하는 업무
⑯ 허가대상 유해물질 취급작업	㉮ 근로자가 허가대상 유해물질을 들이마시거나 허가대상 유해물질에 오염되지 않도록 작업수칙을 정하고 지휘하는 업무 ㉯ 작업장에 설치되어 있는 국소배기장치나 그 밖에 근로자의 건강장해 예방을 위한 장치 등을 매월 1회 이상 점검하는 업무 ㉰ 근로자의 보호구 착용상황을 점검하는 업무
⑰ 석면 해체·제거 작업	㉮ 근로자가 석면분진을 들이마시거나 석면분진에 오염되지 않도록 작업방법을 정하고 지휘하는 업무 ㉯ 작업장에 설치되어 있는 석면분진 포집장치, 음압기 등의 장비의 이상 유무를 점검하고 필요한 조치를 하는 업무 ㉰ 근로자의 보호구 착용상황을 점검하는 업무
⑱ 고압작업	㉮ 작업방법을 결정하여 고압작업자를 직접 지휘하는 업무 ㉯ 유해가스의 농도를 측정하는 기구를 점검하는 업무 ㉰ 고압작업자가 작업실에 입실하거나 퇴실하는 경우에 고압작업자의 수를 점검하는 업무 ㉱ 작업실에서 공기조절을 하기 위한 밸브나 콕을 조작하는 사람과 연락하여 작업실 내부의 압력을 적정한 상태로 유지하도록 하는 업무 ㉲ 공기를 기압조절실로 보내거나 기압조절실에서 내보내기 위한 밸브나 콕을 조작하는 사람과 연락하여 고압작업자에 대하여 가압이나 감압을 다음과 같이 따르도록 조치하는 업무 ㉠ 가압을 하는 경우 1분에 $0.8kg/m^2$ 이하의 속도로 함 ㉡ 감압을 하는 경우 고용노동부장관이 정하여 고시하는 기준에 맞도록 함 ㉳ 작업실 및 기압조절실 내 고압작업자의 건강에 이상이 발생한 경우 필요한 조치를 하는 업무
⑲ 밀폐공간 작업	㉮ 산소가 결핍된 공기나 유해가스에 노출되지 않도록 작업 시작 전에 해당 근로자의 작업을 지휘하는 업무 ㉯ 작업을 하는 장소의 공기가 적절한지를 작업 시작 전에 측정하는 업무 ㉰ 측정장비·환기장치 또는 공기호흡기 또는 송기마스크를 작업 시작 전에 점검하는 업무 ㉱ 근로자에게 공기호흡기 또는 송기마스크의 착용을 지도하고 착용상황을 점검하는 업무

(3) 관리감독자의 작업시작 전 점검사항

작업의 종류	점검내용
① 프레스 등을 사용하여 작업을 할 때	㉮ 클러치 및 브레이크의 기능 ㉯ 크랭크축·플라이휠·슬라이드·연결봉 및 연결나사의 풀림 여부 ㉰ 1행정 1정지기구·급정지장치 및 비상정지장치의 기능 ㉱ 슬라이드 또는 칼날에 의한 위험방지기구의 기능 ㉲ 프레스의 금형 및 고정볼트 상태 ㉳ 방호장치의 기능 ㉴ 전단기의 칼날 및 테이블의 상태
② 로봇의 작동범위에서 그 로봇에 관하여 교시 등(로봇의 동력원을 차단하고 하는 것은 제외)의 작업을 할 때	㉮ 외부 전선의 피복 또는 외장의 손상 유무 ㉯ 매니퓰레이터(manipulator) 작동의 이상 유무 ㉰ 제동장치 및 비상정지장치의 기능
③ 공기압축기를 가동할 때	㉮ 공기저장 압력용기의 외관 상태 ㉯ 드레인밸브(drain valve)의 조작 및 배수 ㉰ 압력방출장치의 기능 ㉱ 언로드밸브(unloading valve)의 기능 ㉲ 윤활유의 상태 ㉳ 회전부의 덮개 또는 울 ㉴ 그 밖의 연결부위의 이상 유무
④ 크레인을 사용하여 작업을 하는 때	㉮ 권과방지장치·브레이크·클러치 및 운전장치의 기능 ㉯ 주행로의 상측 및 트롤리(trolley)가 횡행하는 레일의 상태 ㉰ 와이어로프가 통하고 있는 곳의 상태
⑤ 이동식 크레인을 사용하여 작업을 할 때	㉮ 권과방지장치나 그 밖의 경보장치의 기능 ㉯ 브레이크·클러치 및 조정장치의 기능 ㉰ 와이어로프가 통하고 있는 곳 및 작업장소의 지반 상태
⑥ 리프트(자동차정비용 리프트를 포함)를 사용하여 작업을 할 때	㉮ 방호장치·브레이크 및 클러치의 기능 ㉯ 와이어로프가 통하고 있는 곳의 상태
⑦ 곤돌라를 사용하여 작업을 할 때	㉮ 방호장치·브레이크의 기능 ㉯ 와이어로프·슬링와이어(sling wire) 등의 상태
⑧ 와이어로프 등을 사용하여 고리걸이 작업을 할 때	와이어로프 등의 이상 유무 ※ '와이어로프 등'이란 양중기의 와이어로프·달기체인·섬유로프·섬유벨트 또는 훅·섀클·링 등의 철구를 말함
⑨ 지게차를 사용하여 작업을 하는 때	㉮ 제동장치 및 조종장치 기능의 이상 유무 ㉯ 하역장치 및 유압장치 기능의 이상 유무 ㉰ 바퀴의 이상 유무 ㉱ 전조등·후미등·방향지시기 및 경보장치 기능의 이상 유무
⑩ 구내운반차를 사용하여 작업을 할 때	㉮ 제동장치 및 조종장치 기능의 이상 유무 ㉯ 하역장치 및 유압장치 기능의 이상 유무 ㉰ 바퀴의 이상 유무 ㉱ 전조등·후미등·방향지시기 및 경음기 기능의 이상 유무 ㉲ 충전장치를 포함한 홀더 등의 결합상태의 이상 유무

작업의 종류	점검내용
⑪ 고소작업대를 사용하여 작업을 할 때	㉮ 비상정지장치 및 비상하강방지장치 기능의 이상 유무 ㉯ 과부하방지장치의 작동 유무(와이어로프 또는 체인 구동방식의 경우) ㉰ 아우트리거 또는 바퀴의 이상 유무 ㉱ 작업면의 기울기 또는 요철 유무 ㉲ 활선작업용 장치의 경우 홈·균열·파손 등 그 밖의 손상 유무
⑫ 화물자동차를 사용하는 작업을 하게 할 때	㉮ 제동장치 및 조종장치의 기능 ㉯ 하역장치 및 유압장치의 기능 ㉰ 바퀴의 이상 유무
⑬ 컨베이어 등을 사용하여 작업을 할 때	㉮ 원동기 및 풀리(pulley) 기능의 이상 유무 ㉯ 이탈 등의 방지장치 기능의 이상 유무 ㉰ 비상정지장치 기능의 이상 유무 ㉱ 원동기·회전축·기어 및 풀리 등의 덮개 또는 울 등의 이상 유무
⑭ 차량계 건설기계를 사용하여 작업을 할 때	브레이크 및 클러치 등의 기능
⑮ 이동식 방폭구조 전기기계·기구를 사용할 때	전선 및 접속부 상태
⑯ 근로자가 반복하여 계속적으로 중량물을 취급하는 작업을 할 때	㉮ 중량물 취급의 올바른 자세 및 복장 ㉯ 위험물이 날아 흩어짐에 따른 보호구의 착용 ㉰ 카바이드·생석회(산화칼슘) 등과 같이 온도상승이나 습기에 의하여 위험성이 존재하는 중량물의 취급방법 ㉱ 그 밖에 하역운반기계 등의 적절한 사용방법
⑰ 양화장치를 사용하여 화물을 싣고 내리는 작업을 할 때	㉮ 양화장치의 작동상태 ㉯ 양화장치에 제한하중을 초과하는 하중을 실었는지 여부
⑱ 슬링 등을 사용하여 작업을 할 때	㉮ 훅이 붙어 있는 슬링·와이어슬링 등이 매달린 상태 ㉯ 슬링·와이어슬링 등의 상태(작업시작 전 및 작업 중 수시로 점검)
⑲ 용접·용단 작업 등의 화재위험작업을 할 때	㉮ 작업 준비 및 작업절차 수립 여부 ㉯ 화기작업에 따른 인근 가연성 물질에 대한 방호조치 및 소화기구 비치 여부 ㉰ 용접불티 비산방지덮개 또는 용접방화포 등 불꽃·불티 등의 비산을 방지하기 위한 조치 여부 ㉱ 인화성 액체의 증기 또는 인화성 가스가 남아 있지 않도록 하는 환기 조치 여부 ㉲ 작업근로자에 대한 화재예방 및 피난교육 등 비상조치 여부

4 안전관리자

(1) 안전관리자의 업무

① 산업안전보건위원회 또는 안전 및 보건에 관한 노사협의체에서 심의·의결한 업무와 해당 사업장의 안전보건관리규정 및 취업규칙에서 정한 업무
② 위험성평가에 관한 보좌 및 지도·조언
③ 안전인증대상 기계 등과 자율안전확인대상 기계 등 구입 시 적격품의 선정에 관한 보좌 및 지도·조언

④ 해당 사업장 안전교육계획의 수립 및 안전교육 실시에 관한 보좌 및 지도·조언
⑤ 사업장 순회점검, 지도 및 조치 건의
⑥ 산업재해 발생의 원인 조사·분석 및 재발 방지를 위한 기술적 보좌 및 지도·조언
⑦ 산업재해에 관한 통계의 유지·관리·분석을 위한 보좌 및 지도·조언
⑧ 법 또는 법에 따른 명령으로 정한 안전에 관한 사항의 이행에 관한 보좌 및 지도·조언
⑨ 업무수행내용의 기록·유지
⑩ 그 밖에 안전에 관한 사항으로서 고용노동부장관이 정하는 사항

(2) 안전관리자 등의 증원·교체 임명 명령
① 해당 사업장의 연간 재해율이 같은 업종 평균 재해율의 2배 이상인 경우
② 중대재해가 연간 2건 이상 발생한 경우. 다만, 해당 사업장의 전년도 사망만인율이 같은 업종의 평균 사망만인율 이하인 경우는 제외한다.
③ 관리자가 질병이나 그 밖의 사유로 3개월 이상 직무를 수행할 수 없게 된 경우
④ 화학적 인자로 인한 직업성 질병자가 연간 3명 이상 발생한 경우

5 보건관리자

- 보건관리자의 업무
① 산업안전보건위원회에서 심의·의결한 업무와 안전보건관리규정 및 취업규칙에서 정한 업무
② 안전인증대상 기계·기구 등과 자율안전확인대상 기계·기구 등 중에서 보건과 관련된 보호구 구입 시 적격품 선정에 관한 보좌 및 지도·조언
③ 위험성평가에 관한 보좌 및 지도·조언
④ 물질안전보건자료의 게시 또는 비치에 관한 보좌 및 지도·조언
⑤ 산업보건의의 직무(「의료법」에 따른 의사인 경우로 한정)
⑥ 해당 사업장 보건교육계획의 수립 및 보건교육 실시에 관한 보좌 및 지도·조언
⑦ 해당 사업장의 근로자 보호를 위한 다음 각 조치에 해당하는 의료행위(「의료법」에 따른 의사 또는 간호사인 경우로 한정)
  ㉠ 자주 발생하는 가벼운 부상에 대한 치료
  ㉡ 응급처치가 필요한 사람에 대한 처치
  ㉢ 부상·질병의 악화를 방지하기 위한 처치
  ㉣ 건강진단 결과 발견된 질병자의 요양 지도 및 관리
  ㉤ ㉠~㉣의 의료행위에 따르는 의약품의 투여
⑧ 작업장 내에서 사용되는 전체환기장치 및 국소배기장치 등에 관한 설비의 점검과 작업방법의 공학적 개선에 관한 보좌 및 지도·조언
⑨ 사업장 순회점검, 지도 및 조치 건의
⑩ 산업재해 발생의 원인 조사·분석 및 재발 방지를 위한 기술적 보좌 및 지도·조언
⑪ 산업재해에 관한 통계의 유지·관리·분석을 위한 보좌 및 지도·조언
⑫ 법 또는 법에 따른 명령으로 정한 보건에 관한 사항의 이행에 관한 보좌 및 지도·조언
⑬ 업무수행내용의 기록·유지
⑭ 그 밖에 보건과 관련된 작업관리 및 작업환경관리에 관한 사항으로서 고용노동부장관이 정하는 사항

6 안전보건총괄책임자

(1) 안전보건총괄책임자의 업무 빈출!
① 작업의 중지
② 도급 시 산업재해 예방조치
③ 산업안전보건관리비의 관계수급인 간의 사용에 관한 협의·조정 및 그 집행의 감독
④ 안전인증대상 기계·기구 등과 자율안전확인대상 기계·기구 등의 사용 여부 확인
⑤ 위험성평가의 실시에 관한 사항

(2) 안전보건총괄책임자 지정대상 사업
안전보건총괄책임자를 지정해야 하는 사업의 종류 및 사업장의 상시근로자수는 관계수급인에게 고용된 근로자를 포함한 상시근로자가 100명(선박 및 보트 건조업, 1차 금속 제조업 및 토사석 광업의 경우에는 50명) 이상인 사업이나 수급인의 공사금액을 포함한 해당 공사의 총공사금액이 20억원 이상인 건설업으로 한다.

(3) 도급에 따른 산업재해 예방조치
① 도급인과 수급인을 구성원으로 하는 안전 및 보건에 관한 협의체의 구성 및 운영
② 작업장의 순회점검
  ㉠ 건설업, 제조업, 토사석 광업, 서적·잡지 및 기타 인쇄물 출판업, 음악 및 기타 오디오물 출판업, 금속 및 비금속 원료 재생업 : 2일에 1회 이상
  ㉡ ㉠의 사업을 제외한 사업의 경우 : 1주일에 1회 이상
③ 관계수급인이 근로자에게 하는 안전보건교육을 위한 장소 및 자료의 제공 등 지원
④ 관계수급인이 근로자에게 하는 안전보건교육의 실시 확인
⑤ 다음의 어느 하나의 경우에 대비한 경보체계 운영과 대피방법 등 훈련
  ㉠ 작업장소에서 발파작업을 하는 경우
  ㉡ 작업장소에서 화재·폭발, 토사·구축물 등의 붕괴 또는 지진 등이 발생한 경우
⑥ 위생시설 등 고용노동부령으로 정하는 시설의 설치 등을 위하여 필요한 장소의 제공 또는 도급인이 설치한 위생시설 이용의 협조

7 안전보건관리담당자

- 안전보건관리담당자의 업무
① 안전보건교육 실시에 관한 보좌 및 지도·조언
② 위험성평가에 관한 보좌 및 지도·조언
③ 작업환경 측정 및 개선에 관한 보좌 및 지도·조언
④ 건강진단에 관한 보좌 및 지도·조언
⑤ 산업재해 발생의 원인 조사, 산업재해 통계의 기록 및 유지를 위한 보좌 및 지도·조언
⑥ 산업안전·보건과 관련된 안전장치 및 보호구 구입 시 적격품 선정에 관한 보좌 및 지도·조언

8 산업안전보건위원회

(1) 산업안전보건위원회의 설치대상
① 상시근로자 100명 이상을 사용하는 사업장
② 건설업의 경우에는 공사금액이 120억원(토목공사업은 150억원) 이상인 사업장
③ 상시근로자 50명 이상 100명 미만을 사용하는 사업 중 다른 업종과 비교할 때 근로자수 대비 산업재해 발생빈도가 현저히 높은 유해·위험 업종으로서 고용노동부령이 정하는 사업장
  ㉠ 토사석 광업
  ㉡ 목재 및 나무제품 제조업(가구 제외)
  ㉢ 화학물질 및 화학제품 제조업[의약품 제외(세제, 화장품 및 광택제 제조업, 화학섬유 제조업은 제외)]
  ㉣ 비금속광물제품 제조업
  ㉤ 1차 금속 제조업
  ㉥ 금속가공제품 제조업(기계 및 가구 제외)
  ㉦ 자동차 및 트레일러 제조업
  ㉧ 기타 기계 및 장비 제조업(사무용 기계 및 장비 제조업은 제외)
  ㉨ 기타 운송장비 제조업(전투용 차량 제조업은 제외)

(2) 산업안전보건위원회의 구성 빈출!
① 근로자위원
  ㉠ 근로자대표
  ㉡ 명예산업안전감독관이 위촉되어 있는 사업장의 경우 근로자대표가 지명하는 1명 이상의 명예산업안전감독관
  ㉢ 근로자대표가 지명하는 9명 이내의 해당 사업장의 근로자(명예산업안전감독관이 근로자위원으로 지명되어 있는 경우에는 그 수를 제외한 수의 근로자)
② 사용자위원
  ㉠ 해당 사업의 대표자(같은 사업으로서 다른 지역에 사업장이 있는 경우에는 그 사업장의 안전보건관리책임자)
  ㉡ 안전관리자 1명(안전관리자를 두어야 하는 사업장으로 한정하되, 안전관리자의 업무를 안전관리전문기관에 위탁한 사업장의 경우에는 그 안전관리전문기관의 해당 사업장 담당자)
  ㉢ 보건관리자 1명(보건관리자를 두어야 하는 사업장으로 한정하되, 보건관리자의 업무를 보건관리전문기관에 위탁한 사업장의 경우에는 그 보건관리전문기관의 해당 사업장 담당자)
  ㉣ 산업보건의(해당 사업장에 선임되어 있는 경우로 한정)
  ㉤ 해당 사업의 대표자가 지명하는 9명 이내의 해당 사업장 부서의 장
  ※ 상시근로자 50명 이상 100명 미만을 사용하는 사업장에서는 ㉤에 해당하는 사람을 제외하고 구성할 수 있다.

(3) 산업안전보건위원회의 운영과 의결
　① 운영 : 산업안전보건위원회의 회의는 정기회의와 임시회의로 구분하되, 정기회의는 분기(3개월)마다 산업안전보건위원회의 위원장이 소집하며, 임시회의는 위원장이 필요하다고 인정할 때 소집한다.
　② 의결 : 근로자위원과 사용자위원 각 과반수 출석으로 개의하고, 출석위원 과반수의 찬성으로 의결한다.
　③ 산업안전보건위원회의 심의·의결사항
　　㉠ 사업장의 산업재해 예방계획의 수립에 관한 사항
　　㉡ 안전보건관리규정의 작성 및 변경에 관한 사항
　　㉢ 근로자의 안전보건교육에 관한 사항
　　㉣ 작업환경측정 등 작업환경의 점검 및 개선에 관한 사항
　　㉤ 근로자의 건강진단 등 건강관리에 관한 사항
　　㉥ 중대재해의 원인조사 및 재발방지대책의 수립에 관한 사항
　　㉦ 유해하거나 위험한 기계·기구와 그 밖의 설비를 도입한 경우 안전보건조치에 관한 사항
　　㉧ 산업재해에 관한 통계의 기록 및 유지에 관한 사항

9 노사협의체

(1) 노사협의체의 의의
　산업안전보건위원회의 일환으로, 건설업의 특성을 고려하여 같은 장소에서 행해지는 도급사업의 해당 근로자와 수급 근로자들이 같은 장소에서 작업 시 생기는 산업재해를 예방하기 위해 별도로 운영하는 조직이다.

(2) 노사협의체의 설치대상
　공사금액이 120억원(토목공사업은 150억원) 이상인 건설공사

(3) 노사협의체의 구성 빈출!
　① 근로자위원
　　㉠ 도급 또는 하도급 사업을 포함한 전체 사업의 근로자대표
　　㉡ 근로자대표가 지명하는 명예산업안전감독관 1명(단, 명예산업안전감독관이 위촉되어 있지 않은 경우에는 근로자대표가 지명하는 해당 사업장 근로자 1명)
　　㉢ 공사금액이 20억원 이상인 공사의 관계수급인의 각 근로자대표
　② 사용자위원
　　㉠ 도급 또는 하도급 사업을 포함한 전체 사업의 대표자
　　㉡ 안전관리자 1명
　　㉢ 보건관리자 1명(보건관리자 선임대상 건설업으로 한정)
　　㉣ 공사금액이 20억원 이상인 공사의 관계수급인의 각 대표자

(4) 노사협의체의 운영
　① 노사협의체의 회의는 정기회의와 임시회의로 구분하여 개최하되, 정기회의는 2개월마다 노사협의체의 위원장이 소집하며, 임시회의는 위원장이 필요하다고 인정할 때 소집한다.
　② 그 결과를 회의록으로 작성하여 보존하여야 한다.

(5) 노사협의체 협의사항

① 작업의 시작시간
② 작업 및 작업장 간의 연락방법
③ 재해발생 위험이 있는 경우 대피방법
④ 작업장에서의 위험성평가의 실시에 관한 사항
⑤ 사업주와 수급인 또는 수급인 상호 간의 연락방법 및 작업공정의 조정

02 안전보건관리규정 · 안전보건관리계획 · 안전보건개선계획

1 안전보건관리규정

(1) 안전보건관리규정의 내용 빈출!

① 안전 및 보건에 관한 관리조직과 그 직무에 관한 사항
② 안전보건교육에 관한 사항
③ 작업장의 안전 및 보건 관리에 관한 사항
④ 사고조사 및 대책수립에 관한 사항
⑤ 그 밖에 안전보건에 관한 사항

(2) 안전보건관리규정 작성 시 유의사항 빈출!

① 규정된 안전기준은 법적 기준을 상회하도록 작성한다.
② 관리자층의 직무와 권한 및 근로자에게 강제 또는 요청한 부분을 명확히 한다.
③ 관계법령의 제정·개정에 따라 즉시 개정한다.
④ 작성 또는 개정 시에 현장의 의견을 충분히 반영한다.
⑤ 정상 시는 물론 이상 시, 즉 사고 및 재해 발생 시의 조치에 관해서도 규정한다.

2 안전보건관리계획

(1) 안전보건관리계획의 사이클

계획(Plan) - 실시(Do) - 검토(Check) - 조치(Action)

(2) 안전보건관리계획의 주요 평가척도 빈출!

① **절대척도** : 재해건수, 사고건수 등 수치로 나타난 실적
② **상대척도** : 도수율, 강도율, 연천인율 등 지수로 표현된 사항
③ **평정척도** : 양, 보통, 불가 등 단계적으로 평정하는 기법
④ **도수척도** : 중앙값, 백분율(%) 등 확률적 분포로 표현되는 방법

3 안전보건개선계획

(1) 안전보건개선계획 수립대상 사업장 [빈출!]
① 산업재해율이 같은 업종의 규모별 평균 산업재해율보다 높은 사업장
② 사업주가 필요한 안전조치 또는 보건조치를 이행하지 아니하여 중대재해가 발생한 사업장
③ 직업성 질병자가 연간 2명 이상 발생한 사업장
④ 유해인자의 노출기준을 초과한 사업장

(2) 안전보건진단을 받아 안전보건개선계획을 수립·제출해야 하는 사업장 [빈출!]
① 사업주가 필요한 안전조치 또는 보건조치를 이행하지 아니하여 중대재해가 발생한 사업장
② 산업재해율이 같은 업종 평균 산업재해율의 2배 이상인 사업장
③ 직업성 질병자가 연간 2명 이상(상시근로자가 1천명 이상인 사업장의 경우 3명 이상) 발생한 사업장
④ 그 밖에 작업환경 불량, 화재·폭발 또는 누출 사고 등으로 사업장 주변까지 피해가 확산된 사업장으로서 고용노동부령으로 정하는 사업장

(3) 산업재해 발생건수 등의 공표대상 사업장 [빈출!]
고용노동부장관은 산업재해를 예방하기 위하여 다음 사업장의 근로자 산업재해 발생건수, 재해율 또는 그 순위 등을 공표하여야 한다.
① 산업재해로 인한 사망자가 연간 2명 이상 발생한 사업장
② 사망만인율이 규모별 같은 업종의 평균 사망만인율 이상인 사업장
③ 산업재해 발생 사실을 은폐한 사업장
④ 산업재해의 발생에 관한 보고를 최근 3년 이내에 2회 이상 하지 않은 사업장
⑤ 중대산업사고가 발생한 사업장

> **사망만인율**
> 사망재해자수를 연간 상시근로자 1만명당 발생하는 사망재해자수로 환산한 것

(4) 안전보건개선계획 작성 시 포함사항 [빈출!]
① 시설
② 안전보건교육
③ 안전보건관리체제
④ 산업재해 예방 및 작업환경 개선을 위하여 필요한 사항

(5) 안전보건개선계획 공통사항에 포함되는 항목
① 안전보건관리조직
② 안전보건표지 부착
③ 보호구 착용
④ 건강진단 실시

(6) 안전보건개선계획에서 중점개선계획을 필요로 하는 항목
① 시설
② 기계장치
③ 원료, 재료
④ 작업방법
⑤ 작업환경
⑥ 기타 안전보건기준상 조치사항

03 재해의 발생과 예방 및 조사

1 산업재해의 이해

(1) 산업재해의 형태별 분류

분류 항목	세부 항목
떨어짐(추락)	사람이 건축물, 비계, 기계, 사다리, 계단, 경사면, 나무 등에서 떨어지는 경우
넘어짐(전도)	사람이 평면상으로 넘어졌을 경우(과속, 미끄러짐 포함)
충돌	사람이 정지된 물체에 부딪힌 경우
날아옴(낙하, 비래)	물건이 주체가 되어 사람이 맞는 경우
끼임(협착)	물건에 끼워진 상태, 말려든 경우
감전	전기접촉이나 방전에 의해 사람이 충격을 받은 경우
폭발	압력의 급격한 발생 또는 개방으로 폭음을 수반한 팽창이 일어난 경우
붕괴(도괴)	적재물, 비계, 건축물 등이 무너진 경우
파열	용기 또는 장치가 물리적인 압력에 의해 파열한 경우
화재	화재로 인한 경우(관련 물체는 발화물을 기재)
무리한 동작	무거운 물건을 들다 허리를 삐거나 부자연스런 자세 또는 동작의 반동으로 상해를 입는 경우
이상온도 접촉	고온이나 저온에 접촉할 경우
유해물 접촉	유해물 접촉으로 중독되거나 질식된 경우
기타	구분 불능 시의 발생형태를 기재

(2) 상해의 종류

분류 항목	세부 항목
골절	뼈가 부러진 상해
동상	저온물 접촉으로 생긴 동상 상해
부종	국부의 혈액순환 이상으로 몸이 퉁퉁 부어오르는 상해
찔림(자상)	칼날 등 날카로운 물건에 찔린 상해
타박상(좌상)	타박, 충돌, 추락 등으로 피부 표면보다는 피하조직 또는 근육부를 다친 상해 (삔 것 포함)
절단(절상)	신체 부위가 절단된 상해
중독, 질식	음식, 약물, 가스 등에 의한 중독이나 질식된 상해
찰과상	스치거나 문질러서 벗겨진 상해
베임(창상)	창, 칼 등에 베인 상해
화상	화재 또는 고온물 접촉으로 인한 상해
청력장해	청력이 감퇴 또는 난청이 된 상해
시력장해	시력이 감퇴 또는 실명된 상해
기타	뇌진탕, 익사, 피부병 등의 상해

(3) 산업재해와 중대재해의 구분

구 분	정 의
산업재해	노무를 제공하는 자가 업무에 관계되는 건설물, 설비, 원재료, 가스, 증기, 분진 등에 의하거나 작업 또는 그 밖의 업무로 인하여 사망 또는 부상하거나 질병에 걸리는 것
중대재해	• 사망자가 1명 이상 발생한 재해 • 3개월 이상의 요양이 필요한 부상자가 동시에 2명 이상 발생한 재해 • 부상자 또는 직업성 질병자가 동시에 10명 이상 발생한 재해

(4) 산업재해의 보고와 기록

① 산업재해의 보고
   중대재해가 발생한 경우 지체 없이 고용노동부장관에게 보고한다.
   ※ 보고사항 : 발생 개요 및 피해상황, 조치 및 전망, 기타 중요한 사항

② 산업재해의 기록·보존 빈출!
   ㉠ 사업장의 개요 및 근로자의 인적사항
   ㉡ 재해발생의 일시 및 장소
   ㉢ 재해발생의 원인 및 과정
   ㉣ 재해 재발 방지계획

2 재해발생 메커니즘(연쇄성이론) 빈출!

(1) 재해발생이론의 구분

단 계	하인리히의 도미노이론	버드의 신도미노이론	아담스의 이론
제1단계	사회적 환경과 유전적 요소	통제부족(관리)	관리구조
제2단계	개인적 결함(성격·개성 결함)	기본원인(기원)	작전적 에러
제3단계	불안전 행동+불안전 상태 (제거 가능 요인)	직접원인(징후)	전술적 에러
제4단계	사고	사고(접촉)	사고
제5단계	상해(재해)	상해(손해, 손실)	상해 또는 손해

(2) 재해구성비율 빈출!

구 분	하인리히의 재해구성비율	버드의 재해구성비율
비 율	1 : 29 : 300	1 : 10 : 30 : 600
재해구성	• 중상 또는 사망 1회 • 경상 29회 • 무상해사고 300회	• 중상 또는 폐질 1회 • 경상(물적·인적 손실) 10회 • 무상해사고(물적 손실) 30회 • 무상해·무사고 고장(위험순간) 600회

3 재해발생의 형태와 원인

(1) 산업재해의 발생형태

① **단순자극형** : 상호 자극에 의하여 순간적으로 재해가 발생하는 유형(집중형)
② **연쇄형** : 하나의 사고 요인이 또 다른 요인을 발생시키면서 재해를 발생시키는 유형
③ **복합형** : 단순자극형과 연쇄형의 복합적인 발생유형

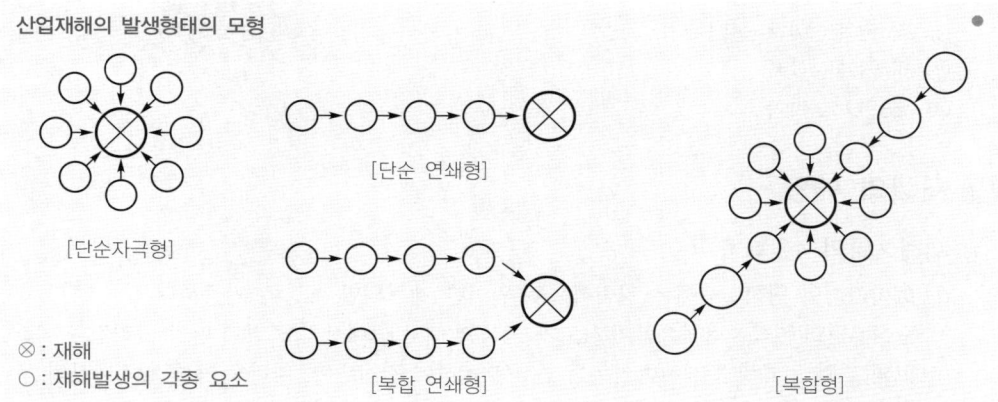

(2) 재해발생의 원인

구 분	원인 분류	주요 원인	
직접원인	불안전한 상태 (물적 원인)	• 물(物) 자체의 결함 • 복장, 보호구의 결함 • 작업환경의 결함 • 작업순서의 결함	• 안전 방호장치의 결함 • 물의 배치 및 작업장소 불량 • 생산공정의 결함
	불안전한 행동 (인적 원인)	• 위험장소로의 접근 • 안전장치 기능의 제거 • 복장, 보호구의 잘못된 사용 • 기계·기구의 잘못된 사용 • 운전 중인 기계장치 손질 • 불안전한 속도조작 • 위험물 취급 부주의 • 불안전한 상태 방치 • 불안전한 자세, 동작	**불안전한 행동의 원인** • 지식의 부족 • 기능의 미숙 • 태도의 불량 • 인적 실수
간접원인	기술적 원인	• 건물·기계장치의 설계 불량 • 생산방법의 부적당	• 구조·재료의 부적합 • 점검·정비·보존 불량
	교육적 원인	• 안전지식의 부족 • 경험훈련의 미숙 • 유해·위험 작업의 교육 불충분	• 안전수칙의 오해 • 작업방법의 교육 불충분
	작업관리상 원인	• 안전관리조직 결함 • 작업준비 불충분	• 안전수칙 미제정 • 인원배치 및 작업지시 부적당
	정신적 원인	• 안전의식 및 주의력의 부족 • 개성적 결함 요소	• 방심 및 공상 • 판단력 부족 또는 그릇된 판단
	신체적 원인	• 피로 • 근육운동의 부적합	• 시력 및 청각 기능 이상 • 육체적 능력 초과

4 재해발생 시 처리순서

① 제1단계 : 재해발생
② 제2단계 : 긴급처리
③ 제3단계 : 재해조사(6하원칙)
④ 제4단계 : 원인강구(원인분석)
⑤ 제5단계 : 대책수립(동종·유사 재해 방지대책)
⑥ 제6단계 : 대책 실시계획
⑦ 제7단계 : 실시
⑧ 제8단계 : 평가

> **재해발생 시 '긴급처리'의 5단계**
> 1. 피재기계의 정지 및 피해확산 방지
> 2. 피재자의 응급조치
> 3. 관계자에게 통보
> 4. 2차 재해 방지
> 5. 현장 보존

5 재해의 예방

(1) 재해예방의 4원칙

① 예방가능의 원칙 : 재해는 원칙적으로 원인만 제거되면 예방이 가능하다.
② 손실우연의 원칙 : 재해손실은 사고가 발생할 때 사고대상의 조건에 따라 달라진다. 그러한 사고의 결과로서 생긴 재해손실은 우연성에 의하여 결정된다. 따라서 재해 방지대상의 우연성에 좌우되는 손실의 방지보다는 사고발생 자체의 방지가 이루어져야 한다.
③ 원인연계의 원칙 : 재해발생에는 반드시 원인이 있다. 즉, 사고와 손실과의 관계는 우연적이지만 사고와 원인과의 관계는 필연적이다.
④ 대책선정의 원칙 : 재해예방을 위한 안전대책은 반드시 존재한다.

(2) 안전사고 예방대책의 기본원리(5단계)

① 조직(1단계 – 안전관리조직 구성) : 경영층의 참여, 안전관리자의 임명 및 라인조직 구성, 안전활동방침 및 안전계획 수립, 조직을 통한 안전활동 등 안전관리에서 가장 기본적인 활동은 안전관리조직의 구성이다.
② 사실의 발견(2단계 – 현상파악) : 각종 사고 및 안전활동의 기록·검토, 작업분석, 안전점검 및 안전진단, 사고조사, 안전회의 및 토의, 종업원의 건의 및 여론조사 등에 의하여 불안전요소를 발견한다.
③ 분석평가(3단계 – 사고분석) : 사고보고서 및 현장조사, 사고기록, 인적·물적 조건의 분석, 작업공정의 분석, 교육과 훈련의 분석 등을 통하여 사고의 직접 및 간접 원인을 규명한다.
④ 시정방법의 선정(4단계 – 대책의 선정) : 기술의 개선, 인사조정, 교육 및 훈련의 개선, 안전행정의 개선, 규정 및 수칙의 개선, 확인 및 통제체제 개선 등의 효과적인 개선방법을 선정한다.
⑤ 시정책의 적용(5단계 – 목표달성) : 시정책은 3E를 완성함으로써 이루어진다.

3E와 3S

3E	3S
• 기술(Engineering) • 교육(Education) • 규제(Enforcement) ※ 환경(Enviroment)을 추가하면, 4E	• 표준화(Standardization) • 전문화(Specialization) • 단순화(Simplification) ※ 총합화(Synthesization)를 추가하면, 4S

6 재해의 조사

(1) 재해조사의 목적
① 재해발생의 원인과 자체결함 등을 정확히 규명한다.
② 동종 및 유사 재해의 발생을 미연에 방지하기 위하여 적절한 재해예방대책을 강구한다.

(2) 재해조사 방법
① 재해발생 직후에 행한다.
② 현장의 물리적 흔적, 즉 물적 증거를 수집한다.
③ 재해 현장은 사진 등을 촬영하여 보관·기록한다.
④ 목격자·현장 감독자 등 많은 사람으로부터 사고 시의 상황을 듣는다.
⑤ 재해 피해자로부터 재해발생 직전의 상황을 듣는다.
⑥ 판단이 곤란한 특수한 재해 또는 중대재해는 전문가에게 조사 의뢰한다.

(3) 재해조사 시 유의사항
① 우선 사실을 수집하고, 그 상세분석표(사고분석표)는 나중에 작성한다.
② 재해조사는 현장이 변형되지 않은 상태에서 신속하게 실시하며 2차 재해 방지를 도모한다.
③ 재해조사자는 항상 객관성을 가지고 제3자의 입장에서 공평하게 2인 이상이 조사한다.
④ 목격자가 발언한 사실 이외의 추측되는 말은 참고만 한다.
⑤ 재해와 관계있는 인적·물적 자료는 모아서 없어지지 않도록 철저히 보관한다.
⑥ 불안전상태나 불안전행동에 특히 유의하여 조사한다.
⑦ 책임 추궁보다는 재발 방지를 우선하는 자세를 갖는다.
⑧ 재해현장 상황에 대해서 가능한 한 사진이나 도면을 작성하여 기록을 유지시킨다.
⑨ 2차 재해의 예방과 위험성에 대응하여 보호구를 착용한다.

7 통계적 원인 분석

(1) 통계적 원인 분석의 의미
통계학적 방법에 의하여 사고의 경향이나 사고요인의 분포상태와 상호관계 등을 주안점으로 재해원인을 찾아내어 거시적(macro)으로 분석하는 방법

> **기인물과 가해물**
> • 기인물 : 일반적으로 불안전한 상태에 있는 물체(재해의 원인이 된 기계·장치, 기타 물체·환경 포함)
> • 가해물 : 직접 사람에게 접촉되어 위해를 가한 것

(2) 통계적 원인 분석의 방법
① 파레토도(Pareto diagram) : 사고 유형이나 기인물 등의 분류항목을 큰 순서대로 도표화하여 문제나 목표를 이해하는 데 편리한 방법
② 특성요인도 : 특성과 요인의 관계를 어골상(魚骨象)으로 세분하여 나타낸 그림으로, 결과에 원인이 어떻게 관계하고 있는지 나타내는 방법
③ 클로즈(close) 분석 : 2가지 이상의 문제를 분석하는 데 사용하며 데이터를 집계하고, 표로 표시한 후에 요인별 결과내역을 교차한 클로즈 그림을 작성하여 분석하는 방법
④ 관리도 : 재해발생건수 등의 추이를 파악하여 목표관리를 행하는 데 필요한 월별 재해발생수를 그래프로 그려서 관리구역을 설정·관리하는 방법

04 재해 관련 통계, 재해손실비용 및 재해사례 연구

1 재해 관련 통계

(1) 재해율

근로자 100명당 발생하는 재해자수의 비율

$$재해율 = \frac{재해자수}{근로자수} \times 100$$

(2) 연천인율

1년 동안 근로자 1,000명당 발생하는 사상자수

$$연천인율 = \frac{연간 \ 사상자수(재해자수)}{연평균 \ 근로자수} \times 1,000$$

(3) 도수율(빈도율, FR ; Frequency Rate of Injury)

연 근로시간 합계 100만시간당 발생하는 재해건수

$$도수율(FR) = \frac{연간 \ 재해발생건수}{연간 \ 총근로시간수} \times 10^6$$

※ 도수율은 산업재해의 발생빈도를 의미한다.

(4) 강도율(SR ; Severity Rate of Injury)

연 근로시간 합계 1,000시간당 재해로 인한 근로손실일수

$$강도율(SR) = \frac{총근로손실일수}{연간 \ 총근로시간수} \times 1,000$$

이때, 근로손실일수 = 장애등급별 손실일수 + 휴업일수 × $\frac{연 \ 근로일수}{365}$

(5) 평균 강도율

재해 1건당 평균 손실일수

$$평균 \ 강도율 = \frac{강도율}{도수율} \times 1,000$$

(6) 연천인율과 도수율의 관계

① 연천인율 = 도수율 × 2.4

② 도수율 = $\frac{연천인율}{2.4}$

근로손실일수의 산정기준
신체장애등급이 결정되었을 경우 다음의 등급별 근로손실일수 적용

신체장애등급	근로손실일수
사망	7,500일
1~3등급	7,500일
4등급	5,500일
5등급	4,000일
6등급	3,000일
7등급	2,200일
8등급	1,500일
9등급	1,000일
10등급	600일
11등급	400일
12등급	200일
13등급	100일
14등급	50일

(7) 도수율과 강도율의 관계

평생 근로하는 시간을 10만시간(10^5시간)으로 보고, 이 10만시간(평생) 동안 재해를 입을 수 있는 건수를 환산도수율(Frequency), 재해로 인한 근로손실일수를 환산강도율(Severity)이라 한다.

① 환산도수율$(F) = \dfrac{\text{재해건수}}{\text{연간 총근로시간수}} \times \text{평생 근로시간수}(10^5)$

'도수율 = 환산도수율'이라고 가정하면,

$\dfrac{\text{재해건수}}{\text{연간 총근로시간수}} \times 10^6 = \dfrac{\text{재해건수}}{\text{연간 총근로시간수}} \times \text{평생 근로시간수}(10^5)$

∴ 환산도수율 $= \dfrac{\text{도수율}}{10}$

② 환산강도율$(S) = \dfrac{\text{근로손실일수}}{\text{연간 총근로시간수}} \times \text{평생 근로시간수}(10^5)$

'강도율 = 환산강도율'이라고 가정하면,

$\dfrac{\text{근로손실일수}}{\text{연간 총근로시간수}} \times 10^3 = \dfrac{\text{근로손실일수}}{\text{연간 총근로시간수}} \times \text{평생 근로시간수}(10^5)$

∴ 환산강도율 = 강도율 × 100

이때, $\dfrac{S}{F}$ = 재해 1건당 근로손실일수

(8) 종합재해지수(도수강도치)

도수율과 강도율은 기업 내의 안전성적을 나타내는데, 이는 개별적으로 사용하기보다는 재해빈도의 다소와 정도의 강약을 종합하여 나타낸 종합재해지수로 사용한다.

종합재해지수(FSI) $= \sqrt{\text{도수율}(FR) \times \text{강도율}(SR)}$

※ 도수강도치는 기업의 위험도를 비교하고 안전에 대한 관심을 높이는 데 사용한다.

(9) Safe-T-Score

과거와 현재의 안전성적을 비교·평가하는 방법

Safe-T-Score $= \dfrac{\text{현재 도수율} - \text{과거 도수율}}{\sqrt{\dfrac{\text{과거 도수율}}{\text{총근로시간수(현재)}} \times 10^6}}$

Safe-T-Score 판정기준
- +2.00 이상 : 과거보다 심각하게 나빠짐
- +2.00 ~ −2.00 : 과거와 별 차이가 없음
- −2.00 이하 : 과거보다 좋아짐

(10) 건설업의 환산재해율

환산재해율 $= \dfrac{\text{환산재해자수}}{\text{상시근로자수}} \times 100$

이때, 상시근로자수 $= \dfrac{\text{국내공사 연간 실적액} \times \text{노무비율}}{\text{건설업 월평균 임금} \times 12}$

여기서, 환산재해자수 : 1월 1일부터 12월 31일 동안 시공하는 건설현장에서 산업재해를 입은 근로자수의 합계

(11) 안전활동률

기업의 안전관리활동 결과를 정량적으로 판단하는 방법[미국 노동기준국의 블레이크(R.P. Blake)]

$$\text{안전활동률} = \frac{\text{안전활동건수}}{\text{근로시간수} \times \text{평균 근로자수}} \times 10^6$$

※ 안전활동건수의 포함항목 : 실시한 안전개선권고수, 안전조치할 불안전작업수, 불안전행동 적발건수, 불안전한 물리적 지적건수, 안전회의건수, 안전홍보(PR)건수 등

(12) 근로장비율 및 설비가동률

① $\text{근로장비율} = \dfrac{\text{설비 총액}}{\text{가중평균인원}}$

② $\text{설비가동률} = \dfrac{\text{금기 말의 총사용설비}}{\text{전기 말의 총사용설비}} \times 100\text{평}$

2 재해손실비용

재해손실비용을 구하는 방식
- 하인리히(H.W. Heinrich) 방식
- 시몬즈(R.H. Simonds) 방식
- 버드(Frank Bird) 방식
- 콤페스(Compes) 방식
- 노구찌 방식

(1) 하인리히(H.W. Heinrich) 방식 빈출!

재해손실비용 = 직접비 + 간접비
직접비 : 간접비 = 1 : 4
이때, 간접비 = 직접비 × 4
　　　재해총손실액 = 직접비 × 5

① 직접비
　산업재해보상보험법령으로 정한 산재보상비 + 회사의 보상금

② 간접비
　재산의 손실, 생산차질에 따른 손실액, 기타 제반경비
　㉠ 생산손실 : 재해발생으로 인해 생산이 저해되고 작업이 중지되어 발생한 생산차질손실
　㉡ 인적손실 : 본인으로 인한 근로시간에 따른 임금손실과 제3자의 추가시간에 대한 임금손실
　㉢ 특수손실 : 신규채용비, 교육·훈련비, 섭외비 등에 의한 손실
　㉣ 기타 손실 : 병상위문금, 여비, 통신비, 입원 중 잡비, 보험료 인상액, 추가 휴업보상비 등의 모든 경비

산업재해보상보험법령으로 정한 산재보상비(직접비)
- 요양급여
- 휴업급여
- 장해급여
- 간병급여
- 유족급여
- 상병보상연금
- 장례비
- 직업재활급여

(2) 시몬즈(R.H. Simonds) 방식 빈출!

재해손실비용
= 산재보험 코스트 + 비보험 코스트
= 산재보험 코스트 + (휴업상해건수 × A) + (통원상해건수 × B) + (응급조치건수 × C) + (무상해사고건수 × D)
여기서, A, B, C, D : 상해정도별 비보험 코스트(cost)의 평균액

① 산재보험 코스트
산재보험 코스트=산재보험료+보상에 관련된 제반경비+이익금
② 비보험 코스트의 항목
㉠ 제3자가 작업을 중지한 시간에 근로한 대가로 지급하는 임금손실
㉡ 재해로 손실한 재료 총 설비의 수선·교체·철거를 위한 손실
㉢ 재해 보상이 되지 않는 부상자의 휴업시간에 대해서 지불하는 임금비용
㉣ 재해로 말미암아 필요하게 된 시간 외 근로에 대한 특별비용
㉤ 재해가 일어났기 때문에 감독자가 소비한 시간에 대한 임금비용
㉥ 부상자가 직장에 돌아온 뒤의 생산 감소에 의한 임금비용
㉦ 새로운 근로자에 대한 교육훈련기간 중의 비용
㉧ 산재보험의 지급을 받지 못하는 회사 부담의 의료비용
㉨ 조사 또는 산재 관계 사무로 감독자 및 근로자가 소비한 시간비용
㉩ 그 밖에 특수비용 : 소송 관계 비용, 임차설비의 임차액, 계약해제에 의한 손실, 모집을 위해 특별 지출이 필요할 경우의 대체 근로자 모집에 따르는 경비, 신규 근로자에 의한 기계 소모 등

③ 재해의 종류
㉠ 휴업상해 : 영구 일부노동불능 및 일시 전노동불능
㉡ 통원상해 : 일시 일부노동불능 및 의사의 조치를 필요로 하는 통원상해
㉢ 응급조치상해 : 응급조치 또는 20달러 미만의 손실, 8시간 미만 휴업이 될 정도의 상해
㉣ 무상해사고 : 의료처치를 필요로 하지 않는 정도의 경미한 사고 및 20달러 이상의 재산손실, 8시간 이상 손실을 가져온 사고
※ 사망 또는 영구 전노동불능 상해는 위 '재해의 종류' 구분에서 제외된다.

3 재해사례 연구

(1) 재해사례 연구의 목적
① 재해요인을 체계적으로 규명하고, 이에 대한 대책을 수립
② 재해예방의 원칙을 습득하고, 이를 일상 안전보건활동에 실천
③ 참가자의 안전보건활동에 관한 깊은 사고력 제고

(2) 재해사례 연구의 순서 빈출!
① 전제조건 : 재해상황의 파악
② 제1단계 : 사실의 확인
③ 제2단계 : 문제점의 발견
④ 제3단계 : 근본적 문제점의 결정
⑤ 제4단계 : 대책 수립

'사실의 확인' 단계에서의 확인사항
• 사람에 관한 것
• 물건에 관한 것
• 관리에 관한 것
• 재해발생 경과에 관한 것

05 안전점검과 안전인증

1 안전점검

(1) 안전점검의 정의

안전 확보를 위해 작업장 내의 실태를 파악하여 설비의 불안전한 상태나 인간의 불안전한 행동에서 생기는 결함을 발견하고, 안전대책의 이상 상태를 확인하는 안전활동

(2) 안전점검의 목적

① 기기 및 설비의 결함과 불안전상태의 제거로 사전에 안전성 확보
② 기기 및 설비의 안전상태 유지 및 본래의 성능 유지
③ 인적 측면에서의 안전행동 유지
④ 생산성 향상을 위한 합리적인 생산관리

(3) 안전점검의 종류 빈출!

① 정기점검(계획점검)
② 수시점검
③ 임시점검
④ 특별점검

(4) 체크리스트(checklist)

① 체크리스트에 포함되어야 할 사항 빈출!
  ㉠ 점검대상 : 기계·설비의 명칭
  ㉡ 점검부분(점검개소) : 점검대상 기계·설비의 각 부분 부품명
  ㉢ 점검항목(점검내용) : 마모, 변형, 균열, 파손, 부식, 이상 상태의 유무
  ㉣ 점검실시 주기(점검시기) : 점검대상별 각각의 점검주기
  ㉤ 점검방법 : 점검의 종류에 따른 각각의 점검방법 명기
  ㉥ 판정기준 : 정해진 판정기준을 명시하고 상호 비교·평가
  ㉦ 조치 : 점검결과에 따른 적절한 조치 이행
② 체크리스트를 작성할 때의 유의사항
  ㉠ 사업장에 적합하고 쉽게 이해되도록 독자적 내용일 것
  ㉡ 내용은 구체적이고 재해예방에 효과가 있을 것
  ㉢ 중점도가 높은 것부터 순차적으로 작성할 것
  ㉣ 일정한 양식을 정해 점검대상마다 별도로 작성할 것
  ㉤ 점검기준(판정기준)을 미리 정해 점검결과를 평가할 것
  ㉥ 정기적으로 검토하여 계속 보완하면서 활용할 것

2 안전인증

(1) 안전인증의 정의

유해하거나 위험한 기계·기구·설비 및 방호장치·보호구 등의 제품 성능과 품질관리시스템을 동시에 심사하여 양질의 제품을 지속적으로 생산하도록 안전성을 평가하는 제도

(2) 안전인증의 목적

유해하거나 위험한 기계·기구·설비 및 방호장치·보호구 중에서 안전에 관한 성능과 제조자의 기술능력·생산체계 등에 관한 안전인증기준을 정하여 안전성을 평가하고, 이를 통해 불량제품의 제조·유통·사용을 근본적으로 차단하고 근로자의 안전·보건을 해칠 수 있는 여지를 사전에 제거하고자 하는 것

(3) 안전인증의 대상

〈안전인증대상 기계·설비〉

주요 구조 부분을 변경하는 경우 안전인증을 받아야 하는 기계 및 설비	설치·이전하는 경우 안전인증을 받아야 하는 기계
① 프레스 ② 전단기 및 절곡기 ③ 크레인 ④ 리프트 ⑤ 압력용기 ⑥ 롤러기 ⑦ 사출성형기 ⑧ 고소작업대 ⑨ 곤돌라	① 크레인 ② 리프트 ③ 곤돌라

〈안전인증대상 방호장치 및 보호구〉

방호장치	보호구
① 프레스 및 전단기 방호장치 ② 양중기용 과부하방지장치 ③ 보일러 압력방출용 안전밸브 ④ 압력용기 압력방출용 안전밸브 ⑤ 압력용기 압력방출용 파열판 ⑥ 절연용 방호구 및 활선작업용 기구 ⑦ 방폭구조 전기 기계·기구 및 부품 ⑧ 추락·낙하 및 붕괴 등의 위험 방호에 필요한 가설기자재로서 고용노동부장관이 정하여 고시하는 것 ⑨ 충돌, 협착 등의 위험 방지에 필요한 산업용 로봇의 방호장치로서 고용노동부장관이 정하여 고시하는 것	① 추락 및 감전 위험 방지용 안전모 ② 안전화 ③ 안전장갑 ④ 방진마스크 ⑤ 방독마스크 ⑥ 송기마스크 ⑦ 전동식 호흡보호구 ⑧ 보호복 ⑨ 안전대 ⑩ 차광 및 비산물 위험 방지용 보안경 ⑪ 용접용 보안면 ⑫ 방음용 귀마개 또는 귀덮개

(4) 안전인증의 표시

① 안전인증대상을 받은 유해·위험 기계 등이나 이를 담은 용기 또는 포장에 안전인증의 표시를 해야 한다.
② 안전인증대상 기계·기구 중에서 안전인증을 받지 않은 것은 안전인증표시 금지 및 광고 금지
③ 안전인증표시의 임의 변경 또는 제거 금지

(5) 안전인증심사의 종류 및 심사기간

안전인증기관은 안전인증신청서를 제출받으면 다음에서 정한 심사 종류에 따른 기간 내에 심사하여야 한다. 다만, 제품심사의 경우 처리기간 내에 심사를 끝낼 수 없는 부득이한 사유가 있을 때에는 15일의 범위에서 심사기간을 연장할 수 있다.

안전인증심사의 종류		정 의	안전인증기관의 심사기간
예비심사		기계·기구 및 방호장치·보호구가 유해·위험한 기계·기구·설비 등인지를 확인하는 심사	7일
서면심사		유해·위험한 기계·기구·설비 등의 종류별 또는 형식별로 설계도면 등 유해·위험한 기계·기구·설비 등의 제품기술과 관련된 문서가 안전인증기준에 적합한지에 대한 심사	15일 (단, 외국에서 제조한 경우는 30일)
기술능력 및 생산체계 심사		유해·위험한 기계·기구·설비 등의 안전성능을 지속적으로 유지·보증하기 위하여 사업장에서 갖추어야 할 기술능력과 생산체계가 안전인증기준에 적합한지에 대한 심사	30일 (단, 외국에서 제조한 경우는 45일)
제품 심사	개별 제품심사	서면심사 결과가 안전인증기준에 적합할 경우에 유해·위험한 기계·기구·설비 등 모두에 대하여 하는 심사	15일
	형식별 제품심사	서면심사와 기술능력 및 생산체계 심사 결과가 안전인증기준에 적합할 경우에 유해·위험한 기계·기구·설비 등의 형식별로 표본을 추출하여 하는 심사	30일 (단, 추락 및 감전 위험 방지용 안전모, 안전화, 안전장갑, 방진마스크, 방독마스크, 송기마스크, 전동식 호흡보호구, 보호복은 60일)

※ 제품심사 : 유해·위험한 기계·기구·설비 등이 서면심사 내용과 일치하는지 여부와 유해·위험한 기계·기구·설비 등의 안전에 관한 성능이 안전인증기준에 적합한지 여부에 대한 심사

(6) 안전인증기준 준수 확인주기

① 안전인증대상 기계·기구 등 : 2년에 1회
② 최근 3년 동안 안전인증이 취소되거나 안전인증표시의 사용금지 또는 개선명령을 받은 사실이 없는 경우와 최근 2회의 확인 결과 기술능력 및 생산체계가 고용노동부장관이 정하는 기준 이상인 경우 : 3년에 1회

(7) 안전인증의 취소 공고

고용노동부장관은 안전인증을 취소한 경우에는 안전인증을 취소한 날부터 30일 이내에 다음의 사항을 관보와 「신문 등의 자유와 기능보장에 관한 법률」에 따라 그 보급지역을 전국으로 하여 등록한 일간신문 또는 인터넷 등에 공고하여야 한다.
① 유해·위험 기계·기구 등의 명칭 및 형식번호
② 안전인증번호
③ 제조자(수입자) 및 대표자
④ 사업장 소재지
⑤ 취소일자 및 취소사유

3 자율안전확인

(1) 자율안전확인의 정의

인증기준 설비와 인력을 구비하고 고용노동부장관의 인정을 받아 유해·위험기계, 안전장치, 보호구 등에 대한 안전인증을 자율로 실시하는 것

(2) 자율안전확인의 목적

보편화된 유해·위험기계, 안전장치, 보호구 등에 대해 안전인증을 함으로써 스스로 위험성을 평가·관리하도록 하여 인증의 실효성을 높이는 것

(3) 자율안전확인의 대상 빈출!

기계 또는 설비	방호장치	보호구
① 연삭기 또는 연마기 (휴대형은 제외) ② 산업용 로봇 ③ 혼합기 ④ 파쇄기 또는 분쇄기 ⑤ 식품가공용 기계 (파쇄·절단·혼합·제면기만 해당) ⑥ 컨베이어 ⑦ 자동차정비용 리프트 ⑧ 공작기계 (선반, 드릴기, 평삭·형삭기, 밀링만 해당) ⑨ 고정형 목재가공용 기계 (둥근톱, 대패, 루터기, 띠톱, 모떼기 기계만 해당) ⑩ 인쇄기	① 아세틸렌 용접장치용 또는 가스집합 용접장치용 안전기 ② 교류아크용접기용 자동전격방지기 ③ 롤러기 급정지장치 ④ 연삭기 덮개 ⑤ 목재가공용 둥근톱 반발 예방장치와 날접촉 예방장치 ⑥ 동력식 수동대패용 칼날접촉 방지장치 ⑦ 추락·낙하 및 붕괴 등의 위험 방호에 필요한 가설기자재로서 고용노동부장관이 정하여 고시하는 것	① 안전모 (단, 추락 및 감전 위험 방지용 안전모는 제외) ② 보안경 (단, 차광 및 비산물 위험 방지용 보안경은 제외) ③ 보안면 (단, 용접용 보안면은 제외)

06 안전검사와 안전진단

1 안전검사

(1) 안전검사의 정의
유해하거나 위험한 기계·기구·설비를 사용하는 사업주가 유해·위험기계 등의 안전에 관한 성능이 검사기준에 맞는지 알아보기 위해 실시하는 검사

(2) 안전검사의 목적
유해하거나 위험한 기계·기구 및 설비의 결함으로 인하여 발생될 수 있는 산업재해를 사전에 방지

(3) 안전검사 대상 기계 등 빈출!
① 프레스
② 전단기
③ 크레인(정격하중이 2톤 미만인 것은 제외)
④ 리프트
⑤ 압력용기
⑥ 곤돌라
⑦ 국소배기장치(이동식은 제외)
⑧ 원심기(산업용만 해당)
⑨ 롤러기(밀폐형 구조는 제외)
⑩ 사출성형기(형 체결력 294kN 미만은 제외)
⑪ 고소작업대(「자동차관리법」에 따른 화물자동차 또는 특수자동차에 탑재한 고소작업대로 한정)
⑫ 컨베이어
⑬ 산업용 로봇
⑭ 혼합기
⑮ 파쇄기 또는 분쇄기

(4) 안전검사의 주기 빈출!
① 크레인(이동식 크레인은 제외), 리프트(이삿짐 운반용 리프트는 제외) 및 곤돌라
 ㉠ 사업장에 설치가 끝난 날부터 3년 이내에 최초 안전검사를 실시
 ㉡ 그 이후부터 2년마다 실시
  (건설현장에서 사용하는 것은 최초로 설치한 날부터 6개월마다 실시)
② 이동식 크레인, 이삿짐 운반용 리프트 및 고소작업대
 ㉠ 「자동차관리법」에 따른 신규등록 이후 3년 이내에 최초 안전검사를 실시
 ㉡ 그 이후부터 2년마다 실시
③ 프레스, 전단기, 압력용기, 국소배기장치, 원심기, 롤러기, 사출성형기, 컨베이어, 산업용 로봇, 혼합기, 파쇄기 또는 분쇄기
 ㉠ 사업장에 설치가 끝난 날부터 3년 이내에 최초 안전검사를 실시
 ㉡ 그 이후부터 2년마다 실시
  (공정안전보고서를 제출하여 확인을 받은 압력용기는 4년마다 실시)

2 안전진단

(1) 안전진단의 목적

사업장의 산업재해를 예방하기 위하여 기계설비, 공기구, 작업방법, 작업환경, 근로자의 안전활동, 근무태도, 생활태도 등 인적·물적·환경적인 요인이 포함된 회사 전반에 걸쳐 잠재적 위험요소의 발견과 그 개선대책 수립을 위해 전문가로 하여금 조사·평가

(2) 안전진단의 대상

지방고용노동관서의 장은 다음의 사업장에 대하여 고용노동부장관이 지정하는 자가 실시하는 안전·보건진단을 받을 것을 명할 수 있으며, 사업주는 이에 적극 협조하여야 함은 물론 정당한 사유 없이 이를 거부하거나 방해 또는 기피하여서는 아니 된다. 이 경우 근로자대표의 요구가 있을 때에는 안전·보건진단에 근로자대표를 입회시켜야 한다.
① 중대재해(사업주가 안전·보건 조치의무를 이행하지 아니하여 발생한 중대재해만 해당) 발생 사업장(다만, 그 사업장의 연간 산업재해율이 같은 업종의 규모별 평균 산업재해율을 2년간 초과하지 아니한 사업장은 제외)
② 안전·보건진단이 필요한 안전·보건 개선계획 수립·시행 명령을 받은 사업장
③ 추락, 폭발, 붕괴 등 재해발생이 현저히 높은 사업장으로 지방고용노동관서의 장이 안전·보건진단이 필요하다고 인정하는 사업장

07 작업위험 분석

1 작업개선의 4단계

① 제1단계 : 작업분해
② 제2단계 : 세부내용 검토
③ 제3단계 : 작업분석
④ 제4단계 : 새로운 방법의 적용

작업분석방법(ECRS)
- 제거(Eliminate)
- 결합(Combine)
- 재조정(Rearrange)
- 단순화(Simplify)

2 동작경제의 3원칙 필출

(1) 작업량 절약의 원칙

① 적게 움직이도록 할 것
② 재료나 공구는 가까이에 정돈할 것
③ 동작의 수를 줄일 것
④ 동작의 양을 줄일 것
⑤ 물건을 장시간 취급할 경우에는 장구를 사용할 것

(2) 동작능력 활용의 원칙
① 발 또는 왼손으로 할 수 있는 것은 오른손을 사용하지 않는다.
② 양손으로 동시에 작업을 시작하고 동시에 끝낸다.
③ 양손이 동시에 쉬지 않도록 하는 것이 좋다.

(3) 동작개선의 원칙
① 동작이 자동적으로 이루어지는 순서로 할 것
② 양손은 동시에 반대의 방향으로, 좌우 대칭적으로 운동할 것
③ 관성, 중력, 기계력 등을 이용할 것
④ 작업장의 높이를 적당히 하여 피로를 줄일 것

08 무재해운동과 위험예지훈련

1 무재해운동

(1) 무재해의 정의
근로자가 업무에 기인하여 사망 또는 4일 이상의 요양을 요하는 부상 또는 질병에 이환되지 않는 것

(2) 재해의 범위
① 산업재해 : 사망 또는 4일 이상의 요양을 요하는 부상이나 질병에 이환되는 경우
② 산업사고 : 산업재해를 수반하지 아니한 경우라 할지라도 사고당 500만원 이상의 재산적 손실이 발생한 경우

(3) 무재해운동의 기본이념 3원칙 [빈출!]
① 무의 원칙 : 모든 잠재적 위험요인을 사전에 발견·파악·해결함으로써 근원적으로 산업재해를 없애자는 것이다.
② 참가의 원칙 : 참가란 작업에 따르는 잠재적인 위험요인을 발견·해결하기 위하여 전원이 협력하여 각각의 입장에서 문제해결행동을 실천하는 것이다.
③ 선취의 원칙 : 무재해운동에 있어서 선취란 궁극의 목표로서의 무재해·무질병의 직장을 실현하기 위하여 행동하기 전에 일체의 직장 내에서 위험요인을 발견·파악·해결하여 재해를 예방하거나 방지하는 것을 말한다.

(4) 무재해운동 추진의 3기둥(3요소)
① 최고경영자의 엄격한 경영자세 [빈출!]
② 관리감독자에 의한 안전보건의 추진(안전활동의 라인화)
③ 직장 소집단의 자주활동 활발화

(5) 무재해운동 추진의 3원칙(3기법)
① 팀미팅 기법
② 선취 기법
③ 문제해결 기법

2 위험예지훈련

(1) 위험예지훈련의 4단계
① 제1단계 - 현상 파악(사실의 파악) : 어떤 위험이 잠재하고 있는가?
② 제2단계 - 본질 추구(원인 파악) : 이것이 위험의 포인트이다.
③ 제3단계 - 대책 수립(대책 마련) : 당신이라면 어떻게 할 것인가?
④ 제4단계 - 목표 설정(행동계획 결정) : 우리들은 이렇게 하자.

(2) 위험예지훈련의 종류
① 감수성 훈련
② 단시간 미팅 훈련(TBM)
③ 문제해결 훈련

(3) TBM(Tool Box Meeting)
TBM은 단시간 미팅 훈련으로, 현장에서 그때 그 장소의 상황에 즉응하여 실시하는 위험예지활동으로서, 즉시즉응법이라고도 한다.
① 제1단계 - 도입 : 직장 체조, 무재해기 게양, 인사, 안전연설, 목표 제창
② 제2단계 - 점검·정비 : 건강, 복장, 공구, 보호구, 사용기기, 재료
③ 제3단계 - 작업지시 : 당일 작업에 대한 설명 및 지시를 받고 복창하여 확인
④ 제4단계 - 위험예측 : 당일 작업에 관한 위험예측활동 및 위험예지훈련
⑤ 제5단계 - 확인 : 위험에 대한 대책과 팀 목표의 확인(touch and call)

(4) 브레인스토밍의 4원칙
① 비판금지 : 발표된 의견에 대하여 서로 비판하지 않도록 한다.
② 자유분방 : 누구나 자유롭게 발언하도록 한다.
③ 대량발언 : 가능한 무엇이든 많이 발언하도록 한다.
④ 수정발언 : 타인의 아이디어에 수정하거나 덧붙여 말해도 좋다.

(5) 지적확인
작업을 안전하게 오조작 없이 하기 위하여 작업공정의 요소에서 자신의 행동을 "… 좋아!"라고 대상을 지적하여 큰소리로 확인하는 것

09 보호구

1 보호구의 이해

(1) 보호구의 정의

외부의 각종 위험과 유해물로부터 차단하거나 또는 그 영향을 감소시키려는 목적을 가지고 작업자 자신의 신체 일부 또는 전부에 착용하는 것

(2) 보호구의 구분

① 안전 보호구 : 재해 방지의 목적(안전모, 안전대, 안전화, 보안면 등)
② 위생(보건) 보호구 : 재해 및 건강장해 방지의 목적(보안경, 보안면, 귀마개, 귀덮개, 방진·방독·송기 마스크, 보호복 등)

(3) 보호구의 구비조건

① 착용 후 작업이 쉬울 것
② 유해·위험 요소에 대한 방호성능이 충분할 것
③ 사용되는 재료의 품질이 우수할 것
④ 구조 및 표면가공이 우수할 것
⑤ 외관이나 디자인이 양호할 것

(4) 보호구 선정 시 유의사항

① 사용목적에 적합한 것
② 안전인증에 합격하고 보호성능이 우수한 것
③ 작업행동에 방해되지 않는 것
④ 착용이 용이하고 크기 등이 사용자에게 편리한 것

> **보호구 안전인증 시 표시사항**
> - 품목 및 형식
> - 용량·등급
> - 인증번호
> - 인증연월일
> - 제조(수입)회사명

(5) 보호구의 보관방법

① 햇볕을 피하고 통풍이 잘 되는 장소에 보관할 것
② 부식성·유해성·인화성 액체, 기름, 산 등과 혼합하여 보관하지 않을 것
③ 발열성 물질을 보관하는 주변에 가까이 두지 않을 것
④ 땀으로 오염된 경우에 세척한 후 완전히 건조시켜 보관할 것
⑤ 모래, 진흙 등이 묻은 경우는 깨끗이 씻고 그늘에서 건조할 것

(6) 작업에 따라 착용해야 하는 보호구

비계 조립 시	충전전로 작업 시
• 안전모 • 안전대 • 안전화	• 손 - 절연장갑 • 어깨, 팔 - 절연보호의 • 머리 - 안전모(AE·ABE형) • 다리 - 절연화(절연장화)

2 안전모

(1) 안전모의 사용
물체의 낙하·비래 또는 근로자가 감전되거나 추락할 위험이 있는 작업에서 착용

(2) 안전모의 구조와 재질
① 안전모는 모체, 착장체, 충격흡수재 및 턱끈을 가질 것
② 안전모의 모체, 충격흡수재 및 착장체를 포함한 질량은 0.44kg을 초과하지 않을 것
③ 착장체의 구조는 착용자의 머리에 균등한 힘이 분배되도록 할 것

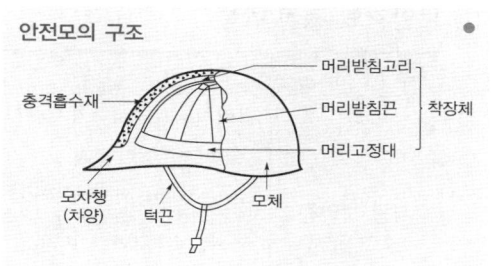

안전모의 구조

(3) 안전모의 종류

종류 기호	사용 구분	모체의 재질	내전압성 여부
AB	물체의 낙하·비래 및 추락에 의한 위험을 방지·경감	합성수지	비내전압성
AE	물체의 낙하·비래에 의한 위험을 방지·경감하고 머리 부위 감전을 방지	합성수지	내전압성
ABE	물체의 낙하·비래 및 추락에 의한 위험과 감전에 의한 위험을 방지	합성수지	내전압성

※ 내전압성 : 7,000V 이하의 전압에 견디는 성질

(4) 안전모의 성능시험 항목

항목	성능
내관통성 시험	AE와 ABE종 안전모의 관통거리는 9.5mm 이하, AB종 안전모의 관통거리는 11.1mm 이하여야 한다.
충격흡수성 시험	최고전달충격력이 4,450N을 초과해서는 안 되며, 모체와 착장체의 기능이 상실되지 않아야 한다.
내전압성 시험	AE와 ABE종 안전모는 교류 20kV에서 1분 동안 절연파괴 없이 견뎌야 하고, 이때 누설되는 충전전류는 10mA 이내여야 한다.
내수성 시험	AE와 ABE종 안전모는 질량증가율이 1% 미만이어야 한다. **내수성 시험** 안전모의 모체를 20~25℃의 물에 24시간 담가 놓은 후, 대기 중에 꺼내서 마른 천 등으로 표면의 수분을 닦고 질량증가율을 산출하는 시험 질량증가율(%) = $\dfrac{\text{담근 후의 질량} - \text{담그기 전의 질량}}{\text{담그기 전의 질량}} \times 100$
난연성 시험	불꽃을 내며 5초 이상 타지 않아야 한다.
턱끈풀림 시험	150N 이상 250N 이하에서 턱끈이 풀려야 한다.

3 보안경

(1) 보안경의 사용
물체가 날아 흩어질 위험이 있는 작업에서 착용

(2) 보안경의 종류 빈출!

종류	사용 구분	렌즈 재질
차광 보안경	적외선, 자외선, 가시광선으로부터 눈을 보호하기 위한 것 **차광 보안경의 종류** • 자외선용 : 자외선이 발생하는 장소 • 적외선용 : 적외선이 발생하는 장소 • 복합용 : 자외선 및 적외선이 발생하는 장소 • 용접용 : 자외선, 적외선 및 강렬한 가시광선이 발생하는 장소 (산소용접작업 등)	유리 및 플라스틱
유리 보안경	미분, 칩, 기타 비산물로부터 눈을 보호하기 위한 것	유리
플라스틱 보안경	미분, 칩, 액체 약품 등 기타 비산물로부터 눈을 보호하기 위한 것 (고글형은 부유분진, 액체 약품 등의 비산물로부터 눈을 보호)	플라스틱
도수렌즈 보안경	근시, 원시 혹은 난시인 근로자가 차광 보안경, 유리 보안경을 착용해야 하는 장소에서 작업하는 경우, 빛이나 비산물 및 기타 유해 물질로부터 눈을 보호함과 동시에 시력을 교정하기 위한 것	유리 및 플라스틱

(3) 보안경의 조건
① 모양에 따라 특정한 위험에 대해서 적절한 보호를 할 수 있을 것
② 착용했을 때 편안할 것
③ 내구성이 있을 것
④ 견고하게 고정되어 착용자가 움직이더라도 쉽게 탈착 또는 움직이지 않을 것
⑤ 충분히 소독되어 있을 것
⑥ 세척이 쉬울 것

(4) 보안경 구조의 조건
① 취급이 간단하고 쉽게 파손되지 않을 것
② 착용하였을 때에 심한 불쾌감을 주지 않을 것
③ 착용자의 행동을 심하게 저해하지 않을 것
④ 보안경의 각 부분은 사용자에게 절상이나 찰과상을 줄 우려가 있는 예리한 모서리나 요철 부분이 없을 것
⑤ 보안경의 각 부분은 쉽게 교환할 수 있는 것일 것

(5) 보안경 재료의 조건
① 강도 및 탄성 등이 용도에 대하여 적절할 것
② 피부에 접촉하는 부분에 사용하는 재료는 피부에 해로운 영향을 주지 않을 것
③ 금속부에는 적절한 방청 처리를 하고, 내식성이 있을 것
④ 내습성, 내열성 및 난연성이 있을 것

(6) 보안경 렌즈의 종류

① 필터렌즈 : 유해광선을 차단하는 원형 또는 변형 모양의 렌즈
② 커버렌즈 : 미분, 칩, 액체 약품 등 기타 비산물로부터 눈을 보호하기 위한 렌즈

4 보안면

(1) 보안면의 사용

용접 시 불꽃 또는 물체가 날아 흩어질 위험이 있는 작업에서 착용

(2) 보안면의 종류

종류	사용 구분	종류별 기준 및 조건	
용접 보안면	아크 용접, 가스 용접, 절단작업 시	성능 기준	• 난연성 : 1분간 76mm 이상 연소되지 않을 것 • 전기절연성 : 500kΩ 이상 • 가열 후 인장강도 : $3.0kgf/mm^2 (29.4N/mm^2)$ 이상 • 내열 비틀림 : 변형률 2% 이하 • 금속부품 내식성 : 스프링을 제외한 금속부품에 부식이 생기지 않을 것
일반 보안면	일반작업 및 점용접작업 시	재료 조건	• 구조적으로 충분한 강도를 가지며 가벼울 것 • 착용 시 피부에 해가 없을 것 • 수시로 세척·소독이 가능할 것 • 금속을 사용할 시에는 녹슬지 않을 것 • 플라스틱을 사용할 시에는 난연성의 것 • 투시부의 플라스틱은 광학적 성능을 가질 것

5 방음보호구(귀마개, 귀덮개)

(1) 귀마개(ear plug)

귓구멍을 막는 형태의 방음보호구
① EP-1(1종) : 저음부터 고음까지 전반적으로 차음하는 것
② EP-2(2종) : 고음만을 차음하는 것

(2) 귀덮개(ear muff)

귀 전체를 덮는 형태의 방음보호구로, 저음부터 고음까지를 차단하는 것

(3) 방음보호구의 구비조건

귀마개	귀덮개
• 귀에 잘 맞을 것 • 사용 중에 쉽게 탈락하지 않을 것 • 사용 중에 현저한 불쾌감이 없을 것 • 분실하지 않도록 적당한 곳에 끈으로 연결시킬 것	• 캡(cap)은 귀 전체를 덮어야 하며, 흡음제 등으로 감쌀 것 • 쿠션(cushion)은 귀 주위에 밀착시키는 구조일 것 • 헤드밴드는 길이조절이 가능하고, 스프링은 탄력성이 있어서 압박감을 주지 않을 것

6 방진마스크

(1) 방진마스크의 사용
분진이나 미스트 및 흄이 호흡기를 통해 체내에 유입되는 것을 방지하기 위해 착용

(2) 방진마스크의 성능시험 항목 빈출!
① 안면부 흡기저항 시험
② 여과재 분진포집효율 시험
③ 안면부 배기저항 시험
④ 안면부 누설률 시험
⑤ 배기밸브 작동 시험
⑥ 여과재 호흡저항 시험
⑦ 시야 시험
⑧ 강도, 신장률 및 영구변형률 시험
⑨ 불연성 시험

(2) 종류별 분진포집효율 빈출!

종류	등급	염화나트륨(NaCl) 및 파라핀오일(paraffin oil) 시험(%)
분리식	특급	99.95 이상
	1급	94.0 이상
	2급	80.0 이상
안면부 여과식	특급	99.0 이상
	1급	94.0 이상
	2급	80.0 이상

(3) 방진마스크의 등급별 사용장소

등급	사용장소
특급	• 베릴륨 등과 같이 독성이 강한 물질들을 함유한 분진 등 발생장소 • 석면 취급장소
1급	• 특급 마스크 착용장소를 제외한 분진 등 발생장소 • 금속흄 등과 같이 열적으로 생기는 분진 등 발생장소 • 기계적으로 생기는 분진 등 발생장소(규소 등과 같이 2급 방진마스크를 착용하여도 무방한 경우는 제외)
2급	특급 및 1급 마스크 착용장소를 제외한 분진 등 발생장소

※ 배기밸브가 없는 안면부 여과식 마스크는 특급 및 1급 장소에 사용해서는 안 된다.

(4) 방진마스크의 구비조건 빈출!
① 여과효율이 좋을 것
② 흡·배기저항이 낮을 것
③ 사용적이 적을 것
④ 중량이 가벼울 것
⑤ 시야가 넓을 것(하방시야 60° 이상)
⑥ 안면밀착성이 좋을 것
⑦ 피부접촉부위의 고무질이 좋을 것

7 방독마스크

(1) 방독마스크의 사용

유기용제, 황산, 염산 등의 산이나 암모니아, 그 밖에 화학물질을 취급하는 작업자가 노출되는 것을 막기 위해 착용

(2) 방독마스크의 종류 및 사용범위

종류	사용범위
격리식	가스 또는 증기의 농도가 2%(암모니아에 있어서는 3%) 이하의 대기 중 사용
직결식	가스 또는 증기의 농도가 1%(암모니아에 있어서는 1.5%) 이하의 대기 중 사용
직결식 소형	가스 또는 증기의 농도가 0.1% 이하의 대기 중 사용(긴급용이 아닌 것)

(3) 방독마스크의 성능시험 항목 빈출!
① 정화통 호흡저항 시험
② 안면부 흡기저항 시험
③ 안면부 배기저항 시험
④ 배기밸브 작동기밀 시험
⑤ 안면부 누설률 시험
⑥ 정화통의 제독능력 시험
⑦ 강도, 신장률 및 영구변형률 시험
⑧ 불연성 시험
⑨ 시야 시험

(4) 방독마스크 사용 시 주의사항
① 방독마스크를 과신하지 말 것
② 수명이 지난 것은 절대로 사용하지 말 것
③ 산소결핍 장소에서는 사용하지 말 것
④ 가스의 종류에 따라 용도 이외의 것을 사용하지 말 것

산소결핍의 기준
산소결핍 상태란 일반적으로 공기 중의 산소농도가 18% 미만인 상태를 의미한다.

(5) 방독마스크의 파과시간

$$유효시간(파과시간) = \frac{표준유효시간 \times 시험가스 농도}{사용하는 작업장의 공기 중 유해가스 농도}$$

(6) 방독마스크 흡수통(정화통)의 종류

종류	표시 기호	표시 색상	시험가스	주성분
유기화합물용	C	갈색	시클로헥산, 디메틸에테르, 이소부탄	활성탄
할로겐용	A	회색	염소가스 또는 증기	활성탄, 소다라임
황화수소용	K	회색	황화수소가스	금속염류, 알칼리제재
시안화수소용	J	회색	시안화수소가스	산화금속, 알칼리제재
아황산용	I	노란색	아황산가스	산화금속, 알칼리제재
암모니아용	H	녹색	암모니아가스	큐프라마이트
일산화탄소용	E	적색	일산화탄소가스	호프카라이트, 방습제

8 송기마스크

(1) 송기마스크의 사용

가스, 증기, 공기 중 부유하는 미립자상 물질 또는 산소결핍으로 인한 작업자의 건강장해를 예방하기 위해 착용

(2) 송기마스크의 종류

① 호스 마스크
  대기압의 공기 이용한 송기마스크
② 에어라인 마스크
  압축공기관, 고압공기용기 및 공기압축기 등으로부터 중압호스, 안면부 등을 통하여 압축공기를 이용한 송기마스크
③ 복합식 에어라인 마스크
  디맨드형 또는 압력 디맨드형으로 사용할 수 있으며, 급기의 중단 등 긴급 시 또는 작업상 필요 시에는 보유한 고압공기용기에서 급기를 받아 공기호흡기로서 사용할 수 있는 구조의 송기마스크

> 산소결핍장소 착용 보호구
> • 송기 마스크
> • 공기호흡기
> • 산소호흡기
> • 안전대

9 안전장갑

(1) 안전장갑의 사용
감전의 위험이 있는 작업 시 착용

(2) 안전장갑의 종류
① 전기용 고무장갑
7,000V 이하의 전기회로 작업에서 감전을 방지하는 데 사용하며, 작업 전압에 따라 A·B·C종으로 구분

종 류	사용 구분
A종	• 300V를 초과하고 교류 600V 또는 직류 750V 이하의 작업에 사용 • 10,000V에서 1분간 견딜 수 있을 것
B종	• 교류 600V 또는 직류 750V를 초과하고 3,500V 이하의 작업에 사용 • 15,000V에서 1분간 견딜 수 있을 것
C종	• 3,500V를 초과하고 7,000V 이하의 작업에 사용 • 20,000V에서 1분간 견딜 수 있을 것

② 용접용 가죽제 보호장갑
불꽃이나 용융금속 등으로부터 손의 상해를 방지하는 데 사용
㉠ 1종 : 아크 용접
㉡ 2종 : 가스 용접 및 용단

③ 산업위생 보호장갑
유해한 화학약품으로부터 손을 보호하는 데 사용

④ 내열장갑
노 작업 등에서 복사열로부터 손을 보호하기 위해 사용되며, 석면포에 알루미늄 분말로 표면 처리되어 있는 것

⑤ 방진장갑
착암기를 사용하는 작업장에서 사용되며, 방진재료로 특수탄성 고무판과 네오프렌 발포제가 사용된 것

> **보호장갑의 구비조건**
> 1. 용접용 가죽제 보호장갑의 구비조건
>   • 손바닥이나 손가락의 부분은 두께가 거의 균일하고 허술하지 않을 것
>   • 유연하고 탄력성과 일정한 인장력을 갖추고 있을 것
> 2. 산업위생 보호장갑의 구비조건
>   • 천연 또는 합성 고무제로 바늘구멍·이물·피부자극성 등의 결점이 없을 것
>   • 두께의 최대와 최소의 차가 두께 평균치의 20% 이하일 것
>   • 일정한 인장강도를 갖추고 있을 것

10 안전대

(1) 안전대의 사용
고소작업 시 추락에 의한 위험을 방지하기 위해 사용하는 보호구로, 높이 또는 깊이 2m 이상의 추락할 위험이 있는 장소에서의 작업 시 착용

(2) 안전대의 종류 빈출!

종 류	사용 구분	비고
벨트식(B식), 안전그네식(H식)	1개 걸이 전용	※ 추락방지대와 안전블록은 안전대의 종류 중 안전그네식에만 적용함.
	U자 걸이 전용	
	추락방지대	
	안전블록	

(3) 안전대용 로프의 구비조건
① 충격 및 인장강도에 강할 것
② 부드럽고 되도록 매끄럽지 않을 것
③ 내마모성이 클 것
④ 완충성이 높을 것
⑤ 습기나 약품류에 잘 손상되지 않을 것
⑥ 내열성이 높을 것

(4) 안전대 착용대상 작업
① 2m 이상의 높은 곳에서의 작업
② 분쇄기 또는 혼합기를 사용하는 작업
③ 비계의 조립 및 해체 작업
④ 슬레이트 지붕에서의 작업
⑤ 채석 시에 비래 또는 낙하가 있는 작업
⑥ 거푸집과 지보공의 고정·조립·해체 작업

11 안전화

(1) 안전화의 사용
물체의 낙하·충격, 물체에의 끼임, 감전 또는 정전기의 대전에 의한 위험이 있는 작업에서 착용

(2) 안전화의 종류
① **가죽제 안전화** : 물체의 낙하, 충격 및 바닥의 날카로운 물체에 의한 찔림 위험으로부터 발을 보호하기 위한 것
② **고무제 안전화** : 물체의 낙하, 충격 및 바닥의 날카로운 물체에 의한 찔림 위험으로부터 발을 보호하고, 아울러 방수 또는 내화학성을 겸한 것

③ 정전기 안전화 : 물체의 낙하, 충격 및 바닥의 날카로운 물체에 의한 찔림 위험으로부터 발을 보호하고, 아울러 정전기의 인체대전을 방지하기 위한 것
④ 발등 안전화 : 물체의 낙하, 충격 및 바닥의 날카로운 물체에 의한 찔림 위험으로부터 발 및 발등을 보호하기 위한 것
⑤ 절연화 : 물체의 낙하, 충격 및 바닥의 날카로운 물체에 의한 찔림 위험으로부터 발을 보호하고, 아울러 전기에 의한 감전을 방지하기 위한 것
⑥ 절연장화 : 저압·고압에 의한 감전을 방지하고, 아울러 방수를 겸한 것

(3) 안전화의 등급

등급	사용장소
중작업용	광업, 건설업 및 철광업 등에서의 원료 취급·가공, 강재 취급 및 운반, 건설업 등에서의 중량물 운반작업, 가공대상물의 중량이 큰 물체를 취급하는 작업장으로서 날카로운 물체에 의해 찔릴 우려가 있는 장소
보통작업용	기계공업, 금속가공업에서의 운반·건축업 등 공구 가공품을 손으로 취급하는 작업 및 차량 사업장, 기계 등을 운전 조작하는 일반 작업장으로서 날카로운 물체에 의해 찔릴 우려가 있는 장소
경작업용	금속 선별, 전기제품 조립, 화학제품 선별, 반응장치 운전, 식품가공업 등 비교적 경량의 물체를 취급하는 작업장으로서 날카로운 물체에 의해 찔릴 우려가 있는 장소

(4) 안전화의 종류별 성능시험 항목 빈출!

가죽제 안전화	고무제 안전화
• 내압박성 시험 • 내답발성 시험 • 내충격성 시험 • 박리저항 시험	• 인장 시험 • 내유성 시험 • 내화학성 시험 • 노화 시험

12 방열복

(1) 방열복의 사용
고열 작업에 의한 화상과 열중증을 방지하기 위하여 착용

(2) 방열복의 종류 빈출!

종류	질량
방열 상의	3.0kg
방열 하의	2.0kg
방열 일체복	4.3kg
방열 장갑	0.5kg
방열 두건	2.0kg

10 안전보건표지

1 안전보건표지의 기준

(1) 안전보건표지의 색도기준 및 용도

색 채	색도기준	용 도	사용 예
빨간색	7.5R 4/14	금지	정지신호, 소화설비 및 그 장소, 유해행위의 금지
		경고	화학물질 취급장소에서의 유해·위험 경고
노란색	5Y 8.5/12	경고	화학물질 취급장소에서의 유해·위험 경고 이외의 위험경고, 주의표지 또는 기계방호물
파란색	2.5PB 4/10	지시	특정 행위의 지시 및 사실의 고지
녹색	2.5G 4/10	안내	비상구 및 피난소, 사람 또는 차량의 통행표지
흰색	N 9.5	–	파란색 또는 녹색에 대한 보조색
검은색	N 0.5	–	문자 및 빨간색 또는 노란색에 대한 보조색

(2) 안전보건 표지의 기본모습

종류	기본 모형	규격 비율	종류	기본 모형	규격 비율
금지	(원형, 45°사선)	$d \geqq 0.025L$ $d_1 = 0.8d$ $0.7 < d_2 < 0.8d$ $d_3 = 0.1d$	지시	(원형)	$d \geqq 0.025L$ $d_1 = 0.8d$
경고	(삼각형 60°)	$a \geqq 0.034L$ $a_1 = 0.8a$ $0.7a < a_2 < 0.8a$	안내	(사각형)	$b \geqq 0.0224L$ $b_2 = 0.8b$
경고	(마름모 45°)	$a \geqq 0.025L$ $a_1 = 0.8a$ $0.7a < a_2 < 0.8a$	안내	(직사각형)	$h < L$ $h_2 = 0.8h$ $L \times h \geqq 0.0005L^2$ $h - h_2 = L - L_2 = 2e_2$ $L/h = 1, 4, 2, 4, 8$ (4종류)

제1과목 산업재해 예방 및 안전보건교육

2 안전보건표지의 종류와 형태

안전보건표지 속의 그림 또는 부호의 크기는 안전보건표지의 크기와 비례해야 하며, 안전보건표지 전체 규격의 30% 이상이 되어야 한다.

(1) 금지표지(8종)

바탕은 흰색, 기본모형은 빨간색, 관련 부호 및 그림은 검은색

101 출입금지	102 보행금지	103 차량통행금지	104 사용금지
105 탑승금지	106 금연	107 화기금지	108 물체이동금지

(2) 경고표지(15종)

바탕은 노란색, 기본모형과 관련 부호 및 그림은 검은색
다만, 인화성물질 경고, 산화성물질 경고, 폭발성물질 경고, 급성독성물질 경고, 부식성물질 경고 및 발암성·변이원성·생식독성·전신독성·호흡기과민성 물질 경고의 경우 바탕은 무색, 기본모형은 빨간색(검은색도 가능)

201 인화성물질 경고	202 산화성물질 경고	203 폭발성물질 경고	204 급성독성물질 경고	205 부식성물질 경고
206 방사성 물질 경고	207 고압전기 경고	208 매달린 물체 경고	209 낙하물 경고	210 고온 경고
211 저온 경고	212 몸균형상실 경고	213 레이저광선 경고	214 발암성·변이원성·생식독성·전신독성·호흡기과민성 물질 경고	215 위험장소 경고

45

(3) 지시표지(9종)

바탕은 파란색, 관련 그림은 흰색

301 보안경 착용	302 방독마스크 착용	303 방진마스크 착용	304 보안면 착용	305 안전모 착용
306 귀마개 착용	307 안전화 착용	308 안전장갑 착용	309 안전복 착용	

(4) 안내표지(8종)

바탕은 흰색, 기본모형과 관련 부호 및 바탕은 녹색, 관련 부호 및 그림은 흰색

401 녹십자표지	402 응급구호표지	403 들것	404 세안장치
405 비상용 기구	406 비상구	407 좌측 비상구	408 우측 비상구

11 적성과 인사관리

1 적성

(1) 적성의 분류 빈출!

① 지능
② 직업적성
③ 흥미
④ 인간성(성격)

※ 적성 요인이 아닌 것 : 연령, 개인차 등

(2) 적성 발견의 방법

① 자기이해
② 계발적 경험
③ 적성검사

2 적응과 부적응

(1) 적응의 역할(Super D.E.의 역할이론)
① 역할연기(role playing) : 자아탐색(self-exploration)인 동시에 자아실현(self-realization)의 수단이다.
② 역할기대(role expectation) : 자기의 역할을 기대하고 감수하는 사람은 그 직업에 충실할 것이다.
③ 역할조성(role shaping) : 개인에게 여러 개의 역할기대가 있을 경우 그 중의 어떤 역할기대는 불응 또는 거부할 수도 있으며, 다른 역할을 해내기 위해 다른 일을 구할 때도 있다.
④ 역할갈등(role conflict) : 직업 중에는 상반된 역할이 기대되는 경우가 있으며, 그럴 때 갈등이 생기게 된다.

(2) 부적응의 원인
① 개인의 소질
② 경험
③ 신체적 조건
④ 정신적 조건
⑤ 환경적 조건

3 카운슬링

(1) 카운슬링의 방법
① 직접 충고 ➡ 안전수칙을 지키지 않는 근로자에게 가장 효과적인 방법
② 설득적 방법
③ 설명적 방법

(2) 카운슬링의 효과
① 정신적 스트레스 해소
② 안전동기 부여
③ 안전태도 형성

4 인사관리의 주요 기능
① 조직과 리더십
② 선발
③ 배치
④ 직무분석
⑤ 업무평가
⑥ 상담 및 노사 간의 이해

12 안전사고와 사고심리

1 안전사고와 사고경향성

(1) 안전사고의 경향성
① 기업체에서 일어난 대부분의 사고는 소수의 근로자에 의해서 발생한다(심리학자 Greenwood).
② 소심한 사람은 사고를 유발하기 쉬우며, 이런 성격의 소유자는 도전적이다.
③ 사고경향성이 없는 사람은 침착숙고형이다.

(2) 사고경향성자(재해빈발자)의 유형

재해빈발자	재해빈발의 원인
미숙성 누발자	• 기능미숙 때문에 • 환경에 익숙하지 않기 때문에
상황성 누발자	• 작업 자체가 어렵기 때문에 • 기계·설비에 결함이 있기 때문에 • 심신에 근심이 있기 때문에 • 환경상 주의력 집중이 곤란하기 때문에
습관성 누발자	• 재해의 경험으로 겁이 많거나 신경과민증상을 보이는 자 • 일종의 슬럼프(slump) 상태에 빠져서 재해를 유발할 수 있는 자
소질성 누발자	• 주의력 지속이 불가능한 자 • 주의력 범위가 협소(편중)한 자 • 저지능자 • 생활이 불규칙한 자 • 작업에 대한 경시나 지속성이 부족한 자 • 정직하지 못하고 쉽게 흥분하는 자 • 비협조적이며 도덕성이 결여된 자 • 소심한 성격으로 감각운동이 부적합한 자

소질적인 사고의 요인
• 지능
• 성격
• 감각운동기능(시각기능)

(3) 사고의 본질적 특성

① **사고발생의 시간성** : 사고의 본질은 공간적인 것이 아니라, 시간적이다.
② **우연성 중의 법칙성** : 모든 사고는 우연처럼 보이지만 엄연한 법칙에 따라 발생되기도 하고 미연에 방지되기도 한다.
③ **필연성 중의 우연성** : 인간 시스템은 복잡하고 행동의 자유성이 있기 때문에 오히려 인간이 착오를 일으켜 사고의 기회를 조성한다고 보며, 외적 조건 의지를 가진 자일 경우에는 우연성은 복합형태가 되어 기회는 더 많아진다.
④ **사고재현 불가능성** : 사고는 인간의 추이 속에서 돌연히 인간의 의지에 반하여 발생되는 사건이라고 할 수 있으며, 지나가 버린 시간을 되돌려 상황을 원상태로 재현할 수는 없다.

2 인간의 안전심리 특성

(1) 인간 심리의 일반적 특성

① **간결성의 원리** : 최소의 에너지로 목표에 도달하려는 심리 특성
② **주의의 일점집중현상** : 돌발사태에 직면하면 공포를 느끼게 되고 주의가 일점(주시점)에 집중되어 판단정지 및 멍청한 상태에 빠지게 되면서 유효한 대응을 하지 못하는 현상
③ **리스크테이킹** : 객관적인 위험을 자기 나름대로 판정해서 의지결정을 하고 행동에 옮기는 것

(2) 군화의 법칙(물건의 정리)

① 근접의 요인 : 동일한 속성을 지닌 자극들이 가까이 있을 때, 시간적으로나 공간적으로 근접한 자극끼리 한 군데 묶어서 지각한다.
② 동류의 요인 : 크기나 색채 또는 모양이 비슷한 대상들이 섞여 있을 때, 유사한 자극끼리 한 군데 묶어서 지각한다.
③ 폐합의 요인 : 감각정보의 불완전성을 무시하고 그 불완전한 부분을 메워서 하나의 동질적인 집단을 형성한다.
④ 연속의 요인 : 일관된 스타일로 이어지는 자극들은 하나의 형태로 조직화되어 지각한다.

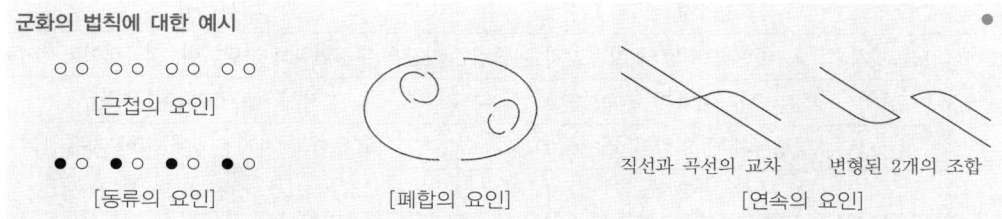

군화의 법칙에 대한 예시

(3) 인간의 안전심리 5대 요소

① 동기
② 기질
③ 감정
④ 습성
⑤ 습관

3 동기부여

(1) 레빈의 법칙(K. Lewin)

$B = f(P \cdot E)$

여기서, B : Behavior(인간의 행동)
　　　　P : Person(연령, 경험, 심신상태, 성격, 지능 등)
　　　　E : Environment(심리적 환경 : 인간관계, 작업환경 등)
　　　　f : function(함수관계 : 동기부여, 기타 P와 E에 영향을 주는 조건)

(2) 동기부여이론 빈출

Maslow의 욕구단계이론	Alderfer의 ERG 이론
• [제1단계] 생리적 욕구 • [제2단계] 안전 · 안정의 욕구 • [제3단계] 사회적 욕구 • [제4단계] 인정받으려는 욕구(존경욕구) • [제5단계] 자아실현의 욕구(성취욕구)	• 생존 욕구(Existence) • 관계 욕구(Relation) • 성장 욕구(Growth)

Davis의 동기부여이론(등식)
• 인간의 성과×물질적 성과=경영의 성과 • 지식(knowledge)×기능(skill)=능력(ability) • 상황(situation)×태도(attitude)=동기유발(motivation) • 능력×동기유발=인간의 성과(human performance)

McGregor의 X·Y이론	
X이론	Y이론
인간 불신감	상호 신뢰감
성악설	성선설
인간은 게으르고 태만하여 남의 지배받기를 즐김	인간은 부지런하고 근면하며, 적극적이고 자주적임
물질 욕구(저차적 욕구)	정신 욕구(고차적 욕구)
명령통제에 의한 관리	목표통합과 자기통제에 의한 자율관리
저개발국형	선진국형

Herzberg의 동기-위생 2요인 이론	
동기요인(직무내용)	위생요인(직무환경)
• 성취감 • 책임감 • 인정 • 성장과 발전 • 도전감 • 일 그 자체	• 회사정책과 관리 • 개인 상호 간의 관계 • 감독 • 임금 • 보수 • 작업조건 • 지위 • 안전

4 착각현상

(1) 착각의 요인

① 인지과정의 착오 빈출!
  ㉠ 생리적·심리적 능력의 한계
  ㉡ 정보량 저장의 한계
  ㉢ 감각 차단현상
  ㉣ 정서 불안정(공포, 불안, 불만)

감각 차단현상
단조로운 업무가 장시간 지속될 때, 작업자의 감각기능 및 판단 능력이 둔화 또는 마비되는 현상

② 판단과정의 착오 빈출!
  ㉠ 능력 부족(적성, 지식, 기술)
  ㉡ 정보 부족
  ㉢ 합리화
  ㉣ 환경조건 불비(표준 불량)
③ 조치과정의 착오

(2) 인간의 착각현상
① **자동운동** : 암실 내에서 정지된 소광점을 응시하고 있으면 보이는 그 광점의 움직임
② **유도운동** : 실제로는 움직이지 않는 것이 어느 기준의 이동에 유도되어 움직이는 것처럼 느껴지는 현상
③ **가현운동(β운동, 영화영상법)** : 객관적으로 정지하고 있는 대상물이 급속히 나타나거나 소멸하는 것으로 인하여 일어나는 운동으로, 마치 대상물이 운동하는 것처럼 인식되는 현상

5 인간의 동작실패

(1) 인간의 동작실패를 초래하는 조건
① 기상조건
② 피로도
③ 작업강도
④ 자세의 불균형
⑤ 환경조건

> **자동운동이 생기기 쉬운 조건**
> • 광점이 작을 것
> • 시야의 다른 부분이 어두울 것
> • 광의 강도가 작을 것
> • 대상이 단순할 것

(2) 인간의 동작실패를 막기 위한 조건
① 착각을 일으킬 수 있는 외부조건이 없을 것
② 감각기의 기능이 정상적일 것
③ 올바른 판단을 내리기 위해 필요한 지식을 갖고 있을 것
④ 시간적·수량적으로 능력을 발휘할 수 있는 체력이 있을 것
⑤ 의식동작을 필요로 할 때 무의식동작을 행하지 않을 것

6 주의와 부주의

(1) 주의력의 특성 빈출!
① **선택성** : 여러 종류의 자극을 지각할 때 소수의 특정한 것에 한하여 선택하는 기능
② **변동성** : 주의에는 주기적으로 부주의적 리듬이 존재하는 기능
③ **방향성** : 주시점만 인지하는 기능

(2) 부주의의 현상(심리적 특징) 빈출!
① **의식의 단절** : 지속적인 의식의 흐름에 단절이 생기고 공백의 상태가 나타나는 것으로서 특수한 질병이 있는 경우에 나타난다. ➡ 의식수준 : Phase 0 상태
② **의식의 우회** : 의식의 흐름이 옆으로 빗나가 발생하는 경우로서 작업 도중의 걱정, 고뇌, 욕구불만 등에 대해 주의하는 것이 이에 속한다. ➡ 의식수준 : Phase 0 상태
③ **의식수준 저하** : 혼미한 정신상태에서 심신이 피로한 경우나 단조로운 작업 등의 경우에 일어나기 쉽다. ➡ 의식수준 : Phase I 상태
④ **의식수준 과잉** : 지나친 의욕에 의해 생기는 부주의 현상으로, 돌발사태 및 긴급이상사태에 순간적으로 긴장되고 의식이 한 방향으로만 쏠리는 경우이다. ➡ 의식수준 : Phase IV 상태

13 피로와 바이오리듬

1 피로의 구분과 특징

(1) 정신적 피로와 육체적 피로

① 정신적 피로 : 작업태도, 자세, 사고활동 등의 변화로 정신적 긴장에 의해서 일어나는 중추신경계의 피로
② 육체적 피로 : 감각기능, 순환기 기능, 반사기능, 대사기능 등의 변화로 육체적으로 근육에서 일어나는 피로(신체 피로)

(2) 피로의 3지표

① 주관적 피로 : 스스로 느끼는 '피곤하다'는 자각증상(대개의 경우, 권태감이나 단조감 또는 포화감이 뒤따름)
② 객관적 피로 : 생산된 제품의 양과 질의 저하를 지표로 하는 피로
③ 생리적(기능적) 피로 : 인체의 생리상태를 검사함으로써 생체의 각 기능이나 물질의 변화 등에 의해 알 수 있는 피로

(3) 피로의 3대 특징

① 능률의 저하
② 생체의 다각적인 기능의 변화
③ 피로의 지각 등의 변화

> **피로에 영향을 주는 기계의 인자**
> - 기계의 종류
> - 기계의 색
> - 조작 부분의 배치
> - 조작 부분의 감촉

2 피로의 측정과 예방

(1) 피로의 측정방법

구 분	측정방법
생리학적 방법	• 근전도(Electromyogram ; EMG) : 근육활동 전위차의 기록 • 뇌전도(Electroneurogram ; ENG) : 신경활동 전위차의 기록 • 심전도(Electrocardiogram ; ECG) : 심장근활동 전위차의 기록 • 안전도(Electrooculogram ; EOG) : 안구운동 전위차의 기록 • 산소소비량 및 에너지대사율(Relative Metabolic Rate ; RMR) • 피부전기반사(Galvanic Skin Reflex ; GSR) • 플리커값(점멸융합주파수) : 정신적 부담이 대뇌피질의 피로수준에 미치고 있는 영향을 측정하는 방법
화학적 방법	• 혈색소농도, 혈액수준, 혈단백, 응혈시간 등 • 요전해질, 요단백, 요교질 배설량 등
심리학적 방법	• 피부(전위) 저장, 동작분석, 연속반응시간, 행동기록 등 • 정신작업, 전신자각증상, 집중유지기능 등

> **플리커 테스트(점멸융합주파수)**
> 빛을 일정 속도로 점멸시키면 처음에는 반짝반짝하게 보이지만 그 속도를 증가시키면 계속 켜져 있는 것처럼 보이는데, 이때의 값을 플리커값이라 한다. 이 값은 일정하지 않고 피로상태에 따라 바뀌며, 정신적 부담이 대뇌피질의 활동수준에 미치고 있는 영향을 측정하여 정신적 피로도의 측정지수로 이용된다.

(2) 휴식시간 산출방법

$$R = \frac{60(E-4)}{E-1.5}$$

여기서, R : 휴식시간(분)
          E : 작업 시의 평균 에너지소비량(kcal/분)
          60 : 총작업시간(분)
          1.5 : 휴식시간 중의 에너지소비량(kcal/분)
          4 : 기초대사를 포함한 에너지 상한(kcal/분)
          ※ 기초대사를 포함한 에너지 상한값이 주어지면 4 대신에 주어진 값을 대입한다.

(3) 피로의 예방대책

① 충분한 수면 ➡ 가장 효과적인 방법
② 충분한 영양섭취
③ 산책 및 가벼운 운동
④ 음악감상 및 오락
⑤ 목욕, 마사지 등 물리적 요법

3 바이오리듬

(1) 바이오리듬의 유형

유 형	주 기	관계요소
육체적 리듬(청색)	23일	식욕, 소화력, 활동력, 스테미너 및 지구력 등
지성적 리듬(녹색)	33일	상상력, 사고력, 기억력, 의지, 판단 및 비판력 등
감성적 리듬(적색)	28일	주의력, 창조력, 예감 및 통찰력 등

(2) 위험일(Critical Day)

P · S · I 3개의 서로 다른 리듬은 안정기[Positive phase(+)]와 불안정기[Negative phase(-)]를 교대로 반복하여 사인(Sine) 곡선을 그려 나가는데, (+)리듬에서 (-)리듬으로, 또는 (-)리듬에서 (+)리듬으로 변화하는 점을 '영(Zero)' 또는 '위험일'이라고 하며, 이런 위험일은 한 달에 6일 정도 일어난다.
※ 위험일에는 평소보다 뇌졸중이 5.4배, 심장질환 발작이 5.1배, 그리고 자살은 무려 6.8배나 더 많이 발생한다고 한다.

(3) 하루 중 생체리듬과 피로

① 혈액의 수분과 염분량의 경우 주간에는 감소하고, 야간에는 증가한다.
② 체온 · 혈압 · 맥박수의 경우 주간에는 상승하고, 야간에는 저하된다.
③ 야간에는 소화분비액이 불량하고, 체중이 감소한다.
④ 야간에는 말초운동기능이 저하되고, 피로의 자각증상이 증대된다.

14 학습지도

1 학습의 목적과 지도

(1) 학습의 전개과정
① 주제를 미리 알려진 것에서 점차 미지의 것으로 배열한다.
② 주제를 과거에서 현재, 미래의 순으로 실시한다.
③ 주제를 많이 사용하는 것에서 적게 사용하는 순으로 실시한다.
④ 주제를 간단한 것에서 복잡한 것으로 실시한다.

(2) 학습목적의 3요소 빈출!
① 목표
② 주제
③ 학습정도

'③ 학습정도'의 4단계
1. 인지(to acquaint)
2. 지각(to know)
3. 이해(to understand)
4. 적용(to apply)

(3) 학습지도의 원리
① 자기활동의 원리(자발성의 원리)
② 개별화의 원리
③ 사회화의 원리
④ 통합의 원리
⑤ 직관의 원리

(4) 지도교육의 8원칙 빈출!
① 상대의 입장에서 지도교육한다(피교육자 중심 교육).
② 동기부여를 충실히 한다.
③ 쉬운 것에서 어려운 것으로 지도한다(level up).
④ 반복해서 교육한다.
⑤ 한 번에 하나씩 가르친다(step by step).
⑥ 5감을 활용한다.
⑦ 인상의 강화를 한다.
⑧ 기능적인 이해를 돕는다.

2 학습이론 빈출!

(1) 조건반사설(S-R 이론, 파블로프 ; Pavlov)에 의한 학습원리
① 일관성의 원리
② 계속성의 원리
③ 강도의 원리
④ 시간의 원리

(2) 시행착오설(손다이크 ; Thorndike)에 의한 학습원칙
　　① 연습의 원칙(반복의 원칙)
　　② 준비성의 원칙
　　③ 효과의 원칙

3 학습전이와 학습평가

(1) 학습전이의 조건 빈출!
　　① 학습정도
　　② 유의성
　　③ 학습자의 태도
　　④ 시간적 간격
　　⑤ 학습지의 지능

(2) 학습평가의 4단계
　　① 제1단계 : 반응단계
　　② 제2단계 : 학습단계
　　③ 제3단계 : 행동단계
　　④ 제4단계 : 결과단계

15 안전보건교육

1 안전보건교육의 이해

(1) 안전보건교육의 목적
　　① 의식의 안전화
　　② 행동의 안전화
　　③ 작업환경의 안전화
　　④ 물적 요인의 안전화

(2) 안전보건교육의 기본방향 빈출!
　　① 사고사례 중심의 안전교육
　　② 안전작업(표준작업)을 위한 안전교육
　　③ 안전의식 향상을 위한 안전교육

(3) 안전보건교육의 3요소 빈출!
　　① 주체 – 강사
　　② 객체 – 수강자, 학생
　　③ 매개체 – 교육내용, 교재

(4) 안전보건교육계획에 포함해야 할 사항 〈빈출!〉

① 교육 목표 ➡ 첫째 과제
② 교육의 종류 및 교육대상
③ 교육의 과목 및 교육내용
④ 교육의 기간 및 시간
⑤ 교육장소
⑥ 교육방법
⑦ 교육담당자 및 강사
⑧ 소요예산 책정

> '① 교육 목표'의 내용
> • 교육 및 훈련의 범위
> • 교육 보조자료의 준비 및 사용지침
> • 교육훈련 의무와 책임관계 명시

2 안전보건교육의 3단계

- 제1단계 : 지식교육
- 제2단계 : 기능교육
- 제3단계 : 태도교육

(1) 지식교육의 4단계 〈빈출!〉

① 제1단계 – 도입(준비) : 수강자에게 배우고자 하는 마음가짐을 일으키도록 도입한다. 교육의 주제와 목적 또는 중요성을 말하고 관심과 흥미를 가지도록 동기부여를 함과 동시에 심신의 여유를 갖도록 한다.
② 제2단계 – 제시(설명) : 상대의 능력에 따라 교육하고 내용을 확실하게 이해·납득시키는 단계이므로 주안점을 두어서 논리적·체계적으로 반복교육을 하여 확실하게 이해시킨다.
③ 제3단계 – 적용(응용) : 이해시킨 내용을 구체적인 문제 또는 실제 문제로 활용시키거나 응용시키도록 한다. 사례연구에 따라서 문제해결을 시키거나 실제로 습득시켜 본다.
④ 제4단계 – 확인(총괄, 평가) : 수강자가 교육내용을 정확하게 이해하고 납득하여 습득하였는가 아닌가를 확인한다. 확인하는 방법은 시험과 과제 연구·제출 등의 방법이 있다. 확인결과에 따라 보강을 하거나 교육방법을 개선한다.

(2) 기능교육의 3원칙

① 준비
② 위험작업의 규제
③ 안전작업의 표준화

(3) 태도교육의 4단계

① 청취한다(hearing).
② 이해·납득시킨다(understand).
③ 모범을 보인다(example).
④ 평가한다(evaluaion).

> 태도교육의 기본과정
> 1. 청취한다.
> 2. 이해·납득시킨다.
> 3. 모범을 보인다.
> 4. 권장한다.
> 5. 칭찬한다.
> 6. 벌을 준다.

16 산업안전보건교육

1 산업안전보건교육의 교육내용

(1) 근로자 안전보건교육

1) 정기교육 빈출!
   ① 산업안전 및 산업재해 예방에 관한 사항(화재·폭발 사고 발생 시 대피에 관한 사항 포함)
   ② 산업보건 및 건강장해 예방에 관한 사항(폭염·한파작업으로 인한 건강장해 발생 시 응급조치에 관한 사항 포함)
   ③ 위험성 평가에 관한 사항
   ④ 건강증진 및 질병 예방에 관한 사항
   ⑤ 유해·위험 작업환경 관리에 관한 사항
   ⑥ 산업안전보건법령 및 산업재해보상보험 제도에 관한 사항
   ⑦ 직무스트레스 예방 및 관리에 관한 사항
   ⑧ 직장 내 괴롭힘, 고객의 폭언 등으로 인한 건강장해 예방 및 관리에 관한 사항

2) 채용 시 및 작업내용 변경 시의 교육 빈출!
   ① 산업안전 및 산업재해 예방에 관한 사항(화재·폭발 사고 발생 시 대피에 관한 사항 포함)
   ② 산업보건 및 건강장해 예방에 관한 사항
   ③ 위험성 평가에 관한 사항
   ④ 산업안전보건법령 및 산업재해보상보험 제도에 관한 사항
   ⑤ 직무스트레스 예방 및 관리에 관한 사항
   ⑥ 직장 내 괴롭힘, 고객의 폭언 등으로 인한 건강장해 예방 및 관리에 관한 사항
   ⑦ 기계·기구의 위험성과 작업의 순서 및 동선에 관한 사항
   ⑧ 작업개시 전 점검에 관한 사항
   ⑨ 정리정돈 및 청소에 관한 사항
   ⑩ 사고발생 시 긴급조치에 관한 사항
   ⑪ 물질안전보건자료에 관한 사항

(2) 관리감독자 안전보건교육

1) 정기교육 빈출!
   ① 산업안전 및 산업재해 예방에 관한 사항(화재·폭발 사고 발생 시 대피에 관한 사항 포함)
   ② 산업보건 및 건강장해 예방에 관한 사항(폭염·한파작업으로 인한 건강장해 발생 시 응급조치에 관한 사항 포함)
   ③ 위험성 평가에 관한 사항
   ④ 유해·위험 작업환경 관리에 관한 사항
   ⑤ 산업안전보건법령 및 산업재해보상보험 제도에 관한 사항
   ⑥ 직무스트레스 예방 및 관리에 관한 사항
   ⑦ 직장 내 괴롭힘, 고객의 폭언 등으로 인한 건강장해 예방 및 관리에 관한 사항
   ⑧ 작업공정의 유해·위험과 재해 예방대책에 관한 사항

⑨ 사업장 내 안전보건관리체제 및 안전·보건조치 현황에 관한 사항
⑩ 표준안전 작업방법 결정 및 지도·감독 요령에 관한 사항
⑪ 현장 근로자와의 의사소통능력 및 강의능력 등 안전보건교육 능력 배양에 관한 사항
⑫ 비상시 또는 재해 발생 시 긴급조치에 관한 사항
⑬ 그 밖에 관리감독자의 직무에 관한 사항

2) **채용 시 작업내용 변경 시의 교육**
① 산업안전 및 산업재해 예방에 관한 사항(화재·폭발 사고 발생 시 대피에 관한 사항 포함)
② 산업보건 및 건강장해 예방에 관한 사항
③ 위험성 평가에 관한 사항
④ 산업안전보건법령 및 산업재해보상보험 제도에 관한 사항
⑤ 직무스트레스 예방 및 관리에 관한 사항
⑥ 직장 내 괴롭힘, 고객의 폭언 등으로 인한 건강장해 예방 및 관리에 관한 사항
⑦ 기계·기구의 위험성과 작업의 순서 및 동선에 관한 사항
⑧ 작업 개시 전 점검에 관한 사항
⑨ 물질안전보건자료에 관한 사항
⑩ 사업장 내 안전보건관리체제 및 안전·보건조치 현황에 관한 사항
⑪ 표준안전 작업방법 결정 및 지도·감독 요령에 관한 사항
⑫ 비상시 또는 재해 발생 시 긴급조치에 관한 사항
⑬ 그 밖의 관리감독자의 직무에 관한 사항

2 산업안전보건교육의 교육시간 빈출!

(1) **근로자 안전보건교육**

교육과정	교육대상		교육시간
정기교육		사무직 종사 근로자	매 반기 6시간 이상
	그 밖의 근로자	판매업무에 직접 종사하는 근로자	매 반기 6시간 이상
		판매업무에 직접 종사하는 근로자 외의 근로자	매 반기 12시간 이상
채용 시 교육	일용근로자 및 근로계약기간이 1주일 이하인 기간제근로자		1시간 이상
	근로계약기간이 1주일 초과 1개월 이하인 기간제근로자		4시간 이상
	그 밖의 근로자		8시간 이상
작업내용 변경 시 교육	일용근로자 및 근로계약기간이 1주일 이하인 기간제근로자		1시간 이상
	그 밖의 근로자		2시간 이상

교육과정	교육대상	교육시간
특별교육	일용근로자 및 근로계약기간이 1주일 이하인 기간제근로자(타워크레인 신호 작업 제외)	2시간 이상
	타워크레인 신호 작업에 종사하는 일용근로자 및 근로계약기간이 1주일 이하인 기간제근로자	8시간 이상
	일용근로자 및 근로계약기간이 1주일 이하인 기간제근로자를 제외한 근로자	• 16시간 이상(최초 작업에 종사하기 전 4시간 이상 실시하고, 12시간은 3개월 이내에서 분할하여 실시 가능) • 단기간 작업 또는 간헐적 작업인 경우에는 2시간 이상
건설업 기초 안전보건교육	건설 일용근로자	4시간 이상

(2) 관리감독자 안전보건교육

교육과정	교육시간
정기교육	연간 16시간 이상
채용 시 교육	8시간 이상
작업내용 변경 시 교육	2시간 이상
특별교육	• 16시간 이상(최초 작업에 종사하기 전 4시간 이상 실시하고, 12시간은 3개월 이내에서 분할하여 실시 가능) • 단기간 작업 또는 간헐적 작업인 경우에는 2시간 이상

(3) 안전보건관리책임자 등에 대한 교육 빈출!

교육대상	교육시간	
	신규교육	보수교육
안전보건관리책임자	6시간 이상	6시간 이상
안전관리자, 안전관리전문기관의 종사자	34시간 이상	24시간 이상
보건관리자, 보건관리전문기관의 종사자	34시간 이상	24시간 이상
건설재해예방전문지도기관의 종사자	34시간 이상	24시간 이상
석면조사기관의 종사자	34시간 이상	24시간 이상
안전보건관리 담당자	–	8시간 이상
안전검사기관, 자율안전검사기관의 종사자	34시간 이상	24시간 이상

(4) 검사원 성능검사교육

교육과정	교육시간
성능검사교육	28시간 이상

17 안전보건교육의 방법

1 하버드 학파의 5단계 교수법

① 준비(preparation)
② 교시(presentation)
③ 연합(association)
④ 총괄(generalization)
⑤ 응용(application)

2 듀이의 사고과정 5단계

① 시사를 받는다(suggestion).
② 머리로 생각한다(intellectualization).
③ 가설을 설정한다(hypothesis).
④ 추론한다(reasoning).
⑤ 행동에 의하여 가설을 검토한다.

3 O.J.T.와 Off J.T.

(1) 장소에 따른 교육훈련방법의 구분

① O.J.T.(On the Job Training) : 사업장 내에서 직속 상사가 강사가 되어 실시하는 개별교육의 형태로서, 일상 업무를 통해 지식과 기능, 문제해결능력 등을 배양시키는 교육방식
② Off J.T.(Off the Job Training) : 사업장 외에서 실시하는 교육으로서, 일정 장소에 다수의 근로자를 집합시켜 실시하는 보다 체계적인 집체 교육방식

(2) O.J.T.와 Off J.T.의 장단점 빈출!

구 분	장 점	단 점
O.J.T.	• 개개인에게 적절한 지도훈련이 가능하다. • 직장의 실정에 맞는 실제적 훈련이 가능하다. • 즉시 업무에 연결되는 몸과 관계가 있다. • 훈련에 필요한 계속성이 끊어지지 않는다. • 효과가 곧 업무에 나타나며, 결과에 따른 개선이 쉽다. • 훈련 효과를 보고 상호 신뢰 이해도가 높아지는 것이 가능하다.	• 훌륭한 상사가 꼭 훌륭한 교사는 아니다. • 일과 훈련의 양쪽이 반반이 될 가능성이 있다. • 다수의 종업원을 한 번에 훈련할 수 없다. • 통일된 내용과 동일 수준의 훈련이 될 수 없다. • 전문적인 고도의 지식 · 기능을 가르칠 수 없다.
Off J.T.	• 다수의 근로자에게 조직적 훈련이 가능하다. • 훈련에만 전념하게 된다. • 전문가를 강사로 초빙하는 것이 가능하다. • 특별한 설비나 기구의 이용이 가능하다. • 각 직장의 근로자가 많은 지식이나 경험을 교류할 수 있다.	• 개인에게 적절한 지도와 훈련이 불가능하다. • 실제적 · 현실적 훈련이 불가능하다. • 강사에 따라서 훈련의 효과가 없다. • 교육훈련 목표에 대하여 집단적 노력이 흐트러질 수도 있다.

4 강의법

(1) 강의법의 적용
많은 인원의 수강자(최적 인원 : 40~50명)를 단기간의 교육시간에 비교적 많은 교육내용을 전수하기 위한 방법으로, 다음의 경우에 적용한다.
① 수업의 도입이나 초기단계
② 학교의 수업이나 현장훈련
③ 시간은 부족한데, 가르칠 내용이 많은 경우
④ 강사의 수는 적고, 수강자는 많아서 한 강사가 많은 사람을 상대해야 할 경우
⑤ 비교적 모든 교과에 가능

(2) 강의식 교육의 장단점

장 점	단 점
• 사실, 사상을 시간과 장소의 제한 없이 어디서나 제시할 수 있다. • 교사가 임의로 시간을 조절할 수 있고 강조할 점을 수시로 강조할 수 있다. • 학생의 다소에 제한을 받지 않는다. • 학습자의 태도, 정서 등의 감화를 위한 학습에 효과적이다. • 여러 가지 수업매체를 동시에 다양하게 활용할 수 있다.	• 개인의 학습속도에 맞추어 수업이 불가능하다. • 대부분이 일방통행적인 지식의 배합형식으로, 학습자 개개인의 이해도(성취정도)를 점검하기 어렵다. • 학습자의 참여가 제한되고 흥미를 지속시키기 위한 기회가 없어 집중도가 낮다. • 학습과제에 제한이 있다.

5 토의법

(1) 토의법의 적용
① 수업의 중간이나 마지막 단계
② 학교 수업이나 직업훈련의 특정 분야
③ 알고 있는 지식을 심화시키거나 어떠한 자료에 대해 보다 명료한 생각을 갖도록 하는 경우
④ 수강자들에게 다양한 접근방법과 해석을 요구하는 경우

(2) 토의법의 종류
① **문제법(problem method)** : 학생 앞에 현실적인 문제를 제시하여 해결해 나가는 과정에서 지식, 기능, 태도, 기술 등을 종합적으로 획득하게 하는 방법
② **사례연구법(case study)** : 먼저 사례를 제시하고 문제적 사실들과 그의 상호관계에 대해서 검토하고 대책을 토의하는 방법
③ **포럼(forum)** : 새로운 자료나 교재를 제시하고 거기에서의 문제점을 피교육자로 하여금 제기하게 하거나, 의견을 여러 가지 방법으로 발표하게 하고 다시 깊이 파고들어서 토의를 행하는 방법
④ **심포지엄(symposium)** : 몇 사람의 전문가에 의하여 과제에 관한 견해를 발표한 뒤에 참가자로 하여금 의견이나 질문을 하게 하여 토의하는 방법
⑤ **패널 디스커션(panel discussion)** : 패널 멤버(교육과제에 정통한 전문가 4~5명)가 피교육자 앞에서 자유로이 토의를 한 뒤에 피교육자 전원이 참가하여 사회자의 사회에 따라 토의하는 방법

⑥ 버즈세션(buzz session) : 6-6회의라고도 하며, 먼저 사회자와 기록계를 선출한 후 나머지 사람을 6명씩 소집단으로 구분하고, 소집단별로 각각 사회자를 선발하여 6분씩 자유토의를 행하여 의견을 종합하는 방법

6 구안법(project method)

(1) 구안법의 정의
학생이 마음속으로 생각하고 있는 것을 외부에 구체적으로 실현하고 형상화하기 위하여 스스로가 계획을 세워서 수행하는 학습활동으로 이루어지는 형태이다.

(2) 구안법의 장점
① 동기유발을 할 수 있고, 자주성과 책임감을 훈련시킬 수 있다.
② 창조적, 연구적 태도를 기를 수 있다.
③ 학교생활과 실제생활을 결부시킬 수 있다.
④ 자발적으로 능동적인 학습활동을 촉구할 수 있다.
⑤ 협동성, 지도성, 희생정신 등을 기를 수 있다.

> **구안법의 4단계**
> 목적 → 계획 → 수행 → 평가

7 역할연기법(role playing)

(1) 역할연기법의 정의
참석자에게 어떤 역할을 주어서 실제로 시켜봄으로써 훈련이나 평가에 사용하는 교육기법으로, 절충능력이나 협조성을 높여서 태도의 변용에도 도움을 준다.

(2) 역할연기법의 장단점
① 장점
  ㉠ 사람을 보는 눈이 신중하게 되고 관대해지며 자신의 능력을 알게 된다.
  ㉡ 역할을 맡으면 계속 말하고 듣는 입장이므로 자기 태도의 반성과 창조성이 생기고 발언도 향상된다.
  ㉢ 한 가지의 문제에 대하여 그 배경에는 무엇이 있는가를 통찰하는 능력을 높임으로써 감수성이 향상된다.
  ㉣ 문제에 적극적으로 참가하여 흥미를 갖게 하며, 타인의 장점과 단점이 잘 나타난다.
② 단점
  ㉠ 높은 수준의 의사 결정에 대한 훈련에는 효과를 기대할 수 없다.
  ㉡ 목적이 명확하지 않고, 계획적으로 실시하지 않으면 학습에 연계되지 않는다.
  ㉢ 훈련 장소의 확보가 어렵다.

8 프로그램 학습법(programmed self-instruction method)

(1) 프로그램 학습법의 정의
수업 프로그램이 프로그램 학습의 원리에 의하여 만들어지고, 학생의 자기 학습 속도에 따른 학습이 허용되어 있는 상태에서 학습자가 프로그램 자료를 가지고 단독으로 학습하도록 하는 교육방법이다.

(2) 프로그램 학습법의 적용

① 수업의 모든 단계
② 학교수업, 방송수업, 직업훈련의 경우
③ 수강자들의 개인차가 최대한으로 조절되어야 할 경우
④ 학생들이 자기에게 허용된 어느 시간에나 학습이 가능할 경우
⑤ 보충학습의 경우

9 TWI, MTP, ATT, CCS

(1) TWI(Training Within Industry)

주로 현장의 관리감독자를 교육하기 위한 교육방법으로, 토의법으로 진행된다.

(2) MTP(Management Training Program)

교육대상은 TWI보다 약간 높은 계층을 목표로 하고, TWI와는 달리 관리 문제에 보다 더 치중하는 방법으로, 한 클래스는 10~15명으로 하여 2시간씩 20회에 걸쳐서 40시간을 훈련하도록 되어 있다.

(3) ATT(American Telephone & Telegram Co.)

대상 계층이 한정되어 있지 않고, 한 번 훈련을 받은 관리자는 그 부하인 감독자에 대해서 지도원이 될 수 있다.

(4) CCS(Civil Communication Section)

ATP(Administration Training Program)라고도 하며, 당초에는 일부 회사의 톱매니지먼트(top management)에 대해서만 행하여졌으나, 그 후에 널리 보급되었으며, 정책의 수립, 조직(경영 부분, 조직 형태, 구조 등), 통제(조직 통제의 적용, 품질관리, 원가 통제의 적용 등) 및 운영(운영 조직, 협조에 의한 회사 운영) 등의 교육내용을 다룬다.

TWI와 ATT의 교육내용

1. TWI의 교육내용
   - JI(Job Instruction) : 작업을 가르치는 방법(작업지도기법)
   - JM(Job Method) : 작업의 개선방법(작업개선기법)
   - JR(Job Relation) : 사람을 다루는 방법(인간관계 관리기법)
   - JS(Job Safety) : 안전한 작업법(작업안전기법)
2. ATT의 교육내용
   - 계획적 감독
   - 작업의 계획 및 인원 배치
   - 작업의 감독
   - 공구 및 자료 보고 및 기록
   - 개인 작업의 개선
   - 종업원의 향상
   - 인사 관계
   - 훈련
   - 고객 관계
   - 안전부대군인의 복무 조정 등

제1과목 산업재해 예방 및 안전보건교육 개념 Plus⁺

1. 안전행동실천운동(5C 운동)에는 복장단정(Correctness), 정리정돈(Clearance), 청소·청결(Cleaning), 점검·확인(Checking), 그리고 (　　　　)이 있다.

2. 점검시기에 따른 안전점검의 종류에는 수시점검, (　　　　), 임시점검, 특별점검이 있다.

3. 재해 방지를 위한 대책 선정 시의 안전대책에는 교육적 대책, 관리적 대책, (　　　　) 대책이 있다.

4. 안전보건개선계획의 수립·시행 명령을 받은 사업주는 고용노동부장관이 정하는 바에 따라 안전계획서를 작성하여 그 명령을 받은 날부터 (　　) 이내에 관할 지방고용노동관서의 장에게 제출해야 하고, 안전보건관리규정을 작성해야 할 사업의 사업주는 안전보건관리규정을 작성하여야 할 사유가 발생한 날부터 (　　) 이내에 작성해야 하며, 안전관리자를 선임한 경우 선임한 날부터 (　　) 이내에 고용노동부장관에게 증명할 수 있는 서류를 제출하여야 한다.

5. 재해예방의 4원칙에는 (　　　　　　), 손실우연의 원칙, 대책선정의 원칙, 원인계기의 원칙이 있다.

6. 1,000명 이상의 대규모 사업장에 가장 적합한 안전관리조직의 형태는 (　　　　), 100명 이하의 소규모 사업장에 적합한 안전관리조직의 형태는 (　　　　)이다.

7. 하인리히 법칙이란 산업재해로 인해 총 330회의 사고가 발생한 경우, 무상해사고, 경상, 중상 또는 사망 사고가 (　　) : (　　) : (　　)의 비율로 발생한다는 법칙이다.

8. (　　　　)이란 객관적인 위험을 작업자 나름대로 판정하여 위험을 수용하고 행동에 옮기는 것을 말한다.

9. 안전보건표지 속 그림 또는 부호의 크기는 안전보건표지의 크기와 비례하여야 하며, 안전보건표지 전체 규격의 최소 (　　)% 이상이 되어야 한다.

10. 재해의 원인분석방법 중 통계적 원인분석방법으로, (　　　　)는 사고의 유형, 기인물 등 분류항목을 큰 순서대로 도표화하는 것이고, (　　　　)는 재해발생 건수 등의 추이를 파악하여 목표관리를 행하는 데 필요한 월별 재해발생 건수를 그래프화하여 관리선을 설정·관리하는 통계분석방법이다.

11. 산소결핍장소에서 사용할 수 있는 마스크는 (　　　　), (　　　　), (　　　　)가 있다.

12. (　　　　)은 안전운동이 전개되는 안전강조기간 내에 실시하는 안전점검이다.

13 데이비스(K. Davis)의 동기부여이론에서 인간의 능력(ability)은 (　　　)×(　　　)을 나타낸다.

14 (　　　)이란 자기 멋대로 희망적 관찰에 의거하여 주관적인 판단에 의해 행동에 옮기는 것을 말한다.

15 (　　　)은 안전교육방법 중 수업의 도입이나 초기 단계에 적용하며, 단시간에 많은 내용을 교육하는 경우에 가장 적절한 방법이다.

16 (　　　)이란 단조로운 업무가 장시간 지속될 때 작업자의 감각기능 및 판단능력이 둔화 또는 마비되는 현상을 말한다.

17 인간관계 메커니즘 중에서 (　　　)은 남의 행동이나 판단을 표본으로 하여 그것과 같거나 또는 그것에 가까운 행동 또는 판단을 취하려는 것이고, (　　　)는 다른 사람으로부터의 판단이나 행동을 무비판적으로 논리적·사실적 근거 없이 받아들이는 것을 말한다.

18 산업안전심리의 5대 요소에는 동기, 기질, 감정, 습성, (　　　)이 있다.

19 매슬로우(Maslow)의 욕구 5단계를 순서에 따라 정리하면 다음과 같다.
생리적 욕구 – (　　　) – 사회적 욕구 – 인정받으려는 욕구 – (　　　)

20 주의의 특성 중 (　　　)이란 공간적으로 보면 시선의 주시점만 인지하는 기능으로 한 지점에 주의를 집중하면 다른 곳의 주의는 약해지는 것을 말한다.

21 (　　　)이란 작업자 자신이 자기의 부주의 이외에 제반오류의 원인을 생각함으로써 개선을 하도록 하는 과오원인 제거기법이다.

22 부주의현상 중 심신이 피로하거나 단조로운 작업을 반복할 경우 나타나는 의식수준 저하현상은 의식수준의 (　　　) 단계에서 발생하고, 주의의 일점집중현상은 (　　　) 단계에서 발생한다.

정답 1 전심전력(Concentration) 2 정기점검 3 기술적 4 60일, 30일, 14일 5 예방가능의 원칙 6 라인-스태프형, 라인형 7 300, 29, 1 8 리스크테이킹 9 30 10 파레토도, 관리도 11 송기마스크, 공기호흡기, 산소호흡기 12 특별점검 13 지식, 능력 14 억측판단 15 강의법 16 감각차단현상 17 모방, 암시 18 습관 19 안전의 욕구, 자아실현의 욕구 20 방향성 21 ECR 22 Phase Ⅰ, Phase Ⅳ

02 인간공학 및 위험성 평가·관리

01 인간공학의 이해

1 인간공학의 정의와 목적

(1) 인간공학의 정의

인간공학은 기계와 그 조작 및 작업환경을 인간의 특성·능력과 한계에 잘 조화하도록 설계하기 위한 수단을 연구하는 학문, 즉 인간과 기계의 조화 있는 체계를 작성하는 것이다(차파니스 ; Chapanis).

(2) 인간공학의 목적 빈출!

① 안전성 향상과 사고 방지
② 기계 조작의 능률성과 생산성 향상
③ 작업환경의 쾌적성(작업자의 작업능률 향상)

2 인간-기계 체계(man-machine system)

(1) 인간-기계 기능의 체계 빈출!

① 감지 기능
② 정보보관 기능
③ 정보처리 및 의사결정 기능
④ 행동 기능

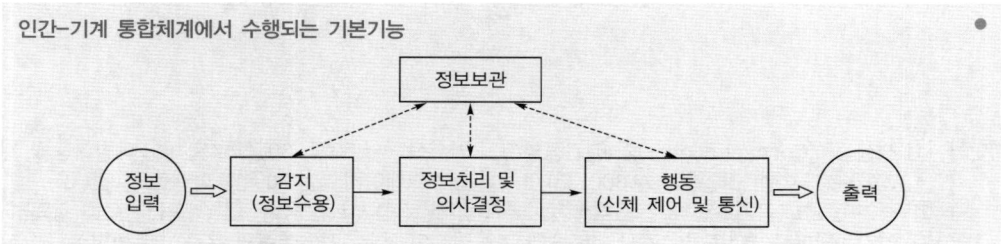

인간-기계 통합체계에서 수행되는 기본기능

(2) 인간-기계 통합체계의 유형(인간의 역할) 빈출!

① **수동 체계** : 수공구나 기타 보조물로 구성되며, 자신의 신체적인 힘을 동력원으로 사용하여 작업을 통제하는 사용자와 결합된다.
② **기계화(반자동) 체계** : 동력은 전형적으로 기계가 제공하고, 운전자는 조정장치를 사용하여 기계를 통제한다.
③ **자동화 체계** : 체계가 완전히 자동화된 경우에는 기계 자체가 감지, 정보처리 및 의사결정, 행동을 포함한 모든 임무를 수행한다. 신뢰성이 완전한 자동체계란 불가능하므로, 인간은 주로 감시(monitor)·프로그램(program)·유지보수(maintenance) 등의 기능을 수행한다.

(3) 인간공학적 가치척도 빈출!

① 성능의 향상
② 사고 및 오용에 의한 손실 감소
③ 훈련비용의 감소
④ 생산 및 유지보수의 경제성 증대
⑤ 인력 이용률의 향상
⑥ 수용자의 수용성 향상

(4) 인간과 기계의 상대적 기능

구 분	인간이 기계보다 우수한 기능	기계가 인간보다 우수한 기능
감지 (정보수용)	• 매우 낮은 수준의 시각, 청각, 촉각, 후각, 미각 등의 자극을 감지 • 잡음이 심한 경우에도 신호를 인지 • 복잡·다양한 자극의 형태를 식별 • 예기하지 못한 사건을 감지(예감, 느낌)	• 인간의 정상적인 감지범위 밖에 있는 초음파, X선, 레이더파 등의 자극을 감지 • 드물게 발생하는 사상(事象 ; Event)을 감지(예기하지 못한 사상이 발생할 경우 임기응변을 할 수 없음)
정보저장 기능	중요도에 따른 정보를 장시간 저장	암호화된 정보를 신속하게 대량으로 저장
정보처리 및 의사결정	• 보관되어 있는 적절한 정보를 회수(상기) • 다양한 경험을 토대로 의사결정 • 어떤 운용방법이 실패할 경우, 다른 방법을 선택 • 원칙을 적용하여 다양한 문제를 해결 • 관찰을 통해서 일반화하여 귀납적으로 추리 • 주관적으로 추산하고 평가 • 문제해결에 있어서 독창력을 발휘	• 암호화된 정보를 신속·정확하게 회수 • 연역적으로 추리 • 입력신호에 대해 신속하고 일관성 있는 반응 • 명시된 프로그램에 따라 정량적인 정보 처리 • 물리적인 양을 계수하거나 측정
행동기능	• 과부하 상황에서 중요한 일에만 전념 • 무리 없는 한도 내에서 신체적인 반응을 나타냄	• 과부하일 때에도 효율적으로 작동 • 상당히 큰 물리적인 힘을 규율 있게 발휘 • 장시간에 걸쳐 작업 수행(인간처럼 피로를 느끼지 않음) • 반복적인 작업을 신뢰성 있게 수행 • 여러 프로그램된 활동을 동시에 수행 • 주위가 소란하여도 효율적으로 작동

3 인간공학 연구

(1) 인간공학 연구의 기준조건
① 적절성 : 기준이 의도된 목적에 적당하다고 판단되는 정도
② 무오염성 : 기준척도는 측정하고자 하는 변수 외에 다른 변수들의 영향을 받아서는 안 된다는 것
③ 신뢰성 : 반복성을 의미

(2) 인간공학 연구의 기준유형
① 체계의 기준 : 체계가 원래 의도한 바를 얼마나 달성하는가를 반영하는 기준
② 인간의 기준 : 인간성능 척도, 생리학적 지표, 주관적 반응, 사고빈도

02 휴먼에러(Human Error)

1 휴먼에러의 분류

(1) 심리적 분류(Swain)
① 생략(누락) 오류(omission error) : 필요한 직무(task) 또는 절차를 수행하지 않는 데 기인한 오류
② 시간지연 오류(time error) : 필요한 직무 또는 절차의 수행 지연으로 인한 오류
③ 작위적 오류(commission error) : 필요한 직무 또는 절차의 불확실한 수행으로 인한 오류
④ 순서 오류(sequential error) : 필요한 직무 또는 절차의 순서착오로 인한 오류
⑤ 불필요한 오류(extraneous error) : 불필요한 직무 또는 절차의 수행으로 인한 오류

(2) 원인의 수준(level)적 분류
① 1차 오류(primary error) : 작업자 자신으로부터 발생한 오류
② 2차 오류(secondary error) : 작업형태나 작업조건 중에서 다른 문제가 생김으로써 그 때문에 필요한 사항을 실행할 수 없는 과오나 어떤 결함으로부터 파생하여 발생하는 오류
③ 지시 오류(command error) : 요구된 기능을 실행하고자 하여도, 필요한 물건, 정보, 에너지 등의 공급이 없어 작업자가 움직이려고 해도 움직일 수 없으므로 발생하는 오류

(3) 행동과정을 통한 분류
① Input error : 입력 오류
② Information processing error : 정보처리절차 오류
③ Decision making error : 의사결정 오류
④ Output error : 출력 오류
⑤ Feedback error : 제어 오류

2 휴먼에러의 배후요인(4M)

① Man : 자기 자신 이외의 다른 사람
② Machine : 기계, 기구, 장치 등의 물적 요인
③ Media : 인간과 기계를 잇는 매체
　　예 작업의 방법이나 순서, 작업정보의 실태나 환경과의 관계, 정리정돈 등
④ Management : 안전에 관한 법규의 준수, 단속, 점검, 관리, 감독, 교육훈련 등

03 신뢰도

1 신뢰도의 결정요소

(1) 인간의 신뢰도 결정요소 빈출

① 주의력 : 인간의 주의력에는 넓이와 깊이가 있고, 또한 내향성과 외향성이 있다.
② 긴장수준 : 긴장수준을 측정하는 방법으로 인체의 에너지대사율, 체내 수분의 손실량 또는 흡기량의 억제도 등을 측정하는 방법이 가장 많이 사용되며, 긴장도를 측정하는 방법으로 뇌파계를 사용할 수도 있다.
③ 의식수준 : 인간의 의식수준은 경험연수, 지식수준, 기술수준 등의 요소들에 의존된다.

(2) 기계의 신뢰도 결정요소

① 재질
② 기능
③ 조작방법

> **의식수준 요소의 내용**
> - 경험연수 : 해당 분야의 근무경력 연수
> - 지식수준 : 안전에 대한 교육 및 훈련을 포함한 안전에 대한 지식의 수준
> - 기술수준 : 생산 및 안전기술의 정도

2 인간과 기계의 신뢰도

(1) 인간-기계 체계의 신뢰도

인간-기계 체계로서의 신뢰성은 인간의 신뢰성과 기계의 신뢰성의 상승적 작용에 의해 다음과 같이 나타낸다.

$$R_S = R_H \cdot R_E$$

여기서, R_S : 인간-기계 체계로서의 신뢰성
R_H : 인간의 신뢰성
R_E : 기계의 신뢰성

(2) 설비의 신뢰도

① 직렬 연결

$$R_S = R_1 \cdot R_2 \cdot R_3 \cdots R_n = \prod_{i=1}^{n} R_i$$

② 병렬 연결

$$R_S = 1 - (1-R_1)(1-R_2) \cdots (1-R_n) = 1 - \prod_{i=1}^{n}(1-R_i)$$

③ 요소의 병렬

$$R_S = \prod_{i=1}^{n}\left[1-(1-R_i)^m\right]$$

④ 시스템의 병렬

$$R_S = 1 - \left(1 - \prod_{i=1}^{n} R_i\right)^m$$

> **직렬 연결과 병렬 연결의 예**
> - 직렬 연결 : 자동차 운전 등
> - 병렬 연결 : 열차나 항공의 제어장치 등

3 리던던시

(1) 리던던시의 정의
리던던시(redundancy)란 일부에 고장이 나더라도 전체가 고장 나지 않도록 기능적으로 여력인 부분을 부가해서 신뢰도를 향상시키려는 중복 설계하는 것을 말한다.

(2) 리던던시의 종류
① 병렬 리던던시
② 대기 리던던시
③ M out of N 리던던시
④ 스페어에 의한 교환
⑤ 페일세이프

> **페일세이프(fail safe)**
> 인간 또는 기계에 과오나 동작상의 실수가 있어도 사고가 발생하지 않도록 2중·3중으로 통제를 가하는 것

4 고장과 모니터링 방식

(1) 고장의 유형 빈출!
① 초기고장 : 결함을 찾아내 고장률을 안정시키는 기간(감소형)
② 우발고장 : 실제 사용하는 상태에서 예측할 수 없는 때에 발생하는 고장(일정형)
③ 마모고장 : 부품 등의 일부가 수명이 다 되어 일어나는 고장(증가형)

(2) 신뢰도와 불신뢰도

> **초기고장의 구분**
> • 디버깅(debugging) 기간 : 초기고장의 결함을 찾아내 고장률을 안정시키는 기간
> • 버닝(burning) 기간 : 어떤 부품을 조립하기 전에 특성을 안정화시키고 결함을 발견하기 위한 동작시험을 하는 기간

① 신뢰도 : 고장 없이 작동할 확률
$$R(t) = e^{-\lambda t} = e^{-\frac{t}{\text{MTBF}}} = e^{-\frac{t}{t_0}}$$
여기서, $R(t)$: 신뢰도
λ : 고장률
t : 사용시간
t_0 : 평균수명

② 불신뢰도
불신뢰도 $= 1 - R(t)$

(3) 고장률과 가용도 빈출!

① 고장률(hazard rate) : 현재 작동하고 있는 시스템이나 부품 등이 단위시간 동안 고장을 일으킬 수 있는 확률, 즉 단위시간당 불량률
※ 고장률은 MTBF 또는 MTTF와 역수관계이다.
$$\lambda = \frac{r}{T}$$
여기서, λ : 현재 고장률
r : 기간 중 총고장건수
T : 총동작시간

② MTTF(Mean Time To Failure) : 평균수명, 즉 고장까지의 평균시간을 나타낸 것으로, 수리가 불가능한 경우 하나의 고장부터 다음 고장까지의 평균동작시간을 의미

$$\text{MTTF} = \frac{1}{\lambda} = \frac{T}{r}$$

③ MTTR(Mean Time To Repair) : 평균수리시간

$$\text{MTTR} = \frac{\text{총수리시간}}{\text{그 기간의 수리횟수}}$$

④ MTBF(Mean Time Between Failure) : 수리 가능한 경우의 평균고장간격

$$\text{MTBF} = \frac{\text{특정 시간 동안 품목의 총동작시간}}{\text{고장횟수}}$$

$$\text{MTBF} = \text{MTTF} + \text{MTTR}$$

⑤ 가용도(Availability, 이용률) : 설정된 기간에 시스템이 가동할 확률

$$A = \frac{\text{MTTF}}{\text{MTTF} + \text{MTTR}} = \frac{\text{MTTF}}{\text{MTBF}} \quad \text{또는} \quad A = \frac{\text{MTBF}}{\text{MTBF} + \text{MTTR}}$$

(4) 시스템의 수명

① 병렬 시스템의 수명 $= \text{MTTF}\left(1 + \frac{1}{2} + \cdots + \frac{1}{n}\right)$

② 직렬 시스템의 수명 $= \text{MTTF} \times \frac{1}{n}$

(5) 인간에 대한 감시(monitoring) 방법 빈출

① 자기 감시(self-monitoring) : 감각이나 지각에 의해 자신의 상태를 알고 행동하는 감시방법
② 생리학적 감시(physiological monitoring) : 맥박, 호흡, 속도, 체온, 뇌파 등으로 인간의 상태를 생리적으로 감시하는 방법
③ 시각적 감시(visual monitoring) : 동작자의 태도를 보고 동작자의 상태를 파악하는 방법(태도교육에 적합)
④ 반응적 감시(reactional-monitoring) : 어떤 종류의 자극을 가해 이에 대한 반응을 보고 판단하는 방법
⑤ 환경적 감시(environmental monitoring) : 환경조건의 개선으로 인체의 안락과 기분을 좋게 해 정상작업을 할 수 있도록 하는 방법(간접적 감시방법)

(6) 잠금 시스템(lock system)

① Interlock system : 인간과 기계 사이에 두는 록 시스템
② Intralock system : 인간의 마음속에 두는 록 시스템
③ Translock system : Interlock system과 Intralock system의 사이에 두는 록 시스템

04 인체와 작업공간의 관계

1 인체계측의 방법과 응용

(1) 인체계측 방법
① 정적 인체계측 : 체위를 일정하게 규제한 정지상태에서의 계측으로, 구조적 인체치수를 구할 때 사용
② 동적 인체계측 : 체위의 움직임에 따른 상태의 계측으로, 기능적 인체치수를 구할 때 사용

(2) 신체활동의 생리학적 측정법
① 정적 근력작업 : 에너지대사량과 맥박수와의 상관관계 및 시간적 경과, 근전도 등 측정
② 동적 근력작업 : 에너지대사량, 산소소비량 및 CO_2 배출량 등과 호흡량, 맥박수, 근전도 등 측정
③ 신경적 작업 : 매회 평균 호흡진폭, 맥박수, 피부전기반사(GSR) 등 측정
④ 심적 작업
  ㉠ 작업부하, 피로 : 호흡량, 근전도, 플리커값 등 측정
  ㉡ 긴장감 : 맥박수, 피부전기반사 등 측정

> **피부전기반사(GSR)**
> 작업부하의 정신적 부담이 피로와 함께 증대되는 양상을 수장 내측 전기저항의 변화에 의하여 측정하는 것

(3) 인체계측의 응용 3원칙
① 최대치수와 최소치수
② 조절범위
③ 평균치를 기준으로 한 설계

2 생리적 부담과 에너지소모량의 측정

(1) 산소소비량과 소비에너지
- 흡기량 × 79% = 배기량 × N_2(%)
- 흡기량 = 배기량 × $\dfrac{100 - O_2(\%) - CO_2(\%)}{79}$

따라서,
- 산소소비량(L/분) = 흡기량(L/분) × 21% − 배기량(L/분) × O_2(%)
- 소비에너지(kcal/분) = 산소소비량(L/분) × 5kcal/L

※ 흡기질소량 = 배기질소량(∵ 몸속에서 소비되지 않는 것은 질소이므로)

> **산소소비량**
> 산소소비량 1L는 열량으로 5kcal에 해당된다.
> ※ 보통 사람의 산소소비량 : 50mL/분

(2) 에너지대사율(RMR)
작업강도의 단위로서, 산소호흡량을 측정하여 에너지의 소모량을 결정하는 방식

- RMR = $\dfrac{작업대사량}{기초대사량}$

  = $\dfrac{작업\ 시\ 소비에너지 - 안정\ 시\ 소비에너지}{기초대사량}$

> **기초대사량(BMR)**
> 활동하지 않는 상태에서 신체기능을 유지하는 데 필요한 대사량으로, 성인의 경우 보통 1,500~1,800kcal/day 정도이며, 기초대사와 여가에 필요한 대사량은 약 2,300kcal/day이다.

- 기초대사량 $= A \times x$

  여기서, A : 체표면적(cm^2)

  $A = H^{0.725} \times W^{0.425} \times 72.46$

  이때, H : 신장(cm), W : 체중(kg)

  x : 체표면적당 시간당 소비에너지

(3) 작업강도의 구분 빈출!

① 초중작업 : 7RMR 이상
② 중(重)작업 : 4RMR 이상 ~ 7RMR 미만
③ 중(中)작업 : 2RMR 이상 ~ 4RMR 미만
④ 경(輕)작업 : 0RMR 이상 ~ 2RMR 미만

3 근골격계 부담작업

(1) 근골격계 부담작업의 정의

① 근골격계 부담작업 : 작업량·작업속도·작업강도 및 작업장 구조 등에 따라 고용노동부장관이 정하여 고시하는 작업
② 근골격계 질환 : 반복적인 동작, 부적절한 작업자세, 무리한 힘의 사용, 날카로운 면과의 신체접촉, 진동 및 온도 등의 요인에 의하여 발생하는 건강장해로서 목, 어깨, 허리, 상·하지의 신경·근육 및 그 주변 신체조직 등에 나타나는 질환
③ 근골격계 질환 예방·관리 프로그램 : 유해요인 조사, 작업환경 개선, 의학적 관리, 교육·훈련, 평가에 관한 사항 등이 포함된 근골격계 질환을 예방·관리하기 위한 종합적인 계획

(2) 유해요인 조사

근골격계 부담작업에 근로자를 종사하도록 하는 경우에는 3년마다 다음 사항에 대한 유해요인 조사를 실시하여야 한다. 다만, 신설되는 사업장의 경우에는 신설일부터 1년 이내에 최초의 유해요인 조사를 실시하여야 한다.

① 설비·작업공정·작업량·작업속도 등 작업장 상황
② 작업시간·작업자세·작업방법 등 작업조건
③ 작업과 관련된 근골격계 질환 징후 및 증상 유무 등

(3) 유해성 등의 주지

근골격계 부담작업에 근로자를 종사하도록 하는 때에는 다음 사항을 근로자에게 널리 알려주어야 한다.

① 근골격계 부담작업의 유해요인
② 근골격계 질환의 징후 및 증상
③ 근골격계 질환 발생 시 대처요령
④ 올바른 작업자세 및 작업도구, 작업시설의 올바른 사용방법
⑤ 그 밖에 근골격계 질환 예방에 필요한 사항

4 작업공간과 작업자세

(1) 작업공간의 구분
① 작업공간 포락면 : 한 장소에 앉아서 작업을 수행하는 과정에서 근로자가 작업을 하는 데 필요한 공간
② 파악한계 : 앉아서 수행하는 작업자가 특정한 수작업 기능을 원활히 수행할 수 있는 공간의 외곽 한계
③ 정상작업영역 : 상완을 자연스럽게 늘어뜨린 상태에서 전완만으로 편하게 뻗어 파악할 수 있는 34~45cm 정도의 한계
④ 최대작업영역 : 전완과 상완을 곧게 펴서 파악할 수 있는 약 55~65cm 정도의 한계

(2) 의자 설계 시 고려사항
① 체중 분포
② 의자 좌판의 높이
③ 의자 좌판의 깊이와 폭
④ 몸통의 안정도

(3) 부품 배치의 원칙
① 중요도의 원칙
② 사용빈도의 원칙
③ 기능별 배치의 원칙
④ 사용순서의 원칙

05 인간-기계의 통제

1 기계의 통제

(1) 통제장치의 유형
① 양의 조절에 의한 통제 : 투입되는 원료, 연료량, 전기량(저항·전류·전압), 음량, 회전량 등의 양을 조절하여 통제하는 장치
② 개폐에 의한 통제 : 스위치 on-off로 동작을 시작하거나 중단하도록 통제하는 장치
③ 반응에 의한 통제 : 계기, 신호 또는 감각에 의하여 행하는 통제장치

(2) 통제기기의 특성
① 연속적 조절의 형태 : 연속적인 조작과 조절이 필요한 통제장치
   예 손잡이(knob), 크랭크(crank), 핸들(handle), 레버(lever), 페달(pedal) 등
② 불연속 조절의 형태 : 불연속 조절장치로 기계를 통제하는 장치
   예 수동 푸시버튼(hand push button), 발 푸시버튼(foot push button), 토글 스위치(toggle switch), 로터리 스위치(rotary switch) 등

> **통제장치의 사용**
> • 통제장치를 집단적으로 설치하는 데 가장 이상적인 형태 : 수동 푸시버튼, 토글스위치
> • 통제장치를 조작하는 데 시간이 적게 드는 순서 : 수동 푸시버튼 - 토글 스위치 - 발 푸시버튼 - 로터리 스위치

2 통제표시비

(1) 통제표시비(C/D비 ; Control-Display Ratio)

① 통제표시비의 의미

통제기기와 시각표시의 관계를 나타내는 비율로, 통제기기의 이동거리 X를 표시판의 지침이 움직인 거리 Y로 나눈 값

$$C/D비 = \frac{X}{Y}$$

여기서, X : 통제기기의 변위량(거리나 회전수)
Y : 표시장치의 변위량(거리나 각도)

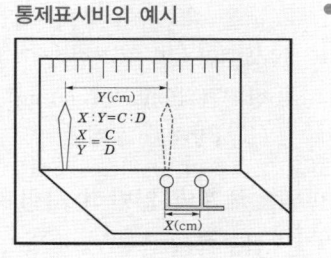

통제표시비의 예시

② 조종구에서의 C/D비

$$C/D비 = \frac{(a/360) \times 2\pi L}{\text{표시장치의 이동거리}}$$

여기서, a : 조종장치가 움직인 각도
L : 통제기기의 회전반경(지레의 길이)

③ 통제표시비 설계 시 고려사항
㉠ 계기의 크기
㉡ 방향성
㉢ 조작시간
㉣ 공차
㉤ 목측거리

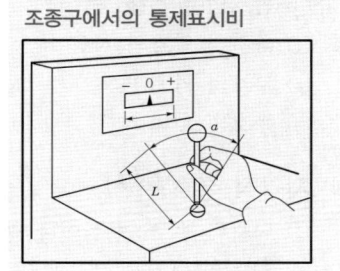

선형 표시장치를 움직이는 조종구에서의 통제표시비

3 표시장치

(1) 표시장치로 나타내는 정보의 유형

① 정량적 정보(quantitative) : 동적으로 변화하는 변수(온도, 속도), 정적 변수(자로 재는 길이)의 계량치 등
② 정성적 정보(qualitative) : 가변 변수의 대략적인 값, 경향, 변화율, 변화방향 등
③ 상태(status) 정보 : 체계의 상황이나 상태
④ 묘사적(representational) 정보 : 사물·지역·구성 등을 사진이나 그림 또는 그래프로 묘사
⑤ 경계(warning) 및 신호(signal) 정보 : 비상 또는 위험상황, 어떤 물체나 상황의 존재 유무
⑥ 식별(identification) 정보 : 어떤 정적 상태나 상황 또는 사물의 식별
⑦ 문자숫자(alphanumeric) 및 부호(symbolic) 정보 : 구두·문자·숫자 및 관련된 여러 형태의 암호화 정보
⑧ 시차적(time-phased) 정보 : 펄스(pulse)화 되었거나 시차적인 신호, 즉 신호의 지속시간과 간격 및 이들의 조합에 의해 결정되는 신호

> **정량적 동적 표시장치의 기본형**
> • 정목동침(moving pointer)형 : 눈금이 고정되고 지침이 움직이는 형태
> • 정침동목(moving scale)형 : 지침이 고정되고 눈금이 움직이는 형태
> • 계수(digital)형 : 기계·전산적으로 숫자가 표시되는 형태 ➡ 가장 정확한 측정이 가능

(2) 정성적 표시장치의 특징

① 온도·압력·속도와 같이 연속적으로 변하는 변수의 대략적인 값이나 변화추세·비율 등을 알고자 할 때에 주로 사용한다.
② 색을 이용하여 각 범위값들을 따로 암호(code)화하여 설계를 최적화시킬 수 있다.
③ 색채암호가 부적합한 경우에는 계기 구간을 형상암호화(shape coding)할 수 있다.
④ 상태점검(check reading), 즉 나타내는 값이 정상 상태인지의 여부를 판정하는 데도 사용한다(표시장치를 설계할 때 그 값이나 범위에 해당하는 눈금 주위에 표시를 해 두는 방식).

(3) 암호체계의 일반적 사항 빈출!

① 암호의 검출성
② 암호의 변별성
③ 암호의 표준화
④ 다차원 암호의 사용
⑤ 부호의 양립성
⑥ 부호의 의미

> **부호의 양립성**
> 자극들 간, 반응들 간, 자극-반응의 관계가 인간의 기대와 모순되지 않는 것
> • 공간적 양립성 : 표시장치나 조종장치에서 물리적 형태나 공간적인 배치의 양립성
> • 운동 양립성 : 표시장치, 조종장치, 체계반응의 운동방향 양립성
> • 개념적 양립성 : 사람들이 가지고 있는 개념적 연상의 양립성

(4) 시각적 부호 빈출!

① **묘사적 부호** : 사물이나 행동을 단순하고 정확하게 묘사한 것
   예 위험표시판의 해골과 뼈 등
② **추상적 부호** : 전언의 기본요소를 도식적으로 압축한 부호(원개념을 유사하게 도시한 부호)
   예 12궁도 등
③ **임의적 부호** : 부호가 이미 고안되어 있으므로 배워야 하는 부호
   예 도로표시판의 주의·규제·안내 표시 등

(5) 위험기계의 조종장치를 촉각적으로 암호화할 수 있는 차원(3가지)

① 위치암호
② 형상암호
③ 색채암호

(6) 청각장치와 시각장치의 선택 빈출!

청각장치를 사용하는 경우	시각장치를 사용하는 경우
• 전언이 간단할 경우 • 전언이 짧을 경우 • 전언이 후에 재참조되지 않을 경우 • 전언이 시간적인 사상(event)을 다루는 경우 • 전언이 즉각적인 행동을 요구할 경우 • 수신자의 시각계통이 과부하상태일 경우 • 직무상 수신자가 자주 움직이는 경우 • 수신장소가 너무 밝거나 암조응 유지가 필요할 경우	• 전언이 복잡할 경우 • 전언이 길 경우 • 전언이 후에 재참조되는 경우 • 전언이 공간적인 위치를 다루는 경우 • 전언이 즉각적인 행동을 요구하지 않을 경우 • 수신자의 청각계통이 과부하상태일 경우 • 직무상 수신자가 한곳에 머무르는 경우 • 수신장소가 너무 시끄러울 경우

4 정보량의 측정

(1) 정보량의 단위
Bit(Binary digit)란 실현가능성이 같은 2개의 대안 중 하나가 명시되었을 때 얻는 정보량을 의미한다.

(2) 실현확률과 정보량
실현가능성이 같은 n개의 대안이 있을 때 총정보량(H)은 다음의 식으로 구한다.

$H = \log_2 n$

이때, 나올 수 있는 대안이 2개뿐이고, 가능성이 동일하다면 정보량은 1Bit[$\log_2(2)=1$]이다.

각 대안의 실현확률(p)은 $p = \dfrac{1}{n}$로 표현할 수 있으므로, 정보량(H)은 다음과 같다.

$H = \log_2 \dfrac{1}{p}$

실현확률이 항상 동일한 것은 아니며, 대안의 실현확률이 동일하지 않은 경우 한 사건이 가진 정보는 다음의 공식을 이용하여 구한다.

$H_i = \log_2 \dfrac{1}{p_i}$

여기서, H_i : 사건 i에 관계되는 정보량, p_i : 그 사건의 실현확률

또한, 실현확률이 다른 일련의 사건이 가지는 평균정보량(H_a)은 다음과 같이 구한다.

$H_a = \displaystyle\sum_{i=1}^{N} p_i \log_2 \dfrac{1}{p_i}$

06 작업환경 관리

1 온도와 열압박

(1) 온도변화에 대한 신체의 조절작용 빈출!

적온에서 고온 환경으로 변할 경우	적온에서 한랭 환경으로 변할 경우
• 많은 양의 혈액이 피부를 경유하게 되며, 피부온도가 올라간다. • 직장온도가 내려간다. • 발한이 시작된다.	• 피부를 경유하는 혈액순환량이 감소하고 많은 양의 혈액이 몸의 중심부를 순환하며, 피부온도가 내려간다. • 직장온도가 약간 올라간다. • 소름이 돋고 몸이 떨린다.

(2) 열교환방법

인간과 주위의 열교환 과정은 다음과 같이 열균형 방정식으로 나타낼 수 있다.

S(열축적)$=M$(대사열)$-E$(증발)$\pm C$(대류)$\pm R$(복사)$-W$(한일)

(3) 실효온도(감각온도, 체감온도)

온도와 습도 및 공기유동(기류)이 인체에 미치는 열효과를 하나의 수치로 통합한 경험적 감각지수로, 상대습도가 100%일 때 건구온도에서 느끼는 것과 동일한 온감을 의미한다.

예 습도 50%에서 21℃의 실효온도는 19℃이다.

실효온도의 허용한계
- 정신(사무)작업 : 60~65°F
- 경작업 : 55~60°F
- 중작업 : 50~55°F

(4) Oxford 지수(WD지수, 습건지수)

습구 및 건구 온도의 가중평균치를 의미한다.

$WD=0.85W$(습구온도)$+0.15D$(건구온도)

(5) 불쾌지수

불쾌지수 = 섭씨(건구온도+습구온도)×0.72+40.6
       = 화씨(건구온도+습구온도)×0.4+15

[판정] • 70 이하 : 모든 사람이 불쾌감을 느끼지 않는다.
- 70 이상 : 불쾌감을 감지한다.
- 75 이상 : 과반수가 불쾌감을 느낀다.
- 80 이상 : 모든 사람이 불쾌감을 느낀다.

2 조명

(1) 법상 조명기준

① 초정밀작업 : 750lux 이상
② 정밀작업 : 300lux 이상
③ 보통작업 : 150lux 이상
④ 기타 작업 : 75lux 이상

(2) 시식별에 영향을 주는 조건

① 조도 : 물체의 표면에 도달하는 빛의 밀도

$$조도 = \frac{광도}{(거리)^2}$$

② 반사율 : 표면에서 반사되는 빛의 양인 휘도와 표면에 비치는 빛의 양인 조도의 비

$$반사율(\%) = \frac{광속발산도(fL)}{소요조명(fc)} \times 100$$

③ 대비 : 표적의 광속발산도(L_t)와 배경의 광속발산도(L_b)의 차

$$대비(\%) = \frac{L_b - L_t}{L_b} \times 100$$

옥내 최적 반사율
- 천장 : 80~90%
- 벽 : 40~60%
- 가구 : 25~45%
- 바닥 : 20~40%

※ 표적이 배경보다 어두울 경우의 대비 : +100%에서 0 사이
   표적이 배경보다 밝을 경우의 대비 : 0에서 $-\infty$

④ 광속발산도 : 점광원으로부터 방출되는 빛의 양으로, 단위면적당 표면에서 반사 또는 방출되는 빛의 양(휘도)
⑤ 광속발산비(luminance ratio) : 시야 내에 있는 두 영역(주시 영역과 그 주변 영역)의 광속발산도의 비(주어진 장소와 주위 광속발산도의 비)
  ※ 사무실 및 산업상황에서의 추천 광속발산비는 보통 3 : 1이다.
⑥ 시간 : 어느 범위 내에서는 노출시간이 클수록 식별력이 커진다.
⑦ 이동 : 표적물체나 관측자가 움직이는 경우에는 시력의 역치가 감소하는데, 이런 상황에서의 시식별 능력을 '동시력'이라고 하며, 보통 초당 이동각도로 나타낸다.
⑧ 휘광(glare) : 눈부심은 눈이 적응된 휘도보다 훨씬 밝은 광원(직사휘광) 혹은 반사광(반사휘광)이 시계 내에 있음으로써 생기며, 성가신 느낌과 불편감을 주고 가시도(visibility)와 시성능(visual performance)을 저하시킨다.

〈휘광의 처리방법〉

광원으로부터 직사휘광 처리	광원으로부터 반사휘광 처리	창문으로부터 직사휘광 처리
• 광원의 휘도를 줄이고 수를 늘린다. • 광원을 시선에서 멀리 위치시킨다. • 휘광원 주위를 밝게 하여 광속발산도(휘도) 비를 줄인다. • 가리개, 갓, 차양을 설치한다.	• 발광체의 휘도를 줄인다. • 일반(간접)조명 수준을 높인다. • 무광택 도료를 사용한다. • 반사광이 눈에 비치지 않게 광원을 위치시킨다.	• 창문을 높이 설치한다. • 창 바깥쪽에 드리개를 설치한다. • 창의 안쪽에 수직 날개를 달아 직사광선을 제한한다. • 차양 또는 발을 사용한다.

(3) 렌즈의 굴절률

광학에서 렌즈의 굴절률을 따질 때는 초점거리 대신에 이의 역수를 사용하는 것이 편리하며, 보통 Diopter(D) 단위로 쓰인다.

$$눈(렌즈)의 \ 굴절률 = \frac{1}{초점거리}$$

(4) 암조응(dark adaptation)

① 완전암조응에서는 보통 30~40분이 걸리고, 어두운 곳에서 밝은 곳으로의 역조응, 즉 명조응은 몇 초밖에 안 걸리며, 넉넉잡아서 1~2분이다.
② 같은 밝기의 불빛이라도 진홍이나 보라색보다 백색광 또는 황색광이 암조응을 더 빨리 파괴한다.

3 소음

(1) 소음작업의 기준

1일 8시간 작업을 기준으로, 85dB 이상의 소음이 발생하는 작업을 소음작업으로 본다.

(2) 음압수준(SPL ; Sound Pressure Level)

음의 강도에 대한 척도는 벨(bel)의 1/10인 데시벨(decibel, dB)로 나타내며, 음압수준으로 표시하면 다음과 같다.

$$dB \ 수준(SPL) = 20\log_{10}\left(\frac{P_1}{P_0}\right)$$

여기서, P_1 : 측정하려는 음압, P_2 : 기준음압($2 \times 10^{-5} N/m^2$: 1,000Hz에서의 최소가청치)

(3) 음의 강도수준(SIL ; Sound Intensity Level)

음의 강도를 단위면적당 출력(power, 단위면적당 에너지)으로 나타내면 음의 강도는 음압의 제곱에 비례하므로 dB 수준은 다음과 같이 된다.

$$\text{dB 수준(SIL)} = 10\log_{10}\left(\frac{I_1}{I_0}\right)$$

여기서, I_1 : 측정음의 강도, I_0 : 기준음의 강도(10^{-12}watt/m^2 : 최소가청치)

(4) 거리에 따른 음의 강도 변화 [빈출]

점음원으로부터 d_1, d_2 떨어진 지점의 dB 수준 간에는 다음의 관계식이 성립한다.

$$\text{dB}_2 = \text{dB}_1 - 20\log\left(\frac{d_2}{d_1}\right)$$

(5) 소음에 대한 노출기준

① **연속 소음의 기준** : 연속 소음에 대한 국내 기준은 노출시간에 따라 결정된다.

음압수준	90dB	95dB	100dB	105dB	110dB	115dB	120dB
허용노출시간	8시간	4시간	2시간	1시간	30분	15분	5~8분

② **소음노출지수** : 다른 여러 종류의 소음에 여러 시간 복합적으로 폭로되는 경우에는 상가효과를 고려하여야 하며, 다음 식에 의한 노출지수가 1 미만이어야 한다.

$$\text{소음노출지수} = \frac{C_1}{T_1} + \frac{C_2}{T_2} + \cdots + \frac{C_n}{T_n}$$

여기서, C : 특정 소음에 노출된 노출시간
T : 특정 소음에 노출될 수 있는 허용노출시간

(6) 음의 크기수준(loudness level) [빈출]

① **Phon에 의한 음량수준** : 음의 감각적 크기의 수준을 나타내기 위해서 음압수준(dB)과는 다른 phon이라는 단위를 채용하는데, 어떤 음의 phon치(값)로 표시한 음량수준은 이 음과 같은 크기로 들리는 1,000Hz 순음의 음압수준 1(dB)이다.
② **Sone에 의한 음량수준** : 음량척도로서 1,000Hz, 40dB의 음압수준을 가진 순음의 크기(40phon)를 1Sone이라고 정의한다.
　※ 기준음보다 10배로 크게 들리는 음은 10sone의 음량을 갖는다.
③ **인식소음수준** : PNdB(Perceived Noise level)의 척도는 같은 시끄럽기로 들리는 910~1,090Hz대의 소음 음압수준으로 정의되고, 최근에 사용되는 PLdB(Perceived Level of noise) 척도는 3,150Hz에 중심을 둔 1/3옥타브(octave)대 음을 기준으로 사용한다.

> **음량(sone)과 음량수준(phon)의 관계**
> 20phon 이상의 단순음 또는 복합음의 경우에 음량수준이 10phon 증가하면, 음량(sone)은 2배가 된다.
> $\text{sone치} = 2^{\frac{(\text{phon치}-40)}{10}}$

(7) 은폐와 복합소음
① Masking(은폐) 현상 : dB이 높은 음과 낮은 음이 공존할 때, 낮은 음이 강한 음에 가로막혀 들리지 않게 되는 현상을 말한다.
② 복합소음 : 두 소음수준의 차가 10dB 이내인 경우에 발생하며, 3dB 정도가 증가한다(소음수준이 같은 2대의 기계).

(8) 소음의 일반적 영향
① 인간은 일정 강도 및 진동수 이상의 소음에 계속적으로 노출되면 점차적으로 청각기능을 상실하게 된다.
② 소음은 불쾌감을 주거나 대화·마음의 집중·수면·휴식을 방해하며, 피로를 가중시킨다.
③ 소음은 에너지를 소모시킨다.
    예 소음이 나는 베어링 등

(9) 청력손실
① 일반적인 청력손실
   청력손실은 진동수가 높아짐에 따라 심해진다.
② 연속 소음노출로 인한 청력손실
   ㉠ 청력손실의 정도는 노출 소음수준에 따라 달라진다.
   ㉡ 청력손실은 4,000Hz에서 크게 나타난다.
   ㉢ 강한 소음에 대해서는 노출기간에 따라 청력손실이 증가하지만, 약한 소음의 경우에는 관계가 없다.

> **일반적인 청력손실의 2요소**
> - 나이가 듦으로 인한 노화
> - 현대문명의 정신적인 압박이나 비직업적인 소음으로부터의 영향

(10) 소음의 허용단계
① 가청주파수 : 20~20,000Hz(CPS)
② 가청한계 : $2 \times 10^{-4} \text{dyne/cm}^2$(0dB)~$10^3 \text{dyne/cm}^2$(134dB)
③ 심리적 불쾌감 : 40dB 이상
④ 생리적 영향 : 60dB 이상
   ※ 안락한계 : 45~65dB, 불쾌한계 : 65~120dB
⑤ 난청(C_{5-dip}) : 청력손실이 4,000Hz에서 크게 나타나는 현상

> **가청주파수의 범위**
> - 20~500Hz : 저진동 범위
> - 500~2,000Hz : 회화 범위
> - 2,000~20,000Hz : 가청 범위
> - 20,000Hz 이상 : 불가청 범위

(11) 소음대책
① 소음원의 통제
② 소음의 격리
③ 차폐장치(baffle) 및 흡음재 사용
④ 음향처리제(acoustical treatment) 사용
⑤ 적절한 배치(layout)
⑥ 방음보호구 사용
⑦ BGM(Back Ground Music) 사용

07 시스템 위험분석기법

1 시스템 위험분석기법의 종류와 정의

(1) 예비위험분석(PHA ; Preliminary Hazards Analysis)
시스템 개발(최초) 단계에서 시스템 고유의 위험상태를 식별하고 예상되는 재해의 위험수준을 정석적으로 평가하는 방법

(2) 결함사고위험분석(FHA ; Fault Hazard Analysis)
서브 시스템 해석 등에 사용하는 해석법

(3) 고장형태영향분석(FMEA ; Failure Modes and Effects Analysis)
전형적인 정성적·귀납적 분석방법으로 전체 요소의 고장을 형별로 분석하여 그 영향을 검토하는 기법(정량화를 위해 CA법을 함께 활용)

(4) 위험도분석(CA ; Criticality Analysis)
고장이 직접 시스템의 손실과 사상에 연결되는 높은 위험도를 가진 요소나 고장의 형태에 따른 분석법

(5) 디시전트리(Decision Tree)
요소의 신뢰도를 이용하여 시스템의 신뢰도를 나타내는 시스템 모델의 하나로, 귀납적이고 정량적인 분석방법

(6) 사상수분석(ETA ; Event Tree Analysis)
요소의 안전도를 이용하여 시스템의 안전도를 나타내는 시스템 모델의 하나로, 귀납적이고 정량적인 분석방법

(7) 인간실수율 예측법(THERP ; Technique of Human Error Rate Prediction)
확률론적으로 인간의 실수(과오)를 정량적으로 평가하는 방법

(8) 운용 및 지원(OS) 위험분석(Operation And Support Hazard Analysis)
시스템에 있어서 인간의 과오를 정량적으로 분석하는 기법으로, 인간의 동작이 시스템에 미치는 영향을 그래프로 나타내는 방법

(9) MORT(Management Oversight and Risk Tree)
FTA와 같은 논리기법(연역적 기법)을 이용하여 관리, 설계, 생산, 보존 등 시스템의 안전을 광범위하게 도모하는 것으로서 고도의 안전 달성을 목적으로 한 방법[원자력산업에 이용, 미국 에너지 연구개발청(ERDA)의 Johnson에 의해 개발]

(10) 결함수분석(FTA ; Fault Tree Analysis)
결함수법으로, 재해원인의 정량적·연역적 예측이 가능한 기법

2 예비위험분석(PHA)

(1) PHA의 목표달성을 위한 4가지 특징
① 시스템의 모든 주요 사고를 식별하고, 사고를 대략적으로 표현
② 사고요인 식별
③ 사고를 가정한 후 시스템에 생기는 결과를 식별하고 평가
④ 식별된 사고를 '파국, 중대·위험성, 한계, 무시가능'의 4가지 카테고리로 분리

(2) 위험 및 위험성의 분류

위험의 분류	위험성의 분류
• Category Ⅰ : 파국 • Category Ⅱ : 중대·위험성 • Category Ⅲ : 한계 • Category Ⅳ : 무시	• Category Ⅰ : 생명 또는 가옥의 상실 • Category Ⅱ : 사명 수행의 실패 • Category Ⅲ : 활동 지연 • Category Ⅳ : 영향 없음

3 고장형태영향분석(FMEA)

(1) FMEA의 순서
① 제1단계 : 대상 시스템의 분석
② 제2단계 : 고장형태와 그 영향의 분석
③ 제3단계 : 치명도 해석과 개선책의 검토

(2) FMEA의 고장영향 분류
① $\beta = 1$: 실제 손실
② $0.10 \leq \beta < 1.00$: 예상하는 손실
③ $0 < \beta < 0.10$: 가능한 손실
④ $\beta = 0$: 영향 없음

4 디시전트리(Decision Tree)

(1) 디시전트리의 원리
디시전트리가 재해사고의 분석에 이용될 때는 이벤트트리(event tree)라고 하며, 이 경우 Trees는 재해사고의 발단이 된 요인에서 출발하여 2차적 원인과 안전수단의 상부 등에 의해 분기되고, 최후에 재해사상에 도달한다.

(2) 디시전트리의 작성
① 시스템 다이어그램에 따라 좌에서 우로 진행되고, 각 요소를 나타내는 시점에서 통상 성공사상은 위쪽에, 실패사상은 아래쪽으로 분기된다.
② 분기에 따라 그 발생확률(신뢰도 및 불신뢰도)이 표시되고, 최후에 각각의 곱을 합한 뒤 시스템의 신뢰도를 계산한다.
 ※ 분기된 각 사상의 확률의 합은 항상 1이다.

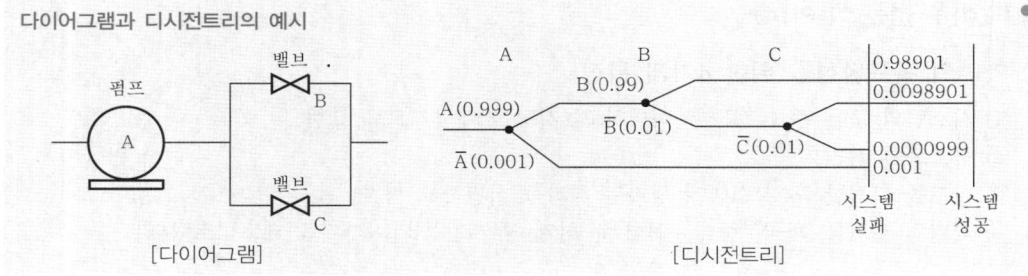

[다이어그램] [디시전트리]

5 ETA(Event Tree Analysis)

(1) ETA의 적용
디시전트리를 재해사고의 분석에 이용할 경우를 ETA라고 하며, ETA의 작성방법은 디시전트리와 동일하다.

(2) ETA의 7단계
설계 – 심사 – 제작 – 검사 – 보전 – 운전 – 운전대책

6 인간실수율 예측법(THERP)

(1) THERP의 특징
① 인간실수율 예측법(THERP)은 인간의 실수(과오)를 정량적으로 평가하기 위해 개발된 기법이다.
② 인간-기계의 계(system)에서 여러 가지 인간의 에러와 이에 의해 발생할 수 있는 위험성을 예측하고 개선하기 위한 방법이다.
③ 가지처럼 갈라지는 형태의 논리구조와 나무 형태의 그래프를 이용한다.

(2) 인간실수율(HEP)
인간실수율(HEP ; Human Error Probability)은 인간오류(과오)확률이라고도 한다.

$$HEP = \frac{실수의\ 수}{실수\ 발생의\ 전체\ 기회수} = \frac{실제\ 인간의\ 오류횟수}{전체\ 오류기회의\ 횟수}$$

7 결함수분석(FTA)

(1) FTA의 작성방법(순서)
① 시스템의 범위를 결정
② 시스템에 관계되는 자료를 정비
③ 상상하고 결정하는 사고의 명제를 결정
④ 원인 추구의 전제조건을 미리 생각
⑤ 정상사상에서 시작하여 순차적으로 생각되는 원인의 사상을 논리기호로 이어감
⑥ 우선 골격이 될 수 있는 대충의 트리를 만들고, 트리에 나타나는 사상의 주요성에 따라 보다 세밀한 부분의 트리로 전개(각각의 사상에 번호를 붙이면 정리가 쉬움)

(2) FTA에 의한 재해사례연구 순서

① 제1단계 : TOP 사상의 선정
② 제2단계 : 사상의 재해원인 규명
③ 제3단계 : FT도 작성
④ 제4단계 : 개선계획 작성
⑤ 제5단계 : 개선안 실시계획

(3) FTA의 논리기호

명 칭	기 호	해 설
결함사상	(직사각형)	개별적인 결함사상
기본사상	(원)	더는 전개되지 않는 기본적인 결함사상
생략사상	(마름모)	• 정보 부족, 해석기술 불충분으로 더는 전개할 수 없는 사상 (추적 불가능한 최후사상) • 작업 진행에 따라 해석이 가능할 때는 다시 속행
통상사상	(집모양)	결함사상이 아닌, 발생이 예상되는 사상(말단사상)
전이기호 (이행기호)	(삼각형 in)(삼각형 out)	FT도 상에서 다른 부분에의 이행 또는 연결을 나타내는 기호로 사용(좌측 : 전입, 우측 : 전출)
AND 게이트	(출력/입력)	모든 입력 A, B, C의 사상이 일어나지 않으면 안 된다는 논리 조작(모든 입력사상이 공존할 때만이 출력사상 발생)
OR 게이트	(출력/입력)	입력사상 A, B, C 중 어느 하나가 일어나도 출력 X의 사상이 일어난다고 하는 논리
수정 게이트	(출력/조건/입력)	입력사상에 대하여 이 게이트로 나타내는 조건이 만족하는 경우에만 출력사상이 생기는 것

(4) 컷셋과 패스셋 빈출!

① 컷셋(cut sets)
시스템 내에 포함되어 있는 모든 기본사상이 일어났을 때 정상사상을 일으키는 기본사상의 집합

② 패스셋(path sets)
시스템 내에 포함되는 모든 기본사상이 일어나지 않았을 때 처음으로 정상사상이 일어나지 않은 기본사상의 집합

※ 미니멀 컷셋 : 컷셋 중 필요 최소한의 것(위험성을 나타냄)
  미니멀 패스셋 : 패스셋 중 필요 최소한의 것(신뢰성을 나타냄)

(5) FT도의 고장발생확률 빈출!

① 논리적(곱)의 확률
$$q(A \cdot B \cdot C \cdots N) = q_A \cdot q_B \cdot q_C \cdots q_N$$

② 논리화(합)의 확률
$$q(A+B+C+ \cdots +N) = 1-(1-q_A)(1-q_B)(1-q_C) \cdots (1-q_N)$$

AND기호와 OR기호의 FT도와 고장발생확률 계산의 적용

1. AND 기호

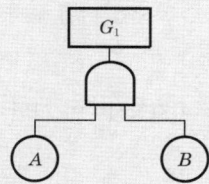

위 [AND 기호]에서 A의 발생확률이 0.1, B의 발생확률이 0.2라면, G_1의 발생확률은 $G_1 = A \times B = 0.1 \times 0.2 = 0.02$가 된다.

2. OR 기호

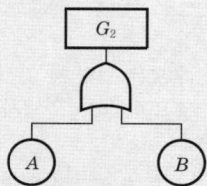

위 [OR 기호]에서 A의 발생확률이 0.1, B의 발생확률이 0.2라면, G_2의 발생확률은 $G_2 = 1-(1-0.1) \times (1-0.2) = 0.28$이 된다.

08 안전성평가

1 안전성평가의 기본방침

① 재해예방 가능
② 재해에 의한 손실은 본인·가족·기업의 공통적 손실
③ 관리자는 작업자의 재해 방지에 대한 책임
④ 위험 부분에는 방호장치를 설치
⑤ 안전에 대한 의식을 높일 수 있도록 교육·훈련을 의무화

2 안전성평가의 과정

(1) 안전성평가의 6단계 빈출!

① 제1단계 : 관계자료의 준비
② 제2단계 : 정성적 평가
③ 제3단계 : 정량적 평가
④ 제4단계 : 안전대책 수립
⑤ 제5단계 : 재해정보에 의한 재평가
⑥ 제6단계 : FTA에 의한 재평가

(2) 안전성평가의 단계별 주요 내용

① 정성적 평가(제2단계)의 주요 진단항목 빈출!

설계 관계	운전 관계
• 입지조건 • 공장 내 배치 • 건조물 • 소방설비	• 원재료, 중간체, 제품 • 공정 • 수송, 저장 • 공정기기

② 정량적 평가(제3단계)의 방법 빈출!

해당 화학설비의 취급물질·용량·온도·압력 및 조작의 5항목에 대해 A·B·C·D급으로 분류하고, A급은 10점, B급은 5점, C급은 2점, D급은 0점으로 점수를 부여한 후 5항목에 관한 점수들의 합을 구한다. 합산 결과에 의한 위험도 등급은 다음과 같다.

등급	점수	내용
등급 Ⅰ	16점 이상	위험도가 높다.
등급 Ⅱ	11~15점	주위 상황, 다른 설비와 관련하여 평가
등급 Ⅲ	10점 이하	위험도가 낮다.

③ 안전대책(제4단계)의 구분
  ㉠ 설비적 대책 : 10종류의 안전장치 및 방재장치에 관한 배려
  ㉡ 관리적 대책 : 인원 배치와 교육훈련 및 보건에 관한 배려

3 화학설비의 안전성평가

(1) 공정안전보고서(PSM)의 작성·제출

① 사업장에 대통령령으로 정하는 유해하거나 위험한 설비가 있는 경우 그 설비로부터의 위험물질 누출, 화재 및 폭발 등으로 인하여 사업장 내의 근로자에게 즉시 피해를 주거나 사업장 인근지역에 피해를 줄 수 있는 사고로서 대통령령으로 정하는 사고(중대산업사고)를 예방하기 위하여 대통령령으로 정하는 바에 따라 공정안전보고서를 작성하고 고용노동부장관에게 제출하여 심사를 받아야 한다. 이 경우 공정안전보고서의 내용이 중대산업사고를 예방하기 위하여 적합하다고 통보받기 전에는 관련된 유해하거나 위험한 설비를 가동해서는 아니 된다.

② ①에 따라 공정안전보고서를 작성할 때 산업안전보건위원회의 심의를 거쳐야 한다. 다만, 산업안전보건위원회가 설치되어 있지 아니한 사업장의 경우에는 근로자대표의 의견을 들어야 한다.

③ 유해하거나 위험한 설비의 설치·이전 또는 주요 구조 부분의 변경공사 착공일(기존 설비의 제조·취급·저장 물질이 변경되거나 제조량·취급량·저장량이 증가하여 유해·위험물질 규정량에 해당하게 된 경우에는 그 해당일) 30일 전까지 공정안전보고서를 2부 작성하여 공단에 제출하여야 한다.

(2) 공정안전보고서의 심사

① 공단은 공정안전보고서를 제출받은 경우에는 30일 이내에 심사하여 1부를 사업주에게 송부하고, 그 내용을 지방고용노동관서의 장에게 보고하여야 한다.

② 공단은 ①에 따라 공정안전보고서를 심사한 결과 「위험물안전관리법」에 따른 화재의 예방·소방 등과 관련된 부분이 있다고 인정되는 경우에는 그 관련 내용을 관할 소방관서의 장에게 통보하여야 한다.

(3) 공정안전보고서의 제출대상 및 제외 사업장

공정안전보고서 제출대상 사업장	공정안전보고서 제외 사업장
① 원유 정제처리업 ② 기타 석유정제물 재처리업 ③ 석유화학계 기초화학물 제조업 또는 합성수지 및 기타 플라스틱물질 제조업(합성수지 및 기타 플라스틱물질 제조업은 유해·위험물질 규정수량 중 가연성 가스, 인화성 물질에 한함) ④ 질소화합물, 질소·인산 및 칼리질 화학비료 제조업 중 질소질 화학비료 제조업 ⑤ 복합비료 및 기타 화학비료 제조업 중 복합비료 제조업(단순혼합 또는 배합에 의한 경우는 제외) ⑥ 화학 살균·살충제 및 농업용 약제 제조업(농약 원제 제조만 해당) ⑦ 화약 및 불꽃 제품 제조업	① 원자력설비 ② 군사시설 ③ 해당 사업장 내에서 직접 사용하기 위한 난방용 연료의 저장설비 및 사용설비 ④ 도매·소매 시설 ⑤ 차량 등의 운송설비 ⑥ 「액화석유가스의 안전관리 및 사업법」에 의한 액화석유가스의 충전·저장시설 ⑦ 「도시가스사업법」에 따른 가스 공급시설 ⑧ 그 밖에 고용노동부장관이 누출·화재·폭발 등으로 인한 피해의 정도가 크지 않다고 인정하여 고시하는 설비

(4) 공정안전보고서의 내용 빈출!
① 공정안전자료
② 공정위험성평가서
③ 안전운전계획
④ 비상조치계획
⑤ 그 밖에 공정상의 안전과 관련하여 고용노동부장관이 필요하다고 인정하여 고시하는 사항

(5) 공정안전보고서의 세부 내용 빈출!
① 공정안전자료
  ㉠ 취급·저장하고 있거나 취급·저장하려는 유해·위험물질의 종류 및 수량
  ㉡ 유해·위험물질에 대한 물질안전보건자료
  ㉢ 유해·위험설비의 목록 및 사양
  ㉣ 유해·위험설비의 운전방법을 알 수 있는 공정도면
  ㉤ 각종 건물·설비의 배치도
  ㉥ 폭발위험장소 구분도 및 전기단선도
  ㉦ 위험설비의 안전설계·제작 및 설치 관련 지침서

② 공정위험성평가서 및 잠재위험에 대한 사고예방·피해 최소화대책
  공정위험성평가서는 공정의 특성 등을 고려하여 다음의 위험성평가 기법 중 한 가지 이상을 선정하여 위험성평가를 한 후 그 결과에 따라 작성하여야 하며, 사고예방·피해 최소화대책의 작성은 위험성평가 결과 잠재위험이 있다고 인정되는 경우만 해당한다.
  ㉠ 체크리스트(check list)
  ㉡ 상대위험순위 결정(Dow and Mond indices)
  ㉢ 작업자실수분석(HEA)
  ㉣ 사고예상질문분석(What-if)
  ㉤ 위험과 운전분석(HAZOP)
  ㉥ 이상위험도분석(FMECA)
  ㉦ 결함수분석(FTA)
  ㉧ 사건수분석(ETA)
  ㉨ 원인결과분석(CCA)
  ㉩ ㉠부터 ㉨까지의 규정과 같은 수준 이상의 기술적 평가기법

③ 안전운전계획
  ㉠ 안전운전지침서
  ㉡ 설비 점검·검사 및 보수계획, 유지계획 및 지침서
  ㉢ 안전작업 허가
  ㉣ 도급업체 안전관리계획
  ㉤ 근로자 등 교육계획
  ㉥ 가동 전 점검지침
  ㉦ 변경요소 관리계획
  ㉧ 자체감사 및 사고조사계획
  ㉨ 그 밖에 안전운전에 필요한 사항

④ 비상조치계획
　㉠ 비상조치를 위한 장비·인력 보유현황
　㉡ 사고발생 시 각 부서·관련 기관과의 비상연락체계
　㉢ 사고발생 시 비상조치를 위한 조직의 임무 및 수행절차
　㉣ 비상조치계획에 따른 교육계획
　㉤ 주민홍보계획
　㉥ 그 밖에 비상조치 관련 사항

(6) 공정안전보고서의 확인

① 공정안전보고서를 제출하여 심사를 받은 사업주는 다음의 시기별로 공단의 확인을 받아야 한다. 다만, 화공안전 분야 산업안전지도사, 대학에서 조교수 이상으로 재직하고 있는 사람으로서 화공 관련 교과를 담당하고 있는 사람, 그 밖에 자격 및 관련 업무경력 등을 고려하여 고용노동부장관이 정하여 고시하는 요건을 갖춘 사람에게 자체감사를 하게 하고 그 결과를 공단에 제출한 경우에는 공단은 확인을 생략할 수 있다.
　㉠ 신규로 설치될 유해·위험설비에 대해서는 설치과정 및 설치완료 후 시운전 단계에서 각 1회
　㉡ 기존에 설치되어 사용 중인 유해·위험설비에 대해서는 심사완료 후 3개월 이내
　㉢ 유해·위험설비와 관련한 공정의 중대한 변경의 경우에는 변경완료 후 1개월 이내
　㉣ 유해·위험설비 또는 이와 관련된 공정에 중대한 사고 또는 결함이 발생한 경우에는 1개월 이내. 다만, 안전·보건진단을 받은 사업장 등 고용노동부장관이 정하여 고시하는 사업장의 경우에는 확인을 생략할 수 있다.
② 공단은 사업주로부터 확인요청을 받은 날부터 1개월 이내에 공정안전보고서의 세부 내용이 현장과 일치하는지 여부를 확인하고, 확인한 날부터 15일 이내에 그 결과를 사업주에게 통보하고 지방고용노동관서의 장에게 보고하여야 한다.

09 유해위험방지계획서

1 유해위험방지계획서의 작성·제출

① 다음의 어느 하나에 해당하는 경우에는 이 법 또는 이 법에 따른 명령에서 정하는 유해·위험방지에 관한 사항을 적은 계획서(유해위험방지계획서)를 작성하여 고용노동부령으로 정하는 바에 따라 고용노동부장관에게 제출하고 심사를 받아야 한다.
단, ㉢에 해당하는 사업주 중 산업재해발생률 등을 고려하여 고용노동부령으로 정하는 기준에 해당하는 사업주는 유해위험방지계획서를 스스로 심사하고, 그 심사결과서를 작성하여 고용노동부장관에게 제출하여야 한다.
　㉠ 대통령령으로 정하는 사업의 종류 및 규모에 해당하는 사업으로서 해당 제품의 생산공정과 직접적으로 관련된 건설물·기계·기구 및 설비 등 일체를 설치·이전하거나 그 주요 구조 부분을 변경하려는 경우
　㉡ 유해하거나 위험한 작업 또는 장소에서 사용하거나 건강장해를 방지하기 위하여 사용하는 기계·기구 및 설비로서 대통령령으로 정하는 기계·기구 및 설비를 설치·이전하거나 그 주요 구조 부분을 변경하려는 경우

ⓒ 대통령령으로 정하는 크기, 높이 등에 해당하는 건설공사를 착공하려는 경우
② 기계·기구 및 설비 등으로서 다음의 어느 하나에 해당하는 것으로서 고용노동부령으로 정하는 것을 설치·이전하거나 그 주요 구조 부분을 변경하려는 사업주에 대하여는 ①을 준용한다.
　　　㉠ 유해하거나 위험한 작업을 필요로 하는 것
　　　㉡ 유해하거나 위험한 장소에서 사용하는 것
　　　㉢ 건강장해를 방지하기 위하여 사용하는 것
③ 건설업 중 고용노동부령으로 정하는 공사를 착공하려는 사업주는 고용노동부령으로 정하는 자격을 갖춘 자의 의견을 들은 후 이 법 또는 이 법에 따른 명령에서 정하는 유해위험방지계획서를 작성하여 고용노동부령으로 정하는 바에 따라 고용노동부장관에게 제출하여야 한다.
④ 고용노동부장관은 ①~③의 규정에 따른 유해위험방지계획서를 심사한 후 근로자의 안전과 보건을 위하여 필요하다고 인정할 때에는 공사를 중지하거나 계획을 변경할 것을 명할 수 있다.
⑤ ①~③의 규정에 따라 유해위험방지계획서를 제출한 사업주는 고용노동부령으로 정하는 바에 따라 고용노동부장관의 확인을 받아야 한다.

2 유해위험방지계획서의 제출대상

(1) 유해위험방지계획서 제출대상 사업장 빈출!
전기 사용설비의 정격용량이 300kW 이상인 사업장 중 다음에 해당하는 경우
① 금속 가공제품(기계·가구는 제외) 제조업
② 비금속 광물제품 제조업
③ 기타 기계 및 장비 제조업
④ 자동차 및 트레일러 제조업
⑤ 식료품 제조업
⑥ 고무제품 및 플라스틱제품 제조업
⑦ 목재 및 나무제품 제조업
⑧ 기타 제품 제조업
⑨ 1차 금속 제조업
⑩ 가구 제조업
⑪ 화학물질 및 화학제품 제조업
⑫ 반도체 제조업
⑬ 전자부품 제조업

(2) 유해위험방지계획서 제출대상 기계·기구 및 설비 빈출!
① 금속이나 그 밖의 광물의 용해로
② 화학설비
③ 건조설비
④ 가스집합 용접장치
⑤ 제조 등 금지물질 또는 허가대상 물질 관련 설비
⑥ 분진작업 관련 설비

(3) 유해위험방지계획서 제출대상 건설공사 빈출!

① 다음의 어느 하나에 해당하는 건축물 또는 시설 등의 건설·개조 또는 해체(이하 "건설 등") 공사
  ㉠ 지상높이가 31m 이상인 건축물 또는 인공구조물
  ㉡ 연면적 3만m^2 이상인 건축물
  ㉢ 연면적 5천m^2 이상인 시설로서 다음의 어느 하나에 해당하는 시설
    ⓐ 문화 및 집회시설(전시장 및 동물원·식물원은 제외한다)
    ⓑ 판매시설, 운수시설(고속철도의 역사 및 집배송시설은 제외한다)
    ⓒ 종교시설
    ⓓ 의료시설 중 종합병원
    ⓔ 숙박시설 중 관광숙박시설
    ⓕ 지하도상가
    ⓖ 냉동·냉장 창고시설
② 연면적 5천m^2 이상인 냉동·냉장 창고시설의 설비공사 및 단열공사
③ 최대지간길이(다리의 기둥과 기둥의 중심 사이의 거리)가 50m 이상인 다리의 건설 등 공사
④ 터널의 건설 등 공사
⑤ 다목적댐, 발전용댐, 저수용량 2천만톤 이상의 용수 전용댐 및 지방상수도 전용댐의 건설 등 공사
⑥ 깊이 10m 이상인 굴착공사

3 유해위험방지계획서의 제출서류

(1) 제조업

① 대통령으로 정하는 사업의 종류 및 규모에 해당하는 사업으로서 해당 제품의 생산공정과 직접적으로 관련된 건설물·기계·기구 및 설비 등의 일체를 설치·이전하거나 그 주요 구조 부분을 변경하려는 경우
  ㉠ 건축물 각 층의 평면도
  ㉡ 기계·설비의 개요를 나타내는 서류
  ㉢ 기계·설비의 배치도면
  ㉣ 원재료 및 제품의 취급, 제조 등 작업방법의 개요
  ㉤ 그 밖에 고용노동부장관이 정하는 도면 및 서류
② 유해하거나 위험한 작업 또는 장소에서 사용하거나 건강장해를 방지하기 위하여 사용하는 기계·기구 및 설비로서 대통령령으로 정하는 기계·기구 및 설비를 설치·이전하거나 그 주요 구조 부분을 변경하려는 경우
  ㉠ 설치장소의 개요를 나타내는 서류
  ㉡ 설비의 도면
  ㉢ 그 밖에 고용노동부장관이 정하는 도면 및 서류

(2) 건설업(건설공사)

대통령령으로 정하는 크기, 높이 등에 해당하는 건설공사를 착공하려는 경우

[공사 개요 및 안전보건관리계획]
① 공사 개요서
② 공사현장의 주변 현황 및 주변과의 관계를 나타내는 도면(매설물 현황을 포함)
③ 건설물, 사용 기계설비 등의 배치를 나타내는 도면
④ 전체 공정표
⑤ 산업안전보건관리비 사용계획서
⑥ 안전관리조직표
⑦ 재해 발생 위험 시 연락 및 대피방법

> **유해위험방지계획서 제출 시기와 방법**
> - 제조업 : 해당 작업 시작 15일 전까지 공단에 2부 제출
> - 건설업 : 공사의 착공 전날까지 공단에 2부를 제출
> ※ 유해위험방지계획서 작성대상 시설물 또는 구조물의 공사를 시작하는 것을 말하며, 대지 정리 및 가설사무소 설치 등의 공사 준비기간은 착공으로 보지 않는다.

4 심사결과

(1) 심사결과의 판정 빈출!

공단은 유해위험방지계획서의 심사결과에 따라 다음과 같이 구분·판정한다.
① **적정** : 근로자의 안전과 보건을 위하여 필요한 조치가 구체적으로 확보되었다고 인정되는 경우
② **조건부적정** : 근로자의 안전과 보건을 확보하기 위하여 일부 개선이 필요하다고 인정되는 경우
③ **부적정** : 기계·설비 또는 건설물이 심사기준에 위반되어 공사 착공 시 중대한 위험 발생의 우려가 있거나 계획에 근본적 결함이 있다고 인정되는 경우

(2) 심사결과의 확인

유해위험방지계획서를 제출한 사업주는 해당 건설물·기계·기구 및 설비의 시운전 단계에서 건설공사 중 6개월 이내마다 다음의 사항에 관하여 공단의 확인을 받아야 한다.
① 유해위험방지계획서의 내용과 실제 공사내용이 부합하는지 여부
② 유해위험방지계획서 변경내용의 적정성
③ 추가적인 유해·위험 요인의 존재 여부

제2과목 인간공학 및 위험성 평가·관리 개념 Plus⁺

1. (　　　　)은 모든 시스템 안전 프로그램에서의 최초단계 해석으로, 시스템 내의 위험요소가 어떤 위험상태에 있는가를 정성적으로 평가하는 분석방법이다.

2. 인간공학에 있어서 일반적인 인간-기계 체계(man-machine system)의 유형에는 자동화 체계, (　　　) 체계, 수동 체계가 있다.

3. (　　　)는 광원의 밝기에 비례하고 거리의 제곱에 반비례하며, 반사체의 반사율과는 상관없이 일정한 값을 갖는다.

4. (　　　)란 인간의 위치동작에 있어 눈으로 보지 않고 손을 수평면 상에서 움직이는 경우 짧은 거리는 지나치고, 긴 거리는 못 미치는 경향을 말한다.

5. 인체계측 중 운전 또는 워드 작업과 같이 인체의 각 부분이 서로 조화를 이루며 움직이는 자세에서의 인체치수를 측정하는 것을 (　　　) 치수라고 한다.

6. 유해위험방지계획서를 제출할 때에는 관련 서류를 첨부하여 제조업의 경우 해당 작업시작 (　　) 전까지, 건설업의 경우 해당 공사의 (　　　)까지 관련 기관에 제출하여야 한다.

7. (　　　)이란 감각적으로 물리현상을 왜곡하는 지각현상을 말한다.

8. FTA에서 (　　　)은 그 속에 포함되는 기본사상이 일어나지 않을 때 처음으로 정상사상이 일어나지 않는 기본사상의 집합을 말하며, (　　　)은 특정 조합의 기본사상들이 동시에 결함을 발생하였을 때 정상사상을 일으키는 기본사상의 집합을 의미한다.

9. 안전보건표지에서 경고표지는 삼각형, 안내표지는 사각형, 지시표지는 원형 등으로 부호가 고안되어 있다. 이처럼, 부호가 이미 고안되어 있어 사용자가 이를 배워야 하는 부호를 (　　　)라 한다.

10. 욕조곡선의 고장형태에서 일정한 형태의 고장률이 나타나는 구간은 (　　　) 구간이며, 증가하는 형태의 고장률이 나타나는 구간은 (　　　) 구간이다.

11. 화학설비에 대한 안전성평가 중 정량적 평가항목에는 화학설비의 취급물질, 용량, 온도, (　　　), 조작이 있다. 정성적 평가항목의 경우는 설계관계와 운전관계로 나뉘는데, 설계관계에는 입지조건, (　　　), 건조물, 소방설비가 있고, 운전관계에는 원재료·중간체·제품, (　　　), 공정기기, 수송·저장 등이 있다.

12. FT도에 사용하는 기호에서 3개의 입력현상 중 임의의 시간에 2개가 발생하면 출력이 생기는 기호의 명칭은 (　　　) 게이트이고, 입력사상 가운데 어느 사상이 다른 사상보다 먼저 일어났을 때에 출력사상이 생기는 기호의 명칭은 (　　　) 게이트이다.

13. 위험 및 운전성 검토(HAZOP 기법)에서 사용하는 가이드워드 중 성질상의 감소 및 일부 변경을 의미하는 것은 (　　　), 완전한 대체는 (　　　), 양의 증가 또는 감소는 (　　　), 성질상의 증가는 (　　　), 설계의도의 논리적인 역은 (　　　)이다.

14. 산업안전보건법에 따라 유해위험방지계획서의 제출대상 사업은 해당 사업으로서 전기 계약용량이 (　　　) 이상인 사업을 말한다.

15. (　　　)는 FAT와 동일의 논리적 방법을 사용하여 관리, 설계, 생산, 보전 등에 대한 넓은 범위에 걸쳐 안전성을 확보하려는 시스템안전 프로그램이고, (　　　)는 사고 시나리오에서 연속된 사건들의 발생경로를 파악하고 평가하기 위한 귀납적이고 정량적인 시스템 안전 프로그램이다.

정답
1. 예비위험분석(PHA)　2. 기계화　3. 조도　4. 사정효과　5. 기능적　6. 15일, 착공 전일
7. 착각　8. 패스셋, 컷셋　9. 임의적 부호　10. 우발고장, 마모고장　11. 압력, 공장 내 배치, 공정
12. 조합 AND, 우선적 AND　13. Part of, Other than, More 또는 Less, As well As, Reverse
14. 300kW　15. MORT, ETA

03 건설시공

01 시공 일반

1 도급계약방식

(1) 직영공사

공사를 도급업자에게 위탁하지 않고 건축주 자신이 인부 고용, 재료 구입, 기타 실무 등을 담당하거나 건축주 자신의 책임으로 직접 시공하는 방식

(2) 공사 실시방식에 의한 도급계약방식 필출!
① **일식도급** : 전체 건축공사를 한 시공업자에게 일괄 도급을 주는 방식으로, 도급받는 자는 그 공사를 적절히 분할하여 각각의 하도급자에게 시공은 시키고, 본인은 전체 공사를 감독·완성하는 방식
② **분할도급** : 공사 유형별로 분할하여 전문업자에게 도급을 주는 방식
  ㉠ 전문공종별 분할도급 : 전문적인 공사를 분할하여 직접 전문업자에게 도급을 주는 방식
    예 전기, 난방 등의 설비공사
  ㉡ 공정별 분할도급 : 시공과정별로 도급을 주는 방식
    예 기초, 구체, 방수, 창호 등
  ㉢ 공구별 분할도급 : 대규모 공사 시 중소업자에게 균등한 기회를 부여하기 위해 분할도급 지역별로 도급을 주는 방식
    예 지하철, 고속도로, 대규모 아파트단지 등의 공사
  ㉣ 직종별·공정별 분할도급 : 직영에 가까운 형태로, 전문직 또는 공종별로 도급을 주는 방식
③ **공동도급** : 공사 규모가 큰 경우 또는 특수공사일 경우 2개의 회사가 임시로 결합하여 공동연대책임으로 실시하는 방식

(3) 공사비 지불방식에 의한 도급계약방식

① **단가도급** : 노무 단가, 재료 단가 및 노무와 재료를 합한 단가를 체적·면적 단가만으로 결정하여 공사를 도급 주는 방식
② **정액도급** : 총 공사비를 결정한 후에 경쟁 입찰을 행하여 최저 입찰자와 계약을 맺는 방식

③ 실비정산 보수가산도급 [빈출!]
　㉠ 정의 : 공사의 실비를 건축주와 도급자가 확인·정산하고, 시공주는 미리 정한 보수율에 따라 도급자에게 보수액을 지불하는 방식
　㉡ 종류 : 실비비율 보수가산도급, 실비액 보수가산도급, 실비한정비율 보수가산도급, 실비준동률 보수가산도급

(4) 턴키도급 [빈출!]

시공자가 금융, 토지, 설계, 시공, 기계설치, 시운전 등 공사에 소요되는 모든 요소를 포괄하여 책임지는 도급계약방식으로, 주문자(건축주)는 필요로 하는 모든 것을 충족시켜서 완성된 건축물을 인도받는 방식

> 턴키의 의미
> 열쇠(key)만 돌리면(turn) 사용할 수 있다는 뜻

(5) 건축의 생산합리화에 따른 시공방법
① VE(Value Engineering) : 건설현장에서 필요한 기능을 품질저하 없이 유지하며 가장 적은 비용으로 공사를 관리하는 원가절감기법이다.
② EC(Engineering Construction) : 사업의 기획·설계·시공·유지관리 등 건설공사 전반의 사항을 종합적으로 기획·관리하는 기법으로, 종합건설업화라 한다.
③ CM(Construction Management) : 설계자나 시공자보다 우수한 건설능력을 가진 자가 발주자를 대신하여 공사과정 전반에 걸쳐 설계자·시공자·발주자를 조정하고 합리적인 공사관리를 수행함으로써 발주자의 이익을 증대시키는 통합관리조직이다.

2 입찰과 계약

(1) 입찰 순서

입찰 공고 → 현장 설명 → 견적 → 입찰 → 개찰 → 낙찰 → 계약

(2) 도급업자 선정방법(입찰방식) [빈출!]
① 수의계약(특명입찰) : 공사 시공에 가장 적합한 1명의 업자를 임의로 선정하여 입찰시키는 방식(후속공사, 추가공사 등에 채용)
② 공개 경쟁입찰 : 신문이나 게시판 등에 입찰 규정, 공사 종류, 입찰자 자격 등을 공고하여 널리 입찰자를 모집하는 방식
③ 지명 경쟁입찰 : 건축주가 도급자의 재산·경력·장비·기술·신용 등을 상세히 조사하여 해당 공사에 가장 적당한 도급자 3~7명을 지명한 후 이들 간에 경쟁 입찰하는 방식

(3) 부대입찰제도 및 PQ제도 [빈출!]
• 부대입찰제도 : 건설업계의 하도급 계열화를 도모하기 위하여 입찰 참가자로 하여금 산출내역서에 입찰금액을 구성하는 공사 중 하도급할 부분, 하도급 금액 및 하수급인 등 하도급에 관한 사항을 기재하여 제출한 후 입찰하도록 하는 제도
② PQ(Pre-Qualification) 제도 : 공사마다 자격을 얻은 업체들만 입찰에 참여시키는 입찰 참가자격의 사전심사제도

(4) 낙찰자 선정방식 빈출!

① **최저가 낙찰제** : 입찰자 중 예정 가격범위 내에서 최저가격으로 입찰한 자를 선정하는 방식(부적격자가 낙찰될 우려가 있음)
② **제한적 최저가 낙찰제** : 덤핑에 의한 부실공사 방지를 목적으로, 예정 가격의 90% 이상으로 입찰한 입찰자 중에서 가장 최저가격으로 입찰한 자를 선정하는 방식
③ **부찰제** : 예정 가격의 85% 이상으로 입찰한 입찰자 중 평균가격을 산정하고, 이 평균가격 아래로 가장 근접한 입찰자를 선정하는 방식
④ **최적격 낙찰제** : 업체의 기술능력, 시공경험, 재정능력, 성실도 등을 종합적으로 평가하여 가장 적합한 입찰자를 선정하는 방식

3 시공 계획

(1) 시공 계획의 순서

① 현장원 편성(가장 먼저 실시)
② 공정표 작성
③ 실행예산 편성
④ 하도급자 선정
⑤ 가설준비물 결정
⑥ 재료 선정 및 결정
⑦ 재해방지대책 및 의료대책 수립

> **시방서(spec)**
> 설계자가 설계도면에 표시할 수 없는 내용과 공사의 전반적인 사항 등을 기술한 문서로서, 도면보다 선결권을 갖는다.
> [시방서의 기재내용]
> • 공사 전체의 개요
> • 시방서의 적용범위, 공통 주의사항
> • 시공방법(준비사항, 공사의 정도, 사용장비, 주의사항 등)
> • 사용재료(종류, 품질, 필요한 시험, 저장방법, 검사방법 등)
> • 특기사항

(2) 도급계약 체결 후 공사의 순서

① 가설 공사
② 토공사
③ 지정 및 기초 공사
④ 구조체 공사
⑤ 방수 공사
⑥ 지붕 공사
⑦ 외부 마무리 공사
⑧ 창호 공사
⑨ 내부 마무리 공사

4 공사현장 관리

(1) 건축 시공의 5대 관리 빈출!

① 공정관리
② 원가관리
③ 품질관리
④ 안전관리
⑤ 환경관리

(2) 공사 관리의 3대 목표
① 공정관리
② 원가관리
③ 품질관리

5 공기 지배요소

(1) 제1차적 요인(내부적 · 기술적)
① 건물 용도(주택, 공장, 은행 등)
② 건물 규모(면적, 층수 등)
③ 건물 구조(목조, 철골조 등)
④ 기초의 구조, 정지(整地)의 정도, 마감의 정도, 타일의 유무 등

(2) 제2차적 요인(외부적 · 사회적)
① 지리적 입지조건
② 기후, 계절 등의 자연현상
③ 노무사정, 금융사정, 자재상황 등의 사회 · 경제적 조건
④ 도급자(시공자)의 능력

6 공정관리

(1) 공정표 작성 시 주의사항
① 공정표는 시공자(경험이 풍부한 자)가 작성한다.
② 공정표 작성 시 기본이 되는 사항은 각 공사별 공사량(작업량)이다.
③ 공정계획은 일단 작성한 후 공사 진척상황에 따라 변경하며 실시한다.
④ 한 공사가 완전히 끝난 후에 다음 공사를 진행할 것이 아니라, 공사를 중첩시켜 공사기간을 단축시켜야 한다.
⑤ 시공 기계 · 기구 및 공사 재료는 공사 진행과정 및 순서에 맞추어서 현장에 반입하는 것이 현장관리에 유리하다.

(2) 간트(Gantt)식 공정표
① **횡선식 공정표** : 공사현장에 가장 널리 보급된 간단한 공정표로, 기간을 횡축으로 하고 작업 진척상황을 종축으로 하여 공정을 막대그래프로 표현한 것이다.
② **사선식 공정표** : 공사기간을 횡축으로 하고, 재료 반입량 · 노무자 수 · 공사 기성고 등을 종축으로 하여 공사 진척상황을 사선그래프로 표현한 것이다.
③ **열기식 공정표** : 각 공사의 착수 및 완료 일정 등을 문자로 열기하여 표현한 것이다.

(3) 네트워크(network) 기법
① PERT
  ㉠ 신기술을 필요로 하는 신규 사업으로서, 확립된 표준이 불확실한 조건 아래에서 작업을 수행하는 계획기법이다.

ⓒ 신규 사업을 다루는 관계상 불확정 요소를 고려하여 계획 달성의 확률을 사전에 계산한다.
ⓒ 이완도(여유시간, slack)를 단계적으로 산출한다.

② CPM
㉠ 신규 사업이지만 비교적 경험이 있는 사업과 반복 사업으로, 불확정 요소가 크게 문제되지 않는 사업장에 적용한다.
ⓒ 경험이 있는 반복 사업을 대상으로 하기 때문에 확률 계산을 하지 않는다.
ⓒ CPM의 핵심이론은 MCX(Minimum Cost Expediting)이다.
ⓔ 일정 계산은 PERT보다 훨씬 자세하게 계산되어 작업의 조정이 가능하다.
ⓜ 이완도를 활동 하나하나에 대하여 산출한다.
ⓑ 최종 목표 달성의 지시일자, 즉 새로운 계획시간을 부여하지 않는다.

7 공사비 산정

(1) 공사비의 구성체계

총 공사비(견적가격) = 총 원가 + 이윤
이때, 총 원가 = 공사 원가 + 일반관리비
이윤 = 총 원가 × 이윤율(%)

(2) 공사 원가 및 일반관리비

① 공사 원가 : 시공과정에서 필요한 재료비, 노무비, 경비 등의 직접공사비와 간접공사비의 합계액
② 일반관리비 : 기업의 유지를 위한 관리활동에서 발생되는 비용
   예) 본사직원 급여, 수당, 퇴직금 등

02 토공사

1 흙의 성질

(1) 간극률(공극률)

$$간극률 = \frac{간극(공극)의\ 용적}{토립자의\ 용적} \times 100(\%)$$

(2) 포화도

$$포화도 = \frac{물의\ 용적}{간극(공극)의\ 용적} \times 100(\%)$$

(3) 함수율

$$함수율 = \frac{물의\ 중량}{토립자(흙)의\ 중량} \times 100(\%)$$

(4) 예민비

$$예민비 = \frac{자연시료의\ 강도}{이긴시료의\ 강도}$$

(5) 흙의 전단강도(Coulomb식)

$$\tau = C + \sigma \tan\phi$$

여기서, τ : 흙의 전단강도(kg/cm^2), σ : 파괴면의 토립자 간에 작용하는 유효수직응력(kg/cm^2), ϕ : 흙의 내부마찰각(전단저항각), C : 흙의 점착력(kg/cm^2)

2 토공기계 및 계측기기

(1) 굴착용 기계 빈출!

① 파워셔블(power shovel) : 중기가 위치한 지면보다 높은 곳의 땅을 굴착하는 데 적합하다.
② 백호(back hoe) : 드래그셔블(drag shovel)이라고도 하며, 중기가 위치한 지면보다 낮은 곳의 땅을 굴착하는 데 적합하다.
③ 드래그라인(drag line) : 지반보다 낮은 연질 지반의 넓은 굴착에 적합하다(힘이 약함).
④ 클램셸(clam shell) : 붐의 선단에서 클램셸 버킷을 와이어로프로 매달아 바로 아래로 떨어트려 흙을 퍼올리는 토공기계이다.

(2) 정지용 기계 빈출!

① 도저(dozer) : 트랙터에 블레이드(blade ; 배토판, 토공판)를 장치하여 송토·절토·성토 작업을 할 수 있는 토공기계이다.
② 스크레이퍼(scraper) : 흙의 굴착, 싣기, 운반, 하역 등 일관작업을 연속적으로 행할 수 있는 토공 만능기이다.
③ 모터그레이더(motor grader) : 토공기계의 대패라고도 하며, 지면을 절삭하여 평활하게 다듬는 정지용 기계이다.

(3) 로더(loader)

트랙터의 앞 작업장치에 버킷을 붙인 것으로, 셔블도저(shovel dozer) 또는 트랙터셔블(tractor shovel)이라고도 한다.

> 로더의 작업 빈출!
> • 굴착 작업
> • 송토 작업
> • 지면 고르기 작업
> • 토사 깎아내기 작업

(4) 토공사에 사용되는 계측기기 빈출!

① 간극수압계 : 피에조미터(piezometer)
② 지중경사계 : 인클리노미터(inclinometer)
③ 인접구조물 기울기 측정 : 틸트미터(tiltmeter)
④ 버팀대 변형 측정계 : 스트레인 게이지(strain gauge)
⑤ 인접구조물의 균열 측정계 : 크랙 게이지(crack gauge)
⑥ 지중침하계 : 익스텐션미터(extension meter)
⑦ 지하수위계 : Water level meter
⑧ 하중계 : 로드셀(load cell)
⑨ 토압측정계 : Soil pressure gauge

3 흙막이 공법

(1) 흙막이

① 정의 : 기초파기 공사를 할 때 주위 토사가 붕괴 또는 유출되는 것을 방지하기 위한 것으로 버팀대와 널말뚝으로 이루어진다.

② 설치기준
  ㉠ 흙파기 깊이가 3m 이상일 때는 토질에 관계없이 흙막이를 설치한다.
  ㉡ 흙파기 깊이가 3m 이하일 때는 적당한 경사를 두어야 한다.
  ㉢ 1m 이하의 기초파기에는 흙막이를 설치하지 않는다.

(2) 간단한 흙막이 공법

① 줄기초 흙막이 공법 : 깊이 1.5m 내외, 너비 1m 내외의 경질 지층에 줄기초파기를 할 때 흙을 파낸 다음에 옆의 흙이 무너지지 않도록 널판, 띠장 등을 버팀대로 버티는 방법
② 어미말뚝식 흙막이 공법 : 흙막이널 대신에 어미말뚝을 1.5~2.0m 간격으로 박고, 어미말뚝 사이에 널을 가로 또는 세로로 대고 띠장으로 보강하는 방법
③ 연결재 또는 당겨매기식 흙막이 공법 : 온통파기 또는 지반이 연약하여 빗버팀대로 지지하기 곤란한 넓은 대지에 주로 사용하는 방법

(3) 버팀대식 흙막이 공법

① 빗버팀대식 흙막이 공법 : 넓은 면적에서 비교적 얕은 기초파기를 할 때 이용되는 방법
② 수평버팀대식 흙막이 공법 : 좁은 면적에서 깊은 기초파기를 할 때나 폭이 좁고 길이가 긴 경우에 적당하며, 파낸 지반이 연약하여 빗버팀대식으로 할 수 없을 경우에 이용되는 공법

> **흙막이 버팀대의 설치위치**
> • 기초파기 밑바닥에서 1/3 지점의 높이에 설치
> • 수평버팀대식 공법의 경우는 사람이 작업할 수 있는 높이(약 1.5m 이상)에 설치

※ 수평버팀대는 경사 1/100~1/200 정도로 중앙부가 약간 처지게 설치하여 좌굴을 방지한다.

(4) 지하연속벽(slurry wall) 공법

① 정의 : 벤토나이트 이수를 사용해서 지반을 굴착하여 여기에 철근망을 삽입하고 콘크리트를 타설하여 지중에 철근콘크리트 연속벽체를 형성하는 공법

② 지하연속벽 공법의 특징
  ㉠ 무진동·무소음 공법이다.
  ㉡ 인접 건물에 근접시공이 가능하다.
  ㉢ 차수성이 높다.
  ㉣ 벽체 강성이 높다(연약 지반의 변형 및 이면 침하를 최소한으로 억제할 수 있음).
  ㉤ 형상치수가 자유롭다.
  ㉥ 공사비가 고가이고, 고도의 기술경험이 필요하다.

4 흙파기 공법

(1) 오픈컷(open cut) 공법

① 비탈면 오픈컷 공법 : 굴착면을 토질의 안전구배인 사면이 유지되도록 하면서 파내는 것으로, 흙파기하는 면적에 비해 대지면적이 클 경우 유효한 공법
② 흙막이벽 오픈컷 공법 : 널말뚝을 건물 주위에 박고 소정의 깊이까지 파내어 기초를 구축하는 공법

> **흙막이벽 오픈컷 공법의 종류**
> - 타이로드(tie rod) 공법
> - 버팀대 공법
> - 자립흙막이벽 공법
> - 어스앵커(earth anchor) 공법

(2) 아일랜드컷 공법과 트렌치컷 공법

① 아일랜드컷 공법 : 좁은 대지에서는 비탈면 온통파기가 곤란하므로 흙막이를 주위에 박고, 그 주위는 비탈면으로 남겨 두고 중앙 부분을 먼저 판 후 여기에 구조물의 기초를 축조한 다음, 버팀대를 지지시켜 주변 흙을 파내고 지하 구조물을 완성하는 공법
② 트렌치컷 공법 : 아일랜드컷 공법의 역순으로 흙을 파내는 공법

(3) 언더피닝 공법과 역구축 공법

① 언더피닝(underpinning) 공법 : 기존 건물 가까이에 구조물을 축조할 때 기존 건물의 지반과 기초를 보강하는 공법
② 역구축 공법[톱다운(top down) 공법] : 지하 구조물을 지상에서 점차 지하로 진행하며 완성시키는 구체 흙막이 공법

5 지반개량 공법

(1) 치환 공법

① 정의 : 연약층의 흙을 양질의 흙으로 치환하는 공법
② 종류
  ㉠ 굴착치환
  ㉡ 성토 자중에 의한 치환
  ㉢ 폭파치환

(2) 탈수 공법

① 페이퍼 드레인(paper drain) 공법 : 샌드파일(sand pile)을 형성한 후 모래 대신에 흡수지를 삽입하여 지반의 물을 뽑아내는 공법(연약 점토층에 사용)
② 샌드 드레인(sand drain) 공법 : 적당한 간격으로 모래말뚝을 형성하고, 그 지반 위에 하중을 가하여 지반 중의 물을 유출시키는 공법
③ 웰포인트(well point) 공법 : 투수성이 좋은 사질 지반에 사용되는 강제 탈수 공법

(3) 바이브로플로테이션(vibroflotaion) 공법

투수성이 좋은 사질 지반에 사용되는 강제 탈수 공법

(4) 그라우트(grout) 공법

지반 내부의 공극에 시멘트죽 도는 약액을 주입하여 고결시키는 공법(고결안정 공법)

(5) 동결 공법

파이프(pipe)를 박고 액체 질소나 프레온가스를 주입하여 지반을 동결시켜 지하수를 차단하는 공법

(6) 재하 공법

구조물의 무게에 상당하는 하중을 미리 연약 지반 위에 놓아서 압밀하는 공법

03 기초 공사

1 기초의 분류

(1) **직접 기초(얕은 기초)**

구조물의 무게가 비교적 가볍거나 지지기반이 양호할 경우 구조물을 그 위에 직접 지지하는 기초이다.

① 푸팅(footing) 기초 빈출!

슬랩(slab)의 형식에 따라 다음과 같이 구분한다.
  ㉠ 독립 기초 : 단일 기둥을 하나의 기초에 연결하여 지지하는 방식
  ㉡ 복합 기초 : 2개 이상의 기둥을 하나의 기초에 연결하여 지지하는 방식
  ㉢ 연속 기초 : 연속된 기초판이 기둥 또는 벽의 하중을 지지하는 방식

② 온통(전체) 기초

건물 하부 전체를 하나의 기초판으로 지지하는 방식으로, 독립 기초보다 구조·설계가 복잡하나 연약 지반의 부동침하에 효과적인 기초

> **기초와 지정의 관계**
> 기초=기초판+지정
> • 기초 : 건물의 상부 하중을 지반에 안전하게 전달시키는 구조부분
> • 지정 : 기초를 보강하거나 지반의 지지력을 증가시키기 위한 구조부분

(2) **깊은 기초** 빈출!

① 말뚝 기초 : 나무 말뚝, 강재 말뚝, 기성콘크리트 말뚝
② 피어(pier) 기초 : 제자리콘크리트 말뚝
③ 케이슨(caisson) 기초(잠함 기초)
  ㉠ 개방잠함(open caisson) : 지하 구조체를 지상에서 구축하고, 그 밑을 파내어 침하시켜 지하실을 축조하는 공법
  ㉡ 용기잠함(pneumatic caisson) : 용수가 많은 경우 잠함 속에 3~4kg/cm² 의 압축공기로 지하수의 유입을 막으면서 구조체를 침하시키는 공법(압축공기잠함 공법)
④ 삼초공법(well 공법) : 철근콘크리트재의 우물통을 침하시켜 기초를 구성하는 공법(우물통 기초)

2 기초파기의 종류

(1) 줄기초파기(trenching)
지중보, 벽 구조의 기초 등에서 도랑 모양으로 파는 것

(2) 구덩이파기(pit excavation)
독립 기초 등과 같이 국부적으로 파는 것

(3) 온통기초파기(overall excavation)
총 기초, 지하실 파기와 같이, 넓게 전체적으로 파는 것

3 지정의 종류

(1) 보통 지정

① 잡석 지정
기초파기를 한 밑바닥에서 10~30cm 정도의 잡석을 나란히 깔고, 쇄석, 틈막이자갈 등으로 틈새를 메우고 견고하게 다진 것

② 자갈 지정
굳은 지층에 자갈을 5~10cm 정도 깔고 충분히 다진 것

③ 모래 지정
지반이 연약하고 건물의 무게가 비교적 가벼울 경우 지반을 파내고 모래를 물다짐 한 것

④ 밑창콘크리트 지정
잡석이나 자갈 위의 기초 부분에 먹매김을 하기 위해 6cm 정도의 밑창콘크리트를 치는 것

(2) 말뚝 지정 빈출!

종류	간격	특징
나무 말뚝	최소 $2.5d$ 이상 또는 60cm 이상	• 부패 방지를 위해 상수면 이하에 사용 • 휨 정도는 길이의 1/50 이하
기성콘크리트 말뚝	최소 $2.5d$ 이상 또는 75cm 이상	• 대규모 중량건물, 굳은 지층에 깊이 박을 때 사용 • 재료 구입이 용이, 주근의 개수는 6개 이상
강재 말뚝	최소 $2.5d$ 이상 또는 90cm 이상	• 해안 매립지, 경질 지반이 깊을 때 사용 • 부식 시 내구성 저하
제자리콘크리트 말뚝	최소 $2.5d$ 이상 또는 90cm 이상	• 규모가 큰 구조물에 사용 • 현장에서 직접 천공하여 사용

4 제자리콘크리트 말뚝 지정의 종류

(1) 관입 공법
① 컴프레솔 말뚝(compressol pile) : 1.0~2.5t 정도의 세 가지 추를 이용하여, 끝이 뾰족한 원뿔 추로 구멍을 뚫고, 끝이 둥근 추로 콘크리트를 다져 넣은 다음, 끝이 평면인 추로 재다짐을 하여 말뚝을 형성한다.

② 페데스탈 말뚝(pedestal pile) : 지중에 1중관(내관, 외관)을 박은 후 내관을 빼내어 콘크리트를 붓고, 다시 내관을 집어넣고 다져서 구근을 만든 다음, 공간에 콘크리트를 채우고 외관을 빼내어 말뚝을 형성한다.

③ 멀티페데스탈 말뚝(multipedestal pile) : 페데스탈 말뚝을 개량한 것으로, 외관 밑에는 원뿔형의 쇠신을 따로 내고, 내관 밑은 여닫이 뚜껑이 있어서 내관 속에 콘크리트를 붓고 다지면서 서서히 외관도 빼내어 말뚝을 형성한다.

④ 레이몬드 말뚝(raymond pile) : 강관으로 만든 외관 속에 강재 내관(core)을 끼워 넣고 내·외관을 동시에 박아 소정의 깊이에 도달하면 내관을 빼내어 외관 속에 콘크리트를 다져 넣어 말뚝을 형성한다.

⑤ 심플렉스 말뚝(simplex pile) : 굳은 지반에 쇠신(마개)을 끼운 강관을 소정의 깊이까지 박고 콘크리트를 투입하여 무거운 추로 다지면서 외관을 서서히 뽑아 올리며 말뚝을 형성한다.

⑥ 프랭키 말뚝(franky pile) : 심대 끝에 주철제 원추형인 내관을 외관 내에 끼워 넣고 쇠신을 씌운 후 외관을 2~2.6t의 추로 내려 쳐서 지중에 박아 소정의 깊이에 도달하면, 내관을 빼 올리고 외관 내에 콘크리트를 부어 놓고 추(공이)로 다지면서 구근을 만들며 외관을 빼내며 말뚝을 형성한다.

(2) 주열 공법(프리팩트 말뚝 ; prepacked pile)
① PIP 말뚝(Pact In Place Prepact pile) : 어스오거(earth auger)로 소정의 깊이까지 뚫은 다음, 흙과 오거를 함께 끌어 올리면서 그 밑 공간은 파이프 선단을 통하여 유출되는 모르타르로 채워 흙과 치환하여 모르타르 말뚝을 형성한다.

② CIP 말뚝(Cast In Place Prepact pile) : 지하수가 없는 비교적 경질인 지층에서 어스오거로 구멍을 뚫고 그 내부에 자갈과 철근을 채운 후, 미리 삽입해 둔 파이프를 통해 저면에서부터 모르타르를 채워서 올라오게 하는 공법이다.

③ MIP 말뚝(Mixed In Place Prepact pile) : 파이프 회전봉의 선단에 커터(cutter)를 장치하여 흙을 뒤섞으며 파 들어간 다음, 다시 회전시킴으로써 도로 빼내면서 모르타르를 회전봉 선단에서 분출되게 하여 소일 콘크리트 말뚝(soil concrete pile)을 형성하는 공법으로, 연약 지반에서 시공이 가능하다.

(3) 굴착 공법
① 이코스파일 공법 : 지수벽을 만드는 공법으로, 도시소음 방지나 근접 건물의 침하 우려 시 유효한 공법

② 어스드릴 공법 : 끝이 뾰족한 강재 샤프트(shaft)의 주변에 나사형으로 된 날이 연속된 형태의 천공기를 지중에 박아 토사를 들어내고 구멍을 파서 기초 피어를 제작하는 공법(굴착속도 빠름)

③ 베노토 공법 : 직경 1~1.2m의 지반 천공기를 써서 케이싱(casing)을 삽입하여 기초 피어를 만드는 공법
④ 칼웰드 공법 : 특수 드릴링 버킷(driling bucket)을 말뚝 구멍 속에서 회전시켜 천공하는 공법
⑤ 리버스서큘레이션 공법 : 지하수위보다 2m 이상 높게 물을 채워 공벽에 $2t/m^2$ 이상의 정수압을 유지시켜 벽면 붕괴를 방지하며 굴착하는 공법

5 말뚝박기

(1) 말뚝박기 공법의 종류
① 타격 공법 : 드롭해머, 디젤해머, 스팀해머 등을 이용한 타격 공법
② 진동 공법 : 상하로 작동하는 진동기를 이용하여 박는 공법
③ 압입식 공법 : 잭(jack)으로 말뚝 머리에 큰 하중을 가하여 박는 공법
④ 수압식 공법 : 말뚝 선단에서 고압의 물을 분사하여 타입하는 공법
⑤ 프리보링(preboring) 공법 : 미리 구멍을 뚫고 굴착한 후에 기성콘크리트 말뚝을 타입하는 공법
⑥ 중굴 공법 : 말뚝의 중공부에 오거를 삽입하여 매설하는 공법

(2) 말뚝박기 시공 시 주의사항 빈출
① 시험말뚝은 실제 사용할 말뚝과 같은 조건으로 박는다.
② 기초면적이 $1,500m^2$이면 2개, $3,000m^2$이면 3개의 시험말뚝박기를 한다.
③ 최종 관입량(침하량)은 5회 또는 10회 타격한 평균값을 적용한다.
④ 5회 타격한 총 관입량이 6mm 이하인 경우에는 거부현상으로 본다.
⑤ 말뚝박기는 중단하지 않고 최종까지 연속적으로 박아야 한다.
⑥ 말뚝 위치를 정확히 하고, 수직으로 똑바로 박는다.

6 부동침하 방지대책

(1) 상부 구조 빈출
① 건물을 경량화할 것
② 평면 길이를 짧게 할 것
③ 건물의 강성을 높일 것
④ 이웃 건물과 거리를 넓게 할 것
⑤ 건물 중량을 균등하게 배분할 것

(2) 기초 구조
① 마찰말뚝을 사용할 것
② 굳은 층(경질 지반)에 지지시킬 것
③ 지하실을 설치할 것
④ 복합기초를 사용할 것

(3) 지반
고결, 탈수, 치환, 다지기 등의 처리를 할 것

04 철근콘크리트 공사

1 골재

(1) 골재의 품질 빈출!
① 청정하고 견고하며, 내구성·내화성이 있을 것
② 입형(粒形; 알모양)은 구형으로 표면이 거친 것이 좋음
③ 입도가 적당할 것(세조립이 적당히 포함된 것)
④ 경화된 시멘트풀 강도 이상일 것
⑤ 유기불순물을 포함하지 않을 것

(2) 골재의 함수상태 빈출!
① 함수량 : 습윤상태의 골재가 함유하는 전수량(흡수량+표면수량)
② 흡수량 : 표건상태의 골재 중에 포함되는 물의 양(표건상태 수량-절건상태 수량)
③ 표면수량 : 골재 표면에 있는 물의 양(함수량-흡수량)
④ 유효흡수량 : 흡수량-기건함수량

(3) 흡수율과 표면수율 빈출!
① 흡수율 $= \dfrac{\text{표면건조 내부포화상태 중량} - \text{절대건조상태 중량}}{\text{절대건조상태 중량}} \times 100(\%)$
② 표면수율 $= \dfrac{\text{습윤상태 중량} - \text{표면건조 내부포화상태 중량}}{\text{절대건조상태 중량}} \times 100(\%)$

※ 중량 = 질량

2 콘크리트 시공

(1) 콘크리트 타설작업 시 기본원칙 빈출!
① 타설구획 내의 먼 곳에서 가까운 곳으로 타설한다.
② 타설구획 내의 콘크리트는 휴식시간에 연속적으로 타설하여야 한다.
③ 낙하높이는 작게 하고, 수직으로 낙하시킨다.
④ 타설위치에 가까운 곳까지 펌프, 버킷 등으로 운반하여 타설한다.
⑤ 낮은 곳에서 높은 곳(기초-기둥-벽-계단-보의 순서)으로 부어 넣는다.
⑥ 거푸집, 철근에 콘크리트를 충돌시키지 않는다.

(2) 콘크리트 펌프카에서 사용하는 압송장치의 구조방식
① 압축공기의 압력에 의한 것
② 피스톤으로 압송하는 것
③ 튜브 속의 콘크리트를 짜내는 방식의 것

(3) 콘크리트 이어붓기의 이음위치 〔빈출!〕
① 보, 바닥판 : 간사이(span)의 중앙에서 수직
  ※ 캔틸레버(cantilever)로 내민 보나 바닥판은 이어붓지 않음을 원칙으로 한다.
② 중앙에 작은 보가 있는 바닥판 : 중앙부에서 작은 보 너비의 2배 떨어진 곳에서 수직
③ 기둥 : 바닥판, 연결보 또는 기초 상단에서 수평
④ 벽 : 개구부(문틀) 주위에서 수직·수평
⑤ 아치 : 아치 축에서 직각

(4) 콘크리트 이음(joint)의 종류 〔빈출!〕
① 컨스트럭션 조인트(construction joint ; 시공줄눈) : 시공에 있어서 콘크리트를 한 번에 계속하여 타설하지 못하는 경우에 생기는 줄눈
② 콜드 조인트(cold joint) : 시공과정 중 응결이 시작된 콘크리트에 새로운 콘크리트를 이어칠 때 일체화가 저해되어 생기는 줄눈
③ 컨트롤 조인트(control joint ; 조절줄눈) : 바닥판의 수축에 의한 표면 균열 방지를 목적으로 설치하는 줄눈
④ 익스팬드 조인트(expand joint ; 신축줄눈) : 기초의 부동침하와 온도, 습도 등의 변화에 따라 신축팽창을 흡수시킬 목적으로 설치하는 줄눈

(5) 콘크리트의 다짐
① 진동기의 종류
  ㉠ 막대형(꽂이식) 진동기
  ㉡ 표면 진동기
  ㉢ 거푸집 진동기
② 진동다짐 방법 〔빈출!〕
  ㉠ 저슬럼프(15cm 이하)의 된비빔 콘크리트에 효과적이다.
  ㉡ 진동기의 사용간격(삽입간격)은 60cm를 넘지 않도록 한다(진동 유효반경 : 30cm).
  ㉢ 진동기는 1개소에 고정시켜 오래 있지 않고 단시간에 각 부분에 균등하게 사용하는 것이 좋다.
  ㉣ 유효다짐시간은 관찰과 경험에 의해서 결정한다(사용시간 : 30~40초).
  ㉤ 진동기 사용대수는 $20m^3$마다 1대로 한다.

(6) 콘크리트의 보양(양생)
① 증기보양 : 조기 강도가 크고, 거푸집을 빨리 제거할 수 있다.
② 습윤보양(수중보양, 살수보양)
③ 전기보양
④ 피막보양

(7) 콘크리트 양생 시 유의사항 〔빈출!〕
① 콘크리트 양생은 초기가 특히 중요하며, 강도에 영향이 크다.
② 초기 양생 시 콘크리트의 양생온도가 5℃ 이하로 되지 않도록 한다.
③ 초기 양생은 콘크리트 강도가 $50kg/cm^2$로 될 때까지 한다.

3 철근 공사

(1) 철근의 가공
① 철근의 가공(구부리기)
  ㉠ 직경 25mm 이하 : 상온 가공(냉간 가공)
  ㉡ 직경 28mm 이상 : 가열 가공
② 훅(hook : 갈고리)를 설치해야 할 곳
  ㉠ 원형철근의 말단부
  ㉡ 이형철근의 보·기둥의 단부, 굴뚝, 대근

(2) 철근의 이음
① 이음의 종류
  ㉠ 겹침이음
  ㉡ 용접이음
  ㉢ 가스압접
  ㉣ 기계적 이음
② 이음 시 주의사항 빈출!
  ㉠ 이음은 응력이 큰 곳은 피하고 동일개소에 이음이 집중되지 않도록 할 것
  ㉡ D29(ϕ28) 이상은 겹침이음을 하지 않을 것
  ㉢ 보의 상단근은 중앙에서, 하단근은 단부에서 이음할 것
  ㉣ 기둥 주근의 이음은 기둥 높이의 2/3 이내에서 이음할 것

(3) 철근의 이음과 정착길이 빈출!
① 철근의 이음방법
  ㉠ 이음의 겹침길이는 갈고리 중심 사이의 거리로 한다.
    ※ 이음길이에 훅 부분은 포함되지 않는다.
  ㉡ 주근의 이음은 구조부재의 인장력이 가장 작은 부분에 둔다.
  ㉢ 지름이 서로 다른 주근을 잇는 경우에는 작은 주근 지름을 기준으로 한다.
  ㉣ 경미한 압축근의 이음길이는 20배로 할 수 있다.
② 정착길이(용접한 것은 제외)
  ㉠ 압축력 또는 작은 인장력을 받는 곳 : 주근 지름의 25배, 즉 $25d$(경량콘크리트는 $30d$)
  ㉡ 큰 인장력을 받는 곳 : 주근 지름의 40배, 즉 $40d$(경량콘크리트는 $50d$)

(4) 철근의 정착위치 빈출!
① 기둥의 주근 : 기초에 정착
② 보의 주근 : 기둥에 정착
③ 작은 보의 주근 : 큰 보에 정착
④ 직교하는 단부 보 밑에 기둥이 없을 때 : 상호간에 정착
⑤ 벽 철근 : 기둥, 보, 기초 또는 바닥판에 정착
⑥ 바닥 철근 : 보 또는 벽체에 정착
⑦ 지중보의 주근 : 기초 또는 기둥에 정착

(5) 철근의 간격(안목간격)

아래 ①, ②, ③ 중 가장 큰 값을 철근의 간격으로 한다.
① 철근 지름의 1.5배 이상
② 2.5cm(25mm) 이상
③ 최대 자갈 지름의 1.25배 이상

(6) 철근의 피복두께 계획 시 고려사항(철근 피복의 목적)
① 내화성
② 내구성
③ 시공상 유동성 확보

(7) 철근과 철골의 조립순서(배근순서)
① 철근의 조립순서 : 기초 → 기둥 → 벽 → 보 → 바닥판 → 계단
② 철골의 조립순서 : 기초 → 기둥 → 보 → 벽 → 바닥판 → 계단

4 거푸집 공사

(1) 거푸집의 부재
① 긴결재(form tie) : 콘크리트를 부어 넣을 때 거푸집의 벌어짐을 방지
② 간격재(spacer) : 철근과 거푸집의 간격을 유지(피보 간격 유지)
③ 박리제(form oil) : 거푸집의 박리를 용이하게 하는 것(동·식물성유, 파라핀, 석유 등)
④ 격리재(separator) : 거푸집의 상호간 간격을 유지시켜 주는 긴결재
⑤ 캠버(camber) : 처짐을 고려하여 보 또는 슬래브 중앙부를 1/300~1/500 정도 미리 치켜 올리는 높이조절용 쐐기

(2) 거푸집 공사의 발전방향

거푸집 공사는 사회·기술환경의 변화에 따라 합리적인 공법으로서 다음과 같이 발전하였다.
① 부재의 경량화
② 부재 단면의 효율화
③ 거푸집의 대형화
④ 설치의 단순화
⑤ 공장 제작 조립화
⑥ 높은 전용회수
⑦ 기계를 사용한 운반·설치

(3) 특수 거푸집
① 슬라이딩폼(sliding form) : 원형 철판 거푸집을 요크(york)로 서서히 끌어올리면서 연속적으로 콘크리트를 타설하는 수직활동 거푸집으로, 사일로, 굴뚝 등에 사용한다.
  ㉠ 공기를 단축할 수 있다(1/3 정도 단축).
  ㉡ 내·외부 비계 발판이 필요 없다.
  ㉢ 콘크리트의 일체성을 확보하기가 용이하다.

② 슬립폼(slip form) : 거푸집 공법 중 수평적 또는 수직적으로 반복된 구조물을 시공이음 없이 균일한 형상으로 시공하기 위하여 거푸집을 연속적으로 이동시키면서 콘크리트를 타설하는 데 사용하는 거푸집이다.
③ 트래블링폼(travelling form) : 연속 아치(arch)에 사용하는 수평이동 거푸집
④ 무지주 공법 : 받침기둥(지주 ; support)을 사용하지 않고 보에 걸어서 거푸집널을 지지하는 방식으로, 보빔과 페코빔이 있다.
⑤ 와플폼 : 무량판 구조, 평판 구조에서 사용하는 특수상자 모양으로 된 기성제 거푸집으로 돔팬(dome pan)이라고도 한다.
⑥ 갱폼 : 옹벽, 피어(pier) 등에 사용하는 거푸집이다.
⑦ 유로폼 : 공장에서 경량 형강과 합판을 사용하여 벽판이나 바닥판용 거푸집을 제작한 것으로, 현장에서 못을 쓰지 않고 간단히 조립할 수 있는 거푸집이다.
⑧ 터널 : 벽식 철근콘크리트 구조를 시공할 경우 벽과 바닥의 콘크리트 타설을 한번에 가능하게 하기 위하여 벽체용 거푸집과 슬랩 거푸집을 일체로 제작하여 한번에 설치하고 해체할 수 있도록 한 시스템 거푸집이다.
⑨ 클라이밍폼(climbing form) : 벽체용 거푸집으로 거푸집과 벽체 마감공사를 위한 비계틀을 일체로 제작한 거푸집이다.
⑩ 플라잉폼(flying form) : 바닥 전용 거푸집으로 테이블폼(table form)이라고도 한다.
⑪ 메탈폼(metal form) : 강재 금속재의 콘크리트용 거푸집으로 제물치장 콘크리트 구조에 많이 사용된다.

05 철골 공사

1 철근 공작가공

- 철근 공작가공의 순서
  ① 제1단계 : 원척도(현치도) 작성
  ② 제2단계 : 형판(본) 뜨기
  ③ 제3단계 : 변형 바로잡기
  ④ 제4단계 : 금긋기
  ⑤ 제5단계 : 절단
  ⑥ 제6단계 : 구멍뚫기
  ⑦ 제7단계 : 가조립
  ⑧ 제8단계 : 리벳치기 및 용접(본조립)
  ⑨ 제9단계 : 검사
  ⑩ 제10단계 : 녹막이칠
  ⑪ 제11단계 : 운반(현장반입)

2 철골의 절단 및 구멍뚫기

(1) 절단방법
① 전단력(shear)을 이용한 절단
② 톱에 의한 절단
③ 가스 절단

(2) 구멍뚫기 빈출
① 펀칭 : 부재의 두께가 비교적 얇을 때(13mm 이하), 리벳 지름이 작을 때(9mm 이하) 때 사용
② 송곳뚫기 : 펀칭에 비해 변형이 작고 세밀한 가공이 가능하나 속도가 느리며, 부재 두께가 13mm 이상일 때 또는 주철재일 때 사용
③ 구멍가심 : 리머(reamer)로 수정(구멍가심)할 수 있는 최대 편심거리는 1.5mm 이하

3 리벳

(1) 리벳(rivet) 일반
① 리벳 종류 : 둥근 리벳(가장 많이 사용), 민 리벳, 평 리벳
② 가열온도 : 600~1,100℃(800~1,000℃가 적정)
③ 리벳치기 순서(작업순서) : 접합부 → 가새 → 귀잡이

(2) 리벳 간격 및 용어
① 피치(pitch) : 리벳 구멍 중심 간 거리(d : 리벳 지름, t : 가장 얇은 판의 두께)

최소피치	표 준	최대피치	
		인장재	압축재
$2.5d$	$4.0d$	$12d$, $30t$ 이하	$8d$, $15t$ 이하

② 게이지라인(gauge line) : 리벳을 배치하는 데 기준이 되는 중심선
③ 게이지(gauge) : 게이지라인 상호 간의 거리
④ 연단거리 : 구멍 중심에서 부재 끝단까지 거리
⑤ 그립(glip) : 리벳으로 접합하는 재의 총 두께(≦$5d$)
⑥ 클리어런스 : 리벳과 수직재면과의 여유거리

4 고장력 볼트

(1) 고장력 볼트 접합의 장단점
① 장점
  ㉠ 화재 위험이 없고, 소음이 적으며, 현장 시공설비가 간단하다.
  ㉡ 응력집중이 적고, 반복응력에 강하다.
② 단점
  ㉠ 나사의 마무리 정도가 어렵다.
  ㉡ 판의 접촉면 상황의 관리가 어렵다.

(2) 고장력 볼트 접합의 조임방법

① 1차 예비조임은 표준장력의 80%로 하고 2차 조임에서 표준장력을 얻는다.
② 조임은 중앙에서 주변부(단부)로 조여 나간다.

5 용접

(1) 용접의 종류

① 아크(arc) 용접(가장 많이 사용)
② 전기저항 용접
③ 가스 용접

> **용접 관련 용어** 빈출!
> - 플럭스(flux) : 용접봉의 피복재 역할을 하는 분말상의 재료
> - 위빙(weaving≒weeping) : 용접봉을 용접방향과 직각으로 움직이면서 용접 너비를 증가시키는 운봉법
> - 스패터(spatter) : 용접 중 튀어나오는 슬래그 및 금속입자
> - 가스가우징(gas gouging) : 철골 공사에서 홈을 파기 위한 목적으로 한 화구로, 산소아세틸렌 불꽃을 이용하여 녹여 깎은 재의 뒷부분을 깨끗이 깎는 것
> - 테르밋(thermit) : 알루미늄+산화철분(가열하여 철의 용접에 사용)

(2) 용접의 장단점

① 장점
  ㉠ 기름, 기체(gas) 등에 대하여 고도의 수밀성을 유지할 수 있다.
  ㉡ 시공속도가 빠르고, 무소음·무진동의 시공을 할 수 있다.
  ㉢ 건물의 일체성과 강성을 확보할 수 있다.
② 단점
  ㉠ 용접결함에 대한 검사가 어렵다.
  ㉡ 용접열에 의한 변형이 발생한다.

(3) 용접이음 및 맞춤의 형식

① **맞댄용접** : 두 부재를 맞대어 홈(앞벌림 ; groove)을 만들고, 그 사이에 용착금속을 채워 용접하는 방법이다.
② **모살용접** : 두 부재를 서로 경사지게 용접하는 것으로, 단속용접과 연속용접이 있다.

(4) 용접결함 빈출!

① 균열(crack)
② 슬래그 섞임(slag inclusion ; 슬래그 감싸돌기)
③ 피트(pit)
④ 공기구멍(blow hole=gas pocket)
⑤ 언더컷(under cut)
⑥ 오버랩(over lap ; 겹치기)
⑦ 위핑홀(weeping hole)

(5) 철골 용접 시 주의사항

① 기온이 0℃(또는 -5℃) 이하일 때에는 용접을 중지한다.
② 기온이 0~-15℃(-5~5℃)인 경우에는 용접 접합부로부터 100mm 이내의 거리에 있는 모재 부분은 적절하게 가열(36℃ 이상)하여 용접할 수 있다.

6 녹막이칠

- 녹막이칠을 할 필요가 없는 부분 [빈출]
  ① 콘크리트에 밀착 또는 매립되는 부분
  ② 조립에 의해 서로 밀착되는 면
  ③ 현장 용접을 하는 부위 및 그 부위에 인접하는 양측 100mm 이내(용접부에서 50mm 이내)
  ④ 고장력 볼트 마찰 접합부의 마찰면
  ⑤ 폐쇄형 단면을 한 부재의 밀폐된 내면
  ⑥ 기계깎기 마무리면

7 앵커볼트 매립

(1) 앵커볼트

철골의 주각을 기초에 고정시키는 데 사용하는 부품

(2) 앵커볼트 매립공법

① 고정매립공법
  ㉠ 앵커볼트의 위치 및 높이를 정확히 정하고 이것을 충분히 긴결한 후 앵커볼트가 완전하게 고정되도록 콘크리트를 친다.
  ㉡ 위치 수정이 불가능하나, 구조적으로 안전하다(중요한 공사).
  ㉢ 시공의 정밀도가 요구되는 데 사용한다.
  ㉣ 대규모 공사에 사용한다.

② 가동매립공법
  ㉠ 앵커볼트를 완전히 매립하지 않고 상부에 함석판을 끼워 콘크리트를 시공하는 공법이다.
  ㉡ 위치 수정이 어느 정도 가능하다.

③ 나중매립공법
  ㉠ 기초 콘크리트에 앵커볼트를 묻을 구멍을 내 두었다가 나중에 고정하는 공법이다.
  ㉡ 앵커볼트 지름이 작은 경우와 소규모 공사에 사용한다.
  ㉢ 위치 수정이 가능하다.

8 철골세우기용 기계설비

(1) 가이데릭(guy derrick)

① 주축은 6~8개의 와이어로프로 지지한다.
② 회전범위는 360°이다.
③ 당김줄(guy line)은 지면과 45° 이하로 한다.
④ 붐(boom)은 마스트(mast)보다 3~5m 정도 짧게 하여 회전 시 당김줄에 걸리지 않게 한다.

(2) 스티프레그데릭(stiff leg derrick ; 삼각데릭) 빈출!

① 수평이동이 용이하다.
② 건물이 저층이며 길이가 길고 넓은 면적의 건물(공장, 창고 등)이나 당김줄(guy line)을 맬 수 없을 때 편리하다.
③ 붐의 길이는 마스트보다 길다.
④ 회전범위는 270°지만, 실제 붐의 작업범위는 180° 정도이다.

(3) 진폴(gin pole)

소규모 철골 공사에 많이 사용되며 중량재료를 달아올리는 데 편리하고, 폴 데릭(pole derrick)이라고도 한다.

9 현장 리벳치기 및 가조임

- 현장 리벳치기 수와 가조임 볼트 수 빈출!
  ① 현장 리벳치기 수 : 전 리벳 수의 1/3 정도
  ② 철골세우기 가조임 볼트 수 : 접합부 전 리벳 수의 20~30% 또는 현장치기 리벳 수의 1/5 이상

06 조적 공사

1 벽돌 공사

(1) 보통벽돌의 품질 빈출!

등급	압축강도	흡수율(%)
1종	210kg/cm² 이상 (24.5MPa)	10 이하
2종	160kg/cm² 이상 (20.59MPa)	13 이하
3종	100kg/cm² 이상 (10.78MPa)	15 이하

벽돌의 품질
- 벽돌의 품질을 결정하는 가장 중요한 사항
  : 압축강도 및 흡수율
- 기초쌓기용 벽돌 검사 및 선별 시 가장 중요한 사항
  : 잘 구워졌는지(소성정도)와 소리

(2) 줄눈 빈출!

① 줄눈의 두께는 10mm를 기준으로 한다. ※ 내화벽돌은 6mm
② 조적조의 줄눈은 응력분산에 유리한 막힌줄눈을 원칙으로 한다.
③ 통줄눈은 강도가 약하여 보강블록조와 치장용으로만 사용한다.

(3) 벽돌쌓기의 종류 빈출!

① 영식 쌓기 : 한 켜는 길이쌓기, 다음 켜는 마무리쌓기로 하고, 마무리쌓기 켜의 벽 끝에 이오토막(0.25)을 사용한다(벽돌쌓기법 중 가장 튼튼한 쌓기법).

② 화란(네덜란드)식 쌓기 : 한 켜는 길이쌓기, 다음 켜는 마무리쌓기로 하고, 길이쌓기 켜의 벽 끝에 칠오토막(0.75)을 사용한다.
③ 불(프랑스)식 쌓기 : 매켜에 길이쌓기와 마구리쌓기가 번갈아 나오는 쌓기방식이다.
④ 미식 쌓기 : 5켜는 길이쌓기로 하고, 한 켜는 마구리쌓기로 하는 쌓기방식이다.

(4) 벽돌쌓기 시공상의 주의사항 _{빈출!}
① 1일 벽돌쌓기 높이는 1.5m(22켜) 이하, 보통 1.2m(18켜) 정도로 한다.
② 벽돌쌓기 전에는 충분히 물 축이기를 해야 한다.
③ 가로·세로 줄눈은 10mm를 표준으로 하고, 세로줄눈은 통줄눈이 되지 않도록 한다.
④ 벽돌쌓기는 응력(강도) 분산을 위해 통줄눈이 아닌 막힘줄눈으로 하는 것이 원칙이다.

(5) 벽돌쌓기법의 구분
① 기초쌓기
  ㉠ 1/4B씩 1켜 또는 2켜씩 내쌓기로 한다.
  ㉡ 기초벽돌 맨 밑의 나비는 벽돌벽 두께의 2배로 하고, 2켜를 길이쌓기로 한다.
② 벽돌벽면 중간에서의 내쌓기
  ㉠ 한 켜 내쌓기 : 1/8B
  ㉡ 두 켜 내쌓기 : 1/4B
  ㉢ 내미는 한도 : 2B
③ 테두리보(wall girder) 설치
  내력벽과 일체성 확보로 건물의 강도를 높이고 하중을 균등하게 전달하기 위하여 설치한다.

(6) 벽돌 공사의 시공순서
① 제1단계 : 규준틀
② 제2단계 : 기초
③ 제3단계 : 조적(벽돌, 블록, 돌)
④ 제4단계 : 지붕
⑤ 제5단계 : 창호
⑥ 제6단계 : 내장
⑦ 제7단계 : 외장
⑧ 제8단계 : 도장

(7) 백화현상 _{빈출!}
콘크리트나 벽돌을 시공한 후 흰 가루가 돋아나는 현상
[백화 방지대책]
① 잘 소성된 양질의 벽돌을 사용한다.
② 줄눈을 밀실하게 사춤시킨다.
③ 모르타르에 방수제를 혼합한다.
④ 석회를 혼합하지 않는다.
⑤ 비막이를 설치하거나 벽면에 도료를 발라 방수처리한다.

(8) 벽돌벽의 균열 원인

① 계획·설계상의 미비
  ㉠ 기초의 부동침하
  ㉡ 건물의 평면, 입면의 불균형 및 벽의 불합리 배치
  ㉢ 불균형하중, 큰집중하중, 횡력 및 충격
  ㉣ 벽돌벽의 길이, 높이, 두께에 대한 벽돌벽체의 강도 부족
  ㉤ 문꼴 크기의 불합리 및 불균형 배치

② 시공상의 결함
  ㉠ 벽돌 및 모르타르의 강도 부족
  ㉡ 재료의 신축성
  ㉢ 이질재와의 접합부
  ㉣ 모르타르의 사춤 부족
  ㉤ 모르타르, 회반죽 바름의 신축 및 들뜨기

2 블록 공사

(1) 블록쌓기 시 유의사항 빈출!

① 블록 1일 쌓기 높이는 1.2m(6켜)를 표준으로 하고 최대 1.5m(7켜) 이내로 한다.
② 블록은 빈속의 경사에 의한 살 두께가 두꺼운 편을 위로 가도록 쌓는다.
③ 줄눈은 가로, 세로 모두 10mm 이하가 되지 않도록 한다.
④ 단순조적 블록쌓기의 세로줄눈은 막힌줄눈으로 한다.

(2) 보강블록조 공사

① 세로근
  ㉠ 세로근은 원칙적으로 기초·테두리보에서 윗층의 테두리보까지 잇지 않고 배근한다.
  ㉡ 세로근은 이음을 엇갈리게 하고 철근을 보에 장착하는 길이는 $40d$(d : 철근지름) 이상으로 한다.

② 가로근
  ㉠ 가로근의 정착길이는 $40d$ 이상으로 한다.
  ㉡ 가로근의 이음은 서로 엇갈리게 하고, 이음길이는 $25d$ 이상으로 한다.
  ㉢ 가로근의 간격은 60~80cm(블록 3켜~4켜)로 한다.

③ 보강블록쌓기 빈출!
  보강블록쌓기의 세로줄눈은 통줄눈이 원칙이며, 기초는 철근콘크리트 구조로 구축한다.
  [공동부에 세로근을 넣고 콘크리트 또는 모르타르 사춤을 해야 하는 곳]
  ㉠ 세로근·가로근 삽입부
  ㉡ 벽모서리
  ㉢ 벽교차부
  ㉣ 벽 끝
  ㉤ 개구부 갓 둘레

④ 중공벽쌓기
  ㉠ 중공벽(cavity wall) : 중간에 공간을 두고 이중으로 만든 벽
  ㉡ 긴결철물의 수직간격 : 60cm 이하

3 석재 공사

(1) 석재 사용상의 주의사항

① 석재의 최대치수는 크기의 제한, 운반·가공상의 제반조건을 고려하여 정한다.
  ※ 치수가 1m³ 이상으로 지나치게 큰 것은 피할 것
② 석재는 일반적으로 내화성에 약하므로 내화가 필요한 곳에는 열에 강한 것을 사용하여야 한다.
③ 구조체에 사용하는 석재는 압축강도 50kg/cm² 이상, 흡수율 30% 이하의 것을 사용하도록 한다.

(2) 석재의 가공순서 및 공구 빈출

① 제1단계 : 혹두기 – 쇠메
② 제2단계 : 정다듬 – 정
③ 제3단계 : 도드락다듬 – 도드락망치
④ 제4단계 : 잔다듬 – 양날망치
⑤ 제5단계 : 물갈기 – 숫돌

(3) 돌쌓기

① 돌쌓기 방법
  ㉠ 건쌓기(건성쌓기) : 돌, 석축 등을 모르타르나 콘크리트 등을 쓰지 않고 잘 물려서 그냥 쌓는 돌쌓기법
  ㉡ 찰쌓기 : 돌과 돌 사이의 맞댐면에 모르타르를 다져넣고 뒷면(뒷고임)에도 모르타르나 콘크리트를 채워 넣는 돌쌓기법
  ㉢ 귀갑쌓기 : 거북등의 껍질 모양(정육각형)으로 된 무늬, 돌면이 육각형으로 두드러지게 특수한 모양을 한 돌쌓기법
  ㉣ 모르타르 사춤쌓기 : 돌의 맞댐자리에 모르타르나 콘크리트를 깔고 뒤에는 잡석다짐을 하는 견치돌 석출쌓기방법

② 돌쌓기
  ㉠ 치켜쌓기에서 내민쐐기는 1~2일 후에 제거하고 모르타르로 땜질한다.
  ㉡ 모르타르 사춤을 할 때 돌 높이의 1/3 정도는 된 비빔으로 하여 다져 넣고, 나머지는 묽은 비빔 모르타르를 부어 넣는다.
  ㉢ 줄눈에 끼운 헝겊은 모르타르를 넣은 후 1~2시간 경과 후 제거한다.
  ㉣ 1일 쌓기 높이는 3~4켜로 1m 이하로 한다.

제3과목 건설시공 개념 Plus⁺

1. 흙의 이김에 의해서 약해지는 정도를 나타내는 흙의 성질을 (   )라고 한다.

2. (   )는 흙이 소성 상태에서 반고체 상태로 바뀔 때의 함수비이다.

3. 분할도급 발주방식 중 대규모 공사(지하철 공사, 고속도로 공사, 대규모 아파트단지 공사 등) 시 한 현장 안에서 여러 지역별로 공사를 분리하여 공사를 발주하는 방식은 (   ) 분할도급이다.

4. (   )은 지반면보다 높은 곳의 굴착, 쇄석 옮겨 쌓기, 토사의 처리 등에 널리 쓰이는 굴착용 기계이고, (   )는 지반면보다 낮은 곳의 굴착, 지하층 및 기초 굴착, 토목공사나 수중굴착 등에 쓰이는 굴착용 기계이다.

5. (   )은 지반면보다 낮은 장소의 연약한 지반에서 넓은 범위의 굴착이 가능한 토공사용 굴착기계이다.

6. (   )은 좁은 곳의 수직 굴착을 비롯해서 자갈 등의 적재, 연약한 지반이나 수중 굴착 등에 쓰이는 굴착용 기계이다.

7. (   ) 공법은 기존 건축물 가까이에서 건축공사를 실시할 때에 기존(인접) 건축물의 지반과 기초를 보강하는 공법이다.

8. (   )는 시공과정 중 휴식시간 등으로 응결되기 시작한 콘크리트에 새로운 콘크리트를 이어칠 때 일체화가 저해되어 생기게 되는 줄눈이다.

9. (   )은 시공상 콘크리트를 한 번에 계속하여 부어 나가지 못하는 경우에 생기는 줄눈이다.

10. (   ) 공법은 지하 흙막이벽을 시공할 때 말뚝 구멍을 하나 걸러 뚫고 콘크리트를 부어 넣은 후 다시 그 사이를 뚫어 콘크리트를 부어 넣어 말뚝을 만드는 공법이다.

11. (   ) 공법은 어스오거로 소정의 깊이까지 뚫은 다음 흙과 오거를 함께 끌어올리면서 그 밑 공간을 파이프 선단을 통해 유출되는 모르타르로 채워 흙과 치환하여 모르타르 말뚝을 형성하는 공법이고, (   ) 공법은 지하수가 없는 비교적 경질인 지층에서 어스오거로 구멍을 뚫고 그 내부에 자갈과 철근을 채운 후 미리 삽입해둔 파이프를 통해 저면에서부터 모르타르를 채워서 올라오게 한 공법이며, (   )은 파이프 회전봉의 선단에 커터를 장치하여 흙을 뒤섞으며 파 들어간 다음 다시 회전시킴으로써 도로 빼내면서 모르타르를 회전봉 선단에서 분출되게 하여 소일 콘크리트 말뚝을 형성하는 공법이다.

12 시험말뚝에 변형률계와 가속도계를 부착하여 말뚝 항타에 의한 파형으로부터 지지력을 구하는 시험은 (　　　)이다.

13 거푸집 구조 설계 시 고려해야 하는 연직하중에는 (　　), (　　), (　　), (　　)이 있다.

14 (　　　)은 경량형강과 합판으로 구성되어 표준형태의 거푸집을 변형시키지 않고 조립함으로써 현장 제작에 소요되는 인력을 줄여 생산성을 향상시키고 자재의 전용횟수를 증대시키는 목적으로 사용되는 거푸집이고, (　　　)은 벽식 철근콘크리트 구조를 시공할 경우 벽과 바닥의 콘크리트 타설을 한 번에 가능하게 하기 위하여 벽체용 거푸집과 슬래브 거푸집을 일체로 제작하여 한 번에 설치하고 해체할 수 있도록 한 시스템 거푸집이다.

15 철골 세우기용 기계설비의 종류로는 가이데릭, 크레인, 스티프레그데릭, 그리고 (　　　)이 있다.

정답
1 예민비　2 소성한계　3 공구별　4 파워셔블, 백호　5 드래그라인　6 클램셸
7 언더피닝　8 콜드조인트　9 시공줄눈　10 이코스파일　11 PIP 말뚝, CIP 말뚝, MIP 말뚝
12 동적 재하시험(동재하시험)　13 작업하중, 거푸집 중량, 콘크리트 자중, 충격하중
14 유로폼, 터널폼　15 진폴

04 건설재료

01 목재

1 목재의 조직

(1) 나이테(연륜)

수목 횡단면에 춘재부와 추재부가 교대로 연속되어 나타나는 동심원 모양의 조직으로, 1년 동안에 성장하여 형성된 층을 말한다.

(2) 변재와 심재

변 재	심 재
• 목재의 표피 가까이 위치한다. • 색깔은 담색을 띤다. • 수액 전달과 양분 저장의 역할을 한다. • 내구성이 작고 수축 변형이 크다.	• 목재의 수심 가까이 위치한다. • 색깔은 암색(어두운색)을 띤다. • 변재가 변화되어 세포가 고화된 것이다. • 내구성이 크고 변형이 적어 목재로서의 가치가 있다.

(3) 목재의 세포(cell)

① 섬유 : 수목 전체적의 90~97%를 차지하는 가늘고 긴 세포로, 길이는 1~4mm 정도이다.
② 도관 : 활엽수에만 있는 것으로, 변재에서 수액의 운반 역할을 한다.
③ 수선 : 수심에서 사방으로 뻗어있는 것으로, 수액을 수평으로 이동시키는 역할을 한다.
④ 수지구 : 수지(송진 등)의 이동·저장을 하는 곳이다.

> **목재의 취급단위**
> 1. 치(寸 : 촌), 자(尺 : 척)
>   - 1치=3.03cm
>   - 1자=10치=30.3cm
> 2. 재, 섬
>   - 1재=1치×1치×12자=3.03cm×3.03cm×(12×30.3cm)
>   - 1m³=300재
>   - 1재=0.00324m³
>   - 1섬=83.3재

2 목재의 성질

(1) 비중 빈출!

목재의 비중(단위용적당 중량, g/cm³)은 기건비중으로 나타낸다.

① **기건비중** : 목재의 수분을 공기 중에서 제거한 상태의 비중(0.3~0.9 정도)
② **절대건조비중(절건비중)** : 100~110℃의 온도에서 목재의 수분을 완전히 제거했을 때의 비중
③ **진비중(실비중)** : 목재가 공극을 포함하지 않은 실제 부분의 비중(1.54 정도)

(2) 함수율

① 생재의 함수율
  ㉠ 심재 : 40~100% 정도
  ㉡ 변재 : 80~200% 정도

② 기건재와 전건재의 함수율
  ㉠ 기건재 : 공기 중의 습도에 의해 더이상 수분 감소가 없는 상태의 것(공기 중에서 말린 목재)으로, 기건재의 함수율은 보통 12~18%(평균 15%)의 범위이다. 빈출!
  ㉡ 전건재 : 목재를 건조장치에서 건조하여 함수율이 0%가 되었을 때의 것을 전건재라고 한다.

③ 섬유포화점의 함수율 빈출!

목재의 건조과정에서, 먼저 유리수가 증발하고 그 뒤에 세포수(세포벽에 침투하고 있는 것)의 증발이 시작되는데, 이 양자의 한계에 있어서의 함수상태를 목재의 섬유포화점이라고 하며, 함수율은 30% 정도이다.

④ 함수율 산정식 빈출!

$$U = \frac{w_1 - w_2}{w_2} \times 100\%$$

여기서, U : 함수율
  w_1 : 건조 전 시료의 중량
  w_2 : 절대건조 시 시료의 중량

목재의 공극률 빈출!

$$V = \left(1 - \frac{r}{1.54}\right) \times 100\%$$

여기서, V : 공극률(%)
  r : 절대건조비중

함수율과 목재의 강도 빈출!
- 섬유포화점 이상에서는 강도가 일정하다.
- 섬유포화점 이하에서는 함수율의 감소에 따라 강도는 증가하고, 탄성은 감소한다.

(3) 강도

① 목재의 강도 크기 순서 빈출!

  인장강도 > 휨강도 > 압축강도 > 전단강도

② 목재의 강도에 영향을 주는 요인
  ㉠ 비중 : 비중이 클수록 강도가 크다.
  ㉡ 함수율 : 함수율과 강도는 반비례한다. 빈출!
    ※ 단, 섬유포화점 이상의 함수상태에서는 함수율이 변해도 강도는 일정하다.
  ㉢ 홈 : 홈이 있으면 강도가 매우 떨어진다.
  ㉣ 목재 수종 : 목재 수종에 따라 강도가 크고 작은 것이 있다.

(4) 열에 의한 성질

① 열전도율

목재는 금속이나 콘크리트 등에 비하여 열전도율이 극히 작으며, 겉보기비중이 작은 목재(다공질의 목재)일수록 열전도율이 작다.

② 열팽창률

목재의 열팽창률은 다른 재료에 비하여 극히 낮다.

③ 목재의 연소성(목재의 화재 시 성상)

㉠ 100℃ 내외 : 수분이 증발하고 열분해를 시작하여 가스 방출
㉡ 180℃ 전후 : 가연성 가스가 인화되고 표면이 탄화되기 시작
㉢ 260~270℃ : 갈색으로 탄화되어 불꽃에 의해 착화(인화점 또는 화재위험온도)
㉣ 400~450℃ : 화기 없이 자연발화(발화점)

(5) 목재의 장단점

장 점	단 점
• 가볍고 가공이 용이하며, 감촉이 좋다. • 무게(비중)에 비하여 강도·인성·탄성이 크다. • 열전도율·열팽창률이 작고, 전기적으로 부도체이다. • 산성이나 약품 및 염분 등에 강하다. • 종류가 다양하고 아름답다.	• 착화점이 낮으므로 내화성이 적다(목재의 인화점 260℃ 이상). • 흡수성이 크며, 변형되기 쉽다. • 습도가 많은 곳에서는 부식하기 쉽다. • 병충해나 풍해에 의해 내구성이 떨어진다.

3 목재의 내구성

(1) 목재의 부패조건

① 온도

대부분의 부패균은 25~35℃ 사이에서 활동이 가장 왕성하고, 4℃ 이하에서는 발육하지 못하며, 55℃ 이상에서는 거의 사멸된다.

② 습도

80% 정도가 성육(成育)에 가장 적당하며, 15% 이하로 건조되었을 때에는 번식이 중단된다.

③ 공기

심재에 공기가 들어있는 경우에는 부패된다. 그러므로 수중에 완전히 잠겨 있는 목재는 부패되지 않는다.

(2) 방부제 처리법

① 도포법

목재 표면에 5~6mm 정도가 침투되도록 방부제를 도포하는 방법이다.

② 주입법

㉠ 상압 주입법 : 80~120℃ 정도의 방부제 용액에 목재를 침지시킨 다음, 다시 냉액에 침지시키는 방법이다.
㉡ 가압 주입법 : 압력용기 속에 목재를 넣고 7~12기압의 고압으로 방부제를 주입하는 방법으로, 침투깊이가 가장 깊어 방부효과가 크고, 내구성이 양호하다.

③ 침지법

상온에서 방부제 용액 중에 목재를 몇 시간 또는 며칠 동안 침지하는 방법으로, 액을 가열하면 15mm 정도까지 침투한다.

(3) 방부제의 종류

구 분		성 질
수용성 방부제		• 종류로는 황산구리 1% 용액, 플루오린화나트륨 2% 용액, 염화아연 3~4% 용액, 염화제2수은 1% 용액 등의 수용성 무기염류가 있으며, 방부성이 좋다. • 철재를 부식시킬 뿐만 아니라, 인체에 대한 유해성을 갖는다.
유성 방부제	콜타르(coal tar), 아스팔트(asphalt)	• 방부성이 있으나, 방부력은 약하다. • 흑색이어서 사용장소가 제한된다. • 상온에서는 침투가 잘 안 되고, 도포용으로만 쓰인다.
	크레오소트유 (creosote oil)	• 방부력이 우수하고 침투성이 양호하며, 염가여서 많이 쓰인다. • 도포 부분은 갈색이고, 페인트를 칠하면 침출되기 쉽다. • 냄새가 강하여 실내에서는 사용할 수 없다.
	페인트(paint)	• 유성 페인트를 목재에 도포하면 피막을 형성시켜 방습·방부 효과를 낸다. • 외관을 미화하는 효과도 겸한다.
PCP (Penta Chloro Phenol)		• 방부력이 가장 우수하며, 열이나 약재에도 안정하다. • 거의 무색 제품이 생산되어 그 위에 보통의 페인트를 칠할 수 있다. • 수성이며, 침투성이 매우 양호하여 도포뿐만 아니라 주입도 가능하다.

4 목재의 건조

(1) 목재의 건조목적

① 수축·균열·변형 방지
② 변색과 부패 방지
③ 강도와 내구성 증진
④ 가공성 용이
⑤ 방부제 주입 용이
⑥ 열전도성 개선 및 전기절연성 증가

목재의 인공건조방법
• 증기법
• 훈연법
• 진공법
• 열기법

(2) 건조 전의 처리

① **수침법(水浸法)**
원목을 2주 이상 흐르는 물에 수침시키는 방법이다. 물은 담수로 하는 것이 좋고, 목재 전신을 잠기게 하거나 상하를 돌려서 고르게 수침시켜야 한다.

② **자비법(煮沸法)**
목재를 열탕에 삶는 방법이다. 수침법보다 단시간에 목적을 달성할 수 있지만, 어느 정도 강도가 감소되며 광택도 줄어든다.

③ **증기법(蒸氣法)**
수평 원통 솥에 넣고 밀폐한 다음, 1.5~3.0atm에서 포화수증기로 찌는 방법이다.

5 목재 제품

(1) 합판

> **합판과 단판의 비교**
> 합판(plywood)은 3장 이상의 얇은 판을 1장마다 섬유 방향이 직교하도록 겹쳐서 붙여 만든 것이다. 이때, 얇은 판 1장을 단판(veneer)이라고 한다.

① 단판을 서로 직교시켜서 붙인 것이므로 잘 갈라지지 않으며, 방향에 따른 강도의 차이가 적다.
② 단판을 겹치는 장수는 3, 5, 7 등의 홀수로 하며, 두께도 각각 다르다.
③ 판재에 비해 균질이며, 유리한 재료를 많이 얻을 수 있다.
④ 너비가 큰 판을 얻을 수 있고, 쉽게 곡면판으로 만들 수 있다.
⑤ 아름다운 무늬가 되도록 얇게 벗긴 단판을 합판의 양쪽 표면에 사용하면 값싸게 무늬가 좋은 판을 얻을 수 있다.

(2) 집성목재

두께 1.5~5cm의 단판을 몇 장 또는 몇 십 장 겹쳐서 접착제로 접착한 것이다.

[합판과 다른 점] 빈출!
① 판의 섬유 방향을 평행으로 하여 붙인 것이다.
② 판의 수가 홀수가 아니어도 된다.
③ 합판과 같은 얇은 판이 아니고, 보나 기둥에 사용할 수 있는 단면을 가진다.

(3) 마루판류

① 플로링보드(flooring board)
판재(board)를 대패질로 마감하고 양 측면을 제혀쪽매로 하여 접착하기 좋게 한 것으로, 두께 9mm · 폭 60mm · 길이 600mm 정도가 가장 많이 쓰인다.

② 파키트리보드(parquetry board)
목재판을 두께 9~15mm · 폭 60mm로 하고 길이는 폭의 3~5배로 한 판재로, 양 측면을 제혀쪽매로 하고 표면은 상대패로 마감한다.

③ 파키트리패널(parquetry panel)
파키트리보드판(두께 15mm)을 접착제나 파정으로 4매씩 접합하여 24cm 각판으로 만든 마루판재로서 건조 변형 및 마모성이 적다.

④ 파키트리블록(parquetry block)
파키트리보드판을 3~5매씩 접합하여 18cm 각판이나 30cm 각판으로 만들어서 방수 처리한 것이다. 사용할 때에는 철물과 모르타르를 사용하여 콘크리트 마루에 깐다.

(4) 섬유판

① 연질 섬유판 : 비중 0.4 미만의 제품
② 경질 섬유판 : 비중 0.8 이상의 제품
③ 반경질 섬유판 : 비중 0.4 이상 ~ 0.8 미만 정도의 제품

(5) 파티클보드(partical board)

목재를 주원료로 하여 접착제로 성형 · 열압하여 제판한 비중 0.4 이상의 판을 말하며, 칩보드(chip board)라고도 한다.

(6) 벽 및 천장재
① 코펜하겐리브판(copenhagen rib board) : 두께 5cm · 폭(너비) 10cm 정도의 긴 판에 표면을 리브(rib)로 가공한 것으로, 면적이 넓은 강당 · 집회장 · 극장 등의 천장 또는 내벽에 붙여서 음향조절용으로 쓰거나 수장재로 사용한다.
② 코르크판(cork board) : 코르크 나무에서 수피(탄성이 있는 부분)의 분말을 가열 · 성형 · 접착하여 만든 것으로, 탄력성이 양호하고 보온력이 뛰어나서 흡음재 및 저온용 보온재로 많이 쓰인다.

02 시멘트

1 시멘트의 구성 · 제조

(1) 시멘트의 성분
① 주성분 : 석회(CaO), 실리카(SiO_2), 알루미나(Al_2O_3)
② 기타 성분 : 산화철(Fe_2O_3), 산화마그네슘(MgO), 알칼리(K_2O, Na_2O 등), 탄산가스(CO_2), 물(H_2O)

(2) 주요 구성 화합물
① 규산삼석회[$3CaO \cdot SiO_2$(약호 : C_3S)] : 시멘트의 조기 강도를 좌우하며, 시멘트 중 함유율이 5% 이하이다.
② 규산이석회[$2CaO \cdot SiO_2$(약호 : C_2S)] : 시멘트의 장기 강도에 영향을 주고, 수화열이 낮다.
③ 알루민산삼석회[$3CaO \cdot Al_2O_3$(약호 : C_3A)] : 수화작용이 빠르고, 수화열이 최대이다.
④ 알루민산철사석회[$4CaO \cdot Al_2O_3 \cdot Fe_2O_3$(약호 : C_4AF)] : 수화작용, 수화열, 조기 강도가 가장 낮으며, 시멘트 중 함유율이 35% 정도이다.

(3) 시멘트 제조의 3공정
① 원료 배합(mixing)
② 고온 소성(burning)
③ 분쇄(crush)

> **시멘트의 제조과정**
> 석회석(CaO 함유)과 점토(SiO_2, Al_2O_3, Fe_2O_3 함유)의 비율을 4 : 1로 충분히 섞어서 그 일부가 용융할 때까지 소성하여 얻은 클링커(clinker)에 응결시간 조정제로 1~3% 이하의 석고($CaSO_4 \cdot 2H_2O$)를 첨가하고 분쇄하여 만든다.

2 시멘트의 성질

(1) 비중
① 보통 포틀랜드 시멘트의 비중
3.05 이상으로 규정하고 있으나, 보통 3.10~3.16의 범위 내에 있다.
② 시멘트 비중의 감소 원인
㉠ 소성이 불충분하거나 소성 온도가 낮을 경우
㉡ 불순물이 혼입될 경우
㉢ 대기 중에 수분이나 탄산가스를 흡수하여 풍화될 경우
㉣ 성분 중에 SiO_2, Fe_2O_3가 부족할 경우
㉤ 저장기간이 길 경우

> **보통 포틀랜드 시멘트의 의미**
> 일반적으로 '시멘트'라고 부를 때 의미하는 시멘트가 보통 포틀랜드 시멘트로, 우리나라 시멘트 생산량의 90% 정도를 차지한다.

(2) 분말도

① 시멘트의 분말도 표시
비표면적(cm^2/g) 또는 $44\mu m$의 표준체질에 의한 잔류율로 표시한다.

② 분말도가 높은 경우 일어나는 현상 [빈출!]
  ㉠ 수화작용이 촉진되어 응결이 빨라진다.
  ㉡ 초기 강도(조기 강도)가 높아진다.
  ㉢ 워커빌리티(workability ; 시공연도)가 좋아지며 블리딩(bleeding)이 적어진다.
  ㉣ 지나치게 분말도가 미세한 것은 풍화되기 쉽고 건조수축이 커져서 균열이 발생하기 쉽다.

(3) 강도 [빈출!]

시멘트의 강도에 영향을 주는 요인에는 다음과 같은 것들이 있다.
① 시멘트의 성분 : 삼산화황(SO_3)이나 규산삼석회(C_3S)가 많을수록 조기 강도가 높아지고, 규산이석회(C_2S)가 많을수록 장기 강도가 높아진다.
② 분말도 : 시멘트의 미분말은 골재 표면을 피복하여 완전한 결합을 이루고 물과의 반응이 빠르며, 특히 조기 강도를 증가시킨다.
③ 풍화 : 공기 중의 습기와 탄산가스가 시멘트와 결합하여 입상 또는 미상으로 시멘트를 고화시키는 등의 변질현상을 말하며, 시멘트가 풍화하면 강열감량이 많아져서 강도가 저하된다.
④ 양생조건 : 30℃까지는 온도가 높을수록 강도가 증가하며, 재령이 커짐에 따라 강도가 증가한다.

(4) 시멘트의 응결·경화

① 응결의 시작·종결 시간 : 1시간 이후 ~ 10시간 이내 [빈출!]
② 응결·경화시간을 조절하는 혼화제 : 촉진제, 급결제, 지연제 등

(5) 시멘트의 저장 시 유의사항 [빈출!]

① 시멘트는 풍화되기 쉬우므로 저장기간을 짧게 해야 한다.
② 저장소는 습기가 없고 통풍이 되지 않는 기밀한 구조여야 한다.
③ 시멘트 포대는 지상에서 30cm 이상 되는 마루 위에 적재하고, 검사나 반출에 편리하도록 배치하여 저장한다.
④ 쌓기는 13포대 이하로 하고, 장기간 저장을 요할 때는 7포대 이상 쌓지 않는다.

(6) 시멘트의 시험방법 [빈출!]

① 비중 시험 : 르샤틀리에 비중병
② 분말도 시험 : 체가름 방식, 비표면적 시험(마노미터, 브레인 공기투과장치)
③ 강도 시험 : 표준모래를 사용하여 휨 시험, 압축강도 시험
④ 응결 시험 : 길모아침(바늘), 비카침에 의한 이상응결 시험
⑤ 안전성 시험 : 오토클레이브(auto-clave) 양생기를 이용한 팽창도 시험
  ※ 안전성 시험에서 시멘트 팽창·균열의 원인은 유리석회, 마그네시아의 과잉 함유이다.
⑥ 마모도 측정시험 : 로스엔젤레스 시험기

3 시멘트의 종류별 특성

(1) 포틀랜드 시멘트

① 보통 포틀랜드 시멘트
  여러 가지 시멘트 중에서 가장 많이 사용되는 보편화된 시멘트로, 우리나라 시멘트 생산량의 90% 정도를 차지한다.

② 중용열 포틀랜드 시멘트 빈출!
  ㉠ 수화열을 적게 하기 위해 원료 성분 중에 CaO, Al_2O_3, MgO의 양을 적게 하고, SiO_2와 Fe_2O_3의 양을 많게 배합하여 C_3A(알루민산삼석회)와 C_3S(규산삼석회)의 양을 각각 8%와 30% 이하로 만든 시멘트이다.
  ㉡ 조기 강도는 작고, 장기 강도는 크다.
  ㉢ 화학저항성이 크고, 내산성 및 내구성이 우수하다.
  ㉣ 포틀랜드 시멘트 중에서 건조수축이 가장 적다.
  ㉤ 댐 및 콘크리트 포장 또는 방사능 차폐용 콘크리트 등에 많이 쓰인다.

③ 조강 포틀랜드 시멘트 빈출!
  ㉠ 보통 포틀랜드 시멘트가 재령 28일에 나타내는 강도를 재령 7일 정도에 나타내는 조기 강도가 큰 시멘트이다.
  ㉡ 수화열량이 많고, 수화속도가 빠르다(한중 콘크리트의 시공에 적합).
  ㉢ 거푸집을 빠른 시일 내에 제거할 수 있다.
  ㉣ C_3A(알루민산삼석회)를 많이 포함하며, 일반적으로 경화·건조에 의한 수축이 크므로, 시공·양생에 주의하지 않으면 균열이 생기기 쉽다.

④ 백색 포틀랜드 시멘트
  Fe_2O_3와 MgO의 함유량을 조절하면 여러 가지 색의 착색 시멘트를 만들 수 있다.

⑤ 초조강 포틀랜드 시멘트
  ㉠ 단기간에 고강도를 나타내기 위한 시멘트이다.
  ㉡ 수화성이 큰 시멘트 광물을 소성·미분쇄한 것으로, One-day 시멘트라고도 한다.
  ㉢ 주로 동기 공사, 긴급 공사, 콘크리트 제품, 그라우트(grout)용으로 적합하다.

(2) 혼합 시멘트 빈출!

① 고로 시멘트
  ㉠ 고로에서 선철을 만들 때 나오는 광재를 공기 중에서 냉각시키고 잘게 부순 것을 포틀랜드 시멘트 클링커와 혼합한 다음, 석고를 적당히 섞어서 분쇄하여 분말로 만든 것이다.
  ㉡ 수화열과 수축률이 적어서 댐 공사 등에 적합하다.
  ㉢ 비중이 작고(2.85 이상), 바닷물에 대한 저항이 크다.
  ㉣ 조기 강도가 작고, 장기 강도가 크며, 풍화가 용이하다.
  ㉤ 응결시간이 약간 느리고, 콘크리트의 블리딩이 적어진다.

구 분	종 류
포틀랜드 시멘트	• 보통 포틀랜드 시멘트 • 중용열 포틀랜드 시멘트 • 조강 포틀랜드 시멘트 • 백색 포틀랜드 시멘트 • 초조강 포틀랜드 시멘트
혼합 시멘트	• 고로 시멘트 • 플라이애시 시멘트 • 포졸란 시멘트
특수 시멘트	• 알루미나 시멘트 • 초속경 시멘트 • 팽창 시멘트

② 플라이애시(fly ash) 시멘트
  ㉠ 포틀랜드 시멘트에 플라이애시를 혼합하여 만든 시멘트이다.
  ㉡ 조기 강도는 작고, 장기 강도는 크다.
  ㉢ 화학적 저항성이 크다.
  ㉣ 콘크리트의 워커빌리티를 크게 하고, 수밀성이 좋다.
③ 포졸란(pozzolan) 시멘트
  ㉠ 포틀랜드 시멘트 클링커에 포졸란을 30% 이하 첨가하고 미분쇄를 혼합하여 적당량의 석고를 가해서 만든 시멘트로, 실리카 시멘트(silica cement)라고도 한다.
  ㉡ 조기 강도는 포틀랜드 시멘트보다 약간 낮으나, 장기 강도는 약간 크다.
  ㉢ 수밀성이 좋고, 내구성이 있는 콘크리트를 만들 수 있다.
  ㉣ 해수 등에 대한 화학저항성이 크다.
  ㉤ 콘크리트의 워커빌리티를 증대시키고, 블리딩을 감소시킨다.
  ㉥ 비중이 작고, 장기 양생이 필요하다.
  ㉦ 경화 건조에 의한 수축이 큰 경향이 있고, 균열이 생기기 쉽기 때문에 초기 양생이 중요하다.
  ㉧ 사용수량 증가에 대한 강도의 저하율이 민감하다.

(3) 특수 시멘트
① 알루미나 시멘트 빈출!
  ㉠ Al_2O_3를 많이 함유한 보크사이트(bauxite, 알루미늄 원광)에 거의 같은 양의 석회석을 혼합하여 만든 시멘트이다.
  ㉡ 조기 강도가 대단히 크다(24시간에 보통 포틀랜드 시멘트의 28일 강도를 발휘할 수 있다).
  ㉢ 발열량이 대단히 크므로 −10℃의 동기 공사에 이용된다.
  ㉣ 산에는 약하나, 수화작용에 의한 $Ca(OH)_2$의 생성량이 적다. 그러므로 바닷물과 같은 알칼리에는 강하다.
  ㉤ 포틀랜드 시멘트와 혼합하여 사용할 때에는 순결현상이 있다.
② 초속경 시멘트 : 단시간(2~3시간)에 강도를 나타내고, 응결시간이 짧으며, 제트 시멘트(jet cement) 또는 One hour cement라고도 한다.
③ 팽창 시멘트 : 콘크리트의 수축성을 개선하기 위해 수화할 때 팽창성을 갖도록 한 시멘트이다.

03 콘크리트

1 골재의 성질

(1) 비중

골재의 비중이 클수록 치밀하며, 흡수량이 낮고 내구성이 크다.
① 진비중 : 공극을 포함하지 않은 원석만의 비중을 말한다.
② 겉보기비중 : 절대건조상태의 비중과 표면상태의 골재 중량을 그의 용적으로 나눈 값이다.
  ㉠ 잔골재(모래)의 비중 : 2.5~2.65 정도
  ㉡ 굵은 골재(자갈)의 비중 : 2.55~2.7 정도

(2) 벌킹(bulking) 및 인언데이트(inundate)

① Bulking : 건조상태의 잔골재가 함수함에 따라 부풀어 오른 상태를 말한다.
② Inundate : 최대로 부푼(약 8% 함수되었을 경우) 상태에 물을 더 가하면 용적이 감소된다. 포화상태(25~35%)일 경우에는 마른 모래와 거의 같은 용적이 되는데, 이를 Inundate라고 한다.

(3) 조립률

$$조립률(FM) = \frac{각\ 체에\ 남은\ 골재량\ 누계(\%)의\ 합}{100}$$

(4) 공극률

$$V = \left(1 - \frac{W}{\rho}\right) \times 100(\%) = 100 - d(\%)$$

여기서, V : 공극률(%), ρ : 골재의 비중, W : 단위용적중량(kg/L), d : 실적률(%)

(5) 실적률

$$d = \frac{W}{\rho} \times 100(\%)$$

여기서, d : 실적률(%), ρ : 골재의 비중, W : 단위용적중량(kg/L)

(6) 골재의 염화물 함유량 빈출!

① 잔골재 : 염화물이온(Cl^-) 함유량이 골재 절건중량의 0.02% 이하, 염분(NaCl : 염화나트륨)으로 환산하면 0.04% 이하의 함유량이 요구된다.
② 콘크리트 : 염화물이온(Cl^-) 함유량이 $0.3kg/m^3$ 이하가 요구된다.

(7) 골재의 시험

① 잔골재의 유기불순물 시험 : 혼탁비색법
② 굵은 골재의 마모저항 시험 : 로스엔젤레스(Los Angeles) 시험

2 콘크리트의 일반적 성질

(1) 콘크리트 재료의 구성

① 시멘트풀(cement paste) : 시멘트 + 물
② 모르타르(mortar) : 시멘트풀 + 모래
③ 콘크리트(concrete) : 모르타르 + 자갈

(2) 콘크리트의 품질검사

① 레미콘을 받는 지점에서 강도 시험을 실시한다.
② 강도 시험은 사용 콘크리트량 100~150m^3마다 1회 이상 행한다.
③ 1회 시험 강도는 3개 공시체의 28일 압축강도에 대한 평균치로 한다.
④ 시료의 양생에서 양생온도는 20±3℃로 한다.
⑤ 1회 시험의 압축강도는 설계기준강도의 80% 이상(상용 콘크리트) 또는 70% 이상(고급 콘크리트)이어야 한다.

(3) 콘크리트의 장단점

장 점	단 점
• 압축강도가 크다. • 내화성, 내구성, 내전성, 내수성, 차음성 등이 좋다. • 강과의 접착이 잘 되고 강알칼리성이 있어 방청력이 크다. • 크기에 제한을 받지 않으므로 임의의 크기, 모형의 구조물을 만들 수 있다. • 시공하는 데 특별한 숙련을 필요로 하지 않는다. • 유지비가 적게 든다. • 역학적인 결점은 다른 재료를 사용하여 보완할 수 있다.	• 자체중량이 비교적 크다. • 경화 시에 수축균열이 발생하기 쉽다. • 압축강도에 비하여 인장강도와 휨강도가 적다(철근을 사용하여 보강한다).

3 굳지 않은 콘크리트의 성질

(1) 워커빌리티(workability ; 시공연도)

① 정의

콘크리트의 컨시스턴시(반죽질기)에 의한 작업의 난이도 및 재료분리에 저항하는 정도를 나타내는 성질이다.

② 워커빌리티에 영향을 주는 요인
  ㉠ 시멘트의 품질
  ㉡ 시멘트의 양
  ㉢ 골재의 입도와 형상
  ㉣ 단위수량
  ㉤ 배합 및 비빔
  ㉥ 혼화재료

③ 워커빌리티의 측정법
  ㉠ 슬럼프 시험(slump test) : 시험통에 콘크리트를 다져 넣은 다음에 시험통을 벗기면 콘크리트가 가라앉는데, 이 주저앉은 정도(무너져내린 높이, cm)를 슬럼프값이라고 한다. 따라서 묽을수록 슬럼프값이 커지며, 콘크리트의 반죽질기는 슬럼프값이 작은 것이어야 한다.

〈표준슬럼프값〉

장 소	진동다짐일 경우	진동다짐이 아닐 경우
기초, 바닥판, 보	5~10	15~19
기둥, 벽	10~15	19~22

  ㉡ 다짐계수 시험(compacting factor test) : 슬럼프 시험보다 정확하며, 진동다짐을 해야 하는 된비빔 콘크리트에 유효하다.
  ㉢ 기타 : 비비 시험(vee-bee test), 흐름 시험(flow test), 구관입 시험, 리몰딩 시험

(2) 컨시스턴시(consistency ; 반죽질기) 빈출!

① 정의

주로 수량의 다수에 의해서 변화하는 콘크리트의 유동성 정도를 나타내는 성질로, 슬럼프값으로 표시되며 워커빌리티를 나타내는 하나의 지표이다.

② 컨시스턴시에 영향을 주는 요인
  ㉠ 단위수량
  ㉡ 잔골재율
  ㉢ 온도
  ㉣ 공기연행량

(3) 재료분리현상

① 재료분리현상을 일으키는 원인 빈출!
  ㉠ 굵은 골재의 치수가 너무 큰 경우
  ㉡ 거친 입자와 잔골재를 사용하는 경우
  ㉢ 단위골재량이 너무 많은 경우
  ㉣ 단위수량이 너무 많은 경우
  ㉤ 배합이 적정하지 않은 경우

> 잔골재율과 단위수량의 산정
> • 잔골재율(S/A)
> $$= \frac{\text{잔골재 용적}}{\text{잔골재 용적} + \text{굵은 골재 용적}} \times 100(\%)$$
> • 단위수량(W)
> $$= \text{물} \cdot \text{시멘트비} \times \frac{\text{시멘트 중량}}{100}$$

② 재료분리현상을 줄이기 위해 유의해야 할 사항
  ㉠ 잔골재율을 크게 하고, 잔골재 중 0.15~0.3mm 정도의 세립분을 많게 한다.
  ㉡ 물·시멘트비를 작게 한다.
  ㉢ 콘크리트의 플라스티시티(성형성)를 증가시킨다.
  ㉣ AE제, 플라이애시 등을 사용한다.

(4) 플라스티시티와 피니셔빌리티

① 플라스티시티(plasticity ; 성형성) : 거푸집의 형상에 순응하여 채우기 쉽고 분리가 일어나지 않는 성질
② 피니셔빌리티(finishability ; 마감성) : 굵은 골재의 최대치수, 잔골재율, 잔골재의 입도, 반죽질기 등에 의한 콘크리트 표면의 마무리 정도를 나타내는 성질

(5) 펌프어빌리티(pumpability ; 압송성)

펌프 시공 콘크리트의 경우 펌프에 콘크리트가 잘 밀려 나가는 정도

(6) 블리딩과 레이턴스 빈출!

① 블리딩(bleeding) : 콘크리트 타설 후 시멘트, 골재 입자 등의 침하에 따라 물이 분리 상승되어 콘크리트 표면에 얇은 막이 떠오르는 현상
② 레이턴스(laitance) : 블리딩에 의해 떠오른 미립물이 콘크리트 표면에 얇은 막으로 침적되는 현상

4 경화된 콘크리트의 성질

(1) 강도

① 콘크리트 강도의 기준

> 콘크리트 강도의 크기 순서
> 압축강도 > 전단강도 > 휨강도 > 인장강도

콘크리트의 강도는 표준양생을 한 재령 28일의 압축강도를 기준으로 한다.
  ㉠ 전단강도 : 압축강도의 1/4 ~ 1/6
  ㉡ 휨강도 : 압축강도의 1/5 ~ 1/8(인장강도의 1.6 ~ 2배)
  ㉢ 인장강도 : 압축강도의 1/10 ~ 1/13

② 콘크리트 강도에 영향을 주는 요인
  ㉠ 사용재료(시멘트, 골재, 혼합수, 화학재료 등)의 품질
  ㉡ 물·시멘트비 ➡ 콘크리트 강도에 가장 큰 영향을 주는 요인
  ㉢ 공기량
  ㉣ 시공방법
  ㉤ 양생방법

③ 콘크리트의 강도와 온도의 관계
  ㉠ 110℃ 전후 : 팽창하나, 그 이상의 온도에서는 수축이 진행된다.
  ㉡ 260℃ 이상 : 결정수가 없어지며, 강도가 점차 감소한다.
  ㉢ 300~350℃ : 강도가 현저히 감소한다.
  ㉣ 500℃ 이상 : 상온 강도의 35% 정도로 감소한다.

(2) 물·시멘트비(W/C)

① 물·시멘트비의 산정

$$물·시멘트비 = \frac{물의 중량}{시멘트의 중량} \times 100(\%)$$

이때, 물의 중량(kg) = 물의 비중(1kg/L) × 용적(L)
     시멘트의 중량(kg) = 시멘트의 비중(kg/m³) × 용적(m³)

> 보통포클랜드 시멘트의
> 물·시멘트비 산정식
> $$x = \frac{61}{\frac{F}{K} + 0.34}(\%)$$
> 여기서,
> x : 물·시멘트비
> F : 시멘트의 28일 강도(kg/cm²)
> K : 배합강도(kg/cm²)

② 물·시멘트비의 영향
  ㉠ 물·시멘트비가 클수록 강도는 감소한다.
  ㉡ 물·시멘트비가 클수록 블리딩은 증가한다.
  ㉢ 물·시멘트비가 작을수록 작업능률은 떨어진다.

③ 물·시멘트비 결정 시 골재의 함수상태 : 표면건조 내부포화상태(표건상태)

(3) 크리프현상

① 정의 : 콘크리트에 일정 지속하중을 가하면 하중의 증가가 없어도 시간이 경과함에 따라 변형이 증가하는 현상

② 크리프현상이 작아지는 경우
  ㉠ 하중 작용 시의 재령이 오래될수록
  ㉡ 부재의 단면치수가 클수록
  ㉢ 재하응력이 작을수록
  ㉣ 외부 습도가 높을수록
  ㉤ 물·시멘트비가 작을수록
  ㉥ 대기온도가 낮을수록

(4) 콘크리트의 건조수축이 커지는 이유
① 분말도가 낮은 시멘트일수록
② 흡수량이 많은 골재일수록
③ 온도가 높을수록
④ 습도가 낮을수록
⑤ 단면치수가 작을수록

※ 건조수축에 가장 큰 영향을 미치는 요인 : 단위수량이며, 단위수량은 적게 해야 건조수축이 작아진다.

(5) 콘크리트의 수밀성이 커지는 경우
① 물·시멘트비가 작을수록
② 골재의 최대치수가 작을수록
③ 습윤양생과 다짐이 충분할수록
④ 혼화제(유동화제, AE제, 감수제 등)나 혼화재(고로슬래그, 플라이애시 등)를 사용할 경우

5 콘크리트의 배합

(1) 콘크리트 배합비
시멘트, 잔골재 및 굵은 골재, 물 등의 비율 또는 사용량

(2) 시멘트 사용량에 따른 배합의 표시
① 부배합 : 콘크리트 $1m^3$에 대하여 시멘트 300kg 이상을 사용할 경우
② 빈배합 : 콘크리트 $1m^3$에 대하여 시멘트 240kg 이하를 사용할 경우

(3) 콘크리트의 배합 설계방법
① 시험배합에 의한 방법(가장 실용적이고 합리적인 배합방법)
② 계산에 의한 방법
③ 배합표시에 의한 방법

(4) 콘크리트의 배합 설계순서
① 제1단계 : 소요강도(설계기준강도) 결정
② 제2단계 : 배합강도 결정
③ 제3단계 : 시멘트강도 결정
④ 제4단계 : 물·시멘트비 결정
⑤ 제5단계 : 슬럼프값 결정
⑥ 제6단계 : 굵은 골재의 최대치수 결정
⑦ 제7단계 : 잔골재율 결정
⑧ 제8단계 : 단위수량 결정
⑨ 제9단계 : 표준배합(시방배합) 산출
⑩ 제10단계 : 현장배합의 조정

소요강도 계산
소요강도(F_0) = 3×장기허용응력도
= 1.5×단기허용응력도

6 콘크리트의 혼화재료

(1) 혼화제
사용량이 적어 콘크리트의 배합 계산에서 무시되는 혼화재료
① AE제(Air Entraining agent) : 공기연행제
② 감수제(분산제) : 시멘트 입자를 분산시켜 아주 적은 양으로 시공연도를 향상시키는 혼화재료
③ 응결·경화촉진제 : 염화칼슘($CaCl_2$)
④ 급결제 및 지연제
⑤ 방수제

> **AE제의 사용목적**
> - 내구성 향상(가장 중요한 목적)
> - 워커빌리티 향상
> - 물·시멘트비(W/C) 감소
> - 동결융해의 저항성 증대

(2) 혼화재
사용량이 비교적 많아 콘크리트 배합 계산에서 고려되는 혼화재료
① 경화과정 중 팽창을 일으키는 것 : 팽창제
② 포졸란 작용이 있는 것 : 고로슬래그, 플라이애시
③ 증량제 : 폴리머 증량제, 광물질미분말

(3) 성질개량제 및 증량제
① 성질개량제 및 증량제 : 포졸란, 플라이애시 등
② 공통적 특성
   ㉠ 워커빌리티 향상, 블리딩 및 재료분리 감소
   ㉡ 수밀성 향상
   ㉢ 수화발열량 감소
   ㉣ 장기강도(내구성) 증대

(4) 방동제
염화칼슘($CaCl_2$), 염화나트륨(NaCl ; 소금), 염화마그네슘($MgCl_2$)

7 콘크리트의 내구성

(1) 중성화 속도가 빨라지는 경우 빈출!
① 탄산가스(CO_2) 농도가 높을수록
② 온도가 높을수록
③ 습도가 낮을수록
④ 경량 콘크리트일수록
⑤ 물·시멘트비가 클수록
⑥ 분말도가 작은 시멘트일수록

> **콘크리트의 재료적 성질에 기인하는 콘크리트 균열(내구성 저하)의 원인**
> - 콘크리트의 중성화
> - 알칼리 골재반응
> - 시멘트의 수화열

(2) 알칼리 골재반응의 방지대책
① 반응성 골재를 사용하지 않을 것
② 콘크리트 중 알칼리의 양을 감소시킬 것(저알칼리 시멘트 사용)
③ 적절한 혼화재(포졸란 등)를 사용할 것

8 콘크리트의 종류별 특성

(1) 수밀 콘크리트 빈출!
① 사용목적 : 물의 침하 방지(방수)
② 시공 시 유의사항
  ㉠ 콘크리트의 소요 슬럼프값을 18cm 이하로 가급적 작게 한다.
  ㉡ 단위수량 및 물·시멘트비를 50% 이하로 가급적 작게 한다.
  ㉢ 혼화제를 사용하여 공기량은 4% 이하가 되게 한다.

(2) 경량 콘크리트
① 종류 : 신더 콘크리트, 톱밥 콘크리트, 다공 콘크리트 등
  ※ 신더(cinder) : 석탄이 타고 남은 찌꺼기를 골재로 한 경량 콘크리트
② 특징
  ㉠ 다공질로 흡수율이 커서 강도가 작고, 동해에 대한 저항성이 약하다.
  ㉡ 건조수축이 크다.
  ㉢ 내화성이 크고 열전도율이 작으며, 방음효과가 크다.

> 서모콘(thermo-con)
> 골재 없이 시멘트와 물과 발포제를 배합하여 만든 경량 콘크리트
> (물·시멘트비 : 약 43% 정도)

(3) 중량 콘크리트 빈출!
① 사용목적 : 방사선 차폐
② 중량 콘크리트에 사용하는 골재 : 중적성(barite), 자철광, 화강암쇄석 등

(4) 제치장 콘크리트
외장을 하지 않고 노출된 콘크리트면 자체가 치장이 되도록 마무리한 콘크리트

(5) 한중 콘크리트 빈출!
① 동결 위험이 있는 기간(겨울) 중에 시공하는 콘크리트(치어붓기 후 28일간의 예상 평균기온이 약 3℃ 이하인 경우에 적용)
② 시공 시 주의사항
  ㉠ 물·시멘트비를 60% 이하로 가급적 작게 한다.
  ㉡ 압축강도는 초기 양생기간 내에 약 $50kg/cm^2$ 정도가 얻어지도록 한다.

(6) 서중 콘크리트
하루 평균기온이 25℃ 또는 최고온도가 30℃를 초과할 때 시공하는 콘크리트

(7) 진공 콘크리트(vacuum concrete) 빈출!
① 진공매트(vacuum mat) 장치를 씌워 수분과 공기를 흡수하고 대기의 압력으로 표면을 다진 콘크리트
② 특징
  ㉠ 강자갈 콘크리트보다 강도가 크다.
  ㉡ 쇄석의 실적률 : 55% 이상
  ㉢ 쇄석의 원석 : 안산암은 사용 가능, 응회암은 사용 불가

(8) 유동화 콘크리트
단위수량이 적은 콘크리트에 분산성이 우수한 유동화제(고성능 감수제)를 첨가하여 유동성을 일시적으로 증대시킨 콘크리트

(9) 프리팩트 콘크리트(prepacked concrete) 빈출!
거푸집 속에 미리 자갈을 충진하고 특수 모르타르를 주입하여 만든 콘크리트

(10) 프리캐스트 콘크리트(precast concrete ; PC concrete) 빈출!
① 고정시설을 갖춘 공장에서 기둥, 보, 바닥판(slab) 등의 부재를 철제 거푸집에 의해 제작하고 단기 보양하여 기성제품화한 콘크리트로, 프리패브 콘크리트(prefab concrete)라고도 한다.
② 특징
  ㉠ 장점 : 대량생산, 공기단축, 제품 품질의 균일화·고품질화 및 동기 공사가 가능하며, 현장 노무인원이 감소되는 등의 장점이 있다.
  ㉡ 단점 : 운반거리가 제한적이고(경제적 거리한계 100km), 평면계획(부재규격)이 자유롭지 못하다.

(11) 숏크리트(shotcrete) 빈출!
모르타르 또는 콘크리트를 호스를 사용하여 압축공기로 시공면에 뿜는 콘크리트

(12) 프리스트레스트 콘크리트(prestressed concrete ; PS concrete) 빈출!
① 외력에 의한 응력에 견디도록 콘크리트에 미리 인장력을 주어 만든 콘크리트
② 종류에 따른 시공순서
  ㉠ 프리텐션(pretension) 방식 : 강선 긴장 – 콘크리트 타설·경화 – 부착
  ㉡ 포스트텐션(posttension) 방식 : 시드 – 타설·경화 – 강선 삽입·긴장·고정 – 그라우팅

(13) 매스 콘크리트
부재 단면치수가 80cm 이상이고 콘크리트 내·외부 온도차가 25℃ 이상인 콘크리트

(14) 고강도 콘크리트
설계기준강도가 보통 콘크리트에서 400kg/cm^2 이상인 콘크리트(경량 콘크리트에서는 270kg/cm^2)

(15) ALC(Autoclaved Lightweight Concrete ; 경량기포 콘크리트) 빈출!
① 발포제에 의하여 콘크리트 내부에 무수한 기포를 독립적으로 분산시켜 중량을 가볍게 한 기포 콘크리트(고온·고압으로 증기 양생하여 제조)
② 특징
  ㉠ 기건비중이 보통 콘크리트의 약 1/4 정도이다.
  ㉡ 불연재인 동시에 내화재료이다.
  ㉢ 흡수율이 크다(시공 직전의 블록이나 패널은 기건상태를 유지해야 한다).
  ㉣ 동결해에 대한 저항성이 크며, 내약품성이 증대된다.

04 석재

1 석재의 분류

- 성인에 의한 석재의 분류 빈출!
  ① 화성암(火成岩)
     지구 내부의 암장이 냉각되어 형성된 것으로서, 일반적으로 괴상으로 되어 있다.
     예) 화강암, 안산암, 현무암, 감남석, 부석, 황화석 등
  ② 수성암(水成岩)
     암석의 쇄편, 물에 녹은 광물질, 동식물의 유해 등이 침전되어 쌓이고 겹쳐져서 고화되어 층상으로 된 것이다.
     예) 사암, 점판암, 응회석, 석회암 등
  ③ 변성암(變成岩)
     화성암이나 수성암이 압력 또는 열에 의하여 심히 변질된 것으로서, 일반적으로 층상으로 되어 있다.
     예) 대리석, 사문암, 석면, 활석, 편암 등

2 석재의 성질

> **석재의 조직**
> - 석리(石理) : 석제 표면의 구성조직
> - 절리(節理) : 자연적으로 생긴 금이 간 상태
> - 석목(石目 ; 돌눈) : 암석이 가장 쪼개지기 쉬운 면

(1) 강도 빈출!
  ① 압축강도
     ㉠ 석재는 압축강도가 매우 크며, 일반적으로 석재의 강도는 압축강도를 기준으로 하는 경우가 많다.
     ㉡ 석재의 압축강도는 구성 입자 및 공극률이 작을수록, 단위용적중량이 클수록, 결정도와 결합상태가 좋을수록 크다.
     ㉢ 함수율이 크면 강도는 저하된다.
  ② 인장강도와 휨 및 전단강도
     ㉠ 인장강도는 극히 약하여 압축강도의 1/10~1/40 정도이다.
     ㉡ 휨강도 및 전단강도도 압축강도에 비하여 매우 작다.

(2) 비중
  석재의 비중은 겉보기비중으로 나타내며, 보통 2.5~3.0으로 평균 2.65 정도이다.

(3) 흡수율 빈출!

  석재의 흡수율 = $\dfrac{W_3 - W_1}{W_1} \times 100\%$

  여기서, W_1 : 110℃로 건조하여 냉각시킨 중량(절대건조공기 중의 중량)
  W_3 : 흡수된 시험편의 표면을 잘 닦아내고 측정한 것(공기 중에서 측정한 중량)

(4) 공극률

석재가 함유하고 있는 전공극과 겉보기체적의 비

$$공극률(P) = \left(1 - \frac{W}{D}\right) \times 100\,(\%)$$

이때, $D = \dfrac{V-U}{V} \times 100\,(\%)$

여기서, W : 겉보기 단위중량(kg/L)
  D : 진비중
  V : 겉보기 전체적(L)
  U : 실제 체적(L)

석재의 종류별 내구연한 빈출!
- 조립자 사암 : 5~15년
- 세립자 사암 : 20~50년
- 석회암 : 20~40년
- 대리석 : 60~100년
- 화강암 : 75~200년 정도

(5) 내구성 및 내구연한

① 석재의 내구성을 지배하는 요인 : 조암광물의 종류, 조직의 차이, 노출상태
② 석재의 내구연한(수명) : 건축물의 석재가 퇴색 또는 분해로 인하여 최초의 수리를 필요로 하게 될 때까지의 기간

(6) 화학적 성질

① 석재는 공기 중의 탄산가스(CO_2)나 약산(탄산, 약염산 및 황산류 등)이 녹아 있는 빗물에 의해 침식된다.
② 석재의 용해는 공기 오염에 의한 빗물의 영향이 크다.

(7) 내화성 빈출!

① 석재가 고열(화열)을 받으면 조암광물의 열팽창률의 차이에 의해 파괴(균열)된다.
② 응회암, 사암, 안산암 등은 1,000℃ 이하의 고온에 거의 영향을 받지 않는다.
③ 화강암은 575℃ 정도에서 석영분의 팽창 때문에 파괴된다.

석재의 강도 · 흡수율 · 내화성의 크기 순서 빈출!
- 강 도 : 화강암 > 점판암 > 대리석 > 안산암 > 사암 > 응회암
- 흡수율 : 응회암 > 사암 > 안산암 > 점판암 = 화강암 > 대리석
- 내화성 : 응회암 > 사암 > 안산암 > 점판암 > 화강암 > 대리석

(8) 석재의 장단점

장 점	단 점
• 불연성으로 압축강도가 크며, 내수성 · 내화학성 및 내구성 · 내마모성이 양호하다. • 외관이 장엄하고 치밀하며, 종류가 많고 외관과 색조가 풍부하다. • 갈면 아름다운 광택을 낸다.	• 인장강도가 압축강도의 1/10~1/40 정도이며, 비중이 크고 가공성이 좋지 않다. • 열에 의해 균열(화강암)을 일으키거나, 분해되어 강도를 상실(석회석, 대리석 등)하기도 한다.

3 석재의 종류별 특성

구 분	종 류	주요 특징
화성암	화강암 (쑥돌)	• 성분 : 석영 30%, 장석 65%, 기타(운모, 휘석, 각섬석) 5% • 석질이 견고하며 풍화나 마멸에 강하고, 대재를 용이하게 채취할 수 있으며, 외관이 아름다워 장식재로 쓸 수 있다. • 내화도가 낮아서 고열을 받는 곳에는 부적당하며, 너무 견고하여 세밀한 조각에도 부적당하다. • 외장 및 내장재, 구조재, 도로 포장재, 콘크리트 골재 등에 사용된다.
	안산암	• 종류 : 휘석 안산암, 각섬석 안산암, 기타 석영 안산암 및 운모 안산암 등 • 강도, 경도, 비중이 크다. • 내화성이 우수하고 석질이 극히 치밀하여 구조용 석재로 널리 쓰인다.
	현무암	• 입자가 잘거나 치밀하다. • 비중 2.9~3.1로서, 석질이 견고하다. • 토대석, 석축, 암면의 원료 등에 쓰인다.
	감람석	크롬철광 등으로 된 흑색의 치밀한 석재이다.
	부석	• 화산에서 분출되는 암장이 급속히 냉각될 때 가스가 방출되면서 다공질의 파리질로 된 석재이다. • 비중 0.7~0.8로 경량이어서 경량 콘크리트의 골재에 쓰인다. • 열전도율이 작고 내화·내산성이어서 단열재나 화학제조공업의 특수장치에도 쓰인다.
수성암	이판암	진흙(점토)이 침전하여 압력을 받아 응력한 것이다.
	점판암	이판암이 다시 지압에 의해 변질된 것으로 박판으로 탈리성이 있고, 치밀하여 천연 슬레이트로 지붕재·벽재·비석 등에 쓰인다.
	응회석	• 화산회·화산사 등이 퇴적·응고되거나 풍력, 수력에 의하여 운반되어 암석 분쇄물과 혼합·퇴적·응고된 것이다. • 치밀도의 차가 심하여 치밀한 것은 점판암과 같고, 조잡한 것은 다공질이어서 강도·내구성이 부족하여 용도가 일정하지 못하다. • 내화성이 있다.
	석회암	• 유기질 혹은 무기물질 중에서 석회질이 용해·침전된 것이 퇴적·응고된 것이며, 주로 탄산석회($CaCO_3$)의 백색·회색 암석이다. • 치밀·견고하나 내산성·내화성이 부족하다.
	사암	• 사립이 교착재(산화철, 규산질물, 탄산석회, 점토 등)와 같이 압력을 받아서 경화된 것이다. • 내화성이 크고 흡수량이 많으며, 가공에 편리하다.
변성암	대리석	• 석회암이 변성작용에 의해서 결정화된 변성암의 대표적인 석재로서 주성분은 탄산석회($CaCO_3$)이다. • 치밀하고 견고하며, 연마하면 아름다운 광택을 낸다(실내장식용으로는 최고급 석재). • 강도는 높지만 내산성·내화성이 낮고, 풍화되기 쉽다.
	사문암	감람석 중에 포함되어 있는 철분이 변질된 것이다.
	석면	• 천연 결정섬유로, 사문암 또는 각섬암이 열과 압력을 받아서 변질하여 섬유 모양의 결정질로 된 것이다. • 유기섬유와 비슷하며, 단면은 원형 또는 다각형으로 되어 있다. • 온석융(사문암석면)의 인장강도는 대체로 견사와 비슷하고, 석면망(지름 25.4mm)은 약 1,060kg에 견딘다. • 내화성은 1,200~1,300℃ 정도이므로 보통 화재에는 안전하며, 열전도율이 작고 내알칼리성이 우수하다.

4 석재 제품

(1) 암면

현무암·안산암·사문암·광재(제철 부산물) 등을 원료로 하여 고열로 녹여 작은 구멍을 통하여 취출한 후 이를 고압 공기로 불어 날리면 면상으로 되는데, 이것을 암면이라고 한다.

(2) 질석 빈출!

운모계와 사문암계의 광석을 800~1,000℃로 가열·팽창시켜서 체적이 5~6배로 된 다공질의 경석이다.

(3) 인조석판

① 원료 : 종석(대리석, 화강암 등의 쇄석) + 백색 시멘트 + 안료 + 물
② 제조법 : 원료를 반죽해서 다지고 경화한 후 표면을 잔다듬, 물갈기 등으로 마감하여 만든다.

(4) 테라조(terrazzo) 빈출!

대리석 종석 + 백색 시멘트 + 안료 등을 물로 반죽하여 다지고 경화한 후 대리석 계통의 색조가 나게 표면을 물갈기한 석조 제품이다.

(5) 펄라이트(perlite) 빈출!

진주암(perlite), 흑요석, 송지석 등을 분쇄하여 입상으로 된 것을 가열·팽창시켜서 제조한다.

재료의 성질에 관한 용어의 정리 빈출!

- 연성 : 재료가 가늘고 길게 잘 늘어나는 성질
- 전성 : 재료를 얇게 두드려 펼 수 있는 성질
- 인성 : 재료가 응력을 잘 견디면서 큰 변형을 나타내는 성질
- 취성 : 재료에 외력을 가했을 때 작은 변형만 나타나도 곧 파괴되는 성질(재료에 하중을 가했을 때 부서지고 깨지기 쉬운 성질)
- 경도 : 재료의 단단한 정도(연질과 경질의 정도)를 나타내는 척도
- 피로 : 탄성한계 내에서도 재료에 반복하중을 가할 때 변형이나 균열을 일으키는 현상

---

05 점토

1 점토의 성분

(1) 점토의 주성분

점토는 대체로 함수규산알루미나($Al_2O_3 \cdot 2SiO_2 \cdot 2H_2O$)를 주성분으로 한다.

(2) 카올린과 샤모트 빈출!

① 카올린(kaolin) : 화학적으로 순수한 점토
② 샤모트(schamotte) : 구워진 점토 분말

2 점토의 성질

(1) 가소성
① 양질의 점토는 습윤상태에서 현저한 가소성을 나타낸다.
② 점토 입자가 미세할수록 가소성은 작아진다(양질의 점토일수록 가소성이 크다).

(2) 함수율
① 점토의 함수율은 기건 시 작은 것은 7~10%, 큰 것은 40~50% 정도이다.
② 함수율에 따른 점토의 성질
  ㉠ 40~45% : 가소성이 가장 커진다.
  ㉡ 30% : 최대의 수축이 나타난다.
  ㉢ 30% 이하 : 소성제품의 강도, 경도가 커진다.

(3) 소성온도
① 점토의 소성온도는 점토의 성분, 종류에 따라 차이가 크다(소성온도범위 : 800~1,500℃).
② 소성온도 측정법 : 제게르 콘 법(seger cone method)

3 점토 제품

(1) 점토 소성제품의 분류

종류	원료	소성온도(℃)	소지 흡수성	색	투명정도	강도	특성	제품
토기	보통 점토 (전답의 흙)	790~1,000	크다.	유색	불투명	취약	흡수성이 크고, 깨지기 쉽다.	벽돌, 기와, 토관
도기	도토 (석영, 운모의 풍화물)	1,100~1,230	약간 크다.	백색, 유색	불투명	견고	다공질로서 흡수성이 있고, 질이 좋으며, 두드리면 탁음이 난다.	타일, 테라코타, 위생도기
석기	양질 점토 (유기질 없음)	1,160~1,350	작다.	유색	불투명	치밀, 견고	흡수성이 극히 작고, 경도와 강도가 크다.	벽돌, 타일, 토관, 테라코타
자기	양질 점토 또는 장석분	1,230~1,460	아주 작다.	백색	반투명	치밀, 견고	흡수성이 극히 작고, 경도와 강도가 가장 크다.	타일, 위생도기

(2) 벽돌

① 보통 벽돌(붉은 벽돌, 검정 벽돌)
  보통 벽돌은 압축강도가 크고 흡수율이 적으며, 형상이 양호하고 균열 등의 결함이 없어야 한다.

〈보통 벽돌의 품질 규격〉

등급		압축강도	흡수율	등급	압축강도	흡수율
1급	1호	150kgf/cm² 이상	20% 이하	1종 벽돌	210kgf/cm² (24.50MPa)	10%
	2호			2종 벽돌	160kgf/cm² (20.59MPa)	13%
2급	1호	100kgf/cm² 이상	23% 이하	3종 벽돌	110kgf/cm² (10.78MPa)	15%
	2호					

② 내화벽돌

내화벽돌은 내화도에 따라 다음과 같이 분류한다.

> 표준형 내화벽돌의 보통형 치수
> 230(길이)×114(너비)×65(두께)

　㉠ 저급품 : 1,580~1,650℃(SK 26~29)

　　※ 저급품의 용도 : 건축물의 굴뚝, 페치카 등의 단쌓기

　㉡ 중급품 : 1,670~1,730℃(SK 30~33)

　㉢ 고급품 : 1,750~2,000℃(SK 34~42)

(3) 타일(tile) 빈출!

① 클링커 타일 : 고온에서 충분히 소성한 다갈색의 타일로, 표면은 거칠게 요철 무늬를 넣어 보행 시 미끄러짐을 방지할 수 있다.

② 모자이크 타일 : 소형 타일로서 바닥에 많이 쓰이고, 같은 색을 쓸 때도 있으나 다수의 색을 사용하여 아름다운 무늬를 만들 수 있는 것이 특색이다.

③ 계단 논슬립(non-slip) : 계단의 모서리에 붙이는 것으로서 마모에 대한 저항성은 금속제의 논슬립보다 우수하다. 양질품은 자기질이나 경질 도기, 조도기도 있다.

(4) 테라코타 빈출!

① 고급 점토에 도토, 자토 등을 혼합 반죽하여, 단순한 것은 가압성형 또는 압축성형하고 복잡한 것은 석고형틀로 찍어내어 소성시킨 속이 빈 대형 점토 소성품이다.

② 일반 석재보다 가볍고, 압축강도는 800~900kg/cm^{2}로서 화강암의 1/2 정도이다.

③ 화강암보다 내화력이 강하고, 대리석보다 풍화에 강하므로 외장에 적당하다.

④ 건축에 쓰이는 점토 제품으로는 가장 미술적이고, 색도 석재보다 자유롭다.

⑤ 한 개의 크기는 제조와 취급상 최대 크기가 평물이면 0.5m^{2}를 한도로 하고, 형물이면 1.1m^{2}를 한도로 한다.

06 금속재

1 철강

(1) 철강의 성분

철(Fe) 외에 탄소(C)·규소(Si)·망간(Mn) 및 불순물로 황(S)·인(P) 등을 함유하고, 특히 탄소량에 따라 여러 가지 성질을 나타낸다.

(2) 철강의 분류

명 칭	탄소함유량(%)	녹는점(℃)	성 질
연철	0.04 이하	1,480 이상	연질이고, 가공이 용이하다.
강	0.04~1.7	1,450 이상	주조성이 좋고, 담금질 효과가 있다.
주철	1.7 이상	1,100~1,250	경질이고, 주조성이 좋으며, 취성이 크다.

(3) 탄소강

① 정의

탄소를 함유한 Fe(철)-C(탄소) 합금을 탄소강이라고 하며, 일명 강(鋼)이라고도 한다.

② 탄소강의 성분

탄소(C) 0.04~1.7%, 망간(Mn) 0.3~0.9%, 규소(Si) 0.01~0.4%, 인(P) 또는 황(S) 0.01~0.05%

③ 탄소 함유량에 의한 특성 [빈출!]

강은 탄소 함유량이 많을수록 경도·강도가 증대되나, 신도(연신율)는 감소된다.

※ 0.9~1.0% 함유 시 인장강도는 최대로 증대되고, 이를 넘으면 감소되며, 경도는 0.9% 함유 시 최대이며, 그 이상 함유되어도 경도는 일정하다.

④ 탄소 함유량에 따른 분류

㉠ 저탄소강 : C 함유량 0.3% 이하
㉡ 중탄소강 : C 함유량 0.3~0.6%
㉢ 고탄소강 : C 함유량 0.6% 이상

2 강

(1) 강의 물리적 성질

강의 비중·열전도율·열팽창계수 등은 탄소 함유량이 증가함에 따라 감소하며, 반대로 비열 및 전기저항 등은 증가한다.

(2) 강의 기계적 성질

① 응력(stress)

강재가 하중을 받으면 하중과 같은 크기의 반대방향으로 발생하는 저항력

$$응력(\sigma,\ kg/mm^2) = \frac{하중(W)}{단면적(A)}$$

② 인장강도

인장시험에 의해 시험편이 견디는 최대하중을 원 단면적으로 나눈 값이다.

③ 연신율

인장시험 시 재료의 늘어나는 비율로, 변형률이라고도 한다.

$$\varepsilon = \frac{l_2 - l_1}{l_1} \times 100\,(\%)$$

여기서, l_1 : 시험편의 처음 표점거리(최초의 길이)
l_2 : 파단(절단) 후의 표점거리

④ 응력·변형선도 [빈출!]

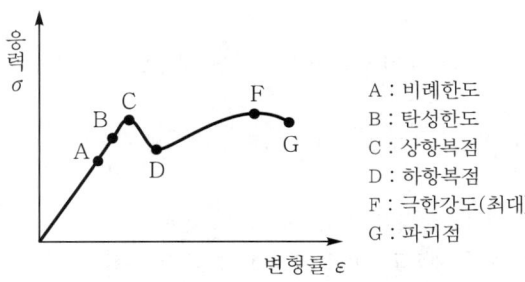

A : 비례한도
B : 탄성한도
C : 상항복점
D : 하항복점
F : 극한강도(최대)
G : 파괴점

㉠ 하중을 0에서부터 서서히 증가시키면 A점까지는 변형이 그래프에 직선적으로 하중과 비례하여 증가하는데, 이를 '비례한도'라 한다.
㉡ A점을 약간 넘어 B점까지는 하중을 제거하였을 때 변형이 원래의 길이로 되돌아가 없어지는 한도로서, '탄성한도'라 한다.
㉢ B점 이후에는 하중을 제거해도 원래의 크기로 되돌아가지 않고 변형되어 있는데, 이를 소성변형이라 한다.
㉣ C점에서는 하중을 증가하지 않아도 신장만 증가하여 D점에 이르며, 이때 C점을 '상항복점', D점을 '하항복점'이라고 한다.
㉤ D점에서 하중을 증가하면 신장이 급격히 증가하고, F점의 '극한강도(최대하중)'에 이르게 된다.
㉥ G점은 '파괴점'으로, 시험편인 연결이 끊어진다.

(3) 강재의 온도에 따른 강도 변화 [빈출!]
① 상온~100℃ : 강도의 변화가 없다.
② 100℃ 이상 : 강도가 약간 증가된다.
③ 200~300℃ : 강도는 최대가 되며, 그 이상 온도에서는 급속도로 감소된다.
④ 500℃ 전후 : 상온 시 강도의 1/2 정도로 줄어든다.
⑤ 600℃ : 상온 시 강도의 1/3로 줄어든다.
⑥ 900℃ : 상온 시 강도의 1/10로 줄어든다.
⑦ 1,000℃ : 거의 0이 된다.

(4) 강재의 온도와 신도(연신율)
① 신도는 상온 이하에서는 약간 감소되며, 고온에서는 200~300℃에서 현저히 감소되고, 이 온도 이상부터 급격히 증대된다.
② 200~250℃에서 강은 청색으로 구워져 취약성을 나타내는데, 이러한 현상을 청열취성(blue shortness)이라 한다.
③ 온도가 더욱 상승하여 900℃ 전후에 이르면 또다시 신도가 감소되고 취약해진다. 이런 현상을 적열취성(red shortness)이라 한다.

(5) 강의 열처리방법 [빈출!]
① 풀림(annealing) : 강을 적당한 온도(800~1,000℃)로 가열한 후에 노(爐) 안에서 천천히 냉각시키는 열처리

② **불림**(normalizing) : 800~1,000℃의 온도로 가열한 후에 대기 중에서 냉각시키는 열처리
③ **담금질**(hardening 또는 quenching) : 강을 가열한 후에 물 또는 기름 속에 투입하여 급랭시키는 열처리
④ **뜨임질**(tempering) : 담금질한 강에 인성을 주고 내부 잔류응력을 없애기 위해 변태점 이하의 적당한 온도(726℃ 이하 : 제일 변태점)에서 가열한 다음 냉각시키는 열처리

3 주강 및 주철

(1) **주강**(steel casting)
① 주조할 수 있는 철을 말하며, 탄소량이 0.1~0.5%인 저탄소 주철이다.
② 규소(Si) 및 망간(Mn)의 양이 특히 많고, 주조성이 있는 것이 특징이다.
③ 성질은 탄소강과 비슷하지만, 인성은 떨어진다.

(2) **주철**(cast iron)
① 탄소량이 1.7~6.67%인 것을 주철이라고 한다.
   ※ 실용화되고 있는 것은 탄소량 2.5~4.5%의 범위이다.
② 주철은 강보다 녹는점이 낮아서 주조하기는 쉬우나, 압연이나 단조성이 없는 것이 결점이다.

4 구리와 그 합금

(1) **구리**(Cu)
① 물리적 성질
   ㉠ 열 및 전기도전율은 공업용 금속 중 가장 크다(열 및 전기의 양도체이다).
   ㉡ 상온에서 전성·연성이 풍부하여 가공이 용이하다.
   ㉢ 고온에서 취약하며, 주조하기가 어렵고, 주조된 것은 조직이 거칠고 압연재보다 불량하다.
② 화학적 성질
   ㉠ 건조공기 중에서는 산화가 잘 안 되나, 습기 중에서는 CO_2의 작용에 의하여 녹청색의 염기성 탄산구리($CuCO_3$)와 수산화구리[$Cu(OH)_2$]를 발생시켜 유독하다. 적열할 때에도 산화가 용이하고, 흑색의 Cu_2O를 발생시킨다.
   ㉡ 암모니아, 기타 알칼리에 약하다. 따라서 화장실 둘레 부분이나 해양 건축에서는 구리의 내구성이 약간 떨어진다.
   ㉢ 초산이나 진한 황산에는 녹기 쉬우나, 염산에는 강하다.
   ㉣ 대기 중이나 흙 중에서는 철보다 내식성이 있다.

(2) **구리 합금** 빈출!
① 황동(놋쇠) : 구리와 아연(10~45% 정도 함유)의 합금으로, 황동은 구리보다 단단하고 주조가 잘 되며, 압연·인발 등의 가공이 용이하다.
② 청동 : 구리와 주석(Sn)을 주성분으로 하는 합금으로, 황동보다 내식성이 크고 주조하기가 쉽다.
   ※ 공업용은 주석의 함유량이 15% 이하이다.

5 알루미늄과 그 합금

(1) 알루미늄(Al)
  ① 물리적 성질
    ㉠ 비중(2.7)이 철의 약 1/3 정도이며, 전기의 양도체이다(전기도전율은 구리의 64% 정도).
    ㉡ 광선 및 열에 대한 반사율이 극히 크므로 열차단제로 쓰인다.
    ㉢ 녹는점이 낮아서 내화성이 적고 열팽창이 크다(철의 2배).
    ㉣ 경량질에 비하여 강도가 크다.
  ② 화학적 성질
    ㉠ 순도 높은 알루미늄은 공기 중에서 Al_2O_3의 얇은 막이 생겨서 내부를 보호한다.
    ㉡ 내산성 및 내알칼리성이 약하며, 콘크리트에 접하는 면에는 방식 도장을 요한다.
    ㉢ 800℃로 가열하면 급히 산화하여 백광을 발하며 빛난다.

(2) 두랄루민(duralumin)
  ① 알루미늄(Al)에 구리(Cu) 4%, 마그네슘(Mg) 0.5%, 망간(Mn) 0.5%를 첨가하여 제조한 알루미늄 합금이다.
  ② 보통 온도에서는 균열이 생기고, 압연이 잘 되지 않는다.
  ③ 열처리를 하면 재질이 개선되며, 경도 및 강도 등이 증대된다.
  ④ 염분이 있는 해수에 부식성이 크다.

6 납과 그 합금

(1) 납(Pb)
  ① 물리적 성질
    ㉠ 비중 11.4, 녹는점 327℃, 비열 0.315kcal/kg · ℃이며, 연질이다.
    ㉡ 연성 · 전성이 크며, 인장강도는 극히 작다.
    ㉢ X선의 차단효과가 크며, 보통 콘크리트의 100배 이상이다.
  ② 화학적 성질
    ㉠ 공기 중에서는 습기와 CO_2에 의해 표면이 산화하여 $PbCO_3$ 등이 생김으로써 내부를 보호한다.
    ㉡ 염산 · 황산 · 농질산에는 침해되지 않으나, 묽은 질산에는 녹는다(부동태 현상).
    ㉢ 알칼리에 약하므로 콘크리트와 접촉되는 곳은 아스팔트 등으로 보호한다.
    ㉣ 납을 가열하면 황색의 리사지(PbO)가 되고, 다시 가열하면 광명단(光明丹, Minium, Pb_3O_4)이 된다.

(2) 납 합금
  ① 땜납 : 납(Pb)과 주석(Sn)의 합금
  ② 가용합금 : Pb+Sn+Bi+Cd의 합금

7 금속제품

(1) 와이어메시와 와이어라스 빈출!
① 와이어메시(wire mesh) : 비교적 굵은 연강 철선을 정방형 또는 장방형으로 짠 다음, 각 접점을 전기 용접한 것으로, 콘크리트 보강용으로 많이 쓰인다.
② 와이어라스(wire lath) : 보통 철선 또는 아연도금 철선으로 둥근형 · 갑옷형 · 마름모형 등으로 만든 철망으로, 시멘트 모르타르 바름 등의 바탕에 쓰인다.

(2) 메탈라스와 익스팬디드메탈 빈출!
① 메탈라스(metal lath) : 두께 0.4~0.8mm의 연강판에 일정한 간격으로 그물눈을 내고 늘여서 철망 모양으로 만든 것으로, 천장이나 벽 등의 모르타르 바름 바탕용으로 쓰인다.
② 익스팬디드메탈(expanded metal) : 두께 6~13mm의 연강판을 연상으로 만든 것으로, 주로 콘크리트 보강용으로 쓰인다.

(3) 장식용 금속제품 빈출!
① 코너비드(corner bead) : 미장공사에서 벽이나 기둥 등의 모서리 부분을 보호하기 위하여 쓰는 철물이다.
② 조이너(joiner) : 천장이나 벽 등에 보드(board)류를 붙이고, 그 이음새를 누르고 감추는 데 쓰이는 철물이다.
③ 계단 논슬립(non-slip) : 계단을 오르내릴 때 미끄러지지 않게 하는 철물로서 미끄럼막이라고도 한다.
④ 펀칭메탈(punching metal) : 두께 1.2mm 이하의 얇은 금속판에 여러 가지 모양으로 도려낸 철물로서, 환기공 및 라디에이터 커버(radiator cover) 등에 쓰인다.
⑤ 스팬드럴패널(spandrel panel) : 수평이 되게 하기 위하여 고이는 모든 삼각형 부재 또는 계단 바깥쪽 옆판 밑에 대는 삼각형 틀 또는 판을 말한다.

(4) 고정철물 빈출!
① 인서트(insert) : 콘크리트 표면 등에 어떤 구조물을 매달기 위하여 콘크리트를 부어 넣기 전에 미리 묻어 넣은 고정철물이다.
② 익스팬션볼트(expansion bolt) : 콘크리트 표면 등에 다른 부재(띠장, 문틀 등)를 고정하기 위하여 묻어 두는 특수형 볼트로서, 팽창볼트라고도 한다.

(5) 창호철물
① 경첩(hinge, 정첩) : 여닫이 창호를 문틀에 달 때 한쪽은 문짝에 고정하고, 다른 한쪽은 문틀에 고정하여 여닫는 축이 되는 철물이다.
② 지도리(pivot) : 회전창에 사용하는 것으로, 장부가 구멍에 들어가서 끼어 도는 형태의 철물이다.
③ 플로어 힌지(floor hinge) : 중량이 큰 문에 쓰이는 경첩으로 마루 경첩이라고도 하며, 자재 여닫이문을 열면 저절로 닫히게 하는 장치를 바닥에 설치하여 문장부를 끼우고 상부는 지도리를 축대로 하여 돌게 한 철물이다. 빈출!
④ 도어 클로저(door closer) : 문을 열면 자동으로 닫히게 하는 장치로, 도어 체크(door check)라고도 하며, 용수철 정첩의 일종이다. 빈출!

⑤ 래버터리 힌지(lavatory hinge) : 저절로 닫히지만, 항상 15cm 정도 열려 있도록 한 경첩으로, 표시기가 없어도 비어 있는 상태가 판별되고 사용할 때에는 안에서 잠그도록 되어 있으며, 공중화장실이나 공중전화 출입문 등에 사용하는 장치이다.
⑥ 나이트 래치(night latch) : 외부에서는 열쇠로, 내부에서는 작은 손잡이를 틀어 열 수 있는 실린더 장치로 된 장치이다.

07 미장재료

1 미장재료의 분류

(1) 구성재료의 역할에 따른 분류
① **고결제** : 그 자신이 물리적 또는 화학적으로 고화하여 미장바름의 주체가 되는 재료이다.
　　⑩ 소석회, 점토, 돌로마이트 석고, 마그네시아 시멘트 등
② **결합제** : 고결제의 결점(수축균열, 점성, 보수성의 부족 등)을 보완하고, 응결·경화시간을 조절하기 위하여 쓰이는 재료이다.
　　⑩ 여물, 풀, 수염 등
③ **골재** : 중량 또는 치장을 목적으로 혼합하며, 그 자신은 직접 고화에 관계하지 않는 재료이다.
　　⑩ 모래 등

(2) 응결·경화방식에 따른 분류
① **수경성 미장재료(팽창성)** : 물과 결합해서 경화하는 미장재료
　　㉠ 시멘트 모르타르 : 시멘트 + 모래 + 물
　　㉡ 석고 플라스터 : 석고 + 모래 + 물
　　㉢ 경석고 플라스터 : 무수석고 + 모래 + 여물 + 물
　　㉣ 인조석 바름 : 시멘트 모르타르 + 인조석
　　㉤ 테라조 현장바름 : 백색 시멘트 + 안료 + 종석(대리석, 화강석 등)

> **킨스 시멘트(keene's cement)**
> 경석고 플라스터라고도 하며, 경석고에 명반 등의 촉진제를 배합한 것으로 약간 붉은 빛을 띤 흰색을 나타내는 플라스터이다.

② **기경성 미장재료(수축성)** : 공기 중에서 경화하는 미장재료
　　㉠ 흙반죽 : 진흙 + 짚여물 + 물
　　㉡ 회반죽 : 소석회 + 모래 + 여물 + 해초풀
　　㉢ 회사벽 : 석회죽(lime cream) + 모래(필요 시 시멘트 또는 여물 혼입)
　　㉣ 돌로마이트 플라스터 : 돌로마이트 석회(마그네시아 석회) + 모래 + 여물 + 물

2 재료에 따른 미장바름의 특징

(1) 시멘트 모르타르
① 실내 미장바름은 천장 – 벽 – 바닥의 순서로 한다.
② 초벌 바름 후 1주 이상 방치하여 충분히 균열을 발생시킨 후 고름질을 하고 재벌 바름을 한다.
③ 바닥은 1회 바름으로 마감하고, 벽 등은 2~3회에 나누어 바른다(얇게 여러 번 바르는 것이 균열 방지에 좋다).

(2) 특수 모르타르
  ① 합성수지 혼화 모르타르 : 광택 및 특수 치장용
  ② 석면 모르타르 : 보온·불연용
  ③ 질석 모르타르 : 경량·단열용
  ④ 아스팔트 모르타르 : 내산 바닥용

(3) 석고 플라스터 빈출!
  ① 경화속도가 빠르다.
  ② 경화·건조 시 수축균열이 적어 치수 안전성을 갖는다(경화 시 팽창하기 때문에 균열의 발생이 적다).
  ③ 가열하면 결정수를 방출하여 온도 상승을 억제하기 때문에 내화성이 있다(화재 시 화염과 열의 확산을 지연시킨다).

(4) 돌로마이트 플라스터 빈출!
  ① 미장재료 중 점도가 가장 크고 풀이 필요 없으며, 응결시간이 길어 바르기도 좋다(변색, 냄새, 곰팡이가 없다).
  ② 경화 시 건조수축이 커서 균열이 생기기 쉽다(물에 약한 것이 결점).
  ③ 회반죽에 비해 강도가 높다.

(5) 인조석 바름
  모르타르 바탕 위에 인조석을 바르고 씻어내기, 갈기, 잔다듬 등으로 마무리한 것을 인조석 바름이라고 한다.

(6) 회반죽
  ① 소석회는 건조·경화 시 수축성이 크기 때문에 삼여물로 균열을 분산·미세화시킨다.
  ② 점성이 없으므로 해초풀을 끓여서 체로 거른 풀물을 사용한다(반죽 시에는 풀을 혼합하지 않음).
  ③ 회반죽에 석고를 약간 혼합하면 수축균열이 감소하고 경화속도 및 강도 등이 증대된다.

(7) 회사벽(회사물, 회삼물)
  ① 석회죽(lime cream)에 모래를 넣어 반죽한 것으로, 필요에 따라서는 시멘트나 여물을 혼입하기도 한다.
  ② 석회죽+모래+황토+회백토(풍화토)를 혼합한 것이다.
  ③ 흙벽 위의 정벌바름에 쓰인다.

(8) 석고 보드(board) 빈출!
  ① 석고 보드(석고판)는 경석고에 톱밥, 석면 등을 넣어서 판상으로 굳히고 그 양면에 석고액을 침지시킨 회색의 두꺼운 종이를 부착시켜 압축 성형하는 것이다.
  ② 내화성이 있다(화재 시 화염과 열의 확산을 지연시킨다).
  ③ 연소나 석회화하기 전까지 100℃ 이상의 열을 전달하지 않는다.

(9) 마그네시아 시멘트
① 강도가 크고 반투명하기 때문에 안료를 섞어서 여러 가지 색의 인조석을 만든다.
② $MgCl_2$를 함유하기 때문에 흡습성이 있다.
③ 수축성이 크고 철을 부식시키기가 쉽다.
④ 백화가 잘 생긴다. ➡ ②~④는 마그네시아 시멘트의 단점이다.

08 방수재료(아스팔트)

1 아스팔트의 종류

(1) 천연 아스팔트 빈출!
① 록 아스팔트(rock asphalt) : 다공질 암석에 스며든 천연 아스팔트로, 역청분의 함유량이 5~40% 정도이다.
② 레이크 아스팔트(lake asphalt) : 남미에서 산출되는 것으로, 지표에 호수 모양으로 퇴적되어 형성된 반유동체의 아스팔트이다. 역청분의 함유량이 50% 정도이다.
③ 아스팔트 타이트(asphalt tite) : 원유가 암맥 사이에 침투되어 지열이나 공기 등에 의해 중합 또는 축합 반응을 일으켜서 만들어진 탄력성이 풍부한 화합물로, 길소나이트(gilsonite), 그라하마이트(grahamite) 등의 종류가 있다.

(2) 석유 아스팔트 빈출!

① 스트레이트 아스팔트(straight asphalt)
  ㉠ 잔류유를 증류하여 남은 것으로, 증기증류법에 의한 증기 아스팔트와 진공증류법에 의한 진공 아스팔트의 2종이 있다.
  ㉡ 신장성이 크고 접착력이 강하나, 연화점(35~60℃)이 낮고 내후성 및 온도에 대한 변화가 큰 것이 결점이다.
  ㉢ 지하 방수에 주로 쓰이고, 아스팔트 펠트 삼투용으로 사용되기도 한다.

스트레이트 아스팔트와 블로운 아스팔트의 성질 비교

성 질	스트레이트 아스팔트	블로운 아스팔트
접착력	크다.	작다.
신도	크다.	작다.
감온성	크다.	작다.
침입도	크다.	작다.
연화점	작다.	크다.
탄력성	작다.	크다.

② 블론(블로운) 아스팔트(blown asphalt)
  ㉠ 적당히 증류한 잔류유를 다시 공기와 증기를 불어 넣으면서 비교적 낮은 온도로 장시간 증류하여 만든다.
  ㉡ 스트레이트 아스팔트보다 내후성이 좋고 연화점(60~85℃)은 높으나, 신장성·접착성·방수성은 약하다.
  ㉢ 아스팔트 컴파운드나 아스팔트 프라이머의 원료로 쓰인다.

③ 아스팔트 컴파운드(asphalt compound)
  블로운 아스팔트에 동식물과 같은 유기질 물질을 혼합하여 유동성·점성 등을 크게 하고, 내후성·내열성 등을 향상시킨 것이다(연화점 100℃).

2 아스팔트의 특성

(1) 비중

일반적으로 1.0~1.1 정도이며, 침입도가 작을수록, 황 함유량이 많을수록 비중이 크다.

> **아스팔트의 종류별 비중**
> - 블로운 아스팔트(1급) : 1.01~1.04
> - 블로운 아스팔트(2급) : 1.01~1.03
> - 아스팔트 컴파운드 : 1.01~1.04

(2) 침입도

시험기를 사용하여 침(針)이 25℃로 일정한 조건에서 시료에 침입되는 깊이로서 나타내는 것으로, 침입도가 적을수록 경질이다.

※ 100g의 추를 5초 동안 바늘을 누를 때 관입한 양이 0.1mm일 경우를 침입도 10이라 한다.

(3) 연화점

아스팔트를 가열하여 일정한 점성에 도달했을 때의 온도를 연화점이라고 한다.

(4) 인화점

아스팔트의 인화점은 250~320℃의 범위이다.

(5) 감온성 [빈출!]

온도에 따른 견고성 변화의 정도를 감온성이라고 한다. 감온성이 너무 크면 저온일 때 취성을 나타내고, 고온일 때 연질을 나타낸다.

감온비 $A = \dfrac{25℃의 \ 침입도}{0℃의 \ 침입도}$, 감온비 $B = \dfrac{46℃의 \ 침입도}{25℃의 \ 침입도}$

(6) 신도

시료의 양단을 잡아당겨서 끊어질 때의 길이(cm)로 나타낸다.

3 아스팔트 제품 [빈출!]

(1) 아스팔트 프라이머(asphalt primer)

① 블로운 아스팔트를 휘발성 용제(휘발유 등)에 용해한 비교적 저점도의 흑갈색 액체이다.
② 방수시공 시 첫 공정에 쓰는 바탕처리제이다.

(2) 아스팔트 유제(asphalt emulsion)

① 유화제(rot유, 교질 점토, 지방산 비누, 가성 석회 등의 알칼리성 유제)를 사용하여 아스팔트 미립자를 수중에 분산시킨 다갈색의 액체이다.
② 도로 포장용, 특수 시멘트 혼합용, 방수 도료 등에 쓰이며, 깬 자갈의 점결제로 사용한다.

(3) 아스팔트 펠트(asphalt felt)

① 유기질 섬유인 양모, 마사, 목면, 폐지 등을 펠트 상태로 만든 원지에 연질의 스트레이트 아스팔트를 침투시켜 롤러(roller)로 압착하여 제조한다.
② 아스팔트 방수의 중간층 재료, 내·외벽 라스, 모르타르 바탕의 방수·방습 재료로 이용된다.

(4) 아스팔트 루핑(asphalt roofing)

① 아스팔트 펠트의 양면에 아스팔트 컴파운드를 피복한 다음, 그 위에 활석 또는 운석의 미분말을 부착시켜서 제조한다.
② 흡수성·투습성이 작고 유연하며, 온도의 상승으로 유연성이 증대된다.
③ 내후성이 크며, 내산성·내염기성이 있다.
④ 건물 평지붕의 방수층, 슬레이트 평판, 금속판 등의 지붕깔기 바탕 등에 이용된다.

(5) 콜타르(coal tar)

① 석탄을 건류할 때 얻어지는 흑색(또는 흑갈색)의 끈끈한 액체이다.
② 휘발성이 있고, 비중은 1.1~1.3 정도이다.
③ 인화점은 아스팔트보다 낮고, 120℃ 이상으로 가열하면 직화의 위험이 있다.
④ 방수포장, 방수도료로 사용되고, 방부제로도 사용된다.

(6) 피치(pitch)

① 콜타르를 증류시킬 때 남아 있는 암색의 점성이 있는 고체 물질이다.
② 감온비가 높고 비휘발성이며, 가열하면 쉽게 유동체로 된다(고체에서 액체로 급히 변한다).
③ 지붕 및 지하실 방수공사에 사용되고, 코크스(cokes)의 원료가 된다.

09 합성수지

1 합성수지와 플라스틱의 의미

(1) 합성수지

합성수지는 석탄·석유·섬유소·유지·녹말·고무·천연가스 등의 원료를 인공적으로 합성시켜 만든 고분자 물질로서, 비교적 분자량이 작은 단순한 분자가 수없이 결합하여 몇 백에서 몇 십만이라고 하는 분자량이 큰 고분자 물질을 이루게 되고, 성상 및 형태가 천연수지와 유사하여 합성수지라고 한다.

(2) 플라스틱

어떤 온도범위에서 가소성을 가지는 물질이라는 뜻으로 쓰이며, 합성수지는 풍부한 가소성을 가지고 있기 때문에 일반적으로 가소성을 가진 고분자 물질을 총칭하여 플라스틱이라고 한다.

2 플라스틱의 장단점 빈출

장 점	단 점
• 비중이 작아 건축물의 경량화에 적합하다. • 투광성이 양호하여 이용가치가 크다. • 내수성·내산성·내알칼리성 등이 크고, 전기절연성도 우수하다. • 가공성이 우수하여 성형이 용이하다.	• 경도 및 내마모성이 약하다. • 내화성·내열성·내후성 등이 작다. • 열에 의한 변형 신축성이 크다.

3 합성수지의 종류별 특성

(1) 염화비닐수지(PVC ; Poly Vinyl Chloride)
① 성질 : 비중 1.4, 휨강도 1,000kg/cm^2, 인장강도 600kg/cm^2, 사용온도 $-10 \sim 60$℃로, 전기절연성·내약품성이 양호하며, 경질성이지만 가소제의 혼합에 따라 유연한 고무 형태의 제품을 제조한다.
② 용도 빈출!
  필름(film), 시트(sheet), 플레이트(plate), 파이프(pipe) 등의 성형품, 지붕재, 벽재, 수도관, 도료, 접착제 및 시멘트, 석면 등을 가하여 수지 시멘트로도 사용된다.

(2) 폴리에틸렌수지(polyethylene resin)
① 성질 : 비중 0.94인 유백의 불투명한 수지이다. 저온에서도 유연성이 크고, 취화온도는 -60℃ 이하이다. 내충격성도 일반 플라스틱의 5배 정도이며, 내화학약품성·전기절연성·내수성 등이 극히 양호하다.
② 용도 : 건축용 방수 및 방습 시트 재료, 파이프, 전선 피복, 포장필름 등에 쓰인다.

(3) 아크릴수지(acrylic resin)
① 성질 : 투명성(유기유리)·유연성·내후성·내화학약품성이 우수하다.
② 용도 : 도료, 섬유 처리, 고문화재 표면 박락 방지제, 시멘트 혼화재료 등에 쓰인다.

(4) 폴리스티렌수지(polystyrene resin) 빈출!
① 성질
  ㉠ 비점 145.2℃인 무색투명한 액체로서 유기용제에 침해되기 쉽고, 취약한 것이 결점이다.
  ㉡ 성형품은 내수성·내화학약품성·전기절연성·가공성이 우수하다.
② 용도 : 건축벽 타일, 천장재, 블라인드, 도료, 전기용품, 냉장고 내부상자로 쓰인다. 특히 발포제품은 저온 단열재로서 널리 쓰인다.

(5) 메타크릴수지(methacrylic resin)
① 성질 : 투명성이 좋고, 강인성·내후성·내약품성이 우수하다.
② 용도 : 항공기의 방풍유리, 조명기구, 도료, 접착제 등에 쓰인다.

(6) 페놀수지(phenolic resin)
① 성질
  ㉠ 경화된 수지는 매우 견고하며, 전기절연성 및 내후성이 우수하다.
  ㉡ 수지 자체는 취약하여 성형품·적층품의 경우에는 충전제를 첨가한다.
    ※ 충전제의 종류 : 내충격성에 대해서는 목면, 마 등, 내열성에 대해서는 석면, 내전기절연성에 대해서는 운모
② 용도 : 전기통신기재, 덕트, 파이프, 발포 보온관, 접착제 등에 쓰인다.

(7) 알키드수지(alkyd resin ; 포화 폴리에스테르수지) 빈출!
① 성질 : 일반적으로 내후성·밀착성·가요성이 우수하고, 내수성·내알칼리성은 약하다.
② 용도 : 도료, 접착제 등에 쓰인다.

(8) 불포화 폴리에스테르수지(polyester resin) 빈출!
① 성질 : 산류 및 탄화수소계 용제에는 강하나, 산화성 때문에 산·알칼리에는 침해를 받는다.
② 용도 : 창틀, 덕트, 파이프, 욕조, 대성형품, 도료 및 접착제, 강화플라스틱(FRP : 유리섬유) 제조 등에 쓰인다.

(9) 에폭시수지(epoxy resin) 빈출!
① 성질
  ㉠ 접착성이 아주 우수하여 금속·유리·플라스틱·도자기·목재·고무 등에 탁월한 접착성을 발휘하며, 특히 알루미늄과 같은 경금속의 접착에 가장 좋다.
  ㉡ 내약품성·내용제성에 뛰어나고, 농질산을 제외하고는 산·알칼리에 강하다.
② 용도 : 주형재료·접착제·도료에 쓰인다. 적층품으로는 유리섬유의 보강품 등에 쓰인다.

(10) 실리콘수지 빈출!
① 성질
  ㉠ 실리콘은 내열성이 우수하며, 전기절연성 및 내수성이 좋고, 발수성이 있다.
  ㉡ 실리콘고무는 −60~260℃에 걸쳐서 탄성을 유지하고, 150~177℃에서는 장시간 연속 사용에 견디며, 270℃의 고온에서도 몇 시간 사용이 가능하다.
  ㉢ 도료의 경우, 안료로서 알루미늄 분말을 혼합한 것은 500℃에서는 몇 시간, 250℃에서는 장시간을 견딘다.
② 용도 : 성형품, 접착제, 기타 전기절연재료로 많이 쓰인다.
  ※ 실리콘오일은 감마제·펌프유·절연유·방수제로 쓰이고, 실리콘고무는 고온과 저온에서 탄성이 있어서 개스킷(gasket)이나 패킹(packing) 등에 쓰인다.

합성수지의 종류(정리) 빈출!

열가소성 수지	열경화성 수지
• 염화비닐수지 • 폴리에틸렌수지 • 폴리프로필렌수지 • 아크릴수지 • 폴리스티렌수지 • 메타크릴수지 • ABS수지 • 폴리아미드수지 • 비닐아세틸수지	• 페놀수지 • 요소수지 • 멜라민수지 • 알키드수지 • 폴리에스테르수지 • 에폭시수지 • 실리콘수지 • 우레탄수지 • 규소수지

4 합성수지 제품

(1) 폴리에스테르 강화판(유리섬유 보강 플라스틱 : FRP) 빈출!
① 제법 : 가는 유리섬유에 불포화 폴리에스테르수지를 넣어 상온에서 가압하여 성형한 것으로, 건축재료로서는 섬유를 불규칙하게 넣어서 사용한다.
② 용도 : 설비재(세면기, 변기 등), 내외수장재 및 항공기, 차량 등의 구조재와 욕조, 창호재 등으로 사용된다.

(2) 폴리에스테르(마감치장판) 빈출!

① 제법 : 합판, 하드보드, 칩보드 등의 표면에 폴리에스테르수지 피막을 입혀서 만든다.
② 용도 : 천정판, 내벽판, 가구판 등에 사용된다.

(3) 경질 염화비닐관

① 제법 : 염화비닐에 안정제, 안료 등을 혼합하여 가열한 것을 압축 성형하여 관으로 만든다.
② 성질 : 관내 저항이 작아서 철관보다 물의 유량이 30%나 많으며, 강도(연관의 3배)와 내구성이 좋고, 가공이 용이하다.
③ 용도 : 급배수관, 전선관 등에 주로 사용된다.

(4) 허니콤재

① 제법 : 합성수지를 사용하여 여러 겹으로 겹치거나 벌집 모양으로 만든 제품을 허니콤(honeycomb)재라 한다.
② 용도 : 허니콤 공법으로 결로현상을 방지할 수 있어 욕실, 사우나, 수영장 등의 천장, 벽 등에 사용하며, 천장과 내부 벽체에 흡음제로도 사용된다.

(5) 리놀륨(linoleum) 빈출!

① 제법 : 리녹신(아마인유의 산화물)에 수지를 가하여 리놀륨 시멘트를 만들고, 여기에 코르크분말, 톱밥, 안료 등을 섞어 마포에 도포한 후 롤러를 열압하여 성형한 제품이다.
② 용도 : 바닥이나 벽의 수장재로 사용된다.

10 도료 및 접착제

1 도료의 기능과 성분

(1) 도료의 기능

① 건축물의 표면을 보호하여 내구성을 증대시킨다.
② 착색, 광택, 무늬 등으로 외관을 아름답게 한다.
③ 광선의 반사를 조절하고 색채를 조절하여 피로를 감소시키고 작업능률을 향상시킨다.

(2) 도료의 구성 성분

① 주성분
　㉠ 도막의 성분 : 도막 결정성분인 전색제, 착색 도료에 필요한 안료
　㉡ 도막에 남지 않는 성분 : 도료를 용해ㆍ희석시키는 용제(희석제)
② 조성분 : 건조제, 가소제, 증량제 등

2 도료의 원료

(1) 전색제
- ① 유지류 : 아마인유나 들기름 등의 건성유가 많이 쓰이고, 반건성유(대두유, 어유 등)가 쓰이기도 한다.
- ② 천연수지 : 로진(rosin, 송진), 댐머(dammar), 셸락(shellac : 락깍지벌레의 배설물), 코펄(copal) 등이 쓰인다.
- ③ 합성수지 : 알키드수지, 페놀수지, 에폭시수지, 폴리우레탄수지 등의 축합계 수지 또는 비닐아세테이트수지·염화비닐수지 등의 중합계 수지 등에 쓰인다.
- ④ 셀룰로오스 유도체 : 래커(lacquer) 제조에 쓰인다.
- ⑤ 고무 유도체 : 염화고무, 황화고무 등이 녹막이 도료의 전색제로 쓰인다.

(2) 안료
- ① 흰색 안료 : 연백(white lead), 산화아연(zinc white), 리토론(lithorone), 이산화티탄(티탄백 ; titanium white)
- ② 검은색 안료 : 카본블랙, 흑연(석묵), 산화철흙
- ③ 노란색(등색) 안료 : 황토, 크로뮴산납(황연), 크로뮴산아연, 황화카드뮴, 일산화납
- ④ 빨간색 안료 : 연단(사산화삼납), 산화제이철, 카드뮴적(cadmium red), 유기적색 안료
- ⑤ 파란색 안료 : 감청, 군청, 코발트청
- ⑥ 녹색 안료 : 산화크롬(Cr_2O_3), 기네그린(Guignot's Green, $Cr_2O_3 \cdot 2H_2O$), 크롬그린, 아연그린

(3) 용제
- ① 용제의 기능
  - ㉠ 도막의 주요소(유지류, 수지류)를 용해시키고 적당한 점도로 조절하여 도장하기 쉽게 한다.
  - ㉡ 도료의 건조속도를 조절하고 평활한 도막을 만들기 위해 사용한다.
- ② 도료용 용제에 필요한 성질
  - ㉠ 도료의 용해성이 좋아야 한다.
  - ㉡ 적당한 휘발속도를 가져야 하고, 불휘발성 성분을 함유하지 않아야 한다.
  - ㉢ 무색 또는 담색이어야 한다.
  - ㉣ 휘발증기에 중독성이나 악취가 없어야 한다.
- ③ 용제의 사용
  - ㉠ 유성 페인트, 유성 바니시(varnish), 에나멜(enamel) 등의 용제로는 미네럴 스피릿(mineral spirit)을 사용한다.
  - ㉡ 래커의 용제로는 벤졸·알코올·초산에스테르 등의 혼합물을 사용한다.

(4) 희석제
- ① 도료의 점도를 저하시킴과 동시에 증발속도를 조절하는 데 사용하는 것으로, 그 자체로서는 용해성이 없다.
- ② 신전제 또는 휘발성 용제라고도 하고, 보통 시너(thinner)라고 한다.
- ③ 종류 : 도료용 시너, 염화비닐수지 도료용 시너, 래커용 시너 등

(5) 건조제

① 도포 부분의 건조를 촉진시키기 위하여 사용하는 것으로서, 일반적으로 납, 망간, 코발트 등의 산화물 또는 염류 등이 사용된다.
② 종류 : 납 건조제(수지산납, 리놀렌산납 등), 망간 건조제(이산화망간, 수지산망간, 리놀렌산망간 등), 코발트 건조제(수지산코발트, 리놀렌산코발트 등), 칼슘 건조제 및 아연 건조제(아연화) 등

(6) 가소제

① 건조된 도막에 교착성, 탄성, 가소성 등을 부여함으로써 내구력을 증가시키는 데 쓰이는 물질이다.
② 종류 : DBP(Debuthyl Phthalic acid), DOP(Diocthyl Phthalic acid), 피마자유, 염화파라핀 등

3 도료의 종류

(1) 유성 페인트 빈출!

주성분인 보일유(boil油)와 안료에 용제 및 희석제, 건조제 등을 혼합하여 만든다. 비교적 두꺼운 도막을 만들 수 있고 값이 저렴하나, 내후성·내약품성·변색성 등의 일반적인 도막 성질이 나쁘며, 목재류나 석고판류 등의 도장에 쓰인다.

(2) 수성 페인트 빈출!

물을 용제로 하는 도료를 총칭한 것으로, 안료를 적은 양의 물로 용해하여 수용성 교착제(아교, 카세인, 아라비아고무 등)와 혼합하여 제조한다. 취급이 간단하고 건조가 빠르며, 작업성·내알칼리성이 좋으나 광택이 없다.

(3) 에멀션(emulsion) 페인트

수성 페인트와 유성 페인트의 특징을 겸비한 유화 액상의 페인트로, 수성 페인트에 합성수지와 유화제를 섞어서 만든다.

(4) 에나멜(enamel) 페인트

전색제로 보일유 대신 유성 바니시나 중합유에 안료를 섞어서 만든 유색의 불투명한 도료로서, 통상 '에나멜'이라고 부른다. 건조가 빠르고 도막은 탄성과 광택이 있으며, 내수성·내유성·내약품성·내열성 등이 우수하다.

(5) 유성 바니시

수지를 건성유(중합유, 보일유 등)에 가열·용해시킨 후에 휘발성 용제로 희석시킨 무색 또는 담갈색의 투명 도료이다.

(6) 래커

① 제법 : 질화면(nitrocellulose)을 용제(acetone, butanol, 지방산 ester)에 용해시키고, 여기에 합성수지·가소제와 안료를 첨가시켜 만든다.

② 특성
　㉠ 건조가 빠르고(10~20분), 내후성·내수성·내유성 등이 우수하다.
　㉡ 도막이 얇고 부착력이 약한 것이 결점이다.
　㉢ 용제가 증발할 때 도막에서 열을 흡수하기 때문에 래커 도막에는 때때로 흐려지거나 백화 현상이 일어나는데, 이런 현상은 시너 대신으로 리타더(retarder)를 사용하여 방지할 수 있다.

③ 종류
　㉠ 클리어래커(clear lacquer) : 안료가 들어가지 않은 투명 래커로서 유성 바니시보다 도막은 얇으나 견고하고 담색으로 광택이 우아하다.
　㉡ 에나멜래커(enamel lacquer) : 클리어래커에 안료를 첨가한 래커로서 불투명 도료이다.
　㉢ 하이솔리드래커(high solid lacquer) : 에나멜래커보다 내구력·내후성을 좋게 하기 위하여 끈기가 낮은 니트로셀룰로오스 또는 프탈산수지 및 멜라민수지 등을 배합하고, 용해성이 큰 용제를 사용하여 끈기가 오르는 것을 방지함에 따라 내후성·부착력·광택 등은 좋으나 건조가 더디고 연마성이 떨어진다.
　㉣ 핫래커(hot lacquer) : 하이솔리드래커보다 니트로셀룰로오스 및 기타 도막 형성물질을 많이 함유한 래커이다.

(7) 방청 도료 빈출!

① 광명단 도료 : 광명단(Pb_3O_4)을 보일드유에 녹인 유성 페인트의 일종이다. 광명단 등의 알칼리성 안료는 기름과 잘 반응하여 단단한 도막을 만들기 때문에 수분의 투과를 막아 부식을 방지한다.

② 산화철 도료 : 산화철에 안료(아연화, 아연분말, 연단 등)를 가하고 이것을 스테인오일(stain oil)이나 합성수지 등에 녹인 도료로서, 도막의 내구성이 좋다.

③ 알루미늄 도료 : 알루미늄 분말을 안료로 하는 도료로서, 방청 효과 및 광선, 열반사의 효과를 내기도 하며, 전색제에 따라 여러 가지가 있고, 녹막이 효과는 전색제에 따라 정해진다.

④ 징크로메이트 도료(zincromate paint) : 크롬산아연을 안료로 하고 알키드수지를 전색제로 한 도료로서, 녹막이 효과가 좋고 아연 철판이나 알루미늄판의 초벌용으로 적합하다.

⑤ 워시 프라이머(wash primer) : 합성수지의 전색제에 소량의 안료와 인산을 첨가한 도료로서 에칭 프라이머(etching primer)라고도 하며, 금속면의 바탕 처리를 위해 사용된다.

⑥ 역청질 도료 : 역청질(아스팔트, tar, pitch 등)에 건성유, 수지류를 첨가한 도료로서, 안료에 의해 착색한 것과 알루미늄분을 배합한 것이 있다.

4 접착제

(1) 단백질계 접착제 빈출!
① 카세인(casein)
② 아교(albumin)
③ 콩풀

(2) 전분질계 접착제
① 전분 : 쌀, 감자, 고구마, 소맥, 옥수수 등에서 만들어진다.
② 호정 : 전분에 황산을 가한 후 가열(110~150℃)하여 만든다.

(3) 합성수지계 접착제

종 류	주요 특징
에폭시수지 접착제	• 내산성, 내알칼리성, 내수성, 내약품성, 전기절연성 등이 우수하다. • 강도 등의 기계적 성질이 뛰어나다. • 금속 접착에 적당하고, 플라스틱, 도자기, 유리, 석재, 콘크리트 등의 접착에도 사용되는 만능형 접착제이다.
페놀수지 접착제	• 상온에서 경화하는 것도 있으나, 20℃ 이하에서는 접착력을 충분히 발휘할 수 없고, 60~110℃ 정도로 가열하여 사용한다. • 목재, 금속, 유리 등의 접합에 사용된다.
멜라민수지 접착제	• 내수성이 크고 열에 대하여 안정성이 있다. • 목재에 대한 접착성이 우수하며, 내수합판 제조 접착제로 사용된다. • 금속, 고무, 유리 접착용으로는 부적당하다.
실리콘수지 접착제	• 내수성이 뛰어나고, 200℃의 열을 계속 가해도 견디는 내열성 및 전기절연성이 있다. • 피혁류, 텍스, 유리섬유판 등의 접착제로 사용된다.

제4과목 건설재료 개념 Plus⁺

1. (   ) 시멘트는 C_3S나 C_3A는 적고 장기강도를 지배하는 C_2S를 많이 함유하여 수화속도를 지연시키고 수화열을 작게 한 시멘트로, 건조수축이 작고 C_2A가 적어 내황산염성이 크기 때문에 댐 공사에 사용될 뿐만 아니라 최근에는 건축용 매스 콘크리트에도 사용되는 시멘트이다.

2. 목재의 함수량은 섬유포화점에서 (   ) 정도이고, 기건상태에서 (   ) 정도이다.

3. (   )는 점토제품 중 소성온도가 가장 높고, 소지의 흡수성이 가장 작은 것이다.

4. 강의 열처리에서, (   )은 조직을 개선하고 결정을 미세화하기 위해 800~1,000℃로 가열하여 소정의 시간까지 유지한 후 대기 중에서 냉각시키는 방법이고, (   )은 강을 가열한 후 물 또는 기름 속에 투입하여 급랭시키는 방법이며, (   )은 불림·담금질한 강을 200~600℃로 가열한 후 공기 중에서 냉각시키는 방법이고, (   )은 결정을 미립화하고 균일하게 하기 위해 800~1,000℃까지 가열하여 소정의 시간까지 유지한 후에 노의 내부에서 서서히 냉각하는 방법이다.

5. (   )는 콘크리트와 아스팔트의 밀착을 좋게 하기 위하여 아스팔트를 휘발성 용제(휘발유 등)에 녹인 흑갈색 액체이다.

6. (   )는 모서리쇠라고도 하며, 기둥이나 벽의 모서리에 대어 미장바름의 모서리가 상하지 않도록 보호하는 철물이다.

7. 포틀랜드 시멘트의 화학성분 중 가장 많은 부분을 차지하는 성분은 (   )이다.

8. 소석회에 모래, 해초풀, 여물 등을 혼합하여 바르는 미장재료로 목조 바탕, 콘크리트블록 및 벽돌 바탕 등에 사용되는 것은 (   )이다.

9. (   ) 플라스터는 풀 또는 여물을 사용하지 않고 물로 연화하여 사용하는 것으로 공기 중의 탄산가스와 결합하여 경화하는 미장재료이다.

10. (   ) 플라스터는 킨즈 시멘트라고도 불리는데, 미장재료 중 비교적 강도가 크고 응결시간이 길며 부착은 양호하나 강재를 녹슬게 하는 성분도 포함한 것이며, (   ) 플라스터는 수화작용에 의해 경화하는 수경성 재료로 경화속도가 빠르며 건조 시 무수축성의 성질을 갖는 것이다.

11. (   ) 수지는 접착성이 우수하여 금속, 석재, 도자기, 유리, 콘크리트, 플라스틱재 등의 접착에 사용되는 합성수지이며, (   ) 수지는 평판 성형되어 유리 대체재로 사용되는 것으로 유기질유리라고 불리는 것이다.

12. 강재의 인장강도가 최대로 될 경우의 탄소함유량의 범위는 (   ) 정도이다.

13 목재의 역학적 성질에서 가력 방향이 섬유와 평행할 경우, 목재의 강도 중 크기가 가장 작은 것은 (　　　)이다.

14 재료의 기계적 성질 중 작은 변형에도 파괴되는 성질을 (　　　)이라고 한다.

15 (　　　)은 목재용 유성 방부제의 대표적인 것으로, 방부성이 우수하나 악취가 나고 흑갈색을 외관이 불미하여 눈에 보이지 않는 토대, 기둥, 도리 등에 이용되는 것이다.

정답 | 1 중용열(저열) 포틀랜드 2 30%, 15%(12~18%) 3 자기 4 불림, 담금질, 뜨임질, 풀림 5 아스팔트 프라이머 6 코너비드 7 석회(CaO) 8 회반죽 9 돌로마이트 10 경석고, 석고 11 에폭시, 아크릴 12 0.9~1.0% 13 전단강도 14 취성 15 크레오소트오일

05 건설공사 안전관리

01 지반의 안전성

1 토질의 시험방법
① 표준관입시험 : 무게 63.5kg의 쇠뭉치를 76cm의 높이에서 자유낙하시켜 샘플러의 관입깊이 30cm에 해당하는 매립에 필요한 타격횟수를 측정하는 시험
② 베인시험 : +자형의 날개가 붙은 로드를 지중에 눌러 넣어서 회전을 가했을 때의 저항력에서 날개에 의하여 형성되는 원통형 전단면에 따르는 전단저항(점착력)을 구하는 시험
③ 평판재하시험 : 원위치에 있어서 강성의 재하판을 사용하여 하중을 가하고 그 하중과 변위와의 관계에서 기초지반의 지지력과 지반계수 또는 노상 및 지반의 지반계수를 구하기 위하여 행하는 시험

2 지반의 이상현상

이상현상에 따른 지반 조건
- 보일링 현상 : 지하수위가 높은 사질토와 같은 투수성이 좋은 지반
- 히빙 현상 : 연약성 점토 지반

(1) 보일링(boiling)
① 보일링의 원리와 현상
사질토 지반을 굴착 시 굴착 저면과 흙막이 배면과의 수위 차로 인해 굴착 저면의 흙과 물이 함께 위로 솟구쳐 오르는 현상으로, 구체적으로 다음과 같은 현상이 발생한다.
㉠ 저면에 액상화 현상이 일어난다.
㉡ 굴착면과 배면토의 수두 차에 의한 침투압이 발생한다.
② 안전대책
㉠ 주변 수위를 저하시킨다. ➡ 가장 좋은 방법
㉡ 흙막이벽을 깊이 설치하여 지하수의 흐름을 막는다.
㉢ 굴착토를 즉시 원상 매립한다.
㉣ 작업을 중지시킨다.
㉤ 콘 및 필터를 설치한다.
㉥ 지수벽 설치 등으로 투수거리를 길게 한다.

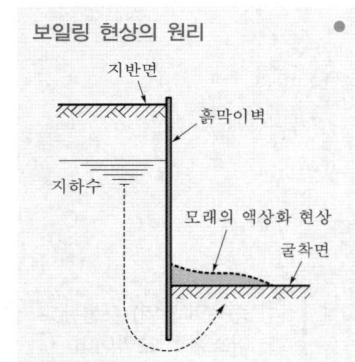

보일링 현상의 원리

(2) 히빙(heaving) 필수!

① 히빙의 원리와 현상
하부 지반이 약할 때 굴착에 의한 흙막이 내·외면 흙의 중량 차이로 인해 지반이 부풀어 오르는 현상으로, 구체적으로 다음과 같은 현상이 발생한다.
- ㉠ 지보공 파괴
- ㉡ 배면토사 붕괴
- ㉢ 굴착 저면이 솟아오르고 측벽이 융기

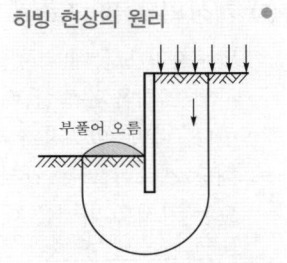

히빙 현상의 원리

② 안전대책
- ㉠ 굴착 주변의 상재하중을 제거한다.
- ㉡ 시트파일 등의 근입심도를 깊게 한다.
- ㉢ 1.3m 이하의 굴착에는 버팀대를 설치한다.
- ㉣ 버팀대, 브래킷, 흙막이판을 점검한다.
- ㉤ 굴착방식을 아일랜드컷 공법으로 한다.
- ㉥ 시트파일 등을 재타입한다.
- ㉦ 굴착 저면에 토사 등으로 인공중력을 가중시킨다.
- ㉧ 토류벽의 배면토압을 경감시키고, 약액주입공법 및 탈수공법을 적용한다.
- ㉨ 케이슨 공법을 채택한다.

③ 지반에 따른 개량공법 필수!

사질토 지반의 개량공법	점성토 지반의 개량공법
• 다짐말뚝 공법 • 다짐모래말뚝 공법 • 전기충격 공법 • 바이브로플로테이션 공법	• 치환 공법 • 여성토 공법 • 압성토 공법 • 샌드드레인 공법 • 침투압 공법 • 전기침투 공법

02 건설업의 산업안전보건관리비

1 산업안전보건관리비의 적용

(1) 적용범위
「산업안전보건법」에서 정의하는 건설공사 중 총 공사금액 2천만원 이상인 공사에 적용한다. 다만, 단가계약에 의하여 행하는 공사에 대하여는 총계약금액을 기준으로 적용한다.

(2) 대상액 빈출!

산업안전보건관리비의 대상액이란 관련 규정에서 정하는 공사원가계산서 구성항목 중 직접재료비, 간접재료비와 직접노무비를 합한 금액(발주자가 재료를 제공할 경우에는 해당 재료비를 포함)을 말한다.

(3) 계상의무 및 기준 빈출!

발주자가 도급계약 체결을 위한 원가계산에 의한 예정가격을 작성하거나, 자기공사자가 건설공사 사업 계획을 수립할 때에는 다음에 따라 산정한 금액 이상의 산업안전보건관리비를 계상하여야 한다. 다만, 발주자가 재료를 제공하거나 일부 물품이 완제품의 형태로 제작·납품되는 경우에는 해당 재료비 또는 완제품 가액을 대상액에 포함하여 산출한 산업안전보건관리비와 해당 재료비 또는 완제품 가액을 대상액에서 제외하고 산출한 산업안전보건관리비의 1.2배에 해당하는 값을 비교하여 그 중 작은 값 이상의 금액으로 계상한다.

① 대상액이 5억원 미만 또는 50억원 이상인 경우 : 대상액에 아래 〈계상기준표〉에서 정한 비율을 곱한 금액
② 대상액이 5억원 이상 50억원 미만인 경우 : 대상액에 아래 〈계상기준표〉에서 정한 비율(X)을 곱한 금액에 기초액(C)을 합한 금액
③ 대상액이 명확하지 않은 경우 : 도급계약 또는 자체사업계획상 책정된 총공사금액의 10분의 7에 해당하는 금액을 대상액으로 하고, ① 및 ②에서 정한 기준에 따라 계상

〈공사종류 및 규모별 산업안전관리비 계상기준표〉 개정 2024

구 분 공사 종류	대상액 5억원 미만인 경우 적용비율	대상액 5억원 이상 50억원 미만		대상액 50억원 이상인 경우 적용비율	보건관리자 선임대상 건설공사의 적용비율
		적용비율 (X)	기초액 (C)		
건축공사	3.11%	2.28%	4,325,000원	2.37%	2.64%
토목공사	3.15%	2.53%	3,300,000원	2.60%	2.73%
중건설공사	3.64%	3.05%	2,975,000원	3.11%	3.39%
특수건설공사	2.07%	1.59%	2,450,000원	1.64%	1.78%

2 안전관리비의 항목별 사용 불가 내역

항목	사용 불가 내역
(1) 안전관리자 등의 인건비 및 각종 업무수당 등	① 안전·보건관리자의 인건비 등 ㉠ 안전·보건관리자의 업무를 전담하지 않는 경우(유해위험방지계획서 제출대상 건설공사에 배치하는 안전관리자가 다른 업무와 겸직하는 경우의 인건비는 제외) ㉡ 지방고용노동관서에 선임·신고하지 아니한 경우 ㉢ 안전관리자의 자격을 갖추지 아니한 경우 　※ 선임 의무가 없는 경우에도 실제 선임·신고한 경우에는 사용할 수 있음(법상 의무 선임자 수를 초과하여 선임·신고한 경우, 도급인이 선임하였으나 하도급 업체에서 추가 선임·신고한 경우, 재해예방전문기관의 기술지도를 받고 있으면서 추가 선임·신고한 경우를 포함) ② 유도자 또는 신호자의 인건비 　시공, 민원, 교통, 환경관리 등 다른 목적을 포함하는 등 아래의 인건비 ㉠ 공사 도급내역서에 유도자 또는 신호자 인건비가 반영된 경우 ㉡ 타워크레인 등 양중기를 사용할 경우 유도·신호 업무만을 전담하지 않은 경우 ㉢ 원활한 공사 수행을 위하여 사업장 주변 교통정리, 민원 및 환경관리 등의 목적이 포함되어 있는 경우 　※ 도로 확·포장 공사 등에서 차량의 원활한 흐름을 위한 유도자 또는 신호자, 공사현장 진·출입로 등에서 차량의 원활한 흐름 또는 교통 통제를 위한 교통정리 신호수 등 ③ 안전·보건보조원의 인건비 ㉠ 전담 안전·보건관리자가 선임되지 아니한 현장의 경우 ㉡ 보조원이 안전·보건관리업무 외의 업무를 겸임하는 경우 ㉢ 경비원, 청소원, 폐자재처리원 등 산업안전·보건과 무관하거나 사무보조원(안전보건관리자의 사무를 보조하는 경우를 포함)의 인건비
(2) 안전시설비 등	원활한 공사 수행을 위해 공사현장에 설치하는 시설물, 장치, 자재, 안내·주의·경고 표지 등과 공사 수행 도구·시설이 안전장치와 일체형인 경우 등에 해당하는 경우 그에 소요되는 구입·수리 및 설치·해체 비용 등 ① 원활한 공사 수행을 위한 가설시설, 장치, 도구, 자재 등 ㉠ 외부인 출입금지, 공사장 경계표시를 위한 가설울타리 ㉡ 각종 비계, 작업발판, 가설 계단·통로, 사다리 등 　※ 안전발판, 안전통로, 안전계단 등과 같이 명칭에 관계없이 공사 수행에 필요한 가시설들은 사용 불가 　　다만, 비계·통로·계단에 추가 설치하는 추락방지용 안전난간, 사다리 전도방지장치, 틀비계에 별도로 설치하는 안전난간·사다리, 통로의 낙하물방호선반 등은 사용 가능 ㉢ 절토부 및 성토부 등의 토사 유실 방지를 위한 설비 ㉣ 작업장 간 상호 연락, 작업상황 파악 등 통신수단으로 활용되는 통신시설·설비 ㉤ 공사 목적물의 품질 확보 또는 건설장비 자체의 운행 감시, 공사 진척상황 확인, 방범 등의 목적을 가진 CCTV 등 감시용 장비 　※ 다만, 근로자의 재해예방을 위한 목적으로만 사용하는 CCTV에 소요되는 비용은 사용 가능 ② 소음·환경 관련 민원 예방, 교통 통제 등을 위한 각종 시설물, 표지 ㉠ 건설현장 소음 방지를 위한 방음시설, 분진망 등 먼지·분진 비산 방지시설 등 ㉡ 도로 확·포장공사, 관로공사, 도심지공사 등에서 공사차량 외의 차량유도, 안내·주의·경고 등을 목적으로 하는 교통안전시설물(공사 안내·경고 표지판, 차량유도등·점멸등, 라바콘, 현장경계펜스, PE드럼 등)

항 목	사용 불가 내역
	③ 기계·기구 등과 일체형 안전장치의 구입비용 　※ 기성제품에 부착된 안전장치 고장 시 수리 및 교체 비용은 사용 가능 　　㉠ 기성제품에 부착된 안전장치(톱날과 일체식으로 제작된 목재가공용 둥근톱의 톱날접촉예방장치, 플러그와 접지시설이 일체식으로 제작된 접지형 플러그 등) 　　㉡ 공사 수행용 시설과 일체형인 안전시설 ④ 동일 시공업체 소속의 타 현장에서 사용한 안전시설물을 전용하여 사용할 때의 자재비(운반비는 안전관리비로 사용 가능)
(3) 개인보호구 및 안전장구 구입비 등	근로자 재해나 건강장해 예방목적이 아닌 근로자 식별, 복리·후생적 근무여건 개선·향상, 사기 진작, 원활한 공사 수행을 목적으로 하는 다음 장구의 구입·수리·관리 등에 소요되는 비용 ① 안전·보건관리자가 선임되지 않은 현장에서 안전·보건업무를 담당하는 현장 관계자용 무전기, 카메라, 컴퓨터, 프린터 등 업무용 기기 ② 근로자 보호목적으로 보기 어려운 피복, 장구, 용품 등 　㉠ 작업복, 방한복, 방한장갑, 면장갑, 코팅장갑 등 　　※ 다만, 근로자의 건강장해 예방을 위해 사용하는 미세먼지마스크, 쿨토시, 아이스조끼, 핫팩, 발열조끼 등은 사용 가능 　㉡ 감리원이나 외부에서 방문하는 인사에게 지급하는 보호구
(4) 사업장의 안전진단비	다른 법 적용사항이거나 건축물 등의 구조안전, 품질관리 등을 목적으로 하는 등의 다음과 같은 점검 등에 소요되는 비용 ① 「건설기술진흥법」, 「건설기계관리법」 등 다른 법령에 따른 가설구조물 등의 구조 검토, 안전점검 및 검사, 차량계 건설기계의 신규등록·정기·구조변경·수시·확인 검사 등 ② 「전기사업법」에 따른 전기안전대행 등 ③ 「환경법」에 따른 외부환경 소음 및 분진 측정 등 ④ 민원처리 목적의 소음 및 분진 측정 등 소요비용 ⑤ 매설물 탐지, 계측, 지하수 개발, 지질조사, 구조안전검토비용 등 공사 수행 또는 건축물 등의 안전 등을 주된 목적으로 하는 경우 ⑥ 공사도급내역서에 포함된 진단비용 ⑦ 안전순찰차량(자전거, 오토바이를 포함) 구입·임차 비용 　※ 안전·보건관리자를 선임·신고하지 않은 사업장에서 사용하는 안전순찰차량의 유류비, 수리비, 보험료 또한 사용할 수 없음
(5) 안전보건교육비 및 행사비 등	산업안전보건법령에 따른 안전보건교육, 안전의식 고취를 위한 행사와 무관한 다음과 같은 항목에 소요되는 비용 ① 해당 현장과 별개 지역의 장소에 설치하는 교육장의 설치·해체·운영 비용 　※ 다만, 교육장소 부족, 교육환경 열악 등의 부득이한 사유로 해당 현장 내에 교육장 설치 등이 곤란하여 현장 인근지역의 교육장 설치 등에 소요되는 비용은 사용 가능 ② 교육장 대지 구입비용 ③ 교육장 운영과 관련이 없는 태극기, 회사기, 전화기, 냉장고 등 비품 구입비 ④ 안전관리활동 기여도와 관계없이 지급하는 다음과 같은 포상금(품) 　㉠ 일정 인원에 대한 할당 또는 순번제 방식으로 지급하는 경우 　㉡ 단순히 근로자가 일정 기간 사고를 당하지 아니하였다는 이유로 지급하는 경우 　㉢ 무재해 달성만을 이유로 전 근로자에게 일률적으로 지급하는 경우 　㉣ 안전관리활동 기여도와 무관하게 관리사원 등 특정 근로자, 직원에게만 지급하는 경우

항목	사용 불가 내역

	⑤ 근로자 재해예방 등과 직접 관련이 없는 안전정보 교류 및 자료 수집 등에 소요되는 비용
	  ㉠ 신문 구독비용
	    ※ 다만, 안전보건 등 산업재해 예방에 관한 전문적·기술적 정보를 60% 이상 제공하는 간행물 구독에 소요되는 비용은 사용 가능
	  ㉡ 안전관리활동을 홍보하기 위한 광고비용
	  ㉢ 정보교류를 위한 모임의 참가회비가 적립의 성격을 가지는 경우
	⑥ 사회통념에 맞지 않는 안전보건 행사비, 안전기원제 행사비
	  ㉠ 현장 외부에서 진행하는 안전기원제
	  ㉡ 사회통념상 과도하게 지급되는 의식 행사비(기도비용 등)
	  ㉢ 준공식 등 무재해 기원과 관계없는 행사
	  ㉣ 산업안전보건의식 고취와 무관한 회식비
	⑦ 「산업안전보건법」에 따른 안전보건교육 강사 자격을 갖추지 않은 자가 실시한 산업안전보건교육비용

(6) 근로자의 건강관리비 등	근무여건 개선, 복리·후생 증진 등의 목적을 가지는 다음과 같은 항목에 소요되는 비용
	① 복리후생 등 목적의 시설·기구·약품 등
	  ㉠ 간식·중식 등 휴식시간에 사용하는 휴게시설, 탈의실, 이동식 화장실, 세면·샤워시설
	    ※ 분진·유해물질 사용·석면 해체제거 작업장에 설치하는 탈의실, 세면·샤워시설 설치비용은 사용 가능
	  ㉡ 근로자를 위한 급수시설, 정수기·제빙기, 자외선차단용품(로션, 토시 등)
	    ※ 작업장 방역 및 소독비, 방충비 및 근로자 탈수 방지를 위한 소금정제비, 6~10월에 사용하는 제빙기 임대비용은 사용 가능
	  ㉢ 혹서·혹한기에 근로자 건강증진을 위한 보양식·보약 구입비용
	    ※ 작업 중 혹한·혹서 등으로부터 근로자를 보호하기 위한 간이휴게시설 설치·해체·유지 비용은 사용 가능
	  ㉣ 체력단련을 위한 시설 및 운동기구 등
	  ㉤ 병·의원 등에 지불하는 진료비, 암검사비, 국민건강보험 제공비용 등
	    ※ 다만, 해열제, 소화제 등 구급약품 및 구급용구 등의 구입비용은 사용 가능
	② 파상풍, 독감 등 예방을 위한 접종 및 약품(신종플루 예방접종비용을 포함)
	③ 기숙사 또는 현장사무실 내의 휴게시설 설치·해체·유지비, 기숙사 방역 및 소독·방충 비용
	④ 다른 법에 따라 의무적으로 실시해야 하는 건강검진비용 등

(7) 건설재해예방 기술지도비	−
(8) 본사 사용비	① 본사에 안전보건관리만을 전담하는 부서가 조직되어 있지 않은 경우 ② 전담부서에 소속된 직원이 안전보건관리 외의 다른 업무를 병행하는 경우

(6) 공사 진척에 따른 안전관리비 사용기준 빈출

공정률	50% 이상~70% 미만	70% 이상~90% 미만	90% 이상~100%
사용기준	50% 이상	70% 이상	90% 이상

03 차량계 건설기계·하역운반기계

1 차량계 건설기계

(1) **차량계 건설기계의 종류** 빈출
　① 도저형 건설기계(불도저, 스트레이트도저, 틸트도저, 앵글도저, 버킷도저 등)
　② 모터 그레이더(땅 고르는 기계)
　③ 로더(포크 등 부착물 종류에 따른 용도변경 형식을 포함)
　④ 스크레이퍼(흙을 절삭·운반하거나 펴 고르는 등의 작업을 하는 토공기계)
　⑤ 크레인형 굴착기계(클램셸, 드래그라인 등)
　⑥ 굴삭기(브레이커, 크러셔, 드릴 등 부착물 종류에 따른 용도변경 형식을 포함)
　⑦ 항타기 및 항발기
　⑧ 천공용 건설기계(어스드릴, 어스오거, 크롤러드릴, 점보드릴 등)
　⑨ 지반 압밀침하용 건설기계(샌드드레인머신, 페이퍼드레인머신, 팩드레인머신 등)
　⑩ 지반 다짐용 건설기계(타이어롤러, 머캐덤롤러, 탠덤롤러 등)
　⑪ 준설용 건설기계(버킷 준설선, 그래브 준설선, 펌프 준설선 등)
　⑫ 콘크리트펌프카
　⑬ 덤프트럭
　⑭ 콘크리트믹서트럭
　⑮ 도로포장용 건설기계(아스팔트 살포기, 콘크리트 살포기, 아스팔트 피니셔, 콘크리트 피니셔 등)
　⑯ ①~⑮와 유사한 구조 또는 기능을 갖는 건설기계로서 건설작업에 사용하는 것

(2) **견고한 헤드가드 장착 차량계 건설기계**
　① 불도저
　② 트랙터
　③ 셔블(shovel)
　④ 로더(loader)
　⑤ 파우더셔블(powder shovel) 및 드래그셔블(drag shovel)

(3) **셔블계 굴착기계의 종류**
　① **파워셔블** : 기계보다 높은 곳의 굴착에 적합하며 굴착능률이 좋다.
　② **드래그셔블(백호)** : 기계보다 낮은 곳의 굴착에 적합하고, 굴착력도 커서 경암반에도 사용하며 수중굴착도 가능하다.
　③ **드래그라인** : 기계보다 낮은 곳의 굴착에 사용하고, 연약지반 및 수중굴착에 적합하며, 작업범위가 넓다.
　④ **클램셸** : 기초기반을 파는 데 사용되며, 파는 힘은 약해 사질기반의 굴착에 이용한다.

(4) **차량계 건설기계 사용 시 작업계획서의 내용**

① 사용하는 차량계 건설기계의 종류 및 능력
② 차량계 건설기계의 운행경로
③ 차량계 건설기계에 의한 작업방법

(5) **차량계 건설기계 관련 안전규칙**

주요 사항	세부 사항
전도 등의 방지	• 유도자 배치 • 지반의 부동침하 방지 • 갓길의 붕괴 방지 • 도로 폭의 유지
붐 등의 강하에 의한 위험 방지	안전지주 또는 안전블록을 사용할 것
운전위치 이탈 시의 조치	• 포크, 버킷, 디퍼 등의 장치를 가장 낮은 위치 또는 지면에 내려둘 것 • 원동기를 정지시키고 브레이크를 확실히 거는 등 갑작스러운 주행이나 이탈을 방지하기 위한 조치를 할 것 • 운전석을 이탈하는 경우에는 시동키를 운전대에서 분리시킬 것. 다만, 운전석에 잠금장치를 하는 등 운전자가 아닌 사람이 운전하지 못하도록 조치한 경우에는 그러하지 아니하다.
차량계 건설기계 이송 시의 조치	• 싣거나 내리는 작업은 평탄하고 견고한 장소에서 할 것 • 발판을 사용할 때는 충분한 길이·폭 및 강도를 가진 것을 사용하고 적당한 경사를 유지하기 위해 견고하게 설치할 것 • 마대·가설대 등을 사용하는 때에는 충분한 폭 및 강도와 적당한 경사를 확보할 것

2 차량계 하역운반기계

(1) **차량계 하역운반기계의 종류**

① 지게차
② 구내운반차
③ 화물자동차

(2) **차량계 하역운반기계 사용 시 작업계획서의 내용**

① 해당 작업에 따른 추락·낙하·전도·협착 및 붕괴 등의 위험 예방대책
② 차량계 하역운반기계의 운행경로 및 작업방법

(3) 차량계 하역운반기계 관련 안전규칙

주요 사항	세부 사항
전도 등의 방지	• 유도자 배치 • 지반의 부동침하 방지 • 갓길의 붕괴 방지
화물 적재 시의 조치	• 하중이 한쪽으로 치우치지 않도록 적재할 것 • 구내운반차 또는 화물자동차의 경우 화물의 붕괴 또는 낙하에 의한 위험을 방지하기 위하여 화물에 로프를 거는 등 필요한 조치를 할 것 • 운전자의 시야를 가리지 않도록 화물을 적재할 것
운전위치 이탈 시의 조치	• 포크, 버킷, 디퍼 등의 장치를 가장 낮은 위치 또는 지면에 내려둘 것 • 원동기를 정지시키고 브레이크를 확실히 거는 등 갑작스러운 주행이나 이탈을 방지하기 위한 조치를 할 것 • 운전석을 이탈하는 경우에는 시동키를 운전대에서 분리시킬 것. 다만, 운전석에 잠금장치를 하는 등 운전자가 아닌 사람이 운전하지 못하도록 조치한 경우에는 그러하지 아니하다.
차량계 하역운반기계 이송 시의 조치	• 싣거나 내리는 작업은 평탄하고 견고한 장소에서 할 것 • 발판을 사용하는 경우에는 충분한 길이·폭 및 강도를 가진 것을 사용하고, 적당한 경사를 유지하기 위하여 견고하게 설치할 것 • 가설대 등을 사용하는 경우에는 충분한 폭 및 강도와 적당한 경사를 확보할 것 • 지정운전자의 성명·연락처 등을 보기 쉬운 곳에 표시하고 지정운전자 외에는 운전하지 않도록 할 것
단위화물의 무게가 100kg 이상인 화물을 내리거나 싣는 경우 작업지휘자의 준수사항	• 작업순서 및 그 순서마다의 작업방법을 정하고 작업을 지휘할 것 • 기구 및 공구를 점검하고 불량품을 제거할 것 • 해당 작업을 하는 장소에 관계 근로자가 아닌 사람이 출입하는 것을 금지할 것 • 로프 풀기 작업 또는 덮개 벗기기 작업은 적재함의 화물이 떨어질 위험이 없음을 확인한 후에 하도록 할 것

04 토공기계

1 토공기계의 종류

(1) 트랙터

① 무한궤도식 : 땅을 다지는 데 효과적이고 암석지에서 작업이 가능하며, 견인력이 크다.
② 휠식(차륜식, 타이어식) : 승차감과 주행성·기동성이 좋으며, 견인력은 약하다.

(2) 불도저

① 스트레이트도저 : 블레이드의 용량이 크고 직선 송토작업, 거친 배수로 매몰작업 등에 적합
② 앵글도저 : 블레이드의 길이가 길고 전후 25~30°의 각도로 회전 가능
③ 틸트도저 : V형 배수로 작업, 동결된 땅, 굳은 땅 파헤치기, 나무뿌리 파내기 등에 적합
④ 힌지도저 : 앵글도저보다 큰 각으로 움직일 수 있어 흙을 깎아 옆으로 밀어내면서 전진하므로 제설·제토 작업 및 다량의 흙을 전방으로 밀고 가는 데 적합
⑤ 트리도저 : 트랙터의 앞에 V자형의 작업판을 붙여 상하 이동이 가능하며 개간 정지작업, 나무 그루터기를 파내는 작업에 적합
⑥ 레이크도저 : 갈퀴 형태의 조립식 레이크(rake)를 부착한 것으로 나무뿌리 제거나 지상 청소에 사용
⑦ U도저 : 블레이드가 U형으로 되어 있기 때문에 옆으로 넘치는 것이 적은 도저

(3) 스크레이퍼 [빈출]

굴착, 싣기, 운반, 하역 등 일련의 작업을 하나의 기계로서 연속적으로 행할 수 있는, 굴착기와 운반기를 조합한 형태의 토공 만능기이다.
① 견인식 스크레이퍼(towed scraper) : 이동거리 100m 이상, 500m 이내에 사용
② 동력식 스크레이퍼(self propelled scraper) : 이동거리 500m 이상, 1,500m 이내에 사용

(4) 모터그레이더

토공기계의 대패, 지면을 절삭하여 평활하게 다듬는 것이 목적이다.
① 기계적 모터그레이더 : 각종 작업장치에 동력이 전달되는 계통이 기계식 링크장치로 되어 있으며, 현재 거의 사용하지 않음
② 유압식 모터그레이더 : 모든 작업장치를 유압을 이용하여 작동시키는 것으로 현재 많이 사용

(5) 로더

트랙터의 앞 작업장치에 버킷을 붙인 것으로, 굴착·상차 작업과 그 밖의 부속장치를 설치하여 암석·나무뿌리 제거, 목재의 이동, 제설작업 등에 사용한다.
① 휠로더(wheel loader) : 타이어식
② 셔블로더(shovel loader) : 무한궤도식

(6) 롤러

두 개 이상의 매끈한 드럼 롤러(roller)를 바퀴로 하는 다짐기계이며, 주로 도로, 제방, 활주로 등의 노면에 전압을 가하기 위하여 사용한다. 다짐력을 가하는 방법에 따라 전압식, 진동식, 충격식 등이 있다.
① 동력 롤러 : 3휠 롤러, 탠덤 롤러, 진공타이어 롤러, 진동 롤러
② 견인 롤러 : 탬핑 롤러, 그리드 롤러, 진동 롤러, 타이어 롤러

(7) 항타기·항발기

2 항타기 · 항발기

(1) 조립 시 사용 전 점검사항 빈출!
① 본체 연결부의 풀림 또는 손상 유무
② 권상용 와이어로프 · 드럼 및 도르래 부착상태의 이상 유무
③ 권상장치 브레이크 및 쐐기장치 기능의 이상 유무
④ 권상장치 설치상태의 이상 유무
⑤ 버팀의 방법 및 고정상태의 이상 유무

항타기의 종류
- 드롭해머 항타기
- 공기해머 항타기
- 디젤해머 항타기
- 진동식 항타기

(2) 무너짐 방지에 관한 안전규칙 빈출!
① 연약한 지반에 설치하는 경우에는 각부나 가대의 침하를 방지하기 위하여 깔판 · 깔목 등을 사용할 것
② 시설 또는 가설물 등에 설치하는 경우에는 그 내력을 확인하고 내력이 부족하면 그 내력을 보강할 것
③ 각부나 가대가 미끄러질 우려가 있는 경우에는 말뚝 또는 쐐기 등을 사용하여 각부나 가대를 고정시킬 것
④ 궤도 또는 차로 이동하는 항타기 또는 항발기에 대해서는 불시에 이동하는 것을 방지하기 위하여 레일클램프(rail clamp) 및 쐐기 등으로 고정시킬 것
⑤ 버팀대만으로 상단 부분을 안정시키는 경우에는 버팀대를 3개 이상으로 하고, 그 하단 부분은 견고한 버팀 · 말뚝 또는 철골 등으로 고정시킬 것
⑥ 버팀줄만으로 상단 부분을 안정시키는 경우에는 버팀줄을 3개 이상으로 하고, 같은 간격으로 배치할 것
⑦ 평형추를 사용하여 안정시키는 경우에는 평형추의 이동을 방지하기 위하여 가대에 견고하게 부착시킬 것

(3) 권상용 장치 빈출!
① 권상용 와이어로프의 안전계수
  항타기 또는 항발기의 권상용 와이어로프의 안전계수가 5 이상이 아니면 이를 사용해서는 아니 된다.
② 권상용 와이어로프의 길이
  ㉠ 권상용 와이어로프는 추 또는 해머가 최저의 위치에 있을 때 또는 널말뚝을 빼내기 시작할 때를 기준으로 권상장치의 드럼에 적어도 2회 감기고 남을 수 있는 충분한 길이일 것
  ㉡ 권상용 와이어로프는 권상장치의 드럼에 클램프 · 클립 등을 사용하여 견고하게 고정할 것
  ㉢ 항타기의 권상용 와이어로프에서 추 · 해머 등과의 연결은 클램프 · 클립 등을 사용하여 견고하게 할 것
③ 도르래의 부착
  항타기 또는 항발기의 권상장치 드럼축과 권상장치로부터 첫 번째 도르래의 축 간 거리를 권상장치 드럼 폭의 15배 이상으로 하여야 한다.

05 건설용 양중기

1 양중기의 종류와 목적

(1) 크레인

동력을 사용하여 중량물을 매달아 상하 및 좌우(수평 또는 선회)로 운반하는 것을 목적으로 하는 기계 또는 기계장치를 말한다.

※ 호이스트(hoist) : 훅이나 그 밖의 달기구 등을 사용하여 화물을 권상 및 횡행 또는 권상동작만을 하여 양중하는 것

> **양중기의 종류**(정리)
> (1) 크레인(호이스트를 포함)
> (2) 이동식 크레인
> (3) 리프트(이삿짐 운반용 리프트의 경우에는 적재하중이 0.1톤 이상인 것으로 한정)
> (4) 곤돌라
> (5) 승강기

(2) 이동식 크레인

원동기를 내장하고 있는 것으로서 불특정 장소에 스스로 이동할 수 있는 크레인으로, 동력을 사용하여 중량물을 매달아 상하 및 좌우(수평 또는 선회)로 운반하는 설비로서 「건설기계관리법」을 적용받는 기중기 또는 「자동차관리법」에 따른 화물·특수 자동차의 작업부에 탑재하여 화물 운반 등에 사용하는 기계 또는 기계장치를 말한다.

(3) 리프트

동력을 사용하여 사람이나 화물을 운반하는 것을 목적으로 하는 기계설비로서, 다음의 것을 말한다.
① **건설작업용 리프트** : 동력을 사용하여 가이드레일을 따라 상하로 움직이는 운반구를 매달아 사람이나 화물을 운반할 수 있는 설비 또는 이와 유사한 구조 및 성능을 가진 것으로 건설현장에서 사용하는 것
② **자동차 정비용 리프트** : 동력을 사용하여 가이드레일을 따라 움직이는 지지대로 자동차 등을 일정한 높이로 올리거나 내리는 구조의 리프트로서 자동차 정비에 사용하는 것
③ **이삿짐 운반용 리프트** : 연장 및 축소가 가능하고 끝단을 건축물 등에 지지하는 구조의 사다리형 붐에 따라 동력을 사용하여 움직이는 운반구를 매달아 화물을 운반하는 설비로서 화물자동차 등 차량 위에 탑재하여 이삿짐 운반 등에 사용하는 것

(4) 곤돌라

달기발판 또는 운반구, 승강장치, 그 밖의 장치 및 이들에 부속된 기계부품에 의하여 구성되고, 와이어로프 또는 달기강선에 의하여 달기발판 또는 운반구가 전용 승강장치에 의하여 오르내리는 설비를 말한다.

(5) 승강기

건축물이나 고정된 시설물에 설치되어 일정한 경로에 따라 사람이나 화물을 승강장으로 옮기는 데 사용되는 설비로서, 다음의 것을 말한다.
① **승객용 엘리베이터** : 사람의 운송에 적합하게 제조·설치된 엘리베이터
② **승객·화물용 엘리베이터** : 사람의 운송과 화물 운반을 겸용하는 데 적합하게 제조·설치된 엘리베이터

③ 화물용 엘리베이터 : 화물 운반에 적합하게 제조·설치된 엘리베이터로서 조작자 또는 화물취급자 1명은 탑승할 수 있는 것(적재용량이 300kg 미만인 것은 제외)
④ 소형 화물용 엘리베이터 : 음식물이나 서적 등 소형 화물의 운반에 적합하게 제조·설치된 엘리베이터로서 사람의 탑승이 금지된 것
⑤ 에스컬레이터 : 일정한 경사로 또는 수평로를 따라 위·아래 또는 옆으로 움직이는 디딤판을 통해 사람이나 화물을 승강장으로 운송시키는 설비

2 양중기의 안전조치

(1) 양중기 작업 시 운전자 또는 작업자가 보기 쉬운 곳에 표시해야 할 사항(승강기 제외) 빈출
① 해당 기계의 정격하중
② 해당 기계의 운전속도
③ 경고표시

(2) 양중기의 풍속에 따른 안전조치사항 빈출
① 크레인의 폭풍에 의한 이탈 방지
　순간풍속이 초당 30m를 초과하는 바람이 불어올 우려가 있는 경우 옥외에 설치되어 있는 주행크레인에 대하여 이탈 방지장치를 작동시키는 등 이탈 방지를 위한 조치를 하여야 한다.
② 양중기의 폭풍 등으로 인한 이상 유무 점검
　순간풍속이 초당 30m를 초과하는 바람이 불거나 중진 이상 진도의 지진이 있은 후에 옥외에 설치되어 있는 양중기를 사용하여 작업을 하는 경우에는 미리 기계 각 부위에 이상이 있는지를 점검하여야 한다.
③ 리프트 붕괴 등의 방지
　순간풍속이 초당 35m를 초과하는 바람이 불어올 우려가 있는 경우 건설작업용 리프트(지하에 설치되어 있는 것은 제외)에 대하여 받침의 수를 증가시키는 등 그 붕괴 등을 방지하기 위한 조치를 하여야 한다.
④ 곤돌라 폭풍에 의한 무너짐 방지
　순간풍속이 초당 35m를 초과하는 바람이 불어올 우려가 있는 경우 옥외에 설치되어 있는 승강기에 대하여 받침의 수를 증가시키는 등 승강기가 무너지는 것을 방지하기 위한 조치를 하여야 한다.

(3) 양중기에 설치하는 방호장치
① 과부하방지장치
② 권과방지장치
③ 비상정지장치 및 제동장치
④ 그 밖의 방호장치(승강기의 파이널리밋스위치, 속도조절기, 출입문 인터록)

3 크레인

(1) 크레인의 종류
① 천장크레인(overhead travelling crane) : 주행레일 위에 설치된 새들(saddle)에 직접적으로 지지되는 거더가 있는 크레인
② 갠트리크레인(gantry crane) : 주행레일 위에 설치된 교각(leg)으로 지지되는 거더가 있는 크레인
③ 타워크레인(tower crane) : 수직타워의 상부에 위치한 지브를 선회시키는 크레인

(2) 타워크레인 방호장치의 종류 빈출!
① 권과방지장치
② 과부하방지장치
③ 비상정지장치
④ 브레이크
⑤ 훅해지장치
⑥ 안전밸브

- 훅해지장치는 훅걸이용 와이어로프 등이 훅으로부터 벗겨지는 것을 방지하기 위한 장치를 구비한 크레인을 사용하여야 하며, 그 크레인을 사용하여 짐을 운반하는 경우에는 해지장치를 사용하여야 한다.
- 안전밸브는 유압을 동력으로 사용하는 크레인의 과도한 압력상승을 방지하기 위한 안전밸브에 대하여 정격하중(지브크레인은 최대정격하중)을 건 때의 압력 이하로 작동되도록 조정하여야 한다. 단, 하중시험 또는 안전도시험을 하는 경우 그러하지 아니하다.

(3) 타워크레인 설치·조립·해체 시 작업계획서의 내용 빈출!
① 타워크레인의 종류 및 형식
② 설치·조립·해체 순서
③ 작업도구·장비·가설설비 및 방호설비
④ 작업인원의 구성 및 작업근로자의 역할범위
⑤ 지지방법

4 와이어로프와 체인

(1) 달기구의 안전계수 빈출!
달기구의 안전계수란 달기구 절단하중의 값을 그 달기구에 걸리는 하중의 최대값으로 나눈 값으로, 양중기의 와이어로프 등 달기구의 안전계수가 다음의 구분에 따른 기준에 맞지 아니한 경우에는 이를 사용해서는 아니 된다.
① 근로자가 탑승하는 운반구를 지지하는 달기와이어로프 또는 달기체인의 경우 : 10 이상
② 화물의 하중을 직접 지지하는 달기와이어로프 또는 달기체인의 경우 : 5 이상
③ 훅, 섀클, 클램프, 리프팅빔의 경우 : 3 이상
④ 그 밖의 경우 : 4 이상

(2) 와이어로프에 걸리는 하중
① 와이어로프에 걸리는 총하중
총하중(W) = 정하중(W_1) + 동하중(W_2)

이때, 동하중 $W_2 = \dfrac{W_1}{g} \times a$

여기서, g : 중력가속도(9.8m/s^2), a : 가속도(m/s^2)

② 슬링 와이어로프(sling wire rope)의 한 가닥에 걸리는 하중

로프에 작용하는 하중 = $\dfrac{\text{화물의 무게}}{\text{로프의 수}} \div \dfrac{\cos \text{로프의 각도}}{2}$

(3) 와이어로프의 사용제한 빈출!
① 이음매가 있는 것
② 와이어로프의 한 꼬임[(스트랜드(strand)]에서 끊어진 소선[필러(pillar)선은 제외]의 수가 10% 이상(비자전로프의 경우에는 끊어진 소선의 수가 와이어로프 호칭지름의 6배 길이 이내에서 4개 이상이거나 호칭지름 30배 길이 이내에서 8개 이상)인 것
③ 지름의 감소가 공칭지름의 7%를 초과하는 것
④ 꼬인 것
⑤ 심하게 변형되거나 부식된 것
⑥ 열과 전기충격에 의해 손상된 것

(4) 달기체인의 사용제한 빈출!
① 달기체인의 길이가 달기체인이 제조된 때 길이의 5%를 초과한 것
② 링의 단면 지름이 달기체인이 제조된 때 해당 링 지름의 10%를 초과하여 감소한 것
③ 균열이 있거나 심하게 변형된 것

(5) 섬유로프 또는 섬유벨트의 사용제한 빈출!
① 꼬임이 끊어진 것
② 심하게 손상되거나 부식된 것

06 떨어짐(추락) 재해

1 추락재해의 원인

(1) 고소에서의 추락 빈출!
① 고소작업장 위의 정리·정돈이 부족한 경우
② 고소작업장의 내력이 부족함을 알면서도 작업을 실시한 경우
③ 고소작업 중에 신은 근로자의 신발이 미끄러운 경우
④ 발판 및 그 밖의 발 디딜 곳이 되는 시설에 결함이 있거나 시설의 사용방법이 바르게 제시되어 있지 않은 경우
⑤ 근로자가 수면부족, 숙취, 고·저혈압인 경우

(2) 개구부 및 작업대 끝에서의 추락
① 보호난간시설이 없는 경우
② 추락방지용 방호망이 설치되어 있지 않은 경우
③ 덮개가 없는 경우
④ 개구부의 위험표지판이 없는 경우
⑤ 보호손잡이·추락방지용 방호망·보호덮개를 제거하고 작업을 실시한 경우
⑥ 안전대를 부착하지 않고 작업을 실시한 경우

(3) 사다리 및 작업대에서의 추락
   ① 사다리에 고정장치가 없는 경우
   ② 사다리가 바닥면에서 미끄러진 경우
   ③ 사다리 상부의 걸침상태가 좋지 못한 경우
   ④ 사다리의 구조가 좋지 못한 경우
   ⑤ 사다리의 재료에 흠이 있는 경우

(4) 비계로부터의 추락
   ① 보호난간시설이 없는 경우
   ② 보호난간을 제거하고 작업한 경우
   ③ 작업발판의 폭이 좁은 경우
   ④ 작업발판의 걸침방법이 좋지 못하거나 어긋난 경우
   ⑤ 비계에 매달려 올라간 경우
   ⑥ 잠재위험이 있는 외부비계 위에서 안전대를 부착하기 않고 작업을 실시한 경우

(5) 이동식 비계로부터의 추락
   ① 비계 바퀴에 정지장치가 없는 경우
   ② 상부 작업발판에 보호손잡이가 없는 경우
   ③ 승강설비가 없는 경우
   ④ 근로자가 탑승한 채로 이동한 경우

(6) 철골비계 등의 조립작업 시 추락
   ① 안전대를 착용하지 않은 경우
   ② 안전대의 부착상태가 좋지 못한 경우
   ③ 추락방지용 방호망의 설치방법이 옳지 않은 경우
   ④ 불안전한 자세로 철골재를 취급한 경우

(7) 슬레이트 지붕에서의 추락
   ① 작업발판이나 비계를 설치하지 않은 경우
   ② 안전대 부착설비가 없는 경우
   ③ 작업자세나 작업방법이 옳지 않은 경우

(8) 해체작업 시의 추락
   ① 야간작업용 조명이 충분하지 않은 경우
   ② 강풍이 불 때 작업이 행해진 경우
   ③ 승강설비를 사용하지 않은 경우
   ④ 빗물·이슬 등의 물기가 있는 철골 위를 이동하는 경우
   ⑤ 상부에서 공구 등이 낙하하여 신체에 떨어진 경우
   ⑥ 크레인 인양작업 시 화물이 흔들려 신체에 부딪힌 경우
   ⑦ 해체작업 순서가 잘못 행해진 경우
   ⑧ 해체작업 전에 협의가 충분하게 이루어지지 않은 경우

2 추락재해 방지대책

(1) 근로자가 추락하거나 넘어질 위험이 있는 장소(작업발판 끝·개구부 등을 제외) 또는 기계·설비·선박블록 등에서 작업할 때 근로자가 위험해질 우려가 있는 경우의 추락재해 방지

① 비계를 조립하는 방법 등에 의하여 작업발판을 설치하여야 한다.
② 작업발판을 설치하기 곤란한 경우 다음의 기준에 맞는 추락방호망을 설치하여야 한다.
  ㉠ 추락방호망의 설치위치는 가능하면 작업면으로부터 가까운 지점에 설치하여야 하며, 작업면으로부터 망의 설치지점까지의 수직거리는 10m를 초과하지 아니할 것
  ㉡ 추락방호망은 수평으로 설치하고, 망의 처짐은 짧은 변 길이의 12% 이상이 되도록 할 것
  ㉢ 건축물 등의 바깥쪽으로 설치하는 경우 추락방호망의 내민 길이는 벽면으로부터 3m 이상이 되도록 할 것. 다만, 그물코가 20mm 이하인 추락방호망을 사용한 경우에는 낙하물방지망을 설치한 것으로 본다.
③ 추락방호망을 설치하기 곤란한 때에는 근로자에게 안전대를 착용하여야 한다.

(2) 작업발판 및 통로의 끝이나 개구부로서 근로자가 추락할 위험이 있는 장소

① 안전난간, 울타리, 수직형 추락방호망 또는 덮개 등(이하 "난간 등")의 방호조치를 충분한 강도를 가진 구조로 튼튼하게 설치하여야 하며, 덮개를 설치하는 경우에는 뒤집히거나 떨어지지 않도록 설치하여야 한다. 이 경우 어두운 장소에서도 알아볼 수 있도록 개구부임을 표시하여야 한다.
② 난간 등을 설치하는 것이 매우 곤란하거나 작업의 필요상 임시로 난간 등을 해체하여야 하는 경우 추락방호망을 설치하여야 한다. 다만, 추락방호망을 설치하기 곤란한 경우에는 근로자에게 안전대를 착용하도록 하는 등 추락할 위험을 방지하기 위하여 필요한 조치를 하여야 한다.

(3) 안전대의 부착설비 설치

① 추락할 위험이 있는 높이 2m 이상의 장소에서 근로자에게 안전대를 착용시킨 경우 안전대를 안전하게 걸어 사용할 수 있는 설비 등을 설치하여야 한다. 이러한 안전대 부착설비로 지지로프 등을 설치하는 경우에는 처지거나 풀리는 것을 방지하기 위하여 필요한 조치를 하여야 한다.
② 안전대 및 부속설비의 이상 유무는 안전대 및 부속설비의 이상 유무를 작업을 시작하기 전에 점검하여야 한다.

(4) 울타리의 설치

근로자에게 작업 중 또는 통행 시 굴러떨어짐으로 인하여 근로자가 화상·질식 등의 위험에 처할 우려가 있는 케틀(kettle ; 가열용기), 호퍼(hopper ; 깔때기 모양의 출입구가 있는 큰 통), 피트(pit ; 구덩이) 등이 있는 경우에 그 위험을 방지하기 위하여 필요한 장소에 높이 90cm 이상의 울타리를 설치하여야 한다.

(5) 승강설비의 설치

높이 또는 깊이가 2m를 초과하는 장소에서 작업하는 경우 해당 작업에 종사하는 근로자가 안전하게 승강하기 위한 건설작업용 리프트 등의 설비를 설치하여야 한다. 다만, 승강설비를 설치하는 것이 작업의 성질상 곤란한 경우에는 그러하지 아니하다.

(6) 조명의 유지

근로자가 높이 2m 이상에서 작업을 하는 경우 그 작업을 안전하게 하는 데에 필요한 조명을 유지하여야 한다.

(7) 슬레이트 지붕 위에서의 위험 방지조치 [빈출]

슬레이트, 선라이트(sunlight) 등 강도가 약한 재료로 덮은 지붕 위에서 작업을 할 때에 발이 빠지는 등 근로자가 위험해질 우려가 있는 경우 폭 30cm 이상의 발판을 설치하거나 추락방호망을 치는 등 위험을 방지하기 위하여 필요한 조치를 하여야 한다.

3 추락방지용 방호망의 안전기준

(1) 방호망의 구조
① 방호망의 구성 : 방망사, 테두리로프, 달기로프, 재봉사 등으로 구성된다.
② 방호망의 소재 : 합성섬유 또는 그 이상의 물리적 성질을 갖는 것으로 한다.
③ 방호망의 종류 : 매듭 없는 방망, 매듭 방망, 라셀 방망
④ 그물코 : 사각 또는 마름모 등의 형상으로서 한 변의 길이(매듭 중심 간 거리)는 10cm 이하이어야 한다.
⑤ 테두리로프 : 방망의 각 그물코를 통하는 방법으로 방망과 결합시키고, 적당한 간격마다 로프와 방망을 재봉사 등으로 묶어 고정하여야 한다.
⑥ 달기로프 : 길이는 2m 이상으로 한다.

(2) 방호망 재료의 특성
① 방망사, 테두리로프, 달기로프, 재봉사의 재료는 나일론, 폴리에스테르, 비닐론 등의 합성섬유를 사용한다.
② 재료는 성능검정규격에서 정한 재질이나 이와 동등 이상의 재질을 사용한다.

(3) 방망사의 강도
① 신품에 대한 인장강도

그물코의 크기 (cm)	인장강도(kg)	
	매듭 없는 방망	매듭 방망
10	240	200
5	–	110

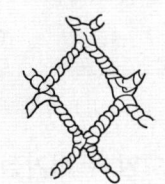

[매듭 없는 방망]

② 폐기 시 인장강도

그물코의 크기 (cm)	인장강도(kg)	
	매듭 없는 방망	매듭 방망
10	150	135
5	–	60

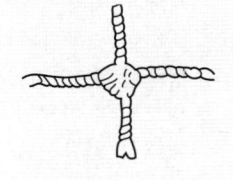

[매듭방망]

(4) 테두리로프 및 달기로프의 강도

① 테두리로프 및 달기로프는 방호망에 사용되는 로프와 동일한 시험편의 양단을 인장시험기로 체크하거나 또는 이와 유사한 방법으로 인장속도가 매분 20cm 이상 ~ 30cm 이하의 등속인장시험(이하 "등속인장시험")을 행한 경우 인장강도가 1,500 이상이어야 한다.
② ①의 경우 시험편의 유효길이는 로프 직경의 30배 이상으로, 시험편수는 5개 이상으로 하고 산술평균하여 로프의 인장강도를 산출한다.

(5) 지지점의 강도

① 추락방호망의 지지점은 다음 식 이상의 인장력을 가져야 하며, 최소한 6kN 이상이어야 한다.
$F = 2B$
여기서, F : 인장력(kN), B : 지지점 간격(m)
② 방망을 고정시키기 위한 지지대의 휨강도는 지지대 길이의 80%를 지점거리로 하여 이 지점거리를 3등분하는 2지점에 하중을 가하여 전체 하중의 최대치가 6kN 이상이어야 한다.

(6) 방호망 설치 시의 안전조치

방호망의 설치 및 해체 작업에 투입되는 근로자는 안전대의 착용은 물론, 비계 및 작업발판을 설치하는 등의 선행 안전조치를 하여야 한다.

(7) 방호망의 허용낙하높이

구분 / 조건	허용낙하높이(H_1)		공간높이(H_2)		처짐길이(S)
종류	단일방호망	복합방호망	그물코의 길이		
			10cm	5cm	
$L < A$	$0.25(L+2A)$	$0.2(L+2A)$	$\dfrac{0.85(L+3A)}{4}$	$\dfrac{0.95(L+3A)}{4}$	$\dfrac{(L+2A)}{3.6}$
$L \geq A$	$0.75L$	$0.6L$	$0.85L$	$0.95L$	$\dfrac{0.75L}{3}$

여기서, L : 설치된 방호망의 단변방향 길이, A : 설치된 방호망의 장변방향 지지간격

(8) 방호망의 정기점검

① 방호망의 정기시험은 사용 개시 후 1년 이내로 하고, 그 후 6개월마다 1회씩 정기적으로 시험용사에 대해서 등속인장시험을 하여야 한다. 다만, 사용상태가 비슷한 다수 방호망의 시험용사에 대하여는 무작위 추출한 5개 이상을 인장시험했을 경우 다른 방호망에 대한 등속인장시험을 생략할 수 있다.
② 방호망의 마모가 현저한 경우나 방호망이 유해가스에 노출된 경우에는 사용 후 시험용사에 대해서 인장시험을 하여야 한다.

> **시험용사**
> 방호망 폐기 시 방호망사의 강도를 점검하기 위하여 테두리로프에 연하여 방호망에 재봉한 방망사

(9) 방호망의 보관

① 방호망은 깨끗하게 보관하여야 한다.
② 방호망은 자외선, 기름, 유해가스가 없는 건조한 장소에서 취하여야 한다.

(10) 추락방지용 방호망의 사용제한
    ① 방호망사가 규정한 강도 이하인 방호망
    ② 인체 또는 이와 동등 이상의 무게를 갖는 낙하물에 대해 충격을 받은 방호망
    ③ 파손한 부분을 보수하지 않은 방호망
    ④ 강도가 명확하지 않은 방호망

(11) 방호망의 표시
    ① 제조자명
    ② 제조연월
    ③ 재봉치수
    ④ 그물코
    ⑤ 신품인 때 방호망의 강도

07 떨어짐(낙하) · 날아옴(비래) 재해

1 낙하 · 비래 재해의 발생

(1) 낙하 · 비래 재해의 발생원인
    ① 높은 위치에 놓아 둔 자재, 공구의 정리상태가 좋지 않은 경우
    ② 외부 비계 상부에 불안전하게 자재를 적재한 경우
    ③ 구조물 단부 개구부에서 낙하가 우려되는 위험작업을 했을 경우
    ④ 안전모 및 보호구를 착용하지 않은 경우
    ⑤ 자재를 반출할 때 투하설비를 갖추지 않은 경우
    ⑥ 낙하물방지설비(방지망, 방호선반 등)를 설치하지 않았거나 강도 · 구조가 불량한 경우
    ⑦ 낙하물방지설비의 유지관리 및 보수상태가 불량한 경우
    ⑧ 크레인의 자재 인양작업 시 인양 와이어로프가 불량하여 절단될 경우
    ⑨ 매달기 작업 시 결속방법이 불량한 경우
    ⑩ 낙하물 위험지역의 작업 통제를 하지 않은 경우

(2) 낙하 · 비래에 의한 재해발생의 유형
    ① 고소에서 거푸집의 조립 · 해체 작업 중 낙하
    ② 외부 비계 상에 올려놓은 자재의 낙하
    ③ 바닥자재 정리정돈작업 중 자재의 낙하
    ④ 인양장비를 사용하지 않고 인력으로 던짐
    ⑤ 크레인으로 자재 운반 중 로프 절단
    ⑥ 크레인으로 자재 운반 중 결속 부위가 풀림

2 낙하물에 의한 위험 방지

① 작업장의 바닥, 도로 및 통로 등에서 낙하물이 근로자에게 위험을 미칠 우려가 있는 경우 보호망을 설치하는 등 필요한 조치를 하여야 한다.
② 작업으로 인하여 물체가 떨어지거나 날아올 위험이 있는 경우 낙하물방지망, 수직보호망 또는 방호선반의 설치, 출입금지구역의 설정, 보호구의 착용 등 위험을 방지하기 위하여 필요한 조치를 하여야 한다.
③ 낙하물방지망 또는 방호선반을 설치하는 경우에는 다음의 사항을 준수하여야 한다.
　㉠ 높이 10m 이내마다 설치하고, 내민 길이는 벽면으로부터 2m 이상으로 할 것
　㉡ 수평면과의 각도는 20° 이상 ~ 30° 이하를 유지할 것
④ 높이가 3m 이상인 장소로부터 물체를 투하하는 경우 적당한 투하설비를 설치하거나 감시인을 배치하는 등 위험을 방지하기 위하여 필요한 조치를 하여야 한다.

08 무너짐(붕괴) 재해

1 굴착작업의 위험 방지

(1) 작업장소의 사전조사사항

① 형상·지질 및 지층의 상태
② 균열·함수·용수 및 동결의 유무 또는 상태
③ 매설물 등의 유무 또는 상태
④ 지반의 지하수위 상태

(2) 굴착작업 작업계획서의 내용

① 굴착 방법 및 순서, 토사 반출방법
② 필요한 인원 및 장비 사용계획
③ 매설물 등에 대한 이설·보호대책
④ 사업장 내 연락방법 및 신호방법
⑤ 흙막이 지보공 설치방법 및 계측계획
⑥ 작업지휘자의 배치계획
⑦ 그 밖에 안전·보건에 관련된 사항

(3) 굴착작업 전 관리감독자의 점검사항

① 작업장소 및 그 주변의 부석
② 균열의 유무
③ 함수·용수 및 동결상태의 변화

> **지반 굴착 시 주의해야 할 매설물**
> • 가스도관
> • 지중전선로
> • 상하수도관
> • 건축물의 기초
> • 송유관

(4) 지반 등의 굴착 시 위험 방지

① 지반 등을 굴착하는 경우에는 굴착면의 기울기를 아래 〈표〉의 기준에 맞도록 하여야 한다.
② 굴착면의 경사가 달라서 기울기를 계산하기 곤란한 경우에는 해당 굴착면에 대하여 다음 〈표〉의 기준에 따라 붕괴의 위험이 증가하지 않도록 해당 각 부분의 경사를 유지하여야 한다.

〈굴착면의 기울기 기준〉 빈출! 개정 2023

지반의 종류	기울기
모래	1 : 1.8
연암 및 풍화암	1 : 1.0
경암	1 : 0.5
그 밖의 흙	1 : 1.2

③ 사질의 지반(점토질을 포함하지 않은 것)은 굴착면의 기울기를 35° 이하, 높이를 5m 미만으로 하여야 한다.
④ 발파 등에 의해서 붕괴하기 쉬운 상태의 지반 및 다시 매립하거나 반출시켜야 할 지반은 굴착면의 기울기를 45° 이하, 높이를 2m 미만으로 하여야 한다.
⑤ 굴착면의 끝단을 파는 것은 금지하고, 부득이한 경우에는 안전상의 조치를 하여야 한다.

(5) 지반 붕괴·토석 낙하에 의한 위험 방지조치

지반의 붕괴 또는 토석의 낙하에 의하여 근로자에게 위험을 미칠 우려가 있는 경우에는 다음의 조치를 하여야 한다.
① 흙막이 지보공의 설치, 방호망의 설치 및 근로자의 출입 금지 등 그 위험을 방지하기 위하여 필요한 조치
② 비가 올 경우를 대비하여 측구를 설치하거나 굴착경사면에 비닐을 덮는 등 빗물 등의 침투에 의한 붕괴재해를 예방하기 위하여 필요한 조치

(6) 붕괴·낙하에 의한 위험 방지

지반의 붕괴, 구축물의 붕괴 또는 토석의 낙하 등에 의하여 근로자가 위험해질 우려가 있는 경우 그 위험을 방지하기 위하여 다음의 조치를 하여야 한다.
① 지반은 안전한 경사로 하고 낙하의 위험이 있는 토석을 제거하거나 옹벽, 흙막이 지보공 등을 설치할 것
② 지반의 붕괴 또는 토석의 낙하 원인이 되는 빗물이나 지하수 등을 배제할 것
③ 갱내 낙반·측벽 붕괴의 위험이 있는 경우에는 지보공을 설치하고 부석을 제거하는 등 필요한 조치를 할 것

2 토석 붕괴의 위험과 안전조치

(1) 토석 붕괴의 원인

내적 원인	외적 원인
• 절토사면의 토질 · 암질 • 성토사면 토질의 구성 및 분포 • 토석의 강도 저하	• 사면, 법면의 경사 및 기울기 증가 • 절토 및 성토의 높이 증가 • 공사에 의한 진동 및 반복하중 증가 • 지표수와 지하수의 침투에 의한 토사중량 증가 • 지진, 차량, 구조물의 하중 작용 • 토사 및 암석의 혼합층 두께

(2) 토석 붕괴 위험에 대한 조치
① 붕괴 · 낙하에 의한 위험 방지조치
② 구축물 또는 이와 유사한 시설물 등의 안전 유지
③ 구축물 또는 이와 유사한 시설물의 안전성평가
④ 낙반 · 붕괴에 의한 위험 방지조치
⑤ 계측장치의 설치 등

> **토석 붕괴 시 조치사항**
> • 대피 통로 및 공간의 확보
> • 동시작업의 금지
> • 2차 재해의 방지

(3) 옹벽의 안전조건 검토사항
① 전도에 대한 안전(over turning)
② 활동에 대한 안전(sliding)
③ 지지력에 대한 안정(bearing)

3 비탈면 보호공법

(1) 비탈면의 개 · 굴착(open cut)

장 점	단 점
• 흙막이공이 필요하지 않아 공사비의 변동이 없다. • 흙막이벽이 없으므로 대형 장비로 굴착이 가능하다.	• 비탈면 설치로 구축물 주변 공간이 여유가 있어야 하므로 넓은 부지가 있어야 한다. • 비탈면 안전이 가능한 토질 조건을 갖추어야 한다. • 지하수위가 높을 경우 배수처리를 위한 별도의 시설을 설치해야 한다.

(2) 흙막이벽의 개 · 굴착
① 자립흙막이 공법 : 굴착부 주위에 흙막이벽을 타입하여 토사 붕괴를 흙막이벽 자체의 수평저항력으로 방지해 내부를 굴착하는 공법
② 버팀공법 : 굴착부 주위에 타입된 흙막이벽을 활용하여 굴착을 진행하면서 내부에 버팀대를 가설하여 흙막이벽에 가해지는 토압에 대항하도록 하여 굴착하는 공법

(3) 비탈면의 종류
① 직립사면 : 연직선으로 절취된 비탈면으로, 암반, 굳은 점토 흙에서 존재하는 사면
② 무한사면 : 일정한 경사의 비탈면이 무한히 계속되는 사면
③ 유하사면 : 활동하는 깊이가 비탈면의 높이에 비해 비교적 큰 경우의 사면

⟨비탈면 보호 · 보강 · 개량 공법의 종류⟩

비탈면 보호공법	비탈면 보강공법	비탈면 지반개량공법
• 식생공법 • 구조물에 의한 보호 (블록 및 석축 쌓기, 옹벽 설치, 콘크리트블록 격자 설치, 모르타르 및 콘크리트 뿜어 붙이기, 비탈면 록볼트 또는 돌망태 설치)	• 누름성토공법 • 옹벽공법 • 보강토공법 • 미끄럼방지말뚝공법 • 앵커공법	• 주입공법 • 이온교환공법 • 전기화학적 공법 • 시멘트 안정처리공법 • 석회 안정처리공법 • 소결공법

(4) 비탈면 붕괴 방지대책

① 경점토사면은 기울기를 느리게 한다.
② 느슨한 모래의 사면은 지반의 밀도를 크게 한다.
③ 연약한 균질의 점토사면은 배수에 의하여 전단강도를 증가시킨다.
④ 암층은 배수가 잘 되도록 하며 층이 얇을 때에는 말뚝을 박아서 정지시키도록 한다.
⑤ 모래층을 둘러싼 점토사면은 배수에 의하여 모래층의 함유 수분을 배제한다.

(5) 비탈면의 안정을 지배하는 요인

① 사면의 기울기
② 흙의 단위중량
③ 흙의 내부마찰각
④ 흙의 점착력
⑤ 성토 및 절토 높이

(6) 흙 속 전단응력 변동의 원인

흙 속의 전단응력을 증대시키는 외적 원인	흙 속의 전단응력을 감소시키는 내적 원인
• 외력의 작용(건물, 물 등) • 굴착에 의한 흙의 일부 제거 • 함수비 증가에 따른 흙의 단위체적중량 증가 • 자연 또는 인공에 의한 지하 공동의 현상 • 지진 · 폭파에 의한 진동 • 인장응력에 의한 균열의 발생 • 균열 내에 작용하는 수압	• 흡수에 의한 점토의 팽창 • 공극 수압의 작용 • 흙의 다짐이 불충분한 경우 • 수축 · 팽창 · 인장으로 인하여 발생하는 미세한 균열 • 불안정한 흙 속에 발생하는 변형과 완만하게 일어나는 붕괴 • 동상현상에 따른 융해현상 및 아이스 렌즈의 융해 • 복합재 성질의 연약화 • 느슨한 토립자의 진동

(7) 흙막이 지보공의 정기점검사항

흙막이 지보공 설치 후 다음 사항을 정기적으로 점검하고, 이상을 발견하면 즉시 보수하여야 한다.
① 부재의 손상 · 변형 · 부식 · 변위 및 탈락의 유무와 상태
② 버팀대의 긴압 정도
③ 부재의 접속부 · 부착부 및 교차부 상태
④ 침하의 정도

※ 흙막이 지보공의 조립 시 미리 조립도를 작성하여 그 조립도에 따라 조립하여야 하며, 조립도에는 흙막이판 · 말뚝 · 버팀대 및 띠장 등 부재의 배치 · 치수 · 재질 및 설치방법과 순서가 명시되어야 한다.

4 터널작업의 위험 방지

(1) 터널작업 시 안전조치 착안사항

① 지형 등의 조사
② 시공계획서의 작성
③ 가연성 가스의 농도 측정
④ 자동경보장치의 설치
⑤ 낙반 등에 의한 위험 방지
⑥ 출입구 부근 등의 지반 붕괴에 의한 위험 방지
⑦ 시계의 유지

'⑤ 낙반 등에 의한 위험 방지'를 위해 터널 지보공 및 록볼트의 설치, 부석의 제거 등 필요한 조치를 하여야 한다.
'⑥ 출입구 부근 등의 지반 붕괴에 의한 위험 방지'를 위해 흙막이 지보공이나 방호망을 설치하는 등 필요한 조치를 하여야 한다.
'⑦ 시계의 유지'를 위해 환기를 하거나 물을 뿌리는 등 필요한 조치를 하여야 한다.

(2) 터널작업 시공계획서에 포함할 내용 빈출!

① 굴착의 방법
② 터널 지보공 및 복공의 시공방법과 용수의 처리방법
③ 환기 또는 조명 시설을 설치할 때의 방법

(3) 터널작업 시 자동경보장치의 작업시작 전 점검사항 빈출!

① 계기의 이상 유무
② 검지부의 이상 유무
③ 경보장치의 작동상태

(4) 터널 지보공의 설치·조립·변경

구 분	설립·조립·변경 시 조치사항
터널 강아치 지보공	• 조립간격은 조립도에 의할 것 ※ 터널 지보공의 조립도에는 재료의 재질, 단면 규격, 설치간격 및 이음방법 등을 명시하여야 한다. • 주재가 아치 작용을 충분히 할 수 있도록 쐐기를 박는 등 필요한 조치를 할 것 • 연결볼트, 띠장 등을 사용해 주재 상호 간을 튼튼하게 연결할 것 • 터널 등의 출입구 부분에는 받침대를 설치할 것 • 낙하물이 근로자에게 위험을 미칠 우려가 있는 경우에는 널판 등을 설치할 것
터널 목재지주식 지보공	• 주기둥은 변위를 방지하기 위하여 쐐기 등을 사용하여 지반에 고정시킬 것 • 양 끝에는 받침대를 설치할 것 • 터널 등의 목재지주식 지보공에 세로 방향의 하중이 걸림으로써 넘어지거나 비틀어질 우려가 있을 때 다른 부분에도 받침대를 설치할 것 • 부재의 접속부는 꺾쇠 등으로 고정시킬 것

(5) 터널 지보공 붕괴 등의 방지를 위한 수시점검사항

① 부재의 손상·변형·부식·변위·탈락의 유무 및 상태
② 부재의 긴압 정도
③ 부재의 접속부 및 교차부의 상태
④ 기둥침하의 유무 및 상태

5 채석작업의 위험 방지

(1) 지반 붕괴 또는 토석 낙하에 의한 위험 방지조치
① 점검자를 지명하고 당일 작업시작 전에 작업장소 및 그 주변 지반의 부석과 균열의 유무와 상태, 함수·용수 및 동결상태의 변화를 점검할 것
② 점검자는 발파 후 그 발파장소와 그 주변의 부석 및 균열의 유무와 상태를 점검할 것

(2) 작업계획의 내용
① 노천 굴착과 갱내 굴착의 구별 및 채석방법
② 굴착면의 높이와 기울기
③ 굴착면 소단의 위치와 넓이
④ 갱내에서의 낙반 및 붕괴 방지방법
⑤ 발파방법
⑥ 암석의 분할방법
⑦ 암석의 가공장소
⑧ 사용하는 굴착기계·분할기계·적재기계 또는 운반기계의 종류 및 성능
⑨ 토석 또는 암석의 적재 및 운반방법과 운반경로
⑩ 표토 또는 용수의 처리방법

09 건설 가시설물의 설치기준

1 안전난간

- 안전난간의 구조 및 설치요건
① 상부난간대·중간난간대·발끝막이판 및 난간기둥으로 구성할 것. 다만, 중간난간대, 발끝막이판 및 난간기둥은 이와 비슷한 구조와 성능을 가진 것으로 대체할 수 있다.
② 상부난간대는 바닥면·발판 또는 경사로의 표면(이하 "바닥면 등")으로부터 90cm 이상 지점에 설치하고, 상부난간대를 120cm 이하에 설치하는 경우 중간난간대는 상부난간대와 바닥면 등의 중간에 설치하여야 하며, 120cm 이상 지점에 설치하는 경우에는 중간난간대를 2단 이상으로 균등하게 설치하고, 난간의 상하 간격은 60cm 이하가 되도록 할 것. 다만, 계단의 개방된 측면에 설치된 난간기둥 간의 간격이 25cm 이하인 경우에는 중간난간대를 설치하지 아니할 수 있다.
③ 발끝막이판은 바닥면 등으로부터 10cm 이상의 높이를 유지할 것. 다만, 물체가 떨어지거나 날아올 위험이 없거나 그 위험을 방지할 수 있는 망을 설치하는 등 필요한 예방조치를 한 장소는 제외한다.
④ 난간기둥은 상부난간대와 중간난간대를 견고하게 떠받칠 수 있도록 적정한 간격을 유지할 것
⑤ 상부난간대와 중간난간대는 난간 길이 전체에 걸쳐 바닥면 등과 평행을 유지할 것
⑥ 난간대는 지름 2.7cm 이상의 금속제 파이프나 그 이상의 강도가 있는 재료일 것
⑦ 안전난간은 구조적으로 가장 취약한 지점에서 가장 취약한 방향으로 작용하는 100kg 이상의 하중에 견딜 수 있는 튼튼한 구조일 것

2 작업통로

(1) 가설통로의 구조 빈출!
① 견고한 구조로 할 것
② 경사는 30° 이하로 할 것. 다만, 계단을 설치하거나 높이 2m 미만의 가설통로로서 튼튼한 손잡이를 설치한 경우에는 그러하지 아니하다.
③ 경사가 15°를 초과하는 경우에는 미끄러지지 아니하는 구조로 할 것
④ 추락할 위험이 있는 장소에는 안전난간을 설치할 것. 다만, 작업상 부득이한 경우에는 필요한 부분만 임시로 해체할 수 있다.
⑤ 수직갱에 가설된 통로의 길이가 15m 이상인 경우에는 10m 이내마다 계단참을 설치할 것
⑥ 건설공사에 사용하는 높이 8m 이상인 비계다리에는 7m 이내마다 계단참을 설치할 것

(2) 사다리식 통로의 구조 빈출!
① 견고한 구조로 할 것
② 심한 손상·부식 등이 없는 재료를 사용할 것
③ 발판의 간격은 일정하게 할 것
④ 발판과 벽과의 사이는 15cm 이상의 간격을 유지할 것
⑤ 폭은 30cm 이상으로 할 것
⑥ 사다리가 넘어지거나 미끄러지는 것을 방지하기 위한 조치를 할 것
⑦ 사다리의 상단은 걸쳐놓은 지점으로부터 60cm 이상 올라가도록 할 것
⑧ 사다리식 통로의 길이가 10m 이상인 경우에는 5m 이내마다 계단참을 설치할 것
⑨ 사다리식 통로의 기울기는 75° 이하로 할 것. 다만, 고정식 사다리식 통로의 기울기는 90° 이하로 하고, 그 높이가 7m 이상인 경우에는 바닥으로부터 높이가 2.5m 되는 지점부터 등받이울을 설치할 것
⑩ 접이식 사다리 기둥은 사용 시 접혀지거나 펼쳐지지 않도록 철물 등을 사용하여 견고하게 조치할 것

3 작업발판

- 작업발판의 구조 빈출!
① 작업발판 재료는 작업할 때의 하중을 견딜 수 있도록 견고한 것으로 할 것
② 작업발판의 폭은 40cm 이상으로 하고, 발판 재료 간의 틈은 3cm 이하로 할 것. 다만, 외줄비계의 경우에는 고용노동부장관이 별도로 정하는 기준에 따른다.
③ 선박 및 보트 건조작업의 경우 선박블록 또는 엔진실 등의 좁은 작업공간에 작업발판을 설치하기 위하여 필요하면 작업발판의 폭을 30cm 이상으로 할 수 있고, 걸침비계의 경우 강관기둥 때문에 발판 재료 간의 틈을 3cm 이하로 유지하기 곤란하면 5cm 이하로 할 수 있다. 이 경우 그 틈 사이로 물체 등이 떨어질 우려가 있는 곳에는 출입금지 등의 조치를 하여야 한다.
④ 추락의 위험이 있는 장소에는 안전난간을 설치할 것. 다만, 작업의 성질상 안전난간을 설치하는 것이 곤란한 경우, 작업의 필요상 임시로 안전난간을 해체할 때에 추락방호망을 설치하거나 근로자로 하여금 안전대를 사용하도록 하는 등 추락위험 방지조치를 한 경우에는 그러하지 아니하다.
⑤ 작업발판의 지지물은 하중에 의하여 파괴될 우려가 없는 것을 사용할 것
⑥ 작업발판 재료는 뒤집히거나 떨어지지 않도록 둘 이상의 지지물에 연결하거나 고정시킬 것
⑦ 작업발판을 작업에 따라 이동시킬 경우에는 위험 방지에 필요한 조치를 할 것

4 사다리

(1) 사다리 기둥의 구조
① 견고한 구조로 할 것
② 재료는 심한 손상·부식 등이 없는 것으로 할 것
③ 기둥과 수평면과의 각도는 75° 이하로 하고, 접이식 사다리 기둥은 철물 등을 사용하여 기둥과 수평면과의 각도가 충분히 유지되도록 할 것
④ 바닥면적은 작업을 안전하게 하기 위하여 필요한 면적이 유지되도록 할 것

(2) 고정식 사다리의 구조
① 90° 수직이 가장 적합
② 경사는 수직면에서 15°를 초과하지 말 것
③ 옥외용 사다리는 철재를 원칙으로 할 것
④ 높이 9m를 초과하는 사다리는 9m마다 계단참을 설치할 것
⑤ 사다리 저면 75cm 이내에는 장애물이 없을 것

(3) 이동식 사다리의 구조
① 견고한 구조로 할 것
② 재료는 심한 손상·부식 등이 없는 것으로 할 것
③ 폭은 30cm 이상으로 할 것
④ 다리 부분에는 미끄럼 방지장치를 설치할 것
⑤ 발판의 간격은 동일하게 할 것
⑥ 사다리의 상단은 걸쳐놓은 지점으로부터 100cm 이상 올라가도록 할 것

5 가설계단

- 가설계단의 구조
① 계단 및 계단참을 설치하는 경우 매 m²당 500kg 이상의 하중에 견딜 수 있는 강도를 가진 구조로 설치하여야 하며, 안전율은 4 이상으로 하여야 한다.
  ※ 안전율 : 안전의 정도를 표시하는 것으로서 재료의 파괴응력도와 허용응력도의 비율
② 계단을 설치하는 경우 그 폭을 1m 이상으로 하여야 한다. 다만, 급유용·보수용·비상용 계단 및 나선형 계단이거나 높이 1m 미만의 이동식 계단인 경우에는 그러하지 아니하다.
③ 높이가 3m를 초과하는 계단에 높이 3m 이내마다 너비 1.2m 이상의 계단참을 설치하여야 한다.
④ 계단을 설치하는 경우 바닥면으로부터 높이 2m 이내의 공간에 장애물이 없도록 하여야 한다. 다만, 급유용·보수용·비상용 계단 및 나선형 계단인 경우에는 그러하지 아니하다.
⑤ 높이 1m 이상인 계단의 개방된 측면에 안전난간을 설치하여야 한다.

6 가설도로

- 가설도로의 구조
① 도로는 장비 및 차량이 안전하게 운행할 수 있도록 견고하게 설치할 것
② 도로와 작업장이 접해 있을 경우에는 방책 등을 설치할 것
③ 도로는 배수를 위해 경사지게 설치하거나 배수시설을 설치할 것
④ 차량의 속도제한표지를 부착할 것

7 거푸집과 거푸집 동바리

(1) 거푸집의 조건
① 형상치수가 정확하고 수밀성이 있어야 한다.
② 각종 외력에 대하여 충분한 강도가 있어야 한다.
③ 조립·해체·운반이 용이해야 한다.
④ 반복 사용이 가능해야 한다.

(2) 작업발판 일체형 거푸집의 종류 [빈출]
① 갱 폼(gang form)
② 슬립 폼(slip form)
③ 클라이밍 폼(climbing form)
④ 터널 라이닝 폼(tunnel lining form)
⑤ 그 밖에 거푸집과 작업발판이 일체로 제작된 거푸집 등

> **합판 거푸집의 장점**
> - 가볍다.
> - 외부온도의 영향이 적다.
> - 보수가 간단하다.
> - 부식의 우려가 없고 보관이 쉽다.

(3) 거푸집의 조립 및 해체 순서
① 거푸집의 조립 순서
   기둥 → 보받이 내력벽 → 큰 보 → 작은 보 → 바닥 → 내벽 → 외벽
② 거푸집 철거 시 지주(받침기둥) 바꿔 세우기
   ㉠ 지주 바꿔 세우기는 하지 않는 것이 원칙이지만, 필요 시 담당원의 승인을 받는다.
   ㉡ 지주 바꿔 세우기 순서 : 큰 보 → 작은 보 → 바닥판
③ 거푸집의 해체 순서
   ㉠ 기온이 높을 때는 낮을 때보다 먼저 해체
   ㉡ 조강시멘트를 사용할 때는 보통시멘트를 사용할 때보다 먼저 해체
   ㉢ 보와 기둥에서는 기둥(수직부재)을 먼저 해체
   ㉣ 작은 빔을 사용할 때는 큰 빔을 사용할 때보다 먼저 해체

(4) 거푸집의 하중 [빈출]

연직하중		수평하중	
• 고정하중	• 적재하중	• 측압	• 풍하중
• 작업하중	• 충격하중	• 지진하중	

(5) 거푸집의 존치기간 [빈출]   개정/2022

〈콘크리트의 압축강도를 시험하지 않을 경우 거푸집널의 해체시기(기초, 보, 기둥 및 벽의 측면)〉

시멘트 종류 평균기온	조강포틀랜드 시멘트	보통포틀랜드시멘트, 고로슬래그시멘트(1종), 포틀랜드포졸란시멘트(1종), 플라이애시시멘트(1종)	고로슬래그시멘트(2종), 포틀랜드포졸란시멘트(2종), 플라이애시시멘트(2종)
20℃ 이상	2일	4일	5일
10℃ 이상 20℃ 미만	3일	6일	8일

〈콘크리트의 압축강도를 시험할 경우 거푸집널의 해체시기〉

부 재		콘크리트 압축강도
기초, 보, 기둥 및 벽의 측면(수직재)		5MPa 이상(내구성이 중요한 구조물의 경우 10MPa 이상)
슬래브 및 보의 밑면, 아치 내면(수평재)	단층 구조인 경우	• 설계기준 압축강도의 $\frac{2}{3}$배 이상 • 또한 최소강도 14MPa 이상
	다층 구조인 경우	• 설계기준 압축강도 이상 • 또한 최소강도 14MPa 이상

(6) 거푸집의 측압에 영향을 미치는 요인 빈출!

측압에 영향을 미치는 요인	측압이 커지는 조건
거푸집의 강성	강성이 클수록
거푸집의 수평단면과 벽 두께	단면과 벽 두께가 클수록
거푸집의 수밀성	수밀성이 클수록
거푸집의 표면	표면이 매끄러울수록
철근 또는 철골의 양	철근 또는 철골의 양이 적을수록
콘크리트의 비중	비중이 클수록
콘크리트의 온도와 기온	온도가 낮을수록
대기 중 습도	습도가 높을수록
투수성	투수성이 낮을수록
물 · 시멘트비	물 · 시멘트비가 클수록(묽은 콘크리트일수록)
슬럼프(값)	슬럼프(값)가 클수록
다짐(다지기)	콘크리트 다짐이 과할수록(진동기의 사용)
타설속도(치어붓기속도)	타설속도가 빠를수록
타설높이	타설높이가 높을수록
콘크리트의 배합	부배합일수록

(7) 거푸집 및 동바리의 조립도

거푸집 및 동바리의 조립도에는 거푸집 및 동바리를 구성하는 부재의 재질·단면규격·설치간격 및 이음방법 등을 명시해야 한다.

(8) 동바리 조립 시 준수사항 빈출!

① 받침목이나 깔판의 사용, 콘크리트 타설, 말뚝박기 등 동바리의 침하를 방지하기 위한 조치를 할 것
② 동바리의 상하 고정 및 미끄러짐 방지 조치를 할 것
③ 상부·하부의 동바리가 동일 수직선상에 위치하도록 하여 깔판·받침목에 고정시킬 것
④ 개구부 상부에 동바리를 설치하는 경우에는 상부하중을 견딜 수 있는 견고한 받침대를 설치할 것

⑤ U헤드 등의 단판이 없는 동바리의 상단에 멍에 등을 올릴 경우에는 해당 상단에 U헤드 등의 단판을 설치하고, 멍에 등이 전도되거나 이탈되지 않도록 고정시킬 것
⑥ 동바리의 이음은 같은 품질의 재료를 사용할 것
⑦ 강재의 접속부 및 교차부는 볼트·클램프 등 전용철물을 사용하여 단단히 연결할 것
⑧ 거푸집의 형상에 따른 부득이한 경우를 제외하고는 깔판이나 받침목은 2단 이상 끼우지 않도록 할 것
⑨ 깔판이나 받침목을 이어서 사용하는 경우에는 그 깔판·받침목을 단단히 연결할 것

(9) 동바리 유형에 따른 동바리 조립 시 준수사항
① 동바리로 사용하는 파이프 서포트의 경우
  ㉠ 파이프 서포트를 3개 이상 이어서 사용하지 않도록 할 것
  ㉡ 파이프 서포트를 이어서 사용하는 경우에는 4개 이상의 볼트 또는 전용철물을 사용하여 이을 것
  ㉢ 높이가 3.5m를 초과하는 경우에는 높이 2m 이내마다 수평연결재를 2개 방향으로 만들고 수평연결재의 변위를 방지할 것
② 동바리로 사용하는 강관틀의 경우
  ㉠ 강관틀과 강관틀 사이에 교차가새를 설치할 것
  ㉡ 최상단 및 5단 이내마다 동바리의 측면과 틀면의 방향 및 교차가새의 방향에서 5개 이내마다 수평연결재를 설치하고 수평연결재의 변위를 방지할 것
  ㉢ 최상단 및 5단 이내마다 동바리의 틀면의 방향에서 양단 및 5개틀 이내마다 교차가새의 방향으로 띠장틀을 설치할 것
③ 동바리로 사용하는 조립강주의 경우 : 조립강주의 높이가 4m를 초과하는 경우에는 높이 4m 이내마다 수평연결재를 2개 방향으로 설치하고 수평연결재의 변위를 방지할 것
④ 시스템 동바리(규격화·부품화된 수직재, 수평재 및 가새재 등의 부재를 현장에서 조립하여 거푸집을 지지하는 지주 형식의 동바리)의 경우
  ㉠ 수평재는 수직재와 직각으로 설치해야 하며, 흔들리지 않도록 견고하게 설치할 것
  ㉡ 연결철물을 사용하여 수직재를 견고하게 연결하고, 연결부위가 탈락 또는 꺾어지지 않도록 할 것
  ㉢ 수직 및 수평하중에 대해 동바리의 구조적 안정성이 확보되도록 조립도에 따라 수직재 및 수평재에는 가새재를 견고하게 설치할 것
  ㉣ 동바리 최상단과 최하단의 수직재와 받침철물은 서로 밀착되도록 설치하고 수직재와 받침철물의 연결부의 겹침길이는 받침철물 전체길이의 3분의 1 이상 되도록 할 것
⑤ 보 형식의 동바리[강제 갑판(steel deck), 철재트러스 조립 보 등 수평으로 설치하여 거푸집을 지지하는 동바리]의 경우
  ㉠ 접합부는 충분한 걸침 길이를 확보하고 못, 용접 등으로 양끝을 지지물에 고정시켜 미끄러짐 및 탈락을 방지할 것
  ㉡ 양끝에 설치된 보 거푸집을 지지하는 동바리 사이에는 수평연결재를 설치하거나 동바리를 추가로 설치하는 등 보 거푸집이 옆으로 넘어지지 않도록 견고하게 할 것
  ㉢ 설계도면, 시방서 등 설계도서를 준수하여 설치할 것

8 비계

(1) 달비계 또는 5m 이상의 비계 조립·해체 및 변경 작업 시 준수사항
① 관리감독자의 지휘하에 작업하도록 할 것
② 조립·해체 또는 변경의 시기·범위 및 절차를 그 작업에 종사하는 근로자에게 주지시킬 것
③ 조립·해체 또는 변경 작업구역 내에는 해당 작업에 종사하는 근로자 외의 자의 출입을 금지시키고 그 내용을 보기 쉬운 장소에 게시할 것
④ 비·눈 그 밖의 기상 상태의 불안정으로 인하여 날씨가 몹시 나쁠 때에는 작업을 중지시킬 것
⑤ 비계 재료의 연결·해체 작업을 할 때 폭 20cm 이상의 발판을 설치하고 근로자로 하여금 안전대를 사용하는 등 근로자의 추락 방지를 위한 조치를 할 것
⑥ 재료·기구 또는 공구 등을 올리거나 내릴 때에는 달줄 또는 달포대 등을 사용하게 할 것

(2) 비계의 점검·보수(기상악화 등으로 작업 중지 후 등) 빈출!
① 발판 재료의 손상 여부 및 부착 또는 걸림 상태
② 해당 비계의 연결부 또는 접속부의 풀림 상태
③ 연결재료 및 연결철물의 손상 또는 부식 상태
④ 손잡이의 탈락 여부
⑤ 기둥의 침하·변형·변위 또는 흔들림 상태
⑥ 로프의 부착 상태 및 매단 장치의 흔들림 상태

비계의 구비요건
- 안전성
- 작업성
- 경제성

(3) 통나무비계 조립 시 준수사항
① 비계기둥의 간격은 2.5m 이하로 하고 지상으로부터 첫 번째 띠장은 3m 이하의 위치에 설치할 것. 다만, 작업의 성질상 이를 준수하기 곤란하여 쌍기둥 등에 의하여 해당 부분을 보강한 경우에는 그러하지 아니하다.
② 비계기둥이 미끄러지거나 침하하는 것을 방지하기 위하여 비계기둥의 하단부를 묻고, 밑둥잡이를 설치하거나 깔판을 사용하는 등의 조치를 할 것
③ 비계기둥의 이음이 겹침이음인 경우에는 이음 부분에서 1m 이상을 서로 겹쳐서 두 군데 이상을 묶고, 비계기둥의 이음이 맞댄이음인 경우에는 비계기둥을 쌍기둥틀로 하거나 1.8m 이상의 덧댐목을 사용하여 네 군데 이상을 묶을 것
④ 비계기둥·띠장·장선 등의 접속부 및 교차부는 철선이나 그 밖의 튼튼한 재료로 견고하게 묶을 것
⑤ 교차가새로 보강할 것
⑥ 외줄비계·쌍줄비계 또는 돌출비계에 대해서는 다음에 따른 벽이음 및 버팀을 설치할 것. 다만, 창틀의 부착 또는 벽면의 완성 등의 작업을 위하여 벽이음 또는 버팀을 제거하는 경우, 그 밖에 작업의 필요상 부득이한 경우로서 해당 벽이음 또는 버팀 대신 비계기둥 또는 띠장에 사재를 설치하는 등 비계의 도괴 방지를 위한 조치를 한 경우에는 그러하지 아니하다.
  ㉠ 간격은 수직방향에서 5.5m 이하, 수평방향에서는 7.5m 이하로 할 것
  ㉡ 강관·통나무 등의 재료를 사용하여 견고한 것으로 할 것
  ㉢ 인장재와 압축재로 구성되어 있는 경우에는 인장재와 압축재의 간격은 1m 이내로 할 것
⑦ 통나무비계는 지상높이 4층 이하 또는 12m 이하인 건축물·공작물 등의 건조·해체 및 조립 등의 작업에만 사용할 수 있다.

(4) 강관비계 조립 시 준수사항

① 비계기둥에는 미끄러지거나 침하하는 것을 방지하기 위해 밑받침철물을 사용하거나 깔판·깔목 등을 사용하여 밑둥잡이를 설치하는 등의 조치를 할 것
② 강관의 접속부 또는 교차부는 적합한 부속철물을 사용해 접속하거나 단단히 묶을 것
③ 교차가새로 보강할 것
④ 외줄비계·쌍줄비계 또는 돌출비계에 대해서는 다음에서 정하는 바에 따라 벽이음 및 버팀을 설치할 것
  ㉠ 강관비계의 조립간격은 다음 〈표〉의 기준에 적합할 것

〈강관비계의 조립간격〉

강관비계의 종류	조립간격	
	수직방향	수평방향
단관비계	5m	5m
틀비계(높이가 5m 미만의 것은 제외)	6m	8m

  ㉡ 강관·통나무 등의 재료를 사용하여 견고한 것으로 할 것
  ㉢ 인장재와 압축재로 구성되어 있는 때는 인장재와 압축재의 간격을 1m 이내로 할 것
⑤ 가공전로에 근접하여 비계를 설치하는 경우에는 가공전로를 이설하거나 가공전로에 절연용 방호구를 장착하는 등 가공전로와의 접촉을 방지하기 위한 조치를 할 것

(5) 강관비계의 구조(강관을 사용하여 비계를 구성하는 경우 준수사항)

① 비계기둥의 간격은 띠장 방향에서는 1.85m 이하, 장선 방향에서는 1.5m 이하로 할 것. 다만, 선박 및 보트 건조작업의 경우 안전성에 대한 구조 검토를 실시하고 조립도를 작성하면 띠장 방향 및 장선 방향으로 각각 2.7m 이하로 할 수 있다.
② 띠장 간격은 2m 이하로 할 것. 다만, 작업의 성질상 이를 준수하기가 곤란하여 쌍기둥틀 등에 의하여 해당 부분을 보강한 경우에는 그러하지 아니하다.
③ 비계기둥의 제일 윗부분으로부터 31m 되는 지점 밑부분의 비계기둥은 2개의 강관으로 묶어 세울 것. 다만, 브래킷(bracket, 까치발) 등으로 보강하여 2개의 강관으로 묶을 경우 이상의 강도가 유지되는 경우에는 그러하지 아니하다.
④ 비계기둥 간의 적재하중은 400kg을 초과하지 않도록 할 것

(6) 강관틀비계 조립 시 준수사항

① 비계기둥의 밑둥에는 밑받침철물을 사용해야 하며 밑받침에 고저차가 있는 경우에는 조절형 밑받침철물을 사용해 각각의 강관틀비계가 항상 수평 및 수직을 유지하도록 할 것
② 높이가 20m를 초과하거나 중량물의 적재를 수반하는 작업을 할 경우에는 주틀 간의 간격을 1.8m 이하로 할 것
③ 주틀 간에 교차가새를 설치하고 최상층 및 5층 이내마다 수평재를 설치할 것
④ 수직 방향으로 6m, 수평 방향으로 8m 이내마다 벽이음을 할 것
⑤ 길이가 띠장 방향으로 4m 이하이고 높이가 10m를 초과하는 경우에는 10m 이내마다 띠장 방향으로 버팀기둥을 설치할 것

(7) 달비계 조립 시 준수사항 빈출!

① '와이어로프 사용제한'에 속하는 것은 사용 금지
② '달기체인 사용제한'에 속하는 것은 사용 금지
③ '섬유로프 또는 섬유벨트 사용제한'에 속하는 것은 사용 금지
④ 달기강선 및 달기강대는 심하게 손상·변형 또는 부식된 것을 사용하지 않도록 할 것
⑤ 달기와이어로프, 달기체인, 달기강선, 달기강대 또는 달기섬유로프는 한쪽 끝을 비계의 보 등에, 다른 쪽 끝을 내민 보, 앵커볼트 또는 건축물의 보 등에 각각 풀리지 않도록 설치할 것
⑥ 작업발판은 폭 40cm 이상으로 하고 틈새가 없도록 할 것
⑦ 작업발판의 재료는 뒤집히거나 떨어지지 않도록 비계의 보 등에 연결하거나 고정시킬 것
⑧ 비계가 흔들리거나 뒤집히는 것을 방지하기 위하여 비계의 보·작업발판 등에 버팀을 설치하는 등 필요한 조치를 할 것
⑨ 선반비계에서는 보의 접속부 및 교차부를 철선·이음철물 등을 사용하여 확실하게 접속시키거나 단단하게 연결시킬 것
⑩ 근로자의 추락 위험을 방지하기 위하여 달비계에 안전대 및 구명줄을 설치하고, 안전난간을 설치할 수 있는 구조인 경우에는 안전난간을 설치할 것

(8) 달비계의 최대적재하중을 정하는 경우 안전계수

구 분	안전계수
달기와이어로프 및 달기강선	10 이상
달기체인 및 달기훅	5 이상
달기강대와 달비계의 하부 및 상부 지점	• 강재 : 2.5 이상 • 목재 : 5 이상

(9) 달대비계 조립 시 준수사항

① 달대비계를 매다는 철선은 소성 철선을 사용하며, 4가닥 정도로 꼬아서 하중에 대한 안전계수가 8 이상 확보되어야 할 것
② 철근을 사용할 때에는 19mm 이상을 쓰며 근로자는 반드시 안전모와 안전대를 착용할 것
③ 높은 디딤판 등의 사용 금지

(10) 걸침비계(선박 및 보트 건조작업에 사용)의 구조

① 지지점이 되는 매달림부재의 고정부는 구조물로부터 이탈되지 않도록 견고히 고정할 것
② 비계 재료 간에는 서로 움직임, 뒤집힘 등이 없어야 하고, 재료가 분리되지 않도록 철물 또는 철선으로 충분히 결속할 것. 다만, 작업발판 밑부분에 띠장 및 장선으로 사용되는 수평부재 간의 결속은 철선을 사용하지 않을 것
③ 매달림부재의 안전율은 4 이상일 것
④ 작업발판에는 구조 검토에 따라 설계한 최대적재하중을 초과하여 적재하여서는 아니 되며, 그 작업에 종사하는 근로자에게 최대적재하중을 충분히 알릴 것

(11) 말비계 조립 시 준수사항 빈출!

① 지주부재의 하단에는 미끄럼 방지장치를 하고, 양측 끝부분에 올라서서 작업하지 않도록 할 것
② 지주부재와 수평면과의 기울기를 75° 이하로 하고, 지주부재와 지주부재 사이를 고정시키는 보조부재를 설치할 것
③ 말비계의 높이가 2m 초과 시 작업발판의 폭을 40cm 이상으로 할 것

(12) 이동식 비계 조립 시 준수사항 빈출!

① 이동식 비계의 바퀴에는 뜻밖의 갑작스러운 이동 또는 전도를 방지하기 위하여 브레이크·쐐기 등으로 바퀴를 고정시킨 다음 비계의 일부를 견고한 시설물에 고정하거나 아우트리거(outrigger, 전도 방지용 지지대)를 설치하는 등 필요한 조치를 할 것
② 승강용 사다리는 견고하게 설치할 것
③ 비계의 최상부에서 작업을 하는 경우에는 안전난간을 설치할 것
④ 작업발판은 항상 수평을 유지하고 작업발판 위에서 안전난간을 딛고 작업을 하거나 받침대 또는 사다리를 사용하여 작업하지 않도록 할 것
⑤ 작업발판의 최대적재하중은 250kg을 초과하지 않도록 할 것

(13) 이동식 비계 작업 시 준수사항

① 관리감독자의 지휘하에 작업을 행하여야 한다.
② 비계의 최대높이는 밑변 최소폭의 4배 이하이어야 한다.
③ 작업대의 발판은 전면에 걸쳐 빈틈없이 깔아야 한다.
④ 비계의 일부를 건물에 체결하여 이동, 전도 등을 방지하여야 한다.
⑤ 승강용 사다리는 견고하게 부착하여야 한다.
⑥ 최대적재하중을 표시하여야 한다.
⑦ 부재의 접속부, 교차부는 확실하게 연결하여야 한다.
⑧ 작업대에는 표준안전난간을 설치하여야 한다.
⑨ 낙하물방지설비를 설치하여야 한다.
⑩ 이동할 때에는 작업원이 없는 상태여야 한다.
⑪ 재료·공구의 오르내리기에는 포대, 로프 등을 이용하여야 한다.
⑫ 작업장 부근에 고압선 등이 있는가를 확인하고 적절한 방호조치를 취하여야 한다.
⑬ 상하에서 동시에 작업을 할 때에는 충분한 연락을 취하면서 작업을 하여야 한다.

(14) 시스템비계를 사용하여 비계 구성 시 준수사항 빈출!

① 수직재·수평재·가새재를 견고하게 연결하는 구조가 되도록 할 것
② 비계 밑단의 수직재와 받침철물은 밀착되도록 설치하고, 수직재와 받침철물의 연결부의 겹침길이는 받침철물 전체 길이의 3분의 1 이상이 되도록 할 것
③ 수평재는 수직재와 직각으로 설치하여야 하며, 체결 후 흔들림이 없도록 견고하게 설치할 것
④ 수직재와 수직재의 연결철물은 이탈되지 않도록 견고한 구조로 할 것
⑤ 벽 연결재의 설치간격은 제조사가 정한 기준에 따라 설치할 것

⑮ 시스템비계 조립 시 준수사항
　① 비계기둥의 밑둥에는 밑받침철물을 사용하여야 하며, 밑받침에 고저차가 있는 경우에는 조절형 밑받침철물을 사용하여 시스템비계가 항상 수평 및 수직을 유지하도록 할 것
　② 경사진 바닥에 설치하는 경우에는 피벗형 받침철물 또는 쐐기 등을 사용하여 밑받침철물의 바닥면이 수평을 유지하도록 할 것
　③ 가공전로에 근접하여 비계를 설치하는 경우에는 가공전로를 이설하거나 가공전로에 절연용 방호구를 설치하는 등 가공전로와의 접촉을 방지하기 위하여 필요한 조치를 할 것
　④ 비계 내에서 근로자가 상하 또는 좌우로 이동하는 경우에는 반드시 지정된 통로를 이용하도록 주지시킬 것
　⑤ 비계 작업 근로자는 같은 수직면상 위와 아래의 동시작업을 금지할 것
　⑥ 작업발판에는 제조사가 정한 최대적재하중을 초과하여 적재해서는 아니 되며, 최대적재하중이 표기된 표지판을 부착하고 근로자에게 주지시키도록 할 것

10 건설 구조물 공사 안전

1 콘크리트 공사

(1) 콘크리트 타설작업 시 준수사항 [빈출]
　① 당일의 작업을 시작하기 전에 해당 작업에 관한 거푸집 동바리 등의 변형·변위 및 지반의 침하 유무 등을 점검하고 이상이 있으면 보수할 것
　② 작업 중에는 거푸집 동바리 등의 변형·변위 및 침하 유무 등을 감시할 수 있는 감시자를 배치하여 이상이 있으면 작업을 중지하고 근로자를 대피시킬 것
　③ 콘크리트 타설작업 시 거푸집 붕괴의 위험이 발생할 우려가 있으면 충분한 보강조치를 할 것
　④ 설계도서상의 콘크리트 양생기간을 준수하여 거푸집 동바리 등을 해체할 것
　⑤ 콘크리트를 타설하는 경우에는 편심이 발생하지 않도록 골고루 분산하여 타설할 것

(2) 콘크리트 펌프 또는 콘크리트 펌프카 사용 시 준수사항 [빈출]
　① 작업을 시작하기 전에 콘크리트 펌프용 비계를 점검하고 이상을 발견하였으면 즉시 보수할 것
　② 건축물의 난간 등에서 작업하는 근로자가 호스의 요동·선회로 인하여 추락하는 위험을 방지하기 위하여 안전난간 설치 등 필요한 조치를 할 것
　③ 콘크리트 펌프카의 붐을 조정하는 경우에는 주변의 전선 등에 의한 위험을 예방하기 위한 적절한 조치를 할 것
　④ 작업 중에 지반의 침하, 아우트리거의 손상 등에 의하여 콘크리트 펌프카가 넘어질 우려가 있는 경우에는 이를 방지하기 위한 적절한 조치를 할 것

2 철골작업

(1) 철골작업의 제한 빈출!

다음의 어느 하나에 해당하는 경우에는 철골작업을 중지하여야 한다.
① 풍속이 초당 10m 이상인 경우
② 강우량이 시간당 1mm 이상인 경우
③ 강설량이 시간당 1cm 이상인 경우

(2) 철골의 자립도 검토대상 빈출!
(풍압 등 외압에 대한 내력 확인사항)
① 높이 20m 이상의 구조물
② 구조물의 폭과 높이의 비가 1 : 4 이상인 구조물
③ 단면 구조에 현저한 차이가 나는 구조물
④ 연면적당 철골량이 50kg/m² 이하인 구조물
⑤ 기둥이 타이 플레이트(tie plate)형인 구조물
⑥ 이음부가 현장용접인 구조물

3 해체작업

(1) 해체작업계획서의 내용 빈출!
① 해체의 방법 및 해체순서 도면
② 가설설비·방호설비·환기설비 및 살수·방화설비 등의 방법
③ 사업장 내 연락방법
④ 해체물의 처분계획
⑤ 해체작업용 기계·기구 등의 작업계획서
⑥ 해체작업용 화약류의 사용계획서
⑦ 그 밖에 안전·보건에 관련된 사항

(2) 해체작업 시 지주를 바꿔 세울 때의 주의사항
① 바꿔 세운 지주는 큰 보, 작은 보, 바닥판의 순으로 한다.
② 바꿔 세운 지주는 쐐기 등으로 전 지주와 동등의 지지력이 작용하도록 한다.
③ 상부에 30cm 이상의 두꺼운 머리받침을 댄다.

4 잠함 내 작업

(1) 잠함 등 내부에서의 굴착작업 시 준수사항 빈출!

잠함, 우물통, 수직갱, 그 밖에 이와 유사한 건설물 또는 설비(이하 "잠함 등")의 내부에서 굴착작업을 하는 경우에 다음의 사항을 준수하여야 한다.
① 산소결핍의 우려가 있는 때에는 산소의 농도를 측정하는 자를 지명하여 측정하도록 할 것
② 근로자가 안전하게 오르내리기 위한 설비를 설치할 것
③ 굴착깊이가 20m를 초과하는 경우에는 해당 작업장소와 외부와의 연락을 위한 통신설비 등을 설치할 것
④ 산소결핍이 인정되거나 굴착깊이가 20m를 초과하는 경우에는 송기를 위한 설비를 설치하여 필요한 양의 공기를 공급할 것

(2) 급격한 침하로 인한 위험 방지 빈출!

잠함 또는 우물통의 내부에서 근로자가 굴착작업을 하는 경우에 잠함 또는 우물통의 급격한 침하에 의한 위험을 방지하기 위하여 다음의 사항을 준수하여야 한다.
① 침하관계도에 따라 굴착방법 및 재하량 등을 정할 것
② 바닥으로부터 천장 또는 보까지의 높이는 1.8m 이상으로 할 것

(3) 잠함 등 작업의 금지 빈출!

다음의 어느 하나에 해당하는 경우에 잠함 등의 내부에서 굴착작업을 하도록 해서는 아니 된다.
① 안전하게 오르내리기 위한 설비, 작업장소와 외부와의 연락을 위한 통신설비, 송기를 위한 설비에 고장이 있는 경우
② 잠함 등의 내부에 많은 양의 물 등이 스며들 우려가 있는 경우

5 하역작업

(1) 하역작업장의 조치기준
① 작업장 및 통로의 위험한 부분에는 안전하게 작업할 수 있는 조명을 유지할 것
② 부두 또는 안벽의 선을 따라 통로를 설치하는 경우에는 폭을 90cm 이상으로 할 것
③ 육상에서의 통로 및 작업장소로서 다리 또는 선거 갑문을 넘는 보도 등의 위험한 부분에는 안전난간 또는 울타리 등을 설치할 것

(2) 하적단의 간격
바닥으로부터의 높이가 2m 이상 되는 하적단(포대·가마니 등으로 포장된 화물이 쌓여 있는 것만 해당)과 인접 하적단 사이의 간격을 하적단의 밑부분을 기준하여 10cm 이상으로 하여야 한다.

(3) 화물 적재 시 준수사항 빈출!
① 침하 우려가 없는 튼튼한 기반 위에 적재할 것
② 건물의 칸막이나 벽 등이 화물의 압력에 견딜 만큼의 강도를 지니지 아니한 경우에는 칸막이나 벽에 기대어 적재하지 않도록 할 것
③ 불안정할 정도로 높이 쌓아 올리지 말 것
④ 하중이 한쪽으로 치우치지 않도록 쌓을 것

(4) 항만 하역작업의 안전
① **통행설비의 설치**
갑판의 윗면에서 선창 밑바닥까지의 깊이가 1.5m를 초과하는 선창의 내부에서 화물 취급작업을 하는 경우에 그 작업에 종사하는 근로자가 안전하게 통행할 수 있는 설비를 설치하여야 한다.
② **선박승강설비의 설치** 빈출!
㉠ 300톤급 이상의 선박에서 하역작업을 하는 경우에 근로자들이 안전하게 오르내릴 수 있는 현문사다리를 설치하여야 하며, 이 사다리 밑에 안전망을 설치하여야 한다.
㉡ 현문사다리는 견고한 재료로 제작된 것으로 너비는 55cm 이상이어야 하고, 양측에 82cm 이상의 높이로 울타리를 설치하여야 하며, 바닥은 미끄러지지 않도록 적합한 재질로 처리되어야 한다.
㉢ 현문사다리는 근로자의 통행에만 사용하여야 하며, 화물용 발판 또는 화물용 보판으로 사용하도록 해서는 아니 된다.

6 발파작업·벌목작업

(1) 발파작업 시 준수사항

① 얼어붙은 다이너마이트는 화기에 접근시키거나 그 밖의 고열물에 직접 접촉시키는 등 위험한 방법으로 융해되지 않도록 할 것
② 화약이나 폭약을 장전하는 경우에는 그 부근에서 화기를 사용하거나 흡연을 하지 않도록 할 것
③ 장전구는 마찰·충격·정전기 등에 의한 폭발의 위험이 없는 안전한 것을 사용할 것
④ 발파공의 충진재료는 점토·모래 등 발화성 또는 인화성의 위험이 없는 재료를 사용할 것
⑤ 점화 후 장전된 화약류가 폭발하지 아니한 경우 또는 장전된 화약류의 폭발 여부를 확인하기 곤란한 경우에는 다음의 사항을 따를 것
　㉠ 전기뇌관에 의한 경우에는 발파모선을 점화기에서 떼어 그 끝을 단락시켜 놓는 등 재점화되지 않도록 조치하고, 그때부터 5분 이상 경과한 후가 아니면 화약류의 장전장소에 접근시키지 않도록 할 것
　㉡ 전기뇌관 외의 것에 의한 경우에는 점화한 때부터 15분 이상 경과한 후가 아니면 화약류의 장전장소에 접근시키지 않도록 할 것
⑥ 전기뇌관에 의한 발파의 경우 점화하기 전에 화약류를 장전한 장소로부터 30m 이상 떨어진 안전한 장소에서 전선에 대하여 저항 측정 및 도통시험을 할 것

(2) 벌목작업 시 준수사항

① 벌목하려는 경우에는 미리 대피로 및 대피장소를 정해 둘 것
② 벌목하려는 나무의 가슴높이 지름이 40cm 이상인 경우에는 뿌리 부분 지름의 4분의 1 이상 깊이의 수구를 만들 것

제5과목 건설공사 안전관리 개념 Plus⁺

1. 차량계 건설기계의 넘어짐(전도)·굴러떨어짐(전락) 등에 의한 위험 방지 조치사항에는 갓길의 붕괴 방지, 지반의 부동침하 방지, 유도자 배치, 그리고 (　　　)가 있다.

2. 차량계 건설기계 작업 시 작업계획서에 포함되어야 할 사항은 사용하는 차량계 건설기계의 (　　　) 및 (　　　), 차량계 건설기계의 운행경로, 차량계 건설기계에 의한 작업방법이다.

3. 비계 재료의 연결·해체 작업을 하는 경우에는 폭 (　　)cm 이상의 발판을 설치하고, 근로자로 하여금 안전대를 사용하도록 하는 등 추락을 방지하기 위한 조치를 하며, 말비계의 높이가 2m를 초과하는 경우에는 작업발판의 폭을 (　　)cm 이상으로 한다.

4. 가설통로를 설치하는 경우 경사는 최대 (　　) 이하로 하여야 하고, 건설공사에서 사용하는 높이 8m 이상인 비계다리에는 (　　) 이내마다 계단참을 설치한다.

5. 동바리로 사용하는 파이프 서포트는 (　　)개 이상 이어서 사용하지 않고, 파이프 서포트를 이어서 사용하는 경우에는 (　　)개 이상의 볼트 또는 전용철물을 사용하여 이어야 하며, 파이프 서포트의 높이가 (　　)m를 초과하는 경우에는 높이 (　　)m 이내마다 수평 연결재를 2개 방향으로 만들고 수평 연결재의 변위를 방지한다.

6. 강풍 시 타워크레인의 운전작업에서 순간풍속이 초당 (　　)를 초과할 때는 운전작업을 중지해야 하며, 순간풍속이 초당 (　　)를 초과할 때는 설치·수리·점검 또는 해체 작업을 중지해야 한다.

7. 철골작업 시 작업을 중지하는 경우는 풍속이 초당 (　　) 이상인 경우, 강설량이 시간당 (　　) 이상인 경우, 강우량이 시간당 (　　) 이상인 경우이다.

8. 터널 작업에 있어서 자동경보장치가 설치된 경우에 이 자동경보장치에 대하여 당일의 작업시작 전 점검하여야 할 사항은 (　　)의 이상 유무, (　　)의 이상 유무, (　　)의 작동상태이다.

9. (　　)이란 물이 결빙되는 위치로 지속적으로 유입되는 조건에서 온도가 하강함에 따라 토중수가 얼어 생성된 결빙 크기가 계속 커져 지표면이 부풀어 오른 현상을 말한다.

10. (　　)란 훅걸이용 와이어로프 등이 훅으로부터 벗겨지는 것을 방지하기 위한 장치이다.

11. (　　)는 철륜 표면에 다수의 돌기를 붙여 접지 면적을 작게 하여 접지압을 증가시킨 롤러로서, 고함수비 점성토 지반의 다짐 작업에 적합한 롤러이다.

12 토질시험 중 액체 상태의 흙이 건조되어 가면서 액성, 소성, 반고체, 고체 상태의 경계선과 관련된 시험은 (   )시험이다.

13 비계의 벽이음 간격은 아래와 같다.

비계의 종류	조립간격	
	수직방향	수평방향
단관비계	5m	( )m
틀비계 (높이 5m 미만의 것 제외)	( )m	8m
통나무비계	5.5m	( )m

14 굴착면의 기울기 기준은 아래와 같다.

지반의 종류	기울기
모래	( )
연암 및 풍화암	1 : 1.0
경암	( )
그 밖의 흙	1 : 1.2

15 방망의 인장강도 기준은 다음과 같다.

구분	그물코의 크기	매듭 없는 방망의 인장강도	매듭 방망의 인장강도
신품	10cm	( )kg	200kg
	5cm	–	( )kg
폐기 시	10cm	( )kg	135kg
	5cm	–	60kg

정답 1 도로의 폭 유지 2 종류, 능력 3 20, 40 4 30°, 7m 5 3, 4, 3.5, 2 6 15m, 10m
7 10m, 1cm, 1mm 8 계기, 검지부, 경보장치 9 동상 10 해지장치 11 탬핑롤러
12 아터버그 한계 13 5, 6, 7.5 14 1 : 1.8, 1 : 0.5 15 240, 110, 150

제 2 편 과년도 기출문제

≫ 최근 건설안전기사 필기 기출문제 수록

ENGINEER
CONSTRUCTION
SAFETY

건설안전기사 기출문제집
제2편 과년도 기출문제

제1회 건설안전기사 2021

2021. 3. 7. 시행

※ 2026년부터 기존 1·2과목(40문항)이 1과목(20문항)으로 통합하여 시행됩니다.

≫ 제1과목 산업안전관리론

01 산업안전보건법령상 안전보건표지의 색채와 색도기준의 연결이 옳은 것은? (단, 색도기준은 한국산업표준(KS)에 따른 색의 3속성에 의한 표시방법에 따른다.)

① 흰색 : N 0.5
② 녹색 : 5G 5.5/6
③ 빨간색 : 5R 4/12
④ 파란색 : 2.5PB 4/10

[해설] 안전보건표지의 색도기준 및 용도

색 채	색도기준	용 도	사용 예
빨간색	7.5R 4/14	금지	정지신호, 소화설비 및 그 장소, 유해행위의 금지
		경고	화학물질 취급장소에서의 유해·위험 경고
노란색	5Y 8.5/12	경고	화학물질 취급장소에서의 유해·위험 경고 이외의 위험 경고, 주의표지 또는 기계방호물
파란색	2.5PB 4/10	지시	특정 행위의 지시 및 사실의 고지
녹색	2.5G 4/10	안내	비상구 및 피난소, 사람 또는 차량의 통행표지
흰색	N 9.5	-	파란색 또는 녹색에 대한 보조색
검은색	N 0.5	-	문자 및 빨간색 또는 노란색에 대한 보조색

02 안전관리에 있어 5C 운동(안전행동 실천운동)에 속하지 않는 것은?

① 통제관리(Control)
② 청소청결(Cleaning)
③ 정리정돈(Clearance)
④ 전심전력(Concentration)

[해설] 5C 운동(안전행동 실천운동)
㉮ 복장단정(Correctness)
㉯ 정리·정돈(Clearance)
㉰ 청소·청결(Cleaning)
㉱ 점검·확인(Checking)
㉲ 전심·전력(Concentration)

03 연평균 200명의 근로자가 작업하는 사업장에서 연간 2건의 재해가 발생하여 사망이 2명, 50일의 휴업일수가 발생했을 때, 이 사업장의 강도율은? (단, 근로자 1명당 연간 근로시간은 2,400시간으로 한다.)

① 약 15.7
② 약 31.3
③ 약 65.5
④ 약 74.3

[해설]
$$강도율 = \frac{근로손실일수}{연근로시간수} \times 1,000$$
$$= \frac{(2 \times 7,500) + \left(50 \times \frac{300}{365}\right)}{200 \times 2,400} \times 1,000$$
$$= 31.33$$

04 위험예지훈련의 문제해결 4단계(4R)에 속하지 않는 것은?

① 현상파악
② 본질추구
③ 대책수립
④ 후속조치

[해설] 위험예지훈련 4R
㉮ 1R : 현상파악
㉯ 2R : 본질추구
㉰ 3R : 대책수립
㉱ 4R : 행동목표 설정

01.④ 02.① 03.② 04.④ **정답**

05 산업안전보건법령상 건설업의 경우 안전보건관리규정을 작성하여야 하는 상시근로자 수 기준으로 옳은 것은?

① 50명 이상 ② 100명 이상
③ 200명 이상 ④ 300명 이상

해설 안전보건관리규정은 작성하여야 할 사유(상시근로자수가 100명이 되는 날)가 발생한 날부터 30일 이내에 이를 작성해야 한다.

06 시설물의 안전 및 유지관리에 관한 특별법상 다음과 같이 정의되는 것은?

> 시설물의 붕괴, 전도 등으로 인한 재난 또는 재해가 발생할 우려가 있는 경우에 시설물의 물리적·기능적 결함을 신속하게 발견하기 위하여 실시하는 점검

① 긴급안전점검
② 특별안전점검
③ 정밀안전점검
④ 정기안전점검

해설 시설물의 안전 및 유지관리에 관한 특별법상 정의
㉮ 안전점검 : 경험과 기술을 갖춘 자가 육안이나 점검기구 등으로 검사하여 시설물에 내재되어 있는 위험요인을 조사하는 행위를 말하며, 점검목적 및 점검수준을 고려하여 국토교통부령으로 정하는 바에 따라 정기안전점검 및 정밀안전점검으로 구분한다.
㉯ 긴급안전점검 : 시설물의 붕괴, 전도 등으로 인한 재난 또는 재해가 발생할 우려가 있는 경우에 시설물의 물리적·기능적 결함을 신속하게 발견하기 위하여 실시하는 점검을 말한다.
㉰ 정밀안전진단 : 시설물의 물리적·기능적 결함을 발견하고 그에 대한 신속하고 적절한 조치를 하기 위하여 구조적 안전성과 결함의 원인 등을 조사·측정·평가하여 보수·보강 등의 방법을 제시하는 행위를 말한다.

07 작업자가 기계 등의 취급을 잘못 해도 사고가 발생하지 않도록 방지하는 기능은?

① Back up 기능 ② Fail safe 기능
③ 다중계화 기능 ④ Fool proof 기능

해설 풀프루프와 페일세이프
㉮ 풀프루프 : 사람이 기계·설비 등의 취급을 잘못 해도 그것이 바로 사고나 재해와 연결되지 않도록 하는 기능으로, 사람이 착오나 미스 등으로 발생되는 휴먼에러(human error)를 방지하기 위한 것이다.
㉯ 페일세이프 : 기계나 그 부품에 고장이 생기거나 기능이 불량할 때도 안전하게 작동되는 구조 또는 기능이다.
  ㉠ 페일세이프 기능면 3단계
    – Fail passive : 부품이 고장 나면 기계가 정지하는 방향으로 이동
    – Fail active : 부품이 고장 나면 경보가 울리며 잠시 계속 운전이 가능
    – Fail operational : 부품이 고장 나도 추후에 보수가 될 때까지 안전기능 유지
  ㉡ 구조적 페일세이프의 종류
    – 저균열 속도 구조
    – 조합구조(분할구조)
    – 다경로 하중구조
    – 이중구조(떠받는 구조)
    – 하중 경감 구조

08 재해조사 시 유의사항으로 틀린 것은?

① 인적, 물적 양면의 재해요인을 모두 도출한다.
② 책임 추궁보다 재발 방지를 우선하는 기본태도를 갖는다.
③ 목격자 등이 증언하는 사실 이외의 추측의 말은 참고만 한다.
④ 목격자의 기억보존을 위하여 조사는 담당자 단독으로 신속하게 실시한다.

해설 재해조사 시 유의사항
㉮ 사실을 수집한다.
㉯ 목격자 등이 증언하는 사실 이외에 추측의 말은 참고만 한다.
㉰ 조사는 신속하게 행하고 긴급 조치하여, 2차 재해를 방지한다.
㉱ 사람과 기계설비 양면의 재해요인을 모두 도출한다.
㉲ 객관적인 입장에서 공정하게 조사하며, 조사는 2명 이상이 실시한다.
㉳ 책임 추궁보다 재발 방지를 우선하는 기본태도를 갖는다.
㉴ 피해자에 대한 구급조치를 우선한다.
㉵ 2차 재해의 예방을 위해 보호구를 반드시 착용한다.

09 산업안전보건법령상 안전관리자의 업무에 명시되지 않은 것은?

① 사업장 순회점검, 지도 및 조치 건의
② 물질안전보건자료의 게시 또는 비치에 관한 보좌 및 지도·조언
③ 산업재해에 관한 통계의 유지·관리·분석을 위한 보좌 및 지도·조언
④ 해당 사업장 안전교육계획의 수립 및 안전교육 실시에 관한 보좌 및 지도·조언

해설 안전관리자의 업무
㉮ 산업안전보건위원회 또는 안전·보건에 관한 노사협의체에서 심의·의결한 업무와 해당 사업장의 안전보건관리규정 및 취업규칙에서 정한 업무
㉯ 안전인증대상 기계·기구 등과 자율안전확인 대상 기계·기구 등의 구입 시 적격품의 선정에 관한 보좌 및 지도·조언
㉰ 위험성평가에 관한 보좌 및 지도·조언
㉱ 해당 사업장 안전교육계획의 수립 및 실시에 관한 보좌 및 지도·조언
㉲ 사업장 순회점검·지도 및 조치 건의
㉳ 산업재해 발생의 원인 조사·분석 및 재발 방지를 위한 기술적 보좌 및 지도·조언
㉴ 산업재해에 관한 통계의 유지·관리·분석을 위한 보좌 및 지도·조언
㉵ 법 또는 법에 따른 명령으로 정한 안전에 관련된 사항의 이행에 관한 보좌 및 지도·조언
㉶ 업무수행 내용의 기록·유지
㉷ 그 밖의 안전에 관한 사항으로서 고용노동부장관이 정하는 사항

10 산업안전보건법령상 산업안전보건관리비 사용명세서는 건설공사 종료 후 얼마간 보존해야 하는가? (단, 공사가 1개월 이내에 종료되는 사업은 제외한다.)

① 6개월간 ② 1년간
③ 2년간   ④ 3년간

해설 사업주는 고용노동부장관이 정하는 바에 따라 해당 공사를 위하여 계상된 산업안전보건관리비를 그가 사용하는 근로자와 그의 수급인이 사용하는 근로자의 산업재해 및 건강장해 예방에 사용하고 그 사용명세서를 작성하고 공사 종료 후 1년간 보존한다.

11 재해의 분석에 있어 사고 유형, 기인물, 불안전한 상태, 불안전한 행동을 하나의 축으로 하고, 그것을 구성하고 있는 몇 개의 분류항목을 크기가 큰 순서대로 나열하여 비교하기 쉽게 도시한 통계 양식의 도표는?

① 직선도   ② 특성요인도
③ 파레토도   ④ 체크리스트

해설 통계적 원인분석방법
㉮ 파레토도 : 사고의 유형, 기인물 등 분류항목을 큰 순서대로 도표화하여 분석하는 방법이다.
㉯ 특성요인도 : 특성과 요인을 도표로 하여 어골상(魚骨狀)으로 세분화한다.
㉰ 클로즈 분석 : 2개 이상의 문제 관계를 분석하는 데 사용하는 것으로, 데이터를 집계하고 표로 표시하여 요인별 결과 내역을 교차한 클로즈 그림으로 작성하여 분석한다.
㉱ 관리도 : 재해발생건수 등의 추이를 파악하고 목표관리를 행하는 데 필요한 월별 재해발생수를 그래프화하여 관리선을 설정·관리하는 방법이다.

12 재해발생의 간접원인 중 교육적 원인에 속하지 않는 것은?

① 안전수칙의 오해
② 경험훈련의 미숙
③ 안전지식의 부족
④ 작업지시 부적당

해설 재해발생의 원인 중 관리적 원인
㉮ 기술적 원인
  ㉠ 건물, 기계장치 설계 불량
  ㉡ 구조, 재료의 부적합
  ㉢ 생산공정의 부적당
  ㉣ 점검, 정비 보존 불량
㉯ 교육적 원인
  ㉠ 안전의식(지식)의 부족
  ㉡ 안전수칙의 오해
  ㉢ 경험훈련의 미숙
㉰ 작업관리상 원인
  ㉠ 안전관리조직 결함
  ㉡ 안전수칙 미제정
  ㉢ 작업준비 불충분
  ㉣ 인원배치 부적당
  ㉤ 작업지시 부적당

13 보호구 안전인증고시상 성능이 다음과 같은 방음용 귀마개(기호)로 옳은 것은?

> 저음부터 고음까지 차음하는 것

① EP-1　　② EP-2
③ EP-3　　④ EP-4

[해설] ㉮ 귀마개(ear plug, 耳栓)
　㉠ EP-1(1종) : 저음부터 고음까지 전반적으로 차음하는 것
　㉡ EP-2(2종) : 고음만을 차음하는 것
㉯ 귀덮개(ear muff, 耳覆) : 저음부터 고음까지를 차단하는 것

14 재해손실비 중 직접비에 속하지 않는 것은?

① 요양급여
② 장해급여
③ 휴업급여
④ 영업손실비

[해설] 하인리히(H.W. Heinrich) 방식
총 재해 코스트(cost)=직접비+간접비
(직접비 : 간접비 = 1 : 4)
㉮ 직접비 : 법령으로 정한 피해자에게 지급되는 산재보상비
　㉠ 휴업급여 : 평균임금의 100분의 70에 상당하는 금액
　㉡ 장해급여 : 신체장해가 남은 경우에 장해등급에 의한 금액
　㉢ 요양급여 : 요양비 전액
　㉣ 장례비 : 평균임금의 120일분에 상당하는 금액
　㉤ 유족급여 : 평균임금의 1,300일분에 상당하는 금액
　㉥ 장해특별보상비, 유족특별보상비, 상병보상연금, 직업재활급여
㉯ 간접비 : 재산손실 및 생산중단 등으로 기업이 입은 손실
　㉠ 인적 손실 : 본인 및 제3자에 관한 것을 포함한 시간손실
　㉡ 물적 손실 : 기계·공구·재료·시설의 보수에 소비된 시간손실 및 재산손실
　㉢ 생산손실 : 생산감소, 생산중단, 판매감소 등에 의한 손실
　㉣ 특수손실 : 근로자의 신규채용, 교육훈련비, 섭외비 등에 의한 손실
　㉤ 기타 손실 : 병상 위문금, 여비 및 통신비, 입원 중의 잡비 등

15 산업안전보건기준에 관한 규칙상 지게차를 사용하는 작업을 하는 때의 작업시작 전 점검사항에 명시되지 않은 것은?

① 제동장치 및 조종장치 기능의 이상 유무
② 하역장치 및 유압장치 기능의 이상 유무
③ 와이어로프가 통하고 있는 곳 및 작업장소의 지반상태
④ 전조등·후미등·방향지시기 및 경보장치 기능의 이상 유무

[해설] 지게차의 작업시작 전 점검사항
㉮ 제동장치 및 조종장치 기능의 이상 유무
㉯ 하역장치 및 유압장치 기능의 이상 유무
㉰ 바퀴의 이상 유무
㉱ 전조등·후미등·방향지시기 및 경보장치 기능의 이상 유무

16 산업안전보건법령상 산업안전보건위원회의 심의·의결사항에 명시되지 않은 것은? (단, 그 밖에 해당 사업장 근로자의 안전 및 보건을 유지·증진시키기 위하여 필요한 사항은 제외한다.)

① 사업장의 산업재해 예방계획의 수립에 관한 사항
② 산업재해에 관한 통계의 기록 및 유지에 관한 사항
③ 작업환경측정 등 작업환경의 점검 및 개선에 관한 사항
④ 안전장치 및 보호구 구입 시 적격품 여부 확인에 관한 사항

[해설] 산업안전보건위원회의 심의·의결사항
㉮ 사업장의 산업재해 예방계획의 수립에 관한 사항
㉯ 안전보건관리규정의 작성 및 변경에 관한 사항
㉰ 근로자의 안전보건교육에 관한 사항
㉱ 작업환경측정 등 작업환경의 점검 및 개선에 관한 사항
㉲ 근로자의 건강진단 등 건강관리에 관한 사항
㉳ 중대재해의 원인조사 및 재발방지대책의 수립에 관한 사항
㉴ 유해하거나 위험한 기계·기구와 그 밖의 설비를 도입한 경우 안전보건조치에 관한 사항
㉵ 산업재해에 관한 통계의 기록 및 유지에 관한 사항

17 버드(F. Bird)의 사고 5단계 연쇄성 이론에서 제3단계에 해당하는 것은?

① 상해(손실) ② 사고(접촉)
③ 직접원인(징후) ④ 기본원인(기원)

해설 버드의 연쇄이론
㉮ 1단계 : 통제의 부족(관리)
㉯ 2단계 : 기본원인(기원)
㉰ 3단계 : 직접원인(징후)
㉱ 4단계 : 사고(접촉)
㉲ 5단계 : 상해(손해, 손실)

18 브레인스토밍(brainstorming) 4원칙에 속하지 않는 것은?

① 비판수용 ② 대량발언
③ 자유분방 ④ 수정발언

해설 브레인스토밍(BS ; Brainstorming)의 4원칙
㉮ 비평금지 : '좋다, 나쁘다'라고 비평하지 않는다.
㉯ 자유분방 : 마음대로 편안히 발언한다.
㉰ 대량발언 : 무엇이든지 좋으니 많이 발언한다.
㉱ 수정발언 : 타인의 아이디어에 수정하거나 덧붙여 말해도 좋다.

19 안전관리조직의 유형 중 라인형에 관한 설명으로 옳은 것은?

① 대규모 사업장에 적합하다.
② 안전지식과 기술 축적이 용이하다.
③ 명령과 보고가 상하관계뿐이므로 간단명료하다.
④ 독립된 안전참모조직에 대한 의존도가 크다.

해설 라인형 조직의 특징
㉮ 장점
  ㉠ 안전지시나 개선조치 등 명령이 철저하고 신속하게 수행된다.
  ㉡ 상하관계만 있기 때문에 명령과 보고가 간단명료하다.
  ㉢ 참모식 조직보다 경제적인 조직체계이다.
㉯ 단점
  ㉠ 안전전담부서(staff)가 없기 때문에 안전에 대한 정보가 불충분하고 안전지식 및 기술 축적이 어렵다.
  ㉡ 라인(line)에 과중한 책임을 지우기가 쉽다.

20 산업안전보건법령상 안전인증대상 기계 등에 명시되지 않은 것은?

① 곤돌라 ② 연삭기
③ 사출성형기 ④ 고소작업대

해설 안전인증대상 기계·기구 및 설비
㉮ 프레스
㉯ 전단기 및 절곡기
㉰ 크레인
㉱ 리프트
㉲ 압력용기
㉳ 롤러기
㉴ 사출성형기
㉵ 고소작업대
㉶ 곤돌라

≫ 제2과목 산업심리 및 교육

21 정신상태 불량에 의한 사고의 요인 중 정신력과 관계되는 생리적 현상에 해당되지 않는 것은?

① 신경계통의 이상
② 육체적 능력의 초과
③ 시력 및 청각의 이상
④ 과도한 자존심과 자만심

해설 ㉮ 정신상태 불량에 대한 개성적 결함요소(성격 결함)
  ㉠ 약한 마음(심약)
  ㉡ 과도한 자존심과 자만심
  ㉢ 사치 및 허영심
  ㉣ 다혈질, 도전적 성격
  ㉤ 인내력 부족
  ㉥ 고집 및 과도한 집착성
  ㉦ 감정의 장기 지속성
  ㉧ 태만(나태)
  ㉨ 경솔성(성급함)
  ㉩ 이기성 및 배타성
㉯ 정신력과 관계되는 생리적 현상
  ㉠ 시력 및 청각의 이상
  ㉡ 신경계통의 이상
  ㉢ 육체적 능력의 초과
  ㉣ 근육운동의 부적합
  ㉤ 극도의 피로

22 선발용으로 사용되는 적성검사가 잘 만들어졌는지를 알아보기 위한 분석방법과 관련이 없는 것은?

① 구성 타당도
② 내용 타당도
③ 동등 타당도
④ 검사-재검사 신뢰도

해설 적성검사가 잘 만들어졌는지 알아보기 위한 분석방법에는 타당도와 검사-재검사 신뢰도가 있다.
㉮ 구성 타당도 : 측정도구가 실제로 무엇을 측정했는가, 또는 조사자가 측정하고자 하는 추상적인 개념이 실제로 측정도구에 의해 측정되었는가의 문제로 이론적 연구에 있어 가장 중요한 것
㉯ 내용 타당도 : 측정도구 자체가 측정하고자 하는 속성이나 개념을 측정할 수 있도록 되어 있는가를 평가하는 것
㉰ 준거 타당도 : 통계적인 유의성을 평가하는 것으로 어떤 측정도구와 측정결과인 점수 간의 관계를 비교하여 타당도를 파악하는 것
㉱ 교차 타당도 : 한 타당도 결과의 신뢰도를 검증하는 것이 되며, 이러한 과정을 통하여 우연적인 변산적 오차의 크기를 추정하여 타당도 자료에 필요한 수정을 하는 것
㉲ 검사-재검사 신뢰도 : 검사를 반복해서 얻은 점수 간의 상관이 얼마나 있는지 알아보는 방법(두 점수 간의 상관이 높을수록 신뢰도가 높다고 할 수 있음)

23 안전보건교육의 단계별 교육 중 태도교육의 내용과 가장 거리가 먼 것은?

① 작업동작 및 표준작업방법의 습관화
② 안전장치 및 장비 사용능력의 빠른 습득
③ 공구·보호구 등의 관리 및 취급태도의 확립
④ 작업지시·전달·확인 등의 언어·태도의 정확화 및 습관화

해설 태도교육의 내용
㉮ 작업동작 및 표준작업방법의 습관화
㉯ 공구·보호구 등의 관리 및 취급태도의 확립
㉰ 작업 전후 점검 및 검사요령의 정확화 및 습관화
㉱ 작업지시·전달·확인 등의 언어·태도의 정확화 및 습관화

24 상황성 누발자의 재해유발 원인과 가장 거리가 먼 것은?

① 기능 미숙 때문에
② 작업이 어렵기 때문에
③ 기계설비에 결함이 있기 때문에
④ 환경상 주의력의 집중이 혼란되기 때문에

해설 사고 경향성자(재해 빈발자)의 유형
㉮ 미숙성 누발자
　㉠ 기능이 미숙한 자
　㉡ 작업환경에 익숙하지 못한 자
㉯ 상황성 누발자
　㉠ 기계설비에 결함이 있거나 본인의 능력 부족으로 인하여 작업이 어려운 자
　㉡ 환경상 주의력의 집중이 어려운 자
　㉢ 심신에 근심이 있는 자
㉰ 소질성 누발자(재해 빈발 경향자) : 성격적·정신적 또는 신체적으로 재해의 소질적 요인을 가지고 있다.
　㉠ 주의력 지속이 불가능한 자
　㉡ 주의력 범위가 협소(편중)한 자
　㉢ 저지능 자
　㉣ 생활이 불규칙한 자
　㉤ 작업에 대한 경시나 지속성이 부족한 자
　㉥ 정직하지 못하고 쉽게 흥분하는 자
　㉦ 비협조적이며, 도덕성이 결여된 자
　㉧ 소심한 성격으로 감각운동이 부적합한 자
㉱ 습관성 누발자(암시설)
　㉠ 재해의 경험으로 겁이 많거나 신경과민 증상을 보이는 자
　㉡ 일종의 슬럼프(slump) 상태에 빠져서 재해를 유발할 수 있는 자

25 다음 보기 중 생산작업의 경제성과 능률 제고를 위한 동작경제의 원칙에 해당하지 않는 것은?

① 신체의 사용에 의한 원칙
② 작업장의 배치에 관한 원칙
③ 작업표준 작성에 관한 원칙
④ 공구 및 설비 디자인에 관한 원칙

해설 동작경제의 3원칙
㉮ 작업장의 배치에 관한 원칙
㉯ 신체 사용에 관한 원칙
㉰ 공구 및 장비의 설계에 관한 원칙

26 매슬로우(Maslow)의 욕구 5단계를 낮은 단계에서 높은 단계의 순서대로 나열한 것은?

① 생리적 욕구 → 안전 욕구 → 사회적 욕구 → 자아실현의 욕구 → 인정의 욕구
② 생리적 욕구 → 안전 욕구 → 사회적 욕구 → 인정의 욕구 → 자아실현의 욕구
③ 안전 욕구 → 생리적 욕구 → 사회적 욕구 → 자아실현의 욕구 → 인정의 욕구
④ 안전 욕구 → 생리적 욕구 → 사회적 욕구 → 인정의 욕구 → 자아실현의 욕구

해설 매슬로우(Maslow)의 욕구 5단계
㉮ 1단계 – 생리적 욕구(신체적 욕구)
  기아, 갈증, 호흡, 배설, 성욕 등 기본적 욕구
㉯ 2단계 – 안전의 욕구
  안전을 구하려는 욕구
㉰ 3단계 – 사회적 욕구(친화욕구)
  애정, 소속에 대한 욕구
㉱ 4단계 – 인정 받으려는 욕구(자기존경의 욕구, 승인욕구)
  자존심, 명예, 성취, 지위 등에 대한 욕구
㉲ 5단계 – 자아실현의 욕구(성취욕구)
  잠재적인 능력을 실현하고자 하는 욕구

27 강의계획 시 설정하는 학습목적의 3요소에 해당하는 것은?

① 학습방법 ② 학습성과
③ 학습자료 ④ 학습정도

해설 학습목적의 3요소
㉮ 목표(goal) : 학습목적의 핵심으로 학습을 통하여 달성하려는 지표
㉯ 주제(subject) : 목표달성을 위한 테마
㉰ 학습정도(level of learning) : 학습범위와 내용의 정도

28 집단과 인간관계에서 집단의 효과에 해당하지 않는 것은?

① 동조효과 ② 견물효과
③ 암시효과 ④ 시너지효과

해설 집단의 효과
㉮ 동조효과
㉯ 견물효과
㉰ 시너지효과

29 O.J.T.(On the Job Training)의 장점이 아닌 것은?

① 개개인에게 적절한 지도훈련이 가능하다.
② 전문가를 강사로 초빙하는 것이 가능하다.
③ 훈련에 필요한 업무의 계속성이 끊어지지 않는다.
④ 직장의 실정에 맞게 실제적 훈련이 가능하다.

해설 O.J.T.와 Off J.T.의 특징
㉮ O.J.T.의 특징
 ㉠ 개개인에게 적합한 지도훈련이 가능하다.
 ㉡ 직장의 실정에 맞는 실체적 훈련을 할 수 있다.
 ㉢ 훈련에 필요한 업무의 계속성이 끊어지지 않는다.
 ㉣ 즉시 업무에 연결되는 관계로 신체와 관련이 있다.
 ㉤ 효과가 곧 업무에 나타나며, 훈련의 좋고 나쁨에 따라 개선이 용이하다.
 ㉥ 교육을 통한 훈련효과에 의해 상호 신뢰 이해도가 높아진다.
㉯ Off J.T.의 특징
 ㉠ 다수의 근로자에게 조직적 훈련이 가능하다.
 ㉡ 훈련에만 전념하게 된다.
 ㉢ 특별 설비기구를 이용할 수 있다.
 ㉣ 전문가를 강사로 초청할 수 있다.
 ㉤ 각 직장의 근로자가 많은 지식이나 경험을 교류할 수 있다.
 ㉥ 교육훈련 목표에 대해서 집단적 노력이 흐트러질 수도 있다.

30 허시(Hersey)와 브랜차드(Blanchard)의 상황적 리더십 이론에서 리더십의 4가지 유형에 해당하지 않는 것은?

① 통제적 리더십
② 지시적 리더십
③ 참여적 리더십
④ 위임적 리더십

해설 리더십의 4가지 유형(허시와 브랜차드의 상황적 리더십 이론)
㉮ 설득적 리더십
㉯ 지시적 리더십
㉰ 참여적 리더십
㉱ 위임적 리더십

31 인간의 심리 중에는 안전수단이 생략되어 불안전행위를 나타내는 경우가 있다. 다음 중 안전수단이 생략되는 경우로 가장 적절하지 않은 것은?

① 의식과잉이 있을 때
② 교육훈련을 실시할 때
③ 피로하거나 과로했을 때
④ 부적합한 업무에 배치될 때

[해설] 안전수단이 생략되는 경우
㉮ 의식과잉이 있을 때
㉯ 주변의 영향이 있을 때
㉰ 피로하거나 과로했을 때
㉱ 부적합한 업무에 배치될 때
※ ② 교육훈련을 실시할 때 또는 작업규율이 엄할 때는 안전수단이 생략될 수 없다.

32 산업안전보건법령상 근로자 안전보건교육에서 채용 시 교육 및 작업내용 변경 시의 교육에 해당하는 것은?

① 사고 발생 시 긴급조치에 관한 사항
② 건강증진 및 질병 예방에 관한 사항
③ 유해·위험 작업환경관리에 관한 사항
④ 작업공정의 유해·위험과 재해예방대책에 관한 사항

[해설] 근로자 채용 시와 작업내용 변경 시의 교육내용
㉮ 산업안전 및 산업재해 예방에 관한 사항
㉯ 산업보건 및 건강장해 예방에 관한 사항
㉰ 위험성 평가에 관한 사항
㉱ 산업안전보건법령 및 산업재해보상보험 제도에 관한 사항
㉲ 직무 스트레스 예방 및 관리에 관한 사항
㉳ 직장 내 괴롭힘, 고객의 폭언 등으로 인한 건강장해 예방 및 관리에 관한 사항
㉴ 기계·기구의 위험성과 작업의 순서 및 동선에 관한 사항
㉵ 작업 개시 전 점검에 관한 사항
㉶ 정리정돈 및 청소에 관한 사항
㉷ 사고 발생 시 긴급조치에 관한 사항
㉸ 물질안전보건자료에 관한 사항

33 산업안전심리학에서 산업안전심리의 5대 요소에 해당하지 않는 것은?

① 감정 ② 습성
③ 동기 ④ 피로

[해설] 산업안전심리의 5대 요소
㉮ 동기
㉯ 기질
㉰ 감정
㉱ 습성
㉲ 습관

34 구안법(project method)의 단계를 올바르게 나열한 것은?

① 계획 → 목적 → 수행 → 평가
② 계획 → 목적 → 평가 → 수행
③ 수행 → 평가 → 계획 → 목적
④ 목적 → 계획 → 수행 → 평가

[해설] 구안법의 4단계
목적 → 계획 → 수행 → 평가

35 학습이론 중 S-R 이론에서 조건반사설에 의한 학습이론의 원리가 아닌 것은?

① 시간의 원리 ② 일관성의 원리
③ 기억의 원리 ④ 계속성의 원리

[해설] 파블로프의 조건반사설에 의한 학습이론의 원리
㉮ 시간의 원리(the time principle) : 조건화시키려는 자극은 무조건자극보다는 시간적으로 동시 또는 조금 앞서서 주어야만 조건화, 즉 강화가 잘 된다.
㉯ 강도의 원리(the intensity principle) : 자극이 강할수록 학습이 보다 더 잘 된다는 것이다.
㉰ 일관성의 원리(the consistency principle) : 무조건자극은 조건화가 성립될 때까지 일관하여 조건자극에 결부시켜야 한다.
㉱ 계속성의 원리(the continuity principle) : 시행착오설에서 연습의 법칙, 빈도의 법칙과 같은 것으로서 자극과 반응과의 관계를 반복하여 횟수를 더할수록 조건화, 즉 강화가 잘 된다는 것이다.

36 휴먼에러의 심리적 분류에 해당하지 않는 것은?

① 입력오류(input error)
② 시간지연오류(time error)
③ 생략오류(omission error)
④ 순서오류(sequential error)

정답 31.② 32.① 33.④ 34.④ 35.③ 36.①

해설 Human error의 심리적 분류
㉮ Omission error(생략오류) : 필요한 직무(task) 또는 절차를 수행하지 않는 데 기인한 error
㉯ Time error(시간적 과오, 시간지연오류) : 필요한 직무 또는 절차의 수행지연으로 인한 error
㉰ Commission error(작위 실수, 수행적 과오) : 필요한 직무 또는 절차의 불확실한 수행으로 인한 error
㉱ Sequential error(순서오류) : 필요한 직무 또는 절차의 순서착오로 인한 error
㉲ Extraneous error(불필요한 과오) : 불필요한 직무 또는 절차를 수행함으로써 기인한 error

37 안전교육훈련의 기술교육 4단계에 해당하지 않는 것은?

① 준비 단계
② 보습지도의 단계
③ 일을 완성하는 단계
④ 일을 시켜보는 단계

해설 기술교육 4단계
㉮ 1단계 : 준비 단계
㉯ 2단계 : 일을 하여 보이는 단계
㉰ 3단계 : 일을 시켜보는 단계
㉱ 4단계 : 보습지도의 단계

38 다음 설명에 해당하는 안전교육방법은?

> ATP라고도 하며, 당초 일부 회사의 톱 매니지먼트(top management)에 대하여만 행하여졌으나, 그 후 널리 보급되었으며, 정책의 수립, 조직, 통제 및 운영 등의 교육내용을 다룬다.

① TWI(Training Within Industry)
② CCS(Civil Communication Section)
③ MTP(Management Training Program)
④ ATT(American Telephone & Telegram Co.)

해설 CCS(Civil Communication Section)
ATP(Administration Training Program)라고도 하며, 당초에는 일부 회사의 톱 매니지먼트에 대해서만 행하여졌으나, 그 후에 널리 보급된 교육방법으로 정책의 수립, 조직(경영부문, 조직형태, 구조 등), 통제(조직 통제의 적용, 품질관리, 원가 통제의 적용 등) 및 운영(운영조직, 협조에 의한 회사 운영 등)이 교육내용이다.

39 다음은 리더가 가지고 있는 어떤 권력의 예시에 해당하는가?

> 종업원의 바람직하지 않은 행동들에 대해 해고, 임금 삭감, 견책 등을 사용하여 처벌한다.

① 보상권력
② 강압권력
③ 합법권력
④ 전문권력

해설 지도자의 권한
㉮ 조직이 지도자에게 부여한 권한
　㉠ 보상적 권한 : 지도자가 부하들에게 보상할 수 있는 능력으로 인해 부하직원들을 통제할 수 있으며 부하들의 행동에 대해 영향을 끼칠 수 있는 권한
　㉡ 강압적 권한 : 부하직원들을 처벌할 수 있는 권한
　㉢ 합법적 권한 : 조직의 규정에 의해 지도자의 권한이 공식화된 것
㉯ 지도자 자신이 자신에게 부여한 권한
부하직원들이 지도자를 존경하며 자진해서 따르는 것
　㉠ 전문성의 권한 : 지도자가 목표수행에 필요한 전문적 지식을 갖고 업무수행을 하므로 부하직원들이 자발적으로 지도자를 따름
　㉡ 위임된 권한 : 집단의 목표를 성취하기 위해 부하직원들이 지도자가 정한 목표를 자진해서 자신의 것으로 받아들여 지도자와 함께 일하는 것

40 몹시 피로하거나 단조로운 작업으로 인하여 의식이 뚜렷하지 않은 상태의 의식수준은?

① Phase Ⅰ
② Phase Ⅱ
③ Phase Ⅲ
④ Phase Ⅳ

해설 의식수준의 단계

단계	의식상태	주의작용	생리적 상태	신뢰성
Phase 0	무의식, 실신	없음	수면, 뇌발작	0
Phase Ⅰ	정상 이하, 의식 둔화	부주의	피로, 단조, 졸음, 주취	0.9 이하
Phase Ⅱ	정상, 이완	수동적, 내외적	안정 기거, 휴식, 정상작업	0.99~0.99999
Phase Ⅲ	정상, 명쾌	능동적, 전향적, 위험예지주의력 범위 넓음	적극 활동	0.999999 이상
Phase Ⅳ	초정상, 흥분	한 점에 고집, 판단 정지	흥분, 긴급, 방위반응, 당황, 공포반응	0.9 이하

37.③ 38.② 39.② 40.①

≫ 제3과목 인간공학 및 시스템 안전공학

41 다음 중 인체측정자료를 장비, 설비 등의 설계에 적용하기 위한 응용원칙에 해당하지 않는 것은?

① 조절식 설계
② 극단치를 이용한 설계
③ 구조적 치수 기준의 설계
④ 평균치를 기준으로 한 설계

해설 **인체계측자료의 응용원칙**
㉮ 극단치 설계
  ㉠ 최대 집단치 : 출입문, 통로, 의자 사이의 간격 등
  ㉡ 최소 집단치 : 선반의 높이, 조종장치까지의 거리, 버스나 전철의 손잡이 등
㉯ 조절식 설계 : 사무실 의자나 책상의 높낮이 조절, 자동차 좌석의 전후조절 등
㉰ 평균치 설계 : 가게나 은행의 계산대 등

42 자동차를 생산하는 공장의 어떤 근로자가 95dB(A)의 소음수준에서 하루 8시간 작업하며 매 시간 조용한 휴게실에서 20분씩 휴식을 취한다고 가정하였을 때, 8시간 시간가중평균(TWA)은? (단, 소음은 누적소음노출량 측정기로 측정하였으며, OSHA에서 정한 95dB(A)의 허용시간은 4시간이라 가정한다.)

① 약 91dB(A)
② 약 92dB(A)
③ 약 93dB(A)
④ 약 94dB(A)

해설 ㉮ 소음노출지수(D)
$D = \dfrac{C}{T} = \dfrac{320분}{4 \times 60분} \times 100 = 133.25\%$
여기서, C : 특정 소음대에 노출된 총 시간
T : 특정 소음대의 허용노출기준
㉯ 8시간 가중 평균소음레벨(TWA)
TWA = 90 + 16.61 log(D/100)
     = 90 + 16.61 log(133.25/100)
     = 92.07dB(A)

43 작업공간의 배치에 있어 구성요소 배치의 원칙에 해당하지 않는 것은?

① 기능성의 원칙
② 사용빈도의 원칙
③ 사용순서의 원칙
④ 사용방법의 원칙

해설 **부품 배치의 원칙**
㉮ 중요성의 원칙 : 부품을 작동하는 성능이 체계의 목표 달성에 중요한 정도에 따라 우선순위를 설정한다.
㉯ 사용빈도의 원칙 : 부품을 사용하는 빈도에 따라 우선순위를 설정한다.
㉰ 기능별 배치의 원칙 : 기능적으로 관련된 부품들(표시장치, 조정장치 등)을 모아서 배치한다.
㉱ 사용순서의 원칙 : 사용되는 순서에 따라 장치들을 가까이에 배치한다. 일반적으로 부품의 중요성과 사용빈도에 따라서 부품의 일반적인 위치를 정하고 기능 및 사용순서에 따라서 부품의 배치(일반적인 위치 내에서의 배치)를 결정한다.

44 시스템의 수명 및 신뢰성에 관한 설명으로 틀린 것은?

① 병렬 설계 및 디레이팅 기술로 시스템의 신뢰성을 증가시킬 수 있다.
② 직렬 시스템에서는 부품들 중 최소 수명을 갖는 부품에 의해 시스템 수명이 정해진다.
③ 수리 가능한 시스템의 평균수명(MTBF)은 평균고장률(λ)과 정비례관계가 성립한다.
④ 수리가 불가능한 구성요소로 병렬 구조를 갖는 설비는 중복도가 늘어날수록 시스템 수명이 길어진다.

해설 ③ 수리가 가능한 시스템의 평균수명(MTBF)은 평균고장률(λ)과 반비례관계가 성립한다.
MTBF(평균수명) = $\dfrac{1}{\lambda}$ (λ : 현재의 고장률)

45 작업면상의 필요한 장소만 높은 조도를 취하는 조명은?

① 완화조명 ② 전반조명
③ 투명조명 ④ 국소조명

정답 41.③ 42.② 43.④ 44.③ 45.④

해설 조명방법
㉮ 긴 터널의 경우는 완화조명이 필요하다.
㉯ 실내 전체를 조명할 때는 전반조명이 필요하다.
㉰ 유리나 플라스틱 모서리 조명은 불투명조명이 좋다.
㉱ 작업에 필요한 곳이나 시각적으로 강한 빛을 필요로 하는 조명은 국소조명이 좋다.

46 컷셋(cut sets)과 최소 패스셋(minimal path sets)의 정의로 옳은 것은?

① 컷셋은 시스템 고장을 유발시키는 필요 최소한의 고장들의 집합이며, 최소 패스셋은 시스템의 신뢰성을 표시한다.
② 컷셋은 시스템 고장을 유발시키는 기본 고장들의 집합이며, 최소 패스셋은 시스템의 불신뢰도를 표시한다.
③ 컷셋은 그 속에 포함되어 있는 모든 기본사상이 일어났을 때 정상사상을 일으키는 기본사상의 집합이며, 최소 패스셋은 시스템의 신뢰성을 표시한다.
④ 컷셋은 그 속에 포함되어 있는 모든 기본사상이 일어났을 때 정상사상을 일으키는 기본사상의 집합이며, 최소 패스셋은 시스템의 성공을 유발하는 기본사상의 집합이다.

해설 컷셋과 패스셋
㉮ 컷셋 : 그 속에 포함되어 있는 모든 기본사상(여기서는 통상사상, 생략, 결함사상 등을 포함한 기본사상)이 일어났을 때 정상사상을 일으키는 기본집합이다.
㉯ 최소 컷셋 : 정상사상을 일으키기 위한 필요한 최소한의 컷의 집합, 즉 시스템의 위험성을 나타낸다.
㉰ 패스셋 : 시스템 내에 포함되는 모든 기본사상이 일어나지 않으면 Top 사상을 일으키지 않는 기본집합이다.
㉱ 최소 패스셋 : 어떤 고장이나 패스를 일으키지 않으면 재해가 일어나지 않는다는 것, 즉 시스템의 신뢰성을 나타낸다. 다시 말하면 최소 패스셋은 시스템의 기능을 살리는 요인의 집합이라고 할 수 있다.

47 화학설비에 대한 안전성평가 중 정성적 평가방법의 주요 진단항목으로 볼 수 없는 것은?

① 건조물
② 취급물질
③ 입지조건
④ 공장 내 배치

해설 정성적 평가의 주요 진단항목

설계관계	운전관계
• 입지조건 • 공장 내 배치 • 건조물 • 소방설비	• 원재료, 중간체, 제품 • 공정 • 수송, 저장 등 • 공정기기

48 그림과 같은 FT도에서 정상사상 T의 발생확률은? (단, X_1, X_2, X_3의 발생확률은 각각 0.1, 0.15, 0.10이다.)

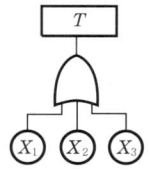

① 0.3115 ② 0.35
③ 0.496   ④ 0.9985

해설 $R_T = [1-(1-0.1)(1-0.15)(1-0.1)]$
       $= 0.3115$

49 다음 시스템의 신뢰도값은?

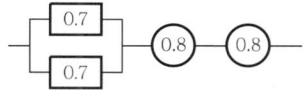

① 0.5824 ② 0.6682
③ 0.7855 ④ 0.8642

해설 $R(t) = \{1-(1-0.7)(1-0.7)\} \times 0.8 \times 0.8$
       $= 0.5824$

50 다음 중 시각적 표시장치보다 청각적 표시장치를 사용하는 것이 더 유리한 경우를 고르면?

① 정보의 내용이 복잡하고 긴 경우
② 정보가 공간적인 위치를 다룬 경우
③ 직무상 수신자가 한 곳에 머무르는 경우
④ 수신장소가 너무 밝거나 암순응이 요구될 경우

해설 표시장치의 선택(청각장치와 시각장치의 선택)
㉮ 청각장치 사용
 ㉠ 전언이 간단하고 짧을 때
 ㉡ 전언이 후에 재참조되지 않을 때
 ㉢ 전언이 시간적인 사상을 다룰 때
 ㉣ 전언이 즉각적인 행동을 요구할 때
 ㉤ 수신자의 시각계통이 과부하 상태일 때
 ㉥ 수신장소가 너무 밝거나 암순응 유지가 필요할 때
 ㉦ 직무상 수신자가 자주 움직이는 경우
㉯ 시각장치 사용
 ㉠ 전언이 복잡하고 길 때
 ㉡ 전언이 후에 재참조될 경우
 ㉢ 전언이 공간적인 위치를 다룰 때
 ㉣ 전언이 즉각적인 행동을 요구하지 않을 때
 ㉤ 수신자의 청각계통이 과부하 상태일 때
 ㉥ 수신장소가 너무 시끄러울 때

51 다음 중 동작경제의 원칙에 해당하지 않는 것은?

① 공구의 기능을 각각 분리하여 사용하도록 한다.
② 두 팔의 동작은 동시에 서로 반대방향으로 대칭적으로 움직이도록 한다.
③ 공구나 재료는 작업동작이 원활하게 수행되도록 그 위치를 정해준다.
④ 가능하다면 쉽고도 자연스러운 리듬이 작업동작에 생기도록 작업을 배치한다.

해설 동작경제의 원칙
㉮ 작업장의 배치에 관한 원칙
 ㉠ 가능하다면 낙하식 운반방법을 사용한다.
 ㉡ 공구, 재료 및 제어장치는 사용위치에 가까이 두도록 한다.
 ㉢ 공구나 재료는 작업동작이 원활하게 수행되도록 위치를 정해준다.
 ㉣ 모든 공구나 재료는 자기 위치에 있도록 한다.
 ㉤ 중력이송 원리를 이용한 부품상자나 용기를 이용하여 부품을 제품 사용위치에 가까이 보낼 수 있도록 한다.
 ㉥ 작업자가 좋은 자세를 취할 수 있도록 의자는 높이뿐만 아니라 디자인도 좋아야 한다.
 ㉦ 작업자가 작업 중 자세를 변경, 즉 앉거나 서는 것을 임의로 할 수 있도록 작업대와 의자 높이가 조정되도록 한다.
 ㉧ 작업자가 잘 보면서 작업할 수 있도록 적절한 조명을 한다.
㉯ 신체 사용에 관한 원칙
 ㉠ 두 팔의 동작은 서로 반대방향으로 대칭적으로 움직인다.
 ㉡ 휴식시간을 제외하고는 양손이 같이 쉬지 않도록 한다.
 ㉢ 두 손의 동작은 같이 시작하고, 같이 끝나도록 한다.
 ㉣ 손과 신체의 동작은 작업을 원만하게 처리할 수 있는 범위 내에서 가장 낮은 동작등급을 사용하도록 한다.
 ㉤ 탄도 동작은 제한되거나 통제된 동작보다 더 신속하고 용이하며 정확하다.
 ㉥ 손의 동작은 부드럽고 연속적인 동작이 되도록 하며, 방향이 갑자기 크게 바뀌는 모양의 직선동작은 피하도록 한다.
 ㉦ 가능한 한 관성을 이용하여 작업을 하도록 하되, 작업자가 관성을 억제하여야 하는 경우에는 발생되는 관성을 최소 한도로 줄인다.
 ㉧ 가능하다면 쉽고도 자연스러운 리듬이 작업동작에 생기도록 작업을 배치한다.
 ㉨ 눈의 초점을 모아야 작업을 할 수 있는 경우는 가능하면 없애고, 불가피한 경우에는 눈의 초점이 모아지는 서로 다른 두 작업지점 간의 거리를 짧게 한다.
㉰ 공구 및 장비의 설계에 관한 원칙
 ㉠ 공구의 기능을 결합하여서 사용하도록 한다.
 ㉡ 치구나 족답장치를 효과적으로 사용할 수 있는 작업에서는 이러한 장치를 활용하여 양손이 다른 일을 할 수 있도록 한다.
 ㉢ 각 손가락에 서로 다른 작업을 할 때에는 작업량을 각 손가락의 능력에 맞게 분배해야 한다.
 ㉣ 레버, 핸들, 그리고 제어장치는 작업자가 몸의 자세를 크게 바꾸지 않더라도 조작하기 쉽도록 배열한다.
 ㉤ 공구와 자재는 가능한 한 사용하기 쉽도록 미리 위치를 잡아준다.

52 인간이 기계보다 우수한 기능이라 할 수 있는 것은? (단, 인공지능은 제외한다.)

① 일반화 및 귀납적 추리
② 신뢰성 있는 반복작업
③ 신속하고 일관성 있는 반응
④ 대량의 암호화된 정보의 신속한 보관

해설 정보처리 및 의사결정
㉮ 인간이 기계보다 우수한 기능
  ㉠ 보관되어 있는 적절한 정보를 회수(상기)
  ㉡ 다양한 경험을 토대로 의사결정
  ㉢ 어떤 운용방법이 실패할 경우 다른 방법 선택
  ㉣ 원칙을 적용하여 다양한 문제를 해결
  ㉤ 관찰을 통해서 일반화하여 귀납적으로 추리
  ㉥ 주관적으로 추산하고 평가
  ㉦ 문제해결에 있어서 독창력을 발휘
㉯ 기계가 인간보다 우수한 기능
  ㉠ 암호화된 정보를 신속·정확하게 회수
  ㉡ 연역적으로 추리
  ㉢ 입력신호에 대해 신속하고 일관성 있는 반응
  ㉣ 명시된 프로그램에 따라 정량적인 정보처리
  ㉤ 물리적인 양을 계수하거나 측정
  ㉥ 소음, 이상온도 등의 환경에서 작업을 수행하는 능력이 인간에 비해 우월

53 다음 현상은 어떤 이론의 내용인가?

> 인간이 감지할 수 있는 외부의 물리적 자극 변화의 최소 범위는 표준자극의 크기에 비례한다.

① 피츠(Fitts) 법칙
② 웨버(Weber) 법칙
③ 신호검출이론(SDT)
④ 힉-하이만(Hick-Hyman) 법칙

해설 Weber-Fechner의 법칙
㉮ Weber의 법칙 : 특정 감각기관의 변화감지역(ΔL)은 사용되는 표준자극에 비례한다는 관계의 법칙
$$\therefore \frac{\Delta L}{I} = \text{const}$$
㉯ Fechner의 법칙 : 어떤 한정된 범위 내에서 동일한 양의 인식(감각)의 증가를 얻기 위해서는 자극은 지수적으로 증가한다는 법칙
㉰ 음 높이의 변화감지역은 진동수의 대수치에 비례하고, 시력은 조명강도의 대수치에 비례하며, 음의 강도를 측정하는 dB 눈금은 대수적인 것 등을 예로 들 수 있다.

54 산업안전보건법령상 해당 사업주가 유해위험방지계획서를 작성하여 제출해야 하는 대상은?

① 시·도지사
② 관할 구청장
③ 고용노동부장관
④ 행정안전부장관

해설 해당 사업주는 유해위험방지계획서를 작성하여 고용노동부장관에게 제출하여야 한다.

55 인간의 위치 동작에 있어 눈으로 보지 않고 손을 수평면상에서 움직이는 경우 짧은 거리는 지나치고, 긴 거리는 못 미치는 경향이 있는데, 이를 무엇이라고 하는가?

① 사정효과(range effect)
② 반응효과(reaction effect)
③ 간격효과(distance effect)
④ 손동작효과(hand action effect)

해설 문제의 내용은 사정효과의 설명이다.

56 서브시스템, 구성요소, 기능 등의 잠재적 고장형태에 따른 시스템의 위험을 파악하는 위험분석기법으로 옳은 것은?

① ETA(Event Tree Analysis)
② HEA(Human Error Analysis)
③ PHA(Preliminary Hazard Analysis)
④ FMEA(Failure Mode and Effect Analysis)

해설 고장의 형태와 영향분석(FMEA)
시스템 안전분석에 이용되는 전형적인 정성적·귀납적 분석방법으로, 시스템에 영향을 미치는 전체 요소의 고장을 형태별로 분석하여 시스템 또는 서브시스템이 가동 중에 기기나 부품의 고장에 의해서 재해나 사고를 일으키게 할 우려가 있는가를 해석하는 방법으로 고장 발생을 최소로 하고자 하는 경우에 이용된다.

52.① 53.② 54.③ 55.① 56.④

57 정신작업 부하를 측정하는 척도를 크게 4가지로 분류할 때 심박수의 변동, 뇌전위, 동공반응 등 정보처리에 중추신경계 활동이 관여하고 그 활동이나 징후를 측정하는 것은?

① 주관적(subjective) 척도
② 생리적(physiological) 척도
③ 주임무(primary task) 척도
④ 부임무(secondary task) 척도

해설 정신작업 부하를 측정하는 척도 4가지 분류
㉮ 생리적 척도(physiological measure) : 정신적 작업부하의 생리적 척도는 정보처리에 중추신경계 활동이 관여하고, 그 활동이나 징후를 측정할 수 있다는 것이다. 생리적 척도로는 심박수의 변동, 뇌전위, 동공반응, 호흡속도, 체액의 화학적 변화 등이 있다.
㉯ 주관적 척도(subjective measure) : 일부 연구자들은 정신적 작업부하의 개념에 가장 가까운 척도가 주관적 평가라고 주장한다. 평점 척도(rating scale)는 관리하기가 쉬우며, 사람들이 널리 받아들이는 것이다. 가장 오래 되었고, 타당하다고 검증된 작업부하의 주관적 척도로 Cooper-Harper 척도가 있는데, 원래는 비행기 조작특성을 평가하기 위해서 개발되었다. 또한 Sheridan과 Simpson(1979)은 시간 부하, 정신적 노력 부하, 정신적 스트레스의 3차원(multi-dimensional construct)을 사용하여 주관적 정신작업 부하를 정의하였다.
㉰ 제1(주)직무 척도(primary task measure) : 작업부하 측정을 위한 초기 시도에서는 직무분석 수법이 사용되었다. 제1직무 척도에서 작업부하는 직무수행에 필요한 시간을 직무수행에 쓸 수 있는 (허용되는) 시간으로 나눈 값으로 정의한다.
㉱ 제2(부)직무 척도(secondary task measure) : 정신적 작업부하에서 제2직무 척도를 사용한다는 것의 의미는 제1직무에서 사용하지 않은 예비용량(spare capacity)을 제2직무에서 이용한다는 것이다. 제1직무에서의 자원요구량이 클수록 제2직무의 자원이 적어지고, 따라서 성능이 나빠진다는 것이다.

58 불필요한 작업을 수행함으로써 발생하는 오류로 옳은 것은?

① Command error
② Extraneous error
③ Secondary error
④ Commission error

해설
② Extraneous error : 불필요한 작업을 수행함으로써 발생하는 오류
④ Commission error : 불확실한 수행으로 인한 오류
※ ① Command error와 ③ Secondary error는 휴먼에러의 심리적 분류에 포함되지 않는다.

59 Chapanis가 정의한 위험의 확률수준과 그에 따른 위험발생률로 옳은 것은?

① 전혀 발생하지 않는(impossible) 발생빈도 : 10^{-8}/day
② 극히 발생할 것 같지 않은(extremely unlikely) 발생빈도 : 10^{-7}/day
③ 거의 발생하지 않는(remote) 발생빈도 : 10^{-6}/day
④ 가끔 발생하는(occasional) 발생빈도 : 10^{-5}/day

해설 확률수준과 그에 따른 위험발생률

확률수준	위험발생률
자주 발생하는(frequent) 발생빈도	10^{-2}/day
보통 발생하는(reasonably probable) 발생빈도	10^{-3}/day
가끔 발생하는(occasional) 발생빈도	10^{-4}/day
거의 발생하지 않는(remote) 발생빈도	10^{-5}/day
극히 발생하지 않을 것 같은(extremely unlikely) 발생빈도	10^{-6}/day
발생이 불가능한(impossible) 발생빈도	10^{-8}/day

60 불(Boole)대수의 정리를 나타낸 관계식으로 틀린 것은?

① $A \cdot A = A$
② $A + \overline{A} = 0$
③ $A + AB = A$
④ $A + A = A$

해설 불대수의 정리
㉮ $A + \overline{A} = 1$
㉯ $A \cdot A = A$
㉰ $A + AB = A$
㉱ $A + A = A$
㉲ $A(A + B) = A$

정답 57.② 58.② 59.① 60.②

제4과목 건설시공학

61 벽돌공사 시 벽돌쌓기에 관한 설명으로 옳은 것은?

① 연속되는 벽면의 일부를 트이게 하여 나중쌓기로 할 때에는 그 부분을 층단 들여쌓기로 한다.
② 벽돌쌓기는 도면 또는 공사시방서에서 정한 바가 없을 때에는 미식 쌓기 또는 불식 쌓기로 한다.
③ 하루의 쌓기 높이는 1.8m를 표준으로 한다.
④ 세로줄눈은 구조적으로 우수한 통줄눈이 되도록 한다.

해설 ㉮ 벽돌쌓기
  ㉠ 하루 벽돌의 쌓는 높이는 1.2m를 표준으로 하고, 최대 1.5m 이내로 한다.
  ㉡ 세로줄눈은 구조적으로 우수한 막힌줄눈이 되도록 한다.
  ㉢ 벽돌쌓기는 도면 또는 공사시방서에서 정한 바가 없을 때에는 영식 쌓기 또는 화란식 쌓기로 한다.
  ㉣ 벽돌벽이 블록벽과 서로 직각으로 만날 때에는 연결철물을 만들어 블록 3단마다 보강하여 쌓는다.
  ㉤ 가로 및 세로 줄눈의 너비는 도면 또는 공사시방서에서 정한 바가 없을 때에는 10mm를 표준으로 한다.
  ㉥ 벽돌쌓기 전에 벽돌은 충분히 물을 축여 모르타르 부착이 좋아지도록 해야 한다.
㉯ 층단 떼어쌓기
  ㉠ 연속되는 벽면의 일부를 동시에 쌓지 못할 때 층단 떼어쌓기를 한다.
  ㉡ 긴 벽돌벽 쌓기의 경우 벽 일부를 한번에 쌓지 못하게 될 때 벽 중간에서 점점 쌓는 길이를 줄여 마무리하는 방법이다.

62 시공의 품질관리를 위한 7가지 도구에 해당되지 않는 것은?

① 파레토그램
② LOB 기법
③ 특성요인도
④ 체크시트

해설 품질관리(TQC)활동 7가지 도구
㉮ 히스토그램(histogram) : 길이, 무게, 강도 등과 같이 계량치의 데이터가 어떠한 분포를 하고 있는지 알아보기 위하여 작성하는 주상 기둥그래프(막대그래프)이다.
㉯ 특성요인도 : 결과에 원인이 어떻게 관계하고 있는가를 생선뼈 모양으로 나타낸 그림이다.
㉰ 파레토도(pareto diagram) : 시공 불량의 내용이나 원인을 분류항목으로 나누어 크기 순서대로 나열해 놓은 그림이다.
㉱ 관리도 : 공정의 상태를 나타내는 특성치에 관해서 그려진 꺾은선그래프이다.
㉲ 산점도(산포도, scatter diagram) : 서로 대응되는 두 종류의 데이터의 상호관계를 보는 것이다.
㉳ 체크시트 : 계수치의 데이터가 분류항목의 어디에 집중되어 있는가를 쉽게 나타낸 것이다.
㉴ 층별 : 데이터의 특성을 적당한 범주마다 얼마간의 그룹으로 나누어 도표로 나타낸 것이다.

63 다음 설명에 해당하는 공정표의 종류로 옳은 것은?

> 한 공종의 작업이 하나의 숫자로 표기되고 컴퓨터에 적용하기 용이한 이점 때문에 많이 사용되고 있다. 각 작업은 node로 표기하고 더미의 사용이 불필요하며, 화살표는 단순히 작업의 선후관계만을 나타낸다.

① 횡선식 공정표
② CPM
③ PDM
④ LOB

해설 공정표의 종류
㉮ 횡선식 공정표 : 세로축에 작업항목이나 공종, 가로축에 시간을 취하여 각 작업의 개시부터 종료까지의 시간을 막대 모양으로 표현한 공정표이다.
㉯ CPM : 신규 사업이지만 비교적 경험이 있는 사업과 반복 사업으로 불확정 요소는 별로 문제가 되지 않는 사업장에 적용한다.
㉰ PDM(Precedence Diagram Method) : 한 공종의 작업이 하나의 숫자로 표기되고 컴퓨터에 적용하기 용이한 이점 때문에 많이 사용되고 있다. 각 작업은 node로 표기하고 더미의 사용이 불필요하며, 화살표는 단순히 작업의 선후관계만을 나타낸다.
㉱ LOB : 반복작업에서 각 작업조의 생산성을 유지시키면서 그 생산성을 기울기로 하는 직선으로 각 반복작업의 진행을 표시하여 전체 공사를 도식화하는 기법이다.

64 콘크리트 구조물의 품질관리에서 활용되는 비파괴 시험(검사)방법으로 경화된 콘크리트 표면의 반발경도를 측정하는 것은?

① 슈미트해머시험
② 방사선투과시험
③ 자기분말탐상시험
④ 침투탐상시험

해설
① 슈미트해머시험(표면경도시험) : 콘크리트 표면 경도를 측정하여 이 측정치로부터 콘크리트의 압축강도를 비파괴로 판정하는 검사방법이다.
② 방사선투과시험 : X선(X-ray)과 γ선(감마선, gamma ray)을 투과하여 콘크리트의 밀도, 철근의 위치, 피복두께 등을 추정하는 방법이다.
③ 자기분말탐상시험 : 용접부에 직류 또는 교류의 자력선을 통과시켜 자력(magnetic force)을 형성한 후, 자분(철분가루)을 뿌려 주면 결함부위에 자분이 밀집되어 육안으로 용접부 결함을 검출하는 방법이다.
④ 침투탐상시험 : 표면에 흠 같은 미세한 균열 또는 구멍 같은 흠집을 신속하고 쉽게, 그리고 고감도로 검출하는 방법이다. 피검사체 표면의 불연속부에 침투액을 표면장력작용으로 침투시킨 다음, 표면의 침투제를 닦아내고 현상액을 발라서 결함부에 남아 있는 침투액이 표면에 나타나게 하는 방법으로 주로 금속에 실시한다.

65 일명 테이블폼(table form)으로 불리는 것으로 거푸집널에 장선, 멍에, 서포트 등을 기계적인 요소로 부재화한 대형 바닥판 거푸집은?

① 갱폼(gang form)
② 플라잉폼(flying form)
③ 유로폼(euro form)
④ 트래블링폼(traveling form)

해설
① 갱폼 : 주로 고층 아파트와 같이 평면상 상·하부가 동일한 단면 구조물에서 외부 벽체 거푸집과 발판용 케이지를 일체로 하여 제작한 대형 거푸집을 말한다.
③ 유로폼 : 경량 형강과 합판으로 벽판이나 바닥판을 짜서 못을 쓰지 않고 간단하게 조립할 수 있는 거푸집이다.
④ 트래블링폼 : 콘크리트를 부어가면서 경화 정도에 따라 거푸집을 수평으로 이동시키면서 연속해서 콘크리트를 타설할 수 있는 거푸집을 말한다.

66 콘크리트공사 시 철근의 정착위치에 관한 설명으로 옳지 않은 것은?

① 작은 보의 주근은 벽체에 정착한다.
② 큰 보의 주근은 기둥에 정착한다.
③ 기둥의 주근은 기초에 정착한다.
④ 지중보의 주근은 기초 또는 기둥에 정착한다.

해설 철근의 정착위치
㉮ 기둥의 상부의 주근은 큰 보, 하부의 주근은 기초에 정착시킨다.
㉯ 지중보의 주근은 기초 또는 기둥에 정착시킨다.
㉰ 큰 보의 주근은 기둥에 정착시킨다.
㉱ 작은 보의 주근은 큰 보에 정착시킨다.
㉲ 직교하는 단부 보 밑에 기둥이 없을 때에는 상호 간에 정착시킨다.

67 시험말뚝에 변형률계(strain gauge)와 가속도계(accelerometer)를 부착하여 말뚝 항타에 의한 파형으로부터 지지력을 구하는 시험은?

① 정재하시험
② 비비시험
③ 동재하시험
④ 인발시험

해설
① 정재하시험 : 말뚝의 지지력을 결정함에 있어서 말뚝의 거동을 파악하는 가장 확실한 방법이다. 말뚝 두부에 직접 시험하중을 재하하는 방식으로 가압 및 반력 시스템에 따라 고정하중 이용방식, 반력말뚝 이용방식 및 반력앵커 방식으로 분류할 수 있다.
② 비비시험 : 된반죽의 포장용 콘크리트의 반죽질기를 측정하는 시험이다.
④ 인발시험 : 콘크리트에 매립한 철근의 부착력을 판정하는 시험이다.

68 다음 지반개량 지정공사 중 응결공법이 아닌 것은?

① 플라스틱 드레인공법
② 시멘트 처리공법
③ 석회 처리공법
④ 심층혼합 처리공법

해설 **응결공법(고결공법)**
㉮ 약액 주입공법 : 지반 내에 주입관을 통해 약액을 주입하여 지반을 고결시키는 공법이다.
  ※ 주입 현탁액 : 시멘트, 아스팔트, 벤토나이트 등
㉯ 생석회 말뚝공법 : 생석회를 주입하여 흙속의 부분과 화학반응 시 발열에 의해 수분을 증발시키는 공법이다.
㉰ 동결공법 : 액체 질소를 이용하여 흙을 동결시키는 공법이다.
㉱ 기타 심층혼합 처리공법, 소결공법 등이 있다.

69 다음 중 공사계약에서 재계약 조건이 아닌 것은?

① 설계도면 및 시방서(specification)의 중대결함 및 오류에 기인한 경우
② 계약상 현장조건 및 시공조건이 상이(difference)한 경우
③ 계약사항에 중대한 변경이 있는 경우
④ 정당한 이유 없이 공사를 착수하지 않은 경우

해설 **공사계약 해제의 조건**
㉮ 정당한 사유 없이 약정한 착공기일을 경과하고도 공사에 착수하지 아니한 경우
㉯ 책임 있는 사유로 인하여 준공기일 내에 공사를 완성할 가능성이 없음이 명백한 경우
㉰ 계약조건 위반으로 인하여 계약의 목적을 달성할 수 없다고 인정되는 경우

70 콘크리트에서 사용하는 호칭강도의 정의로 옳은 것은?

① 레디믹스트 콘크리트 발주 시 구입자가 지정하는 강도
② 구조계산 시 기준으로 하는 콘크리트의 압축강도
③ 재령 7일의 압축강도를 기준으로 하는 강도
④ 콘크리트의 배합을 정할 때 목표로 하는 압축강도로 품질의 표준편차 및 양생온도 등을 고려하여 설계기준강도에 할증한 것

해설 **콘크리트에서 사용하는 강도**
㉮ 호칭강도 : 레디믹스트 콘크리트 발주 시 구입자가 지정하는 강도
㉯ 설계기준강도 : 콘크리트 부재를 설계할 때 기준으로 하는 강도
㉰ 배합강도 : 콘크리트의 배합을 정하는 경우에 목표로 하는 강도

71 슬라이딩폼(sliding form)에 관한 설명으로 옳지 않은 것은?

① 1일 5~10m 정도 수직 시공이 가능하므로 시공속도가 빠르다.
② 타설작업과 마감작업을 병행할 수 없어 공정이 복잡하다.
③ 구조물 형태에 따른 사용제약이 있다.
④ 형상 및 치수가 정확하며 시공오차가 적다.

해설 **슬라이딩폼**
㉮ 개요 : 원형 철판 거푸집을 요크로 서서히 끌어올리면서 연속적으로 콘크리트를 타설하는 수직활동 거푸집이다.
㉯ 특징
  ㉠ 공기를 1/3 정도로 단축할 수 있다.
  ㉡ 내·외부에 비계 발판이 필요 없다.
  ㉢ 연속 타설로 콘크리트의 일체성을 확보하기가 용이하다.
  ㉣ 굴뚝, 사일로(silo) 등 평면현상이 일정하고 돌출부가 없는 높은 구조물에 사용한다.

72 공동도급방식의 장점이 아닌 것은?

① 위험의 분산
② 시공의 확실성
③ 이윤 증대
④ 기술·자본의 증대

해설 **공동도급방식의 장단점**
㉮ 장점
  ㉠ 소자본으로 대규모 공사 도급 가능
  ㉡ 기술·자본 증대, 위험부담의 분산 및 감소
  ㉢ 기술의 확충, 강화 및 경험의 증대
  ㉣ 공사계획과 시공이행의 확실
㉯ 단점
  ㉠ 각 업체의 업무방식에서 오는 혼란
  ㉡ 현장관리의 곤란
  ㉢ 일식 도급보다 경비 증대

73 강구조 부재의 용접 시 예열에 관한 설명으로 옳지 않은 것은?

① 모재의 표면온도가 0℃ 미만인 경우는 적어도 20℃ 이상 예열한다.
② 이종금속 간에 용접을 할 경우는 예열과 층간 온도는 하위등급을 기준으로 하여 실시한다.
③ 버너로 예열하는 경우에는 개선면에 직접 가열해서는 안 된다.
④ 온도관리는 용접선에서 75mm 떨어진 위치에서 표면온도계 또는 온도초크 등에 의하여 온도관리를 한다.

해설 강구조 부재의 용접 시 예열
㉮ 모재의 표면온도가 0℃ 미만인 경우는 적어도 20℃ 이상 예열한다.
㉯ 온도관리는 용접선에서 75mm 떨어진 위치에서 표면온도계 또는 온도초크 등에 의하여 온도관리를 한다.
㉰ 예열방법은 전기저항가열법, 고정버너, 수동버너 등에서 강종에 적합한 조건과 방법을 선정하되 버너로 예열하는 경우에는 개선면에 직접 가열해서는 안 된다.
㉱ 이종금속 간에 용접을 할 경우는 예열과 층간 온도는 상위등급을 기준으로 하여 실시한다.
㉲ 용접부 부근의 대기온도가 -20℃보다 낮은 경우는 용접을 금지한다. 그러나 주위온도를 상승시킨 경우, 용접부 부근의 온도를 요구되는 수준으로 유지할 수 있으면 대기온도가 -20℃보다 낮아도 용접작업을 수행할 수 있다.

74 지하수가 없는 비교적 경질인 지층에서 어스오거로 구멍을 뚫고 그 내부에 철근과 자갈을 채운 후, 미리 삽입해 둔 파이프를 통해 저면에서부터 모르타르를 채워 올라오게 한 것은?

① 슬러리 월 ② 시트 파일
③ CIP 파일 ④ 프랭키 파일

해설 CIP(Cast-In-Place pile) 파일
굴착기계로 구멍을 뚫고 그 속에 모르타르 주입관, 조립한 철근 및 자갈을 넣고 주입관을 통해 프리팩트 모르타르를 주입하여 철근콘크리트 말뚝을 만드는 공법이다.

75 미장공법, 뿜칠공법을 통한 강구조 부재의 내화피복 시공 시 시공면적 얼마당 1개소 단위로 핀 등을 이용하여 두께를 확인하여야 하는가?

① $2m^2$
② $3m^2$
③ $4m^2$
④ $5m^2$

해설 미장공법, 뿜칠공법의 경우 검사 및 보수
㉮ 시공 시에는 시공면적 $5m^2$당 1개소 단위로 핀 등을 이용하여 두께를 확인하면서 시공한다.
㉯ 뿜칠공법의 경우 시공 후 두께나 비중은 코어를 채취하여 측정한다. 측정빈도는 각 층마다 또는 바닥면적 $1,500m^2$마다 각 부위별 1회를 원칙으로 하고 1회에 5개로 한다. 그러나 연면적이 $1,500m^2$ 미만의 건물에 대해서는 2회 이상으로 한다.

76 철골공사에서 발생할 수 있는 용접불량에 해당되지 않는 것은?

① 스캘럽(scallop)
② 언더컷(under cut)
③ 오버랩(over lap)
④ 피트(pit)

해설 용접결함의 종류
㉮ 언더컷(under-cut) : 과전류 및 용접봉 불량 등으로 모재가 녹아서 용착금속이 채워지지 않고 홈으로 남게 된 부분
㉯ 오버랩(over-lap) : 용접금속과 모재가 융합되지 않고 겹쳐지는 것
㉰ 블로홀(blow-hole) : 금속이 녹아들 때에 생기는 기포나 작은 틈
㉱ 크랙(crack) : 용접 후 냉각할 때에 생기는 갈라짐
㉲ 피트(pit) : 용접부에 생기는 미세한 홈
㉳ 슬래그(slag) 감싸들기 : 용접봉의 피복재 심선과 모재가 변하여 생긴 회분이 용착금속 내에 혼입되는 현상
㉴ 크레이터 : 용접 마지막 부분에서 일어나는 현상으로 용접물이 부족해서 비드가 충분히 위로 올라오지 않고 매우 얕게 생긴 모양

※ ① 스캘럽 : 용접선의 교차를 피하기 위하여 부재에 파놓은 부채꼴의 오목하게 들어간 부분으로 결함은 아니다.

77 기초의 종류 중 지정 형식에 따른 분류에 속하지 않는 것은?

① 직접기초
② 피어기초
③ 복합기초
④ 잠함기초

해설 기초의 종류
㉮ 푸팅(footing)기초 : 슬래브(slab)의 형식에 따른 분류
  ㉠ 독립기초
  ㉡ 복합기초
  ㉢ 연속기초(줄기초)
㉯ 지정 형식에 따른 분류
  ㉠ 직접기초
  ㉡ 피어기초
  ㉢ 잠함기초

78 다음은 표준시방서에 따른 철근의 이음에 관한 내용이다. 빈 칸에 공동으로 들어갈 내용으로 옳은 것은?

( )를 초과하는 철근은 겹침이음을 할 수 없다. 다만, 서로 다른 크기의 철근을 압축부에서 겹침이음하는 경우 ( ) 이하의 철근과 ( )를 초과하는 철근은 겹침이음을 할 수 있다.

① D29 ② D25
③ D32 ④ D35

해설 철근 이음에서 D35를 초과하는 철근은 겹침이음을 할 수 없다. 다만, 서로 다른 크기의 철근을 압축부에서 겹침이음하는 경우 D35 이하의 철근과 D35를 초과하는 철근은 겹침이음을 할 수 있다.

79 속빈 콘크리트블록의 규격 중 기본블록 치수가 아닌 것은? (단, 단위 : mm)

① 390×190×190
② 390×190×150
③ 390×190×100
④ 390×190×80

해설 속빈 콘크리트블록의 치수

형상	치수(mm)			허용치(mm)	
	길이	높이	두께	길이·두께	높이
기본블록	390	190	210 190 150 100	±2	±3
이형블록	길이, 높이 및 두께의 최소크기를 90mm 이상으로 한다. 또, 가로근 삽입 블록, 모서리 블록과 같이 기본블록과 동일한 크기의 것의 치수 및 허용치는 기본블록에 따른다.				

80 다음 조건에 따른 백호의 단위시간당 추정 굴삭량으로 옳은 것은?

- 버킷 용량 : 0.5m³
- 사이클타임 : 20초
- 작업효율 : 0.9
- 굴삭계수 : 0.7
- 굴삭토의 용적변화계수 : 1.25

① 94.5m³
② 80.5m³
③ 76.3m³
④ 70.9m³

해설 굴삭량(V)
$= Q \times \dfrac{3,600}{cm} \times EKF$
$= 0.5 \times \dfrac{3,600}{20} \times 0.9 \times 0.7 \times 1.25 ≒ 70.9 \text{m}^3/\text{h}$

≫ 제5과목 건설재료학

81 다음 중 석재의 종류와 용도가 잘못 연결된 것은?

① 화산암 - 경량골재
② 화강암 - 콘크리트용 골재
③ 대리석 - 조각재
④ 응회암 - 건축용 구조재

해설 ④ 응회암 - 기초석, 조적 석재 등

82 고강도 강선을 사용하여 인장응력을 미리 부여함으로써 큰 응력을 받을 수 있도록 제작된 것은?

① 매스 콘크리트
② 프리플레이스트 콘크리트
③ 프리스트레스트 콘크리트
④ AE 콘크리트

해설 ① 매스 콘크리트 : 부재 혹은 구조물의 치수가 커서 시멘트의 수화열에 의한 온도 상승 및 강하를 고려하여 설계·시공해야 하는 콘크리트
② 프리플레이스트 콘크리트 : 굵은 골재를 거푸집 속에 미리 넣어두고 후에 파이프를 통해서 모르타르를 압입하여 타설한 콘크리트
③ 프리스트레스트 콘크리트 : 외부하중이 가해지기 이전에 미리 부재 내에 응력을 가해 긴장시킴으로써 외부하중에 의해 생기는 인장응력의 일부를 없앤 콘크리트
④ AE 콘크리트 : AE제를 사용하여 콘크리트 속에 미세한 공기를 섞어 성질을 개선한 콘크리트

83 목재의 압축강도에 영향을 미치는 원인에 관한 설명으로 옳지 않은 것은?

① 기건비중이 클수록 압축강도는 증가한다.
② 가력방향이 섬유방향과 평행일 때의 압축강도가 직각일 때의 압축강도보다 크다.
③ 섬유포화점 이상에서 목재의 함수율이 커질수록 압축강도는 계속 낮아진다.
④ 옹이가 있으면 압축강도는 저하하고 옹이 지름이 클수록 더욱 감소한다.

해설 **목재의 강도**
㉮ 목재의 수축·팽창 등 재질의 변동은 섬유포화점 이하의 함수상태에서 발생하며, 섬유포화점 이상의 함수상태에서는 변화를 나타내지 않는다.
※ 변재는 심재보다 수축이 크고, 활엽수가 침엽수보다 수축이 크게 일어난다.
㉯ 목재의 강도는 섬유포화점 이상에서는 일정하지만, 섬유포화점 이하에서는 함수율의 감소에 따라 강도는 증가하고, 탄성은 감소한다.
㉰ 목재의 강도 크기 순서
인장강도 > 휨강도 > 압축강도 > 전단강도
㉱ 목재의 비중과 강도는 대체로 비례한다.

84 콘크리트용 혼화제의 사용 용도와 혼화제 종류를 연결한 것으로 옳지 않은 것은?

① AE 감수제 : 작업성능이나 동결융해 저항성능의 향상
② 유동화제 : 강력한 감수효과와 강도의 대폭적인 증가
③ 방청제 : 염화물에 의한 강재의 부식 억제
④ 증점제 : 점성, 응집작용 등을 향상시켜 재료분리를 억제

해설 ② 유동화제 : 강력한 감수효과를 이용한 유동성의 대폭적인 개선에 사용된다.

85 아스팔트를 천연 아스팔트와 석유 아스팔트로 구분할 때 천연 아스팔트에 해당되지 않는 것은?

① 록 아스팔트
② 레이크 아스팔트
③ 아스팔타이트
④ 스트레이트 아스팔트

해설 **아스팔트의 종류**
㉮ 천연 아스팔트
  ㉠ 록 아스팔트(rock asphalt) : 다공질 암석에 스며든 천연 아스팔트(역청분의 함유량 5~40% 정도)
  ㉡ 레이크 아스팔트(lake asphalt) : 지표에 호수 모양으로 퇴적되어 형성된 반유동체의 아스팔트(역청분의 함유량 50% 정도)
  ㉢ 아스팔타이트(asphaltite) : 원유가 암맥 사이에 침투되어 지열이나 공기 등에 의해 중합 또는 축합 반응을 일으켜 만들어진 탄력성이 풍부한 화합물
㉯ 석유 아스팔트
  ㉠ 스트레이트 아스팔트 : 신장성·접착력이 크나, 연화점이 낮고 내후성 및 온도에 대한 변화가 큰 아스팔트(아스팔트 펠트 삼투용으로 사용)
  ㉡ 블론 아스팔트 : 스트레이트 아스팔트보다 내후성이 좋고 연화점은 높으나, 신장성·접착성·방수성이 약한 아스팔트(아스팔트 컴파운드, 아스팔트 프라이머의 원료로 사용)
  ㉢ 아스팔트 컴파운드 : 블론 아스팔트에 동식물과 같은 유기질을 혼합하여 유동성·점성 등을 크게 하고, 내열성·내후성 등을 향상시킨 아스팔트

정답 82.③ 83.③ 84.② 85.④

86 유리의 중앙부와 주변부와의 온도 차이로 인해 응력이 발생하여 파손되는 현상을 유리의 열파손이라 한다. 열파손에 관한 설명으로 옳지 않은 것은?

① 색유리에 많이 발생한다.
② 동절기의 맑은 날 오전에 많이 발생한다.
③ 두께가 얇을수록 강도가 약해 열팽창응력이 크다.
④ 균열은 프레임에 직각으로 시작하여 경사지게 진행된다.

해설 유리의 열파손 특징
㉮ 색유리에 많이 발생한다.
㉯ 동절기의 맑은 날 오전에 많이 발생한다.
㉰ 두께가 두꺼울수록 강도가 약해 열팽창응력이 크다.
㉱ 균열은 프레임에 직각으로 시작하여 경사지게 진행된다.
㉲ 판유리 온도차가 60℃ 이상 되면 발생한다.

87 KS L 4201에 따른 1종 점토벽돌의 압축강도 기준으로 옳은 것은?

① 8.78MPa 이상   ② 14.70MPa 이상
③ 20.59MPa 이상 ④ 24.50MPa 이상

해설 KS L 4201에 따른 압축강도

종류 품질	1종	2종	3종
흡수율(%)	10 이하	13 이하	15 이하
압축강도(MPa)	24.50 이상	20.59 이상	10.78 이상

88 표면건조 포화상태 질량 500g의 잔골재를 건조시켜, 공기 중 건조상태에서 측정한 결과 460g, 절대건조상태에서 측정한 결과 450g이었다. 이 잔골재의 흡수율은?

① 8%   ② 8.8%
③ 10%   ④ 11.1%

해설 흡수율 = $\dfrac{\text{표면건조 포화상태 질량} - \text{절대건조상태 질량}}{\text{절대건조상태 질량}} \times 100$

$= \dfrac{500-450}{450} \times 100 = 11.1\%$

89 점토의 성질에 관한 설명으로 옳지 않은 것은?

① 양질의 점토는 건조상태에서 현저한 가소성을 나타내며, 점토 입자가 미세할수록 가소성은 나빠진다.
② 점토의 주성분은 실리카와 알루미나이다.
③ 인장강도는 점토의 조직에 관계하며 입자의 크기가 큰 영향을 준다.
④ 점토제품의 색상을 철산화물 또는 석회물질에 의해 나타난다.

해설 가소성은 점토 성형에 중요한 성질로서 양질의 점토일수록 습윤상태에서 가소성이 좋으며, 점토 입자가 작을수록 좋다.

90 다음 합성수지 중 열가소성 수지가 아닌 것은?

① 알키드수지
② 염화비닐수지
③ 아크릴수지
④ 폴리프로필렌수지

해설 열가소성 수지와 열경화성 수지의 종류
㉮ 열가소성 수지
 ㉠ 아크릴수지
 ㉡ 염화비닐수지
 ㉢ 폴리에틸렌수지
 ㉣ 폴리스티렌수지
 ㉤ 폴리프로필렌수지
 ㉥ 메타크릴수지
 ㉦ ABS 수지
 ㉧ 폴리아미드(Polyamide)수지(나일론)
 ㉨ 셀룰로이드(Celluloid)
 ㉩ 비닐아세틸수지
㉯ 열경화성 수지
 ㉠ 페놀수지
 ㉡ 에폭시수지
 ㉢ 멜라민수지
 ㉣ 요소수지
 ㉤ 실리콘수지
 ㉥ 폴리우레탄수지
 ㉦ 알키드수지(포화폴리에스터수지)
 ㉧ 불포화폴리에스터수지
 ㉨ 우레탄수지
 ㉩ 규소수지
 ㉪ 프란수지

91 습윤상태의 모래 780g을 건조로에서 건조시켜 절대건조상태 720g으로 되었다. 이 모래의 표면수율은? (단, 이 모래의 흡수율은 5%이다.)

① 3.08%   ② 3.17%
③ 3.33%   ④ 3.52%

해설 ㉮ 흡수율

$$= \frac{\text{표면건조 내부포화상태 중량} - \text{절대건조상태 중량}}{\text{절대건조상태 중량}} \times 100$$

$$5 = \frac{X - 720}{720} \times 100$$

∴ $X = 756g$

㉯ 표면수율

$$= \frac{\text{습윤상태 중량} - \text{표면건조상태 중량}}{\text{표면건조상태 중량}} \times 100$$

$$= \frac{780 - 756}{756} \times 100$$

$$= 3.17\%$$

92 미장재료 중 회반죽에 관한 설명으로 옳지 않은 것은?

① 경화속도가 느린 편이다.
② 일반적으로 연약하고, 비내수성이다.
③ 여물은 접착력 증대를, 해초풀은 균열 방지를 위해 사용된다.
④ 소석회가 주원료이다.

해설 회반죽
소석회에 해초풀, 여물, 모래(초벌이나 재벌에만 섞고, 정벌바름에는 섞지 않음) 등을 혼합하여 바르는 미장재료이다.
㉮ 건조, 경화할 때의 수축률이 크기 때문에 삼 여물로 균열을 분산, 미세화시킨다.
㉯ 풀은 내수성이 없기 때문에 주로 실내에 바른다.
㉰ 회반죽에 석고를 약간 혼합하면 수축균열을 감소시키고, 경화속도, 강도 등이 증대된다.
㉱ 다른 미장재료에 비해 건조에 걸리는 시일이 상당히 길다.

93 도료의 사용 용도에 관한 설명으로 옳지 않은 것은?

① 유성 바니시는 투명 도료이며, 목재 마감에도 사용 가능하다.
② 유성 페인트는 모르타르, 콘크리트면에 발라 착색 방수피막을 형성한다.
③ 합성수지 에멀션 페인트는 콘크리트면, 석고보드 바탕 등에 사용된다.
④ 클리어래커는 목재면의 투명 도장에 사용된다.

해설 ① 유성 바니시 : 수지를 건성유(중합유, 보일유 등)에 가열·용해시킨 후에 휘발성 용제로 희석시킨 무색 또는 담갈색의 투명 도료로서 피도장물의 보호 및 장식의 목적으로 사용된다.
② 유성 페인트 : 비교적 두꺼운 도막을 만들 수 있고 값이 저렴하나, 내후성·내약품성(내알칼리성)·변색성 등의 일반적인 도막 성질이 나쁘다. 목재류나 석고판류 등의 도장에 쓰인다.
③ 합성수지 에멀션 페인트 : 내산성 및 내알칼리성이 있어서 콘크리트면, 석고보드 바탕 등에 사용된다.
④ 클리어래커 : 안료가 들어가지 않은 투명 래커로서 유성 바니시보다 도막은 얇으나 견고하고 담색으로 광택이 우아하여 목재면의 투명 도장에 사용된다.

94 전기절연성, 내열성이 우수하고 특히 내약품성이 뛰어나며, 유리섬유로 보강하여 강화플라스틱(FRP)의 제조에 사용되는 합성수지는?

① 멜라민수지
② 불포화 폴리에스테르수지
③ 페놀수지
④ 염화비닐수지

해설 폴리에스테르 강화판(유리섬유보강 플라스틱 ; FRP)
㉮ 제법
가는 유리섬유에 불포화 폴리에스테르수지를 넣어 상온·가압하여 성형한 것으로 건축재료로서는 섬유를 불규칙하게 넣어 사용한다.
㉯ 용도
㉠ 설비재료(세면기, 변기 등), 내·외 수장재료로 사용
㉡ 항공기, 차량 등의 구조재 및 욕조, 창호재 등으로 사용

95 강의 열처리방법 중 결정을 미립화하고 균일하게 하기 위해 800~1,000℃까지 가열하여 소정의 시간까지 유지한 후에 노(爐)의 내부에서 서서히 냉각하는 방법은?

① 풀림
② 불림
③ 담금질
④ 뜨임질

해설 강의 열처리방법
㉮ 풀림(annealing) : 강을 적당한 온도(800~1,000℃)로 가열한 후에 노 안에서 천천히 냉각시키는 것
㉯ 불림(normalizing) : 800~1,000℃의 온도로 가열한 후에 대기 중에서 냉각시키는 열처리방법
㉰ 담금질(hardening 또는 quenching) : 강을 가열한 후에 물 또는 기름 속에 투입하여 급랭시키는 열처리방법
㉱ 뜨임질(tempering) : 담금질한 강에 인성을 주고 내부 잔류응력을 없애기 위해 변태점 이하의 적당한 온도(726℃ 이하 : 제일변태점)에서 가열한 다음에 냉각시키는 열처리방법

96 단열재료에 관한 설명으로 옳지 않은 것은?

① 열전도율이 높을수록 단열성능이 좋다.
② 같은 두께인 경우 경량재료인 편이 단열에 더 효과적이다.
③ 일반적으로 다공질의 재료가 많다.
④ 단열재료의 대부분은 흡음성도 우수하므로 흡연재료로서도 이용된다.

해설 ① 열전도율이 높을수록 단열성능이 나쁘다. 예를 들면, 단열재료에 습기나 물기가 침투하면 열전도율이 높아져 단열성능이 현저히 나빠진다.

97 목재 건조의 목적에 해당되지 않는 것은?

① 강도의 증진
② 중량의 경감
③ 가공성의 증진
④ 균류 발생의 방지

해설 건조의 목적
㉮ 수축 · 균열이나 변형을 방지
㉯ 부패균의 발생 방지
㉰ 강도의 증진
㉱ 방부제의 주입 용이

98 다음 중 각 미장재료별 경화형태가 잘못 연결된 것은?

① 회반죽 : 수경성
② 시멘트 모르타르 : 수경성
③ 돌로마이트 플라스터 : 기경성
④ 테라조 현장바름 : 수경성

해설 응결 · 경화 방식에 따른 미장재료의 분류
㉮ 수경성 미장재료(팽창성) : 물(H_2O)과 수화반응에 의해 경화하는 미장재료
  ㉠ 시멘트 모르타르
  ㉡ 석고 플라스터
  ㉢ 경석고 플라스터
  ㉣ 인조석 바름
  ㉤ 테라조(terrazzo) 현장바름
㉯ 기경성 미장재료(수축성) : 공기 중에서 경화하는 미장재료
  ㉠ 진흙
  ㉡ 회반죽
  ㉢ 회사벽
  ㉣ 돌로마이트 플라스터

99 콘크리트용 골재의 품질요건에 관한 설명으로 옳지 않은 것은?

① 골재는 청정 · 견강해야 한다.
② 골재는 소요의 내화성과 내구성을 가져야 한다.
③ 골재는 표면이 매끄럽지 않으며, 예각으로 된 것이 좋다.
④ 골재는 밀실한 콘크리트를 만들 수 있는 입형과 입도를 갖는 것이 좋다.

해설 골재의 품질
㉮ 골재는 견강하고 물리적 · 화학적으로 안정되어야 하며, 내화성 및 내구성을 가져야 한다.
㉯ 골재는 청정해야 하며, 유해성이 있는 먼지나 흙 및 유기불순물 등이 포함되지 않아야 한다.
㉰ 골재의 형태는 표면이 거칠고, 구형이나 입방체에 가까운 것이 좋다.
㉱ 골재는 콘크리트의 강도를 확보할 수 있는 강도를 가져야 한다.

정답 95.① 96.① 97.③ 98.① 99.③

100 금속 부식에 관한 대책으로 잘못된 것은?

① 가능한 한 이종금속은 이를 인접, 접속시켜 사용하지 않을 것
② 균질한 것을 선택하고, 사용할 때 큰 변형을 주지 않도록 할 것
③ 큰 변형을 준 것은 가능한 한 풀림하여 사용할 것
④ 표면을 거칠게 하고 가능한 한 습윤상태로 유지할 것

해설 ④ 금속 부식 방지를 위해서는 표면을 매끄럽게 하여 표면적을 줄이고, 건조상태를 유지할 것

>> **제6과목** 건설안전기술

101 이동식 비계를 조립하여 작업을 하는 경우에 준수하여야 할 기준으로 잘못된 것은?

① 승강용 사다리는 견고하게 설치할 것
② 비계의 최상부에서 작업을 하는 경우에는 안전난간을 설치할 것
③ 작업발판의 최대적재하중은 400kg을 초과하지 않도록 할 것
④ 작업발판은 항상 수평을 유지하고 작업발판 위에서 안전난간을 딛고 작업을 하거나 받침대 또는 사다리를 사용하여 작업하지 않도록 할 것

해설 이동식 비계 조립 시 준수사항
㉮ 이동식 비계의 바퀴에는 갑작스러운 이동 또는 전도를 방지하기 위하여 브레이크·쐐기 등으로 바퀴를 고정시킨 다음 비계의 일부를 견고한 시설물에 고정하거나 아웃트리거(outrigger)를 설치하는 등 필요한 조치를 할 것
㉯ 승강용 사다리는 견고하게 설치할 것
㉰ 비계의 최상부에서 작업을 하는 경우에는 안전난간을 설치할 것
㉱ 작업발판은 항상 수평을 유지하고 작업발판 위에서 안전난간을 딛고 작업을 하거나, 받침대 또는 사다리를 사용하여 작업하지 않도록 할 것
㉲ 작업발판의 최대적재하중은 250kg을 초과하지 않도록 할 것

102 지하수위 측정에 사용되는 계측기는?

① Load cell
② Inclinometer
③ Extensometer
④ Piezometer

해설 계측기의 종류
㉮ 수위계(water level meter) : 지반 내 지하수위 변화를 측정
㉯ 간극수압계(piezometer) : 지하수의 수압을 측정
㉰ 하중계(load cell) : 버팀보(지주) 또는 어스앵커(earth anchor) 등의 실제 축하중 변화상태를 측정
㉱ 지중경사계(inclinometer) : 흙막이벽의 수평변위(변형) 측정
㉲ 신장계(extensometer) : 인장시험편의 평행부의 표점거리에 생긴 길이의 변화, 즉 신장을 정밀하게 측정

103 가설통로를 설치하는 경우 준수하여야 할 기준으로 옳지 않은 것은?

① 경사는 30° 이하로 할 것
② 경사가 15°를 초과하는 경우에는 미끄러지지 아니하는 구조로 할 것
③ 추락할 위험이 있는 장소에는 안전난간을 설치할 것
④ 수직갱에 가설된 통로의 길이가 15m 이상인 경우에는 7m 이내마다 계단참을 설치할 것

해설 가설통로 설치 시 준수사항
㉮ 견고한 구조로 할 것
㉯ 경사는 30° 이하로 할 것. 다만, 계단을 설치하거나 높이 2m 미만의 가설통로로서 튼튼한 손잡이를 설치한 경우에는 그러하지 아니하다.
㉰ 경사가 15°를 초과하는 경우에는 미끄러지지 아니하는 구조로 할 것
㉱ 추락할 위험이 있는 장소에는 안전난간을 설치할 것. 다만, 작업상 부득이한 경우에는 필요한 부분만 임시로 해체할 수 있다.
㉲ 수직갱에 가설된 통로의 길이가 15m 이상인 경우에는 10m 이내마다 계단참을 설치할 것
㉳ 건설공사에 사용하는 높이 8m 이상인 비계다리에는 7m 이내마다 계단참을 설치할 것

정답 100.④ 101.③ 102.④ 103.④

104 거푸집 동바리 등을 조립하는 경우에 준수하여야 하는 기준으로 옳지 않은 것은?

① 동바리로 사용하는 파이프서포트를 이어서 사용하는 경우에는 3개 이상의 볼트 또는 전용 철물을 사용하여 이을 것
② 동바리로 사용하는 강관은 높이 2m 이내마다 수평연결재를 2개 방향으로 만들 것
③ 받침목(깔목)이나 깔판의 사용, 콘크리트 타설, 말뚝박기 등 동바리의 침하를 방지하기 위한 조치를 할 것
④ 동바리로 사용하는 파이프서포트를 3개 이상 이어서 사용하지 않도록 할 것

해설 거푸집 및 동바리 조립 시의 안전조치
㉮ 받침목이나 깔판의 사용, 콘크리트 타설, 말뚝박기 등 동바리의 침하를 방지하기 위한 조치를 할 것
㉯ 개구부 상부에 동바리를 설치하는 경우에는 상부 하중을 견딜 수 있는 견고한 받침대를 설치할 것
㉰ 동바리의 상하 고정 및 미끄러짐 방지조치를 하고, 하중의 지지상태를 유지할 것
㉱ 동바리의 이음은 맞댄이음이나 장부이음으로 하고 같은 품질의 재료를 사용할 것
㉲ 강재의 접속부 및 교차부는 볼트·클램프 등 전용 철물을 사용하여 단단히 연결할 것
㉳ 거푸집이 곡면인 경우에는 버팀대의 부착 등 그 거푸집의 부상(浮上)을 방지하기 위한 조치를 할 것
㉴ 동바리로 사용하는 파이프서포트의 설치기준
　㉠ 파이프서포트를 3개 이상 이어서 사용하지 않도록 할 것
　㉡ 파이프서포트를 이어서 사용하는 경우에는 4개 이상의 볼트 또는 전용 철물을 사용하여 이을 것
　㉢ 높이가 3.5m를 초과하는 경우에는 높이 2m 이내마다 수평연결재를 2개 방향으로 만들고 수평연결재의 변위를 방지할 것
㉵ 동바리로 사용하는 강관[파이프서포트(pipe support)는 제외한다]에 대해서는 다음의 사항을 따를 것
　㉠ 높이 2m 이내마다 수평연결재를 2개 방향으로 만들고, 수평연결재의 변위를 방지할 것
　㉡ 멍에 등을 상단에 올릴 경우에는 해당 상단에 강재의 단판을 붙여 멍에 등을 고정시킬 것

105 터널 지보공을 조립하거나 변경하는 경우에 조치하여야 하는 사항으로 옳지 않은 것은?

① 목재의 터널 지보공은 그 터널 지보공의 각 부재에 작용하는 긴압 정도를 체크하여 그 정도가 최대한 차이나도록 할 것
② 강(鋼)아치 지보공의 조립은 연결볼트 및 띠장 등을 사용하여 주재 상호 간을 튼튼하게 연결할 것
③ 기둥에는 침하를 방지하기 위하여 받침목을 사용하는 등의 조치를 할 것
④ 주재(主材)를 구성하는 1세트의 부재는 동일 평면 내에 배치할 것

해설 ① 목재의 터널 지보공은 그 터널 지보공의 각 부재의 긴압 정도가 균등하게 되도록 할 것

106 터널 공사의 전기발파작업에 관한 설명으로 옳지 않은 것은?

① 전선은 점화하기 전에 화약류를 충진한 장소로부터 30m 이상 떨어진 안전한 장소에서 도통시험 및 저항시험을 하여야 한다.
② 점화는 충분한 허용량을 갖는 발파기를 사용하고 규정된 스위치를 반드시 사용하여야 한다.
③ 발파 후 발파기와 발파모선의 연결을 유지한 채 그 단부를 절연시킨 후 재점화가 되지 않도록 한다.
④ 점화는 선임된 발파 책임자가 행하고 발파기의 핸들을 점화할 때 이외는 시건장치를 하거나 모선을 분리하여야 하며, 발파 책임자의 엄중한 관리하에 두어야 한다.

해설 ③ 발파 후 즉시 발파모선을 발파기로부터 분리하고 그 단부를 절연시켜 재점화가 되지 않도록 하여야 한다.

107 화물 적재 시 준수사항으로 잘못된 것은?

① 침하 우려가 없는 튼튼한 기반 위에 적재할 것
② 건물의 칸막이나 벽 등이 화물의 압력에 견딜 만큼의 강도를 지니지 아니한 경우에는 칸막이나 벽에 기대어 적재하지 않도록 할 것
③ 불안정할 정도로 높이 쌓아 올리지 말 것
④ 하중을 한쪽으로 치우치더라도 화물을 최대한 효율적으로 적재할 것

해설 화물을 적재하는 경우의 준수사항
㉮ 침하 우려가 없는 튼튼한 기반 위에 적재할 것
㉯ 건물의 칸막이나 벽 등이 화물의 압력에 견딜 만큼의 강도를 지니지 아니한 경우에는 칸막이나 벽에 기대어 적재하지 않도록 할 것
㉰ 불안정할 정도로 높이 쌓아 올리지 말 것
㉱ 하중이 한쪽으로 치우치지 않도록 쌓을 것

108 안전계수가 4이고 2,000MPa의 인장강도를 갖는 강선의 최대허용응력은?

① 500MPa
② 1,000MPa
③ 1,500MPa
④ 2,000MPa

해설 안전계수 = $\dfrac{\text{파괴하중(인장강도)}}{\text{허용응력}}$

허용응력 = $\dfrac{\text{인장강도}}{\text{안전계수}} = \dfrac{2{,}000\text{MPa}}{4} = 500\text{MPa}$

109 사면보호공법 중 구조물에 의한 보호공법에 해당되지 않는 것은?

① 블록공
② 식생구멍공
③ 돌쌓기공
④ 현장타설 콘크리트 격자공

해설 사면보호공법
㉮ 구조물에 의한 사면보호공법
 ㉠ 현장타설 콘크리트 격자공
 ㉡ 블록공
 ㉢ 돌쌓기공
 ㉣ 콘크리트 붙임공법
 ㉤ 뿜칠공법, 피복공법 등
㉯ 식생에 의한 사면보호공법
㉰ 떼임공법 등

110 발파구간 인접 구조물에 대한 피해 및 손상을 예방하기 위한 건물 기초에서의 허용진동치(cm/sec) 기준으로 옳지 않은 것은? (단, 기존 구조물에 금이 가 있거나 노후 구조물 대상일 경우 등은 고려하지 않는다.)

① 문화재 : 0.2cm/sec
② 주택, 아파트 : 0.5cm/sec
③ 상가 : 1.0cm/sec
④ 철골콘크리트 빌딩 : 0.8~1.0cm/sec

해설 ④ 철골콘크리트 빌딩 및 상가의 기초 허용진동치는 1.0~4.0cm/sec이다.

111 다음 중 강관을 사용하여 비계를 구성하는 경우 준수하여야 할 기준으로 옳지 않은 것은?

① 비계기둥의 간격은 띠장방향에서는 1.85m 이하, 장선(長線)방향에서는 1.5m 이하로 할 것
② 띠장 간격은 2.0m 이하로 할 것
③ 비계기둥의 제일 윗부분으로부터 31m 되는 지점 밑부분의 비계기둥은 3개의 강관으로 묶어 세울 것
④ 비계기둥 간의 적재하중은 400kg을 초과하지 않도록 할 것

해설 강관 비계를 구성할 때의 준수사항
㉮ 비계기둥의 간격은 띠장방향에서는 1.85m 이하, 장선(長線)방향에서는 1.5m 이하로 할 것. 다만, 선박 및 보트 건조작업의 경우 안전성에 대한 구조 검토를 실시하고 조립도를 작성하면 띠장방향 및 장선방향으로 각각 2.7m 이하로 할 수 있다.
㉯ 띠장 간격은 2.0m 이하로 할 것. 다만, 작업의 성질상 이를 준수하기가 곤란하여 쌍기둥틀 등에 의하여 해당 부분을 보강한 경우에는 그러하지 아니하다.
㉰ 비계기둥의 제일 윗부분으로부터 31m 되는 지점 밑부분의 비계기둥은 2개의 강관으로 묶어 세울 것. 다만, 브래킷(bracket, 까치발) 등으로 보강하여 2개의 강관으로 묶을 경우 이상의 강도가 유지되는 경우에는 그러하지 아니하다.
㉱ 비계기둥 간의 적재하중은 400kg을 초과하지 아니하도록 할 것

112 거푸집 동바리 등을 조립 또는 해체하는 작업을 하는 경우의 준수사항으로 옳지 않은 것은?

① 재료, 기구 또는 공구 등을 올리거나 내리는 경우에는 근로자로 하여금 달줄·달포대 등의 사용을 금하도록 할 것
② 낙하·충격에 의한 돌발적 재해를 방지하기 위하여 버팀목을 설치하고 거푸집 동바리 등을 인양장비에 매단 후에 작업을 하도록 하는 등 필요한 조치를 할 것
③ 비, 눈, 그 밖의 기상상태의 불안정으로 날씨가 몹시 나쁜 경우에는 그 작업을 중지할 것
④ 해당 작업을 하는 구역에는 관계 근로자가 아닌 사람의 출입을 금지할 것

[해설] ① 재료, 기구 또는 공구 등을 올리거나 내리는 경우에는 근로자로 하여금 달줄 또는 달포대 등을 사용하도록 할 것

113 다음 보기 중 지하수위 상승으로 포화된 사질토 지반의 액상화 현상을 방지하기 위한 가장 직접적이고 효과적인 대책은 무엇인가?

① Well point 공법 적용
② 동다짐 공법 적용
③ 입도가 불량한 재료를 입도가 양호한 재료로 치환
④ 밀도를 증가시켜 한계 간극비 이하로 상대밀도를 유지하는 방법 강구

[해설] 웰포인트 공법(Well point method)
주로 모래질 지반에 유효한 배수공법의 하나이다. 웰포인트라는 양수관을 다수 박아 넣고, 상부를 연결하여 진공펌프와 와권(渦卷)펌프를 조합시킨 펌프에 의해 지하수를 강제 배수한다. 중력 배수가 유효하지 않은 경우에 널리 쓰이는데, 1단의 양정이 7m 정도까지이므로 깊은 굴착에는 여러 단의 웰포인트가 필요하게 된다.

114 차량계 건설기계를 사용하여 작업을 하는 경우 작업계획서 내용에 포함되지 않는 사항은?

① 사용하는 차량계 건설기계의 종류 및 성능
② 차량계 건설기계의 운행경로
③ 차량계 건설기계에 의한 작업방법
④ 차량계 건설기계 사용 시 유도자 배치위치

[해설] 차량계 건설기계 작업 시 작업계획서에 포함되어야 할 사항
㉮ 사용하는 차량계 건설기계의 종류 및 능력
㉯ 차량계 건설기계의 운행경로
㉰ 차량계 건설기계에 의한 작업방법

115 크레인 등 건설장비의 가공전선로 접근 시 안전대책으로 옳지 않은 것은?

① 안전 이격거리를 유지하고 작업한다.
② 장비를 가공전선로 밑에 보관한다.
③ 장비의 조립, 준비 시부터 가공전선로에 대한 감전방지 수단을 강구한다.
④ 장비 사용 현장의 장애물, 위험물 등을 점검 후 작업계획을 수립한다.

[해설] ② 장비는 가공전선로 밑을 피하여 보관한다.

116 공사 진척에 따른 공정률이 다음과 같을 때 안전관리비 사용기준으로 옳은 것은? (단, 공정률은 기성 공정률을 기준으로 한다.)

공정률 : 70% 이상, 90% 미만

① 50% 이상
② 60% 이상
③ 70% 이상
④ 80% 이상

[해설] 공사 진척에 따른 안전관리비 사용기준

공정률	50% 이상 ~70% 미만	70% 이상 ~90% 미만	90% 이상 ~100%
사용기준	50% 이상	70% 이상	90% 이상

정답 112.① 113.① 114.④ 115.② 116.③

117 산업안전보건법령에서 규정하는 철골작업을 중지하여야 하는 기후조건에 해당하지 않는 것은?

① 풍속이 초당 10m 이상인 경우
② 강우량이 시간당 1mm 이상인 경우
③ 강설량이 시간당 1cm 이상인 경우
④ 기온이 영하 5℃ 이하인 경우

해설 철골작업을 중지해야 하는 기상조건
㉮ 풍속 : 10m/s 이상
㉯ 강우량 : 1mm/h 이상
㉰ 강설량 : 1cm/h 이상

118 흙의 투수계수에 영향을 주는 인자에 관한 설명으로 옳지 않은 것은?

① 포화도 : 포화도가 클수록 투수계수도 크다.
② 공극비 : 공극비가 클수록 투수계수는 작다.
③ 유체의 점성계수 : 점성계수가 클수록 투수계수는 작다.
④ 유체의 밀도 : 유체의 밀도가 클수록 투수계수는 크다.

해설 ② 공극비 : 공극비가 클수록 투수계수는 크다.

119 미리 작업장소의 지형 및 지반상태 등에 적합한 제한속도를 정하지 않아도 되는 차량계 건설기계의 속도기준은?

① 최대제한속도가 10km/h 이하
② 최대제한속도가 20km/h 이하
③ 최대제한속도가 30km/h 이하
④ 최대제한속도가 40km/h 이하

해설 제한속도의 지정
차량계 건설기계(최고속도가 10km/h 이하인 것은 제외)를 사용하여 작업을 하는 때에는 미리 작업장소의 지형 및 지반상태 등에 적합한 제한속도를 정하고 운전자로 하여금 이를 준수하도록 한다.

120 유해위험방지계획서를 고용노동부장관에게 제출하고 심사를 받아야 하는 대상 건설공사 기준으로 옳지 않은 것은?

① 최대지간길이가 50m 이상인 다리의 건설 등 공사
② 지상높이 25m 이상인 건축물 또는 인공구조물의 건설 등 공사
③ 깊이 10m 이상인 굴착공사
④ 다목적댐, 발전용댐, 저수용량 2천만톤 이상의 용수 전용댐 및 지방상수도 전용댐의 건설 등 공사

해설 유해위험방지계획서 제출대상 건설공사
㉮ 다음 어느 하나에 해당하는 건축물 또는 시설 등의 건설·개조 또는 해체(이하 "건설 등"이라 한다) 공사
  ㉠ 지상높이가 31m 이상인 건축물 또는 인공구조물
  ㉡ 연면적 3만m² 이상인 건축물
  ㉢ 연면적 5천m² 이상인 시설로서 다음의 어느 하나에 해당하는 시설
    – 문화 및 집회시설(전시장 및 동물원·식물원은 제외한다)
    – 판매시설, 운수시설(고속철도의 역사 및 집배송시설은 제외한다)
    – 종교시설
    – 의료시설 중 종합병원
    – 숙박시설 중 관광숙박시설
    – 지하도 상가
    – 냉동·냉장 창고시설
㉯ 연면적 5천m² 이상인 냉동·냉장 창고시설의 설비공사 및 단열공사
㉰ 최대지간길이(다리의 기둥과 기둥의 중심 사이의 거리)가 50m 이상인 다리의 건설 등 공사
㉱ 터널의 건설 등 공사
㉲ 다목적댐, 발전용댐, 저수용량 2천만톤 이상의 용수 전용댐 및 지방상수도 전용댐의 건설 등 공사
㉳ 깊이 10m 이상인 굴착공사

제2회 건설안전기사 2021

2021. 5. 15. 시행

》제1과목 산업안전관리론

01 산업안전보건법령상 자율안전확인 안전모의 시험성능기준 항목으로 명시되지 않은 것은?

① 난연성 ② 내관통성
③ 내전압성 ④ 턱끈풀림

[해설] 자율안전확인 안전모의 시험성능기준 항목

항목	시험성능기준
내관통성	안전모는 관통거리가 11.1mm 이하이어야 한다.
충격흡수성	최고전달충격력이 4,450N을 초과해서는 안 되며, 모체와 착장체의 기능이 상실되지 않아야 한다.
난연성	모체가 불꽃을 내며 5초 이상 연소되지 않아야 한다.
턱끈풀림	150N 이상 250N 이하에서 턱끈이 풀려야 한다.

02 산업재해의 발생형태에 따른 분류 중 단순연쇄형에 속하는 것은? (단, O는 재해발생의 각종 요소를 나타낸다.)

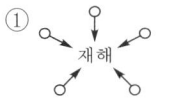

[해설] ① : 집중형(단순자극형)
② : 단순연쇄형
③ : 복합연쇄형
④ : 복합형(집중형 + 연쇄형)

03 산업안전보건법령상 안전인증대상 기계에 해당하지 않는 것은?

① 크레인 ② 곤돌라
③ 컨베이어 ④ 사출성형기

[해설] 안전인증대상 기계·기구 등
㉮ 프레스
㉯ 전단기 및 절곡기
㉰ 크레인
㉱ 리프트
㉲ 압력용기
㉳ 롤러기
㉴ 사출성형기
㉵ 고소작업대
㉶ 곤돌라

04 하인리히의 1 : 29 : 300 법칙에서 "29"가 의미하는 것은?

① 재해 ② 중상해
③ 경상해 ④ 무상해사고

[해설] 하인리히 법칙(1 : 29 : 300의 법칙)
330회의 사고 가운데 중상 또는 사망 1회, 경상 29회, 무상해사고 300회의 비율로 사고가 발생한다는 것을 나타낸다.

05 작업자가 불안전한 작업대에서 작업 중 추락하여 지면에 머리가 부딪혀 다친 경우의 기인물과 가해물로 옳은 것은?

① 기인물 – 지면, 가해물 – 지면
② 기인물 – 작업대, 가해물 – 지면
③ 기인물 – 지면, 가해물 – 작업대
④ 기인물 – 작업대, 가해물 – 작업대

[해설] ㉮ 기인물 : 작업대(불안전한 상태에 있는 물체)
㉯ 가해물 : 지면(직접 사람에게 접촉되어 위해를 가한 물체)

정답 01.③ 02.② 03.③ 04.③ 05.②

06 A사업장에서는 산업재해로 인한 인적·물적 손실을 줄이기 위하여 안전행동 실천운동(5C 운동)을 실시하고자 한다. 5C 운동에 해당하지 않는 것은?

① Control
② Correctness
③ Cleaning
④ Checking

해설 5C 운동(안전행동 실천운동)
㉮ 복장단정(Correctness)
㉯ 정리·정돈(Clearance)
㉰ 청소·청결(Cleaning)
㉱ 점검·확인(Checking)
㉲ 전심·전력(Concentration)

07 기계·기구·설비의 신설, 변경 내지 고장 수리 시 실시하는 안전점검의 종류로 옳은 것은?

① 특별점검
② 수시점검
③ 정기점검
④ 임시점검

해설 안전점검의 종류
㉮ 수시점검 : 작업 담당자, 해당 관리감독자가 맡고 있는 공정의 설비, 기계, 공구 등을 매일 작업시작 전이나 사용 전 또는 작업 중, 작업종료 후에 수시로 실시하는 점검
㉯ 정기점검 : 일정 기간마다 정기적으로 실시하는 점검을 말하며, 일반적으로 매주·1개월·6개월·1년·2년 등의 주기로 담당 분야별로 작업 책임자가 기계설비의 안전상 중요 부분에 대한 피로·마모·손상·부식 등 장치의 변화 유무 등을 점검
㉰ 임시점검 : 정기점검을 실시한 후 차기 점검일 이전에 트러블이나 고장 등의 직후에 임시로 실시하는 점검의 형태를 말하며, 기계·기구 또는 설비의 이상이 발견되었을 때에 임시로 실시하는 점검
㉱ 특별점검 : 기계·기구 또는 설비를 신설 및 변경하거나 고장에 의한 수리 등을 할 경우에 행하는 부정기적 점검을 말하며, 일정 규모 이상의 강풍, 폭우, 지진 등의 기상이변이 있은 후에 실시하는 점검과 안전강조기간, 방화주간에 실시하는 점검

08 건설기술진흥법령상 건설사고조사위원회의 구성기준의 내용 중 다음 ( )에 알맞은 내용은?

> 건설사고조사위원회는 위원장 1명을 포함한 ( )명 이내의 위원으로 구성한다.

① 9
② 10
③ 11
④ 12

해설 건설사고조사위원회
㉮ 건설사고조사위원회는 위원장 1명을 포함한 12명 이내의 위원으로 구성한다.
㉯ 건설사고조사위원회의 위원은 다음의 어느 하나에 해당하는 사람 중에서 해당 건설사고조사위원회를 구성·운영하는 국토교통부장관, 발주청 또는 인·허가기관의 장이 임명하거나 위촉한다.
　㉠ 건설공사 업무와 관련된 공무원
　㉡ 건설공사 업무와 관련된 단체 및 연구기관 등의 임직원
　㉢ 건설공사 업무에 관한 학식과 경험이 풍부한 사람

09 무재해운동의 이념 3원칙 중 잠재적인 위험요인을 발견·해결하기 위하여 전원이 협력하여 각자의 위치에서 의욕적으로 문제해결을 실천하는 원칙은?

① 무의 원칙
② 선취의 원칙
③ 관리의 원칙
④ 참가의 원칙

해설 무재해운동 이념의 3원칙
㉮ 무의 원칙 : 모든 잠재적 위험요인을 사전에 발견·파악·해결함으로써 근원적으로 산업재해를 없애자는 것이다.
㉯ 참가의 원칙 : 참가란 작업에 따르는 잠재적인 위험요인을 발견·해결하기 위하여 전원이 협력하여 각각의 입장에서 문제해결 행동을 실천하는 것이다.
㉰ 선취해결의 원칙 : 무재해운동에 있어서 선취란 궁극의 목표로서의 무재해·무질병의 직장을 실현하기 위하여 행동하기 전에 일체의 직장 내에서 위험요인을 발견·파악·해결하여 재해를 예방하거나 방지하는 것을 말한다.

10 하인리히의 사고예방대책 기본원리 5단계에 있어 "시정방법의 선정" 바로 이전 단계에서 행하여지는 사항으로 옳은 것은?

① 분석
② 사실의 발견
③ 안전조직 편성
④ 시정책의 적용

해설 하인리히의 사고예방대책 기본원리 5단계
㉮ 1단계 : 안전관리 조직
㉯ 2단계 : 사실의 발견
㉰ 3단계 : 분석·평가
㉱ 4단계 : 시정책 선정
㉲ 5단계 : 시정책 적용

11 산업안전보건법령상 산업안전보건위원회의 심의·의결사항으로 틀린 것은? (단, 그 밖에 해당 사업장 근로자의 안전 및 보건을 유지·증진시키기 위하여 필요한 사항은 제외한다.)

① 사업장 경영체계 구성 및 운영에 관한 사항
② 작업환경측정 등 작업환경의 점검 및 개선에 관한 사항
③ 안전보건관리규정의 작성 및 변경에 관한 사항
④ 유해하거나 위험한 기계·기구·설비를 도입한 경우 안전 및 보건 관련 조치에 관한 사항

해설 산업안전보건위원회의 심의·의결사항
㉮ 사업장의 산업재해 예방계획의 수립에 관한 사항
㉯ 근로자의 건강진단 등 건강관리에 관한 사항
㉰ 안전보건관리규정의 작성 및 변경에 관한 사항
㉱ 근로자의 안전·보건 교육에 관한 사항
㉲ 작업환경측정 등 작업환경의 점검 및 개선에 관한 사항
㉳ 산업재해에 관한 통계의 기록 및 유지에 관한 사항
㉴ 중대재해의 원인조사 및 재발방지대책 수립에 관한 사항
㉵ 유해하거나 위험한 기계·기구와 그 밖의 설비를 도입한 경우 안전·보건 조치에 관한 사항

12 산업안전보건법령상 안전보건개선계획의 제출에 관한 사항 중 (   )에 알맞은 내용은?

안전보건개선계획서를 제출해야 하는 사업주는 안전보건개선계획서 수립·시행 명령을 받은 날부터 (   )일 이내에 관할 지방고용노동관서의 장에게 해당 계획서를 제출해야 한다.

① 15   ② 30
③ 60   ④ 90

해설 안전보건개선계획의 수립·시행 명령을 받은 사업주는 고용노동부장관이 정하는 바에 따라 안전보건개선계획서를 작성하여 그 명령을 받은 날부터 60일 이내에 관할 지방고용노동관서의 장에게 제출하여야 한다.

13 산업안전보건법령상 명예산업안전감독관의 업무에 속하지 않는 것은? (단, 산업안전보건위원회 구성 대상 사업의 근로자 중에서 근로자 대표가 사업주의 의견을 들어 추천하여 위촉된 명예산업안전감독관의 경우)

① 사업장에서 하는 자체점검 참여
② 보호구의 구입 시 적격품의 선정
③ 근로자에 대한 안전수칙 준수 지도
④ 사업장 산업재해 예방계획 수립 참여

해설 명예산업안전감독관의 업무
㉮ 사업장에서 하는 자체점검 참여 및 「근로기준법」에 따른 근로감독관이 하는 사업장 감독 참여
㉯ 사업장 산업재해 예방계획 수립 참여 및 사업장에서 하는 기계·기구 자체검사 참석
㉰ 법령을 위반한 사실이 있는 경우 사업주에 대한 개선 요청 및 감독기관에의 신고
㉱ 산업재해 발생의 급박한 위험이 있는 경우 사업주에 대한 작업중지 요청
㉲ 작업환경측정, 근로자 건강진단 시의 참석 및 그 결과에 대한 설명회 참여
㉳ 직업성 질환의 증상이 있거나 질병에 걸린 근로자가 여러 명 발생한 경우 사업주에 대한 임시건강진단 실시 요청
㉴ 근로자에 대한 안전수칙 준수 지도
㉵ 법령 및 산업재해 예방정책 개선 건의
㉶ 안전·보건 의식을 북돋우기 위한 활동 등에 대한 참여와 지원
㉷ 그 밖에 산업재해 예방에 대한 홍보 등 산업재해 예방업무와 관련하여 고용노동부장관이 정하는 업무

14 산업안전보건법령상 다음 ( )에 알맞은 내용은?

> 안전보건관리규정의 작성 대상 사업의 사업주는 안전보건관리규정을 작성해야 할 사유가 발생한 날부터 ( ) 이내에 안전보건관리규정의 세부 내용을 포함한 안전보건관리규정을 작성하여야 한다.

① 10일 ② 15일
③ 20일 ④ 30일

해설 안전보건관리규정은 작성하여야 할 사유(상시근로자 수가 100명이 되는 날)가 발생한 날부터 30일 이내에 이를 작성해야 한다.

15 다음 중 산업안전보건법령상 안전보건표지의 용도가 금지일 경우 사용되는 색채로 옳은 것은?

① 흰색 ② 녹색
③ 빨간색 ④ 노란색

해설 안전보건표지의 색도기준 및 용도

색 채	색도기준	용도	사용 예
빨간색	7.5R 4/14	금지	정지신호, 소화설비 및 그 장소, 유해행위의 금지
		경고	화학물질 취급장소에서의 유해·위험 경고
노란색	5Y 8.5/12	경고	화학물질 취급장소에서의 유해·위험 경고 이외의 위험경고, 주의표지 또는 기계방호물
파란색	2.5PB 4/10	지시	특정 행위의 지시 및 사실의 고지
녹색	2.5G 4/10	안내	비상구 및 피난소, 사람 또는 차량의 통행표지
흰색	N9.5	—	파란색 또는 녹색에 대한 보조색
검은색	N0.5	—	문자 및 빨간색 또는 노란색에 대한 보조색

16 하인리히의 재해손실비 평가방식에서 간접비에 속하지 않는 것은?

① 요양급여 ② 시설복구비
③ 교육훈련비 ④ 생산손실비

해설 하인리히의 재해손실비
총 재해 cost=직접비(1)+간접비(4)
㉮ 직접비
휴업급여, 장해급여, 요양급여, 간병급여, 장례비, 유족급여, 상병보상연금, 직업재활급여 등
㉯ 간접비
㉠ 인적 손실 : 본인 및 제3자에 관한 것을 포함한 시간손실
㉡ 물적 손실 : 기계, 공구, 재료, 시설의 복구에 소비된 시간손실 및 재산손실
㉢ 생산손실 : 생산 감소, 생산 중단, 판매 감소 등에 의한 손실
㉣ 기타 손실 : 교육훈련비, 병상위문금, 여비 및 교통비, 입원 중의 잡비 등

17 다음에서 설명하는 무재해운동 추진기법은 무엇인가?

> 피부를 맞대고 같이 소리치는 것으로서 팀의 일체감, 연대감을 조성할 수 있고, 동시에 대뇌 피질에 좋은 이미지를 불어 넣어 안전행동을 하도록 하는 것

① 역할연기(Role Playing)
② TBM(Tool Box Meeting)
③ 터치 앤 콜(Touch and Call)
④ 브레인스토밍(Brainstorming)

해설
① 역할연기법 : 참석자에게 어떤 역할을 주어서 실제로 시켜봄으로써 훈련이나 평가에 사용하는 교육기법으로, 절충능력이나 협조성을 높여서 태도의 변용에도 도움을 주는 학습방법
② TBM : 작업현장에서 그때 그 장소의 상황에 즉응하여 실시하는 기법(즉시즉응법)
③ Touch and Call : 현장에서 팀 전원이 각자의 왼손을 맞잡아 원을 만들어 팀 행동 목표를 지적·확인하는 것으로 팀의 일체감, 연대감을 조성할 수 있고, 동시에 대뇌피질에 좋은 이미지를 불어 넣어 안전행동을 하도록 하는 기법
④ 브레인스토밍 : 일정한 테마에 관하여 회의형식을 채택하고, 구성원의 자유발언을 통한 아이디어의 제시를 요구하여 발상을 찾아내는 방법
㉠ 비평금지 : '좋다, 나쁘다'라고 비평하지 않는다.
㉡ 자유분방 : 마음대로 편안히 발언한다.
㉢ 대량발언 : 무엇이든지 좋으니 많이 발언한다.
㉣ 수정발언 : 타인의 아이디어에 수정하거나 덧붙여 말해도 좋다.

18 시설물의 안전 및 유지관리에 관한 특별법상 제1종 시설물에 명시되지 않은 것은?

① 고속철도 교량
② 25층인 건축물
③ 연장 300m인 철도 교량
④ 연면적이 70,000m²인 건축물

해설 제1종 시설물의 종류
㉮ 고속철도 교량, 연장 500m 이상의 도로 및 철도 교량
㉯ 고속철도 및 도시철도 터널, 연장 1,000m 이상의 도로 및 철도 터널
㉰ 갑문시설 및 연장 1,000m 이상의 방파제
㉱ 다목적댐, 발전용댐, 홍수전용댐 및 총 저수용량 1천만ton 이상의 용수전용댐
㉲ 21층 이상 또는 연면적 5만m² 이상의 건축물
㉳ 하구둑, 포용저수량 8천만ton 이상의 방조제
㉴ 광역상수도, 공업용수도, 1일 공급능력 3만ton 이상의 지방상수도

19 산업안전보건법령상 중대재해가 아닌 것은?

① 사망자가 1명 발생한 재해
② 부상자가 동시에 10명 발생한 재해
③ 직업성 질병자가 동시에 10명 발생한 재해
④ 1개월의 요양이 필요한 부상자가 동시에 2명 발생한 재해

해설 고용노동부령이 정하는 중대재해
㉮ 사망자가 1명 이상 발생한 재해
㉯ 3개월 이상의 요양이 필요한 부상자가 동시에 2명 이상 발생한 재해
㉰ 부상자 또는 직업성 질병자가 동시에 10명 이상 발생한 재해

20 연평균 근로자수가 400명인 사업장에서 연간 2건의 재해로 인하여 4명의 사상자가 발생하였다. 근로자가 1일 8시간씩 연간 300일을 근무하였을 때 이 사업장의 연천인율은?

① 1.85 ② 4.4
③ 5   ④ 10

해설 연천인율 = $\dfrac{\text{사상자수}}{\text{연근로자수}} \times 1,000$
= $\dfrac{4}{400} \times 1,000 = 10$

≫ 제2과목 산업심리 및 교육

21 참가자 앞에서 소수의 전문가들이 과제에 관한 견해를 자유롭게 토의한 후 참가자 전원이 참가하여 사회자의 사회에 따라 토의하는 방법은?

① 포럼(forum)
② 심포지엄(symposium)
③ 버즈세션(buzz session)
④ 패널디스커션(panel discussion)

해설 ① 포럼(공개토론회) : 새로운 자료나 교재를 제시하고 거기서의 문제점을 피교육자로 하여금 제기하게 하거나 의견을 여러 가지 방법으로 발표하게 한 후에 다시 깊이 파고들어 토의를 행하는 방법
② 심포지엄 : 몇 사람의 전문가에 의하여 과제에 관한 견해를 발표한 뒤 참가자로 하여금 의견이나 질문을 하게 하여 토의하는 방법
③ 버즈세션 : 6-6회의라고도 하며, 먼저 사회자와 기록계를 선출한 후 나머지 사람을 6명씩 소집단으로 구분하고, 소집단별로 각각 사회자를 선발하여 6분씩 자유토의를 행하여 의견을 종합하는 방법
④ 패널디스커션 : 패널 멤버(교육과제에 정통한 전문가 4~5명)가 피교육자 앞에서 자유로이 토의하고 뒤에 피교육자 전원이 참가하여 사회자의 사회에 따라 토의하는 방법

22 권한의 근거는 공식적이며, 지휘형태가 권위주의적이고 임명되어 권한을 행사하는 지도자로 옳은 것은?

① 헤드십(headship)
② 리더십(leadership)
③ 멤버십(membership)
④ 매니저십(managership)

해설 선출방식에 따른 리더십의 분류
㉮ Headship : 집단 구성원이 아닌 외부에 의해 선출(임명)된 지도자로, 명목상의 리더십이라고도 한다.
㉯ Leadership : 집단 구성원에 의해 내부적으로 선출된 지도자로, 사실상의 리더십을 말한다.

23 스트레스(stress)에 영향을 주는 요인 중 환경이나 외적 요인에 해당하는 것은?

① 자존심의 손상
② 현실에의 부적응
③ 도전의 좌절과 자만심의 상충
④ 직장에서의 대인관계 갈등과 대립

해설 스트레스의 외적 및 내적 자극 요인
㉮ 외적 자극 요인
　㉠ 경제적인 어려움
　㉡ 대인관계상의 갈등과 대립
　㉢ 가족관계상의 갈등
　㉣ 가족의 죽음이나 질병
　㉤ 자신의 건강문제
　㉥ 상대적인 박탈감
㉯ 내적 자극 요인
　㉠ 자존심의 손상과 공격 방어 심리
　㉡ 출세욕의 좌절감과 자만심의 상충
　㉢ 지나친 과거에의 집착과 허탈
　㉣ 업무상의 죄책감, 현실에의 부적응
　㉤ 지나친 경쟁심과 재물에 대한 욕심
　㉥ 남에게 의지하고자 하는 심리
　㉦ 가족 간의 대화 단절, 의견의 불일치

24 안전심리의 5대 요소에 관한 설명으로 틀린 것은?

① 기질이란 감정적인 경향이나 반응에 관계되는 성격의 한 측면이다.
② 감정은 생활체가 어떤 행동을 할 때 생기는 객관적인 동요를 뜻한다.
③ 동기는 능동적인 감각에 의한 자극에서 일어난 사고의 결과로서 사람의 마음을 움직이는 원동력이 되는 것이다.
④ 습성은 한 종에 속하는 개체의 대부분에서 볼 수 있는 일정한 생활양식으로 본능, 학습, 조건반사 등에 따라 형성된다.

해설 ② 감정은 어떤 현상이나 사건을 접했을 때 마음에서 일어나는 느낌이나 기분으로 생활체가 어떤 행동을 할 때 생기는 주관적인 동요를 뜻한다.

25 교육법의 4단계 중 일반적으로 적용시간이 가장 긴 것은?

① 도입　　　　② 제시
③ 적용　　　　④ 확인

해설 교육법의 4단계
㉮ 제1단계 – 도입(준비) : 수강자에게 배우고자 하는 마음가짐을 일으키도록 도입한다. 교육의 주제와 목적 또는 중요성을 말하고 관심과 흥미를 가지도록 동기부여를 함과 동시에 심신의 여유를 갖도록 한다.
㉯ 제2단계 – 제시(설명) : 상대의 능력에 따라 교육하고 내용을 확실하게 이해·납득시키는 단계이므로 주안점을 두어서 논리적·체계적으로 반복교육을 하여 확실하게 이해시킨다.
※ 교육법의 4단계 중 제시단계가 일반적으로 적용시간이 가장 길다.
㉰ 제3단계 – 적용(응용) : 이해시킨 내용을 구체적 또는 실제 문제로 활용시키거나 응용시키도록 한다. 사례연구에 따라서 문제해결을 시키거나 실제로 습득시켜 본다.
㉱ 제4단계 – 확인(총괄) : 수강자가 교육내용을 정확하게 이해하고 납득하여 습득하였는가 아닌가를 확인한다. 확인하는 방법은 시험과 과제연구 제출 등의 방법이 있다. 확인결과에 따라 보강을 하거나 교육방법을 개선한다.

26 다음의 내용에서 교육지도의 5단계를 순서대로 바르게 나열한 것은?

ⓐ 가설의 설정
ⓑ 결론
ⓒ 원리의 제시
ⓓ 관련된 개념의 분석
ⓔ 자료의 평가

① ⓒ → ⓓ → ⓐ → ⓔ → ⓑ
② ⓐ → ⓑ → ⓒ → ⓓ → ⓑ
③ ⓒ → ⓐ → ⓔ → ⓓ → ⓑ
④ ⓐ → ⓒ → ⓔ → ⓓ → ⓑ

해설 교육지도의 5단계
㉮ 1단계 : 원리의 제시
㉯ 2단계 : 관련된 개념의 분석
㉰ 3단계 : 가설의 설정
㉱ 4단계 : 자료의 평가
㉲ 5단계 : 결론

정답 23.④　24.②　25.②　26.①

27 호손(Hawthorne) 실험의 결과 생산성 향상에 영향을 준 가장 큰 요인은?

① 생산기술 ② 임금 및 근로시간
③ 인간관계 ④ 조명 등 작업환경

해설 호손(Hawthorne) 실험
직장집단에 있어서 공식조직 내에 비공식조직이나 비공식적인 인간관계가 발생하여 조직의 목적 달성에 중요한 영향을 미치고 있다는 학설을 발표했다.
㉮ 실험 연구자 : 메이요(G.E. Mayo)와 레슬리스버거(Rethlisberger) 등
㉯ 실험 결론
  ㉠ 작업자의 작업능률(생산성 향상)은 임금·근로시간 등의 근로조건과 조명 및 환기 등 기타 물리적인 작업환경조건보다는 종업원들의 태도와 감정을 규제하고 있는 인간관계에 의하여 결정된다.
  ㉡ 물리적 조건도 그 개선에 의하여 효과를 가져올 수 있으나, 오히려 종업원들의 심리적 요소가 중요하다는 것을 알 수 있다.
  ㉢ 종업원의 태도나 감정을 좌우하는 것은 개인적·사회적 환경과 사내의 세력관계 및 소속되는 비공식조직의 힘이다.

28 훈련에 참가한 사람들이 직무에 복귀한 후에 실제 직무수행에서 훈련효과를 보이는 정도를 나타내는 것은?

① 전이 타당도
② 교육 타당도
③ 조직 간 타당도
④ 조직 내 타당도

해설 문제의 내용은 전이 타당도의 설명이다.

29 산업심리에서 활용되고 있는 개인적인 카운슬링 방법에 해당하지 않는 것은?

① 직접 충고 ② 설득적 방법
③ 설명적 방법 ④ 토론적 방법

해설 개인적 카운슬링 방법
㉮ 직접 충고(수칙 불이행일 때 적합)
㉯ 설득적 방법
㉰ 설명적 방법

30 착각현상 중에서 실제로는 움직이지 않는데 움직이는 것처럼 느껴지는 심리적인 현상은?

① 잔상 ② 원근 착시
③ 가현운동 ④ 기하학적 착시

해설 운동의 시지각(착각현상)
㉮ 자동운동 : 암실 내에서 정지된 소광점을 응시하고 있으면 그 광점의 움직임을 볼 수 있는데, 이를 '자동운동'이라고 한다.
자동운동이 생기기 쉬운 조건은 다음과 같다.
  ㉠ 광점이 작을 것
  ㉡ 시야의 다른 부분이 어두울 것
  ㉢ 광의 강도가 작을 것
  ㉣ 대상이 단순할 것
㉯ 유도운동 : 실제로는 움직이지 않는 것이 어느 기준의 이동에 유도되어 움직이는 것처럼 느껴지는 현상을 말한다.
㉰ 가현운동(β운동) : 객관적으로 정지하고 있는 대상물이 급속히 나타나거나 소멸하는 것으로 인하여 일어나는 운동으로, 마치 대상물이 운동하는 것처럼 인식되는 현상을 말한다(영화·영상의 방법).

31 다음 설명의 리더십 유형은 무엇인가?

> 과업을 계획하고 수행하는 데 있어서 구성원과 함께 책임을 공유하고 인간에 대하여 높은 관심을 갖는 리더십

① 권위적 리더십
② 독재적 리더십
③ 민주적 리더십
④ 자유방임형 리더십

해설 리더십 유형
㉮ 권위형 : 지도자가 조직의 의사나 정책을 스스로 결정하고 구성원들이 일방적으로 따라오게 하는 리더십 유형
㉯ 민주형 : 과업을 계획하고 수행하는 데 있어서 구성원과 함께 책임을 공유하고 인간에 대하여 높은 관심을 갖는 리더십으로 집단의 토론이나 회의 등에 의해 정책을 결정하는 유형
㉰ 자유방임형 : 지도자가 조직의 의사결정 과정을 이끌지 않고 조직 구성원들에게 의사결정 권한을 위임해 버리는 리더십 유형

32 의식수준이 정상이지만 생리적 상태가 적극적일 때에 해당하는 것은?

① Phase 0
② Phase Ⅰ
③ Phase Ⅲ
④ Phase Ⅳ

해설 **의식수준의 단계**

단계	의식 상태	주의작용	생리적 상태	신뢰성
Phase 0	무의식, 실신	없음	수면, 뇌발작	0
Phase Ⅰ	정상 이하, 의식 둔화	부주의	피로, 단조, 졸음, 주취	0.9 이하
Phase Ⅱ	정상, 이완	수동적, 내외적	안정 기거, 휴식, 정상작업	0.99~0.99999
Phase Ⅲ	정상, 명쾌	능동적, 전향적, 위험예지주의력 범위 넓음	적극 활동	0.999999 이상
Phase Ⅳ	초정상, 흥분	한 점에 고집, 판단 정지	흥분, 긴급, 방위반응, 당황, 공포반응	0.9 이하

33 안드라고지(Andragogy) 모델에 기초한 학습자로서의 성인의 특징과 가장 거리가 먼 것은?

① 성인들은 타인 주도적 학습을 선호한다.
② 성인들은 과제 중심적으로 학습하고자 한다.
③ 성인들은 다양한 경험을 가지고 학습에 참여한다.
④ 성인들은 왜 배워야 하는지에 대해 알고자 하는 욕구를 가지고 있다.

해설 **안드라고지 모델에 기초한 학습자로서의 성인의 특징**
㉮ 성인들은 자기 주도적 학습을 선호한다.
㉯ 성인들은 과제 중심적으로 학습하고자 한다.
㉰ 성인들은 다양한 경험을 가지고 학습에 참여한다.
㉱ 성인들은 왜 배워야 하는지에 대해 알고자 하는 욕구를 가지고 있다.
㉲ 성인의 학습동기는 외재적인 요인보다는 내재적인 요인에 의해 유발된다.

34 다음 보기 중 직무수행평가에 대한 효과적인 피드백의 원칙에 대한 설명으로 잘못된 것은?

① 직무수행성과에 대한 피드백의 효과가 항상 긍정적이지는 않다.
② 피드백은 개인의 수행성과뿐만 아니라 집단의 수행성과에도 영향을 준다.
③ 부정적 피드백을 먼저 제시하고 그 다음에 긍정적 피드백을 제시하는 것이 효과적이다.
④ 직무수행성과가 낮을 때, 그 원인을 능력 부족의 탓으로 돌리는 것보다 노력 부족 탓으로 돌리는 것이 더 효과적이다.

해설 ② 피드백의 원칙은 긍정적 피드백을 먼저 제시하고, 그 다음에 부정적 피드백을 제시하는 것이 효과적이다.

35 교육의 3요소를 바르게 나열한 것은?

① 교사 - 학생 - 교육재료
② 교사 - 학생 - 교육환경
③ 학생 - 교육환경 - 교육재료
④ 학생 - 부모 - 사회 지식인

해설 **교육의 3요소**
㉮ 주체 : 강사, 교사 등
㉯ 객체 : 학생, 수강자, 피교육자 등
㉰ 매개체 : 교재 등

36 어느 철강회사의 고로작업 라인에 근무하는 A씨의 작업강도가 힘든 중작업으로 평가되었다면 해당되는 에너지대사율(RMR)의 범위로 가장 적절한 것은?

① 0~1
② 2~4
③ 4~7
④ 7~10

해설 **에너지대사율(RMR)에 따른 작업강도의 구분**
㉮ 경(輕)작업 : 0~2RMR
㉯ 보통(中)작업 : 2~4RMR
㉰ 중(重)작업 : 4~7RMR
㉱ 초중(超重)작업 : 7RMR 이상

정답 32.③ 33.① 34.③ 35.① 36.③

37 다음 보기 설명 중 Off J.T.의 특징이 아닌 것은?

① 우수한 강사를 확보할 수 있다.
② 교재, 시설 등을 효과적으로 이용할 수 있다.
③ 개개인의 능력 및 적성에 적합한 세부 교육이 가능하다.
④ 다수의 대상자를 일괄적, 체계적으로 교육시킬 수 있다.

[해설] O.J.T.와 Off J.T.의 특징
㉮ O.J.T.의 특징
　㉠ 개개인에게 적합한 지도 훈련이 가능하다.
　㉡ 직장의 실정에 맞는 실체적 훈련을 할 수 있다.
　㉢ 훈련에 필요한 업무의 계속성이 끊어지지 않는다.
　㉣ 즉시 업무에 연결되는 관계로 신체와 관련이 있다.
　㉤ 효과가 곧 업무에 나타나며, 훈련의 좋고 나쁨에 따라 개선이 용이하다.
　㉥ 교육을 통한 훈련 효과에 의해 상호 신뢰 이해도가 높아진다.
㉯ Off J.T.의 특징
　㉠ 다수의 근로자에게 조직적 훈련이 가능하다.
　㉡ 훈련에만 전념하게 된다.
　㉢ 특별설비기구를 이용할 수 있다.
　㉣ 전문가를 강사로 초청할 수 있다.
　㉤ 각 직장의 근로자가 많은 지식이나 경험을 교류할 수 있다.
　㉥ 교육훈련 목표에 대해서 집단적 노력이 흐트러질 수도 있다.

38 안전태도교육 기본과정을 순서대로 나열한 것은?

① 청취 → 모범 → 이해 → 평가 → 장려·처벌
② 청취 → 평가 → 이해 → 모범 → 장려·처벌
③ 청취 → 이해 → 모범 → 평가 → 장려·처벌
④ 청취 → 평가 → 모범 → 이해 → 장려·처벌

[해설] 안전태도교육의 기본과정
㉮ 청취(들어보기)한다.
㉯ 이해한다.
㉰ 모범(시범)을 보인다.
㉱ 평가한다.
㉲ 장려·처벌한다.

39 인간의 적응기제(adjustment mechanism) 중 방어적 기제에 해당하는 것은?

① 보상
② 고립
③ 퇴행
④ 억압

[해설] 인간의 적응기제
㉮ 방어적 기제(defence mechanism) : 자신의 약점이나 무능력 또는 열등감을 위장하여 유리하게 보호함으로써 안정감을 찾으려는 기제이다.
　㉠ 보상(compensation)
　㉡ 합리화(rationalization) : 자기의 실패나 약점을 그럴 듯한 이유를 들어서 남의 비난을 받지 않도록 하며, 또한 자위도 하는 행동 기제이다. 합리화는 자기 방어의 방식에 따라 신포도형, 투사형, 달콤한 레몬형, 망상형으로 나눈다.
　㉢ 동일시(identification)
　㉣ 승화(sublimation) : 정신적인 역량의 전환을 의미하는 것이다.
　㉤ 투사
　㉥ 반동 형성
㉯ 도피적 기제(escape mechanism) : 욕구 불만에 의한 긴장이나 압박으로부터 벗어나기 위해서 비합리적인 행동으로 공상에 도피하고, 현실 세계에서 벗어남으로써 마음의 안정을 얻으려는 기제이다.
　㉠ 고립(isolation)
　㉡ 퇴행(regression)
　㉢ 억압(suppression)
　㉣ 백일몽(day-dream)
㉰ 공격적 기제(aggressive mechanism) : 적극적이며 능동적인 입장에서 어떤 욕구 불만에 대한 반항으로 자기를 괴롭히는 대상에 대해서 적대시하는 감정이나 태도를 취하는 것을 말한다.
　㉠ 직접적 공격기제 : 힘에 의존해서 폭행, 싸움, 기물 파손 등을 행한다.
　㉡ 간접적 공격기제 : 조소, 비난, 중상모략, 폭언, 욕설 등을 행한다.

37.③　38.③　39.①

40 맥그리거(Douglas Mcgregor)의 X·Y이론 중 X이론과 관계 깊은 것은?

① 근면, 성실
② 물질적 욕구 추구
③ 정신적 욕구 추구
④ 자기통제에 의한 자율관리

해설 X이론과 Y이론의 비교

X이론	Y이론
· 인간 불신감 · 성악설 · 인간은 본래 게으르고 태만하여 남의 지배받기를 즐김 · 물질 욕구(저차적 욕구) · 명령 통제에 의한 관리 · 저개발국형	· 상호 신뢰감 · 성선설 · 인간은 선천적으로 부지런하고 근면하며, 적극적이고 자주적임 · 정신 욕구(고차적 욕구) · 목표 통합과 자기통제에 의한 자율관리 · 선진국형

≫ 제3과목 인간공학 및 시스템 안전공학

41 일반적으로 은행의 접수대 높이나 공원의 벤치를 설계할 때 가장 적합한 인체측정자료의 응용원칙은?

① 조절식 설계
② 평균치를 이용한 설계
③ 최대치수를 이용한 설계
④ 최소치수를 이용한 설계

해설 인체측정자료 응용원칙의 적용
㉮ 최대치수와 최소치수의 적용
  ㉠ 최대치수 : 문, 탈출구, 통로 등의 공간여유를 정할 때 적용한다.
  ㉡ 최소치수 : 조작자와 제어버튼 사이의 거리, 작업대·선반 등의 높이, 조종장치까지의 거리 및 조작에 필요한 힘 등을 정할 때 적용한다.
㉯ 조절식의 적용
  ㉠ 조절식은 자동차 좌석의 전후조절, 사무실 의자의 상하조절, 책상 높이조절 등에 응용된다.
  ㉡ 조절식을 설계할 때에는 통상 5%치에서 95%까지 90% 범위를 수용대상으로 설계하는 것이 관례이다.
㉰ 평균치 적용 : 공공장소의 의자, 화장실 변기, 슈퍼마켓의 계산대, 은행의 접수대 등

42 두 가지 상태 중 하나가 고장 또는 결함으로 나타나는 비정상적인 사건은?

① 톱사상
② 결함사상
③ 정상적인 사상
④ 기본적인 사상

해설 FT기호
㉮ 톱사상 : FT의 제일 위에서 발생하는 사상이다.
㉯ 정상적인 사상 : 두 가지 상태가 규정된 시간 내에 일어날 것으로 기대·예정되는 사상이다.
㉰ 결함사상 : 두 가지 상태 중 하나가 고장 또는 결함으로 나타나는 비정상적인 사건이다.
㉱ 기본적인 사상 : 사상 요소수준에서 일어나는 결함사상 또는 정상적인 사상이다.
㉲ 1차적인 사상 : 부품이 지니고 있는 고유한 특성 때문에 발생하는 사상이다.
㉳ 2차적인 사상 : 외적인 원인에 의해 발생하는 사상이다.

43 감각저장으로부터 정보를 작업기억으로 전달하기 위한 코드화 분류에 해당되지 않는 것은?

① 시각코드
② 촉각코드
③ 음성코드
④ 의미코드

해설 작업기억으로 전달하기 위한 코드화 분류
㉮ 음운부호(phonological code)
㉯ 시각부호(visual code)
㉰ 의미부호(semantic code)

44 작업장의 설비 3대에서 각각 80dB, 86dB, 78dB의 소음이 발생되고 있을 때 작업장의 음압수준은?

① 약 81.3dB
② 약 85.5dB
③ 약 87.5dB
④ 약 90.3dB

해설 음압수준(dB)
$= 10\log\left(10^{\frac{80}{10}} + 10^{\frac{86}{10}} + 10^{\frac{78}{10}}\right) = 87.49\text{dB}$

45 다음 중 일반적인 화학설비에 대한 안전성평가(safety assessment) 절차에 있어 안전대책 단계에 해당되지 않는 것은?

① 보전
② 위험도 평가
③ 설비적 대책
④ 관리적 대책

해설 화학설비에 대한 안전성평가의 5단계
㉮ 1단계 : 관계 자료의 작성 준비
㉯ 2단계 : 정성적 평가

설계관계	운전관계
• 입지조건 • 공장 내 배치 • 건조물 • 소방설비	• 원재료, 중간체, 제품 • 공정 • 수송, 저장 등 • 공정기기

㉰ 3단계 : 정량적 평가
　㉠ 해당 화학설비의 취급물질, 용량, 온도, 압력 및 조작의 5항목에 대해 A, B, C, D급으로 분류하고, A급은 10점, B급은 5점, C급은 2점, D급은 0점으로 점수를 부여한 후, 5항목에 관한 점수들의 합을 구한다.
　㉡ 합산 결과에 의한 위험도의 등급은 다음과 같다.

등급	점수	내용
Ⅰ등급	16점 이상	위험도가 높다.
Ⅱ등급	11~15점 이하	주위상황, 다른 설비와 관련해서 평가
Ⅲ등급	10점 이하	위험도가 낮다.

㉱ 4단계 : 안전대책
　㉠ 설비대책 : 안전장치 및 방재장치에 관해서 배려한다.
　㉡ 관리적 대책 : 인원배치, 교육훈련 및 보전에 관해서 배려한다.
㉲ 5단계 : 재평가
　㉠ 재해정보에 의한 재평가
　㉡ FTA에 의한 재평가

46 설비보전방법 중 설비의 열화를 방지하고 그 진행을 지연시켜 수명을 연장하기 위한 점검, 청소, 주유 및 교체 등의 활동은?

① 사후보전　　② 개량보전
③ 일상보전　　④ 보전예방

해설 설비보전방식
㉮ 개량보전 : CM이라고 불리며, 기기 부품의 수명 연장이나 고장난 경우의 수리시간 단축 등 설비에 개량대책을 세우는 방법이다.
㉯ 사후보전 : 경제성을 고려하여 고장정지 또는 유해한 성능 저하를 가져온 후에 수리하는 보전방식을 말한다.
㉰ 보전예방 : 설비를 새로 계획·설계하는 단계에서 보전 정보나 새로운 기술을 도입하여 신뢰성, 보전성, 경제성, 조작성, 안전성 등을 고려함으로써 보전비나 열화 손실을 줄이는 활동으로 궁극적으로는 보전 불요의 설비를 목표로 한다.
㉱ 예방보전 : 설비의 건강상태를 유지하고 고장이 일어나지 않도록 열화를 방지하기 위한 일상보전, 열화를 측정하기 위한 정기검사 또는 설비진단, 열화를 조기에 복원시키기 위한 정비 등을 하는 것이다.
㉲ 일상보전 : 설비의 열화를 방지하고 그 진행을 지연시켜 수명을 연장하기 위한 설비의 점검, 청소, 주유, 교체 등의 활동을 의미한다.

47 욕조곡선에서의 고장형태에서 일정한 형태의 고장률이 나타나는 구간은?

① 초기고장구간
② 마모고장구간
③ 피로고장구간
④ 우발고장구간

해설 고장형태
㉮ 초기고장 – 고장률 감소시기(DFR ; Decreasing Failure Rate) : 사용 개시 후 비교적 이른 시기에 설계·제작상의 결함, 사용 환경의 부적합 등에 의해 발생하는 고장이다. 기계설비의 시운전 및 초기 운전 중 가장 높은 고장률을 나타내고 그 고장률이 차츰 감소한다.
㉯ 우발고장 – 고장률 일정시기(CFR ; Constant Failure Rate) : 초기고장과 마모고장 사이의 마모, 누출, 변형, 크랙 등으로 인하여 우발적으로 발생하는 고장이다. 고장률이 일정한 이 기간은 고장시간, 원인(고장 타입)이 랜덤해서 예방보전(PM)은 무의미하며 고장률이 가장 낮다. 정기점검이나 특별점검을 통해서 예방할 수 있다.
㉰ 마모고장 – 고장률 증가시기(IFR ; Increasing Failure Rate) : 점차 고장률이 상승하는 형으로 볼베어링 또는 기어 등 기계적 요소나 부품의 마모, 사람의 노화현상에 의해 어떤 시점에 집중적으로 고장이 발생하는 시기이다.

48 FT도에서 시스템의 신뢰도는 얼마인가? (단, 모든 부품의 발생확률은 0.1이다.)

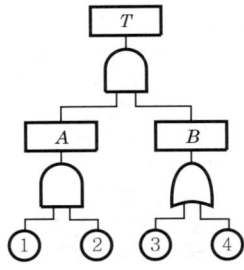

① 0.0033
② 0.0062
③ 0.9981
④ 0.9936

해설 불신뢰도(F)
$= 0.1^2 \times [1-(1-0.1)(1-0.1)] = 0.0019$
신뢰도(R)
$= 1-(F) = 1-0.0019 = 0.9981$

49 중량물 들기작업 시 5분간의 산소소비량을 측정한 결과 90L의 배기량 중에 산소가 16%, 이산화탄소가 4%로 분석되었다. 해당 작업에 대한 산소소비량(L/min)은 약 얼마인가? (단, 공기 중 질소는 79vol%, 산소는 21vol%이다.)

① 0.948
② 1.948
③ 4.74
④ 5.74

해설 분당 배기량 $= \dfrac{90}{5} = 18$L/분

흡기량 $= 18 \times \dfrac{(100-16-4)}{79} = 18.23$

∴ O_2 소비량 $= 18.23 \times 21\% - 18 \times 16\%$
$= 0.948$L/분

50 동작경제의 원칙과 가장 거리가 먼 것은?

① 급작스런 방향의 전환은 피하도록 할 것
② 가능한 한 관성을 이용하여 작업하도록 할 것
③ 두 손의 동작은 같이 시작하고, 같이 끝나도록 할 것
④ 두 팔의 동작은 동시에 같은 방향으로 움직일 것

해설 동작경제의 원칙
㉮ 작업장의 배치에 관한 원칙
  ㉠ 가능하다면 낙하식 운반방법을 사용한다.
  ㉡ 공구, 재료 및 제어장치는 사용위치에 가까이 두도록 한다.
  ㉢ 공구나 재료는 작업동작이 원활하게 수행되도록 위치를 정해준다.
  ㉣ 모든 공구나 재료는 자기 위치에 있도록 한다.
  ㉤ 중력이송원리를 이용한 부품상자나 용기를 이용하여 부품을 제품 사용위치 가까이에 보낼 수 있도록 한다.
  ㉥ 작업자가 좋은 자세를 취할 수 있도록 의자는 높이뿐만 아니라 디자인도 좋아야 한다.
  ㉦ 작업자가 작업 중 자세를 변경, 즉 앉거나 서는 것을 임의로 할 수 있도록 작업대와 의자 높이가 조정되도록 한다.
  ㉧ 작업자가 잘 보면서 작업할 수 있도록 적절한 조명을 한다.
㉯ 신체 사용에 관한 원칙
  ㉠ 두 팔의 동작은 서로 반대방향으로 대칭적으로 움직인다.
  ㉡ 휴식시간을 제외하고는 양손이 같이 쉬지 않도록 한다.
  ㉢ 두 손의 동작은 같이 시작하고, 같이 끝나도록 한다.
  ㉣ 손과 신체의 동작은 작업을 원만하게 처리할 수 있는 범위 내에서 가장 낮은 동작 등급을 사용하도록 한다.
  ㉤ 탄도동작은 제한되거나 통제된 동작보다 더 신속하고 용이하며 정확하다.
  ㉥ 손의 동작은 부드럽고 연속적인 동작이 되도록 하며, 방향이 갑자기 크게 바뀌는 모양의 직선동작은 피하도록 한다.
  ㉦ 가능한 한 관성을 이용하여 작업하되, 작업자가 관성을 억제하여야 하는 경우에는 발생되는 관성을 최소한도로 줄인다.
  ㉧ 가능하다면 쉽고도 자연스러운 리듬이 작업동작에 생기도록 작업을 배치한다.
  ㉨ 눈의 초점을 모아야 작업을 할 수 있는 경우는 가능하면 없애고, 불가피한 경우에는 눈의 초점이 모아지는 서로 다른 두 작업지점 간의 거리를 짧게 한다.
㉰ 공구 및 장비의 설계에 관한 원칙
  ㉠ 공구의 기능을 결합하여 사용하도록 한다.
  ㉡ 치구나 족답장치를 효과적으로 사용할 수 있는 작업에서는 이러한 장치를 활용하여 양손이 다른 일을 할 수 있도록 한다.
  ㉢ 각 손가락에 서로 다른 작업을 할 때에는 작업량을 각 손가락의 능력에 맞게 분배해야 한다.
  ㉣ 레버, 핸들, 그리고 제어장치는 작업자가 몸의 자세를 크게 바꾸지 않더라도 조작하기 쉽도록 배열한다.
  ㉤ 공구와 자재는 가능한 한 사용하기 쉽도록 미리 위치를 잡아준다.

51 정보를 전송하기 위해 청각적 표시장치보다 시각적 표시장치를 사용하는 것이 더 효과적인 경우는?

① 정보의 내용이 간단한 경우
② 정보가 후에 재참조되는 경우
③ 정보가 즉각적인 행동을 요구하는 경우
④ 정보의 내용이 시간적인 사건을 다루는 경우

해설 청각장치와 시각장치의 선택
㉮ 청각장치 사용
  ㉠ 전언이 간단하고 짧을 때
  ㉡ 전언이 후에 재참조되지 않을 때
  ㉢ 전언이 시간적인 사상을 다룰 때
  ㉣ 전언이 즉각적인 행동을 요구할 때
  ㉤ 수신자의 시각계통이 과부하 상태일 때
  ㉥ 수신장소가 너무 밝거나 암조응 유지가 필요할 때
  ㉦ 직무상 수신자가 자주 움직이는 경우
㉯ 시각장치 사용
  ㉠ 전언이 복잡하고 길 때
  ㉡ 전언이 후에 재참조될 경우
  ㉢ 전언이 공간적인 위치를 다룰 때
  ㉣ 전언이 즉각적인 행동을 요구하지 않을 때
  ㉤ 수신자의 청각계통이 과부하 상태일 때
  ㉥ 수신장소가 너무 시끄러울 때
  ㉦ 직무상 수신자가 한 곳에 머무르는 경우

52 인간공학 연구방법 중 실제의 제품이나 시스템이 추구하는 특성 및 수준이 달성되는지를 비교하고 분석하는 연구는?

① 조사연구　② 실험연구
③ 분석연구　④ 평가연구

해설 인간공학 연구방법
㉮ 조사연구 : 집단의 속성에 관한 특성을 연구로 설계 결정의 기본이 되는 여러 가지 기초자료를 제공하는 연구
㉯ 실험연구 : 어떤 변수가 행동에 미치는 영향을 시험하는 것으로 대개 설계 문제가 생기는 실제 상황 또는 변수 및 행동을 예측할 수 있는 이론에 기초하여, 조사할 변수와 측정할 행동을 결정하는 연구
㉰ 평가연구 : 실제의 제품이나 시스템이 추구하는 특성 및 수준이 달성되는지를 비교하고 분석하는 연구

53 다음 중 음량수준을 평가하는 척도와 관계없는 것은?

① dB
② HSI
③ phon
④ sone

해설 음량수준을 평가하는 척도
㉮ phon에 의한 음량수준 : 음의 감각적 크기 수준을 나타내기 위해서 음압수준(dB)과는 다른 phon이라는 단위를 채용하는데, 어떤 음의 phon치로 표시한 음량수준은 이 음과 같은 크기로 들리는 1,000Hz 순음의 음압수준 1dB이다.
㉯ sone에 의한 음량수준 : 음량 척도로서 1,000Hz, 40dB의 음압수준을 가진 순음의 크기(=40phon)를 1sone이라고 정의한다.
㉰ 인식소음수준 : PNdB(Perceived Noise decibel)의 척도는 같은 시끄럽기로 들리는 910~1,090Hz 대의 소음음압수준으로 정의되고, 최근에 사용되는 PLdB(Perceived Level decibel) 척도는 3,150Hz에 중심을 둔 1/3옥타브(octave)대 음을 기준으로 사용한다.

54 위험분석기법 중 고장이 시스템의 손실과 인명의 사상에 연결되는 높은 위험도를 가진 요소나 고장의 형태에 따른 분석법은?

① CA
② ETA
③ FHA
④ FTA

해설 ① CA(Criticality Analysis ; 위험도 분석) : 고장이 시스템의 손실과 인명의 사상에 연결되는 높은 위험도를 가진 요소나 고장의 형태에 따른 분석법
② ETA(Event Tree Analysis) : 사상의 안전도를 사용하여 시스템의 안전도를 나타내는 시스템 모델의 하나로 귀납적이고 정량적인 분석법
③ FHA(Fault Hazard Analysis ; 결함사고 위험분석) : 서브시스템 해석 등에 사용되는 분석법
④ FTA(Fault Tree Analysis) : 결함수법·결함 관련 수법·고장의 목(木) 분석법 등의 뜻을 나타내며, 기계설비 또는 인간-기계 시스템(Man Machine System)의 고장이나 재해의 발생요인을 FT도표에 의하여 분석하는 방법

55 실효온도(effective temperature)에 영향을 주는 요인이 아닌 것은?

① 온도
② 습도
③ 복사열
④ 공기유동

해설 실효온도
온도와 습도 및 공기유동이 인체에 미치는 열효과를 하나의 수치로 통합한 경험적 감각지수로 상대습도 100%일 때의 건구온도에서 느끼는 것과 동일한 온감이다.
㉠ 습도 50%에서 21℃의 실효온도는 19℃
㉮ 실효온도(체감온도 또는 감각온도)에 영향을 주는 요인 : 온도, 습도, 기류(공기유동)
㉯ 허용한계 : 정신(사무)작업 - 60~65℉, 경작업 - 55~60℉, 중작업 - 50~55℉

56 인간-기계 시스템 설계과정 중 직무분석을 하는 단계는?

① 제1단계 : 시스템의 목표와 성능 명세 결정
② 제2단계 : 시스템의 정의
③ 제3단계 : 기본설계
④ 제4단계 : 인터페이스 설계

해설 인간-기계 시스템 설계의 주요 단계
㉮ 제1단계 : 목표 및 성능 설정
㉯ 제2단계 : 시스템의 정의
㉰ 제3단계 : 기본설계
　㉠ 기능의 할당
　㉡ 인간성능요건 명세 : 속도, 정확성, 사용자 만족, 유일한 기술을 개발하는 데 필요한 시간
　㉢ 직무분석
　㉣ 작업설계
㉱ 제4단계 : 계면(인터페이스)설계
㉲ 제5단계 : 촉진물(보조물) 설계
㉳ 제6단계 : 시험 및 평가

57 의도는 올바른 것이었지만, 행동이 의도한 것과는 다르게 나타나는 오류는?

① Slip
② Mistake
③ Lapse
④ Violation

해설
① Slip(실수) : 상황(목표) 해석은 제대로 하였으나 의도와는 다른 행동을 하는 경우
② Mistake(착오) : 상황 해석을 잘못하거나 틀린 목표를 착각하여 행하는 경우
③ Lapse(건망증) : 여러 과정이 연계적으로 일어나는 행동을 잊어버리고 안 하는 경우
④ Violation(위반) : 알고 있음에도 의도적으로 따르지 않거나 무시하고 법률, 명령, 약속 따위를 지키지 않고 어기는 경우

58 시스템 수명주기에 있어서 예비위험분석(PHA)이 이루어지는 단계에 해당하는 것은?

① 구상단계　② 점검단계
③ 운전단계　④ 생산단계

해설 예비위험분석(PHA)
대부분의 시스템 안전 프로그램에 있어서 최초(구상)단계의 분석으로 시스템 내의 위험한 요소가 얼마나 위험한 상태에 있는가를 정성적으로 평가하는 기법으로, 목적은 시스템의 개발단계에 있어서 시스템 고유의 위험상태를 식별하고, 예상되는 재해의 위험수준을 결정하는 시스템 분석법이다.

59 FTA에서 사용하는 다음 사상기호에 대한 설명으로 맞는 것은?

① 시스템 분석에서 좀더 발전시켜야 하는 사상
② 시스템의 정상적인 가동상태에서 일어날 것이 기대되는 사상
③ 불충분한 자료로 결론을 내릴 수 없어 더 이상 전개할 수 없는 사상
④ 주어진 시스템의 기본사상으로 고장원인이 분석되었기 때문에 더 이상 분석할 필요가 없는 사상

해설 생략사상
사상과 원인과의 관계를 알 수 없거나 또는 필요한 정보를 얻을 수 없기 때문에 더 이상 전개할 수 없는 최후적 사상을 나타낸다.

60 어떤 설비의 시간당 고장률이 일정하다고 할 때 이 설비의 고장 간격은 다음 중 어떤 확률분포를 따르는가?

① t 분포
② 와이블분포
③ 지수분포
④ 아이링(Eyring)분포

해설 지수분포 : 어떤 설비의 시간당 고장률이 일정할 경우 이 설비의 고장 간격을 나타내는 확률분포

≫ 제4과목　건설시공학

61 벽식 철근콘크리트 구조를 시공할 경우, 벽과 바닥의 콘크리트 타설을 한번에 가능하게 하기 위하여 벽체용 거푸집과 슬래브 거푸집을 일체로 제작하여 한번에 설치하고 해체할 수 있도록 한 시스템 거푸집은?

① 유로폼
② 클라이밍폼
③ 슬립폼
④ 터널폼

해설 ① 유로폼(euro form) : 경량 형강과 합판으로 벽판이나 바닥판을 짜서 못을 쓰지 않고 간단하게 조립할 수 있는 거푸집
② 클라이밍폼 : 벽체 전용 거푸집으로 거푸집과 벽체 마감공사를 위한 비계틀을 일체로 제작한 거푸집
③ 슬립폼 : 수평·수직으로 반복된 구조물을 시공이음 없이 균일한 형상으로 시공하기 위해 거푸집을 연속적으로 이동시키면서 콘크리트를 타설하는 데 사용하는 거푸집
④ 터널폼 : 대형 형틀로서 슬래브와 벽체의 콘크리트 타설을 일체화하기 위한 것으로 한 구획 전체의 벽판과 바닥판을 'ㄱ'자형 또는 'ㄷ'자형으로 처리한 거푸집

62 철근콘크리트 구조물(5~6층)을 대상으로 한 벽, 지하 외벽의 철근 고임재 및 간격재의 배치 표준으로 옳은 것은?

① 상단은 보 밑에서 0.5m
② 중단은 상단에서 2.0m 이내
③ 횡간격은 0.5m
④ 단부는 2.0m 이내

해설 철근 고임재 및 간격재의 배치 표준
㉮ 상단은 보 밑에서 0.5m 정도
㉯ 중단은 상단에서 1.5m 간격 정도
㉰ 횡간격은 1.5m 정도
㉱ 단부는 1.0m 이내

63 용접작업 시 주의사항으로 옳지 않은 것은?

① 용접할 소재는 수축변형이 일어나지 않으므로 치수에 여분을 두지 않아야 한다.
② 용접할 모재의 표면에 녹·유분 등이 있으면 접합부에 공기포가 생기고 용접부의 재질을 약화시키므로 와이어 브러시로 청소한다.
③ 강우 및 강설 등으로 모재의 표면이 젖어 있을 때나 심한 바람이 불 때는 용접하지 않는다.
④ 용접봉을 교환하거나 다층용접일 때는 슬래그와 스패터를 제거한다.

해설 용접작업 시 주의사항
㉮ 용접할 소재는 수축변형 및 마무리에 대한 고려로서 치수에 여분을 두어야 한다.
㉯ 용접할 모재의 표면에 녹·유분 등이 있으면 접합부에 공기포가 생기고 용접부의 재질을 약화시키므로 와이어 브러시로 청소한다.
㉰ 강우 및 강설 등으로 모재의 표면이 젖어 있을 때나 심한 바람이 불 때는 용접하지 않는다.
㉱ 용접봉을 교환하거나 다층용접일 때는 슬래그와 스패터를 제거한다.
㉲ 용접으로 인하여 모재에 균열이 생긴 때에는 원칙적으로 모재를 교환한다.
㉳ 용접 자세는 부재의 위치를 조절하여 될 수 있는 대로 아래보기로 한다.

64 조적식 구조에서 조적식 구조인 내력벽으로 둘러싸인 부분의 최대 바닥면적은?

① $60m^2$
② $80m^2$
③ $100m^2$
④ $120m^2$

해설 조적식 구조인 내력벽으로 둘러싸인 부분의 최대 바닥면적은 $80m^2$를 넘을 수 없다.

60.③　61.④　62.①　63.①　64.②

65 갱폼(gang form)에 관한 설명으로 옳지 않은 것은?

① 대형화 패널 자체에 버팀대와 작업대를 부착하여 유니트화한다.
② 수직, 수평 분할 타설공법을 활용하여 전용도를 높인다.
③ 설치와 탈형을 위하여 대형 양중장비가 필요하다.
④ 두꺼운 벽체를 구축하기에는 적합하지 않다.

[해설] 갱폼(gang form)
㉮ 대형화 패널 자체에 버팀대와 작업대를 부착하여 유니트화한다.
㉯ 수직, 수평 분할 타설공법을 활용하여 전용도를 높인다.
㉰ 설치와 탈형을 위하여 대형 양중장비가 필요하다.
㉱ 두꺼운 벽체를 구축하기에 적합하다.
㉲ 모든 제작이 공장에서 이루어지고 있으며, 별도의 현장제작 공정이 필요하지 않다.

66 철근콘크리트 공사 중 거푸집 해체를 위한 검사가 아닌 것은?

① 각종 배관 슬리브, 매설물, 인서트, 단열재 등 부착 여부
② 수직, 수평부재의 존치기간 준수 여부
③ 소요의 강도 확보 이전에 지주의 교환 여부
④ 거푸집 해체용 콘크리트 압축강도 확인시험 실시 여부

[해설] ① 각종 배관 슬리브, 매설물, 인서트, 단열재 등 부착 여부는 거푸집 조립 시의 검사사항이다.

67 다음 중 말뚝재하시험의 주요 목적과 거리가 먼 것은?

① 말뚝 길이의 결정
② 말뚝 관입량 결정
③ 지하수위 추정
④ 지지력 추정

[해설] 말뚝재하시험의 주요 목적
㉮ 말뚝 길이의 결정
㉯ 말뚝 관입량 결정
㉰ 지지력 추정

68 강재 중 SN 355 B에 관한 설명으로 옳지 않은 것은?

① 건축구조물에 사용된다.
② 냉간 압연강재이다.
③ 강재의 두께가 6mm 이상 40mm 이하일 때 최소항복강도가 355N/mm² 이다.
④ 용접성에 있어 중간 정도의 품질을 갖고 있다.

[해설] SN 355 B에서 각 항목이 의미하는 것은 다음과 같다.
㉮ SN은 건축구조용 압연강재로서, S는 Steel, N은 New를 나타낸다.
㉯ 355 : 최저항복강도 355N/mm²
㉰ B : 용접성에 있어 중간 정도의 품질

69 다음 중 철골세우기용 기계설비가 아닌 것은 어느 것인가?

① 가이데릭   ② 스티프레그데릭
③ 진폴   ④ 드래그라인

[해설] 철골세우기용 기계설비
㉮ 가이데릭
㉯ 크레인
㉰ 스티프레그데릭
㉱ 진폴(데릭)

70 유동화 콘크리트를 제조할 때 유동화제를 첨가하기 전 기본 배합 콘크리트인 베이스 콘크리트의 슬럼프 기준은? (단, 보통콘크리트의 경우)

① 150mm 이하   ② 180mm 이하
③ 210mm 이하   ④ 240mm 이하

[해설] 베이스 콘크리트의 슬럼프값
150mm 이하(표준 100mm)

71 철근의 피복두께 확보 목적과 가장 거리가 먼 것은?

① 내화성 확보
② 내구성 확보
③ 구조내력의 확보
④ 블리딩 현상 방지

해설 철근의 피복두께
㉮ 개요
피복두께란 콘크리트 표면에서 제일 외측에 가까운 철근 표면까지의 거리이다.
㉯ 철근의 피복두께 계획 시 고려사항(철근 피복의 목적)
㉠ 내화성 확보
㉡ 내구성 확보
㉢ 구조내력 확보
㉣ 시공상 유동성 확보

72 분할도급 발주방식 중 지하철 공사, 고속도로 공사 및 대규모 아파트 단지 등의 공사에 채용하면 가장 효과적인 것은?

① 직종별·공종별 분할도급
② 공정별 분할도급
③ 공구별 분할도급
④ 전문 공종별 분할도급

해설 분할도급
㉮ 전문 공종별 분할도급 : 시설 공사 중 설비 공사(전기, 난방 등)를 주체 공사와 분리하여 전문 공사업자와 계약하는 방식
㉯ 공구별 분할도급 : 대규모 공사에서 지역별, 공구별로 분리하여 도급하는 방식
㉰ 공정별 분할도급 : 정지, 기초, 구체, 마무리 공사 등의 과정별로 나누어 도급을 주는 방식
㉱ 직종별·공구별 분할도급 : 전문직별 또는 각 공종별로 세분하여 도급하는 방식

73 흙이 소성 상태에서 반고체 상태로 바뀔 때의 함수비를 의미하는 용어는?

① 예민비
② 액성한계
③ 소성한계
④ 소성지수

해설 흙의 경·연도
㉮ 소성한계 : 흙이 소성 상태에서 반고체 상태로 바뀔 때의 함수비로 파괴 없이 변형을 일으킬 수 있는 최소의 함수비이다.
㉯ 액성한계 : 외력에 전단저항이 0이 되는 최소함수비로 액성한계가 크면 수축, 팽창이 커진다.
㉰ 수축한계 : 함수비가 감소해도 부피의 감소가 없는 최대의 함수비이다.

74 다음 네트워크공정표에서 주공정선에 의한 총 소요공기(일수)는? (단, 결합점 간 사이의 숫자는 작업일수이다.)

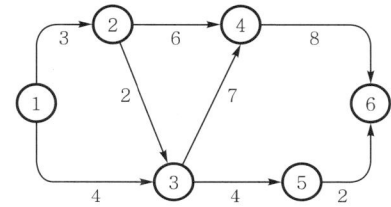

① 17일   ② 19일
③ 20일   ④ 22일

해설 주공정선(critical path)
작업 소요일수를 작업의 결합점으로부터 주공정선을 굵은 화살표로 나타내어 알아볼 수 있게 하는 기법이다.
① → ② → ③ → ④ → ⑥
∴ 3+2+7+8=20일

75 공사용 표준시방서에 기재하는 사항으로 거리가 먼 것은?

① 재료의 종류, 품질 및 사용처에 관한 사항
② 검사 및 시험에 관한 사항
③ 공정에 따른 공사비 사용에 관한 사항
④ 보양 및 시공상 주의사항

해설 표준시방서
정부가 시설물의 안전 및 공사 시행의 적정성과 품질 확보 등을 위하여 시설물별로 정한 표준적인 시공기준으로서 발주자 또는 설계 등 용역업자가 공사시방서를 작성하는 경우에 활용하기 위한 시공기준을 말한다.
※ 공사용 표준시방서에는 공정에 따른 공사비 사용에 관한 사항은 기재하지 않는다.

76 지반개량공법 중 배수공법이 아닌 것은?

① 집수정 공법   ② 동결공법
③ 웰포인트 공법   ④ 깊은우물 공법

해설 배수공법과 응결공법
㉮ 배수공법
  ㉠ 집수정 공법 : 터파기 공사에 지장이 없는 위치에 집수정을 설치하고(2~4m), 여기에 지하수가 고이게 한 다음, 수중 펌프를 사용하여 외부로 배수시키는 탈수공법이다.
  ㉡ 깊은우물 공법 : 지하 용수량이 많고 투수성이 큰 사질지반에 지름 0.3~1.5m 정도, 깊이 7m 이상의 깊은우물을 시공하고, 이곳에 수중 모터펌프를 설치하여 지하수를 양수하는 배수공법이다.
  ㉢ 웰포인트 공법 : 모래질지반에 유효한 배수공법으로, 웰포인트라는 양수관을 다수 박아 넣고 지하수위를 일시적으로 저하시켜야 할 때 사용되는 탈수공법이다.
  ㉣ 샌드 드레인 공법 : 점토지반에 모래를 깔고 그 위에 성토에 의해 하중을 가하면 장기간에 걸쳐 점토 중의 물이 샌드파일을 통해 지상에 배수되는 탈수공법이다.
㉯ 응결공법(고결공법)
  ㉠ 약액주입공법 : 지반 내에 주입관을 통해 약액을 주입하여 지반을 고결시키는 공법이다.
    ※ 주입 현탁액 : 시멘트, 아스팔트, 벤토나이트 등
  ㉡ 생석회 말뚝공법 : 생석회를 주입하여 흙 속의 부분과 화학반응 시 발열에 의해 수분을 증발시키는 공법이다.
  ㉢ 동결공법 : 액체 질소를 이용하여 흙을 동결시키는 공법이다.
  ㉣ 기타 삼층혼합 처리공법, 소결공법 등이 있다.

77 발주자가 직접 설계와 시공에 참여하고 프로젝트 관련자들이 상호 신뢰를 바탕으로 Team을 구성해서 프로젝트의 성공과 상호 이익 확보를 공동 목표로 하여 프로젝트를 추진하는 공사수행방식은?

① PM 방식(Project Management)
② 파트너링 방식(Partnering)
③ CM 방식(Construction Management)
④ BOT 방식(Build Operate Transfer)

해설 ① PM 방식
어떠한 프로젝트를 진행할 때 보다 효율적으로 프로젝트를 관리하여 성공적으로 프로젝트를 수행하게 하는 일을 말하며, 프로젝트가 계획되는 시점에서 선정되어, 프로젝트의 시작에서 끝까지 일정관리, 자금관리, 인력관리 등 모든 부분이 이에 포함된다.
③ CM 방식
건설공사의 기획단계, 설계단계, 구매 및 입찰단계, 시공단계, 유지관리단계 전체의 종합적 관리 시스템을 의미한다.
④ BOT 방식
사회 간접자본시설의 준공 후 일정 기간 동안 사업 시행자에게 당해 시설의 소유권이 인정되며, 그 기간의 만료 시 시설 소유권이 국가 또는 지방자치단체에 귀속되는 공사수행방식이다.

78 다음 중 각 기초에 관한 설명으로 바르게 연결된 것은?

① 온통기초 : 기둥 1개에 기초판이 1개인 기초
② 복합기초 : 2개 이상의 기둥을 1개의 기초판으로 받치게 한 기초
③ 독립기초 : 조적조의 벽을 지지하는 하부 기초
④ 연속기초 : 건물 하부 전체 또는 지하실 전체를 기초판으로 구성한 기초

해설 기초의 종류
㉮ 푸팅(footing)기초
  슬래브(slab)의 형식에 따라 다음과 같이 구분한다.
  ㉠ 독립기초 : 단일기둥을 하나의 기초에 연결하여 지지하는 방식이다.
  ㉡ 복합기초 : 2개 이상의 기둥을 하나의 기초에 연결하여 지지하는 방식이다.
  ㉢ 연속기초(줄기초) : 연속된 기초판이 기둥 또는 벽의 하중을 지지하는 방식이다.
㉯ 온통기초(전체기초)
  ㉠ 건물 하부 전체를 하나의 기초판으로 지지하는 방식이다.
  ㉡ 독립기초보다 구조·설계가 복잡하나 연약지반의 부동침하에 효과적이다.

79 조적 벽면에서의 백화 방지에 대한 조치로서 옳지 않은 것은?

① 소성이 잘 된 벽돌을 사용한다.
② 줄눈으로 비가 새어들지 않도록 방수처리한다.
③ 줄눈 모르타르에 석회를 혼합한다.
④ 벽돌벽의 상부에 비막이를 설치한다.

해설 **백화현상**
공사 완료 이후, 벽돌벽 외부에 흰 가루가 돋는 현상이다. 방지대책은 다음과 같다.
㉮ 줄눈·모르타르의 밀실 충전
㉯ 치장쌓기의 벽돌벽은 줄눈넣기 조기 시공
㉰ 이어쌓기의 경우, 고인물 완전 제거
㉱ 양질의 벽돌 사용
㉲ 파라핀 도료를 발라서 염료가 나오는 것을 방지
㉳ 줄눈 모르타르의 단위 시멘트량을 적게 한다.

80 지하 연속벽 공법(slurry wall)에 관한 설명으로 옳지 않은 것은?

① 저진동, 저소음의 공법이다.
② 강성이 높은 지하구조체를 만든다.
③ 타공법에 비하여 공기, 공사비 면에서 불리한 편이다.
④ 인접 구조물에 근접하도록 시공이 불가하여 대지 이용의 효율성이 낮다.

해설 **지하 연속벽 공법(slurry wall)**
벤토나이트 이수를 사용해서 지반을 굴착하여 여기에 철근망을 삽입하고 콘크리트를 타설하여 지중에 철근콘크리트 연속벽체를 형성하는 공법이다.
특징은 다음과 같다.
㉮ 무진동, 무소음 공법이다.
㉯ 인접 건물에 근접 시공이 가능하다.
㉰ 차수성이 높다.
㉱ 벽체 강성이 높다(연약지반의 변형 및 이면침하를 최소한으로 억제할 수 있음).
㉲ 형상치수가 자유롭다.
㉳ 공사비가 고가이고 고도의 기술경험이 필요하다.

제5과목 건설재료학

81 각종 금속에 관한 설명으로 잘못된 것은?

① 동은 건조한 공기 중에서는 산화하지 않으나, 습기가 있거나 탄산가스가 있으면 녹이 발생한다.
② 납은 비중이 비교적 작고 융점이 높아 가공이 어렵다.
③ 알루미늄은 비중이 철의 1/3 정도로 경량이며 열·전기전도성이 크다.
④ 청동은 구리와 주석을 주체로 한 합금으로 건축장식 부품 또는 미술공예 재료로 사용된다.

해설 **납(Pb)의 성질**
㉮ 납의 화학적 성질
  ㉠ 공기 중에서는 습기와 CO_2에 의하여 표면이 산화하여 $PbCO_3$ 등이 생김으로써 내부를 보호한다.
  ㉡ 염산·황산·농질산에는 침해되지 않으나, 묽은 질산에는 녹는다(부동태 현상).
  ㉢ 알칼리에 약하므로 콘크리트와 접촉되는 곳은 아스팔트 등으로 보호한다.
  ㉣ 납을 가열하면 황색의 리사지(PbO)가 되고, 다시 가열하면 광명단(光明丹, Minium, Pb_3O_4)이 된다.
㉯ 납의 물리적 성질
  ㉠ 비중(11.4)이 크고, 융점 327℃로 낮으며 연성, 전성이 크다.
  ㉡ 인장강도가 극히 작다.
  ㉢ X선 등 방사선 차단효과가 크다(콘크리트의 100배 이상).

82 재료의 단단한 정도를 나타내는 용어는?

① 연성   ② 인성
③ 취성   ④ 경도

해설 ① 연성 : 탄성한계를 넘는 힘을 가함으로써 물체가 파괴되지 않고 늘어나는 성질
② 인성 : 질긴 성질, 즉 인장강도, 연신율이나 충격치가 큰 성질
③ 취성 : 재료에 하중을 가했을 때 부서지고 깨지기 쉬운 성질
④ 경도 : 재료의 단단한 정도를 나타내는 성질

83 일종의 못박기총을 사용하여 콘크리트나 강재 등에 박는 특수못을 의미하는 것은?

① 드라이브핀　② 인서트
③ 익스팬션볼트　④ 듀벨

해설
② 인서트(insert) : 콘크리트 표면 등에 어떤 구조물 등을 매달기 위하여 콘크리트를 부어 넣기 전에 미리 묻어 넣은 고정철물이다.
③ 익스팬션볼트(expansion bolt) : 콘크리트 표면 등에 다른 부재(띠장, 문틀 등)를 고정하기 위하여 묻어두는 특수형의 볼트로서 팽창 볼트라고도 한다.
④ 듀벨 : 목재를 접합할 때 사이에 끼워서 회전에 대한 저항작용을 목적으로 한 철물이다.

84 다음 중 건축용 단열재와 거리가 먼 것은?

① 유리면(glass wool)
② 암면(rock wool)
③ 테라코타
④ 펄라이트판

해설 테라코타의 특성
㉮ 일반 석재보다 가볍고, 압축강도는 800~900 kg/cm²로서 화강암의 1/2 정도이다.
㉯ 화강암보다 내화력이 강하고, 대리석보다 풍화에 강하므로 외장에 적당하다.
㉰ 건축에 쓰이는 점토 제품으로는 가장 미술적이고, 색도 석재보다 자유롭다.
㉱ 한 개의 크기는 제조와 취급상 최대 크기를 평물이면 0.5m²를 한도로 하고, 형물이면 1.1m²를 한도로 한다.

85 목재의 함수율과 섬유포화점에 관한 설명으로 옳지 않은 것은?

① 섬유포화점은 세포 사이의 수분은 건조되고, 섬유에만 수분이 존재하는 상태를 말한다.
② 벌목 직후 함수율이 섬유포화점까지 감소하는 동안 강도 또한 서서히 감소한다.
③ 전건상태에 이르면 강도는 섬유포화점 상태에 비해 3배로 증가한다.
④ 섬유포화점 이하에서는 함수율의 감소에 따라 인성이 감소한다.

해설 목재는 섬유포화점 이상의 함수율 변화에서는 수축 · 팽창이 일어나지 않으며, 섬유포화점(함수율이 약 30%) 이하가 되면 세포수(細胞水)의 증발로 목재의 수축이 시작되므로 목재의 함유수분 중 세포수는 목재의 물리적 또는 기계적 성질에 많은 영향을 끼친다.

86 콘크리트용 골재 중 깬자갈에 관한 설명으로 옳지 않은 것은?

① 깬자갈의 원석은 안산암 · 화강암 등이 많이 사용된다.
② 깬자갈을 사용한 콘크리트는 동일한 워커빌리티의 보통자갈을 사용한 콘크리트보다 단위수량이 일반적으로 약 10% 정도 많이 요구된다.
③ 깬자갈을 사용한 콘크리트는 강자갈을 사용한 콘크리트보다 시멘트 페이스트와의 부착성능이 매우 낮다.
④ 콘크리트용 굵은 골재로 깬자갈을 사용할 때는 한국산업표준(KS F 2527)에서 정한 품질에 적합한 것으로 한다.

해설 ③ 깬자갈(쇄석)은 강자갈에 비하여 표면이 거칠어 시멘트 페이스트와의 부착성능이 크다.

87 석고보드에 관한 설명으로 옳지 않은 것은?

① 부식이 잘 되고 충해를 받기 쉽다.
② 단열성, 차음성이 우수하다.
③ 시공이 용이하여 천장, 칸막이 등에 주로 사용된다.
④ 내수성, 탄력성이 부족하다.

해설 석고보드
경석고에 톱밥이나 석면 등을 넣어서 판상으로 굳히고, 그 양면에 석고액을 침지시킨 회색의 두꺼운 종이를 부착시켜 압축성형한 것이다.
㉮ 흡수로 인해 강도가 현저하게 저하되며, 탄력성이 부족하다.
㉯ 신축변형이 적고 균열의 위험이 작다.
㉰ 부식이 안 되고 충해를 받지 않는다.
㉱ 단열성이 높다.
㉲ 천장, 벽, 칸막이 등에 직접 사용된다.

88 주로 석기질 점토나 상당히 철분이 많은 점토를 원료로 사용하며, 건축물의 패러핏, 주두 등의 장식에 사용되는 공동의 대형 점토제품은?

① 테라조 ② 도관
③ 타일 ④ 테라코타

[해설] 테라코타
고급 점토에 도토·자토 등을 혼합 반죽하여 단순한 것은 가압성형 또는 압축성형하고, 복잡한 것은 석고 형틀(mold)로 찍어내어 건축물의 패러핏, 주두 등의 장식에 사용되는 속이 빈 대형의 점토 소성품이다.

89 경량기포 콘크리트(autoclaved lightweight concrete)에 관한 설명으로 옳지 않은 것은?

① 보통 콘크리트에 비하여 탄산화의 우려가 낮다.
② 열전도율은 보통 콘크리트의 약 1/10 정도로 단열성이 우수하다.
③ 현장에서 취급이 편리하고 절단 및 가공이 용이하다.
④ 다공질이므로 흡수성이 높은 편이다.

[해설] ① 보통 콘크리트에 비하여 탄산화의 우려가 높다.
※ 경량기포 콘크리트는 중량을 경감할 목적으로 만들어진 건조 비중 2.0 이하의 콘크리트를 말한다.

90 KS L 4201에 따른 1종 점토벽돌의 압축강도는 최소 얼마 이상이어야 하는가?

① 9.80MPa 이상
② 14.70MPa 이상
③ 20.59MPa 이상
④ 24.50MPa 이상

[해설] KS L 4201에 따른 압축강도

품질 \ 종류	1종	2종	3종
흡수율(%)	10 이하	13 이하	15 이하
압축강도(MPa)	24.50 이상	20.59 이상	10.78 이상

91 안료가 들어가지 않는 도료로서 목재면의 투명도장에 쓰이며, 내후성이 좋지 않아 외부에 사용하기에는 적당하지 않고 내부용으로 주로 사용하는 것은?

① 수성페인트 ② 클리어래커
③ 래커에나멜 ④ 유성에나멜

[해설] 클리어래커
안료가 들어가지 않은 투명 래커로서 유성 바니시보다 도막은 얇으나 견고하고, 담색으로 광택이 우아하여 목재면의 투명 도장에 사용된다.

92 중량 5kg인 목재를 건조시켜 전건중량이 4kg이 되었다. 건조 전 목재의 함수율은 몇 %인가?

① 20% ② 25%
③ 30% ④ 40%

[해설]
함수율(%) = $\dfrac{W_1 - W_2}{W_2} \times 100$
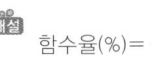
$= \dfrac{5-4}{4} \times 100 = 25\%$

여기서, W_1 : 목재의 건조 전 중량
W_2 : 건조 후 전건 중량

93 미장재료에 관한 설명으로 옳은 것은?

① 보강재는 결합재의 고체화에 직접 관계하는 것으로 여물, 풀, 수염 등이 이에 속한다.
② 수경성 미장재료에는 돌로마이트 플라스터, 소석회가 있다.
③ 소석회는 돌로마이트 플라스터에 비해 점성이 높고, 작업성이 좋다.
④ 회반죽에 석고를 약간 혼합하면 수축균열을 방지할 수 있는 효과가 있다.

[해설] ① 결합재는 고결제의 결점인 수축균열, 점성, 보수성의 부족 등을 보완하고, 응결경화시간을 조절하기 위하여 쓰이는 재료로서 여물, 풀, 수염 등이 이에 속한다.
② 기경성 미장재료에는 돌로마이트 플라스터, 소석회가 있다.
③ 돌로마이트 플라스터는 소석회에 비해 점성이 높고, 작업성이 좋다.

94 아스팔트 침입도 시험에 있어서 아스팔트의 온도는 약 몇 ℃를 기준으로 하는가?

① 15℃
② 25℃
③ 35℃
④ 45℃

해설 침입도
시험기를 사용하여 침(針)이 25℃로 일정한 조건에서 시료에 침입되는 깊이로서 나타내는데, 침입도가 적을수록 경질이다(100g의 추를 5초 동안 바늘을 누를 때 관입한 양이 0.1mm일 때 침입도 1이라 한다).

95 유리가 불화수소에 부식하는 성질을 이용하여 5mm 이상 판유리면에 그림, 문자 등을 새긴 유리는?

① 스테인드유리
② 망입유리
③ 에칭유리
④ 내열유리

해설 ① 스테인드유리 : 색유리를 이어붙이거나 유리에 색을 칠하여 무늬나 그림을 나타낸 장식용 판유리
② 망입유리 : 유리액을 롤러로 제판하여 그 내부에 금속망을 삽입하고 내열성이 뛰어난 특수 레진을 주입한 다음 압착 성형한 유리
④ 내열유리 : 열팽창률이 작고 온도의 급변에 견디며, 연화온도가 보통 유리에 비해서 높은 (1,000℃ 내외) 유리

96 수화열의 감소와 황산염 저항성을 높이려면 시멘트에 다음 중 어느 화합물을 감소시켜야 하는가?

① 규산3칼슘
② 알루민산철4칼슘
③ 규산2칼슘
④ 알루민산3칼슘

해설 내황산염 포틀랜드 시멘트
시멘트 성분 중에 알루민산3석회의 양을 4% 이하로 규정하고 황산염에 대한 저항성을 높인 시멘트이다.

97 실적률이 큰 골재로 이루어진 콘크리트의 특성이 아닌 것은?

① 시멘트 페이스트의 양이 커져 콘크리트 제조 시 경제성이 낮다.
② 내구성이 증대된다.
③ 투수성, 흡습성의 감소를 기대할 수 있다.
④ 건조수축 및 수화열이 감소된다.

해설 ① 실적률이 클수록 시멘트 페이스트(시멘트풀)가 적게 든다.

98 석재의 화학적 성질에 관한 설명으로 옳지 않은 것은?

① 규산분을 많이 함유한 석재는 내산성이 약하므로 산을 접하는 바닥은 피한다.
② 대리석, 사문암 등은 내장재로 사용하는 것이 바람직하다.
③ 조암광물 중 장석, 방해석 등은 산류의 침식을 쉽게 받는다.
④ 산류를 취급하는 곳의 바닥재는 황철광, 갈철광 등을 포함하지 않아야 한다.

해설 ① 일반적으로 규산분을 많이 함유한 석재는 내산성이 크고, 석회분을 포함한 것은 내산성이 적다.

99 인조석 갈기 및 테라조 현장갈기 등에 사용되는 구획용 철물의 명칭은?

① 인서트(insert)
② 앵커볼트(anchor bolt)
③ 펀칭메탈(punching metal)
④ 줄눈대(metallic joiner)

해설 ① 인서트 : 구조물 등을 달아매기 위하여 콘크리트를 부어넣기 전에 미리 묻어 넣는 고정 철물
② 앵커볼트 : 구조물과 콘크리트 또는 철근콘크리트의 기초를 연결하는 볼트
③ 펀칭메탈 : 두께가 1.2mm 이하로 얇은 금속판에 여러 가지 모양으로 도려낸 철물로서 환기공 및 라디에이터 커버(radiator cover) 등에 쓰인다.
④ 줄눈대, 사춤대 : 테라조, 인조석 등의 신축 균열방지 및 의장효과를 위해 구획하는 줄눈에 넣는 철물

100 아스팔트 방수 시공을 할 때 바탕재와의 밀착용으로 사용하는 것은?

① 아스팔트 컴파운드
② 아스팔트 모르타르
③ 아스팔트 프라이머
④ 아스팔트 루핑

해설 **아스팔트 프라이머(asphalt primer)**
콘크리트와 아스팔트의 밀착을 좋게 하기 위하여 아스팔트를 휘발성 용제(휘발유 등)에 녹인 흑갈색 액체이다.

》 제6과목 건설안전기술

101 거푸집 동바리 등을 조립하는 경우에 준수해야 할 기준으로 옳지 않은 것은?

① 동바리의 상하 고정 및 미끄러짐 방지조치를 하고, 하중의 지지상태를 유지한다.
② 강재와 강재의 접속부 및 교차부는 볼트·클램프 등 전용 철물을 사용하여 단단히 연결한다.
③ 파이프서포트를 제외한 동바리로 사용하는 강관은 높이 2m마다 수평연결재를 2개 방향으로 만들고, 수평연결재의 변위를 방지할 것
④ 동바리로 사용하는 파이프서포트는 4개 이상 이어서 사용하지 않도록 할 것

해설 ㉮ 거푸집 동바리 등을 조립 시 공통 준수사항
  ㉠ 깔목의 사용, 콘크리트 타설, 말뚝박기 등 동바리의 침하를 방지하기 위한 조치를 할 것
  ㉡ 개구부 상부에 동바리를 설치하는 경우에는 상부하중을 견딜 수 있는 견고한 받침대를 설치할 것
  ㉢ 동바리의 상하 고정 및 미끄러짐 방지조치를 하고, 하중의 지지상태를 유지할 것
  ㉣ 동바리의 이음은 맞댄이음이나 장부이음으로 하고 같은 품질의 재료를 사용할 것
  ㉤ 강재와 강재의 접속부 및 교차부는 볼트·클램프 등 전용 철물을 사용하여 단단히 연결할 것
  ㉥ 거푸집이 곡면인 경우에는 버팀대의 부착 등 그 거푸집의 부상을 방지하기 위한 조치를 할 것

㉯ 동바리로 강관을 사용할 때의 안전조치
  ㉠ 높이 2m 이내마다 수평연결재를 2개 방향으로 만들고, 수평연결재의 변위를 방지할 것
  ㉡ 멍에 등을 상단에 올릴 때에는 당해 상단에 강재의 단판을 붙여 멍에 등을 고정시킬 것
㉰ 동바리로 파이프서포트를 사용할 때의 안전조치
  ㉠ 파이프서포트를 3개 이상 이어서 사용하지 않도록 할 것
  ㉡ 파이프서포트를 이어서 사용할 때에는 4개 이상의 볼트 또는 전용 철물을 사용하여 이을 것
  ㉢ 높이가 3.5m를 초과할 때에는 높이 2m 이내마다 수평연결재를 2개 방향으로 만들고 수평연결재의 변위를 방지할 것

102 장비가 위치한 지면보다 낮은 장소를 굴착하는 데 적합한 장비는?

① 트럭크레인   ② 파워셔블
③ 백호   ④ 진폴

해설 ① 트럭크레인: 원동기를 내장하고 있는 것으로서 불특정 장소에서 스스로 이동이 가능한 크레인을 말한다.
② 파워셔블: 중기가 위치한 지면보다 높은 장소의 땅을 굴착하는 데 적합하며, 산지에서의 토공사 및 암반으로부터 점토질까지 굴착할 수 있다.
③ 백호: 드래그셔블(drag shovel)이라고도 하며, 중기가 위치한 지면보다 낮은 곳의 땅을 파는 데 적합하고 수중 굴착도 가능하다.
④ 진폴: 간단하게 설치할 수 있으며, 경미한 건물의 철골 건립에 사용되는 양중기이다.

103 가설통로 설치에 있어 경사가 최소 얼마를 초과하는 경우에는 미끄러지지 아니하는 구조로 하여야 하는가?

① 15°   ② 20°
③ 30°   ④ 40°

해설 **가설통로의 설치기준**
㉮ 견고한 구조로 할 것
㉯ 경사는 30° 이하로 할 것
㉰ 경사가 15°를 초과하는 경우에는 미끄러지지 아니하는 구조로 할 것
㉱ 추락할 위험이 있는 장소에는 안전난간을 설치할 것
㉲ 수직갱에 가설된 통로의 길이가 15m 이상인 경우에는 10m 이내마다 계단참을 설치할 것
㉳ 건설공사에 사용하는 높이 8m 이상인 비계다리에는 7m 이내마다 계단참을 설치할 것

100.③ 101.④ 102.③ 103.①

104 산업안전보건법령에 따른 건설공사 중 다리 건설공사의 경우 유해위험방지계획서를 제출하여야 하는 기준으로 옳은 것은?

① 최대지간길이가 40m 이상인 다리의 건설 등 공사
② 최대지간길이가 50m 이상인 다리의 건설 등 공사
③ 최대지간길이가 60m 이상인 다리의 건설 등 공사
④ 최대지간길이가 70m 이상인 다리의 건설 등 공사

해설 산업안전보건법령에 따른 건설공사 중 다리 건설공사의 경우 유해위험방지계획서를 제출하여야 하는 기준은 최대지간길이가 50m 이상인 교량 건설 등 공사이다.

105 다음은 산업안전보건법령에 따른 시스템비계의 구조에 관한 사항이다. ( ) 안에 들어갈 내용으로 옳은 것은?

> 비계 밑단의 수직재와 받침철물은 밀착되도록 설치하고, 수직재와 받침철물의 연결부의 겹침길이는 받침철물 전체 길이의 ( ) 이상이 되도록 할 것

① 2분의 1
② 3분의 1
③ 4분의 1
④ 5분의 1

해설 시스템비계를 사용하여 비계를 구성하는 경우 준수사항
㉮ 수직재·수평재·가새재를 견고하게 연결하는 구조가 되도록 할 것
㉯ 비계 밑단의 수직재와 받침철물은 밀착되도록 설치하고, 수직재와 받침철물의 연결부의 겹침길이는 받침철물 전체 길이의 3분의 1 이상이 되도록 할 것
㉰ 수평재는 수직재와 직각으로 설치하여야 하며, 체결 후 흔들림이 없도록 견고하게 설치할 것
㉱ 벽 연결재의 설치 간격은 제조사가 정한 기준에 따라 설치할 것

106 강관틀비계를 조립하여 사용하는 경우 준수하여야 할 사항으로 옳지 않은 것은?

① 비계기둥의 밑둥에는 밑받침 철물을 사용할 것
② 높이가 20m를 초과하거나 중량물의 적재를 수반하는 작업을 할 경우에는 주틀 간의 간격을 1.8m 이하로 할 것
③ 주틀 간에 교차가새를 설치하고 최하층 및 3층 이내마다 수평재를 설치할 것
④ 길이가 띠장방향으로 4m 이하이고, 높이가 10m를 초과하는 경우에는 10m 이내마다 띠장방향으로 버팀기둥을 설치할 것

해설 강관틀비계 조립 시 준수사항
㉮ 비계기둥의 밑둥에는 밑받침 철물을 사용하여야 하며, 밑받침에 고저차가 있는 경우에는 조절형 밑받침 철물을 사용하여 각각의 강관틀비계가 항상 수평 및 수직을 유지하도록 할 것
㉯ 높이가 20m를 초과하거나 중량물의 적재를 수반하는 작업을 할 경우에는 주틀 간의 간격을 1.8m 이하로 할 것
㉰ 주틀 간에 교차가새를 설치하고 최상층 및 5층 이내마다 수평재를 설치할 것
㉱ 수직방향으로 6m, 수평방향으로 8m 이내마다 벽이음을 할 것
㉲ 길이가 띠장방향으로 4m 이하이고, 높이가 10m를 초과하는 경우에는 10m 이내마다 띠장방향으로 버팀기둥을 설치할 것

107 터널 지보공을 조립하는 경우에는 미리 그 구조를 검토한 후 조립도를 작성하고, 그 조립도에 따라 조립하도록 하여야 하는데, 이 조립도에 명시하여야 할 사항과 가장 거리가 먼 것은?

① 이음방법
② 단면 규격
③ 재료의 재질
④ 재료의 구입처

해설 조립도
㉮ 사업주는 거푸집 동바리 등을 조립하는 경우에는 그 구조를 검토한 후 조립도를 작성하고, 그 조립도에 따라 조립하도록 하여야 한다.
㉯ 조립도에는 동바리·멍에 등 부재의 재질·단면 규격·설치 간격 및 이음방법 등을 명시하여야 한다.

108 굴착공사에 있어서 비탈면 붕괴를 방지하기 위하여 실시하는 대책으로 옳지 않은 것은?

① 지표수의 침투를 막기 위해 표면배수공을 한다.
② 지하수위를 내리기 위해 수평배수공을 설치한다.
③ 비탈면 하단을 성토한다.
④ 비탈면 상부에 토사를 적재한다.

해설 ④ 비탈면 하부에 토사를 적재한다. 상부에 적재하면 비탈면이 붕괴된다.

109 부두·안벽 등 하역작업을 하는 장소에서 부두 또는 안벽의 선을 따라 통로를 설치하는 경우에는 폭을 최소 얼마 이상으로 하여야 하는가?

① 85cm ② 90cm
③ 100cm ④ 120cm

해설 부두 또는 안벽의 선을 따라 통로를 설치하는 경우에는 폭을 90cm 이상으로 한다.

110 다음 중 지반의 굴착작업에 있어서 비가 올 경우를 대비한 직접적인 대책으로 옳은 것은?

① 측구 설치
② 낙하물방지망 설치
③ 추락방호망 설치
④ 매설물 등의 유무 또는 상태 확인

해설 지반의 붕괴 등에 의한 위험방지
㉮ 굴착작업에 있어서 지반의 붕괴 또는 토석의 낙하에 의하여 근로자에게 위험을 미칠 우려가 있는 경우에는 미리 흙막이 지보공의 설치, 방호망의 설치 및 근로자의 출입금지 등 그 위험을 방지하기 위하여 필요한 조치를 하여야 한다.
㉯ 비가 올 경우를 대비하여 측구(側溝)를 설치하거나 굴착 사면에 비닐을 덮는 등 빗물 등의 침투에 의한 붕괴 재해를 예방하기 위하여 필요한 조치를 하여야 한다.

111 강관을 사용하여 비계를 구성하는 경우 준수해야 할 사항으로 옳지 않은 것은?

① 비계기둥의 간격은 띠장방향에서는 1.85m 이하, 장선(長線)방향에서는 1.5m 이하로 할 것
② 띠장 간격은 2.0m 이하로 할 것
③ 비계기둥의 제일 윗부분으로부터 31m 되는 지점 밑부분의 비계기둥은 3개의 강관으로 묶어 세울 것
④ 비계기둥 간의 적재하중은 400kg을 초과하지 않도록 할 것

해설 강관비계를 구성하는 경우 준수사항
㉮ 비계기둥의 간격은 띠장방향에서는 1.85m 이하, 장선(長線)방향에서는 1.5m 이하로 할 것. 다만, 선박 및 보트 건조작업의 경우 안전성에 대한 구조 검토를 실시하고 조립도를 작성하면 띠장방향 및 장선방향으로 각각 2.7m 이하로 할 수 있다.
㉯ 띠장 간격은 2.0m 이하로 할 것. 다만, 작업의 성질상 이를 준수하기가 곤란하여 쌍기둥틀 등에 의하여 해당 부분을 보강한 경우에는 그러하지 아니하다.
㉰ 비계기둥의 제일 윗부분으로부터 31m 되는 지점 밑부분의 비계기둥은 2개의 강관으로 묶어 세울 것. 다만, 브라켓(bracket, 까치발) 등으로 보강하여 2개의 강관으로 묶을 경우 이상의 강도가 유지되는 경우에는 그러하지 아니하다.
㉱ 비계기둥 간의 적재하중은 400kg을 초과하지 않도록 할 것

112 콘크리트 타설 시 안전수칙으로 옳지 않은 것은?

① 타설순서는 계획에 의하여 실시하여야 한다.
② 진동기는 최대한 많이 사용하여야 한다.
③ 콘크리트를 치는 도중에는 거푸집, 지보공 등의 이상 유무를 확인하여야 한다.
④ 손수레로 콘크리트를 운반할 때에는 손수레를 타설하는 위치까지 천천히 운반하여 거푸집에 충격을 주지 아니하도록 타설하여야 한다.

해설 ③ 진동기는 적당히 사용하여야 한다.

정답 108.④ 109.② 110.① 111.③ 112.②

113 굴착과 싣기를 동시에 할 수 있는 토공기계가 아닌 것은?

① 트랙터셔블(tractor shovel)
② 백호(back hoe)
③ 파워셔블(power shovel)
④ 모터 그레이더(motor grader)

해설 ④ 모터 그레이더는 토공용 대패기계로 지면을 절삭하여 평활하게 다듬는 것이 목적인 토공기계이다.

114 산업안전보건법령에 따른 양중기의 종류에 해당하지 않는 것은?

① 고소작업차
② 이동식 크레인
③ 승강기
④ 리프트(lift)

해설 양중기의 종류
㉮ 크레인[호이스트(hoist)를 포함한다]
㉯ 이동식 크레인
㉰ 리프트(이삿짐 운반용 리프트의 경우에는 적재하중이 0.1톤 이상인 것으로 한정한다)
㉱ 곤돌라
㉲ 승강기

115 다음은 산업안전보건법령에 따른 산업안전보건관리비의 사용에 관한 규정이다. ( ) 안에 들어갈 내용을 순서대로 옳게 작성한 것은?

> 건설공사 도급인은 고용노동부장관이 정하는 바에 따라 해당 건설공사를 위하여 계상된 산업안전보건관리비를 그가 사용하는 근로자와 그의 관계 수급인이 사용하는 근로자의 산업재해 및 건강장해 예방에 사용하고, 그 사용명세서를 ( ) 작성하고 건설공사 종료 후 ( )간 보존해야 한다.

① 매월, 6개월
② 매월, 1년
③ 2개월마다, 6개월
④ 2개월마다, 1년

해설 사업주는 고용노동부장관이 정하는 바에 의하여 당해 공사를 위하여 계상된 산업안전보건관리비를 그가 사용하는 근로자와 그의 수급인이 사용하는 근로자의 산업재해 및 건강장해 예방에 사용하고, 그 사용명세서를 매월(공사가 1개월 이내에 종료되는 사업의 경우에는 해당 공사 종료 시) 작성하고 공사 종료 후 1년간 보존하여야 한다.

116 건설현장에서 작업으로 인하여 물체가 떨어지거나 날아올 위험이 있는 경우에 대한 안전조치에 해당하지 않는 것은?

① 수직보호망 설치
② 방호선반 설치
③ 울타리 설치
④ 낙하물방지망 설치

해설 물체의 낙하·비래에 대한 위험방지 조치사항
㉮ 낙하물방지망, 수직보호망 또는 방호선반의 설치
㉯ 출입금지구역의 설정
㉰ 보호구의 착용

117 건설공사 도급인은 건설공사 중에 가설구조물의 붕괴 등 산업재해가 발생할 위험이 있다고 판단되면 건축·토목 분야의 전문가의 의견을 들어 건설공사 발주자에게 해당 건설공사의 설계변경을 요청할 수 있는데, 이러한 가설구조물의 기준으로 옳지 않은 것은?

① 높이 20m 이상인 비계
② 작업발판 일체형 거푸집 또는 높이 6m 이상인 거푸집 동바리
③ 터널의 지보공 또는 높이 2m 이상인 흙막이 지보공
④ 동력을 이용하여 움직이는 가설구조물

해설 설계변경 요청 대상 및 전문가의 범위
㉮ 높이 31m 이상인 비계
㉯ 작업발판 일체형 거푸집 또는 높이 6m 이상인 거푸집 동바리(타설된 콘크리트가 일정 강도에 이르기까지 하중 등을 지지하기 위하여 설치하는 부재)
㉰ 터널의 지보공(무너지지 않도록 지지하는 구조물) 또는 높이 2m 이상인 흙막이 지보공
㉱ 동력을 이용하여 움직이는 가설구조물

정답 113.④ 114.① 115.② 116.③ 117.①

118 산업안전보건법령에 따른 작업발판 일체형 거푸집에 해당되지 않는 것은?

① 갱폼(gang form)
② 슬립폼(slip form)
③ 유로폼(euro form)
④ 클라이밍폼(climbing form)

해설 작업발판 일체형 거푸집 종류
㉮ 갱폼(gang form)
㉯ 슬립폼(slip form)
㉰ 클라이밍폼(climbing form)
㉱ 터널 라이닝폼(tunnel lining form)
㉲ 그 밖에 거푸집과 작업발판이 일체로 제작된 거푸집 등

119 강관틀비계(높이 5m 이상)의 넘어짐을 방지하기 위하여 사용하는 벽이음 및 버팀의 설치간격 기준으로 옳은 것은?

① 수직방향 5m, 수평방향 5m
② 수직방향 6m, 수평방향 7m
③ 수직방향 6m, 수평방향 8m
④ 수직방향 7m, 수평방향 8m

해설 벽이음에 대한 조립간격

구 분	수직방향	수평방향
단관비계	5m	5m
틀비계	6m	8m
통나무비계	5.5m	7.5m

120 흙막이 가시설공사 중 발생할 수 있는 보일링(boiling) 현상에 관한 설명으로 옳지 않은 것은?

① 이 현상이 발생하면 흙막이벽의 지지력이 상실된다.
② 지하수위가 높은 지반을 굴착할 때 주로 발생한다.
③ 흙막이벽의 근입장 깊이가 부족할 경우 발생한다.
④ 연약한 점토지반에서 굴착면의 융기로 발생한다.

해설 보일링(boiling)
지하수위가 높은 사질지반을 굴착할 때 주로 발생하는 현상으로 굴착부와 흙막이벽 뒤쪽 흙의 지하수위차가 있을 경우 수두차에 의하여 침투압이 생겨 흙막이벽 근입부분을 침식하는 동시에 모래가 액상화되어 솟아오르는 현상이다.

2021 제4회 건설안전기사 (2021. 9. 12. 시행)

≫ 제1과목 산업안전관리론

01 건설기술진흥법령상 안전점검 시기·방법에 관한 사항으로 (   )에 알맞은 내용은?

> 정기안전점검 결과 건설공사의 물리적·기능적 결함 등이 발견되어 보수·보강 등의 조치를 위하여 필요한 경우에는 (   )을 할 것

① 긴급점검
② 정기점검
③ 특별점검
④ 정밀안전점검

해설 건설기술진흥법령상 안전점검 시기·방법 등
건설업자와 주택건설등록업자는 건설공사의 공사기간 동안 매일 자체안전점검을 하고, 정기안전점검 및 정밀안전점검 등을 하여야 한다.
㉮ 건설공사의 종류 및 규모 등을 고려하여 국토교통부장관이 정하여 고시하는 시기와 횟수에 따라 정기안전점검을 할 것
㉯ 정기안전점검 결과 건설공사의 물리적·기능적 결함 등이 발견되어 보수·보강 등의 조치를 위하여 필요한 경우에는 정밀안전점검을 할 것
㉰ 1종 시설물 및 2종 시설물의 건설공사에 대해서는 그 건설공사를 준공(임시 사용을 포함한다)하기 직전에 정기안전점검 수준 이상의 안전점검을 할 것
㉱ 건설공사 시행 도중에 중단되어 1년 이상 방치된 시설물이 있는 경우에는 그 공사를 다시 시작하기 전에 그 시설물에 대하여 정기안전점검 수준의 안전점검을 할 것

02 하인리히의 도미노 이론에서 재해의 직접원인에 해당하는 것은?

① 사회적 환경
② 유전적 요소
③ 개인적인 결함
④ 불안전한 행동 및 불안전한 상태

해설 하인리히의 사고 연쇄성 이론
㉮ 1단계 : 사회적 환경 및 유전적 요소(기초적 원인)
㉯ 2단계 : 개인적 결함(간접적 원인)
㉰ 3단계 : 불안전한 행동 및 불안전한 상태(사고 방지를 위해 중점적으로 배제해야 할 사항) (직접적 원인)
㉱ 4단계 : 사고
㉲ 5단계 : 재해

03 안전관리조직의 형태 중 직계식 조직의 특징이 아닌 것은?

① 소규모 사업장에 적합하다.
② 안전에 관한 명령지시가 빠르다.
③ 안전에 대한 정보가 불충분하다.
④ 별도의 안전관리 전담요원이 직접 통제한다.

해설 ㉮ 안전조직별 규모의 구분
  ㉠ 직계식(line식) 조직
    100명 이하의 소규모 사업장에 적합
  ㉡ 참모식(staff식) 조직
    100명 이상 500명 미만의 중규모 사업장에 적합
  ㉢ 직계-참모 혼합형 조직
    1,000명 이상의 대규모 사업장에 적합
㉯ 직계식 조직의 장단점
  ㉠ 장점
    - 안전지시나 개선조치가 각 부분의 직제를 통하여 생산업무와 같이 흘러가므로, 지시나 조치가 철저할 뿐만 아니라 그 실시도 빠르다.
    - 명령과 보고가 상하관계뿐이므로 간단명료하다.
  ㉡ 단점
    - 안전에 대한 정보가 불충분하며, 안전전문 입안이 되어 있지 않으므로 내용이 빈약하다.
    - 생산업무와 같이 안전대책이 실시되므로 불충분하다.
    - 라인에 과중한 책임을 지우기가 쉽다.

정답 01.④ 02.④ 03.④

04 산업안전보건법령상 타워크레인 지지에 관한 사항으로 ( )에 알맞은 내용으로 연결된 것은?

> 타워크레인을 와이어로프로 지지하는 경우, 설치각도는 수평면에서 (ⓐ)° 이내로 하되, 지지점은 (ⓑ)개소 이상으로 하고, 같은 각도로 설치하여야 한다.

① ⓐ 45, ⓑ 3
② ⓐ 45, ⓑ 4
③ ⓐ 60, ⓑ 3
④ ⓐ 60, ⓑ 4

[해설] 사업주는 타워크레인을 와이어로프로 지지하는 경우 다음의 사항을 준수하여야 한다.
㉮ 와이어로프를 고정하기 위한 전용 지지프레임을 사용할 것
㉯ 와이어로프 설치각도는 수평면에서 60° 이내로 하되, 지지점은 4개소 이상으로 하고, 같은 각도로 설치할 것
㉰ 와이어로프와 그 고정부위는 충분한 강도와 장력을 갖도록 설치하고, 와이어로프를 클립·섀클(shackle, 연결고리) 등의 고정기구를 사용하여 견고하게 고정시켜 풀리지 아니하도록 하며, 사용 중에는 충분한 강도와 장력을 유지하도록 할 것
㉱ 와이어로프가 가공전선에 근접하지 않도록 할 것

05 다음 중 산업안전보건법령상 상시근로자 20명 이상 50명 미만인 사업장 중 안전보건관리담당자를 선임하여야 할 업종이 아닌 것을 고르면?

① 임업
② 제조업
③ 건설업
④ 하수, 폐수 및 분뇨처리업

[해설] 안전보건관리담당자의 선임
상시근로자 20명 이상 50명 미만인 사업장에 안전보건관리담당자를 1명 이상 선임해야 한다.
㉮ 제조업
㉯ 임업
㉰ 하수, 폐수 및 분뇨처리업
㉱ 폐기물 수집, 운반, 처리 및 원료 재생업
㉲ 환경 정화 및 복원업

06 사고예방대책의 기본원리 5단계 중 3단계의 분석평가에 관한 내용으로 옳은 것은?

① 현장조사
② 교육 및 훈련의 개선
③ 기술의 개선 및 인사조정
④ 사고 및 안전활동 기록 검토

[해설] 사고예방대책의 기본원리 5단계
㉮ 조직(1단계 : 안전관리조직)
경영층이 참여, 안전관리자의 임명 및 라인조직 구성, 안전활동방침 및 안전계획 수립, 조직을 통한 안전활동 등의 안전관리에서 가장 기본적인 활동은 안전기구의 조직이다.
㉯ 사실의 발견(2단계 : 현상파악)
각종 사고 및 안전활동의 기록 검토, 작업분석, 안전점검 및 안전진단, 사고조사, 안전회의 및 토의, 종업원의 건의 및 여론조사 등에 의하여 불안전요소를 발견한다.
㉰ 분석평가(3단계 : 사고분석)
사고 보고서 및 현장조사, 사고기록, 인적·물적 조건의 분석, 작업공정의 분석, 교육과 훈련의 분석 등을 통하여 사고의 직접 및 간접 원인을 규명한다.
㉱ 시정방법의 선정(4단계 : 대책의 선정)
기술의 개선, 인사조정, 교육 및 훈련의 개선, 안전행정의 개선, 규정 및 수칙의 개선, 확인 및 통제체제 개선 등의 효과적인 개선방법을 선정한다.
㉲ 시정책의 적용(5단계 : 목표 달성)
시정책은 3E를 완성함으로써 이루어진다.
※ 3E : 기술(Engineering)·교육(Education)·독려(Enforcement)

07 버드(Bird)의 도미노 이론에서 재해발생과정 중 직접원인은 몇 단계인가?

① 1단계
② 2단계
③ 3단계
④ 4단계

[해설] 버드의 연쇄이론
㉮ 1단계 : 통제의 부족(관리)
㉯ 2단계 : 기본원인(기원)
㉰ 3단계 : 직접원인(징후)
㉱ 4단계 : 사고(접촉)
㉲ 5단계 : 상해(손해, 손실)

08 산업안전보건법령상 노사협의체에 관한 사항으로 틀린 것은?

① 노사협의체 정기회의는 1개월마다 노사협의체의 위원장이 소집한다.
② 공사금액이 20억원 이상인 공사의 관계수급인의 각 대표자는 사용자위원에 해당된다.
③ 도급 또는 하도급 사업을 포함한 전체 사업의 근로자대표는 근로자위원에 해당된다.
④ 노사협의체의 근로자위원과 사용자위원은 합의하여 노사협의체에 공사금액이 20억원 미만인 공사의 관계수급인 및 관계수급인 근로자대표를 위원으로 위촉할 수 있다.

해설 노사협의체
㉮ 노사협의체 설치대상
대통령령으로 정하는 종류 및 규모에 해당하는 사업(공사금액이 120억원(토목공사업은 150억원) 이상인 건설업)의 사업주는 근로자와 사용자가 같은 수로 구성되는 안전·보건에 관한 노사협의체를 대통령령으로 정하는 바에 따라 구성·운영할 수 있다.
㉯ 노사협의체 구성
  ㉠ 근로자 위원 : 도급 또는 하도급 사업을 포함한 전체 사업의 근로자대표, 근로자대표가 지명하는 명예감독관 1명. 다만, 명예감독관이 위촉되어 있지 아니한 경우에는 근로자대표가 지명하는 해당 사업장 근로자 1명, 공사금액이 20억원 이상인 도급 또는 하도급 사업의 근로자대표
  ㉡ 사용자 위원 : 해당 사업의 대표자, 안전관리자 1명, 공사금액이 20억원 이상인 도급 또는 하도급 사업의 사업주
㉰ 노사협의체의 운영
  ㉠ 정기회의 : 2개월마다 개최(도급사업 : 매월 1회)
  ㉡ 임시회의 : 위원장이 필요하다고 인정할 때에 소집

09 산업안전보건법령상 안전보건표지의 용도 및 색도 기준이 바르게 연결된 것은?

① 지시표지 : 5N 9.5
② 금지표지 : 2.5G 4/10
③ 경고표지 : 5Y 8.5/12
④ 안내표지 : 7.5R 4/14

해설 안전보건표지의 색채·색도 기준 및 용도

색 채	색도기준	용 도	사용 예
빨간색	7.5R 4/14	금지	정지신호, 소화설비 및 그 장소, 유해행위의 금지
		경고	화학물질 취급장소에서의 유해·위험 경고
노란색	5Y 8.5/12	경고	화학물질 취급장소에서의 유해·위험 경고 이외의 위험 경고, 주의표지 또는 기계방호물
파란색	2.5PB 4/10	지시	특정 행위의 지시 및 사실의 고지
녹색	2.5G 4/10	안내	비상구 및 피난소, 사람 또는 차량의 통행표지
흰색	N 9.5	–	파란색 또는 녹색에 대한 보조색
검은색	N 0.5	–	문자 및 빨간색 또는 노란색에 대한 보조색

10 A사업장에서 중상이 10명 발생하였다면 버드(Bird)의 재해구성비율에 의한 경상해자는 몇 명인가?

① 50명 ② 100명
③ 145명 ④ 300명

해설 버드의 재해구성(발생)비율
중상 또는 폐질 : 경상 : 무상해사고 : 무상해무사고
= 1 : 10 : 30 : 60
∴ 10×10=100

11 산업재해 발생 시 조치순서에 있어 긴급처리의 내용으로 볼 수 없는 것은?

① 현장보존
② 잠재위험요인 적출
③ 관련 기계의 정지
④ 재해자의 응급조치

해설 재해발생 시 긴급처리 5단계
㉮ 피재기계의 정지 및 피해자 구출
㉯ 피해자의 응급처치
㉰ 관계자에게 통보
㉱ 2차 재해방지
㉲ 현장보존

정답 08.① 09.③ 10.② 11.②

12 산업안전보건법령상 안전보건진단을 받아 안전보건개선계획을 수립하여야 하는 대상을 모두 고른 것은?

> ⓐ 산업재해율이 같은 업종 평균 산업재해율의 2배 이상인 사업장
> ⓑ 사업주가 필요한 안전조치 또는 보건조치를 이행하지 아니하여 중대재해가 발생한 사업장
> ⓒ 상시근로자 1천명 이상 사업장에서 직업성 질병자가 연간 2명 이상 발생한 사업장

① ⓐ, ⓑ
② ⓐ, ⓒ
③ ⓑ, ⓒ
④ ⓐ, ⓑ, ⓒ

해설 안전보건진단을 받아 안전보건개선계획을 수립·제출해야 하는 사업장
㉮ 사업주가 필요한 안전조치 또는 보건조치를 이행하지 아니하여 중대재해가 발생한 사업장
㉯ 산업재해율이 같은 업종 평균 산업재해율의 2배 이상인 사업장
㉰ 직업성 질병자가 연간 2명 이상(상시근로자가 1천명 이상인 사업장의 경우 3명 이상) 발생한 사업장
㉱ 그 밖에 작업환경 불량, 화재·폭발 또는 누출 사고 등으로 사업장 주변까지 피해가 확산된 사업장으로서 고용노동부령으로 정하는 사업장

13 산업안전보건법령상 중대재해에 해당하지 않는 것은?

① 사망자 1명이 발생한 재해
② 12명의 부상자가 동시에 발생한 재해
③ 2명의 직업성 질병자가 동시에 발생한 재해
④ 5개월의 요양이 필요한 부상자가 동시에 3명 발생한 재해

해설 중대재해
㉮ 사망자가 1명 이상 발생한 재해
㉯ 3개월 이상의 요양이 필요한 부상자가 동시에 2명 이상 발생한 재해
㉰ 부상자 또는 직업성 질병자가 동시에 10명 이상 발생한 재해

14 보호구 안전인증고시상 저음부터 고음까지 차음하는 방음용 귀마개의 기호는?

① EM
② EP-1
③ EP-2
④ EP-3

해설 ㉮ 귀마개(Ear Plug, 耳栓)의 종류
㉠ EP-1(1종) : 저음부터 고음까지 전반적으로 차음하는 것
㉡ EP-2(2종) : 고음만을 차음하는 것
㉯ 귀덮개(Ear Muff, 耳覆) : 저음부터 고음까지를 차단하는 것

15 산업재해보상보험법령상 명시된 보험급여의 종류가 아닌 것은?

① 장례비
② 요양급여
③ 휴업급여
④ 생산손실급여

해설 하인리히(H.W. Heinrich) 방식
총 재해 코스트(cost) = 직접비 + 간접비
(직접비 : 간접비 = 1 : 4)
㉮ 직접비 : 법령으로 정한 피해자에게 지급되는 산재보상비
㉠ 휴업급여 : 평균 임금의 70/100에 상당하는 금액
㉡ 장해급여 : 신체장해가 남은 경우에 장해 등급에 의한 금액
㉢ 요양급여 : 요양비 전액
㉣ 장례비 : 평균 임금의 120일분에 상당하는 금액
㉤ 유족급여 : 평균 임금의 1,300일분에 상당하는 금액
㉥ 장해특별보상비, 유족특별보상비, 상병보상연금, 직업재활급여
㉯ 간접비 : 재산손실 및 생산중단 등으로 기업이 입은 손실
㉠ 인적 손실 : 본인 및 제3자에 관한 것을 포함한 시간손실
㉡ 물적 손실 : 기계·공구·재료·시설의 보수에 소비된 시간손실 및 재산손실
㉢ 생산손실 : 생산감소, 생산중단, 판매감소 등에 의한 손실
㉣ 특수손실 : 근로자의 신규채용, 교육훈련비, 섭외비 등에 의한 손실
㉤ 기타 손실 : 병상 위문금, 여비 및 통신비, 입원 중의 잡비 등

정답 12.① 13.③ 14.② 15.④

16 T.B.M 활동의 5단계 추진법의 진행순서로 옳은 것은?

① 도입 → 확인 → 위험예지훈련 → 작업지시 → 정비점검
② 도입 → 정비점검 → 작업지시 → 위험예지훈련 → 확인
③ 도입 → 작업지시 → 위험예지훈련 → 정비점검 → 확인
④ 도입 → 위험예지훈련 → 작업지시 → 정비점검 → 확인

해설 단시간 미팅 즉시즉응훈련 진행요령(T.B.M 5단계)
㉮ 제1단계 : 도입
㉯ 제2단계 : 정비점검
㉰ 제3단계 : 작업지시
㉱ 제4단계 : 위험예지
㉲ 제5단계 : 확인

17 산업안전보건법령상 안전보건관리책임자의 업무에 해당하지 않는 것은? (단, 그 밖에 고용노동부령으로 정하는 사항은 제외한다.)

① 근로자의 적정배치에 관한 사항
② 작업환경의 점검 및 개선에 관한 사항
③ 안전보건관리규정의 작성 및 변경에 관한 사항
④ 안전장치 및 보호구 구입 시 적격품 여부 확인에 관한 사항

해설 안전보건관리책임자의 업무
㉮ 사업장의 산업재해 예방계획 수립에 관한 사항
㉯ 안전보건관리규정의 작성 및 변경에 관한 사항
㉰ 안전보건교육에 관한 사항
㉱ 작업환경 측정 등 작업환경의 점검 및 개선에 관한 사항
㉲ 근로자의 건강진단 등 건강관리에 관한 사항
㉳ 산업재해의 원인조사 및 재발방지대책 수립에 관한 사항
㉴ 산업재해에 관한 통계의 기록 및 유지에 관한 사항
㉵ 안전장치 및 보호구 구입 시 적격품 여부 확인에 관한 사항
㉶ 그 밖에 근로자의 유해·위험방지조치에 관한 사항으로서 고용노동부령으로 정하는 사항

18 맥그리거의 X, Y이론 중 X이론의 관리처방에 해당하는 것은?

① 조직구조의 평면화
② 분권화와 권한의 위임
③ 자체평가제도의 활성화
④ 권위주의적 리더십의 확립

해설 맥그리거(McGregor) X·Y이론의 관리처방
㉮ X이론의 관리처방
　㉠ 경제적 보상체제의 강화
　㉡ 권위주의적 리더십의 확보
　㉢ 면밀한 감독과 엄격한 통제
　㉣ 상부책임제도의 강화
㉯ Y이론의 관리처방
　㉠ 민주적 리더십의 확립
　㉡ 분권화와 권한의 위임
　㉢ 목표에 의한 관리
　㉣ 직무 확장
　㉤ 비공식적 조직의 활용
　㉥ 자체평가제도의 활성화

19 산업안전보건법령상 명시된 안전검사대상 유해하거나 위험한 기계·기구·설비에 해당하지 않는 것은?

① 리프트
② 곤돌라
③ 산업용 원심기
④ 밀폐용 롤러기

해설 안전검사대상 기계 등
㉮ 프레스
㉯ 전단기
㉰ 크레인(정격하중이 2톤 미만인 것은 제외)
㉱ 리프트
㉲ 압력용기
㉳ 곤돌라
㉴ 국소배기장치(이동식은 제외)
㉵ 원심기(산업용만 해당)
㉶ 롤러기(밀폐형 구조는 제외)
㉷ 사출성형기(형 체결력 294kN 미만은 제외)
㉸ 고소작업대(「자동차관리법」에 따른 화물자동차 또는 특수자동차에 탑재한 고소작업대로 한정)
㉹ 컨베이어
㉺ 산업용 로봇

정답 16.② 17.① 18.④ 19.④

20 재해사례연구의 진행단계로 옳은 것은?

ⓐ 대책수립
ⓑ 사실의 확인
ⓒ 문제점의 발견
ⓓ 재해상황의 파악
ⓔ 근본적 문제점의 결정

① ⓒ → ⓓ → ⓑ → ⓔ → ⓐ
② ⓒ → ⓓ → ⓔ → ⓑ → ⓐ
③ ⓓ → ⓑ → ⓒ → ⓔ → ⓐ
④ ⓓ → ⓒ → ⓔ → ⓑ → ⓐ

해설 재해사례연구의 진행단계
㉮ 전제조건 : 재해상황의 파악
㉯ 제1단계 : 사실의 확인
㉰ 제2단계 : 문제점의 발견
㉱ 제3단계 : 근본적인 문제점의 결정
㉲ 제4단계 : 대책수립

≫ 제2과목 산업심리 및 교육

21 인간 착오의 메커니즘으로 틀린 것은?

① 위치의 착오
② 패턴의 착오
③ 느낌의 착오
④ 형(形)의 착오

해설 착오의 메커니즘(Mechanism)
㉮ 위치의 착오
㉯ 패턴의 착오
㉰ 형(形)의 착오
㉱ 순서의 착오
㉲ 잘못 기억

22 타일러(Taylor)의 과학적 관리와 거리가 가장 먼 것은?

① 시간 – 동작 연구를 적용하였다.
② 생산의 효율성을 상당히 향상시켰다.
③ 인간 중심의 관점으로 일을 재설계한다.
④ 인센티브를 도입함으로써 작업자들을 동기화시킬 수 있다.

해설 타일러(Taylor)의 과학적 관리
㉮ 시간 – 동작 연구를 적용하였다.
㉯ 생산의 효율성을 상당히 향상시켰다.
㉰ 경영자의 과학적인 과업 설정으로 재설계하였다.
㉱ 인센티브를 도입함으로써 작업자들을 동기화시킬 수 있다.

23 산업안전보건법령상 명시된 건설용 리프트·곤돌라를 이용한 작업의 특별교육 내용으로 틀린 것은? (단, 그 밖에 안전·보건관리에 필요한 사항은 제외한다.)

① 신호방법 및 공동작업에 관한 사항
② 화물의 취급 및 작업방법에 관한 사항
③ 방호장치의 기능 및 사용에 관한 사항
④ 기계·기구에 특성 및 동작원리에 관한 사항

해설 건설용 리프트·곤돌라를 이용한 작업의 특별교육 내용
㉮ 방호장치의 기능 및 사용에 관한 사항
㉯ 기계, 기구, 달기체인 및 와이어 등의 점검에 관한 사항
㉰ 화물의 권상·권하 작업방법 및 안전작업 지도에 관한 사항
㉱ 기계·기구에 특성 및 동작원리에 관한 사항
㉲ 신호방법 및 공동작업에 관한 사항
㉳ 그 밖에 안전·보건관리에 필요한 사항

24 안전사고가 발생하는 요인 중 심리적인 요인에 해당하는 것은?

① 감정의 불안정
② 극도의 피로감
③ 신경계통의 이상
④ 육체적 능력의 초과

해설 정신력과 관계되는 생리적 현상
㉮ 시력 및 청각의 이상
㉯ 신경계통의 이상
㉰ 육체적 능력의 초과
㉱ 근육운동의 부적합
㉲ 극도의 피로
※ ① 감정의 불안정은 안전심리의 5대 요소(습관, 동기, 기질, 감정, 습성)에 포함된다.

25 작업의 어려움, 기계설비의 결함 및 환경에 대한 주의력의 집중혼란, 심신의 근심 등으로 인하여 재해를 많이 일으키는 사람을 지칭하는 것은?

① 미숙성 누발자
② 상황성 누발자
③ 습관성 누발자
④ 소질성 누발자

해설 사고 경향성자(재해빈발자)의 유형
㉮ 미숙성 누발자
 ㉠ 기능이 미숙한 자
 ㉡ 작업환경에 익숙하지 못한 자
㉯ 상황성 누발자
 ㉠ 기계설비에 결함이 있거나 본인의 능력 부족으로 인하여 작업이 어려운 자
 ㉡ 환경상 주의력의 집중이 어려운 자
 ㉢ 심신에 근심이 있는 자
㉰ 소질성 누발자(재해빈발 경향자) 성격적·정신적 또는 신체적으로 재해의 소질적 요인을 가지고 있다.
 ㉠ 주의력 지속이 불가능한 자
 ㉡ 주의력 범위가 협소(편중)한 자
 ㉢ 저지능자
 ㉣ 생활이 불규칙한 자
 ㉤ 작업에 대한 경시나 지속성이 부족한 자
 ㉥ 정직하지 못하고 쉽게 흥분하는 자
 ㉦ 비협조적이며, 도덕성이 결여된 자
 ㉧ 소심한 성격으로 감각운동이 부적합한 자
㉱ 습관성 누발자(암시설)
 ㉠ 재해의 경험으로 겁이 많거나 신경과민 증상을 보이는 자
 ㉡ 일종의 슬럼프(slump) 상태에 빠져서 재해를 유발할 수 있는 자

26 다음 보기 중 프로그램 학습법(programmed self-instruction method)의 단점은 어느 것인가?

① 보충학습이 어렵다.
② 수강생의 시간적 활용이 어렵다.
③ 수강생의 사회성이 결여되기 쉽다.
④ 수강생의 개인적인 차이를 조절할 수 없다.

해설 프로그램 학습법의 장단점
㉮ 장점
 ㉠ 기본개념 학습이나 논리적인 학습에 유익하다.
 ㉡ 지능, 학습 적성, 학습속도 등 개인차를 충분히 고려할 수 있다.
 ㉢ 많은 학습자를 한 교사가 지도할 수 있다.
 ㉣ 학습자의 학습과정을 쉽게 알 수 있다.
 ㉤ 매 반응마다 피드백이 주어지기 때문에 학습자가 흥미를 갖는다.
㉯ 단점
 ㉠ 최소한의 독서력이 요구된다.
 ㉡ 개발, 제작과정이 어렵다.
 ㉢ 문제해결력, 적용력, 감상력, 평가력 등 고등정신을 기르는 데 불리하다.
 ㉣ 교과서보다 분량이 많아 경비가 많이 든다.
 ㉤ 수강생의 사회성이 결여되기 쉽다.

27 허츠버그(Herzberg)의 2요인 이론 중 동기요인(motivator)에 해당하지 않는 것은?

① 성취
② 작업조건
③ 인정
④ 작업 자체

해설 허츠버그(Herzberg)의 위생-동기 이론
㉮ 위생요인(직무환경) : 생리·안전사회적 욕구, 작업조건, 임금, 지위, 대인관계(개인 상호 간의 관계), 회사정책과 관리·감독 등으로 환경적 요인을 뜻한다. 욕구가 충족되면 불만이 없어지고, 동기요인 욕구가 형성된다.
㉯ 동기요인(직무내용) : 성취감, 인정, 작업 자체, 책임감, 성장과 발전, 도전감 등으로 직무 만족과 생산력 증가에 영향을 준다. 그러나 이 자체로는 작업자의 생산능력을 증대시키지 못하며, 작업제한을 통한 작업자 업적의 손상을 예방하는 요인에 불과하다.

28 작업의 강도를 객관적으로 측정하기 위한 지표로 옳은 것은?

① 강도율
② 작업시간
③ 작업속도
④ 에너지대사율(RMR)

해설 에너지대사율(RMR ; Relative Metabolic Rate) : 작업강도를 구분하는 척도이다.
㉮ 에너지소모량 산출방법

$$RMR = \frac{노동대사량}{기초대사량}$$

$$= \frac{\binom{작업\ 시의}{소비에너지} - \binom{안정\ 시의}{소비에너지}}{기초대사량}$$

㉯ 기초대사량 산출방법
$A = H^{0.725} \times W^{0.425} \times 72.46$
여기서, A : 몸의 표면적(cm^2)
H : 신장(cm)
W : 체중(kg)
㉰ 작업강도 구분
 ㉠ 0~2RMR(輕작업)
 ㉡ 2~4RMR(보통작업)
 ㉢ 4~7RMR(重작업)
 ㉣ 7RMR 이상(超重작업)

29 다음 중 지도자가 부하의 능력에 따라 차별적으로 성과급을 지급하고자 하는 리더십의 권한은?

① 전문성 권한
② 보상적 권한
③ 합법적 권한
④ 위임된 권한

해설 조직이 지도자에게 부여한 권한
㉮ 보상적 권한 : 지도자가 부하들에게 보상할 수 있는 능력으로 인해 부하직원들을 통제할 수 있으며, 부하들의 행동에 대해 영향을 끼칠 수 있는 권한
㉯ 강압적 권한 : 부하직원들을 처벌할 수 있는 권한
㉰ 합법적 권한 : 조직의 규정에 의해 지도자의 권한이 공식화된 것

30 인간의 욕구에 대한 적응기제(Adjustment Mechanism)를 공격적 기제, 방어적 기제, 도피적 기제로 구분할 때, 다음 중 도피적 기제에 해당하는 것은?

① 보상
② 고립
③ 승화
④ 합리화

해설 적응기제의 분류
㉮ 방어적 기제(defence mechanism) : 자신의 약점이나 무능력 또는 열등감을 위장하여 유리하게 보호함으로써 안정감을 찾으려는 기제
 ㉠ 보상(compensation)
 ㉡ 합리화(rationalization) : 자기의 실패나 약점에 그럴듯한 이유를 들어서 남의 비난을 받지 않도록 하며, 또한 자위도 하는 행동기제이다. 합리화는 자기방어의 방식에 따라 신포도형, 투사형, 달콤한 레몬형, 망상형으로 나눈다.
 ㉢ 동일시(identification)
 ㉣ 승화(sublimation) : 정신적인 역량의 전환을 의미하는 것이다.
 ㉤ 투사
 ㉥ 반동형성
㉯ 도피적 기제(escape mechanism) : 욕구불만에 의한 긴장이나 압박으로부터 벗어나기 위해서 비합리적인 행동으로 공상에 도피하고, 현실세계에서 벗어남으로써 마음의 안정을 얻으려는 기제
 ㉠ 고립(isolation)
 ㉡ 퇴행(regression)
 ㉢ 억압(suppression)
 ㉣ 백일몽(day-dream)
㉰ 공격적 기제(aggressive mechanism) : 적극적이며 능동적인 입장에서 어떤 욕구불만에 대한 반항으로 자기를 괴롭히는 대상에 대해서 적대시하는 감정이나 태도를 취하는 기제
 ㉠ 직접적 공격기제 : 힘에 의존해서 폭행, 싸움, 기물파손 등을 행한다.
 ㉡ 간접적 공격기제 : 조소, 비난, 중상모략, 폭언, 욕설 등을 행한다.

31 알더퍼(Alderfer)의 ERG 이론에서 인간의 기본적인 3가지 욕구가 아닌 것은?

① 관계욕구
② 성장욕구
③ 생리욕구
④ 존재욕구

해설 알더퍼(Alderfer)의 ERG 이론
매슬로우의 욕구단계 이론을 3가지 범주로 수정하고, 두 가지 이상의 욕구가 동시에 존재한다고 주장한 이론이다.
㉮ 생존(Existence)욕구 : 신체적인 차원에서 생존에 필요한 물적 자원의 확보에 관련된 욕구(생리적·물리적 안전의 확보)
㉯ 관계(Relatedness)욕구 : 타인과의 상호작용을 통해 만족되는 대인욕구(대인관계, 소속감, 애정, 외적 자존의 욕구)
㉰ 성장(Growth)욕구 : 내적 자존의 욕구, 자아실현에 관한 욕구

32 주의력의 특성과 그에 대한 설명으로 옳은 것은?

① 지속성 : 인간의 주의력은 2시간 이상 지속된다.
② 변동성 : 인간의 주의집중은 내향과 외향의 변동이 반복된다.
③ 방향성 : 인간이 주의력을 집중하는 방향은 상하좌우에 따라 영향을 받는다.
④ 선택성 : 인간의 주의력은 한계가 있어 여러 작업에 대해 선택적으로 배분된다.

해설 주의력의 특징
㉮ 선택성 : 여러 종류의 자극을 자각할 때 소수의 특정한 것에 한하여 선택하는 기능
㉯ 방향성 : 주시점만 인지하는 기능
㉰ 변동성 : 주의에는 주기적으로 부주의의 리듬이 존재

33 안전교육방법 중 새로운 자료나 교재를 제시하고 거기에서의 문제점을 피교육자로 하여금 제기하게 하거나, 의견을 여러 가지 방법으로 발표하게 하고, 다시 깊게 파고들어서 토의하는 방법은?

① 포럼(forum)
② 심포지엄(symposium)
③ 버즈세션(buzz session)
④ 패널 디스커션(panel discussion)

해설
② 심포지엄(symposium) : 몇 사람의 전문가에 의하여 과제에 관한 견해를 발표한 뒤에 참가자로 하여금 의견이나 질문을 하게 하여 토의하는 방법이다.
③ 버즈세션(buzz session) : 6-6회의라고도 하며, 먼저 사회자와 기록계를 선출한 후 나머지 사람을 6명씩 소집단으로 구분하고, 소집단별로 각각 사회자를 선발하여 6분씩 자유토의를 행하여 의견을 종합하는 방법이다.
④ 패널 디스커션(panel discussion) : 패널 멤버(교육과제에 정통한 전문가 4~5명)가 피교육자 앞에서 자유로이 토의를 하고, 뒤에 피교육자 전원이 참가하여 사회자의 사회에 따라 토의하는 방법이다.

34 파악하고자 하는 연구과제에 대해 언어를 매개로 구조화된 질의응답을 통하여 교육하는 기법은?

① 면접(interview)
② 카운슬링(counseling)
③ CCS(Civil Communication Section)
④ ATT(American Telephone & Telegram Co.)

해설
② 카운슬링(counseling) : 상담·협의 또는 권고·조언(助言)·충고를 하는 것을 말한다.
③ CCS(Civil Communication Section) : ATP(Administration Training Program)라고도 하며, 당초에는 일부 회사의 톱 매니지먼트(Top Management)에 대해서만 행하여졌으나, 그 후에 널리 보급된 교육방법으로 정책의 수립, 조직(경영부문, 조직형태, 구조 등), 통제(조직통제의 적용, 품질관리, 원가통제의 적용 등) 및 운영(운영조직, 협조에 의한 회사운영) 등이 교육내용이다.
④ ATT(American Telephone & Telegram Co.) : 대상 계층이 한정되어 있지 않고, 한 번 훈련을 받은 관리자는 그 부하인 감독자에 대해서 지도원이 될 수 있으며 교육내용은 계획적 감독, 작업의 계획 및 인원배치, 작업의 감독, 공구 및 자료 보고 및 기록, 개인작업의 개선, 종업원의 향상, 인사관계, 훈련, 고객관계, 안전부대 군인의 복무조정 등의 12가지로 되어 있다.

35 산업안전보건법령상 근로자 안전보건교육의 교육과정 중 건설 일용근로자의 건설업 기초 안전보건교육 교육시간 기준으로 옳은 것은?

① 1시간 이상
② 2시간 이상
③ 3시간 이상
④ 4시간 이상

해설 산업안전보건법상 사업 내 안전보건교육에 있어 건설 일용근로자의 건설업 기초 안전보건교육 시간은 4시간 이상이다.

36 안전교육의 방법을 지식교육, 기능교육 및 태도교육 순서로 구분하여 맞게 나열한 것은?

① 시청각교육 – 현장실습교육 – 안전작업 동작지도
② 시청각교육 – 안전작업 동작지도 – 현장실습교육
③ 현장실습교육 – 안전작업 동작지도 – 시청각교육
④ 안전작업 동작지도 – 시청각교육 – 현장실습교육

해설 안전교육의 방법
㉮ 지식교육 : 시청각교육
㉯ 기능교육 : 현장실습교육
㉰ 태도교육 : 안전작업 동작지도

37 학습된 행동이 지속되는 것을 의미하는 용어는?

① 회상(recall)
② 파지(retention)
③ 재인(recognition)
④ 기명(memorizing)

해설 파지와 망각
㉮ 파지 : 획득된 행동이나 내용이 지속되는 현상
㉯ 망각 : 획득된 행동이나 내용이 지속되지 않고 소멸되는 현상

38 작업자들에게 적성검사를 실시하는 가장 큰 목적은?

① 작업자의 협조를 얻기 위함
② 작업자의 인간관계 개선을 위함
③ 작업자의 생산능률을 높이기 위함
④ 작업자의 업무량을 최대로 할당하기 위함

해설 적성검사의 정의
일정한 검사방법에 따라 형태식별능력, 손작업능력, 지능, 시각과 수동작의 적응력, 운동속도 등에 관하여 검사하는 것이다.
※ 적성검사를 실시하는 가장 큰 목적은 작업자의 적성에 맞게 배치하여 작업자의 생산능률을 높이기 위함에 있다.

39 O.J.T.(On the Job Training)의 장점이 아닌 것은?

① 직장의 실정에 맞게 실제적 훈련이 가능하다.
② 교육을 통한 훈련효과에 의해 상호 신뢰이해도가 높아진다.
③ 대상자의 개인별 능력에 따라 훈련의 진도를 조정하기가 쉽다.
④ 교육훈련 대상자가 교육훈련에만 몰두할 수 있어 학습효과가 높다.

해설 O.J.T.와 Off J.T.의 특징
㉮ O.J.T. 교육의 특징
 ㉠ 개개인에게 적합한 지도훈련이 가능하다.
 ㉡ 직장의 실정에 맞는 실제적 훈련을 할 수 있다.
 ㉢ 훈련에 필요한 업무의 계속성이 끊어지지 않는다.
 ㉣ 즉시 업무에 연결되는 관계로 신체와 관련이 있다.
 ㉤ 효과가 곧 업무에 나타나며, 훈련의 좋고 나쁨에 따라 개선이 용이하다.
 ㉥ 교육을 통한 훈련효과에 의해 상호 신뢰이해도가 높아진다.
㉯ Off J.T. 교육의 특징
 ㉠ 다수의 근로자에게 조직적 훈련이 가능하다.
 ㉡ 훈련에만 전념하게 된다.
 ㉢ 특별설비기구를 이용할 수 있다.
 ㉣ 전문가를 강사로 초청할 수 있다.
 ㉤ 각 직장의 근로자가 많은 지식이나 경험을 교류할 수 있다.
 ㉥ 교육훈련 목표에 대해서 집단적 노력이 흐트러질 수도 있다.

40 학습 목적의 3요소가 아닌 것은?

① 목표(goal)
② 주제(subject)
③ 학습정도(level of learning)
④ 학습방법(method of learning)

해설 학습 목적의 3요소
㉮ 목표(goal) : 학습 목적의 핵심으로 학습을 통하여 달성하려는 지표
㉯ 주제(subject) : 목표 달성을 위한 테마
㉰ 학습정도(level of learning) : 학습범위와 내용의 정도

36.① 37.② 38.③ 39.④ 40.④ **정답**

≫ 제3과목 인간공학 및 시스템 안전공학

41 다음 중 인간공학적 수공구 설계원칙이 아닌 것은?

① 손목을 곧게 유지할 것
② 반복적인 손가락 동작을 피할 것
③ 손잡이 접촉면적을 크게 설계할 것
④ 조직(tissue)에 가해지는 압력을 피할 것

해설 수공구 설계원칙
㉮ 손목을 곧게 유지할 것
㉯ 반복적인 손가락 동작을 피할 것
㉰ 손잡이 접촉면적을 작게 설계할 것
㉱ 조직(tissue)에 가해지는 압력을 피할 것
㉲ 손잡이의 단면이 원형을 이루어야 한다.
㉳ 동력공구의 손잡이는 두 손가락 이상으로 작동하도록 한다.
㉴ 일반적으로 손잡이의 길이는 95% 남성의 손폭을 기준으로 한다.
㉵ 정밀작업을 요하는 손잡이의 직경은 5~12mm 사이가 적정하다.
㉶ 손바닥 부위에 압박을 주지 않는 손잡이 형태로 설계한다.

42 NIOSH 지침에서 최대허용한계(MPL)는 활동한계(AL)의 몇 배인가?

① 1배   ② 3배
③ 5배   ④ 9배

해설 미국 국립직업안전위생연구소(NIOSH) 지침에서 최대허용한계(MPL)는 활동한계(AL)의 3배로 규정하고 있다.

43 다음 중 FMEA의 특징에 대한 설명으로 틀린 것은?

① 서브시스템 분석 시 FTA보다 효과적이다.
② 양식이 비교적 간단하고 적은 노력으로 특별한 훈련 없이 해석이 가능하다.
③ 시스템 해석기법은 정성적·귀납적 분석법 등에 사용된다.
④ 각 요소 간 영향 해석이 어려워 2가지 이상 동시 고장은 해석이 곤란하다.

해설 FMEA
㉮ 정의 : 시스템 안전 분석에 이용되는 전형적인 정성적·귀납적 분석방법으로, 시스템에 영향을 미치는 전체 요소의 고장을 형별로 분석하여 그 영향을 검토하는 것이다(각 요소의 1형식 고장이 시스템의 1영향에 대응한다).
㉯ 장점 및 단점
㉠ 장점 : 서식이 간단하고 비교적 적은 노력으로 특별한 훈련 없이 분석을 할 수 있다.
㉡ 단점 : 논리성이 부족하고 특히 각 요소 간의 영향을 분석하기 어렵기 때문에 동시에 두 가지 이상의 요소가 고장 날 경우에 분석이 곤란하다. 또한 요소가 물체로 한정되어 있기 때문에 인적 원인을 분석하는 데는 어려움이 있다.

44 인간공학에 대한 설명으로 틀린 것은?

① 제품의 설계 시 사용자를 고려한다.
② 환경과 사람이 격리된 존재가 아님을 인식한다.
③ 인간공학의 목표는 기능적 효과, 효율 및 인간 가치를 향상시키는 것이다.
④ 인간의 능력 및 한계에는 개인차가 없다고 인지한다.

해설 인간공학
인간활동의 최적화를 연구하는 학문으로, 인간이 작업활동을 하는 경우에 인간으로서 가장 자연스럽게 일하는 방법을 강구하기 위해 인간과 기계를 하나의 체계(Man-Machine system)로 취급하여 인간의 능력이나 한계와 일치하도록 기계·기구 조작, 작업방법, 작업환경의 개선 등에 관한 공학적 학문이다.

45 인간-기계 시스템에서의 여러 가지 인간에러와 그것으로 인해 생길 수 있는 위험성의 예측과 개선을 위한 기법은?

① PHA   ② FHA
③ OHA   ④ THERP

해설 THERP(인간 실수율 예측기법)
인간-기계 계(system)에서 여러 가지 인간의 에러와 이에 의해 발생할 수 있는 위험성의 예측과 개선을 위한 기법으로 인간의 실수(human error)를 정량적으로 평가하기 위하여 개발된 기법이다.

정답 41.③ 42.② 43.① 44.④ 45.④

46 다음 중 개선의 ECRS의 원칙에 해당하지 않는 것은?

① 제거(Eliminate)
② 결합(Combine)
③ 재조정(Rearrange)
④ 안전(Safety)

해설 작업개선의 ECRS의 원칙
㉮ 제거(Eliminate)
㉯ 결합(Combine)
㉰ 재조정(Rearrange)
㉱ 단순화(Simplify)

47 다음 중 표시장치로부터 정보를 얻어 조종장치를 통해 기계를 통제하는 시스템은 무엇인가?

① 수동시스템
② 무인시스템
③ 반자동시스템
④ 자동시스템

해설 인간-기계 통합체계의 유형
㉮ 수동체계(manual system)
  수동체계는 수공구나 기타 보조물로 구성되며, 자신의 신체적인 힘을 동력원으로 사용하여 작업을 통제하는 사용자와 결합된다.
㉯ 기계화 체계(mechanical system)
  반자동(semiautomatic) 체계라고도 하며, 동력제어장치가 공작기계와 같이 고도로 통합된 부품들로 구성되어 있다. 이 체계는 변화가 별로 없는 기능들을 수행하도록 설계되어 있으며, 동력은 전형적으로 기계가 제공하고, 운전자의 기능은 조정장치를 사용하여 통제하는 것이다. 인간은 표시장치를 통하여 체계의 상태에 대한 정보를 받고, 정보처리 및 의사결정기능을 수행하여 결심한 것을 조종장치를 사용하여 실행한다.
㉰ 자동체계(automatic system)
  체계가 완전히 자동화된 경우에는 기계 자체가 감지, 정보처리 및 의사결정, 행동을 포함한 모든 임무를 수행한다. 신뢰성이 완전한 자동체계란 불가능한 것이므로, 인간은 주로 감시(monitor)·프로그램(program)·유지보수(maintenance) 등의 기능을 수행한다.

48 다음 중 Q10 효과에 직접적인 영향을 미치는 인자는?

① 고온 스트레스 ② 한랭한 작업장
③ 중량물의 취급 ④ 분진의 다량 발생

해설 Q10 효과
온도가 10℃ 올라가면 생물의 반응속도가 2배 정도 증가하는 현상을 말하며, 직접적인 영향을 미치는 인자는 고온 스트레스이다. 높은 온도에서 작업하면 반응속도가 증가하여 사고의 위험이 높아지므로 적절한 휴식과 작업환경 개선이 필요하다.

49 결함수분석(FTA)에 의한 재해사례의 연구 순서로 옳은 것은?

ⓐ FT(Fault Tree)도 작성
ⓑ 개선안 실시계획
ⓒ 톱사상의 선정
ⓓ 사상마다 재해원인 및 요인 규명
ⓔ 개선계획 작성

① ⓑ → ⓓ → ⓒ → ⓔ → ⓐ
② ⓒ → ⓓ → ⓐ → ⓔ → ⓑ
③ ⓓ → ⓔ → ⓒ → ⓐ → ⓑ
④ ⓔ → ⓒ → ⓑ → ⓐ → ⓓ

해설 FTA에 의한 재해사례 연구순서(D.R. Cheriton)
㉮ 1단계 : 톱(top)사상의 선정
㉯ 2단계 : 사상의 재해원인 규명
㉰ 3단계 : FT도의 작성
㉱ 4단계 : 개선계획의 작성
㉲ 5단계 : 개선안 실시계획

50 물체의 표면에 도달하는 빛의 밀도를 뜻하는 용어는?

① 광도   ② 광량
③ 대비   ④ 조도

해설 물체의 표면에 도달하는 빛의 밀도를 '조도'라고 하며, 거리가 증가할 때 역자승의 법칙에 따라 조도는 감소한다(점광원에 대해서만 적용).
∴ 조도 = $\dfrac{광도}{(거리)^2}$

46.④ 47.③ 48.① 49.② 50.④

51 시각적 표시장치와 청각적 표시장치 중 시각적 표시장치를 선택해야 하는 경우는?

① 메시지가 긴 경우
② 메시지가 후에 재참조되지 않는 경우
③ 직무상 수신자가 자주 움직이는 경우
④ 메시지가 시간적 사상(event)을 다루는 경우

해설 표시장치의 선택(청각장치와 시각장치의 선택)
㉮ 청각장치 사용
  ㉠ 전언이 간단하고 짧을 때
  ㉡ 전언이 후에 재참조되지 않을 때
  ㉢ 전언이 시간적인 사상을 다룰 때
  ㉣ 전언이 즉각적인 행동을 요구할 때
  ㉤ 수신자의 시각계통이 과부하 상태일 때
  ㉥ 수신장소가 너무 밝거나 암조응 유지가 필요할 때
  ㉦ 직무상 수신자가 자주 움직이는 경우
㉯ 시각장치 사용
  ㉠ 전언이 복잡하고 길 때
  ㉡ 전언이 후에 재참조될 경우
  ㉢ 전언이 공간적인 위치를 다룰 때
  ㉣ 전언이 즉각적인 행동을 요구하지 않는 경우
  ㉤ 수신자의 청각계통이 과부하 상태일 때
  ㉥ 수신장소가 너무 시끄러울 때

52 조작과 반응과의 관계, 사용자의 의도와 실제 반응과의 관계, 조종장치와 작동 결과에 관한 관계 등 사람들이 기대하는 바와 일치하는 관계가 뜻하는 것은?

① 중복성
② 조직화
③ 양립성
④ 표준화

해설 양립성(compatibility)
㉮ 정의 : 자극들 간, 반응들 간, 혹은 자극-반응 조합(공간, 운동 또는 개념적)의 관계가 인간의 기대와 모순되지 않는 것을 말한다.
㉯ 분류
  ㉠ 공간적(spatial) 양립성 : 어떤 사물, 특히 표시장치나 조종장치에서 물리적 형태나 공간적인 배치의 양립성
  ㉡ 운동(movement) 양립성 : 표시장치, 조종장치, 체계반응의 운동방향의 양립성
  ㉢ 개념적(conceptual) 양립성 : 어떤 암호체계에서 청색이 정상을 나타내듯이 사람들이 가지고 있는 개념적 연상의 양립성

53 FT도에서 사용되는 다음 기호의 명칭은?

① 억제 게이트
② 조합 AND 게이트
③ 부정 게이트
④ 배타적 OR 게이트

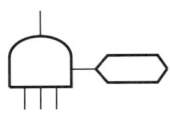

해설 짜맞춤(조합) AND Gate
3개 이상의 입력사상 가운데 어느 것이든 2개가 일어나면 출력사상이 생긴다. 예를 들면 "어느 것이든 2개"라고 기입한다.

54 일정한 고장률을 가진 어떤 기계의 고장률이 시간당 0.008일 때 5시간 이내에 고장을 일으킬 확률은?

① $1+e^{0.04}$
② $1-e^{-0.004}$
③ $1-e^{0.04}$
④ $1-e^{-0.04}$

해설 ㉮ 5시간 사용 시 신뢰도
$R_t = e^{-\lambda t} = e^{-(0.008 \times 5)} = e^{-0.04}$
㉯ 5시간 사용 시 불뢰도
$F_t = 1 - R_t = 1 - e^{-0.04}$

55 HAZOP 기법에서 사용하는 가이드워드와 그 의미가 틀린 것은?

① Other than : 기타 환경적인 요인
② No/Not : 디자인 의도의 완전한 부정
③ Reverse : 디자인 의도의 논리적 반대
④ More/Less : 정량적인 증가 또는 감소

해설 유인어(guide words)
간단한 용어로서 창조적 사고를 유도하고 자극하여 이상을 발견하고, 의도를 한정하기 위해 사용된다. 즉, 다음과 같은 의미를 나타낸다.
㉮ No 또는 Not : 설계의도의 완전한 부정
㉯ More 또는 Less : 양(압력, 반응, flow, rate, 온도 등)의 증가 또는 감소
㉰ As well as : 성질상의 증가(설계의도와 운전조건이 어떤 부가적인 행위와 함께 일어남)
㉱ Part of : 일부 변경, 성질상의 감소(어떤 의도는 성취되나, 어떤 의도는 성취되지 않음)
㉲ Reverse : 설계의도의 논리적인 역
㉳ Other than : 완전한 대체(통상 운전과 다르게 되는 상태)

56 음압수준이 60dB일 때 1,000Hz에서 순음의 phon의 값은?

① 50phon ② 60phon
③ 90phon ④ 100phon

해설 주파수가 1,000Hz, 1dB의 값이 1phon이므로, 음압수준이 60dB인 소리의 크기는 60phon이다.

57 인간의 오류 모형에서 상황 해석을 잘못하거나 목표를 잘못 이해하고 착각하여 행하는 경우를 뜻하는 용어는?

① 실수(slip)
② 착오(mistake)
③ 건망증(lapse)
④ 위반(violation)

해설 ① 실수(slip) : 상황(목표) 해석은 제대로 하였으나 의도와는 다른 행동을 하는 경우
③ 건망증(lapse) : 여러 과정이 연계적으로 일어나는 행동을 잊어버리고 안 하는 경우
④ 위반(violation) : 알고 있음에도 의도적으로 따르지 않거나 무시하고 법률, 명령, 약속 따위를 지키지 않고 어기는 경우

58 프레스기의 안전장치 수명은 지수분포를 따르며 평균 수명이 1,000시간일 때 ⓐ, ⓑ에 알맞은 값은 약 얼마인가?

> ⓐ 새로 구입한 안전장치가 향후 500시간 동안 고장 없이 작동할 확률
> ⓑ 이미 1,000시간을 사용한 안전장치가 향후 500시간 이상 견딜 확률

① ⓐ 0.606, ⓑ 0.606
② ⓐ 0.606, ⓑ 0.808
③ ⓐ 0.808, ⓑ 0.606
④ ⓐ 0.808, ⓑ 0.808

해설 고장 없이 작동할 확률(R_t)
ⓐ 500시간 사용 시 신뢰도(R_t)
$= e^{-\left(\frac{t}{t_o}\right)} = e^{-\left(\frac{500}{1,000}\right)} = 0.606$
ⓑ $R_t = e^{-\left(\frac{t}{t_o}\right)} = e^{-\left(\frac{500}{1,000}\right)} = 0.606$

59 다음 FT도에서 신뢰도는? (단, A 발생확률은 0.01, B 발생확률은 0.02이다.)

① 96.02%
② 97.02%
③ 98.02%
④ 99.02%

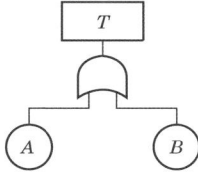

해설 불신뢰도(F_t) = [1-(1-0.01)(1-0.02)]
= 0.0298 = 2.98%
∴ 신뢰도(R_t) = 1-F_t = 100-2.98 = 97.02%

60 위험성 평가 시 위험의 크기를 결정하는 방법이 아닌 것은?

① 덧셈법 ② 곱셈법
③ 뺄셈법 ④ 행렬법

해설 위험성 추정
사업주는 유해·위험요인을 파악하여 사업장 특성에 따라 부상 또는 질병으로 이어질 수 있는 가능성 및 중대성의 크기를 추정하고 다음 어느 하나의 방법으로 위험성을 추정하여야 한다.
㉮ 가능성과 중대성을 행렬을 이용하여 조합하는 방법
㉯ 가능성과 중대성을 곱하는 방법
㉰ 가능성과 중대성을 더하는 방법
㉱ 그 밖에 사업장의 특성에 적합한 방법

제4과목 건설시공학

61 기존에 구축된 건축물 가까이에서 건축공사를 실시할 경우 기존 건축물의 지반과 기초를 보강하는 공법은?

① 리버스 서큘레이션 공법
② 언더피닝 공법
③ 슬러리 월 공법
④ 탑다운 공법

해설 언더피닝 공법
기존 건물에서 인접된 장소에서 새로운 깊은 기초를 시공할 때, 기존 건물의 기초를 보강하는 공법이다.

62 다음은 기성말뚝 세우기에 관한 표준시방서 규정이다. ( ) 안에 순서대로 들어갈 내용으로 옳게 짝지어진 것은? (단, 보기 항의 D는 말뚝의 바깥지름임)

> 말뚝의 연직도나 경사도는 ( ) 이내로 하고, 말뚝박기 후 평면상의 위치가 설계도면의 위치로부터 ( )와 100mm 중 큰 값 이상으로 벗어나지 않아야 한다.

① $\frac{1}{100}$, $\frac{D}{4}$ ② $\frac{1}{100}$, $\frac{D}{3}$
③ $\frac{1}{150}$, $\frac{D}{4}$ ④ $\frac{1}{150}$, $\frac{D}{3}$

해설 기성말뚝 세우기
㉮ 시공기계는 말뚝이 소정의 위치에 정확하게 설치될 수 있도록 견고한 지반 위의 정확한 위치에 설치하여야 한다.
㉯ 말뚝을 정확하고도 안전하게 세우기 위해서는 정확한 규준틀을 설치하고 중심선 표시를 용이하게 하여야 하며, 말뚝을 세운 후 검측은 직교하는 2방향으로부터 하여야 한다.
㉰ 말뚝의 연직도나 경사도는 $\frac{1}{100}$ 이내로 하고, 말뚝박기 후 평면상의 위치가 설계도면의 위치로부터 $\frac{D}{4}$(D는 말뚝의 바깥지름)와 100mm 중 큰 값 이상으로 벗어나지 않아야 한다.

63 철근이음의 종류 중 나사를 가지는 슬리브 또는 커플러, 에폭시나 모르타르 또는 용융금속 등을 충전한 슬리브, 클립이나 편체 등의 보조장치 등을 이용한 것을 무엇이라 하는가?

① 겹침이음 ② 가스압접이음
③ 기계적 이음 ④ 용접이음

해설 철근의 이음방법(이음의 종류)
㉮ 겹침이음 : #18~#20 철선으로 결속하여 이음
㉯ 용접이음 : 아크(arc) 전기용접에 의한 이음
㉰ 가스압접 : 철근을 가열·가압하여 연결하는 일종의 용접이음(보와 같은 수평부재에서는 사용하지 않음)
㉱ 기계적 이음 : 각종 연결재(sleeve, 나사 등)를 이용한 철근의 이음

64 철골공사에서 발생하는 용접 결함이 아닌 것은?

① 피트(pit)
② 블로홀(blow hole)
③ 오버랩(over lap)
④ 가우징(gouging)

해설 용접 결함
㉮ 균열(crack) : 공기구멍 또는 선상 조직, 용접의 구속, 살붙임 불량 등으로 생기는 결함
㉯ 슬래그 섞임(slag inclusion, 슬래그 감싸돌기) : 용접에서 용융금속이 급속하게 냉각되면 슬래그의 일부분이 달아나지 못하고 용착금속 내에 혼입되는 결함
㉰ 피트(pit) : 공기의 구멍이 발생함으로써 용접부의 표면에 생기는 작은 구멍
㉱ 공기구멍(blow hole, gas pocket) : 용접 상부(모재 표면과 용접 표면이 교차되는 점)에 따라 모재가 녹아 용착금속이 채워지지 않고 홈으로 남게 되는 부분
㉲ 오버랩(over lap, 겹치기) : 용접금속과 모재가 융합되지 않고 겹쳐지는 결함
㉳ 위핑홀(weeping hole) : 용접부 내에 생기는 미세한 구멍
㉴ 스패터(spatter) : 용접 중 튀어나오는 슬래그 및 금속 입자
㉵ 기타 결함 : 외관 비틀림 결함, 불용착(녹아 붙기 불량) 변형, 용접치수의 불규칙, 용입 부족 등
※ 가우징 : 탄소와 흑연으로 된 카본 가우징 봉을 전극으로 사용하며, 이 전극과 모재 사이에 발생하는 아크의 고온열로 모재를 순간적으로 녹이고 동시에 압축공기의 강한 바람으로 용해된 금속을 불어내는 방법

65 원심력 고강도 프리스트레스트 콘크리트 말뚝의 이음방법 중 가장 강성이 우수하고 안전하여 많이 사용하는 이음방법은?

① 충전식 이음 ② 볼트식 이음
③ 용접식 이음 ④ 강관말뚝이음

해설 용접식 이음
㉮ 말뚝 상호 간의 철근을 용접하고 다시 외부에 보강 철판을 덧대어 용접해서 잇는다.
㉯ 이음방법 중 가장 강성이 우수하나 용접부위에 대한 부식의 우려가 있다.

66 R.C.D(리버스 서큘레이션 드릴) 공법의 특징으로 옳지 않은 것은?

① 드릴파이프 직경보다 큰 호박돌이 있는 경우 굴착이 불가하다.
② 깊은 심도까지 굴착이 가능하다.
③ 시공속도가 빠른 장점이 있다.
④ 수상(해상)작업이 불가하다.

해설 리버스 서큘레이션 공법
㉮ 리버스 서큘레이션 말뚝(Revers Circulation Pile) : 굴착구멍 내에 지하수위보다 2m 이상 높게 물을 채워 굴착면에 2t/m² 이상의 정수압에 의해 벽면 붕괴를 방지하며 굴착한 후 형성시킨 제자리콘크리트 말뚝이다.
㉯ 리버스 서큘레이션 공법의 특징
  ㉠ 벤토나이트 용액으로 구멍 벽이 무너지는 것을 방지하면서 굴착하므로 케이싱이 필요 없다.
  ㉡ 점토, 실트층 등에 적용된다.
  ㉢ 시공심도는 통상 30~70m 정도까지로 한다 (최고 100~200m 가능).
  ㉣ 시공직경(0.9~3m)을 크게 할 수 있다.
  ㉤ 무진동, 무소음이다.
  ㉥ 시공속도가 빠른 장점이 있다.
  ㉦ 단점 : 누수대책이 필요하고 조약돌 등의 토질은 굴착이 곤란하다.

67 보강블록공사 시 벽의 철근 배치에 관한 설명으로 옳지 않은 것은?

① 가로근은 배근 상세도에 따라 가공하되, 그 단부는 180°의 갈구리로 구부려 배근한다.
② 블록의 공동에 보강근을 배치하고 콘크리트를 다져 넣기 때문에 세로줄눈은 막힌줄눈으로 하는 것이 좋다.
③ 세로근은 기초 및 테두리보에서 위층의 테두리보까지 잇지 않고 배근하여 그 정착길이는 철근 직경의 40배 이상으로 한다.
④ 벽의 세로근은 구부리지 않고 항상 진동 없이 설치한다.

해설 보강블록공사
㉮ 통줄눈 쌓기로 하며 수직근과 수평근을 보강하여 전단파괴와 휨파괴에 대하여 저항하기 위한 쌓기방법이다.
㉯ 벽의 세로근은 구부리지 않고 항상 진동 없이 설치한다.
㉰ 세로 철근은 도중에 잇지 않고, 기초보, 테두리보에 40d 이상을 정착한다.
㉱ 가로근의 간격은 블록 3켜(60cm) 또는 4켜(80cm)마다 넣는다.
㉲ 가로근은 배근 상세도에 따라 가공하되, 그 단부는 180°의 갈구리로 구부려 배근한다.
㉳ 보강블록 쌓기는 원칙적으로 통줄눈 쌓기로 한다.
㉴ 콘크리트 또는 모르타르 사춤은 블록 2켜 쌓기 이내마다 하고, 이음위치는 블록 윗면에서 5cm 정도 밑에 둔다.
㉵ 사춤 콘크리트 다지기를 할 때 철근의 이동이 없도록 주의한다.
㉶ 급수관, 배전관, 가스관 등을 배관할 때는 블록쌓기와 동시에 시공하고 철근이 복잡한 곳은 가급적 피한다.

68 다음 보기의 설명 중 철근공사 시 철근의 조립과 관련된 설명으로 옳지 않은 것을 고르면?

① 철근이 바른 위치를 확보할 수 있도록 결속선으로 결속하여야 한다.
② 철근은 조립한 다음 장기간 경과한 경우에는 콘크리트의 타설 전에 다시 조립검사를 하고 청소하여야 한다.
③ 경미한 황갈색의 녹이 발생한 철근은 콘크리트와의 부착이 매우 불량하므로 사용이 불가하다.
④ 철근의 피복두께를 정확하게 확보하기 위해 적절한 간격으로 고임재 및 간격재를 배치하여야 한다.

해설 ③ 경미한 황갈색의 녹이 발생한 철근은 콘크리트와의 부착강도가 증가하므로 사용이 가능하다.
※ 철근 체적의 약 1% 이내가 부식된 철근은 부착강도가 증가한다.

69 공사계약방식에서 공사실시 방식에 의한 계약제도가 아닌 것은?

① 일식도급
② 분할도급
③ 실비정산보수가산도급
④ 공동도급

해설 ㉮ 공사실시 방식에 의한 도급계약제도 : 일식도급, 분할도급, 공동도급 방식
㉯ 공사비 지불방식에 의한 도급계약제도 : 단가도급, 정액도급, 실비정산보수가산식 도급방식

70 알루미늄 거푸집에 관한 설명으로 옳지 않은 것은?

① 경량으로 설치시간이 단축된다.
② 이음매(Joint) 감소로 견출작업이 감소된다.
③ 주요 시공부위는 내부 벽체, 슬래브, 계단실 벽체이며, 슬래브 필러 시스템이 있어서 해체가 간편하다.
④ 녹이 슬지 않는 장점이 있으나 전용횟수가 매우 적다.

해설 알루미늄 거푸집은 녹이 스는 단점과 전용횟수가 높은 장점이 있다.

71 콘크리트는 신속하게 운반하여 즉시 타설하고, 충분히 다져야 하는데 비비기로부터 타설이 끝날 때까지의 시간은 원칙적으로 얼마를 넘어서면 안 되는가? (단, 외기온도가 25℃ 이상일 경우)

① 1.5시간
② 2시간
③ 2.5시간
④ 3시간

해설 콘크리트는 신속하게 운반하여 즉시 타설하고, 충분히 다져야 한다. 외기온도가 25℃ 이상일 때는 1.5시간, 외기온도가 25℃ 미만일 때에는 2시간을 넘어서는 안 된다.

72 벽돌쌓기 시 사전준비에 관한 설명으로 옳지 않은 것은?

① 줄기초, 연결보 및 바닥 콘크리트의 쌓기면은 작업 전에 청소하고, 우묵한 곳은 모르타르로 수평지게 고른다.
② 벽돌에 부착된 흙이나 먼지는 깨끗이 제거한다.
③ 모르타르는 지정한 배합으로 하되, 시멘트와 모래는 건비빔으로 하고, 사용할 때에는 쌓기에 지장이 없는 유동성이 확보되도록 물을 가하고 충분히 반죽하여 사용한다.
④ 콘크리트 벽돌은 쌓기 직전에 충분한 물축이기를 한다.

해설 벽돌쌓기 시 사전준비 사항
㉮ 줄기초, 연결보 및 바닥 콘크리트의 쌓기면은 작업 전에 청소하고, 우묵한 곳은 모르타르로 수평지게 고른다.
㉯ 벽돌에 부착된 흙이나 먼지는 깨끗이 제거한다.
㉰ 모르타르는 지정한 배합으로 하되 시멘트와 모래는 건비빔으로 하고, 사용할 때에는 쌓기에 지장이 없는 유동성이 확보되도록 물을 가하고 충분히 반죽하여 사용한다. 가수(加水) 후 2시간 이내에 유동성이 없어진 모르타르는 다시 가수하여 원 유동성으로 회복시켜 사용하도록 한다.
㉱ 콘크리트 벽돌은 쌓기 전 물을 축이지 아니한다.
㉲ 벽돌공사를 하기 전에 바탕점검을 하고 구체 콘크리트에 필요한 정착철물의 정확한 배치, 정착철물이 콘크리트 구체에 견고하게 정착되었는지의 여부 등 공사의 착수에 지장이 없는가를 확인한다.

73 철거작업 시 지중장애물 사전조사 항목으로 가장 거리가 먼 것은?

① 주변 공사장에 설치된 모든 계측기 확인
② 기존 건축물의 설계도, 시공기록 확인
③ 가스, 수도, 전기 등 공공매설물 확인
④ 시험굴착, 탐사 확인

해설 철거작업 시 지중장애물 사전조사 항목
㉮ 재해경력 및 위험물 등 조사
㉯ 기존 건축물의 설계도, 시공기록 확인
㉰ 가스, 수도, 전기 등 공공매설물 확인
㉱ 시험굴착, 탐사 확인

정답 69.③ 70.④ 71.① 72.④ 73.①

74 건축공사 시 각종 분할도급의 장점에 관한 설명으로 옳지 않은 것은?

① 전문 공종별 분할도급은 설비업자의 자본, 기술이 강화되어 능률이 향상된다.
② 공정별 분할도급은 후속공사를 다른 업자로 바꾸거나 후속공사 금액의 결정이 용이하다.
③ 공구별 분할도급은 중소업자에 균등기회를 주고, 업자 상호 간 경쟁으로 공사기일 단축, 시공기술 향상에 유리하다.
④ 직종별, 공종별 분할도급은 전문직종으로 분할하여 도급을 주는 것으로 건축주의 의도를 철저하게 반영시킬 수 있다.

해설 분할도급 계약제도
공사 유형별로 분할하여 전문업자에게 도급을 주는 방식이다.
㉮ 전문 공종별 분할도급
  ㉠ 전기·난방 등 설비공사 같이 전문적인 공사를 분할하여 직접 전문업자에게 도급을 주는 방식이다.
  ㉡ 전문화로 시공의 질이 향상되고 공사비 증대 우려가 있다.
  ㉢ 건축주의 의사전달이 원활하다.
  ㉣ 설비업자의 자본 기술이 향상된다.
㉯ 공정별 분할도급
  ㉠ 시공과정별로 도급을 주는 방식(예 기초, 구체, 방수, 창호 등)
  ㉡ 설계부분 완성 시 완료부분만 발주 가능하다.
  ㉢ 선행공사 지연 시 후속공사의 영향이 크고, 후속업자(공정) 변경 시 공사금액 결정이 곤란하다.
  ㉣ 정부, 관청에서 발주하는 공사로 예산상 구분될 때 채택한다.
㉰ 공구별 분할도급
  ㉠ 대규모 공사(지하철 공사, 고속도로 공사, 대규모 아파트 단지 공사) 시 중소업자에게 균등한 기회를 부여하기 위해 분할도급 지역별로 도급을 주는 방식이다.
  ㉡ 시공기술력 향상 및 경쟁으로 인한 공기가 단축된다.
  ㉢ 사무업무가 복잡하고 관리가 어렵다.
  ㉣ 도급업자에게 균등한 기회를 부여한다.
㉱ 직종별·공종별 분할도급
  ㉠ 직영에 가까운 형태로 전문직 또는 공종별로 도급을 주는 방식이다.
  ㉡ 건축주의 의도가 잘 반영된다.
  ㉢ 현장관리업무가 복잡하며, 경비 가산으로 인한 공사비 증대의 우려가 있다.

75 다음 중 각 거푸집에 관한 설명으로 옳은 것은?

① 트래블링폼(Travelling form) : 무량판 시공 시 2방향으로 된 상자형 기성재 거푸집이다.
② 슬라이딩폼(sliding form) : 수평활동 거푸집이며 거푸집 전체를 그대로 떼어 다음 사용장소로 이동시켜 사용할 수 있도록 한 거푸집이다.
③ 터널폼(tunnel form) : 한 구획 전체의 벽판과 바닥판을 ㄱ자형 또는 ㄷ자형으로 짜서 이동시키는 형태의 기성재 거푸집이다.
④ 워플폼(waffle form) : 거푸집 높이는 약 1m이고 하부가 약간 벌어진 원형 철판 거푸집을 요크(yoke)로 서서히 끌어 올리는 공법으로 silo 공사 등에 적당하다.

해설 ① 트래블링폼 : 수평으로 연속된 구조물에 적용되며 해체 및 이동에 편리하도록 제작된 이동식 거푸집 공법이다.
② 슬라이딩폼 : 원형 철판 거푸집을 요크로 서서히 끌어올리면서 연속적으로 콘크리트를 타설하는 수직활동 거푸집이다.
③ 터널폼 : 벽체용, 바닥용 거푸집을 일체로 제작하여 벽과 바닥 콘크리트를 일체로 하는 거푸집 공법이다.
④ 워플폼 : 무량판 구조 또는 평판 구조에서 2방향 장선(격자보) 바닥판 구조가 가능한 특수 상자 모양의 기성재 거푸집이다.

76 두께 110mm의 일반구조용 압연강재 SS275의 항복강도(f_y) 기준값은?

① 275MPa 이상
② 265MPa 이상
③ 245MPa 이상
④ 235MPa 이상

해설 항복강도(f_y) 기준값
㉮ 16mm 이하 : 275MPa 이상
㉯ 16mm 초과~40mm 이하 : 265MPa 이상
㉰ 40mm 초과~100mm 이하 : 245MPa 이상
㉱ 100mm 초과 : 235MPa 이상

77 건설사업이 대규모화, 고도화, 다양화, 전문화 되어감에 따라 종래의 단순 기술에 의한 시공만이 아닌 고부가가치를 추구하기 위하여 업무영역의 확대를 의미하는 것은?

① BTL
② EC
③ BOT
④ SOC

해설 ① BTL : BTL(Build-Transfer-Lease)은 「사회기반시설에 대한 민간투자법」에 나와 있는 민간투자사업방식의 하나로서 사회기반시설의 준공(Build)과 동시에 당해 시설의 소유권이 국가 또는 지방자치단체에 귀속(Transfer)되며, 사업시행자에게 일정 기간의 시설관리 운영권(사용권)을 인정하되, 그 시설관리 운영권을 국가 또는 지방자치단체 등이 협약에서 정한 기간 동안 임차(Lease)하여 사용·수익하는 방식이다.
③ BOT : 사회간접자본시설의 준공 후 일정 기간 동안 사업 시행자에게 당해 시설의 소유권이 인정되며, 그 기간의 만료 시 시설 소유권이 국가 또는 지방자치단체에 귀속된다.
④ 사회간접자본(SOC ; Social Overhead Capital) : 도로, 항만, 철도 등 생산활동에 직접적으로 사용되지는 않지만 경제활동을 원활하게 하기 위해서 꼭 필요한 사회기반시설을 말한다. 사업 추진방식에는 BTO, BOT, BOO, BLT, ROT, ROO 등이 있다.

78 콘크리트공사 시 시공이음에 관한 설명으로 옳지 않은 것은?

① 시공이음은 될 수 있는 대로 전단력이 작은 위치에 설치하고, 부재의 압축력이 작용하는 방향과 직각이 되도록 하는 것이 원칙이다.
② 외부의 염분에 의한 피해를 받을 우려가 있는 해양 및 항만 콘크리트 구조물 등에 있어서는 시공이음부를 최대한 많이 설치하는 것이 좋다.
③ 이음부의 시공에 있어서는 설계에 정해져 있는 이음의 위치와 구조는 지켜져야 한다.
④ 수밀을 요하는 콘크리트에 있어서는 소요의 수밀성이 얻어지도록 적절한 간격으로 시공이음부를 두어야 한다.

해설 ② 외부의 염분에 의한 피해를 받을 우려가 있는 해양 및 항만 콘크리트 구조물 등에 있어서는 시공이음부를 최대한 적게 설치하는 것이 좋다.

79 피어기초공사에 관한 설명으로 옳지 않은 것은?

① 중량구조물을 설치하는 데 있어서 지반이 연약하거나 말뚝으로도 수직지지력이 부족하여 그 시공이 불가능한 경우와 기초지반의 교란을 최소화해야 할 경우에 채용한다.
② 굴착된 흙을 직접 탐사할 수 있고 지지층의 상태를 확인할 수 있다.
③ 진동과 소음이 발생하는 공법이긴 하나 여타 기초형식에 비하여 공기 및 비용이 적게 소요된다.
④ 피어기초를 채용한 국내의 초고층 건축물에는 63빌딩이 있다.

해설 피어기초
㉮ 정의
굳은 지반까지 수직공을 굴착한 다음, 그 속에 현장 콘크리트를 타설하여 구조물의 하중을 지지층에 전달하도록 만들어진 기초이다. 피어기초는 현장에서 타설한 하나의 주상기초로서 말뚝기초와 구별되는데, 큰 차이점은 기성제품의 말뚝기초는 보통 파지 않고 지반 속에 때려 박지만, 피어기초는 시공 전에 굴착을 해야 한다.
㉯ 특징
㉠ 비교적 큰 지름을 갖는 구조물이 되므로 지지력이 크고 개수가 줄어든다.
㉡ 공사 때 소음이 생기지 않으므로 시가지 공사에 적합하다.
㉢ 인력굴착 시에는 선단 지반과 콘크리트를 밀착시켜야 선단 지지력을 확실하게 할 수 있다.
㉣ 말뚝이 뚫기 힘든 토층을 관통시킬 수 있다.
㉤ 지반의 진동이 없어 인접 구조물의 피해가 없다.
㉥ 인접한 말뚝이 옆으로 밀리거나 솟아 올라오는 일이 생기지 않는다.
㉦ 횡하중에 대해 큰 저항을 가진다.

80 강구조물 부재 제작 시 마킹(금긋기)에 관한 설명으로 옳지 않은 것은?

① 주요 부재의 강판에 마킹할 때에는 펀치(punch) 등을 사용하여야 한다.
② 강판 위에 주요 부재를 마킹할 때에는 주된 응력의 방향과 압연방향을 일치시켜야 한다.
③ 마킹할 때에는 구조물이 완성된 후에 구조물의 부재로서 남을 곳에는 원칙적으로 강판에 상처를 내어서는 안 된다.
④ 마킹 시 용접열에 의한 수축 여유를 고려하여 최종 교정, 다듬질 후 정확한 치수를 확보할 수 있도록 조치해야 한다.

해설 마킹(금긋기) 시 준수사항
㉮ 주요 부재의 강판에 마킹할 때에는 펀치(punch) 등을 사용하지 않아야 한다.
㉯ 강판 위에 주요 부재를 마킹할 때에는 주된 응력의 방향과 압연방향을 일치시켜야 한다.
㉰ 마킹할 때에는 구조물이 완성된 후에 구조물의 부재로서 남을 곳에는 원칙적으로 강판에 상처를 내어서는 안 된다. 특히, 고강도강 및 휨 가공하는 연강의 표면에는 펀치, 정 등에 의한 흔적을 남겨서는 안 된다. 다만 절단, 구멍뚫기, 용접 등으로 제거되는 경우에는 무방하다.
㉱ 마킹 시 용접열에 의한 수축 여유를 고려하여 최종 교정, 다듬질 후 정확한 치수를 확보할 수 있도록 조치해야 한다.
㉲ 마킹검사는 띠철이나 형판 또는 자동가공기(CNC)를 사용하여 정확히 마킹되었는가를 확인하고 재질, 모양, 치수 등에 대한 검토와 마킹이 현도에 의한 띠철, 형판대로 되어 있는가를 검사해야 한다.

>> **제5과목** 건설재료학

81 건축재료의 성질을 물리적 성질과 역학적 성질로 구분할 때 물체의 운동에 관한 성질인 역학적 성질에 속하지 않는 항목은?

① 비중 ② 탄성
③ 강성 ④ 소성

해설 물체의 운동에 관한 성질
㉮ 역학적 성질 : 탄성, 강성, 소성, 점성, 응력, 경도, 연성, 인성, 취성, 전성, 팽창과 수축
㉯ 물리적 성질 : 비중, 열전도율, 열팽창률, 연화점, 용융점, 인화점, 발화점, 내화온도, 흡음률, 차음률, 함수율, 흡수율, 투수율, 비저항, 전도율, 반사율

82 강재(鋼材)의 일반적인 성질이 아닌 것은?

① 열과 전기의 양도체이다.
② 광택을 가지고 있으며, 빛에 불투명하다.
③ 경도가 높고 내마멸성이 크다.
④ 전성이 일부 있으나 소성변형 능력은 없다.

해설 강재의 일반적인 성질
㉮ 열과 전기의 양도체이다.
㉯ 광택을 가지고 있으며, 빛에 불투명하다.
㉰ 강도, 경도, 내마멸성이 크다.
㉱ 소성변형을 할 수 있으며, 전연성이 풍부하다.
㉲ 쉽게 산화되며 녹이 슨다.
㉳ 색채가 단조롭다.
㉴ 비중이 대부분 7.0 이상으로 크다.
㉵ 가공 시 비용이 많이 든다.

83 콘크리트 혼화재 중 하나인 플라이애시가 콘크리트에 미치는 작용이 아닌 것은?

① 내황산염에 대한 저항성을 증가시키기 위하여 사용한다.
② 콘크리트 수화 초기 시의 발열량을 감소시키고 장기적으로 시멘트의 석회와 결합하여 장기강도를 증진시키는 효과가 있다.
③ 입자가 구형이므로 유동성이 증가되어 단위수량을 감소시키므로 콘크리트의 워커빌리티의 개선, 압송성을 향상시킨다.
④ 알칼리 골재반응에 의한 팽창을 증가시키고 콘크리트의 수밀성을 약화시킨다.

해설 플라이애시가 콘크리트에 미치는 영향
㉮ 유동성의 개선
㉯ 장기강도의 개선
㉰ 수화열의 감소
㉱ 콘크리트의 수밀성의 향상
㉲ 알칼리 골재반응의 억제
㉳ 황산염에 대한 저항성 증대

84 대리석의 일종으로 다공질이며 황갈색의 반문이 있고, 갈면 광택이 나서 우아한 실내장식에 사용되는 것은?

① 테라조   ② 트래버틴
③ 석면   ④ 점판암

해설 트래버틴(travertine)은 대리석의 일종으로 탄산석회를 포함한 물에서 침전, 생성된 것으로 주성분이 탄산칼슘이며, 치밀한 다공질이며 황갈색의 반문이 있고 갈면 광택이 나서 우아한 실내장식에 사용된다.

85 비스페놀과 에피클로로히드린의 반응으로 얻어지며 주제와 경화제로 이루어진 2성분계의 접착제로서 금속, 플라스틱, 도자기, 유리 및 콘크리트 등의 접합에 널리 사용되는 접착제는?

① 실리콘수지 접착제
② 에폭시 접착제
③ 비닐수지 접착제
④ 아크릴수지 접착제

해설 에폭시 접착제
비스페놀(bisphenol)과 에피클로로히드린(epichlorohydrin)의 반응에 의해서 만들어지는 접착제로서 다음과 같은 특성이 있다.
㉮ 접착할 때 가압할 필요가 없다.
㉯ 내산성, 내알칼리성, 내수성, 내약품성, 전기절연성 등이 우수하고 강도 등의 기계적 성질도 뛰어나다.
㉰ 경화제(폴리아민, 지방족 및 방향족 아민과 그 유도체 등)가 반드시 필요하고 경화제 양의 다소(多少)가 접착력에 영향을 끼친다.
㉱ 금속 접착에 적당하고 플라스틱류, 도기 및 유리, 콘크리트, 목재, 천 등의 접착에도 사용된다.

86 외부에 노출되는 마감용 벽돌로서 벽돌면의 색깔, 형태, 표면의 질감 등의 효과를 얻기 위한 것은?

① 광재벽돌   ② 내화벽돌
③ 치장벽돌   ④ 포도벽돌

해설 ① 광재벽돌 : 슬래그를 분쇄한 것에 소석회(8~12%)를 가하여 혼련 성형하여 공중경화 또는 고압증기 가마에 경화시켜 만든 벽돌로 흡수율, 열전도율이 적다.
② 내화벽돌 : 내화점토를 원료로 하여 소성한 벽돌로서 내화도는 1,500~2,000℃의 범위이다.
④ 포도벽돌 : 원료로 연와토 등을 쓰고, 식염유로 시유 소성한 벽돌로 경질이며, 흡습성이 적고, 마모·충격·내산·내알칼리성에 강하여 도로, 옥상, 마룻바닥의 포장용으로 사용된다.

87 콘크리트의 블리딩 현상에 의한 성능 저하와 가장 거리가 먼 것은?

① 골재와 페이스트의 부착력 저하
② 철근과 페이스트의 부착력 저하
③ 콘크리트의 수밀성 저하
④ 콘크리트의 응결성 저하

해설 블리딩(bleeding)
콘크리트 타설 후의 시멘트나 골재입자 등이 침하에 따라 물이 분리 상승되어 콘크리트 표면에 떠오르는 현상을 말한다.
㉮ 블리딩은 콘크리트의 품질 및 수밀성, 내구성을 저하시키고, 시멘트풀과의 부착을 저해한다.
㉯ 블리딩을 적게 하기 위해서는 단위수량을 적게 하고, 골재입도가 적당해야 하며 AE제, 플라이애시, 분산감수제, 기타 적당한 혼화제를 사용한다.
㉰ 보통 건축용 콘크리트인 경우 블리딩이 일어나는 시간은 40~60분 사이이며, 부유수의 양은 0.6~1.5% 정도이다.

88 역청재료의 침입도 시험에서 질량 100g의 표준침이 5초 동안에 10mm 관입했다면 이 재료의 침입도는 얼마인가?

① 1   ② 10
③ 100   ④ 1,000

해설 침입도는 물질의 점조도나 경도 등을 나타내는 척도의 일종으로, 침입도 1이란 25℃, 중량 100g, 5초가 표준으로 되어 있으며 바늘이 관입한 깊이는 0.1mm일 때이다.
∴ 침입도 $= \dfrac{10}{0.1} = 100$

정답 84.② 85.② 86.③ 87.④ 88.③

89 직사각형으로 자른 얇은 나뭇조각을 서로 직각으로 겹쳐지게 배열하고 방수성 수지로 강하게 압축 가공한 보드는?

① O.S.B
② M.D.F
③ 플로어링 블록
④ 시멘트 사이딩

해설 ② M.D.F(Medium Density Fiberboard) : 원목을 가공하는 과정에서 발생하는 부산물(톱밥, 대팻밥 등)을 섬유상태로 만든 후 수지계 접착제를 첨가하여 열압 성형한 판상제품이다.
③ 플로어링 블록 : 표면가공, 홈 혀쪽매 이음 및 기타 필요한 가공을 하고 마루귀틀 위에 단독으로 시공하는 마루널이다.
④ 시멘트 사이딩 : 시멘트 섬유 보강재를 첨가하고 고압으로 압축하여 제조하며, 외부의 충격이나 습기에 강해 외장재로 쓰인다.

90 발포제로서 보드상으로 성형하여 단열재로 널리 사용되며 천장재, 전기용품, 냉장고 내부상자 등으로 쓰이는 열가소성 수지는?

① 폴리스티렌수지
② 폴리에스테르수지
③ 멜라민수지
④ 메타크릴수지

해설 폴리스티렌수지(polystyrene)
㉮ 제법 : 벤젠과 에틸렌에서 만들어진다.
㉯ 성질 : 비점 145.2℃인 무색투명한 액체로서 유기용제에 침해되기 쉽고, 취약한 것이 결점이다. 성형품은 내수·내화학약품성, 전기전열성, 가공성이 우수하다.
㉰ 용도 : 건축벽 타일, 천장재, 블라인드, 도료, 전기용품, 냉장고 내부상자로 쓰인다. 특히 발포제품은 저온 단열재로서 널리 쓰인다.

91 블로운 아스팔트의 내열성, 내한성 등을 개량하기 위해 동물섬유나 식물섬유를 혼합하여 유동성을 증대시킨 것은?

① 아스팔트 펠트(asphalt felt)
② 아스팔트 루핑(asphalt roofing)
③ 아스팔트 프라이머(asphalt primer)
④ 아스팔트 컴파운드(asphalt compound)

해설 ① 아스팔트 펠트 : 유기질 섬유(양모, 마사, 목면, 폐지 등)를 펠트(felt)상으로 만든 원지에 연질의 스트레이트 아스팔트를 침투시켜 롤러로 압착하여 만든다(아스팔트 방수 중간층 재료로 사용).
② 아스팔트 루핑 : 아스팔트 펠트의 양면에 아스팔트 컴파운드를 피복한 다음, 그 위에 활석 또는 운석의 미분말을 부착시켜서 제조한다.
③ 아스팔트 프라이머 : 콘크리트와 아스팔트의 밀착을 좋게 하기 위하여 아스팔트를 휘발성 용제(휘발유 등)에 녹인 흑갈색 액체이다.

92 목모 시멘트판을 보다 향상시킨 것으로서 폐기 목재의 삭편을 화학처리하여 비교적 두꺼운 판 또는 공동블록 등으로 제작하여 마루, 지붕, 천장, 벽 등의 구조체에 사용되는 것은?

① 펄라이트 시멘트판
② 후형 슬레이트
③ 석면 슬레이트
④ 듀리졸(durisol)

해설 목편 시멘트판(듀리졸, durisol)
목모 시멘트판을 보다 향상시킨 것으로서 폐기 목재의 삭편을 화학처리하여 비교적 두꺼운 판 또는 공동블록 등의 콘크리트 성형품이다. 마루, 지붕, 천장, 벽 등의 구조체에 사용된다.

93 지름이 18mm인 강봉을 대상으로 인장시험을 행하여 항복하중 27kN, 최대하중 41kN을 얻었다. 이 강봉의 인장강도는?

① 약 106.3MPa
② 약 133.9MPa
③ 약 161.1MPa
④ 약 182.3MPa

해설
$$인장강도 = \frac{최대하중}{면적}$$
$$= \frac{41 \times 1,000 \text{N}}{\frac{\pi \times 0.018^2}{4}}$$
$$= 161119818.9 \text{Pa}$$
$$= 161.12 \text{MPa}$$

94 다음 중 열경화성 수지에 해당하지 않는 것을 고르면?

① 염화비닐수지
② 페놀수지
③ 멜라민수지
④ 에폭시수지

해설 열가소성 수지와 열경화성 수지의 종류
㉮ 열가소성 수지
 ㉠ 아크릴수지
 ㉡ 염화비닐수지
 ㉢ 폴리에틸렌수지
 ㉣ 폴리스티렌수지
 ㉤ 폴리프로필렌수지
 ㉥ 메타크릴수지
 ㉦ ABS수지
 ㉧ 폴리아미드(polyamide)수지(나일론)
 ㉨ 셀룰로이드(celluloid)
 ㉩ 비닐아세틸수지
㉯ 열경화성 수지
 ㉠ 페놀수지
 ㉡ 에폭시수지
 ㉢ 멜라민수지
 ㉣ 요소수지
 ㉤ 실리콘수지
 ㉥ 폴리우레탄수지
 ㉦ 알키드수지(포화폴리에스테르수지)
 ㉧ 불포화 폴리에스테르수지
 ㉨ 우레탄수지
 ㉩ 규소수지
 ㉪ 프란수지

95 접착제를 동물질 접착제와 식물질 접착제로 분류할 때 동물질 접착제에 해당되지 않는 것은?

① 아교
② 덱스트린 접착제
③ 카세인 접착제
④ 알부민 접착제

해설 각종 접착제의 종류
㉮ 동물성 접착제 : 카세인(casein), 아교(albumin), 알부민 접착제
㉯ 식물성 접착제 : 대두아교, 전분질계 접착제, 소맥질 접착제

96 자기질 점토제품에 관한 설명으로 옳지 않은 것은?

① 조직이 치밀하지만, 도기나 석기에 비하여 강도 및 경도가 약한 편이다.
② 1,230~1,460℃ 정도의 고온으로 소성한다.
③ 흡수성이 매우 낮으며, 두드리면 금속성의 맑은 소리가 난다.
④ 제품으로는 타일 및 위생도기 등이 있다.

해설 점토 소성제품의 종류 및 특성

종류	소성온도(℃)	소지				특성	제품
		흡수성	색	투명정도	강도		
토기	790~1,000	크다	유색	불투명	취약	흡수성이 크고 깨지기 쉽다.	벽돌, 기와, 토관
도기	1,100~1,230	약간 크다	백색 유색	불투명	견고	다공질로서 흡수성이 있고, 질이 좋으며 두드리면 탁음이 난다.	타일, 테라코타, 위생도기
석기	1,160~1,350	작다	유색	불투명	치밀 견고	흡수성이 극히 작고, 경도와 강도가 크다.	벽돌, 타일, 토관, 테라코타
자기	1,230~1,460	아주 작다	백색	반투명	치밀 견고	흡수성이 극히 작고, 경도와 강도가 가장 크다.	타일, 위생도기

97 대규모 지하구조물, 댐 등 매스콘크리트의 수화열에 의한 균열 발생을 억제하기 위해 벨라이트의 비율을 중용열포틀랜드시멘트 이상으로 높인 시멘트는?

① 저열포틀랜드시멘트
② 보통포틀랜드시멘트
③ 조강포틀랜드시멘트
④ 내황산염포틀랜드시멘트

해설 저열포틀랜드시멘트
대규모 지하구조물, 댐 등 매스콘크리트의 수화열에 의한 균열 발생을 억제하기 위해 수화열이 높은 성분인 규산삼석회, 알루민산삼석회의 함량을 보통포틀랜드시멘트보다 적게 하고(1/2량 정도), 한편으로 규산이석회를 많게 하고, 브라운벨라이트($4CaO \cdot Al_2O_3 \cdot Fe_2O_3$)의 비율을 중용열포틀랜드시멘트 이상으로 높인 시멘트이다.

98 목재의 방부처리법과 가장 거리가 먼 것은?

① 약제도포법 ② 표면탄화법
③ 진공탈수법 ④ 침지법

[해설] 목재의 방부처리법
㉮ 표면탄화법 : 목재 표면을 두께 3~10mm 정도 연소시켜 탄화시키는 방법
㉯ 방부제 사용법
  ㉠ 도포법 : 목재 표면에 5~6mm 정도가 침투되도록 방부제를 도포한다.
  ㉡ 주입법
    - 상압주입법 : 80~120℃ 정도의 방부제 용액 중에 목재를 침지시킨 다음, 다시 냉액 중에 침지시킨다.
    - 가압주입법 : 압력용기 속에 목재를 넣어서 7~12기압의 고압으로 방부제를 주입한다.
  ㉢ 침지법 : 상온에서 방부제 용액 중에 목재를 몇 시간 또는 며칠 동안 침지하는 것으로, 액을 가열하면 15mm 정도까지 침투한다.
  ㉣ 생리적 주입법 : 벌목하기 전 나무뿌리에 약액을 주입하여 수간에 이행시키는 방법으로 효과가 적다.

99 2장 이상의 판유리 등을 나란히 넣고, 그 틈새에 대기압에 가까운 압력의 건조한 공기를 채우고 그 주변을 밀봉·봉착한 것은?

① 열선흡수유리 ② 배강도유리
③ 강화유리   ④ 복층유리

[해설] ① 열선흡수유리 : 보통의 판유리 성분에 작은 양의 철·니켈·코발트·셀렌 등을 가한 것으로, 태양광선의 복사에너지의 약 50%만을 흡수하도록 열투과성을 감소시킨 것이다.
② 배강도유리 : 판유리를 열처리하여 유리 표면에 적절한 크기의 압축응력층을 만들어 파괴강도를 증대시키고 또한 파손되었을 때 판유리와 유사하게 깨지도록 만든 유리이다.
③ 강화유리 : 평면 및 곡면의 판유리를 열처리(약 600℃까지 가열)한 후, 냉각공기를 양면을 급냉하여 강도를 높인 안전유리로, 형틀 없는 문에 사용한다.
④ 복층유리 : 2장 또는 3장의 유리를 일정한 간격을 띄고 둘레에는 틀을 끼워서 내부를 기밀하게 만들고, 여기에 깨끗한 공기 등의 건조기체를 넣어 만든 판유리로 이중유리 또는 겹유리라고도 한다. 단열·방서·방음 효과가 크며, 결로 방지용으로 우수하다.

100 미장재료의 구성재료에 관한 설명으로 옳지 않은 것은?

① 부착재료는 마감과 바탕재료를 붙이는 역할을 한다.
② 무기혼화재료는 시공성 향상 등을 위해 첨가된다.
③ 풀재는 강도 증진을 위해 첨가된다.
④ 여물재는 균열 방지를 위해 첨가된다.

[해설] 풀재는 점도 증진을 위해 첨가되며, 풀을 넣으면 점성이 커져서 바르기가 쉽고 물기를 유지하며 바름 후에 부착이 잘 된다. 풀은 주로 해초풀이 많이 쓰이나, 화학 합성풀을 쓰기도 한다.

》 제6과목 건설안전기술

101 10cm 그물코인 방망을 설치한 경우에 망 밑부분에 충돌위험이 있는 바닥면 또는 기계설비와의 수직거리는 얼마 이상이어야 하는가? (단, L(1개의 방망일 때 단변방향길이)=12m, A(장변방향 방망의 지지간격)=6m)

① 10.2m ② 12.2m
③ 14.2m ④ 16.2m

[해설] 10cm 그물코의 방망과 바닥면과의 높이
㉮ $L < A$일 때, $H_2 = \dfrac{0.85}{A}(L + 3A)$
㉯ $L > A$일 때, $H_2 = 0.85L$
이 문제는 ㉯항의 식에 적용해야 한다.
∴ $H_2 = 0.85 \times 12 = 10.2$m

102 비계의 높이가 2m 이상인 작업장소에 작업발판을 설치할 때 그 폭은 최소 얼마 이상이어야 하는가?

① 30cm ② 40cm
③ 50cm ④ 60cm

[해설] 비계 높이가 2m를 초과할 경우에는 작업발판의 폭을 40cm 이상으로 할 것

103 크레인의 와이어로프가 감기면서 붐 상단까지 훅이 따라 올라올 때 더 이상 감기지 않도록 하여 크레인 작동을 자동으로 정지시키는 안전장치로 옳은 것은?

① 권과방지장치 ② 훅해지장치
③ 과부하방지장치 ④ 속도조절기

해설 권과방지장치
일정 거리 이상의 권상을 못하도록 지정거리에서 권상을 정지시키는 장치를 말한다. 즉, 훅 등의 달기기구가 정해진 위치보다 권상될 때 권과를 방지하기 위하여 자동적으로 동력을 차단하고 작동을 제어하는 장치이다.

104 터널공사 시 자동경보장치가 설치된 경우에 이 자동경보장치에 대하여 당일 작업시작 전 점검하고 이상을 발견하면 즉시 보수하여야 하는 사항이 아닌 것은?

① 계기의 이상 유무
② 검지부의 이상 유무
③ 경보장치의 작동상태
④ 환기 또는 조명시설의 이상 유무

해설 자동경보장치의 작업시작 전 점검내용
㉮ 계기의 이상 유무
㉯ 검지부의 이상 유무
㉰ 경보장치의 작동상태

105 달비계의 구조에서 달비계 작업발판의 폭과 틈새기준으로 옳은 것은?

① 작업발판의 폭 30cm 이상, 틈새 3cm 이하
② 작업발판의 폭 40cm 이상, 틈새 3cm 이하
③ 작업발판의 폭 30cm 이상, 틈새 없도록 할 것
④ 작업발판의 폭 40cm 이상, 틈새 없도록 할 것

해설 달비계를 설치하는 경우에 작업발판은 폭을 40cm 이상으로 하고 틈새가 없도록 할 것

106 강관을 사용하여 비계를 구성하는 경우의 준수사항으로 옳지 않은 것은?

① 비계기둥의 간격은 띠장방향에서는 1.85m 이하, 장선(長線)방향에서는 1.5m 이하로 할 것
② 띠장간격은 2.0m 이하로 할 것
③ 비계기둥 간의 적재하중은 400kg을 초과하지 않도록 할 것
④ 비계기둥의 제일 윗부분으로부터 31m 되는 지점 밑부분의 비계기둥은 3개의 강관으로 묶어 세울 것

해설 강관을 사용하여 비계를 구성하는 경우 준수사항
㉮ 비계기둥의 간격은 띠장방향에서는 1.85m 이하, 장선(長線)방향에서는 1.5m 이하로 할 것. 다만, 선박 및 보트 건조작업의 경우 안전성에 대한 구조 검토를 실시하고 조립도를 작성하면 띠장방향 및 장선방향으로 각각 2.7m 이하로 할 수 있다.
㉯ 띠장간격은 2.0m 이하로 할 것. 다만, 작업의 성질상 이를 준수하기가 곤란하여 쌍기둥틀 등에 의하여 해당 부분을 보강한 경우에는 그러하지 아니하다.
㉰ 비계기둥의 제일 윗부분으로부터 31m 되는 지점 밑부분의 비계기둥은 2개의 강관으로 묶어 세울 것. 다만, 브라켓(bracket, 까치발) 등으로 보강하여 2개의 강관으로 묶을 경우 이상의 강도가 유지되는 경우에는 그러하지 아니하다.
㉱ 비계기둥 간의 적재하중은 400kg을 초과하지 않도록 할 것

107 흙막이 가시설공사 시 사용되는 각 계측기 설치 목적으로 옳지 않은 것은?

① 지표침하계 – 지표면 침하량 측정
② 수위계 – 지반 내 지하수위의 변화 측정
③ 하중계 – 상부 적재하중 변화 측정
④ 지중경사계 – 인접 지반의 수평 변위량 측정

해설 하중계(load cell)
버팀보(지주) 또는 어스앵커(earth anchor) 등의 실제 축하중 변화 상태를 측정

정답 103.① 104.④ 105.④ 106.④ 107.③

108 유해위험방지계획서 제출 시 첨부서류에 해당하지 않는 것은?

① 안전관리조직표
② 전체 공정표
③ 공사현장의 주변 현황 및 주변과의 관계를 나타내는 도면
④ 교통처리계획

🔍 **유해위험방지계획서 제출 시 첨부서류**
㉮ 공사개요
  ㉠ 공사개요서
  ㉡ 공사현장의 주변 현황 및 주변과의 관계를 나타내는 도면(매설물 현황 포함)
  ㉢ 건설물·공사용 기계설비 등의 배치를 나타내는 도면 및 서류
  ㉣ 전체 공정표
㉯ 안전보건관리계획
  ㉠ 산업안전보건관리비 사용계획
  ㉡ 안전관리조직표·안전보건교육계획
  ㉢ 개인보호구 지급계획
  ㉣ 재해발생 위험 시 연락 및 대피방법

[개정 2024]

109 건축공사로서 대상액이 5억원 이상 50억원 미만인 경우에 산업안전보건관리비의 비율(ⓐ) 및 기초액(ⓑ)으로 옳은 것은?

① 비율 : 2.28%, 기초액 : 4,325,000원
② 비율 : 2.53%, 기초액 : 3,300,000원
③ 비율 : 3.05%, 기초액 : 2,975,000원
④ 비율 : 1.59%, 기초액 : 2,450,000원

🔍 **공사종류 및 규모별 산업안전관리비 계상기준표**

공사 종류 \ 대상액	5억원 미만	5억원 이상 ~50억원 미만		50억원 이상
		적용비율	기초액	
건축공사	3.11%	2.28%	4,325,000원	2.37%
토목공사	3.15%	2.53%	3,300,000원	2.60%
중건설공사	3.64%	3.05%	2,975,000원	3.11%
특수건설공사	2.07%	1.59%	2,450,000원	1.64%

110 겨울철 공사 중인 건축물의 벽체 콘크리트 타설 시 거푸집이 터져서 콘크리트가 쏟아지는 사고가 발생하였다. 이 사고의 발생원인으로 추정 가능한 사안 중 가장 타당한 것은?

① 진동기를 사용하지 않았다.
② 철근 사용량이 많았다.
③ 콘크리트의 슬럼프가 작았다.
④ 콘크리트의 타설속도가 빨랐다.

🔍 콘크리트를 부어 넣는 속도가 빠르면 콘크리트 측압이 커져서 벽체 콘크리트 타설 시 거푸집이 터져서 콘크리트가 쏟아지는 사고가 발생한다.

111 다음은 산업안전보건법령에 따른 투하설비 설치에 관련된 사항이다. ( ) 안에 들어갈 내용으로 옳은 것은?

> 사업주는 높이가 ( )m 이상인 장소로부터 물체를 투하하는 때에는 적당한 투하설비를 설치하거나 감시인을 배치하는 등 위험방지를 위하여 필요한 조치를 하여야 한다.

① 1 ② 2
③ 3 ④ 4

🔍 사업주는 높이가 3m 이상인 장소로부터 물체를 투하하는 경우 적당한 투하설비를 설치하거나 감시인을 배치하는 등 위험을 방지하기 위하여 필요한 조치를 하여야 한다.

112 작업 중이던 미장공이 상부에서 떨어지는 공구에 의해 상해를 입었다면 어느 부분에 대한 결함이 있었겠는가?

① 작업대 설치
② 작업방법
③ 낙하물 방지시설 설치
④ 비계 설치

🔍 사업주는 작업으로 인하여 물체가 떨어지거나 날아올 위험이 있는 경우 낙하물 방지망, 수직보호망 또는 방호선반의 설치, 출입금지구역의 설정, 보호구의 착용(안전모) 등 위험을 방지하기 위하여 필요한 조치를 하여야 한다. 미장공이 상부에서 떨어지는 공구에 의해 상해를 입었다면 낙하물 방지시설이 미설치되었기 때문이다.

108.④ 109.① 110.④ 111.③ 112.③

113 토공사에서 성토용 토사의 일반조건으로 옳지 않은 것은?

① 다져진 흙의 전단강도가 크고 압축성이 작을 것
② 함수율이 높은 토사일 것
③ 시공장비의 주행성이 확보될 수 있을 것
④ 필요한 다짐정도를 쉽게 얻을 수 있을 것

해설 성토에 사용되는 흙의 요건
㉮ 불투성일 것(함수율이 낮은 토사일 것)
㉯ 안정성을 가질 것(다져진 흙의 전단강도가 크고 압축성이 작을 것)
㉰ 다루기 쉬울 것(필요한 다짐정도를 쉽게 얻을 수 있을 것)
㉱ 필요한 다짐정도를 쉽게 얻을 수 있을 것

개정 2023

114 지반의 종류가 암반 중 풍화암일 경우 굴착면 기울기 기준으로 옳은 것은?

① 1 : 0.3　　② 1 : 0.5
③ 1 : 1.0　　④ 1 : 1.5

해설 굴착작업 시 굴착면의 기울기 기준

지반의 종류	기울기
모래	1 : 1.8
연암 및 풍화암	1 : 1.0
경암	1 : 0.5
그 밖의 흙	1 : 1.2

115 차량계 건설기계를 사용하는 작업을 할 때에 그 기계가 넘어지거나 굴러떨어짐으로써 근로자가 위험해질 우려가 있는 경우에 필요한 조치로 가장 거리가 먼 것은?

① 지반의 부동침하 방지
② 안전통로 및 조도 확보
③ 유도하는 사람 배치
④ 갓길의 붕괴 방지 및 도로폭의 유지

해설 차량계 건설기계의 전도 · 전락 등에 의한 위험방지 조치사항
㉮ 갓길의 붕괴 방지
㉯ 지반의 부동침하 방지
㉰ 도로의 폭 유지
㉱ 유도자 배치

116 건설현장에서 동력을 사용하는 항타기 또는 항발기에 대하여 무너짐을 방지하기 위하여 준수하여야 할 사항으로 옳지 않은 것은?

① 버팀줄만으로 상단 부분을 안정시키는 경우에는 버팀줄을 4개 이상으로 하고 같은 간격으로 배치할 것
② 버팀대만으로 상단 부분을 안정시키는 경우에는 버팀대는 3개 이상으로 하고 그 하단 부분은 견고한 버팀 · 말뚝 또는 철골 등으로 고정시킬 것
③ 궤도 또는 차로 이동하는 항타기 또는 항발기에 대해서는 불시에 이동하는 것을 방지하기 위하여 레일 클램프(rail clamp) 및 쐐기 등으로 고정시킬 것
④ 연약한 지반에 설치하는 경우에는 각부나 가대의 침하를 방지하기 위하여 깔판 · 깔목 등을 사용할 것

해설 항타기 · 항발기의 무너짐 방지조치
㉮ 연약한 지반에 설치할 때에는 각부 또는 가대의 침하를 방지하기 위하여 깔판 · 깔목 등을 사용할 것
㉯ 시설 또는 가설물 등에 설치할 때에는 그 내력을 확인하고 내력이 부족한 때에는 그 내력을 보강할 것
㉰ 각부 또는 가대가 미끄러질 우려가 있을 때에는 말뚝 또는 쐐기 등을 사용하여 각부 또는 가대를 고정시킬 것
㉱ 궤도 또는 차로 이동하는 항타기 · 항발기에 대하여는 불시에 이동하는 것을 방지하기 위하여 레일 클램프 및 쐐기 등으로 고정시킬 것
㉲ 버팀대만으로 상단 부분을 안정시킬 때에는 버팀대는 3개 이상으로 하고 그 하단 부분은 견고한 버팀 · 말뚝 또는 철골 등으로 고정시킬 것
㉳ 버팀줄만으로 상단 부분을 안정시킬 때에는 버팀줄을 3개 이상으로 하고 같은 간격으로 배치할 것
㉴ 평형추를 사용하여 안정시킬 때에는 평형추의 이동을 방지하기 위하여 가대에 견고하게 부착시킬 것

정답 113.② 114.③ 115.② 116.①

117 파쇄하고자 하는 구조물에 구멍을 천공하여 이 구멍에 가력봉을 삽입하고 가력봉에 유압을 가압하여 천공한 구멍을 확대시킴으로써 구조물을 파쇄하는 공법은?

① 핸드 브레이커(hand breaker) 공법
② 강구(steel ball) 공법
③ 마이크로파(microwave) 공법
④ 록잭(rock jack) 공법

해설 록잭(rock jack) 공법
파쇄하고자 하는 구조물에 구멍을 천공하여 이 구멍에 가력봉을 삽입하고 가력봉에 유압을 가압하여 천공한 구멍을 확대시킴으로써 구조물을 파쇄하는 공법이다.

118 이동식 비계 조립 및 사용 시 준수사항으로 옳지 않은 것은?

① 비계의 최상부에서 작업을 하는 경우에는 안전난간을 설치할 것
② 승강용 사다리는 견고하게 설치할 것
③ 작업발판은 항상 수평을 유지하고 작업발판 위에서 작업을 위한 거리가 부족할 경우에는 받침대 또는 사다리를 사용할 것
④ 작업발판의 최대적재하중은 250kg을 초과하지 않도록 할 것

해설 이동식 비계 조립 및 사용 시 준수사항
㉮ 이동식 비계의 바퀴에는 뜻밖의 갑작스러운 이동 또는 전도를 방지하기 위하여 브레이크·쐐기 등으로 바퀴를 고정시킨 다음 비계의 일부를 견고한 시설물에 고정하거나 아우트리거(outrigger)를 설치하는 등 필요한 조치를 할 것
㉯ 승강용 사다리는 견고하게 설치할 것
㉰ 비계의 최상부에서 작업을 하는 경우에는 안전난간을 설치할 것
㉱ 작업발판은 항상 수평을 유지하고 작업발판 위에서 안전난간을 딛고 작업을 하거나 받침대 또는 사다리를 사용하여 작업하지 않도록 할 것
㉲ 작업발판의 최대적재하중은 250kg을 초과하지 않도록 할 것

119 산업안전보건법령에 따른 중량물 취급 작업 시 작업계획서에 포함시켜야 할 사항이 아닌 것은?

① 협착위험을 예방할 수 있는 안전대책
② 감전위험을 예방할 수 있는 안전대책
③ 추락위험을 예방할 수 있는 안전대책
④ 전도위험을 예방할 수 있는 안전대책

해설 사업주는 중량물을 취급하는 작업을 하는 경우에는 그 작업에 따른 추락·낙하·전도·협착 및 붕괴 등의 위험을 예방할 수 있는 안전대책에 관한 작업계획서를 작성하고 이를 준수해야 하며, 작업계획서를 작성할 때에는 작업계획의 내용을 해당 근로자에게 주지시켜야 한다.

120 흙막이 지보공을 설치하였을 때에 정기적으로 점검하고 이상을 발견하면 즉시 보수하여야 하는 사항과 거리가 먼 것은?

① 부재의 손상·변형·부식·변위 및 탈락의 유무와 상태
② 부재의 접속부·부착부 및 교차부의 상태
③ 침하의 정도
④ 설계상 부재의 경제성 검토

해설 흙막이 지보공 설치 시 붕괴 등의 위험방지를 위한 정기점검 사항
㉮ 부재의 손상·변형·부식·변위 및 탈락의 유무와 상태
㉯ 버팀대의 긴압의 정도
㉰ 부재의 접속부·부착부 및 교차부의 상태
㉱ 침하의 정도

성공하려면
당신이 무슨 일을 하고 있는지를 알아야 하며,
하고 있는 그 일을 좋아해야 하며,
하는 그 일을 믿어야 한다.
-윌 로저스(Will Rogers)-
☆
때론 지치고 힘들지만 언제나 가슴에 큰 꿈을 안고 삽시다.
노력은 배반하지 않습니다.^^

2022. 3. 5. 시행

제1회 건설안전기사 2022

※ 2026년부터 기존 1·2과목(40문항)이 1과목(20문항)으로 통합하여 시행됩니다.

≫ 제1과목 산업안전관리론

01 산업안전보건법령상 안전보건표지의 종류 중 안내표지에 해당되지 않는 것은?

① 금연
② 들것
③ 세안장치
④ 비상용기구

해설 안내표지
녹색 사각형 표지에 색상 2.5G, 명도 4, 색채 10(2.5G 4/10)을 기준으로 하여 총 7종이 있다(바탕은 흰색, 기본모형 및 관련 부호는 녹색 또는 바탕은 녹색, 관련 부호 및 그림은 흰색).
㉮ 녹십자 표지
㉯ 응급구호 표지
㉰ 들것 표지
㉱ 세안장치 표지
㉲ 비상용 기구 표지
㉳ 비상구 표지
㉴ '좌측 비상구' 표지
㉵ '우측 비상구' 표지
※ 금연은 금지표지에 속한다.

02 산업안전보건법령상 산업안전보건위원회에 관한 사항 중 틀린 것은?

① 근로자위원과 사용자위원은 같은 수로 구성된다.
② 산업안전보건회의의 정기 회의는 위원장이 필요하다고 인정할 때 소집한다.
③ 안전보건교육에 관한 사항은 산업안전보건위원회의 심의·의결을 거쳐야 한다.
④ 상시근로자 50인 이상의 자동차 제조업의 경우 산업안전보건위원회를 구성·운영하여야 한다.

해설 산업안전보건위원회의 회의 종류
㉮ 정기회의 : 매 분기마다 위원장이 소집
㉯ 임시회의 : 위원장이 필요하다고 인정할 때에 소집

03 산업재해통계업무 처리규정상 재해 통계 관련 용어로 (   )에 알맞은 용어는?

(   )는 근로자복지공단의 유족급여가 지급된 사망자 및 근로복지공단에 최초 요양신청서(재진 요양신청이나 전원요양신청서는 제외)를 제출한 재해자 중 요양승인을 받은 자 (산재 미보고 적발 사망자 수를 포함)로 통상의 출퇴근으로 발생한 재해는 제외한다.

① 재해자 수
② 사망자 수
③ 휴업재해자 수
④ 임금근로자 수

해설 산업재해통계업무 처리규정상 재해 통계 관련 용어
㉮ 재해자 수 : 근로복지공단의 유족급여가 지급된 사망자 및 근로복지공단에 최초요양신청서(재진 요양신청이나 전원요양신청서는 제외한다)를 제출한 재해자 중 요양승인을 받은자(지방고용노동관서의 산재 미보고 적발 사망자 수를 포함한다)를 말함. 다만, 통상의 출퇴근으로 발생한 재해는 제외함.
㉯ 사망자 수 : 근로복지공단의 유족급여가 지급된 사망자(지방고용노동관서의 산재미보고 적발 사망자를 포함한다) 수를 말함. 다만, 사업장 밖의 교통사고(운수업, 음식숙박업은 사업장 밖의 교통사고도 포함)·체육행사·폭력행위·통상의 출퇴근에 의한 사망, 사고발생일로부터 1년을 경과하여 사망한 경우는 제외함.
㉰ 임금근로자 수 : 통계청의 경제활동인구조사상 임금근로자 수를 말함.

04 재해원인 중 간접원인이 아닌 것은?

① 물적 원인
② 관리적 원인
③ 사회적 원인
④ 정신적 원인

01.① 02.② 03.① 04.① **정답**

해설 산업재해의 원인
㉮ 직접원인(1차 원인)
  ㉠ 인적 원인 : 불안전한 행동
  ㉡ 물적 원인 : 불안전한 상태
㉯ 간접원인
  ㉠ 기초 원인 : 학교 교육적 원인, 관리적 원인
  ㉡ 2차 원인 : 신체적 원인, 정신적 원인, 안전교육적 원인, 기술적 원인

05 산업안전보건법령상 용어와 뜻이 바르게 연결된 것은?

① "사업주대표"란 근로자의 과반수를 대표하는 자를 말한다.
② "도급인"이란 건설공사발주자를 포함한 물건의 제조·건설·수리 또는 서비스의 제공, 그 밖의 업무를 도급하는 사업주를 말한다.
③ "안전보건평가"란 산업재해를 예방하기 위하여 잠재적 위험성을 발견하고 그 개선대책을 수립할 목적으로 조사·평가하는 것을 말한다.
④ "산업재해"란 노무를 제공하는 사람이 업무에 관계되는 건설물·설비·원재료·가스·증기·분진 등에 의하거나 작업 또는 그 밖의 업무로 인하여 사망 또는 부상하거나 질병에 걸리는 것을 말한다.

해설 산업안전보건법령상 용어의 정의
① 근로자대표 : 근로자의 과반수로 조직된 노동조합이 있는 경우에는 그 노동조합을, 근로자의 과반수로 조직된 노동조합이 없는 경우에는 근로자의 과반수를 대표하는 자를 말한다.
② 도급인 : 물건의 제조·건설·수리 또는 서비스의 제공, 그 밖의 업무를 도급하는 사업주를 말한다. 다만, 건설공사발주자는 제외한다.
③ 안전보건진단 : 산업재해를 예방하기 위하여 잠재적 위험성을 발견하고 그 개선대책을 수립할 목적으로 조사·평가하는 것을 말한다.
④ 산업재해 : 노무를 제공하는 사람이 업무에 관계되는 건설물·설비·원재료·가스·증기·분진 등에 의하거나 작업 또는 그 밖의 업무로 인하여 사망 또는 부상하거나 질병에 걸리는 것을 말한다.

06 재해조사 시 유의사항으로 틀린 것은?

① 피해자에 대한 구급 조치를 우선으로 한다.
② 재해조사 시 2차 재해 예방을 위해 보호구를 착용한다.
③ 재해조사는 재해자의 치료가 끝난 뒤 실시한다.
④ 책임추궁보다는 재발방지를 우선하는 기본태도를 가진다.

해설 재해조사 시 유의사항
㉮ 사실을 수집한다.
㉯ 목격자 등이 증언하는 사실 이외에 추측의 말은 참고로만 한다.
㉰ 조사는 신속하게 행하고 긴급 조치하여, 2차 재해를 방지한다.
㉱ 사람과 기계설비 양면의 재해요인을 모두 도출한다.
㉲ 객관적인 입장에서 공정하게 조사하며, 조사는 2인 이상이 실시한다.
㉳ 책임추궁보다 재발방지를 우선하는 기본태도를 갖는다.
㉴ 피해자에 대한 구급조치를 우선한다.
㉵ 2차 재해의 예방을 위해 보호구를 반드시 착용한다.

07 시몬즈(Simonds)의 재해손실비의 평가방식 중 비보험 코스트의 산정 항목에 해당하지 않는 것은?

① 사망 사고 건수
② 통원 상해 건수
③ 응급조치 건수
④ 무상해 사고 건수

해설 시몬즈 방식에서 재해의 종류
㉮ 휴업 상해 : 영구 일부노동불능 및 일시 전노동불능 상해
㉯ 통원 상해 : 일시 일부노동불능 및 의사의 통원조치를 필요로 하는 상해
㉰ 응급조치 상해 : 응급조치 또는 8시간 미만의 휴업 의료조치 상해
㉱ 무상해 사고 : 의료조치가 필요하지 않은 상해사고
단, 사망 또는 영구 전노동불능 상해는 위 재해의 구분에서 제외된다.

정답 05.④ 06.③ 07.①

08 산업안전보건법령상 상시근로자 20명 이상 50명 미만인 사업장 중 안전보건관리담당자를 선임하여야 하는 업종이 아닌 것은? (단, 안전관리자 및 보건관리자가 선임되지 않은 사업장으로 한다.)

① 임업
② 제조업
③ 건설업
④ 환경 정화 및 복원업

해설 안전보건관리담당자의 선임
상시근로자 20명 이상 50명 미만인 사업장에 안전보건관리담당자를 1명 이상 선임해야 한다.
㉮ 제조업
㉯ 임업
㉰ 하수, 폐수 및 분뇨 처리업
㉱ 폐기물 수집, 운반, 처리 및 원료 재생업
㉲ 환경 정화 및 복원업

09 건설기술진흥법령상 안전관리계획을 수립해야 하는 건설공사에 해당하지 않는 것은?

① 15층 건축물의 리모델링
② 지하 15m를 굴착하는 건설공사
③ 항타 및 항발기가 사용되는 건설공사
④ 높이가 21m인 비계를 사용하는 건설공사

해설 건설기술진흥법상 안전관리계획을 수립해야 하는 건설공사
㉮ 1종 시설물 및 2종 시설물의 건설공사(유지관리를 위한 건설공사는 제외)
㉯ 지하 10m 이상을 굴착하는 건설공사
㉰ 폭발물을 사용하는 건설공사로서 20m 안에 시설물이 있거나 100m 안에 사육하는 가축이 있어 해당 건설공사로 인한 영향을 받을 것이 예상되는 건설공사
㉱ 10층 이상 16층 미만인 건축물의 건설공사
㉲ 다음 각 목의 리모델링 또는 해체공사
 ㉠ 10층 이상인 건축물의 리모델링 또는 해체공사
 ㉡ 수직증축형 리모델링
㉳ 건설기계관리법에 따라 등록된 다음 각 목의 어느 하나에 해당하는 건설기계가 사용되는 건설공사
 ㉠ 천공기(높이가 10m 이상인 것만 해당)
 ㉡ 항타 및 항발기
 ㉢ 타워크레인
㉴ 가설구조물을 사용하는 건설공사
㉵ 건설공사로서 다음 각 목의 어느 하나에 해당하는 공사
 ㉠ 발주자가 안전관리가 특히 필요하다고 인정하는 건설공사
 ㉡ 해당 지방자치단체의 조례로 정하는 건설공사 중에서 인·허가기관의 장이 안전관리가 특히 필요하다고 인정하는 건설공사

10 다음의 재해에서 기인물과 가해물로 옳은 것은?

> 공구와 자재가 바닥에 어지럽게 널려 있는 작업통로를 작업자가 보행 중 공구에 걸려 넘어져 통로바닥에 머리를 부딪쳤다.

① 기인물 : 바닥, 가해물 : 공구
② 기인물 : 바닥, 가해물 : 바닥
③ 기인물 : 공구, 가해물 : 바닥
④ 기인물 : 공구, 가해물 : 공구

해설
㉮ 기인물 : 불안전한 상태에 있는 물체·환경 등 (공구)
㉯ 가해물 : 직접 사람에게 접촉되어 위해를 가한 물체 등(바닥)

11 보호구 안전인증 고시상 안전인증을 받은 보호구의 표시사항이 아닌 것은?

① 제조자명
② 사용 유효기간
③ 안전인증 번호
④ 규격 또는 등급

해설 안전인증제품 표시 사항
㉮ 형식 또는 모델명
㉯ 규격 또는 등급 등
㉰ 제조자명
㉱ 제조번호 및 제조연월
㉲ 안전인증 번호

12 위험예지훈련 진행방법 중 대책수립에 해당하는 단계는?

① 제1라운드
② 제2라운드
③ 제3라운드
④ 제4라운드

08.③ 09.④ 10.③ 11.② 12.③

해설 위험예지 훈련의 기존 4라운드 진행방법
㉮ 1R(현상파악) : 어떤 위험이 잠재하고 있는지 사실을 파악하는 라운드(BS적용)
㉯ 2R(본질추구) : 가장 위험한 요인(위험포인트)을 합의로 결정하는 라운드(요약)
㉰ 3R(대책수립) : 구체적인 대책을 수립하는 라운드(BS적용)
㉱ 4R(목표달성) : 수립한 대책 가운데 질이 높은 항목에 합의하는 라운드(요약)

13 산업안전보건법령상 안전보건관리규정을 작성해야 할 사업의 종류를 모두 고른 것은? (단, ⓐ~ⓔ은 상시근로자 300명 이상의 사업이다.)

> ⓐ 농업
> ⓑ 정보서비스업
> ⓒ 금융 및 보험업
> ⓓ 사회복지 서비스업
> ⓔ 과학 및 기술 연구개발업

① ⓑ, ⓓ, ⓔ
② ⓐ, ⓑ, ⓒ, ⓓ
③ ⓐ, ⓑ, ⓒ, ⓔ
④ ⓐ, ⓒ, ⓓ, ⓔ

해설 안전보건관리규정을 작성해야 할 사업의 종류 및 상시근로자 수

사업의 종류	상시근로자 수
㉮ 농업 ㉯ 어업 ㉰ 소프트웨어 개발 및 공급업 ㉱ 컴퓨터 프로그래밍, 시스템 통합 및 관리업 ㉲ 정보서비스업 ㉳ 금융 및 보험업 ㉴ 임대업; 부동산 제외 ㉵ 전문, 과학 및 기술 서비스업(연구개발업은 제외) ㉶ 사업지원 서비스업 ㉷ 사회복지 서비스업	300명 이상

14 1,000명 이상의 대규모 사업장에서 가장 적합한 안전관리조직의 형태는?
① 경영형 ② 라인형
③ 스태프형 ④ 라인-스태프형

해설 라인-스태프형의 복합형(직계-참모 조직)
라인형과 스태프형의 장점을 취한 절충식 조직형태로, 안전 업무를 전문으로 담당하는 스태프 부분을 두는 한편, 생산 라인의 각 층에도 겸임 또는 전임 안전 담당자를 두고 안전대책은 스태프 부분에서 기획하고, 이를 라인을 통하여 실시하도록 한 조직방식으로 대규모 사업장(1,000명 이상)에 적합한 조직이다.

15 산업안전보건법령상 중대재해의 범위에 해당하지 않는 것은?
① 사망자가 1명 발생한 재해
② 부상자가 동시에 10명 이상 발생한 재해
③ 2개월 이상의 요양이 필요한 부상자가 동시에 2명 이상 발생한 재해
④ 직업성 질병자가 동시에 10명 이상 발생한 재해

해설 고용노동부령이 정하는 중대재해
㉮ 사망자가 1명 이상 발생한 재해
㉯ 3개월 이상의 요양이 필요한 부상자가 동시에 2명 이상 발생한 재해
㉰ 부상자 또는 직업성 질병자가 동시에 10명 이상 발생한 재해

16 A사업장의 현황이 다음과 같을 때 A사업장의 강도율은?

> • 상시근로자 : 200명
> • 요양재해건수 : 4건
> • 사망 : 1명
> • 휴업 : 1명(500일)
> • 연근로시간 : 2,400시간

① 8.33
② 14.53
③ 15.31
④ 16.48

해설 강도율 $= \dfrac{\text{근로손실일수}}{\text{연근로총시간수}} \times 1{,}000$

$= \dfrac{(1 \times 7{,}500) + \left(500 \times \dfrac{300}{365}\right)}{200 \times 2{,}400} \times 1{,}000$

$= 16.48$

정답 13.② 14.④ 15.③ 16.④

17 재해사례연구의 진행단계로 옳은 것은?

ⓐ 사실의 확인
ⓑ 대책의 수립
ⓒ 문제점의 발견
ⓓ 문제점의 결정
ⓔ 재해상황의 파악

① ⓒ → ⓔ → ⓐ → ⓓ → ⓑ
② ⓒ → ⓔ → ⓓ → ⓐ → ⓑ
③ ⓔ → ⓒ → ⓐ → ⓓ → ⓑ
④ ⓔ → ⓐ → ⓒ → ⓓ → ⓑ

해설 재해사례연구의 진행단계
㉮ 전제조건 – 재해상황의 파악 : 재해사례를 관계하여 그 사고와 배경을 다음과 같이 체계적으로 파악한다.
㉯ 제1단계 – 사실의 확인 : 작업의 개시에서 재해의 발생까지의 경과 가운데 재해와 관계가 있는 사실 및 재해요인으로 알려진 사실을 객관적이며 정확성 있게 확인한다.
㉰ 제2단계 – 문제점의 발견 : 파악된 사실로부터 판단하여 각종 기준에서 차이의 문제점을 발견한다.
㉱ 제3단계 – 근본적 문제의 결정 : 문제점 가운데 재해의 중심이 된 근본적 문제점을 결정한 다음 재해원인을 결정한다.
㉲ 제4단계 – 대책 수립 : 재해요인을 규명하여 분석하고 그에 대한 대책을 세운다.

18 산업안전보건법령상 건설현장에서 사용하는 크레인의 안전검사의 주기는? (단, 이동식 크레인은 제외한다.)

① 최초로 설치한 날부터 1개월마다 실시
② 최초로 설치한 날부터 3개월마다 실시
③ 최초로 설치한 날부터 6개월마다 실시
④ 최초로 설치한 날부터 1년마다 실시

해설 안전검사의 주기
㉮ 크레인(이동식 크레인은 제외), 리프트(이삿짐운반용 리프트는 제외) 및 곤돌라 : 사업장에 설치가 끝난 날부터 3년 이내에 최초 안전검사를 실시하되, 그 이후부터 2년마다(건설현장에서 사용하는 것은 최초로 설치한 날부터 6개월마다)
㉯ 이동식 크레인, 이삿짐운반용 리프트 및 고소작업대 : 「자동차관리법」 제8조에 따른 신규등록 이후 3년 이내에 최초 안전검사를 실시하되, 그 이후부터 2년마다
㉰ 프레스, 전단기, 압력용기, 국소 배기장치, 원심기, 롤러기, 사출성형기, 컨베이어 및 산업용 로봇 : 사업장에 설치가 끝난 날부터 3년 이내에 최초 안전검사를 실시하되, 그 이후부터 2년마다(공정안전보고서를 제출하여 확인을 받은 압력용기는 4년마다)

19 산업안전보건법령상 관계수급인 근로자가 도급인의 사업장에서 작업을 하는 경우 건설업 도급인의 작업장 순회점검 주기는?

① 1일에 1회 이상   ② 2일에 1회 이상
③ 3일에 1회 이상   ④ 7일에 1회 이상

해설 도급사업 시의 작업장 순회점검 주기
㉮ 다음 각 목의 사업 : 2일에 1회 이상
  ㉠ 건설업
  ㉡ 제조업
  ㉢ 토사석 광업
  ㉣ 서적, 잡지 및 기타 인쇄물 출판업
  ㉤ 음악 및 기타 오디오물 출판업
  ㉥ 금속 및 비금속 원료 재생업
㉯ 제1호 각 목의 사업을 제외한 사업 : 1주일에 1회 이상

20 재해예방의 4원칙에 해당하지 않는 것은?

① 손실적용의 원칙   ② 원인연계의 원칙
③ 대책선정의 원칙   ④ 예방가능의 원칙

해설 재해예방의 4원칙
㉮ 손실우연의 원칙
㉯ 원인연계의 원칙
㉰ 대책선정의 원칙
㉱ 예방가능의 원칙

≫ 제2과목 산업심리 및 교육

21 감각 현상이 하나의 전체적이고 의미 있는 내용으로 체계화되는 과정을 의미하는 용어는?

① 유추(analogy)
② 게슈탈트(gestalt)
③ 인지(cognition)
④ 근접성(proximity)

17.④ 18.③ 19.② 20.① 21.②

해설 심리 용어의 정의
① 유추(analogy) : 연역·귀납과는 다른 특수한 것으로부터 특수한 것을 이끄는 추리를 말한다.
② 게슈탈트(gestalt) : 인간이 형태를 자각하는 방법 및 법칙으로 감각 현상이 하나의 전체적이고 의미 있는 내용으로 체계화되는 과정을 말한다.
③ 인지(cognition) : 온갖 사물을 알아보고 그것을 기억하며 추리해서 결론을 얻어내고, 그로인해 생긴 문제를 해결하는 등의 정신적인 과정을 말한다.
④ 근접성(proximity) : 물리적으로 더 가까이 있는 사람에게 더 호감을 갖게 되는 심리적 경향을 말한다.

22 다음에서 설명하는 리더십의 유형은?

> 과업 완수와 인간관계 모두에 있어 최대한의 노력을 기울이는 리더십 유형

① 과업형 리더십
② 이상형 리더십
③ 타협형 리더십
④ 무관심형 리더십

해설 리더십의 유형
㉮ 무관심형 리더십 : 과업 달성과 인간관계 모두에 관심이 없는 리더십의 유형으로 자신의 직위 유지에만 최소한의 노력을 한다.
㉯ 과업형 리더십 : 인간관계 유지에는 낮은 관심을 보이나, 과업에 대해서는 높은 관심을 가지는 유형이다.
㉰ 타협형 리더십 : 과업 완수와 인간관계 유지를 적당한 선에서 타협하는 형태의 리더십 유형이다.
㉱ 이상형 리더십 : 과업 완수와 인간관계 모두에 있어 최대한의 노력을 기울이는 리더십 유형이다.
㉲ 관계형 리더십 : 인간에 대한 관심은 매우 높은데 비해 과업에 대한 관심은 낮은 유형으로 조직 구성원에 대한 인간관계 유지에 최대한 노력을 기울이는 유형이다.

23 생체리듬(Biorhythm)의 종류에 해당하지 않는 것은?

① Critical rhythm
② Physical rhythm
③ Intellectual rhythm
④ Sensitivity rhythm

해설 ㉮ 생체리듬의 종류 및 특징
㉠ 육체적 리듬(physical rhythm) : 육체적 리듬의 주기는 23일이다. 신체활동에 관계되는 요소는 식욕, 소화력, 활동력, 스테미너 및 지구력 등이다.
㉡ 지성적 리듬(intellectual rhythm) : 지성적 리듬의 주기는 33일이다. 지성적 리듬에 관계되는 요소는 상상력, 사고력, 기억력, 의지, 판단 및 비판력 등이다.
㉢ 감성적 리듬(sensitivity rhythm) : 감성적 리듬의 주기는 28일이다. 감성적 리듬에 관계되는 요소는 주의력, 창조력, 예감 및 통찰력 등이다.
㉯ 위험일(critical day)
㉠ P·S·I 3개의 서로 다른 리듬은 안정기[positive phase(+)]와 불안정기[negative phase(-)]를 교대로 반복하여 사인(sine)곡선을 그려 나가는데, (+)리듬에서 (-)리듬으로, 또는 (-)리듬에서 (+)리듬으로 변화하는 점을 '영(zero)' 또는 '위험일'이라고 하며, 이런 위험일은 한 달에 6일 정도 일어난다.
㉡ '바이오리듬'에 있어서 위험일(critical day)에는 평소보다 뇌졸증이 5.4배, 심장질환 발작이 5.1배, 그리고 자살은 무려 6.8배나 더 많이 발생한다고 한다.

24 사회행동의 기본 형태에 해당하지 않는 것은?

① 협력
② 대립
③ 모방
④ 도피

해설 사회행동의 기본형태
㉮ 협력(cooperation) : 조력, 분업
㉯ 대립(opposition) : 공격, 경쟁
㉰ 도피(escape) : 고립, 정신병, 자살
㉱ 융합(accomodation) : 강제, 타협, 통합

25 O.J.T(On the Job Training)의 특징이 아닌 것은?

① 효과가 곧 업무에 나타난다.
② 직장의 실정에 맞는 실체적 훈련이다.
③ 다수의 근로자에게 조직적 훈련이 가능하다.
④ 교육을 통한 훈련 효과에 의해 상호신뢰이해도가 높아진다.

해설 O.J.T와 Off. J.T의 특징
㉮ O.J.T의 특징
  ㉠ 개개인에게 적합한 지도훈련이 가능하다.
  ㉡ 직장의 실정에 맞는 실체적 훈련을 할 수 있다.
  ㉢ 훈련에 필요한 업무의 계속성이 끊어지지 않는다.
  ㉣ 즉시 업무에 연결되는 관계로 신체와 관련이 있다.
  ㉤ 효과가 곧 업무에 나타나며, 훈련의 좋고 나쁨에 따라 개선이 용이하다.
  ㉥ 교육을 통한 훈련효과에 의해 상호 신뢰 및 이해도가 높아진다.
㉯ Off. J.T의 특징
  ㉠ 다수의 근로자에게 조직적 훈련이 가능하다.
  ㉡ 훈련에만 전념하게 된다.
  ㉢ 특별 설비기구를 이용할 수 있다.
  ㉣ 전문가를 강사로 초청할 수 있다.
  ㉤ 각 직장의 근로자가 많은 지식이나 경험을 교류할 수 있다.
  ㉥ 교육훈련목표에 대해서 집단적 노력이 흐트러질 수도 있다.

26 집단역학에서 소시오매트리(sociometry)에 관한 설명 중 틀린 것은?

① 소시오매트리 분석을 위해 소시오매트릭스와 소시오그램이 작성된다.
② 소시오매트릭스에서는 상호작용에 대한 정량적 분석이 가능하다.
③ 소시오매트리는 집단 구성원들 간의 공식적 관계가 아닌 비공식적인 관계를 파악하기 위한 방법이다.
④ 소시오그램은 집단 구성원들 간의 선호, 거부 혹은 무관심의 관계를 기호로 표현하지만, 이를 통해 다양한 집단 내의 비공식적 관계에 대한 역학 관계는 파악할 수 없다.

해설 소시오매트리(sociometry) 분석
㉮ 구성원 상호간의 선호도를 기초로 집단 내부의 동태적 상호관계를 분석하는 기법이다.
㉯ 소시오그램은 집단 내의 하위 집단들과 내부의 세부집단과 비세력집단을 구분할 수 있다.
㉰ 소시오매트리 분석을 위해 소시오매트릭스와 소시오그램이 작성된다.
㉱ 소시오매트릭스는 소시오그램에서 나타나는 집단 구성원들 간의 관계를 수치에 의하여 정량적으로 분석할 수 있다.
㉲ 소시오그램은 집단 구성원들 간의 선호, 거부 혹은 무관심의 관계를 기호로 표현하지만, 이를 통해 다양한 집단 내의 비공식적 관계에 대한 역학 관계를 파악할 수 있다.

27 어떤 과업을 성취할 수 있는 자신의 능력에 대한 스스로의 믿음을 나타내는 것은?

① 자아존중감(Self-esteem)
② 자기효능감(Self-efficacy)
③ 통제의 착각(Illusion of control)
④ 자기중심적 편견(Egocentric bias)

해설
① 자아존중감(self-esteem) : 자아개념의 평가적인 측면으로 자신의 가치에 대한 판단과 그러한 판단과 관련된 감정을 말한다.
② 자기효능감(self-efficacy) : 특정한 문제를 자신의 능력으로 성공적으로 해결할 수 있다는 자기자신에 대한 신념이나 기대감이다.
③ 통제의 착각(Illusion of control) : 부정적인 결과가 일어날 확률을 낮게 보고 긍정적인 결과가 일어날 것이란 믿음을 높게 봄으로써 우연에 의한 결과물도 자신이 통제할 수 있다고 믿는 것을 말한다.
④ 자기중심적 편견(Egocentric bias) : 사람들은 공동의 활동을 하고 난 뒤의 결과 곧 성공, 실패에 대하여 자기 자신의 공헌 혹은 책임을 과장하는 편향을 나타내는데 이를 말한다.

28 산업안전보건법령상 2미터 이상인 구축물을 콘크리트 파쇄기를 사용하여 파쇄작업을 하는 경우 특별교육의 내용이 아닌 것은? (단, 그 밖에 안전·보건관리에 필요한 사항은 제외한다.)

① 작업안전조치 및 안전기준에 관한 사항
② 비계의 조립방법 및 작업 절차에 관한 사항
③ 콘크리트 해체 요령과 방호거리에 관한 사항
④ 파쇄기의 조작 및 공통작업 신호에 관한 사항

해설 콘크리트 파쇄기를 사용하여 하는 파쇄작업(2미터 이상인 구축물의 파쇄작업만 해당) 시 특별교육내용
㉮ 콘크리트 해체 요령과 방호거리에 관한 사항
㉯ 작업안전조치 및 안전기준에 관한 사항
㉰ 파쇄기의 조작 및 공통작업 신호에 관한 사항
㉱ 보호구 및 방호장비 등에 관한 사항
㉲ 그 밖에 안전·보건관리에 필요한 사항

29 안전보건교육에 있어 역할 연기법의 장점이 아닌 것은?

① 흥미를 갖고, 문제에 적극적으로 참가한다.
② 자기 태도의 반성과 창조성이 생기고, 발표력이 향상된다.
③ 문제의 배경에 대하여 통찰하는 능력을 높임으로써 감수성이 향상된다.
④ 목적이 명확하고, 다른 방법과 병용하지 않아도 높은 효과를 기대할 수 있다.

해설 역할 연기법(Role Playing)
참석자에게 어떤 역할을 주어서 실제로 시켜봄으로써 훈련이나 평가에 사용하는 교육기법으로, 절충능력이나 협조성을 높여서 태도의 변용에도 도움을 준다.
㉮ 장점
  ㉠ 사람을 보는 눈이 신중하게 되고 관대해지며 자신의 능력을 알게 된다.
  ㉡ 역할을 맡으면 계속 말하고 듣는 입장이므로 자기 태도의 반성과 창조성이 생기고 발표력이 향상된다.
  ㉢ 한 가지의 문제에 대하여 그 배경에는 무엇이 있는가를 통찰하는 능력을 높임으로써 감수성이 향상된다.
  ㉣ 문제에 적극적으로 참가하여 흥미를 갖게 하며, 타인의 장점과 단점이 잘 나타난다.
㉯ 단점
  ㉠ 높은 수준의 의사 결정에 대한 훈련에는 효과를 기대할 수 없다.
  ㉡ 목적이 명확하지 않고, 계획적으로 실시하지 않으면 학습에 연계되지 않는다.
  ㉢ 훈련 장소의 확보가 어렵다.

30 모랄서베이(Morale Survey)의 주요 방법으로 적절하지 않은 것은?

① 관찰법   ② 면접법
③ 강의법   ④ 질문지법

해설 모랄 서베이의 주요 방법
㉮ 통계에 의한 방법 : 사고 상해율, 생산고, 결근, 지각, 조퇴, 이직 등을 분석하여 파악하는 방법
㉯ 사례 연구법 : 경영관리에 있어서의 여러 가지 제도에 나타나는 사례에 대해 케이스 스터디(Case Study)로서 현상을 파악하는 방법
㉰ 관찰법 : 종업원의 근무 실태를 계속 관찰함으로써 문제점을 찾아내는 방법
㉱ 실험 연구법 : 실험 그룹(Group)과 통제 그룹(Control Group)으로 나누고, 정황이나 자극을 주어서 태도 변화 여부를 조사하는 방법
㉲ 태도 조사법(의견조사) : 질문지법, 면접법, 집단 토의법, 투사법(Projective Technique) 등에 의해 의견을 조사하는 방법

31 학습정도(level of learning)의 4단계에 해당하지 않는 것은?

① 회상(to recall)
② 적용(to apply)
③ 인지(to recognize)
④ 이해(to understand)

해설 학습정도(level of learning)
학습범위와 내용의 정도를 말하며, 다음과 같은 단계에 의해 이루어진다.
㉮ 인지(to acquaint) : ~을 인지해야 한다.
㉯ 지각(to know) : ~을 알아야 한다.
㉰ 이해(to understand) : ~을 이해해야 한다.
㉱ 적용(to apply) : ~을 ~에 적용할 줄 알아야 한다.

32 스트레스 반응에 영향을 주는 요인 중 개인적 특성에 관한 요인이 아닌 것은?

① 심리상태
② 개인의 능력
③ 신체적 조건
④ 작업시간의 차이

해설 스트레스 반응에 영향을 주는 요인
㉮ 개인적 특성
  ㉠ 심리상태
  ㉡ 개인의 능력
  ㉢ 신체적 조건
㉯ 스트레스에 대하여 반응하는 데 있어서 개인 차이의 이유에는 자기 존중감의 차이, 성(性)의 차이, 강인성의 차이가 있다.

정답 29.④ 30.③ 31.① 32.④

33 산업안전보건법령상 일용근로자의 작업내용 변경 시 교육 시간의 기준은?

① 1시간 이상   ② 2시간 이상
③ 3시간 이상   ④ 4시간 이상

[해설] 근로자 및 관리감독자 안전보건교육

교육과정	교육대상		교육시간
정기 교육	사무직 종사 근로자		매 반기 6시간 이상
	그 밖의 근로자	판매업무 종사 근로자	매 반기 6시간 이상
		판매업무 외의 근로자	매 반기 12시간 이상
	관리감독자		연간 16시간 이상
채용 시 교육	근로자	일용근로자 및 1주일 이하인 기간제근로자	1시간 이상
		1주일 초과 1개월 이하인 기간제근로자	4시간 이상
		그 밖의 근로자	8시간 이상
	관리감독자		8시간 이상
작업내용 변경 시 교육	근로자	일용근로자 및 1주일 이하인 기간제근로자	1시간 이상
		그 밖의 근로자	2시간 이상
	관리감독자		2시간 이상
특별 교육	근로자	일용근로자 및 1주일 이하인 기간제근로자 (타워크레인 신호작업 제외)	2시간 이상
		타워크레인 신호작업에 종사하는 일용근로자 및 1주일 이하인 기간제근로자	8시간 이상
		일용근로자 및 1주일 이하인 기간제근로자를 제외한 근로자	• 16시간 이상 (최초 작업에 종사하기 전 4시간 이상 실시하고, 12시간은 3개월 이내에서 분할하여 실시 가능) • 단기간 작업 또는 간헐적 작업인 경우에는 2시간 이상
	관리감독자		
건설업 기초 안전보건교육	건설 일용근로자		4시간 이상

34 안전교육의 3단계 중 작업방법, 취급 및 조작행위를 몸으로 숙달시키는 것을 목적으로 하는 단계는?

① 안전지식교육   ② 안전기능교육
③ 안전태도교육   ④ 안전의식교육

[해설] 안전교육의 3단계

교육의 종류	교육내용	교육요점
지식교육 (제1단계)	• 재해발생의 원리를 이해시킨다. • 작업이 필요한 법규·규정·기준과 수칙을 습득시킨다. • 공정 속에 잠재된 위험요소를 이해시킨다.	작업에 관련된 취약 점과 거기에 대응되는 작업방법을 알도록 한다.
기능교육 (제2단계)	작업방법, 취급 및 조작행위를 몸으로 숙달시킨다.	표준 작업방법대로 시범을 보이고 실습시킨다.
태도교육 (제3단계)	• 표준 작업방법대로 작업을 하도록 한다. • 안전수칙 및 규칙을 실행하도록 한다. • 의욕을 갖게 한다.	• 가치관 형성교육을 한다. • 토의식 교육이 효과적이다.

35 교육심리학의 연구방법 중 인간의 내면에서 일어나고 있는 심리적 사고에 대하여 사물을 이용하여 인간의 성격을 알아보는 방법은?

① 투사법   ② 면접법
③ 실험법   ④ 질문지법

[해설] 투사법
의식적으로 의견을 발표하도록 하여 인간의 내면에서 일어나고 있는 심리적 상태를 사물과 연관시켜 인간의 성격을 알아보는 방법이다.

36 호손(Hawthorne) 연구에 대한 설명으로 옳은 것은?

① 소비자들에게 효과적으로 영향을 미치는 광고 전략을 개발했다.
② 시간-동작연구를 통해서 작업도구와 기계를 설계했다.
③ 채용과정에서 발생하는 차별요인을 밝히고 이를 시정하는 법적 조치의 기초를 마련했다.
④ 물리적 작업환경보다 근로자들의 의사소통 등 인간관계가 더 중요하다는 것을 알아냈다.

해설 호손(Hawthorne) 실험
직장집단에 있어서 공식조직 내에 비공식조직이나 비공식적인 인간관계가 발생하여 조직의 목적 달성에 중요한 영향을 미치고 있다는 학설을 발표했다.
㉮ 실험 연구자 : 메이요(G. E. Mayo)와 레슬리스버거(Rethlisberger) 등
㉯ 실험 결론
　㉠ 작업자의 작업능률(생산성 향상)은 임금·근로시간 등의 근로조건과 조명 및 환기 등 기타 물리적인 작업환경조건보다는 종업원들의 태도와 감정을 규제하고 있는 인간관계에 의하여 결정된다.
　㉡ 물리적 조건도 그 개선에 의하여 효과를 가져올 수 있으나, 오히려 종업원들의 심리적 요소가 중요하다는 것을 알 수 있다.
　㉢ 종업원의 태도나 감정을 좌우하는 것은 개인적·사회적 환경과 사내의 세력관계 및 소속되는 비공식조직의 힘이다.

37 지름길을 사용하여 대상물을 판단할 때 발생하는 지각의 오류가 아닌 것은?

① 후광효과　　② 최근효과
③ 결론효과　　④ 초두효과

해설 지각의 오류
㉮ 후광효과 : 일반적으로 어떤 사물이나 사람에 대해 평가를 할 때 그 일부의 긍정적·부정적 특성에 주목해 전체적인 평가에 영향을 주어 대상에 대한 비객관적인 판단을 하게 되는 인간의 심리적 특성현상
㉯ 최근효과 : 최근의 자극이나 관찰에서 특히 두드러지는 점으로부터 야기된 인지적 편견현상
㉰ 초두효과 : 처음에 접한 자극이나 관찰에서 두드러지는 점으로부터 야기된 인식적 편견현상

38 다음은 무엇에 관한 설명인가?

> 다른 사람으로부터의 판단이나 행동을 무비판적으로 받아들이는 것

① 모방(Imitation)
② 투사(Projection)
③ 암시(Suggestion)
④ 동일화(Identification)

해설 인간관계의 메커니즘(Mechanism)
㉮ 동일화(Identification) : 다른 사람의 행동 양식이나 태도를 투입시키거나, 다른 사람 가운데서 자기와 비슷한 것을 발견하는 것을 말한다.
㉯ 투사(Projection) : 자기 속의 억압된 것을 다른 사람의 것으로 생각하는 것을 투사(또는 투출)라고 한다.
㉰ 암시(Suggestion) : 다른 사람으로부터의 판단이나 행동을 무비판적으로 논리적·사실적 근거 없이 받아들이는 것을 말한다.
㉱ 모방(Imitation) : 남의 행동이나 판단을 표본으로 하여 그것과 같거나 또는 그것에 가까운 행동 또는 판단을 취하려는 것이다.
㉲ 커뮤니케이션(Communication) : 갖가지 행동 양식이나 기호를 매개로 하여 어떤 사람으로부터 다른 사람에게 전달되는 과정을 말한다.
※ 의사전달 매개체 : 언어, 표정, 손짓, 몸짓

39 산업심리의 5대 요소가 아닌 것은?
① 동기　　② 기질
③ 감정　　④ 지능

해설 산업안전심리의 5대 요소
㉮ 동기
㉯ 기질
㉰ 감정
㉱ 습성
㉲ 습관

40 직무수행에 대한 예측변인 개발 시 작업표본(work sample)에 관한 사항 중 틀린 것은?

① 집단검사로 감독과 통제가 요구된다.
② 훈련생보다 경력자 선발에 적합하다.
③ 실시하는 데 시간과 비용이 많이 든다.
④ 주로 기계를 다루는 직무에 효과적이다.

해설 작업표본(work sample)
표준화된 조건에서 지원자가 직무에 포함된 과업을 얼마나 잘 수행할 수 있는지를 입증하는 평가 도구이다.
㉮ 미래 직무수행의 좋은 예측변인인 것으로 알려져 왔다.
㉯ 지원자는 이미 해당 과업에 대한 경험이 있어야 함으로, 훈련생보다 경력자 선발에 적합하다.
㉰ 실시하는 데 시간과 비용이 많이 든다.
㉱ 특정한 유형의 직업에만 국한되어, 주로 기계를 다루는 직무에 효과적이다.

≫ 제3과목 인간공학 및 시스템 안전공학

41 태양광이 내리쬐지 않는 옥내의 습구흑구온도지수(WBGT) 산출식은?

① 0.6×자연습구온도 + 0.3×흑구온도
② 0.7×자연습구온도 + 0.3×흑구온도
③ 0.6×자연습구온도 + 0.4×흑구온도
④ 0.7×자연습구온도 + 0.4×흑구온도

해설
㉮ 실내 및 태양이 내리쬐지 않는 실외에서 습구흑구온도지수(WBGT)=(0.7×NWB)+(0.3×GT)
㉯ 태양이 내리쬐는 실외의 습구흑구온도지수(WBGT)=(0.7×NWB)+(0.2×GT)+(0.1×DB)
(단, NWB는 자연습구, GT는 흑구온도, DB는 건구온도이다.)

42 부품 배치의 원칙 중 기능적으로 관련된 부품들을 모아서 배치한다는 원칙은?

① 중요성의 원칙
② 사용빈도의 원칙
③ 사용순서의 원칙
④ 기능별 배치의 원칙

해설 부품 배치의 원칙
① 중요성의 원칙 : 부품을 작동하는 성능이 체계의 목표달성에 긴요한 정도에 따라 우선순위를 설정한다.
② 사용빈도의 원칙 : 부품을 사용하는 빈도에 따라 우선순위를 설정한다.
③ 사용순서의 원칙 : 사용되는 순서에 따라 장치들을 가까이에 배치한다. 일반적으로 부품의 중요성과 사용빈도에 따라서 부품의 일반적인 위치를 정하고 기능 및 사용순서에 따라서 부품의 배치(일반적인 위치 내에서의)를 결정한다.
④ 기능별 배치의 원칙 : 기능적으로 관련된 부품들(표시장치, 조정장치 등)을 모아서 배치한다.

43 인간공학의 목표와 거리가 가장 먼 것은?

① 사고 감소
② 생산성 증대
③ 안전성 향상
④ 근골격계질환 증가

해설 인간공학의 목표
㉮ 사고 감소
㉯ 생산성 증대
㉰ 안전성 향상
㉱ 근골격계질환 감소

44 시각적 식별에 영향을 주는 각 요소에 대한 설명 중 틀린 것은?

① 조도는 광원의 세기를 말한다.
② 휘도는 단위 면적당 표면에 반사 또는 방출되는 광량을 말한다.
③ 반사율은 물체의 표면에 도달하는 조도와 광도의 비를 말한다.
④ 광도 대비란 표적의 광도와 배경의 광도의 차이를 배경 광도로 나눈 값을 말한다.

해설 물체의 표면에 도달하는 빛의 밀도를 '조도'라 하며, 거리가 증가할 때 역자승의 법칙에 따라 조도는 감소한다

$$\therefore 조도 = \frac{광도}{(거리)^2}$$

45 A사의 안전관리자는 자사 화학 설비의 안전성 평가를 실시하고 있다. 그중 제 2단계인 정성적 평가를 진행하기 위하여 평가항목을 설계관계 대상과 운전관계 대상으로 분류하였을 때 설계관계 항목이 아닌 것은?

① 건조물
② 공장 내 배치
③ 입지조건
④ 원재료, 중간제품

해설 정성적 평가 진단 항목
㉮ 설계관계 : 입지조건, 공장 내 배치, 건조물, 소방설비
㉯ 운전관계 : 원재료, 중간제품, 공정, 수송, 저장 등 공정기기

46 양립성의 종류가 아닌 것은?

① 개념의 양립성
② 감성의 양립성
③ 운동의 양립성
④ 공간의 양립성

41.② 42.④ 43.④ 44.① 45.④ 46.②

[해설] **양립성의 분류**
㉮ 공간적(Spatial) 양립성 : 어떤 사물, 특히 표시장치나 조종장치에서 물리적 형태나 공간적인 배치의 양립성
㉯ 운동(Movement) 양립성 : 표시장치, 조종장치, 체계반응의 운동 방향의 양립성
㉰ 개념적(Conceptual) 양립성 : 어떤 암호체계에서 청색이 정상을 나타내듯이 사람들이 가지고 있는 개념적 연상의 양립성

47 그림과 같은 시스템에서 부품 A, B, C, D의 신뢰도가 모두 r로 동일할 때 이 시스템의 신뢰도는?

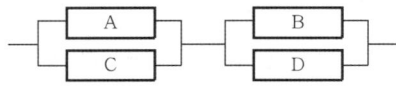

① $r(2-r^2)$
② $r^2(2-r)^2$
③ $r^2(2-r^2)$
④ $r^2(2-r)$

[해설] $R_s = \{1-(1-r)(1-r)\} \times \{1-(1-r)(1-r)\}$
$= r^2(2-r)^2$

48 FTA에서 사용되는 논리게이트 중 입력과 반대되는 현상으로 출력되는 것은?
① 부정 게이트
② 억제 게이트
③ 배타적 OR 게이트
④ 우선적 AND 게이트

[해설] **FTA에서 사용되는 논리게이트**
① 부정 게이트 : 억제 게이트와 동일하게 부정 모디파이어(not modifier)라고도 하며 입력사상의 반대사상이 출력된다.
② 억제 게이트 : 조건부 사건 P가 일어나는 상황 하에서 input이 일어날 때 output F가 발생한다.
③ 배타적 OR 게이트 : 결함수의 OR 게이트이지만 2개 또는 그 이상의 입력이 동시에 존재하는 경우에는 출력이 생기지 않는다.
④ 우선적 AND 게이트 : 입력사상 가운데 어느 사상이 다른 사상보다 먼저 일어났을 때에 출력사상이 생긴다.

49 부품 고장이 발생하여도 기계가 추후 보수될 때까지 안전한 기능을 유지할 수 있도록 하는 기능은?
① Fail - soft
② Fail - active
③ Fail - operational
④ Fail - passive

[해설] **페일 세이프티(Fail-safety)**
㉮ 정의 : 인간 또는 기계에 과오나 동작상의 실수가 있어도 사고가 발생하지 않도록 2중 또는 3중으로 통제를 가하도록 한 체계
㉯ 기능면에서의 분류 3단계
 ㉠ 1단계 - Fail passive : 부품 고장 시 기계가 정지
 ㉡ 2단계 - Fail active : 부품 고장 시 경보가 울리며 짧은 시간 동안 운전이 가능
 ㉢ 3단계 - Fail operational : 부품 고장이 있어도 기계는 보수 시까지 안전한 기능을 유지

50 어떤 결함수를 분석하여 minimal cut set을 구한 결과 다음과 같았다. 각 기본사상의 발생확률을 q_i, i=1, 2, 3이라 할 때, 정상사상의 발생확률함수로 맞는 것은?

[다음]
k_1=[1, 2], k_2=[1, 3], k_3=[2, 3]

① $q_1q_2 + q_1q_2 - q_2q_3$
② $q_1q_2 + q_1q_3 - q_2q_3$
③ $q_1q_2 + q_1q_3 + q_2q_3 - q_1q_2q_3$
④ $q_1q_2 + q_1q_3 + q_2q_3 - 2q_1q_2q_3$

[해설] $T = 1-(1-X_1X_2-X_1X_3-X_2X_3+2X_1X_2X_3)$
$= X_1X_2 + X_1X_3 + X_2X_3 - 2X_1X_2X_3$

51 통화이해도 척도로서 통화이해도에 영향을 주는 잡음의 영향을 추정하는 지수는?
① 명료도 지수
② 통화 간섭 수준
③ 이해도 점수
④ 통화 공진 수준

정답 47.② 48.① 49.③ 50.④ 51.②

해설 통화이해도 척도
㉮ 명료도 지수 : 통화이해도를 추정할 수 있는 근거로 명료도 지수를 사용하는데, 이는 각 옥타브 대의 음성과 소음의 dB 값에 가중치를 곱하여 합계를 구한 지수이다.
㉯ 통화 간섭 수준 : 잡음이 통화이해도(speech intelligibility)에 미치는 영향을 추정하는 지수이다.
㉰ 이해도 점수 : 수화자가 통화내용을 얼마나 알아들었는가의 비율(%) 이다.
㉱ 소음기준 곡선 : 사무실, 회의실, 공장 등에서 통화를 평가할 때 사용하는 것이 소음기준이다.

52 반사경 없이 모든 방향으로 빛을 발하는 점광원에서 3m 떨어진 곳의 조도가 300 lux라면 2m 떨어진 곳에서 조도(lux)는?

① 375 ② 675
③ 875 ④ 975

해설 조도 $= \dfrac{300 \times 3^2}{2^2} = 675 \, \text{lux}$

53 인간공학적 연구에 사용되는 기준 척도의 요건 중 다음 설명에 해당하는 것은?

> 기준 척도는 측정하고자 하는 변수 외의 다른 변수들의 영향을 받아서는 안 된다.

① 신뢰성
② 적절성
③ 검출성
④ 무오염성

해설 인간공학 연구조사에 사용되는 체계 기준 및 인간 기준의 구비조건
㉮ 적절성 : 기준이 의도된 목적에 적당하다고 판단되는 정도를 말한다.
㉯ 무오염성 : 기준척도는 측정하고자 하는 변수 외의 다른 변수들의 영향을 받아서는 안 된다는 것
㉰ 기준척도의 신뢰성 : 척도의 신뢰성은 반복성(Repeatability)을 의미한다.
※ 검출성은 암호체계 사용상 일반적인 지침으로 우성정보를 암호화한 자극은 검출이 가능해야 한다는 것이다.

54 James Reason의 원인적 휴먼에러 종류 중 다음 설명의 휴먼에러 종류는?

> 자동차가 우측 운행하는 한국의 도로에 익숙해진 운전자가 좌측 운행을 해야 하는 일본에서 우측 운행을 하다가 교통사고를 냈다.

① 고의 사고(Violation)
② 숙련 기반 에러(Skill based error)
③ 규칙 기반 착오(Rule based mistake)
④ 지식 기반 착오(Knowledge based mistake)

해설 James Reason의 원인적 휴먼에러 종류
㉮ 숙련기반 에러(Skill Based Error) : 평소에 숙달된 작업이었으나 Slip과 Lapse에 의하여 제대로 수행하지 못함.
  예 Slip : 평소에는 사과를 잘 깎았으나 이번에는 깎다가 손을 베임.
  예 Lapse : 가스레인지에 찌개를 끓이고 있던 것을 깜빡 잊어 찌개가 타버림.
㉯ 규칙기반 에러(Rule Based Error) : 잘못된 규칙을 기억하거나, 제대로 된 규칙이라도 상황에 맞지 않게 적용한 경우
  예 일본에서 우측통행을 하여 사고가 남.
㉰ 지식기반 에러(Knowledge Based Error) : 처음부터 장기기억 속에 관련 지식이 없는 경우 처음 접하는 상황에서 유추와 추론을 이용하여 해결하려 했으나 지식처리과정 중에 실패 또는 과오로 이어지는 에러
  예 외국에서 처음 보는 표지판을 이해하지 못하여 사고가 남.

55 예비위험분석(PHA)에서 식별된 사고의 범주가 아닌 것은?

① 중대(critical)
② 한계적(marginal)
③ 파국적(catastrophic)
④ 수용가능(acceptable)

해설 예비위험분석(PHA)에서 식별하는 4가지의 범주(Category)
㉮ 파국적(Catastrophic)
㉯ 중대(Critical)
㉰ 한계적(Marginal)
㉱ 무시가능(Negligible)

56 근골격계부담작업의 범위 및 유해요인조사 방법에 관한 고시상 근골격계부담작업에 해당하지 않는 것은? (단, 상시작업을 기준으로 한다.)

① 하루에 10회 이상 25kg 이상의 물체를 드는 작업
② 하루에 총 2시간 이상 쪼그리고 앉거나 무릎을 굽힌 자세에서 이루어지는 작업
③ 하루에 총 2시간 이상 시간당 5회 이상 손 또는 무릎을 사용하여 반복적으로 충격을 가하는 작업
④ 하루에 4시간 이상 집중적으로 자료입력 등을 위해 키보드 또는 마우스를 조작하는 작업

[해설] 근골격계 부담작업
㉮ 하루에 4시간 이상 집중적으로 자료입력 등을 위해 키보드 또는 마우스를 조작하는 작업
㉯ 하루에 2시간 이상 목, 어깨, 팔꿈치, 손목 또는 손을 사용하여 같은 동작을 반복하는 작업
㉰ 하루에 2시간 이상 머리 위에 손이 있거나, 팔꿈치가 어깨 위에 있거나, 팔꿈치를 몸통으로부터 들거나, 팔꿈치를 몸통 뒤쪽에 위치하도록 하는 상태에서 이루어지는 작업
㉱ 지지되지 않은 상태이거나 임의로 자세를 바꿀 수 없는 조건에서, 하루에 총 2시간 이상 목이나 허리를 구부리거나 트는 상태에서 이루어지는 작업
㉲ 하루에 2시간 이상 쪼그리고 앉거나 무릎을 굽힌 자세에서 이루어지는 작업
㉳ 하루에 2시간 이상 지지되지 않은 상태에서 1kg 이상의 물건을 한 손의 손가락으로 집어 옮기거나, 2kg 이상에 상응하는 힘을 가하여 한 손의 손가락으로 물건을 쥐는 작업
㉴ 하루에 2시간 이상 지지되지 않은 상태에서 4.5kg 이상의 물건을 한 손으로 들거나 동일한 힘으로 쥐는 작업
㉵ 하루에 10회 이상 25kg 이상의 물체를 드는 작업
㉶ 하루에 25회 이상 10kg 이상의 물체를 무릎 아래에서 들거나, 어깨 위에서 들거나, 팔을 뻗은 상태에서 드는 작업
㉷ 하루에 2시간 이상, 분당 2회 이상 4.5kg 이상의 물체를 드는 작업
㉸ 하루에 2시간 이상, 시간당 10회 이상 손 또는 무릎을 사용하여 반복적으로 충격을 가하는 작업

57 HAZOP 분석기법의 장점이 아닌 것은?

① 학습 및 적용이 쉽다.
② 기법 적용에 큰 전문성을 요구하지 않는다.
③ 짧은 시간에 저렴한 비용으로 분석이 가능하다.
④ 다양한 관점을 가진 팀 단위 수행이 가능하다.

[해설] HAZOP 분석기법의 장점
㉮ 학습 및 적용이 쉽다.
㉯ 기법 적용에 큰 전문성을 요구하지 않는다.
㉰ 구체적이고 체계적인 평가 기법이다.
㉱ 다양한 관점을 가진 팀 단위 수행이 가능하다.
㉲ 자유토론을 하는 과정에서 공정의 위험 요소들을 규명함으써 위험 요소를 철저히 찾을 수 있다.
※ 5~7명의 전문인력이 필요하므로 시간과 노력이 많이 요구되며, 비용이 많이 드는 단점이 있다.

58 불(Boole) 대수의 관계식으로 틀린 것은?

① $A + \overline{A} = 1$
② $A + AB = A$
③ $A(A+B) = A+B$
④ $A + \overline{A}B = A+B$

[해설] 불(Boole) 대수의 정리
㉮ $A + \overline{A} = 1$
㉯ $A \cdot A = A$
㉰ $A + AB = A$
㉱ $A + A = A$
㉲ $A(A+B) = A$
㉳ $A + \overline{A}B = A+B$

59 서브시스템 분석에 사용되는 분석방법으로 시스템 수명주기에서 ㉠에 들어갈 위험 분석기법은?

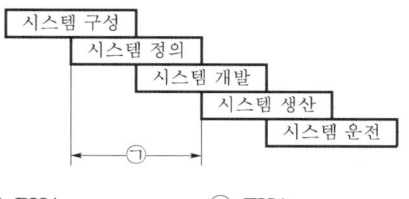

① PHA   ② FHA
③ FTA   ④ ETA

정답 56.③ 57.③ 58.③ 59.②

해설 결함위험분석(FHA)
서브시스템 해석 등에 사용되는 해석법으로 귀납적인 분석에 이용된다. 시스템 구성단계에는 PHA(예비위험분석)이 실행되고, FHA는 시스템의 정의와 개발 단계에서 실행된다.

60 정신적 작업 부하에 관한 생리적 척도에 해당하지 않는 것은?

① 근전도
② 뇌파도
③ 부정맥 지수
④ 점멸융합주파수

해설 정신작업의 생리적 척도
부정맥 지수라고 불리는 심박수의 변화성, 뇌파도(EEG ; Eletroencephalogram), 동공반응(점멸융합주파수), 호흡률, 체액의 화학적 성질 등이 있다.

》 제4과목 건설시공학

61 강제 널말뚝(steel sheet pile)공법에 관한 설명으로 옳지 않은 것은?

① 무소음 설치가 어렵다.
② 타입 시 지반의 체적 변형이 작아 항타가 쉽다.
③ 강제 널말뚝에는 U형, Z형, H형 등이 있다.
④ 관입, 철거 시 주변 지반침하가 일어나지 않는다.

해설 강제 널말뚝(steel sheet pile)공법
㉮ 타격음으로 인한 소음이 심해, 무소음 설치가 어렵다.
㉯ 강제 널말뚝에는 U형, Z형, H형, 박스형 등이 있다.
㉰ 타입 시에는 지반의 체적 변형이 작아 항타가 쉽고 이음부를 볼트나 용접 접합에 의해서 말뚝의 길이를 자유로이 늘일 수 있다.
㉱ 강제 널말뚝은 지수성이 높은 장점을 가지고 있기 때문에 지하수가 많은 지반에 사용한다.
㉲ 관입, 철거 시 강제 널말뚝 부피만큼 주변 지반침하가 일어난다.

62 석재붙임을 위한 앵커긴결공법에서 일반적으로 사용하지 않는 재료는?

① 앵커 ② 볼트
③ 모르타르 ④ 연결철물

해설 앵커긴결공법
석재의 붙일 때 모르타르를 사용하지 않고 앵커, 볼트, 연결철물을 사용하여 석재와 구조체를 연결시키는 방법으로 다음과 같은 특징이 있다.
㉮ 백화현상 우려 없음.
㉯ 건물의 자중이 상대적으로 적으며 상부 하중이 하부로 전달되지 않음.
㉰ 공기단축이 가능하고 단열효과 및 결로 방지 효과가 큼.
㉱ 충격에 약함.
㉲ 부자재비가 많이 소요되며 긴결철물의 녹 발생 우려가 있음.

63 철근 조립에 관한 설명으로 옳지 않은 것은?

① 철근의 피복두께를 정확히 확보하기 위해 적절한 간격으로 고임재 및 간격재를 배치한다.
② 거푸집에 접하는 고임재 및 간격재는 콘크리트 제품 또는 모르타르 제품을 사용하여야 한다.
③ 경미한 황갈색의 녹이 발생한 철근은 일반적으로 콘크리트와의 부착을 해치므로 사용해서는 안된다.
④ 철근의 표면에 흙, 기름 또는 이물질이 없어야 한다.

해설 철근 체적의 약 1% 이내가 부식된 철근은 부착 강도가 증가한다. 경미한 황갈색의 녹이 발생한 철근은 콘크리트와의 부착강도가 증가하므로 사용이 가능하다.

64 소규모 건축물을 조적식 구조로 담을 쌓을 경우 최대 높이 기준으로 옳은 것은?

① 2m 이하 ② 2.5m 이하
③ 3m 이하 ④ 3.5m 이하

해설 소규모 건축물을 조적식 구조로 담을 쌓을 경우 최대 높이 기준은 3m 이하이다.

60.① 61.④ 62.③ 63.③ 64.③ **정답**

65 매스 콘크리트(Mass concrete) 시공에 관한 설명으로 옳지 않은 것은?

① 매스 콘크리트의 타설온도는 온도균열을 제어하기 위한 관점에서 가능한 한 낮게 한다.
② 매스 콘크리트 타설 시 기온이 높을 경우에는 콜드조인트가 생기기 쉬우므로 응결촉진제를 사용한다.
③ 매스 콘크리트 타설 시 침하발생으로 인한 침하균열을 예방을 하기 위해 재진동 다짐 등을 실시한다.
④ 매스 콘크리트 타설 후 거푸집 탈형 시 콘크리트 표면의 급랭을 방지하기 위해 콘크리트 표면을 소정의 기간 동안 보온해 주어야 한다.

해설 매스 콘크리트
부재 혹은 구조물의 치수가 커서 시멘트의 수화열에 의한 온도 상승 및 강하를 고려하여 설계, 시공해야 하는 콘크리트로, 매스 콘크리트 타설 시 기온이 높을 경우에는 콜드조인트가 생기기 쉬우므로 감수제, AE감수제, 플라이애시 등 혼화제를 사용한다.

66 콘크리트의 측압에 영향을 주는 요소에 관한 설명으로 옳지 않은 것은?

① 콘크리트 타설속도가 빠를수록 측압은 커진다.
② 콘크리트 온도가 낮으면 경화속도가 느려 측압은 작아진다.
③ 벽 두께가 얇을수록 측압은 작아진다.
④ 콘크리트의 슬럼프값이 클수록 측압은 커진다.

해설 콘크리트의 측압이 커지는 조건
㉮ 벽 두께가 클수록, 슬럼프가 클수록 크다.
㉯ 기온이 낮을수록 크다.
㉰ 콘크리트의 치어붓기 속도가 클수록 크다.
㉱ 거푸집의 수밀성이 높을수록 크다.
㉲ 콘크리트의 다지기가 충분할수록 크다.
㉳ 거푸집의 수평 단면이 클수록 크다.
㉴ 거푸집 강성이 클수록 크다.
㉵ 거푸집 표면이 매끄러울수록 크다.
㉶ 콘크리트의 비중이 클수록 크다.
㉷ 묽은 콘크리트일수록 크다.

67 필릿용접(Fillet Welding)의 단면상 이론 목두께에 해당하는 것은?

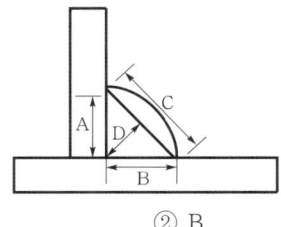

① A ② B
③ C ④ D

해설 모살용접(Fillet Welding)이란 목 두께의 방향이 모체의 면과 45°각을 이루는 용접을 말한다. 그림에서 B는 다리 길이, D는 이론 목 두께를 나타낸다.

68 석공사에 사용하는 석재 중에서 수성암계에 해당하지 않는 것은?

① 사암 ② 석회암
③ 안산암 ④ 응회암

해설 성인(成因)에 의한 분류
㉮ 화성암(火成岩) : 지구 내부의 암장이 냉각되어 형성된 것으로서 일반적으로 괴상(塊狀)으로 되어 있다.
  예 화강암, 안산암, 현무암, 감남석, 부석, 황화석 등
㉯ 수성암(水成岩) : 암석의 쇄편(碎片), 물에 녹은 광물질, 동식물의 유해(遺骸) 등이 침전되어 쌓이고 겹쳐져서 고화(固化)되어 층상(層狀)으로 된 것이다.
  예 사암, 점판암, 응회석, 석회암 등
㉰ 변성암(變成岩) : 화성암이나 수성암이 압력 또는 열에 의하여 심히 변질된 것으로서 일반적으로 층상(層狀)으로 되어 있다.
  예 대리석, 사문암, 석면, 활석, 편암 등

69 네트워크 공정표에 사용되는 용어에 관한 설명으로 옳지 않은 것은?

① 크리티컬 패스(Critical path) : 개시 결합점에서 종료 결합점에 이르는 가장 긴 경로
② 더미(Dummy) : 결합점이 가지는 여유시간
③ 플로트(Float) : 작업의 여유시간
④ 패스(Path) : 네트워크 중에서 둘 이상의 작업이 이어지는 경로

해설 **네트워크 공정표에 사용되는 용어**
㉮ 크리티컬 패스(Critical path) : 개시 결합점에서 종료 결합점에 이르는 가장 긴 경로
㉯ 더미(Dummy) : 명목에 있어서의 작업 및 가공의 작업(Dummy)을 의미
㉰ 작업의 결합점(Event) : 작업의 개시 및 종료 시점
㉱ 액티비티(Activity) : 시간을 필요로 하는 모든 활동을 의미
㉲ 플로트(Float) : 작업의 여유시간

70 철근콘크리트 보에 사용된 굵은 골재의 최대치수가 25mm일 때, D22철근(동일 평면에서 평행한 철근)의 수평 순간격으로 옳은 것은? (단, 콘크리트를 공극 없이 칠 수 있는 다짐 방법을 사용할 경우는 제외)

① 22.2mm
② 25mm
③ 31.25mm
④ 33.3mm

해설 철근의 순간격은 다음 중 가장 큰 값으로 한다.
㉮ 원형철근 지름×1.5배=22×1.5=33mm 이상
㉯ 25mm 이상
㉰ 최대 자갈 지름×1.25=25×1.25=31.25mm 이상

71 거푸집공사(form work)에 관한 설명으로 옳지 않은 것은?

① 거푸집널은 콘크리트의 구조체를 형성하는 역할을 한다.
② 콘크리트 표면에 모르타르, 플라스터 또는 타일붙임 등의 마감을 할 경우에는 평활하고 광택있는 면이 얻어질 수 있도록 철제 거푸집(metal form)을 사용하는 것이 좋다.
③ 거푸집공사비는 건축공사비에서의 비중이 높으므로, 설계단계부터 거푸집공사의 개선과 합리화 방안을 연구하는 것이 바람직하다.
④ 폼타이(form tie)는 콘크리트를 타설할 때 거푸집이 벌어지거나 우그러들지 않게 연결, 고정하는 긴결재이다.

해설 콘크리트 표면에 모르타르, 플라스터 또는 타일붙임 등의 마감을 할 경우에는 거친 면이 얻어질 수 있도록 하여야 한다. 평활하고 광택있는 면이 얻어질 수 있는 철제 거푸집(metal form)을 사용하는 것은 좋지 않다.

72 철근콘크리트 말뚝머리와 기초와의 접합에 관한 설명으로 옳지 않은 것은?

① 두부를 커팅기계로 정리할 경우 본체에 균열이 생김으로 응력손실이 발생하여 설계내력을 상실하게 된다.
② 말뚝머리 길이가 짧은 경우는 기초저면까지 보강하여 시공한다.
③ 말뚝머리 철근은 기초에 30cm 이상의 길이로 정착한다.
④ 말뚝머리와 기초와의 확실한 정착을 위해 파일앵커링을 시공한다.

해설 ㉮ 콘크리트 말뚝의 머리(두부)는 파일 커터 등을 사용해서 본체에 균열이 생기지 않도록 절단해야 한다.
㉯ 말뚝을 절단할 때 본체에 균열이 생기면 응력이 손실되거나 철근이 부식되어 설계내력을 상실하게 된다.

73 강구조 공사 시 앵커링(anchoring)에 관한 설명으로 옳지 않은 것은?

① 필요한 앵커링 저항력을 얻기 위해서는 콘크리트에 피해를 주지 않도록 적절한 대책을 수립해야 한다.
② 앵커볼트 설치 시 베이스플레이트 위치의 콘크리트는 설계 도면 레벨보다 -30mm ~ -50mm 낮게 타설하고, 베이스플레이트 설치 후 그라우팅 처리한다.
③ 구조용 앵커볼트를 사용하는 경우 앵커볼트 간의 중심선은 기둥중심선으로부터 3mm 이상 벗어나지 않아야 한다.
④ 앵커볼트로는 구조용 혹은 세우기용 앵커볼트가 사용되어야 하고, 나중매입 공법을 원칙으로 한다.

해설 **앵커링(anchoring)**
㉮ 대상 구조물 또는 인접한 구조물의 콘크리트 부분의 앵커링 장비는 반드시 해당 규정에 따라 설치되어야 한다.
㉯ 필요한 앵커링 저항력을 얻기 위해서는 콘크리트에 피해를 주지 않도록 적절한 대책을 수립해야 한다.
㉰ 앵커볼트 설치 시 베이스플레이트 위치의 콘크리트는 설계 도면 레벨보다 −30mm ~ −50mm 낮게 타설하고, 베이스플레이트 설치 후 그라우팅 처리한다.
㉱ 앵커볼트로는 구조용 혹은 세우기용 앵커볼트가 사용되어야 하고, 고정매입공법을 원칙으로 한다.
㉲ 구조용 앵커볼트를 사용하는 경우 앵커볼트 간의 중심선은 기둥 중심선으로부터 3mm 이상 벗어나지 않아야 한다. 세우기용 앵커볼트의 경우에는 앵커볼트 간의 중심선이 기둥중심선으로부터 5mm 이상 벗어나지 않아야 한다.

74 철근의 피복두께를 유지하는 목적이 아닌 것은?

① 부재의 소요 구조 내력 확보
② 부재의 내화성 유지
③ 콘크리트의 강도 증대
④ 부재의 내구성 유지

해설 **철근의 피복두께**
피복두께란 콘크리트 표면에서 제일 외측에 가까운 철근 표면까지의 거리를 말하며, 철근의 피복두께 계획 시 고려사항(철근 피복의 목적)은 다음과 같다.
㉮ 내화성 확보
㉯ 내구성 확보
㉰ 구조내력 확보
㉱ 시공상 유동성 확보

75 모래지반 흙막이 공사에서 널말뚝의 틈새로 물과 토사가 유실되어 지반이 파괴되는 현상은?

① 히빙현상(Heaving)
② 파이핑현상(Piping)
③ 액상화현상(Liquefaction)
④ 보일링현상(Boiling)

해설 ㉮ 히빙현상(heaving) : 굴착이 진행됨에 따라 흙막이벽 뒤쪽 흙의 중량이 굴착부 바닥의 지지력 이상이 되면, 흙막이벽 근입(根入) 부분의 지반 이동이 발생하여 굴착부 저면이 솟아오르는 현상
㉯ 파이핑현상(Piping) : 모래지반 흙막이 공사에서 널말뚝의 틈새로 물과 토사가 유실되어 지반이 파괴되는 현상
㉰ 액상화현상(Liquefaction) : 지진의 진동이 발생하면서 주로 투수계수가 높은 세립질 모래사이에 있는 지하수 내에 응력이 전달되면서 급격히 포화되며 지지력을 상실하면서 주변지반과 구조물에 영향을 미치는 현상
㉱ 보일링현상(Boiling) : 굴착부와 흙막이벽 뒤쪽 흙의 지하수위차가 있을 경우 수두차(水頭差)에 의하여 침투압이 생겨 흙막이벽 근입부분을 침식하는 동시에 모래가 액상화(液狀化)되어 솟아오르는 현상

76 불량품, 결점, 고장 등의 발생건수를 현상과 원인별로 분류하고, 여러 가지 데이터를 항목별로 분류해서 문제의 크기 순서로 나열하여, 그 크기를 막대그래프로 표기한 품질관리 도구는?

① 파레토그램
② 특성요인도
③ 히스토그램
④ 체크시트

해설 **품질관리(TQC) 활동 7가지 도구**
㉮ 히스토그램(histogram) : 길이, 무게, 강도 등과 같이 계량치의 데이터가 어떠한 분포를 하고 있는지 알아보기 위하여 작성하는 주상(柱狀) 기둥그래프(막대그래프)이다.
㉯ 특성요인도 : 결과에 원인이 어떻게 관계하고 있는가를 생선뼈 모양으로 나타낸 그림이다.
㉰ 파레토도(pareto diagram) : 시공불량의 내용이나 원인을 분류 항목으로 나누어 크기 순서대로 나열해 놓은 그림이다.
㉱ 관리도 : 공정의 상태를 나타내는 특성치에 관해서 그려진 꺾은선 그래프이다.
㉲ 산점도(산포도, scatter diagram) : 서로 대응되는 두 종류의 데이터의 상호관계를 보는 것이다.
㉳ 체크시트 : 불량수, 결점수 등 셀 수 있는 데이터가 분류항목별로 어디에 집중되어 있는가를 알기 쉽도록 나타낸 그림이다.
㉴ 층별(stratification) : 데이터의 특성을 적당한 범주마다 얼마간의 그룹으로 나누어 도표로 나타낸 것이다.

77 철골구조의 내화피복에 관한 설명으로 옳지 않은 것은?

① 조적공법은 용접철망을 부착하여 경량모르타르, 펄라이트 모르타르와 플라스터 등을 바름하는 공법이다.
② 뿜칠공법은 철골표면에 접착제를 혼합한 내화피복재를 뿜어서 내화피복을 한다.
③ 성형판 공법은 내화단열성이 우수한 각종 성형판을 철골주위에 접착제와 철물 등을 설치하고 그 위에 붙이는 공법으로 주로 기둥과 보의 내화피복에 사용된다.
④ 타설공법은 아직 굳지 않은 경량콘크리트나 기포모르타르 등을 강재주위에 거푸집을 설치하여 타설한 후 경화시켜 철골을 내화피복하는 공법이다.

해설 철골구조의 내화피복공법
㉮ 타설공법 : 철골 구조체 주위에 거푸집을 설치하고, 보통 콘크리트, 경량 콘크리트를 타설하는 공법
㉯ 뿜칠공법 : 철골강재 표면에 접착제를 도포 후 내화재료를 뿜칠하는 공법
㉰ 조적공법 : 철골강재 표면에 경량 콘크리트 블록, 벽돌, 돌 등으로 조적하여 내화피복 효과를 확보하는 공법
㉱ 성형판 붙임공법 : 내화단열이 우수한 경량의 성형판(ALC판, PC판, 석면성형판)을 접착제나 연결철물을 이용하여 부착하는 공법

78 공사관리계약(Construction Management Contract) 방식의 장점이 아닌 것은?

① 시공 시 단계별 시공법을 적용할 수 있어 설계 및 시공 기간을 단축시킬 수 있다.
② 설계과정에서 설계가 시공에 미치는 영향을 예측할 수 있어 설계도서의 현실성을 향상시킬 수 있다.
③ 기획 및 설계과정에서 발주자와 설계자 간의 의견대립 없이 설계대안 및 특수공법의 적용이 가능하다.
④ 대리인형 CM(CM for fee)방식은 공사비와 품질에 직접적인 책임을 지는 공사관리계약 방식이다.

해설 공사관리계약방식
설계자나 시공자보다 우수한 건설능력을 가진 자가 발주자를 대신하여 공사과정 전반에 걸쳐 설계자·시공자·발주자를 조정하여 합리적인 공사관리를 수행함으로써 발주자의 이익을 증대시키는 통합관리방식이다.
㉮ 장점
 ㉠ 공기가 단축된다.
 ㉡ VE기법 적용이 가능하다.
 ㉢ 적정 품질이 확보된다.
㉯ 단점
 ㉠ 총공사비에 대한 발주자의 위험이 증대된다.
 ㉡ CM의 신중한 선택이 필요하다.
 ㉢ CM 수수료를 포함한 총공사비가 증가한다.
※ 대리인형 CM(CM for fee)방식은 컨설턴트 역할만 하는 방식이고, 시공자형 CM(CM at risk)방식은 공사비와 품질에 직접적인 책임을 지는 공사관리계약 방식이다.

79 철근콘크리트에서 염해로 인한 철근의 부식 방지대책으로 옳지 않은 것은?

① 콘크리트 중의 염소이온량을 적게 한다.
② 에폭시 수지 도장 철근을 사용한다.
③ 방청제 투입을 고려한다.
④ 물-시멘트비를 크게 한다.

해설 ④ 물-시멘트비를 작게 한다.

80 웰 포인트 공법(well point method)에 관한 설명으로 옳지 않은 것은?

① 사질지반보다 점토질지반에서 효과가 좋다.
② 지하수위를 낮추는 공법이다.
③ 1~3m의 간격으로 파이프를 지중에 박는다.
④ 인접지 침하의 우려에 따른 주의가 필요하다.

해설 웰 포인트 공법(well point method)
사질토 개량공법으로 웰 포인트라는 양수관을 약 1~3m 정도의 간격으로 압력수를 분사시키면서 박고, 상부를 연결하여 진공흡입펌프에 의해 지하수를 양수하도록 하는 강제배수 공법이다.

제5과목 건설재료학

81 깬자갈을 사용한 콘크리트가 동일한 시공연도의 보통 콘크리트보다 유리한 점은?

① 시멘트 페이스트와의 부착력 증가
② 단위수량 감소
③ 수밀성 증가
④ 내구성 증가

해설 쇄석(깬자갈)은 강자갈에 비하여 표면이 거칠어 시멘트 페이스트와의 부착력이 크기 때문에 강도는 증가한다.

82 목재를 작은 조각으로 하여 충분히 건조시킨 후 합성수지와 같은 유기질의 접착제를 첨가하여 열압 제판한 목재 가공품은?

① 파티클 보드(Particle board)
② 코르크판(Cork board)
③ 섬유판(Fiber board)
④ 집성목재(Glulam)

해설
㉮ 파티클 보드(Particle Board) : 작은 조각으로 하여 충분히 건조시킨 후 합성수지와 같은 유기질의 접착제를 첨가하여 열압 제판한 목재 가공품이다.
㉯ 특성
  ㉠ 두께는 비교적 자유로이 선택할 수 있다.
  ㉡ 강도에 방향성이 없고, 큰 면적의 판을 만들 수 있다.
  ㉢ 방충성, 방부성이 크다.
  ㉣ 표면이 평활하고, 경도(硬度)가 크다.
  ㉤ 가공성이 비교적 양호하다.
  ㉥ 균질한 판을 대량으로 제조할 수 있다.
  ㉦ 못이나 나사못의 지보력(持保力)은 목재와 비슷하다.

83 합성수지의 종류 중 열가소성수지가 아닌 것은?

① 염화비닐 수지
② 멜라민 수지
③ 폴리프로필렌 수지
④ 폴리에틸렌 수지

해설 합성수지의 종류
㉮ 열가소성수지
  ㉠ 염화비닐수지(PVC) ㉡ 에틸렌수지
  ㉢ 프로필렌수지   ㉣ 아크릴수지
  ㉤ 스틸렌수지   ㉥ 메타크릴수지
  ㉦ ABS수지   ㉧ 폴리아미드수지
  ㉨ 비닐아세틸수지
㉯ 열경화성수지
  ㉠ 페놀수지   ㉡ 요소수지
  ㉢ 멜라민수지   ㉣ 알키드수지
  ㉤ 폴리에스테르수지   ㉥ 실리콘
  ㉦ 에폭시수지   ㉧ 우레탄수지
  ㉨ 규소수지

84 수성페인트에 대한 설명으로 옳지 않은 것은?

① 수성페인트의 일종인 에멀션 페인트는 수성페인트에 합성수지와 유화제를 섞은 것이다.
② 수성페인트를 칠한 면은 외관은 온화하지만 독성 및 화재발생의 위험이 있다.
③ 수성페인트의 재료로 아교ㆍ전분ㆍ카세인 등이 활용된다.
④ 광택이 없으며 회반죽면 또는 모르타르 면의 칠에 적당하다.

해설 수성페인트
물로 희석하여 사용하는 도료로서 안료를 물로 용해하여 수용성 교착제와 혼합한 분말상태의 도료를 분말성 수성도료라 한다. 전색제에는 카세인(casein)ㆍ소석회ㆍ아교ㆍ텍스트린ㆍ아라비아고무 등이 있다. 독성이 없고 냄새가 많이 없으며, 도막은 광택이 없고, 취급이 간단하며 빠르게 건조된다. 단점으로는 내구성, 내수성이 작다는 점이 있다.

85 도료상태의 방수재를 바탕면에 열 번 칠하여 얇은 수지피막을 만들어 방수효과를 얻는 것으로 에멀션형, 용제형, 에폭시계 형태의 방수공법은?

① 시트방수
② 도막방수
③ 침투성 도포방수
④ 시멘트 모르타르 방수

정답 81.① 82.① 83.② 84.② 85.②

해설 도막방수
합성수지 재료를 바탕에 발라 방수도막을 만드는 공법으로, 액체상태의 방수재를 그대로 바르는 유제형 도막방수, 방수재를 휘발성 용제에 녹여 액체상태로 만든 다음 콘크리트 바탕에 바르는 용제형 도막방수, 에폭시수지를 발라 방수층을 만드는 에폭시 도막방수가 있다. 아파트 옥상, 지하주차장, 건물 내외벽의 방수공사에 사용된다.
㉮ 우레탄고무계 도막재 : 1성분형과 2성분형이 있으며, 일반적으로 2성분형이 이용된다. 상온에서 액상의 주제(프리폴리머)와 경화제(컴파운드)를 현장에서 혼합하여 도포하면 고무탄성이 있는 방수층을 형성한다. 그 혼합비율은 제조업자에 따라 다르지만 1 : 1 ~ 1 : 2의 범위이다.
㉯ FRP 도막재 : 연질 폴리에스테르 수지와 유리섬유 또는 폴리에스테르 섬유의 보강(섬유강화 플라스틱 : fiber reinforced plastics)을 기본으로 하여 인장 및 신장율을 상호 조정하여 제조한 것이다.
㉰ 고무아스팔트계 도막재 : 천연 및 합성고무(네오프렌 고무 또는 스타이렌 부타디엔 고무)와 아스팔트로 만들어진 고농도의 고무화 아스팔트로, 일반 아스팔트보다 감온성 및 탄력성이 우수하며 고형분(固形分) 60% 전후의 일반형과 80~85% 전후의 고농도형의 두 종류가 있다.
㉱ 클로로프렌고무계 도막재 : 클로로프렌고무를 주성분으로 하고, 이것에 무기질 충전제, 안정제 등을 가하여 혼합하여 반죽한 것을 유기용제로 녹여, 고무주걱 등으로 손쉽게 바를 수 있는 1성분형이다. 이 방수공법은 일반적으로 클로로프렌고무계 도막방수재만으로 방수층을 형성하는 일은 없고, 그 위에 하이파론계 도료(클로로설폰화 폴리에틸렌)를 도포하여 착색 및 방수층을 도포한다.

86 점토의 성질에 관한 설명으로 옳지 않은 것은?

① 사질점토는 적갈색으로 내화성이 좋다.
② 자토는 순백색이며 내화성이 우수하나 가소성은 부족하다.
③ 석기점토는 유색의 견고치밀한 구조로 내화도가 높고 가소성이 있다.
④ 석회질점토는 백색으로 용해되기 쉽다.

해설 사질점토는 적갈색이며 내화성이 부족하고 세사 및 불순물이 포함되어 있다.

87 금속판에 관한 설명으로 옳지 않은 것은?

① 알루미늄 판은 경량이고 열반사도 좋으나 알칼리에 약하다.
② 스테인리스 강판은 내식성이 필요한 제품에 사용된다.
③ 함석판은 아연도금철판이라고도 하며, 외관미는 좋으나 내식성이 약하다.
④ 연판은 X선 차단효과가 있고 내식성도 크다.

해설 함석은 겉에 아연을 입힌 강철판으로, 강철은 공기 중에서 쉽게 녹슬지만 아연을 입히면 희생전극 작용으로 잘 녹슬지 않아 내식성이 강하다. 지붕을 이거나 홈통 재료 등 건축 재료로 많이 쓰이며, 양동이, 대야를 만드는 데도 쓰인다.

88 콘크리트의 혼화재료 중 혼화제에 속하는 것은?

① 플라이애시
② 실리카흄
③ 고로슬래그 미분말
④ 고성능 감수제

해설 ㉮ 혼화제(混和劑) : 사용량이 비교적 적어 그 자체의 부피가 콘크리트의 배합 계산에서 무시되는 것으로 콘크리트 속의 시멘트 중량에 대해 5% 이하, 보통은 1% 이하의 극히 적은 양을 사용한다. 혼화제는 주로 화학제품이 많다.
㉠ 작업성, 내구성 향상용 : AE제(공기연행제), 감수제, AE 감수제, 고성능 감수제, 유동화제
㉡ 경화시간 조절용 : 지연제, 급결제
㉢ 기타 혼화제 : 방수제, 발포제·기포제, 방청제
㉯ 혼화재(混和材) : 사용량이 비교적 많아서 그 자체의 부피가 콘크리트의 배합 계산에 고려되는 것으로 시멘트 중량의 5% 이상, 경우에 따라서는 50% 이상 다량으로 사용한다. 혼화재는 주로 광물질 분말이다.
㉠ 포졸란
㉡ 플라이 애시
㉢ 고로 슬래그
㉣ 팽창재
㉤ 실리카 흄

89 다음 중 열전도율이 가장 낮은 것은?

① 콘크리트　　② 코르크판
③ 알루미늄　　④ 주철

해설 열전도율(W/mK)
① 콘크리트 : 2.0
② 코르크판 : 0.05
③ 알루미늄 : 200
④ 주철 : 48

90 콘크리트의 AE제를 첨가했을 경우 공기량 증감에 큰 영향을 주지 않는 것은?

① 혼합시간　　② 시멘트의 사용량
③ 주위온도　　④ 양생방법

해설 공기량에 영향을 미치는 요인
㉮ 혼합시간 : 너무 짧거나 너무 길어지면 공기량은 적어지고 3~5분 정도 혼합할 때 공기량이 최대가 된다.
㉯ 시멘트의 사용량 : 시멘트량이 증가할수록 공기량은 감소한다.
㉰ 주위온도 : 온도 10℃ 증가에 공기량이 20~30% 감소한다.
㉱ 골재
　㉠ 골재의 형상이 편평할 때 공기량 감소한다.
　㉡ 0.15~0.6m/m의 세립분이 증가함에 따라 공기량이 증가한다.
　㉢ 잔골재율이 작아질수록, 조립율이 클수록 공기량은 감소한다.
　㉣ 굵은골재 최대치수가 클수록 공기량은 감소한다.
㉲ 물 : pH가 낮을 때, 불순물이 많은 경우 공기량은 감소한다.

91 목재 섬유포화점의 함수율은 대략 얼마 정도인가?

① 약 10%　　② 약 20%
③ 약 30%　　④ 약 40%

해설 목재의 섬유포화점
㉮ 목재의 섬유포화점에서의 함수율 : 30%
㉯ 목재는 섬유포화점 이하에서 함수율의 감소에 따라 강도는 증가하고, 탄성은 감소한다.
㉰ 목재는 섬유포화점 이상에서는 신축·강도 변화가 없다.

92 슬럼프 시험에 대한 설명으로 옳지 않은 것은?

① 슬럼프 시험 시 각 층을 50회 다진다.
② 콘크리트의 시공연도를 측정하기 위하여 행한다.
③ 슬럼프콘에 콘크리트를 3층으로 분할하여 채운다.
④ 슬럼프 값이 높을 경우 콘크리트는 묽은 비빔이다.

해설 슬럼프 시험(Slump Test)
시험통에 콘크리트를 10cm 간격으로 3층으로 분할하여 30cm를 다져 넣은 다음에 시험통을 벗기면 콘크리트가 가라앉는데, 이 주저앉은 정도(무너져 내린 높이)를 슬럼프값이라고 한다. 따라서 묽을수록 슬럼프값이 커지며, 콘크리트의 반죽질기는 슬럼프값이 작은 것이어야 한다. 슬럼프 시험 시 각 층을 다짐 막대로 25회 다진다.

93 각 창호철물에 관한 설명으로 옳지 않은 것은?

① 피벗힌지(pivot hinge) : 경첩 대신 축을 사용하여 여닫이문을 회전시킨다.
② 나이트래치(night latch) : 외부에서는 열쇠, 내부에서는 작은 손잡이를 틀어 열 수 있는 실린더장치로 된 것이다.
③ 크레센트(crescent) : 여닫이문의 상하단에 붙여 경첩과 같은 역할을 한다.
④ 래버터리힌지(lavatory hinge) : 스프링힌지의 일종으로 공중용 화장실 등에 사용된다.

해설 크레센트(crescent)
오르내리기 창이나 미서기창의 잠금장치(자물쇠)이다.

94 건축재료 중 마감재료의 요구성능으로 거리가 먼 것은?

① 화학적 성능　　② 역학적 성능
③ 내구성능　　　④ 방화·내화 성능

정답 89.② 90.④ 91.③ 92.① 93.③ 94.②

해설
㉮ 마감재료 : 타일, 유리, 도료, 보드류, 금속판, 섬유판, 석고판 등으로 화학적 성능, 내구 성능, 방화·내화 성능이 요구된다.
㉯ 역학적 성질 : 탄성, 소성, 강도, 강성, 인성, 허용응력도 등으로, 역학적 성능은 마감재료에 요구되는 사항과 관계가 적다.

95 PVC바닥재에 대한 일반적인 설명으로 옳지 않은 것은?

① 보통 두께 3mm 이상의 것을 사용한다.
② 접착제는 비닐계 바닥재용 접착제를 사용한다.
③ 바닥시트에 이용하는 용접봉, 용접액 혹은 줄눈재는 제조업자가 지정하는 것으로 한다.
④ 재료보관은 통풍이 잘 되고 햇빛이 잘 드는 곳에 보관한다.

해설 재료보관은 포장된 상태로 현장에 반입하고, 청결하고 햇빛이 들지 않고 통풍이 잘되는 장소에 훼손되지 않도록 보관하여야 한다.

96 점토기와 중 훈소와에 해당하는 설명은?

① 소소와에 유약을 발라 재소성한 기와
② 기와 소성이 끝날 무렵에 식염증기를 충만시켜 유약 피막을 형성시킨 기와
③ 저급점토를 원료로 900~1,000℃로 소소하여 만든 것으로 흡수율이 큰 기와
④ 건조제품을 가마에 넣고 연료로 장작이나 솔잎 등을 써서 검은 연기로 그을려 만든 기와

해설 점토기와
㉮ 훈소와 : 저급와를 장작이나 솔잎에 의해 훈소한 것(흑색)으로, 방수성이 있으며 강도가 크다.
㉯ 소소와 : 저급점토를 원료로 900~1,000℃로 소소하여 만든 것으로 흡수율이 크고 실용적이지 않는 적와이다.
㉰ 시유와 : 소소와에 오지물을 칠하여 표면이 각종 색으로 착색되고 경질면이 되어 광택이 나고 방수성이 커지며 외관이 아름다우므로 장식재료로 쓰인다.

97 골재의 실적률에 관한 설명으로 옳지 않은 것은?

① 실적률은 골재 입형의 양부를 평가하는 지표이다.
② 부순 자갈의 실적률은 그 입형 때문에 강자갈의 실적률보다 적다.
③ 실적률 산정 시 골재의 밀도는 절대건조 상태의 밀도를 말한다.
④ 골재의 단위용적질량이 동일하면 골재의 비중이 클수록 실적률도 크다.

해설 골재의 실적률
일정용기 내에 골재입자가 차지하는 실용적의 백분율(%)을 말한다.
$$\therefore 실적률(d) = \frac{단위용적중량(kg/l)}{골재의\ 비중(P)} \times 100\%$$
※ 골재의 단위용적질량이 동일하면 골재의 밀도가 클수록 실적률도 작다.

98 미장재료 중 돌로마이트 플라스터에 대한 설명으로 옳지 않은 것은?

① 보수성이 크고 응결시간이 길다.
② 소석회에 모래, 해초풀, 여물 등을 혼합하여 바르는 미장재료이다.
③ 회반죽에 비하여 조기강도 및 최종강도가 크고 착색이 쉽다.
④ 여물을 혼입하여도 건조수축이 크기 때문에 수축 균열이 발생한다.

해설
㉮ 공기의 유통이 좋지 않은 지하실과 같은 밀폐된 방에서 사용하는 미장 마무리 재료로 혼합 석고 플라스터, 시멘트 모르타르, 경석고 플라스터(킨즈 시멘트) 등을 사용한다.
㉯ 돌로마이트 플라스터
  ㉠ 돌로마이트 석회(마그네시아 석회)에 모래와 여물, 그리고 필요한 경우에는 시멘트를 혼합하여 반죽한 바름 재료이다.
  ㉡ 미장재료 중 점도가 가장 크고 풀이 필요 없으며 변색, 냄새, 곰팡이가 없고 응결시간이 길어 바르기도 좋다.
  ㉢ 회반죽에 비해 강도가 높다.
  ㉣ 건조경화 시에 수축률이 커서 균열이 생기기 쉽고 물에 약한 것이 단점이다.

99 파손방지, 도난방지 또는 진동이 심한 장소에 적합한 망입(網入)유리의 제조 시 사용되지 않는 금속선은?

① 철선(철사)　② 황동선
③ 청동선　　　④ 알루미늄선

해설 망입유리
유리액을 롤러로 제판하여 그 내부에 금속망(철선(철사), 황동선, 알루미늄선)을 삽입하고 내열성이 뛰어난 특수 레진을 주입한 다음 압착 성형한 유리

100 목재의 결점 중 벌채 시의 충격이나 그 밖의 생리적 원인으로 인하여 세로축에 직각으로 섬유가 절단된 형태를 의미하는 것은?

① 수지낭　　　　② 미숙재
③ 컴프레션페일러　④ 옹이

해설 컴프레션페일러
목재의 결점 중 벌채 시의 충격이나 그 밖의 생리적 원인으로 인하여 세로축에 직각으로 섬유가 절단된 형태를 말한다.

≫ 제6과목　건설안전기술

101 유해·위험방지계획서 제출 시 첨부서류로 옳지 않은 것은?

① 공사현장의 주변 현황 및 주변과의 관계를 나타내는 도면
② 공사개요서
③ 전체공정표
④ 작업인부의 배치를 나타내는 도면 및 서류

해설 유해·위험방지계획서 제출 시 첨부서류
㉮ 공사개요
　㉠ 공사개요서
　㉡ 공사현장의 주변 현황 및 주변과의 관계를 나타내는 도면(매설물 현황 포함)
　㉢ 건설물·공사용 기계설비 등의 배치를 나타내는 도면 및 서류
　㉣ 전체 공정표
㉯ 안전보건관리계획
　㉠ 산업안전보건관리비 사용계획
　㉡ 안전관리조직표·안전보건교육계획
　㉢ 개인보호구 지급계획
　㉣ 재해발생 위험 시 연락 및 대피방법

102 추락 재해방지 설비 중 근로자의 추락재해를 방지할 수 있는 설비로 작업발판 설치가 곤란한 경우에 필요한 설비는?

① 경사로
② 추락방호망
③ 고정사다리
④ 달비계

해설 사업주는 작업발판을 설치하기 곤란한 경우 다음 각 호의 기준에 맞는 추락방호망을 설치해야 한다. 다만, 추락방호망을 설치하기 곤란한 경우에는 근로자에게 안전대를 착용하도록 하는 등 추락위험을 방지하기 위해 필요한 조치를 해야 한다.
㉮ 추락방호망의 설치위치는 가능하면 작업면으로부터 가까운 지점에 설치하여야 하며, 작업면으로부터 망의 설치지점까지의 수직거리는 10m를 초과하지 아니할 것
㉯ 추락방호망은 수평으로 설치하고, 망의 처짐은 짧은 변 길이의 12% 이상이 되도록 할 것
㉰ 건축물 등의 바깥쪽으로 설치하는 경우 추락방호망의 내민 길이는 벽면으로부터 3m 이상 되도록 할 것. 다만, 그물코가 20mm 이하인 추락방호망을 사용한 경우에는 제14조 제3항에 따른 낙하물 방지망을 설치한 것으로 본다.

103 비계의 높이가 2m 이상인 작업장소에 작업발판을 설치할 경우 준수하여야 할 기준으로 옳지 않은 것은?

① 작업발판의 폭은 30cm 이상으로 한다.
② 발판재료 간의 틈은 3cm 이하로 한다.
③ 추락의 위험성이 있는 장소에는 안전난간을 설치한다.
④ 발판재료를 뒤집히거나 떨어지지 않도록 2개 이상의 지지물에 연결하거나 고정시킨다.

해설 비계 높이가 2m를 초과할 경우에는 작업발판의 폭을 40cm 이상으로 할 것

104 건설업 사업안전보건관리비 계상 및 사용기준에 따른 안전관리비의 개인보호구 및 안전장구 구입비 항목에서 안전관리비로 사용이 가능한 경우는?

① 안전·보건관리자가 선임되지 않은 현장에서 안전·보건업무를 담당하는 현장관계자용 무전기, 카메라, 컴퓨터, 프린터 등 업무용 기기
② 혹한·혹서에 장기간 노출로 인해 건강장해를 일으킬 우려가 있는 경우 특정 근로자에게 지급되는 기능성 보호장구
③ 근로자에게 일률적으로 지급하는 보냉·보온장구
④ 감리원이나 외부에서 방문하는 인사에게 지급하는 보호구

[해설] 혹한·혹서에 장기간 노출로 인해 건강장해를 일으킬 우려가 있는 경우 특정근로자에게 지급되는 기능성 보호장구 구입비는 안전관리비로 사용이 가능하다.

105 가설통로의 설치기준으로 옳지 않은 것은?

① 경사가 15°를 초과하는 때에는 미끄러지지 않는 구조로 한다.
② 건설공사에 사용하는 높이 8m 이상인 비계다리에는 7m 이내마다 계단참을 설치한다.
③ 수직갱에 가설된 통로의 길이가 15m 이상일 경우에는 15m 이내마다 계단참을 설치한다.
④ 추락의 위험이 있는 장소에는 안전난간을 설치한다.

[해설] 가설통로의 설치 시 준수사항
㉮ 견고한 구조로 할 것
㉯ 경사는 30° 이하로 할 것. 다만, 계단을 설치하거나 높이 2미터 미만의 가설통로로서 튼튼한 손잡이를 설치한 경우에는 그러하지 아니하다.
㉰ 경사가 15°를 초과하는 경우에는 미끄러지지 아니하는 구조로 할 것
㉱ 추락할 위험이 있는 장소에는 안전난간을 설치할 것
㉲ 수직갱에 가설된 통로의 길이가 15m 이상인 경우에는 10m 이내마다 계단참을 설치할 것
㉳ 건설공사에 사용하는 높이 8m 이상인 비계다리에는 7m 이내마다 계단참을 설치할 것

106 가설구조물의 문제점으로 옳지 않은 것은?

① 도괴재해의 가능성이 크다.
② 추락재해 가능성이 크다.
③ 부재의 결합이 간단하나 연결부가 견고하다.
④ 구조물이라는 통상의 개념이 확고하지 않으며 조립의 정밀도가 낮다.

[해설] 가설구조물의 문제점
㉮ 연결재가 부족한 구조로 되기 쉽다.
㉯ 부재결합이 간단하여 불완전 결합이 많다.
㉰ 구조물이라는 통상의 개념이 확고하지 않고 조립의 정밀도가 낮다.
㉱ 사용 부재는 과소 단면이거나 결함재가 되기 쉽다.
㉲ 도괴재해의 가능성이 크다.
㉳ 추락재해 가능성이 크다.

107 거푸집 해체작업 시 유의사항으로 옳지 않은 것은?

① 일반적으로 수평부재의 거푸집은 연직부재의 거푸집보다 빨리 떼어낸다.
② 해체된 거푸집이나 각목 등에 박혀있는 못 또는 날카로운 돌출물은 즉시 제거하여야 한다.
③ 상하 동시 작업은 원칙적으로 금지하며 부득이한 경우에는 긴밀히 연락을 하며 작업을 하여야 한다.
④ 거푸집 해체작업장 주위에는 관계자를 제외하고는 출입을 금지시켜야 한다.

[해설] 거푸집 해체 시 연직부재의 거푸집은 수평부재의 거푸집보다 빨리 떼어낸다.

108 법면 붕괴에 의한 재해 예방조치로서 옳은 것은?

① 지표수와 지하수의 침투를 방지한다.
② 법면의 경사를 증가한다.
③ 절토 및 성토높이를 증가한다.
④ 토질의 상태에 관계없이 구배조건을 일정하게 한다.

해설 법면 붕괴에 의한 재해 예방조치
㉮ 지표수와 지하수의 침투를 방지한다.
㉯ 법면의 경사를 감소시킨다.
㉰ 절토 및 성토높이를 감소시킨다.
㉱ 토질의 상태에 따라 구배조건을 다르게 한다.

109 취급·운반의 원칙으로 옳지 않은 것은?

① 운반 작업을 집중하여 시킬 것
② 생산을 최고로 하는 운반을 생각할 것
③ 곡선 운반을 할 것
④ 연속 운반을 할 것

해설 운반의 5원칙
㉮ 운반은 직선으로 단축시킬 것
㉯ 연속적으로 운반할 것
㉰ 운반 작업을 집중화시킬 것
㉱ 생산을 최고로 하는 운반을 고려할 것
㉲ 최대한 수작업을 줄이고, 기계화 운반방법을 고려할 것

110 작업장 출입구 설치 시 준수해야 할 사항으로 옳지 않은 것은?

① 출입구의 위치·수 및 크기가 작업장의 용도와 특성에 맞도록 한다.
② 출입구에 문을 설치하는 경우에는 근로자가 쉽게 열고 닫을 수 있도록 한다.
③ 주된 목적이 하역운반기계용인 출입구에는 보행자용 출입구를 따로 설치하지 않는다.
④ 계단이 출입구와 바로 연결된 경우에는 작업자의 안전한 통행을 위하여 그 사이에 1.2m 이상 거리를 두거나 안내표지 또는 비상벨 등을 설치한다.

해설 작업장의 출입구
사업주는 작업장에 출입구(비상구는 제외한다. 이하 같다)를 설치하는 경우 다음 각 호의 사항을 준수하여야 한다.
㉮ 출입구의 위치, 수 및 크기가 작업장의 용도와 특성에 맞도록 할 것
㉯ 출입구에 문을 설치하는 경우에는 근로자가 쉽게 열고 닫을 수 있도록 할 것
㉰ 주된 목적이 하역운반기계용인 출입구에는 인접하여 보행자용 출입구를 따로 설치할 것
㉱ 하역운반기계의 통로와 인접하여 있는 출입구에서 접촉에 의하여 근로자에게 위험을 미칠 우려가 있는 경우에는 비상등·비상벨 등 경보장치를 할 것
㉲ 계단이 출입구와 바로 연결된 경우에는 작업자의 안전한 통행을 위하여 그 사이에 1.2m 이상 거리를 두거나 안내표지 또는 비상벨 등을 설치할 것. 다만, 출입구에 문을 설치하지 아니한 경우에는 그러하지 아니하다.

111 재해사고를 방지하기 위하여 크레인에 설치된 방호장치로 옳지 않은 것은?

① 공기정화장치
② 비상정지장치
③ 제동장치
④ 권과방지장치

해설 크레인의 방호장치
사업주는 권과방지장치, 과부하방지장치, 비상정지장치 및 제동장치 그 밖의 방호장치가 정상적으로 작동될 수 있도록 미리 조정하여 두어야 한다.
㉮ 권과방지장치 : 일정 거리 이상의 권상을 못하도록 지정 거리에서 권상을 정지시키는 장치
㉯ 과부하방지장치 : 명시된 정격하중을 초과하는 하중을 권상하고자 할 때 자동적으로 권상을 방지시켜 주는 장치
㉰ 비상정지장치 : 작동 중 비상 시에 운행을 급정지시키는 장치
㉱ 브레이크 장치 : 크레인은 주행 및 횡행을 제동하기 위한 브레이크를 설치해야 한다. 다만, 횡행속도가 매분 20m 이하로서 옥내에 설치되거나 인력으로 주행 및 횡행되는 크레인에는 적용하지 않는다.
㉲ 해지장치 : 훅에는 와이어 로프 등이 이탈되는 것을 방지하는 해지장치가 부착되어야 한다. 단, 전용 달기기구로서 작업자의 도움 없이 짐걸이가 가능하며 작업 경로에 작업자의 접근이 없는 경우는 예외로 할 수 있다.

112 철골작업 시 철골부재에서 근로자가 수직방향으로 이동하는 경우에 설치하여야 하는 고정된 승강로의 최대 답단 간격은 얼마 이내인가?

① 20cm
② 25cm
③ 30cm
④ 40cm

해설 철골작업 시 철골부재에서 근로자가 수직방향으로 이동하는 경우에 설치하여야 하는 고정된 승강로의 최대 답단 간격은 30cm 이내로 한다.

113 옥외에 설치되어 있는 주행크레인에 대하여 이탈방지장치를 작동시키는 등 그 이탈을 방지하기 위한 조치를 하여야 하는 순간풍속에 대한 기준으로 옳은 것은?

① 순간풍속이 초당 10m를 초과하는 바람이 불어올 우려가 있는 경우
② 순간풍속이 초당 20m를 초과하는 바람이 불어올 우려가 있는 경우
③ 순간풍속이 초당 30m를 초과하는 바람이 불어올 우려가 있는 경우
④ 순간풍속이 초당 40m를 초과하는 바람이 불어올 우려가 있는 경우

해설 **폭풍에 의한 이탈 방지**
사업주는 순간 풍속이 초당 30m를 초과하는 바람이 불어올 우려가 있는 경우 옥외에 설치되어 있는 주행크레인에 대하여 이탈방지장치를 작동시키는 등 이탈방지를 위한 조치를 하여야 한다.

114 사면지반 개량공법으로 옳지 않은 것은?

① 전기 화학적 공법
② 석회 안정처리 공법
③ 이온 교환 공법
④ 옹벽 공법

해설 **옹벽 공법**
일종의 흙막이벽 공법을 말한다.

115 지반 등의 굴착작업 시 연암의 굴착면 기울기로 옳은 것은?

① 1 : 0.3
② 1 : 0.5
③ 1 : 0.8
④ 1 : 1.0

해설 굴착작업 시 굴착면의 기울기 기준

지반의 종류	기울기
모래	1 : 1.8
연암 및 풍화암	1 : 1.0
경암	1 : 0.5
그 밖의 흙	1 : 1.2

116 흙막이벽의 근입깊이를 깊게 하고, 전면의 굴착부분을 남겨두어 흙의 중량으로 대항하게 하거나, 굴착예정부분의 일부를 미리 굴착하여 기초콘크리트를 타설하는 등의 대책과 가장 관계 깊은 것은?

① 파이핑 현상이 있을 때
② 히빙 현상이 있을 때
③ 지하수위가 높을 때
④ 굴착깊이가 깊을 때

해설 **히빙(Heaving)**
굴착이 진행됨에 따라 흙막이벽 뒤쪽 흙의 중량이 굴착부 바닥의 지지력 이상이 되면, 흙막이벽 근입(根入) 부분의 지반 이동이 발생하여 굴착부 저면이 솟아오르는 현상이다. 이 현상이 발생하면 흙막이벽의 근입 부분이 파괴되면서 흙막이벽 전체가 붕괴되는 경우가 많다.
㉮ 지반 조건 : 연약성 점토 지반인 경우
㉯ 현상
  ㉠ 지보공 파괴
  ㉡ 배면 토사 붕괴
  ㉢ 굴착 저면의 솟아오름
㉰ 대책
  ㉠ 굴착 주변의 상재하중을 제거한다.
  ㉡ 시트 파일(Sheet Pile) 등의 근입 심도를 검토한다.
  ㉢ 1.3m 이하 굴착 시에는 버팀대(Strut)를 설치한다.
  ㉣ 버팀대, 브래킷, 흙막이를 점검한다.
  ㉤ 굴착 주변을 웰 포인트(Well Point) 공법과 병행한다.
  ㉥ 굴착방식을 개선(Island Cut 공법 등)한다.

117 사다리식 통로 등을 설치하는 경우 통로 구조로서 옳지 않은 것은?

① 발판의 간격은 일정하게 한다.
② 발판과 벽과의 사이는 15cm 이상의 간격을 유지한다.
③ 사다리의 상단은 걸쳐놓은 지점으로부터 60cm 이상 올라가도록 한다.
④ 폭은 40cm 이상으로 한다.

[해설] 사다리식 통로 설치 시 준수사항
㉮ 견고한 구조로 할 것
㉯ 심한 손상·부식 등이 없는 재료를 사용할 것
㉰ 발판의 간격은 일정하게 할 것
㉱ 발판과 벽과의 사이는 15cm 이상의 간격을 유지할 것
㉲ 폭은 30cm 이상으로 할 것
㉳ 사다리가 넘어지거나 미끄러지는 것을 방지하기 위한 조치를 할 것
㉴ 사다리의 상단은 걸쳐놓은 지점으로부터 60cm 이상 올라가도록 할 것
㉵ 사다리식 통로의 길이가 10m 이상인 경우에는 5m 이내마다 계단참을 설치할 것
㉶ 사다리식 통로의 기울기는 75° 이하로 할 것. 다만, 고정식 사다리식 통로의 기울기는 90° 이하로 하고, 그 높이가 7m 이상인 경우에는 바닥으로부터 높이가 2.5m 되는 지점부터 등받이울을 설치할 것
㉷ 접이식 사다리 기둥은 사용 시 접혀지거나 펼쳐지지 않도록 철물 등을 사용하여 견고하게 조치할 것

118 건설작업장에서 근로자가 상시 작업하는 장소의 작업면 조도기준으로 옳지 않은 것은? (단, 갱내 작업장과 감광재료를 취급하는 작업장의 경우는 제외)

① 초정밀작업 : 600럭스(lux) 이상
② 정밀작업 : 300럭스(lux) 이상
③ 보통작업 : 150럭스(lux) 이상
④ 초정밀, 정밀, 보통작업을 제외한 기타작업 : 75럭스(lux) 이상

[해설] 작업면의 조명도(조도기준)
㉮ 초정밀작업 : 750lux 이상
㉯ 정밀작업 : 300lux 이상
㉰ 보통작업 : 150lux 이상
㉱ 기타작업 : 75lux 이상

119 콘크리트 타설작업을 하는 경우에 준수해야 할 사항으로 옳지 않은 것은?

① 당일의 작업을 시작하기 전에 해당 작업에 관한 거푸집동바리 등의 변형·변위 및 지반의 침하 유무 등을 점검하고 이상이 있으면 보수한다.
② 작업 중에는 거푸집동바리 등의 변형·변위 및 침하 유무 등을 감시할 수 있는 감시자를 배치하여 이상이 있으면 작업을 빠른 시간 내 우선 완료하고 근로자를 대피시킨다.
③ 콘크리트 타설작업 시 거푸집 붕괴의 위험이 발생할 우려가 있으면 보강조치를 한다.
④ 콘크리트를 타설하는 경우에는 편심이 발생하지 않도록 골고루 분산하여 타설한다.

[해설] 콘크리트의 타설작업
사업주는 콘크리트 타설작업을 하는 경우에는 다음 각 호의 사항을 준수하여야 한다.
㉮ 당일의 작업을 시작하기 전에 해당 작업에 관한 거푸집동바리 등의 변형·변위 및 지반의 침하 유무 등을 점검하고 이상이 있으면 보수할 것
㉯ 작업 중에는 거푸집동바리 등의 변형·변위 및 침하 유무 등을 감시할 수 있는 감시자를 배치하여 이상이 있으면 작업을 중지하고 근로자를 대피시킬 것
㉰ 콘크리트 타설작업 시 거푸집 붕괴의 위험이 발생할 우려가 있으면 충분한 보강조치를 할 것
㉱ 설계도서상의 콘크리트 양생기간을 준수하여 거푸집동바리등을 해체할 것
㉲ 콘크리트를 타설하는 경우에는 편심이 발생하지 않도록 골고루 분산하여 타설할 것

120 강관틀비계를 조립하여 사용하는 경우 준수해야 할 기준으로 옳지 않은 것은?

① 수직방향으로 6m, 수평방향으로 8m 이내마다 벽이음을 할 것
② 높이가 20m를 초과하거나 중량물의 적재를 수반하는 작업을 할 경우에는 주틀 간의 간격을 2.4m 이하로 할 것
③ 길이가 띠장 방향으로 4m 이하이고 높이가 10m를 초과하는 경우에는 10m 이내마다 띠장 방향으로 버팀기둥을 설치할 것
④ 주틀 간에 교차가새를 설치하고 최상층 및 5층 이내마다 수평재를 설치할 것

해설 **강관틀비계 조립 시 준수사항**
㉮ 비계기둥의 밑둥에는 밑받침 철물을 사용하여야 하며, 밑받침에 고저차(高低差)가 있는 경우에는 조절형 밑받침철물을 사용하여 각각의 강관틀비계가 항상 수평 및 수직을 유지하도록 할 것
㉯ 높이가 20m를 초과하거나 중량물의 적재를 수반하는 작업을 할 경우에는 주틀 간의 간격을 1.8m 이하로 할 것
㉰ 주틀 간에 교차가새를 설치하고, 최상층 및 5층 이내마다 수평재를 설치할 것
㉱ 수직방향으로 6m 수평방향으로 8m 이내마다 벽이음을 할 것
㉲ 길이가 띠장 방향으로 4m 이하이고 높이가 10m를 초과하는 경우에는 10m 이내마다 띠장 방향으로 버팀기둥을 설치할 것

2022 제2회 건설안전기사
2022. 4. 24. 시행

》제1과목 산업안전관리론

01 안전관리조직의 형태에 관한 설명으로 옳은 것은?

① 라인형 조직은 100명 이상의 중규모 사업장에 적합하다.
② 스태프형 조직은 권한 다툼의 해소나 조정이 용이하여 시간과 노력이 감소된다.
③ 라인형 조직은 안전에 대한 정보가 불충분하지만 안전지시나 조치에 대한 실시가 신속하다.
④ 라인·스태프형 조직은 1,000명 이상의 대규모 사업장에 적합하나 조직원 전원의 자율적 참여가 불가능하다.

해설 안전관리조직의 형태
① 라인형 조직은 100명 이하의 소규모 사업장에 적합하다.
② 스태프형 조직은 권한 다툼의 해소나 조정이 어렵고, 시간과 노력이 증가된다.
③ 라인형 조직은 안전에 대한 정보가 불충분하지만 안전지시나 조치에 대한 실시가 신속하다.
④ 라인·스태프형 조직은 1,000명 이상의 대규모 사업장에 적합하나 조직원 전원의 자율적 참여가 가능하다.

02 산업안전보건법령상 안전보건관리규정 작성에 관한 사항으로 ( )에 알맞은 기준은?

> 안전보건관리규정을 작성하여야 할 사업의 사업주는 안전보건관리규정을 작성하여야 할 사유가 발생한 날부터 ( )일 이내에 안전보건관리규정을 작성해야 한다.

① 7   ② 14
③ 30   ④ 60

해설 사업주는 안전보건관리규정을 작성하여야 할 사유가 발생한 날부터 30일 이내에 안전보건관리규정을 작성하여야 한다. 이를 변경할 사유가 발생한 경우에도 또한 같다.

03 산업안전보건법령상 안전관리자를 2인 이상 선임하여야 하는 사업이 아닌 것은? (단, 기타 법령에 관한 사항은 제외한다.)

① 상시 근로자가 500명인 통신업
② 상시 근로자가 700명인 발전업
③ 상시 근로자가 600명인 식료품 제조업
④ 공사금액이 1,000억이며 공사 진행률(공정률) 20%인 건설업

해설 각 보기의 안전관리자 수는 다음과 같다.
① 상시 근로자가 500명인 통신업 : 1명
  (적용기준 : 상시 근로자 50명 이상 1,000명 미만까지는 1명, 1,000명 이상이면 2명)
② 상시 근로자가 700명 이상인 발전업 : 2명
  (적용기준 : 상시 근로자 50명 이상 500명 미만까지는 1명, 500명 이상이면 2명)
③ 상시 근로자가 600명인 식료품 제조업 : 2명
  (적용기준 : 상시 근로자 50명 이상 500명 미만까지는 1명, 500명 이상이면 2명)
④ 공사금액이 1,000억인 건설업 : 2명
  (적용기준 : 공사금액 800억 미만까지는 1명, 700억 증가 시 1인 추가)

04 산업재해보상보험법령상 보험급여의 종류를 모두 고른 것은?

> ⓐ 장례비   ⓑ 요양급여
> ⓒ 간병급여   ⓓ 영업손실비용
> ⓔ 직업재활급여

① ⓐ, ⓑ, ⓓ   ② ⓐ, ⓑ, ⓒ, ⓔ
③ ⓐ, ⓒ, ⓓ, ⓔ   ④ ⓑ, ⓒ, ⓓ, ⓔ

정답 01.③ 02.③ 03.① 04.②

해설 하인리히(H.W. Heinrich) 방식
㉮ 직접비 : 법령으로 정한 피해자에게 지급되는 산재보상비
  ㉠ 휴업급여 : 평균임금의 100분의 70에 상당하는 금액
  ㉡ 장해급여 : 신체장애가 남은 경우에 장애 등급에 의한 금액
  ㉢ 요양급여 : 요양비 전액
  ㉣ 장례비 : 평균임금의 120일분에 상당하는 금액
  ㉤ 유족급여 : 평균임금의 1,300일분에 상당하는 금액
  ㉥ 장해특별보상비, 유족특별보상비, 상병보상연금, 직업재활급여 등
㉯ 간접비 : 재산손실 및 생산중단 등으로 기업이 입은 손실

05 산업안전보건법령상 산업안전보건위원회의 심의·의결을 거쳐야 하는 사항이 아닌 것은? (단, 그 밖에 필요한 사항은 제외한다.)

① 작업환경측정 등 작업환경의 점검 및 개선에 관한 사항
② 산업재해에 관한 통계의 기록 및 유지에 관한 사항
③ 안전장치 및 보호구 구입 시 적격품 여부 확인에 관한 사항
④ 사업장의 산업재해 예방계획의 수립에 관한 사항

해설 산업안전보건위원회의 심의·의결사항
㉮ 사업장의 산업재해 예방계획의 수립에 관한 사항
㉯ 안전보건관리규정의 작성 및 변경에 관한 사항
㉰ 근로자의 안전보건교육에 관한 사항
㉱ 작업환경측정 등 작업환경의 점검 및 개선에 관한 사항
㉲ 근로자의 건강진단 등 건강관리에 관한 사항
㉳ 산업재해에 관한 통계의 기록 및 유지에 관한 사항
㉴ 중대재해의 산업재해의 원인 조사 및 재발 방지대책 수립에 관한 사항
㉵ 유해하거나 위험한 기계·기구·설비를 도입한 경우 안전 및 보건 관련 조치에 관한 사항
㉶ 그 밖에 해당 사업장 근로자의 안전 및 보건을 유지·증진시키기 위하여 필요한 사항

06 재해 예방을 위한 대책선정에 관한 사항 중 기술적 대책(Engineering)에 해당되지 않는 것은?

① 작업행정의 개선
② 환경설비의 개선
③ 점검 보존의 확립
④ 안전 수칙의 준수

해설 대책 선정의 원칙
㉮ 기술적 대책(공학적 대책) : 안전설계, 작업행정의 개선, 안전기준의 설정, 환경설비의 개선, 점검·보존의 확립 등
㉯ 교육적 대책 : 안전교육 및 훈련
㉰ 규제적 대책(관리적 대책) : 엄격한 규칙에 의해 제도적으로 시행되어야 할 관리적 대책의 충족 조건
  ㉠ 적합한 기준 설정
  ㉡ 각종 규정 및 수칙의 준수
  ㉢ 모든 종업원의 기준 이해
  ㉣ 경영자 및 관리자의 솔선수범
  ㉤ 부단한 동기부여와 사기 향상

07 산업안전보건법령상 안전보건표지의 색채를 파란색으로 사용하여야 하는 경우는?

① 주의표지 ② 정지신호
③ 차량 통행표지 ④ 특정 행위의 지시

해설 안전보건표지의 색채·색도기준 및 용도

색채	색도기준	용도	사용 예
빨간색	7.5R 4/14	금지	정지신호, 소화설비 및 그 장소, 유해행위 금지
		경고	화학물질 취급장소에서의 유해·위험 경고
노란색	5Y 8.5/12	경고	화학물질 취급장소에서의 유해·위험 경고, 이 외의 위험 경고, 주의표지 또는 기계방호물
파란색	2.5PB 4/10	지시	특정 행위의 지시 및 사실의 고지
녹색	2.5G 4/10	안내	비상구 및 피난소, 사람 또는 차량의 통행표지
흰색	N 9.5		파란색 또는 녹색에 대한 보조색
검은색	N 0.5		문자 및 빨간색 또는 노란색에 대한 보조색

08 시설물의 안전 및 유지관리에 관한 특별법령상 안전등급별 정기안전점검 및 정밀안전진단 실시시기에 관한 사항으로 ( )에 알맞은 기준은?

안전등급	정기안전점검	정밀안전진단
A등급	(ⓐ)에 1회 이상	(ⓑ)에 1회 이상

① ⓐ 반기, ⓑ 4년　② ⓐ 반기, ⓑ 6년
③ ⓐ 1년, ⓑ 4년　④ ⓐ 1년, ⓑ 6년

해설 안전등급별 정밀점검 · 정밀안전진단 및 정기안전점검

등급	정밀점검		정밀안전진단	정기안전점검
	건축물	그 외 시설물		
A	4년에 1회	3년에 1회	6년에 1회	반기에 1회 이상
B · C	3년에 1회	2년에 1회	5년에 1회	
D · E	2년에 1회	1년에 1회	4년에 1회	1년에 3회

09 다음의 재해사례에서 기인물과 가해물은?

> 작업자가 작업장을 걸어가는 중 작업장 바닥에 쌓여있던 자재에 걸려 넘어지면서 바닥에 머리를 부딪쳐 사망하였다.

① 기인물 : 자재, 가해물 : 바닥
② 기인물 : 자재, 가해물 : 자재
③ 기인물 : 바닥, 가해물 : 바닥
④ 기인물 : 바닥, 가해물 : 자재

해설 ㉮ 기인물 : 불안전 상태에 있는 물체(환경 포함) – 자재
㉯ 가해물 : 직접 사람에게 접촉되어 위해를 가한 물체 – 바닥

10 다음에서 설명하는 위험예지훈련 단계는?

> • 위험요인을 찾아내는 단계
> • 가장 위험한 것을 합의하여 결정하는 단계

① 현상파악　② 본질추구
③ 대책수립　④ 목표설정

해설 위험예지훈련의 4Round
㉮ 1R – 현상파악 : 잠재위험요인을 발견하는 단계 (BS 적용)
㉯ 2R – 본질추구 : 가장 위험한 요인(위험 포인트)을 합의로 결정하는 단계
㉰ 3R – 대책수립 : 구체적인 대책을 수립하는 단계 (BS 적용)
㉱ 4R – 행동목표설정 : 행동계획을 정하고 수립한 대책 가운데서 질이 높은 항목에 합의하는 단계 (요약)

11 산업재해통계 업무처리규정상 산업재해통계에 관한 설명으로 틀린 것은?

① 총요양근로손실일수는 재해자의 총 요양기간을 합산하여 산출한다.
② 휴업재해자수는 근로복지공단의 휴업급여를 지급받은 재해자수를 의미하며, 체육행사로 인하여 발생한 재해는 제외된다.
③ 사망자수는 통상의 출퇴근에 의한 사망을 포함하여 근로복지공단의 유족급여가 지급된 사망자수를 말한다.
④ 재해자수는 근로복지공단의 유족급여가 지급된 사망자 및 근로복지공단에 최초 요양 신청서를 제출한 재해자 중 요양 승인을 받은 자를 말한다.

해설 산업재해통계의 산출방법
① 총요양근로손실일수는 재해자의 총 요양기간을 합산하여 산출함.
② 휴업재해자수는 근로복지공단의 휴업급여를 지급받은 재해자수를 말함. 다만, 질병에 의한 재해와 사업장 밖의 교통사고(운수업, 음식숙박업은 사업장 밖의 교통사고도 포함) · 체육행사 · 폭력행위 · 통상의 출퇴근으로 발생한 재해는 제외함.
③ 사망자수는 근로복지공단의 유족급여가 지급된 사망자(지방고용노동관서의 산재미보고 적발 사망자를 포함한다)수를 말함. 다만, 사업장 밖의 교통사고(운수업, 음식숙박업은 사업장 밖의 교통사고도 포함) · 체육행사 · 폭력행위 · 통상의 출퇴근에 의한 사망, 사고발생일로부터 1년을 경과하여 사망한 경우는 제외함.
④ 재해자수는 근로복지공단의 유족급여가 지급된 사망자 및 근로복지공단에 최초요양신청서(재진요양신청이나 전원요양신청서는 제외)를 제출한 재해자 중 요양승인을 받은자(지방고용노동관서의 산재 미보고 적발 사망자수를 포함)를 말함. 다만, 통상의 출퇴근으로 발생한 재해는 제외함.

정답 08.② 09.① 10.② 11.③

12 건설업 산업안전보건관리비 계상 및 사용기준상 건설업 안전보건관리비로 사용할 수 있는 것을 모두 고른 것은?

ⓐ 전담 안전·보건관리자의 인건비
ⓑ 현장 내 안전보건 교육장 설치비용
ⓒ 「전기사업법」에 따른 전기안전대행 비용
ⓓ 유해·위험방지계획서의 작성에 소요되는 비용
ⓔ 재해예방전문지도기관에 지급하는 기술지도 비용

① ⓑ, ⓒ, ⓓ
② ⓐ, ⓑ, ⓓ, ⓔ
③ ⓐ, ⓒ, ⓓ, ⓔ
④ ⓐ, ⓑ, ⓒ, ⓔ

[해설] 사업장의 안전 진단비 등 사용 불가 내역
㉮ 「건설기술관리법」에 따른 안전 점검 및 검사, 차량계건설기계의 신규 등록·정기·구조 변경·수시·확인 검사 등
㉯ 「전기사업법」에 따른 전기안전대행 등
㉰ 「환경법」에 따른 외부 환경 소음 및 분진 측정 등
㉱ 민원 처리 목적의 소음 및 분진 측정 등 소요 비용
㉲ 매설물 탐지, 계측, 지하수 개발, 지질조사, 구조 안전 검토 비용 등 공사수행 또는 건축물 등의 안전 등을 주된 목적으로 하는 경우
㉳ 공사 도급 내역서에 포함된 진단 비용
㉴ 안전 순찰 차량(자전거, 오토바이를 포함한다) 구입·임차 비용

13 산업안전보건법령상 안전검사 대상 기계가 아닌 것은?

① 리프트
② 압력용기
③ 컨베이어
④ 이동식 국소 배기장치

[해설] 안전검사 대상 유해·위험 기계
㉮ 프레스
㉯ 전단기
㉰ 크레인(정격하중 2톤 미만인 것은 제외)
㉱ 리프트
㉲ 압력용기
㉳ 곤돌라
㉴ 국소 배기장치(이동식은 제외)
㉵ 원심기(산업용만 해당)
㉶ 롤러기(밀폐형 구조는 제외)
㉷ 사출성형기[형 체결력 294킬로뉴턴(kN) 미만은 제외]
㉸ 고소작업대(「자동차관리법」 제3조제3호 또는 제4호에 따른 화물자동차 또는 특수자동차에 탑재한 고소작업대로 한정)
㉹ 컨베이어
㉺ 산업용 로봇

14 산업안전보건법령상 사업장에서 산업재해 발생 시 사업주가 기록·보존하여야 하는 사항이 아닌 것은? (단, 산업재해조사표와 요양신청서의 사본은 보존하지 않았다.)

① 사업장의 개요
② 근로자의 인적사항
③ 재해 재발방지 계획
④ 안전관리자 선임에 관한 사항

[해설] 산업재해 발생 시 기록·보존하여야 할 사항
㉮ 사업장의 개요 및 근로자의 인적사항
㉯ 재해발생의 일시 및 장소
㉰ 재해발생의 원인 및 과정
㉱ 재해 재발방지 계획

15 A사업장의 상시근로자수가 1,200명이다. 이 사업장의 도수율이 10.5이고 강도율이 7.5일 때 이 사업장의 총요양근로손실일수(일)는? (단, 연근로시간수는 2,400시간이다)

① 21.6
② 216
③ 2,160
④ 21,600

[해설] 강도율 $= \dfrac{\text{근로손실일수}}{\text{연 근로시간수}} \times 1,000$

$7.5 = \dfrac{\text{근로손실일수}}{1,200 \times 2,400} \times 1,000$

근로손실일수 $= \dfrac{7.5 \times 1,200 \times 2,400}{1,000}$

$= 21,600$

16 산업재해의 기본원인으로 볼 수 있는 4M으로 옳은 것은?

① Man, Machine, Maker, Media
② Man, Management, Machine, Media
③ Man, Machine, Maker, Management
④ Man, Management, Machine, Material

해설 산업재해의 기본원인 4M(인간과오의 배후 요인 4요소)
㉮ Man : 본인 이외의 사람
㉯ Machine : 장치나 기기 등의 물적 요인
㉰ Media : 인간과 기계를 잇는 매체(작업방법 및 순서, 작업 정보의 실태, 작업환경, 정리정돈 등)
㉱ Management : 안전법규의 준수방법, 단속, 점검관리 외에 지휘 감독, 교육훈련 등

17 산업안전보건기준에 관한 규칙상 공기압축기 가동 전 점검사항을 모두 고른 것은? (단, 그 밖에 사항은 제외한다.)

ⓐ 윤활유의 상태
ⓑ 압력방출장치의 기능
ⓒ 회전부의 덮개 또는 울
ⓓ 언로드밸브(unloading valve)의 기능

① ⓒ, ⓓ
② ⓐ, ⓑ, ⓒ
③ ⓐ, ⓑ, ⓓ
④ ⓐ, ⓑ, ⓒ, ⓓ

해설 공기압축기 작업시작 전 점검사항
㉮ 공기저장 압력용기의 외관상태
㉯ 드레인밸브(drain valve)의 조작 및 배수
㉰ 압력방출장치의 기능
㉱ 언로드밸브(unloading valve)의 기능
㉲ 윤활유의 상태
㉳ 회전부의 덮개 또는 울
㉴ 그 밖의 연결부위의 이상 유무

18 버드(Bird)의 재해구성비율 이론상 경상이 10건일 때 중상에 해당하는 사고 건수는?

① 1   ② 30
③ 300   ④ 600

해설 버드의 재해구성(발생)비율
중상 또는 폐질(1) : 경상(10) : 무상사고(30) : 무상해무사고(600)이다.

19 보호구 안전인증 고시상 안전대 충격흡수장치의 동하중 시험성능기준에 관한 사항으로 ( )에 알맞은 기준은?

• 최대전달충격력은 (ⓐ)kN 이하
• 감속거리는 (ⓑ)mm 이하이어야 함

① ⓐ 6.0, ⓑ 1000
② ⓐ 6.0, ⓑ 2000
③ ⓐ 8.0, ⓑ 1000
④ ⓐ 8.0, ⓑ 2000

해설 안전대의 완성품 및 각 부품의 동하중 시험성능기준 중 충격흡수장치의 최대전달충격력은 6KN 이하, 감속거리는 1,000mm 이하이어야 한다.

20 재해의 원인 중 불안전한 상태에 속하지 않는 것은?

① 위험장소 접근   ② 작업환경의 결함
③ 방호장치의 결함   ④ 물적 자체의 결함

해설 불안전한 행동 및 불안전한 상태(직접원인)

불안전한 행동	불안전한 상태
• 위험장소 접근 • 기계·기구의 잘못 사용 • 복장·보호구의 잘못 사용 • 안전장치의 기능 제거 • 운전 중인 기계장치의 손질 • 불안전한 속도 조작 • 위험물 취급 부주의 • 감독 및 연락 불충분 • 불안전한 자세·동작	• 물의 배치 및 작업장소의 결함 • 안전 방호장치의 결함 • 복장·보호구의 결함 • 물적 자체의 결함 • 작업환경의 결함 • 생산공정의 결함 • 경계표시, 설비의 결함 • 작업순서의 잘못

≫ 제2과목   산업심리 및 교육

21 다음 적응기제 중 방어적 기제에 해당하는 것은?

① 고립(isolation)
② 억압(repression)
③ 합리화(rationalization)
④ 백일몽(day-dreaming)

정답 16.② 17.④ 18.① 19.① 20.① 21.③

해설 적응기제의 분류
㉮ 방어적 기제(defence mechanism) : 자신의 약점이나 무능력 또는 열등감을 위장하여 유리하게 보호함으로써 안정감을 찾으려는 기제이다.
 ㉠ 보상(compensation)
 ㉡ 합리화(rationalization) : 자기의 실패나 약점에 그럴듯한 이유를 들어서 남의 비난을 받지 않도록 하며, 또한 자위도 하는 행동기제이다. 합리화는 자기방어의 방식에 따라 신포도형, 투사형, 달콤한 레몬형, 망상형으로 나눈다.
 ㉢ 동일시(identification)
 ㉣ 승화(sublimation) : 정신적인 역량의 전환을 의미하는 것이다.
 ㉤ 투사
 ㉥ 반동형성
㉯ 도피적 기제(escape mechanism) : 욕구불만에 의한 긴장이나 압박으로부터 벗어나기 위해서 비합리적인 행동으로 공상에 도피하고, 현실세계에서 벗어남으로써 마음의 안정을 얻으려는 기제이다.
 ㉠ 고립(isolation)
 ㉡ 퇴행(regression)
 ㉢ 억압(suppression)
 ㉣ 백일몽(day-dream)
㉰ 공격적 기제(aggressive mechanism) : 적극적이며 능동적인 입장에서 어떤 욕구불만에 대한 반항으로 자기를 괴롭히는 대상에 대해서 적대시하는 감정이나 태도를 취하는 것을 말한다.
 ㉠ 직접적 공격기제 : 힘에 의존해서 폭행, 싸움, 기물파손 등을 행한다.
 ㉡ 간접적 공격기제 : 조소, 비난, 중상모략, 폭언, 욕설 등을 행한다.

22 조직이 리더(leader)에게 부여하는 권한으로 부하직원의 처벌, 임금 삭감을 할 수 있는 권한은?

① 강압적 권한   ② 보상적 권한
③ 합법적 권한   ④ 전문성의 권한

해설 리더십의 권한
㉮ 조직이 지도자에게 부여한 권한
 ㉠ 보상적 권한 : 지도자가 부하들에게 보상할 수 있는 능력으로 인해 부하직원들을 통제할 수 있으며, 부하들의 행동에 대해 영향을 끼칠 수 있는 권한이다.
 ㉡ 강압적 권한 : 부하직원들을 처벌할 수 있는 권한이다.
 ㉢ 합법적 권한 : 조직의 규정에 의해 지도자의 권한이 공식화된 것을 말한다.

㉯ 지도자 자신이 자신에게 부여한 권한 : 부하직원들이 지도자의 성격이나 능력을 인정하고 지도자를 존경하며 자진해서 따르는 것이다.
 ㉠ 전문성의 권한 : 지도자가 목표 수행에 필요한 전문적인 지식을 갖고 업무를 수행하므로 부하 직원들이 자발적으로 따르게 된다(다수결 의견수립, 전문성이 있을 경우 ⇒ 다수보다 전문가 1인의 의견을 수립 - 안전전문가).
 ㉡ 위임된 권한 : 집단의 목표를 성취하기 위해 부하직원들이 지도자가 정한 목표를 자진해서 자신의 것으로 받아들임으로써 지도자와 함께 일한다.

23 알고 있는 지식을 심화시키거나 어떠한 자료에 대해 보다 명료한 생각을 갖도록 하는 경우 실시하는 교육방법으로 가장 적절한 것은?

① 구안법   ② 강의법
③ 토의법   ④ 실연법

해설 토의법
쌍방적 의사전달 방식에 의한 교육(최적 인원 : 10~20명)으로 적극성·지도성·협동성을 기르는 데 유효하다.

24 운동에 대한 착각현상이 아닌 것은?

① 자동운동   ② 항상운동
③ 유도운동   ④ 가현운동

해설 운동의 시지각(착각현상)
㉮ 자동운동 : 암실 내에서 정지된 소광점을 응시하고 있으면 그 광점의 움직임을 볼 수 있는데, 이를 '자동운동'이라고 한다. 자동운동이 생기기 쉬운 조건은 다음과 같다.
 ㉠ 광점이 작을 것
 ㉡ 시야의 다른 부분이 어두울 것
 ㉢ 광의 강도가 작을 것
 ㉣ 대상이 단순할 것
㉯ 유도운동 : 실제로는 움직이지 않는 것이 어느 기준의 이동에 유도되어 움직이는 것처럼 느껴지는 현상을 말한다.
㉰ 가현운동(β운동) : 객관적으로 정지하고 있는 대상물이 급속히 나타나거나 소멸하는 것으로 인하여 일어나는 운동으로, 마치 대상물이 운동하는 것처럼 인식되는 현상을 말한다(영화 영상의 방법).

25 자동차 액셀러레이터와 브레이크 간 간격, 브레이크 폭, 소프트웨어 상에서 메뉴나 버튼의 크기 등을 결정하는 데 사용할 수 있는 인간공학 법칙은?

① Fitts의 법칙 ② Hick의 법칙
③ Weber의 법칙 ④ 양립성 법칙

해설 Fitts의 법칙
손과 발 등의 동작시간 혹은 이동시간(movement time)은 목표지점까지의 손, 발의 이동거리에 비례하고 목표물(표적)의 크기(폭)에 반비례한다. 이동시간은 표적이 작고 이동거리가 길수록 증가한다. 관계식은 아래와 같다.

$$MT = a + b \log_2 \frac{2A}{W}$$

여기서, MT : 동작시간 또는 이동시간
A : 목표물까지의 거리
W : 목표물의 폭

26 개인적 카운슬링(Counseling)의 방법이 아닌 것은?

① 설득적 방법 ② 설명적 방법
③ 강요적 방법 ④ 직접적인 충고

해설 개인적 카운슬링 방법
㉮ 직접 충고(수칙 불이행일 때 적합)
㉯ 설득적 방법
㉰ 설명적 방법

27 산업안전보건법령상 근로자 안전보건교육 중 특별교육 대상 작업에 해당하지 않는 것은?

① 굴착면의 높이가 5m 되는 지반 굴착작업
② 콘크리트 파쇄기를 사용하여 5m의 구축물을 파쇄하는 작업
③ 흙막이 지보공의 보강 또는 동바리를 설치하거나 해체하는 작업
④ 휴대용 목재가공기계를 3대 보유한 사업장에서 해당 기계로 하는 작업

해설 목재가공용 기계[둥근톱기계, 띠톱기계, 대패기계, 모떼기기계 및 라우터기(목재를 자르거나 홈을 파는 기계)만 해당하며, 휴대용은 제외]를 5대 이상 보유한 사업장에서 해당 기계로 하는 작업이 특별교육 대상 작업이다.

28 학습지도의 원리와 거리가 가장 먼 것은?

① 감각의 원리 ② 통합의 원리
③ 자발성의 원리 ④ 사회화의 원리

해설 학습지도의 원리
㉮ 자기 활동의 원리(자발성의 원리) : 학습자 자신이 자발적으로 학습에 참여하는 데 중점을 둔 원리이다.
㉯ 개별화의 원리 : 학습자가 지니고 있는 각자의 요구와 능력 등에 알맞은 학습 활동의 기회를 마련해 주어야 한다는 원리이다.
㉰ 사회화의 원리 : 학습 내용을 현실 사회의 사상과 문제를 기반으로 하여 경험한 것과 사회에서 험한 것을 교류시키고, 공동 학습을 통해서 협력적이고 우호적인 학습을 진행하는 원리이다.
㉱ 통합의 원리 : 학습을 총합적인 전체로서 지도하자는 원리로, 동시 학습(Concomitant Learning) 원리와 같다.
㉲ 직관의 원리 : 구체적인 사물을 직접 제시하거나 경험시킴으로써 큰 효과를 볼 수 있다는 원리이다.

29 매슬로우(Maslow)의 욕구 5단계 중 안전 욕구에 해당하는 단계는?

① 1단계 ② 2단계
③ 3단계 ④ 4단계

해설 매슬로우(Maslow)의 욕구 5단계
㉮ 1단계 - 생리적 욕구(신체적 욕구) : 기아, 갈등, 호흡, 배설, 성욕 등 기본적 욕구
㉯ 2단계 - 안전의 욕구 : 안전을 구하려는 욕구
㉰ 3단계 - 사회적 욕구(친화 욕구) : 애정, 소속에 대한 욕구
㉱ 4단계 - 인정받으려는 욕구(자기 존경의 욕구, 승인 욕구) : 자존심, 명예, 성취, 지위 등에 대한 욕구
㉲ 5단계 - 자아실현의 욕구(성취 욕구) : 잠재적인 능력을 실현하고자 하는 욕구

30 생체리듬에 관한 설명 중 틀린 것은?

① 각각의 리듬이 (−)로 최대가 되는 경우에만 위험일이라고 한다.
② 육체적 리듬은 "P"로 나타내며, 23일을 주기로 반복된다.
③ 감성적 리듬은 "S"로 나타내며, 28일을 주기로 반복된다.
④ 지성적 리듬은 "I"로 나타내며, 33일을 주기로 반복된다.

해설 ㉮ 생체리듬의 종류 및 특징
  ㉠ 육체적 리듬(physical rhythm) : 육체적 리듬의 주기는 23일이다. 신체활동에 관계되는 요소는 식욕, 소화력, 활동력, 스테미너 및 지구력 등이다.
  ㉡ 지성적 리듬(intellectual rhythm) : 지성적 리듬의 주기는 33일이다. 지성적 리듬에 관계되는 요소는 상상력, 사고력, 기억력, 의지, 판단 및 비판력 등이다.
  ㉢ 감성적 리듬(sensitivity rhythm) : 감성적 리듬의 주기는 28일이다. 감성적 리듬에 관계되는 요소는 주의력, 창조력, 예감 및 통찰력 등이다.
㉯ 위험일(critical day) : 생체리듬이 (+)에서 (−)로, (−)에서 (+)로 변경될 때를 위험일이라 하며 한 달에 6일 정도 일어난다. 위험일에는 뇌졸증이 5.4배, 심장질환 발작이 5.1배, 자살은 6.8배 정도 더 많이 발생된다.

31 조직 구성원의 태도는 조직성과와 밀접한 관계가 있는데 태도(attitude)의 3가지 구성요소에 포함되지 않는 것은?

① 인지적 요소   ② 정서적 요소
③ 성격적 요소   ④ 행동경향 요소

해설 태도의 3가지 구성요소
  ㉮ 인지적 요소
  ㉯ 정서적 요소
  ㉰ 행동경향 요소

32 에너지대사율(RMR)에 따른 작업의 분류에 따라 중(보통)작업의 RMR 범위는?

① 0~2   ② 2~4
③ 4~7   ④ 7~9

해설 에너지대사율(RMR)에 따른 작업강도의 구분
  ㉮ 경(輕)작업 : 0~2RMR
  ㉯ 보통(中)작업 : 2~4RMR
  ㉰ 중(重)작업 : 4~7RMR
  ㉱ 초중(超重)작업 : 7RMR 이상

33 다음에서 설명하는 학습방법은?

> 학생이 생활하고 있는 현실적인 장면에서 당면하는 여러 문제들을 해결해 나가는 과정으로 지식, 기능, 태도, 기술 등을 종합적으로 획득하도록 하는 학습방법

① 롤 플레잉(Role Playing)
② 문제법(Problem Method)
③ 버즈 세션(Buzz Session)
④ 케이스 메소드(Case Method)

해설 ① 역할연기법(role playing) : 참석자에게 어떤 역할을 주어서 실제로 시켜봄으로써 훈련이나 평가에 사용하는 교육기법으로, 절충능력이나 협조성을 높여서 태도의 변용에도 도움을 주는 학습방법
② 문제법(problem method) : 학생이 생활하고 있는 현실적인 장면에서 당면하는 여러 문제를 해결해 나가는 과정 중 지식, 태도, 기술, 기능 등을 종합적으로 획득하도록 하는 학습방법
③ 버즈 세션(buzz session) : 6-6회의라고도 하며, 먼저 사회자와 기록계를 선출한 후, 나머지 사람을 6명씩의 소집단으로 구분하고, 소집단별로 각각 사회자를 선발하여 6분씩 자유토의를 행하여 의견을 종합하는 학습방법
④ 사례연구법(case study/method) : 먼저 사례를 제시하고 문제가 되는 사실들과 그의 상호관계에 대해서 검토하며 대책을 토의하는 방식으로, 토의법을 응용한 학습방법

34 호손(Hawthorne) 실험의 결과 작업자의 작업능률에 영향을 미치는 주요 원인으로 밝혀진 것은?

① 작업조건   ② 인간관계
③ 생산기술   ④ 행동규범의 설정

해설 호손(Hawthorne) 실험
직장집단에 있어서 공식조직 내에 비공식조직이나 비공식적인 인간관계가 발생하여 조직의 목적 달성에 중요한 영향을 미치고 있다는 학설을 발표했다.
㉮ 실험 연구자 : 메이요(G. E. Mayo)와 레슬리스버거(Rethlisberger) 등
㉯ 실험 결론
  ㉠ 작업자의 작업능률(생산성 향상)은 임금·근로시간 등의 근로조건과 조명 및 환기 등 기타 물리적인 작업환경조건보다는 종업원들의 태도와 감정을 규제하고 있는 인간관계에 의하여 결정된다.
  ㉡ 물리적 조건도 그 개선에 의하여 효과를 가져올 수 있으나, 오히려 종업원들의 심리적 요소가 중요하다는 것을 알 수 있다.
  ㉢ 종업원의 태도나 감정을 좌우하는 것은 개인적·사회적 환경과 사내의 세력관계 및 소속되는 비공식조직의 힘이다.

35 Off JT(Off the Job Training)의 특징으로 옳은 것은?

① 전문 강사를 초빙하는 것이 가능하다.
② 개개인에게 적절한 지도훈련이 가능하다.
③ 직장의 실정에 맞게 실제적 훈련이 가능하다.
④ 훈련에 필요한 업무의 계속성이 끊어지지 않는다.

해설 O.J.T와 Off J.T의 특징
㉮ O.J.T 교육의 특징
  ㉠ 개개인에게 적합한 지도훈련이 가능하다.
  ㉡ 직장의 실정에 맞는 실체적 훈련을 할 수 있다.
  ㉢ 훈련에 필요한 업무의 계속성이 끊어지지 않는다.
  ㉣ 즉시 업무에 연결되는 관계로 신체와 관련이 있다.
  ㉤ 효과가 곧 업무에 나타나며, 훈련의 좋고 나쁨에 따라 개선이 용이하다.
  ㉥ 교육을 통한 훈련 효과에 의해 상호 신뢰 이해도가 높아진다.
㉯ Off J.T 교육의 특징
  ㉠ 다수의 근로자에게 조직적 훈련이 가능하다.
  ㉡ 훈련에만 전념하게 된다.
  ㉢ 특별 설비기구를 이용할 수 있다.
  ㉣ 전문가를 강사로 초청할 수 있다.
  ㉤ 각 직장의 근로자가 많은 지식이나 경험을 교류할 수 있다.
  ㉥ 교육훈련 목표에 대해서 집단적 노력이 흐트러질 수도 있다.

36 심리학에서 사용하는 용어로 측정하고자 하는 것을 실제로 적절히, 정확히 측정하는지의 여부를 판별하는 것은?

① 표준화　　② 신뢰성
③ 객관성　　④ 타당성

해설 인사 심리 검사의 구비조건
㉮ 표준화 : 조건과 절차가 일관성과 통일성을 구비하는것. 따라서 검사장소, 검사환경, 검사시간에 따라 차이가 발생하므로 표준화가 필요하다.
㉯ 객관성 : 채점자의 주관성이나 편견 배제하는 것
㉰ 규준(기준) : 개인의 성적을 타인과 비교할 수 있는 참조 또는 비교의 기준을 마련하는 것
㉱ 신뢰성 : 반복 검사 시에도 재현성을 나타내는 것
㉲ 타당성 : 측정하고자 하는 것을 실제로 적절히, 정확히 측정하는지의 여부를 판별하는 것
㉳ 실용성 : 검사를 실시하고 채점하기가 용이한 것

37 Kirkpatrick의 교육훈련 평가 4단계를 바르게 나열한 것은?

① 학습단계 → 반응단계 → 행동단계 → 결과단계
② 학습단계 → 행동단계 → 반응단계 → 결과단계
③ 반응단계 → 학습단계 → 행동단계 → 결과단계
④ 반응단계 → 학습단계 → 결과단계 → 행동단계

해설 교육훈련 평가의 4단계
㉮ 제1단계 - 반응단계 : 훈련을 어떻게 생각하고 있는가?
㉯ 제2단계 - 학습단계 : 어떠한 원칙과 사실 및 기술 등을 배웠는가?
㉰ 제3단계 - 행동단계 : 교육 훈련을 통하여 직무 수행에 있어서 어떠한 행동의 변화를 가져왔는가?
㉱ 제4단계 - 결과단계 : 교육 훈련을 통하여 코스트 절감, 품질 개선, 안전관리, 생산 증대 등에 어떠한 결과를 가져왔는가?

38 산업안전보건법령상 타워크레인 신호작업에 종사하는 일용근로자의 특별교육 교육시간 기준은?

① 1시간 이상   ② 2시간 이상
③ 4시간 이상   ④ 8시간 이상

해설 근로자 및 관리감독자 안전보건교육

교육과정	교육대상		교육시간
정기 교육	사무직 종사 근로자		매 반기 6시간 이상
	그 밖의 근로자	판매업무 종사 근로자	매 반기 6시간 이상
		판매업무 외의 근로자	매 반기 12시간 이상
	관리감독자		연간 16시간 이상
채용 시 교육	근로자	일용근로자 및 1주일 이하인 기간제근로자	1시간 이상
		1주일 초과 1개월 이하인 기간제근로자	4시간 이상
		그 밖의 근로자	8시간 이상
	관리감독자		8시간 이상
작업내용 변경 시 교육	근로자	일용근로자 및 1주일 이하인 기간제근로자	1시간 이상
		그 밖의 근로자	2시간 이상
	관리감독자		2시간 이상
특별 교육	근로자	일용근로자 및 1주일 이하인 기간제근로자 (타워크레인 신호 작업 제외)	2시간 이상
		타워크레인 신호 작업에 종사하는 일용근로자 및 1주일 이하인 기간제근로자	8시간 이상
		일용근로자 및 1주일 이하인 기간제근로자를 제외한 근로자	• 16시간 이상 (최초 작업에 종사하기 전 4시간 이상 실시하고, 12시간은 3개월 이내에서 분할하여 실시 가능) • 단기간 작업 또는 간헐적 작업인 경우에는 2시간 이상
	관리감독자		
건설업 기초 안전보건교육	건설 일용근로자		4시간 이상

39 직무분석을 위한 정보를 얻는 방법과 거리가 가장 먼 것은?

① 관찰법   ② 직무수행법
③ 설문지법   ④ 서류함기법

해설 직무분석방법에는 면접방식, 관찰방식, 설문지법, 직무수행법, 혼합방식이 있으며, 가장 많이 이용되는 방법은 설문지(질문지)법이다.

40 사고 경향성 이론에 관한 설명 중 틀린 것은?

① 사고를 많이 내는 여러 명의 특성을 측정하여 사고를 예방하는 것이다.
② 개인의 성격보다는 특정 환경에 의해 훨씬 더 사고가 일어나기 쉽다.
③ 어떠한 사람이 다른 사람보다 사고를 더 잘 일으킨다는 이론이다.
④ 사고 경향성을 검증하기 위한 효과적인 방법은 다른 두 시기 동안에 같은 사람의 사고기록을 비교하는 것이다.

해설 안전사고 경향성 이론
㉮ 안전사고의 원인과 개인의 관련성(Greenwood) : 기업체에서 일어난 대부분의 사고는 소수의 근로자에 의해서 발생된다. 즉, 사고를 발생시키는 사람이 항상 사고를 발생시킨다.
㉯ 소심한 사람은 사고를 유발하기 쉬우며, 이런 성격의 소유자는 도전적이다.
㉰ 사고 경향성이 없는 사람은 침착 숙고형이다.
∴ 사고 경향성 이론에서는 특정 환경보다는 개인의 성격에 의해 훨씬 더 사고가 일어나기 쉽다.

≫ 제3과목 인간공학 및 시스템 안전공학

41 A작업의 평균에너지소비량이 다음과 같을 때, 60분간의 총 작업시간 내에 포함되어야 하는 휴식시간(분)은?

- 휴식 중 에너지소비량 : 1.5kcal/min
- A작업 시 평균 에너지소비량 : 6kcal/min
- 기초대사를 포함한 작업에 대한 평균 에너지소비량 상한 : 5kcal/min

① 10.3   ② 11.3
③ 12.3   ④ 13.3

해설 휴식시간(R)
$$R = \frac{60(E-5)}{E-1.5} = \frac{60 \times (6-5)}{6-1.5} = 13.3분$$
여기서, E : 작업 시 평균 에너지 소비량(kcal/min)

42 인간공학에 대한 설명으로 틀린 것은?

① 인간-기계 시스템의 안전성, 편리성, 효율성을 높인다.
② 인간을 작업과 기계에 맞추는 설계 철학이 바탕이 된다.
③ 인간이 사용하는 물건, 설비, 환경의 설계에 적용된다.
④ 인간의 생리적, 심리적인 면에서의 특성이나 한계점을 고려한다.

해설 인간공학이란 작업과 기계를 인간에게 맞도록 연구하는 과학으로, 인간의 특성과 한계 능력을 분석·평가하여 이를 복잡한 체계의 설계에 응용하여 효율을 최대로 활용할 수 있도록 하는 학문 분야이다.

43 근골격계질환 작업분석 및 평가 방법인 OWAS의 평가요소를 모두 고른 것은?

ⓐ 상지   ⓑ 무게(하중)
ⓒ 하지   ⓓ 허리

① ⓐ, ⓑ
② ⓐ, ⓒ, ⓓ
③ ⓑ, ⓒ, ⓓ
④ ⓐ, ⓑ, ⓒ, ⓓ

해설 OWAS는 철강업에서 작업자들의 부적절한 작업자세를 정의하고 평가하기 위해 개발된 대표적인 작업자세 평가기법으로, OWAS의 평가요소에는 허리, 팔(상지), 다리(하지), 하중이 있다.

44 밝은 곳에서 어두운 곳으로 갈 때 망막에 시홍이 형성되는 생리적 과정인 암조응이 발생하는데, 완전 암조응(Dark adaptation)이 발생하는 데 소요되는 시간은?

① 약 3~5분   ② 약 10~15분
③ 약 30~40분   ④ 약 60~90분

해설 완전 암조응에 걸리는 시간은 30~40분이고, 명조응에 걸리는 시간은 1~2분 정도이다.

45 FTA(Fault Tree Analysis)에 관한 설명으로 옳은 것은?

① 정성적 분석만 가능하다.
② 복잡하고 대형화된 시스템의 신뢰성 분석 및 안정성 분석에 이용되는 기법이다.
③ FT에 동일한 사건이 중복되어 나타나는 경우 상향식(Bottom-up)으로 정상 사건 T의 발생 확률을 계산할 수 있다.
④ 기초사건과 생략사건의 확률 값이 주어지게 되더라도 정상 사건의 최종적인 발생확률을 계산할 수 없다.

해설 FTA의 특징
㉮ 간단한 FT도 정성적 해석 가능
㉯ 논리 기호(AND · OR 기호)를 사용한 연역적 해석(Top-down 형식)
㉰ 재해의 정량적 해석 가능(재해 발생 확률 계산 가능)
㉱ 컴퓨터 처리 가능 등

46 불(Bool) 대수의 정리를 나타낸 관계식 중 틀린 것은?

① $A \cdot 0 = 0$ ② $A + 1 = 1$
③ $A \cdot \overline{A} = 1$ ④ $A(A+B) = A$

해설 불 대수 관계식

항등법칙	$A+0=A$, $A+1=1$	$A \cdot 1 = A$, $A \cdot 0 = 0$
동일법칙	$A+A=A$	$A \cdot A = A$
보원법칙	$A+\overline{A}=1$	$A \cdot \overline{A}=0$
다중부정	$\overline{\overline{A}}=A$, $\overline{\overline{\overline{A}}}=\overline{A}$	—
교환법칙	$A+B=B+A$	$A \cdot B = B \cdot A$
결합법칙	$A+(B+C)=(A+B)+C$	$A \cdot (B \cdot C)=(A \cdot B) \cdot C$
분배법칙	$A \cdot (B+C)=AB+AC$	$A+B \cdot C=(A+B) \cdot (A+C)$
흡수법칙	$A+A \cdot B=A$	$A \cdot (A+B)=A$
드모르간 정리	$\overline{A+B}=\overline{A} \cdot \overline{B}$	$\overline{A \cdot B}=\overline{A}+\overline{B}$

47 FTA(Fault Tree Analysis)에서 사용되는 사상기호 중 통상의 작업이나 기계의 상태에서 재해의 발생 원인이 되는 요소가 있는 것을 나타내는 것은?

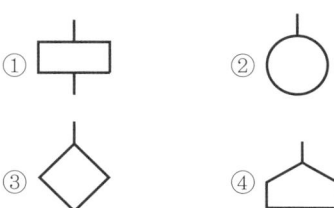

해설 FTA 논리 기호
① 결함사상 : 개별적인 결함사상
② 기본사상 : 더 이상 전개되지 않는 기본적인 결함사상
③ 생략사상 : 정보 부족, 해석 기술의 불충분으로 더 이상 전개할 수 없는 사상
④ 통상사상 : 결함 사상이 아닌, 발생이 예상되는 사상(말단사상)

48 다음 중 좌식작업이 가장 적합한 작업은?
① 정밀 조립 작업
② 4.5kg 이상의 중량물을 다루는 작업
③ 작업장이 서로 떨어져 있으며 작업장 간 이동이 잦은 작업
④ 작업자의 정면에서 매우 높거나 낮은 곳으로 손을 자주 뻗어야 하는 작업

해설 정밀 조립을 위한 작업은 좌식작업이 효과적이며, 4.5kg 이상의 중량물을 다루는 작업, 작업장 서로 떨어져 있으며 작업장 간 이동이 잦은 작업, 작업자의 정면에서 매우 높거나 낮은 곳으로 손을 자주 뻗어야 하는 작업은 입식작업이 효과적이다.

49 HAZOP 기법에서 사용하는 가이드워드와 그 의미가 잘못 연결된 것은?
① Part of : 성질상의 감소
② As well as : 성질상의 증가
③ Other than : 기타 환경적인 요인
④ More/Less : 정량적인 증가 또는 감소

해설 유인어(Guide Words)
간단한 용어로서 창조적 사고를 유도하고 자극하여 이상을 발견하고, 의도를 한정하기 위해 사용된다. 즉, 다음과 같은 의미를 나타낸다.
㉮ No 또는 Not : 설계의도의 완전한 부정
㉯ More 또는 Less : 양(압력, 반응, Flow, Rate, 온도 등)의 증가 또는 감소
㉰ As well as : 성질상의 증가(설계의도와 운전 조건이 어떤 부가적인 행위와 함께 일어남)
㉱ Part of : 일부 변경, 성질상의 감소(어떤 의도는 성취되나, 어떤 의도는 성취되지 않음)
㉲ Reverse : 설계의도의 논리적인 역
㉳ Other than : 완전한 대체(통상 운전과 다르게 되는 상태)

50 양식 양립성의 예시로 가장 적절한 것은?
① 자동차 설계 시 고도계 높낮이 표시
② 방사능 사업장에 방사능 폐기물 표시
③ 청각적 자극 제시와 이에 대한 음성 응답
④ 자동차 설계 시 제어장치와 표시장치의 배열

해설 양립성
자극들 간, 반응들 간, 혹은 자극-반응 조합의 (공간, 운동 또는 개념적) 관계가 인간의 기대와 모순되지 않은 것을 말한다. 양식 양립성은 특정한 자극에는 이에 맞는 양식의 반응 조합이 양립성이 더 높다는 것을 의미하는데, 양식 양립성이 높은 예로 소리로 제시된 정보는 말로 반응하고, 시각적으로 제시된 정보는 손으로 반응하는 것을 들 수 있다.

51 시스템의 수명곡선(욕조곡선)에 있어서 디버깅(debugging)에 관한 설명으로 옳은 것은?
① 초기 고장의 결함을 찾아 고장률을 안정시키는 과정이다.
② 우발 고장의 결함을 찾아 고장률을 안정시키는 과정이다.
③ 마모 고장의 결함을 찾아 고장률을 안정시키는 과정이다.
④ 기계 결함을 발견하기 위해 동작시험을 하는 기간이다.

해설 ㉮ 디버깅(debugging) 기간 : 초기 고장의 결함을 찾아내어 고장률을 안정시키는 기간
㉯ 버닝(burning) 기간 : 어떤 부품을 조립하기 전에 특성을 안정화시키고 결함을 발견하기 위한 동작 시험을 하는 기간

52 1 sone에 관한 설명으로 ( )에 알맞은 수치는?

> 1 sone : (ⓐ)Hz, (ⓑ)dB의 음압수준을 가진 순음의 크기

① ⓐ 1000, ⓑ 1 ② ⓐ 4000, ⓑ 1
③ ⓐ 1000, ⓑ 40 ④ ⓐ 4000, ⓑ 40

해설 **음량수준을 측정할 수 있는 3가지 척도**
㉮ phon에 의한 음량수준 : 음의 감각적 크기의 수준을 나타내기 위해서 음압수준(dB)과는 다른 phon이라는 단위를 채용하는데, 어떤 음의 phon 치로 표시한 음량수준은 이 음과 같은 크기로 들리는 1,000Hz 순음의 음압수준 1(dB)이다.
㉯ sone에 의한 음량수준 : 음량 척도로서 1,000Hz, 40dB의 음압수준을 가진 순음의 크기(=40phon)를 1sone이라고 정의한다.
㉰ 인식소음수준 : PNdB(Perceived Noise decibel)의 척도는 같은 시끄럽기로 들리는 910~1,090Hz 대의 소음 음압수준으로 정의되고, 최근에 사용되는 PLdB 척도는 3,150Hz에 중심을 둔 1/3 옥타브 음을 기준으로 사용한다.

53 경계 및 경보신호의 설계지침으로 틀린 것은?

① 주의를 환기시키기 위하여 변조된 신호를 사용한다.
② 배경소음의 진동수와 다른 진동수의 신호를 사용한다.
③ 귀는 중음역에 민감하므로 500~3,000Hz 의 진동수를 사용한다.
④ 300m 이상의 장거리용으로는 1,000Hz를 초과하는 진동수를 사용한다.

해설 **경계 및 경보신호의 선택 또는 설계할 때의 지침**
㉮ 귀는 중음역(中音域)에 가장 민감하므로 500~3,000Hz의 진동수를 사용한다.
㉯ 고음(高音)은 멀리 가지 못하므로 300m 이상의 장거리용으로는 1,000Hz 이하의 진동수를 사용한다.

54 인간-기계 시스템에 관한 설명으로 틀린 것은?

① 자동 시스템에서는 인간요소를 고려하여야 한다.
② 자동차 운전이나 전기 드릴 작업은 반자동 시스템의 예시이다.
③ 자동 시스템에서 인간은 감시, 정비유지, 프로그램 등의 작업을 담당한다.
④ 수동 시스템에서 기계는 동력원을 제공하고 인간의 통제하에서 제품을 생산한다.

해설 **인간-기계 통합 체계의 유형**
㉮ 수동 체계(Manual System)
수동 체계는 수공구나 기타 보조물로 구성되며, 자신의 신체적인 힘을 동력원으로 사용하여 작업을 통제하는 사용자와 결합된다.
㉯ 기계화 체계(Mechanical System)
반자동(Semiautomatic) 체계라고도 하며, 동력 제어장치가 공작 기계와 같이 고도로 통합된 부품들로 구성되어 있다. 이 체계는 변화가 별로 없는 기능들을 수행하도록 설계되어 있으며, 동력은 전형적으로 기계가 제공하고, 운전자의 기능은 조정장치를 사용하여 통제하는 것이다. 인간은 표시장치를 통하여 체계의 상태에 대한 정보를 받고, 정보 처리 및 의사 결정 기능을 수행하여 결심한 것을 조종장치를 사용하여 실행한다.
㉰ 자동 체계(Automatic System)
체계가 완전히 자동화된 경우에는 기계 자체가 감지, 정보 처리 및 의사 결정, 행동을 포함한 모든 임무를 수행한다. 신뢰성이 완전한 자동 체계란 불가능한 것이므로, 인간은 주로 감시(Monitor)·프로그램(Program)·유지 보수(Maintenance) 등의 기능을 수행한다.

55 n개의 요소를 가진 병렬 시스템에 있어 요소의 수명(MTTF)이 지수 분포를 따를 경우, 이 시스템의 수명으로 옳은 것은?

① $MTTF \times n$
② $MTTF \times \dfrac{1}{n}$
③ $MTTF \times \left(1 + \dfrac{1}{2} + \cdots + \dfrac{1}{n}\right)$
④ $MTTF \times \left(1 \times \dfrac{1}{2} \times \cdots \times \dfrac{1}{n}\right)$

㉮ 병렬 체계의 수명 = $MTTF \times \left(1 + \frac{1}{2} + \cdots + \frac{1}{n}\right)$

㉯ 직렬 체계의 수명 = $\frac{1}{n} \times MTTF$

56 다음에서 설명하는 용어는?

> 유해 · 위험요인을 파악하고 해당 유해 · 위험 요인에 의한 부상 또는 질병의 발생 가능성(빈도)과 중대성(강도)을 추정 · 결정하고 감소대책을 수립하여 실행하는 일련의 과정을 말한다.

① 위험성 결정
② 위험성 평가
③ 위험빈도 추정
④ 유해 · 위험요인 파악

해설 위험성 평가 정의

㉮ 위험성 평가 : 유해 · 위험요인을 파악하고 해당 유해 · 위험요인에 의한 부상 또는 질병의 발생 가능성(빈도)과 중대성(강도)을 추정 · 결정하고 감소대책을 수립하여 실행하는 일련의 과정을 말한다.
㉯ 유해 · 위험요인 파악 : 유해요인과 위험요인을 찾아내는 과정을 말한다.
㉰ 위험성 결정 : 유해 · 위험요인별로 추정한 위험성의 크기가 허용 가능한 범위인지 여부를 판단하는 것을 말한다.
㉱ 위험성 추정 : 유해 · 위험요인별로 부상 또는 질병으로 이어질 수 있는 가능성과 중대성의 크기를 각각 추정하여 위험성의 크기를 산출하는 것을 말한다.

57 상황해석을 잘못하거나 목표를 잘못 설정하여 발생하는 인간의 오류 유형은?

① 실수(Slip)
② 착오(Mistake)
③ 위반(Violation)
④ 건망증(Lapse)

해설
① 실수(Slip) : 상황이나 목표의 해석을 제대로 했으나 의도와는 다른 행동을 하는 경우를 말한다.
② 착오(Mistake) : 상황해석을 잘못하거나 목표를 잘못 이해하고 착각하여 행하는 경우를 말한다.

③ 위반(Violation) : 정해진 규칙을 알고 있음에도 고의로 따르지 않거나 무시하는 행위를 말한다.
④ 건망증(Lapse) : 여러 과정이 연계적으로 일어나는 행동 중에서 일부를 잊어버리고 하지 않거나 또는 기억의 실패에 의하여 발생하는 오류를 말한다.

58 위험분석 기법 중 시스템 수명주기 관점에서 적용 시점이 가장 빠른 것은?

① PHA
② FHA
③ OHA
④ SHA

해설 시스템의 수명주기

㉮ 구상 단계 : 시작 단계로서 과거의 자료와 미래의 기술 전망을 근거로 하여 시스템의 기준을 만드는 단계이다(예비위험분석(PHA) 이용, 리스크 분석 수행).
㉯ 정의 단계 : 예비 설계와 생산 기술을 확인하는 단계이다.
㉰ 개발 단계 : 시스템 정의 단계에 환경적 충격, 생산 기술, 운영 연구 등을 포함시키는 단계이다.
㉱ 생산 단계 : 안전 부서에 의한 모니터링이 가장 중요하고, 생산이 시작되면 품질관리 부서는 생산물을 검사하고 조사하는 역할을 하는 단계이다.
㉲ 운전 단계 : 시스템이 운전되는 단계로 교육 훈련이 진행되고, 그 동안 발생되었던 사고 또는 사건으로부터 자료가 축적된다.

59 태양광선이 내리쬐는 옥외장소의 자연습구 온도 20℃, 흑구온도 18℃, 건구온도 30℃ 일 때 습구흑구온도지수(WBGT)는?

① 20.6℃
② 22.5℃
③ 25.0℃
④ 28.5℃

해설
㉮ 실내 및 태양이 내리쬐지 않는 실외에서 습구흑구온도지수(WBGT)
  = (0.7×NWB) + (0.3×GT)
㉯ 태양이 내리쬐는 실외의 습구흑구온도지수(WBGT)
  = (0.7×NWB) + (0.2×GT) + (0.1×DB)
  = (0.7×20) + (0.2×18) + (0.1×30)
  = 20.6
  (여기서, NWB는 자연습구, GT는 흑구온도, DB는 건구온도)

60 그림과 같은 FT도에 대한 최소 컷셋(minimal cut sets)으로 옳은 것은? (단, Fussell의 알고리즘을 따른다.)

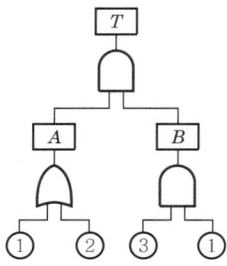

① {1, 2} ② {1, 3}
③ {2, 3} ④ {1, 2, 3}

해설 A는 OR 게이트, B는 AND 게이트이므로,
$T \to A \cdot B \to \begin{Bmatrix} 1 \\ 2 \end{Bmatrix} \cdot \{3,1\} \to \begin{Bmatrix} 1,3 \\ 1,2,3 \end{Bmatrix}$

》 제4과목   건설시공학

61 통상적으로 스팬이 큰 보 및 바닥판의 거푸집을 걸때에 스팬의 캠버(camber)값으로 옳은 것은?

① 1/300~1/500   ② 1/200~1/350
③ 1/150~1/250   ④ 1/100~1/300

해설 캠버(camber)란 수평구조부재인 트러스나 보(beam)의 중앙부위에 처짐이 나타나는 시각적 현상을 조절하기 위해 보의 아랫면 중앙을 약간 위로 휘어 오르게 만드는 것을 말한다. 캠버의 높이는 총길이의 약 1/300~1/500이다.

62 기성콘크리트 말뚝에 표기된 PHC-A·450-12의 각 기호에 대한 설명으로 옳지 않은 것은?

① PHC - 원심력 고강도 프리스트레스트 콘크리트 말뚝
② A - A종
③ 450 - 말뚝바깥지름
④ 12 - 말뚝삽입 간격

해설 ④ 12 - 말뚝 길이(m)

63 지반개량 공법 중 동다짐(dynamic compaction) 공법의 특징으로 옳지 않은 것은?

① 시공 시 지반진동에 의한 공해문제가 발생하기도 한다.
② 지반 내에 암괴 등의 장애물이 있으면 적용이 불가능하다.
③ 특별한 약품이나 자재를 필요로 하지 않는다.
④ 깊은 심도의 지반개량에 대해서는 초대형 장비가 필요하다.

해설 **동다짐(dynamic compaction) 공법**
개량하고자 하는 연약지반 위에 무거운 물체를 반복하여 낙하시켜 다짐효과를 얻는 공법으로, 무거운 추를 크레인 등의 특별 장비를 이용해 높은 곳에서 자유낙하시켜 지반에 충격에너지를 가함으로써 지반을 상당깊이까지 다져서 단단하게 만드는 공법이다. 특징으로는 다음과 같은 것들이 있다.
㉮ 시공 시 지반 진동에 의한 공해문제가 발생하기도 한다.
㉯ 지반 내에 암괴 등의 장애물이 있어도 적용이 가능하다.
㉰ 특별한 약품이나 자재를 필요로 하지 않는다.
㉱ 깊은 심도의 지반개량에 대해서는 초대형 장비가 필요하다.
㉲ 지반개량 적용대상이 광범위하다.
㉳ 동원이 간단하고 단순하므로 공기(工期)면에서 유리하다.

64 흙막이 공법과 관련된 내용의 연결이 옳지 않은 것은?

① 버팀대공법 - 띠장, 지지말뚝
② 지하연속법 - 안정액, 트레미관
③ 자립식공법 - 안내벽, 인터록킹 파이프
④ 어스앵커공법 - 인장재, 그라우팅

해설 **자립식공법 - H-Pile, 토류판**
자립식공법은 H-Pile에 토류판을 이용하여 흙막이벽을 만들고, 버팀대 등의 가설구조물을 이용치 않고 H-Pile의 지지력으로 토압을 버티는 공법으로, 장애물이 없어 시공능률을 향상시킬 수 있다.

정답 60.② 61.① 62.④ 63.② 64.③

65 흙막이 공법 중 지하연속법(slurry wall) 공법에 대한 설명으로 옳지 않은 것은?

① 흙막이벽 자체의 강도, 강성이 우수하기 때문에 연약지반의 변형 및 이면침하를 최소한으로 억제할 수 있다.
② 차수성이 좋아 지하수가 많은 지반에도 사용할 수 있다.
③ 시공 시 소음, 진동이 작다.
④ 다른 흙막이벽에 비해 공사비가 적게 든다.

해설 **지하연속벽(slurry wall) 공법**
벤토나이트 이수(泥水)를 사용해서 지반을 굴착하여 여기에 철근망을 삽입하고 콘크리트를 타설하여 지중에 철근콘크리트 연속벽체를 형성하는 공법이다.
㉮ 특징
　㉠ 무진동, 무소음 공법이다.
　㉡ 인접 건물에 근접시공이 가능하다.
　㉢ 차수성이 높다.
　㉣ 벽체 강성이 높다(연약지반의 변형 및 이면침하를 최소한으로 억제할 수 있음).
　㉤ 형상치수가 자유롭다.
　㉥ 공사비가 고가이고, 고도의 기술경험이 필요하다.
㉯ 공벽붕괴원인
　㉠ 지하수위의 급격한 상승
　㉡ 안정액의 급격한 점도 변화
　㉢ 물다짐하여 매립한 지반에서 시공

66 건축물의 지하공사에서 계측관리에 관한 설명으로 틀린 것은?

① 계측관리의 목적은 위험의 징후를 발견하는 것이다.
② 계측관리의 중점관리사항으로는 흙막이 변위에 따른 배면지반의 침하가 있다.
③ 계측관리는 인적이 뜸하고 위험이 적은 안전한 곳에 설치하여 주기적으로 실시한다.
④ 일일점검항목으로는 흙막이벽체, 주변지반, 지하수위 및 배수량 등이 있다.

해설 계측관리는 위험성이 있는 곳에 설치하며, 수시로 실시하여야 한다.

67 벽길이 10m, 벽높이 3.6m인 블록벽체를 기본블록(390mm×190mm×150mm)으로 쌓을 때 소요되는 블록의 수량은? (단, 블록은 온장으로 고려하고, 줄눈 나비는 가로, 세로 10mm, 할증은 고려하지 않음)

① 412매　　② 468매
③ 562매　　④ 598매

해설 벽체 $1m^2$를 축조하는 데 필요한 모든 기본블록은 13매가 필요하다.
∴ 블록의 수량=10×3.6×13=468

68 외관 검사 결과 불합격된 철근 가스압접 이음부의 조치 내용으로 옳지 않은 것은?

① 심하게 구부려졌을 때는 재가열하여 수정한다.
② 압접면의 엇갈림이 규정값을 초과했을 때는 재가열하여 수정한다.
③ 형태가 심하게 불량하거나 또는 압접부에 유해하다고 인정되는 결함이 생긴 경우는 압접부를 잘라내고 재압접한다.
④ 철근중심축의 편심량이 규정값을 초과했을 때는 압접부를 떼어내고 재압접한다.

해설 **가스압접**
㉮ 서로 맞대어 축방향으로 압력을 가하며, 아세틸렌 가스의 중성염으로 맞댄 부분의 주위에 1,200~1,300℃의 온도로 가열하여 용접하는 방법이다.
㉯ 압접면의 엇갈림이 규정값을 초과했을 때는 압접부를 잘라내고 재압접한다.

69 철골부재조립 시 구멍의 위치가 다소 다를 때 구멍을 맞추기 위한 작업은?

① 송곳뚫기(drilling)
② 리이밍(reaming)
③ 펀칭(punching)
④ 리벳치기(riveting)

해설 **리이밍(reaming)**
뚫린 구멍을 리머로 정밀하게 다듬는 작업 또는 구멍 크기를 넓히는 작업을 말한다.

70 철골작업용 장비 중 절단용 장비로 옳은 것은?

① 프릭션 프레스(friction press)
② 플레이트 스트레이닝 롤(plate straining roll)
③ 파워 프레스(power press)
④ 핵 소우(hack saw)

해설 철골의 절단방법
㉮ 절단력(shear)을 이용하여 자르는 방법
㉯ 톱(hack saw)에 의한 절단(가장 정밀한 방법)
㉰ 가스 절단

71 예정가격범위 내에서 최저가격으로 입찰한 자를 낙찰자로 선정하는 낙찰자 선정 방식은?

① 최적격 낙찰제
② 제한적 최저가 낙찰제
③ 최저가 낙찰제
④ 적격 심사 낙찰제

해설 ① 최적격 낙찰제 : 일정 비율 이상의 금액으로 입찰한 자 중에서 최저가격을 제시한 입찰자로 낙찰하는 방식
② 제한적 최저가 낙찰제 : 예정가격 대비 85% 이상 입찰자 중 가장 낮은 금액으로 입찰한 자를 선정하는 방식으로, 최저가 낙찰자를 통한 덤핑의 우려를 방지할 목적이 있다.
③ 최저가 낙찰제 : 공사나 물품 납품 입찰과정에서 가장 낮은 가격을 제시한 사업체를 낙찰자로 선정하는 방식
④ 적격 심사 낙찰제 : 가장 낮은 가격으로 입찰한 업체부터 계약이행 능력과 입찰가격을 종합심사해 낙찰자를 결정하는 제도

72 설계도와 시방서가 명확하지 않거나 설계는 명확하지만 공사비 총액을 산출하기 곤란하고 발주자가 양질의 공사를 기대할 때 채택될 수 있는 가장 타당한 도급방식은?

① 실비정산 보수가산식 도급
② 단가 도급
③ 정액 도급
④ 턴키 도급

해설 실비정산 보수가산 도급방식
건축주가 시공자에게 공사를 위임하고 공사에 소요되는 실비와 보수, 즉 공사비와 미리 정해놓은 보수를 시공자에게 지불하는 방식
㉮ 장점 : 도급자는 비율 보수가 보장되므로 우수한 공사를 할 수 있다.
㉯ 단점 : 공사기간이 연장되고, 공사비가 상승될 수 있다.

73 시방서 및 설계도면 등이 서로 상이할 때의 우선순위에 대한 설명으로 옳지 않은 것은?

① 설계도면과 공사시방서가 상이할 때는 설계도면을 우선한다.
② 설계도면과 내역서가 상이할 때는 설계도면을 우선한다.
③ 표준시방서와 전문시방서가 상이할 때는 전문시방서를 우선한다.
④ 설계도면과 상세도면이 상이할 때는 상세도면을 우선한다.

해설 설계도면과 공사시방서가 상이할 때는 공사시방서를 우선한다.

74 철근공사에 대해서 옳지 않은 것은?

① 조립용 철근은 철근을 구부리기할 때 철근의 위치를 확보하기 위하여 쓰는 보조적인 철근이다.
② 철근의 용접부에 순간최대풍속 2.7m/s 이상의 바람이 불 때는 철근을 용접할 수 없으며, 풍속을 2.7m/s 이하로 저감시킬 수 있는 방풍시설을 설치하는 경우에만 용접할 수 있다.
③ 가스압접이음은 철근의 단면을 산소-아세틸렌 불꽃 등을 사용하여 가열하고 기계적 압력을 가하여 용접한 맞댐이음을 말한다.
④ D35를 초과하는 철근은 겹침이음을 할 수 없다. 다만, 서로 다른 크기의 철근을 압축부에서 겹침이음하는 경우 D35 이하의 철근과 D35를 초과하는 철근은 겹침이음을 할 수 있다.

[해설] 조립용 철근은 주철근을 조립할 때 철근의 위치를 확보하기 위해 넣는 보조 철근이다.

75 철골공사의 용접접합에서 플럭스(flux)를 옳게 설명한 것은?

① 용접 시 용접봉의 피복제 역할을 하는 분말상의 재료
② 압연강판의 층 사이에 균열이 생기는 현상
③ 용접작업의 종단부에 임시로 붙이는 보조판
④ 용접부에 생기는 미세한 구멍

[해설] 플럭스(flux)
용접봉의 피복재 역할을 하는 분말상의 재료로 금속 용해 시 산화물의 환원, 유독가스의 제거, 용탕 표면을 피복하여 산화를 방지하고, 슬래그 제거·촉진 등을 목적으로 사용한다.

76 착공단계에서의 공사계획을 수립할 때 우선 고려하지 않아도 되는 것은?

① 현장 직원의 조직편성
② 예장 공정표의 작성
③ 유지관리지침서의 변경
④ 실행예산 편성

[해설] 건축시공 계획 순서
현장원 편성 → 공정표 작성 → 실행예산 작성 → 하도급자 선정 → 가설준비물 결정 → 재료 선정 → 재해 방지

77 AE콘크리트에 관한 설명으로 옳은 것은?

① 공기량은 기계비빔이 손비빔의 경우보다 적다.
② 공기량은 비벼놓은 시간이 길수록 증가한다.
③ 공기량은 AE제의 양이 증가할수록 감소하나 콘크리트의 강도는 증대한다.
④ 시공연도가 증진되고 재료분리 및 블리딩이 감소한다.

[해설] AE콘크리트의 장단점
㉮ 장점
  ㉠ 방수성이 크고 화학작용에 대한 저항성도 크다.
  ㉡ 미세기포의 조활작용으로 연도(軟度)가 증대되고, 응집력이 있어서 재료분리가 적다.
  ㉢ 사용 수량(水量)을 줄일 수 있어서 블리딩(bleeding) 및 침하가 적다.
  ㉣ 탄성을 가진 기포는 동결융해(凍結融解) 및 건습(乾濕) 등에 의한 용적변화가 적다.
㉯ 단점
  ㉠ 공기량 1%에 대하여 압축강도는 약 4~6% 저하된다.
  ㉡ 철근 부착강도가 저하되고, 감소비율은 압축강도보다 크다.
※ ① 공기량은 기계비빔이 손비빔의 경우보다 크다.
  ② 공기량은 비벼놓은 시간이 길수록 감소한다.

78 콘크리트의 고강도화와 관계가 적은 것은?

① 물시멘트비를 작게 한다.
② 시멘트의 강도를 크게 한다.
③ 폴리머(polymer)를 함침(含浸)한다.
④ 골재의 입자분포를 가능한 한 균일 입자분포로 한다.

[해설] 콘크리트의 고강도화를 위해서는 골재의 입자분포를 가능한 한 불균일 입자분포로 한다.

79 벽돌쌓기법 중에서 마구리를 세워 쌓는 방식으로 옳은 것은?

① 옆세워 쌓기   ② 허튼 쌓기
③ 영롱 쌓기   ④ 길이 쌓기

[해설] 벽돌쌓기
① 옆세워 쌓기 : 마구리면이 내보이도록 벽돌 벽면을 수직으로 쌓는 방법
② 허튼 쌓기 : 크기가 다른 돌을 줄눈을 맞추지 아니하고 불규칙하게 쌓는 방법
③ 영롱 쌓기 : 벽돌을 구조용이 아닌 치장의 목적으로 쌓는 방법으로 벽돌담에 구멍을 내어 쌓는 방법
④ 길이 쌓기 : 길이 방향(벽두께 0.5B)으로 쌓는 가장 얇은 벽돌 쌓기 방법

80 바닥판 거푸집의 구조계산 시 고려해야 하는 연직하중에 해당하지 않는 것은?

① 작업하중
② 충격하중
③ 고정하중
④ 굳지 않은 콘크리트의 측압

해설 거푸집 설계 시 고려하중
㉮ 연직방향 하중(바닥판, 보 밑 등 수평부재)
  ㉠ 작업하중(150kg/m²)
  ㉡ 콘크리트 자중
  ㉢ 타설 충격하중
  ㉣ 거푸집 중량(거푸집 중량은 40kg/m²로 무시해도 된다.)
㉯ 횡방향 하중(벽, 기둥, 보 옆 등 수직부재)
  ㉠ 생콘크리트의 측압
  ㉡ 풍하중
  ㉢ 지진하중

≫ 제5과목   건설재료학

81 플라이애시 시멘트에 대한 설명으로 옳은 것은?

① 수화할 때 불용성 규산칼슘 수화물을 생성한다.
② 화력발전소 등에서 완전 연소한 미분탄의 회분과 포틀랜드 시멘트를 혼합한 것이다.
③ 재령 1~2시간 안에 콘크리트 압축강도가 20MPa에 도달할 수 있다.
④ 용광로의 선철제작 부산물을 급랭시키고 파쇄하여 시멘트와 혼합한 것이다.

해설 플라이애시 시멘트(Fly-Ash Cement)
㉮ 포틀랜드 시멘트에 화력발전소 등에서 완전 연소한 미분탄의 회분(플라이애시)를 혼합하여 만든 시멘트이다.
㉯ 플라이애시 시멘트의 특성
  ㉠ 조기 강도는 작고, 장기 강도는 크다.
  ㉡ 화학적 저항성이 크다.
  ㉢ 콘크리트의 워커빌리티를 크게 하고, 수밀성이 좋다.

82 건축용 접착제로서 요구되는 성능에 해당되지 않는 것은?

① 진동, 충격의 반복에 잘 견딜 것
② 취급이 용이하고 독성이 없을 것
③ 장기부하에 의한 크리프가 클 것
④ 고화 시 체적수축 등에 의한 내부변형을 일으키지 않을 것

해설 건축용 접착제로서 요구되는 성능은 장기부하에 의한 크리프가 적어야 한다.

83 골재의 함수상태에서 유효흡수량의 정의로 옳은 것은?

① 습윤상태와 절대건조상태의 수량의 차이
② 표면건조포화상태와 기건상태의 수량의 차이
③ 기건상태와 절대건조상태의 수량의 차이
④ 습윤상태와 표면건조포화상태의 수량의 차이

해설 ㉮ 흡수량 : 절대건조상태에서 표면건조내부포수상태가 될 때까지 흡수하는 수량
㉯ 기건함수량 : 절대건조상태에서 기건상태가 될 때까지 흡수하는 수량
㉰ 표면수량 : 표면건조내부포수상태에서 습윤상태가 될 때까지 흡수하는 수량
㉱ 함수량 : 절대건조상태에서 습윤상태가 될 때까지 흡수하는 수량
㉲ 유효흡수량 : 기건상태에서 표면건조내부포화상태에가 될 때까지 흡수하는 수량

84 도장재료 중 물이 증발하여 수지입자가 굳는 융착건조경화를 하는 것은?

① 알키드수지 도료
② 에폭시수지 도료
③ 불소수지 도료
④ 합성수지 에멀션 페인트

해설 합성수지 에멀션 페인트
종래의 수성도료의 결점인 심한 오염과 도막의 평활성을 개량한 광택합성수지 에멀션 페인트 도장으로 물이 증발하여 수지 입자가 굳는 융착건조경화를 한다.

85 목재의 역학적 성질에 대한 설명으로 옳지 않은 것은?

① 목재 섬유 평행방향에 대한 인장강도가 다른 여러 강도 중 가장 크다.
② 목재의 압축강도는 옹이가 있으면 증가한다.
③ 목재를 휨부재로 사용하여 외력에 저항할 때는 압축, 인장, 전단력이 동시에 일어난다.
④ 목재의 전단강도는 섬유간의 부착력, 섬유의 곧음, 수선의 유무 등에 의해 결정된다.

해설 옹이(死節, Knot)
목재의 결점으로 나뭇가지의 자국을 말한다. 목재의 압축강도는 옹이가 있으면 감소한다.

86 미장바탕의 일반적인 성능조건과 가장 거리가 먼 것은?

① 미장층보다 강도가 클 것
② 미장층과 유효한 접착강도를 얻을 수 있을 것
③ 미장층보다 강성이 작을 것
④ 미장층의 경화, 건조에 지장을 주지 않을 것

해설 미장바탕은 미장층보다 강도 및 강성이 커야 한다.

87 합판에 대한 설명으로 옳지 않은 것은?

① 단판을 섬유방향이 서로 평행하도록 홀수로 적층하면서 접착시켜 합친 판을 말한다.
② 함수율 변화에 따라 팽창·수축의 방향성이 없다.
③ 뒤틀림이나 변형이 적은 비교적 큰 면적의 평면 재료를 얻을 수 있다.
④ 균일한 강도의 재료를 얻을 수 있다.

해설 합판의 특성
㉮ 단판을 서로 직교시켜서 붙인 것이므로 잘 갈라지지 않으며, 방향에 따른 강도의 차이가 적다.
㉯ 판재에 비해 균질이며, 유리한 재료를 많이 얻을 수 있다.
㉰ 너비가 큰 판을 얻을 수 있고, 쉽게 곡면판으로 만들 수 있다.
㉱ 아름다운 무늬가 되도록 얇게 벗긴 단판을 합판의 양쪽 표면에 사용하면 무늬가 좋은 판을 값싸게 얻을 수 있다.
㉲ 함수율 변화에 의한 신축변형이 적다.

88 절대건조밀도가 $2.6g/cm^3$이고, 단위용적질량이 $1750kg/m^3$인 굵은 골재의 공극률은?

① 30.5%
② 32.7%
③ 34.7%
④ 36.2%

해설
$$공극률(V) = \left(1 - \frac{W}{P}\right) \times 100\%$$
$$= \left(1 - \frac{1.75}{2.6}\right) \times 100$$
$$= 32.69\%$$
여기서, W : 골재의 단위용적중량(kg/L)
P : 골재의 비중

89 목재의 내연성 및 방화에 대한 설명으로 옳지 않은 것은?

① 목재의 방화는 목재 표면에 불연소성 피막을 도포 또는 형성시켜 화염의 접근을 방지하는 조치를 한다.
② 방화재로는 방화페인트, 규산나트륨 등이 있다.
③ 목재가 열에 닿으면 먼저 수분이 증발하고 160℃ 이상이 되면 소량의 가연성 가스가 유출된다.
④ 목재는 450℃에서 장시간 가열하면 자연발화하게 되는데, 이 온도를 화재위험온도라고 한다.

해설 **목재의 내화성**
목재는 대체로 160℃ 이상 가열하면 표면이 탄화되어 갈색으로 되고, 250~260℃에서는 불꽃을 내며 연소하는데 이 온도를 인화온도라 한다. 또한, 450℃ 전후에서는 점화원(불꽃)이 없어도 발화에 이르는데, 이 온도를 발화온도라고 한다.

90 금속의 부식방지를 위한 관리대책으로 옳지 않은 것은?

① 부분적으로 녹이 발생하면 즉시 제거할 것
② 큰 변형을 준 것은 가능한 한 풀림하여 사용할 것
③ 가능한 한 이종 금속을 인접 또는 접촉시켜 사용할 것
④ 표면을 평활하고 깨끗이 하며, 가능한 한 건조상태로 유지할 것

해설 **금속재료의 부식방지 대책**
㉮ 가능한 한 이종 금속은 이를 인접, 접속시켜 사용하지 않을것
㉯ 가공 중에 생긴 변형은 뜨임질, 풀림 등에 의해서 제거할 것
㉰ 표면은 깨끗하게 하고, 물기나 습기가 없도록 할 것
㉱ 부분적으로 녹이 나면 즉시 제거할 것
㉲ 균질한 것을 선택하고 사용할 때 큰 변형을 주지 않도록 할 것

91 다음의 미장재료 중 균열저항성이 가장 큰 것은?

① 회반죽 바름
② 소석고 플라스터
③ 경석고 플라스터
④ 돌로마이트 플라스터

해설 **경석고 플라스터**
킨스 시멘트(keene's cement)라고도 하며, 경석고에 명반 등의 촉진제를 배합한 것이다. 약간 붉은빛을 띤 백색을 나타내는 플라스터로서 석고계 플라스터 중 가장 경질이며, 경화한 것은 현저히 강도가 크고 표면 경도가 커서 광택성을 갖고 있으며 방습적인 매끈한 면을 갖는다. 산성을 나타내어 금속재료를 부식시키며, 미장재료 중 균열저항성이 가장 크다.

92 점토의 물리적 성질에 관한 설명으로 옳지 않은 것은?

① 점토의 인장강도는 압축강도의 약 5배 정도이다.
② 입자의 크기는 보통 $2\mu m$ 이하의 미립자이지만 모래알 정도의 것도 약간 포함되어 있다.
③ 공극률은 점토의 입자 간에 존재하는 모공 용적으로 입자의 형상, 크기에 관계한다.
④ 점토입자가 미세하고, 양질의 점토일수록 가소성이 좋으나, 가소성이 너무 클 때는 모래 또는 샤모트를 섞어서 조절한다.

해설 점토의 압축강도는 인장강도의 약 5배 정도이다.

93 일반 콘크리트 대비 ALC의 우수한 물리적 성질로서 옳지 않은 것은?

① 경량성   ② 단열성
③ 흡음·차음성   ④ 수밀성, 방수성

해설 **ALC(Autoclaved Lightweight Concrete ; 경량기포 콘크리트)**
미분쇄(微粉碎)한 석회계 원료 및 실리카계 원료인 슬러리에 금속 알루미늄의 분말을 혼합하여 발포시킨다. 이 발포한 지름 1mm 정도의 기포를 슬러리 속에 균일하게 분산시키고 오토클레이브 양생(養生)하여 경화시킨 것을 기포 콘크리트라 한다.
㉮ 중량이 보통 콘크리트의 약 1/4 정도로 경량이다.
㉯ 열전도율은 약 1/10 정도로 단열성이 우수하다.
㉰ 불연성이기 때문에 내화재료로 이용한다.
㉱ 흡음성·차음성이 크다.
㉲ 다공질이기 때문에 흡수율이 높고, 동결용해 저항성이 낮다.
㉳ 경량으로 인력에 의한 취급이 가능하고, 필요에 따라 현장에서 절단 및 가공이 용이하다.

94 콘크리트 바탕에 이음새 없는 방수 피막을 형성하는 공법으로, 도료상태의 방수재를 여러 번 칠하여 방수막을 형성하는 방수공법은?

① 아스팔트 루핑 방수
② 합성고분자 도막 방수
③ 시멘트 모르타르 방수
④ 규산질 침투성 도포 방수

[해설] 도막 방수는 도료 상태의 방수재를 바탕면에 여러 번 칠하여 얇은 수지 피막을 만들어 방수 효과를 얻는 것으로 에멀션형, 용제형, 에폭시계 형태가 있다.

95 열경화성수지가 아닌 것은?

① 페놀수지　　② 요소수지
③ 아크릴수지　　④ 멜라민수지

[해설] **합성수지의 종류**
㉮ 열가소성수지
　㉠ 염화비닐수지(PVC)　㉡ 에틸렌수지
　㉢ 프로필렌수지　㉣ 아크릴수지
　㉤ 스틸렌수지　㉥ 메타크릴수지
　㉦ ABS수지　㉧ 폴리아미드수지
　㉨ 비닐아세틸수지
㉯ 열경화성수지
　㉠ 페놀수지　㉡ 요소수지
　㉢ 멜라민수지　㉣ 알키드수지
　㉤ 폴리에스테르수지　㉥ 실리콘
　㉦ 에폭시수지　㉧ 우레탄수지
　㉨ 규소수지

96 블로운 아스팔트(blown asphalt)를 휘발성 용제에 녹이고 광물분말 등을 가하여 만든 것으로 방수, 접합부 충전 등에 쓰이는 아스팔트 제품은?

① 아스팔트 코팅(asphalt coating)
② 아스팔트 그라우트(asphalt grout)
③ 아스팔트 시멘트(asphalt cement)
④ 아스팔트 콘크리트(asphalt concrete)

[해설] **아스팔트 코팅(asphalt coating)**
블로운 아스팔트(blown asphalt)를 휘발성 용제에 녹이고 석면, 광물분말 등을 가하여 만든 것으로 방수층 단부나, 접합부 충전 등에 쓰이는 아스팔트 제품이다.

97 연강판에 일정한 간격으로 그물눈을 내고 늘여 철망모양으로 만든 것으로 옳은 것은?

① 메탈라스(metal lath)
② 와이어메시(wire mesh)
③ 인서트(insert)
④ 코너비드(corner bead)

[해설] ① 메탈라스(Metal Lath) : 두께 0.4~0.8mm의 연강판에 일정한 간격으로 그물눈을 내고 늘여서 철망 모양으로 만든 것으로, 천장이나 벽 등의 모르타르 바름 바탕용으로 쓰인다. 종류에는 편평라스, 파형라스, 봉우리라스, 라브라스 등이 있다.
② 와이어메시(Wire Mesh) : 비교적 굵은 연강철선을 정방형 또는 장방형으로 짠 다음, 각 접점을 전기 용접한 것으로, 콘크리트 다짐바닥, 콘크리트 도로 포장의 균열 방지를 위해 사용된다.
③ 인서트 : 구조물 등을 달아 매기 위하여 콘크리트를 부어 넣기 전에 미리 묻어 넣은 고정 철물
④ 코너비드(Corner Bead) : 모서리쇠라고도 하며, 기둥이나 벽의 모서리에 대어 미장바름의 모서리가 상하지 않도록 보호하는 철물이다.

98 점토제품 중 소성온도가 가장 고온이고 흡수성이 매우 작으며 모자이크 타일, 위생도기 등에 주로 쓰이는 것은?

① 토기　　② 도기
③ 석기　　④ 자기

[해설] **점토 소성 제품의 종류 및 특성**

종류	소성온도(℃)	제품
토기	790~1,000	벽돌, 기와, 토관
도기	1,100~1,230	타일, 테라코타, 위생도기
석기	1,160~1,350	벽돌, 타일, 토관, 테라코타
자기	1,230~1,460	타일, 위생도기

99 고로슬래그 쇄석에 대한 설명으로 옳지 않은 것은?

① 철을 생산하는 과정에서 용광로에서 생기는 광재를 공기 중에서 서서히 냉각시켜 경화된 것을 파쇄하여 만든다.
② 투수성은 보통골재의 경우보다 작으므로 수밀콘크리트에 적합하다.
③ 고로슬래그 쇄석을 활용한 콘크리트는 다른 암석을 사용한 콘크리트보다 건조 수축이 적다.
④ 다공질이기 때문에 흡수율이 크므로 충분히 살수하여 사용하는 것이 좋다.

해설 고로슬래그 쇄석
㉮ 철을 생산하는 과정에서 용광로에서 생기는 광재를 공기 중에서 서서히 냉각시켜 경화된 것을 파쇄하여 만든다.
㉯ 투수성은 보통골재를 사용한 콘크리트보다 크다.
㉰ 고로슬래그 쇄석을 활용한 콘크리트는 다른 암석을 사용한 콘크리트보다 수화열이 적어 건조수축이 적다.
㉱ 다공질이기 때문에 흡수율이 크므로 충분히 살수하여 사용하는 것이 좋다.

100 목재에 사용되는 크레오소트 오일에 대한 설명으로 옳지 않은 것은?

① 냄새가 좋아서 실내에서도 사용이 가능하다.
② 방부력이 우수하고 가격이 저렴하다.
③ 독성이 적다.
④ 침투성이 좋아 목재에 깊게 주입된다.

해설 크레오소트 오일(Creosote Oil)
방부력이 우수하고 침투성이 양호하며, 독성이 적고 염가이어서 많이 쓰이나, 도포 부분은 갈색이고 페인트를 칠하면 침출되기 쉬우며, 냄새가 강하여 실내에서는 사용할 수 없다.

≫ 제6과목　　건설안전기술

101 건설업의 공사금액이 850억원일 경우 산업안전보건법령에 따른 안전관리자의 수로 옳은 것은? (단, 전체 공사기간을 100으로 할 때 공사 전·후 15에 해당하는 경우는 고려하지 않는다.)

① 1명 이상　② 2명 이상
③ 3명 이상　④ 4명 이상

해설 건설업에서 안전관리자 수는 공사금액이 공사금액 800억 미만까지는 1명, 700억 증가 시 1인 추가하므로 2인이 필요하다.

102 건설현장에 동바리 조립 시 준수사항으로 옳지 않은 것은?

① 파이프서포트 높이가 4.5m를 초과하는 경우에는 높이 2m 이내마다 2개 방향으로 수평 연결재를 설치한다.
② 동바리의 침하 방지를 위해 받침목(깔목)이나 깔판의 사용, 콘크리트 타설, 말뚝박기 등을 실시한다.
③ 강재와 강재의 접속부는 볼트 또는 클램프 등 전용철물을 사용한다.
④ 강관틀 동바리는 강관틀과 강관틀 사이에 교차가새를 설치한다.

해설 동바리로 사용하는 파이프서포트에 대해서는 다음 각 목의 사항을 따라야 한다.
㉮ 파이프서포트를 3개 이상 이어서 사용하지 않도록 할 것
㉯ 파이프서포트를 이어서 사용하는 경우에는 4개 이상의 볼트 또는 전용철물을 사용하여 이을 것
㉰ 높이가 3.5m를 초과하는 경우에는 높이 2m 이내마다 수평연결재를 2개 방향으로 만들고 수평연결재의 변위를 방지할 것

103 항타기 또는 항발기의 사용 시 준수사항으로 옳지 않은 것은?

① 공기를 차단하는 장치를 작업관리자가 쉽게 조작할 수 있는 위치에 설치한다.
② 해머의 운동에 의하여 공기호스와 해머의 접속부가 파손되거나 벗겨지는 것을 방지하기 위하여 그 접속부가 아닌 부위를 선정하여 공기호스를 해머에 고정시킨다.
③ 항타기나 항발기의 권상장치의 드럼에 권상용 와이어로프가 꼬인 경우에는 와이어로프에 하중을 걸어서는 안 된다.
④ 항타기나 항발기의 권상장치에 하중을 건 상태로 정지하여 두는 경우에는 쐐기장치 또는 역회전방지용 브레이크를 사용하여 제동하는 등 확실하게 정지시켜 두어야 한다.

해설 공기를 차단하는 장치를 해머의 운전자가 쉽게 조작할 수 있는 위치에 설치한다.

104 가설통로를 설치하는 경우 준수해야 할 기준으로 옳지 않은 것은?

① 경사는 30° 이하로 할 것
② 경사가 25°를 초과하는 경우에는 미끄러지지 아니하는 구조로 할 것
③ 건설공사에 사용하는 높이 8m 이상인 비계다리에는 7m 이내마다 계단참을 설치할 것
④ 수직갱에 가설된 통로의 길이가 15m 이상인 때에는 10m 이내마다 계단참을 설치할 것

해설 가설통로 설치 시 준수사항
㉮ 견고한 구조로 할 것
㉯ 경사는 30° 이하로 할 것. 다만, 계단을 설치하거나 높이 2m 미만의 가설통로로서 튼튼한 손잡이를 설치한 경우에는 그러하지 아니하다.
㉰ 경사가 15°를 초과하는 경우에는 미끄러지지 아니하는 구조로 할 것
㉱ 추락할 위험이 있는 장소에는 안전난간을 설치할 것. 다만, 작업상 부득이한 경우에는 필요한 부분만 임시로 해체할 수 있다.
㉲ 수직갱에 가설된 통로의 길이가 15m 이상인 경우에는 10m 이내마다 계단참을 설치할 것
㉳ 건설공사에 사용하는 높이 8m 이상인 비계다리에는 7m 이내마다 계단참을 설치할 것

105 가설공사 표준안전 작업지침에 따른 통로발판을 설치하여 사용함에 있어 준수사항으로 옳지 않은 것은?

① 추락의 위험이 있는 곳에는 안전난간이나 철책을 설치하여야 한다.
② 작업발판의 최대폭은 1.6m 이내이어야 한다.
③ 비계발판의 구조에 따라 최대 적재하중을 정하고 이를 초과하지 않도록 하여야 한다.
④ 발판을 겹쳐 이음하는 경우 장선 위에서 이음을 하고 겹침길이는 10cm 이상으로 하여야 한다.

해설 통로발판을 설치하여 사용함에 있어서 다음 각호의 사항을 준수하여야 한다.
㉮ 근로자가 작업 및 이동하기에 충분한 넓이가 확보되어야 한다.
㉯ 추락의 위험이 있는 곳에는 안전난간이나 철책을 설치하여야 한다.
㉰ 발판을 겹쳐 이음하는 경우 장선 위에서 이음을 하고 겹침길이는 20cm 이상으로 하여야 한다.
㉱ 발판 1개에 대한 지지물은 2개 이상이어야 한다.
㉲ 작업발판의 최대폭은 1.6m 이내이어야 한다.
㉳ 작업발판 위에는 돌출된 못, 옹이, 철선 등이 없어야 한다.
㉴ 비계발판의 구조에 따라 최대 적재하중을 정하고 이를 초과하지 않도록 하여야 한다.

106 토사붕괴에 따른 재해를 방지하기 위한 흙막이 지보공 부재로 옳지 않은 것은?

① 흙막이판 ② 말뚝
③ 턴버클   ④ 띠장

해설 턴버클(Turn Buckle)
인장재(줄)를 팽팽히 당겨 조이는 나사 있는 탕개쇠로 거푸집 연결 시 철선을 조이는 데 사용하는 긴장용 철물

107 토사붕괴 원인으로 옳지 않은 것은?

① 경사 및 기울기 증가
② 성토 높이의 증가
③ 건설기계 등 하중작용
④ 토사중량의 감소

해설 토사붕괴의 원인
㉮ 외적 요인
  ㉠ 사면, 법면의 경사 및 구배의 증가
  ㉡ 절토 및 성토 높이의 증가
  ㉢ 공사에 의한 진동 및 반복하중의 증가
  ㉣ 지표수 및 지하수의 침투에 의한 토사중량 증가
  ㉤ 지진, 차량, 구조물의 하중
㉯ 내적 요인
  ㉠ 절토사면의 토질, 암석
  ㉡ 성토사면의 토질
  ㉢ 토석의 강도 저하

108 이동식 비계를 조립하여 작업을 하는 경우의 준수기준으로 옳지 않은 것은?

① 비계의 최상부에서 작업을 할 때에는 안전난간을 설치하여야 한다.
② 작업발판의 최대적재하중은 400kg을 초과하지 않도록 한다.
③ 승강용 사다리는 견고하게 설치하여야 한다.
④ 작업발판은 항상 수평을 유지하고 작업발판 위에서 안전난간을 딛고 작업을 하거나 받침대 또는 사다리를 사용하여 작업하지 않도록 한다.

해설 이동식 비계 조립 및 사용 시 준수사항
㉮ 이동식 비계의 바퀴에는 뜻밖의 갑작스러운 이동 또는 전도를 방지하기 위하여 브레이크·쐐기 등으로 바퀴를 고정시킨 다음, 비계의 일부를 견고한 시설물에 고정하거나 아웃트리거(outrigger)를 설치하는 등 필요한 조치를 할 것
㉯ 승강용 사다리는 견고하게 설치할 것
㉰ 비계의 최상부에서 작업을 하는 경우에는 안전난간을 설치할 것
㉱ 작업발판은 항상 수평을 유지하고 작업발판 위에서 안전난간을 딛고 작업을 하거나 받침대 또는 사다리를 사용하여 작업하지 않도록 할 것
㉲ 작업발판의 최대 적재하중은 250kg을 초과하지 않도록 할 것

109 건설용 리프트의 붕괴 등을 방지하기 위해 받침의 수를 증가시키는 등 안전조치를 하여야 하는 순간풍속 기준은?

① 초당 15미터 초과
② 초당 25미터 초과
③ 초당 35미터 초과
④ 초당 45미터 초과

해설 건설용 리프트의 붕괴 등을 방지
㉮ 사업주는 지반침하, 불량한 자재 사용 또는 헐거운 결선(結線) 등으로 리프트가 붕괴되거나 넘어지지 않도록 필요한 조치를 하여야 한다.
㉯ 사업주는 순간풍속이 초당 35m를 초과하는 바람이 불어올 우려가 있는 경우 건설 작업용 리프트(지하에 설치되어 있는 것은 제외)에 대하여 받침의 수를 증가시키는 등 그 붕괴 등을 방지하기 위한 조치를 하여야 한다.

110 건설작업용 타워크레인의 안전장치로 옳지 않은 것은?

① 권과 방지장치
② 과부하 방지장치
③ 비상정지장치
④ 호이스트 스위치

해설 건설작업용 타워크레인의 안전장치에는 과부하 방지장치, 권과 방지장치, 비상정지장치 및 제동장치, 그 밖의 방호장치가 있다.

111 달비계에 사용하는 와이어로프의 사용금지 기준으로 옳지 않은 것은?

① 이음매가 있는 것
② 열과 전기 충격에 의해 손상된 것
③ 지름의 감소가 공칭지름의 7%를 초과하는 것
④ 와이어로프의 한 꼬임에서 끊어진 소선의 수가 7% 이상인 것

해설 달비계에 사용하는 와이어로프의 사용금지사항
㉮ 이음매가 있는 것
㉯ 와이어로프의 한 꼬임에서 끊어진 소선의 수가 10% 이상인 것
㉰ 지름의 감소가 공칭지름의 7%를 초과하는 것
㉱ 꼬인 것
㉲ 심하게 변형되거나 부식된 것
㉳ 열과 전기충격에 의해 손상된 것

112 가설구조물의 특징으로 옳지 않은 것은?

① 연결재가 적은 구조로 되기 쉽다.
② 부재 결합이 간략하여 불안전 결합이다.
③ 구조물이라는 개념이 확고하여 조립의 정밀도가 높다.
④ 사용부재는 과소단면이거나 결함재가 되기 쉽다.

해설 가설구조물의 특징
① 연결재가 적은 구조로 되기 쉽다.
② 부재 결합이 간략하여 불안전 결합이다.
③ 구조물이라는 개념이 확고하지 않아 조립의 정밀도가 낮다.
④ 사용부재는 과소단면이거나 결함재가 되기 쉽다.

정답 108.② 109.③ 110.④ 111.④ 112.③

113 건설업 산업안전보건관리비 계상 및 사용기준은 산업안전보건법에서 정의하는 건설공사 중 총 공사금액이 얼마 이상인 공사에 적용하는가? (단, 전기공사법, 정보통신공사업법에 의한 공사는 제외)

① 4천만원 ② 3천만원
③ 2천만원 ④ 1천만원

해설 산업안전관리비 계상기준은 「산업안전보건법」에서 정의하는 건설공사 중 총 공사금액 2천만원 이상인 공사에 적용한다.

114 동바리의 침하를 방지하기 위한 직접적인 조치로 옳지 않은 것은?

① 수평연결재 사용
② 받침목(깔목)이나 깔판의 사용
③ 콘크리트의 타설
④ 말뚝박기

해설 동바리 조립 시의 안전조치
㉮ 받침대이나 깔판의 사용, 콘크리트 타설, 말뚝박기 등 동바리의 침하를 방지하기 위한 조치를 할 것
㉯ 개구부 상부에 동바리를 설치하는 경우에는 상부 하중을 견딜 수 있는 견고한 받침대를 설치할 것
㉰ 동바리의 상하 고정 및 미끄러짐 방지조치를 하고, 하중의 지지상태를 유지할 것
㉱ 동바리의 이음은 같은 품질의 재료를 사용할 것
㉲ 강재의 접속부 및 교차부는 볼트·클램프 등 전용 철물을 사용하여 단단히 연결할 것(철선 사용 금지)
㉳ 거푸집의 형상에 따른 부득이한 경우를 제외하고는 깔판이나 받침목은 2단 이상 끼우지 않도록 할 것

115 건설공사의 유해위험방지계획서 제출기준일로 옳은 것은?

① 당해공사 착공 1개월 전까지
② 당해공사 착공 15일 전까지
③ 당해공사 착공 전날까지
④ 당해공사 착공 15일 후까지

해설 유해위험방지계획서의 제출
산업안전보건법령상 "대통령령으로 정하는 사업의 종류 및 규모에 해당하는 사업으로서 해당 제품의 생산 공정과 직접적으로 관련된 건설물·기계·기구 및 설비 등 일체를 설치·이전하거나 그 주요 구조부분을 변경하려는 경우"에 해당하는 사업주는 유해위험방지계획서에 관련 서류를 첨부하여 해당 작업시작 15일 전까지 공단에 2부를 제출하여야 한다. 건설공사의 유해위험방지계획서는 당해공사 착공 전날까지 공단에 2부를 제출하여야 한다.

116 건설업 중 유해위험방지계획서 제출 대상 사업장으로 옳지 않은 것은?

① 지상높이가 31m 이상인 건축물 또는 인공구조물, 연면적 30,000m² 이상인 건축물 또는 연면적 5,000m² 이상의 문화 및 집회시설의 건설공사
② 연면적 3,000m² 이상의 냉동·냉장 창고시설의 설비공사 및 단열공사
③ 깊이 10m 이상인 굴착공사
④ 최대 지간길이가 50m 이상인 다리의 건설공사

해설 유해위험방지계획서 제출 대상 건설공사
㉮ 다음 각 목의 어느 하나에 해당하는 건축물 또는 시설 등의 건설·개조 또는 해체 공사
  ㉠ 지상높이가 31m 이상인 건축물 또는 인공구조물
  ㉡ 연면적 30,000m² 이상인 건축물
  ㉢ 연면적 5,000m² 이상인 시설로서 다음의 어느 하나에 해당하는 시설
    - 문화 및 집회시설(전시장 및 동물원·식물원은 제외한다)
    - 판매시설, 운수시설(고속철도의 역사 및 집배송시설은 제외한다)
    - 종교시설
    - 의료시설 중 종합병원
    - 숙박시설 중 관광숙박시설
    - 지하도상가
    - 냉동·냉장 창고시설
㉯ 연면적 5,000m² 이상의 냉동·냉장 창고시설의 설비공사 및 단열공사
㉰ 최대 지간길이(다리의 기둥과 기둥의 중심사이의 거리)가 50m 이상인 교량 건설 등 공사
㉱ 터널 건설 등의 공사
㉲ 다목적댐, 발전용 댐 및 저수용량 2,000만 톤 이상의 용수 전용댐, 지방 상수도 전용댐 건설 등의 공사
㉳ 깊이 10m 이상인 굴착공사

117 철골건립준비를 할 때 준수하여야 할 사항으로 옳지 않은 것은?

① 지상 작업장에서 건립준비 및 기계기구를 배치할 경우에는 낙하물의 위험이 없는 평탄한 장소를 선정하여 정비하여야 한다.
② 건립작업에 다소 지장이 있다 하더라도 수목은 제거하거나 이설하여서는 안된다.
③ 사용전에 기계기구에 대한 정비 및 보수를 철저히 실시하여야 한다.
④ 기계에 부착된 앵커 등 고정장치와 기초구조 등을 확인하여야 한다.

해설 철골건립 작업에 수목이 다소 지장이 있다면 이동 또는 제거하여야 한다.

118 터널공사에서 발파작업 시 안전대책으로 옳지 않은 것은?

① 발파 전 도화선 연결상태, 저항치 조사 등의 목적으로 도통시험 실시 및 발파기의 작동상태에 대한 사전점검 실시
② 모든 동력선은 발원점으로부터 최소한 15m 이상 후방으로 옮길 것
③ 지질, 암의 절리 등에 따라 화약량에 대한 검토 및 시방기준과 대비하여 안전조치
④ 발파용 점화회선은 타동력선 및 조명회선과 한곳으로 통합하여 관리

해설 터널공사에서 발파작업 시 안전대책
㉮ 발파는 선임된 발파책임자의 지휘에 따라 시행하여야 한다.
㉯ 발파작업에 대한 특별시방을 준수하여야 한다.
㉰ 굴착단면 경계면에는 모암에 손상을 주지 않도록 시방에 명기된 정밀폭약(FINEX Ⅰ, Ⅱ) 등을 사용하여야 한다.
㉱ 지질, 암의 절리 등에 따라 화약량을 충분히 검토하여야 하며, 시방기준과 대비하여 안전조치를 하여야 한다.
㉲ 발파책임자는 모든 근로자의 대피를 확인하고 지보공 및 복공에 대하여 필요한 조치의 방호를 한 후 발파하도록 하여야 한다.
㉳ 발파 시 안전한 거리 및 위치에서의 대피가 어려울 때에는 전면과 상부를 견고하게 방호한 임시대피장소를 설치하여야 한다.
㉴ 화약류를 장진하기 전에 모든 동력선 및 활선은 장진기로부터 분리시키고, 조명회선을 포함한 모든 동력선은 발원점으로부터 최소한 15m 이상 후방으로 옮겨 놓도록 하여야 한다.
㉵ 발파용 점화회선은 타동력선 및 조명회선으로부터 분리되어야 한다.
㉶ 발파 전 도화선 연결상태, 저항치 조사 등의 목적으로 도통시험을 실시하여야 하며, 발파기의 작동상태를 사전 점검하여야 한다.
㉷ 발파 후에는 충분한 시간이 경과한 후 접근하도록 하여야 하며 다음 각 목의 조치를 취한 후 다음 단계의 작업을 행하도록 하여야 한다.
 ㉠ 유독가스의 유무를 재확인하고 신속히 환풍기, 송풍기 등을 이용 환기시킨다.
 ㉡ 발파책임자는 발파 후 가스배출 완료 즉시 굴착면을 세밀히 조사하여 붕락 가능성의 뜬돌을 제거하여야 하며, 용출수 유무를 동시에 확인하여야 한다.
 ㉢ 발파단면을 세밀히 조사하여 필요에 따라 지보공, 록볼트, 철망, 뿜어 붙이기 콘크리트 등으로 보강하여야 한다.
 ㉣ 불발화약류의 유무를 세밀히 조사하여야 하며, 발견 시 국부 재발파, 수압에 의한 제거방식 등으로 잔류화약을 처리하여야 한다.

119 고소작업대를 설치 및 이동하는 경우에 준수하여야 할 사항으로 옳지 않은 것은?

① 와이어로프 또는 체인의 안전율은 3 이상일 것
② 붐의 최대 지면경사각을 초과 운전하여 전도되지 않도록 할 것
③ 고소작업대를 이동하는 경우 작업대를 가장 낮게 내릴 것
④ 작업대에 끼임·충돌 등 재해를 예방하기 위한 가드 또는 과상승방지장치를 설치할 것

해설 고소작업대를 와이어로프 또는 체인으로 올리거나 내릴 경우에는 와이어로프 또는 체인이 끊어져 작업대가 떨어지지 아니하는 구조여야 하며, 와이어로프 또는 체인의 안전율은 5 이상일 것

120 사다리식 통로 등의 구조에 설치기준으로 옳지 않은 것은?

① 발판의 간격은 일정하게 할 것
② 발판과 벽과의 사이는 15cm 이상의 간격을 유지할 것
③ 사다리식 통로의 길이가 10m 이상인 때에는 7m 이내마다 계단참을 설치할 것
④ 사다리의 상단은 걸쳐놓은 지점으로부터 60cm 이상 올라가도록 할 것

해설 **사다리식 통로 설치 시 준수사항**
㉮ 견고한 구조로 할 것
㉯ 심한 손상·부식 등이 없는 재료를 사용할 것
㉰ 발판의 간격은 일정하게 할 것
㉱ 발판과 벽과의 사이는 15cm 이상의 간격을 유지할 것
㉲ 폭은 30cm 이상으로 할 것
㉳ 사다리가 넘어지거나 미끄러지는 것을 방지하기 위한 조치를 할 것
㉴ 사다리의 상단은 걸쳐놓은 지점으로부터 60cm 이상 올라가도록 할 것
㉵ 사다리식 통로의 길이가 10m 이상인 경우에는 5m 이내마다 계단참을 설치할 것
㉶ 사다리식 통로의 기울기는 75° 이하로 할 것. 다만, 고정식 사다리식 통로의 기울기는 90° 이하로 하고, 그 높이가 7m 이상인 경우에는 바닥으로부터 높이가 2.5m 되는 지점부터 등받이울을 설치할 것
㉷ 접이식 사다리 기둥은 사용 시 접혀지거나 펼쳐지지 않도록 철물 등을 사용하여 견고하게 조치할 것

2022 제4회 건설안전기사
2022. 9. 14. 시행 CBT 복원문제

≫ 제1과목 산업안전관리론

01 다음 중 하인리히(H.W. Heinrich)의 재해 코스트 산정방법에서 직접 손실비와 간접 손실비의 비율로 옳은 것은? (단, 비율은 "직접 손실비 : 간접 손실비"로 표현한다.)
① 1 : 2
② 1 : 4
③ 1 : 8
④ 1 : 10

해설 하인리히(H.W. Heinrich) 방식
총 재해 코스트(cost)=직접비+간접비
㉮ 직접비 : 간접비=1 : 4
㉯ 직접비 : 법령으로 정한 피해자에게 지급되는 산재보상비
㉰ 간접비 : 재산 손실 및 생산 중단 등으로 기업이 입은 손실
 ㉠ 인적 손실 : 본인 및 제3자에 관한 것을 포함한 시간 손실
 ㉡ 물적 손실 : 기계ㆍ공구ㆍ재료ㆍ시설의 보수에 소비된 시간 손실 및 재산 손실
 ㉢ 생산 손실 : 생산 감소, 생산 중단, 판매 감소 등에 의한 손실
 ㉣ 특수 손실 : 근로자의 신규 채용, 교육 훈련비, 섭외비 등에 의한 손실
 ㉤ 기타 손실 : 병상 위문금, 여비 및 통신비, 입원 중의 잡비 등

02 다음 중 산업안전보건법상 안전보건표지의 분류에 있어 금지표지의 종류에 해당하는 것은?
① 차량통행금지
② 금지유해물질 취급
③ 허가대상유해물질 취급
④ 석면 취급 및 해체ㆍ제거

해설 금지표지
금지표지는 총 8가지가 있다. 즉, 적색 원형으로서 색상 7.5R, 명도 4, 색채 14(7.5R 4/14)의 색의 3속성을 기준으로 하고 있다(바탕은 흰색, 기본 모형은 빨간색, 관련 부호 및 그림은 검은색).
㉮ 출입금지 표지 ㉯ 보행금지 표지
㉰ 차량통행금지 표지 ㉱ 사용금지 표지
㉲ 탑승금지 표지 ㉳ 금연표지
㉴ 화기금지 표지 ㉵ 물체이동금지 표지

03 다음 중 아담스(Edward Adams)의 사고 연쇄이론을 올바르게 나열한 것은 어느 것인가?
① 통제의 부족→기본 원인→직접 원인→사고→상해
② 사회적 환경 및 유전적 요소→개인적인 결함→불안전한 행동 및 상태→사고→상해
③ 관리구조의 결함→작전적 에러→전술적 에러→사고→상해
④ 안전정책과 결정→불안전한 행동 및 상태→물질에너지 기준 이탈→사고→상해

해설 아담스(Adams)의 연쇄이론
㉮ 관리구조 : 목적(수행 표준, 사정, 측정), 조직(명령 체제, 관리의 범위, 권한과 임무의 위임, 스태프), 운영(설계, 설비, 조달, 계획, 절차, 환경 등)
㉯ 작전적(전략적) 에러 : 관리자나 감독자에 의해서 만들어진 에러이다.
 ㉠ 관리자 행동 : 정책ㆍ목표ㆍ권위, 결과에 대한 책임, 책무, 주의의 넓이, 권한 위임 등의 영역에서는 의사 결정을 잘못 행하거나 행해지지 않는다.
 ㉡ 감독자 행동 : 행위, 책임, 권위, 규칙, 지도, 주도성(솔선수범), 의욕, 업무(운영) 등과 같은 영역에서의 관리상 잘못 또는 생략이 행해진다.
㉰ 전술적 에러 : 불안전한 행동 및 불안전한 상태를 전술적 에러라고 한다.
㉱ 사고 : 사고의 발생, 무상해 사고, 물적 손실 사고
㉲ 상해 또는 손해 : 대인, 대물

정답 01.② 02.① 03.③

04 다음 중 재해 사례 연구의 진행단계에 있어 파악된 사실로부터 판단하여 각종 기준과의 차이 또는 문제점을 발견하는 것에 해당하는 것은?

① 1단계 : 사실의 확인
② 2단계 : 직접 원인과 문제점의 확인
③ 3단계 : 기본 원인과 근본적 문제점의 결정
④ 4단계 : 대책의 수립

해설 재해 사례 연구의 진행단계
㉮ 전제 조건 – 재해 상황의 파악 : 사례 연구의 전제 조건인 재해 상황의 파악은 다음에 기재한 항목에 관하여 실시한다.
㉯ 제1단계 – 사실의 확인 : 작업 시작에서부터 재해 발생까지의 경과 중 재해와 관계 있는 사실 및 재해 요인으로 알려진 사실을 객관적으로 확인한다. 이상이 있을 때, 사고가 있을 때, 또는 재해 발생 때의 조치도 포함된다.
㉰ 제2단계 – 문제점의 발견 : 파악된 사실로부터 판단하여 각종 기준에서 차이의 문제점을 발견한다.
㉱ 제3단계 – 근본적 문제점 결정 : 문제점 가운데 재해의 중심이 된 근본적 문제점을 결정한 후, 재해 원인을 결정한다.
㉲ 제4단계 – 대책의 수립 : 사례를 해결하기 위한 대책을 세운다.

05 다음 중 「산업안전보건법」에 따른 무재해 운동의 추진에 있어 무재해 1배수 목표 시간의 계산방법으로 적절하지 않은 것은?

① $\dfrac{\text{연간 총 근로시간}}{\text{연간 총 재해자수}}$

② $\dfrac{\text{1인당 연평균 근로시간} \times 100}{\text{재해율}}$

③ $\dfrac{\text{1인당 근로손실일수} \times 1,000}{\text{연간 총 재해자수}}$

④ $\dfrac{\text{연평균 근로자수} \times \text{1인당 연평균 근로시간}}{\text{연간 총 재해자수}}$

해설 목표시간 = $\dfrac{\text{연간 총 근로시간}}{\text{연간 총 재해자수}}$

= $\dfrac{\text{연평균 근로자수} \times \text{1인당 연평균 근로시간}}{\text{연간 총 재해자수}}$

= $\dfrac{\text{1인당 연평균 근로시간} \times 100}{\text{재해율}}$

06 다음 중 산업현장에서 산업재해가 발생하였을 때의 조치사항을 가장 올바른 순서대로 나열한 것은?

ⓐ 현장 보존
ⓑ 피해자의 구조
ⓒ 2차 재해 방지
ⓓ 피재기계의 정지
ⓔ 관계자에게 통보
ⓕ 피해자의 응급조치

① ⓑ → ⓒ → ⓔ → ⓓ → ⓕ → ⓐ
② ⓓ → ⓑ → ⓕ → ⓔ → ⓒ → ⓐ
③ ⓓ → ⓔ → ⓒ → ⓑ → ⓕ → ⓐ
④ ⓔ → ⓒ → ⓑ → ⓓ → ⓕ → ⓐ

해설 산업재해 발생 시 조치사항
㉮ 1순위 : 피재기계의 정지 및 피해 확산 방지
㉯ 2순위 : 피해자의 구조 – 피해자의 응급조치
㉰ 3순위 : 관계자에게 통보
㉱ 4순위 : 2차 재해 방지
㉲ 5순위 : 현장 보존

07 시몬즈(Simonds)의 총 재해코스트 계산방식 중 비보험 코스트 항목에 해당하지 않는 것은?

① 사망재해 건수
② 통원상해 건수
③ 응급조치 건수
④ 무상해사고 건수

해설 시몬즈의 재해손실비
총 재해코스트(cost)
= 보험 코스트 + 비보험 코스트
㉮ 보험 코스트(납입보험료)
= 「산업재해보상보험법」에 의해 보상된 금액과 보험회사의 보상에 관련된 여러 경비와 이익금을 합친 금액
㉯ 비보험 코스트
= (휴업상해 건수×A)+(통원상해 건수×B)+(응급조치 건수×C)+(무상해사고 건수×D)
여기서, A, B, C, D : 장해 정도별 비보험 코스트의 평균치

08 연평균 근로자수가 1,100명인 사업장에서 한 해 동안에 17명의 사상자가 발생하였을 경우 연천인율은 약 얼마인가? (단, 근로자는 1일 8시간, 연간 250일을 근무하였다.)

① 7.73 ② 13.24
③ 15.45 ④ 18.55

해설 연천인율 = $\dfrac{\text{사상자수}}{\text{연평균 근로자수}} \times 1{,}000$

$= \dfrac{17}{1{,}100} \times 1{,}000 = 15.45$

09 안전대의 완성품 및 각 부품의 동하중시험 성능기준 중 충격흡수장치의 최대전달충격력은 몇 kN 이하이어야 하는가?

① 6 ② 7.84
③ 11.28 ④ 5

해설 안전대의 완성품 및 각 부품의 동하중시험 성능기준 중 충격흡수장치의 최대전달충격력은 6kN 이하이어야 한다.

개정 2021

10 산업안전보건법령상 안전보건진단을 받아 안전보건개선계획을 수립·제출하도록 명할 수 있는 사업장이 아닌 것은?

① 근로자가 안전수칙을 준수하지 않아 중대재해가 발생한 사업장
② 산업재해율이 같은 업종 평균 산업재해율의 2배 이상인 사업장
③ 작업환경 불량, 화재·폭발 또는 누출사고 등으로 사회적 물의를 일으킨 사업장
④ 직업성 질병자가 연간 2명 이상(상시근로자 1천명 이상 사업장의 경우 3명 이상) 발생한 사업장

해설 안전보건진단을 받아 안전보건개선계획을 수립·제출하도록 명할 수 있는 사업장
㉮ 산업재해율이 같은 업종 평균 산업재해율의 2배 이상인 사업장
㉯ 사업주가 필요한 안전조치 또는 보건조치를 이행하지 아니하여 중대재해가 발생한 사업장
㉰ 직업성 질병자가 연간 2명 이상(상시근로자 1천명 이상 사업장의 경우 3명 이상) 발생한 사업장
㉱ 그 밖에 작업환경 불량, 화재·폭발 또는 누출 사고 등으로 사업장 주변까지 피해가 확산된 사업장으로서 고용노동부령으로 정하는 사업장

11 산업안전보건법령에 따른 안전보건표지의 기본모형 중 다음 기본모형의 표시사항으로 옳은 것은? (단, 색도기준은 2.5PB 4/10 이다.)

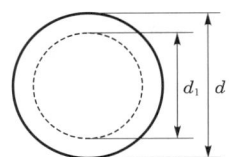

① 금지 ② 경고
③ 지시 ④ 안내

해설 안전보건표지의 색도기준 및 용도

색채	색도기준	용도	사용 예
빨간색	7.5R 4/14	금지	정지신호, 소화설비 및 그 장소, 유해행위의 금지
		경고	화학물질 취급장소에서의 유해·위험 경고
노란색	5Y 8.5/12	경고	화학물질 취급장소에서의 유해·위험 경고 이외의 위험경고, 주의표지 또는 기계방호물
파란색	2.5PB 4/10	지시	특정 행위의 지시 및 사실의 고지
녹색	2.5G 4/10	안내	비상구 및 피난소, 사람 또는 는 차량의 통행표지
흰색	N9.5	—	파란색 또는 녹색에 대한 보조색
검은색	N0.5	—	문자 및 빨간색 또는 노란색에 대한 보조색

12 안전보건관리계획의 개요에 관한 설명으로 틀린 것은?

① 타 관리계획과 균형이 되어야 한다.
② 안전보건의 저해요인을 확실히 파악해야 한다.
③ 계획의 목표는 점진적으로 낮은 수준의 것으로 한다.
④ 경영층의 기본방침을 명확하게 근로자에게 나타내야 한다.

정답 08.③ 09.① 10.① 11.③ 12.③

해설 안전보건관리계획 수립 시 유의사항
- ㉮ 사업장의 실태에 맞도록 독자적으로 수립하되 실현 가능성이 있도록 한다.
- ㉯ 타 관리계획과 균형이 있어야 하며 직장단위로 구체적 계획을 작성한다.
- ㉰ 계획에 있어서 재해감소 목표는 점진적으로 수준을 높이도록 한다.
- ㉱ 현재의 문제점을 검토하기 위해 자료를 조사·수집한다.
- ㉲ 계획에서 실시까지의 미비점 또는 잘못된 점을 피드백(feedback)할 수 있는 조정기능을 가져야 한다.
- ㉳ 적극적인 선취 안전을 취하여 새로운 착상과 정보를 활용한다.
- ㉴ 계획안이 효과적으로 실시되도록 라인-스태프(line-staff) 관계자에게 충분히 납득시킨다.

13 다음에서 설명하는 무재해운동 추진기법으로 옳은 것은?

> 작업현장에서 그때 그 장소의 상황에 즉응하여 실시하는 위험예지활동으로서 즉시즉응법이라고도 한다.

① TBM(Tool Box Meeting)
② 삼각 위험예지훈련
③ 자문자답카드 위험예지훈련
④ 터치 앤드 콜(touch and call)

해설 추진기법의 종류
- ㉮ TBM(Tool Box Meeting) : 작업현장에서 그때 그 장소의 상황에 즉응하여 실시하는 기법(즉시즉응법)
- ㉯ 삼각 위험예지훈련 : 보다 빠르고 간편하게 명실공히 전원 참여로 말하거나 쓰는 것이 미숙한 작업자를 위하여 개발된 기법
- ㉰ Touch and call : 현장에서 팀 전원이 각자의 왼손을 맞잡아 원을 만들어 팀 행동목표를 지적 확인하는 기법
- ㉱ 자문자답카드 위험예지훈련 : 한 사람 한 사람이 스스로 위험요인을 발견, 파악하여 단시간에 행동목표를 정하여 지적 확인을 하며, 특히 비정상적인 작업의 안전을 확보하는 기법
- ㉲ 시나리오 역할연기훈련 : 작업 전 5분간 미팅의 시나리오를 작성하여 멤버가 그 시나리오에 의하여 역할연기를 함으로써 체험학습을 하는 기법
- ㉳ 원포인트 위험예지훈련 : 흑판이나 용지를 사용하지 않으며, 삼각 위험예지훈련 같이 기호나 메모를 사용하지 않고 구두로 실시하는 기법
- ㉴ 1인 위험예지훈련 : 한 사람 한 사람의 위험에 대한 감수성 향상을 도모하기 위한 삼각 및 원포인트 위험예지훈련을 통합한 활용기법

14 재해원인분석에 사용되는 통계적 원인분석 기법의 하나로, 사고의 유형이나 기인물 등의 분류항목을 큰 순서대로 도표화하는 기법은?

① 관리도
② 파레토도
③ 특성요인도
④ 클로즈분석도

해설 재해원인 탐구(통계적 원인분석)
- ㉮ 관리도 : 재해발생건수 등의 추이를 파악하고 목표관리에 필요한 월별 재해발생수를 그래프화하여 관리선을 설정·관리하는 방법이다. 관리선은 상방 관리한계(UCL ; Upper Control Limit), 중심선(PN), 하방 관리선(LCL ; Low Control Limit) 등으로 표시한다.
- ㉯ 파레토도 : 사고의 유형이나 기인물 등의 분류항목을 큰 순서대로 도표화한다(문제나 목표의 이해에 편리).
- ㉰ 특성요인도 : 특성과 요인관계를 도표로 하여 어골상(魚骨象)으로 세분한다.
- ㉱ 클로즈(close)분석 : 2개 이상의 문제관계를 분석하는 데 사용하는 것으로, 데이터를 집계하고 표로 표시하여 요인별 결과내역을 교차한 클로즈 그림으로 작성하여 분석한다.

15 다음 중 산업재해 발생의 기본원인 4M에 해당하지 않는 것은?

① Media
② Material
③ Machine
④ Management

해설 산업재해의 기본원인 4M(인간 과오의 배후요인 4요소)
- ㉮ Man : 본인 이외의 사람
- ㉯ Machine : 장치나 기기 등의 물적 요인
- ㉰ Media : 인간과 기계를 잇는 매체(작업방법 및 순서, 작업 정보의 실태, 작업환경, 정리정돈 등)
- ㉱ Management : 안전 법규의 준수방법, 단속, 점검관리 외에 지휘 감독, 교육 훈련 등

16 산업안전보건법령상 공정안전보고서에 포함되어야 하는 내용 중 공정안전자료의 세부내용에 해당하는 것은?

① 안전운전지침서
② 공정위험성평가서
③ 도급업체 안전관리계획
④ 각종 건물·설비의 배치도

해설 공정안전자료의 세부내용
㉮ 취급·저장하고 있거나 취급·저장하려는 유해·위험물질의 종류 및 수량
㉯ 유해·위험물질에 대한 물질안전보건자료
㉰ 유해·위험설비의 목록 및 사양
㉱ 유해·위험설비의 운전방법을 알 수 있는 공정도면
㉲ 각종 건물·설비의 배치도
㉳ 폭발위험장소 구분도 및 전기단선도
㉴ 위험설비의 안전설계·제작 및 설치 관련 지침서

17 위험예지훈련 4라운드의 진행방법을 올바르게 나열한 것은?

① 현상파악 → 목표설정 → 대책수립 → 본질추구
② 현상파악 → 본질추구 → 대책수립 → 목표설정
③ 현상파악 → 본질추구 → 목표설정 → 대책수립
④ 본질추구 → 현상파악 → 목표설정 → 대책수립

해설 위험예지훈련 4R
㉮ 1R : 현상파악 ㉯ 2R : 본질추구
㉰ 3R : 대책수립 ㉱ 4R : 행동목표설정

18 보호구 안전인증고시에 따른 추락 및 감전 위험방지용 안전모의 성능시험대상에 속하지 않는 것은?

① 내유성 ② 내수성
③ 내관통성 ④ 턱끈풀림

해설 안전모의 성능시험의 종류

항목	성능
내관통성 시험	종류 AE·ABE의 안전모는 관통거리가 9.5mm 이하여야 하고, 종류 AB 안전모는 관통거리가 11.1mm 이하여야 한다.
충격흡수성 시험	최고 전달충격력이 4,450N(1,000pounds)을 초과해서는 안 되며, 또한 모체와 착장제가 분리되거나 파손되지 않아야 한다.
내전압성 시험	종류 AE·ABE의 안전모는 교류 20kV에서 1분간 절연파괴 없이 견뎌야 하고, 이때 누설되는 충전전류는 10mA 이하이어야 한다.
내수성 시험	종류 AE·ABE의 안전모는 질량증가율이 1% 미만이어야 한다.
난연성 시험	모체가 불꽃을 내며 5초 이상 연소되지 않아야 한다.
턱끈풀림 시험	150N 이상 250N 이하에서 턱끈이 풀려야 한다.

19 재해조사 시 유의사항으로 틀린 것은 어느 것인가?

① 인적, 물적 양면의 재해요인을 모두 도출한다.
② 책임 추궁보다 재발 방지를 우선하는 기본태도를 갖는다.
③ 목격자 등이 증언하는 사실 이외의 추측의 말은 참고만 한다.
④ 목격자의 기억보존을 위하여 조사는 담당자 단독으로 신속하게 실시한다.

해설 재해조사 시 유의사항
㉮ 사실을 수집한다.
㉯ 목격자 등이 증언하는 사실 이외에 추측의 말은 참고만 한다.
㉰ 조사는 신속하게 행하고 긴급 조치하여, 2차 재해를 방지한다.
㉱ 사람과 기계설비 양면의 재해요인을 모두 도출한다.
㉲ 객관적인 입장에서 공정하게 조사하며, 조사는 2명 이상이 실시한다.
㉳ 책임 추궁보다 재발 방지를 우선하는 기본태도를 갖는다.
㉴ 피해자에 대한 구급조치를 우선한다.
㉵ 2차 재해의 예방을 위해 보호구를 반드시 착용한다.

20 A사업장에서는 산업재해로 인한 인적·물적 손실을 줄이기 위하여 안전행동 실천운동(5C 운동)을 실시하고자 한다. 5C 운동에 해당하지 않는 것은?

① Control
② Correctness
③ Cleaning
④ Checking

해설 5C 운동(안전행동 실천운동)
㉮ 복장단정(Correctness)
㉯ 정리·정돈(Clearance)
㉰ 청소·청결(Cleaning)
㉱ 점검·확인(Checking)
㉲ 전심·전력(Concentration)

제2과목 산업심리 및 교육

21 학습 정도(level of learning)란 주제를 학습시킬 범위와 내용의 정도를 뜻한다. 다음 중 학습 정도의 4단계에 포함되지 않는 것은?

① 인지(to recognize)
② 이해(to understand)
③ 회상(to recall)
④ 적용(to apply)

해설 학습 정도(level of learning)의 4단계
㉮ 인지(to acquaint) : ~을 인지해야 한다.
㉯ 지각(to know) : ~을 알아야 한다.
㉰ 이해(to understand) : ~을 이해해야 한다.
㉱ 적용(to apply) : ~을 ~에 적용할 줄 알아야 한다.

22 다음 중 생활하고 있는 현실적인 장면에서 해결방법을 찾아내는 것으로 지식, 기능, 태도, 기술 등을 종합적으로 획득하도록 하는 학습방법은?

① 문제법(problem method)
② 롤 플레잉(role playing)
③ 버즈 세션(buzz session)
④ 케이슨 메소드(caisson method)

해설 문제해결법
학생이 생활하고 있는 현실적인 장면에서 당면하는 여러 문제를 해결해 나가는 과정 중 지식, 태도, 기술, 기능 등을 종합적으로 획득하도록 하는 학습방법이다.

23 레빈이 제시한 인간의 행동특성에 관한 법칙에서 인간의 행동(B)은 개체(P)와 환경(E)의 함수관계를 가진다고 하였다. 다음 중 개체(P)에 해당하는 요소가 아닌 것은?

① 연령
② 지능
③ 경험
④ 인간관계

해설 Lewin. K의 법칙
Lewin은 인간의 행동(B)은 그 사람이 가진 자질, 즉 개체(P)와 심리학적 환경(E)과의 상호 함수관계에 있다고 했다.
$B=f(P \cdot E)$
여기서, B : Behavior(인간의 행동)
f : Function(함수관계)
P : Person(개체 : 연령, 경험, 심신상태, 성격, 지능 등)
E : Environment(심리적 환경 : 인간관계, 작업환경 등)

24 산업안전보건법령상 사업 내 안전보건교육에 있어 건설 일용 근로자의 건설업 기초 안전보건교육의 교육시간으로 옳은 것은 어느 것인가?

① 1시간
② 2시간
③ 4시간
④ 8시간

해설 산업안전보건법상 사업 내 안전보건교육에 있어 건설 일용 근로자의 건설업 기초 안전보건교육 시간은 4시간이다.

25 인간의 동기에 대한 이론 중 자극, 반응, 보상의 세 가지 핵심 변인을 가지고 있으며, 표출된 행동에 따라 보상을 주는 방식에 기초한 동기 이론은?

① 형평 이론
② 기대 이론
③ 강화 이론
④ 목표 설정 이론

해설 스키너의 강화 이론
인간 행동을 선행적 자극과 행동의 외적 결과의 관계로 규정하면서
㉮ 행동에 선행하는 환경적 자극
㉯ 그러한 환경적 자극에 반응하는 행동
㉰ 행동에 결부되는 결과로서의 강화 요인 등
세 변수의 연쇄적인 관계를 설명하고 바람직한 행동을 학습시킬 수 있는 강화 요인의 활용 전략을 처방하는 심리학 이론을 말한다.

21.③ 22.① 23.④ 24.③ 25.③

26 다음 중 성실하며 성공적인 지도자의 공통적인 소유 속성과 가장 거리가 먼 것은?

① 강력한 조직능력
② 실패에 대한 자신감
③ 뛰어난 업무수행능력
④ 자신 및 상사에 대한 긍정적인 태도

해설 성실한 지도자가 공통적으로 갖는 속성
㉮ 업무수행능력 및 판단능력
㉯ 강력한 조직능력 및 강한 출세욕구
㉰ 자신에 대한 긍정적 태도
㉱ 상사에 대한 긍정적 태도
㉲ 조직의 목표에 대한 충성심
㉳ 실패에 대한 두려움
㉴ 원만한 사교성
㉵ 매우 활동적이며 공격적인 도전
㉶ 자신의 건강과 체력 단련
㉷ 부모로부터의 정서적 독립

27 인간의 적응기제(adjustment mechanism) 중 방어적 기제에 해당하는 것은?

① 보상   ② 고립
③ 퇴행   ④ 억압

해설 적응기제
㉮ 방어적 기제(defence mechanism) : 보상, 합리화, 동일시, 승화 등
㉯ 도피적 기제(escape mechanism) : 고립, 퇴행, 억압, 백일몽 등
㉰ 공격적 기제(aggressive mechanism)
 ㉠ 직접적 공격기제 : 힘에 의존한 폭행, 싸움, 기물파손 등
 ㉡ 간접적 공격기제 : 조소, 비난, 중상모략, 폭언, 욕설 등

28 라스무센의 정보처리모형은 원인 차원의 휴먼에러 분류에 적용되고 있다. 이 모형에서 정의하고 있는 인간의 행동단계 중 다음의 특징을 갖는 것은?

- 생소하거나 특수한 상황에서 발생하는 행동이다.
- 부적절한 추론이나 의사결정에 의해 오류가 발생한다.

① 규칙기반 행동   ② 인지기반 행동
③ 지식기반 행동   ④ 숙련기반 행동

해설 라스무센의 정보처리모형
㉮ 지식기반 행동
 ㉠ 생소하거나 특수한 상황에서 발생하는 행동
 ㉡ 부적절한 추론이나 의사결정에 의해 오류가 발생
㉯ 숙련기반 행동
 ㉠ 무의식에 의한 행동, 행동 패턴에 의한 자동적 행동
 ㉡ 대부분 실행과정에서의 에러
㉰ 규칙기반 행동
 ㉠ 친숙한 상황에 적용되며 저장된 규칙을 적용하는 행동
 ㉡ 상황을 잘못 인식하여 에러 발생

29 직업 적성검사에 대한 설명으로 틀린 것은 어느 것인가?

① 적성검사는 작업행동을 예언하는 것을 목적으로도 사용한다.
② 직업 적성검사는 직무수행에 필요한 잠재적인 특수능력을 측정하는 도구이다.
③ 직업 적성검사를 이용하여 훈련 및 승진 대상자를 평가하는 데 사용할 수 있다.
④ 직업 적성은 단기적 집중 직업훈련을 통해서 개발이 가능하므로 신중하게 사용해야 한다.

해설 ④ 직업 적성은 장기적 집중 직업훈련을 통해서 개발이 가능하므로 신중하게 사용해야 한다.

30 인간본성을 파악하여 동기유발로 산업재해를 방지하기 위한 맥그리거의 X·Y이론에서 Y이론의 가정으로 틀린 것은?

① 목적에 투신하는 것은 성취와 관련된 보상과 함수관계에 있다.
② 근로에 육체적, 정신적 노력을 쏟는 것은 놀이나 휴식만큼 자연스럽다.
③ 대부분 사람들은 조건만 적당하면 책임뿐만 아니라 그것을 추구할 능력이 있다.
④ 현대 산업사회에서 인간은 게으르고 태만하며, 수동적이고 남의 지배받기를 즐긴다.

해설 맥그리거 X·Y이론의 가정
㉮ X이론의 가정
  ㉠ 종업원은 상사로부터 통제를 받지 않으면 안 된다.
  ㉡ 종업원을 회사의 목적에 헌신시키기 위해 강제성을 띠어야 한다.
  ㉢ 현대 산업사회에서 인간은 게으르고 태만하며, 수동적이고 남의 지배받기를 즐긴다.
㉯ Y이론의 가정
  ㉠ 목적에 투신하는 것은 성취와 관련된 보상과 함수관계에 있다.
  ㉡ 근로에 육체적·정신적 노력을 쏟는 것은 놀이나 휴식만큼 자연스럽다.
  ㉢ 대부분 사람들은 조건만 적당하면 책임뿐만 아니라 그것을 추구할 능력이 있다.

31 일반적인 교육지도의 원칙이 아닌 것은?

① 반복적으로 교육할 것
② 학습자 중심으로 교육할 것
③ 어려운 것에서 시작하여 쉬운 것으로 유도할 것
④ 강조하고 싶은 사항에 대해 강한 인상을 심어줄 것

해설 교육지도의 8원칙
㉮ 피교육자 중심교육(상대방 입장에서 교육)
㉯ 동기부여
㉰ 쉬운 부분에서 어려운 부분으로 진행
㉱ 반복
㉲ 한 번에 하나씩 교육
㉳ 인상의 강화
㉴ 5관의 활용(시각, 청각, 촉각, 미각, 후각)
㉵ 기능적인 이해

32 다음은 각기 다른 조직형태의 특성을 설명한 것이다. 각 특징에 해당하는 조직형태를 연결한 것으로 맞는 것은?

> ⓐ 중규모 형태의 기업에서 시장 상황에 따라 인적 자원을 효과적으로 활용하기 위한 형태이다.
> ⓑ 목적지향적이고 목적 달성을 위해 기존의 조직에 비해 효율적이며 유연하게 운영될 수 있다.

① ⓐ 위원회 조직, ⓑ 프로젝트 조직
② ⓐ 사업부제 조직, ⓑ 위원회 조직
③ ⓐ 매트릭스형 조직, ⓑ 사업부제 조직
④ ⓐ 매트릭스형 조직, ⓑ 프로젝트 조직

해설 기업의 조직 분류
㉮ 프로젝트(project) 조직 : 경영조직을 프로젝트별로 분화하여 조직화를 꾀한 조직으로, 목적지향적이고 목적 달성을 위해 기존의 조직에 비해 효율적이며 유연하게 운영될 수 있는 형태이다.
㉯ 매트릭스형 조직 : 기능형 조직과 프로그램형 조직의 중간 형태로 중규모 형태의 기업에서 시장 상황에 따라 인적 자원을 효과적으로 활용하기 위한 형태이다.
㉰ 사업부제 조직 : 기업 규모가 커지고 최고경영자가 기업의 모든 업무를 관리하기 어려울 때 채택하는 조직으로, 하나의 조직 자체가 소규모 회사 형태로 운영된다.
㉱ 위원회 조직 : 계층제에 기반하는 독임형 조직에 대응되는 개념으로서, 정책의 결정을 기관장 단독으로 하는 것이 아니고 다수의 위원이 참여하는 조직체에서 집단적으로 하는 조직 형태이다.

33 합리화의 유형 중 자기의 실패나 결함을 다른 대상에게 책임을 전가시키는 유형으로, 자신의 잘못에 대해 조상 탓을 하거나 축구선수가 공을 잘못 찬 후 신발 탓을 하는 등에 해당하는 것은?

① 망상형
② 신포도형
③ 투사형
④ 달콤한 레몬형

해설 합리화(rationalization)
자기의 실패나 약점에 그럴 듯한 이유를 들어서 남의 비난을 받지 않도록 하며, 또한 자위도 하는 행동기제이다. 합리화는 자기방어의 방식에 따라 다음과 같이 구분할 수 있다.
㉮ 망상형 : 원하는 일이 마음대로 되지 않을 때 자신의 능력에 대해 허구적 신념을 가짐으로써 실패의 원인을 합리화하는 것
㉯ 신포도형 : 어떤 목표를 위해서 노력했으나 실패했을 때 자아를 보호하기 위하여 원래 그렇게 원하지 않았다고 하는 것
㉰ 투사형 : 자기의 실패나 결함을 다른 대상에게 책임을 전가시키는 것
㉱ 달콤한 레몬형 : 자기가 현재 가지고 있는 것이 진정 자신이 가장 원했던 것이라고 믿는 것

34 작업지도 기법의 4단계 중 그 작업을 배우고 싶은 의욕을 갖도록 하는 단계로 맞는 것은?

① 제1단계 : 학습할 준비를 시킨다.
② 제2단계 : 작업을 설명한다.
③ 제3단계 : 작업을 시켜 본다.
④ 제4단계 : 작업에 대해 가르친 뒤 살펴 본다.

해설 작업지도 기법의 4단계
㉮ 제1단계 : 학습할 준비를 시킨다(학습 준비).
  ㉠ 마음을 안정시킨다.
  ㉡ 무슨 작업을 할 것인가를 말해준다.
  ㉢ 작업에 대해 알고 있는 정도를 확인한다.
  ㉣ 작업을 배우고 싶은 의욕을 갖게 한다.
  ㉤ 정확한 위치에 자리잡게 한다.
㉯ 제2단계 : 작업을 설명한다(작업 설명).
  ㉠ 주요 단계를 하나씩 설명해주고 시범해 보이고 그려 보인다.
  ㉡ 급소를 강조한다.
  ㉢ 확실하게, 빠짐없이, 끈기있게 지도한다.
  ㉣ 이해할 수 있는 능력 이상으로 강요하지 않는다.
㉰ 제3단계 : 작업을 시켜 본다(실습).
㉱ 제4단계 : 가르친 뒤를 살펴본다(결과 시찰).

[개정 2023]

35 산업안전보건법령상 근로자 정기안전보건교육의 교육내용이 아닌 것은?

① 산업안전 및 사고 예방에 관한 사항
② 건강증진 및 질병 예방에 관한 사항
③ 산업보건 및 직업병 예방에 관한 사항
④ 작업공정의 유해·위험과 재해예방대책에 관한 사항

해설 근로자 정기안전보건교육의 교육내용
㉮ 산업안전 및 산업재해 예방에 관한 사항
㉯ 산업보건 및 건강장해 예방에 관한 사항
㉰ 위험성 평가에 관한 사항
㉱ 건강증진 및 질병 예방에 관한 사항
㉲ 유해·위험 작업환경 관리에 관한 사항
㉳ 산업안전보건법령 및 산업재해보상보험 제도에 관한 사항
㉴ 직무 스트레스 예방 및 관리에 관한 사항
㉵ 직장 내 괴롭힘, 고객의 폭언 등으로 인한 건강장해 예방 및 관리에 관한 사항
※ ④ 작업공정의 유해·위험과 재해예방대책에 관한 사항은 관리감독자 교육내용에 속한다.

36 조직에 있어 구성원들의 역할에 대한 기대와 행동은 항상 일치하지는 않는다. 역할 기대와 실제 역할 행동 간에 차이가 생기면 역할 갈등이 발생하는데, 역할 갈등의 원인으로 가장 거리가 먼 것은?

① 역할 마찰   ② 역할 민첩성
③ 역할 부적합 ④ 역할 모호성

해설 역할 갈등의 원인
㉮ 역할 마찰
㉯ 역할 부적합
㉰ 역할 모호성

37 데이비스(K. Davis)의 동기부여 이론에서 "능력(ability)"을 올바르게 표현한 것은?

① 기능(skill)×태도(attitude)
② 지식(knowledge)×기능(skill)
③ 상황(situation)×태도(attitude)
④ 지식(knowledge)×상황(situation)

해설 경영의 성과를 나타내는 등식
데이비스(K. Davis)는 인간의 목표 달성(또는 종업원의 직무 업적)은 '능력과 동기유발'에 의해 결정된다고 하며, 다음과 같은 공식으로 이를 설명했다.
㉮ 지식(knowledge)×기능(skill)=능력(ability)
㉯ 상황(situation)×태도(attitude)
  =동기유발(motivation)
㉰ 능력×동기유발=인간의 성과

38 안전보건교육을 향상시키기 위한 학습지도의 원리에 해당되지 않는 것은?

① 통합의 원리
② 자기활동의 원리
③ 개별화의 원리
④ 동기유발의 원리

해설 학습지도의 원리
㉮ 자기활동의 원리
㉯ 개별화의 원리
㉰ 사회화의 원리
㉱ 통합의 원리
㉲ 직관의 원리

정답 34.① 35.④ 36.② 37.② 38.④

39 구안법(project method)의 단계를 올바르게 나열한 것은?

① 계획 → 목적 → 수행 → 평가
② 계획 → 목적 → 평가 → 수행
③ 수행 → 평가 → 계획 → 목적
④ 목적 → 계획 → 수행 → 평가

해설 구안법의 4단계
목적 → 계획 → 수행 → 평가

40 다음 중 교육의 3요소를 바르게 나열한 것은?

① 교사 – 학생 – 교육재료
② 교사 – 학생 – 교육환경
③ 학생 – 교육환경 – 교육재료
④ 학생 – 부모 – 사회 지식인

해설 교육의 3요소
㉮ 주체 : 강사, 교사 등
㉯ 객체 : 학생, 수강자, 피교육자 등
㉰ 매개체 : 교재 등

» 제3과목 인간공학 및 시스템 안전공학

41 인체에서 뼈의 주요 기능이 아닌 것은?

① 인체의 지주
② 장기의 보호
③ 골수의 조혈
④ 근육의 대사

해설 인체에서 뼈의 주요 기능
㉮ 지주 : 고형물로 몸의 기본적인 체격을 이룬다.
㉯ 보호 : 주위의 다른 장기 또는 조직들을 지지해주며, 뼛속에 위치한 장기를 외력으로부터 보호한다.
㉰ 운동 : 근육을 부착시킴으로써 이들에 대하여 지렛대로서의 역할을 한다.
㉱ 조혈 : 뼛속의 골수에서는 혈액을 만들어내는 조혈기관으로서의 역할을 한다.
㉲ 무기물 저장 : Ca, P 등의 저장창고 역할을 한다.

42 반사율이 85%, 글자의 밝기가 400cd/m² 인 VDT 화면에 350lux의 조명이 있다면 대비는 약 얼마인가?

① -6.0   ② -5.0
③ -4.2   ④ -2.8

해설 ㉮ 반사율 = $\dfrac{\text{광속발산도}}{\text{소요조명}} \times 100$

$= \dfrac{\text{cd/m}^2 \times x}{\text{lux}}$

㉯ 배경의 광속발산도
$L_b = \dfrac{\text{반사율} \times \text{소요조명}}{\pi}$

$= \dfrac{0.85 \times 350}{3.14} = 94.75 \text{cd/m}^2$

㉰ 표적의 광속발산도
$L_t = 400 + 94.75 = 494.75 \text{cd/m}^2$

㉱ 대비 $= \dfrac{L_b - L_t}{L_b} \times 100$

$= \dfrac{94.75 - 494.75}{94.75} \times 100 = -4.22\%$

43 FT도에서 사용하는 기호 중 다음 그림과 같이 OR 게이트이지만 2개 또는 그 이상의 입력이 동시에 존재할 때 출력이 생기지 않는 경우 사용하는 것은?

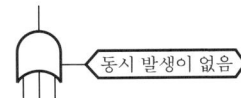

① 부정 OR 게이트
② 배타적 OR 게이트
③ 억제 게이트
④ 조합 OR 게이트

해설 ① 부정 OR 게이트 : 억제 게이트와 동일하게 부정 모디파이어(not modifier)라고도 하며, 입력사상의 반대사상이 출력된다.
② 배타적 OR 게이트 : 결함수의 OR 게이트이지만, 2개나 그 이상의 입력이 동시에 존재하는 경우에는 출력이 생기지 않는다.
③ 억제 게이트 : 입력사상에 대하여 이 게이트로 나타내는 조건이 만족하는 경우에만 출력사상이 생긴다.
④ 조합 OR 게이트 : 3개 이상의 입력사상 가운데 어느 것이든 2개가 일어나면 출력사상이 생긴다.

44 HAZOP 기법에서 사용하는 가이드워드와 의미가 잘못 연결된 것은?

① No/Not – 설계 의도의 완전한 부정
② More/Less – 정량적인 증가 또는 감소
③ Part of – 성질상의 감소
④ Other than – 기타 환경적인 요인

해설 위험 및 운전성 검토(HAZOP)에서 사용되는 유인어(guidewords)
간단한 용어(말)로서 창조적 사고를 유도하고 자극하여 이상을 발견하고, 의도를 한정하기 위해 사용된다. 즉, 다음과 같은 의미를 나타낸다.
㉮ No 또는 Not : 설계 의도의 완전한 부정
㉯ More 또는 Less : 양(압력, 반응, Flow, Rate, 온도 등)의 증가 또는 감소
㉰ As well as : 성질상의 증가(설계 의도와 운전조건이 어떤 부가적인 행위와 함께 일어남
㉱ Part of : 일부 변경, 성질상의 감소(어떤 의도는 성취되나, 어떤 의도는 성취되지 않음)
㉲ Reverse : 설계 의도의 논리적인 역
㉳ Other than : 완전한 대체(통상 운전과 다르게 되는 상태)

45 설비의 고장과 같이 발생확률이 낮은 사건의 특정시간 또는 구간에서의 발생횟수를 측정하는 데 가장 적합한 확률분포는?

① 이항분포(binomial distribution)
② 푸아송분포(Poisson distribution)
③ 와이블분포(weibull distribution)
④ 지수분포(exponential distribution)

해설 푸아송분포
확률 및 통계학에서 모수는 모집단의 특성을 나타내는 수치를 말한다. 푸아송분포에서의 모수는 단위시간 또는 단위공간에서 평균발생횟수를 의미한다. 따라서 푸아송분포는 단위시간, 단위공간에 어떤 사건이 몇 번 발생할 것인지를 표현하는 이산확률분포이다.

46 결함수분석의 기호 중 입력사상이 어느 하나라도 발생할 경우 출력사상이 발생하는 것은?

① NOR GATE ② AND GATE
③ OR GATE   ④ NAND GATE

해설 ① NOR GATE : 모든 입력이 거짓인 경우 출력이 참이 되는 논리 게이트이다.
② AND GATE : 모든 입력사상이 공존할 때만 출력사상이 발생하는 논리 게이트이다.
④ NAND GATE : 모든 입력이 참인 경우 출력이 거짓이 되는 논리 게이트이다.

47 FTA 결과 다음과 같은 패스셋을 구하였다. 최소 패스셋(minimal path sets)으로 옳은 것은?

$$\{X_2, X_3, X_4\}$$
$$\{X_1, X_3, X_4\}$$
$$\{X_3, X_4\}$$

① $\{X_3, X_4\}$
② $\{X_1, X_3, X_4\}$
③ $\{X_2, X_3, X_4\}$
④ $\{X_2, X_3, X_4\}$와 $\{X_3, X_4\}$

해설 최소 패스셋(minimal path sets)은 정상사상이 일어나지 않는 최소한의 기본사상의 집합이다.

48 인체측정자료를 장비, 설비 등의 설계에 적용하기 위한 응용원칙에 해당하지 않는 것은?

① 조절식 설계
② 극단치를 이용한 설계
③ 구조적 치수 기준의 설계
④ 평균치를 기준으로 한 설계

해설 인체계측자료 응용원칙
㉮ 극단치 설계
  ㉠ 최대 집단치 : 출입문, 통로, 의자 사이의 간격 등
  ㉡ 최소 집단치 : 선반의 높이, 조종장치까지의 거리, 버스나 전철의 손잡이 등
㉯ 조절식 설계 : 사무실 의자나 책상의 높낮이 조절, 자동차 좌석의 전후조절 등
㉰ 평균치 설계 : 가게나 은행의 계산대 등

49 산업안전보건법령상 해당 사업주가 유해위험방지계획서를 작성하여 제출해야 하는 대상은?

① 시·도지사   ② 관할 구청장
③ 고용노동부장관 ④ 행정안전부장관

정답 44.④ 45.② 46.③ 47.① 48.③ 49.③

해설 산업안전보건법령상 해당 사업주가 유해위험방지계획서를 작성하여 고용노동부장관에게 제출하여야 한다.

50 감각저장으로부터 정보를 작업기억으로 전달하기 위한 코드화 분류에 해당되지 않는 것은?

① 시각코드 ② 촉각코드
③ 음성코드 ④ 의미코드

해설 작업기억으로 전달하기 위한 코드화 분류
㉮ 음운부호(phonological code)
㉯ 시각부호(visual code)
㉰ 의미부호(semantic code)

51 위험분석기법 중 고장이 시스템의 손실과 인명의 사상에 연결되는 높은 위험도를 가진 요소나 고장의 형태에 따른 분석법은?

① CA   ② ETA
③ FHA   ④ FTA

해설 ① CA(Criticality Analysis ; 위험도 분석) : 고장이 시스템의 손실과 인명의 사상에 연결되는 높은 위험도를 가진 요소나 고장의 형태에 따른 분석법
② ETA(Event Tree Analysis) : 사상의 안전도를 사용하여 시스템의 안전도를 나타내는 시스템 모델의 하나로 귀납적이고 정량적인 분석법
③ FHA(Fault Hazard Analysis ; 결함사고 위험분석) : 서브시스템 해석 등에 사용되는 분석법
④ FTA(Fault Tree Analysis) : 결함수법·결함관련 수법·고장의 목(木) 분석법 등의 뜻을 나타내며, 기계설비 또는 인간-기계 시스템(Man Machine System)의 고장이나 재해의 발생요인을 FT 도표에 의하여 분석하는 방법

52 스트레스의 영향으로 발생된 신체반응의 결과인 스트레인(strain)을 측정하는 척도가 잘못 연결된 것은?

① 인지적 활동 - EEG
② 육체적 동적 활동 - GSR
③ 정신 운동적 활동 - EOG
④ 국부적 근육활동 - EMG

해설 스트레인 측정
㉮ 인지적 활동 : 뇌전도(EEG, 이중직무, 주관적 평가)
㉯ 육체적 동적 활동 : 심박수, 산소소비량
㉰ 정신 운동적 활동 : 안(눈)전위도(EOG)
㉱ 국부적 근육활동 : 근전도(EMG)

53 발생확률이 동일한 64가지의 대안이 있을 때 얻을 수 있는 총 정보량은?

① 6bit   ② 16bit
③ 32bit   ④ 64bit

해설 총 정보량(H) : 실현 가능성이 같은 n개의 대안이 있을 때 총 정보량(H)은 다음과 같다.
$H = \log_2(n)$
$\therefore H(\text{정보량}) = \log_2(n) = \log_2 64 = \log_2 2^6 = 6\text{bit}$

54 통화이해도 척도로서 통화이해도에 영향을 주는 잡음의 영향을 추정하는 지수는?

① 명료도 지수   ② 통화 간섭 수준
③ 이해도 점수   ④ 통화 공진 수준

해설 통화이해도 척도
㉮ 명료도 지수 : 통화이해도를 추정할 수 있는 근거로 명료도 지수를 사용하는데, 이는 각 옥타브 대의 음성과 소음의 dB 값에 가중치를 곱하여 합계를 구한 지수이다.
㉯ 통화 간섭 수준 : 잡음이 통화이해도(speech intelligibility)에 미치는 영향을 추정하는 지수이다.
㉰ 이해도 점수 : 수화자가 통화내용을 얼마나 알아들었는가의 비율(%)이다.
㉱ 소음 기준 곡선 : 사무실, 회의실, 공장 등에서 통화를 평가할 때 사용하는 것이 소음기준이다.

55 n개의 요소를 가진 병렬 시스템에 있어 요소의 수명(MTTF)이 지수분포를 따를 경우, 이 시스템의 수명으로 옳은 것은?

① $MTTF \times n$
② $MTTF \times \dfrac{1}{n}$
③ $MTTF \times \left(1 + \dfrac{1}{2} + \cdots + \dfrac{1}{n}\right)$
④ $MTTF \times \left(1 \times \dfrac{1}{2} \times \cdots \times \dfrac{1}{n}\right)$

해설 ㉮ 병렬 체계의 수명 = $MTTF \times \left(1 + \frac{1}{2} + \cdots + \frac{1}{n}\right)$
㉯ 직렬 체계의 수명 = $\frac{1}{n} \times MTTF$

56 산업안전보건법령상 유해하거나 위험한 장소에서 사용하는 기계·기구 및 설비를 설치·이전하는 경우 유해위험방지계획서를 작성, 제출하여야 하는 대상이 아닌 것은 어느 것인가?

① 화학설비
② 금속 용해로
③ 건조설비
④ 전기용접장치

해설 유해위험방지계획서를 제출하여야 하는 기계·기구 및 설비
㉮ 금속이나 그 밖의 광물의 용해로
㉯ 화학설비
㉰ 건조설비
㉱ 가스집합 용접장치
㉲ 제조 등 금지물질 또는 허가대상물질 관련 설비
㉳ 분진작업 관련 설비

57 안전교육을 받지 못한 신입직원이 작업 중 전극을 반대로 끼우려고 시도했으나, 플러그의 모양이 반대로는 끼울 수 없도록 설계되어 있어서 사고를 예방할 수 있었다. 작업자가 범한 오류와 이와 같은 사고의 예방을 위해 적용된 안전설계원칙으로 가장 적합한 것은?

① 누락(omission) 오류, fail safe 설계원칙
② 누락(omission) 오류, fool proof 설계원칙
③ 작위(commission) 오류, fail safe 설계원칙
④ 작위(commission) 오류, fool proof 설계원칙

해설 ㉮ 오류의 심리적인 분류(Swain)
㉠ 생략적 에러(omission error) : 필요한 직무(task) 또는 절차를 수행하지 않는 데 기인한 과오(error)
㉡ 시간적 에러(time error) : 필요한 직무 또는 절차의 수행지연으로 인한 과오
㉢ 수행적 에러(commission error) : 필요한 직무 또는 절차의 불확실한 수행으로 인한 과오
㉣ 순서적 에러(sequential error) : 필요한 직무 또는 절차의 순서착오로 인한 과오
㉤ 불필요한 에러(extraneous error) : 불필요한 직무 또는 절차를 수행함으로 인한 과오
㉯ 풀 프루프(fool proof)
사람이 기계·설비 등의 취급을 잘못해도 그것이 바로 사고나 재해와 연결되지 않도록 하는 기능이다. 즉, 사람의 착오나 미스 등으로 발생되는 휴먼에러(human error)를 방지하기 위한 것이다.

58 화학설비의 안전성 평가 5단계 중 4단계에 해당하는 것은?

① 안전대책   ② 정성적 평가
③ 정량적 평가   ④ 재평가

해설 안전성 평가의 기본원칙 5단계
㉮ 1단계 : 관계자료의 작성 준비
㉯ 2단계 : 정성적 평가
㉰ 3단계 : 정량적 평가
㉱ 4단계 : 안전대책
㉲ 5단계 : 재평가

59 다음 그림에서 시스템 위험분석기법 중 PHA(예비위험분석)가 실행되는 사이클의 영역으로 맞는 것은?

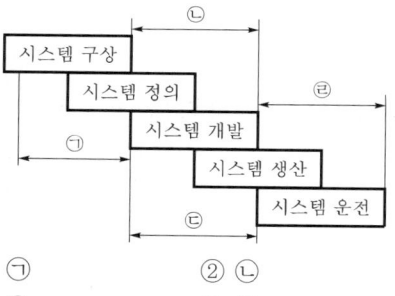

① ㉠
② ㉡
③ ㉢
④ ㉣

해설 시스템의 수명 주기
㉮ 구상단계(concept) : 특정 위험을 찾아내기 위해 예비위험분석(PHA)을 이용한다.
㉯ 정의단계(definition) : 예비설계와 생산기술을 확인하는 단계이다.
㉰ 개발단계(development) : 시스템 정의단계에 환경적 충격, 생산기술, 운영 연구 등을 포함시키는 단계로 운용위험분석(OHA)의 입력자료로 사용된다.
㉱ 생산단계(production) : 생산이 시작되면 품질관리 부서는 생산물을 검사하고 조사하는 역할을 한다.
㉲ 운전단계(deployment) : 시스템이 운전되는 단계이다.

60 FT도에 사용하는 기호에서 3개의 입력현상 중 임의의 시간에 2개가 발생하면 출력이 생기는 기호의 명칭은?

① 억제 게이트
② 조합 AND 게이트
③ 배타적 OR 게이트
④ 우선적 AND 게이트

해설 수정기호의 종류
㉮ 우선적 AND Gate : 입력사상 가운데 어느 사상이 다른 사상보다 먼저 일어났을 때에 출력사상이 생긴다.
㉯ 짜맞춤(조합) AND Gate : 3개 이상의 입력사상 가운데 어느 것이든 2개가 일어나면 출력사상이 생긴다.
㉰ 위험지속기호 : 결함수에서 입력사상이 생기고 일정한 시간이 지속될 때에 출력이 생기고, 만약에 그 시간이 지속되지 않으면 출력이 생기지 않는다.
㉱ 배타적 OR Gate : 결함수의 OR 게이트이지만 2개 또는 그 이상의 입력이 동시에 존재하는 경우에는 출력이 생기지 않는다.

≫ 제4과목 건설시공학

61 철골공사의 기초 상부 고름질 방법에 해당되지 않는 것은?

① 전면바름 마무리법
② 나중채워넣기 중심바름법
③ 나중매립공법
④ 나중채워넣기법

해설 앵커볼트 매립법
㉮ 고정매립 방법
 ㉠ 기초 시공 시 앵커볼트를 고정시켜 놓고 콘크리트를 타설한다.
 ㉡ 시공의 정밀도가 요구되며 또한 구조적으로 안전한 대규모 공사에 적합하다.
㉯ 가동매립 방법
 ㉠ 앵커볼트의 두부가 나중에 조정이 가능하도록 깔때기 모양의 통을 미리 매설하여 콘크리트를 타설하는 공법
 ㉡ 다소 위치의 수정이 가능한 중규모 이상의 공사에 사용한다.
㉰ 나중매립 방법
 ㉠ 콘크리트 타설 전 앵커볼트를 묻을 자리에 콘크리트가 채워지지 않도록 하였다가 나중에 앵커볼트를 묻고 그라우팅으로 고정하는 방법
 ㉡ 앵커볼트 지름이 작은 경미한 공사에 사용되며 위치의 수정이 가능하다.
 ㉢ 기계 설치 등의 소규모 공사에 이용된다.

62 네트워크 공정표에서 후속 작업의 가장 빠른 개시시간(EST)에 영향을 주지 않는 범위 내에서 한 작업이 가질 수 있는 여유시간을 의미하는 것은?

① 전체 여유(TF)
② 자유 여유(FF)
③ 간섭 여유(IF)
④ 종속 여유(DF)

해설
㉮ LST : 공정이 가장 늦게 시작될 경우의 시점
㉯ EST : 공정이 가장 일찍 시작될 경우의 시점
㉰ LFT : 공정이 가장 늦게 끝날 경우의 시점
㉱ EFT : 공정이 가장 일찍 끝날 경우의 시점
㉲ 전체 여유(TF) : 전체 공사기간을 지연시키지 않는 범위에서 한 작업이 가질 수 있는 최대 여유시간을 말하는데, 주공정선 즉 CP는 전체 여유를 가질 수 없는 가장 긴 경로
㉳ 자유 여유(FF) : 후속 작업의 가장 빠른 개시시간, 즉 EST에 영향을 주지 않는 범위에서 한 작업이 가질 수 있는 여유시간
㉴ 종속 여유(DF) : 후속 작업의 가장 빠른 개시시간에는 지연을 초래하지만 전체적인 공사기간을 지연시키지 않는 범위에서 한 작업이 가질 수 있는 여유시간

63 벽돌의 품질을 결정하는 데 가장 중요한 사항은?

① 흡수율 및 인장강도
② 흡수율 및 전단강도
③ 흡수율 및 휨강도
④ 흡수율 및 압축강도

해설 벽돌의 품질을 결정하는 데 가장 중요한 사항은 흡수율 및 압축강도이다.

종류	흡수율	압축강도
1종	7% 이하	13N/mm² 이상
2종	13% 이하	8N/mm² 이상

64 철골공사에서는 용접작업 종료 후 용접부의 안전성을 확인하기 위해 비파괴검사를 실시하는데, 이 비파괴검사의 종류에 해당되지 않는 것은?

① 방사선검사
② 침투탐상검사
③ 반발경도검사
④ 초음파탐상검사

해설 비파괴검사의 종류에는 자분탐상법, 침투탐상법, 타진법(음향법), 초음파탐상법, 방사선투과법, 와류탐상법 등이 있다.

65 피어 기초 공사에 대한 설명으로 옳지 않은 것은?

① 중량 구조물을 설치하는 데 있어서 지반이 연약하거나 말뚝으로도 수직 지지력이 부족하고, 그 시공이 불가능한 경우와 기초 지반의 교란을 최소화해야 할 경우에 채용한다.
② 굴착된 흙을 직접 탐사할 수 있고, 지지층의 상태를 확인할 수 있다.
③ 무진동, 무소음 공법이며, 여타 기초 형식에 비하여 공기 및 비용이 적게 소요된다.
④ 피어 기초를 채용한 국내의 초고층 건축물에는 63빌딩이 있다.

해설 피어 기초 공법은 견고한 지반까지 75cm 이상의 수직공을 굴착한 뒤 현장에서 콘크리트를 타설하여 구조물의 하중을 지지층에 전달하도록 하는 기초 공법으로 무진동, 무소음 공법이며, 여타 기초 형식에 비하여 공기 및 비용이 많이 소요된다.

66 지반개량공법 중 강제압밀공법에 해당하지 않는 것은?

① 프로로딩 공법
② 페이퍼 드레인 공법
③ 고결 공법
④ 샌드 드레인 공법

해설 ㉮ 강제압밀공법 : 프로로딩 공법, 페이퍼 드레인 공법, 샌드 드레인 공법, 성토 공법 등
㉯ 고결 공법 : 화학적 또는 열적인 처리에 의해 흙 입자 간의 결합력을 증대시켜 지반의 안정을 얻는 공법

67 석공사 앵커 긴결공법에 관한 설명으로 옳지 않은 것은?

① 연결철물의 장착을 위한 세트 앵커용 구멍을 45mm 정도 천공하고 캡을 구조체보다 5mm 정도 깊게 삽입하여 외부의 충격에 대처한다.
② 연결철물용 앵커와 석재는 접착용 에폭시를 사용하여 고정한다.
③ 연결철물은 석재의 상하 및 양단에 설치하여 하부의 것은 지지용으로, 상부의 것은 고정용으로 사용한다.
④ 판석재와 철재가 직접 접촉하는 부분에는 적절한 완충재를 사용한다.

해설 **앵커 긴결공법**
석재를 붙일 때 모르타르를 사용하지 않고 앵커, 볼트, 연결철물을 사용하여 석재와 구조체를 연결시키는 방법으로, 다음과 같은 특징이 있다.
㉮ 백화현상 우려 없음
㉯ 건물의 자중이 상대적으로 적으며 상부 하중이 하부로 전달되지 않음
㉰ 공기 단축이 가능하고 단열효과 및 결로 방지 효과가 큼
㉱ 충격에 약함
㉲ 부자재비가 많이 소요되며 긴결철물의 녹 발생 우려가 있음

68 블록의 하루 쌓기 높이는 최대 얼마를 표준으로 하는가?

① 1.5m 이내   ② 1.7m 이내
③ 1.9m 이내   ④ 2.1m 이내

> **해설** 블록의 하루 쌓기 높이는 최대 1.5m 이내로 제한하는데, 이는 붕괴 위험이 있기 때문이다.

69 갱폼(gang form)에 관한 설명으로 옳지 않은 것은?

① 타워크레인, 이동식 크레인 같은 양중 장비가 필요하다.
② 벽과 바닥의 콘크리트 타설을 한번에 가능하게 하기 위하여 벽체 및 슬래브 거푸집을 일체로 제작한다.
③ 공사 초기 제작기간이 길고 투자비가 큰 편이다.
④ 경제적인 전용 횟수는 30~40회 정도이다.

> **해설** **갱폼의 장점 · 단점**
> ㉮ 장점
> ㉠ 조립 · 해체가 생략되고 설치와 탈형만 하기 때문에 인력 절감
> ㉡ 콘크리트 이음부위 감소로 마감 단순화 및 비용 절감
> ㉢ 기능공의 기능도에 좌우되지 않음
> ㉣ 1개의 현장에 사용 후 합판을 교체하여 재사용 가능
> ㉯ 단점
> ㉠ 장비 필요, 초기투자비 과다
> ㉡ 거푸집 조립시간 필요(취급 어려움)
> ㉢ 기능공의 교육 및 숙달기간 필요

70 LOB(Line Of Balance) 기법을 옳게 설명한 것은?

① 세로축에 작업명을 순서에 따라 배열하고 가로축에 날짜를 표기한 다음, 각 작업의 시작과 끝을 연결한 횡선의 길이로 작업길이를 표시한 기법
② 종래의 건축공사에 있어서 낭비요인을 배제하고, 작업의 고밀도화와 인원, 기계, 자재의 효율화를 꾀함으로써 공기의 단축과 원가절감을 이루는 기법
③ 반복작업에서 각 작업조의 생산성을 유지시키면서 그 생산성을 기울기로 하는 직선으로 각 반복작업의 진행을 표시하여 전체 공사를 도식화하는 기법
④ 공구별로 직렬 연결된 작업을 다수 반복하여 사용하는 기법

> **해설** **LOB 기법**
> 반복작업에서 각 작업조의 생산성을 유지시키면서 그 생산성을 기울기로 하는 직선으로 각 반복작업의 진행을 표시하여 전체 공사를 도식화하는 기법
> ※ ①은 횡선식 공정표 기법에 대한 설명이다.

71 자연상태로서의 흙의 강도가 1MPa이고, 이긴상태로의 강도가 0.2MPa이라면 이 흙의 예민비는?

① 0.2
② 2
③ 5
④ 10

> **해설** 예민비 $= \dfrac{\text{자연시료의 강도}}{\text{이긴시료의 강도}}$
> $= \dfrac{1}{0.2} = 5$

72 다음 중 철근공사의 배근 순서로 옳은 것은?

① 벽 → 기둥 → 슬래브 → 보
② 슬래브 → 보 → 벽 → 기둥
③ 벽 → 기둥 → 보 → 슬래브
④ 기둥 → 벽 → 보 → 슬래브

> **해설** **철근공사**
> ㉮ 철근의 배근 순서 : 기둥 → 벽 → 보 → 슬래브
> ㉯ 철근 결속선 : #18 ~ #20 철선
> ㉰ 배근간격 : 아래의 세 가지 값을 구해 가장 큰 값으로 한다.
> ㉠ 철근의 간격은 조골재 최대 치수의 1.25배 이상
> ㉡ 2.5cm
> ㉢ 이형 철근인 경우에는 철근 지름의 1.7배 이상, 원형 철근인 경우에는 철근 지름의 1.5배 이상

73 철근콘크리트 구조의 철근 선조립 공법의 순서로 옳은 것은?

① 시공도 작성 → 공장절단 → 가공 → 이음·조립 → 운반 → 현장부재양중 → 이음·설치
② 공장절단 → 시공도 작성 → 가공 → 이음·조립 → 이음·설치 → 운반 → 현장부재양중
③ 시공도 작성 → 가공 → 공장절단 → 운반 → 현장부재양중 → 이음·조립 → 이음·설치
④ 시공도 작성 → 공장절단 → 운반 → 가공 → 이음·조립 → 현장부재양중 → 이음·설치

해설 **철근 선조립 공법의 순서**
시공도 → 공장절단 → 가공 → 이음·조립 → 운반 → 현장부재양중 → 이음·설치

74 콘크리트 다짐 시 진동기의 사용에 관한 설명으로 옳지 않은 것은?

① 진동다지기를 할 때에는 내부진동기를 하층의 콘크리트 속으로 0.1m 정도 찔러 넣는다.
② 1개소당 진동시간은 다짐할 때 시멘트풀이 표면 상부로 약간 부상하기까지가 적절하다.
③ 내부진동기는 콘크리트로부터 천천히 빼내어 구멍이 남지 않도록 한다.
④ 내부진동기는 콘크리트를 횡방향으로 이동시킬 목적으로 사용한다.

해설 **진동기의 사용**
㉮ 내부진동기는 콘크리트를 종방향으로 이동시킬 목적으로 사용한다.
㉯ 진동기는 하층 콘크리트에 10cm 정도 삽입하여 상하층 콘크리트를 일체화시킨다.
㉰ 진동기는 가능한 한 연직방향으로 찔러 넣는다.
㉱ 1개소당 진동시간은 다짐할 때 시멘트풀이 표면 상부로 약간 부상하기까지가 적절하다.
㉲ 내부진동기는 콘크리트로부터 천천히 빼내어 구멍이 남지 않도록 한다.
㉳ 진동기는 철근 또는 철골에 직접 접촉되지 않도록 행해야 한다.

75 터널 폼에 관한 설명으로 옳지 않은 것은?

① 거푸집의 전용 횟수는 약 10회 정도로 매우 적다.
② 노무 절감, 공기단축이 가능하다.
③ 벽체 및 슬래브 거푸집을 일체로 제작한 거푸집이다.
④ 이 폼의 종류에는 트윈쉘(twin shell)과 모노쉘(mono shell)이 있다.

해설 터널 폼(tunnel form)은 벽과 바닥의 콘크리트 타설을 일체화하기 위하여 ㄱ자 또는 ㄷ자형의 기성재 거푸집으로, 전용 횟수가 200회 정도로 경제적이다(초기 투자비는 고가).

76 단순조적 블록공사 시 방수 및 방습 처리에 관한 설명으로 옳지 않은 것은?

① 방습층은 도면 또는 공사시방서에서 정한 바가 없을 때에는 마루 밑이나 콘크리트 바닥판 밑에 접근되는 세로줄눈의 위치에 둔다.
② 물빼기 구멍은 콘크리트의 윗면에 두거나 물끊기 및 방습층 등의 바로 위에 둔다.
③ 도면 또는 공사시방서에서 정한 바가 없을 때 물빼기 구멍의 직경은 10mm 이내, 간격 1.2m마다 1개소로 한다.
④ 물빼기 구멍에는 다른 지시가 없는 한 직경 6mm, 길이 100mm 되는 폴리에틸렌 플라스틱 튜브를 만들어 집어넣는다.

해설 **방수 및 방습 처리**
㉮ 블록 벽면의 방수처리는 도면 또는 관련 기준에 따른다.
㉯ 블록 벽체가 지반면에 접촉하는 부분에는 수평방습층을 두고 그 위치, 재료 및 공법은 도면 또는 공사시방서에 따르고, 그 정함이 없을 때에는 마루 밑이나 콘크리트 바닥판 밑에 접근되는 가로줄눈의 위치에 두고 액체방수 모르타르를 10mm 두께로 블록 윗면 전체에 바른다.
㉰ 물빼기 구멍은 콘크리트의 윗면에 두거나 물끊기 및 방습층 등의 바로 위에 둔다. 그 구멍의 크기, 간격, 재료 및 구성방법 등은 도면 또는 공사시방서에 따른다. 도면 또는 공사시방서에서 정한 바가 없을 때에는 직경 10mm

정답 73.① 74.④ 75.① 76.①

이내, 간격 1.2m마다 1개소로 한다. 또한 블록 빈 속의 밑창에 모르타르를 바깥쪽으로 약간 경사지게 펴 깔고 블록을 쌓거나 10mm 정도의 물흘림홈을 두어 블록의 빈 속에 고인 물이 물빼기 구멍으로 흘러내리게 한다.
㉣ 물빼기 구멍에는 다른 지시가 없는 한 직경 6mm, 길이 100mm 되는 폴리에틸렌 플라스틱 튜브를 만들어 집어넣는다.

77 부재별 철근의 정착위치에 관한 설명으로 옳지 않은 것은?

① 작은 보의 주근은 슬래브에 정착한다.
② 기둥의 주근은 기초에 정착한다.
③ 바닥철근은 보 또는 벽체에 정착한다.
④ 벽철근은 기둥, 보 또는 바닥판에 정착한다.

해설 철근의 정착위치
㉮ 기둥의 상부의 주근은 큰 보, 하부의 주근은 기초에 정착시킨다.
㉯ 지중보의 주근은 기초 또는 기둥에 정착시킨다.
㉰ 보의 주근은 기둥에 정착시킨다.
㉱ 작은 보의 주근은 큰 보에 정착시킨다.
㉲ 직교하는 단부 보 밑에 기둥이 없을 때에는 상호간에 정착시킨다.
㉳ 바닥철근은 보 또는 벽체에 정착한다.
㉴ 벽철근은 기둥, 보 또는 바닥판에 정착한다.

78 철골용접 부위의 비파괴검사에 관한 설명으로 옳지 않은 것은?

① 방사선검사는 필름의 밀착성이 좋지 않은 건축물에서도 검출이 우수하다.
② 침투탐상검사는 액체의 모세관 현상을 이용한다.
③ 초음파탐상검사는 인간의 귀로 들을 수 없는 주파수를 갖는 초음파를 사용하여 결함을 검출하는 방법이다.
④ 외관검사는 용접을 한 용접공이나 용접관리 기술자가 하는 것이 원칙이다.

해설 방사선투과법
X선, γ선을 용접부에 투과하고 그 상태를 필름 형상으로 담아 내부 결함을 검출하는 방법이다.

79 다음 설명에 해당하는 공정표의 종류로 옳은 것은?

> 한 공종의 작업이 하나의 숫자로 표기되고 컴퓨터에 적용하기 용이한 이점 때문에 많이 사용되고 있다. 각 작업은 node로 표기하고 더미의 사용이 불필요하며, 화살표는 단순히 작업의 선후관계만을 나타낸다.

① 횡선식 공정표   ② CPM
③ PDM   ④ LOB

해설 공정표의 종류
㉮ 횡선식 공정표 : 세로축에 작업항목이나 공종, 가로축에 시간을 취하여 각 작업의 개시부터 종료까지의 시간을 막대 모양으로 표현한 공정표이다.
㉯ CPM : 신규 사업이지만 비교적 경험이 있는 사업과 반복 사업으로 불확정 요소는 별로 문제가 되지 않는 사업장에 적용한다.
㉰ PDM(Precedence Diagram Method) : 한 공종의 작업이 하나의 숫자로 표기되고 컴퓨터에 적용하기 용이한 이점 때문에 많이 사용되고 있다. 각 작업은 node로 표기하고 더미의 사용이 불필요하며, 화살표는 단순히 작업의 선후관계만을 나타낸다.
㉱ LOB : 반복작업에서 각 작업조의 생산성을 유지시키면서 그 생산성을 기울기로 하는 직선으로 각 반복작업의 진행을 표시하여 전체 공사를 도식화하는 기법이다.

80 조적식 구조에서 조적식 구조인 내력벽으로 둘러싸인 부분의 최대 바닥면적은?

① $60m^2$ ② $80m^2$
③ $100m^2$ ④ $120m^2$

해설 조적식 구조인 내력벽으로 둘러싸인 부분의 최대 바닥면적은 $80m^2$를 넘을 수 없다.

≫ 제5과목 건설재료학

81 시멘트의 경화시간을 지연시키는 용도로 일반적으로 사용하고 있는 지연제와 거리가 먼 것은?

① 리그닌설폰산염   ② 옥시카르본산
③ 알루민산소다   ④ 인산염

[해설] **급결제**

시멘트의 응결시간을 매우 빠르게 하기 위하여 사용되는 혼화제이다. 급결제를 사용하면 콘크리트의 응결이 수십 초 정도로 빨라지며, 1~2일까지 콘크리트의 강도 증진은 매우 크나 장기강도는 일반적으로 느린 경우가 많다. 누수 방지용 시멘트풀, 그라우트에 의한 지수공사, 뿜어붙이기 공사, 주입공사 등에 사용되고 있다.
③ 알루민산소다는 급결제에 속한다.

82 비중이 크고 연성이 크며, 방사선실의 방사선 차폐용으로 사용되는 금속재료는?

① 주석
② 납
③ 철
④ 크롬

[해설] **납(Pb)의 물리적 및 화학적 성질**

㉮ 물리적 성질
  ㉠ 비중 11.4, 융점 327°C, 비열 0.315kcal/kg·°C, 연질이다. 연성·전성이 크다.
  ㉡ 인장강도는 극히 작다(주물은 1.25kg/mm², 상온 압연재는 1.7~2.3kg/mm²).
  ㉢ X선의 차단 효과가 크며, 보통 콘크리트의 100배 이상이다.
㉯ 화학적 성질
  ㉠ 공기 중에서는 습기와 CO_2에 의하여 표면이 산화하여 $PbCO_3$ 등이 생김으로써 내부를 보호한다.
  ㉡ 염산·황산·농질산에는 침해되지 않으나, 묽은 질산에는 녹는다(부동태 현상).
  ㉢ 알칼리에 약하므로 콘크리트와 접촉되는 곳은 아스팔트 등으로 보호한다.
  ㉣ 납을 가열하면 황색의 리사지(PbO)가 되고, 다시 가열하면 광명단(光明丹, Minium, Pb_3O_4)이 된다.

83 바닥 마감재로 적당한 탄성이 있고, 내마모성과 흡습성이 있어 아파트, 학교, 병원 복도 등에 사용되는 것은?

① 탄성 우레탄 수지 바름바닥
② 에폭시 수지 바름바닥
③ 폴리에스테르 수지 바름바닥
④ 인조석 깔기바닥

[해설] ① 탄성 우레탄 수지 바름바닥 : 적당한 탄성이 있고, 내마모성, 흡습성이 있어 아파트, 학교, 병원 복도 등에 사용된다.

③ 폴리에스테르 강화판(유리섬유) : 가는(細) 유리섬유에 폴리에스테르 수지를 넣어 상온 가압하여 성형한 것으로서, 건축재료로서는 섬유를 불규칙하게 넣어 쓰이고 가성소다 등의 알칼리에는 약하나, 그 외의 화학약품에는 저항성이 있고 내구성도 뛰어난 편이다.
④ 인조석판 : 대리석과 화강암 등의 아름다운 쇄석(종석)과 백색 시멘트와 안료 등을 물로 반죽해서 다지고 경화한 후에 표면을 잔다듬과 물갈기 등으로 마감하여 색조나 성질이 천연 석재와 비슷하게 만든 것으로, 천연석의 모조품으로서 내외장용으로 마루나 벽 등에 널리 쓰인다.

84 콘크리트 다짐바닥, 콘크리트 도로 포장의 균열 방지를 위해 사용되는 것은?

① 코너비드(corner bead)
② PC 강선(PC steel wire)
③ 와이어 메시(wire mesh)
④ 펀칭 메탈(punching metal)

[해설] ① 코너비드(corner bead) : 모서리쇠라고도 하며, 기둥이나 벽의 모서리에 대어 미장바름의 모서리가 상하지 않도록 보호하는 철물이다.
② PC 강선(PC steel wire) : 프리스트레스 콘크리트(PC) 공법에 있어서 긴장재로서 쓰이는 탄소 함유량이 0.6~1.05%의 고탄소강을 반복 냉간 인발 가공하여 가는 줄로 만든 지름 10mm 이하의 고강도 강선을 말한다.
③ 와이어 메시(wire mesh) : 비교적 굵은 연강 철선을 정방형 또는 장방형으로 짠 다음, 각 접점을 전기 용접한 것으로 콘크리트 다짐바닥, 콘크리트 도로 포장의 균열 방지를 위해 사용된다.
④ 펀칭 메탈(punching metal) : 두께가 1.2mm 이하로 얇은 금속판에 여러 가지 모양으로 도려낸 철물로서 환기공 및 라디에이터 커버(radiator cover) 등에 쓰인다.

85 섬유 포화점 이하에서 목재의 함수율 감소에 따른 목재의 성질 변화에 대한 설명으로 옳은 것은?

① 강도가 증가하고, 인성이 증가한다.
② 강도가 증가하고, 인성이 감소한다.
③ 강도가 감소하고, 인성이 증가한다.
④ 강도가 감소하고, 인성이 감소한다.

정답 82.② 83.① 84.③ 85.②

[해설] 목재의 강도는 섬유 포화점 이상에서는 일정하나, 섬유 포화점 이하에서는 함수율의 감소에 따라 강도는 증가하고, 인성은 감소한다.

86 목재의 열적 성질에 관한 설명 중 옳지 않은 것은?

① 겉보기 비중이 작은 목재일수록 열전도율은 작다.
② 섬유에 평행한 방향의 열전도율이 섬유 직각 방향의 열전도율보다 작다.
③ 목재는 불에 타는 단점이 있으나, 열전도율이 낮아 여러 가지 용도로 사용되고 있다.
④ 가벼운 목재일수록 착화되기 쉽다.

[해설] ② 섬유에 평행한 방향의 열전도율이 섬유 직각 방향(엇결 또는 나뭇결 방향)보다 1.5~2배 정도 크다.

87 콘크리트에 관한 설명으로 옳지 않은 것은?

① 콘크리트의 강도는 대체로 물·시멘트비에 의해 결정된다.
② 콘크리트는 장기간 화재를 당해도 결정수를 방출할 뿐이므로 강도상 영향은 없다.
③ 콘크리트는 알칼리성이므로 철근콘크리트의 경우 철근을 방청하는 큰 장점이 있다.
④ 콘크리트는 온도가 내려가면 경화가 늦으므로 동절기에 타설할 경우에는 충분히 양생하여야 한다.

[해설] **콘크리트의 장점 및 단점**
㉮ 장점
  ㉠ 압축강도가 크다.
  ㉡ 내화성·내구성·내진성·내수성·차음성 등이 좋다.
  ㉢ 강과의 접착이 잘 되고, 강알칼리성이 있으므로 방청력(防錆力)이 크다.
  ㉣ 크기에 제한을 받지 않으므로 임의의 크기 및 모양의 구조물을 만들 수 있다.
  ㉤ 시공하는 데에 특별한 숙련을 필요로 하지 않는다.
  ㉥ 유지비가 적게 든다.
  ㉦ 역학적인 결점은 다른 재료를 사용하여 보완할 수 있다.
㉯ 단점
  ㉠ 자체중량이 비교적 크다.
  ㉡ 경화할 때에 수축균열이 발생하기 쉽고 보수가 어렵다.
  ㉢ 압축강도에 비하여 인장강도와 휨강도가 적다(철근을 사용하여 보강한다).

88 내화벽돌의 내화도 범위로 가장 적절한 것은 어느 것인가?

① 500~1,000℃
② 1,500~2,000℃
③ 2,500~3,000℃
④ 3,500~4,000℃

[해설] **내화벽돌의 내화도**
일반적으로 1,580~2,000℃(SK 26~42)의 범위를 가지며, 내화도에 따라 다음과 같이 나눌 수 있다.
㉮ 저급품 : 1,580~1,650℃(SK 26~29)
㉯ 중급품 : 1,670~1,730℃(SK 30~33)
㉰ 고급품 : 1,750~2,000℃(SK 34~42)

89 알루미늄의 특성으로 옳지 않은 것은?

① 순도가 높을수록 내식성이 좋지 않다.
② 알칼리나 해수에 침식되기 쉽다.
③ 콘크리트에 접하거나 흙 중에 매몰된 경우에 부식되기 쉽다.
④ 내화성이 부족하다.

[해설] **알루미늄의 화학적 성질**
㉮ 순도 높은 알루미늄은 공기 중에서 Al_2O_3의 얇은 막이 생겨서 내부를 보호하여 부식되지 않는다.
㉯ 내산성 및 내알칼리성이 약하며, 콘크리트에 접하는 면에는 방식 도장을 요한다.
㉰ 전해법에 의하여 알루미늄 표면에 Al_2O_3로 얇게 층을 부착시킨 것을 알마이트라고 하는데, 산·알칼리에 강하다(알마이트는 굽히거나 마찰하면 벗겨지므로 건축재료에는 많이 사용하지 않는다).
㉱ 800℃로 가열하면 급히 산화하여 백광을 발하며 빛난다.
㉲ 알루미늄분에 산화철분을 혼입한 것을 테르밋(Thermit)이라 한다.

90 양질의 도토 또는 장석분을 원료로 하며, 흡수율이 1% 이하로 거의 없고 소성온도가 약 1,230~1,460°C인 점토제품은?

① 토기
② 석기
③ 자기
④ 도기

[해설] 점토 소성 제품의 종류 및 특성

종 류	소성온도(°C)	제 품
토기	790~1,000	벽돌, 기와, 토관
도기	1,100~1,230	타일, 테라코타, 위생도기
석기	1,160~1,350	벽돌, 타일, 토관, 테라코타
자기	1,230~1,460	타일, 위생도기

91 평판 성형되어 유리 대체재로 사용되는 것으로 유기질유리라고 불리는 것은?

① 아크릴수지
② 페놀수지
③ 폴리에틸렌수지
④ 요소수지

[해설] 아크릴수지(acrylic resin)
㉮ 제법 : 아크릴산 또는 에스테르의 중합(重合)으로 된 수지이다.
㉯ 성질 : 투명성(유기유리), 유연성, 내후성, 내화학약품성이 우수하다.
㉰ 용도 : 도료, 섬유처리, 고문화재 표면 박락 방지제, 시멘트 혼화재료 등에 쓰인다.

92 부재 혹은 구조물의 치수가 커서 시멘트의 수화열에 의한 온도 상승 및 강하를 고려하여 설계·시공해야 하는 콘크리트를 무엇이라 하는가?

① 매스콘크리트
② 한중콘크리트
③ 고강도콘크리트
④ 수밀콘크리트

[해설] 매스콘크리트
㉮ 정의 : 부재 또는 구조물의 치수가 커서 시멘트의 수화열에 의한 온도의 상승을 고려하여 시공한 콘크리트를 말한다.
㉯ 매스콘크리트의 균열방지 또는 감소대책
  ㉠ 중용열 포틀랜드 시멘트를 사용한다.
  ㉡ 슬럼프값은 될 수 있는 한 작게 한다.
  ㉢ 혼화제로는 장기 강도를 크게 하기 위하여 플라이애시나 포졸란 등을 사용한다.
  ㉣ 단위시멘트량을 감소시킨다.

93 진주석 등을 800~1,200°C로 가열 팽창시킨 구상입자 제품으로 단열, 흡음, 보온 목적으로 사용되는 것은?

① 암면 보온판
② 유리면 보온판
③ 카세인
④ 펄라이트 보온재

[해설] 펄라이트(perlite) : 진주석, 흑요석, 송지석 등을 분쇄하여 입상으로 된 것을 800~1,200°C로 가열 팽창시킨 구상입자 제품으로 단열, 흡음, 보온 목적으로 사용된다.

94 석고보드의 특성에 관한 설명으로 옳지 않은 것은?

① 흡수로 인해 강도가 현저하게 저하된다.
② 신축변형이 커서 균열의 위험이 크다.
③ 부식이 안 되고 충해를 받지 않는다.
④ 단열성이 높다.

[해설] 석고보드
경석고에 톱밥이나 석면 등을 넣어서 판상으로 굳히고, 그 양면에 석고액을 침지시킨 회색의 두꺼운 종이를 부착시켜 압축성형한 것이다.
㉮ 흡수로 인해 강도가 현저하게 저하된다.
㉯ 신축변형이 적고 균열의 위험이 작다.
㉰ 부식이 안 되고 충해를 받지 않는다.
㉱ 단열성이 높다.
㉲ 천장, 벽, 칸막이 등에 직접 사용된다.

95 점토벽돌 1종의 압축강도는 최소 얼마 이상인가?

① 17.85MPa
② 19.53MPa
③ 20.59MPa
④ 24.50MPa

해설 점토벽돌의 품질

등급	압축강도(MPa)	흡수율(%)
1종 벽돌	24.5 이상	10 이하
2종 벽돌	20.59 이상	13 이하
3종 벽돌	10.78 이상	15 이하

96 어떤 재료의 초기 탄성 변형량이 2.0cm이고 크리프(creep) 변형량이 4.0cm라면 이 재료의 크리프계수는 얼마인가?

① 0.5　　② 1.0
③ 2.0　　④ 4.0

해설 크리프계수 = $\dfrac{\text{크리프 변형량}}{\text{탄성 변형량}} = \dfrac{4}{2} = 2$

97 다음 각 도료에 관한 설명으로 옳지 않은 것은?

① 유성페인트 : 건조시간이 길고 피막이 튼튼하고 광택이 있다.
② 수성페인트 : 유성페인트에 비하여 광택이 매우 우수하고 내구성 및 내마모성이 크다.
③ 합성수지 페인트 : 도막이 단단하고 내산성 및 내알칼리성이 우수하다.
④ 에나멜페인트 : 건조가 빠르고, 내수성 및 내약품성이 우수하다.

해설 ① 유성페인트 : 주성분인 보일유(boil油)와 안료에 용제 및 희석제·건조제 등을 혼합하여 만든다. 비교적 두꺼운 도막을 만들 수 있고 값이 저렴하나, 내후성·내약품성·변색성 등의 일반적인 도막 성질이 나빠서 목재류나 석고판류 등의 도장에 쓰인다.
② 수성페인트 : 물로 희석하여 사용하는 도료로서 안료를 물로 용해하여 수용성 교착제와 혼합한 분말상태의 도료를 분말성 수성도료라 한다. 도막은 광택이 없고, 취급이 간단하며 빠르게 건조된다. 단점으로는 내구성, 내수성이 작다는 점이 있다.
③ 합성수지 페인트 : 건조가 빠르고 도막도 견고하며, 내산성 및 내알칼리성이 있어서 콘크리트나 플라스터(plaster)면에 사용할 수 있다.
④ 에나멜페인트 : 전색제로 보일유 대신으로 유성 바니시나 중합유에 안료를 섞어서 만든 유색 불투명한 도료로서 건조가 빠르고 도막은 탄성 및 광택이 있으며, 내수성·내유성·내약품성·내열성 등이 우수하다.

98 목재 건조 시 생재를 수중에 일정기간 침수시키는 주된 이유는?

① 재질을 연하게 만들어 가공하기 쉽게 하기 위하여
② 목재의 내화도를 높이기 위하여
③ 강도를 크게 하기 위하여
④ 건조기간을 단축시키기 위하여

해설 통나무채로 3~4주간 침수시키면 수액의 농도가 줄어들어 이 상태에서 공기 중에 건조하면 건조기간을 단축할 수 있다.

99 다음 합성수지 중 열가소성 수지가 아닌 것은?

① 알키드수지　　② 염화비닐수지
③ 아크릴수지　　④ 폴리프로필렌수지

해설 열가소성 수지와 열경화성 수지의 종류
㉮ 열가소성 수지
　㉠ 아크릴수지
　㉡ 염화비닐수지
　㉢ 폴리에틸렌수지
　㉣ 폴리스티렌수지
　㉤ 폴리프로필렌수지
　㉥ 메타크릴수지
　㉦ ABS 수지
　㉧ 폴리아미드(Polyamide)수지(나일론)
　㉨ 셀룰로이드(Celluloid)
　㉩ 비닐아세틸수지
㉯ 열경화성 수지
　㉠ 페놀수지
　㉡ 에폭시수지
　㉢ 멜라민수지
　㉣ 요소수지
　㉤ 실리콘수지
　㉥ 폴리우레탄수지
　㉦ 알키드수지(포화폴리에스테르수지)
　㉨ 불포화폴리에스테르수지
　㉩ 우레탄수지
　㉪ 규소수지
　㉫ 프란수지

100 재료의 단단한 정도를 나타내는 용어는?

① 연성 ② 인성
③ 취성 ④ 경도

해설
① 연성 : 탄성한계를 넘는 힘을 가함으로써 물체가 파괴되지 않고 늘어나는 성질
② 인성 : 질긴 성질, 즉 인장강도, 연신율이나 충격차가 큰 성질
③ 취성 : 재료에 하중을 가했을 때 부서지고 깨지기 쉬운 성질
④ 경도 : 재료의 단단한 정도를 나타내는 성질

≫ 제6과목 건설안전기술

101 온도가 하강함에 따라 토중수가 얼어 부피가 약 9% 정도 증대하게 됨으로써 지표면이 부풀어 오르는 현상은?

① 동상 현상
② 연화 현상
③ 리칭 현상
④ 액상화 현상

해설
② 연화(frost boil) 현상 : 동결된 지반이 융해될 때 흙 속에 과잉의 수분이 존재하여 지반이 연약화되어 강도가 떨어지는 현상
③ 리칭 현상 : 해수에 퇴적된 점토가 담수에 의해 오랜 시간에 걸쳐 염분이 빠져나가 강도가 저하되는 현상
④ 액상화 현상 : 포화된 모래가 비배수(非排水) 상태로 변하여 전단응력을 받으면, 모래 속의 간극수압이 차례로 높아지면서 최종적으로는 액상 상태가 되는 현상[모래의 이 같은 상태를 액상화 상태(quick sand)라 한다]

개정 2023

102 산업안전보건법령에 따른 지반의 종류별 굴착면의 기울기 기준으로 옳지 않은 것은?

① 모래 − 1 : 1.5
② 경암 − 1 : 0.5
③ 풍화암 − 1 : 1.0
④ 연암 − 1 : 1.0

해설 굴착작업 시 굴착면의 기울기 기준

지반의 종류	기울기
모래	1 : 1.8
연암 및 풍화암	1 : 1.0
경암	1 : 0.5
그 밖의 흙	1 : 1.2

103 공정률이 65%인 건설현장의 경우 공사 진척에 따른 산업안전보건관리비의 최소 사용기준으로 옳은 것은? (단, 공정률은 기성 공정률을 기준으로 한다.)

① 40% 이상
② 50% 이상
③ 60% 이상
④ 70% 이상

해설 공사 진척에 따른 안전관리비 사용기준

공정률	50% 이상 ~ 70% 미만	70% 이상 ~ 90% 미만	90% 이상 ~ 100%
사용기준	50% 이상	70% 이상	90% 이상

104 토질시험 중 연약한 점토 지반의 점착력을 판별하기 위하여 실시하는 현장시험은?

① 베인테스트(vane test)
② 표준관입시험(SPT)
③ 하중재하시험
④ 삼축압축시험

해설 베인테스트(vane test)
깊이 10m 미만의 연약한 점성토에 적용되는 것으로 흙 중에서 시료를 채취하는 일 없이 원위치에서 점토의 전단강도를 측정하기 위하여 행한다. 일반적으로 베인시험은 +자형의 날개가 붙은 로드를 지중에 눌러 넣어 회전을 가한 경우의 저항력에서 날개에 의하여 형성되는 원통형의 전단면에 따르는 전단저항(점착력)을 구하는 시험이다.

정답 100.④ 101.① 102.① 103.② 104.①

105 다음은 강관틀 비계를 조립하여 사용하는 경우 준수해야 할 기준이다. ( ) 안에 알맞은 숫자를 나열한 것은?

> 길이가 띠장 방향으로 (ⓐ)m 이하이고, 높이가 (ⓑ)m를 초과하는 경우에는 (ⓒ)m 이내마다 띠장 방향으로 버팀기둥을 설치할 것

① ⓐ 4, ⓑ 10, ⓒ 5
② ⓐ 4, ⓑ 10, ⓒ 10
③ ⓐ 5, ⓑ 10, ⓒ 5
④ ⓐ 5, ⓑ 10, ⓒ 10

해설 강관틀 비계 조립 시 준수사항
㉮ 비계기둥의 밑둥에는 밑받침 철물을 사용하여야 하며 밑받침에 고저차(高低差)가 있는 경우에는 조절형 밑받침 철물을 사용하여 각각의 강관틀 비계가 항상 수평 및 수직을 유지하도록 할 것
㉯ 높이가 20m를 초과하거나 중량물의 적재를 수반하는 작업을 할 경우에는 주틀 간의 간격을 1.8m 이하로 할 것
㉰ 주틀 간에 교차가새를 설치하고 최상층 및 5층 이내마다 수평재를 설치할 것
㉱ 수직방향으로 6m, 수평방향으로 8m 이내마다 벽이음을 할 것
㉲ 길이가 띠장 방향으로 4m 이하이고, 높이가 10m를 초과하는 경우에는 10m 이내마다 띠장 방향으로 버팀기둥을 설치할 것

106 말비계를 조립하여 사용하는 경우 지주부재와 수평면의 기울기는 얼마 이하로 하여야 하는가?

① 65°
② 70°
③ 75°
④ 80°

해설 말비계 조립 시 준수사항
㉮ 지주부재의 하단에는 미끄럼방지장치를 하고, 근로자가 양측 끝부분에 올라서서 작업하지 않도록 할 것
㉯ 지주부재와 수평면의 기울기를 75° 이하로 하고, 지주부재와 지주부재 사이를 고정시키는 보조부재를 설치할 것
㉰ 말비계의 높이가 2m를 초과하는 경우에는 작업발판의 폭을 40cm 이상으로 할 것

107 작업발판 및 통로의 끝이나 개구부로서 근로자가 추락할 위험이 있는 장소에서 난간 등의 설치가 매우 곤란하거나 작업의 필요상 임시로 난간 등을 해체하여야 하는 경우에 설치하여야 하는 것은?

① 구명구
② 수직보호망
③ 석면포
④ 추락방호망

해설 개구부 등의 방호조치
㉮ 안전난간, 울타리, 수직형 추락방호망 또는 덮개 등(이하 "난간 등")의 방호조치를 충분한 강도를 가진 구조로 튼튼하게 설치하여야 하며, 덮개를 설치하는 경우에는 뒤집히거나 떨어지지 않도록 설치하여야 한다. 이 경우 어두운 장소에서도 알아볼 수 있도록 개구부임을 표시하여야 한다.
㉯ 난간 등을 설치하는 것이 매우 곤란하거나 작업의 필요상 임시로 난간 등을 해체하여야 하는 경우 추락방호망을 설치하여야 한다. 다만, 추락방호망을 설치하기 곤란한 경우에는 근로자에게 안전대를 착용하도록 하는 등 추락할 위험을 방지하기 위하여 필요한 조치를 하여야 한다.

108 차량계 건설기계를 사용하여 작업을 하는 경우 작업계획서 내용에 포함되지 않는 사항은?

① 사용하는 차량계 건설기계의 종류 및 성능
② 차량계 건설기계의 운행경로
③ 차량계 건설기계에 의한 작업방법
④ 차량계 건설기계 사용 시 유도자 배치 위치

해설 차량계 건설기계 작업 시 작업계획서에 포함되어야 할 사항
㉮ 사용하는 차량계 건설기계의 종류 및 능력
㉯ 차량계 건설기계의 운행경로
㉰ 차량계 건설기계에 의한 작업방법

109 산업안전보건법령에서 규정하는 철골작업을 중지하여야 하는 기후조건에 해당하지 않는 것은?

① 풍속이 초당 10m 이상인 경우
② 강우량이 시간당 1mm 이상인 경우
③ 강설량이 시간당 1cm 이상인 경우
④ 기온이 영하 5℃ 이하인 경우

105.② 106.③ 107.④ 108.④ 109.④

> **[해설]** 철골작업을 중지해야 하는 기상조건
> ㉮ 풍속 : 10m/s 이상
> ㉯ 강우량 : 1mm/h 이상
> ㉰ 강설량 : 1cm/h 이상

110 흙막이 가시설공사 중 발생할 수 있는 보일링(boiling) 현상에 관한 설명으로 옳지 않은 것은?

① 이 현상이 발생하면 흙막이벽의 지지력이 상실된다.
② 지하수위가 높은 지반을 굴착할 때 주로 발생한다.
③ 흙막이벽의 근입장 깊이가 부족할 경우 발생한다.
④ 연약한 점토지반에서 굴착면의 융기로 발생한다.

> **[해설]** 보일링(boiling)
> 지하수위가 높은 사질지반을 굴착할 때 주로 발생하는 현상으로 굴착부와 흙막이벽 뒤쪽 흙의 지하수위차가 있을 경우 수두차에 의하여 침투압이 생겨 흙막이벽 근입부분을 침식하는 동시에 모래가 액상화되어 솟아오르는 현상이다.

111 굴착과 싣기를 동시에 할 수 있는 토공기계가 아닌 것은?

① 트랙터 셔블(tractor shovel)
② 백 호(back hoe)
③ 파워 셔블(power shovel)
④ 모터 그레이더(motor grader)

> **[해설]** ④ 모터 그레이더는 토공용 대패기계로 지면을 절삭하여 평활하게 다듬는 것이 목적인 토공기계이다.

112 흙 속의 전단응력을 증대시키는 원인에 해당하지 않는 것은?

① 자연 또는 인공에 의한 지하공동의 형성
② 함수비의 감소에 따른 흙의 단위체적 중량의 감소
③ 지진, 폭파에 의한 진동 발생
④ 균열 내에 작용하는 수압 증가

> **[해설]** ② 함수비의 증가에 따른 흙의 단위체적 중량이 증가되면 흙 속의 전단응력은 증대된다.

113 추락방지용 방망 중 그물코의 크기가 5cm인 매듭 방망 신품의 인장강도는 최소 몇 kg 이상이어야 하는가?

① 60
② 110
③ 150
④ 200

> **[해설]** 방망사의 신품에 대한 인장강도
>
> | 그물코의 크기 (cm) | 방망의 종류 | |
> |---|---|---|
> | | 매듭 없는 방망 | 매듭 방망 |
> | 10 | 240 | 200 |
> | 5 | – | 110 |

114 다음 중 가설통로의 설치기준으로 옳지 않은 것은?

① 경사가 15°를 초과하는 때에는 미끄러지지 않는 구조로 한다.
② 건설공사에 사용하는 높이 8m 이상인 비계다리에는 7m 이내마다 계단참을 설치한다.
③ 수직갱에 가설된 통로의 길이가 15m 이상일 경우에는 15m 이내마다 계단참을 설치한다.
④ 추락의 위험이 있는 장소에는 안전난간을 설치한다.

> **[해설]** 가설통로의 설치 시 준수사항
> ㉮ 견고한 구조로 할 것
> ㉯ 경사는 30° 이하로 할 것. 다만, 계단을 설치하거나 높이 2m 미만의 가설통로로서 튼튼한 손잡이를 설치한 경우에는 그러하지 아니하다.
> ㉰ 경사가 15°를 초과하는 경우에는 미끄러지지 아니하는 구조로 할 것
> ㉱ 추락할 위험이 있는 장소에는 안전난간을 설치할 것
> ㉲ 수직갱에 가설된 통로의 길이가 15m 이상인 경우에는 10m 이내마다 계단참을 설치할 것
> ㉳ 건설공사에 사용하는 높이 8m 이상인 비계다리에는 7m 이내마다 계단참을 설치할 것

115 건설공사의 유해위험방지계획서 제출기준일로 옳은 것은?

① 당해공사 착공 1개월 전까지
② 당해공사 착공 15일 전까지
③ 당해공사 착공 전날까지
④ 당해공사 착공 15일 후까지

해설 유해위험방지계획서의 제출
산업안전보건법령상 "대통령령으로 정하는 사업의 종류 및 규모에 해당하는 사업으로서 해당 제품의 생산 공정과 직접적으로 관련된 건설물·기계·기구 및 설비 등 일체를 설치·이전하거나 그 주요 구조부분을 변경하려는 경우"에 해당하는 사업주는 유해위험방지계획서에 관련 서류를 첨부하여 해당 작업시작 15일 전까지 공단에 2부를 제출하여야 한다. 건설공사의 유해위험방지계획서는 당해공사 착공 전날까지 공단에 2부를 제출하여야 한다.

116 보통 흙의 건지를 다음 그림과 같이 굴착하고자 한다. 굴착면의 기울기를 1 : 0.5로 하고자 할 경우 L의 길이로 옳은 것은?

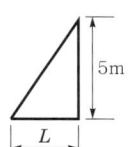

① 2m   ② 2.5m
③ 5m   ④ 10m

해설 높이가 1m일 때 너비 0.5m로 굴착한다면, 높이가 5m일 때의 너비는 2.5m가 된다.

117 부두·안벽 등 하역작업을 하는 장소에서 부두 또는 안벽의 선을 따라 통로를 설치하는 경우에는 그 폭을 최소 얼마 이상으로 하여야 하는가?

① 80cm
② 90cm
③ 100cm
④ 120cm

해설 하역작업장의 조치기준
㉮ 작업장 및 통로의 위험한 부분에는 안전하게 작업할 수 있는 조명을 유지할 것
㉯ 부두 또는 안벽의 선을 따라 통로를 설치하는 경우에는 폭을 90cm 이상으로 할 것
㉰ 육상에서의 통로 및 작업장소로서 다리 또는 선거(船渠) 갑문(閘門)을 넘는 보도(步道) 등의 위험한 부분에는 안전난간 또는 울타리 등을 설치할 것

118 건설현장에 달비계를 설치하여 작업 시 달비계에 사용 가능한 와이어로프로 볼 수 있는 것은?

① 이음매가 있는 것
② 와이어로프의 한 꼬임에서 끊어진 소선의 수가 5%인 것
③ 지름의 감소가 공칭지름의 10%인 것
④ 열과 전기충격에 의해 손상된 것

해설 와이어로프의 사용제한
㉮ 이음매가 있는 것
㉯ 와이어로프의 한 꼬임[(스트랜드(strand)]에서 끊어진 소선(素線)[필러(pillar)선은 제외)]의 수가 10% 이상인 것
㉰ 지름의 감소가 공칭지름의 7%를 초과하는 것
㉱ 꼬인 것
㉲ 심하게 변형되거나 부식된 것
㉳ 열과 전기충격에 의해 손상된 것

119 항타기 또는 항발기의 권상장치 드럼축과 권상장치로부터 첫 번째 도르래의 축과의 거리는 권상장치 드럼 폭의 몇 배 이상으로 하여야 하는가?

① 5배   ② 8배
③ 10배   ④ 15배

해설 도르래의 위치
㉮ 항타기 또는 항발기의 권상장치 드럼축과 권상장치로부터 첫 번째 도르래의 축과의 거리를 권상장치 드럼 폭의 15배 이상으로 하여야 한다.
㉯ 도르래는 권상장치 드럼의 중심을 지나야 하며 축과 수직면상에 있어야 한다.
㉰ ㉮ 및 ㉯의 규정은 항타기 또는 항발기의 구조상 권상용 와이어로프가 꼬일 우려가 없는 때에는 이를 적용하지 아니한다.

120 산업안전보건법령에 따른 거푸집 동바리를 조립하는 경우의 준수사항으로 옳지 않은 것은?

① 개구부 상부에 동바리를 설치하는 경우에는 상부 하중을 견딜 수 있는 견고한 받침대를 설치할 것
② 동바리의 이음은 맞댄이음이나 장부이음으로 하고 같은 품질의 제품을 사용할 것
③ 강재와 강재의 접속부 및 교차부는 철선을 사용하여 단단히 연결할 것
④ 거푸집이 곡면인 경우에는 버팀대의 부착 등 그 거푸집의 부상(浮上)을 방지하기 위한 조치를 할 것

[해설] 거푸집 동바리 등을 조립 시 준수사항
㉮ 깔목의 사용, 콘크리트 타설, 말뚝박기 등 동바리의 침하를 방지하기 위한 조치를 할 것
㉯ 개구부 상부에 동바리를 설치하는 경우에는 상부 하중을 견딜 수 있는 견고한 받침대를 설치할 것
㉰ 동바리의 상하 고정 및 미끄러짐 방지조치를 하고, 하중의 지지상태를 유지할 것
㉱ 동바리의 이음은 맞댄이음이나 장부이음으로 하고 같은 품질의 재료를 사용할 것
㉲ 강재와 강재의 접속부 및 교차부는 볼트·클램프 등 전용 철물을 사용하여 단단히 연결할 것(철선 사용 금지)
㉳ 거푸집이 곡면인 경우에는 버팀대의 부착 등 그 거푸집의 부상(浮上)을 방지하기 위한 조치를 할 것

제1회 건설안전기사 2023
CBT 복원문제 2023. 3. 1. 시행

※ 2026년부터 기존 1·2과목(40문항)이 1과목(20문항)으로 통합하여 시행됩니다.

≫ 제1과목 산업안전관리론

01 500명의 상시 근로자가 있는 사업장에서 1년간 발생한 근로손실일수가 1,200일이고, 이 사업장의 도수율이 9일 때, 종합재해지수(FSI)는 얼마인가? (단, 근로자는 1일 8시간씩 연간 300일을 근무하였다.)

① 2.0 ② 2.5
③ 2.7 ④ 3.0

해설
㉮ 강도율 = $\dfrac{\text{총 근로손실일수}}{\text{연근로시간수}} \times 1,000$
     = $\dfrac{1,200}{500 \times 8 \times 300} \times 1,000 = 1$
㉯ 종합재해지수 = $\sqrt{\text{도수율} \times \text{강도율}}$
     = $\sqrt{9 \times 1} = 3$

02 다음 중 재해조사 시 유의사항과 가장 거리가 먼 것은?

① 사실을 수집한다.
② 증언하는 사실 이외의 추측의 말은 참고로만 한다.
③ 타인의 의견은 혼란을 초래하므로 조사는 1인으로 한다.
④ 조사는 신속하게 행하고 긴급 조치하여, 2차 재해의 방지를 도모한다.

해설 재해조사 시 유의사항
㉮ 사실을 수집한다.
㉯ 목격자 등이 증언하는 사실 이외에 추측의 말은 참고로만 한다.
㉰ 조사는 신속하게 행하고 긴급 조치하여, 2차 재해를 방지한다.
㉱ 사람과 기계설비 양면의 재해요인을 모두 도출한다.
㉲ 객관적인 입장에서 공정하게 조사하며, 조사는 2인 이상이 실시한다.
㉳ 책임 추궁보다 재발 방지를 우선하는 기본 태도를 갖는다.
㉴ 피해자에 대한 구급조치를 우선한다.
㉵ 2차 재해의 예방을 위해 보호구를 반드시 착용한다.

03 다음 중 실내에서 석재를 가공하는 산소 결핍 장소에 작업하고자 할 때, 가장 적합한 마스크의 종류는?

① 방진마스크   ② 방독마스크
③ 송기마스크   ④ 위생마스크

해설 송기마스크
가스·증기·공기 중에 부유하는 미립자상 물질 또는 산소 결핍 공기를 흡입함으로써 발생할 수 있는 근로자의 건강장해에 대한 예방을 위해 사용한다.

04 다음과 같은 재해에 대한 원인 분석 시 "사고 유형 – 기인물 – 가해물"을 올바르게 나열한 것은?

> 공구와 자재가 바닥에 어지럽게 널려 있는 작업 통로를 작업자가 보행 중 공구에 걸려 넘어져 통로 바닥에 머리를 부딪쳤다.

① 전도 – 바닥 – 공구
② 낙하 – 통로 – 바닥
③ 전도 – 공구 – 바닥
④ 충돌 – 바닥 – 공구

해설 재해 발생의 메커니즘(mechanism)
㉮ 사고의 유형 : 전도
㉯ 기인물 : 공구
㉰ 가해물 : 바닥

정답 01.④ 02.③ 03.③ 04.③

05 다음 중 사고 조사의 본질적 특성과 거리가 가장 먼 것은?

① 사고의 공간성
② 우연 중의 법칙성
③ 필연 중의 우연성
④ 사고의 재현 불가능성

해설 사고의 본질적 특성
㉮ 사고 발생의 시간성
㉯ 우연성 중의 법칙성
㉰ 사고 재현의 불가능성
㉱ 필연성 중의 우연성

06 다음 중 재해 방지를 위한 대책 선정 시 안전대책에 해당하지 않는 것은?

① 경제적 대책   ② 기술적 대책
③ 교육적 대책   ④ 관리적 대책

해설 안전대책
㉮ 기술적 대책
㉯ 교육적 대책
㉰ 관리적 대책

07 다음에서 설명하는 법칙은 무엇인가?

> 어떤 공장에서 330회의 전도사고가 일어났을 때, 그 가운데 300회는 무상해사고, 29회는 경상, 중상 또는 사망 1회의 비율로 사고가 발생한다.

① 버드 법칙
② 하인리히 법칙
③ 더글라스 법칙
④ 자베타키스 법칙

해설 하인리히 법칙(1 : 29 : 300의 법칙)
330회의 사고 가운데 중상 또는 사망 1회, 경상 29회, 무상해사고 300회의 비율로 사고가 발생한다는 것을 나타낸다.

08 다음 중 객관적인 위험을 작업자 나름대로 판정하여 위험을 수용하고 행동에 옮기는 것은?

① Risk assessment
② Risk taking
③ Risk control
④ Risk playing

해설 리스크 테이킹(risk taking)
객관적인 위험을 자기 나름대로 판정해서 의지결정을 하고 행동에 옮기는 것을 말한다. 안전태도와 Risk taking과의 관계의 경우, 안전태도가 양호한 자는 Risk taking의 정도가 적고, 안전태도의 수준이 같은 정도에서는 작업의 달성 동기, 성격, 능률 등 각종 요인의 영향에 의해 Risk taking의 정도가 변하게 된다.

09 산업안전보건법령상 안전보건관리규정을 작성하여야 할 사업의 사업주는 안전보건관리규정을 작성하여야 할 사유가 발생한 날부터 며칠 이내에 안전보건관리규정의 세부 내용을 포함한 안전보건관리규정을 작성하여야 하는가?

① 7일   ② 14일
③ 30일   ④ 60일

해설 사업주는 안전보건관리규정을 작성하여야 할 사유가 발생한 날부터 30일 이내에 안전보건관리규정을 작성하여야 한다. 이를 변경할 사유가 발생한 경우에도 또한 같다.

10 건설기술진흥법령상 건설사고 조사위원회는 위원장 1명을 포함한 몇 명 이내의 위원으로 구성하는가?

① 12명   ② 11명
③ 10명   ④ 9명

해설 건설사고 조사위원회
㉮ 건설사고 조사위원회는 위원장 1명을 포함한 12명 이내의 위원으로 구성한다.
㉯ 건설사고 조사위원회의 위원은 다음의 어느 하나에 해당하는 사람 중에서 해당 건설사고 조사위원회를 구성·운영하는 국토교통부장관, 발주청 또는 인·허가기관의 장이 임명하거나 위촉한다.
  ㉠ 건설공사 업무와 관련된 공무원
  ㉡ 건설공사 업무와 관련된 단체 및 연구기관 등의 임직원
  ㉢ 건설공사 업무에 관한 학식과 경험이 풍부한 사람

11 다음 중 산업안전보건법령에 따른 안전보건표지에서 금지표지의 종류에 해당하지 않는 것은?

① 접근금지　② 차량통행금지
③ 사용금지　④ 탑승금지

해설 금지표지의 종류
㉮ 차량통행금지
㉯ 사용금지
㉰ 탑승금지
㉱ 출입금지
㉲ 보행금지
㉳ 금연
㉴ 화기금지
㉵ 물체이동금지

12 산업안전보건법령상 안전관리자를 2명 이상 선임하여야 하는 사업이 아닌 것은?

① 공사금액이 1,000억인 건설업
② 상시근로자가 500명인 통신업
③ 상시근로자가 1,500명인 운수업
④ 상시근로자가 600명인 식료품 제조업

해설 각 보기의 안전관리자 수는 다음과 같다.
① 공사금액이 1,000억인 건설업 : 2명
(적용기준 : 공사금액 800억 미만까지는 1명, 700억 증가 시 1명 추가)
② 상시근로자가 500명인 통신업 : 1명
(적용기준 : 상시근로자 50명 이상~1,000명 미만까지는 1명, 1,000명 이상이면 2명)
③ 상시근로자가 1,500명인 운수업 : 2명
(적용기준 : 상시근로자 50명 이상~1,000명 미만까지는 1명, 1,000명 이상이면 2명)
④ 상시근로자가 600명인 식료품 제조업 : 2명
(적용기준 : 상시근로자 500명 미만까지는 1명, 500명 이상이면 2명)

13 통계적 재해원인 분석방법 중 특성과 요인 관계를 도표로 하여 어골상으로 세분화한 것으로 옳은 것은?

① 관리도
② Close도
③ 특성요인도
④ 파레토(pareto)도

해설 통계적 원인분석방법
㉮ 파레토도 : 사고의 유형, 기인물 등 분류항목을 큰 순서대로 도표화하여 분석하는 방법
㉯ 특성요인도 : 특성과 요인을 도표로 하여 어골상(魚骨狀)으로 세분화하는 방법
㉰ 클로즈 분석 : 2개 이상의 문제 관계를 분석하는 데 사용하는 것으로 데이터를 집계하고, 표로 표시하여 요인별 결과내역을 교차한 그림을 작성·분석하는 방법
㉱ 관리도 : 재해발생건수 등의 추이를 파악하고 목표관리를 행하는 데 필요한 월별 재해발생수를 그래프화하여 관리선을 설정·관리하는 방법

14 산업안전보건법령상 안전보건개선계획서에 포함되어야 하는 사항이 아닌 것은?

① 시설의 개선을 위하여 필요한 사항
② 작업환경의 개선을 위하여 필요한 사항
③ 작업절차의 개선을 위하여 필요한 사항
④ 안전·보건교육의 개선을 위하여 필요한 사항

해설 안전보건개선계획서에 포함되는 주요 내용
㉮ 시설
㉯ 안전·보건관리체제
㉰ 안전·보건교육
㉱ 산업재해예방 및 작업환경의 개선을 위하여 필요한 사항

15 다음 중 산업재해 발생의 기본원인 4M에 해당하지 않는 것은?

① Media
② Material
③ Machine
④ Management

해설 산업재해의 기본원인 4M(인간 과오의 배후요인 4요소)
㉮ Man : 본인 이외의 사람
㉯ Machine : 장치나 기기 등의 물적 요인
㉰ Media : 인간과 기계를 잇는 매체(작업방법 및 순서, 작업 정보의 실태, 작업환경, 정리정돈 등)
㉱ Management : 안전 법규의 준수방법, 단속, 점검관리 외에 지휘 감독, 교육 훈련 등

16 브레인스토밍의 4가지 원칙 내용으로 옳지 않은 것은?

① 비판하지 않는다.
② 자유롭게 발언한다.
③ 가능한 정리된 의견만 발언한다.
④ 타인의 생각에 동참하거나 보충발언을 해도 좋다.

해설 브레인스토밍(Brain-Storming ; BS)의 4원칙
㉮ 비평금지 : '좋다, 나쁘다'라고 비평하지 않는다.
㉯ 자유분방 : 마음대로 편안히 발언한다.
㉰ 대량발언 : 무엇이든지 좋으니 많이 발언한다.
㉱ 수정발언 : 타인의 아이디어에 수정하거나 덧붙여 말해도 좋다.

17 재해의 간접원인 중 기술적 원인에 속하지 않는 것은?

① 경험 및 훈련의 미숙
② 구조, 재료의 부적합
③ 점검, 정비, 보존 불량
④ 건물, 기계장치의 설계 불량

해설 재해발생의 원인 중 관리적 원인
㉮ 기술적 원인
  ㉠ 건물, 기계장치의 설계 불량
  ㉡ 구조, 재료의 부적합
  ㉢ 생산공정의 부적당
  ㉣ 점검, 정비, 보존 불량
㉯ 교육적 원인
  ㉠ 안전의식(지식)의 부족
  ㉡ 안전수칙의 오해
  ㉢ 경험·훈련의 미숙
㉰ 작업관리상 원인
  ㉠ 안전관리조직 결함
  ㉡ 안전수칙 미제정
  ㉢ 작업준비 불충분
  ㉣ 인원배치 부적당
  ㉤ 작업지시 부적당

18 재해의 통계적 원인분석방법 중 사고의 유형, 기인물 등 분류항목을 큰 순서대로 도표화한 것은?

① 관리도   ② 파레토도
③ 클로즈도 ④ 특성요인도

해설 통계적 원인분석방법의 종류
㉮ 파레토도 : 사고의 유형, 기인물 등 분류항목을 큰 순서대로 도표화하여 분석하는 방법이다.
㉯ 특성요인도 : 특성과 요인을 도표로 하여 어골상(魚骨狀)으로 세분화한다.
㉰ 클로즈 분석 : 2개 이상의 문제 관계를 분석하는 데 사용한다.
㉱ 관리도 : 재해발생건수 등의 추이를 파악하고 목표관리를 행하는 데 필요한 월별 재해발생수를 그래프화하여 관리선을 설정·관리하는 방법이다.

19 시설물의 안전 및 유지관리에 관한 특별법상 다음과 같이 정의되는 것은?

> 시설물의 붕괴, 전도 등으로 인한 재난 또는 재해가 발생할 우려가 있는 경우에 시설물의 물리적·기능적 결함을 신속하게 발견하기 위하여 실시하는 점검

① 긴급안전점검
② 특별안전점검
③ 정밀안전점검
④ 정기안전점검

해설 시설물의 안전 및 유지관리에 관한 특별법상 정의
㉮ 안전점검 : 경험과 기술을 갖춘 자가 육안이나 점검기구 등으로 검사하여 시설물에 내재되어 있는 위험요인을 조사하는 행위를 말하며, 점검목적 및 점검수준을 고려하여 국토교통부령으로 정하는 바에 따라 정기안전점검 및 정밀안전점검으로 구분한다.
㉯ 긴급안전점검 : 시설물의 붕괴, 전도 등으로 인한 재난 또는 재해가 발생할 우려가 있는 경우에 시설물의 물리적·기능적 결함을 신속하게 발견하기 위하여 실시하는 점검을 말한다.
㉰ 정밀안전진단 : 시설물의 물리적·기능적 결함을 발견하고 그에 대한 신속하고 적절한 조치를 하기 위하여 구조적 안전성과 결함의 원인 등을 조사·측정·평가하여 보수·보강 등의 방법을 제시하는 행위를 말한다.

20 산업안전보건법령상 안전인증대상 기계에 해당하지 않는 것은?

① 크레인   ② 곤돌라
③ 컨베이어   ④ 사출성형기

정답 16.③ 17.① 18.② 19.① 20.③

해설 안전인증대상 기계·기구 등
㉮ 프레스
㉯ 전단기 및 절곡기
㉰ 크레인
㉱ 리프트
㉲ 압력용기
㉳ 롤러기
㉴ 사출성형기
㉵ 고소작업대
㉶ 곤돌라

≫ 제2과목 산업심리 및 교육

21 허즈버그(Herzberg)의 동기·위생 이론 중 동기 요인의 측면에서 직무 동기를 높이는 방법으로 거리가 먼 것은?

① 급여의 인상
② 상사로부터의 인정
③ 자율성 부여와 권한 위임
④ 직무에 대한 개인적 성취감

해설 Herzberg의 2요인 이론
㉮ 위생 요인 : 인간의 동물적 요구를 반영하는 것으로서 안전, 친교, 봉급, 감독 형태, 기업의 정책이나 작업조건 등이 해당된다. Maslow의 생리적 욕구, 안전 욕구, 사회적 욕구와 비슷하다.
㉯ 동기 요인 : 자아실현을 하려는 인간의 독특한 경향(성취, 인정, 작업 자체, 책임감 등)을 반영한 것으로, Maslow의 자아실현 욕구와 비슷한 개념이다.

22 다음 중 상황성 누발자의 재해 유발 원인으로 가장 적절한 것은?

① 기계설비의 결함
② 소심한 성격
③ 주의력의 산만
④ 침착성 및 도덕성의 결여

해설 사고 경향성자(재해 빈발자)의 유형
㉮ 미숙성 누발자
  ㉠ 기능이 미숙한 자
  ㉡ 작업환경에 익숙하지 못한 자
㉯ 상황성 누발자
  ㉠ 기계설비에 결함이 있거나 본인의 능력 부족으로 인하여 작업이 어려운 자
  ㉡ 환경상 주의력의 집중이 어려운 자
  ㉢ 심신에 근심이 있는 자
㉰ 소질성 누발자(재해 빈발 경향자) : 성격적·정신적 또는 신체적으로 재해의 소질적 요인을 가지고 있다.
  ㉠ 주의력 지속이 불가능한 자
  ㉡ 주의력 범위가 협소(편중)한 자
  ㉢ 저지능자
  ㉣ 생활이 불규칙한 자
  ㉤ 작업에 대한 경시나 지속성이 부족한 자
  ㉥ 정직하지 못하고 쉽게 흥분하는 자
  ㉦ 비협조적이며, 도덕성이 결여된 자
  ㉧ 소심한 성격으로 감각운동이 부적합한 자
㉱ 습관성 누발자(암시설)
  ㉠ 재해의 경험으로 겁이 많거나 신경과민 증상을 보이는 자
  ㉡ 일종의 슬럼프(slump) 상태에 빠져서 재해를 유발할 수 있는 자

23 다음 중 피로의 측정법이 아닌 것은?

① 심리학적 방법
② 물리학적 방법
③ 생화학적 방법
④ 자각적 방법과 타각적 방법

해설 피로 측정법
㉮ 생리학적 방법
  ㉠ 근전도(Electromyogram ; EMG) : 근육활동 전위차의 기록
  ㉡ 뇌전도(Electroneurogram ; ENG) : 신경활동 전위차의 기록
  ㉢ 심전도(Electrocardiogram ; ECG) : 심장근 활동 전위차의 기록
  ㉣ 안전도(Electrooculogram ; EOG) : 안구 운동 전위차의 기록
  ㉤ 산소 소비량 및 에너지 대사율(Relative Metabolic Rate ; RMR)
  ㉥ 피부전기반사(Galvanic Skin Reflex ; GSR)
  ㉦ 프릿가값(융합 점멸 주파수) : 정신적 부담이 대뇌피질의 피로 수준에 미치고 있는 영향을 측정하는 방법
㉯ 화학적 방법 : 혈색소 농도, 혈액 수준, 혈단백, 응혈시간, 혈액, 요전해질, 요단백, 요교질 배설량 등
㉰ 심리학적 방법 : 피부(전위) 저장, 동작 분석, 연속반응시간, 행동 기록, 정신작업, 전신자각 증상, 집중 유지 기능 등

24 조직에 있어 구성원들의 역할에 대한 기대와 행동은 항상 일치하지는 않는다. 역할 기대와 실제 역할 행동 간에 차이가 생기면 역할 갈등이 발생하는데, 다음 중에서 역할 갈등의 원인으로 가장 거리가 먼 것은?

① 역할 민첩성 ② 역할 부적합
③ 역할 마찰   ④ 역할 모호성

해설 역할 갈등
작업 중에는 상반된 역할이 기대되는 경우가 있으며, 그럴 때 갈등이 생기게 되는데 원인은 다음과 같다.
㉮ 역할 부적합
㉯ 역할 마찰
㉰ 역할 모호성

25 다음 중 강의식 교육에 대한 설명으로 틀린 것은?

① 짧은 시간 동안 많은 내용을 전달할 경우에 적합하다.
② 수강자의 주의 집중도나 흥미의 정도가 낮다.
③ 참가자 개개인에게 동기를 부여하기 쉽다.
④ 기능적, 태도적인 내용의 교육이 어렵다.

해설 강의법(lecture method)
많은 인원의 수강자(최적 인원 : 40~50명)를 단기간의 교육시간에 비교적 많은 교육 내용을 전수하기 위한 방법이다.
㉮ 강의식 교육의 장점
 ㉠ 사실, 사상을 시간, 장소의 제한 없이 어디서나 제시할 수 있다.
 ㉡ 교사가 임의로 시간을 조절할 수 있고 강조할 점을 수시로 강조할 수 있다.
 ㉢ 학생의 다소에 제한을 받지 않는다.
 ㉣ 학습자의 태도, 정서 등의 감화를 위한 학습에 효과적이다.
 ㉤ 여러 가지 수업 매체를 동시에 다양하게 활용할 수 있다.
㉯ 강의식 교육의 단점
 ㉠ 개인의 학습 속도에 맞추어 수업이 불가능하다.
 ㉡ 대부분이 일방통행적인 지식의 배합 형식으로 학습자 개개인의 이해도를 파악하기 어렵다.
 ㉢ 학습자의 참여와 흥미를 지속시키기 위한 기회가 전혀 없다.
 ㉣ 학습 내용에 대한 집중이 어렵다.

26 다음 중 단조로운 업무가 장시간 지속될 때 작업자의 감각기능 및 판단능력이 둔화 또는 마비되는 현상은?

① 착각현상   ② 망각현상
③ 피로현상   ④ 감각차단현상

해설 감각차단현상
㉮ 원인 : 단조로운 업무가 장시간 지속될 때
㉯ 현상 : 작업자의 감각기능 및 판단능력이 둔화 또는 마비되는 현상

27 슈퍼(D.E. Super)의 역할이론 중 작업에 대하여 상반된 역할이 기대되는 경우에 해당하는 것은?

① 역할갈등(role conflict)
② 역할연기(role playing)
③ 역할조성(role shaping)
④ 역할기대(role expectation)

해설 슈퍼의 역할이론
㉮ 역할연기 : 자아탐색(self-exploration)인 동시에 자아실현(self-realization)의 수단이다.
㉯ 역할기대 : 자기의 역할을 기대하고 감수하는 사람은 그 직업에 충실한 것이다.
㉰ 역할조성 : 개인에게 여러 개의 역할기대가 있을 경우 그 중의 어떤 역할기대는 불응, 거부하는 수도 있으며, 혹은 다른 역할을 해내기 위해 다른 일을 구할 때도 있다.
㉱ 역할갈등 : 직업 중에는 상반된 역할이 기대되는 경우가 있으며, 그럴 때 갈등이 생기게 된다.

28 인간의 생리적 욕구에 대한 의식적 통제가 어려운 것부터 차례대로 옳게 나열한 것은?

① 안전의 욕구 → 해갈의 욕구 → 배설의 욕구 → 호흡의 욕구
② 호흡의 욕구 → 안전의 욕구 → 해갈의 욕구 → 배설의 욕구
③ 배설의 욕구 → 호흡의 욕구 → 안전의 욕구 → 해갈의 욕구
④ 해갈의 욕구 → 배설의 욕구 → 호흡의 욕구 → 안전의 욕구

정답 24.① 25.③ 26.④ 27.① 28.②

해설 의식적 통제가 어려운 생리적 욕구의 순서
호흡욕구 → 안전욕구 → 해갈욕구 → 배설욕구 → 수면욕구 → 식욕 → 활동욕구

29 안전교육의 방법 중 전개단계에서 가장 효과적인 수업방법은?

① 토의법   ② 시범
③ 강의법   ④ 자율학습법

해설 학습형태별 최적의 수업방법

수업방법\수업단계	도입	전개	정리
강의법	○		
시범	○		
반복법		○	○
토의법		○	○
실연법		○	○
자율학습법			○
프로그램학습법	○	○	○
학생 상호학습법	○	○	○
모의학습법	○	○	○

30 안전교육 중 지식교육의 교육내용이 아닌 것은?

① 안전규정 숙지를 위한 교육
② 안전장치(방호장치) 관리기능에 관한 교육
③ 기능·태도 교육에 필요한 기초지식 주입을 위한 교육
④ 안전의식의 향상 및 안전에 대한 책임감 주입을 위한 교육

해설 안전보건교육의 단계별 교육내용
㉮ 지식교육(제1단계)
  ㉠ 안전의식의 향상 및 안전에 대한 책임감 주입
  ㉡ 안전규정 숙지를 위한 교육
  ㉢ 기능·태도 교육에 필요한 기초지식을 주입
㉯ 기능교육(제2단계)
  ㉠ 전문적 기술 및 안전기술 기능
  ㉡ 안전장치(방호장치) 관리 기능
  ㉢ 점검, 검사, 정비에 관한 기능
㉰ 태도교육(제3단계)
  ㉠ 작업동작 및 표준작업방법의 습관화
  ㉡ 공구·보호구 등의 관리 및 취급태도의 확립
  ㉢ 작업 전후 점검 및 검사요령의 정확화 및 습관화
  ㉣ 작업지시·전달·확인 등의 언어·태도의 정확화 및 습관화

31 일반적인 교육지도의 원칙이 아닌 것은?

① 반복적으로 교육할 것
② 학습자 중심으로 교육할 것
③ 어려운 것에서 시작하여 쉬운 것으로 유도할 것
④ 강조하고 싶은 사항에 대해 강한 인상을 심어줄 것

해설 교육지도의 8원칙
㉮ 피교육자 중심교육(상대방 입장에서 교육)
㉯ 동기부여
㉰ 쉬운 부분에서 어려운 부분으로 진행
㉱ 반복
㉲ 한 번에 하나씩 교육
㉳ 인상의 강화
㉴ 5관의 활용(시각, 청각, 촉각, 미각, 후각)
㉵ 기능적인 이해

32 관리감독자 훈련(TWI)에 관한 내용이 아닌 것은?

① Job Relation
② Job Method
③ Job Synergy
④ Job Instruction

해설 TWI(Training Within Industry)
현장 제일선 감독자를 위한 교육방법으로, TWI의 교육내용 및 교육방법은 다음과 같다.
㉮ 교육내용
  ㉠ JI(Job Instruction) : 작업을 가르치는 기법 (작업지도기법)
  ㉡ JM(Job Method) : 작업의 개선방법(작업개선기법)
  ㉢ JR(Job Relation) : 사람을 다루는 법(인간관계 관리기법)
  ㉣ JS(Job Safety) : 안전한 작업방법(작업안전기법)
㉯ 교육시간 및 교육방법
  전체 교육시간은 10시간으로, 1일 2시간씩 5일에 걸쳐 행하며 한 클래스는 10명이다. 교육방법은 토의법을 의식적으로 취한다.

29.① 30.② 31.③ 32.③ **정답**

33 인간 부주의의 발생원인 중 외적 조건에 해당하지 않는 것은?

① 작업조건 불량
② 작업순서 부적당
③ 경험 부족 및 미숙련
④ 환경조건 불량

해설 부주의의 발생 원인과 대책
㉮ 외적 원인 및 대책
  ㉠ 작업조건, 환경조건 불량 : 환경 정비
  ㉡ 작업순서의 부적당 : 작업순서 정비
㉯ 내적 조건 및 대책
  ㉠ 소질적 조건 : 적성배치
  ㉡ 의식의 우회 : 상담(counseling)
  ㉢ 경험, 미경험 : 교육

34 에빙하우스(Ebbinghaus)의 연구결과에 따른 망각률이 50%를 초과하게 되는 최초의 경과시간은 얼마인가?

① 30분   ② 1시간
③ 1일   ④ 2일

해설 에빙하우스의 망각곡선에 따른 파지율과 망각률

경과시간	파지율(%)	망각률(%)
0.33	58.2	41.8
1	44.2	55.8
8.8	35.8	64.2
24(1일)	33.7	66.3
48(2일)	27.8	72.2
6×24	25.4	74.6
31×24	21.1	78.9

35 안전교육계획 수립 및 추진에 있어 진행순서를 나열한 것으로 맞는 것은?

① 교육의 필요점 발견 → 교육대상 결정 → 교육 준비 → 교육 실시 → 교육의 성과를 평가
② 교육대상 결정 → 교육의 필요점 발견 → 교육 준비 → 교육 실시 → 교육의 성과를 평가
③ 교육의 필요점 발견 → 교육 준비 → 교육대상 결정 → 교육 실시 → 교육의 성과를 평가
④ 교육대상 결정 → 교육 준비 → 교육의 필요점 발견 → 교육 실시 → 교육의 성과를 평가

해설 안전교육계획 수립 및 추진 진행순서
㉮ 교육의 필요점 발견
㉯ 교육대상 결정
㉰ 교육 준비
㉱ 교육 실시
㉲ 교육의 성과를 평가

36 안전교육의 형태와 방법 중 Off J.T.(Off the Job Training)의 특징이 아닌 것은?

① 공통된 대상자를 대상으로 일관적으로 교육할 수 있다.
② 업무 및 사내의 특성에 맞춘 구체적이고 실제적인 지도교육이 가능하다.
③ 외부의 전문가를 강사로 초청할 수 있다.
④ 다수의 근로자에게 조직적 훈련이 가능하다.

해설 O.J.T.와 Off J.T.의 특징
㉮ O.J.T.의 특징
  ㉠ 개개인에게 적합한 지도훈련이 가능하다.
  ㉡ 직장의 실정에 맞는 실체적 훈련을 할 수 있다.
  ㉢ 훈련에 필요한 업무의 계속성이 끊어지지 않는다.
  ㉣ 즉시 업무에 연결되는 관계로 신체와 관련이 있다.
  ㉤ 효과가 곧 업무에 나타나며, 훈련의 좋고 나쁨에 따라 개선이 용이하다.
  ㉥ 교육을 통한 훈련효과에 의해 상호 신뢰 및 이해도가 높아진다.
㉯ Off J.T.의 특징
  ㉠ 다수의 근로자에게 조직적 훈련이 가능하다.
  ㉡ 훈련에만 전념하게 된다.
  ㉢ 특별설비기구를 이용할 수 있다.
  ㉣ 전문가를 강사로 초청할 수 있다.
  ㉤ 각 직장의 근로자가 많은 지식이나 경험을 교류할 수 있다.
  ㉥ 교육훈련 목표에 대해서 집단적 노력이 흐트러질 수도 있다.

37 다음 중 하버드 학파의 5단계 교수법에 해당되지 않는 것은?

① 추론한다.
② 교시한다.
③ 연합시킨다.
④ 총괄시킨다.

해설 하버드 학파의 5단계 교수법
㉮ 제1단계 : 준비(preparation)
㉯ 제2단계 : 교시(presentation)
㉰ 제3단계 : 연합(association)
㉱ 제4단계 : 총괄(generalization)
㉲ 제5단계 : 응용(application)

38 교육 및 훈련방법 중 다음의 특징을 갖는 방법은?

- 다른 방법에 비해 경제적이다.
- 교육대상 집단 내 수준차로 인해 교육의 효과가 감소할 가능성이 있다.
- 상대적으로 피드백이 부족하다.

① 강의법   ② 사례연구법
③ 세미나법   ④ 감수성 훈련

해설 강의법(lecture method)
많은 인원의 수강자(최적 인원 : 40~50명)를 단기간의 교육시간에 비교적 많은 교육내용을 전수하기 위한 방법이다.
㉮ 강의식 교육의 장점
　㉠ 사실, 사상을 시간, 장소의 제한 없이 어디서나 제시할 수 있다.
　㉡ 교사가 임의로 시간을 조절할 수 있고 강조할 점을 수시로 강조할 수 있다.
　　(강사의 역할 : 설명자)
　㉢ 학생의 다소에 제한을 받지 않는다.
　㉣ 학습자의 태도, 정서 등의 감화를 위한 학습에 효과적이다.
　㉤ 여러 가지 수업 매체를 동시에 다양하게 활용할 수 있다.
　㉥ 많은 인원을 교육할 수가 있어 경제적이다.
㉯ 강의식 교육의 단점
　㉠ 개인의 학습속도에 맞추어 수업이 불가능하다.
　㉡ 대부분이 일방통행적인 지식의 배합 형식이다.
　㉢ 학습자의 참여와 흥미를 지속시키기 위한 기회가 전혀 없다.
　㉣ 한정된 학습과제에만 제한이 있다.
　㉤ 상대적으로 피드백이 부족하다.

39 다음은 리더가 가지고 있는 어떤 권력의 예시에 해당하는가?

> 종업원의 바람직하지 않은 행동들에 대해 해고, 임금 삭감, 견책 등을 사용하여 처벌한다.

① 보상권력   ② 강압권력
③ 합법권력   ④ 전문권력

해설 지도자의 권한
㉮ 조직이 지도자에게 부여한 권한
　㉠ 보상적 권한 : 지도자가 부하들에게 보상할 수 있는 능력으로 인해 부하직원들을 통제할 수 있으며 부하들의 행동에 대해 영향을 끼칠 수 있는 권한
　㉡ 강압적 권한 : 부하직원들을 처벌할 수 있는 권한
　㉢ 합법적 권한 : 조직의 규정에 의해 지도자의 권한이 공식화된 것
㉯ 지도자 자신이 자신에게 부여한 권한
　부하직원들이 지도자를 존경하며 자진해서 따르는 것
　㉠ 전문성의 권한 : 지도자가 목표수행에 필요한 전문적 지식을 갖고 업무수행을 하므로 부하직원들이 자발적으로 지도자를 따름
　㉡ 위임된 권한 : 집단의 목표를 성취하기 위해 부하직원들이 지도자가 정한 목표를 자진해서 자신의 것으로 받아들여 지도자와 함께 일하는 것

40 맥그리거(Douglas Mcgregor)의 X·Y이론 중 X이론과 관계 깊은 것은?

① 근면, 성실
② 물질적 욕구 추구
③ 정신적 욕구 추구
④ 자기통제에 의한 자율관리

해설 X이론과 Y이론의 비교

X이론	Y이론
• 인간 불신감 • 성악설 • 인간은 본래 게으르고 태만하여 남의 지배받기를 즐김 • 물질 욕구(저차적 욕구) • 명령 통제에 의한 관리 • 저개발국형	• 상호 신뢰감 • 성선설 • 인간은 선천적으로 부지런하고 근면하며, 적극적이고 자주적임 • 정신 욕구(고차적 욕구) • 목표 통합과 자기통제에 의한 자율관리 • 선진국형

정답 37.① 38.① 39.② 40.②

≫ 제3과목 인간공학 및 시스템 안전공학

41 각 부품의 신뢰도가 R인 다음과 같은 시스템의 전체 신뢰도는?

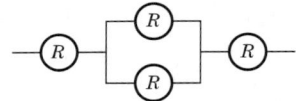

① R^4
② $2R - R^2$
③ $2R^2 - R^3$
④ $2R^3 - R^4$

해설 $R_s = R \times \{1-(1-R)(1-R)\} \times R = 2R^3 - R^4$

42 개선의 ECRS 원칙에 해당하지 않는 것은?

① 제거(Eliminate)
② 결합(Combine)
③ 재조정(Rearrange)
④ 안전(Safety)

해설 작업 개선의 ECRS의 원칙
㉮ 제거(Eliminate)
㉯ 결합(Combine)
㉰ 재조정(Rearrange)
㉱ 단순화(Simplify)

43 다음 중 FT도에서 사용하는 논리기호에 있어 주어진 시스템의 기본사상을 나타낸 것은?

① 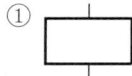   ②
③ 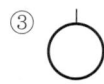   ④

해설 ① : 결함사상
② : 이하 생략
③ : 기본사상
④ : 전이기호

44 다음 중 불대수의 관계식으로 틀린 것은?

① $A + AB = A$
② $A(A+B) = A+B$
③ $A + \overline{A}B = A + B$
④ $A + \overline{A} = 1$

해설 $A(A+B) = AA + AB = A + AB = A$

45 어떠한 신호가 전달하려는 내용과 연관성이 있어야 하는 것으로 정의되며, 예로써 위험신호는 빨간색, 주의신호는 노란색, 안전신호는 파란색으로 표시하는 것은 다음 중 어떠한 양립성(compatibility)에 해당하는가?

① 공간 양립성
② 개념 양립성
③ 동작 양립성
④ 형식 양립성

해설 양립성(compatibility)
자극들 간, 반응 간, 자극-반응 조합의 공간, 운동 혹은 개념적 관계가 인간의 기대와 모순되지 않는 것
㉮ 공간적(spatial) 양립성 : 어떤 사물들의 물리적 형태나 공간적인 배치의 양립성
㉯ 운동(movement) 양립성 : 표시장치, 조종장치, 체계 반응의 운동방향 양립성
㉰ 개념적(conceptual) 양립성 : 암호체계에 있어서 사람들이 가지고 있는 개념적 연상의 양립성

46 평균 고장간격 시간이 4×10^6시간인 요소 4개가 직렬체계를 이루었을 때, 이 체계의 수명은 몇 시간인가?

① 1×10^6 ② 4×10^6
③ 8×10^6 ④ 16×10^6

해설 직렬체계의 수명 $= \dfrac{1}{n} \times$ 평균수명시간
$= \dfrac{1}{4} \times 4 \times 10^6$
$= 1 \times 10^6$시간

47 다음 중 「산업안전보건법」에 따른 유해·위험방지계획서 제출 대상 사업은 기계 및 기구를 제외한 금속가공제품 제조업으로서 전기 계약 용량이 얼마 이상인 사업을 말하는가?

① 50kW　　② 100kW
③ 200kW　　④ 300kW

해설 유해·위험방지계획서 제출 대상 사업장으로 다음의 어느 하나에 해당하는 사업으로서 전기 계약 용량이 300kW 이상인 사업을 말한다.
㉮ 금속가공제품(기계 및 기구는 제외) 제조업
㉯ 비금속 광물제품 제조업
㉰ 기타 기계 및 장비 제조업
㉱ 자동차 및 트레일러 제조업
㉲ 식료품 제조업
㉳ 고무제품 및 플라스틱 제품 제조업
㉴ 목재 및 나무제품 제조업
㉵ 기타 제품 제조업
㉶ 1차 금속 제조업
㉷ 가구 제조업
㉸ 화학물질 및 화학제품 제조업
㉹ 반도체 제조업
㉺ 전자부품 제조업

48 인간공학의 연구를 위한 수집자료 중 동공확장 등과 같은 것은 어느 유형으로 분류되는 자료라 할 수 있는가?

① 생리지표
② 주관적 자료
③ 감도척도
④ 성능자료

해설 생리지표
신체의 기본 생물학적 계통에 따라 다음과 같이 분류할 수 있다.
㉮ 심장혈행지표 : 심박수, 혈압 등
㉯ 호흡지표 : 호흡률, 산소 소비량 등
㉰ 신경지표 : 뇌전위(EEG), 근육활동 등
㉱ 감각지표 : 시력, 눈 깜박이는 속도, 청력 등
㉲ 혈액 화학지표 : 카테콜아민 등

49 다음 중 정보를 전송하기 위해 청각적 표시장치보다 시각적 표시장치를 사용하는 것이 더 효과적인 경우는?

① 정보의 내용이 간단한 경우
② 정보가 후에 재참조되는 경우
③ 정보가 즉각적인 행동을 요구하는 경우
④ 정보의 내용이 시간적인 사건을 다루는 경우

해설 청각장치와 시각장치의 선택
㉮ 청각장치 사용
　㉠ 전언이 간단하고 짧을 때
　㉡ 전언이 후에 재참조되지 않을 때
　㉢ 전언이 시간적인 사상을 다룰 때
　㉣ 전언이 즉각적인 행동을 요구할 때
　㉤ 수신자의 시각계통이 과부하 상태일 때
　㉥ 수신장소가 너무 밝거나 암조응 유지가 필요할 때
　㉦ 직무상 수신자가 자주 움직일 때
㉯ 시각장치 사용
　㉠ 전언이 복잡하고 길 때
　㉡ 전언이 후에 재참조될 때
　㉢ 전언이 공간적인 위치를 다룰 때
　㉣ 전언이 즉각적인 행동을 요구하지 않을 때
　㉤ 수신자의 청각계통이 과부하 상태일 때
　㉥ 수신장소가 너무 시끄러울 때
　㉦ 직무상 수신자가 한 곳에 머무를 때

50 다음 중 동작경제의 원칙에 있어서 "신체 사용에 관한 원칙"에 해당하지 않는 것은?

① 두 손의 동작은 동시에 시작해서 동시에 끝나야 한다.
② 손의 동작은 유연하고 연속적인 동작이어야 한다.
③ 공구, 재료 및 제어장치는 사용하기 가까운 곳에 배치해야 한다.
④ 동작이 급작스럽게 크게 바뀌는 직선 동작은 피해야 한다.

해설 동작경제의 3원칙
㉮ 신체 사용에 관한 원칙
　㉠ 두 손의 동작은 같이 시작하고, 같이 끝나도록 한다.
　㉡ 휴식시간을 제외하고는 양손이 같이 쉬지 않도록 한다.
　㉢ 두 팔의 동작은 서로 반대방향으로 대칭적으로 움직인다.
　㉣ 손과 신체의 동작은 작업을 원만하게 처리할 수 있는 범위 내에서 가장 낮은 동작 등급을 사용하도록 한다.
　㉤ 가능한 한 관성을 이용하여 작업을 하도록 하되, 작업자가 관성을 억제하여야 하는 경우에는 발생되는 관성을 최소 한도로 줄인다.

ⓗ 손의 동작은 스무스하고 연속적인 동작이 되도록 하며, 방향이 갑자기 크게 바뀌는 모양의 직선 동작은 피하도록 한다.
ⓐ 타도 동작은 제한되거나 통제된 동작보다 더 신속하고 용이하며 정확하다.
ⓞ 가능하다면 쉽고도 자연스러운 리듬이 작업동작에 생기도록 작업을 배치한다.
ⓙ 눈의 초점을 모아야 작업을 할 수 있는 경우는 가능하면 없애고, 불가피한 경우에는 눈의 초점이 모아지는 서로 다른 두 작업지정 간의 거리를 짧게 한다.

㈏ 작업장의 배치에 관한 원칙
ⓖ 모든 공구나 재료는 자기 위치에 있도록 한다.
ⓛ 공구, 재료 및 제어장치는 사용 위치에 가까이 두도록 한다.
ⓒ 중력이송원리를 이용한 부품상자나 용기를 이용하여 부품을 제품 사용 위치에 가까이 보낼 수 있도록 한다.
ⓔ 가능하다면 낙하식 운반방법을 사용한다.
ⓜ 공구나 재료는 작업동작이 원활하게 수행되도록 위치를 정해준다.
ⓗ 작업자가 잘 보면서 작업할 수 있도록 적절한 조명을 한다.
ⓐ 작업자가 작업 중 자세를 변경, 즉 앉거나 서는 것을 임의로 할 수 있도록 작업대와 의자 높이가 조정되도록 한다.
ⓞ 작업자가 좋은 자세를 취할 수 있도록 의자는 높이뿐만 아니라 디자인도 좋아야 한다.

㈐ 공구 및 장비의 설계에 관한 원칙
ⓖ 치구나 족답 장치를 효과적으로 사용할 수 있는 작업에서는 이러한 장치를 활용하여 양손이 다른 일을 할 수 있도록 한다.
ⓛ 공구의 기능을 결합하여서 사용하도록 한다.
ⓒ 공구와 자재는 가능한 한 사용하기 쉽도록 미리 위치를 잡아준다.
ⓔ 각 손가락에 서로 다른 작업을 할 때에는 작업량을 각 손가락의 능력에 맞게 분배해야 한다.
ⓜ 레버, 핸들, 그리고 제어장치는 작업자가 몸의 자세를 크게 바꾸지 않더라도 조작하기 쉽도록 배열한다.

51 FT도에 사용되는 다음 기호의 명칭으로 옳은 것은?

① 부정 게이트
② 수정기호
③ 위험지속기호
④ 배타적 OR 게이트

해설 **위험지속기호**
입력사상이 생겨 어느 일정시간 지속하였을 때에 출력사상이 생긴다(위험지속시간과 같이 기입).

52 인간-기계 시스템의 설계를 6단계로 구분할 때 다음 중 첫 번째 단계에서 시행하는 것은?

① 기본 설계
② 시스템의 정의
③ 인터페이스 설계
④ 시스템의 목표와 성능 명세 결정

해설 **시스템 설계과정의 6단계**
㈎ 제1단계 : 목표 및 성능 명세 결정
㈏ 제2단계 : 시스템(체계)의 정의
㈐ 제3단계 : 기본 설계
㈑ 제4단계 : 계면(인터페이스) 설계
㈒ 제5단계 : 촉진물(보조물) 설계
㈓ 제6단계 : 시험 및 평가

53 여러 사람이 사용하는 의자의 좌면높이는 어떤 기준으로 설계하는 것이 가장 적절한가?

① 5% 오금높이
② 50% 오금높이
③ 75% 오금높이
④ 95% 오금높이

해설 사람이 사용하는 의자의 좌면높이는 조절 범위를 기준으로 설계하는 것이 가장 적절하다. 조절식으로 설계할 경우에는 통상 5% 값에서 95% 값까지의 90% 범위를 수용 대상으로 설계하는 것이 보통이다.

54 다음 중 소음에 대한 대책으로 가장 적합하지 않은 것은?

① 소음원의 통제
② 소음의 격리
③ 소음의 분배
④ 적절한 배치

해설 **소음대책**
㈎ 소음원의 제거(가장 적극적 대책)
㈏ 소음원의 통제

정답 51.③ 52.④ 53.① 54.③

㉢ 소음의 격리
㉣ 적절한 배치(layout)
㉤ 차폐장치 및 흡음재료 사용
㉥ 음향처리제 사용
㉦ 방음보호구 사용
㉧ BGM(Back Ground Music)

55 다음 중 음량 수준을 평가하는 척도와 관계 없는 것은?
① Phon   ② HSI
③ PLdB   ④ Sone

[해설] 음량 수준을 평가하는 척도
㉮ Phon에 의한 음량 수준 : 음의 감각적 크기의 수준을 나타내기 위해서 음압 수준(dB)과는 다른 Phon이라는 단위를 채용하는데, 어떤 음의 Phon치로 표시한 음량 수준은 이 음과 같은 크기로 들리는 1,000Hz 순음의 음압 수준 1(dB)이다.
㉯ Sone에 의한 음량 : 음량 척도로서 1,000Hz, 40dB의 음압 수준을 가진 순음의 크기(40Phon)를 1Sone이라고 정의한다.
㉰ 인식 소음 수준 : PNdB(Perceived Noise Level)의 척도는 같은 시끄럽기로 들리는 910~1,090Hz 대의 소음 음압 수준으로 정의되고, 최근에 사용되는 PLdB(Perceived Level of Noise) 척도는 3,150Hz에 중심을 둔 1/3옥타브(Octave)대 음을 기준으로 사용한다.

56 설계단계에서부터 보전에 불필요한 설비를 설계하는 것의 보전방식은?
① 보전예방   ② 생산보전
③ 일상보전   ④ 개량보전

[해설] 보전예방
설비보전 정보와 새로운 기술을 기초로 신뢰성, 조작성, 보전성, 안전성, 경제성 등이 우수한 설비의 선정, 조달 또는 설계를 하고 궁극적으로는 설비의 설계, 제작단계에서 보전활동이 불필요한 체제를 목표로 한 설비보전방법을 의미한다.

57 화학설비 안전성 평가 5단계 중 제2단계에 속하는 것은?
① 작성준비
② 정량적 평가
③ 안전대책
④ 정성적 평가

[해설] 안전성 평가의 기본원칙 6단계
㉮ 1단계 : 관계 자료의 정비검토
㉯ 2단계 : 정성적 평가
㉰ 3단계 : 정량적 평가
㉱ 4단계 : 안전대책
㉲ 5단계 : 재해정보에 의한 재평가
㉳ 6단계 : FTA에 의한 재평가

58 들기작업 시 요통재해 예방을 위하여 고려할 요소와 가장 거리가 먼 것은?
① 들기 빈도
② 작업자 신장
③ 손잡이 형상
④ 허리 비대칭 각도

[해설] 들기작업 시 요통재해 예방을 위하여 고려할 요소
㉮ 들기 빈도
㉯ 손잡이 형상
㉰ 허리 비대칭 각도
㉱ 취급 중량
㉲ 작업 자세

59 결함수분석법에서 Path set에 관한 설명으로 맞는 것은?
① 시스템의 약점을 표현한 것이다.
② Top 사상을 발생시키는 조합이다.
③ 시스템이 고장나지 않도록 하는 사상의 조합이다.
④ 시스템 고장을 유발시키는 필요불가결한 기본사상들의 집합이다.

[해설] 패스셋과 미니멀 패스셋
㉮ 패스셋(path sets) : 정상사상이 일어나지 않는 기본사상의 집합을 말한다.
㉯ 미니멀 패스셋(minimal path sets) : 필요한 최소한의 패스를 말한다(시스템의 신뢰성을 나타냄).

60 인간공학 연구조사에 사용되는 기준의 구비조건과 가장 거리가 먼 것은?
① 적절성   ② 다양성
③ 무오염성   ④ 기준척도의 신뢰성

해설 **기준의 요건**
㉮ 적절성(relevance) : 기준이 의도된 목적에 적당하다고 판단되는 정도를 말한다.
㉯ 무오염성 : 기준척도는 측정하고자 하는 변수 외의 다른 변수들의 영향을 받아서는 안 된다는 것을 무오염성이라고 한다.
㉰ 기준척도의 신뢰성 : 척도의 신뢰성은 반복성(repeatability)을 의미한다.

≫ 제4과목 건설시공학

61 조적벽면에서의 백화 방지에 대한 조치로서 옳지 않은 것은?

① 잘 구워진 벽돌을 사용한다.
② 줄눈으로 비가 새어들지 않도록 방수 처리한다.
③ 줄눈 모르타르에 석회를 혼합한다.
④ 벽돌벽의 상부에 비막이를 설치한다.

해설 **백화 현상**
공사 완료 이후, 벽돌벽 외부에 흰 가루가 돋는 현상이다. 방지 대책은 다음과 같다.
㉮ 줄눈·모르타르의 밀실충전 및 줄눈 모르타르에 방수제를 혼합할 것
㉯ 치장쌓기의 벽돌벽은 줄눈넣기 조기 시공
㉰ 이어쌓기의 경우, 고인물 완전 제거
㉱ 흡수율이 작은 소성이 잘 된 양질의 벽돌 사용
㉲ 파라핀 도료를 발라서 염료가 나오는 것을 방지
㉳ 줄눈 모르타르의 단위 시멘트량을 적게 할 것
㉴ 벽돌벽의 상부에 비막이를 설치
㉵ 물·시멘트비(W/C)를 감소시킬 것

62 벽식 철근콘크리트 구조를 시공할 경우, 벽과 바닥의 콘크리트 타설을 한 번에 가능하게 하기 위하여 벽체용 거푸집과 슬래브 거푸집을 일체로 제작하여 한 번에 설치하고 해체할 수 있도록 한 시스템 거푸집은?

① 갱폼   ② 클라이밍폼
③ 슬립폼   ④ 터널폼

해설 ① 갱폼 : 타워크레인 등의 시공 장비에 의해 한 번에 설치하고 탈형만 하므로 사용할 때마다 부재의 조립 및 분해를 반복하지 않아, 평면상 상하부 동일 단면의 벽식 구조인 아파트 건축물에 적용 효과가 큰 대형 벽체 거푸집

② 클라이밍폼 : 벽체 전용 거푸집으로 거푸집과 벽체 마감공사를 위한 비계틀을 일체로 제작한 거푸집
③ 슬립폼 : 수평·수직적으로 반복된 구조물을 시공이음 없이 균일한 형상으로 시공하기 위해 요크, 로드, 유압잭을 이용해 거푸집을 연속적으로 이동시키면서 콘크리트를 타설·사일로(silo) 공사에 적당하다.
④ 터널폼 : 대형 형틀로서 슬래브와 벽체의 콘크리트 타설을 일체화하기 위한 것으로 한 구획 전체의 벽판과 바닥판을 'ㄱ'자형 또는 'ㄷ'자형으로 처리한 거푸집

63 콘크리트 공사의 시공 과정 중 휴식시간 등으로 응결하기 시작한 콘크리트에 새로운 콘크리트를 이어 칠 때 일체화가 저해되어 생기는 줄눈은?

① 익스팬션 조인트(expansion joint)
② 컨트롤 조인트(control joint)
③ 컨트랙션 조인트(contraction joint)
④ 콜드 조인트(cold joint)

해설 ㉮ 조절줄눈(control joint) : 바닥판의 수축에 의한 표면 균열 방지를 목적으로 설치하는 줄눈
㉯ 신축줄눈(expansion joint) : 기초의 부동침하와 온도, 습도 변화에 따른 신축팽창을 흡수시킬 목적으로 설치하는 줄눈
㉰ 시공줄눈(construction joint) : 콘크리트를 한 번에 타설하지 못할 때 생기는 줄눈으로 계획된 줄눈
㉱ 콜드 조인트(cold joint) : 시공 과정 중 휴식시간 등으로 응결하기 시작한 콘크리트에 새로운 콘크리트를 이어 칠 때 일체화가 저해되어 생기는 줄눈

64 콘크리트의 측압력을 부담하지 않고 거푸집 상호간의 간격을 유지시켜 주는 것은?

① 세퍼레이터(separator)
② 플랫타이(flat tie)
③ 폼타이(form tie)
④ 스페이서(spacer)

해설 ① 세퍼레이터 : 거푸집 상호간의 간격을 유지하게 하는 것
② 플랫타이 : 유로폼 시공 시 거푸집과 거푸집 사이를 일정한 간격으로 유지

③ 폼타이 : 거푸집의 간격을 유지하며 벌어지는 것을 방지하는 긴장재
④ 간격재(spacer) : 철근이 거푸집에 밀착되는 것을 방지하여 피복 간격을 확보하기 위한 간격재

65 시험말뚝에 변형률계(strain gauge)와 가속도계(accelerometer)를 부착하여 말뚝 항타에 의한 파형으로부터 지지력을 구하는 시험은?

① 정적 재하시험
② 동적 재하시험
③ 정·동적 재하시험
④ 인발시험

해설 **동적 재하시험**
시험말뚝에 고강도 볼트를 사용하여 변형률계(strain gauge)와 가속도계(accelerometer)를 부착하여 말뚝 항타에 의한 파형으로부터 지지력을 구하는 시험

66 발주가가 직접 설계와 시공에 참여하고, 프로젝트 관련자들이 상호 신뢰를 바탕으로 Team을 구성해서 프로젝트의 성공과 상호 이익 확보를 공동 목표로 하여 프로젝트를 추진하는 공사 수행방식은?

① PM 방식(Project Management)
② 파트너링 방식(partnering)
③ CM 방식(Construction Management)
④ BOT 방식(Build Operate Transfer)

해설 ① PM 방식 : 어떠한 프로젝트를 진행할 때 보다 효율적으로 프로젝트를 관리하여 성공적으로 프로젝트를 수행하게 하는 일을 말하며, 프로젝트가 계획되는 시점에서 선정되어, 프로젝트의 시작에서 끝까지 일정관리, 자금관리, 인력관리 등 모든 부분이 이에 포함된다.
③ CM 방식 : 건설공사의 기획 단계, 설계 단계, 구매 및 입찰 단계, 시공 단계, 유지관리 단계 전체의 종합적 관리 시스템을 의미한다.
④ BOT 방식 : 사회 간접자본시설의 준공 후 일정 기간 동안 사업 시행자에게 당해 시설의 소유권이 인정되며, 그 기간의 만료 시 시설 소유권이 국가 또는 지방자치단체에 귀속되는 공사 수행방식이다.

67 공사 계약방식에서 공사 실시방식에 의한 계약제도가 아닌 것은?

① 일식도급
② 분할도급
③ 실비정산 보수가산도급
④ 공동도급

해설 ㉮ 공사 실시방식에 의한 도급계약제도 : 일식도급, 분할도급, 공동도급 방식
㉯ 공사비 지불방식에 의한 도급계약제도 : 단가도급, 정액도급, 실비정산 보수가산도급 방식

68 다음 ⓐ~ⓕ의 블록쌓기 시공순서로 옳은 것은?

ⓐ 접착면 청소
ⓑ 세로규준틀 설치
ⓒ 규준 쌓기
ⓓ 중간부 쌓기
ⓔ 줄눈 누르기 및 파기
ⓕ 치장줄눈

① ⓐ-ⓓ-ⓑ-ⓒ-ⓕ-ⓔ
② ⓐ-ⓑ-ⓓ-ⓒ-ⓕ-ⓔ
③ ⓐ-ⓒ-ⓑ-ⓓ-ⓔ-ⓕ
④ ⓐ-ⓑ-ⓒ-ⓓ-ⓔ-ⓕ

해설 **블록쌓기 시공순서**
㉮ 접착면 청소
㉯ 세로규준틀 설치
㉰ 규준 쌓기
㉱ 중간부 쌓기
㉲ 줄눈 누르기 및 파기
㉳ 치장줄눈

69 수평이동이 가능하여 건물의 층수가 적은 긴 평면에 사용되며 회전범위가 270°인 특징을 갖고 있는 철골 세우기용 장비는?

① 가이 데릭(guy derrick)
② 스티프레그 데릭(stiff-leg derrick)
③ 트럭 크레인(truck crane)
④ 플레이트 스트레이닝 롤(plate straining roll)

해설 삼각 데릭(stiff-leg derrick)
㉮ 가이 데릭과 비슷하나, 주기둥을 지탱하는 지선 대신에 2개의 다리에 바퀴가 달려 있어서 수평 이동이 가능하다.
㉯ 작업 회전반경은 약 270° 정도(작업범위는 180°)로, 가이 데릭과 성능은 거의 같다.
㉰ 비교적 낮은 면적의 건물에 유효하다. 특히 최상층 철골 위에 설치하여 타워 크레인을 해체한 후에 사용하거나, 또 증축공사인 경우에는 기존 건물 옥상 등에 설치하여 사용되고 있다.

70 대규모 공사 시 한 현장 안에서 여러 지역별로 공사를 분리하여 공사를 발주하는 방식은?

① 공정별 분할도급
② 공구별 분할도급
③ 전문공종별 분할도급
④ 직종별·공종별 분할도급

해설 분할도급 계약제도
공사 유형별로 분할하여 전문업자에게 도급을 주는 방식이다.
㉮ 전문공종별 분할도급
  ㉠ 전기·난방 등의 설비공사 같이 전문적인 공사를 분할하여 직접 전문업자에게 도급을 주는 방식이다.
  ㉡ 전문화로 시공의 질이 향상되지만, 공사비 증대의 우려가 있다.
  ㉢ 건축주의 의사전달이 원활하다.
  ㉣ 설비업자의 자본기술이 향상된다.
㉯ 공정별 분할도급
  ㉠ 시공과정별로 도급을 주는 방식이다(기초, 구체, 방수, 창호 등).
  ㉡ 설계 부분 완성 시 완료 부분만 발주 가능하다.
  ㉢ 선행 공사 지연 시 후속 공사에 영향이 크고, 후속업자(공정) 변경 시 공사금액 결정이 곤란하다.
  ㉣ 정부, 관청에서 발주하는 공사로 예산상 구분될 때 채택한다.
㉰ 공구별 분할도급
  ㉠ 대규모 공사(지하철 공사, 고속도로 공사, 대규모 아파트단지 공사) 시 중소업자에게 균등한 기회를 부여하기 위해 분할도급 지역별로 도급을 주는 방식이다.
  ㉡ 시공기술력 향상 및 경쟁으로 인한 공기가 단축된다.
  ㉢ 사무업무가 복잡하고 관리가 어렵다.
  ㉣ 도급업자에게 균등한 기회가 부여된다.

㉱ 직종별·공종별 분할도급
  ㉠ 직영에 가까운 형태로 전문직종 또는 공종별로 도급을 주는 방식이다.
  ㉡ 건축주의 의도가 잘 반영된다.
  ㉢ 현장관리업무가 복잡하며, 경비 가산으로 인한 공사비 증대의 우려가 있다.

71 다음 중 깊은 기초지정에 해당되는 것을 고르면?

① 잡석지정
② 피어기초지정
③ 밑창콘크리트지정
④ 긴주춧돌지정

해설 깊은 기초지정
기초지반의 지지력이 충분하지 못하거나 침하가 과도하게 일어나는 경우에 말뚝, 피어, 케이슨 등의 깊은 기초를 설치하여 지지력이 충분히 큰 하부 지반에 상부 구조물의 하중을 전달하거나 지반을 개량한 후에 기초를 설치하는 것을 말한다.

72 건축시공의 현대화 방안 중 3S system과 거리가 먼 것은?

① 작업의 표준화
② 작업의 단순화
③ 작업의 전문화
④ 작업의 기계화

해설 3S system
㉮ 표준화(규격화 ; Standardization)
㉯ 단순화(Simplification)
㉰ 전문화(Specialization)

73 AE콘크리트에 관한 설명으로 틀린 것은?

① 시공연도가 좋고 재료분리가 적다.
② 단위수량을 줄일 수 있다.
③ 제물치장 콘크리트 시공에 적당하다.
④ 철근에 대한 부착강도가 증가한다.

해설 AE콘크리트의 장단점
㉮ 장점
  ㉠ 방수성이 크고 화학작용에 대한 저항성도 크다.
  ㉡ 미세기포의 조활작용으로 연도(軟度)가 증대되고, 응집력이 있어서 재료분리가 적다.
  ㉢ 사용 수량(水量)을 줄일 수 있어서 블리딩(bleeding) 및 침하가 적다.
  ㉣ 탄성을 가진 기포는 동결융해(凍結融解) 및 건습(乾濕) 등에 의한 용적변화가 적다.

정답 70.② 71.② 72.④ 73.④

④ 단점
  ㉠ 공기량 1%에 대하여 압축강도는 약 4~6% 저하된다.
  ㉡ 철근 부착강도가 저하되고, 감소비율은 압축강도보다 크다.

74 품질관리(TQC)를 위한 7가지 도구 중에서 불량수, 결점수 등 셀 수 있는 데이터가 분류항목별로 어디에 집중되어 있는가를 알기 쉽도록 나타낸 그림은?

① 히스토그램
② 파레토도
③ 체크시트
④ 산포도

해설 품질관리(TQC) 활동의 7가지 도구
  ㉮ 히스토그램(histogram) : 길이, 무게, 강도 등과 같이 계량치의 데이터가 어떠한 분포를 하고 있는지 알아보기 위하여 작성하는 주상(柱狀) 기둥그래프(막대그래프)이다.
  ㉯ 특성요인도 : 결과에 원인이 어떻게 관계하고 있는가를 생선뼈 모양으로 나타낸 그림이다.
  ㉰ 파레토도(pareto diagram) : 시공불량의 내용이나 원인을 분류항목으로 나누어 크기 순서대로 나열해 놓은 그림이다.
  ㉱ 관리도 : 공정의 상태를 나타내는 특성치에 관해서 그려진 꺾은선 그래프이다.
  ㉲ 산점도(산포도, scatter diagram) : 서로 대응되는 두 종류의 데이터의 상호관계를 보는 것이다.
  ㉳ 체크시트 : 불량수, 결점수 등 셀 수 있는 데이터가 분류항목별로 어디에 집중되어 있는가를 알기 쉽도록 나타낸 그림이다.
  ㉴ 층별 : 데이터의 특성을 적당한 범주마다 얼마간의 그룹으로 나누어 도표로 나타낸 것이다.

75 보강블록공사 시 벽 가로근의 시공에 관한 설명으로 옳지 않은 것은?

① 가로근은 배근 상세도에 따라 가공하되 그 단부는 90°의 갈구리로 구부려 배근한다.
② 모서리에 가로근의 단부는 수평방향으로 구부려서 세로근의 바깥쪽으로 두르고, 정착길이는 공사시방서에 정한 바가 없는 한 40d 이상으로 한다.
③ 창 및 출입구 등의 모서리 부분에 가로근의 단부를 수평방향으로 정착할 여유가 없을 때에는 갈구리로 하여 단부 세로근에 걸고 결속선으로 결속한다.
④ 개구부 상하부의 가로근을 양측 벽부에 묻을 때의 정착길이는 40d 이상으로 한다.

해설 벽 가로근
  ㉮ 가로근을 블록 조적 중의 소정의 위치에 배근하여 이동하지 않도록 고정한다.
  ㉯ 우각부, 역T형 접합부 등에서의 가로근은 세로근을 구속하지 않도록 배근하고 세로근과의 교차부를 결속선으로 결속한다.
  ㉰ 가로근은 배근 상세도에 따라 가공하되 그 단부는 180°의 갈구리로 구부려 배근한다. 철근의 피복두께는 20mm 이상으로 하며, 세로근과의 교차부는 모두 결속선으로 결속한다.
  ㉱ 모서리에 가로근의 단부는 수평방향으로 구부려서 세로근의 바깥쪽으로 두르고, 정착길이는 공사시방서에 정한 바가 없는 한 40d 이상으로 한다.
  ㉲ 창 및 출입구 등의 모서리 부분에 가로근의 단부를 수평방향으로 정착할 여유가 없을 때에는 갈구리로 하여 단부 세로근에 걸고 결속선으로 결속한다.
  ㉳ 개구부 상하부의 가로근을 양측 벽부에 묻을 때의 정착길이는 40d 이상으로 한다.
  ㉴ 가로근은 그와 동등 이상의 유효단면적을 가진 블록보강용 철망으로 대신 사용할 수 있다.

76 프리플레이스트 콘크리트 말뚝으로 구멍을 뚫어 주입관과 굵은 골재를 채워 넣고 관을 통하여 모르타르를 주입하는 공법은?

① MIP 파일(Mixed In Place pile)
② CIP 파일(Cast In Place pile)
③ PIP 파일(Packed In Place pile)
④ NIP 파일(Nail In Place pile)

해설 주열공법
  ㉮ PIP 말뚝 : 어스오거(earth auger)로 소정의 깊이까지 뚫은 다음, 흙과 오거를 함께 끌어올리면서 그 밑 공간은 파이프 선단을 통하여 유출되는 모르타르로 채워 흙과 치환하여 모르타르 말뚝을 형성한다.
  ㉯ CIP 말뚝 : 지하수가 없는 비교적 경질인 지층에서 어스오거로 구멍을 뚫고 그 내부에 자갈과 철근을 채운 후, 미리 삽입해 둔 파이프를 통해 저면에서부터 모르타르를 채워서 올라오게 한 공법이다.
  ㉰ MIP 말뚝 : 파이프 회전봉의 선단에 커터(cutter)를 장치하여 흙을 뒤섞으며 파 들어간 다음, 다시 회전시킴으로써 도로 빼내면서 모르타르를 회전봉 선단에서 분출되게 하여 소일 콘크리트 말뚝(soil concrete pile)을 형성하는 공법으로, 연약지반에서 시공이 가능하다.

77 다음은 표준시방서에 따른 기성말뚝 세우기 작업 시 준수사항이다. ( ) 안에 들어갈 내용으로 옳은 것은? (단, 보기항의 D는 말뚝의 바깥지름이다.)

> 말뚝의 연직도나 경사도는 (ⓐ) 이내로 하고, 말뚝박기 후 평면상의 위치가 설계도면의 위치로부터 (ⓑ)와 100mm 중 큰 값 이상으로 벗어나지 않아야 한다.

① ⓐ 1/100, ⓑ $D/4$
② ⓐ 1/150, ⓑ $D/4$
③ ⓐ 1/100, ⓑ $D/2$
④ ⓐ 1/150, ⓑ $D/2$

해설 기성말뚝 세우기
㉮ 시공기계는 말뚝이 소정의 위치에 정확하게 설치될 수 있도록 견고한 지반 위의 정확한 위치에 설치하여야 한다.
㉯ 말뚝을 정확하고도 안전하게 세우기 위해서는 정확한 규준틀을 설치하고 중심선 표시를 용이하게 하여야 하며, 말뚝을 세운 후 검측은 직교하는 2방향으로부터 하여야 한다.
㉰ 말뚝의 연직도나 경사도는 1/100 이내로 하고, 말뚝박기 후 평면상의 위치가 설계도면의 위치로부터 $D/4$(D는 말뚝의 바깥지름)와 100mm 중 큰 값 이상으로 벗어나지 않아야 한다.

78 강관틀 비계에서 주틀의 기둥관 1개당 수직하중의 한도는 얼마인가? (단, 견고한 기초 위에 설치하게 될 경우)

① 16.5kN ② 24.5kN
③ 32.5kN ④ 38.5kN

해설 강관틀 비계에서 틀의 기둥관 1개당 수직하중 한도는 24.5kN(24,500N)이다.

79 다음 조건에 따른 백호의 단위시간당 추정 굴삭량으로 옳은 것은?

- 버킷 용량 : 0.5m³
- 사이클타임 : 20초
- 작업효율 : 0.9
- 굴삭계수 : 0.7
- 굴삭토의 용적변화계수 : 1.25

① 94.5m³ ② 80.5m³
③ 76.3m³ ④ 70.9m³

해설 굴삭량(V)
$= Q \times \dfrac{3{,}600}{cm} \times EKF$
$= 0.5 \times \dfrac{3{,}600}{20} \times 0.9 \times 0.7 \times 1.25 ≒ 70.9\text{m}^3/\text{hr}$

80 용접작업 시 주의사항으로 옳지 않은 것은?

① 용접할 소재는 수축변형이 일어나지 않으므로 치수에 여분을 두지 않아야 한다.
② 용접할 모재의 표면에 녹·유분 등이 있으면 접합부에 공기포가 생기고 용접부의 재질을 약화시키므로 와이어 브러시로 청소한다.
③ 강우 및 강설 등으로 모재의 표면이 젖어 있을 때나 심한 바람이 불 때는 용접하지 않는다.
④ 용접봉을 교환하거나 다층용접일 때는 슬래그와 스패터를 제거한다.

해설 용접작업 시 주의사항
㉮ 용접할 소재는 수축변형 및 마무리에 대한 고려로서 치수에 여분을 두어야 한다.
㉯ 용접할 모재의 표면에 녹·유분 등이 있으면 접합부에 공기포가 생기고 용접부의 재질을 약화시키므로 와이어 브러시로 청소한다.
㉰ 강우 및 강설 등으로 모재의 표면이 젖어 있을 때나 심한 바람이 불 때는 용접하지 않는다.
㉱ 용접봉을 교환하거나 다층용접일 때는 슬래그와 스패터를 제거한다.
㉲ 용접으로 인하여 모재에 균열이 생긴 때에는 원칙적으로 모재를 교환한다.
㉳ 용접 자세는 부재의 위치를 조절하여 될 수 있는 대로 아래보기로 한다.

≫ 제5과목 건설재료학

81 강재는 탄소 함유량에 따라 각종 성질이 변한다. 인장강도가 최대일 경우의 탄소 함유량은?

① 0.2~0.3% ② 0.5~0.7%
③ 0.8~1.0% ④ 1.3~1.5%

해설 강은 탄소 함유량이 많을수록 경(硬)하고 강도가 증대되나 신도(연신율)는 감소된다(0.9~1.0% 함유 시 인장강도는 최대로 증대되고 이를 넘으면 감소되며, 경도는 0.9% 함유 시 최대이며 이상 함유되어도 경도는 일정하다).

82 수화열량이 많으며 초기의 강도 발현이 가능하므로 긴급공사, 동절기 공사에 주로 사용되는 시멘트는?

① 보통 포틀랜드 시멘트
② 조강 포틀랜드 시멘트
③ 중용열 포틀랜드 시멘트
④ 내황산염 포틀랜드 시멘트

해설 **조강 포틀랜드 시멘트**
㉮ 보통 포틀랜드 시멘트가 재령 28일에 나타내는 강도를 재령 7일 정도에서 나타내는 조기강도가 큰 시멘트이다. 용도는 동기공사, 긴급공사, 수중공사, 시멘트 2차 제품 등에 사용된다.
㉯ 조강 포틀랜드 시멘트의 장점
  ㉠ 거푸집(form)을 빠른 시일에 제거할 수 있다.
  ㉡ 조기에 고강도의 콘크리트를 필요로 할 때, 경제적으로 배합이 가능하다.
  ㉢ 수화열량이 많고, 수화속도가 빠르다(그러므로 한중(寒中) 콘크리트의 시공에 적합).
㉰ 조강 포틀랜드 시멘트 사용할 때의 주의사항
  ㉠ C₃A를 많이 포함하는 시멘트는 일반적으로 경화·건조에 의한 수축이 크므로, 시공·양생에 주의하지 않으면 균열이 생기기 쉽다.
  ㉡ 발열량이 많으므로 매시브(massive)한 콘크리트에서는 온도 상승이 크며, 내부 응력에 의한 균열이 생기기 쉽다.

83 콘크리트의 블리딩 현상에 의한 성능 저하와 가장 거리가 먼 것은?

① 골재와 페이스트의 부착력 저하
② 철근과 페이스트의 부착력 저하
③ 콘크리트의 수밀성 저하
④ 콘크리트의 응결성 저하

해설 **블리딩 현상에 의한 성능 저하 내용**
㉮ 골재와 시멘트 페이스트의 부착력 저하
㉯ 철근과 시멘트 페이스트의 부착력 저하
㉰ 콘크리트의 수밀성 저하

84 내열성이 크고 발수성을 나타내어 방수제로 쓰이며, 저온에서도 탄성이 있어 jasket, packing의 원료로 쓰이는 합성수지는?

① 페놀수지
② 실리콘수지
③ 폴리에스테르수지
④ 에폭시수지

해설 **실리콘수지**
내열성이 우수하고 실리콘 고무는 -60~260℃에 걸쳐서 탄성을 유지하고, 150~177℃에서는 장시간 연속 사용에 견디며, 270℃의 고온에서도 몇 시간 사용이 가능하다. 도료의 경우, 안료로서 알루미늄 분말을 혼합한 것은 500℃에서는 몇 시간, 250℃에서는 장시간을 견딘다. 실리콘은 전기절연성 및 내수성이 좋고 발수성(撥水性)이 있으며 고온과 저온에서 탄성이 있어서 가스킷(gasket)이나 패킹(packing) 등에 쓰인다.

85 다음 그림은 일반 구조용 강재의 응력-변형률 곡선이다. 이에 대한 설명으로 옳지 않은 것은?

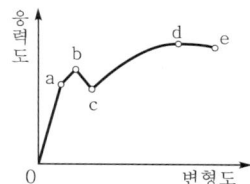

① a는 비례한계이다.
② b는 탄성한계이다.
③ c는 하위 항복점이다.
④ d는 인장강도이다.

해설 b는 상위 항복점, e는 파괴점이다.

86 타일의 소지(素地) 중 규산을 화학성분으로 한 석영·수정 등의 광물로서 도자기 속에 넣으면 점성을 제거하는 효과가 있으며, 소지 속에서 미분화하는 것은?

① 고령토
② 점토
③ 규석
④ 납석

[해설] **소지 원료**
- ㉮ 규석 : 타일의 소지(素地) 중 규산을 화학성분으로 한 석영·수정 등의 광물로서 도자기 속에 넣으면 점성을 제거하는 효과가 있다.
- ㉯ 고령토 : 알루미나와 무수규산의 함수 화합물로서 바위 속의 장석의 풍화에 의해 생긴다.
- ㉰ 점토 : 천연사의 미세한 입자의 접착체로서 유기물질을 많이 포함하고 있다.
- ㉱ 납석 : 주성분은 산화알루미늄(Al_2O_3)이다.

87 다음 중 플라스틱 재료에 관한 설명으로 틀린 것은?

① 아크릴수지의 성형품은 색조가 선명하고 광택이 있어 아름다우나 내용제성이 약하므로 상처 나기 쉽다.
② 폴리에틸렌수지는 상온에서 유백색의 탄성이 있는 수지로서 얇은 시트로 이용된다.
③ 실리콘수지는 발포제로서 보드상으로 성형하여 단열재로 널리 사용된다.
④ 염화비닐수지는 P.V.C라고 칭하며 내산·내알칼리성 및 내후성이 우수하다.

[해설] **실리콘(silicon)수지**
- ㉮ 제법 : 염화규소에 그리냐르 시약(grignard reagent)을 가하여 클로로실란을 제조하여 만든다.
- ㉯ 성질 : 실리콘수지는 내열성이 우수하다. 실리콘고무는 −60~260℃에 걸쳐서 탄성을 유지하고, 150~177℃에서는 장시간 연속 사용에 견디며, 270℃의 고온에서도 몇 시간 사용이 가능하다. 도료의 경우, 안료로서 알루미늄 분말을 혼합한 것은 500℃에서는 몇 시간, 250℃에서는 장시간을 견딘다. 실리콘은 전기절연성 및 내수성이 좋고 발수성(撥水性)이 있다.
- ㉰ 용도 : 실리콘고무는 고온과 저온에서 탄성이 있어서 개스킷(gasket)이나 패킹(packing) 등에 쓰인다. 또한 실리콘수지는 성형품, 접착제, 기타 전기절연 재료로 많이 쓰인다.

88 자갈의 절대건조상태 질량이 400g, 습윤상태 질량이 413g, 표면건조 내부포수상태 질량이 410g일 때 흡수율은 몇 %인가?

① 2.5%   ② 1.5%
③ 1.25% ④ 0.75%

[해설] 흡수율 = $\dfrac{\text{표건상태 질량} - \text{절건상태 질량}}{\text{절건상태 질량}} \times 100$
= $\dfrac{410-400}{400} = 2.5\%$

89 강재 탄소의 함유량이 0%에서 0.8%로 증가함에 따른 제반물성 변화에 대한 설명으로 옳지 않은 것은?

① 인장강도는 증가한다.
② 항복점은 커진다.
③ 신율은 증가한다.
④ 경도는 증가한다.

[해설] **탄소(C) 성분 함유에 의한 특성**
강은 탄소 함유량이 많을수록 경도 및 강도가 증대되고, 항복점이 상승되나, 신도(연신율)는 감소된다(0.9~1.0% 함유 시 인장강도는 최대로 증대되고 이를 넘으면 감소하며, 경도는 0.9% 함유 시 최대이며, 그 이상 함유되어도 경도는 일정하다).

90 다음 중 건축용 코킹재의 일반적인 특징에 관한 설명으로 옳지 않은 것은?

① 수축률이 크다.
② 내부의 점성이 지속된다.
③ 내산·내알칼리성이 있다.
④ 각종 재료에 접착이 잘 된다.

[해설] **코킹재의 특징**
- ㉮ 공기에 접하는 부분은 유연한 피막이 생기고 내부를 보호하며 내부의 점성이 지속되고 수축률이 작다.
- ㉯ 외기온도의 변화와 태양광선에 변질되지 않고 항상 적당한 점성을 유지하며 내후성이 있다.
- ㉰ 피막은 내수성과 발수성이 있다.
- ㉱ 내산·내알칼리성이 있다
- ㉲ 각종 재료에 접착이 잘 되고, 침식과 오염이 되지 않는다.

91 아스팔트 방수시공을 할 때 바탕재와의 밀착용으로 사용하는 것은?

① 아스팔트 컴파운드
② 아스팔트 모르타르
③ 아스팔트 프라이머
④ 아스팔트 루핑

정답 87.③ 88.① 89.③ 90.① 91.③

해설 아스팔트 프라이머(asphalt primer)
콘크리트와 아스팔트의 밀착을 좋게 하기 위하여 아스팔트를 휘발성 용제(휘발유 등)에 녹인 흑갈색 액체이다.

92 다음 중 창호용 철물 중 경첩으로 유지할 수 없는 무거운 자재 여닫이문에 쓰이는 철물은?

① 도어 스톱
② 래버터리 힌지
③ 도어 체크
④ 플로어 힌지

해설 플로어 힌지(floor hinge, 마루 경첩)
중량이 큰 문에 쓰이는 것으로, 자재 여닫이문을 열면 저절로 닫히게 하는 장치를 바닥에 설치하여 문장부를 끼우고 상부는 지도리를 축대로 하여 돌게 한 철물이다.

93 공시체(천연산 석재)를 (105 ± 2)°C로 24시간 건조한 상태의 질량이 100g, 표면건조 포화상태의 질량이 110g, 물속에서 구한 질량이 60g일 때, 이 공시체의 표면건조 포화상태의 비중은?

① 2.2
② 2
③ 1.8
④ 1.7

해설 ㉮ 표면건조 포화상태의 비중
$$= \frac{\text{표면건조 내부 포수상태의 무게}}{\begin{pmatrix}\text{표면건조 내부 포수상태의 무게}\\-\text{수중에서의 시료 무게}\end{pmatrix}}$$
$$= \frac{110}{110-60} = 2.2$$

㉯ 겉보기비중
$$= \frac{\text{절대건조상의 무게}}{\begin{pmatrix}\text{표면건조 내부 포수상태의 무게}\\-\text{수중에서의 시료 무게}\end{pmatrix}}$$
$$= \frac{100}{110-60} = 2$$

㉰ 진비중
$$= \frac{\text{절대건조상태의 무게}}{\begin{pmatrix}\text{절대건조상태의 무게}\\-\text{수중에서의 시료 무게}\end{pmatrix}}$$
$$= \frac{100}{100-60} = 2.5$$

94 콘크리트 구조물의 강도 보강용 섬유소재로 적당하지 않은 것은?

① PCP
② 유리섬유
③ 탄소섬유
④ 아라미드섬유

해설 PCP(Penta Chloro Phenol)
유성 방부제로 방부력이 가장 우수하며 열이나 약재에도 안정하고, 거의 무색 제품이 생산되어 그 위에 보통의 페인트를 칠할 수 있다. 종류도 많으며 유용성과 수용성이 있어서 수용성은 PCP나 Na염이다. 침투성이 매우 양호하여 도포뿐만 아니라 주입할 수도 있다.

95 각 석재별 주용도를 표기한 것으로 옳지 않은 것은?

① 화강암 : 외장재
② 석회암 : 구조재
③ 대리석 : 내장재
④ 점판암 : 지붕재

해설 ① 화강암 : 외장 및 내장재, 구조재, 콘크리트 골재 등에 사용된다.
② 석회암 : 도로포장용이나 석회, 시멘트 및 콘크리트의 원료 등에 쓰인다.
③ 대리석 : 치밀하고 견고하며, 연마하면 아름다운 광택을 내는 석재로 실내 장식용으로 쓰인다.
④ 점판암 : 천연 슬레이트로 지붕재·벽재·비석(碑石) 등에 쓰인다.

96 다음 보기 중 방청도료에 해당되지 않는 것은?

① 광명단 조합 페인트
② 클리어 래커
③ 에칭 프라이머
④ 징크로메이트 도료

해설 방청도료(녹막이 도료 또는 녹막이 페인트)의 종류
㉮ 광명단 도료
㉯ 산화철도료
㉰ 알루미늄 도료
㉱ 징크로메이트 도료(zincromate paint)
㉲ 워시 프라이머(wash primer)
㉳ 역청질 도료

97 고로 시멘트의 특성에 관한 설명으로 옳지 않은 것은?

① 수화열이 낮고 수축률이 적어 댐이나 항만 공사 등에 적합하다.
② 보통 포틀랜드 시멘트에 비하여 비중이 크고 풍화에 대한 저항성이 뛰어나다.
③ 응결시간이 느리기 때문에 특히 겨울철 공사에 주의를 요한다.
④ 다량으로 사용하게 되면 콘크리트의 화학저항성 및 수밀성, 알칼리골재반응 억제 등에 효과적이다.

해설 고로 시멘트
고로에서 선철을 만들 때 나오는 광재를 공기 중에서 냉각시키고 잘게 부순 것에 포틀랜드 시멘트 클링커를 혼합한 다음 석고를 적당히 섞어서 분쇄하여 분말로 한 것이다.
㉮ 수화열과 수축률이 적어서 댐 공사 등에 적합하다.
㉯ 비중이 적고(2.85 이상), 바닷물에 대한 저항이 크다.
㉰ 단기강도가 작고, 장기강도가 크며, 풍화가 용이하다.
㉱ 응결시간이 약간 느리고, 콘크리트의 블리딩(bleeding)이 적어진다.

98 알루미늄의 성질에 관한 설명으로 옳지 않은 것은?

① 비중이 철에 비해 약 1/3 정도이다.
② 황산, 인산 중에서는 침식되지만 염산 중에서는 침식되지 않는다.
③ 열, 전기의 양도체이며 반사율이 크다.
④ 부식률은 대기 중의 습도와 염분함유량, 불순물의 양과 질 등에 관계되며 0.08mm/년 정도이다.

해설 알루미늄(Al)
㉮ 알루미늄의 제법
원광석인 보크사이트(bauxite)에서 알루미나(Al_2O_3)를 분리 추출하고, 다시 이를 용융된 빙정석 중에서 전기분해하여 제조한 금속이다.
㉯ 물리적 성질
㉠ 비중 2.7(철에 비해 약 1/3 정도), 융점 659℃, 비열 0.214kcal/kg·℃, 전기전도율은 동의 64% 정도이다.
㉡ 경량질에 비하여 강도가 크다.
㉢ 광선 및 열에 대한 반사율이 극히 크므로 열차단재로 쓰인다.
㉣ 연하고 가공이 용이하며, Mn, Mg 등을 적당히 가한 것은 주조할 수도 있다.
㉤ 융점이 낮아서 내화성이 적고 열팽창이 크다(철의 2배).
㉰ 화학적 성질
㉠ 순도 높은 알루미늄은 공기 중에서 Al_2O_3의 얇은 막이 생겨서 내부를 보호한다.
㉡ 내산성 및 내알칼리성이 약하며, 콘크리트에 접하는 면에는 방식도장을 요한다.
㉢ 전해법에 의하여 알루미늄 표면에 Al_2O_3로 얇게 층을 부착시킨 것을 알마이트라고 하는데, 산·알칼리에 강하다(알마이트는 굽히거나 마찰하면 벗겨지므로 건축재료에는 많이 사용하지 않음).
㉣ 800℃로 가열하면 급히 산화하여 백광을 발하며 빛난다.
㉤ 알루미늄분에 산화철분을 혼입한 것을 테르밋(thermit)이라 하고, 이를 가열하여 철의 용접에 사용하기도 한다.
$2Al + Fe_2O_3 \rightarrow Al_2O_3 + 2Fe + 열$
㉥ 부식률은 대기 중의 습도와 염분함유량, 불순물의 양과 질 등에 관계되며 0.08mm/년 정도이다.

99 강의 열처리방법 중 결정을 미립화하고 균일하게 하기 위해 800~1,000℃까지 가열하여 소정의 시간까지 유지한 후에 노(爐)의 내부에서 서서히 냉각하는 방법은?

① 풀림
② 불림
③ 담금질
④ 뜨임질

해설 강의 열처리방법
㉮ 풀림(annealing) : 강을 적당한 온도(800~1,000℃)로 가열한 후에 노 안에서 천천히 냉각시키는 것
㉯ 불림(normalizing) : 800~1,000℃의 온도로 가열한 후에 대기 중에서 냉각시키는 열처리방법
㉰ 담금질(hardening 또는 quenching) : 강을 가열한 후에 물 또는 기름 속에 투입하여 급랭시키는 열처리방법
㉱ 뜨임질(tempering) : 담금질한 강에 인성을 주고 내부 잔류응력을 없애기 위해 변태점 이하의 적당한 온도(726℃ 이하 : 제일변태점)에서 가열한 다음에 냉각시키는 열처리방법

100 각종 금속에 관한 설명으로 잘못된 것은?

① 동은 건조한 공기 중에서는 산화하지 않으나, 습기가 있거나 탄산가스가 있으면 녹이 발생한다.
② 납은 비중이 비교적 작고 융점이 높아 가공이 어렵다.
③ 알루미늄은 비중이 철의 1/3 정도로 경량이며 열·전기전도성이 크다.
④ 청동은 구리와 주석을 주체로 한 합금으로 건축장식 부품 또는 미술공예 재료로 사용된다.

해설 납(Pb)의 성질
㉮ 납의 화학적 성질
  ㉠ 공기 중에서는 습기와 CO_2에 의하여 표면이 산화하여 $PbCO_3$ 등이 생김으로써 내부를 보호한다.
  ㉡ 염산·황산·농질산에는 침해되지 않으나, 묽은 질산에는 녹는다(부동태 현상).
  ㉢ 알칼리에 약하므로 콘크리트와 접촉되는 곳은 아스팔트 등으로 보호한다.
  ㉣ 납을 가열하면 황색의 리사지(PbO)가 되고, 다시 가열하면 광명단(光明丹, minium, Pb_3O_4)이 된다.
㉯ 납의 물리적 성질
  ㉠ 비중(11.4)이 크고, 융점 327℃로 낮으며 연성, 전성이 크다.
  ㉡ 인장강도가 극히 작다.
  ㉢ X선 등 방사선 차단효과가 크다(콘크리트의 100배 이상).

≫ 제6과목 건설안전기술

101 강관비계의 수직방향 벽이음 조립 간격 (m)으로 옳은 것은? (단, 틀비계이며, 높이는 10m이다.)

① 2m   ② 4m
③ 6m   ④ 9m

해설 벽이음 조립 간격
㉮ 통나무비계 : 수직(5.5m), 수평(7.5m)
㉯ 단관비계 : 수직(5m), 수평(5m)
㉰ 틀비계 : 수직(6m), 수평(8m)

102 터널공사 시 인화성 가스가 농도 이상으로 상승하는 것을 조기에 파악하기 위하여 설치하는 자동경보장치의 작업 시작 전 점검해야 할 사항이 아닌 것은?

① 계기의 이상 유무
② 발열 여부
③ 검지부의 이상 유무
④ 경보장치의 작동상태

해설 자동경보장치의 작업 시작 전 점검 내용
㉮ 계기의 이상 유무
㉯ 검지부의 이상 유무
㉰ 경보장치의 작동상태

103 물체가 떨어지거나 날아올 위험을 방지하기 위한 낙하물 방지망 또는 방호선반을 설치할 때 수평면과의 적정한 각도는?

① 10~20°
② 20~30°
③ 30~40°
④ 40~45°

해설 수평면과의 각도는 20° 이상 30° 이하를 유지할 것

104 다음 중 토석 붕괴의 원인이 아닌 것은?

① 절토 및 성토의 높이 증가
② 사면, 법면의 경사 및 기울기의 증가
③ 토석의 강도 상승
④ 지표수·지하수의 침투에 의한 토사 중량의 증가

해설 토석 붕괴의 원인
㉮ 외적 원인
  ㉠ 사면, 법면의 경사 및 기울기의 증가
  ㉡ 절토 및 성토 높이의 증가
  ㉢ 공사에 의한 진동 및 반복하중의 증가
  ㉣ 지표수 및 지하수의 침투에 의한 토사 중량의 증가
  ㉤ 지진, 차량, 구조물의 하중작용
  ㉥ 토사 및 암석의 혼합층 두께
㉯ 내적 원인
  ㉠ 절토 사면의 토질·암질
  ㉡ 성토 사면의 토질 구성 및 분포
  ㉢ 토석의 강도 저하

105 일반적으로 사면의 붕괴 위험이 가장 큰 것은?

① 사면의 수위가 서서히 상승할 때
② 사면의 수위가 급격히 하강할 때
③ 사면이 완전 건조상태에 있을 때
④ 사면이 완전 포화상태에 있을 때

🔍 일반적으로 사면의 수위가 급격히 하강할 때 사면의 붕괴 위험이 가장 크다.

106 건물 해체용 기구가 아닌 것은?

① 압쇄기   ② 스크레이퍼
③ 잭   ④ 철해머

🔍 건물 해체용 기구
㉮ 압쇄기
㉯ 잭
㉰ 철해머
㉱ 핸드 · 대형 브레이커

107 차량계 건설기계를 사용하여 작업 시 기계의 전도, 전락 등에 의한 근로자의 위험을 방지하기 위하여 유의하여야 할 사항이 아닌 것은?

① 노견의 붕괴 방지
② 작업반경 유지
③ 지반의 침하 방지
④ 노폭의 유지

🔍 차량계 건설기계를 사용하는 작업할 때에 그 기계가 넘어지거나 굴러 떨어짐으로써 근로자가 위험해질 우려가 있는 경우에는 유도하는 사람을 배치하고 지반의 부동침하 방지, 갓길의 붕괴 방지 및 도로 폭의 유지 등 필요한 조치를 하여야 한다.

108 강풍 시 타워크레인의 작업제한과 관련된 사항으로 타워크레인의 운전작업을 중지해야 하는 순간풍속 기준으로 옳은 것은?

① 순간풍속이 매 초당 10m 초과
② 순간풍속이 매 초당 15m 초과
③ 순간풍속이 매 초당 20m 초과
④ 순간풍속이 매 초당 25m 초과

🔍 강풍 시 타워크레인의 작업제한
㉮ 순간풍속이 10m/sec를 초과하는 경우 : 타워크레인의 설치 · 수리 · 점검 또는 해체작업을 중지할 것
㉯ 순간풍속이 15m/sec를 초과하는 경우 : 타워크레인의 운전작업을 중지할 것

109 달비계 설치 시 와이어로프를 사용할 때 사용 가능한 와이어로프의 조건은?

① 지름의 감소가 공칭지름의 8%인 것
② 이음매가 없는 것
③ 심하게 변형되거나 부식된 것
④ 와이어로프의 한 꼬임에서 끊어진 소선의 수가 10%인 것

🔍 달비계 설치 시 와이어로프의 사용제한
㉮ 이음매가 있는 것
㉯ 와이어로프의 한 꼬임에서 끊어진 소선(필러선 제외)의 수가 10% 이상(비전로프의 경우에는 끊어진 소선의 수가 와이어로프 호칭지름의 6배 길이 이내에서 4개 이상이거나 호칭지름의 30배 길이 이내에서 8개 이상)인 것
㉰ 지름의 감소가 공칭지름의 7%를 초과하는 것
㉱ 꼬인 것
㉲ 심하게 변형 또는 부식된 것
㉳ 열과 전기충격에 의해 손상된 것

110 다음 중 지하수위를 저하시키는 공법은?

① 동결공법
② 웰 포인트 공법
③ 뉴매틱 케이슨 공법
④ 치환공법

🔍 웰 포인트 공법(well point method)
투수성이 좋은 사질지반에 사용되는 강제탈수공법이다.

111 가설통로를 설치하는 경우 경사는 최대 몇 도 이하로 하여야 하는가?

① 20°   ② 25°
③ 30°   ④ 35°

정답 105.② 106.② 107.② 108.② 109.② 110.② 111.③

> **[해설]** 가설통로 설치 시 준수사항
> ㉮ 견고한 구조로 할 것
> ㉯ 경사는 30° 이하로 할 것(다만, 계단을 설치하거나 높이 2m 미만의 가설통로로서 튼튼한 손잡이를 설치한 때에는 그러하지 아니하다)
> ㉰ 경사가 15°를 초과하는 때에는 미끄러지지 않는 구조로 할 것
> ㉱ 추락의 위험이 있는 장소에는 안전난간을 설치할 것(작업상 부득이한 때에는 필요한 부분에 한하여 임시로 이를 해체할 수 있다)
> ㉲ 수직갱에 가설된 통로의 길이가 15m 이상인 때에는 10m 이내마다 계단참을 설치할 것
> ㉳ 건설공사에서 사용하는 높이 8m 이상인 비계다리에는 7m 이내마다 계단을 설치할 것

112 사면보호공법 중 구조물에 의한 보호공법에 해당되지 않는 것은?

① 현장타설 콘크리트 격자공
② 식생구멍공
③ 블록공
④ 돌쌓기공

> **[해설]** 사면보호공법의 종류
> ㉮ 구조물에 의한 사면보호공법
>   ㉠ 현장타설 콘크리트 격자공
>   ㉡ 블록공
>   ㉢ 돌쌓기공
>   ㉣ 콘크리트 붙임공법
>   ㉤ 뿜칠공법, 피복공법 등
> ㉯ 식생에 의한 사면보호공법
> ㉰ 떼입공법 등

113 사면의 붕괴 형태의 종류에 해당되지 않는 것은?

① 사면의 측면부 파괴
② 사면선 파괴
③ 사면 내 파괴
④ 바닥면 파괴

> **[해설]** 사면의 붕괴 형태
> ㉮ 사면선 파괴
> ㉯ 사면 내 파괴
> ㉰ 바닥면 파괴

114 달비계(곤돌라의 달비계는 제외)의 최대 적재하중을 정할 때 사용하는 안전계수의 기준으로 옳은 것은?

① 달기체인의 안전계수는 10 이상
② 달기강대와 달비계의 하부 및 상부 지점의 안전계수는 목재의 경우 2.5 이상
③ 달기와이어로프의 안전계수는 5 이상
④ 달기강선의 안전계수는 10 이상

> **[해설]** 달비계(곤돌라의 달비계는 제외)를 작업발판으로 사용할 때 최대적재하중을 정함에 있어서의 안전계수는 다음과 같다.
>
> 안전계수 = $\dfrac{\text{절단하중}}{\text{최대사용하중}}$
>
> ㉮ 달기와이어로프 및 달기강선의 안전계수 : 10 이상
> ㉯ 달기체인 및 달기훅의 안전계수 : 5 이상
> ㉰ 달기강대와 달비계의 하부 및 상부 지점의 안전계수
>   ㉠ 강재의 경우 2.5 이상
>   ㉡ 목재의 경우 5 이상

115 건립 중 강풍에 의한 풍압 등 외압에 대한 내력이 설계에 고려되었는지 확인하여야 하는 철골구조물의 기준으로 옳지 않은 것은?

① 높이 20m 이상의 구조물
② 구조물의 폭과 높이의 비가 1 : 4 이상인 구조물
③ 이음부가 공장 제작인 구조물
④ 연면적당 철골량이 50kg/m² 이하인 구조물

> **[해설]** 철골공사 시 철골의 자립도 검토사항
> 구조안전의 위험성이 큰 다음 항목의 철골구조물은 건립 중 강풍에 의한 풍압 등 외압에 대한 내력이 설계에 고려되었는지 확인할 것
> ㉮ 높이 20m 이상의 구조물
> ㉯ 구조물의 폭과 높이의 비가 1 : 4 이상인 구조물
> ㉰ 단면구조에 현저한 차이가 있는 구조물
> ㉱ 연면적당 철골량이 50kg/m² 이하인 구조물
> ㉲ 기둥이 타이 플레이트(tie plate)형인 구조물
> ㉳ 이음부가 현장용접인 구조물

116 차량계 건설기계를 사용하는 작업 시 작업계획서 내용에 포함되는 사항이 아닌 것은?

① 사용하는 차량계 건설기계의 종류 및 성능
② 차량계 건설기계의 운행 경로
③ 차량계 건설기계에 의한 작업방법
④ 차량계 건설기계의 유도자 배치 관련 사항

해설 차량계 건설기계 작업 시 작업계획서에 포함되어야 할 사항
㉮ 사용하는 차량계 건설기계의 종류 및 능력
㉯ 차량계 건설기계의 운행 경로
㉰ 차량계 건설기계에 의한 작업방법

개정 2023

117 풍화암의 굴착면 붕괴에 따른 재해를 예방하기 위한 굴착면의 적정한 기울기 기준은?

① 1 : 1.0
② 1 : 0.8
③ 1 : 0.5
④ 1 : 0.3

해설 굴착작업 시 굴착면의 기울기 기준

지반의 종류	기울기
모래	1 : 1.8
연암 및 풍화암	1 : 1.0
경암	1 : 0.5
그 밖의 흙	1 : 1.2

118 보통흙의 건지를 다음 그림과 같이 굴착하고자 한다. 굴착면의 기울기를 1 : 0.5로 하고자 할 경우 L의 길이로 옳은 것은?

① 2m
② 2.5m
③ 5m
④ 10m

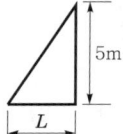

해설 높이가 1m일 때 너비 0.5m로 굴착한다면, 높이가 5m일 때의 너비는 2.5m가 된다.

119 로드(rod)·유압 잭(jack) 등을 이용하여 거푸집을 연속적으로 이동시키면서 콘크리트를 타설할 때 사용되는 것으로 silo 공사 등에 적합한 거푸집은?

① 메탈폼
② 슬라이딩폼
③ 워플폼
④ 페코빔

해설 슬라이딩폼(sliding form)
원형 철판 거푸집을 요크(york)로 서서히 끌어올리면서 연속적으로 콘크리트를 타설하는 수직활동 거푸집으로, 사일로, 굴뚝 등에 사용한다.

120 취급·운반의 원칙으로 옳지 않은 것은?

① 연속운반을 할 것
② 생산을 최고로 하는 운반을 생각할 것
③ 운반작업을 집중하여 시킬 것
④ 곡선운반을 할 것

해설 취급·운반의 5원칙
㉮ 연속운반을 할 것
㉯ 직선운반을 할 것
㉰ 최대한 시간과 경비를 절약할 수 있는 운반방법을 고려할 것
㉱ 생산을 최고로 하는 운반을 생각할 것
㉲ 운반작업을 집중하여 시킬 것

제2회 건설안전기사 2023
CBT 복원문제 · 2023. 5. 13. 시행

≫ 제1과목 산업안전관리론

01 산업재해 발생 원인은 여러 가지 요소가 복잡하게 얽혀 발생하는데, 다음 중 재해의 발생 형태에 있어 연쇄형에 해당하는 것은? (단, O는 재해 발생의 각종 요소를 나타낸 것이다.)

① (집중형 그림)
② O→O→O→O→ 재해
③ O→O→O→O↘ 재해 / O→
④ O→ / O→O→O→O→ 재해

해설 산업재해 발생 형태
㉮ 단순 자극형(집중형) : 상호 자극에 의하여 순간적으로 재해가 발생하는 유형으로, 재해가 일어난 장소와 그 시기에 일시적으로 요인이 집중한다고 하여 집중형이라고도 한다.
㉯ 연쇄형 : 하나의 사고 요인이 또 다른 요인을 발생시키면서 재해를 발생시키는 유형이다. 단순 연쇄형과 복합 연쇄형이 있다.
㉰ 복합형 : 단순 자극형과 연쇄형의 복합적인 발생 유형이다.
※ 보기의 그림은 ① – 단순 자극형, ② – 단순 연쇄형, ③ – 복합 연쇄형, ④ – 복합형이다.

02 다음 중 「산업안전보건법」에 따라 사업주는 산업재해가 발생하였을 때 고용노동부령으로 정하는 바에 따라 관련 사항을 기록·보존하여야 하는데, 이러한 산업재해 중 고용노동부령으로 정하는 산업재해에 대하여 고용노동부장관에게 보고하여야 할 사항과 가장 거리가 먼 것은?

① 산업재해 발생 개요
② 원인 및 보고 시기
③ 실업급여 지급사항
④ 재발방지계획

해설 사업주는 기록한 산업재해 중 고용노동부령으로 정하는 산업재해에 대하여는 그 발생 개요, 원인 및 보고 시기, 재발방지계획 등을 고용노동부령으로 정하는 바에 따라 고용노동부장관에게 보고하여야 한다.

03 다음 중 재해 사례 연구의 진행단계에 있어 제3단계인 "근본적 문제점의 결정에 관한 사항"으로 가장 적합한 것은?

① 사례 연구의 전제 조건으로서 발생 일시 및 장소 등 재해 상황의 주된 항목에 관해서 파악한다.
② 파악된 사실로부터 판단하여 관계 법규, 사내 규정 등을 적용하여 문제점을 발견한다.
③ 재해가 발생할 때까지의 경과 중 재해와 관계가 있는 사실 및 재해요인으로 알려진 사실을 객관적으로 확인한다.
④ 재해의 중심이 된 문제점에 관하여 어떤 관리적 책임의 결함이 있는지를 여러 가지 안전보건의 키(key)에 대하여 분석한다.

해설 재해 사례 연구의 진행단계
㉮ 전제 조건 – 재해 상황의 파악 : 재해 사례를 관계하여 그 사고와 배경을 다음과 같이 체계적으로 파악한다.
㉯ 제1단계 – 사실의 확인 : 작업의 개시에서 재해의 발생까지의 경과 가운데 재해와 관계가 있는 사실 및 재해요인으로 알려진 사실을 객관적이며 정확성 있게 확인한다.
㉰ 제2단계 – 문제점 발견 : 직접 원인과 문제점을 확인한다.

01.② 02.③ 03.④

㉴ 제3단계 – 기본 원인과 근본적 문제의 결정 : 문제점 가운데 재해의 중심이 된 근본적 문제점을 결정하고 다음에 재해 원인을 결정한다.
㉵ 제4단계 – 대책 수립 : 재해요인을 규명하여 분석하고 그에 대한 대책을 세운다.

04 다음 중 검사의 분류에 있어 검사방법에 의한 분류에 속하지 않는 것은?

① 규격 검사
② 시험에 의한 검사
③ 육안 검사
④ 기기에 의한 검사

해설 **검사방법에 의한 분류**
㉮ 육안 검사
㉯ 검사기기에 의한 검사
㉰ 기능 검사
㉱ 시험에 의한 검사

05 다음 중 방음용 귀마개 또는 귀덮개의 종류 및 등급과 기호가 잘못 연결된 것은?

① 귀덮개 : EM
② 귀마개 1종 : EP-1
③ 귀마개 2종 : EP-2
④ 귀마개 3종 : EP-3

해설 ㉮ 귀마개(ear plug, 耳栓)의 종류
  ㉠ EP-1(1종) : 저음부터 고음까지 전반적으로 차음하는 것
  ㉡ EP-2(2종) : 고음만을 차음하는 것
㉯ 귀덮개(ear muff, 耳覆) : 저음부터 고음까지를 차단하는 것

06 다음 중 「산업안전보건법」에서 정의한 용어에 대한 설명으로 틀린 것은?

① "사업주"란 근로자를 사용하여 사업을 하는 자를 말한다.
② "근로자대표"란 근로자와 사업주로 조직된 노동조합이 있는 경우에는 그 노동조합을, 근로자와 사업주로 조직된 노동조합이 없는 경우에는 사업주가 지정한 근로자를 대표하는 자를 말한다.
③ "작업환경 측정"이란 작업환경 실태를 파악하기 위하여 해당 근로자 또는 작업장에 대하여 사업주가 측정계획을 수립한 후 시료(試料)를 채취하고 분석·평가하는 것을 말한다.
④ "산업재해"란 근로자가 업무에 관계되는 건설물, 설비, 원재료, 가스, 증기, 분진 등에 의하거나 작업 또는 그 밖의 업무로 인하여 사망 또는 부상하거나 질병에 걸리는 것을 말한다.

해설 ② "근로자대표"란 근로자의 과반수로 조직된 노동조합이 있는 경우에는 그 노동조합을, 근로자의 과반수로 조직된 노동조합이 없는 경우에는 근로자의 과반수를 대표하는 자를 말한다.

07 다음 중 안전모의 성능시험에 해당하지 않는 것은?

① 내수성 시험
② 내전압성 시험
③ 난연성 시험
④ 압박 시험

해설 **안전모의 성능시험 종류**

항 목	성 능
내관통성 시험	종류 AE·ABE의 안전모는 관통거리가 9.5mm 이하여야 하고, 종류 AB 안전모는 관통거리가 11.1mm 이하여야 한다.
충격흡수성 시험	최고전달충격력이 4,450N(1,000pounds)을 초과해서는 안 되며, 또한 모체와 착장제가 분리되거나 파손되지 않아야 한다.
내전압성 시험	종류 AE·ABE의 안전모는 교류 20kV에서 1분간 절연파괴 없이 견뎌야 하고, 이때 누설되는 충전전류는 10mA 이하이어야 한다.
내수성 시험	종류 AE·ABE의 안전모는 질량증가율이 1% 미만이어야 한다.
난연성 시험	모체가 불꽃을 내며 5초 이상 연소되지 않아야 한다.
턱끈풀림 시험	150N 이상 250N 이하에서 턱끈이 풀려야 한다.

08 산업안전보건법상 안전보건표지의 종류와 형태 기준 중 안내표지의 종류가 아닌 것은?

① 금연
② 들것
③ 비상용 기구
④ 세안장치

해설 안내표지

녹색 사각형 표지에 색상 2.5G, 명도 4, 색채 10 (2.5G 4/10)을 기준으로 하여 총 7종이 있다(바탕은 흰색, 기본모형 및 관련 부호는 녹색 또는 바탕은 녹색, 관련 부호 및 그림은 흰색).
㉮ 녹십자 표지
㉯ 응급구호 표지
㉰ 들것 표지
㉱ 세안장치 표지
㉲ 비상용 기구 표지
㉳ 비상구 표지
㉴ '좌측 비상구' 표지
㉵ '우측 비상구' 표지

09 산업안전보건법령상 산업안전보건위원회 사용자위원의 구성기준으로 틀린 것은? (단, 상시근로자 100명 이상을 사용하는 사업장이다.)

① 안전관리자 1명
② 명예산업안전감독관 1명
③ 해당 사업의 대표자
④ 해당 사업의 대표자가 지명하는 9명 이내의 해당 사업장 부서의 장

해설 산업안전보건위원회의 구성
㉮ 근로자위원
  ㉠ 근로자대표
  ㉡ 명예산업안전감독관이 위촉되어 있는 사업장의 경우 근로자대표가 지명하는 1명 이상의 명예산업안전감독관
  ㉢ 근로자대표가 지명하는 9명(근로자인 ㉡의 위원이 있는 경우에는 9명에서 그 위원의 수를 제외한 수) 이내의 해당 사업장의 근로자
㉯ 사용자위원
  ㉠ 해당 사업의 대표자(같은 사업으로서 다른 지역에 사업장이 있는 경우에는 그 사업장의 안전보건관리책임자)
  ㉡ 안전관리자 1명(안전관리자를 두어야 하는 사업장으로 한정하되, 안전관리자의 업무를 안전관리전문기관에 위탁한 사업장의 경우에는 그 안전관리전문기관의 해당 사업장 담당자를 말한다)
  ㉢ 보건관리자 1명(보건관리자를 두어야 하는 사업장으로 한정하되, 보건관리자의 업무를 보건관리전문기관에 위탁한 사업장의 경우에는 그 보건관리전문기관의 해당 사업장 담당자를 말한다)
  ㉣ 산업보건의(해당 사업장에 선임되어 있는 경우로 한정)
  ㉤ 해당 사업의 대표자가 지명하는 9명 이내의 해당 사업장 부서의 장
  ※ 상시근로자 50명 이상 100명 미만을 사용하는 사업장에서는 ㉤에 해당하는 사람을 제외하고 구성할 수 있다.

개정 2021

10 산업안전보건법령상 안전검사 대상 유해·위험 기계 등이 아닌 것은?

① 리프트
② 전단기
③ 압력용기
④ 밀폐형 구조 롤러기

해설 안전검사 대상 유해·위험 기계
㉮ 프레스
㉯ 전단기
㉰ 크레인(정격하중 2톤 미만인 것은 제외)
㉱ 리프트
㉲ 압력용기
㉳ 곤돌라
㉴ 국소배기장치(이동식은 제외)
㉵ 원심기(산업용만 해당)
㉶ 롤러기(밀폐형 구조는 제외)
㉷ 사출성형기[형 체결력 294킬로뉴턴(kN) 미만은 제외]
㉸ 고소작업대(「자동차관리법」에 따른 화물자동차 또는 특수자동차에 탑재한 고소작업대로 한정)
㉹ 컨베이어
㉺ 산업용 로봇

11 다음 보기 중 TBM(Tool Box Meeting) 활동의 5단계 추진법 진행순서로 옳은 것은 어느 것인가?

① 도입 → 위험예지훈련 → 작업지시 → 점검·정비 → 확인
② 도입 → 점검·정비 → 작업지시 → 위험예지훈련 → 확인
③ 도입 → 확인 → 위험예지훈련 → 작업지시 → 점검·정비
④ 도입 → 작업지시 → 위험예지훈련 → 점검·정비 → 확인

해설 단시간 미팅 즉시즉응훈련 진행요령(TBM 5단계)
- ㉮ 제1단계 – 도입
- ㉯ 제2단계 – 점검 · 정비
- ㉰ 제3단계 – 작업지시
- ㉱ 제4단계 – 위험예지
- ㉲ 제5단계 – 확인

12 안전표지의 종류 중 금지표지에 대한 설명으로 옳은 것은?

① 바탕은 노란색, 기본모양은 흰색, 관련 부호 및 그림은 파란색
② 바탕은 노란색, 기본모양은 흰색, 관련 부호 및 그림은 검은색
③ 바탕은 흰색, 기본모양은 빨간색, 관련 부호 및 그림은 파란색
④ 바탕은 흰색, 기본모양은 빨간색, 관련 부호 및 그림은 검은색

해설 안전표지의 종류
- ㉮ 금지표지 : 바탕은 흰색, 기본모형은 빨간색, 관련 부호 및 그림은 검은색
- ㉯ 경고표지 : 바탕은 노란색, 기본모형과 관련 부호 및 그림은 검은색
  단, 인화성 물질 경고표지, 산화성 물질 경고표지, 폭발성 물질 경고표지, 급성독성 물질 경고표지, 부식성 물질 경고표지, 발암성 · 변이원성 · 생식독성 · 전신독성 · 호흡기과민성 물질 경고표지의 경우 바탕은 무색, 기본모형은 빨간색(검은색도 가능)
- ㉰ 지시표지 : 바탕은 파란색, 관련 그림은 흰색
- ㉱ 안내표지 : 바탕은 흰색, 기본모형 및 관련 부호는 녹색 또는 바탕은 녹색, 관련 부호 및 그림은 흰색

13 사고예방대책의 기본원리 5단계 중 제2단계인 사실의 발견에 관한 사항으로 옳지 않은 것은?

① 사고조사
② 안전회의 및 토의
③ 교육과 훈련의 분석
④ 사고 및 안전활동기록의 검토

해설 사고예방대책의 기본원리 5단계
- ㉮ 조직(1단계 : 안전관리조직)
  경영층이 참여, 안전관리자의 임명 및 라인조직 구성, 안전활동방침 및 안전계획 수립, 조직을 통한 안전활동 등의 안전관리에서 가장 기본적인 활동은 안전기구의 조직이다.
- ㉯ 사실의 발견(2단계 : 현상파악)
  각종 사고 및 안전활동의 기록 · 검토, 작업분석, 안전점검 및 안전진단, 사고조사, 안전회의 및 토의, 종업원의 건의 및 여론조사 등에 의하여 불안전요소를 발견한다.
- ㉰ 분석평가(3단계 : 사고분석)
  사고보고서 및 현장조사, 사고기록, 인적 · 물적 조건의 분석, 작업공정의 분석, 교육과 훈련의 분석 등을 통하여 사고의 직접 및 간접원인을 규명한다.
- ㉱ 시정방법의 선정(4단계 : 대책의 선정)
  기술의 개선, 인사조정, 교육 및 훈련의 개선, 안전행정의 개선, 규정 및 수칙의 개선, 확인 및 통제체제 개선 등의 효과적인 개선방법을 선정한다.
- ㉲ 시정책의 적용(5단계 : 목표 달성)
  시정책은 3E, 즉 기술(Engineering) · 교육(Education) · 독려(Enforcement)를 완성함으로써 이루어진다.

14 상해의 종류 중 스치거나 긁히는 등의 마찰력에 의하여 피부 표면이 벗겨진 상해는 어느 것인가?

① 자상
② 타박상
③ 창상
④ 찰과상

해설 상해 종류에 의한 분류(상해 형태, 즉 인적 측면의 재해 형태)
- ㉮ 골절 : 뼈가 부러진 상해
- ㉯ 동상 : 저온물 접촉으로 생긴 동상 상해
- ㉰ 부종 : 국부의 혈액순환 이상으로 몸이 퉁퉁 부어오르는 상해
- ㉱ 찔림(자상) : 칼날 등의 날카로운 물건에 찔린 상해
- ㉲ 타박상(좌상) : 타박 · 충돌 · 추락 등으로 피부 표면보다는 피하조직 또는 근육부를 다친 상해
- ㉳ 절단 : 신체 부위가 절단된 상해
- ㉴ 중독, 질식 : 음식 · 약물 · 가스 등에 의한 중독이나 질식된 상해
- ㉵ 찰과상 : 스치거나 문질러서 벗겨진 상해
- ㉶ 베임(창상) : 창이나 칼 등에 베인 상해
- ㉷ 화상 : 화재 또는 고온물 접촉으로 입은 상해
- ㉸ 청력 장해 : 청력의 감퇴 또는 난청이 된 상해
- ㉹ 시력 장해 : 시력의 감퇴 또는 실명된 상해
- ㉺ 기타 : ㉮~㉹ 항목으로 분류가 불가능할 때, 상해 명칭을 기재
- ㉻ 그 외 : 뇌진탕 · 익사 · 피부병 등

15 산업안전보건법령상 안전보건총괄책임자의 직무에 해당하지 않는 것은?

① 도급 시 산업재해 예방조치
② 위험성평가의 실시에 관한 사항
③ 해당 사업장 안전교육계획의 수립에 관한 보좌 및 지도·조언
④ 산업안전보건관리비의 관계수급인 간의 사용에 관한 협의·조정 및 그 집행의 감독

해설 안전보건총괄책임자의 직무
㉮ 위험성평가의 실시에 관한 사항
㉯ 작업의 중지
㉰ 도급 시의 산업재해 예방조치
㉱ 산업안전보건관리비의 관계수급인 간의 사용에 관한 협의·조정 및 그 집행의 감독
㉲ 안전인증대상 기계 등과 자율안전확인대상 기계 등의 사용 여부 확인

16 다음은 안전보건개선계획의 제출에 관한 기준 내용이다. ( ) 안에 알맞은 것은?

> 안전보건개선계획서를 제출해야 하는 사업주는 안전보건개선계획서 수립·시행 명령을 받은 날부터 ( )일 이내에 관할 지방고용노동관서의 장에게 해당 계획서를 제출(전자문서로 제출하는 것을 포함한다)해야 한다.

① 15   ② 30
③ 45   ④ 60

해설 안전보건개선계획서 제출시기
안전보건개선계획서를 작성하여 그 명령을 받은 날부터 60일 이내에 제출한다.

17 다음 중 웨버(D. A. Weaver)의 사고발생 도미노 이론에서 "작전적 에러"를 찾아내기 위한 질문의 유형과 가장 거리가 먼 것은?

① what   ② why
③ where   ④ whether

해설 웨버의 사고발생 도미노 이론
웨버는 불안전한 행동이나 상태, 사고, 상해는 모두 운영 과오의 징후일 뿐이라고 주장하여 다음의 여부를 중심으로 문제 해결을 도모해야 한다고 하였다.

㉮ what : 무엇이 불안전한 상태이며 불안전한 행동인가? 즉, 사고의 원인은 무엇인가?
㉯ why : 왜 불안전한 행동 또는 상태가 용납되는가?
㉰ whether : 감독과 경영 중에서 어느 쪽이 사고 방지에 대한 안전지식을 갖고 있는가?

18 산업안전보건법령상 안전 및 보건에 관한 노사협의체의 근로자위원 구성기준 내용으로 옳지 않은 것은? (단, 명예산업안전감독관이 위촉되어 있는 경우)

① 근로자대표가 지명하는 안전관리자 1명
② 근로자대표가 지명하는 명예산업안전감독관 1명
③ 도급 또는 하도급 사업을 포함한 전체 사업의 근로자대표
④ 공사금액이 20억원 이상인 공사의 관계수급인의 각 근로자대표

해설 노사협의체의 구성기준
㉮ 근로자위원
 ㉠ 도급 또는 하도급 사업을 포함한 전체 사업의 근로자대표
 ㉡ 근로자대표가 지명하는 명예산업안전감독관 1명(다만, 명예산업안전감독관이 위촉되어 있지 않은 경우에는 근로자대표가 지명하는 해당 사업장 근로자 1명)
 ㉢ 공사금액이 20억원 이상인 공사의 관계수급인의 각 근로자대표
㉯ 사용자위원
 ㉠ 도급 또는 하도급 사업을 포함한 전체 사업의 대표자
 ㉡ 안전관리자 1명
 ㉢ 보건관리자 1명(보건관리자 선임대상 건설업으로 한정한다)
 ㉣ 공사금액이 20억원 이상인 공사의 관계수급인의 각 대표자

19 시설물의 안전 및 유지관리에 관한 특별법상 다음과 같이 정의되는 것은?

> 시설물의 붕괴, 전도 등으로 인한 재난 또는 재해가 발생할 우려가 있는 경우에 시설물의 물리적·기능적 결함을 신속하게 발견하기 위하여 실시하는 점검

① 긴급안전점검   ② 특별안전점검
③ 정밀안전점검   ④ 정기안전점검

15.③ 16.④ 17.③ 18.① 19.①

해설 시설물의 안전 및 유지관리에 관한 특별법상 정의
㉮ 안전점검 : 경험과 기술을 갖춘 자가 육안이나 점검기구 등으로 검사하여 시설물에 내재되어 있는 위험요인을 조사하는 행위를 말하며, 점검목적 및 점검수준을 고려하여 국토교통부령으로 정하는 바에 따라 정기안전점검 및 정밀안전점검으로 구분한다.
㉯ 긴급안전점검 : 시설물의 붕괴, 전도 등으로 인한 재난 또는 재해가 발생할 우려가 있는 경우에 시설물의 물리적·기능적 결함을 신속하게 발견하기 위하여 실시하는 점검을 말한다.
㉰ 정밀안전진단 : 시설물의 물리적·기능적 결함을 발견하고 그에 대한 신속하고 적절한 조치를 하기 위하여 구조적 안전성과 결함의 원인 등을 조사·측정·평가하여 보수·보강 등의 방법을 제시하는 행위를 말한다.

20 시설물의 안전 및 유지관리에 관한 특별법상 제1종 시설물에 명시되지 않은 것은?

① 고속철도 교량
② 25층인 건축물
③ 연장 300m인 철도 교량
④ 연면적이 70,000m²인 건축물

해설 제1종 시설물의 종류
㉮ 고속철도 교량, 연장 500m 이상의 도로 및 철도 교량
㉯ 고속철도 및 도시철도 터널, 연장 1,000m 이상의 도로 및 철도 터널
㉰ 갑문시설 및 연장 1,000m 이상의 방파제
㉱ 다목적댐, 발전용댐, 홍수전용댐 및 총 저수용량 1천만ton 이상의 용수전용댐
㉲ 21층 이상 또는 연면적 5만m² 이상의 건축물
㉳ 하구둑, 포용저수량 8천만ton 이상의 방조제
㉴ 광역상수도, 공업용수도, 1일 공급능력 3만ton 이상의 지방상수도

》 제2과목 산업심리 및 교육

21 다음 중 몹시 피로하거나 단조로운 작업으로 인하여 의식이 뚜렷하지 않은 상태의 의식 수준은?

① Phase Ⅰ   ② Phase Ⅱ
③ Phase Ⅲ   ④ Phase Ⅳ

해설 인간의 의식수준과 주의력

단계	의식상태	주의작용	생리적 상태
0	무의식, 실신	없음	수면, 뇌발작
Ⅰ	정상 이하(subnormal), 의식 둔화	부주의	피로, 단조로움, 졸음, 주취(술취함)
Ⅱ	정상(normal), 이완(relaxed)	수동적, 내외적	안정 기거, 휴식, 정상 작업
Ⅲ	정상(normal), 상쾌(clear)	능동적, 전향적, 위험예지 주의력 범위 넓음	적극 활동
Ⅳ	초(超)정상(hypernormal), 과긴장(excited)	한 점에 고집(固執), 판단 정지	감정 흥분, 긴급, 방위(防衛) 반응, 당황과 공포반응

22 다음 중 측정된 행동에 의한 심리검사로 미네소타 사무직 검사, 개정된 미네소타 필기형 검사, 벤 니트 기계이해검사가 측정하려고 하는 심리검사의 유형으로 옳은 것은?

① 정신능력검사
② 흥미검사
③ 적성검사
④ 운동능력검사

해설 적성검사(aptitude test)
어떤 직무를 배울 수 있는 개인의 잠재능력을 측정하는 것으로 기계, 사무, 언어, 음악, 손동작의 정확성과 기민함 등이 있다.
㉮ 벤 니트 기계이해검사
  ㉠ 기계적인 원리 문제가 있는 그림들로 구성
  ㉡ 기계 추리를 측정하기 위한 검사
㉯ 미네소타 사무직 검사
  ㉠ 수의 비교와 이름의 비교라는 두 부분으로 이루어짐.
  ㉡ 제한된 시간 내에서 일을 할 때 정확도를 알기 위한 속도검사
㉰ 개정된 미네소타 필기형 검사
  ㉠ 도안과 설계 같은 일에 종사하는 데 필요한 능력을 측정
  ㉡ 공간의 관계와 지각능력을 측정

23 다음 중 학습평가의 기본적인 기준으로 합당하지 않은 것은?

① 타당도　　② 주관도
③ 실용도　　④ 신뢰도

해설 학습평가 기준
㉮ 타당성 : 평가도구의 타당성은 측정하고자 하는 본래 목적과 일치하느냐의 정도이다. 예를 들어, 국어 시험에서 작문 테스트를 하는 것은 타당하지만 계산 능력을 평가하는 것은 타당성이 없는 것이다.
㉯ 신뢰성 : 신뢰성은 신용도이다. 즉, 측정의 오차가 얼마나 적으냐를 말한다. 누가 측정하든지와는 관계없이 몇 번을 측정해도 같은 결과가 나와야 한다.
㉰ 객관성 : 측정의 결과에 대해 누가 보아도 일치된 의견이 나올 수 있는 성질이다. 예를 들어, 어떤 하나의 답안지를 두 사람이 각각 평가를 했을 때 점수 차이가 크게 나오면 객관성은 결여되어 있다고 할 수 있다.
㉱ 실용성 : 검사도구의 실시방법이 너무 복잡하거나 시간과 경비가 너무 많이 들어가면 실용성은 적어지고 자연히 그 도구의 활용은 기피하는 경향을 갖게 된다.

24 다음 중 부주의에 의한 사고 방지 대책에 있어 기능 및 작업 측면의 대책에 해당하는 것은?

① 주의력 집중훈련
② 표준작업제도 도입
③ 적성 배치
④ 안전의식의 제고

해설 부주의의 발생 원인과 대책
㉮ 외적 원인 및 대책
　㉠ 작업, 환경조건 불량 : 환경 정비
　㉡ 작업순서의 부적당 : 작업순서 정비
㉯ 내적 조건 및 대책
　㉠ 소질적 조건 : 적성 배치
　㉡ 의식의 우회 : 상담(counseling)
　㉢ 경험, 미경험 : 교육
㉰ 설비 및 환경적 측면에 대한 대책
　㉠ 설비 및 작업환경의 안전화
　㉡ 표준작업제도 도입
　㉢ 긴급 시 안전대책
㉱ 기능 및 작업적 측면에 대한 대책
　㉠ 적성 배치
　㉡ 안전작업방법 습득
　㉢ 표준 동작의 습관화
　㉣ 적응력 향상과 작업조건의 개선
㉲ 정신적 측면에 대한 대책
　㉠ 안전의식 및 작업의욕 고취
　㉡ 피로 및 스트레스의 해소 대책
　㉢ 주의력 집중 훈련

25 적성 검사의 종류 중 시각적 판단 검사의 세부 검사 내용에 해당하지 않는 것은?

① 회전 검사　　② 형태 비교 검사
③ 공구 판단 검사　　④ 명칭 판단 검사

해설 시각적 판단 검사의 종류
㉮ 언어 판단 검사(vocabulary)
㉯ 형태 비교 검사(form matching)
㉰ 평면도 판단 검사(two dimension space)
㉱ 입체도 판단 검사(three dimension space)
㉲ 공구 판단 검사(tool matching)
㉳ 명칭 판단 검사(name comparison)

26 집단역학에서 소시오메트리(sociometry)에 관한 설명으로 틀린 것은?

① 구성원 상호간의 선호도를 기초로 집단 내부의 동태적 상호관계를 분석하는 기법이다.
② 소시오그램은 집단 내의 하위 집단들과 내부의 세부 집단과 비세력 집단을 구분할 수 없다.
③ 소시오메트리 연구 조사에서 수집된 자료들은 소시오그램과 소시오메트릭스 등으로 분석한다.
④ 소시오메트릭스는 소시오그램에서 나타나는 집단 구성원들 간의 관계를 수치에 의하여 개량적으로 분석할 수 있다.

해설 소시오그램과 소시오메트리
㉮ 소시오그램 : 집단 구성원 간의 서열 관계 패턴, 하위 집단 중 세력 집단, 비세력 집단, 정규 지위·주변 지위를 도표로 알기 쉽게 표시하는 기법
㉯ 소시오메트리 : 집단의 구조를 밝혀내 집단 내에서 개인 간의 인기의 정도, 지위, 좋아하고 싫어하는 정도, 하위 집단의 구성 여부와 형태, 집단의 충성도, 집단의 응집력을 연구 조사하여 행동 지도의 자료로 삼는 것

27 비공식 집단의 활동 및 특성을 가장 잘 설명하고 있는 것은?

① 대체로 규모가 크다.
② 관리자에 의해 주도된다.
③ 항상 태업이나 생산저하를 조장시킨다.
④ 직접적이고 빈번한 개인 간의 접촉을 필요로 한다.

해설 비공식 집단의 특성
㉮ 규모가 작다.
㉯ 경영통제권이나 관리경영 밖에 존재한다.
㉰ 직접적이고 빈번한 개인 간의 접촉을 필요로 한다.
㉱ 수평적 동료집단이므로 동료애의 욕구가 있으며, 응집력이 크다.

28 다음 중 안전교육의 형태와 방법 중에서 Off J.T(Off the Job Training)의 특징이 아닌 것은?

① 외부의 전문가를 강사로 초청할 수 있다.
② 다수의 근로자에게 조직적 훈련이 가능하다.
③ 공통된 대상자를 대상으로 일관적으로 교육할 수 있다.
④ 업무 및 사내의 특성에 맞춘 구체적이고 실제적인 지도교육이 가능하다.

해설 O.J.T와 Off J.T의 특징

O.J.T (현장중심교육)	Off J.T (현장 외 중심교육)
• 개개인에게 적합한 지도 훈련을 할 수 있다. • 즉시 업무에 연결되는 관계로 신체와 관련이 있다. • 훈련이 필요한 업무의 계속성이 끊어지지 않는다. • 직장의 실정에 맞는 실제적 훈련을 할 수 있다. • 효과가 곧 업무에 나타나며 훈련의 좋고 나쁨에 따라 개선이 용이하다. • 교육을 통한 훈련효과에 의해 상호 신뢰 이해도가 높아진다.	• 다수의 근로자에게 조직적 훈련이 가능하다. • 훈련에만 전념하게 된다. • 특별설비기구를 이용할 수 있다. • 전문가를 강사로 초청할 수 있다. • 각 직장의 근로자가 많은 지식이나 경험을 교류할 수 있다. • 교육훈련목표에 대해서 집단적 노력이 흐트러질 수도 있다.

29 인간의 행동은 내적 요인과 외적 요인이 있다. 지각선택에 영향을 미치는 외적 요인이 아닌 것은?

① 대비(contrast)   ② 재현(repetition)
③ 강조(intensity) ④ 개성(personality)

해설 ④ 개성은 지각선택에 영향을 미치는 내적 요인에 속한다.

30 인간의 주의력은 다양한 특성을 가지고 있는 것으로 알려져 있다. 주의력의 특성과 그에 대한 설명으로 맞는 것은?

① 지속성 : 인간의 주의력은 2시간 이상 지속된다.
② 변동성 : 인간은 주의집중은 내향과 외향의 변동이 반복된다.
③ 방향성 : 인간이 주의력을 집중하는 방향은 상하좌우에 따라 영향을 받는다.
④ 선택성 : 인간의 주의력은 한계가 있어 여러 작업에 대해 선택적으로 배분된다.

해설 주의력의 특징
㉮ 선택성 : 여러 종류의 자극을 자각할 때 소수의 특정한 것에 한하여 선택하는 기능
㉯ 방향성 : 주시점만 인지하는 기능
㉰ 변동성 : 주의에는 주기적으로 부주의의 리듬이 존재

31 학습의 전이란 학습한 결과가 다른 학습이나 반응에 영향을 주는 것을 의미한다. 이러한 전이의 이론에 해당되지 않는 것은?

① 일반화설   ② 동일요소설
③ 형태이조설   ④ 태도요인설

해설 전이의 이론
㉮ 동일요소설 : 선행 학습경험과 새로운 학습경험 사이에 같은 요소가 있을 때에는 서로 연합 또는 연결의 현상이 일어난다는 설이다.
㉯ 일반화설 : 학습자가 하나의 경험을 하면 그것으로 그치는 것이 아니고, 다른 비슷한 상황에서 같은 방법이나 태도로 대하려는 경향이 있으므로 이것이 효과를 가져와서 전이가 이루어진다는 설이다.

㉢ 형태이조설 : 형태심리학자들이 입증한 학설로, 이것은 경험할 때의 심리학적 사태가 대체로 비슷한 경우라면 먼저 학습할 때에 머릿속에 형성되었던 구조가 그대로 옮겨가기 때문에 전이가 이루어진다는 설이다.

32
다음은 각기 다른 조직형태의 특성을 설명한 것이다. 각 특징에 해당하는 조직형태를 연결한 것으로 맞는 것은?

> ⓐ 중규모 형태의 기업에서 시장 상황에 따라 인적 자원을 효과적으로 활용하기 위한 형태이다.
> ⓑ 목적지향적이고 목적 달성을 위해 기존의 조직에 비해 효율적이며 유연하게 운영될 수 있다.

① ⓐ 위원회 조직, ⓑ 프로젝트 조직
② ⓐ 사업부제 조직, ⓑ 위원회 조직
③ ⓐ 매트릭스형 조직, ⓑ 사업부제 조직
④ ⓐ 매트릭스형 조직, ⓑ 프로젝트 조직

해설 기업의 조직 분류
㉮ 프로젝트(project) 조직 : 경영조직을 프로젝트별로 분화하여 조직화를 꾀한 조직으로 목적 지향적이고 목적 달성을 위해 기존의 조직에 비해 효율적이며 유연하게 운영될 수 있는 형태이다.
㉯ 매트릭스형 조직 : 기능형 조직과 프로그램형 조직의 중간 형태로 중규모 형태의 기업에서 시장 상황에 따라 인적 자원을 효과적으로 활용하기 위한 형태이다.
㉰ 사업부제 조직 : 기업 규모가 커지고 최고경영자가 기업의 모든 업무를 관리하기 어려울 때 채택하는 조직으로, 하나의 조직 자체가 소규모회사 형태로 운영된다.
㉱ 위원회 조직 : 계층제에 기반하는 독임형 조직에 대응되는 개념으로서, 정책의 결정을 기관장 단독으로 하는 것이 아니고 다수의 위원이 참여하는 조직체에서 집단적으로 하는 조직 형태이다.

33
생활하고 있는 현실적인 장면에서 당면하는 여러 문제들에 대한 해결방안을 찾아내는 것으로 지식, 기능, 태도, 기술 등을 종합적으로 획득하도록 하는 학습방법으로 옳은 것은?

① 롤플레잉(role playing)
② 문제법(problem method)
③ 버즈세션(buzz session)
④ 케이스메소드(case method)

해설 ① 역할연기법(role playing) : 참석자에게 어떤 역할을 주어서 실제로 시켜봄으로써 훈련이나 평가에 사용하는 교육기법으로, 절충능력이나 협조성을 높여서 태도의 변용에도 도움을 주는 학습방법
② 문제법(problem method) : 학생이 생활하고 있는 현실적인 장면에서 당면하는 여러 문제를 해결해 나가는 과정 중 지식, 태도, 기술, 기능 등을 종합적으로 획득하도록 하는 학습방법
③ 버즈세션(buzz session) : 6-6회의라고도 하며, 먼저 사회자와 기록계를 선출한 후, 나머지 사람을 6명씩의 소집단으로 구분하고, 소집단별로 각각 사회자를 선발하여 6분씩 자유토의를 행하여 의견을 종합하는 학습방법
④ 사례연구법(case method) : 먼저 사례를 제시하고 문제가 되는 사실들과 그의 상호관계에 대해서 검토하며 대책을 토의하는 방식으로, 토의법을 응용한 학습방법

34
작업지도 기법의 4단계 중 그 작업을 배우고 싶은 의욕을 갖도록 하는 단계로 맞는 것은?

① 제1단계 : 학습할 준비를 시킨다.
② 제2단계 : 작업을 설명한다.
③ 제3단계 : 작업을 시켜 본다.
④ 제4단계 : 작업에 대해 가르친 뒤 살펴본다.

해설 작업지도 기법의 4단계
㉮ 제1단계 : 학습할 준비를 시킨다(학습 준비).
  ㉠ 마음을 안정시킨다.
  ㉡ 무슨 작업을 할 것인가를 말해준다.
  ㉢ 작업에 대해 알고 있는 정도를 확인한다.
  ㉣ 작업을 배우고 싶은 의욕을 갖게 한다.
  ㉤ 정확한 위치에 자리잡게 한다.
㉯ 제2단계 : 작업을 설명한다(작업 설명).
  ㉠ 주요 단계를 하나씩 설명해주고 시범해 보이고 그려 보인다.
  ㉡ 급소를 강조한다.
  ㉢ 확실하게, 빠짐없이, 끈기있게 지도한다.
  ㉣ 이해할 수 있는 능력 이상으로 강요하지 않는다.
㉰ 제3단계 : 작업을 시켜 본다(실습).
㉱ 제4단계 : 가르친 뒤를 살펴본다(결과 시찰).

35 존 듀이(Jone Dewey)의 5단계 사고과정을 순서대로 나열한 것으로 맞는 것은?

> ⓐ 행동에 의하여 가설을 검토한다.
> ⓑ 가설(hypothesis)을 설정한다.
> ⓒ 지식화(intellectualization)한다.
> ⓓ 시사(suggestion)를 받는다.
> ⓔ 추론(reasoning)한다.

① ⓔ → ⓑ → ⓓ → ⓐ → ⓒ
② ⓓ → ⓒ → ⓑ → ⓔ → ⓐ
③ ⓔ → ⓒ → ⓑ → ⓓ → ⓐ
④ ⓓ → ⓐ → ⓑ → ⓒ → ⓔ

[해설] 듀이의 사고과정 5단계
㉮ 시사를 받는다(suggestion).
㉯ 머리로 생각한다(intellectualization).
㉰ 가설을 설정한다(hypothesis).
㉱ 추론한다(reasoning).
㉲ 행동에 의하여 가설을 검토한다.

36 미국 국립산업안전보건연구원(NIOSH)이 제시한 직무스트레스 모형에서 직무스트레스 요인을 작업요인, 조직요인, 환경요인으로 구분할 때 조직요인에 해당하는 것은?

① 관리유형
② 작업속도
③ 교대근무
④ 조명 및 소음

[해설] 직무스트레스 요인
㉮ 작업요인 : 작업속도, 교대근무
㉯ 조직요인 : 관리유형
㉰ 환경요인 : 조명 및 소음

37 직무수행평가 시 평가자가 특정 피평가자에 대해 구체적으로 잘 모름에도 불구하고 모든 부분에 대해 좋게 평가하는 오류는?

① 후광오류
② 엄격화 오류
③ 중앙집중오류
④ 관대화 오류

[해설] 평가오류
㉮ 후광오류 : 평가자가 피평가자를 평가할 때 어느 한 부분의 탁월한 성과로 인해 다른 부족한 성과까지 마치 후광처럼 감추어질 때 발생하는 오류
㉯ 엄격화 오류 : 피평가자들을 엄격하게 평가해서, 평가 결과의 범위가 대체적으로 하위에 배치되는 오류
㉰ 중심화 경향 : 평가자의 평가 결과의 편차가 고성과자와 저성과자의 구분을 하기 힘들 정도로 적을 때 발생하는 오류
㉱ 관대화 오류 : 평가자가 전체적으로 관대한 평가를 내려서, 평가 결과의 범위가 대체적으로 상위에 배치되는 오류
㉲ 주관성 오류 : 평가자의 주관된 가치나 기존에 가지고 있던 주관에 의해 평가할 때 발생하는 오류

38 다음 중 하버드 학파의 5단계 교수법에 해당되지 않는 것은?

① 추론한다.
② 교시한다.
③ 연합시킨다.
④ 총괄시킨다.

[해설] 하버드 학파의 5단계 교수법
㉮ 제1단계 : 준비(preparation)
㉯ 제2단계 : 교시(presentation)
㉰ 제3단계 : 연합(association)
㉱ 제4단계 : 총괄(generalization)
㉲ 제5단계 : 응용(application)

39 산업안전심리학에서 산업안전심리의 5대 요소에 해당하지 않는 것은?

① 감정
② 습성
③ 동기
④ 피로

[해설] 산업안전심리의 5대 요소
㉮ 동기
㉯ 기질
㉰ 감정
㉱ 습성
㉲ 습관

정답 35.② 36.① 37.① 38.① 39.④

40 다음 설명의 리더십 유형은 무엇인가?

> 과업을 계획하고 수행하는 데 있어서 구성원과 함께 책임을 공유하고 인간에 대하여 높은 관심을 갖는 리더십

① 권위적 리더십
② 독재적 리더십
③ 민주적 리더십
④ 자유방임형 리더십

해설 리더십 유형
㉮ 권위형 : 지도자가 조직의 의사나 정책을 스스로 결정하고 구성원들이 일방적으로 따라오게 하는 리더십 유형
㉯ 민주형 : 과업을 계획하고 수행하는 데 있어서 구성원과 함께 책임을 공유하고 인간에 대하여 높은 관심을 갖는 리더십으로 집단의 토론이나 회의 등에 의해 정책을 결정하는 유형
㉰ 자유방임형 : 지도자가 조직의 의사결정 과정을 이끌지 않고 조직 구성원들에게 의사결정 권한을 위임해 버리는 리더십 유형

≫ 제3과목 인간공학 및 시스템 안전공학

41 국내 규정상 최대음압수준이 몇 dB(A)을 초과하는 충격소음에 노출되어서는 아니 되는가?

① 110 ② 120
③ 130 ④ 140

해설 ㉮ 최대음압수준이 140dB(A)을 초과하는 충격소음에는 노출되어서는 안 된다.
㉯ 충격소음이란 최대음압수준이 120dB(A) 이상인 소음이 1초 이상의 간격으로 발생되는 것을 말한다.

42 다음 중 시스템 신뢰도에 관한 설명으로 옳지 않은 것은?

① 시스템의 성공적 퍼포먼스를 확률로 나타낸 것이다.
② 각 부품이 동일한 신뢰도를 가질 경우 직렬구조의 신뢰도는 병렬구조에 비해 신뢰도가 낮다.
③ 시스템의 병렬구조는 시스템의 어느 한 부품이 고장나면 시스템이 고장나는 구조이다.
④ n 중 k구조는 n개의 부품으로 구성된 시스템에서 k개 이상의 부품이 작동하면 시스템이 정상적으로 가동되는 구조이다.

해설 시스템의 직렬구조는 시스템의 어느 한 부품이 고장나면 시스템이 고장나는 구조이다.

43 다음 설명 중 해당하는 용어를 올바르게 나타낸 것은?

> ⓐ 요구된 기능을 실행하고자 하여도 필요한 물건, 정보, 에너지 등의 공급이 없기 때문에 작업자가 움직이려고 해도 움직일 수 없으므로 발생하는 과오
> ⓑ 작업자 자신으로부터 발생한 과오

① ⓐ Secondary error, ⓑ Command error
② ⓐ Command error, ⓑ Primary error
③ ⓐ Primary error, ⓑ Secondary error
④ ⓐ Command error, ⓑ Secondary error

해설 인간 과오(human error)의 분류
㉮ 원인의 수준(level)적 분류
　㉠ 1차 에러(primary error) : 작업자 자신으로부터 발생한 과오
　㉡ 2차 에러(secondary error) : 작업형태나 작업조건 중에서 다른 문제가 생김으로써 그 때문에 필요한 사항을 실행할 수 없는 과오나 어떤 결함으로부터 파생하여 발생하는 과오
　㉢ 지시 에러(command error) : 요구된 기능을 실행하고자 하여도 필요한 물건, 정보, 에너지 등의 공급이 없기 때문에 작업자가 움직이려고 해도 움직일 수 없으므로 발생하는 과오
㉯ 심리적인 분류(Swain) : 과오(error)의 원인을 불확정, 시간 지연, 순서 착오의 3가지로 나누어서 분류한다.
　㉠ 생략적 에러(omission error) : 필요한 직무(task) 또는 절차를 수행하지 않는 데 기인한 과오(error)

ⓒ 시간적 에러(time error) : 필요한 직무 또는 절차의 수행 지연으로 인한 과오
ⓒ 수행적 에러(commission error) : 필요한 직무 또는 절차의 불확실한 수행으로 인한 과오
ⓔ 순서적 에러(sequential error) : 필요한 직무 또는 절차의 순서 착오로 인한 과오
ⓜ 불필요한 에러(extraneous error) : 불필요한 직무 또는 절차를 수행함으로 인한 과오

44 시스템 안전 프로그램에 있어 시스템의 수명주기를 일반적으로 5단계로 구분할 수 있는데, 다음 중 시스템 수명주기의 단계에 해당하지 않는 것은?

① 구상단계   ② 생산단계
③ 운전단계   ④ 분석단계

해설 시스템 수명주기의 단계
㉮ 1단계 : 구상단계
㉯ 2단계 : 정의단계
㉰ 3단계 : 개발단계
㉱ 4단계 : 생산단계
㉲ 5단계 : 운전단계

45 FT도 작성에 사용되는 사상 중 시스템의 정상적인 가동상태에서 일어날 것이 기대되는 사상은?

① 통상사상
② 기본사상
③ 생략사상
④ 결함사상

해설 ① 통상사상 : 결함사상이 아닌 발생이 예상되는 사상(정상적인 가동상태에서 발생이 기대되는 사상)을 나타낸다.
② 기본사상 : 더 이상 해석할 필요가 없는 기본적인 기계 결함 또는 작업자의 오동작을 나타낸다.
③ 생략사상 : 사상과 원인과의 관계를 알 수 없거나 또는 필요한 정보를 얻을 수 없기 때문에 더 이상 전개할 수 없는 최후적 사상을 나타낸다.
④ 결함사상 : 해석하고자 하는 정상사상과 중간사상을 나타낸다.

46 다음 중 모든 시스템 안전 프로그램에서의 최초 단계 해석으로 시스템의 위험요소가 어떤 위험상태에 있는가를 정성적으로 평가하는 분석방법은?

① PHA
② FHA
③ FMEA
④ FTA

해설 PHA(Preliminary Hazards Analysis)
㉮ 개요 : 대부분 시스템 안전 프로그램에 있어서 최초 단계의 분석으로, 시스템 내의 위험한 요소가 얼마나 위험한 상태에 있는가를 정성적으로 평가하는 것이다.
㉯ PHA의 목적 : 시스템의 개발단계에 있어서 시스템 고유의 위험상태를 식별하고 예상되는 재해의 위험 수준을 결정하는 데 있다.

47 인간이 낼 수 있는 최대의 힘을 최대 근력이라고 하며, 일반적으로 인간은 자기의 최대 근력을 잠시 동안만 낼 수 있다. 이에 근거할 때 인간이 상당히 오래 유지할 수 있는 힘은 근력의 몇 % 이하인가?

① 15%
② 20%
③ 25%
④ 30%

해설 ㉮ 지구력 : 근력을 사용하여 일정한 힘을 계속 유지하는 능력을 말한다.
㉯ 최대 근력 : 지속시간이 매우 짧아 수초 동안 유지하는 것도 어려우며, 최대 근력의 15% 이하일 경우 오랜 시간 그 힘을 유지하여 지속하는 것이 가능하다.

48 손이나 특정 신체부위에 발생하는 누적손상장애(CTDs)의 발생인자와 가장 거리가 먼 것은?

① 무리한 힘
② 다습한 환경
③ 장시간의 진동
④ 반복도가 높은 작업

정답 44.④ 45.① 46.① 47.① 48.②

[해설] 누적손상장애(CTDs)의 발생요인
㉮ 무리한 힘의 사용
㉯ 진동 및 온도(저온)
㉰ 반복도가 높은 작업
㉱ 부적절한 작업자세
㉲ 날카로운 면과 신체 접촉

49 다음 중 FMEA의 특징에 대한 설명으로 틀린 것은?

① 서브시스템 분석 시 FTA보다 효과적이다.
② 시스템 해석기법은 정성적·귀납적 분석법 등에 사용된다.
③ 각 요소 간 영향 해석이 어려워 2가지 이상의 동시 고장은 해석이 곤란하다.
④ 양식이 비교적 간단하고 적은 노력으로 특별한 훈련 없이 해석이 가능하다.

[해설] FMEA
㉮ 정의 : 시스템 안전 분석에 이용되는 전형적인 정성적·귀납적 분석방법으로, 시스템에 영향을 미치는 전체 요소의 고장을 형별로 분석하여 그 영향을 검토하는 것이다(각 요소의 1형식 고장이 시스템의 1영향에 대응한다).
㉯ 장점 및 단점
  ㉠ 장점 : 서식이 간단하고 비교적 적은 노력으로 특별한 훈련 없이 분석을 할 수 있다.
  ㉡ 단점 : 논리성이 부족하고 특히 각 요소 간의 영향을 분석하기 어렵기 때문에 동시에 두 가지 이상의 요소가 고장날 경우에 분석이 곤란하며, 또한 요소가 물체로 한정되어 있기 때문에 인적 원인을 분석하는 데는 어려움이 있다.

50 음성통신에 있어 소음환경과 관련하여 성격이 다른 지수는?

① AI(Articulation Index) : 명료도지수
② MAA(Minimum Audible Angle) : 최소 가청각도
③ PSIL(Preferred−octave Speech Interference Level) : 음성간섭수준
④ PNC(Preferred Noise Criteria curves) : 선호소음 판단기준곡선

[해설] 실내소음의 평가법
다음 지수 등은 실내소음을 평가하는 방법으로 이용된다.

㉮ AI(Articulation Index) : 명료도지수로, 음성레벨과 암소음레벨의 비율인 신호 대 잡음비에 기본을 두고 음성의 명료도를 측정하는 방법
㉯ PNC(Preferred Noise Criteria) : 선호소음 판단기준곡선
㉰ PSIL(Preferred−octave Speech Interference Level) : 선호옥타브 음성간섭수준
㉱ SIL(Speech Interference Level) : 회화방해수준(음성간섭수준)
㉲ 기타 A보정음압수준(LA), NC곡선, NR곡선 (Noise Rating curves)

※ ②의 MAA는 최소 가청운동각도를 의미한다.

51 인간−기계 시스템의 설계를 6단계로 구분할 때, 첫 번째 단계에서 시행하는 것은?

① 기본설계
② 시스템의 정의
③ 인터페이스 설계
④ 시스템의 목표와 성능명세 결정

[해설] 인간−기계 시스템 설계의 주요 단계
㉮ 제1단계−목표 및 성능 설정
㉯ 제2단계−시스템의 정의
㉰ 제3단계−기본설계
  ㉠ 기능의 할당
  ㉡ 인간 성능요건 명세 : 속도, 정확성, 사용자 만족, 유일한 기술을 개발하는 데 필요한 시간
  ㉢ 직무분석
  ㉣ 작업설계
㉱ 제4단계−계면(인터페이스) 설계
㉲ 제5단계−촉진물(보조물) 설계
㉳ 제6단계−시험 및 평가

52 그림과 같이 7개의 부품으로 구성된 시스템의 신뢰도는 약 얼마인가? (단, 네모 안의 숫자는 각 부품의 신뢰도이다.)

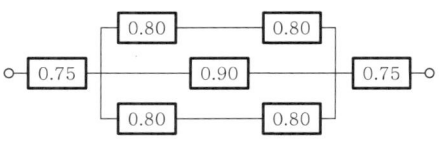

① 0.5552
② 0.5427
③ 0.6234
④ 0.9740

[해설] 신뢰도(R)
$= 0.75 \times [1-(1-0.64)(1-0.9)(1-0.64)] \times 0.75$
$= 0.5552$

53 화학설비의 안전성 평가 5단계 중 4단계에 해당하는 것은?

① 안전대책 ② 정성적 평가
③ 정량적 평가 ④ 재평가

해설 안전성 평가의 기본원칙 5단계
㉮ 1단계 : 관계자료의 작성 준비
㉯ 2단계 : 정성적 평가
㉰ 3단계 : 정량적 평가
㉱ 4단계 : 안전대책
㉲ 5단계 : 재평가

54 적절한 온도의 작업환경에서 추운 환경으로 온도가 변할 때 우리의 신체가 수행하는 조절작용이 아닌 것은?

① 발한(發汗)이 시작된다.
② 피부의 온도가 내려간다.
③ 직장(直腸)온도가 약간 올라간다.
④ 혈액의 많은 양이 몸의 중심부를 위주로 순환한다.

해설 온도변화에 대한 신체의 조절작용(인체적응)
㉮ 적온에서 고온 환경으로 변할 때
　㉠ 많은 양의 혈액이 피부를 경유하여 피부온도가 올라간다.
　㉡ 직장온도가 내려간다.
　㉢ 발한이 시작된다.
㉯ 적온에서 한랭 환경으로 변할 때
　㉠ 많은 양의 혈액이 몸의 중심부를 순환하며 피부온도는 내려간다.
　㉡ 직장온도가 약간 올라간다.
　㉢ 소름이 돋고 몸이 떨린다.

55 후각적 표시장치(olfactory display)와 관련된 내용으로 옳지 않은 것은?

① 냄새의 확산을 제어할 수 없다.
② 시각적 표시장치에 비해 널리 사용되지 않는다.
③ 냄새에 대한 민감도의 개별적 차이가 존재한다.
④ 경보장치로서 실용성이 없기 때문에 사용되지 않는다.

해설 경보장치로서 실용성이 있기 때문에 사용되고 있다.

56 인체측정에 대한 설명으로 옳은 것은?

① 인체측정은 동적 측정과 정적 측정이 있다.
② 인체측정학은 인체의 생화학적 특징을 다룬다.
③ 자세에 따른 인체치수의 변화는 없다고 가정한다.
④ 측정항목에 무게, 둘레, 두께, 길이는 포함되지 않는다.

해설 인체측정
㉮ 인체측정은 동적 측정(기능적 인체치수)과 정적 측정(구조적 인체치수)이 있다.
㉯ 인체측정학은 신체치수를 비롯하여 각 부위의 부피, 무게중심, 관성, 질량 등 인체의 물리적 특징을 다룬다.
㉰ 자세에 따른 인체치수의 변화는 있다고 가정한다.
㉱ 측정항목에 무게, 둘레, 두께, 길이는 포함한다.

57 화학설비에 대한 안전성 평가 중 정성적 평가방법의 주요 진단항목으로 볼 수 없는 것은?

① 건조물 ② 취급물질
③ 입지조건 ④ 공장 내 배치

해설 정성적 평가의 주요 진단항목

설계관계	운전관계
• 입지조건 • 공장 내 배치 • 건조물 • 소방설비	• 원재료, 중간체제품 • 공정 • 수송, 저장 등 • 공정기기

58 작업면상의 필요한 장소만 높은 조도를 취하는 조명은?

① 완화조명 ② 전반조명
③ 투명조명 ④ 국소조명

해설 조명방법
㉮ 긴 터널의 경우는 완화조명이 필요하다.
㉯ 실내 전체를 조명할 때는 전반조명이 필요하다.
㉰ 유리나 플라스틱 모서리 조명은 불투명조명이 좋다.
㉱ 작업에 필요한 곳이나 시각적으로 강한 빛을 필요로 하는 조명은 국소조명이 좋다.

정답 53.① 54.① 55.④ 56.① 57.② 58.④

59 위험분석기법 중 고장이 시스템의 손실과 인명의 사상에 연결되는 높은 위험도를 가진 요소나 고장의 형태에 따른 분석법은 어느 것인가?

① CA
② ETA
③ FHA
④ FTA

해설
① CA(Criticality Analysis ; 위험도 분석) : 고장이 시스템의 손실과 인명의 사상에 연결되는 높은 위험도를 가진 요소나 고장의 형태에 따른 분석법
② ETA(Event Tree Analysis) : 사상의 안전도를 사용하여 시스템의 안전도를 나타내는 시스템 모델의 하나로 귀납적이고 정량적인 분석법
③ FHA(Fault Hazard Analysis ; 결함사고 위험분석) : 서브시스템 해석 등에 사용되는 분석법
④ FTA(Fault Tree Analysis) : 결함수법 · 결함 관련 수법 · 고장의 목(木) 분석법 등의 뜻을 나타내며, 기계설비 또는 인간 – 기계 시스템(man machine system)의 고장이나 재해의 발생요인을 FT 도표에 의하여 분석하는 방법

60 일반적으로 인체측정치의 최대집단치를 기준으로 설계하는 것은?

① 선반의 높이
② 공구의 크기
③ 출입문의 크기
④ 안내 데스크의 높이

해설 인체계측자료 응용원칙의 예
㉮ 극단치 설계
  ㉠ 최대집단치 : 출입문, 통로, 의자 사이의 간격 등
  ㉡ 최소집단치 : 선반의 높이, 조종장치까지의 거리, 버스나 전철의 손잡이 등
㉯ 조절식 설계 : 사무실 의자의 높낮이 조절, 자동차 좌석의 전후조절 등
㉰ 평균치 설계 : 가게나 은행의 계산대, 안내 데스크의 높이 등

제4과목 건설시공학

61 치장벽돌을 사용하여 벽체의 앞면 5~6켜까지는 길이쌓기로 하고, 그 위 한 켜는 마구리쌓기로 하여 본 벽돌벽에 물려 쌓는 벽돌쌓기 방식은?

① 미식 쌓기 ② 불식 쌓기
③ 화란식 쌓기 ④ 영식 쌓기

해설 쌓기방법에 의한 분류

종 류	특 징
영식 쌓기	• 한 켜는 마구리쌓기, 다음 켜는 길이쌓기를 하는 쌓기방법 • 마구리 켜의 벽 끝에는 이오토막 또는 반절을 사용
화란식 쌓기	• 쌓기방법은 영식과 동일하다. • 길이쌓기 켜의 모서리에 칠오토막 사용
불식 쌓기	• 매 켜는 길이쌓기와 마구리쌓기를 병행하여 실시 • 외관이 미려하고 구조적 강도가 필요치 않은 곳에 유리하다.
미식 쌓기	5켜는 치장벽돌로 길이쌓기 한 다음 한 켜는 마구리쌓기로 본 벽돌에 물리게 하여 쌓는 방법

62 말뚝지정 중 강재말뚝에 대한 설명으로 옳지 않은 것은?

① 자재의 이음 부위가 안전하게 소요길이의 조정이 자유롭다.
② 기성 콘크리트말뚝에 비해 중량으로 운반이 쉽지 않다.
③ 지중에서의 부식 우려가 높다.
④ 상부 구조물과의 결합이 용이하다.

해설 강재말뚝은 기성 콘크리트말뚝에 비해 경량으로 운반이 쉽다.

63 철근을 피복하는 이유와 가장 거리가 먼 것은?

① 철근의 순간격 유지
② 철근의 좌굴 방지
③ 철근과 콘크리트의 부착응력 확보
④ 화재, 중성화 등으로부터 철근 보호

해설 철근콘크리트 구조에서 철근은 부착력·내구력 및 내구력을 확보, 철근 내부의 응력에 의한 균열을 방지, 철근의 좌굴 방지, 대기 중의 습기 및 콘크리트 중성화에 의한 철근 부식 방지, 화재 시 가열로 인한 강도 저하를 방지하기 위해 일정한 두께의 콘크리트로 피복하여야 한다.

64 지반의 성질에 대한 설명으로 옳지 않은 것은?

① 점착력이 강한 점토층은 투수성이 적고 또한 압밀되기도 한다.
② 흙에서 토립자 이외의 물과 공기가 점유하고 있는 부분을 간극이라 한다.
③ 모래층은 점착력이 비교적 적거나 무시할 수 있는 정도이며, 투수가 잘 된다.
④ 흙의 예민비는 보통 그 흙의 함수비로 표현된다.

해설 **흙의 예민비**
예민비란 흙의 비빔(이김)으로 인하여 약해지는 정도를 표시한 것이다.
예민비 = $\dfrac{\text{자연 상태 시료의 강도}}{\text{이긴 상태 시료의 강도}}$

65 유동화 콘크리트를 제조할 때 유동화제를 첨가하기 전 기본 배합 콘크리트인 베이스 콘크리트의 슬럼프 기준은? (단, 일반 콘크리트 기준)

① 150mm 이하   ② 180mm 이하
③ 210mm 이하   ④ 240mm 이하

해설 베이스 콘크리트의 슬럼프값 : 150mm 이하, 표준 100mm

66 강관틀 비계에서 두꺼운 콘크리트판 등의 견고한 기초 위에 설치하게 되는 틀의 기둥관 1개당 수직하중 한도는 얼마인가?

① 16,500N   ② 24,500N
③ 32,500N   ④ 38,500N

해설 강관틀 비계에서 틀의 기둥관 1개당 수직하중 한도 : 24.5kN=24,500N

67 다음 중 콘크리트의 시공성과 관계가 없는 것은?

① 반발경도
② 슬럼프
③ 슬럼프 플로
④ 공기량

해설 **반발경도법**
콘크리트 표면을 타격하여 해머의 반발 정도(반발경도)로 강도를 추정하는 시험법으로, 반발경도는 콘크리트 시공성과 관계가 없다.

68 지하 흙막이벽을 시공할 때 말뚝 구멍을 하나 걸러 뚫고 콘크리트를 부어 넣은 후 다시 그 사이를 뚫어 콘크리트를 부어 넣어 말뚝을 만드는 공법은?

① 베노토 공법
② 어스드릴 공법
③ 칼웰드 공법
④ 이코스파일 공법

해설 ① 베노토 공법 : 직경 1~1.2m의 지반에 천공기를 사용하여 케이싱(casing)을 삽입해서 기초 피어를 만드는 공법
② 어스드릴 공법 : 끝이 뾰족한 강재 샤프트(shaft)의 주변에 나사형으로 된 날이 연속된 천공기를 지중에 박아 토사를 들어내고 구멍을 파서 기초 피어를 제작하는 공법
③ 칼웰드 공법 : 특수 드릴링 버킷(driling bucket)을 말뚝 구멍 속에서 회전시켜 천공하는 공법
④ 이코스파일 공법 : 지수벽(止水壁)을 만드는 공법으로 도시 소음 방지나 근접 건물의 침하 우려 시 유효한 공법

69 다음 중 콘크리트 구조물의 품질관리에서 활용되는 비파괴 검사방법과 가장 거리가 먼 것은?

① 슈미트해머법
② 방사선투과법
③ 초음파법
④ 자기분말탐상법

정답 64.④ 65.① 66.② 67.① 68.④ 69.④

해설 자기분말탐상법

강자성체인 시험체를 자화시켰을 때 시험체 조직의 변화 또는 결함 등이 존재하는 경우에는 이로 인하여 시험체에 형성된 자장의 연속성이 깨어져 이 부분에 누설자장이 형성된다. 이때 시험체의 표면에 자분을 산포하면 누설자장이 형성된 부위에 자분이 달라붙어 시험체 조직의 변화 또는 결함 등의 존재 유무, 위치, 크기, 방향 및 범위 등을 검사할 수 있다. 자기탐상검사는 우선적으로 시험체가 자화될 수 있는 재질, 즉 강자성체이어야 검사가 가능하며, 시험체 표면에 존재하는 결함의 검출에 적당하다.

㉮ 장점 : 검사조건에 따라서 시험체 표면으로부터 최대 1/4인치 깊이에 존재하는 표면 바로 밑에 존재하는 결함도 검출 가능하다. 미세한 표면균열 검출에 가장 적합하며, 시험체의 크기, 형상 등에 크게 구애됨이 없이 검사 수행이 가능하다.

㉯ 단점 : 자분탐상검사는 모든 재질에 대해 적용할 수 있는 것이 아니라 자화가 가능한 강자성체에만 국한되고, 시험체의 표면 근처에 존재하는 결함만을 검출할 수 있어 내부 전체의 건전성을 판별하기 위해서는 다른 검사방법을 병행하여 수행해야 하며, 검사방법에 따라서는 전기접촉부위에서의 아크(arc) 발생으로 시험체가 손상될 우려가 있다.

70 수평·수직적으로 반복된 구조물을 시공이음 없이 균일한 형상으로 시공하기 위하여 요크(yoke), 로드(rod), 유압 잭(jack)을 이용하여 거푸집을 연속적으로 이동시키면서 콘크리트를 타설할 수 있는 시스템 거푸집은?

① 슬라이딩폼
② 갱폼
③ 터널폼
④ 트래블링폼

해설 ① 슬라이딩폼(sliding form) : 활동 거푸집이라고도 하며, 굴뚝이나 사일로 등 평면형상이 일정하고 돌출부가 없는 높은 구조물에서 사용된다. 거푸집의 높이는 약 1.2m이고, 거푸집을 잭과 지지로드로 설치하고 요크로 서서히 끌어올리며 콘크리트를 부어 넣기 때문에 공기(工期)를 1/3 정도로 단축할 수 있고, 연속 타설로 콘크리트의 일체성을 확보할 수 있는 거푸집이다.

② 갱폼 : 타워크레인 등의 시공장비에 의해 한 번에 설치하고 탈형만 하므로 사용할 때마다 부재의 조립 및 분해를 반복하지 않아, 평면상 상하부 동일 단면의 벽식 구조인 아파트 건축물에 적용효과가 큰 대형 벽체 거푸집이다.
③ 터널폼 : 대형 형틀로서 슬래브와 벽체의 콘크리트 타설을 일체화하기 위한 것으로 한 구획 전체의 벽판과 바닥판을 'ㄱ'자형 또는 'ㄷ'자형으로 처리한 거푸집이다.
④ 트래블링폼 : 연속 아치(arch)에 사용하는 수평 이동 거푸집을 말한다.

71 다음 중 깊은 기초지정에 해당되는 것을 고르면?

① 잡석지정
② 피어기초지정
③ 밑창콘크리트지정
④ 긴주춧돌지정

해설 깊은 기초지정

기초지반의 지지력이 충분하지 못하거나 침하가 과도하게 일어나는 경우에 말뚝, 피어, 케이슨 등의 깊은 기초를 설치하여 지지력이 충분히 큰 하부 지반에 상부 구조물의 하중을 전달하거나 지반을 개량한 후에 기초를 설치하는 것을 말한다.

72 PERT/CPM의 장점이 아닌 것은?

① 변화에 대한 신속한 대책수립이 가능하다.
② 비용과 관련된 최적안 선택이 가능하다.
③ 작업 선후관계가 명확하고 책임소재 파악이 용이하다.
④ 주공정(critical path)에 의해서만 공기관리가 가능하다.

해설 PERT(Program Evaluation and Review Technique)와 CPM(Critical Path Method)의 장점

㉮ 변화에 대한 신속한 대책수립이 가능하다.
㉯ 비용과 관련된 최적안 선택이 가능하다.
㉰ 작업 선후관계가 명확하고 책임소재 파악이 용이하다.
㉱ 효과적인 예산통제가 가능하다.
㉲ 요소작업 상호간의 관련성이 명확하다.
㉳ 진도관리의 정확화와 관리통제가 강화된다.

73 그림과 같이 $H-400\times400\times30\times50$인 형강재의 길이가 10m일 때 이 형강의 개산 중량으로 가장 가까운 값은? (단, 철의 비중은 7.85ton/m³이다.)

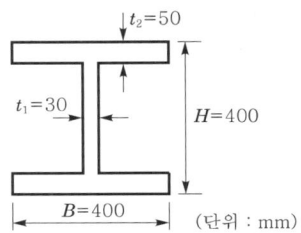

① 1ton ② 4ton
③ 8ton ④ 12ton

해설 형강의 부피
$=(0.05\times0.4\times10)\times2$개$+(0.03\times0.3\times10)$
$=0.49$m³
∴ 형강의 개산 중량
$=0.49\times7.85$
$=3.8465$ton

74 Top-down 공법의 특징으로 옳지 않은 것은?

① 1층 바닥 기준으로 상방향, 하방향 중 한쪽 방향으로만 공사가 가능하다.
② 공기단축이 가능하다.
③ 타공법 대비 주변지반 및 인접건물에 미치는 영향이 작다.
④ 소음 및 진동이 적어 도심지 공사로 적합하다.

해설 역타공법
도심지의 지상골조 및 지하골조 공사를 동시에 시공해가는 지하구조물 시공방법의 하나로서 지하벽체 공사는 인근지반 및 건물의 침하방지, 지하매설물의 손상방지를 위해 지하연속벽을 시공하고, 이의 축조 후 지하구조물 구축을 위한 굴착은 지상 1층부터 아래로 굴착해가며 이와 동시에 지상골조 공사를 시공함으로써 지하공사 시공 중의 안정성 및 전체 공기의 단축효과를 기대할 수 있도록 개발된 공법이다.
㉮ 지하와 지상층 병행작업으로 공사기간이 단축된다.
㉯ 소음 및 진동이 적어 도심지 공사로 적합하다.
㉰ 공사비가 고가이다.
㉱ 타공법 대비 주변지반 및 인접건물에 미치는 영향이 작다.

75 건설의 전 과정에 걸쳐 프로젝트를 보다 효율적이고 경제적으로 수행하기 위하여 각 부문의 전문가들로 구성된 통합관리기술을 발주자에게 서비스하는 것을 무엇이라고 하는가?

① Cost management
② Cost manpower
③ Construction manpower
④ Construction management

해설 건설사업관리제(Construction Management)
발주자를 대신해 건설공사의 기획, 설계, 구매 및 입찰, 시공, 유지관리 및 감리 등 업무의 전부 또는 일부를 한 회사가 일괄적으로 조정·관리함으로써 공사비 절감, 공기 단축, 적정 품질 확보 등 사업효과를 극대화하는 제도이다.

76 철근콘크리트의 부재별 철근의 정착위치로 옳지 않은 것은?

① 작은 보의 주근은 기둥에 정착한다.
② 기둥의 주근은 기초에 정착한다.
③ 바닥철근은 보 또는 벽체에 정착한다.
④ 지중보의 주근은 기초 또는 기둥에 정착한다.

해설 철근의 정착위치
㉮ 기둥의 주근 : 기초에 정착한다.
㉯ 큰 보의 주근 : 기둥에 정착한다.
㉰ 작은 보의 주근 : 큰 보에 정착한다.
㉱ 직교하는 단부 보 밑에 기둥이 없을 때 : 상호간에 정착한다.
㉲ 벽철근 : 기둥, 보, 기초 또는 바닥판에 정착한다.
㉳ 바닥철근 : 보 또는 벽체에 정착한다.
㉴ 지중보의 주근 : 기초 또는 기둥에 정착한다.

77 지하 합벽 거푸집에서 측압에 대비하여 버팀대를 삼각형으로 일체화한 공법은?

① 1회용 리브라스 거푸집
② 와플 거푸집
③ 무폼타이 거푸집
④ 단열 거푸집

해설 **무폼타이 거푸집(tie-less formwork)**
폼타이 없이 콘크리트의 측압을 지지하기 위한 브레이스 프레임(brace frame)을 사용하는 공법으로 브레이스 프레임 공법이라고도 한다. 대형화한 갱폼에 측압을 부담하기 위한 브레이스 프레임을 부착하고 이 프레임을 기 타설한 콘크리트 슬래브에 매립한 앵커에 고정하여 측압을 부담하게 하는 거푸집 공법이다.

78 갱폼(gang form)에 관한 설명으로 틀린 것은?

① 타워크레인, 이동식 크레인 같은 양중 장비가 필요하다.
② 벽과 바닥의 콘크리트 타설을 한번에 가능하게 하기 위하여 벽체 및 슬래브 거푸집을 일체로 제작한다.
③ 공사초기 제작기간이 길고 투자비가 큰 편이다.
④ 경제적인 전용횟수는 30~40회 정도이다.

해설 **갱폼**
타워크레인 등의 시공장비에 의해 한번에 설치하고 탈형만 하므로 사용할 때마다 부재의 조립 및 분해를 반복하지 않아 평면상 상하부 동일 단면의 벽식 구조인 아파트 건축물에 적용 효과가 큰 대형 벽체 거푸집이다.
㉮ 장점
  ㉠ 조립·해체가 생략되고 설치와 탈형만 하기 때문에 인력 절감
  ㉡ 콘크리트 이음부위 감소로 마감 단순화 및 비용 절감
  ㉢ 기능공의 기능도에 좌우되지 않음
  ㉣ 1개의 현장에 사용 후 합판을 교체하여 재사용 가능
㉯ 단점
  ㉠ 장비 필요, 초기투자비 과다
  ㉡ 거푸집 조립시간 필요(취급 어려움)
  ㉢ 기능공의 교육 및 숙달기간 필요

79 시험말뚝에 변형률계(strain gauge)와 가속도계(accelerometer)를 부착하여 말뚝항타에 의한 파형으로부터 지지력을 구하는 시험은?

① 정재하시험
② 비비시험
③ 동재하시험
④ 인발시험

해설 ① 정재하시험 : 말뚝의 지지력을 결정함에 있어서 말뚝의 거동을 파악하는 가장 확실한 방법이다. 말뚝 두부에 직접 시험하중을 재하하는 방식으로 가압 및 반력 시스템에 따라 고정하중 이용방식, 반력말뚝 이용방식 및 반력앵커 방식으로 분류할 수 있다.
② 비비시험 : 된반죽의 포장용 콘크리트의 반죽질기를 측정하는 시험이다.
④ 인발시험 : 콘크리트에 매립한 철근의 부착력을 판정하는 시험이다.

80 다음 네트워크공정표에서 주공정선에 의한 총 소요공기(일수)는? (단, 결합점 간 사이의 숫자는 작업일수이다.)

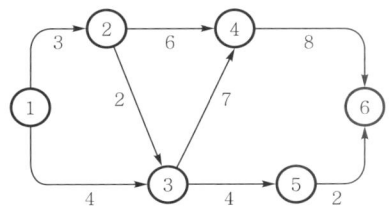

① 17일
② 19일
③ 20일
④ 22일

해설 **주공정선(critical path)**
작업 소요일수를 작업의 결합점으로부터 주공정선을 굵은 화살표로 나타내어 알아볼 수 있게 하는 기법이다. 주공정선은 공기가 제일 긴 경로로서 공기를 결정한다.
① → ② → ③ → ④ → ⑥
∴ 3+2+7+8=20일

>> 제5과목   **건설재료학**

81 목재의 역학적 특성상 응력 방향이 섬유 방향의 평행인 경우 가장 높은 강도는?

① 압축강도
② 인장강도
③ 휨강도
④ 전단강도

해설 **목재 강도의 크기 순서**
인장강도 > 휨강도 > 압축강도 > 전단강도

82 비중이 크고 연성이 크며, 방사선실의 방사선 차폐용으로 사용되는 금속재료는?

① 주석
② 납
③ 철
④ 크롬

해설 납(Pb)의 물리적 및 화학적 성질
㉮ 물리적 성질
  ㉠ 비중 11.4, 융점 327°C, 비열 0.315kcal/kg·°C, 연질이다. 연성·전성이 크다.
  ㉡ 인장강도는 극히 작다(주물은 1.25kg/mm², 상온 압연재는 1.7~2.3kg/mm²).
  ㉢ X선의 차단 효과가 크며, 보통 콘크리트의 100배 이상이다.
㉯ 화학적 성질
  ㉠ 공기 중에서는 습기와 CO_2에 의하여 표면이 산화하여 $PbCO_3$ 등이 생김으로써 내부를 보호한다.
  ㉡ 염산·황산·농질산에는 침해되지 않으나, 묽은 질산에는 녹는다(부동태 현상).
  ㉢ 알칼리에 약하므로 콘크리트와 접촉되는 곳은 아스팔트 등으로 보호한다.
  ㉣ 납을 가열하면 황색의 리사지(PbO)가 되고, 다시 가열하면 광명단(光明丹, minium, Pb_3O_4)이 된다.

83 콘크리트 내구성에 영향을 주는 다음 화학 반응식의 현상은?

$$Ca(OH)_2 + CO_2 \rightarrow CaCO_3 + H_2O \uparrow$$

① 콘크리트 염해
② 동결융해 현상
③ 콘크리트 중성화
④ 알칼리 골재 반응

해설 ① 염해 현상 : 콘크리트 내부에 축적된 염분이 철근의 부식을 촉진시켜 구조체의 균열, 박락 등의 손상을 입히는 현상
② 동결융해 현상 : 콘크리트는 다공질이기 때문에 습기나 수분을 흡수하며, 결빙점 이하의 온도에서는 흡수된 수분이 동결하면서, 수분의 동결팽창에 따른 정수압으로 콘크리트 조직에 미세한 균열이 발생하는 현상이다.
③ 콘크리트 중성화 : 콘크리트에 함유된 알칼리성 수산화칼슘이 탄산가스와 반응하여 탄산칼슘으로 변화하는 현상으로, 철근콘크리트는 그 강도의 저하와 철근의 녹에 의한 단면 감소에 의해 열화한다. 시멘트 중성화 반응식은 $Ca(OH)_2 + CO_2 \rightarrow CaCO_3 + H_2O$이다.
④ 알칼리-골재 반응 : 골재에 함유된 반응성 물질+시멘트에 포함된 알칼리+수분이 반응하여 겔(gel)상의 불용성 화합물을 생성하여 콘크리트가 팽창되어 균열되는 현상으로, 내구성이 저하된다. 대책으로는 fly ash 또는 고로 슬래그 시멘트(blast furnace slag cement)를 사용하면 된다.

84 콘크리트 다짐바닥, 콘크리트 도로 포장의 균열 방지를 위해 사용되는 것은?

① 코너비드(corner bead)
② PC 강선(PC steel wire)
③ 와이어 메시(wire mesh)
④ 펀칭 메탈(punching metal)

해설 ① 코너비드(corner bead) : 모서리쇠라고도 하며, 기둥이나 벽의 모서리에 대어 미장바름의 모서리가 상하지 않도록 보호하는 철물이다.
② PC 강선(PC steel wire) : 프리스트레스 콘크리트(PC) 공법에 있어서 긴장재로서 쓰이는 탄소 함유량이 0.6~1.05%의 고탄소강을 반복 냉간 인발 가공하여 가는 줄로 만든 지름 10mm 이하의 고강도 강선을 말한다.
③ 와이어 메시(wire mesh) : 비교적 굵은 연강 철선을 정방형 또는 장방형으로 짠 다음, 각 접점을 전기 용접한 것으로 콘크리트 다짐바닥, 콘크리트 도로 포장의 균열 방지를 위해 사용된다.
④ 펀칭 메탈(punching metal) : 두께가 1.2mm 이하로 얇은 금속판에 여러 가지 모양으로 도려낸 철물로서 환기공 및 라디에이터 커버(radiator cover) 등에 쓰인다.

85 섬유 포화점 이하에서 목재의 함수율 감소에 따른 목재의 성질 변화에 대한 설명으로 옳은 것은?

① 강도가 증가하고, 인성이 증가한다.
② 강도가 증가하고, 인성이 감소한다.
③ 강도가 감소하고, 인성이 증가한다.
④ 강도가 감소하고, 인성이 감소한다.

해설 목재의 강도는 섬유 포화점 이상에서는 일정하나, 섬유 포화점 이하에서는 함수율의 감소에 따라 강도는 증가하고, 인성은 감소한다.

86 역청재료의 침입도 시험에서 중량 100g의 표준침이 5초 동안에 10mm 관입했다면 이 재료의 침입도는?

① 1
② 10
③ 100
④ 1,000

해설 침입도란 물질의 점조도나 경도 등을 나타내는 척도의 일종으로, 침입도 1이란 25℃, 중량 100g, 5초가 표준으로 되어 있으며 바늘이 관입한 깊이는 0.1mm일 때이다.

∴ 침입도 = $\frac{10}{0.1}$ = 100

87 목재 섬유 포화점의 함수율은 대략 얼마 정도인가?

① 10%
② 20%
③ 30%
④ 40%

해설 목재의 함수율(water content)
㉮ 생재 : 변재는 80~200%, 심재는 40~100% 정도
㉯ 기건재와 전건재
 ㉠ 기건재 : 공기 중의 습도에 의해 더 이상의 수분 감소가 없는 상태의 것으로, 기건재의 함수율은 보통 12~18%(평균 15%)의 범위이다.
 ㉡ 전건재 : 목재를 건조장치에서 건조하여 함수율이 0%가 되었을 때의 것을 말한다.
㉰ 섬유 포화점 : 목재의 건조에 있어서는 먼저 유리수가 증발하며, 그 뒤에 세포수(세포벽에 침투하고 있는 것)의 증발이 시작되는데, 이 양자의 한계에 있어서의 함수상태를 목재의 섬유 포화점이라고 하며, 함수율은 30% 정도이다.

88 골재의 단위용적질량을 계산할 때 골재는 어느 상태를 기준으로 하는가? (단, 굵은 골재가 아닌 경우)

① 습윤상태
② 기건상태
③ 절대건조상태
④ 표면건조 내부포수상태

해설 ㉮ 골재의 단위용적질량(kg/L)은 절대건조상태(절건상태)를 기준으로 계산한다.
㉯ 실적률(d) = $\frac{w}{p}$ × 100%
여기서, p : 골재의 비중
w : 단위용적질량(kg/L)

89 도막 방수재 및 실링재로써 이용이 증가하고 있는 합성수지로, 기포성 보온재로도 사용되는 것은?

① 실리콘수지
② 폴리우레탄수지
③ 폴리에틸렌수지
④ 멜라민수지

해설 ① 실리콘수지 : 실리콘은 내열성이 우수하며, 전기절연성 및 내수성이 좋고 발수성이 있다. 용도로는 성형품, 접착제, 기타 전기절연재료로 많이 쓰인다.
③ 폴리에틸렌수지 : 유백의 불투명한 수지로서 저온에서도 유연성이 크고 취화 온도는 -60℃ 이하, 내충격성도 일반 플라스틱의 5배, 내화학약품성·전기절연성·내수성 등이 극히 양호하다.
④ 멜라민수지 : 무색 투명하여 착색이 자유로우며, 경도가 크고, 내약품성·내용제성·내열성이 우수하다. 또한, 기계적 강도·전기적 성질 및 내노화성도 우수하여 마감재, 조작재, 가구재, 전기부품 등에 쓰인다.

90 플라이애시 시멘트에 관한 설명으로 옳은 것은?

① 수화할 때 불용성 규산칼슘 수화물을 생성한다.
② 화력발전소 등에서 완전연소한 미분탄의 회분과 포틀랜드 시멘트를 혼합한 것이다.
③ 재령 1~2시간 안에 콘크리트 압축강도가 20MPa에 도달할 수 있다.
④ 용광로의 선철 제작 부산물을 급랭시키고 파쇄하여 시멘트와 혼합한 것이다.

해설 플라이애시 시멘트
포틀랜드 시멘트에 플라이애시(분탄 보일러 연소 시 부유하는 회분)를 혼합하여 만든 시멘트로, 그 특성은 다음과 같다.
㉮ 초기 수화열이 낮다.
㉯ 조기강도는 작지만, 장기강도는 크다.
㉰ 화학저항이 크다.
㉱ 수밀성이 증대된다.

86.③ 87.③ 88.③ 89.② 90.②

91 자연에서 용제가 증발해서 표면에 피막이 형성되어 굳는 도료는?

① 유성조합페인트
② 에폭시수지 도료
③ 알키드수지
④ 염화비닐수지 에나멜

해설 에나멜페인트(enamel paint)
㉮ 전색제로 보일유 대신으로 유성바니시나 중합유에 안료를 섞어서 만든 유색·불투명한 도료로서 통상 에나멜이라고 부른다.
㉯ 건조가 빨라 자연에서 용제가 증발해서 표면에 피막이 형성되어 굳는 도료로 도막은 탄성 및 광택이 있으며, 내수성·내유성·내약품성·내열성 등이 우수하다.

92 다음 중 창호용 철물 중 경첩으로 유지할 수 없는 무거운 자재 여닫이문에 쓰이는 철물은?

① 도어 스톱
② 래버터리 힌지
③ 도어 체크
④ 플로어 힌지

해설 플로어 힌지(floor hinge, 마루 경첩)
중량이 큰 문에 쓰이는 것으로, 자재 여닫이문을 열면 저절로 닫히게 하는 장치를 바닥에 설치하여 문장부를 끼우고 상부는 지도리를 축대로 하여 돌게 한 철물이다.

93 시멘트의 경화시간을 지연시키는 용도로 일반적으로 사용하고 있는 지연제와 거리가 먼 것은?

① 리그닌설폰산염
② 옥시카르본산
③ 알루민산소다
④ 인산염

해설 ③ 알루민산소다는 급결제이다.
급결제
시멘트의 응결시간을 매우 빠르게 하기 위하여 사용되는 혼화제이다. 급결제를 사용하면 콘크리트의 응결이 수십 초 정도로 빨라지며, 1~2일까지는 콘크리트의 강도 증진이 매우 크나, 장기 강도는 일반적으로 느린 경우가 많다. 누수방지용 시멘트 풀, 그라우트에 의한 지수공사, 뿜어붙이기 공사, 주입공사 등에 사용되고 있다.

94 석고보드의 특성에 관한 설명으로 옳지 않은 것은?

① 흡수로 인해 강도가 현저하게 저하된다.
② 신축변형이 커서 균열의 위험이 크다.
③ 부식이 안 되고 충해를 받지 않는다.
④ 단열성이 높다.

해설 석고보드
경석고에 톱밥이나 석면 등을 넣어서 판상으로 굳히고, 그 양면에 석고액을 침지시킨 회색의 두꺼운 종이를 부착시켜 압축성형한 것이다.
㉮ 흡수로 인해 강도가 현저하게 저하된다.
㉯ 신축변형이 적고 균열의 위험이 작다.
㉰ 부식이 안 되고 충해를 받지 않는다.
㉱ 단열성이 높다.
㉲ 천장, 벽, 칸막이 등에 직접 사용된다.

95 아스팔트의 물리적 성질에 관한 설명으로 옳은 것은?

① 감온성은 블론 아스팔트가 스트레이트 아스팔트보다 크다.
② 연화점은 블론 아스팔트가 스트레이트 아스팔트보다 낮다.
③ 신장성은 스트레이트 아스팔트가 블론 아스팔트보다 크다.
④ 점착성은 블론 아스팔트가 스트레이트 아스팔트보다 크다.

해설 아스팔트
㉮ 스트레이트 아스팔트(straight asphalt) : 잔류유를 증류하여 남은 것인데, 증기 증류법에 의한 증기 아스팔트와 진공 증류법에 의한 진공 아스팔트의 2종이 있다.
  ㉠ 신장성이 크고 접착력이 강하나, 연화점(35~60℃)이 낮고 내후성 및 온도에 대한 변화가 큰 것이 결점이다.
  ㉡ 지하 방수에 주로 쓰이고, 아스팔트 펠트 삼투용으로 사용되기도 한다.
㉯ 블론 아스팔트(blown asphalt) : 적당히 증류한 잔류유를 또다시 공기와 증기를 불어 넣으면서 비교적 낮은 온도로 장시간 증류하여 만든다.
  ㉠ 스트레이트 아스팔트보다 내후성이 좋고 연화점(60~85℃)은 높으나, 신장성·점착성·방수성은 약하다.
  ㉡ 아스팔트 컴파운드나 아스팔트 프라이머(asphalt primer)의 원료로 쓰인다.

정답 91.④ 92.④ 93.③ 94.② 95.③

96 석재를 성인에 의해 분류하면 크게 화성암, 수성암, 변성암으로 대별되는데, 다음 중 수성암에 속하는 것은?

① 사문암　　② 대리암
③ 현무암　　④ 응회암

해설 석재의 종류
㉮ 화성암 : 화강암, 안산암, 현무암, 감람석, 부석, 황화석 등
㉯ 수성암 : 이판암 및 점판암, 응회석, 석회암, 사암 등
㉰ 변성암 : 대리석, 트래버틴(travertine – 구멍이 있는 무늬를 가진 특수 대리석의 일종), 사문암, 석면, 활석, 편암 등

97 다음 보기 중 점토로 제작된 것이 아닌 것은 어느 것인가?

① 경량벽돌
② 테라코타
③ 위생도기
④ 파키트리 패널

해설 점토제품의 종류

종류		토기	도기	석기	자기
소성온도 (℃)		790 ~1,000	1,100 ~1,230	1,160 ~1,350	1,230 ~1,460
소지	흡수성	크다.	약간 크다.	작다.	아주 작다.
	색	유색	백색, 유색	유색	백색
	투명 정도	불투명	불투명	불투명	반투명
	강도	취약	견고	치밀, 견고	치밀, 견고
특성		흡수성이 크고, 깨지기 쉽다.	다공질로서 흡수성이 있고, 질이 좋으며 두드리면 탁음이 난다.	흡수성이 극히 작고, 강도와 경도가 크다.	흡수성이 극히 작고, 경도와 강도가 가장 크다.
제품		벽돌, 기와, 토관	타일, 테라코타, 위생도기	벽돌, 타일, 토관, 테라코타	타일, 위생도기

※ ④ 파키트리 패널(parquetry panel) : 목재 제품으로 파키트리 보드판(두께 15mm)을 접착제나 파정으로 4매씩 접합하여 24cm 각판으로 만든 마루 판재로서 건조변형 및 마모성이 적다.

98 콘크리트용 골재의 요구성능에 관한 설명으로 옳지 않은 것은?

① 골재의 강도는 경화한 시멘트 페이스트 강도보다 클 것
② 골재의 형태가 예각이며, 표면은 매끄러울 것
③ 골재의 입형이 둥글고, 입도가 고를 것
④ 먼지 또는 유기불순물을 포함하지 않을 것

해설 골재의 품질
㉮ 골재는 견강하고 물리적·화학적으로 안정되어야 하며, 내화성 및 내구성을 가져야 한다.
㉯ 골재는 청정해야 하며, 유해성이 있는 먼지나 흙 및 유기불순물 등이 포함되지 않아야 한다.
㉰ 골재의 형태는 표면이 거칠고 구형이나 입방체에 가까운 것이 좋다.
㉱ 골재는 콘크리트의 강도를 확보할 수 있는 강도를 가져야 한다.
㉲ 골재는 연속적인 입도분포를 가져야 한다.

99 다음 합성수지 중 열가소성 수지가 아닌 것은?

① 알키드수지　　② 염화비닐수지
③ 아크릴수지　　④ 폴리프로필렌수지

해설 열가소성 수지와 열경화성 수지의 종류
㉮ 열가소성 수지
　㉠ 아크릴수지
　㉡ 염화비닐수지
　㉢ 폴리에틸렌수지
　㉣ 폴리스티렌수지
　㉤ 폴리프로필렌수지
　㉥ 메타크릴수지
　㉦ ABS 수지
　㉧ 폴리아미드(polyamide)수지(나일론)
　㉨ 셀룰로이드(celluloid)
　㉩ 비닐아세틸수지
㉯ 열경화성 수지
　㉠ 페놀수지
　㉡ 에폭시수지
　㉢ 멜라민수지
　㉣ 요소수지
　㉤ 실리콘수지
　㉥ 폴리우레탄수지
　㉦ 알키드수지(포화폴리에스테르수지)
　㉧ 불포화폴리에스테르수지
　㉨ 우레탄수지
　㉩ 규소수지
　㉪ 프란수지

100 일종의 못박기총을 사용하여 콘크리트나 강재 등에 박는 특수못을 의미하는 것은?

① 드라이브핀 ② 인서트
③ 익스팬션볼트 ④ 듀벨

해설
② 인서트(insert) : 콘크리트 표면 등에 어떤 구조물 등을 매달기 위하여 콘크리트를 부어 넣기 전에 미리 묻어 넣은 고정철물이다.
③ 익스팬션볼트(expansion bolt) : 콘크리트 표면 등에 다른 부재(띠장, 문틀 등)를 고정하기 위하여 묻어두는 특수형의 볼트로서 팽창 볼트라고도 한다.
④ 듀벨 : 목재를 접합할 때 사이에 끼워서 회전에 대한 저항작용을 목적으로 한 철물이다.

≫ 제6과목　건설안전기술

101 토질시험 중 연약한 점토지반의 점착력을 판별하기 위하여 실시하는 현장시험은?

① 베인 테스트(vane test)
② 표준관입시험(SPT)
③ 하중재하시험
④ 삼축압축시험

해설 현장의 토질시험방법
㉮ 표준관입시험 : 사질지반의 상대밀도 등 토질조사 시 신뢰성이 높다. 63.5kg의 추를 76cm 정도의 높이에서 떨어뜨려 30cm 관입시킬 때의 타격횟수(N)를 측정하여 흙의 경·연 정도를 판정하는 시험
㉯ 베인시험 : 연한 점토질 시험에 주로 쓰이는 방법으로 4개의 날개가 달린 베인 테스터를 지반에 때려 박고 회전시켜 저항 모멘트를 측정하고 전단강도를 산출하는 시험
㉰ 평판재하시험 : 지반의 지내력을 알아보기 위한 방법

102 토질시험 중 사질토 시험에서 얻을 수 있는 값이 아닌 것은?

① 체적 압축계수
② 내부 마찰각
③ 액상화 평가
④ 탄성계수

해설 토질시험 중 사질토 시험에서 얻을 수 있는 값
㉮ 내부 마찰각
㉯ 액상화 평가
㉰ 탄성계수
㉱ 상대밀도
㉲ 간극비
㉳ 침하에 대한 허용지지력

103 다음 중 양중기에 해당되지 않는 것은?

① 어스드릴
② 크레인
③ 리프트
④ 곤돌라

해설 양중기의 종류
㉮ 크레인[호이스트(hoist) 포함]
㉯ 이동식 크레인
㉰ 리프트(이삿짐 운반용 리프트의 경우에는 적재하중이 0.1톤 이상인 것으로 한정한다)
㉱ 곤돌라
㉲ 승강기

104 흙막이 가시설 공사 중 발생할 수 있는 보일링(boiling) 현상에 관한 설명으로 옳지 않은 것은?

① 이 현상이 발생하면 흙막이벽의 지지력이 상실된다.
② 지하수위가 높은 지반을 굴착할 때 주로 발생한다.
③ 흙막이벽의 근입장 깊이가 부족할 경우 발생한다.
④ 연약한 점토지반에서 굴착면의 융기로 발생한다.

해설 보일링(boiling)
보일링이란 사질토 지반을 굴착 시, 굴착부와 지하수위차가 있을 경우, 수두차(水頭差)에 의하여 침투압이 생겨 흙막이벽의 근입부가 지지력을 상실하여 흙막이공의 붕괴를 초래하는 현상이다.
㉮ 지반조건 : 지반수위가 높은 사질토인 경우
㉯ 현상
　㉠ 저면에 액상화 현상(quick sand) 발생
　㉡ 굴착면과 배면토의 수두차에 의한 침투압 발생

정답　100.①　101.①　102.①　103.①　104.④

ⓒ 대책
　㉠ 주변 수위를 저하시킨다.
　㉡ 흙막이벽 근입도를 증가하여 동수구배를 저하시킨다.
　㉢ 굴착토를 즉시 원상 매립한다.
　㉣ 작업을 중지시킨다.
　㉤ 콘 및 필터를 설치한다.
　㉥ 지수벽 설치 등으로 투수거리를 길게 한다.

105 잠함 또는 우물통의 내부에서 근로자가 굴착작업을 하는 경우에 바닥으로부터 천장 또는 보까지의 높이는 최소 얼마 이상으로 하여야 하는가?

① 1.2m　　② 1.5m
③ 1.8m　　④ 2.1m

해설 잠함 또는 우물통의 급격한 침하에 의한 위험을 방지하기 위하여 준수해야 할 사항
㉮ 침하관계도에 따라 굴착방법 및 재하량 등을 정할 것
㉯ 바닥으로부터 천장 또는 보까지의 높이는 1.8m 이상으로 할 것

106 사면의 붕괴 형태의 종류에 해당되지 않는 것은?

① 사면의 측면부 파괴
② 사면선 파괴
③ 사면 내 파괴
④ 바닥면 파괴

해설 사면의 붕괴 형태
㉮ 사면선 파괴
㉯ 사면 내 파괴
㉰ 바닥면 파괴

107 항타기 또는 항발기의 권상용 와이어로프의 사용금지기준에 해당하지 않는 것은?

① 이음매가 없는 것
② 지름의 감소가 공칭지름의 7%를 초과하는 것
③ 꼬인 것
④ 열과 전기충격에 의해 손상된 것

해설 항타기·항발기의 권상용 와이어로프의 사용금지 사항
㉮ 이음매가 있는 것
㉯ 와이어로프의 한 꼬임에서 끊어진 소선의 수가 10% 이상인 것
㉰ 지름의 감소가 공칭지름의 7%를 초과하는 것
㉱ 꼬인 것
㉲ 심하게 변형되거나 부식된 것
㉳ 열과 전기충격에 의해 손상된 것

108 유해위험방지계획서를 제출해야 할 대상 공사의 조건으로 옳지 않은 것은?

① 터널 건설 등의 공사
② 최대지간길이가 50m 이상인 다리의 건설 등 공사
③ 다목적댐·발전용댐 및 저수용량 2천만톤 이상의 용수 전용댐, 지방상수도 전용댐 건설 등의 공사
④ 깊이가 5m 이상인 굴착공사

해설 건설업 중 유해위험방지계획서 제출대상 사업장
㉮ 다음의 어느 하나에 해당하는 건축물 또는 시설 등의 건설·개조 또는 해체 공사
　㉠ 지상높이가 31m 이상인 건축물 또는 인공구조물
　㉡ 연면적 3만m² 이상인 건축물
　㉢ 연면적 5천m² 이상인 시설로서 다음의 어느 하나에 해당하는 시설
　　- 문화 및 집회시설(전시장 및 동물원·식물원은 제외)
　　- 판매시설, 운수시설(고속철도의 역사 및 집배송시설은 제외)
　　- 종교시설
　　- 의료시설 중 종합병원
　　- 숙박시설 중 관광숙박시설
　　- 지하도상가
　　- 냉동·냉장 창고시설
㉯ 연면적 5천m² 이상의 냉동·냉장 창고시설의 설비공사 및 단열공사
㉰ 최대지간길이(다리의 기둥과 기둥의 중심 사이의 거리)가 50m 이상인 다리의 건설 등 공사
㉱ 터널의 건설 등 공사
㉲ 다목적댐·발전용댐 및 저수용량 2천만톤 이상의 용수 전용댐·지방상수도 전용댐 건설 등 공사
㉳ 깊이 10m 이상인 굴착공사

109 다음 중 가설통로의 설치기준으로 옳지 않은 것은?

① 추락할 위험이 있는 장소에는 안전난간을 설치할 것
② 경사가 10°를 초과하는 경우에는 미끄러지지 아니하는 구조로 할 것
③ 경사는 30° 이하로 할 것
④ 건설공사에 사용하는 높이 8m 이상인 비계다리에는 7m 이내마다 계단참을 설치할 것

해설 **가설통로의 구조**
㉮ 견고한 구조로 할 것
㉯ 경사는 30° 이하로 할 것. 다만, 계단을 설치하거나 높이 2m 미만의 가설통로로서 튼튼한 손잡이를 설치한 경우에는 그러하지 아니하다.
㉰ 경사가 15°를 초과하는 경우에는 미끄러지지 아니하는 구조로 할 것
㉱ 추락할 위험이 있는 장소에는 안전난간을 설치할 것. 다만, 작업상 부득이한 경우에는 필요한 부분만 임시로 해체할 수 있다.
㉲ 수직갱에 가설된 통로의 길이가 15m 이상인 경우에는 10m 이내마다 계단참을 설치할 것
㉳ 건설공사에 사용하는 높이 8m 이상인 비계다리에는 7m 이내마다 계단참을 설치할 것

110 거푸집 및 동바리를 조립하는 경우에 준수해야 할 사항으로 옳지 않은 것은?

① 받침목(깔목)이나 깔판의 사용, 콘크리트 타설, 말뚝박기 등 동바리의 침하를 방지하기 위한 조치를 할 것
② 개구부 상부에 동바리를 설치하는 경우에는 상부 하중을 견딜 수 있는 견고한 받침대를 설치할 것
③ 거푸집이 곡면인 경우에는 버팀대의 부착 등 그 거푸집의 부상(浮上)을 방지하기 위한 조치를 할 것
④ 동바리의 이음은 맞댄이음이나 장부이음을 피할 것

해설 **거푸집 및 동바리 조립 시의 안전조치**
㉮ 받침목이나 깔판의 사용, 콘크리트 타설, 말뚝박기 등 동바리의 침하를 방지하기 위한 조치를 할 것
㉯ 개구부 상부에 동바리를 설치하는 경우에는 상부 하중을 견딜 수 있는 견고한 받침대를 설치할 것
㉰ 동바리의 상하 고정 및 미끄러짐 방지조치를 하고, 하중의 지지상태를 유지할 것
㉱ 동바리의 이음은 맞댄이음이나 장부이음으로 하고 같은 품질의 재료를 사용할 것
㉲ 강재의 접속부 및 교차부는 볼트·클램프 등 전용 철물을 사용하여 단단히 연결할 것
㉳ 거푸집이 곡면인 경우에는 버팀대의 부착 등 그 거푸집의 부상(浮上)을 방지하기 위한 조치를 할 것

111 건설작업장에서 근로자가 상시 작업하는 장소의 작업면 조도기준으로 옳지 않은 것은? (단, 갱내 작업장과 감광재료를 취급하는 작업장의 경우는 제외한다.)

① 초정밀 작업 : 600럭스(lux) 이상
② 정밀 작업 : 300럭스(lux) 이상
③ 보통 작업 : 150럭스(lux) 이상
④ 초정밀, 정밀, 보통 작업을 제외한 기타 작업 : 75럭스(lux) 이상

해설 **작업면의 조명도(조도기준)**
㉮ 초정밀 작업 : 750lux 이상
㉯ 정밀 작업 : 300lux 이상
㉰ 보통 작업 : 150lux 이상
㉱ 기타 작업 : 75lux 이상

112 흙막이 가시설 공사 시 사용되는 각 계측기 설치목적으로 옳지 않은 것은?

① 지표침하계 – 지표면 침하량 측정
② 수위계 – 지반 내 지하수위의 변화 측정
③ 하중계 – 상부 적재하중 변화 측정
④ 지중경사계 – 지중의 수평변위량 측정

해설 ③ 하중계(load cell) : 버팀보(지주) 또는 어스앵커(earth anchor) 등의 실제 축하중 변화 상태를 측정

113 지하수위 측정에 사용되는 계측기는?

① load cell
② inclinometer
③ extensometer
④ piezometer

정답 109.② 110.④ 111.① 112.③ 113.④

해설 계측기의 종류
㉮ 수위계(water level meter) : 지반 내 지하수위 변화를 측정
㉯ 간극수압계(piezometer) : 지하수의 수압을 측정
㉰ 하중계(load cell) : 버팀보(지주) 또는 어스앵커(earth anchor) 등의 실제 축하중 변화 상태를 측정
㉱ 지중경사계(inclinometer) : 흙막이벽의 수평변위(변형) 측정
㉲ 신장계(extensometer) : 인장시험편의 평행부의 표점거리에 생긴 길이의 변화, 즉 신장을 정밀하게 측정

114 사업주가 유해위험방지계획서 제출 후 건설공사 중 6개월 이내마다 안전보건공단의 확인을 받아야 할 내용이 아닌 것은?

① 유해위험방지계획서의 내용과 실제 공사내용이 부합하는지 여부
② 유해위험방지계획서 변경내용의 적정성
③ 자율안전관리업체 유해위험방지계획서 제출·심사 면제
④ 추가적인 유해·위험 요인의 존재 여부

해설 유해위험방지계획서를 제출한 사업주는 해당 건설물·기계·기구 및 설비의 시운전 단계에서 건설공사 중 6개월마다 다음 사항에 관하여 공단의 확인을 받아야 한다.
㉮ 유해위험방지계획서의 내용과 실제 공사내용이 부합하는지 여부
㉯ 유해위험방지계획서 변경내용의 적정성
㉰ 추가적인 유해·위험 요인의 존재 여부

115 터널 등의 건설작업을 하는 경우에 낙반 등에 의하여 근로자가 위험해질 우려가 있는 경우에 필요한 직접적인 조치사항과 거리가 먼 것은?

① 터널지보공 설치   ② 부석의 제거
③ 울 설치   ④ 록볼트 설치

해설 낙반 등에 의한 위험방지
터널 등의 건설작업을 하는 경우에 낙반 등에 의하여 근로자가 위험해질 우려가 있는 경우에 터널지보공 및 록볼트의 설치, 부석(浮石)의 제거 등 위험을 방지하기 위하여 필요한 조치를 하여야 한다.

116 건설재해대책의 사면보호공법 중 식물을 생육시켜 그 뿌리로 사면의 표층토를 고정하여 빗물에 의한 침식, 동상, 이완 등을 방지하고, 녹화에 의한 경관 조성을 목적으로 시공하는 것은?

① 식생공   ② 실드공
③ 뿜어붙이기공   ④ 블록공

해설 식생공
사면·경사면상에 초목이 무성하게 자라게 함으로써 그 뿌리로 사면의 표층토를 고정하여 빗물에 의한 침식, 동상, 이완 등을 방지하고, 녹화에 의한 경관 조성을 목적으로 시공하는 것을 말한다.

117 터널 지보공을 설치한 경우에 수시로 점검하고, 이상을 발견한 경우에는 즉시 보강하거나 보수해야 할 사항이 아닌 것은?

① 부재의 긴압 정도
② 기둥 침하의 유무 및 상태
③ 부재의 접속부 및 교차부 상태
④ 부재를 구성하는 재질의 종류 확인

해설 터널 지보공 설치 시 정기적 점검사항
㉮ 부재의 손상·변형·부식·변위 탈락의 유무 및 상태
㉯ 부재의 긴압 정도
㉰ 부재의 접속부 및 교차부 상태
㉱ 기둥 침하의 유무 및 상태

118 동바리를 조립하는 경우에 준수해야 하는 기준으로 옳지 않은 것은?

① 동바리로 사용하는 파이프서포트를 이어서 사용하는 경우에는 3개 이상의 볼트 또는 전용 철물을 사용하여 이을 것
② 동바리로 사용하는 강관은 높이 2m 이내마다 수평연결재를 2개 방향으로 만들 것
③ 받침목(깔목)이나 깔판의 사용, 콘크리트 타설, 말뚝박기 등 동바리의 침하를 방지하기 위한 조치를 할 것
④ 동바리로 사용하는 파이프서포트를 3개 이상 이어서 사용하지 않도록 할 것

[해설] 동바리 조립 시의 안전조치
㉮ 받침목이나 깔판의 사용, 콘크리트 타설, 말뚝박기 등 동바리의 침하를 방지하기 위한 조치를 할 것
㉯ 개구부 상부에 동바리를 설치하는 경우에는 상부 하중을 견딜 수 있는 견고한 받침대를 설치할 것
㉰ 동바리의 상하 고정 및 미끄러짐 방지조치를 하고, 하중의 지지상태를 유지할 것
㉱ 동바리의 이음은 같은 품질의 재료를 사용할 것
㉲ 강재의 접속부 및 교차부는 볼트·클램프 등 전용 철물을 사용하여 단단히 연결할 것
㉳ 거푸집의 형상에 따른 부득이한 경우를 제외하고는 깔판이나 받침목은 2단 이상 끼우지 않도록 할 것
㉴ 동바리로 사용하는 파이프서포트의 설치기준
 ㉠ 파이프서포트를 3개 이상 이어서 사용하지 않도록 할 것
 ㉡ 파이프서포트를 이어서 사용하는 경우에는 4개 이상의 볼트 또는 전용 철물을 사용하여 이을 것
 ㉢ 높이가 3.5m를 초과하는 경우에는 높이 2m 이내마다 수평연결재를 2개 방향으로 만들고 수평연결재의 변위를 방지할 것
㉵ 동바리로 사용하는 강관[파이프서포트(pipe support)는 제외한다]에 대해서는 다음 사항을 따를 것
 ㉠ 높이 2m 이내마다 수평연결재를 2개 방향으로 만들고, 수평연결재의 변위를 방지할 것
 ㉡ 멍에 등을 상단에 올릴 경우에는 해당 상단에 강재의 단판을 붙여 멍에 등을 고정시킬 것

119 다음은 산업안전보건법령에 따른 시스템 비계의 구조에 관한 사항이다. ( ) 안에 들어갈 내용으로 옳은 것은?

> 비계 밑단의 수직재와 받침철물은 밀착되도록 설치하고, 수직재와 받침철물의 연결부의 겹침길이는 받침철물 전체 길이의 ( ) 이상이 되도록 할 것

① 2분의 1
② 3분의 1
③ 4분의 1
④ 5분의 1

[해설] 시스템 비계를 사용하여 비계를 구성하는 경우 준수사항
㉮ 수직재·수평재·가새재를 견고하게 연결하는 구조가 되도록 할 것
㉯ 비계 밑단의 수직재와 받침철물은 밀착되도록 설치하고, 수직재와 받침철물의 연결부의 겹침길이는 받침철물 전체 길이의 3분의 1 이상이 되도록 할 것
㉰ 수평재는 수직재와 직각으로 설치하여야 하며, 체결 후 흔들림이 없도록 견고하게 설치할 것
㉱ 벽 연결재의 설치 간격은 제조사가 정한 기준에 따라 설치할 것

120 하역작업 등에 의한 위험을 방지하기 위하여 준수하여야 할 사항으로 옳지 않은 것은?

① 꼬임이 끊어진 섬유로프를 화물운반용으로 사용해서는 안 된다.
② 심하게 부식된 섬유로프를 고정용으로 사용해서는 안 된다.
③ 차량 등에서 화물을 내리는 작업 시 해당 작업에 종사하는 근로자에게 쌓여 있는 화물 중간에서 화물을 빼내도록 할 경우에는 사전교육을 철저히 한다.
④ 부두 또는 안벽의 선을 따라 통로를 설치하는 경우에는 폭을 90cm 이상으로 한다.

[해설] ③ 차량 등에서 화물을 내리는 작업을 하는 경우에 해당 작업에 종사하는 근로자에게 쌓여 있는 화물 중간에서 화물을 빼내도록 해서는 아니 된다.

제4회 건설안전기사 2023
CBT 복원문제 | 2023. 9. 2. 시행

≫ 제1과목　산업안전관리론

01 다음 중 하비(Harvey)가 제시한 "안전의 3E"에 해당하지 않는 것은?

① Education　② Enforcement
③ Economy　④ Engineering

[해설] 하비(J.H. Harvey)의 안전론
안전사고를 방지하고 안전을 도모하기 위하여 3E(Three E's of safety), 즉 교육(Education), 기술(Engineering), 독려(Enforcement)의 조치가 균형을 이루어야 한다고 주장했다.

02 안전관리의 수준을 평가하는데는 사고가 일어나는 시점을 전후하여 평가를 한다. 다음 중 사고가 일어나기 전의 수준을 평가하는 사전평가 활동은?

① 재해율 통계
② 안전활동률 관리
③ 재해손실비용 산정
④ Safe-T-Score 산정

[해설] 안전활동률 관리는 사전평가 활동으로 안전활동 건수에는 안전개선 권고수, 불안전한 행동 적발수, 안전회의 건수, 안전홍보 건수 등이 포함된다. ①, ③, ④ 재해율 통계, 재해손실비용 산정, Safe-T-Score 산정은 사후평가 활동에 속한다.

03 A사업장의 연간 근로시간수가 950,000시간이고, 이 기간 중에 발생한 재해건수가 12건, 근로손실일수가 203일이었을 때 이 사업장의 도수율은 약 얼마인가?

① 0.21　② 12.63
③ 59.11　④ 213.68

[해설]
$$도수율 = \frac{재해건수}{연근로시간수} \times 10^6$$
$$= \frac{12}{950,000} \times 10^6 = 12.63$$

04 어느 사업장에서 해당 연도에 600건의 무상해 사고가 발생하였다. 하인리히의 재해발생 비율 법칙에 의한다면 경상해의 발생건수는 몇 건이 되겠는가?

① 29　② 58
③ 300　④ 330

[해설] 하인리히의 1 : 29 : 300의 원칙에서 1(사망 또는 중상), 29(경상), 300(무상해 사고)이다.
600건의 무상해 사고가 발생하였다면 경상해는 2×29=58건이 발생한다.

05 다음 중 재해 예방의 4원칙에 해당하지 않는 것은?

① 손실 필연의 원칙
② 원인 계기의 원칙
③ 예방 가능의 원칙
④ 대책 선정의 원칙

[해설] 재해 예방의 4원칙
㉮ 손실 우연의 원칙
㉯ 원인 계기의 원칙
㉰ 예방 가능의 원칙
㉱ 대책 선정의 원칙

06 안전관리는 PDCA 사이클 4단계를 거쳐 지속적인 관리를 수행하여야 하는데, 다음 중 PDCA 사이클의 4단계를 잘못 나타낸 것은?

① P : Plan　② D : Do
③ C : Check　④ A : Analysis

01.③　02.②　03.②　04.②　05.①　06.④　**정답**

해설 안전관리 사이클(PDCA)
㉮ Plan(계획) : 목표를 정하고 달성하는 방법을 계획한다.
㉯ Do(실시) : 교육, 훈련을 하고 실행에 옮긴다.
㉰ Check(검토) : 결과를 검토한다.
㉱ Action(조치) : 검토한 결과에 의해 조치를 취한다.

07 재해사례연구의 진행단계로 옳은 것은?

① 재해상황의 파악 → 사실의 확인 → 문제점 발견 → 근본적 문제점 결정 → 대책 수립
② 사실의 확인 → 재해상황의 파악 → 근본적 문제점 결정 → 문제점 발견 → 대책 수립
③ 문제점 발견 → 사실의 확인 → 재해상황의 파악 → 근본적 문제점 결정 → 대책 수립
④ 재해상황의 파악 → 문제점 발견 → 근본적 문제점 결정 → 대책 수립 → 사실의 확인

해설 재해사례연구의 진행단계
㉮ 전제조건 – 재해상황의 파악 : 재해사례를 관계하여 그 사고와 배경을 다음과 같이 체계적으로 파악한다.
㉯ 제1단계 – 사실의 확인 : 작업의 개시에서 재해의 발생까지의 경과 가운데 재해와 관계가 있는 사실 및 재해요인으로 알려진 사실을 객관적이며 정확성 있게 확인한다.
㉰ 제2단계 – 문제점의 발견 : 파악된 사실로부터 판단하여 각종 기준에서 차이의 문제점을 발견한다.
㉱ 제3단계 – 근본적 문제의 결정 : 문제점 가운데 재해의 중심이 된 근본적 문제점을 결정한 다음 재해원인을 결정한다.
㉲ 제4단계 – 대책 수립 : 재해요인을 규명하여 분석하고 그에 대한 대책을 세운다.

08 재해의 통계적 원인분석방법 중 다음에서 설명하는 것은?

> 2개 이상의 문제 관계를 분석하는 데 사용하는 것으로, 데이터를 집계하고 표로 표시하여 요인별 결과 내역을 교차한 그림을 작성·분석하는 방법

① 파레토도(pareto diagram)
② 특성요인도(cause and effect diagram)
③ 관리도(control diagram)
④ 클로즈도(close diagram)

해설 통계적 원인분석방법의 종류
㉮ 파레토도 : 사고의 유형, 기인물 등 분류항목을 큰 순서대로 도표화하여 분석하는 방법이다.
㉯ 특성요인도 : 특성과 요인을 도표로 하여 어골상(魚骨狀)으로 세분화한다.
㉰ 클로즈 분석 : 2개 이상의 문제 관계를 분석하는 데 사용한다.
㉱ 관리도 : 재해발생 건수 등의 추이를 파악하고 목표관리를 행하는 데 필요한 월별 재해발생수를 그래프화하여 관리선을 설정·관리하는 방법이다.

09 시설물의 안전 및 유지관리에 관한 특별법상 국토교통부장관은 시설물이 안전하게 유지관리될 수 있도록 하기 위하여 몇 년마다 시설물의 안전 및 유지관리에 관한 기본계획을 수립·시행하여야 하는가?

① 1년   ② 2년
③ 3년   ④ 5년

해설 시설물의 안전 및 유지관리에 관한 특별법상 국토교통부장관은 시설물이 안전하게 유지관리될 수 있도록 하기 위하여 5년마다 시설물의 안전 및 유지관리에 관한 기본계획을 수립·시행하여야 한다.

10 건설기술진흥법령상 건설사고조사위원회는 위원장 1명을 포함한 몇 명 이내의 위원으로 구성하는가?

① 12명   ② 11명
③ 10명   ④ 9명

해설 건설사고조사위원회
㉮ 건설사고조사위원회는 위원장 1명을 포함한 12명 이내의 위원으로 구성한다.
㉯ 건설사고조사위원회의 위원은 다음의 어느 하나에 해당하는 사람 중에서 해당 건설사고 조사위원회를 구성·운영하는 국토교통부장관, 발주청 또는 인·허가기관의 장이 임명하거나 위촉한다.

정답 07.① 08.④ 09.④ 10.①

㉠ 건설공사 업무와 관련된 공무원
㉡ 건설공사 업무와 관련된 단체 및 연구기관 등의 임직원
㉢ 건설공사 업무에 관한 학식과 경험이 풍부한 사람

11 연평균 상시근로자수가 500명인 사업장에서 36건의 재해가 발생한 경우 근로자 한 사람이 이 사업장에서 평생 근무할 경우 근로자에게 발생할 수 있는 재해는 몇 건으로 추정되는가? (단, 근로자는 평생 40년을 근무하며, 평생 잔업시간은 4,000시간이고, 1일 8시간씩 연간 300일을 근무한다.)

① 2건
② 3건
③ 4건
④ 5건

해설 평생 근로 시 재해 추정 건수는 환산도수율로 구한다.

$$환산도수율 = \frac{재해건수}{연근로시간수} \times 평생근로시간수$$
$$= \frac{36}{500 \times 8 \times 300} \times 100,000 = 3건$$

12 재해손실비용 중 직접손실비용이 아닌 것은?

① 요양급여
② 장해급여
③ 상병보상연금
④ 생산중단 손실비용

해설 하인리히(H.W. Heinrich) 방식
총 재해 코스트(cost) = 직접비 + 간접비
(직접비 : 간접비 = 1 : 4)
㉮ 직접비 : 법령으로 정한 피해자에게 지급되는 산재보상비
  ㉠ 휴업급여 : 평균임금의 100분의 70에 상당하는 금액
  ㉡ 장해급여 : 신체장해가 남은 경우에 장해 등급에 의한 금액
  ㉢ 요양급여 : 요양비 전액
  ㉣ 장례비 : 평균임금의 120일분에 상당하는 금액
  ㉤ 유족급여 : 평균임금의 1,300일분에 상당하는 금액
  ㉥ 장해특별보상비, 유족특별보상비, 상병보상연금, 직업재활급여
㉯ 간접비 : 재산손실 및 생산중단 등으로 기업이 입은 손실
  ㉠ 인적 손실 : 본인 및 제3자에 관한 것을 포함한 시간손실
  ㉡ 물적 손실 : 기계·공구·재료·시설의 보수에 소비된 시간손실 및 재산손실
  ㉢ 생산 손실 : 생산감소, 생산중단, 판매감소 등에 의한 손실
  ㉣ 특수 손실 : 근로자의 신규채용, 교육훈련비, 섭외비 등에 의한 손실
  ㉤ 기타 손실 : 병상 위문금, 여비 및 통신비, 입원 중의 잡비 등

13 재해의 원인 중 물적 원인(불안전한 상태)에 해당하지 않는 것은?

① 보호구 미착용
② 방호장치의 결함
③ 조명 및 환기 불량
④ 불량한 정리정돈

해설 불안전한 행동과 상태
㉮ 불안전한 행동(인적 원인) : 직접적으로 사고를 일으키는 원인이 된다.
  ㉠ 권한 없이 행한 조작
  ㉡ 불안전한 속도조작 및 위험경고 없이 조작
  ㉢ 안전장치를 고장내거나 기능 제거
  ㉣ 결함 있는 장비·물자·공구·차량 등의 운전이나 시설의 불안전한 사용
  ㉤ 보호구 미착용 및 위험한 장소에서 작업
  ㉥ 필요 장비를 사용하지 않거나 불안전한 기구를 대신 사용
  ㉦ 불안전한 적재·배치·결합 또는 정리정돈 미실시
  ㉧ 불안전한 인양 및 운반
  ㉨ 불안전한 자세 및 위치
  ㉩ 당황·놀람·잡담·장난 등
㉯ 불안전한 상태(물적 원인) : 사고발생의 직접적인 원인이 되는 경우로, 기계적·물리적인 위험요소를 말한다.
  ㉠ 방호(guard) 미비, 불안전한 방호장치(부적절한 설치)
  ㉡ 결함 있는 기계설비 및 장비
  ㉢ 불안전한 설계, 위험한 배열 및 공정
  ㉣ 부적절한 조명·환기·복장·보호구 등
  ㉤ 불량한 정리정돈
  ㉥ 불량상태(미끄러움, 날카로움, 거칠음, 깨짐, 부식 등)

14 각 계층의 관리감독자들이 숙련된 안전관찰을 행할 수 있도록 훈련을 실시함으로써 사고의 발생을 미연에 방지하여 안전을 확보하는 안전관찰 훈련기법은?

① THP 기법
② TBM 기법
③ STOP 기법
④ TD-BU 기법

해설 STOP(Safety Training Observation Program)
안전관찰 조치기법으로 각 계층의 관리감독자들이 숙련된 안전관찰을 행할 수 있도록 훈련을 실시함으로써 사고의 발생을 미연에 방지하여 안전을 확보하는 기법인 STOP 기법의 5단계 안전 사이클은 '결심 - 정지 - 관찰 - 조치 - 보고'이다.

15 아파트 신축 건설현장에 산업안전보건법령에 따른 안전보건표지를 설치하려고 한다. 용도에 따른 표지의 종류를 올바르게 연결한 것은?

① 금연 - 지시표지
② 비상구 - 안내표지
③ 고압전기 - 금지표지
④ 안전모 착용 - 경고표지

해설 ① 금연 - 금지표지
② 비상구 - 안내표지
③ 고압전기 - 경고표지
④ 안전모 착용 - 지시표지

16 산업안전보건법령상 금지표지에 속하는 것은 어느 것인가?

①  ②

③  ④

해설 ① : 산화성물질 경고
② : 안전복 착용
③ : 급성독성물질 경고
④ : 탑승 금지

17 재해의 통계적 원인분석방법 중 사고의 유형, 기인물 등 분류항목을 큰 순서대로 도표화한 것은?

① 관리도 ② 파레토도
③ 클로즈도 ④ 특성요인도

해설 통계적 원인분석방법의 종류
㉮ 파레토도 : 사고의 유형, 기인물 등 분류항목을 큰 순서대로 도표화하여 분석하는 방법이다.
㉯ 특성요인도 : 특성과 요인을 도표로 하여 어골상(魚骨狀)으로 세분화한다.
㉰ 클로즈 분석 : 2개 이상의 문제 관계를 분석하는 데 사용한다.
㉱ 관리도 : 재해발생건수 등의 추이를 파악하고 목표관리를 행하는 데 필요한 월별 재해발생수를 그래프화하여 관리선을 설정·관리하는 방법이다.

18 A사업장의 도수율이 18.9일 때 연천인율은 얼마인가?

① 4.53 ② 9.46
③ 37.86 ④ 45.36

해설 연천인율=도수율×2.4=18.9×2.4=45.36

19 작업자가 기계 등의 취급을 잘못해도 사고가 발생하지 않도록 방지하는 기능은?

① back up 기능 ② fail safe 기능
③ 다중계화 기능 ④ fool proof 기능

해설 풀프루프와 페일세이프
㉮ 풀프루프 : 사람이 기계·설비 등의 취급을 잘못해도 그것이 바로 사고나 재해와 연결되지 않도록 하는 기능으로, 사람이 착오나 미스 등으로 발생되는 휴먼에러(human error)를 방지하기 위한 것이다.
㉯ 페일세이프 : 기계나 그 부품에 고장이 생기거나 기능이 불량할 때도 안전하게 작동되는 구조 또는 기능이다.
  ㉠ 페일세이프 기능면 3단계
    - fail passive : 부품이 고장나면 기계가 정지하는 방향으로 이동
    - fail active : 부품이 고장나면 경보가 울리며 잠시 계속 운전이 가능
    - fail operational : 부품이 고장나도 추후에 보수가 될 때까지 안전기능 유지

ⓒ 구조적 페일세이프의 종류
- 저균열 속도 구조
- 조합구조(분할구조)
- 다경로 하중구조
- 이중구조(떠받는 구조)
- 하중 경감 구조

20 다음 중 산업안전보건법령상 안전보건표지의 용도가 금지일 경우 사용되는 색채로 옳은 것은?

① 흰색
② 녹색
③ 빨간색
④ 노란색

해설 안전보건표지의 색도기준 및 용도

색 채	색도기준	용도	사용 예
빨간색	7.5R 4/14	금지	정지신호, 소화설비 및 그 장소, 유해행위의 금지
		경고	화학물질 취급장소에서의 유해·위험 경고
노란색	5Y 8.5/12	경고	화학물질 취급장소에서의 유해·위험 경고 이외의 위험경고, 주의표지 또는 기계방호물
파란색	2.5PB 4/10	지시	특정 행위의 지시 및 사실의 고지
녹색	2.5G 4/10	안내	비상구 및 피난소, 사람 또는 차량의 통행표지
흰색	N9.5	–	파란색 또는 녹색에 대한 보조색
검은색	N0.5	–	문자 및 빨간색 또는 노란색에 대한 보조색

》제2과목   산업심리 및 교육

21 학습 정도(level of learning)란 주제를 학습시킬 범위와 내용의 정도를 뜻한다. 다음 중 학습 정도의 4단계에 포함되지 않는 것은?

① 인지(to recognize)
② 이해(to understand)
③ 회상(to recall)
④ 적용(to apply)

해설 학습 정도(level of learning)의 4단계
㉮ 인지(to acquaint) : ~을 인지해야 한다.
㉯ 지각(to know) : ~을 알아야 한다.
㉰ 이해(to understand) : ~을 이해해야 한다.
㉱ 적용(to apply) : ~을 ~에 적용할 줄 알아야 한다.

22 다음 중 피로의 현상으로 볼 수 없는 것은?

① 주관적 피로
② 중추신경의 피로
③ 반사운동신경 피로
④ 근육 피로

해설 정신적 피로와 육체적 피로
㉮ 정신적 피로 : 작업태도, 자세, 사고활동 등의 변화로 정신적 긴장에 의해서 일어나는 중추신경계의 피로를 말한다.
㉯ 육체적 피로 : 감각기능, 순환기 기능, 반사운동기능, 대사기능 등의 변화로 육체적으로 근육에서 일어나는 피로를 말한다(신체 피로).

23 다음 중 피로의 측정법이 아닌 것은?

① 심리학적 방법
② 물리학적 방법
③ 생화학적 방법
④ 자각적 방법과 타각적 방법

해설 피로 측정법
㉮ 생리학적 방법
  ⊙ 근전도(Electromyogram ; EMG) : 근육활동 전위차의 기록
  ⓒ 뇌전도(Electroneurogram ; ENG) : 신경활동 전위차의 기록
  ⓒ 심전도(Electrocardiogram ; ECG) : 심장근 활동 전위차의 기록
  ⓔ 안전도(Electrooculogram ; EOG) : 안구 운동 전위차의 기록
  ⓜ 산소 소비량 및 에너지 대사율(Relative Metabolic Rate ; RMR)
  ⓗ 피부전기반사(Galvanic Skin Reflex ; GSR)
  ⓢ 프릿가값(융합 점멸 주파수) : 정신적 부담이 대뇌피질의 피로 수준에 미치고 있는 영향을 측정하는 방법
㉯ 화학적 방법 : 혈색소 농도, 혈액 수준, 혈단백, 응혈시간, 혈액, 요전해질, 요단백, 요교질 배설량 등
㉰ 심리학적 방법 : 피부(전위) 저장, 동작 분석, 연속반응시간, 행동 기록, 정신작업, 전신자각 증상, 집중 유지 기능 등

24 다음 중 생체리듬에 관한 설명으로 틀린 것은?

① 각각의 리듬이 (−)로 최대인 점이 위험일이다.
② 감성적 리듬은 "S"로 나타내며, 28일을 주기로 반복된다.
③ 지성적 리듬은 "I"로 나타내며, 33일을 주기로 반복된다.
④ 육체적 리듬은 "P"로 나타내며, 23일을 주기로 반복된다.

해설 ㉮ 생체리듬의 종류 및 특징
  ㉠ 육체적 리듬(Physical rhythm) : 육체적 리듬의 주기는 23일이다. 신체활동에 관계되는 요소는 식욕, 소화력, 활동력, 스테미너 및 지구력 등이다.
  ㉡ 지성적 리듬(Intellectual rhythm) : 지성적 리듬의 주기는 33일이다. 지성적 리듬에 관계되는 요소는 상상력, 사고력, 기억력, 의지, 판단 및 비판력 등이다.
  ㉢ 감성적 리듬(Sensitivity rhythm) : 감성적 리듬의 주기는 28일이다. 감성적 리듬에 관계되는 요소는 주의력, 창조력, 예감 및 통찰력 등이다.
㉯ 위험일(critical day)
  ㉠ P.S.I 3개의 서로 다른 리듬은 안정기[positive phase(+)]와 불안정기[negative phase(−)]를 교대로 반복하여 사인(sine) 곡선을 그려 나가는데, (+)리듬에서 (−)리듬으로, 또는 (−)리듬에서 (+)리듬으로 변화하는 점을 '영(zero)' 또는 '위험일'이라고 하며, 이런 위험일은 한 달에 6일 정도 일어난다.
  ㉡ '바이오 리듬'에 있어서 위험일(critical day)에는 평소보다 뇌졸중이 5.4배, 심장질환의 발작이 5.1배, 그리고 자살은 무려 6.8배나 더 많이 발생한다고 한다.

25 다음 중 기술 교육(교시법)의 4단계를 올바르게 나열한 것은?

① Preparation → Presentation → Performance → Follow up
② Presentation → Preparation → Performance → Follow up
③ Performance → Follow up → Presentation → Preparation
④ Performance → Preparation → Follow up → Presentation

해설 교시법의 4단계
㉮ 제1단계 : 준비단계(preparation)
㉯ 제2단계 : 일을 하여 보이는 단계(presentation)
㉰ 제3단계 : 일을 시켜 보이는 단계(performance)
㉱ 제4단계 : 보습 지도의 단계(follow-up)

26 다음 중 교육지도방법에 있어 프로그램 학습과 거리가 먼 것은?

① Skinner의 조작적 조건현상 원리에 의해 개발된 것으로 자율적 학습이 특징이다.
② 학습내용 습득 여부를 즉각적으로 피드백 받을 수 있다.
③ 교재 개발에 많은 시간과 노력이 드는 것이 단점이다.
④ 개별 학습이므로 훈련시간이 최대한으로 지연된다는 것이 최대 단점이다.

해설 프로그램 학습법
수업 프로그램이 프로그램 학습의 원리에 의해서 만들어지고 학생의 자기 학습속도에 따른 학습이 허용되어 있는 상태에서 학습자가 프로그램 자료를 가지고 단독으로 학습하도록 하는 교육방법이다.
㉮ 장점
  ㉠ 학습자의 학습과정을 쉽게 알 수 있다.
  ㉡ 지능, 학습속도 등 개인차를 충분히 고려할 수 있다.
  ㉢ 매 반응마다 피드백이 주어지기 때문에 학습자가 흥미를 가질 수 있다.
㉯ 단점
  ㉠ 개발된 프로그램은 변경이 불가능하다.
  ㉡ 교육내용이 고정화되어 있다.
  ㉢ 학습에 많은 시간이 걸린다.
  ㉣ 집단 사고의 기회가 없다.

27 리더십을 결정하는 주요한 3가지 요소와 가장 거리가 먼 것은?

① 부하의 특성과 행동
② 리더의 특성과 행동
③ 집단과 집단 간의 관계
④ 리더십이 발생하는 상황의 특성

해설 리더십을 결정하는 3가지 요소
㉮ 부하의 특성과 행동
㉯ 리더의 특성과 행동
㉰ 리더십이 발생하는 상황의 특성

정답 24.① 25.① 26.④ 27.③

28 허츠버그(Herzberg)의 욕구이론 중 위생요인이 아닌 것은?

① 임금　　　② 승진
③ 존경　　　④ 지위

해설 허츠버그(Herzberg)의 위생요인 및 동기요인
㉮ 위생요인 : 직무환경에 관계된 내용으로 기업정책, 개인 상호간의 관계(친교, 대인관계), 감독형태, 작업조건, 임금(급료), 보수지위, 안전 등이 있다.
㉯ 동기요인 : 직무내용(일의 내용)에 관한 것으로 목표달성에 대한 성취감, 안정감, 도전감, 책임감, 성장과 발전, 작업자체 등이 있다(자아실현을 하려는 인간의 독특한 경향 반영).

29 학습목적의 3요소가 아닌 것은?

① 목표　　　② 학습성과
③ 주제　　　④ 학습정도

해설 학습목적의 3요소
반드시 명확하고 간결해야 하며, 수강자들의 지식·경험·능력·배경·요구·태도 등에 유의해야 하고 한정된 시간 내에 강의를 끝낼 수 있도록 작성해야 한다.
㉮ 목표(goal) : 학습목적의 핵심으로 학습을 통하여 달성하려는 지표를 말한다.
㉯ 주제(subject) : 목표달성을 위한 테마(theme)를 의미한다.
㉰ 학습정도(level of learning) : 학습범위와 내용의 정도를 말하며, 다음과 같은 단계에 의해 이루어진다.
　㉠ 인지(to acquaint) : ~을 인지해야 한다.
　㉡ 지각(to know) : ~을 알아야 한다.
　㉢ 이해(to understand) : ~을 이해해야 한다.
　㉣ 적용(to apply) : ~을 ~에 적용할 줄 알아야 한다.

30 교육심리학에 있어 일반적으로 기억과정의 순서를 나열한 것으로 맞는 것은?

① 파지 → 재생 → 재인 → 기명
② 파지 → 재생 → 기명 → 재인
③ 기명 → 파지 → 재생 → 재인
④ 기명 → 파지 → 재인 → 재생

해설 기억은 과거의 경험이 어떠한 형태로 미래의 행동에 영향을 주는 작용으로, '기명 → 파지 → 재생 → 재인'의 단계를 거쳐서 기억이 되는 것이며, 도중에 재생이나 재인이 안 될 경우는 곧 망각되었다는 것을 의미한다.

31 리더십의 유형을 지휘형태에 따라 구분할 때, 해당하지 않는 것은?

① 권위적 리더십　　② 민주적 리더십
③ 방임적 리더십　　④ 경쟁적 리더십

해설 지휘형태에 의한 리더십의 분류
㉮ 권위형 : 지도자가 집단의 모든 권한행사를 단독적으로 처리한다.
㉯ 민주형 : 집단의 토론이나 회의 등에 의해 정책을 결정한다.
㉰ 자유방임형 : 집단에 대하여 전혀 리더십을 발휘하지 않고 명목상의 리더 자리만을 지키는 유형으로, 지도자가 집단 구성원에게 완전히 자유를 주는 경우이다.

32 부주의가 발생하는 경우에 있어 자동차를 운전할 때 신호가 바뀌기 전에 신호가 바뀔 것을 예상하고 자동차를 출발시키는 행동과 관련된 것은?

① 억측판단　　② 근도반응
③ 착시현상　　④ 의식의 우회

해설 억측판단
㉮ 정의 : 자기 멋대로 주관적인 판단이나 희망적 관찰에 의거하여 아마 이 정도면 될 것이라고 확인도 하지 않고 행동에 옮기는 경우이다.
㉯ 억측판단이 발생하는 배경
　㉠ 희망적인 관측 : 그때도 그랬으니까 괜찮겠지 하는 관측
　㉡ 정보나 지식의 불확실 : 위험에 대한 정보의 불확실 및 지식의 부족
　㉢ 과거의 선입견 : 과거에 그 행위로 성공한 경험의 선입관
　㉣ 초조한 심정 : 일을 빨리 끝내고 싶은 초조한 심정
㉰ 대책 : 항상 바른 작업을 하도록 노력해야 한다.

33 조직 구성원의 태도는 조직성과와 밀접한 관계가 있다. 태도(attitude)의 3가지 구성요소에 포함되지 않는 것은?

① 인지적 요소　　② 정서적 요소
③ 행동경향 요소　④ 성격적 요소

해설 태도의 3가지 구성요소
㉮ 인지적 요소
㉯ 정서적 요소
㉰ 행동경향 요소

34 그림과 같이 수직 평행인 세로의 선들이 평행하지 않은 것으로 보이는 착시현상에 해당하는 것은?

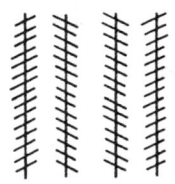

① 죌러(Zöller)의 착시
② 쾰러(Köhler)의 착시
③ 헤링(Hering)의 착시
④ 포겐도르프(Poggendorf)의 착시

해설 ① Zöller의 착시(방향착오)

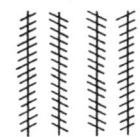

세로의 선이 수직선인데 굽어 보인다.
② Köhler의 착시(윤곽착오)

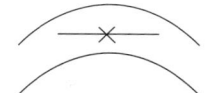

우선 평행의 호(弧)를 보고, 이어 직선을 본 경우에는 직선은 호와 반대 방향에 보인다.
③ Hering의 착시(분할착오)

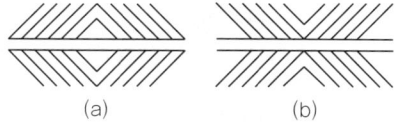

두 개의 평행선이 (a)는 양단이 벌어져 보이고, (b)는 중앙이 벌어져 보인다.
④ Poggendorf의 착시(위치착오)

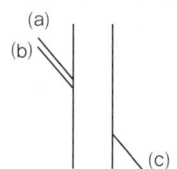

(b)와 (c)가 실제 일직선상에 있으나 (a)와 (c)가 일직선으로 보인다.

35 조직에 의한 스트레스 요인으로, 역할 수행자에 대한 요구가 개인의 능력을 초과하거나, 주어진 시간과 능력이 허용하는 것 이상을 달성하도록 요구받고 있다고 느끼는 상황을 무엇이라 하는가?

① 역할 갈등　　② 역할 과부하
③ 업무수행 평가　　④ 역할 모호성

해설 조직에 의한 스트레스 요인
㉮ 역할 갈등 : 조직에 있어서 한 개인에게 모순되는 역할이 주어졌을 경우 그는 이들을 동시에 수행할 수 없기 때문에 과중한 심리적 부담을 느끼게 되는 것을 말한다.
㉯ 역할 과부하 : 역할 수행자에 대한 요구가 개인의 능력을 초과하거나, 주어진 시간과 능력이 허용하는 것 이상을 달성하도록 요구받고 있다고 느끼는 상황을 말한다.
㉰ 업무수행 평가 : 업무평가의 불공정성으로 과중한 심리적 부담을 느끼게 되는 것을 말한다.
㉱ 역할 모호성 : 개인이 역할을 어떻게 수행하여야 하느냐에 대하여 충분한 정보가 주어지지 않을 때, 역할에 대하여 타인이 기대하는 바와 본인이 생각하는 바가 다를 때, 그리고 타인이 기대를 한다고 해도 실제 그것을 어떻게 해야 할 지 모르는 경우를 말한다.

36 집단이 가지는 효과로 두 개 이상의 서로 다른 개체가 힘을 합쳐 둘이 지닌 힘 이상의 효과를 내는 현상은?

① 시너지 효과
② 동조 효과
③ 응집성 효과
④ 자생적 효과

해설 집단의 효과
㉮ 시너지(synergy) 효과 : 협력작용(協力作用) 혹은 상승효과(相乘效果)라고도 하며 일반적으로 두 개 이상의 것이 하나가 되어, 독립적으로만 얻을 수 있는 것 이상의 결과를 내는 작용이다.
㉯ 동조 효과 : 다른 사람의 주장이나 행동에 자신의 의견을 일치시키거나 편승하는 심리를 내는 작용이다.
㉰ 응집성 효과 : 구성원들이 집단에 남아 있으려 희망하고 집단에 몰입하려는 강도를 내는 작용이다.

37 인간의 착각현상 가운데 암실 내에서 하나의 광점을 보고 있으면 그 광점이 움직이는 것처럼 보이는 것을 자동운동이라 하는데, 다음 중 자동운동이 생기기 쉬운 조건이 아닌 것은?

① 광점이 작을 것
② 대상이 단순할 것
③ 광의 강도가 클 것
④ 시야의 다른 부분이 어두울 것

해설 운동의 시지각(착각현상)
㉮ 자동운동 : 암실 내에서 정지된 소광점을 응시하고 있으면 그 광점의 움직임을 볼 수 있는데, 이를 '자동운동'이라고 한다. 자동운동이 생기기 쉬운 조건은 다음과 같다.
  ㉠ 광점이 작을 것
  ㉡ 시야의 다른 부분이 어두울 것
  ㉢ 광의 강도가 작을 것
  ㉣ 대상이 단순할 것
㉯ 유도운동 : 실제로는 움직이지 않는 것이 어느 기준의 이동에 유도되어 움직이는 것처럼 느껴지는 현상을 말한다.
㉰ 가현운동(β운동) : 객관적으로 정지하고 있는 대상물이 급속히 나타나거나 소멸하는 것으로 인하여 일어나는 운동으로, 마치 대상물이 운동하는 것처럼 인식되는 현상을 말한다(영화 영상의 방법).

38 다음 중 교육지도의 원칙과 가장 거리가 먼 것은?

① 반복적인 교육을 실시한다.
② 학습자에게 동기부여를 한다.
③ 쉬운 것부터 어려운 것으로 실시한다.
④ 한 번에 여러 가지의 내용을 실시한다.

해설 교육지도의 원칙
㉮ 피교육자 중심교육(상대방 입장에서 교육)
㉯ 동기부여
㉰ 쉬운 부분에서 어려운 부분으로 진행
㉱ 반복
㉲ 한 번에 하나씩 교육
㉳ 인상의 강화
㉴ 5관의 활용
㉵ 기능적인 이해
㉶ 과거부터 현재, 미래의 순서로 실시
㉷ 많이 사용하는 것에서 적게 사용하는 순서로 실시

39 안전보건교육의 단계별 교육 중 태도교육의 내용과 가장 거리가 먼 것은?

① 작업동작 및 표준작업방법의 습관화
② 안전장치 및 장비 사용능력의 빠른 습득
③ 공구·보호구 등의 관리 및 취급태도의 확립
④ 작업지시·전달·확인 등의 언어·태도의 정확화 및 습관화

해설 태도교육의 내용
㉮ 작업동작 및 표준작업방법의 습관화
㉯ 공구·보호구 등의 관리 및 취급태도의 확립
㉰ 작업 전후 점검 및 검사요령의 정확화 및 습관화
㉱ 작업지시·전달·확인 등의 언어·태도의 정확화 및 습관화

40 안전태도교육 기본과정을 순서대로 나열한 것은?

① 청취 → 모범 → 이해 → 평가 → 장려·처벌
② 청취 → 평가 → 이해 → 모범 → 장려·처벌
③ 청취 → 이해 → 모범 → 평가 → 장려·처벌
④ 청취 → 평가 → 모범 → 이해 → 장려·처벌

해설 안전태도교육의 기본과정
㉮ 청취(들어보기)한다.
㉯ 이해한다.
㉰ 모범(시범)을 보인다.
㉱ 평가한다.
㉲ 장려·처벌한다.

제3과목 인간공학 및 시스템 안전공학

41 인간의 반응시간을 조사하는 실험에서 0.1, 0.2, 0.3, 0.4의 전등 확률을 갖는 4개의 전등이 있다. 이 자극 전등이 전달하는 정보량은 약 얼마인가?

① 2.42bit
② 2.16bit
③ 1.85bit
④ 1.53bit

해설

$$A = \frac{\log\left(\frac{1}{0.1}\right)}{\log 2} = 3.32, \quad B = \frac{\log\left(\frac{1}{0.2}\right)}{\log 2} = 2.32$$

$$C = \frac{\log\left(\frac{1}{0.3}\right)}{\log 2} = 1.74, \quad D = \frac{\log\left(\frac{1}{0.4}\right)}{\log 2} = 1.32$$

정보량 = $(0.1 \times A) + (0.2 \times B) + (0.3 \times C) + (0.4 \times D)$
= $(0.1 \times 3.32) + (0.2 \times 2.32) + (0.3 \times 1.74)$
  $+ (0.4 \times 1.32)$
= 1.846 ≒ 1.85 bit

42 다음 중 FT도에서 사용하는 논리기호에 있어 주어진 시스템의 기본사상을 나타낸 것은?

① 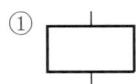   ②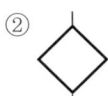

③   ④

해설
① : 결함사상
② : 이하 생략
③ : 기본사상
④ : 전이기호

43 다음 중 인식과 자극의 정보처리 과정에서 3단계에 속하지 않는 것은?

① 인지단계
② 반응단계
③ 행동단계
④ 인식단계

해설 인식과 자극의 정보처리 과정 3단계
㉮ 1단계 : 인지단계
㉯ 2단계 : 인식단계
㉰ 3단계 : 행동단계

44 다음 중 일반적으로 보통 기계작업이나 편지 고르기에 가장 적합한 조명수준은?

① 30fc   ② 100fc
③ 300fc   ④ 500fc

해설 추천 조명수준

작업조건	foot-candle	특정한 임무
높은 정확도를 요구하는 세밀한 작업	1,000	수술대, 아주 세밀한 조립작업
	500	아주 힘든 검사작업
	300	세밀한 조립작업
오랜 시간 계속하는 세밀한 작업	200	힘든 끝손질 및 검사작업, 세밀한 제도, 치과작업, 세밀한 기계 조작
	150	초벌제도, 사무기기 조작
오랜 시간 계속하는 천천히 하는 작업	100	보통 기계작업, 편지 고르기
	70	공부, 바느질, 독서, 타자, 칠판에 쓴 글씨 읽기
	50	스케치, 상품 포장
정상작업	30	드릴, 리벳, 줄질 및 변소
	20	초벌 기계작업, 계단, 복도
	10	출하, 입하작업, 강당
자세히 보지 않아도 되는 작업	5	창고, 극장 복도

45 어떠한 신호가 전달하려는 내용과 연관성이 있어야 하는 것으로 정의되며, 예로써 위험신호는 빨간색, 주의신호는 노란색, 안전신호는 파란색으로 표시하는 것은 다음 중 어떠한 양립성(compatibility)에 해당하는가?

① 공간 양립성
② 개념 양립성
③ 동작 양립성
④ 형식 양립성

해설 양립성(compatibility)
자극들 간, 반응 간, 자극-반응 조합의 공간, 운동 혹은 개념적 관계가 인간의 기대와 모순되지 않는 것
㉮ 공간적(spatial) 양립성 : 어떤 사물들의 물리적 형태나 공간적인 배치의 양립성
㉯ 운동(movement) 양립성 : 표시장치, 조종장치, 체계 반응의 운동방향 양립성
㉰ 개념적(conceptual) 양립성 : 암호체계에 있어서 사람들이 가지고 있는 개념적 연상의 양립성

정답 42.③ 43.② 44.② 45.②

46 다음 중 Weber의 법칙에 관한 설명으로 틀린 것은?

① Weber비는 분별의 질을 나타낸다.
② Weber비가 작을수록 분별력은 낮아진다.
③ 변화감지역(JND)이 작을수록 그 자극 차원의 변화를 쉽게 검출할 수 있다.
④ 변화감지역(JND)은 사람이 50%를 검출할 수 있는 자극 차원의 최소 변화이다.

해설 Weber의 법칙
특정 감각의 변화감지역(ΔL)은 사용되는 표준자극(I)에 비례한다.
$$\frac{\Delta L}{I} = \text{const}(일정)$$
※ Weber비가 작을수록 인간의 분별력은 좋아진다.

47 다음의 그림과 같이 FTA로 분석된 시스템에서 현재 모든 기본사상에 대한 부품이 고장난 상태이다. 부품 X_1부터 부품 X_5까지 순서대로 복구한다면 어느 부품을 수리 완료하는 순간부터 시스템은 정상가동이 되겠는가?

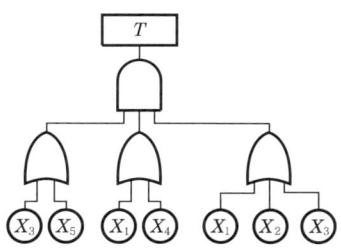

① X_1
② X_2
③ X_3
④ X_4

해설 부품 X_1부터 부품 X_5까지 순서대로 복구한다면 X_3이 복구되는 순간 시스템은 정상가동이 된다. 이유는 상부는 AND 게이트, 하부는 OR 게이트로 연결되어 있으므로 OR 게이트는 1개 이상 입력되면 출력이 가능하므로 X_3, X_1, X_1만 복구되면 정상가동된다.

48 설비보전에서 평균수리시간의 의미로 맞는 것은?

① MTTR
② MTBF
③ MTTF
④ MTBP

해설 MTTF, MTTR과 MTBF
㉮ MTTF(Mean Time To Failure) : 평균수명 또는 고장발생까지의 동작시간 평균이라고도 하며, 하나의 고장에서부터 다음 고장까지의 평균동작시간을 말한다.
$$\text{MTTF} = \frac{1}{\lambda(고장률)}$$
㉯ MTTR(Mean Time To Repair) : 평균수리시간으로, 총수리시간을 그 기간의 수리횟수로 나눈 시간을 말한다.
㉰ MTBF(Mean Time Between Failure) : 평균고장간격이다.
MTBF=MTTF+MTTR

49 다음 A~D를 실내 면에서 빛의 반사율이 낮은 곳부터 순서대로 나열한 것은?

- A : 바닥
- B : 천장
- C : 가구
- D : 벽

① A < B < C < D
② A < C < B < D
③ A < C < D < B
④ A < D < C < B

해설 A~D의 옥내 최적반사율(추천반사율)은 다음과 같다.
- A 바닥 : 20~40%
- B 천장 : 80~90%
- C 가구 : 25~45%
- D 벽 : 40~60%

50 결함수분석법(FTA)의 특징으로 볼 수 없는 것은?

① top down 형식
② 특정 사상에 대한 해석
③ 정성적 해석의 불가능
④ 논리기호를 사용한 해석

해설 FTA와 FMEA의 비교
㉮ FTA
  ㉠ top down 방식
  ㉡ 연역적·정량적 분석방법
  ㉢ 논리기호를 사용한 해석
  ㉣ 특정 사상에 대한 해석
  ㉤ 소프트웨어나 인간의 과오까지도 포함한 고장해석 가능
㉯ FMEA
  ㉠ bottom up 방식
  ㉡ 귀납적·정성적 분석방법
  ㉢ 표를 사용한 해석
  ㉣ 전체적 해석
  ㉤ 하드웨어의 고장해석

51 점광원으로부터 0.3m 떨어진 구면에 비추는 광량이 5lumen일 때, 조도는 약 몇 럭스인가?

① 0.06 ② 16.7
③ 55.6 ④ 83.4

해설 물체의 표면에 도달하는 빛의 밀도를 '조도'라고 하며, 거리가 증가할 때 역자승의 법칙에 따라 조도는 감소한다(점광원에 대해서만 적용).

∴ 조도 = $\dfrac{광도}{(거리)^2} = \dfrac{5}{0.3^2} = 55.56$

52 인간의 오류모형에서 "알고 있음에도 의도적으로 따르지 않거나 무시한 경우"를 무엇이라 하는가?

① 실수(slip)
② 착오(mistake)
③ 건망증(lapse)
④ 위반(violation)

해설 ① 실수(slip) : 상황(목표) 해석은 제대로 하였으나 의도와는 다른 행동을 하는 경우
② 착오(mistake) : 상황 해석을 잘못하거나 틀린 목표를 착각하여 행하는 경우
③ 건망증(lapse) : 여러 과정이 연계적으로 일어나는 행동을 잊어버리고 안 하는 경우
④ 위반(violation) : 알고 있음에도 의도적으로 따르지 않거나 무시하고 법률, 명령, 약속 따위를 지키지 않고 어기는 경우

53 온도와 습도 및 공기유동이 인체에 미치는 열효과를 하나의 수치로 통합한 경험적 감각지수로, 상대습도 100%일 때의 건구온도에서 느끼는 것과 동일한 온감을 의미하는 온열조건의 용어는?

① Oxford 지수   ② 발한율
③ 실효온도   ④ 열압박지수

해설 실효온도(effective temperature, 체감온도, 감각온도)
㉮ 정의 : 온도와 습도 및 공기유동이 인체에 미치는 열효과를 하나의 수치로 통합한 경험적 감각지수로, 상대습도 100%일 때 건구온도에서 느끼는 것과 동일한 온감이다.
  ㉔ 습도 50%에서 21℃의 실효온도 : 19℃
㉯ 실효온도에 영향을 주는 요인 : 온도, 습도, 기류(공기유동)
㉰ 허용한계
  ㉠ 정신(사무)작업 : 60~65°F
  ㉡ 경작업 : 55~60°F
  ㉢ 중작업 : 50~55°F

54 시각장치와 비교하여 청각장치 사용이 유리한 경우는?

① 메시지가 길 때
② 메시지가 복잡할 때
③ 정보전달장소가 너무 소란할 때
④ 메시지에 대한 즉각적인 반응이 필요할 때

해설 청각장치와 시각장치의 선택
㉮ 청각장치 사용
  ㉠ 전언이 간단하고 짧을 때
  ㉡ 전언이 후에 재참조되지 않을 때
  ㉢ 전언이 시간적인 사상을 다룰 때
  ㉣ 전언이 즉각적인 행동을 요구할 때
  ㉤ 수신자의 시각계통이 과부하 상태일 때
  ㉥ 수신장소가 너무 밝거나 암조응 유지가 필요할 때
  ㉦ 직무상 수신자가 자주 움직일 때
㉯ 시각장치 사용
  ㉠ 전언이 복잡하고 길 때
  ㉡ 전언이 후에 재참조될 때
  ㉢ 전언이 공간적인 위치를 다룰 때
  ㉣ 전언이 즉각적인 행동을 요구하지 않을 때
  ㉤ 수신자의 청각계통이 과부하 상태일 때
  ㉥ 수신장소가 너무 시끄러울 때
  ㉦ 직무상 수신자가 한 곳에 머무를 때

정답 51.③ 52.④ 53.③ 54.④

55 다음은 유해위험방지계획서의 제출에 관한 설명이다. ( ) 안에 들어갈 내용으로 옳은 것은?

> 산업안전보건법령상 "대통령령으로 정하는 사업의 종류 및 규모에 해당하는 사업으로서 해당 제품의 생산공정과 직접적으로 관련된 건설물·기계·기구 및 설비 등 일체를 설치·이전하거나 그 주요 구조부분을 변경하려는 경우"에 해당하는 사업주는 유해위험방지계획서에 관련 서류를 첨부하여 해당 작업 시작 (ⓐ)까지 공단에 (ⓑ)부를 제출하여야 한다.

① ⓐ 7일 전, ⓑ 2
② ⓐ 7일 전, ⓑ 4
③ ⓐ 15일 전, ⓑ 2
④ ⓐ 15일 전, ⓑ 4

[해설] 유해위험방지계획서의 제출
"대통령령으로 정하는 사업의 종류 및 규모에 해당하는 사업으로서 해당 제품의 생산공정과 직접적으로 관련된 건설물·기계·기구 및 설비 등 일체를 설치·이전하거나 그 주요 구조부분을 변경하려는 경우"에 해당하는 사업주는 유해위험방지계획서에 관련 서류를 첨부하여 해당 작업 시작 15일 전까지 공단에 2부를 제출하여야 한다.

56 결함수분석의 기호 중 입력사상이 어느 하나라도 발생할 경우 출력사상이 발생하는 것은?

① NOR GATE ② AND GATE
③ OR GATE   ④ NAND GATE

[해설] ① NOR GATE : 모든 입력이 거짓인 경우 출력이 참이 되는 논리 게이트이다.
② AND GATE : 모든 입력사상이 공존할 때만 출력사상이 발생하는 논리 게이트이다.
④ NAND GATE : 모든 입력이 참인 경우 출력이 거짓이 되는 논리 게이트이다.

57 다음 시스템의 신뢰도값은?

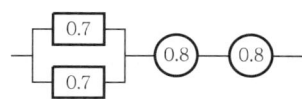

① 0.5824   ② 0.6682
③ 0.7855   ④ 0.8642

[해설] $R(t) = \{1-(1-0.7)(1-0.7)\} \times 0.8 \times 0.8$
$= 0.5824$

58 자동차를 생산하는 공장의 어떤 근로자가 95dB(A)의 소음수준에서 하루 8시간 작업하며 매 시간 조용한 휴게실에서 20분씩 휴식을 취한다고 가정하였을 때, 8시간 시간가중평균(TWA)은? (단, 소음은 누적소음노출량측정기로 측정하였으며, OSHA에서 정한 95dB(A)의 허용시간은 4시간이라 가정한다.)

① 약 91dB(A)   ② 약 92dB(A)
③ 약 93dB(A)   ④ 약 94dB(A)

[해설] ㉮ 소음노출지수$(D) = \dfrac{C}{T}$
$= \dfrac{320분}{4 \times 60분} \times 100$
$= 133.25\%$
여기서, C : 특정소음대에 노출된 총시간
T : 특정소음대의 허용노출기준
㉯ 8시간 가중 평균소음레벨(TWA)
$= 90 + 16.61 \log(D/100)$
$= 90 + 16.61 \log(133.25/100)$
$= 92.07 dB(A)$

59 욕조곡선에서의 고장형태에서 일정한 형태의 고장률이 나타나는 구간은?

① 초기고장구간   ② 마모고장구간
③ 피로고장구간   ④ 우발고장구간

[해설] 고장형태
㉮ 초기고장 – 고장률 감소시기(DFR ; Decreasing Failure Rate) : 사용 개시 후 비교적 이른 시기에 설계·제작상의 결함, 사용 환경의 부적합 등에 의해 발생하는 고장이다. 기계설비의 시운전 및 초기 운전 중 가장 높은 고장률을 나타내고 그 고장률이 차츰 감소한다.
㉯ 우발고장 – 고장률 일정시기(CFR ; Constant Failure Rate) : 초기고장과 마모고장 사이의 마모, 누출, 변형, 크랙 등으로 인하여 우발적으로 발생하는 고장이다. 고장률이 일정한 이 기간은 고장시간, 원인(고장 타입)이 랜덤해서 예방보전(PM)은 무의미하며 고장률이 가장 낮다. 정기점검이나 특별점검을 통해서 예방할 수 있다.
㉰ 마모고장 – 고장률 증가시기(IFR ; Increasing Failure Rate) : 점차 고장률이 상승하는 형으로 볼베어링 또는 기어 등 기계적 요소나 부품의 마모, 사람의 노화현상에 의해 어떤 시점에 집중적으로 고장이 발생하는 시기이다.

60 FMEA 분석 시 고장평점법의 5가지 평가요소에 해당하지 않는 것은?

① 고장발생의 빈도
② 신규 설계의 가능성
③ 기능적 고장 영향의 중요도
④ 영향을 미치는 시스템의 범위

해설 FMEA 분석 시 고장평점법의 5가지 평가요소
㉮ 고장발생의 빈도
㉯ 신규 설계의 정도
㉰ 기능적 고장 영향의 중요도
㉱ 영향을 미치는 시스템의 범위
㉲ 고장방지 가능성

≫ 제4과목 건설시공학

61 석공사의 건식 석재공사에 대한 설명 중 옳지 않은 것은?

① 석재의 건식붙임에 사용되는 모든 구조재 또는 긴결철물은 녹막이 처리를 한다.
② 석재의 색상, 석질, 가공 형상, 마감 정도, 물리적 성질 등이 동일한 것으로 한다.
③ 건식 석재붙임에 사용되는 앵커볼트, 너트, 와셔 등은 주철제를 사용한다.
④ 화강석 특유의 무늬를 제외한 눈에 띄는 반점 등을 제거한다.

해설 건식 석재붙임에 사용되는 앵커볼트, 너트, 와셔 등은 부식이 없는 알루미늄이나 스테인리스 제품을 사용한다.

62 말뚝지정 중 강재말뚝에 대한 설명으로 옳지 않은 것은?

① 자재의 이음 부위가 안전하게 소요길이의 조정이 자유롭다.
② 기성 콘크리트말뚝에 비해 중량으로 운반이 쉽지 않다.
③ 지중에서의 부식 우려가 높다.
④ 상부 구조물과의 결합이 용이하다.

해설 강재말뚝은 기성 콘크리트말뚝에 비해 경량으로 운반이 쉽다.

63 불량품, 결점, 고장 등의 발생 건수를 현상과 원인별로 분류하고, 여러 가지 데이터를 항목별로 분류해서 문제의 크기 순서로 나열하여, 그 크기를 막대그래프로 표기한 품질관리 도구는?

① 파레토그램   ② 특성요인도
③ 히스토그램   ④ 체크시트

해설 ① 파레토도 : 사고의 유형이나 기인물 등의 분류 항목을 큰 순서대로 도표화한다(문제나 목표의 이해에 편리).
② 특성요인도 : 특성과 요인관계를 도표로 하여 어골상으로 세분한다(인과관계만으로 결부시켜 작성).
③ 히스토그램 : 공사 또는 제품의 품질상태가 만족한 상태에 있는가의 여부를 판단하는 데 사용한다.
④ 체크시트 : 불량수, 결점수 등 셀 수 있는 데이터를 분류하여 항목별로 나누었을 때 어디에 집중되어 있는가를 알기 쉽도록 그림 또는 표로 나타낸 것이다.

64 Earth anchor 시공에서 정착부 grout 밀봉을 목적으로 설치하는 것은?

① Angle bracket   ② Sheath
③ Packer   ④ Anchor head

해설 ① 브라켓(angle bracket) : 흙막이벽과 어스앵커를 연결하는 목적으로 설치한다.
② 시스(sheath) : 흙과의 마찰이 없도록 하기 위한 목적으로 설치한다.
③ 패커(packer) : 정착부 grout 밀봉을 목적으로 설치한다.
④ Anchor head : 저압판, 정착구, 대좌로 구성된다.

65 시공의 품질관리를 위하여 사용하는 통계적 도구가 아닌 것은?

① 작업표준   ② 파레토도
③ 관리도   ④ 산포도

> **[해설]** 품질관리(QC ; Quality Control) 활동의 7가지 도구 (QC 7가지 수법)
> ㉮ 파레토도(pareto diagram) : 시공 불량의 내용이나 원인을 분류항목으로 나누어 크기 순서대로 나열해 놓은 그림
> ㉯ 특성요인도 : 결과에 원인이 어떻게 관계하고 있는가를 어골상(생선뼈 모양)으로 나타낸 그림
> ㉰ 히스토그램(histogram) : 길이, 무게, 강도 등과 같이 계량치의 데이터가 어떠한 분포를 하고 있는지 알아보기 위하여 작성하는 주상(柱狀) 막대그래프
> ㉱ 체크시트 : 불량수, 결점수 등 셀 수 있는 데이터를 분류하여 항목별로 나누었을 때 어디에 집중되어 있는가를 알기 쉽도록 한 그림 또는 표
> ㉲ 산점도(산포도, scatter diagram) : 서로 대응되는 두 종류의 데이터의 상호관계를 보는 것
> ㉳ 관리도 : 공정의 상태를 나타내는 특성치에 관해서 그려진 꺾은선그래프
> ㉴ 층별 : 데이터의 특성을 적당한 범주마다 얼마간의 그룹으로 나누어 도표로 나타낸 것

66 조적조 백화(efflorescence) 현상의 방지법으로 옳지 않은 것은?

① 물·시멘트비를 증가시킨다.
② 흡수율이 작은 소성이 잘 된 벽돌을 사용한다.
③ 줄눈 모르타르에 방수제를 혼합한다.
④ 벽면의 돌출 부분에 차양, 루버 등을 설치한다.

> **[해설]** 백화 현상
> 공사 완료 이후, 벽돌벽 외부에 흰가루가 돋는 현상이다.
> 방지 대책은 다음과 같다.
> ㉮ 줄눈·모르타르의 밀실충전 및 줄눈 모르타르에 방수제를 혼합한다.
> ㉯ 치장쌓기의 벽돌벽은 줄눈넣기 조기 시공
> ㉰ 이어쌓기의 경우, 고인물 완전 제거
> ㉱ 흡수율이 작은 소성이 잘 된 양질의 벽돌 사용
> ㉲ 파라핀 도료를 발라서 염료가 나오는 것을 방지
> ㉳ 줄눈 모르타르의 단위 시멘트량을 적게 한다.
> ㉴ 벽돌벽의 상부에 비막이를 설치한다.
> ㉵ 물·시멘트비(W/C)를 감소시킨다.

67 건설현장 개설 후 공사 착공을 위한 공사계획 수립 시 가장 먼저 해야 할 사항은?

① 현장 투입 직원 조직 편성
② 공정표 작성
③ 실행예산의 편성 및 통제 계획
④ 하도급 업체 선정

> **[해설]** 공사계획 수립 시 가장 우선적으로 조치할 사항은 현장원(현장 투입 직원) 편성이다.

68 철골구조의 내화피복공법이 아닌 것은?

① 록울(rockwool) 뿜칠공법
② 성형판 붙임공법
③ 콘크리트 타설공법
④ 메탈라스(metal lath) 공법

> **[해설]** 철골구조의 내화피복공법
> ㉮ 록울(rockwool) 뿜칠공법
>   ⊙ 습식 공법 : 록울에 시멘트와 접착재를 가해 물로 비벼 뿜는 공법
>   ⓒ 건식 공법 : 뿜칠건을 사용하여 혼합수를 노즐의 선단으로부터 분사해서 분무모양으로 록울과 함께 해서 뿜어붙이는 공법
> ㉯ 성형판 붙임공법 : ALC판, 규산칼슘판, 펄라이트판 등을 철골에 부착해서 내화성능을 발휘시키는 공법
> ㉰ 프리패브 공법 : 철골 바탕에 ALC판을 붙이는 공법
> ㉱ 기타 콘크리트 타설공법, 합성내화피복 공법 등

69 콘크리트의 재료로 사용되는 골재에 관한 설명으로 옳지 않은 것은?

① 골재는 밀도가 크고, 내구성이 커서 풍화가 잘 되지 않아야 한다.
② 콘크리트나 모르타르를 만들 때 물, 시멘트와 함께 혼합하는 모래, 자갈 및 부순돌, 기타 유사한 재료를 골재라고 한다.
③ 콘크리트 중 골재가 차지하는 용적은 절대용적으로 50%를 넘지 않도록 한다.
④ 일반적으로 골재의 강도는 시멘트 페이스트 강도 이상이 되어야 한다.

해설 골재

모래와 자갈 등으로 구성되며, 콘크리트 용적의 66~78% 정도를 차지하므로 매우 중요하다. 보통 골재의 비중은 2.5~2.7 정도이다.
골재가 갖추어야 할 조건은 다음과 같다.
㉮ 쇄석일 경우는 둔각이고, 실적률이 55% 이상인 것이 좋다(모래 실적률 : 55~70%, 자갈 실적률 : 60~65%, 쇄석 실적률 : 55~63%).
㉯ 편평하고 가는 것은 안 되고, 구(球)에 가까울수록 좋다.
㉰ 골재의 강도는 콘크리트 중의 경화한 페이스트의 강도 이상의 것으로 한다.
㉱ 흡수율은 잔골재에서 1~3%이고, 굵은 골재에서 0.5~1.5%이다.
㉲ 점토분의 양을 모래에서는 1.0% 이하, 자갈에서는 0.25% 이하로 한다.
㉳ 모래는 유기불순물 시험을 행하여 표준색보다 진한 것은 사용하지 않는다.
㉴ 모래 중량의 0.04% 이상의 염분(NaCl)이 포함되어서는 안 된다.
㉵ 골재 씻기 시험에서 소실량은 모래에서 2~3% 이하, 자갈에서 1% 이하로 한다.

70 KS L 5201에 정의된 포틀랜드 시멘트의 종류가 아닌 것은?

① 고로 포틀랜드 시멘트
② 조강 포틀랜드 시멘트
③ 저열 포틀랜드 시멘트
④ 중용열 포틀랜드 시멘트

해설 시멘트의 종류
㉮ 포틀랜드 시멘트(portland cement)
  ㉠ 보통 포틀랜드 시멘트
  ㉡ 중용열 포틀랜드 시멘트
  ㉢ 조강 포틀랜드 시멘트
  ㉣ 초조강 포틀랜드 시멘트
  ㉤ 백색 포틀랜드 시멘트
  ㉥ 저열 포틀랜드 시멘트
㉯ 혼합 시멘트(blended cement)
  ㉠ 고로 시멘트
  ㉡ 포졸란 시멘트
  ㉢ 플라이애시 시멘트
  ㉣ 실리카 시멘트
㉰ 특수 시멘트
  ㉠ 알루미나 시멘트
  ㉡ 초속경 시멘트
  ㉢ 팽창 시멘트

71 발주자가 수급자에게 위탁하지 않고 직영공사로 수행하기에 가장 부적합한 공사는?

① 공사 중 설계변경이 빈번한 공사
② 아주 중요한 시설물 공사
③ 군기밀상 부득이한 공사
④ 공사현장 관리가 비교적 복잡한 공사

해설 직영공사로 하는 경우
㉮ 소규모 주택 공사
㉯ 완전한 조사·설계 없이 공사 진행 중에 설계변경이 빈번한 공사
㉰ 재해의 응급복구 등 부득이한 공사
㉱ 고사찰의 해체·보수 공사, 고적발굴 공사
㉲ 군기밀상 부득이한 공사 및 아주 중요한 시설물 공사
㉳ 위험성과 적당한 감리자가 없을 경우의 공사

72 철골공사에서 철골 세우기 순서가 옳게 연결된 것은?

ⓐ 기초볼트 위치 재점검
ⓑ 기둥 중심선 먹매김
ⓒ 기둥 세우기
ⓓ 주각부 모르타르 채움
ⓔ Base plate의 높이 조정용 plate 고정

① ⓐ → ⓑ → ⓒ → ⓓ → ⓔ
② ⓑ → ⓐ → ⓔ → ⓒ → ⓓ
③ ⓑ → ⓐ → ⓒ → ⓓ → ⓔ
④ ⓔ → ⓓ → ⓑ → ⓐ → ⓒ

해설 철골공사
㉮ 철골 세우기 순서
  ㉠ 기둥 중심선 먹매김
  ㉡ 기초볼트 위치 재점검
  ㉢ base plate의 높이 조정용 plate 고정
  ㉣ 기둥 세우기
  ㉤ 주각부 모르타르 채움
㉯ 철골작업의 공정 순서
  ㉠ 현척도 작성
  ㉡ 본뜨기(형판뜨기)
  ㉢ 변형 바로잡기
  ㉣ 금매김
  ㉤ 절단
  ㉥ 리벳구멍 뚫기
  ㉦ 가볼트
  ㉧ 리벳치기
  ㉨ 검사
  ㉩ 녹막이칠

정답 70.① 71.④ 72.②

73 다음 설명에 해당하는 공사낙찰자 선정방식은?

> 예정가격 대비 85% 이상 입찰자 중 가장 낮은 금액으로 입찰한 자를 선정하는 방식으로, 최저가 낙찰자를 통한 덤핑의 우려를 방지할 목적을 지니고 있다.

① 부찰제
② 최저가 낙찰제
③ 제한적 최저가 낙찰제
④ 최적격 낙찰제

[해설] ① 부찰제 : 예정가격의 일정 비율 이상에 해당하는 업체들이 제시한 입찰가격의 평균치에 가장 가까운 가격을 제시한 입찰자로 낙찰하는 방식
② 최저가 낙찰제 : 공사나 물품 납품 입찰과정에서 가장 낮은 가격을 제시한 사업체를 낙찰자로 선정하는 방식
④ 최적격 낙찰제 : 일정 비율 이상의 금액으로 입찰한 자 중에서 최저가격을 제시한 입찰자로 낙찰하는 방식

74 다음 중 시방서의 작성원칙으로 옳지 않은 것은?

① 지정 고시된 신재료 또는 신기술을 적극 활용한다.
② 공사 전반에 대한 지침을 세밀하고 간단명료하게 서술한다.
③ 공종을 세밀하게 나누고, 단위 시방의 수를 최대한 늘려 상세히 서술한다.
④ 시공자가 정확하게 시공하도록 설계자의 의도를 상세히 기술한다.

[해설] **시방서 작성원칙**
㉮ 시공자가 정확하게 시공하도록 설계자가 설계도에 표현할 수 없는 사용재료의 품질, 종류, 수량, 공사방법 및 순서, 필요한 시험, 저장방법 등을 공사 전반에 걸쳐 상세히 기재한다.
㉯ 공사 전반에 대한 지침을 세밀하고 간단명료하게 서술한다.
㉰ 시공순서에 맞게 빠짐없이 기재하고 이중으로 해석되는 문구를 피한다.
㉱ 재료의 성능, 성질, 품질의 허용범위 등을 명확하게 규명한다.
㉲ 중복되지 않게 간단명료하고 오자나 오기가 없도록 한다.
㉳ 지정 고시된 신재료 또는 신기술을 적극 활용한다.
㉴ 공종을 세밀하게 나누고, 단위 시방의 수를 최대한 줄여 상세히 서술한다.

75 철골용접이음 후 용접부의 내부 결함 검출을 위하여 실시하는 검사로서 빠르고 경제적이어서 현장에서 주로 사용하는 초음파를 이용한 비파괴 검사법은?

① MT(Magnetic particle Testing)
② UT(Ultrasonic Testing)
③ RT(Radiography Testing)
④ PT(Liquid Penetrant Testing)

[해설] ① MT(Magnetic particle Testing) : 자분탐상검사 시험으로 결함부분에 생긴 자극에 자분이 부착되는 것을 이용하여 결함을 검출하는 비파괴 시험방법
② UT(Ultrasonic Testing) : 초음파탐상검사 시험으로 초음파를 피검사재에 보내어 그 음향적 성질을 이용하여 결함의 유무를 검사하는 비파괴 시험방법
③ RT(Radiography Testing) : 방사선투과시험으로 방사선을 시험체에 조사하여 투과된 방사선의 강도의 변화로부터 내부 결함의 상태나 조립품의 내부구조 등을 조사하는 비파괴 시험방법
④ PT(Liquid Penetrant Testing) : 침투탐상검사 시험으로 침투성이 강한 착색된 액체 또는 형광을 발하는 액체를 시험체 표면에 도포하여 결함 유무를 조사하는 비파괴검사 시험방법

76 품질관리를 위한 통계 수법으로 이용되는 7가지 도구(tools)를 특징별로 조합한 것 중 잘못 연결된 것은?

① 히스토그램 – 분포도
② 파레토그램 – 영향도
③ 특성요인도 – 원인결과도
④ 체크시트 – 관도

[해설] **품질관리(QC ; Quality Control)활동의 7가지 도구**
㉮ 파레토도(pareto diagram) : 시공불량의 내용이나 원인을 분류항목으로 나누어 크기 순서대로 나열해 놓은 그림(영향도)

④ 특성요인도 : 결과에 원인이 어떻게 관계하고 있는가를 어골상(생선뼈 모양)으로 나타낸 그림(원인결과도)
④ 히스토그램(histogram) : 길이, 무게, 강도 등과 같이 계량치의 데이터가 어떠한 분포를 하고 있는지 알아보기 위하여 작성하는 주상(柱狀) 막대그래프(분포도)
④ 체크시트 : 불량수, 결점수 등 셀 수 있는 데이터를 분류하여 항목별로 나누었을 때 어디에 집중되어 있는가를 알기 쉽도록 한 그림 또는 표(도수분포도)
④ 산점도(scatter diagram) : 서로 대응되는 두 종류의 데이터의 상호관계를 보는 것(산포도)
④ 관리도 : 공정의 상태를 나타내는 특성치에 관해서 그려진 꺾은선그래프
④ 층별 : 데이터의 특성을 적당한 범주마다 얼마간의 그룹으로 나누어 도표로 나타낸 것

77 ALC 블록공사 시 내력벽 쌓기에 관한 내용으로 옳지 않은 것은?

① 쌓기 모르타르는 교반기를 사용하여 배합하며, 1시간 이내에 사용해야 한다.
② 가로 및 세로줄눈의 두께는 3~5mm 정도로 한다.
③ 하루 쌓기 높이는 1.8m를 표준으로 하며, 최대 2.4m 이내로 한다.
④ 연속되는 벽면의 일부를 나중쌓기로 할 때에는 그 부분을 층단 떼어쌓기로 한다.

해설 ALC 블록공사 시 내력벽 쌓기
㉮ 쌓기 모르타르는 교반기를 사용하여 배합하며, 1시간 이내에 사용해야 한다.
㉯ 가로 및 세로줄눈의 두께는 1~3mm 정도로 한다.
㉰ 하루 쌓기 높이는 1.8m를 표준으로 하며, 최대 2.4m 이내로 한다.
㉱ 연속되는 벽면의 일부를 나중쌓기로 할 때에는 그 부분을 층단 떼어쌓기로 한다.
㉲ 슬래브나 방습턱 위에 고름 모르타르를 10~20mm 두께로 깐 후 첫 단 블록을 올려놓고 고무망치 등을 이용하여 수평을 잡는다.
㉳ 블록 상·하단의 겹침길이는 블록길이의 1/3~1/2을 원칙으로 하고 100mm 이상으로 한다.

78 주문받은 건설업자가 대상 계획의 기업, 금융, 토지조달, 설계, 시공 등을 포괄하는 도급계약방식을 무엇이라 하는가?

① 설비정산 보수가산도급
② 정액도급
③ 공동도급
④ 턴키도급

해설 턴키도급
㉮ 건설업자가 대상 계획의 기업, 금융, 토지조달, 설계, 시공, 기계·기구 설치, 시운전까지 주문자가 필요로 하는 모든 것을 조달하여 인도하는 도급계약방식이다.
㉯ 새로운 플랜트 공사와 특정 공사 등에만 적용하고 있으며 해외공사 발주 시에 주로 채택된다.

79 다음 조건에 따른 백호의 단위시간당 추정 굴삭량으로 옳은 것은?

- 버킷 용량 : $0.5m^3$
- 사이클타임 : 20초
- 작업효율 : 0.9
- 굴삭계수 : 0.7
- 굴삭토의 용적변화계수 : 1.25

① $94.5m^3$
② $80.5m^3$
③ $76.3m^3$
④ $70.9m^3$

해설 굴삭량(V)
$= Q \times \dfrac{3,600}{cm} \times EKF$
$= 0.5 \times \dfrac{3,600}{20} \times 0.9 \times 0.7 \times 1.25 ≒ 70.9m^3/hr$

80 흙이 소성 상태에서 반고체 상태로 바뀔 때의 함수비를 의미하는 용어는?

① 예민비
② 액성한계
③ 소성한계
④ 소성지수

해설 흙의 경·연도
㉮ 소성한계 : 흙이 소성 상태에서 반고체 상태로 바뀔 때의 함수비로 파괴 없이 변형을 일으킬 수 있는 최소의 함수비이다.
㉯ 액성한계 : 외력에 전단저항이 0이 되는 최소함수비로 액성한계가 크면 수축, 팽창이 커진다.
㉰ 수축한계 : 함수비가 감소해도 부피의 감소가 없는 최대의 함수비이다.

≫ 제5과목　건설재료학

81 시멘트의 경화시간을 지연시키는 용도로 일반적으로 사용하고 있는 지연제와 거리가 먼 것은?

① 리그닌설폰산염　② 옥시카르본산
③ 알루민산소다　　④ 인산염

해설 급결제
시멘트의 응결시간을 매우 빠르게 하기 위하여 사용되는 혼화제이다. 급결제를 사용하면 콘크리트의 응결이 수십 초 정도로 빨라지며, 1~2일까지 콘크리트의 강도 증진은 매우 크나 장기강도는 일반적으로 느린 경우가 많다. 누수 방지용 시멘트풀, 그라우트에 의한 지수공사, 뿜어붙이기 공사, 주입공사 등에 사용되고 있다.
③ 알루민산소다는 급결제에 속한다.

82 목재 건조 시 생재를 수중에 일정 기간 침수시키는 주된 이유는?

① 연해져서 가공하기 쉽게 하기 위하여
② 목재의 내화도를 높이기 위하여
③ 강도를 크게 하기 위하여
④ 건조기간을 단축시키기 위하여

해설 통나무채로 3~4주간 침수시키면 수액의 농도가 줄어들어 이 상태에서 공기 중에 건조하면 건조기간을 단축할 수 있다.

83 표준형 벽돌의 벽돌 치수로서 옳은 것은? (단, 단위는 mm이다.)

① 190×90×57　　② 210×90×57
③ 210×100×60　④ 230×100×70

해설 표준형 벽돌의 크기는 190×90×57, 내화벽돌은 230×114×65, 붉은 벽돌은 190×90×57이다.

84 콘크리트 다짐바닥, 콘크리트 도로 포장의 균열 방지를 위해 사용되는 것은?

① 코너비드(corner bead)
② PC 강선(PC steel wire)
③ 와이어 메시(wire mesh)
④ 펀칭 메탈(punching metal)

해설 ① 코너비드(corner bead) : 모서리쇠라고도 하며, 기둥이나 벽의 모서리에 대어 미장바름의 모서리가 상하지 않도록 보호하는 철물이다.
② PC 강선(PC steel wire) : 프리스트레스 콘크리트(PC) 공법에 있어서 긴장재로서 쓰이는 탄소 함유량이 0.6~1.05%의 고탄소강을 반복 냉간 인발 가공하여 가는 줄로 만든 지름 10mm 이하의 고강도 강선을 말한다.
③ 와이어 메시(wire mesh) : 비교적 굵은 연강철선을 정방형 또는 장방형으로 짠 다음, 각 접점을 전기 용접한 것으로 콘크리트 다짐바닥, 콘크리트 도로 포장의 균열 방지를 위해 사용된다.
④ 펀칭 메탈(punching metal) : 두께가 1.2mm 이하로 얇은 금속판에 여러 가지 모양으로 도려낸 철물로서 환기공 및 라디에이터 커버(radiator cover) 등에 쓰인다.

85 실적률이 큰 골재로 이루어진 콘크리트의 특성이 아닌 것은?

① 시멘트 페이스트의 양이 커져 콘크리트 제조 시 경제성이 낮다.
② 내구성이 증대된다.
③ 투수성, 흡습성의 감소를 기대할 수 있다.
④ 건조수축 및 수화열이 감소된다.

해설 실적률이 클수록 시멘트 페이스트(시멘트풀)가 적게 든다.

86 유성 페인트나 바니시와 비교한 합성수지 도료의 전반적인 특성에 관한 설명으로 옳지 않은 것은?

① 도막이 단단하지 못한 편이다.
② 건조시간이 빠른 편이다.
③ 내산·내알칼리성을 가지고 있다.
④ 방화성이 더 우수한 편이다.

해설 합성수지 도료의 특성
㉮ 건조시간이 빠르고, 도막이 단단하다.
㉯ 도막은 인화할 염려가 없어서 더욱 방화성이 있다.
㉰ 내산·내알칼리성이 있어 콘크리트나 플라스터(plaster)면에 바를 수 있다.
㉱ 투명한 합성수지를 사용하면 더욱 선명한 색을 낼 수 있다.

87 다음 중 시멘트 풍화의 척도로 사용되는 것은?

① 불용해 잔분   ② 강열감량
③ 수경률   ④ 규산율

해설 **강열감량(ignition loss)**
시멘트의 풍화 정도를 판단하는 척도로서 시멘트를 강열(950~1,050℃)하였을 때에 감소되는 양(주로 시멘트 속에 포함된 물과 탄산가스의 양)을 말한다.
※ 신선한 시멘트의 강열감량은 보통 0.5~0.8% 정도이다.

88 구조용 집성재의 품질기준에 따른 구조용 집성재의 접착강도시험에 해당되지 않는 것은?

① 침지박리시험   ② 블록전단시험
③ 삶음박리시험   ④ 할렬인장시험

해설 **구조용 집성재의 품질기준에 따른 접착강도 시험항목**
㉮ 침지박리시험
㉯ 블록전단시험
㉰ 삶음박리시험
㉱ 감압가압시험
㉲ 함수율시험
㉳ A형, B형, C형 휨시험
㉴ 인장시험

89 콘크리트의 워커빌리티(workability)에 관한 설명으로 옳지 않은 것은?

① 과도하게 비빔시간이 길면 시멘트의 수화를 촉진하여 워커빌리티가 나빠진다.
② 단위수량을 너무 증가시키면 재료분리가 생기기 쉽기 때문에 워커빌리티가 좋아진다고 볼 수 없다.
③ AE제를 혼입하면 워커빌리티가 좋아진다.
④ 깬자갈이나 깬모래를 사용할 경우, 잔골재율을 작게 하고 단위수량을 감소시키면 워커빌리티가 좋아진다.

해설 ④ 깬자갈이나 깬모래를 사용할 경우, 잔골재율을 많게 하고 단위수량을 증가시키면 워커빌리티가 좋아진다.

90 미장바탕이 갖추어야 할 조건에 관한 설명으로 옳지 않은 것은?

① 미장층보다 강도, 강성이 작을 것
② 미장층과 유효한 접착강도를 얻을 수 있을 것
③ 미장층의 경화, 건조에 지장을 주지 않을 것
④ 미장층과 유해한 화학반응을 하지 않을 것

해설 **미장바탕이 갖추어야 할 조건**
㉮ 미장층보다 강도, 강성이 클 것
㉯ 미장층과 유효한 접착강도를 얻을 수 있을 것
㉰ 미장층의 경화, 건조에 지장을 주지 않을 것
㉱ 미장층과 유해한 화학반응을 하지 않을 것

91 자연에서 용제가 증발해서 표면에 피막이 형성되어 굳는 도료는?

① 유성조합페인트
② 에폭시수지 도료
③ 알키드수지
④ 염화비닐수지 에나멜

해설 **에나멜페인트(enamel paint)**
㉮ 전색제로 보일유 대신으로 유성바니시나 중합유에 안료를 섞어서 만든 유색·불투명한 도료로서 통상 에나멜이라고 부른다.
㉯ 건조가 빨라 자연에서 용제가 증발해서 표면에 피막이 형성되어 굳는 도료로 도막은 탄성 및 광택이 있으며, 내수성·내유성·내약품성·내열성 등이 우수하다.

92 다음 중 원유에서 인위적으로 만든 아스팔트에 해당하는 것은?

① 블론 아스팔트
② 록 아스팔트
③ 레이크 아스팔트
④ 아스팔타이트

해설 **아스팔트의 종류**
㉮ 천연 아스팔트
  ㉠ 록 아스팔트(rock asphalt) : 다공질 암석에 스며든 천연 아스팔트(역청분의 함유량 5~40% 정도)

ⓒ 레이크 아스팔트(lake asphalt) : 지표에 호수 모양으로 퇴적되어 형성된 반유동체의 아스팔트(역청분의 함유량 50% 정도)
ⓓ 아스팔타이트(asphaltite) : 원유가 암맥 사이에 침투되어 지열이나 공기 등에 의해 중합 또는 축합 반응을 일으켜 만들어진 탄력성이 풍부한 화합물
㉯ 석유 아스팔트
ⓐ 스트레이트 아스팔트 : 신장성 · 접착력이 크나, 연화점이 낮고 내후성 및 온도에 대한 변화가 큰 아스팔트(아스팔트 펠트 삼투용으로 사용)
ⓑ 블론 아스팔트 : 스트레이트 아스팔트보다 내후성이 좋고 연화점은 높으나, 신장성 · 접착성 · 방수성이 약한 아스팔트(아스팔트 컴파운드, 아스팔트 프라이머의 원료로 사용)
ⓒ 아스팔트 컴파운드 : 블론 아스팔트에 동식물과 같은 유기질을 혼합하여 유동성 점성 등을 크게 하고, 내열성 · 내후성 등을 향상시킨 아스팔트

93 특수도료의 목적상 방청도료에 속하지 않는 것은?

① 알루미늄 도료
② 징크로메이트 도료
③ 형광도료
④ 에칭 프라이머

해설 방청도료(녹막이 도료 또는 녹막이 페인트)의 종류
㉮ 광명단 도료(鉛丹塗料) : 광명단(Pb_3O_4)을 보일드유에 녹인 유성 페인트의 일종으로, 광명단 등의 알칼리성 안료는 기름과 잘 반응하여 단단한 도막을 만들어 수분의 투과를 막게 되므로 부식을 방지한다.
㉯ 산화철 도료 : 산화철에 안료(아연화, 아연분말, 연단 등)를 가하고, 이것을 스테인오일(stain oil)이나 합성수지 등에 녹인 도료로서 도막의 내구성이 좋다.
㉰ 알루미늄 도료 : 알루미늄 분말을 안료로 하는 도료로서 방청효과 및 광선, 열반사의 효과를 내기도 하며, 전색제에 따라 여러 가지가 있고 녹막이 효과는 전색제에 따라 정해진다.
㉱ 징크로메이트 도료(zincromate paint) : 크롬산아연을 안료로 하고 알키드수지를 전색제로 한 도료로서 녹막이 효과가 좋고, 아연철판이나 알루미늄판의 초벌용으로 적합하다.
㉲ 워시 프라이머(wash primer) : 합성수지의 전색제에 소량의 안료와 인산을 첨가한 도료로서 에칭 프라이머(etching primer)라고도 하며, 금속면의 바탕 처리를 위해 사용된다.

ⓔ 역청(瀝靑)질 도료 : 역청질(아스팔트, tar pitch 등)에 건성유, 수지류를 첨가한 도료로서 안료에 의해 착색한 것과 알루미늄분을 배합한 것이 있다.

94 도막방수에 사용되지 않는 재료는?

① 염화비닐 도막재
② 아크릴고무 도막재
③ 고무아스팔트 도막재
④ 우레탄고무 도막재

해설 도막방수에 사용되는 재료
㉮ 아크릴고무 도막재
㉯ 고무아스팔트 도막재
㉰ 우레탄고무 도막재

95 다음 도료의 건조제 중 상온에서 기름에 용해되지 않는 것은?

① 붕산망간
② 이산화망간
③ 초산염
④ 코발트의 수지산

해설 도료의 건조제
도장 후 도막의 건조를 촉진하여 건조시간 단축 및 경화성을 좋게 하기 위해 사용한다.
㉮ 상온에서 기름에 용해되는 건조제 : 일산화연(litharge) · 연단 · 초산염 · 이산화망간 · 붕산망간 · 수산망간
㉯ 가열하여 기름에 용해되는 건조제 : 납(Pb) · 망간(Mn) · 코발트(Co)의 수지산 또는 지방산의 염류

96 비철금속에 관한 설명으로 잘못된 것은?

① 청동은 구리와 아연을 주체로 한 합금으로 건축용 장식철물에 사용된다.
② 알루미늄은 산 및 알칼리에 약하다.
③ 아연은 산 및 알칼리에 약하나 일반대기나 수중에서는 내식성이 크다.
④ 동은 전기 및 열전도율이 매우 크다.

해설 ① 청동은 구리와 주석을 주체로 한 합금으로 건축용 장식철물에 사용된다.

93.③ 94.① 95.④ 96.①

97 보통 시멘트 콘크리트와 비교한 폴리머 시멘트 콘크리트의 특징으로 옳지 않은 것은?

① 유동성이 감소하여 일정 워커빌리티를 얻는 데 필요한 물-시멘트비가 증가한다.
② 모르타르, 강재, 목재 등의 각종 재료와 잘 접착한다.
③ 방수성 및 수밀성이 우수하고 동결융해에 대한 저항성이 양호하다.
④ 휨, 인장강도 및 신장능력이 우수하다.

해설 폴리머 시멘트의 특징
㉮ 방수성, 내약품성, 변형성이 좋다.
㉯ 고강도, 경량화가 가능하다.
㉰ 접착력과 워커빌리티가 우수하다.
㉱ 내충격성, 동결융해 방지가 가능하다.
㉲ 내화성(내열성)이 적다.
㉳ 현장시공이 어렵다.
㉴ 경화속도가 다소 느리다.
㉵ 휨, 인장강도 및 신장능력이 우수하다.

98 실리콘(silicon)수지에 관한 설명으로 옳지 않은 것은?

① 실리콘수지는 내열성, 내한성이 우수하여 -60~260℃의 범위에서 안정하다.
② 탄성을 지니고 있고, 내후성도 우수하다.
③ 발수성이 있기 때문에 건축물, 전기절연물 등의 방수에 쓰인다.
④ 도료로 사용할 경우 안료로서 알루미늄 분말을 혼합한 것은 내화성이 부족하다.

해설 실리콘수지
㉮ 제법 : 염화규소에 그리냐르 시약(grignard reagent)을 가하여 클로로실란을 제조하여 만든다.
㉯ 성질 : 실리콘수지는 내열성이 우수하다. 실리콘고무는 -60~260℃에 걸쳐서 탄성을 유지하고, 150~177℃에서는 장시간 연속 사용에 견디며, 270℃의 고온에서도 몇 시간 사용이 가능하다. 도료의 경우, 안료로서 알루미늄 분말을 혼합한 것은 500℃에서는 몇 시간, 250℃에서는 장시간을 견딘다. 실리콘은 전기절연성 및 내수성이 좋고 발수성(撥水性)이 있다.
㉰ 용도 : 실리콘고무는 고온과 저온에서 탄성이 있어서 개스킷(gasket)이나 패킹(packing) 등에 쓰인다. 또한 실리콘수지는 성형품, 접착제, 기타 전기절연재료로 많이 쓰인다.

99 습윤상태의 모래 780g을 건조로에서 건조시켜 절대건조상태 720g으로 되었다. 이 모래의 표면수율은? (단, 이 모래의 흡수율은 5%이다.)

① 3.08% ② 3.17%
③ 3.33% ④ 3.52%

해설 ㉮ 흡수율

$$= \frac{\text{표면건조 내부포화상태 중량} - \text{절대건조상태 중량}}{\text{절대건조상태 중량}} \times 100$$

$$5 = \frac{X-720}{720} \times 100$$

$$\therefore X = 756g$$

㉯ 표면수율

$$= \frac{\text{습윤상태 중량} - \text{표면건조상태 중량}}{\text{표면건조상태 중량}} \times 100$$

$$= \frac{780-756}{756} \times 100$$

$$= 3.17\%$$

100 콘크리트용 골재 중 깬자갈에 관한 설명으로 옳지 않은 것은?

① 깬자갈의 원석은 안산암·화강암 등이 많이 사용된다.
② 깬자갈을 사용한 콘크리트는 동일한 워커빌리티의 보통자갈을 사용한 콘크리트보다 단위수량이 일반적으로 약 10% 정도 많이 요구된다.
③ 깬자갈을 사용한 콘크리트는 강자갈을 사용한 콘크리트보다 시멘트 페이스트와의 부착성능이 매우 낮다.
④ 콘크리트용 굵은 골재로 깬자갈을 사용할 때는 한국산업표준(KS F 2527)에서 정한 품질에 적합한 것으로 한다.

해설 ③ 깬자갈(쇄석)은 강자갈에 비하여 표면이 거칠어 시멘트 페이스트와의 부착성능이 크다.

제6과목 건설안전기술

101 터널공사 시 인화성 가스가 농도 이상으로 상승하는 것을 조기에 파악하기 위하여 설치하는 자동경보장치의 작업 시작 전 점검해야 할 사항이 아닌 것은?

① 계기의 이상 유무
② 발열 여부
③ 검지부의 이상 유무
④ 경보장치의 작동상태

해설 자동경보장치의 작업 시작 전 점검내용
㉮ 계기의 이상 유무
㉯ 검지부의 이상 유무
㉰ 경보장치의 작동상태

102 항만 하역작업 시 근로자 승강용 현문 사다리 및 안전망을 설치하여야 하는 선박은 최소 몇 톤 이상일 경우인가?

① 500톤 ② 300톤
③ 200톤 ④ 100톤

해설 300톤급 이상의 선박에서 하역작업을 하는 경우에 근로자들이 안전하게 오르내릴 수 있는 현문 사다리를 설치하여야 하며, 이 사다리 밑에 안전망을 설치하여야 한다.

103 잠함 또는 우물통의 내부에서 굴착작업을 할 때의 준수사항으로 옳지 않은 것은?

① 굴착 깊이가 10m를 초과하는 때에는 해당 작업장소와 외부와의 연락을 위한 통신설비 등을 설치한다.
② 산소 결핍의 우려가 있는 때에는 산소의 농도를 측정하는 자를 지명하여 측정하도록 한다.
③ 근로자가 안전하게 승강하기 위한 설비를 설치한다.
④ 측정 결과 산소의 결핍이 인정될 때에는 송기를 위한 설비를 설치하여 필요한 양의 공기를 공급하여야 한다.

해설 잠함 또는 우물통의 내부에서 굴착작업 시 준수사항
㉮ 굴착 깊이가 20m를 초과하는 경우에는 해당 작업장소와 외부와의 연락을 위한 통신설비 등을 설치할 것
㉯ 산소 결핍 우려가 있는 경우에는 산소의 농도를 측정하는 사람을 지명하여 측정하도록 할 것
㉰ 근로자가 안전하게 오르내리기 위한 설비를 설치할 것
㉱ 측정 결과 산소 결핍이 인정되거나 굴착 깊이가 20m를 초과하는 경우에는 송기를 위한 설비를 설치하여 필요한 양의 공기를 공급해야 한다.

104 백호(back hoe)의 운행방법에 대한 설명으로 옳지 않은 것은?

① 경사로나 연약지반에서는 무한궤도식보다는 타이어식이 안전하다.
② 작업계획서를 작성하고 계획에 따라 작업을 실시하여야 한다.
③ 작업 장소의 지형 및 지반상태 등에 적합한 제한속도를 정하고 운전자로 하여금 이를 준수하도록 하여야 한다.
④ 작업 중 승차석 외의 위치에 근로자를 탑승시켜서는 안 된다.

해설 경사로나 연약지반에서는 타이어식보다는 무한궤도식이 안전하다.

105 건물 기초에서 발파 허용 진동치 규제기준으로 틀린 것은?

① 문화재 : 0.2cm/sec
② 주택, 아파트 : 0.5cm/sec
③ 상가 : 1.0cm/sec
④ 철골콘크리트 빌딩 : 0.1~0.5cm/sec

해설 건물 기초에서 발파 허용 진동치
발파구간 인접 구조물에 대한 피해 및 손상을 예방하기 위하여 다음 표에 의한 값을 준용한다.

문화재	주택, 아파트	상가 (금이 없는 상태)	철골콘크리트 빌딩 및 상가
0.2cm/sec	0.5cm/sec	1.0cm/sec	1.0~4.0 cm/sec

1. 기존 구조물에 금이 있거나 노후 구조물에 대하여는 상기 표의 기준을 실정에 따라 허용범위를 하향 조정하여야 한다.
2. 이 기준을 초과할 때에는 발파를 중지하고 그 원인을 규명하여 적정한 패턴(발파기준)에 의하여 작업을 재개한다.

106 사면의 붕괴 형태의 종류에 해당되지 않는 것은?

① 사면의 측면부 파괴
② 사면선 파괴
③ 사면 내 파괴
④ 바닥면 파괴

해설 사면의 붕괴 형태
㉮ 사면선 파괴
㉯ 사면 내 파괴
㉰ 바닥면 파괴

107 점토질 지반의 침하 및 압밀재해를 막기 위하여 실시하는 지반개량 탈수공법으로 적당하지 않은 것은?

① 샌드 드레인 공법
② 생석회 공법
③ 진동 공법
④ 페이퍼 드레인 공법

해설 점토질 지반의 개량공법
㉮ 샌드 드레인(sand drain) 공법
㉯ 페이퍼 드레인(paper drain) 공법
㉰ 프리로딩(pre-loading) 공법
㉱ 치환 공법
㉲ 생석회 공법

108 로드(rod)·유압 잭(jack) 등을 이용하여 거푸집을 연속적으로 이동시키면서 콘크리트를 타설할 때 사용되는 것으로 silo 공사 등에 적합한 거푸집은?

① 메탈폼
② 슬라이딩폼
③ 워플폼
④ 페코빔

해설 슬라이딩폼(sliding form)
원형 철판 거푸집을 요크(york)로 서서히 끌어올리면서 연속적으로 콘크리트를 타설하는 수직활동 거푸집으로, 사일로, 굴뚝 등에 사용한다.

109 강관을 사용하여 비계를 구성하는 경우 준수해야 할 사항으로 옳지 않은 것은?

① 비계기둥의 간격은 띠장 방향에서는 1.85m 이하, 장선(長線) 방향에서는 1.5m 이하로 할 것
② 띠장 간격은 2m 이하로 설치할 것
③ 비계기둥의 제일 윗부분으로부터 31m 되는 지점 밑부분의 비계기둥은 3개의 강관으로 묶어 세울 것
④ 비계기둥 간의 적재하중은 400kg을 초과하지 않도록 할 것

해설 강관비계 구성 시 준수사항
㉮ 비계기둥의 간격은 띠장 방향에서는 1.85m 이하, 장선(長線) 방향에서는 1.5m 이하로 할 것. 다만, 선박 및 보트 건조작업의 경우 안전성에 대한 구조 검토를 실시하고 조립도를 작성하면 띠장 방향 및 장선 방향으로 각각 2.7m 이하로 할 수 있다.
㉯ 띠장 간격은 2.0m 이하로 할 것. 다만, 작업의 성질상 이를 준수하기가 곤란하여 쌍기둥틀 등에 의하여 해당 부분을 보강한 경우에는 그러하지 아니하다.
㉰ 비계기둥의 제일 윗부분으로부터 31m 되는 지점 밑부분의 비계기둥은 2개의 강관으로 묶어 세울 것. 다만, 브래킷(bracket, 까치발) 등으로 보강하여 2개의 강관으로 묶을 경우 이상의 강도가 유지되는 경우에는 그러하지 아니하다.
㉱ 비계기둥 간의 적재하중은 400kg을 초과하지 않도록 할 것

110 사면보호공법 중 구조물에 의한 보호공법에 해당되지 않는 것은?

① 식생구멍공
② 블록공
③ 돌쌓기공
④ 현장타설 콘크리트 격자공

해설 사면보호공법
㉮ 구조물에 의한 사면보호공법
  ㉠ 현장타설 콘크리트 격자공
  ㉡ 블록공
  ㉢ 돌쌓기공
  ㉣ 콘크리트 붙임공법
  ㉤ 뿜칠공법, 피복공법 등
㉯ 식생에 의한 사면보호공법
㉰ 떼임공법 등

정답 106.① 107.③ 108.② 109.③ 110.①

111 다음 중 운반작업 시 주의사항으로 옳지 않은 것은?

① 운반 시의 시선은 진행방향을 향하고 뒷걸음 운반을 하여서는 안 된다.
② 무거운 물건을 운반할 때 무게중심이 높은 하물은 인력으로 운반하지 않는다.
③ 어깨높이보다 높은 위치에서 하물을 들고 운반하여서는 안 된다.
④ 단독으로 긴 물건을 어깨에 메고 운반할 때에는 뒤쪽을 위로 올린 상태로 운반한다.

해설 인력 운반작업 시 안전수칙
㉠ 물건을 들어올릴 때는 팔과 무릎을 사용하여 척추는 곧은 자세로 한다.
㉡ 무거운 물건은 공동작업으로 실시하고 보조기구를 사용한다.
㉢ 길이가 긴 물건은 앞쪽을 높여 운반한다.
㉣ 하물에 될 수 있는 대로 접근하여 중심을 낮게 한다.
㉤ 어깨높이보다 높은 위치에서 하물을 들고 운반하여서는 안 된다.
㉥ 무리한 자세를 장시간 지속하지 않는다.
㉦ 운반 시의 시선은 진행방향을 향하고 뒷걸음 운반을 하여서는 안 된다.
㉧ 무거운 물건을 운반할 때 무게중심이 높은 하물은 인력으로 운반하지 않는다.

112 터널 지보공을 설치한 경우에 수시로 점검하여 이상을 발견 시 즉시 보강하거나 보수해야 할 사항이 아닌 것은?

① 부재의 손상·변형·부식·변위·탈락의 유무 및 상태
② 부재의 긴압의 정도
③ 부재의 접속부 및 교차부의 상태
④ 계측기 설치상태

해설 터널 지보공을 설치한 경우의 점검사항
터널 지보공을 설치한 경우에 다음의 사항을 수시로 점검하여야 하며, 이상을 발견한 경우에는 즉시 보강하거나 보수하여야 한다.
㉠ 부재의 손상·변형·부식·변위·탈락의 유무 및 상태
㉡ 부재의 긴압 정도
㉢ 부재의 접속부 및 교차부의 상태
㉣ 기둥 침하의 유무 및 상태

113 선창의 내부에서 화물 취급작업을 하는 근로자가 안전하게 통행할 수 있는 설비를 설치하여야 하는 기준은 갑판의 윗면에서 선창(船倉) 밑바닥까지의 깊이가 최소 얼마를 초과할 때인가?

① 1.3m   ② 1.5m
③ 1.8m   ④ 2.0m

해설 갑판의 윗면에서 선창 밑바닥까지의 깊이가 1.5m를 초과하는 선창의 내부에서 화물 취급작업을 하는 경우에 그 작업에 종사하는 근로자가 안전하게 통행할 수 있는 설비를 설치하여야 한다.

114 해체공사 시 작업용 기계·기구의 취급 안전기준에 관한 설명으로 옳지 않은 것은?

① 철제 해머와 와이어로프의 결속은 경험이 많은 사람으로서 선임된 자에 한하여 실시하도록 하여야 한다.
② 팽창제 천공 간격은 콘크리트 강도에 의하여 결정되나 70~120cm 정도를 유지하도록 한다.
③ 쐐기 타입으로 해체 시 천공 구멍은 타입기 삽입 부분의 직경과 거의 같아야 한다.
④ 화염방사기로 해체작업 시 용기 내 압력은 온도에 의해 상승하기 때문에 항상 40℃ 이하로 보존해야 한다.

해설 ② 팽창제 천공 간격은 콘크리트 강도에 의하여 결정되나 30~70cm 정도를 유지하도록 한다.

115 운반작업을 인력운반작업과 기계운반작업으로 분류할 때, 기계운반작업으로 실시하기에 부적당한 대상은?

① 단순하고 반복적인 작업
② 표준화되어 있어 지속적이고 운반량이 많은 작업
③ 취급물의 형상, 성질, 크기 등이 다양한 작업
④ 취급물이 중량인 작업

해설 ③ 취급물의 형상, 성질, 크기 등이 다양한 작업은 인력운반작업을 하는 것이 유리하다.

116 말비계를 조립하여 사용하는 경우 지주부재와 수평면의 기울기는 얼마 이하로 하여야 하는가?

① 65° ② 70°
③ 75° ④ 80°

해설 말비계 조립 시 준수사항
㉮ 지주부재의 하단에는 미끄럼방지장치를 하고, 근로자가 양측 끝부분에 올라서서 작업하지 않도록 할 것
㉯ 지주부재와 수평면의 기울기를 75° 이하로 하고, 지주부재와 지주부재 사이를 고정시키는 보조부재를 설치할 것
㉰ 말비계의 높이가 2m를 초과하는 경우에는 작업발판의 폭을 40cm 이상으로 할 것

117 지하수위 상승으로 포화된 사질토 지반의 액상화 현상을 방지하기 위한 가장 직접적이고 효과적인 대책은?

① well point 공법 적용
② 동다짐 공법 적용
③ 입도가 불량한 재료를 입도가 양호한 재료로 치환
④ 밀도를 증가시켜 한계 간극비 이하로 상대밀도를 유지하는 방법 강구

해설 웰포인트 공법(well point method)
주로 모래질 지반에 유효한 배수공법의 하나이다. 웰포인트라는 양수관을 다수 박아 넣고, 상부를 연결하여 진공펌프와 와권(渦卷)펌프를 조합시킨 펌프에 의해 지하수를 강제 배수한다. 중력 배수가 유효하지 않은 경우에 널리 쓰이는 데, 1단의 양정이 7m 정도까지이므로 깊은 굴착에는 여러 단의 웰포인트가 필요하게 된다.

118 지하수위 측정에 사용되는 계측기는?

① load cell   ② inclinometer
③ extensometer   ④ piezometer

해설 계측기의 종류
㉮ 수위계(water level meter) : 지반 내 지하수위 변화를 측정
㉯ 간극수압계(piezometer) : 지하수의 수압을 측정
㉰ 하중계(load cell) : 버팀보(지주) 또는 어스앵커(earth anchor) 등의 실제 축하중 변화 상태를 측정
㉱ 지중경사계(inclinometer) : 흙막이벽의 수평변위(변형) 측정
㉲ 신장계(extensometer) : 인장시험편의 평행부의 표점거리에 생긴 길이의 변화, 즉 신장을 정밀하게 측정

119 산업안전보건법령에 따른 작업발판 일체형 거푸집에 해당되지 않는 것은?

① 갱폼(gang form)
② 슬립폼(slip form)
③ 유로폼(euro form)
④ 클라이밍폼(climbing form)

해설 작업발판 일체형 거푸집 종류
㉮ 갱폼(gang form)
㉯ 슬립폼(slip form)
㉰ 클라이밍폼(climbing form)
㉱ 터널 라이닝폼(tunnel lining form)
㉲ 그 밖에 거푸집과 작업발판이 일체로 제작된 거푸집 등

120 다음은 산업안전보건법령에 따른 화물자동차의 승강설비에 관한 사항이다. ( ) 안에 알맞은 내용으로 옳은 것은?

사업주는 바닥으로부터 짐 윗면까지의 높이가 (   ) 이상인 화물자동차에 짐을 싣는 작업 또는 내리는 작업을 하는 경우에는 근로자의 추가 위험을 방지하기 위하여 해당 작업에 종사하는 근로자가 바닥과 적재함의 짐 윗면 간을 안전하게 오르내리기 위한 설비를 설치하여야 한다.

① 2m   ② 4m
③ 6m   ④ 8m

해설 화물자동차 승강설비
사업주는 바닥으로부터 짐 윗면까지의 높이가 2m 이상인 화물자동차에 짐을 싣는 작업 또는 내리는 작업을 하는 경우에는 근로자의 추가 위험을 방지하기 위하여 해당 작업에 종사하는 근로자가 바닥과 적재함의 짐 윗면 간을 안전하게 오르내리기 위한 설비를 설치하여야 한다.

제1회 건설안전기사 2024
CBT 복원문제 | 2024. 2. 15. 시행

※ 2026년부터 기존 1·2과목(40문항)이 1과목(20문항)으로 통합하여 시행됩니다.

▶ 제1과목 산업안전관리론

01 다음 중 산업안전보건법에 따라 안전보건 진단을 받아 안전보건개선계획을 수립·제출하도록 명할 수 있는 사업장이 아닌 것은?

① 작업환경이 불량한 사업장
② 직업병에 걸린 사람이 연간 3명 발생한 사업장
③ 산업재해율이 같은 업종의 규모별 평균 산업재해율보다 높은 사업장 중 중대재해 발생 사업장
④ 산업재해 발생률이 같은 업종 평균 산업재해 발생률의 2배인 사업장

[해설] 안전보건 진단을 받아 안전보건개선계획을 수립·제출하도록 명할 수 있는 사업장
㉮ 산업재해율이 같은 업종 평균 산업재해율의 2배 이상인 사업장
㉯ 사업주가 필요한 안전조치 또는 보건조치를 이행하지 아니하여 중대재해가 발생한 사업장
㉰ 직업성 질병자가 연간 2명 이상(상시근로자 1천명 이상 사업장의 경우 3명 이상) 발생한 사업장
㉱ 그 밖에 작업환경 불량, 화재·폭발 또는 누출 사고 등으로 사업장 주변까지 피해가 확산된 사업장으로서 고용노동부령으로 정하는 사업장

02 강도율이 1.25, 도수율이 10인 사업장의 평균 강도율은 얼마인가?

① 8일   ② 10일
③ 12.5일   ④ 125일

[해설] 평균 강도율 $= \dfrac{강도율}{도수율} \times 1{,}000$
$= \dfrac{1.25}{10} \times 1{,}000 = 125$일

03 다음 중 산업안전보건위원회의 심의 또는 의결사항이 아닌 것은?

① 산업재해 예방계획의 수립에 관한 사항
② 근로자의 건강진단 등 건강관리에 관한 사항
③ 안전장치 및 보호구 구입 시의 적격품 여부 확인에 관한 사항
④ 중대 재해의 원인 조사 및 재발방지대책의 수립에 관한 사항

[해설] 산업안전보건위원회의 심의·의결사항
㉮ 사업장의 산업재해 예방계획의 수립에 관한 사항
㉯ 안전보건관리 규정의 작성 및 변경에 관한 사항
㉰ 근로자의 안전보건교육에 관한 사항
㉱ 작업환경 측정 등 작업환경의 점검 및 개선에 관한 사항
㉲ 근로자의 건강진단 등 건강관리에 관한 사항
㉳ 산업재해에 관한 통계의 기록 및 유지에 관한 사항
㉴ 중대재해의 산업재해의 원인 조사 및 재발방지대책 수립에 관한 사항
㉵ 유해하거나 위험한 기계·기구·설비를 도입한 경우 안전 및 보건 관련 조치에 관한 사항
㉶ 그 밖에 해당 사업장 근로자의 안전 및 보건을 유지·증진시키기 위하여 필요한 사항

04 다음 중 산업안전보건법상 사업주의 의무에 해당하지 않는 것은?

① 근로 조건을 개선하여 적절한 작업환경 조성
② 사업장의 안전보건에 관한 정보를 근로자에게 제공
③ 사업장 유해·위험 요인에 대한 실태를 파악하고, 이를 평가하여 관리·개선
④ 유해·위험 기계·기구·설비 및 방호장치·보호구 등의 안전성 평가 및 개선

01.① 02.④ 03.③ 04.④ **정답**

해설 ㉮ 사업주의 의무
  ㉠ 이 법과 이 법에 따른 명령으로 정하는 산업재해 예방을 위한 기준을 지킬 것
  ㉡ 근로자의 신체적 피로와 정신적 스트레스 등을 줄일 수 있는 쾌적한 작업환경을 조성하고 근로 조건을 개선할 것
  ㉢ 해당 사업장의 안전보건에 관한 정보를 근로자에게 제공할 것
㉯ 정부의 책무
  ㉠ 산업 안전 및 보건 정책의 수립 및 집행
  ㉡ 산업재해 예방 지원 및 지도
  ㉢ 「근로기준법」에 따른 직장 내 괴롭힘 예방을 위한 조치기준 마련, 지도 및 지원
  ㉣ 사업주의 자율적인 산업 안전 및 보건 경영체제 확립을 위한 지원
  ㉤ 산업 안전 및 보건에 관한 의식을 북돋우기 위한 홍보·교육 등 안전문화 확산 추진
  ㉥ 산업 안전 및 보건에 관한 기술의 연구·개발 및 시설의 설치·운영
  ㉦ 산업 안전 및 보건 관련 단체 등에 대한 지원 및 지도·감독
  ㉧ 그 밖에 노무를 제공하는 사람의 안전 및 건강의 보호·증진
  ㉨ 산업재해에 관한 조사 및 통계의 유지·관리

05 다음 중 산업안전보건법상 안전검사 대상 유해·위험 기계에 해당하지 않는 것은?

① 압력용기
② 리프트
③ 이동식 크레인
④ 전단기

해설 안전검사대상 유해·위험 기계
  ㉮ 프레스
  ㉯ 전단기
  ㉰ 크레인(정격하중 2톤 미만인 것은 제외)
  ㉱ 리프트
  ㉲ 압력용기
  ㉳ 곤돌라
  ㉴ 국소 배기장치(이동식은 제외)
  ㉵ 원심기(산업용만 해당)
  ㉶ 롤러기(밀폐형 구조는 제외)
  ㉷ 사출성형기[형 체결력 294킬로뉴턴(kN) 미만은 제외]
  ㉸ 고소작업대(「자동차관리법」에 따른 화물자동차 또는 특수자동차에 탑재한 고소작업대로 한정)
  ㉹ 컨베이어
  ㉺ 산업용 로봇

06 다음 중 한 사람 한 사람이 스스로 위험요인을 발견·파악하여 단시간에 행동 목표를 정하여 지적 확인을 하며, 특히 비정상적인 작업의 안전을 확보하기 위한 위험예지 훈련은?

① 삼각 위험예지 훈련
② 1인 위험예지 훈련
③ 원포인트 위험예지 훈련
④ 자문자답카드 위험예지 훈련

해설 ① 삼각 위험예지 훈련 : 위험예지 훈련을 보다 빠르게, 보다 간편하게 전원이 참여하여 말하거나 쓰는 것이 미숙한 작업자를 위한 방법이다.
② 1인 위험예지 훈련 : 한 사람 한 사람의 위험에 대한 감수성 향상을 도모하기 위한 삼각 및 원포인트 위험예지 훈련을 통합한 활용 기법이다.
③ 원포인트 위험예지 훈련 : 위험예지 훈련 4라운드 중 2R, 3R, 4R를 모두 One Point로 요약하여 실시하는 T.B.M 위험예지 훈련으로 흑판이나 용지를 사용하지 않고 또한 삼각 위험예지 훈련 같이 기호나 메모를 사용하지 않고 구두로 실시한다.
④ 자문자답카드 위험예지 훈련 : 한 사람 한 사람이 자문자답카드의 체크 항목을 큰소리로 자문자답하면서 위험요인을 발견, 파악하여 단시간에 행동 목표를 정하여 지적 확인하는 것으로, 특히 비정상적인 작업의 안전을 확보하기 위한 훈련이다.

07 다음 중 산업안전보건법에 따라 지방고용노동관서의 장이 안전관리자를 정수 이상 증원하거나 교체하여 임명할 것을 명령할 수 있는 경우는?

① 중대 재해가 연간 1건 발생한 경우
② 해당 사업장의 연간 재해율이 같은 업종의 평균 재해율의 3배인 경우
③ 안전관리자가 질병의 사유로 45일 동안 직무를 수행할 수 없게 된 경우
④ 안전관리자가 기타 사유로 60일 동안 직무를 수행할 수 없게 된 경우

정답 05.③ 06.④ 07.②

해설 안전관리자의 증원·개임 명령 사유
- ㉮ 해당 사업장의 연간 재해율이 같은 업종 평균 재해율의 2배 이상인 경우
- ㉯ 중대재해가 연간 2건 이상 발생한 경우. 다만, 해당 사업장의 전년도 사망만인율이 같은 업종의 평균 사망만인율 이하인 경우는 제외한다.
- ㉰ 관리자가 질병이나 그 밖의 사유로 3개월 이상 직무를 수행할 수 없게 된 경우
- ㉱ 화학적 인자로 인한 직업성 질병자가 연간 3명 이상 발생한 경우

08 산업안전보건법령상 안전보건 규정을 작성하여야 할 사업의 사업주는 안전보건관리 규정을 작성하여야 할 사유가 발생한 날부터 며칠 이내에 작성하여야 하는가?

① 15일 ② 30일
③ 60일 ④ 90일

해설 사업주는 안전보건관리 규정을 작성하여야 할 사유가 발생한 날부터 30일 이내에 안전보건관리 규정을 작성하여야 한다. 이를 변경할 사유가 발생한 경우에도 또한 같다.

09 다음 중 일반적인 보호구의 관리방법으로 가장 적절하지 않은 것은?

① 정기적으로 점검하고 관리한다.
② 청결하고 습기가 없는 곳에 보관한다.
③ 세척한 후에는 햇볕에 완전히 건조시켜 보관한다.
④ 항상 깨끗하게 보관하고 사용 후 건조시켜 보관한다.

해설 세척한 후에는 햇볕이 없는 곳에서 완전히 건조시켜 보관한다.

10 다음 중 하인리히의 사고예방대책 기본원리 5단계에 있어 "시정방법의 선정" 바로 이전 단계에서 행하여지는 사항은?

① 분석·평가
② 안전관리 조직
③ 현상 파악
④ 시정책의 적용

해설 하인리히의 사고예방대책 기본원리 5단계
- ㉮ 1단계 : 안전관리 조직
- ㉯ 2단계 : 사실의 발견
- ㉰ 3단계 : 분석·평가
- ㉱ 4단계 : 시정책의 선정
- ㉲ 5단계 : 시정책의 적용

11 다음 중 안전조직을 구성할 때의 고려사항으로 가장 적합한 것은?

① 회사의 특성과 규모에 부합된 조직으로 설계한다.
② 기업의 규모와 관계없이 생산조직과 분리된 조직이 되도록 한다.
③ 조직 구성원의 책임과 권한에 대하여 서로 중첩되도록 한다.
④ 안전에 관한 지시나 명령이 작업현장에 전달되기 전에는 스태프의 기능을 반드시 축소해야 한다.

해설 안전관리조직의 구비조건
- ㉮ 회사의 특성과 규모에 부합되게 조직되어야 한다.
- ㉯ 조직의 기능이 충분히 발휘될 수 있는 제도적 체계가 맞추어져야 한다.
- ㉰ 조직을 구성하는 관리자의 책임과 권한이 분명해야 한다.
- ㉱ 생산라인과 밀착된 조직이어야 한다.

12 다음 중 객관적인 위험을 작업자 나름대로 판정하여 위험을 수용하고 행동에 옮기는 것은?

① Risk Assessment
② Risk taking
③ Risk control
④ Risk playing

해설 리스크 테이킹(risk taking)
객관적인 위험을 자기 나름대로 판정해서 의지결정을 하고 행동에 옮기는 것을 말한다. 안전태도와 Risk Taking과의 관계의 경우, 안전태도가 양호한 자는 Risk Taking의 정도가 적고, 안전태도의 수준이 같은 정도에서는 작업의 달성 동기, 성격, 능률 등 각종 요인의 영향에 의해 Risk Taking의 정도가 변하게 된다.

13 직계식 안전조직의 특징이 아닌 것은?

① 명령과 보고가 간단명료하다.
② 안전정보의 수집이 빠르고 전문적이다.
③ 각종 지시 및 조치사항이 신속하게 이루어진다.
④ 안전업무가 생산현장 라인을 통하여 시행된다.

해설 라인(Line)식(직계식) 조직의 장단점
㉮ 장점
  ㉠ 안전지시나 개선조치가 각 부분의 직제를 통하여 생산업무와 같이 흘러가므로, 지시나 조치가 철저할 뿐만 아니라 그 실시도 빠르다.
  ㉡ 명령과 보고가 상하관계뿐이므로 간단명료하다.
㉯ 단점
  ㉠ 안전에 대한 정보가 불충분하며 안전전문 입안이 되어 있지 않으므로 내용이 빈약하다.
  ㉡ 생산업무와 같이 안전대책이 실시되므로 불충분하다.
  ㉢ 라인에 과중한 책임을 지우기가 쉽다.

14 다음 중 버드(Bird)에 의한 재해발생비율 1 : 10 : 30 : 600 중 10에 해당되는 내용은 무엇인가?

① 중상 또는 폐질 ② 물적만의 사고
③ 인적만의 사고 ④ 물적 · 인적 사고

해설 버드의 재해구성(발생)비율
중상 또는 폐질 : 경상 : 무상해사고 : 무상해 · 무사고
= 1 : 10 : 30 : 60

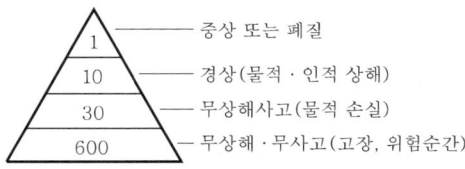
1 ── 중상 또는 폐질
10 ── 경상(물적 · 인적 상해)
30 ── 무상해사고(물적 손실)
600 ── 무상해 · 무사고(고장, 위험순간)

15 산업안전보건법령상 산업안전보건관리비 사용명세서의 공사 종료 후 보존기간은?

① 6개월간 ② 1년간
③ 2년간   ④ 3년간

해설 사업주는 고용노동부장관이 정하는 바에 따라 해당 공사를 위하여 계상된 산업안전보건관리비를 그가 사용하는 근로자와 그의 수급인이 사용하는 근로자의 산업재해 및 건강장해 예방에 사용하고, 그 사용명세서를 매월(공사가 1개월 이내에 종료되는 사업의 경우에는 해당 공사 종료 시) 작성하고 공사 종료 후 1년간 보존하여야 한다.

16 시설물안전법령에 명시된 안전점검의 종류에 해당하는 것은?

① 일반안전점검 ② 특별안전점검
③ 정밀안전점검 ④ 임시안전점검

해설 시설물의 안전 및 유지관리에 관한 특별법상 안전점검의 종류
㉮ 정기점검
㉯ 정밀점검
㉰ 긴급점검

17 재해사례 연구의 진행순서로 옳은 것은?

① 재해상황의 파악 → 사실의 확인 → 문제점 발견 → 근본적 문제점 결정 → 대책수립
② 사실의 확인 → 재해상황의 파악 → 근본적 문제점 결정 → 문제점 발견 → 대책수립
③ 문제점 발견 → 사실의 확인 → 재해상황의 파악 → 근본적 문제점 결정 → 대책수립
④ 재해상황의 파악 → 문제점 발견 → 근본적 문제점 결정 → 대책수립 → 사실의 확인

해설 재해사례 연구의 진행단계
㉮ 전제조건 - 재해상황의 파악 : 재해사례를 관계하여 그 사고와 배경을 다음과 같이 체계적으로 파악한다.
㉯ 제1단계 - 사실의 확인 : 작업의 개시에서 재해의 발생까지의 경과 가운데 재해와 관계가 있는 사실 및 재해요인으로 알려진 사실을 객관적이며 정확성 있게 확인한다.
㉰ 제2단계 - 문제점의 발견 : 파악된 사실로부터 판단하여 각종 기준에서 차이의 문제점을 발견한다.
㉱ 제3단계 - 근본적 문제의 결정 : 문제점 가운데 재해의 중심이 된 근본적 문제점을 결정한 다음 재해원인을 결정한다.
㉲ 제4단계 - 대책수립 : 재해요인을 규명하여 분석하고 그에 대한 대책을 세운다.

정답 13.② 14.④ 15.② 16.③ 17.①

18 산업안전보건법령상 다음 그림에 해당하는 안전보건표지의 명칭으로 옳은 것은?

① 접근금지 ② 이동금지
③ 보행금지 ④ 출입금지

해설 문제의 표지는 '보행금지'의 표지로, 사람이 걸어 다녀서는 안 될 장소를 표시한다.

19 산업안전보건법령상 안전보건표지의 색채와 색도기준의 연결이 옳은 것은? (단, 색도기준은 한국산업표준(KS)에 따른 색의 3속성에 의한 표시방법에 따른다.)

① 흰색 : N 0.5
② 녹색 : 5G 5.5/6
③ 빨간색 : 5R 4/12
④ 파란색 : 2.5PB 4/10

해설 안전보건표지의 색도기준 및 용도

색채	색도기준	용도	사용 예
빨간색	7.5R 4/14	금지	정지신호, 소화설비 및 그 장소, 유해행위의 금지
		경고	화학물질 취급장소에서의 유해·위험 경고
노란색	5Y 8.5/12	경고	화학물질 취급장소에서의 유해·위험 경고 이외의 위험 경고, 주의표지 또는 기계방호물
파란색	2.5PB 4/10	지시	특정 행위의 지시 및 사실의 고지
녹색	2.5G 4/10	안내	비상구 및 피난소, 사람 또는 차량의 통행표지
흰색	N 9.5	–	파란색 또는 녹색에 대한 보조색
검은색	N 0.5	–	문자 및 빨간색 또는 노란색에 대한 보조색

20 다음의 재해사례에서 기인물과 가해물은?

작업자가 작업장을 걸어가는 중 작업장 바닥에 쌓여있던 자재에 걸려 넘어지면서 바닥에 머리를 부딪쳐 사망하였다.

① 기인물 : 자재, 가해물 : 바닥
② 기인물 : 자재, 가해물 : 자재
③ 기인물 : 바닥, 가해물 : 바닥
④ 기인물 : 바닥, 가해물 : 자재

해설 ㉮ 기인물 : 불안전 상태에 있는 물체(환경 포함) - 자재
㉯ 가해물 : 직접 사람에게 접촉되어 위해를 가한 물체 - 바닥

》제2과목 산업심리 및 교육

21 다음 중 착각에 관한 설명으로 틀린 것은?

① 착각은 인간의 노력으로 고칠 수 있다.
② 정보의 결함이 있으면 착각이 일어난다.
③ 착각은 인간측의 결함에 의해서 발생한다.
④ 환경조건이 나쁘면 착각은 쉽게 일어난다.

해설 착각은 정상적인 사람 모두가 느끼는 지각현상이고, 노력으로 고칠 수가 없다.

22 다음 중 안전보건교육계획에 포함하여야 할 사항과 가장 거리가 먼 것은?

① 교육방법
② 교육장소
③ 교육생 의견
④ 교육목표

해설 안전보건교육계획에 포함해야 할 사항
㉮ 교육목표(첫째 과제) : 교육 및 훈련의 범위, 교육 보조자료의 준비 및 사용지침, 교육훈련 의무와 책임관계 명시
㉯ 교육의 종류 및 교육대상
㉰ 교육의 과목 및 교육내용
㉱ 교육기간 및 시간
㉲ 교육장소
㉳ 교육방법
㉴ 교육담당자 및 강사
㉵ 소요예산 책정

23 다음 중 토의식 교육지도에서 시간이 가장 많이 소요되는 단계는?

① 도입
② 제시
③ 적용
④ 확인

해설 ㉮ 토의법의 시간 배분
도입(5분) – 제시(10분) – 적용(40분) – 확인(5분)
㉯ 강의법의 시간 배분
도입(5분) – 제시(40분) – 적용(10분) – 확인(5분)

24 다음 중 O.J.T(On the Job Training)의 장점이 아닌 것은?

① 개개인에게 적절한 지도 훈련이 가능하다.
② 직장의 실정에 맞게 실제적 훈련이 가능하다.
③ 훈련에 필요한 업무의 계속성이 끊어지지 않는다.
④ 각 직장의 근로자가 지식이나 경험을 교류할 수 있다.

해설 ㉮ O.J.T 교육의 특징
㉠ 개개인에게 적합한 지도 훈련이 가능하다.
㉡ 직장의 실정에 맞는 실체적 훈련을 할 수 있다.
㉢ 훈련에 필요한 업무의 계속성이 끊어지지 않는다.
㉣ 즉시 업무에 연결되는 관계로 신체와 관련이 있다.
㉤ 효과가 곧 업무에 나타나며, 훈련의 좋고 나쁨에 따라 개선이 용이하다.
㉥ 교육을 통한 훈련 효과에 의해 상호 신뢰 이해도가 높아진다.
㉯ Off J.T 교육의 특징
㉠ 다수의 근로자에게 조직적 훈련이 가능하다.
㉡ 훈련에만 전념하게 된다.
㉢ 특별 설비기구를 이용할 수 있다.
㉣ 전문가를 강사로 초청할 수 있다.
㉤ 각 직장의 근로자가 많은 지식이나 경험을 교류할 수 있다.
㉥ 교육 훈련 목표에 대해서 집단적 노력이 흐트러질 수도 있다.

25 산업안전보건법령상 사업 내 안전보건교육에 있어 건설 일용근로자의 건설업 기초 안전보건교육의 최소 교육시간은?

① 1시간 ② 2시간
③ 4시간 ④ 8시간

해설 산업안전보건법상 사업 내 안전보건교육에 있어 건설 일용근로자의 건설업 기초 안전보건교육 시간은 4시간 이상이다.

26 MTP(Management Training Program) 안전교육방법에서의 총 교육시간으로 가장 적당한 것은?

① 10시간
② 40시간
③ 80시간
④ 120시간

해설 MTP(Management Training Program)
㉮ FEAF(Far East Air Forces)라고도 하며, 대상은 TWI보다 약간 높은 계층을 목표로 하고, TWI와는 달리, 관리 문제에 보다 더 치중하고 있다.
㉯ 교육 내용 : 관리의 기능, 조직원 원칙, 조직의 운영, 시간관리 학습의 원칙과 부하 지도법, 훈련의 관리, 신인을 맞이하는 방법과 대행자를 육성하는 요령, 회의의 주관, 직업의 개선, 안전한 작업, 과업관리, 사기 앙양 등
㉰ 한 클래스는 10~15명, 2시간씩 20회에 걸쳐서 40시간을 훈련하도록 되어 있다.

27 다음 중 기술 교육(교시법)의 4단계를 올바르게 나열한 것은?

① Preparation → Presentation
→ Performance → Follow up
② Presentation → Preparation
→ Performance → Follow up
③ Performance → Follow up
→ Presentation → Preparation
④ Performance → Preparation
→ Follow up → Presentation

정답 23.③ 24.④ 25.③ 26.② 27.①

해설 **교시법의 4단계**
㉮ 제1단계 : 준비단계(Preparation)
㉯ 제2단계 : 일을 하여 보이는 단계(Presentation)
㉰ 제3단계 : 일을 시켜 보이는 단계(Performance)
㉱ 제4단계 : 보습 지도의 단계(Follow-up)

28 다음 중 안전교육을 위한 시청각 교육법에 대한 설명으로 가장 적절한 것은?

① 학습자들에게 공통의 경험을 형성시켜 줄 수 있다.
② 지능, 적성, 학습속도 등 개인차를 충분히 고려할 수 있다.
③ 학습의 다양성과 능률화에 기여할 수 없다.
④ 학습 자료를 시간과 장소에 제한 없이 제시할 수 있다.

해설 **시청각 교육의 기능**
㉮ 구체적인 경험을 충분히 함으로써 상징화·일반화의 과정을 도와주며, 의미나 원리를 파악하는 능력을 길러준다.
㉯ 학습 동기를 유발시켜서 자발적인 학습 활동이 되게 자극한다(학습 효과의 지속성을 기할 수 없다).
㉰ 학습자에게 공통 경험을 형성시켜 줄 수 있다.
㉱ 학습의 다양성과 능률화를 기할 수 있다.
㉲ 개별적인 진로 수업을 가능하게 한다.

29 미국 국립산업안전보건 연구원(NIOSH)이 제시한 직무 스트레스 모형에서 직무 스트레스 요인을 작업 요인, 조직 요인, 환경 요인으로 구분할 때, 다음 중 조직 요인에 해당하는 것은?

① 작업 속도
② 관리 유형
③ 교대 근무
④ 조명 및 소음

해설 **직무 스트레스 요인**
㉮ 작업 요인 : 작업 속도, 교대 근무
㉯ 조직 요인 : 관리 유형
㉰ 환경 요인 : 조명 및 소음

30 다음 중 교육지도방법에 있어 프로그램 학습과 거리가 먼 것은?

① Skinner의 조작적 조건현상 원리에 의해 개발된 것으로 자율적 학습이 특징이다.
② 학습내용 습득 여부를 즉각적으로 피드백받을 수 있다.
③ 교재 개발에 많은 시간과 노력이 드는 것이 단점이다.
④ 개별 학습이므로 훈련시간이 최대한으로 지연된다는 것이 최대 단점이다.

해설 **프로그램 학습법**
수업 프로그램이 프로그램 학습의 원리에 의해서 만들어지고 학생의 자기 학습속도에 따른 학습이 허용되어 있는 상태에서 학습자가 프로그램 자료를 가지고 단독으로 학습하도록 하는 교육방법이다.
㉮ 장점
　㉠ 학습자의 학습과정을 쉽게 알 수 있다.
　㉡ 지능, 학습속도 등 개인차를 충분히 고려할 수 있다.
　㉢ 매 반응마다 피드백이 주어지기 때문에 학습자가 흥미를 가질 수 있다.
㉯ 단점
　㉠ 개발된 프로그램은 변경이 불가능하다.
　㉡ 교육내용이 고정화되어 있다.
　㉢ 학습에 많은 시간이 걸린다.
　㉣ 집단 사고의 기회가 없다.

31 학습 경험 조직의 원리와 가장 거리가 먼 것은?

① 가능성의 원리
② 계속성의 원리
③ 계열성의 원리
④ 통합성의 원리

해설 **학습 경험 조직의 원리**
㉮ 계속성의 원리
㉯ 계열성의 원리
㉰ 통합성의 원리
㉱ 균형성의 원리
㉲ 다양성의 원리
㉳ 건전성의 원리(보편성의 원리)

32 다음 중 작업장에서의 사고예방을 위한 조치로 틀린 것은?

① 모든 사고는 사고자료가 연구될 수 있도록 철저히 조사되고 자세히 보고되어야 한다.
② 안전의식 고취 운동에서의 포스터는 처참한 장면과 함께 부정적인 문구의 사용이 효과적이다.
③ 안전장치는 생산을 방해해서는 안 되고, 그것이 제 위치에 있지 않으면 기계가 작동되지 않도록 설계되어야 한다.
④ 감독자와 근로자는 특수한 기술뿐만 아니라 안전에 대한 태도교육을 받아야 한다.

해설 ② 포스터의 처참한 장면과 부정적인 문구는 안전의식 고취에 역효과를 초래할 수 있다.

33 강의법의 장점으로 볼 수 없는 것은?

① 강의시간에 대한 조정이 용이하다.
② 학습자의 개성과 능력을 최대화할 수 있다.
③ 난해한 문제에 대하여 평이하게 설명이 가능하다.
④ 다수의 인원에서 동시에 많은 지식과 정보의 전달이 가능하다.

해설 강의법의 장점 및 단점
㉮ 장점
　㉠ 사실, 사상을 시간, 장소에 제한 없이 제시할 수 있으며 시간에 대한 계획과 통제가 용이하다.
　㉡ 여러 가지 수업매체를 동시에 활용할 수 있다.
　㉢ 강사가 임의로 시간을 조절할 수 있고, 강조할 점을 수시로 강조할 수 있다.
　㉣ 학생의 다소에 제한을 받지 않는다.
　㉤ 학습자의 태도, 정서 등의 감화를 위한 학습에 효과적이다.
㉯ 단점
　㉠ 개인의 학습속도에 맞추기 어렵다.
　㉡ 대부분이 일방통행적인 지식의 배합형식이다.
　㉢ 학습자의 참여와 흥미를 지속시키기 위한 기회가 거의 없다.
　㉣ 한정된 학습과제에만 가능하다.

34 허츠버그(Herzberg)의 욕구이론 중 위생요인이 아닌 것은?

① 임금
② 승진
③ 존경
④ 지위

해설 허츠버그(Herzberg)의 위생요인 및 동기요인
㉮ 위생요인 : 직무환경에 관계된 내용으로 기업정책, 개인 상호간의 관계(친교, 대인관계), 감독형태, 작업조건, 임금(급료), 보수지위, 안전 등이 있다.
㉯ 동기요인 : 직무내용(일의 내용)에 관한 것으로 목표달성에 대한 성취감, 안정감, 도전감, 책임감, 성장과 발전, 작업자체 등이 있다(자아실현을 하려는 인간의 독특한 경향 반영).

35 생체리듬(biorhythm)에 대한 설명으로 맞는 것은?

① 각각의 리듬이 (−)에서의 최저점에 이르렀을 때를 위험일이라 한다.
② 감성적 리듬은 영문으로 S라 표시하며, 23일을 주기로 반복된다.
③ 육체적 리듬은 영문으로 P라 표시하며, 28일을 주기로 반복된다.
④ 지성적 리듬은 영문으로 I라 표시하며, 33일을 주기로 반복된다.

해설 ㉮ 생체리듬의 종류 및 특징
　㉠ 육체적 리듬(physical rhythm) : 육체적 리듬의 주기는 23일이다. 신체활동에 관계되는 요소는 식욕, 소화력, 활동력, 스테미너 및 지구력 등이다.
　㉡ 지성적 리듬(intellectual rhythm) : 지성적 리듬의 주기는 33일이다. 지성적 리듬에 관계되는 요소는 상상력, 사고력, 기억력, 의지, 판단 및 비판력 등이다.
　㉢ 감성적 리듬(sensitivity rhythm) : 감성적 리듬의 주기는 28일이다. 감성적 리듬에 관계되는 요소는 주의력, 창조력, 예감 및 통찰력 등이다.

정답 32.② 33.② 34.③ 35.④

36 그림과 같이 수직 평행인 세로의 선들이 평행하지 않은 것으로 보이는 착시현상에 해당하는 것은?

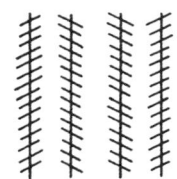

① 죌러(Zöller)의 착시
② 쾰러(Köhler)의 착시
③ 헤링(Hering)의 착시
④ 포겐도르프(Poggendorf)의 착시

해설 ① Zöller의 착시(방향착오)

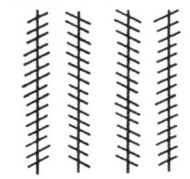

세로의 선이 수직선인데 굽어 보인다.
② Köhler의 착시(윤곽착오)

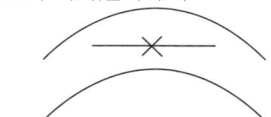

우선 평행의 호(弧)를 보고, 이어 직선을 본 경우에는 직선은 호와의 반대 방향에 보인다.
③ Hering의 착시(분할착오)

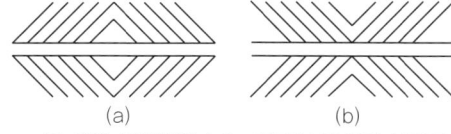

두 개의 평행선이 (a)는 양단이 벌어져 보이고, (b)는 중앙이 벌어져 보인다.
④ Poggendorf의 착시(위치착오)

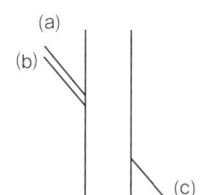

(b)와 (c)가 실제 일직선상에 있으나 (a)와 (c)가 일직선으로 보인다.

37 존 듀이(Jone Dewey)의 5단계 사고과정을 순서대로 나열한 것으로 맞는 것은?

ⓐ 행동에 의하여 가설을 검토한다.
ⓑ 가설(hypothesis)을 설정한다.
ⓒ 지식화(intellectualization)한다.
ⓓ 시사(suggestion)를 받는다.
ⓔ 추론(reasoning)한다.

① ⓔ → ⓑ → ⓓ → ⓐ → ⓒ
② ⓓ → ⓒ → ⓑ → ⓔ → ⓐ
③ ⓔ → ⓒ → ⓑ → ⓓ → ⓐ
④ ⓓ → ⓐ → ⓑ → ⓒ → ⓔ

해설 듀이의 사고과정 5단계
㉮ 시사를 받는다(suggestion).
㉯ 머리로 생각한다(intellectualization).
㉰ 가설을 설정한다(hypothesis).
㉱ 추론한다(reasoning).
㉲ 행동에 의하여 가설을 검토한다.

38 교육훈련 지도방법의 4단계 순서로 맞는 것은?

① 도입 → 제시 → 적용 → 확인
② 제시 → 도입 → 적용 → 확인
③ 적용 → 제시 → 도입 → 확인
④ 도입 → 적용 → 확인 → 제시

해설 교육법의 4단계
㉮ 제1단계 - 도입(준비) : 배우고자 하는 마음가짐을 일으키도록 도입한다.
㉯ 제2단계 - 제시(설명) : 상대의 능력에 따라 교육하며 내용을 확실하게 이해시키고 납득시켜 다시 기능으로서 습득시킨다.
㉰ 제3단계 - 적용(응용) : 이해시킨 내용을 구체적인 문제 또는 실제 문제로 활용시키거나 응용시킨다.
㉱ 제4단계 - 확인(총괄) : 교육내용을 정확하게 이해하고 습득하였는지의 여부를 확인한다.

39 다음 중 상황성 누발자의 재해 유발 원인으로 가장 적절한 것은?

① 기계설비의 결함
② 소심한 성격
③ 주의력의 산만
④ 침착성 및 도덕성의 결여

해설 사고 경향성자(재해 빈발자)의 유형
㉮ 미숙성 누발자
  ㉠ 기능이 미숙한 자
  ㉡ 작업환경에 익숙하지 못한 자
㉯ 상황성 누발자
  ㉠ 기계설비에 결함이 있거나 본인의 능력 부족으로 인하여 작업이 어려운 자
  ㉡ 환경상 주의력의 집중이 어려운 자
  ㉢ 심신에 근심이 있는 자
㉰ 소질성 누발자(재해 빈발 경향자) : 성격적·정신적 또는 신체적으로 재해의 소질적 요인을 가지고 있다.
  ㉠ 주의력 지속이 불가능한 자
  ㉡ 주의력 범위가 협소(편중)한 자
  ㉢ 저지능 자
  ㉣ 생활이 불규칙한 자
  ㉤ 작업에 대한 경시나 지속성이 부족한 자
  ㉥ 정직하지 못하고 쉽게 흥분하는 자
  ㉦ 비협조적이며, 도덕성이 결여된 자
  ㉧ 소심한 성격으로 감각운동이 부적합한 자
㉱ 습관성 누발자(암시설)
  ㉠ 재해의 경험으로 겁이 많거나 신경과민 증상을 보이는 자
  ㉡ 일종의 슬럼프(Slump) 상태에 빠져서 재해를 유발할 수 있는 자

40 알고 있는 지식을 심화시키거나 어떠한 자료에 대해 보다 명료한 생각을 갖도록 하는 경우 실시하는 교육방법으로 가장 적절한 것은?

① 구안법
② 강의법
③ 토의법
④ 실연법

해설 토의법
쌍방적 의사전달 방식에 의한 교육(최적 인원 : 10~20명)으로 적극성·지도성·협동성을 기르는 데 유효하다.

》제3과목 인간공학 및 시스템 안전공학

41 다음 중 고장 형태와 영향 분석(FMEA)에 관한 설명으로 틀린 것은?

① 각 요소가 영향의 해석이 가능하기 때문에 동시에 2가지 이상의 요소가 고장 나는 경우에 적합하다.
② 해석 영역이 물체에 한정되기 때문에 인적 원인 해석이 곤란하다.
③ 양식이 간단하여 특별한 훈련 없이 해석이 가능하다.
④ 시스템 해석의 기법은 정성적, 귀납적 분석법 등에 사용한다.

해설 FMEA의 장점 및 단점
㉮ 장점 : 서식이 간단하고 비교적 적은 노력으로 특별한 훈련 없이 분석할 수 있다.
㉯ 단점 : 논리성이 부족하고 특히 각 요소 간의 영향을 분석하기 어렵기 때문에 동시에 두 가지 이상의 요소가 고장 날 경우에 분석이 곤란하며, 또한 요소가 물체로 한정되어 있기 때문에 인적 원인을 분석하는 데는 곤란이 있다.

42 개선의 ECRS 원칙에 해당하지 않는 것은?

① 제거(Eliminate)
② 결합(Combine)
③ 재조정(Rearrange)
④ 안전(Safety)

해설 작업 개선의 ECRS의 원칙
㉮ 제거(Eliminate)
㉯ 결합(Combine)
㉰ 재조정(Rearrange)
㉱ 단순화(Simplify)

43 그림과 같이 FTA로 분석된 시스템에서 현재 모든 기본사상에 대한 부품이 고장 난 상태이다. 부품 X_1부터 부품 X_5까지 순서대로 복구한다면 어느 부품을 수리 완료하는 순간부터 시스템은 정상 가동이 되겠는가?

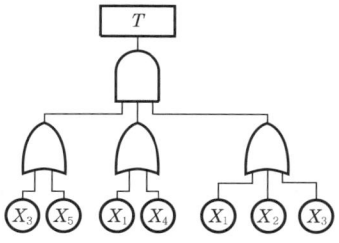

① X_1
② X_2
③ X_3
④ X_4

> **해설** 부품 X_1부터 부품 X_5까지 순서대로 복구한다면 X_3이 복구되는 순간 시스템은 정상 가동이 된다. 이유는 상부는 AND 게이트, 하부는 OR 게이트로 연결되어 있으므로 OR 게이트는 1개 이상 입력되면 출력이 가능하므로 X_3, X_1, X_1만 복구되면 정상 가동된다.

44 다음 중 강한 음영 때문에 근로자의 눈 피로도가 큰 조명방법은?

① 간접 조명
② 반간접 조명
③ 직접 조명
④ 전반 조명

> **해설** 직접 조명은 상방향으로 0~10%, 하방향으로 90~100% 빛이 향하므로 근로자의 눈 피로도가 큰 조명방식이다.

45 다음 중 인간공학 연구조사에 사용하는 기준의 구비조건과 가장 거리가 먼 것은?

① 적절성
② 무오염성
③ 다양성
④ 기준척도의 신뢰성

> **해설** 인간공학 연구조사에 사용되는 체계 기준 및 인간 기준의 구비조건
> ㉮ 적절성 : 기준이 의도된 목적에 적당하다고 판단되는 정도를 말한다.
> ㉯ 무오염성 : 기준척도는 측정하고자 하는 변수 외의 다른 변수들의 영향을 받아서는 안 된다는 것
> ㉰ 기준척도의 신뢰성 : 척도의 신뢰성은 반복성(Repeatability)을 의미한다.

46 단순반응시간(Simple Reaction Time)이란 하나의 특정한 자극만이 발생할 수 있을 때 반응에 걸리는 시간으로서 흔히 실험에서와 같이 자극을 예상하고 있을 때이다. 자극을 예상하지 못할 경우 일반적으로 반응시간은 얼마 정도 증가되는가?

① 0.1초
② 0.5초
③ 1.5초
④ 2.0초

> **해설** 동작의 속도와 정확성
> ㉮ 반응시간(Reaction Time) : 동작을 개시할 때까지의 총 시간을 말한다.
> ㉯ 단순반응시간(Simple Reaction Time) : 하나의 특정한 자극만이 발생할 수 있을 때 반응에 걸리는 시간으로 자극을 예상하고 있을 때, 반응시간은 0.15~0.2초 정도이다(특정 감각, 강도, 지속시간 등의 자극의 특성, 연령, 개인차 등에 따라 차이가 있음).
> ㉰ 자극이 가끔 일어나거나 예상하고 있지 않을 때, 반응시간은 약 0.1초가 증가된다.
> ㉱ 동작시간 : 신호에 따라서 동작을 시행하는 데 걸리는 시간 약 0.3초(조종 활동에서의 최소치)이다.
> ∴ 총 반응시간=단순반응시간+동작시간
> =0.2+0.3=0.5초

47 다음 FT도에서 1~5사상의 발생확률이 모두 0.06일 경우 T사상의 발생확률은 약 얼마인가?

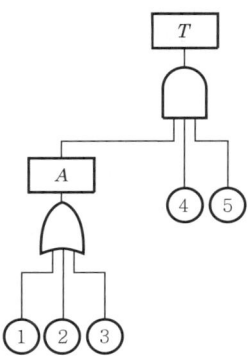

① 0.00036
② 0.00061
③ 0.142625
④ 0.2262

해설
$T = A \times ④ \times ⑤$
$= [1-(1-①)(1-②)(1-③)] \times ④ \times ⑤$
$= [1-(1-0.06)(1-0.06)(1-0.06)] \times 0.06 \times 0.06$
$= 0.00061$

48 다음 중 간헐적으로 페달을 조작할 때 다리에 걸리는 부하를 평가하기에 가장 적당한 측정변수는?

① 근전도
② 산소 소비량
③ 심장박동수
④ 에너지 소비량

해설 근전도(EMG)
근육활동 전위차의 기록(생리적 부담척도 중 국소적 근육활동의 척도)
㉮ 관절운동을 위해 근육이 수축할 때 전기적 신호를 검출
㉯ 간헐적인 페달을 조작할 때 다리에 걸리는 부하를 평가하는 측정변수

49 다음 중 인간공학에 있어 인체 측정의 목적으로 가장 올바른 것은?

① 안전관리를 위한 자료
② 인간공학적 설계를 위한 자료
③ 생산성 향상을 위한 자료
④ 사고 예방을 위한 자료

해설 인체계측 방법
인체계측은 인간공학적 설계를 위한 기초 자료를 얻기 위해서 실시한다.
㉮ 구조적 인체치수(Structural Body Dimension, 정적(靜的) 인체계측) : 표준(정적) 자세에서 움직이지 않는 피측정자를 인체계측기로 측정한 것이다.
㉯ 기능적 인체치수(Functional Body Dimension, 동적(動的) 인체계측) : 일반적으로 상지나 하지의 운동, 또는 체위의 움직임에 따른 상태에서 측정하는 것이다.

50 다음 중 의자를 설계하는 데 있어 적용할 수 있는 일반적인 인간공학적 원칙으로 가장 적절하지 않은 것은?

① 조절을 용이하게 한다.
② 요부 전만을 유지할 수 있도록 한다.
③ 등근육의 정적부하를 높이도록 한다.
④ 추간판에 가해지는 압력을 줄일 수 있도록 한다.

해설 의자 설계의 일반 원리
㉮ 디스크 압력을 줄인다.
㉯ 등근육의 정적부하 및 자세 고정을 줄인다.
㉰ 의자의 높이는 오금 높이와 같거나 낮아야 한다.
㉱ 좌면의 높이는 조절이 가능해야 한다.
㉲ 요추(요부)의 전만을 유도해야 한다(서 있을 때의 허리 S라인을 그대로 유지하는 것이 가장 좋다).

51 인간의 위치 동작에 있어 눈으로 보지 않고 손을 수평면상에서 움직이는 경우 짧은 거리는 지나치고, 긴 거리는 못 미치는 경향이 있는데, 이를 무엇이라고 하는가?

① 사정효과(Range Effect)
② 간격효과(Distance Effect)
③ 손동작 효과(Hand Action Effect)
④ 반응효과(Reaction Effect)

해설 사정효과
눈으로 보지 않고 손을 수평면 위에서 움직이는 경우에 짧은 거리는 지나치고, 긴 거리는 못 미치는 경향, 조작자는 작은 오차에는 과잉반응, 큰 오차에는 과소반응을 보이는 현상이다.

52 안전보건표지에서 경고표지는 삼각형, 안내표지는 사각형, 지시표지는 원형 등으로 부호가 고안되어 있다. 이처럼 부호가 이미 고안되어 이를 사용자가 배워야 하는 부호를 무엇이라 하는가?

① 묘사적 부호
② 추상적 부호
③ 임의적 부호
④ 사실적 부호

정답 48.① 49.② 50.③ 51.① 52.③

> **해설** 시각적 암호, 부호 및 기호의 유형
> ㉮ 묘사적 부호 : 사물의 행동을 단순하고 정확하게 묘사하는 것
>   예 위험표지판의 해골과 뼈, 도보표지판의 걷는 사람
> ㉯ 추상적 부호 : 전언(傳言)의 기본요소를 도시적으로 압축한 부호로서, 원 개념과는 약간의 유사성이 있을 뿐이다.
> ㉰ 임의적 부호 : 부호가 이미 고안되어 있으므로 이를 배워야 하는 부호
>   예 교통표지판의 삼각형 – 주의, 원형 – 규제, 사각형 – 안내표시

53 위험 및 운전성 검토(HAZOP)에서 사용되는 가이드 워드 중에서 성질상의 감소를 의미하는 것은?

① Part of ② More less
③ No/Not ④ Other than

> **해설** 유인어(Guide Words)
> 간단한 용어로서 창조적 사고를 유도하고 자극하여 이상을 발견하고, 의도를 한정하기 위해 사용된다. 즉, 다음과 같은 의미를 나타낸다.
> ㉮ No또는 Not : 설계의도의 완전한 부정
> ㉯ More 또는 Less : 양(압력, 반응, Flow, Rate, 온도 등)의 증가 또는 감소
> ㉰ As well as : 성질상의 증가(설계의도와 운전 조건이 어떤 부가적인 행위와 함께 일어남)
> ㉱ Part of : 일부 변경, 성질상의 감소(어떤 의도는 성취되나, 어떤 의도는 성취되지 않음)
> ㉲ Reverse : 설계의도의 논리적인 역
> ㉳ Other than : 완전한 대체(통상 운전과 다르게 되는 상태)

54 결함수분석법에서 Path set에 관한 설명으로 맞는 것은?

① 시스템의 약점을 표현한 것이다.
② Top 사상을 발생시키는 조합이다.
③ 시스템이 고장 나지 않도록 하는 사상의 조합이다.
④ 시스템 고장을 유발시키는 필요불가결한 기본사상들의 집합이다.

> **해설** 패스셋과 미니멀 패스셋
> ㉮ 패스셋(path sets) : 정상사상이 일어나지 않는 기본사상의 집합을 말한다.
> ㉯ 미니멀 패스셋(minimal path sets) : 필요한 최소한의 패스를 말한다(시스템의 신뢰성을 나타냄).

55 A회사에서는 새로운 기계를 설계하면서 레버를 위로 올리면 압력이 올라가도록 하고, 오른쪽 스위치를 눌렀을 때 오른쪽 전등이 켜지도록 하였다면, 이것은 각각 어떤 유형의 양립성을 고려한 것인가?

① 레버 – 공간 양립성,
   스위치 – 개념 양립성
② 레버 – 운동 양립성,
   스위치 – 개념 양립성
③ 레버 – 개념 양립성,
   스위치 – 운동 양립성
④ 레버 – 운동 양립성,
   스위치 – 공간 양립성

> **해설** 양립성
> 정보 입력 및 처리와 관련한 양립성은 인간의 기대와 모순되지 않는 자극들 간, 반응들 간 또는 자극반응조합의 관계를 말하는 것으로, 다음의 3가지가 있다.
> ㉮ 공간적 양립성 : 표시장치나 조종장치에서 물리적 형태나 공간적인 배치의 양립성
> ㉯ 운동 양립성 : 표시 및 조종장치, 체계반응에 대한 운동방향의 양립성
> ㉰ 개념적 양립성 : 사람들이 가지고 있는 개념적 연상(어떤 암호체계에서 청색이 정상을 나타내듯이)의 양립성

56 작업의 강도는 에너지대사율(RMR)에 따라 분류된다. 분류기준 중 중(中)작업(보통작업)의 에너지대사율은?

① 0~1RMR
② 2~4RMR
③ 4~7RMR
④ 7~9RMR

> **해설** 에너지대사율(RMR)에 따른 작업강도 분류
> ㉮ 경작업 : 0~2
> ㉯ 중(中)작업 : 2~4
> ㉰ 중(重)작업 : 4~7
> ㉱ 초중(超中)작업 : 7 이상

57 휴먼에러(human error)의 요인을 심리적 요인과 물리적 요인으로 구분할 때, 심리적 요인에 해당하는 것은?

① 일이 너무 복잡한 경우
② 일의 생산성이 너무 강조될 경우
③ 동일 형상의 것이 나란히 있을 경우
④ 서두르거나 절박한 상황에 놓여 있을 경우

[해설] 휴먼에러의 심리적 요인에는 일에 대한 지식이 부족할 경우, 일을 할 의욕이 결여되어 있을 경우, 서두르거나 절박한 상황에 놓여 있을 경우, 어떠한 체험이 습관적으로 되어 있을 경우 등이 있다.
※ ①, ②, ③은 휴먼에러의 물리적 요인에 속한다.

58 산업안전보건기준에 관한 규칙상 작업장의 작업면에 따른 적정 조명수준은 초정밀작업에서 (ⓐ)lux 이상, 보통작업에서 (ⓑ)lux 이상이다. ( ) 안에 들어갈 내용은?

① ⓐ 650, ⓑ 150
② ⓐ 650, ⓑ 250
③ ⓐ 750, ⓑ 150
④ ⓐ 750, ⓑ 250

[해설] 산업안전보건법상 작업면의 조명도
㉮ 초정밀작업 : 750lux 이상
㉯ 정밀작업 : 300lux 이상
㉰ 보통작업 : 150lux 이상
㉱ 기타작업 : 75lux 이상

59 정신작업 부하를 측정하는 척도를 크게 4가지로 분류할 때 심박수의 변동, 뇌 전위, 동공반응 등 정보처리에 중추신경계 활동이 관여하고 그 활동이나 징후를 측정하는 것은?

① 주관적(subjective) 척도
② 생리적(physiological) 척도
③ 주임무(primary task) 척도
④ 부임무(secondary task) 척도

[해설] 정신작업 부하를 측정하는 척도 4가지 분류
㉮ 생리적 척도(physiological measure) : 정신적 작업부하의 생리적 척도는 정보처리에 중추신경계 활동이 관여하고, 그 활동이나 징후를 측정할 수 있다는 것이다. 생리적 척도로는 심박수의 변동, 뇌 전위, 동공반응, 호흡속도, 체액의 화학적 변화 등이 있다.
㉯ 주관적 척도(subjective measure) : 일부 연구자들은 정신적 작업부하의 개념에 가장 가까운 척도가 주관적 평가라고 주장한다. 평점 척도(rating scale)는 관리하기가 쉬우며, 사람들이 널리 받아들이는 것이다. 가장 오래되었고, 타당하다고 검증된 작업부하의 주관적 척도로 Cooper-Harper 척도가 있는데, 원래는 비행기 조작특성을 평가하기 위해서 개발되었다. 또한 Sheridan과 Simpson(1979)은 시간 부하, 정신적 노력 부하, 정신적 스트레스의 3차원(multidimensional construct)을 사용하여 주관적 정신작업 부하를 정의하였다.
㉰ 제1(주)직무 척도(primary task measure) : 작업부하 측정을 위한 초기 시도에서는 직무분석 수법이 사용되었다. 제1직무 척도에서 작업부하는 직무수행에 필요한 시간을 직무 수행에 쓸 수 있는 (허용되는) 시간으로 나눈 값으로 정의한다.
㉱ 제2(부)직무 척도(secondary task measure) : 정신적 작업부하에서 제2직무 척도를 사용한다는 것의 의미는 제1직무에서 사용하지 않은 예비용량(spare capacity)을 제2직무에서 이용한다는 것이다. 제1직무에서의 자원요구량이 클수록 제2직무의 자원이 적어지고, 따라서 성능이 나빠진다는 것이다.

60 시스템의 수명곡선(욕조곡선)에 있어서 디버깅(debugging)에 관한 설명으로 옳은 것은?

① 초기 고장의 결함을 찾아 고장률을 안정시키는 과정이다.
② 우발 고장의 결함을 찾아 고장률을 안정시키는 과정이다.
③ 마모 고장의 결함을 찾아 고장률을 안정시키는 과정이다.
④ 기계 결함을 발견하기 위해 동작시험을 하는 기간이다.

해설 ㉮ 디버깅(debugging) 기간 : 초기 고장의 결함을 찾아내어 고장률을 안정시키는 기간
㉯ 버닝(burning) 기간 : 어떤 부품을 조립하기 전에 특성을 안정화시키고 결함을 발견하기 위한 동작시험을 하는 기간

≫ 제4과목   건설시공학

61 제자리 콘크리트 말뚝 중 내·외관을 소정의 깊이까지 박은 후에 내관을 빼낸 후, 외관에 콘크리트를 부어 넣어 지중에 콘크리트말뚝을 형성하는 것은?

① 심플렉스 파일 ② 컴프레솔 파일
③ 페디스털 파일 ④ 레이먼드 파일

해설 **제자리 콘크리트 말뚝의 종류**
㉮ 컴프레솔 말뚝(Compressol Pile) : 지중에 1.0~2.5t 정도의 세 가지 추를 낙하시켜서 구멍을 파고 그 속에 콘크리트를 주입시키는 것이다.
㉯ 페디스털 말뚝(Pedestal Pile) : 업무에 있어서 상지 중에 2중 철관(내관, 외관)을 때려박은 후, 내관을 빼내어 콘크리트를 부어 넣고, 다시 내관을 집어넣어서 다짐으로써 구근을 만든다. 그런 다음 공간에 콘크리트를 채우고 난 후에 외관을 빼내는 것이다.
㉰ 멀티 페디스털 말뚝(Multi Pedestal Pile) : 페디스털 말뚝과 방법은 같으나, 말뚝 하부에 쇠신을 때려 박는 것이다.
㉱ 심플렉스 말뚝(Simplex Pile) : 지중에 철관을 때려 박고 내부에 콘크리트를 채우고 난 뒤, 철관을 뽑아내는 것이다.
㉲ 프랭키 말뚝(Franky Pile) : 콘크리트를 된비빔으로 하여 케이싱(Casing) 속에 채워 넣고 해머(Hammer)로 타격하여 지지층에 도달하면 케이싱을 약간씩 들어 올리면서 타격을 하여 구근(球根)과 울퉁불퉁한 말뚝을 형성하는 것이다.
㉳ 프리팩트 말뚝(Prepact Pile) : 커다란 스크루(Screw)를 사용하여 구멍을 뚫고 모르타르(Mortar) 주입용 철관을 밑창까지 넣은 후, 그 주위 공간에 자갈을 채우고 철관을 통해 모르타르를 압입시켜 콘크리트 기둥 모양의 말뚝을 만드는 것이다.
㉴ 레이먼드 말뚝(Raymond Pile) : 강판으로 만든 외관 속에 코어(Core)를 넣고 박은 후, 코어만을 빼내고 외관은 지중에 남겨 두어 그 속에 콘크리트를 다져 넣는 것이다.

62 벽돌쌓기에 대한 설명 중 옳지 않은 것은?

① 벽돌쌓기 전에 벽돌은 완전히 건조시켜야 한다.
② 하루 벽돌의 쌓는 높이는 1.2m를 표준으로 하고 최대 1.5m 이내로 한다.
③ 벽돌벽이 블록벽과 서로 직각으로 만날 때는 연결철물을 만들어 블록 3단마다 보강하며 쌓는다.
④ 사춤 모르타르는 일반적으로 3~5켜마다 한다.

해설 벽돌쌓기 전에 벽돌은 충분히 물을 축여 모르타르 부착이 좋아지도록 해야 한다.

63 다음 중 흙의 함수율을 구하기 위한 식으로 옳은 것은?

① $\dfrac{물의 용적}{토립자의 용적} \times 100\%$

② $\dfrac{물의 중량}{토립자의 중량} \times 100\%$

③ $\dfrac{물의 용적}{토립자+물의 용적} \times 100\%$

④ $\dfrac{물의 중량}{토립자+물의 중량} \times 100\%$

해설 ㉮ 함수비 $= \dfrac{물의 중량}{토립자의 중량} \times 100(\%)$
㉯ 함수율 $= \dfrac{물의 중량}{토립자+물의 중량} \times 100(\%)$

64 철골 도장작업 중 보수 도장이 필요한 부위가 아닌 것은?

① 현장용접 부위
② 현장접합재료의 손상 부위
③ 조립상 표면접합이 되는 부위
④ 현장접합에 의한 볼트류의 두부, 너트, 와셔

해설 일반적으로 보수 도장을 하는 부위
㉮ 현장접합에 의한 볼트류의 두부, Nut, Washer
㉯ 현장용접을 한 부분
㉰ 현장에서 접합한 재료의 손상 부분과 도장을 안 한 부분
㉱ 운반 또는 양중 시에 생긴 손상 부분

65 철근콘크리트 타설에서 외기온이 25℃ 미만일 때 이어붓기 시간 간격의 한도로 옳은 것은?

① 120분
② 150분
③ 180분
④ 210분

해설 철근콘크리트 타설에서 외기온이 25℃ 미만일 때 이어붓기 시간 간격의 한도는 2시간 30분(150분), 25℃ 이상일 때 이어붓기 시간 간격의 한도는 2시간 이내(120분)이다.

66 흙막이 붕괴 원인 중 히빙(Heaving) 파괴가 일어나는 주원인은?

① 흙막이벽의 재료 차이
② 지하수의 부력 차이
③ 지하수위의 깊이 차이
④ 흙막이벽 내외부 흙의 중량 차이

해설 히빙 현상
㉮ 정의
연약성 점토 지반의 굴착 시 흙막이벽 뒤쪽 흙의 중량과 상재하중이 굴착부 바닥의 지지력 이상이 되면 흙막이벽 근입 부분의 지반 이동이 발생하여 굴착부 저면(바닥)이 솟아오르는 현상을 말한다.
㉯ 대책
㉠ 흙막이벽의 근입 깊이를 깊게 한다.
㉡ 굴착 주변의 상재하중을 제거한다.
㉢ 흙막이벽 재료는 강도가 높은 것을 사용하고, 버팀대의 수를 증대시킨다.

67 철근을 피복하는 이유와 가장 거리가 먼 것은?

① 철근의 순간격 유지
② 철근의 좌굴 방지
③ 철근과 콘크리트의 부착응력 확보
④ 화재, 중성화 등으로부터 철근 보호

해설 철근의 순간격
구조물의 단면에 배근되는 철근과 철근 사이의 수직·수평으로 이격시켜야 하는 최소한의 수치로, 철근의 피복 이유와는 상관성이 없다.
다음 3가지 중 가장 큰 값을 철근의 순간격으로 한다.
㉮ 철근 지름의 1.5배 이상
㉯ 2.5cm(25mm) 이상
㉰ 최대 자갈 지름의 1.25배 이상

68 철근콘크리트 구조의 철근 선조립 공법 순서로 옳은 것은?

① 시공도 → 공장 절단 → 가공 → 이음·조립 → 운반 → 현장 부재 양중 → 이음·설치
② 공장 절단 → 시공도 → 가공 → 이음·조립 → 이음·설치 → 운반 → 현장 부재 양중
③ 시공도 → 가공 → 공장 절단 → 운반 → 이음·조립 → 현장 부재 양중 → 이음·설치
④ 공장 절단 → 시공도 → 운반 → 가공 → 이음·조립 → 현장 부재 양중 → 이음·설치

해설 철근 선조립 공법 순서
시공도 → 공장 절단 → 가공 → 이음·조립 → 운반 → 현장 부재 양중 → 이음·설치

69 잡석지정의 다짐량이 5m³일 때 틈막이로 넣는 자갈의 양으로 가장 적당한 것은?

① 0.5m³
② 1.5m³
③ 3.0m³
④ 5.0m³

해설 사춤 자갈량은 잡석 부피의 30%이므로, 5×0.3=1.5m³이다.

※ 잡석지정이란 기초파기를 한 밑바닥에 10~30cm 정도의 잡석을 나란히 깔고, 쇄석, 틈막이 자갈 등으로 틈새를 메우고 견고하게 다진 것이다.
잡석지정의 목적은 다음과 같다.
㉮ 구조물의 안정을 유지하게 된다.
㉯ 이완된 지표면을 다진다.
㉰ 버림 콘크리트의 양을 절약할 수 있다.

정답 65.② 66.④ 67.① 68.① 69.②

70 해체 및 이동에 편리하도록 제작된 수평 활동 시스템 거푸집으로서 터널, 교량, 지하철 등에 주로 적용되는 거푸집은?

① 유로폼(Euro Form)
② 트래블링폼(Traveling Form)
③ 와플폼(Waffle Form)
④ 갱폼(Gang Form)

해설
① 유로폼 : 경량형강과 합판으로 벽판이나 바닥판을 짜서 못을 쓰지 않고 간단하게 조립할 수 있는 거푸집
② 트래블링폼 : 콘크리트를 부어가면서 경화정도에 따라 거푸집을 수평으로 이동시키면서 연속해서 콘크리트를 타설할 수 있는 거푸집
③ 와플폼 : 무량판 구조 또는 평판 구조에서 2방향 장선(격자보) 바닥판 구조가 가능한 특수 상자 모양의 기성재 거푸집
④ 갱폼 : 주로 고층 아파트와 같이 평면상 상·하부가 동일한 단면 구조물에서 외부 벽체 거푸집과 발판용 케이지를 일체로 하여 제작한 대형 거푸집

71 콘크리트의 수화작용 및 워커빌리티에 영향을 미치는 요소에 관한 설명으로 옳지 않은 것은?

① 시멘트의 분말도가 클수록 수화작용이 빠르다.
② 단위수량을 증가시킬수록 재료분리가 감소하여 워커빌리티가 좋아진다.
③ 비빔시간이 길어질수록 수화작용을 촉진시켜 워커빌리티가 저하된다.
④ 쇄석의 사용은 워커빌리티를 저하시킨다.

해설 콘크리트의 수화작용 및 워커빌리티에 영향을 미치는 요소
㉮ 시멘트의 분말도가 클수록 수화작용이 빠르다.
㉯ 단위수량을 증가시킬수록 재료분리가 증가하여 워커빌리티가 나빠진다.
㉰ 비빔시간이 길어질수록 수화작용을 촉진시켜 워커빌리티가 저하된다.
㉱ 쇄석의 사용은 워커빌리티를 저하시킨다.
㉲ AE제, 감수제, 플라이애시 등의 혼화재를 사용하면 워커빌리티를 크게 향상시킬 수 있다.

72 철골부재 공장 제작에서 강재의 절단방법으로 옳지 않은 것은?

① 기계 절단법
② 가스 절단법
③ 로터리 베니어 절단법
④ 플라스마 절단법

해설 합판 단판 제법
㉮ 로터리 베니어(rotary veneer) : 원목의 양마구리 중심을 축으로 하여 회전함에 따라 중심축과 평행한 위치에 있는 회전선반(rotary lathe)에 의하여 연륜을 따라 권지를 펴듯이 벗기는 방법으로, 두께는 0.5~3mm이다.
㉯ 슬라이스드 베니어(sliced veneer) : 상하로 운동하는 칼에 의해 얇게 절단하는 방법이다. 합판 표면에 곧은결(政目) 등의 아름다운 결을 장식적으로 이용하려고 할 때에 쓰이는 방법으로 두께는 0.5~1.5mm이다.
㉰ 소드 베니어(sawed veneer) : 얇게 톱으로 쪼개는 단판으로서, 아름다운 결을 얻을 수 있고 결의 무늬를 좌우대칭적 위치로 배열한 합판을 만들 때에 효과적으로 쓰인다. 두께는 약간 두꺼워져서 1~6mm이다.

73 철골작업용 장비 중 절단용 장비로 옳은 것은?

① 프릭션 프레스(friction press)
② 플레이트 스트레이닝 롤(plate straining roll)
③ 파워 프레스(power press)
④ 핵소(hack saw)

해설 철골의 절단방법
㉮ 절단력(shear)을 이용하여 자르는 방법
㉯ 톱(hack saw)에 의한 절단(가장 정밀한 방법)
㉰ 가스 절단

74 지하수위 저하공법 중 강제배수공법이 아닌 것은?

① 전기침투공법
② 웰포인트공법
③ 표면배수공법
④ 진공 deep well 공법

해설 강제배수공법
㉮ 전기침투공법 : 전기삼투현상을 이용한 배수공법이다.
㉯ 웰포인트공법 : 사질토 지반에 양수관(well point)을 0.6~1m 간격으로 박고 진공펌프를 사용하여 강제적으로 지하수를 배수하는 공법이다.
㉰ 진공 deep well 공법 : 건설공사를 할 때 지표에서 지중 깊이 우물을 파서, 지하수를 배수하기 위한 펌프를 설치하여 실시하는 지하수위의 저하공법이다.

75 공동도급(joint venture contract)의 장점이 아닌 것은?

① 융자력의 증대
② 위험의 분산
③ 이윤의 증대
④ 시공의 확실성

해설 공동도급
㉮ 장점
  ㉠ 소자본으로 대규모 공사 도급 가능
  ㉡ 기술·자본 증대, 위험부담의 분산 및 감소
  ㉢ 기술의 확충, 강화 및 경험의 증대
  ㉣ 공사계획과 시공이행의 확실
㉯ 단점
  ㉠ 각 업체의 업무방식에서 오는 혼란
  ㉡ 현장관리의 곤란
  ㉢ 일식 도급보다 경비 증대

76 철골공사의 내화피복공법이 아닌 것은?

① 표면탄화법   ② 뿜칠공법
③ 타설공법   ④ 조적공법

해설 철골구조의 내화피복공법
㉮ 타설공법 : 철골 구조체 주위에 거푸집을 설치하고, 보통콘크리트, 경량콘크리트를 타설하는 공법
㉯ 뿜칠공법 : 철골강재 표면에 접착제를 도포 후 내화재료를 뿜칠하는 공법
㉰ 조적공법 : 철골강재 표면에 경량콘크리트 블록, 벽돌, 돌 등으로 조적하여 내화피복 효과를 확보하는 공법
㉱ 성형판 붙임공법 : 내화단열이 우수한 경량의 성형판(ALC판, PC판, 석면성형판)을 접착제나 연결철물을 이용하여 부착하는 공법

77 프리플레이스트 콘크리트 말뚝으로 구멍을 뚫어 주입관과 굵은 골재를 채워 넣고 관을 통하여 모르타르를 주입하는 공법은?

① MIP 파일(Mixed In Place pile)
② CIP 파일(Cast In Place pile)
③ PIP 파일(Packed In Place pile)
④ NIP 파일(Nail In Place pile)

해설 주열공법
㉮ PIP 말뚝 : 어스오거(earth auger)로 소정의 깊이까지 뚫은 다음, 흙과 오거를 함께 끌어올리면서 그 밑 공간은 파이프 선단을 통하여 유출되는 모르타르로 채워 흙과 치환하여 모르타르 말뚝을 형성한다.
㉯ CIP 말뚝 : 지하수가 없는 비교적 경질인 지층에서 어스오거로 구멍을 뚫고 그 내부에 자갈과 철근을 채운 후, 미리 삽입해 둔 파이프를 통해 저면에서부터 모르타르를 채워서 올라오게 한 공법이다.
㉰ MIP 말뚝 : 파이프 회전봉의 선단에 커터(cutter)를 장치하여 흙을 뒤섞으며 파 들어간 다음, 다시 회전시킴으로써 도로 빼내면서 모르타르를 회전봉 선단에서 분출되게 하여 소일 콘크리트 말뚝(Soil Concrete Pile)을 형성하는 공법으로, 연약지반에서 시공이 가능하다.

78 철근의 이음방법에 해당되지 않는 것은?

① 겹침 이음   ② 병렬 이음
③ 기계식 이음   ④ 용접 이음

해설 철근 이음의 종류
㉮ 겹침 이음
㉯ 용접 이음
㉰ 기계적 이음
㉱ 가스 압접

79 콘크리트 구조물의 품질관리에서 활용되는 비파괴 시험(검사)방법으로 경화된 콘크리트 표면의 반발경도를 측정하는 것은?

① 슈미트해머시험
② 방사선투과시험
③ 자기분말탐상시험
④ 침투탐상시험

해설
① 슈미트해머시험(표면경도시험) : 콘크리트 표면 경도를 측정하여 이 측정치로부터 콘크리트의 압축강도를 비파괴로 판정하는 검사방법이다.
② 방사선투과시험 : X선(X-ray)과 γ선(감마선, gamma ray)을 투과하여 콘크리트의 밀도, 철근의 위치, 피복두께 등을 추정하는 방법이다.
③ 자기분말탐상시험 : 용접부에 직류 또는 교류의 자력선을 통과시켜 자력(magnetic force)을 형성한 후, 자분(철분가루)을 뿌려 주면 결함부에 자분이 밀집되어 육안으로 용접부 결함을 검출하는 방법이다.
④ 침투탐상시험 : 표면에 흠 같은 미세한 균열 또는 구멍 같은 흠집을 신속하고 쉽게, 그리고 고감도로 검출하는 방법이다. 피검사체 표면의 불연속부에 침투액을 표면장력작용으로 침투시킨 다음, 표면의 침투제를 닦아내고 현상액을 발라서 결함부에 남아 있는 침투액이 표면에 나타나게 하는 방법으로 주로 금속에 실시한다.

80 지반개량공법 중 배수공법이 아닌 것은?
① 집수정 공법 ② 동결공법
③ 웰포인트 공법 ④ 깊은우물 공법

해설 배수공법과 응결공법
㉮ 배수공법
- ㉠ 집수정 공법 : 터파기 공사에 지장이 없는 위치에 집수정을 설치하고(2~4m), 여기에 지하수가 고이게 한 다음, 수중 펌프를 사용하여 외부로 배수시키는 탈수공법이다.
- ㉡ 깊은우물 공법 : 지하 용수량이 많고 투수성이 큰 사질지반에 지름 0.3~1.5m 정도, 깊이 7m 이상의 깊은우물을 시공하고, 이곳에 수중 모터펌프를 설치하여 지하수를 양수하는 배수공법이다.
- ㉢ 웰포인트 공법 : 모래질지반에 유효한 배수공법으로, 웰포인트라는 양수관을 다수 박아 넣고 지하수위를 일시적으로 저하시켜야 할 때 사용되는 탈수공법이다.
- ㉣ 샌드 드레인 공법 : 점토지반에 모래를 깔고 그 위에 성토에 의해 하중을 가하면 장기간에 걸쳐 점토 중의 물이 샌드파일을 통해 지상에 배수되는 탈수공법이다.

㉯ 응결공법(고결공법)
- ㉠ 약액주입공법 : 지반 내에 주입관을 통해 약액을 주입하여 지반을 고결시키는 공법이다.
  ※ 주입 현탁액 : 시멘트, 아스팔트, 벤토나이트 등
- ㉡ 생석회 말뚝공법 : 생석회를 주입하여 흙 속의 부분과 화학반응 시 발열에 의해 수분을 증발시키는 공법이다.
- ㉢ 동결공법 : 액체 질소를 이용하여 흙을 동결시키는 공법이다.
- ㉣ 기타 삼층혼합 처리공법, 소결공법 등이 있다.

>> 제5과목 건설재료학

81 다음 중 석재의 용도가 잘못 연결된 것은?
① 화산암 - 경량골재
② 화강암 - 콘크리트용 골재
③ 대리석 - 조각재
④ 응회암 - 건축용 구조재

해설 응회석(凝灰石, Tuff)
화산회 · 화산사 등이 퇴적 응고되거나 혹은 풍력 · 수력에 의하여 운반되어 암석 분쇄물과 혼합 퇴적 응고된 것으로, 석질의 조밀에 의해서 회질 응회암 · 사질 응회암 · 각역질 응회암으로 구분한다. 성질은 치밀도의 차가 심하여 치밀한 것은 점판암과 같고 조잡한 것은 다공질이어서 강도 · 내구성이 부족하여 용도가 일정하지 못하나, 내화성은 있다.

82 콘크리트의 크리프 변형에 관한 설명으로 옳지 않은 것은?
① 시멘트량이 많을수록 크다.
② 부재의 건조 정도가 높을수록 크다.
③ 재하 시의 재령이 짧을수록 크다.
④ 부재의 단면 치수가 클수록 크다.

해설 Creep 현상
일정한 지속하중에 있는 콘크리트 하중은 변함이 없는데도 불구하고 시간이 지나면서 변형이 점차로 증가하는 현상으로 재하 시의 재령이 짧을수록, 하중이 클수록, 물 · 시멘트비가 클수록, 부재의 건조 정도가 높을수록, 부재의 단면 치수가 작을수록, 온도가 높을수록, 양생 · 보양이 나쁠수록, 단위 시멘트량이 많을수록 증가한다.

83 강재의 열처리방법이 아닌 것은?
① 단조 ② 불림
③ 담금질 ④ 뜨임질

해설 강의 열처리방법
㉮ 풀림(燒鈍, annealing) : 강을 적당한 온도(800~1,000℃)로 가열한 후에 노(爐) 안에서 천천히 냉각시키는 것
㉯ 불림(燒準, normalizing) : 800~1,000℃의 온도로 가열한 후에 대기 중에서 냉각시키는 열처리

㉢ 담금질(燒入, hardening) : 강을 가열한 후에 물 또는 기름 속에 투입하여 급랭시키는 열처리
㉣ 뜨임질(燒戾, tempering) : 담금질한 강에 인성을 주고 내부 잔류응력을 없애기 위해 변태점 이하의 적당한 온도(726℃ 이하 : 제일변태점)에서 가열한 다음에 냉각시키는 열처리

※ 변재는 심재보다 수축이 크고, 활엽수가 침엽수보다 수축이 크게 일어난다.
㉡ 목재의 강도는 섬유포화점 이상에서는 일정하나, 섬유포화점 이하에서는 함수율의 감소에 따라 강도는 증가하고 탄성은 감소한다.

84 다음 그림은 일반 구조용 강재의 응력-변형률 곡선이다. 이에 대한 설명으로 옳지 않은 것은?

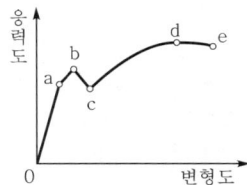

① a는 비례한계이다.
② b는 탄성한계이다.
③ c는 하위 항복점이다.
④ d는 인장강도이다.

해설 b는 상위 항복점, e는 파괴점이다.

85 목재에 관한 설명 중 옳지 않은 것은?
① 섬유포화점 이하에서는 함수율이 감소할수록 강도는 증대하며 인성은 감소한다.
② 기건 상태에서 목재의 함수율은 15% 정도이다.
③ 섬유포화점 이상의 함수 상태에서는 함수율의 증감에 비례하여 신축을 일으킨다.
④ 열전도도가 낮아 여러 가지 보온재료로 사용된다.

해설 ㉮ 섬유포화점 : 목재의 건조에 있어서는 먼저 유리수가 증발하며, 그 뒤에 세포수(세포벽에 침투하고 있는 것)의 증발이 시작되는데, 이 양자의 한계에 있어서의 함수 상태를 목재의 섬유포화점(纖維飽和點)이라고 하며, 함수율은 30% 정도이다.
㉯ 함수율에 의한 목재 재질의 변화
 ㉠ 목재의 수축 · 팽창 등 재질의 변동은 섬유포화점 이하의 함수 상태에서 발생하며, 섬유포화점 이상의 함수 상태에서는 변화를 나타내지 않는다.

86 유리섬유를 폴리에스테르 수지에 혼입하여 가압 · 성형한 판으로 내구성이 좋아 내 · 외 수장재로 사용하는 것은?
① 아크릴 평판
② 멜라민 치장판
③ 폴리스티렌 투명판
④ 폴리에스테르 강화판

해설 폴리에스테르 강화판(유리섬유 보강 플라스틱, FRP)
㉮ 제법 : 가는 유리섬유에 불포화 폴리에스테르 수지를 넣어 상온에서 가압하여 성형한 것으로서 건축재료로서는 섬유를 불규칙하게 넣어 사용한다.
㉯ 용도
 ㉠ 설비재료(세면기, 변기 등), 내외 수장재료로 사용
 ㉡ 항공기, 차량 등의 구조재 및 욕조, 창호재 등으로 사용

87 목재 섬유포화점의 함수율은 대략 얼마 정도인가?
① 10%   ② 20%
③ 30%   ④ 40%

해설 목재의 함수율(Water Content)
㉮ 생재 : 변재는 80~200%, 심재는 40~100% 정도
㉯ 기건재와 전건재
 ㉠ 기건재 : 공기 중의 습도에 의해 더 이상의 수분 감소가 없는 상태의 것으로, 기건재의 함수율은 보통 12~18%(평균 15%)의 범위이다.
 ㉡ 전건재 : 목재를 건조장치에서 건조하여 함수율이 0%가 되었을 때의 것을 말한다.
㉰ 섬유포화점 : 목재의 건조에 있어서는 먼저 유리수가 증발하며, 그 뒤에 세포수(세포벽에 침투하고 있는 것)의 증발이 시작되는데, 이 양자의 한계에 있어서의 함수상태를 목재의 섬유포화점이라고 하며, 함수율은 30% 정도이다.

88 KS L 4201에 따른 점토벽돌 1종의 압축강도는 최소 얼마 이상인가?

① 15.62MPa
② 18.55MPa
③ 20.59MPa
④ 24.50MPa

해설 점토벽돌의 품질

종별	압축강도(N/mm² = Mpa)	흡수율(%)
1종	24.50 이상	10 이하
2종	20.59 이상	13 이하
3종	10.78 이상	15 이하

89 다음과 같은 특성을 가진 플라스틱의 종류는?

- 가열하면 연화 또는 융해하며 가소성이 되고, 냉각하면 경화하는 재료이다.
- 분자구조가 쇄상구조로 이루어져 있다.

① 멜라민수지   ② 아크릴수지
③ 요소수지   ④ 페놀수지

해설 ㉮ 열가소성 수지 : 고형상에 열을 가하면 연화되거나 용융되어 점성 또는 가소성이 생기고, 다시 냉각하면 고형상으로 되는 성질을 가진 합성수지이다. 성형성과 투광성은 좋지만, 강도 및 연화점은 낮다.
㉯ 아크릴수지(Acrylic Resin)는 열가소성 수지에 속하고, 멜라민수지, 요소수지, 페놀수지는 열경화성 수지에 속한다.

90 비중이 크고 연성이 크며, 방사선실의 방사선 차폐용으로 사용되는 금속재료는?

① 주석   ② 납
③ 철   ④ 크롬

해설 납(Pb)의 물리적·화학적 성질
㉮ 물리적 성질
  ㉠ 비중 11.4, 융점 327℃, 비열 0.315kcal/kg·℃이며, 연질이다. 연성·전성이 크다.
  ㉡ 인장강도는 극히 작다(주물은 1.25kg/mm², 상온 압연재는 1.7~2.3kg/mm²).
  ㉢ X선의 차단효과가 크며, 보통 콘크리트의 100배 이상이다.
㉯ 화학적 성질
  ㉠ 공기 중에서는 습기와 CO_2에 의하여 표면이 산화하여 $PbCO_3$ 등이 생김으로써 내부를 보호한다.
  ㉡ 염산·황산·농질산에는 침해되지 않으나, 묽은 질산에는 녹는다(부동태현상).
  ㉢ 알칼리에 약하므로 콘크리트와 접촉되는 곳은 아스팔트 등으로 보호한다.
  ㉣ 납을 가열하면 황색의 리사지(PbO)가 되고, 다시 가열하면 광명단(光明丹, Pb_3O_4)이 된다.

91 다음 중 각 제품의 품질시험으로 옳지 않은 것은?

① 기와 : 흡수율과 인장강도
② 타일 : 흡수율
③ 벽돌 : 흡수율과 압축강도
④ 내화벽돌 : 내화도

해설 ① 기와의 품질시험은 흡수율과 휨파괴하중으로 한다.

92 점토제품에서 SK 번호가 의미하는 바로 옳은 것은?

① 점토원료를 표시
② 소성온도를 표시
③ 점토제품의 종류를 표시
④ 점토제품의 제법 순서를 표시

해설 SK(Seger-Keger cone) 번호는 점토제품의 소성온도를 나타낸다.
※ 내화물 : SK 26번으로 1,580℃ 이상의 온도에 견딜 수 있는 물질

93 콘크리트의 강도 및 내구성 증가에 가장 큰 영향을 주는 것은?

① 물과 시멘트의 배합비
② 모래와 자갈의 배합비
③ 시멘트와 자갈의 배합비
④ 시멘트와 모래의 배합비

해설 시멘트의 품질이 동일하고 콘크리트가 워커블(workable)하고 플라스틱(plastic)하면 콘크리트의 강도는 물·시멘트비(물과 시멘트의 중량비)만으로 결정된다.

88.④ 89.② 90.② 91.① 92.② 93.①

94 집성목재의 사용에 관한 설명으로 옳지 않은 것은?

① 판재와 각재를 접착제로 결합시켜 대재(大材)를 얻을 수 있다.
② 보, 기둥 등의 구조재료로 사용할 수 없다.
③ 옹이, 균열 등의 결점을 제거하거나 분산시켜 균질의 인공목재로 사용할 수 있다.
④ 임의의 단면 형상을 갖도록 제작할 수 있어 목재 활용면에서 경제적이다.

해설 **집성목재의 특징**
㉮ 두께 1.5~5cm의 단판을 몇 장 또는 몇 십 장 겹쳐서 접착제로 결합시켜 대재(大材)를 얻을 수 있다.
㉯ 보, 기둥 등의 구조재료로 사용할 수 있다.
㉰ 옹이, 균열 등의 결점을 제거하거나 분산시켜 균질의 인공목재로 사용할 수 있다.
㉱ 임의의 단면 형상을 갖도록 제작할 수 있어 목재 활용면에서 경제적이다.
㉲ 방화성·방부성·방충성이 큰 목재를 만들 수 있다.
㉳ 판의 섬유방향을 평행으로 붙인 것으로, 판이 홀수가 아니어도 된다.

95 지붕 공사에 사용되는 아스팔트 싱글 제품 중 단위중량이 $10.3kg/m^2$ 이상 $12.5kg/m^2$ 미만인 것은?

① 경량 아스팔트 싱글
② 일반 아스팔트 싱글
③ 중량 아스팔트 싱글
④ 초중량 아스팔트 싱글

해설 **아스팔트 싱글 제품의 종류**
㉮ 일반 아스팔트 싱글 : 단위중량이 $10.3kg/m^2$ 이상 $12.5kg/m^2$ 미만인 아스팔트 싱글 제품
㉯ 중량 아스팔트 싱글 : 단위중량이 $12.5kg/m^2$ 이상 $14.2kg/m^2$ 미만인 아스팔트 싱글 제품
㉰ 초중량 아스팔트 싱글 : 단위중량이 $14.2kg/m^2$ 이상인 아스팔트 싱글 제품

96 플로트판유리를 연화점 부근까지 가열 후 양 표면에 냉각공기를 흡착시켜 유리의 표면에 20 이상 60 이하(N/mm^2)의 압축응력층을 갖도록 한 가공유리는?

① 강화유리
② 열선반사유리
③ 로이유리
④ 배강도유리

해설 ① 강화유리 : float glass(성형된 판유리)를 연화온도에 가까운 500~700℃로 가열하고, 압축한 냉각공기에 의해 급냉시켜 유리 표면부를 압축변형시키고 내부를 인장변형시켜 강화한 유리
② 열선반사유리 : 판유리의 한쪽 면에 열선반사막을 코팅하여 일사열의 차폐성능을 높인 유리
③ 로이유리(low-e glass) : 열 적외선(infrared)을 반사하는 은소재 도막으로 코팅하여 방사율과 열관류율을 낮추고 가시광선 투과율을 높인 유리

97 다음 중 고로 시멘트의 특징으로 옳지 않은 것은?

① 고로 시멘트는 포틀랜드 시멘트 클링커에 급랭한 고로 슬래그를 혼합한 것이다.
② 초기강도는 약간 낮으나, 장기강도는 보통 포틀랜드 시멘트와 같거나 그 이상이 된다.
③ 보통 포틀랜드 시멘트에 비해 화학저항성이 매우 낮다.
④ 수화열이 적어 매스 콘크리트에 적합하다.

해설 **고로 시멘트**
고로에서 선철을 만들 때 나오는 광재를 공기 중에서 냉각시키고 잘게 부순 것에 포틀랜드 시멘트 클링커를 혼합한 다음 석고를 적당히 섞어서 분쇄하여 분말로 한 것으로, 그 특성은 다음과 같다.
㉮ 수화열과 수축률이 적어서 댐 공사 등에 적합하다.
㉯ 비중이 적고(2.85 이상), 바닷물에 대한 저항(화학저항성)이 크다.
㉰ 단기강도가 작고, 장기강도가 크며, 풍화가 용이하다.
㉱ 응결시간이 약간 느리고, 콘크리트의 블리딩(bleeding)이 적어진다.

정답 94.② 95.② 96.④ 97.③

98 재료 배합 시 간수($MgCl_2$)를 사용하여 백화 현상이 많이 발생되는 재료는?

① 돌로마이트 플라스터
② 무수석고
③ 마그네시아 시멘트
④ 실리카 시멘트

해설 마그네시아 시멘트
㉮ 원재료인 마그네시아(MgO)를 염화마그네슘($MgCl_2$) 용액으로 반죽을 하면 일종의 산염화물이 되어 응결·경화한다.
㉯ 습기가 많은 장소에서는 경화하지 않고 공기 중에서만 경화한다.

99 금속 부식에 관한 대책으로 잘못된 것은?

① 가능한 한 이종금속은 이를 인접, 접속시켜 사용하지 않을 것
② 균질한 것을 선택하고, 사용할 때 큰 변형을 주지 않도록 할 것
③ 큰 변형을 준 것은 가능한 한 풀림하여 사용할 것
④ 표면을 거칠게 하고 가능한 한 습윤상태로 유지할 것

해설 ④ 금속 부식 방지를 위해서는 표면을 매끄럽게 하여 표면적을 줄이고, 건조상태를 유지할 것

100 콘크리트용 골재 중 깬자갈에 관한 설명으로 옳지 않은 것은?

① 깬자갈의 원석은 안산암·화강암 등이 많이 사용된다.
② 깬자갈을 사용한 콘크리트는 동일한 워커빌리티의 보통자갈을 사용한 콘크리트보다 단위수량이 일반적으로 약 10% 정도 많이 요구된다.
③ 깬자갈을 사용한 콘크리트는 강자갈을 사용한 콘크리트보다 시멘트 페이스트와의 부착성능이 매우 낮다.
④ 콘크리트용 굵은 골재로 깬자갈을 사용할 때는 한국산업표준(KS F 2527)에서 정한 품질에 적합한 것으로 한다.

해설 ③ 깬자갈(쇄석)은 강자갈에 비하여 표면이 거칠어 시멘트 페이스트와의 부착성능이 크다.

≫ 제6과목   건설안전기술

101 터널공사 시 인화성 가스가 농도 이상으로 상승하는 것을 조기에 파악하기 위하여 설치하는 자동경보장치의 작업 시작 전 점검해야 할 사항이 아닌 것은?

① 계기의 이상 유무
② 발열 여부
③ 검지부의 이상 유무
④ 경보장치의 작동상태

해설 자동경보장치의 작업 시작 전 점검 내용
㉮ 계기의 이상 유무
㉯ 검지부의 이상 유무
㉰ 경보장치의 작동상태

102 이동식 비계를 조립하여 작업을 하는 경우에 작업발판의 최대 적재하중은 몇 kg을 초과하지 않도록 해야 하는가?

① 150kg   ② 200kg
③ 250kg   ④ 300kg

해설 이동식 비계의 작업발판의 최대 적재하중은 250kg을 초과하지 않도록 할 것

103 안전대를 보관하는 장소의 환경조건으로 옳지 않은 것은?

① 통풍이 잘 되며, 습기가 없는 곳
② 화기 등이 근처에 없는 곳
③ 부식성 물질이 없는 곳
④ 직사광선이 닿아 건조가 빠른 곳

해설 안전대를 보관하는 장소의 환경조건으로 ①, ②, ③항 이외에 직사광선이 닿지 않는 곳이 있다.

104 흙막이 지보공을 설치하였을 때 정기점검 사항에 해당되지 않는 것은?

① 검지부의 이상 유무
② 버팀대의 긴압의 정도
③ 침하의 정도
④ 부재의 손상, 변형, 부식, 변위 및 탈락의 유무와 상태

해설 흙막이 지보공 점검사항
㉮ 부재의 손상·변형·부식·변위 및 탈락의 유무와 상태
㉯ 버팀대의 긴압의 정도
㉰ 부재의 접속부·부착부 및 교차부의 상태
㉱ 침하의 정도

105 투하설비 설치와 관련된 다음 설명의 ( )에 적합한 것은?

> 사업주는 높이가 ( )m 이상인 장소로부터 물체를 투하하는 때에는 적당한 투하설비를 설치하거나 감시인을 배치하는 등 위험방지를 위하여 필요한 조치를 하여야 한다.

① 1   ② 2
③ 3   ④ 4

해설 높이가 3m 이상인 장소로부터 물체를 투하하는 경우 적당한 투하설비를 설치하거나 감시인을 배치하는 등 위험을 방지하기 위하여 필요한 조치를 하여야 한다.

106 겨울철 공사 중인 건축물의 벽체 콘크리트 타설 시 거푸집이 터져서 콘크리트가 쏟아지는 사고가 발생하였다. 이 사고의 발생 원인으로 가장 타당한 것은?

① 콘크리트 타설속도가 빨랐다.
② 진동기를 사용하지 않았다.
③ 철근 사용량이 많았다.
④ 시멘트 사용량이 많았다.

해설 콘크리트 타설 시 타설속도가 빠르면 거푸집에 작용하는 측압이 커져서 거푸집이 터질 수 있다.

107 철골구조의 앵커볼트 매립과 관련된 사항 중 옳지 않은 것은?

① 기둥 중심은 기준선 및 인접기둥의 중심에서 3mm 이상 벗어나지 않을 것
② 앵커볼트는 매립 후에 수정하지 않도록 설치할 것
③ 베이스 플레이트의 하단은 기준 높이 및 인접기둥의 높이에서 3mm 이상 벗어나지 않을 것
④ 앵커볼트는 기둥 중심에서 2mm 이상 벗어나지 않을 것

해설 기둥 중심은 기준선 및 인접기둥의 중심에서 5mm 이상 벗어나지 않을 것

108 달비계 설치 시 와이어 로프를 사용할 때 사용 가능한 와이어 로프의 조건은?

① 지름의 감소가 공칭지름의 8%인 것
② 이음매가 없는 것
③ 심하게 변형되거나 부식된 것
④ 와이어 로프의 한 꼬임에서 끊어진 소선의 수가 10%인 것

해설 달비계 설치 시 와이어 로프의 사용제한
㉮ 이음매가 있는 것
㉯ 와이어 로프의 한 꼬임에서 끊어진 소선(필러선 제외)의 수가 10% 이상(비전 로프의 경우에는 끊어진 소선의 수가 와이어 로프 호칭지름의 6배 길이 이내에서 4개 이상이거나 호칭지름의 30배 길이 이내에서 8개 이상)인 것
㉰ 지름의 감소가 공칭지름의 7%를 초과하는 것
㉱ 꼬인 것
㉲ 심하게 변형 또는 부식된 것
㉳ 열과 전기충격에 의해 손상된 것

109 물로 포화된 점토에 다지기를 하면 압축하중으로 지반이 침하하는데, 이로 인하여 간극수압이 높아져 물이 배출되면서 흙의 간극이 감소하는 현상을 무엇이라고 하는가?

① 액상화   ② 압밀
③ 예민비   ④ 동상현상

해설 ① 액상화 : 포화된 모래가 비배수(非排水) 상태로 변하여 전단응력을 받으면, 모래 속의 간극수압이 차례로 높아지면서 최종적으로는 액상상태가 된다. 이 같은 현상을 액상화 현상이라 하며, 모래의 이 같은 상태를 액상화 상태(Quick Sand)라 한다.
② 압밀 : 물로 포화된 점토에 다지기를 하면 압축하중으로 지반이 침하하는데, 이로 인하여 간극수압이 높아져 물이 배출되면서 흙의 간극이 감소하는 현상이다.
③ 예민비 : 교란시료의 강도에 대한 불교란된 시료의 강도의 비를 나타낸다. 따라서 예민비가 큰 흙은 교란되면 강도가 크게 감소한다.
④ 동상현상 : 대기의 온도가 0℃ 이하로 내려가면 흙 속의 공극수가 동결하여 흙 속에 얼음층(Ice Lens)이 형성되므로 체적이 팽창하여 지표면이 부풀어 오르는 현상이다.

110 비계에서 벽 고정을 하고 기둥과 기둥을 수평재나 가새로 연결하는 가장 큰 이유는?

① 작업자의 추락재해를 방지하기 위해
② 좌굴을 방지하기 위해
③ 인장파괴를 방지하기 위해
④ 해체를 용이하게 하기 위해

해설 비계의 좌굴 방지법
㉮ 비계에 벽 이음을 할 것
㉯ 비계기둥과 기둥을 수평재(띠장)나 가새로 연결할 것

111 가설통로를 설치하는 경우에 준수해야 할 기준으로 틀린 것은?

① 건설공사에 사용하는 높이 8m 이상인 비계다리에는 5m 이내마다 계단참을 설치할 것
② 수직갱에 가설된 통로의 길이가 15m 이상인 경우에는 10m 이내마다 계단참을 설치할 것
③ 경사가 15°를 초과하는 경우에는 미끄러지지 아니하는 구조로 할 것
④ 추락할 위험이 있는 장소에는 안전난간을 설치할 것

해설 가설통로의 설치기준
㉮ 견고한 구조로 할 것
㉯ 경사는 30° 이하로 할 것
㉰ 경사가 15°를 초과하는 경우에는 미끄러지지 아니하는 구조로 할 것
㉱ 추락할 위험이 있는 장소에는 안전난간을 설치할 것
㉲ 수직갱에 가설된 통로의 길이가 15m 이상인 경우에는 10m 이내마다 계단참을 설치할 것
㉳ 건설공사에 사용하는 높이 8m 이상인 비계다리에는 7m 이내마다 계단참을 설치할 것

112 콘크리트 타설작업의 안전대책으로 옳지 않은 것은?

① 작업 시작 전 거푸집 동바리 등의 변형, 변위 및 지반침하 유무를 점검한다.
② 작업 중 감시자를 배치하여 거푸집 동바리 등의 변형, 변위 유무를 확인한다.
③ 슬래브콘크리트 타설은 한쪽부터 순차적으로 타설하여 붕괴 재해를 방지해야 한다.
④ 설계도서상 콘크리트 양생기간을 준수하여 거푸집 동바리 등을 해체한다.

해설 콘크리트의 타설작업 시 준수해야 할 사항
㉮ 당일의 작업을 시작하기 전에 당해 작업에 관한 거푸집 동바리 등의 변형·변위 및 지반의 침하 유무 등을 점검하고 이상을 발견한 때에는 이를 보수할 것
㉯ 작업 중에는 거푸집 동바리 등의 변형·변위 및 침하 유무 등을 감시할 수 있는 감시자를 배치하여 이상을 발견한 때에는 작업을 중지시키고 근로자를 대피시킬 것
㉰ 콘크리트의 타설작업 시 거푸집 붕괴의 위험이 발생할 우려가 있는 때에는 충분한 보강조치를 할 것
㉱ 설계도서상의 콘크리트 양생기간을 준수하여 거푸집 동바리 등을 해체할 것
㉲ 콘크리트를 타설하는 경우에는 편심이 발생하지 않도록 골고루 분산하여 타설할 것

113 철골보 인양 시 준수해야 할 사항으로 옳지 않은 것은?

① 인양 와이어로프의 매달기 각도는 양변 60°를 기준으로 한다.
② 클램프로 부재를 체결할 때는 클램프의 정격용량 이상 매달지 않아야 한다.
③ 클램프는 부재를 수평으로 하는 한 곳의 위치에만 사용하여야 한다.
④ 인양 와이어로프는 후크의 중심에 걸어야 한다.

해설 클램프는 부재를 수평으로 하는 두 곳의 위치에 사용하여야 하며, 부재 양단방향은 등간격이어야 한다.

114 타워크레인을 자립고(自立高) 이상의 높이로 설치할 때 지지벽체가 없어 와이어로프로 지지하는 경우의 준수사항으로 옳지 않은 것은?

① 와이어로프를 고정하기 위한 전용 지지프레임을 사용할 것
② 와이어로프 설치각도는 수평면에서 60° 이내로 하되, 지지점은 4개소 이상으로 하고, 같은 각도로 설치할 것
③ 와이어로프와 그 고정부위는 충분한 강도와 장력을 갖도록 설치하되, 와이어로프를 클립·섀클(shackle) 등의 기구를 사용하여 고정하지 않도록 유의할 것
④ 와이어로프가 가공전선(架空電線)에 근접하지 않도록 할 것

해설 타워크레인을 와이어로프로 지지하는 경우 준수사항
㉮ 와이어로프를 고정하기 위한 전용 지지프레임을 사용할 것
㉯ 와이어로프 설치각도는 수평면에서 60도 이내로 하되, 지지점은 4개소 이상으로 하고, 같은 각도로 설치할 것
㉰ 와이어로프와 그 고정부위는 충분한 강도와 장력을 갖도록 설치하고, 와이어로프를 클립·섀클 등의 고정기구를 사용하여 견고하게 고정시켜 풀리지 아니하도록 하며, 사용 중에는 충분한 강도와 장력을 유지하도록 할 것
㉱ 와이어로프가 가공전선에 근접하지 않도록 할 것

115 말비계를 조립하여 사용하는 경우에 지주부재와 수평면의 기울기는 최대 몇 도 이하로 하여야 하는가?

① 30° ② 45°
③ 60° ④ 75°

해설 말비계
㉮ 지주부재(支柱部材)의 하단에는 미끄럼 방지장치를 하고, 근로자가 양측 끝부분에 올라서서 작업하지 않도록 할 것
㉯ 지주부재와 수평면의 기울기를 75° 이하로 하고, 지주부재와 지주부재 사이를 고정시키는 보조부재를 설치할 것
㉰ 말비계의 높이가 2m를 초과하는 경우에는 작업발판의 폭을 40cm 이상으로 할 것

116 온도가 하강함에 따라 토중수가 얼어 부피가 약 9% 정도 증대하게 됨으로써 지표면이 부풀어 오르는 현상은?

① 동상 현상
② 연화 현상
③ 리칭 현상
④ 액상화 현상

해설
② 연화(frost boil) 현상 : 동결된 지반이 융해될 때 흙 속에 과잉의 수분이 존재하여 지반이 연약화되어 강도가 떨어지는 현상
③ 리칭 현상 : 해수에 퇴적된 점토가 담수에 의해 오랜 시간에 걸쳐 염분이 빠져나가 강도가 저하되는 현상
④ 액상화 현상 : 포화된 모래가 비배수(非排水) 상태로 변하여 전단응력을 받으면, 모래 속의 간극수압이 차례로 높아지면서 최종적으로는 액상 상태가 되는 현상[모래의 이 같은 상태를 액상화 상태(quick sand)라 한다]

117 강관비계의 수직방향 벽이음 조립간격(m)으로 옳은 것은? (단, 틀비계이며, 높이가 5m 이상일 경우이다.)

① 2m ② 4m
③ 6m ④ 9m

정답 113.③ 114.③ 115.④ 116.① 117.③

해설 비계의 벽이음에 대한 조립간격

비계의 종류	조립간격	
	수직방향	수평방향
단관비계	5m	5m
틀비계 (높이 5m 미만은 제외)	6m	8m
통나무비계	5.5m	7.5m

118 취급·운반의 원칙으로 옳지 않은 것은?

① 연속운반을 할 것
② 생산을 최고로 하는 운반을 생각할 것
③ 운반작업을 집중하여 시킬 것
④ 곡선운반을 할 것

해설 취급·운반의 5원칙
㉮ 연속운반을 할 것
㉯ 직선운반을 할 것
㉰ 최대한 시간과 경비를 절약할 수 있는 운반방법을 고려할 것
㉱ 생산을 최고로 하는 운반을 생각할 것
㉲ 운반작업을 집중하여 시킬 것

119 흙의 투수계수에 영향을 주는 인자에 관한 설명으로 옳지 않은 것은?

① 포화도 : 포화도가 클수록 투수계수도 크다.
② 공극비 : 공극비가 클수록 투수계수는 작다.
③ 유체의 점성계수 : 점성계수가 클수록 투수계수는 작다.
④ 유체의 밀도 : 유체의 밀도가 클수록 투수계수는 크다.

해설 ② 공극비 : 공극비가 클수록 투수계수는 크다.

120 가설공사 표준안전 작업지침에 따른 통로발판을 설치하여 사용함에 있어 준수사항으로 옳지 않은 것은?

① 추락의 위험이 있는 곳에는 안전난간이나 철책을 설치하여야 한다.
② 작업발판의 최대폭은 1.6m 이내이어야 한다.
③ 비계발판의 구조에 따라 최대 적재하중을 정하고 이를 초과하지 않도록 하여야 한다.
④ 발판을 겹쳐 이음하는 경우 장선 위에서 이음을 하고 겹침길이는 10cm 이상으로 하여야 한다.

해설 통로발판을 설치하여 사용함에 있어서 다음 각 호의 사항을 준수하여야 한다.
㉮ 근로자가 작업 및 이동하기에 충분한 넓이가 확보되어야 한다.
㉯ 추락의 위험이 있는 곳에는 안전난간이나 철책을 설치하여야 한다.
㉰ 발판을 겹쳐 이음하는 경우 장선 위에서 이음을 하고 겹침길이는 20cm 이상으로 하여야 한다.
㉱ 발판 1개에 대한 지지물은 2개 이상이어야 한다.
㉲ 작업발판의 최대폭은 1.6m 이내이어야 한다.
㉳ 작업발판 위에는 돌출된 못, 옹이, 철선 등이 없어야 한다.
㉴ 비계발판의 구조에 따라 최대 적재하중을 정하고 이를 초과하지 않도록 하여야 한다.

2024 제2회 건설안전기사
2024. 5. 9. 시행

≫ 제1과목   산업안전관리론

01 다음 중 하비(Harvey)가 제시한 "안전의 3E"에 해당하지 않는 것은?

① Education
② Enforcement
③ Economy
④ Engineering

해설 하비(J.H. Harvey)의 안전론
안전사고를 방지하고 안전을 도모하기 위하여 3E(Three E's of Safety), 즉 교육(Education), 기술(Engineering), 독려(Enforcement)의 조치가 균형을 이루어야 한다고 주장했다.

02 다음 중 산업안전보건법에 따라 사업주는 산업재해가 발생하였을 때 고용노동부령으로 정하는 바에 따라 관련 사항을 기록·보존하여야 하는데, 이러한 산업재해 중 고용노동부령으로 정하는 산업재해에 대하여 고용노동부장관에게 보고하여야 할 사항과 가장 거리가 먼 것은?

① 산업재해 발생 개요
② 원인 및 보고 시기
③ 실업급여 지급사항
④ 재발방지계획

해설 사업주는 기록한 산업재해 중 고용노동부령으로 정하는 산업재해에 대하여는 그 발생 개요, 원인 및 보고 시기, 재발방지계획 등을 고용노동부령으로 정하는 바에 따라 고용노동부장관에게 보고하여야 한다.

03 듀퐁사에서 실시하여 실효를 거둔 기법으로 각 계층의 관리감독자들이 숙련된 안전관찰을 행할 수 있도록 훈련을 실시함으로써 사고의 발생을 미연에 방지하여 안전을 확보하는 안전관찰훈련기법은?

① THP 기법
② STOP 기법
③ TBM 기법
④ TD-BU 기법

해설 STOP(Safety Training Observation Program)
안전관찰조치기법으로 각 계층의 관리감독자들이 숙련된 안전 관찰을 행할 수 있도록 훈련을 실시함으로써 사고의 발생을 미연에 방지하여 안전을 확보하는 기법
STOP의 5단계 안전 사이클은 결심-정지-관찰-조치-보고 순이다.

04 A사업장의 연간 근로시간수가 950,000시간이고, 이 기간 중에 발생한 재해건수가 12건, 근로손실일수가 203일이었을 때 이 사업장의 도수율은 약 얼마인가?

① 0.21
② 12.63
③ 59.11
④ 213.68

해설
$$도수율 = \frac{재해건수}{연\ 근로시간수} \times 10^6$$
$$= \frac{12}{950,000} \times 10^6 = 12.63$$

05 다음 중 위험예지 훈련 4라운드 기법에서 2R(라운드)에 해당하는 것은?

① 목표 설정
② 현상 파악
③ 대책 수립
④ 본질 추구

해설 위험예지 훈련 4라운드
㉮ 제1라운드 : 현상 파악
㉯ 제2라운드 : 본질 추구
㉰ 제3라운드 : 대책 수립
㉱ 제4라운드 : 행동 목표 설정

정답 01.③ 02.③ 03.② 04.② 05.④

06 다음 중 재해조사의 주된 목적을 가장 올바르게 설명한 것은?

① 직접적인 원인을 조사하기 위함이다.
② 동일 업종의 산업재해 통계를 조사하기 위함이다.
③ 동종 또는 유사재해의 재발을 방지하기 위함이다.
④ 해당 사업장의 안전관리계획을 수립하기 위함이다.

해설 재해조사의 목적은 재해의 원인과 자체 결함 등을 규명함으로써 동종 및 유사재해의 발생 방지대책을 강구하기 위해서 실시한다.

07 다음 중 사고 조사의 본질적 특성과 거리가 가장 먼 것은?

① 사고의 공간성
② 우연 중의 법칙성
③ 필연 중의 우연성
④ 사고의 재현 불가능성

해설 사고의 본질적 특성
㉮ 사고 발생의 시간성
㉯ 우연성 중의 법칙성
㉰ 사고 재현의 불가능성
㉱ 필연성 중의 우연성

08 다음 중 방음용 귀마개 또는 귀덮개의 종류 및 등급과 기호가 잘못 연결된 것은?

① 귀덮개 : EM
② 귀마개 1종 : EP-1
③ 귀마개 2종 : EP-2
④ 귀마개 3종 : EP-3

해설 ㉮ 귀마개(Ear Plug, 耳栓)의 종류
 ㉠ EP-1(1종) : 저음부터 고음까지 전반적으로 차음하는 것
 ㉡ EP-2(2종) : 고음만을 차음하는 것
㉯ 귀덮개(Ear Muff, 耳覆) : 저음부터 고음까지를 차단하는 것

09 산업안전보건법령에 따라 안전보건관리 규정을 작성하여야 할 사업의 사업주는 안전보건관리 규정을 작성하여야 할 사유가 발생한 날부터 며칠 이내에 작성하여야 하는가?

① 7일   ② 14일
③ 30일   ④ 60일

해설 안전보건관리 규정
작성하여야 할 사유가 발생한 날부터 30일 이내에 작성하여야 한다(변경할 사유가 발생한 경우도 같음).

10 다음은 재해 발생에 관한 이론이다. 각각의 재해 발생 이론의 단계를 잘못 나열한 것은?

① Heinrich 이론 : 사회적 환경 및 유전적 요소 → 개인적 결함 → 불안전한 행동 및 불안전한 상태 → 사고 → 재해
② Bird 이론 : 제어(관리)의 부족 → 기본 원인(기본) → 직접 원인(징후) → 접촉(사고) → 재해(손실)
③ Adams 이론 : 기초 원인 → 작전적 에러 → 전술적 에러 → 사고 → 재해
④ Weaver 이론 : 유전과 환경 → 인간의 결함 → 불안전한 행동과 상태 → 사고 → 재해

해설 Adams 이론
㉮ 1단계 : 관리구조
㉯ 2단계 : 작전적 에러
㉰ 3단계 : 전술적 에러
㉱ 4단계 : 사고
㉲ 5단계 : 상해 또는 손실

11 다음 중 웨버(D.A. Weber)의 사고발생 도미노 이론에서 "작전적 에러"를 찾아내기 위한 질문의 유형과 가장 거리가 먼 것은 어느 것인가?

① What   ② Why
③ Where   ④ Whether

해설 웨버(Weber)의 사고발생 도미노 이론
웨버는 불안전한 행동이나 상태, 사고, 상해는 모두 운영 과오의 징후일 뿐이라고 주장하여 다음의 여부를 중심으로 문제해결을 도모해야 한다고 하였다.
㉮ What : 무엇이 불안전한 상태이며 불안전한 행동인가? 즉, 사고의 원인은 무엇인가?
㉯ Why : 왜 불안전한 행동 또는 상태가 용납되는가?
㉰ Whether : 감독과 경영 중에서 어느 쪽이 사고 방지에 대한 안전지식을 갖고 있는가?

12 산업안전보건법령상 안전인증 대상 방호장치에 해당하는 것은?

① 교류아크용접기용 자동전격방지기
② 동력식 수동대패용 칼날접촉 방지장치
③ 절연용 방호구 및 활선작업용 기구
④ 아세틸렌 용접장치용 또는 가스집합 용접장치용 안전기

해설 안전인증 대상 방호장치
㉮ 프레스 및 전단기 방호장치
㉯ 양중기용 과부하 방지장치
㉰ 보일러 압력방출용 안전밸브
㉱ 압력용기 압력방출용 안전밸브
㉲ 압력용기 압력방출용 파열판
㉳ 절연용 방호구 및 활선작업용 기구
㉴ 방폭구조 전기 기계·기구 및 부품
㉵ 추락·낙하 및 붕괴 등의 위험 방지 및 보호에 필요한 가설 기자재로서 고용노동부장관이 정하여 고시하는 것
㉶ 충돌·협착 등의 위험 방지에 필요한 산업용 로봇 방호장치로서 고용노동부장관이 정하여 고시하는 것

13 한 사람 한 사람이 스스로 위험요인을 발견, 파악하여 단시간에 행동목표를 정하여 지적 확인을 하며, 특히 비정상적인 작업의 안전을 확보하기 위한 위험예지훈련은?

① 삼각 위험예지훈련
② 1인 위험예지훈련
③ 원포인트 위험예지훈련
④ 자문자답카드 위험예지훈련

해설 ① 삼각 위험예지훈련 : 위험예지훈련을 보다 빠르고 간편하게 전원 참여로 하는 훈련으로, 말하거나 쓰는 것이 미숙한 작업자를 위한 방법이다.
② 1인 위험예지훈련 : 한 사람 한 사람이 같은 도해로 4라운드까지 1인 위험예지훈련을 실시한 후 리더의 사회로 결과에 대하여 서로 토론함으로써 위험요소를 파악한 후 해결능력을 향상시키는 방법이다.
③ 원포인트(one point) 위험예지훈련 : 위험예지훈련 4R 중 2R, 3R, 4R를 모두 원포인트로 요약하여 실시하는 TBM 위험예지훈련이다.
④ 자문자답카드 위험예지훈련 : 한 사람 한 사람이 스스로 위험요인을 발견, 파악하여 단시간에 행동목표를 정하여 지적 확인을 하며, 특히 비정상적인 작업의 안전을 확보하기 위한 위험예지훈련이다.

14 산업안전보건법령상 안전보건표지의 종류 중 금지표지에 해당하지 않는 것은?

① 탑승금지   ② 금연
③ 사용금지   ④ 접촉금지

해설 금지표지의 종류
㉮ 출입금지
㉯ 보행금지
㉰ 차량통행금지
㉱ 사용금지
㉲ 탑승금지
㉳ 금연
㉴ 화기금지
㉵ 물체이동금지

15 산업안전보건법령상 안전보건개선계획서에 포함되어야 하는 사항이 아닌 것은?

① 시설의 개선을 위하여 필요한 사항
② 작업환경의 개선을 위하여 필요한 사항
③ 작업절차의 개선을 위하여 필요한 사항
④ 안전·보건교육의 개선을 위하여 필요한 사항

해설 안전보건개선계획서에 포함되는 주요 내용
㉮ 시설
㉯ 안전·보건관리체제
㉰ 안전·보건교육
㉱ 산업재해예방 및 작업환경의 개선을 위하여 필요한 사항

16 재해발생의 간접원인 중 교육적 원인이 아닌 것은?

① 안전수칙의 오해
② 경험훈련의 미숙
③ 안전지식의 부족
④ 작업지시 부적당

[해설] 재해발생의 원인 중 관리적 원인
㉮ 기술적 원인
　㉠ 건물, 기계장치 설계 불량
　㉡ 구조, 재료의 부적합
　㉢ 생산공정의 부적당
　㉣ 점검, 정비, 보존 불량
㉯ 교육적 원인
　㉠ 안전의식(지식)의 부족
　㉡ 안전수칙의 오해
　㉢ 경험·훈련의 미숙
㉰ 작업관리상 원인
　㉠ 안전관리조직 결함
　㉡ 안전수칙 미제정
　㉢ 작업준비 불충분
　㉣ 인원배치 부적당
　㉤ 작업지시 부적당

17 다음 중 학습전이의 조건과 가장 거리가 먼 것은?

① 학습자의 태도 요인
② 학습자의 지능 요인
③ 학습자료의 유사성 요인
④ 선행학습과 후행학습의 공간적 요인

[해설] 학습전이의 조건
㉮ 학습 정도의 요인 : 선행학습의 정도에 따라 전이의 기능 정도가 다르다.
㉯ 유사성의 요인 : 선행학습과 후행학습에 유사성이 있어야 한다는 것으로 자극의 유사성, 반응의 유사성, 원리의 유사성이 있다.
㉰ 시간적 간격의 요인 : 선행학습과 후행학습의 시간 간격에 따라 전이의 효과가 다르다.
㉱ 학습자의 지능 요인 : 학습자의 지능 정도에 따라 전이효과가 달라진다.
㉲ 학습자의 태도 요인 : 학습자의 주의력 및 능력, 특히 태도에 따라 전이의 정도가 다르다.

18 다음은 산업안전보건법령상 공정안전보고서의 제출시기에 관한 기준 내용이다. ( ) 안에 들어갈 내용을 올바르게 나열한 것은?

> 사업주는 산업안전보건법 시행령에 따라 유해하거나 위험한 설비의 설치·이전 또는 주요 구조부분의 변경공사의 착공일 (ⓐ) 전까지 공정안전보고서를 (ⓑ) 작성하여 공단에 제출해야 한다.

① ⓐ 1일, ⓑ 2부
② ⓐ 15일, ⓑ 1부
③ ⓐ 15일, ⓑ 2부
④ ⓐ 30일, ⓑ 2부

[해설] 유해·위험설비의 설치·이전 또는 주요 구조부분의 변경공사의 착공일 30일 전까지 공정안전보고서를 2부 작성하여 공단에 제출하여야 한다.

19 물체의 낙하 또는 비래에 의한 위험을 방지 또는 경감하고, 머리 부위 감전에 의한 위험을 방지하기 위한 안전모의 종류(기호)는?

① A
② AE
③ AB
④ ABE

[해설] 안전모의 종류
㉮ AB형 : 낙하 및 비래, 추락 방지용
㉯ AE형 : 낙하 및 비래, 감전 방지용
㉰ ABE형 : 낙하 및 비래(A), 추락(B), 감전(E) 방지형

20 산업재해보상보험법령상 보험급여의 종류를 모두 고른 것은?

> ⓐ 장례비　　ⓑ 요양급여
> ⓒ 간병급여　ⓓ 영업손실비용
> ⓔ 직업재활급여

① ⓐ, ⓑ, ⓓ
② ⓐ, ⓑ, ⓒ, ⓔ
③ ⓐ, ⓒ, ⓓ, ⓔ
④ ⓑ, ⓒ, ⓓ, ⓔ

16.④　17.④　18.④　19.②　20.②

해설 하인리히(H.W. Heinrich) 방식
㉮ 직접비 : 법령으로 정한 피해자에게 지급되는 산재보상비
  ㉠ 휴업급여 : 평균임금의 100분의 70에 상당하는 금액
  ㉡ 장해급여 : 신체장애가 남은 경우에 장애 등급에 의한 금액
  ㉢ 요양급여 : 요양비 전액
  ㉣ 장례비 : 평균임금의 120일분에 상당하는 금액
  ㉤ 유족급여 : 평균임금의 1,300일분에 상당하는 금액
  ㉥ 장해특별보상비, 유족특별보상비, 상병보상연금, 직업재활급여 등
㉯ 간접비 : 재산손실 및 생산중단 등으로 기업이 입은 손실

≫ 제2과목   산업심리 및 교육

21 스트레스(Stress)에 영향을 주는 요인 가운데 환경이나 외부를 통해서 일어나는 자극요인에 해당되는 것은?

① 자존심의 손상
② 현실에의 부적응
③ 도전의 좌절과 자만심의 상충
④ 직장에서 대인관계의 갈등과 대립

해설 ㉮ 외부로부터의 자극요인
  ㉠ 경제적인 어려움
  ㉡ 직장에서의 대인관계상의 갈등과 대립
  ㉢ 가정에서의 가족관계의 갈등
  ㉣ 가족의 죽음이나 질병
  ㉤ 자신의 건강문제
  ㉥ 상대적인 박탈감
㉯ 마음 속에서 일어나는 내적 자극요인
  ㉠ 자존심의 손상과 공격방어 심리
  ㉡ 출세욕의 좌절감과 자만심의 상충
  ㉢ 지나친 과거에의 집착과 허탈
  ㉣ 업무상의 죄책감
  ㉤ 지나친 경쟁심과 재물에 대한 욕심
  ㉥ 남에게 의지하고자 하는 심리
  ㉦ 가족간의 대화 단절 의견의 불일치

22 다음 중 심포지엄(Symposium)에 관한 설명으로 가장 적절한 것은?

① 먼저 사례를 발표하고 문제적 사실들과 그의 상호관계에 대하여 검토하고 대책을 토의하는 방법
② 몇 사람의 전문가에 의하여 과제에 관한 견해를 발표한 뒤에 참가자로 하여금 의견이나 질문을 하게 하여 토의하는 방법
③ 새로운 교재를 제시하고 거기에서의 문제점을 피교육자로 하여금 제기하게 하거나, 의견을 여러 가지 방법으로 발표하게 하고 다시 깊이 파고들어서 토의하는 방법
④ 패널 멤버가 피교육자 앞에서 자유로이 토의하고, 뒤에 피교육자 전원이 참가하여 사회자의 사회에 따라 토의하는 방법

해설 ① 사례 연구법(Case Study) : 먼저 사례를 제시하고 문제적 사실들과 그의 상호관계에 대해서 검토하고 대책을 토의한다.
② 심포지엄(Symposium) : 몇 사람의 전문가에 의하여 과제에 관한 견해를 발표한 뒤에 참가자로 하여금 의견이나 질문을 하게 하여 토의하는 방법이다.
③ 포럼(Forum) : 새로운 자료나 교재를 제시하고 거기에서의 문제점을 피교육자로 하여금 제기하게 하거나, 의견을 여러 가지 방법으로 발표하게 하고 다시 깊이 파고들어서 토의를 행하는 방법이다.
④ 패널 디스커션(Panel Discussion) : 패널 멤버(교육 과제에 정통한 전문가 4~5명)가 피교육자 앞에서 자유로이 토의를 하고, 뒤에 피교육자 전원이 참가하여 사회자의 사회에 따라 토의하는 방법이다.

23 O.J.T.(On the Job Training)의 장점이 아닌 것은?

① 개개인에게 적절한 지도훈련이 가능하다.
② 전문가를 강사로 초빙하는 것이 가능하다.
③ 훈련에 필요한 업무의 계속성이 끊어지지 않는다.

④ 직장의 실정에 맞게 실제적 훈련이 가능하다.

해설 O.J.T와 Off J.T.의 특징
㉮ O.J.T.의 특징
  ㉠ 개개인에게 적합한 지도훈련이 가능하다.
  ㉡ 직장의 실정에 맞는 실체적 훈련을 할 수 있다.
  ㉢ 훈련에 필요한 업무의 계속성이 끊어지지 않는다.
  ㉣ 즉시 업무에 연결되는 관계로 신체와 관련이 있다.
  ㉤ 효과가 곧 업무에 나타나며, 훈련의 좋고 나쁨에 따라 개선이 용이하다.
  ㉥ 교육을 통한 훈련효과에 의해 상호 신뢰 이해도가 높아진다.
㉯ Off J.T.의 특징
  ㉠ 다수의 근로자에게 조직적 훈련이 가능하다.
  ㉡ 훈련에만 전념하게 된다.
  ㉢ 특별 설비기구를 이용할 수 있다.
  ㉣ 전문가를 강사로 초청할 수 있다.
  ㉤ 각 직장의 근로자가 많은 지식이나 경험을 교류할 수 있다.
  ㉥ 교육훈련 목표에 대해서 집단적 노력이 흐트러질 수도 있다.

24 레빈이 제시한 인간의 행동특성에 관한 법칙에서 인간의 행동(B)는 개체(P)와 환경(E)의 함수관계를 가진다고 하였다. 다음 중 개체(P)에 해당하는 요소가 아닌 것은?

① 연령
② 지능
③ 경험
④ 인간관계

해설 Lewin.K의 법칙
Lewin은 인간의 행동(B)은 그 사람이 가진 자질, 즉 개체(P)와 심리학적 환경(E)과의 상호 함수관계에 있다고 했다.
$B = f(P \cdot E)$
여기서, B : Behavior(인간의 행동)
  f : Function(함수관계)
  P : Person(개체 : 연령, 경험, 심신상태, 성격, 지능 등)
  E : Environment(심리적 환경 : 인간관계, 작업환경 등)

25 집단심리요법의 하나로서 자기해방과 타인 체험을 목적으로 하는 체험활동을 통해 대인관계에 있어서의 태도 변용이나 통찰력, 자기이해를 목표로 개발된 교육기법은?

① ST(Sensitivity Training) 훈련
② 롤 플레잉(Role Playing)
③ O.J.T(On the Job Training)
④ TA(Transactional Analysis) 훈련

해설 ① 감수성 훈련(ST ; Sensitivity Training) : 인간 상호 심리작용을 이해하고 집단 응집력과 조직개발, 인간관계 개선, 리더십 능력을 개발하기 위한 경영 교육훈련 과정이다.
② 역할 연기법(Role Playing) : 참석자에게 어떤 역할을 주어서 실제로 시켜 봄으로써 훈련이나 평가에 사용하는 교육기법으로, 절충 능력이나 협조성을 높여서 태도의 변용에도 도움을 준다.
③ O.J.T(On the Job Training) : 현장에서나 직장에서 상사가 업무상의 개별 교육이나 지도를 하는 개인별 현장교육(실무훈련)이다. O.J.T는 구체적이기는 하지만 때로는 교육장소나 대상 등 현장의 제한된 입장에서 실시되는 단점도 있다. 그러나 살아 있는 현장이라는 점에서 실질적인 안전교육이 가능하다.
④ 교류 분석(TA ; Transactional Analysis) : 상호 의존관계 개념에 기초를 둔 인간행동 모델로서 인간행동의 심리요법으로서 개인의 성장과 변화를 위한 체계적인 성격 이론이다.

26 다음 중 인간이 기억하는 과정을 올바르게 나열한 것은?

① 파지 → 재생 → 기명 → 재인
② 재생 → 파지 → 재인 → 기명
③ 기명 → 파지 → 재생 → 재인
④ 재인 → 재생 → 파지 → 기명

해설 기억은 과거의 경험이 어떠한 형태로 미래의 행동에 영향을 주는 작용으로 기억 과정은 기명 · 파지 · 재생 · 재인의 단계를 거쳐서 기억이 되는 것이며, 도중에 재생이나 재인이 안 될 경우에는 곧 망각이 되었다는 것을 의미한다.

27 다음 중 교재의 선택 기준으로 가장 적합하지 않은 것은?

① 정적이며, 보수적이어야 한다.
② 사회성과 시대성에 걸맞은 것이어야 한다.
③ 설정된 교육 목적을 달성할 수 있는 것이어야 한다.
④ 교육 대상에 따라 흥미, 필요, 능력 등에 적합해야 한다.

해설 교재의 선택 기준은 정적이며, 보수적이 아니라 역동적이어야 하고, 교육 내용의 양은 가능한 한 최소 요구량이어야 한다.

28 직장 규율과 안전 규율 등을 몸에 익히기에 적합한 교육의 종류는?

① 지능 교육　② 문제해결 교육
③ 기능 교육　④ 태도 교육

해설 직장 규율과 안전 규율 등을 몸에 익히기에 적합한 교육은 태도 교육이다.

29 산업안전보건법령상 사업장의 안전보건관리 책임자 및 안전관리자에 대한 신규 및 보수교육시간으로 옳은 것은?

① 안전관리자의 신규 교육 : 30시간 이상
② 안전관리자의 보수 교육 : 16시간 이상
③ 안전보건관리 책임자의 신규 교육 : 6시간 이상
④ 안전보건관리 책임자의 보수 교육 : 4시간 이상

해설 안전보건관리 책임자 등에 대한 교육시간

교육 대상	교육시간	
	신규 교육	보수 교육
안전보건관리 책임자	6시간 이상	6시간 이상
안전관리자	34시간 이상	24시간 이상
보건관리자	34시간 이상	24시간 이상
건설재해예방 전문지도기관 종사자	34시간 이상	24시간 이상
안전보건관리 담당자	–	8시간 이상

30 다음 중 데이비스(K. Davis)의 동기부여이론에서 인간의 "능력(Ability)"을 나타내는 것은?

① 지식(Knowledge)×기능(Skill)
② 지식(Knowledge)×태도(Attitude)
③ 기능(Skill)×상황(Situation)
④ 상황(Situation)×태도(Attitude)

해설 데이비스(Davis)의 동기부여이론
㉮ 인간의 성과×물리적인 성과=경영의 성과
㉯ 인간의 성과=능력×동기유발
㉰ 능력=지식×기능
㉱ 동기유발=상황×태도

31 매슬로우(Maslow)의 욕구 위계를 바르게 나열한 것은?

① 생리적 욕구 – 사회적 욕구 – 인정받으려는 욕구 – 자아실현의 욕구
② 생리적 욕구 – 안전의 욕구 – 사회적 욕구 – 인정받으려는 욕구 – 자아실현의 욕구
③ 안전의 욕구 – 생리적 욕구 – 사회적 욕구 – 인정받으려는 욕구 – 자아실현의 욕구
④ 안전의 욕구 – 생리적 욕구 – 사회적 욕구 – 자아실현의 욕구 – 인정받으려는 욕구

해설 매슬로우(Maslow)의 욕구 5단계
㉮ 1단계 – 생리적 욕구(신체적 욕구) : 기아, 갈증, 호흡, 배설, 성욕 등 기본적 욕구
㉯ 2단계 – 안전의 욕구 : 안전을 구하려는 욕구
㉰ 3단계 – 사회적 욕구(친화 욕구) : 애정, 소속에 대한 욕구
㉱ 4단계 – 인정받으려는 욕구(자기 존경의 욕구, 승인 욕구) : 자존심, 명예, 성취, 지위 등에 대한 욕구
㉲ 5단계 – 자아실현의 욕구(성취 욕구) : 잠재적인 능력을 실현하고자 하는 욕구

32 [개정 2023] 다음 중 산업안전보건법 시행규칙상 사업 내 안전보건교육에 있어 건설업 일용근로자의 작업내용 변경 시의 최소 교육시간으로 옳은 것은?

① 1시간　② 2시간
③ 3시간　④ 4시간

정답 27.① 28.④ 29.③ 30.① 31.② 32.①

해설 **근로자 및 관리감독자 안전보건교육**

교육과정	교육대상		교육시간
정기 교육	사무직 종사 근로자		매 반기 6시간 이상
	그 밖의 근로자	판매업무 종사 근로자	매 반기 6시간 이상
		판매업무 외의 근로자	매 반기 12시간 이상
	관리감독자		연간 16시간 이상
채용 시 교육	근로자	일용근로자 및 1주일 이하인 기간제근로자	1시간 이상
		1주일 초과 1개월 이하인 기간제근로자	4시간 이상
		그 밖의 근로자	8시간 이상
	관리감독자		8시간 이상
작업내용 변경 시 교육	근로자	일용근로자 및 1주일 이하인 기간제근로자	1시간 이상
		그 밖의 근로자	2시간 이상
	관리감독자		2시간 이상
특별 교육	근로자	일용근로자 및 1주일 이하인 기간제근로자 (타워크레인 신호 작업 제외)	2시간 이상
		타워크레인 신호 작업에 종사하는 일용근로자 및 1주일 이하인 기간제근로자	8시간 이상
		일용근로자 및 1주일 이하인 기간제근로자를 제외한 근로자	• 16시간 이상 (최초 작업에 종사 하기 전 4시간 이상 실시하고, 12시간은 3개월 이내에서 분 할하여 실시 가능) • 단기간 작업 또는 간헐적 작업인 경 우에는 2시간 이상
	관리감독자		
건설업 기초 안전보건교육	건설 일용근로자		4시간 이상

33 비공식 집단의 활동 및 특성을 가장 잘 설명하고 있는 것은?

① 대체로 규모가 크다.
② 관리자에 의해 주도된다.
③ 항상 태업이나 생산저하를 조장시킨다.
④ 직접적이고 빈번한 개인 간의 접촉을 필요로 한다.

해설 **비공식 집단의 특성**
㉮ 규모가 작다.
㉯ 경영통제권이나 관리경영 밖에 존재한다.
㉰ 직접적이고 빈번한 개인 간의 접촉을 필요로 한다.
㉱ 수평적 동료집단이므로 동료애의 욕구가 있으며, 응집력이 크다.

34 리더십의 권한에 있어 조직이 리더에게 부여하는 권한이 아닌 것은?

① 위임된 권한
② 강압적 권한
③ 보상적 권한
④ 합법적 권한

해설 **리더십의 권한**
㉮ 조직이 지도자에게 부여한 권한
  ㉠ 보상적 권한
  ㉡ 강압적 권한
  ㉢ 합법적 권한
㉯ 지도자 자신이 자신에게 부여한 권한
  ㉠ 전문성의 권한
  ㉡ 위임된 권한

35 인간의 주의력은 다양한 특성을 가지고 있는 것으로 알려져 있다. 주의력의 특성과 그에 대한 설명으로 맞는 것은?

① 지속성 : 인간의 주의력은 2시간 이상 지속된다.
② 변동성 : 인간은 주의집중은 내향과 외향의 변동이 반복된다.
③ 방향성 : 인간이 주의력을 집중하는 방향은 상하좌우에 따라 영향을 받는다.
④ 선택성 : 인간의 주의력은 한계가 있어 여러 작업에 대해 선택적으로 배분된다.

해설 **주의력의 특징**
㉮ 선택성 : 여러 종류의 자극을 자각할 때 소수의 특정한 것에 한하여 선택하는 기능
㉯ 방향성 : 주시점만 인지하는 기능
㉰ 변동성 : 주의에는 주기적으로 부주의의 리듬이 존재

36 다음 중 상호 신뢰 및 성선설에 기초하여 인간을 긍정적 측면으로 보는 이론에 해당하는 것은?

① T-이론　② X-이론
③ Y-이론　④ Z-이론

해설 맥그리거의 X·Y이론

X이론	Y이론
• 인간 불신감 • 성악설 • 인간은 본래 게으르고 태만하여 남의 지배 받기를 즐김 • 물질욕구(저차적 욕구) • 명령통제에 의한 관리 • 저개발국형	• 상호 신뢰감 • 성선설 • 인간은 부지런하고 근면하며, 적극적이고 자주적임 • 정신욕구(고차적 욕구) • 목표통합과 자기통제에 의한 자율관리 • 선진국형

37 안전교육계획 수립 및 추진에 있어 진행순서를 나열한 것으로 맞는 것은?

① 교육의 필요점 발견 → 교육대상 결정 → 교육 준비 → 교육 실시 → 교육의 성과를 평가
② 교육대상 결정 → 교육의 필요점 발견 → 교육 준비 → 교육 실시 → 교육의 성과를 평가
③ 교육의 필요점 발견 → 교육 준비 → 교육대상 결정 → 교육 실시 → 교육의 성과를 평가
④ 교육대상 결정 → 교육 준비 → 교육의 필요점 발견 → 교육 실시 → 교육의 성과를 평가

해설 안전교육계획 수립 및 추진 진행순서
㉮ 교육의 필요점 발견
㉯ 교육대상 결정
㉰ 교육 준비
㉱ 교육 실시
㉲ 교육의 성과를 평가

38 운동에 대한 착각현상이 아닌 것은?

① 자동운동　② 항상운동
③ 유도운동　④ 가현운동

해설 운동의 시지각(착각현상)
㉮ 자동운동 : 암실 내에서 정지된 소광점을 응시하고 있으면 그 광점의 움직임을 볼 수 있는데, 이를 '자동운동'이라고 한다. 자동운동이 생기기 쉬운 조건은 다음과 같다.
　㉠ 광점이 작을 것
　㉡ 시야의 다른 부분이 어두울 것
　㉢ 광의 강도가 작을 것
　㉣ 대상이 단순할 것
㉯ 유도운동 : 실제로는 움직이지 않는 것이 어느 기준의 이동에 유도되어 움직이는 것처럼 느껴지는 현상을 말한다.
㉰ 가현운동(β운동) : 객관적으로 정지하고 있는 대상물이 급속히 나타나거나 소멸하는 것으로 인하여 일어나는 운동으로, 마치 대상물이 운동하는 것처럼 인식되는 현상을 말한다(영화영상의 방법).

39 직무동기이론 중 기대이론에서 성과를 나타냈을 때 보상이 있을 것이라는 수단성을 높이려면 유의해야 할 점이 있는데, 이에 해당되지 않는 것은?

① 보상의 약속을 철저히 지킨다.
② 신뢰할 만한 성과의 측정방법을 사용한다.
③ 보상에 대한 객관적인 기준을 사전에 명확히 제시한다.
④ 직무수행을 위한 충분한 정보와 자원을 공급받는다.

해설 기대이론
구성원 개인의 동기부여 강도를 성과에 대한 기대와 성과의 유의성에 의해 설명하는 이론으로, 가치이론이라고도 한다.

40 상황성 누발자의 재해유발 원인과 가장 거리가 먼 것은?

① 기능 미숙 때문에
② 작업이 어렵기 때문에
③ 기계설비에 결함이 있기 때문에
④ 환경상 주의력의 집중이 혼란되기 때문에

해설 **사고 경향성자(재해 빈발자)의 유형**
㉮ 미숙성 누발자
  ㉠ 기능이 미숙한 자
  ㉡ 작업환경에 익숙하지 못한 자
㉯ 상황성 누발자
  ㉠ 기계설비에 결함이 있거나 본인의 능력 부족으로 인하여 작업이 어려운 자
  ㉡ 환경상 주의력의 집중이 어려운 자
  ㉢ 심신에 근심이 있는 자
㉰ 소질성 누발자(재해 빈발 경향자) : 성격적·정신적 또는 신체적으로 재해의 소질적 요인을 가지고 있다.
  ㉠ 주의력 지속이 불가능한 자
  ㉡ 주의력 범위가 협소(편중)한 자
  ㉢ 저지능 자
  ㉣ 생활이 불규칙한 자
  ㉤ 작업에 대한 경시나 지속성이 부족한 자
  ㉥ 정직하지 못하고 쉽게 흥분하는 자
  ㉦ 비협조적이며, 도덕성이 결여된 자
  ㉧ 소심한 성격으로 감각운동이 부적합한 자
㉱ 습관성 누발자(암시설)
  ㉠ 재해의 경험으로 겁이 많거나 신경과민 증상을 보이는 자
  ㉡ 일종의 슬럼프(slump) 상태에 빠져서 재해를 유발할 수 있는 자

≫ 제3과목 인간공학 및 시스템 안전공학

41 다음 중 Path Set에 관한 설명으로 옳은 것은?

① 시스템의 약점을 표현한 것이다.
② Top 사상을 발생시키는 조합이다.
③ 시스템이 고장 나지 않도록 하는 사상의 조합이다.
④ 일반적으로 Fussell Algorithm을 이용한다.

해설 **패스와 미니멀 패스**
㉮ 패스(Path) : 그 속에 포함되는 기본 사상이 일어나지 않을 때에 나타나지 않는 기본 사상의 집합으로서, 미니멀 패스(Minimal Path Sets)는 최소로 필요한 것이다.
㉯ 미니멀 패스 : 어떤 고장이나 패스를 일으키지 않으면 재해가 일어나지 않는다는 것, 즉 시스템의 신뢰성을 나타낸다. 다시 말하면 미니멀 패스는 시스템의 기능을 살리는 요인의 집합이라고 할 수 있다.

42 다음 중 시스템 신뢰도에 관한 설명으로 옳지 않은 것은?

① 시스템의 성공적 퍼포먼스를 확률로 나타낸 것이다.
② 각 부품이 동일한 신뢰도를 가질 경우 직렬구조의 신뢰도는 병렬구조에 비해 신뢰도가 낮다.
③ 시스템의 병렬구조는 시스템의 어느 한 부품이 고장 나면 시스템이 고장 나는 구조이다.
④ n 중 k구조는 n개의 부품으로 구성된 시스템에서 k개 이상의 부품이 작동하면 시스템이 정상적으로 가동되는 구조이다.

해설 시스템의 직렬구조는 시스템의 어느 한 부품이 고장 나면 시스템이 고장 나는 구조이다.

43 다음 중 인식과 자극의 정보처리 과정에서 3단계에 속하지 않는 것은?

① 인지단계   ② 반응단계
③ 행동단계   ④ 인식단계

해설 **인식과 자극의 정보처리 과정 3단계**
㉮ 1단계 : 인지단계
㉯ 2단계 : 인식단계
㉰ 3단계 : 행동단계

44 시스템 안전 프로그램에 있어 시스템의 수명주기를 일반적으로 5단계로 구분할 수 있는데, 다음 중 시스템 수명주기의 단계에 해당하지 않는 것은?

① 구상단계   ② 생산단계
③ 운전단계   ④ 분석단계

해설 **시스템 수명주기의 단계**
㉮ 1단계 : 구상단계
㉯ 2단계 : 정의단계
㉰ 3단계 : 개발단계
㉱ 4단계 : 생산단계
㉲ 5단계 : 운전단계

45 다음 중 Layout의 원칙으로 가장 올바른 것은?

① 운반작업을 수작업화한다.
② 중간중간에 중복 부분을 만든다.
③ 인간이나 기계의 흐름을 라인화한다.
④ 사람이나 물건의 이동거리를 단축하기 위해 기계 배치를 분산화한다.

해설 **Layout의 원칙**
㉮ 인간과 기계의 흐름을 라인화한다.
㉯ 운반작업을 기계화한다(운반기계 활용 및 기계활동의 집중화).
㉰ 중복 부분을 제거한다(돌거나 되돌아 나오는 부분 제거).
㉱ 이동거리를 단축하고 기계 배치를 집중화한다.

46 다음 중 산업안전보건법에 따른 유해·위험방지계획서 제출 대상 사업은 기계 및 가구를 제외한 금속가공제품 제조업으로서 전기 계약 용량이 얼마 이상인 사업을 말하는가?

① 50kW
② 100kW
③ 200kW
④ 300kW

해설 유해·위험방지계획서 제출 대상 사업장으로 다음의 어느 하나에 해당하는 사업으로서 전기 계약 용량이 300kW 이상인 사업을 말한다.
㉮ 금속가공제품(기계 및 기구는 제외) 제조업
㉯ 비금속 광물제품 제조업
㉰ 기타 기계 및 장비 제조업
㉱ 자동차 및 트레일러 제조업
㉲ 식료품 제조업
㉳ 고무제품 및 플라스틱 제품 제조업
㉴ 목재 및 나무제품 제조업
㉵ 기타 제품 제조업
㉶ 1차 금속 제조업
㉷ 가구 제조업
㉸ 화학물질 및 화학제품 제조업
㉹ 반도체 제조업
㉺ 전자부품 제조업

47 다음 중 FTA에서 사용되는 Minimal Cut Set에 관한 설명으로 틀린 것은?

① 사고에 대한 시스템의 약점을 표현한다.
② 정상사상(Top Event)을 일으키는 최소한의 집합이다.
③ 시스템에 고장이 발생하지 않도록 하는 모든 사상의 집합이다.
④ 일반적으로 Fussell Algorithm을 이용한다.

해설 **컷셋과 패스셋**
㉮ 컷셋(Cut Set) : '컷'이란 그 속에 포함되어 있는 모든 기본사상(여기서는 통상사상·생략결함사상 등을 포함한 기본사상)이 일어났을 때에 정상사상을 일으키는 기본사상의 집합을 말한다.
㉯ 패스셋(Path Set) : '패스'란 그 속에 포함되는 기본사상이 일어나지 않을 때에 처음으로 정상사상이 일어나지 않는 기본사상의 집합을 말한다.

48 FT도 작성에 사용되는 사상 중 시스템의 정상적인 가동상태에서 일어날 것이 기대되는 사상은?

① 통상사상   ② 기본사상
③ 생략사상   ④ 결함사상

해설
① 통상사상 : 결함사상이 아닌 발생이 예상되는 사상(정상적인 가동상태에서 발생이 기대되는 사상)을 나타낸다.
② 기본사상 : 더 이상 해석할 필요가 없는 기본적인 기계 결함 또는 작업자의 오동작을 나타낸다.
③ 생략사상 : 사상과 원인과의 관계를 알 수 없거나 또는 필요한 정보를 얻을 수 없기 때문에 더 이상 전개할 수 없는 최후적 사상을 나타낸다.
④ 결함사상 : 해석하고자 하는 정상사상과 중간사상을 나타낸다.

49 다음 중 작동 중인 전자레인지의 문을 열면 작동이 자동으로 멈추는 기능과 가장 관련이 깊은 오류 방지 기능은?

① Lock-in   ② Lock-out
③ Inter-lock   ④ Shift-lock

정답 45.③ 46.④ 47.③ 48.① 49.③

해설 인터록(Inter-lock)
㉮ 기기의 오동작 방지 또는 안전을 위해 관련 장치 간에 전기적 또는 기계적으로 연락을 취하게 되는 시스템이다.
㉯ 조합하거나 연동시키는 것을 말하며, 보통 동기신호를 발진회로에 넣어서 동기를 취하는 것을 말한다.

50 다음 중 인간 에러(Human Error)에 관한 설명으로 틀린 것은?

① Omission Error : 필요한 작업 또는 절차를 수행하지 않는 데 기인한 에러
② Commission Error : 필요한 작업 또는 절차의 수행 지연으로 인한 에러
③ Extraneous Error : 불필요한 작업 또는 절차를 수행함으로써 기인한 에러
④ Sequential Error : 필요한 작업 또는 절차의 순서 착오로 인한 에러

해설 인간 에러(Human Error)의 심리적인 분류(Swain)
㉮ 생략적 에러(Omission Error) : 필요한 직무(Task) 또는 절차를 수행하지 않는 데 기인한 과오(Error)
㉯ 시간적 에러(Time Error) : 필요한 직무 또는 절차의 수행 지연으로 인한 과오
㉰ 수행적 에러(Commission Error) : 필요한 직무 또는 절차의 불확실한 수행으로 인한 과오
㉱ 순서적 에러(Sequential Error) : 필요한 직무 또는 절차의 순서 착오로 인한 과오
㉲ 불필요한 에러(Extraneous Error) : 불필요한 직무 또는 절차를 수행함으로 인한 과오

51 인체계측 중 운전 또는 워드작업과 같이 인체의 각 부분이 서로 조화를 이루며 움직이는 자세에서의 인체치수를 측정하는 것을 무엇이라 하는가?

① 구조적 치수
② 정적 치수
③ 외곽 치수
④ 기능적 치수

해설 인체계측의 방법
㉮ 구조적 치수(정적 인체계측)
  ㉠ 체위를 정지한 상태에서의 기본자세(선 자세, 앉은 자세 등)에 관한 신체 각 부를 계측하는 것이다.
  ㉡ 여러 가지 설계의 표준이 되는 기초적 치수를 결정하는 데 그 목적이 있다.
㉯ 기능적 치수(동적 인체계측)
  ㉠ 상지나 하지의 운동이나 체위의 움직임에 따른 상태에서 계측하는 것이다.
  ㉡ 설계의 작업, 생활조건에 밀접한 관계를 갖는 현실성 있는 인체치수를 구하는 것이다.

52 다음 중 소음에 대한 대책으로 가장 적합하지 않은 것은?

① 소음원의 통제
② 소음의 격리
③ 소음의 분배
④ 적절한 배치

해설 소음대책
㉮ 소음원의 제거(가장 적극적 대책)
㉯ 소음원의 통제
㉰ 소음의 격리
㉱ 적절한 배치(Layout)
㉲ 차폐장치 및 흡음재료 사용
㉳ 음향처리제 사용
㉴ 방음보호구 사용
㉵ BGM(Back Ground Music)

53 시스템 안전분석방법 중 예비위험분석(PHA) 단계에서 식별하는 4가지 범주에 속하지 않는 것은?

① 위기 상태
② 무시가능 상태
③ 파국적 상태
④ 예비조처 상태

해설 예비위험분석(PHA)에서 식별하는 4가지의 범주(Category)
㉮ 파국적(Catastrophic)
㉯ 중대(Critical)
㉰ 한계적(Marginal)
㉱ 무시가능(Negligible)

54 다음 중 결함수분석법(FTA)에서의 미니멀 컷셋과 미니멀 패스셋에 관한 설명으로 맞는 것은?

① 미니멀 컷셋은 시스템의 신뢰성을 표시하는 것이다.
② 미니멀 패스셋은 시스템의 위험성을 표시하는 것이다.
③ 미니멀 패스셋은 시스템의 고장을 발생시키는 최소의 패스셋이다.
④ 미니멀 컷셋은 정상사상(top event)을 일으키기 위한 최소한의 컷셋이다.

해설 ㉮ 컷셋과 미니멀 컷셋
　ㄱ. 컷셋(cut sets) : 정상사상을 일으키는 기본사상(통상사상, 생략사상 포함)의 집합을 컷이라 한다.
　ㄴ. 미니멀 컷셋(minimal cut sets) : 정상사상을 일으키기 위해 필요한 최소한의 컷을 말한다(시스템의 위험성을 나타냄).
㉯ 패스셋과 미니멀 패스셋
　ㄱ. 패스셋(path sets) : 정상사상이 일어나지 않는 기본사상의 집합을 말한다.
　ㄴ. 미니멀 패스셋(minimal path sets) : 필요한 최소한의 패스를 말한다(시스템의 신뢰성을 나타냄).

55 인간이 기계와 비교하여 정보처리 및 결정의 측면에서 상대적으로 우수한 것은? (단, 인공지능은 제외한다.)

① 연역적 추리
② 정량적 정보처리
③ 관찰을 통한 일반화
④ 정보의 신속한 보관

해설 정보처리 및 의사결정
㉮ 인간이 갖는 기계보다 우수한 기능
　ㄱ. 보관되어 있는 적절한 정보를 회수(상기)
　ㄴ. 다양한 경험을 토대로 의사결정
　ㄷ. 어떤 운용방법이 실패할 경우, 다른 방법 선택
　ㄹ. 원칙을 적용하여 다양한 문제를 해결
　ㅁ. 관찰을 통해서 일반화하여 귀납적으로 추리
　ㅂ. 주관적으로 추산하고 평가
　ㅅ. 문제해결에 있어서 독창력을 발휘

㉯ 기계가 갖는 인간보다 우수한 기능
　ㄱ. 암호화된 정보를 신속·정확하게 회수
　ㄴ. 연역적으로 추리
　ㄷ. 입력신호에 대해 신속하고 일관성 있는 반응
　ㄹ. 명시된 프로그램에 따라 정량적인 정보처리
　ㅁ. 물리적인 양을 계수하거나 측정

56 양립성의 종류에 포함되지 않는 것은?

① 공간 양립성　② 형태 양립성
③ 개념 양립성　④ 운동 양립성

해설 양립성
정보 입력 및 처리와 관련한 양립성은 인간의 기대와 모순되지 않는 자극들 간, 반응들 간 또는 자극-반응 조합의 관계를 말하는 것으로, 다음의 3가지가 있다.
㉮ 공간 양립성 : 표시장치나 조종장치에서 물리적 형태나 공간적 배치의 양립성
㉯ 운동 양립성 : 표시 및 조종 장치, 체계반응에 대한 운동방향의 양립성
㉰ 개념 양립성 : 사람들이 가지고 있는 개념적 연상(어떤 암호체계에서 청색이 정상을 나타내듯이)의 양립성

57 손이나 특정 신체부위에 발생하는 누적손상장애(CTD)의 발생인자가 아닌 것은?

① 무리한 힘
② 다습한 환경
③ 장시간의 진동
④ 반복도가 높은 작업

해설 누적손상장애(CTD)의 발생요인
㉮ 무리한 힘의 사용
㉯ 진동 및 온도(저온)
㉰ 반복도가 높은 작업
㉱ 부적절한 작업자세
㉲ 날카로운 면과 신체 접촉

58 산업안전보건법령상 유해위험방지계획서의 심사 결과에 따른 구분·판정의 종류에 해당하지 않는 것은?

① 보류　② 부적정
③ 적정　④ 조건부 적정

해설 유해위험방지계획서의 심사 결과 구분
㉮ 적정 : 근로자의 안전과 보건을 위하여 필요한 조치가 구체적으로 확보되었다고 인정되는 경우
㉯ 조건부 적정 : 근로자의 안전과 보건을 확보하기 위하여 일부 개선이 필요하다고 인정되는 경우
㉰ 부적정 : 기계·설비 또는 건설물이 심사기준에 위반되어 공사 착공 시 중대한 위험 발생의 우려가 있거나 계획에 근본적 결함이 있다고 인정되는 경우

59 불(Boole)대수의 정리를 나타낸 관계식으로 틀린 것은?

① $A \cdot A = A$
② $A + \overline{A} = 0$
③ $A + AB = A$
④ $A + A = A$

해설 불대수의 정리
㉮ $A + \overline{A} = 1$
㉯ $A \cdot A = A$
㉰ $A + AB = A$
㉱ $A + A = A$
㉲ $A(A+B) = A$

60 인간공학에 대한 설명으로 틀린 것은?

① 인간-기계 시스템의 안전성, 편리성, 효율성을 높인다.
② 인간을 작업과 기계에 맞추는 설계 철학이 바탕이 된다.
③ 인간이 사용하는 물건, 설비, 환경의 설계에 적용된다.
④ 인간의 생리적, 심리적인 면에서의 특성이나 한계점을 고려한다.

해설 인간공학이란 작업과 기계를 인간에게 맞도록 연구하는 과학으로, 인간의 특성과 한계 능력을 분석·평가하여 이를 복잡한 체계의 설계에 응용하여 효율을 최대로 활용할 수 있도록 하는 학문 분야이다.

제4과목 건설시공학

61 대규모 공사에서 지역별로 공사를 분리하여 발주하는 방식이며, 중소업자에게 균등 기회를 주고 또 업자 상호 간의 경쟁으로 공사기일 단축, 시공기술 향상 및 공사의 높은 성과를 기대할 수 있어 유리한 도급 방법은?

① 전문 공종별 분할도급
② 공정별 분할도급
③ 공구별 분할도급
④ 직종별 공종별 분할도급

해설 공구별 분할도급
㉮ 대규모 공사(지하철 공사, 고속도로 공사, 대규모 아파트 단지 공사) 시 중소업자에게 균등한 기회를 부여하기 위해 분할도급 지역별로 도급을 주는 방식이다.
㉯ 시공 기술력 향상 및 경쟁으로 인한 공기가 단축된다.
㉰ 사무 업무가 복잡하고 관리가 어렵다.
㉱ 도급업자에게 균등한 기회 부여

62 용접 결함 중 용접금속과 모재가 융합되지 않고 단순히 겹쳐지는 것을 무엇이라 하는가?

① 언더컷(Under Cut)
② 크레이터(Crater)
③ 크랙(Crack)
④ 오버랩(Overlap)

해설 오버랩
용접금속과 모재가 융합되지 않고 단순히 겹쳐지는 것이다.

63 거푸집 구조설계 시 고려해야 하는 연직하중에서 무시해도 되는 요소는?

① 작업하중 ② 거푸집 중량
③ 콘크리트 자중 ④ 타설 충격하중

해설 연직방향 하중
- ㉮ 작업하중(150kg/m²)
- ㉯ 거푸집 중량(거푸집 중량은 40kg/m²로 무시해도 된다.)
- ㉰ 콘크리트 자중
- ㉱ 타설 충격하중

64 시방서의 작성 원칙으로 옳지 않은 것은?
① 시공자가 정확하게 시공하도록 설계자의 의도를 상세히 기술
② 공사 전반에 대한 지침을 세밀하고 간단명료하게 서술
③ 동종을 세밀하게 나누고, 단위 시방의 수를 최대한 늘려 상세히 서술
④ 재료의 성능, 성질, 품질의 허용범위 등을 명확하게 규명

해설 시방서 작성 원칙
- ㉮ 시공자가 정확하게 시공하도록 설계자 설계도에 표현할 수 없는 사용 재료의 품질, 종류, 수량, 공사방법 및 순서, 필요한 시험, 저장방법 등을 공사 전반에 걸쳐 상세히 기재한다.
- ㉯ 공사 전반에 대한 지침을 세밀하고 간단명료하게 서술한다.
- ㉰ 시공순서에 맞게 빠짐없이 기재하고 이중으로 해석되는 문구를 피한다.
- ㉱ 재료의 성능, 성질, 품질의 허용범위 등을 명확하게 규명한다.
- ㉲ 중복되지 않게 간단명료하고, 오자나 오기가 없도록 한다.

65 벽식 철근콘크리트 구조를 시공할 경우 벽과 바닥의 콘크리트 타설을 한번에 가능하게 하기 위하여 벽체용 거푸집과 슬래브 거푸집을 일체로 제작하여 한번에 설치하고, 해체할 수 있도록 한 거푸집은?
① 유로폼(Euro Form)
② 갱폼(Gang Form)
③ 터널폼(Tunnel Form)
④ 워플폼(Waffle Form)

해설
① 유로폼(Euro Form) : 경량 형강과 합판으로 벽판이나 바닥판을 짜서 못을 쓰지 않고 간단하게 조립할 수 있는 거푸집
② 갱폼 : 타워크레인 등의 시공 장비에 의해 한 번에 설치하고 탈형만 하므로 사용할 때마다 부재의 조립 및 분해를 반복하지 않아, 평면상 상하부 동일 단면의 벽식 구조인 아파트 건축물에 적용 효과가 큰 대형 벽체 거푸집
③ 터널폼 : 대형 형틀로서 슬래브와 벽체의 콘크리트 타설을 일체화하기 위한 것으로 한 구획 전체의 벽판과 바닥판을 'ㄱ'자형 또는 'ㄷ'자형으로 처리한 거푸집
④ 워플폼(Waffle Form) : 무량판 구조 또는 평판 구조에서 2방향 장선(격자보) 바닥판 구조가 가능한 특수 상자 모양의 기성재 거푸집

66 토공사용 기계로서 흙을 깎으면서 동시에 기체 내에 담아 운반하고 깔기 작업을 겸할 수 있으며, 작업거리는 100~1,500m 정도의 중장거리용으로 쓰이는 것은?
① 파워셔블
② 트렌처
③ 캐리올스크레이퍼
④ 그레이더

해설 캐리올스크레이퍼
굴삭기와 운반기를 조합한 토공 만능기이며, 굴착, 싣기, 운반, 하역 등의 작업을 하나의 기계로서 연속적으로 행할 수 있는 건설기계이다.

67 보강 콘크리트 블록조에 관한 설명으로 옳지 않은 것은?
① 블록은 살 두께가 두꺼운 쪽을 위로 하여 쌓는다.
② 보강 블록은 모르타르, 콘크리트 사춤이 용이하도록 원칙적으로 막힌줄눈쌓기로 한다.
③ 블록 1일 쌓기 높이는 6~7켜 이하로 한다.
④ 2층 건축물인 경우 세로근은 원칙으로 기초, 테두리보에서 위층의 테두리보까지 잇지 않고 배근한다.

해설 보강 블록 공사
㉮ 통줄눈 쌓기로 하며 수직근과 수평근을 보강하여 전단파괴와 휨파괴에 대하여 저항하기 위한 쌓기방법이다.
㉯ 벽 세로근은 기초 보 또는 테두리보의 위치, 나누기에 따라 배치한다. 블록 나누기와 맞지 않을 때는 콘크리트를 파내고, 수직과 30° 이내로 구부리기를 한다.
㉰ 세로 철근은 기초보, 테두리보에 40d 이상을 정착한다.
㉱ 가로근의 간격은 블록 3켜(60cm) 또는 4켜(80cm)마다 넣는다.
㉲ 가로근의 끝부분은 벽체 상호에 40d 이상 정착한다. 이음을 할 때는 25d 이상으로 한다.
㉳ 보강 블록 쌓기는 원칙적으로 통줄눈 쌓기로 한다.
㉴ 콘크리트 또는 모르타르 사춤은 블록 2켜 쌓기 이내마다 하고, 이음위치는 블록 윗면에서 5cm 정도 밑에 둔다.
㉵ 사춤 콘크리트 다지기를 할 때, 철근의 이동이 없도록 주의한다.
㉶ 급수관, 배전관, 가스관 등을 배관할 때는 블록 쌓기와 동시에 시공하고 철근이 복잡한 곳을 가급적 피한다.

68 다음 모살용접(Fillet Welding)의 단면상 이론 목 두께에 해당하는 것은?

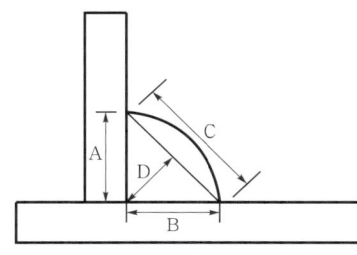

① A ② B
③ C ④ D

해설 모살용접이란 목 두께의 방향이 모체의 면과 45° 각을 이루는 용접을 말한다.
그림에서 B는 다리 길이, D는 이론 목 두께를 나타낸다.

69 건설공사의 시공계획 수립 시 작성할 필요가 없는 것은?
① 현치도
② 공정표
③ 실행예산의 편성 및 조정
④ 재해방지계획

해설 건축 시공계획의 순서
현장원 편성 → 공정표 작성 → 실행예산 작성 → 하도급자 선정 → 가설준비물 결정 → 재료 선정 → 재해 방지
※ ① 현치도는 건설공사의 시공계획 시가 아니라 철골공사 시 필요한 것이다.

70 피어 기초공사에 관한 설명으로 옳지 않은 것은?
① 중량구조물을 설치하는 데 있어서 지반이 연약하거나 말뚝으로도 수직지지력이 부족하고 그 시공이 불가능한 경우와 기초지반의 교란을 최소화해야 할 경우에 채용한다.
② 굴착된 흙을 직접 탐사할 수 있고 지지층의 상태를 확인할 수 있다.
③ 무진동·무소음 공법이며, 여타 기초형식에 비하여 공기 및 비용이 적게 소요된다.
④ 피어 기초를 채용한 국내의 초고층 건축물에는 63빌딩이 있다.

해설 피어 기초공법은 견고한 지반까지 75cm 이상의 수직공을 굴착한 뒤 현장에서 콘크리트를 타설하여 구조물의 하중을 지지층에 전달하도록 하는 기초공법으로 무진동·무소음 공법이며, 여타 기초형식에 비하여 공기 및 비용이 많이 소요된다.

71 콘크리트 타설 후 진동다짐에 관한 설명으로 옳지 않은 것은?
① 진동기는 하층 콘크리트에 10cm 정도 삽입하여 상하층 콘크리트를 일체화시킨다.
② 진동기는 가능한 연직방향으로 찔러 넣는다.
③ 진동기를 빼낼 때는 서서히 뽑아 구멍이 남지 않도록 한다.
④ 된비빔 콘크리트의 경우 구조체의 철근에 진동을 주어 진동효과를 좋게 한다.

해설 ④ 진동기는 철근 또는 철골에 직접 접촉되지 않도록 해야 한다.

72 콘크리트 타설 시 거푸집에 작용하는 측압에 관한 설명으로 옳지 않은 것은?

① 기온이 낮을수록 측압은 작아진다.
② 거푸집의 강성이 클수록 측압은 커진다.
③ 진동기를 사용하여 다질수록 측압은 커진다.
④ 조강시멘트 등을 활용하면 측압은 작아진다.

해설 콘크리트의 측압이 커지는 조건
㉮ 묽은 콘크리트일수록
㉯ 온도가 낮을수록
㉰ 거푸집의 강성이 클수록
㉱ 타설속도가 빠를수록
㉲ 벽체 두께가 두꺼울수록
㉳ 슬럼프값이 클수록
㉴ 철근량이 적을수록
㉵ 거푸집의 표면이 평활할수록
㉶ 다짐이 충분할수록
㉷ 시공연도가 좋을수록
㉸ 거푸집의 수평단면이 클수록
㉹ 중용열 시멘트를 활용할 경우

73 다음 중 콘크리트에 AE제를 넣어주는 가장 큰 목적은?

① 압축강도 증진 ② 부착강도 증진
③ 워커빌리티 증진 ④ 내화성 증진

해설 AE제는 미세한 기포를 생성하여 콘크리트의 워커빌리티와 내구성을 향상시키지만, 강도를 저하시킬 수도 있다.

74 다음 중 거푸집 공사에 적용되는 슬라이딩폼 공법에 관한 설명으로 옳지 않은 것은 어느 것인가?

① 형상 및 치수가 정확하며 시공오차가 적다.
② 마감작업이 동시에 진행되므로 공정이 단순화된다.
③ 1일 5~10m 정도 수직시공이 가능하다.
④ 일반적으로 돌출물이 있는 건축물에 많이 적용된다.

해설 슬라이딩폼(sliding form)
원형 철판 거푸집을 요크(york)로 서서히 끌어올리면서 연속적으로 콘크리트를 타설하는 수직활동 거푸집(일반적으로 돌출물이 없는 건축물인 사일로, 굴뚝 등에 사용)

75 콘크리트 타설 중 응결이 어느 정도 진행된 콘크리트에 새로운 콘크리트를 이어치면 시공불량이음부가 발생하여 경화 후 누수의 원인 및 철근의 녹 발생 등 내구성에 손상을 일으키는 것은?

① Expansion joint
② Construction joint
③ Cold joint
④ Sliding joint

해설 콘크리트의 이음(joint)
㉮ 컨스트럭션 조인트(construction joint, 시공줄눈) : 시공에 있어서 콘크리트를 한번에 계속하여 타설하지 못하는 경우에 생기는 줄눈이다.
㉯ 콜드 조인트(cold joint) : 시공과정 중 응결이 시작된 콘크리트에 새로운 콘크리트를 이어칠 때 일체화가 저해되어 생기는 줄눈이다.
㉰ 컨트롤 조인트(control joint, 조절줄눈) : 바닥판의 수축에 의한 표면 균열 방지를 목적으로 설치하는 줄눈이다.
㉱ 익스팬드 조인트(expand joint, 신축줄눈) : 기초의 부동침하와 온도, 습도 등의 변화에 따라 신축팽창을 흡수시킬 목적으로 설치하는 줄눈이다.

76 네트워크공정표에 사용되는 용어에 관한 설명으로 옳지 않은 것은?

① 크리티컬 패스(critical path) : 개시 결합점에서 종료 결합점에 이르는 가장 긴 경로
② 더미(dummy) : 결합점이 가지는 여유시간
③ 플로트(float) : 작업의 여유시간
④ 디펜던트 플로트(dependent float) : 후속작업의 토탈 플로트에 영향을 주는 플로트

해설 더미(dummy ; 점선화살표)
화살표형 네트워크(network)에서 시간이나 자원이 필요하지 않은 명목상의 활동(dummy activity)을 말한다. 가공의 작업으로 작업의 상호관계를 그림으로 표시하기 위한 것으로 파선을 이용한다.

77 품질관리를 위한 통계 수법으로 이용되는 7가지 도구(tools)를 특징별로 조합한 것 중 잘못 연결된 것은?

① 히스토그램 – 분포도
② 파레토그램 – 영향도
③ 특성요인도 – 원인결과도
④ 체크시트 – 상관도

해설 품질관리(QC ; Quality Control)활동의 7가지 도구
㉮ 파레토도(pareto diagram) : 시공불량의 내용이나 원인을 분류항목으로 나누어 크기 순서대로 나열해 놓은 그림(영향도)
㉯ 특성요인도 : 결과에 원인이 어떻게 관계하고 있는가를 어골상(생선뼈 모양)으로 나타낸 그림(원인결과도)
㉰ 히스토그램(histogram) : 길이, 무게, 강도 등과 같이 계량치의 데이터가 어떠한 분포를 하고 있는지 알아보기 위하여 작성하는 주상(柱狀) 막대그래프(분포도)
㉱ 체크시트 : 불량수, 결점수 등 셀 수 있는 데이터를 분류하여 항목별로 나누었을 때 어디에 집중되어 있는가를 알기 쉽도록 한 그림 또는 표(도수분포도)
㉲ 산점도(scatter diagram) : 서로 대응되는 두 종류의 데이터의 상호관계를 보는 것(산포도)
㉳ 관리도 : 공정의 상태를 나타내는 특성치에 관해서 그려진 꺾은선그래프
㉴ 층별 : 데이터의 특성을 적당한 범주마다 얼마간의 그룹으로 나누어 도표로 나타낸 것

78 강관틀 비계에서 주틀의 기둥관 1개당 수직하중의 한도는 얼마인가? (단, 견고한 기초 위에 설치하게 될 경우)

① 16.5kN ② 24.5kN
③ 32.5kN ④ 38.5kN

해설 강관틀 비계에서 틀의 기둥관 1개당 수직하중 한도는 24.5kN(24,500N)이다.

79 지하수가 없는 비교적 경질인 지층에서 어스오거로 구멍을 뚫고 그 내부에 철근과 자갈을 채운 후, 미리 삽입해 둔 파이프를 통해 저면에서부터 모르타르를 채워 올라오게 한 것은?

① 슬러리 월 ② 시트 파일
③ CIP 파일 ④ 프랭키 파일

해설 CIP(Cast-In-Place pile) 파일
굴착기계로 구멍을 뚫고 그 속에 모르타르 주입관, 조립한 철근 및 자갈을 넣고 주입관을 통해 프리팩트 모르타르를 주입하여 철근콘크리트 말뚝을 만드는 공법이다.

80 다음 네트워크공정표에서 주공정선에 의한 총 소요공기(일수)는? (단, 결합점 간 사이의 숫자는 작업일수이다.)

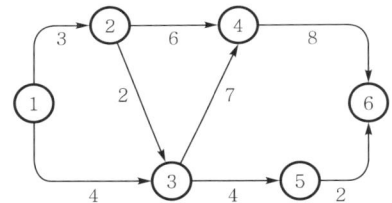

① 17일 ② 19일
③ 20일 ④ 22일

해설 주공정선(critical path)
작업 소요일수를 작업의 결합점으로부터 주공정선을 굵은 화살표로 나타내어 알아볼 수 있게 하는 기법이다.
① → ② → ③ → ④ → ⑥
∴ 3+2+7+8=20일

제5과목 건설재료학

81 얇은 강판에 마름모꼴의 구멍을 연속적으로 뚫어 그물처럼 만든 것으로 천장·벽 등의 미장 바탕에 사용되는 것은?

① 메탈 라스 ② 펀칭 메탈
③ 코너 비드 ④ 논슬립

해설 ① 메탈 라스(Metal Lath) : 두께 0.4~0.8mm의 연강판에 일정한 간격으로 그물눈을 내고 늘여서 철망 모양으로 만든 것으로, 천장이나 벽 등의 모르타르 바름 바탕용으로 쓰인다. 종류에는 편평 라스, 파형 라스, 봉우리 라스, 라브 라스 등이 있다.
② 펀칭 메탈(Punching Metal) : 두께가 1.2mm 이하로 얇은 금속판에 여러 가지 모양으로 도려낸 철물로서 환기공 및 라디에이터 커버(Radiator Cover) 등에 쓰인다.
③ 코너 비드(Corner Bead) : 미장공사에서 벽이나 기둥 등의 모서리 부분을 보호하기 위하여 쓰는 철물로서 아연도금철제·황동제·스테인리스강제·경질염화비닐성형제 등이 있다.
④ 계단 논슬립(Non-slip) : 계단을 오르내릴 때에 미끄러지지 않게 하는 철물로서 미끄럼막이라고도 한다. 황동제가 많이 쓰이며, 스테인리스강·철제 등도 있다.

82 목재 건조 시 생재를 수중에 일정 기간 침수시키는 주된 이유는?

① 연해져서 가공하기 쉽게 하기 위하여
② 목재의 내화도를 높이기 위하여
③ 강도를 크게 하기 위하여
④ 건조기간을 단축시키기 위하여

해설 통나무채로 3~4주간 침수시키면 수액의 농도가 줄어들어 이 상태에서 공기 중에 건조하면 건조기간을 단축할 수 있다.

83 플라스틱 재료의 설명으로 틀린 것은?

① 실리콘 수지는 내열성, 내한성이 우수한 수지로 콘크리트의 발수성 방수 도료에 적당하다.
② 불포화 폴리에스테르 수지는 유리섬유로 보강하여 사용되는 경우가 많다.
③ 아크릴 수지는 투명도가 높아 유기유리로 불린다.
④ 멜라민 수지는 내수, 내약품성은 우수하나 표면 경도가 낮다.

해설 멜라민 수지(Melamine Resin)
㉮ 성질
  ㉠ 무색투명하고, 착색이 자유롭다.
  ㉡ 경도 및 기계적 강도가 크다.
  ㉢ 내약품성, 내열성, 전기절연성, 내노화성 등이 우수하다.
㉯ 용도
  ㉠ 마감재, 기구재, 판재류, 식기류 등에 사용
  ㉡ 전화기 등 전기 부품 등에 사용

84 다음 중 혼합 시멘트가 아닌 것은?

① 고로 시멘트
② 팽창 시멘트
③ 실리카 시멘트
④ 플라이 애시 시멘트

해설 ㉮ 포틀랜드 시멘트(Portland Cement)
  ㉠ 보통 포틀랜드 시멘트
  ㉡ 중용열 포틀랜드 시멘트
  ㉢ 조강 포틀랜드 시멘트
  ㉣ 초조강 포틀랜드 시멘트
  ㉤ 백색 포틀랜드 시멘트
㉯ 혼합 시멘트(Blended Cement)
  ㉠ 고로 시멘트
  ㉡ 포졸란 시멘트
  ㉢ 플라이 애시 시멘트
  ㉣ 실리카 시멘트
㉰ 특수 시멘트
  ㉠ 알루미나 시멘트
  ㉡ 초속경 시멘트
  ㉢ 팽창 시멘트

85 매스콘크리트에 발생하는 균열의 제어방법이 아닌 것은?

① 고발열성 시멘트를 사용한다.
② 파이프 쿨링을 실시한다.
③ 포졸란계 혼화재를 사용한다.
④ 온도균열지수에 의한 균열 발생을 검토한다.

해설 고발열성 시멘트를 사용하면 균열이 발생하므로 저발열성 시멘트를 사용한다.

86 강을 제조할 때 사용하는 제강법의 종류가 아닌 것은?

① 평로 제강법　② 전기로 제강법
③ 반사로 제강법　④ 도가니 제강법

해설 제강법의 종류
㉮ 평로 제강법 : 가장 많이 사용되는 제강법으로 바닥이 낮고 넓은 반사로인 평로를 이용하여 선철을 용해시키고 여기에 고철, 철강석 등을 첨가하여 용강을 만드는 제강법으로 용량은 1회 용해할 수 있는 쇳물의 무게를 ton으로 표시한다.
㉯ 전로 제강법 : 용해된 선철을 기울일 수 있는 전로 내에 주입하고 공기를 송풍시켜 C, Si, 그 밖의 불순물을 산화 제거시켜 강을 만드는 방법으로 용량은 1회 제강할 수 있는 쇳물의 무게를 ton으로 표시한다.
㉰ 전기로 제강법 : 전열을 이용하여 고철, 선철 등의 원료를 용해하여 강 또는 합금강을 만드는 제강법으로 용량은 1회 용해할 수 있는 쇳물의 무게를 ton으로 표시한다.
㉱ 도가니 제강법 : 선철, 비철금속을 석탄가스, 코크스 등으로 가열하여 고순도 처리한다. 용량은 1회 용해할 수 있는 구리의 무게를 ton으로 표시한다.

87 콘크리트 슬럼프 시험에 관한 설명 중 옳지 않은 것은?

① 슬럼프 콘의 치수는 윗지름 10cm, 밑지름 30cm, 높이 20cm이다.
② 수밀한 철판을 수평으로 놓고 슬럼프 콘을 놓는다.
③ 혼합한 콘크리트를 1/3씩 3층으로 나누어 채운다.
④ 매 회마다 표준철봉으로 25회 다진다.

해설 슬럼프 시험방법
㉮ 슬럼프 콘의 치수 : 윗지름 10cm, 밑지름 20cm, 높이 30cm
㉯ 수밀성 평판을 수평으로 설치하고 슬럼프 콘을 평판 중앙에 밀착시킨다.
㉰ 비빈 콘크리트를 슬럼프 콘 안에 용적으로 1/3씩 3층으로 나누어 부어 넣는다.
㉱ 다짐대로 각각 25회씩 균등하게 찔러 다진다.
㉲ 콘크리트 윗면이 수평이 되도록 고른다.
㉳ 슬럼프 콘을 수직으로 가만히 들어 올려 벗기고 측정자로 콘크리트가 미끄러져 내린 높이를 측정한다.

88 급경성으로 내알칼리성 등의 내화학성이나 접착력이 크고 내수성이 우수한 합성수지 접착제로 금속, 석재, 도자기, 유리, 콘크리트, 플라스틱재 등의 접착에 사용되는 것은?

① 에폭시수지 접착제
② 멜라민수지 접착제
③ 요소수지 접착제
④ 폴리에스테르수지 접착제

해설 에폭시수지 접착제
㉮ 특성
　㉠ 기본 점성이 크며 급경성이다.
　㉡ 내산성, 내알칼리성, 내수성, 내약품성, 전기절연성 등이 우수하다.
　㉢ 강도 등의 기계적 성질도 뛰어나다.
㉯ 용도 : 금속 접착에 적당하고 플라스틱, 도자기, 유리, 석재, 콘크리트 등의 접착에 사용되는 만능형 접착제이다.

89 건설용 강재(철근 등)의 재료 시험항목에서 일반적으로 제외되는 것은?

① 압축강도 시험
② 인장강도 시험
③ 굽힘 시험
④ 연신율 시험

해설 철근재료 시험항목에는 인장강도 시험, 연신율 시험, 휨강도 시험이 있다.
※ ① 압축강도 시험은 콘크리트 시험항목이다.

90 다음 중 도료의 건조제로 사용되지 않는 것은?

① 리사지　② 나프타
③ 연단　④ 이산화망간

해설 건조제는 도포의 건조를 촉진시키기 위하여 사용하는 것으로서 일반적으로 납(鉛), 망간, 코발트 등의 산화물 또는 염류 등이 사용된다.
건조제의 종류로는 납 건조제(수지산납, 리놀렌산납, 리사지, 연단 등), 망간 건조제(이산화망간, 수지산망간, 리놀렌산망간 등), 코발트 건조제(수지산코발트, 리놀렌산코발트 등), 칼슘 건조제 및 아연 건조제(아연화) 등이 있다.

91 유리섬유를 폴리에스테르수지에 혼입하여 가압·성형한 판으로 내구성이 좋아 내·외 수장재로 사용하는 것은?

① 아크릴 평판
② 멜라민 치장판
③ 폴리스타이렌 투명판
④ 폴리에스테르 강화판

해설 폴리에스테르 강화판(유리섬유보강 플라스틱 ; FRP)
㉮ 제법
  가는 유리섬유에 불포화 폴리에스테르수지를 넣어 상온에서 가압하여 성형한 것으로 건축재료로서는 섬유를 불규칙하게 넣어 사용한다.
㉯ 용도
  ㉠ 설비재료(세면기, 변기 등), 내·외 수장재료로 사용
  ㉡ 항공기, 차량 등의 구조재 및 욕조, 창호재 등으로 사용

92 합성수지 재료에 관한 설명으로 옳지 않은 것은?

① 에폭시수지는 접착성은 우수하나 경화 시 휘발성이 있어 용적의 감소가 매우 크다.
② 요소수지는 무색이어서 착색이 자유롭고 내수성이 크며 내수합판의 접착제로 사용된다.
③ 폴리에스테르수지는 전기절연성, 내열성이 우수하고 특히 내약품성이 뛰어나다.
④ 실리콘수지는 내약품성, 내후성이 좋으며 방수피막 등에 사용된다.

해설 에폭시수지의 장점
㉮ 경화에 있어 반응수축이 매우 작고 휘발물이 발생하지 않는다.
㉯ 경화 수지의 기계적 성질이 우수할 뿐만 아니라 치수 안정성이 매우 좋다.
㉰ 경화 수지의 전기적 절연성이 매우 우수하다.
㉱ 기계 가공성이 좋아 성형성이 우수하다.
㉲ 내열성, 내수성, 내약품성이 우수하다.
㉳ 가소성이 우수한 성질을 부여할 수 있다.
㉴ 내마모성이 우수한 성질을 부여할 수 있다.

93 건축용으로 판재지붕에 많이 사용되는 금속재는?

① 철
② 동
③ 주석
④ 니켈

해설 구리(Cu) : 동(銅)
㉮ 제법 : 황동광(黃銅鑛)으로 용광로를 통하여 만들어진 조동(粗銅)을 반사로에 넣어 전기분해하여 얻는다.
㉯ 물리적 성질
  ㉠ 비중 8.9, 비열 0.0917cal/g·℃, 열전도율 0.923cal/cm·sec·℃, 융점 1,083℃, 비등점 2,595℃, 용해잠열 49cal/g이다.
  ㉡ 열 및 전기도율은 공업용 금속 중 가장 크다(열 및 전기의 양도체이다).
  ㉢ 상온에서 전성·연성이 풍부하여 가공이 용이하다.
  ㉣ 고온에서 취약하다.
  ㉤ 주조하기 어려우며, 주조된 것은 조직이 거칠고 압연재보다 불량하다.
  ㉥ 인장강도는 상온 압연품이 $35 \sim 45 kg/mm^2$이고, 풀림한 것은 $21 \sim 28 kg/mm^2$이지만, 신장률은 증대된다.
㉰ 화학적 성질
  ㉠ 건조공기 중에서는 산화가 잘 안 되지만, 습기 중에서는 CO_2의 작용에 의하여 녹청색의 염기성 탄산동[$CuCO_3 \cdot Cu(OH)_2$]을 발생시켜 유독하다. 적열할 때에도 산화가 용이하고 흑색의 Cu_2O를 발생시킨다.
  ㉡ 암모니아, 기타 알칼리에 약하다. 따라서 화장실 둘레 부분이나 해양 건축에서는 동의 내구성이 약간 떨어진다.
  ㉢ 초산이나 진한 황산에 녹기 쉬우나, 염산에는 강하다.
  ㉣ 대기 중이나 흙 중에서는 철보다 내식성이 있다.
㉱ 용도 : 지붕 잇기 동판 및 동기와 홈통·철사·못·동관·전기공사용 재료 또는 장식재료 등에 사용한다.

94 다음 보기 중 열경화성 수지에 속하지 않는 것은?

① 멜라민수지
② 요소수지
③ 폴리에틸렌수지
④ 에폭시수지

해설 합성수지의 종류
㉮ 열가소성 수지
　㉠ 염화비닐수지(PVC)
　㉡ 에틸렌수지
　㉢ 프로필렌수지
　㉣ 아크릴수지
　㉤ 스타이렌수지
　㉥ 메타크릴수지
　㉦ ABS수지
　㉧ 폴리아미드수지
　㉨ 비닐아세틸수지
㉯ 열경화성 수지
　㉠ 페놀수지
　㉡ 요소수지
　㉢ 멜라민수지
　㉣ 알키드수지
　㉤ 폴리에스테르수지
　㉥ 실리콘
　㉦ 에폭시수지
　㉧ 우레탄수지
　㉨ 규소수지

95 점토벽돌 1종의 압축강도는 최소 얼마 이상인가?

① 17.85MPa　② 19.53MPa
③ 20.59MPa　④ 24.50MPa

해설 점토벽돌의 품질

등급	압축강도(MPa)	흡수율(%)
1종 벽돌	24.5 이상	10 이하
2종 벽돌	20.59 이상	13 이하
3종 벽돌	10.78 이상	15 이하

96 블리딩 현상이 콘크리트에 미치는 가장 큰 영향은?

① 공기량이 증가하여 결과적으로 강도를 저하시킨다.
② 수화열을 발생시켜 콘크리트에 균열을 발생시킨다.
③ 콜드조인트의 발생을 방지한다.
④ 철근과 콘크리트의 부착력 저하, 수밀성 저하의 원인이 된다.

해설 블리딩(bleeding)
콘크리트 타설 후의 시멘트나 골재입자 등이 침하에 따라 물이 분리 상승되어 콘크리트 표면에 떠오르는 현상을 말한다.
㉮ 콘크리트의 품질 및 수밀성, 내구성을 저하시키고, 시멘트풀과의 부착을 저해한다.
㉯ 블리딩을 적게 하기 위해서는 단위수량을 적게 하고, 골재입도가 적당해야 하며 AE제, 플라이애시, 분산감수제, 기타 적당한 혼화제를 사용한다.
㉰ 보통 건축용 콘크리트인 경우 블리딩이 일어나는 시간은 40~60분 사이이며, 부유수의 양은 0.6~1.5% 정도이다.

97 다음 보기 중 방청도료에 해당되지 않는 것은?

① 광명단 조합 페인트
② 클리어 래커
③ 에칭 프라이머
④ 징크로메이트 도료

해설 방청도료(녹막이 도료 또는 녹막이 페인트)의 종류
㉮ 광명단 도료
㉯ 산화철도료
㉰ 알루미늄 도료
㉱ 징크로메이트 도료(zincromate paint)
㉲ 워시 프라이머(wash primer)
㉳ 역청질 도료

98 목재용 유성 방부제의 대표적인 것으로 방부성이 우수하나, 악취가 나고 흑갈색을 외관이 불미하여 눈에 보이지 않는 토대, 기둥, 도리 등에 이용되는 것은?

① 유성 페인트
② 크레오소트 오일
③ 염화아연 4% 용액
④ 불화소다 2% 용액

해설 크레오소트유(creosote oil)의 특성
㉮ 방부력이 우수하고 침투성이 양호하다.
㉯ 염가이어서 많이 쓰인다.
㉰ 도포부분은 갈색이고 페인트를 칠하면 침출되기 쉽다.
㉱ 냄새가 강해 실내에서는 사용할 수 없다.

99 전기절연성, 내열성이 우수하고 특히 내약품성이 뛰어나며, 유리섬유로 보강하여 강화플라스틱(FRP)의 제조에 사용되는 합성수지는?

① 멜라민수지
② 불포화 폴리에스테르수지
③ 페놀수지
④ 염화비닐수지

해설 폴리에스테르 강화판(유리섬유보강 플라스틱 ; FRP)
㉮ 제법
　가는 유리섬유에 불포화 폴리에스테르수지를 넣어 상온·가압하여 성형한 것으로 건축재료로서는 섬유를 불규칙하게 넣어 사용한다.
㉯ 용도
　㉠ 설비재료(세면기, 변기 등), 내·외 수장재료로 사용
　㉡ 항공기, 차량 등의 구조재 및 욕조, 창호재 등으로 사용

100 안료가 들어가지 않는 도료로서 목재면의 투명도장에 쓰이며, 내후성이 좋지 않아 외부에 사용하기에는 적당하지 않고 내부용으로 주로 사용하는 것은?

① 수성페인트　② 클리어래커
③ 래커에나멜　④ 유성에나멜

해설 클리어래커
안료가 들어가지 않은 투명 래커로서 유성 바니시보다 도막은 얇으나 견고하고, 담색으로 광택이 우아하여 목재면의 투명 도장에 사용된다.

≫제6과목　건설안전기술

101 토질시험 중 연약한 점토지반의 점착력을 판별하기 위하여 실시하는 현장시험은?

① 베인 테스트(Vane Test)
② 표준관입시험(SPT)
③ 하중재하시험
④ 삼축압축시험

해설 현장의 토질시험방법
㉮ 표준관입시험 : 사질지반의 상대밀도 등 토질조사 시 신뢰성이 높다. 63.5kg의 추를 76cm 정도의 높이에서 떨어뜨려 30cm 관입시킬 때의 타격횟수(N)를 측정하여 흙의 경·연 정도를 판정하는 시험
㉯ 베인시험 : 연한 점토질 시험에 주로 쓰이는 방법으로 4개의 날개가 달린 베인 테스터를 지반에 때려 박고 회전시켜 저항 모멘트를 측정하고 전단강도를 산출하는 시험
㉰ 평판재하시험 : 지반의 지내력을 알아보기 위한 방법

102 차량계 건설기계를 사용하여 작업을 하는 때에 작업계획에 포함되지 않아도 되는 사항은?

① 사용하는 차량계 건설기계의 종류 및 성능
② 차량계 건설기계의 운행 경로
③ 차량계 건설기계에 의한 작업방법
④ 차량계 건설기계 사용 시 유도자 배치 위치

해설 차량계 건설기계의 작업계획 내용
㉮ 사용하는 차량계 건설기계의 종류 및 성능
㉯ 차량계 건설기계의 운행 경로
㉰ 차량계 건설기계에 의한 작업방법

103 수중굴착공사에 가장 적합한 건설기계는?

① 파워셔블　② 스크레이퍼
③ 불도저　　④ 클램셸

해설 클램셸(Clamshell)
버킷의 유압호스를 클램셸 장치의 실린더에 연결하여 작동시키며 건축 구조물의 기초 등 정해진 범위의 깊은 굴착, 수중굴착 및 호퍼작업에 적합하다.

104 해체용 장비로서 작은 부재의 파쇄에 유리하고 소음, 진동 및 분진이 발생되므로 작업원은 보호구를 착용하여야 하고 특히 작업원의 작업시간을 제한하여야 하는 장비는?

① 천공기　　② 쇄석기
③ 철재 해머　④ 핸드 브레이커

정답 99.② 100.② 101.① 102.④ 103.④ 104.④

해설 핸드 브레이커 공법은 광범위한 작업이 가능하고, 좁은 장소나 작은 구조물 파쇄에 유리하며, 진동은 작지만 근로자에게 방진마스크나 보안경 등의 보호구가 필요하고, 소음이 크고 분진 발생에 주의를 요한다.

105 지반조건에 따른 지반개량공법 중 점성토 개량공법과 가장 거리가 먼 것은 어느 것인가?

① 바이브로 플로테이션 공법
② 치환공법
③ 압밀공법
④ 생석회 말뚝 공법

해설 점토지반 개량공법
㉮ 생석회 공법
㉯ 페이퍼 드레인 머신 공법
㉰ 샌드 드레인 공법
㉱ 치환공법
㉲ 압밀공법
㉳ 여성토(Preloading) 공법

106 철륜 표면에 다수의 돌기를 붙여 접지면적을 작게 하여 접지압을 증가시킨 롤러로서 깊은 다짐이나 고함수비 지반의 다짐에 많이 이용되는 롤러는?

① 머캐덤 롤러
② 탠덤 롤러
③ 탬핑 롤러
④ 타이어 롤러

해설 ① 머캐덤 롤러 : 3륜차의 형식으로 쇠바퀴 롤러가 배치된 기계로서 중량 6~18톤 정도이며, 부순돌이나 자갈길의 1차 전압(轉壓) 및 마감 전압에 사용된다. 아스팔트 포장의 초기 전압에도 이용된다.
② 탠덤 롤러 : 전륜, 후륜 각 1개의 철륜을 가진 롤러를 2축 탠덤 롤러 또는 단순히 탠덤 롤러라 하며, 3륜을 따라 나열한 것을 3축 탠덤 롤러라 하며 점성토나 자갈, 쇄석의 다짐, 아스팔트 포장의 마무리 전압(轉壓) 작업에 적합하다.
③ 탬핑 롤러 : 드럼에 다수의 돌기를 붙여 흙의 깊은 위치를 다지는 기계. 트랙터에 견인되며 돌기에는 여러 가지 종류가 있고 건조한 점토나 실트 혼합토의 다짐에 적합하다.
④ 타이어 롤러 : 고무 타이어에 의해 흙을 다지는 롤러로, 자주식과 피견인식이 있다. 토질에 따라서 밸러스트나 타이어 공기압의 조정이 가능하여 점성토의 다짐에도 사용할 수 있으며, 또한 아스팔트 합재에 의한 포장 전압(轉壓)에도 사용된다.

107 강풍 시 타워크레인의 작업제한과 관련된 사항으로 타워크레인의 운전작업을 중지해야 하는 순간풍속 기준으로 옳은 것은?

① 순간풍속이 매 초당 10m 초과
② 순간풍속이 매 초당 15m 초과
③ 순간풍속이 매 초당 20m 초과
④ 순간풍속이 매 초당 25m 초과

해설 강풍 시 타워크레인의 작업제한
㉮ 순간풍속이 10m/sec를 초과하는 경우 : 타워크레인의 설치·수리·점검 또는 해체작업을 중지할 것
㉯ 순간풍속이 15m/sec를 초과하는 경우 : 타워크레인의 운전작업을 중지할 것

108 말뚝을 절단할 때 내부응력에 가장 큰 영향을 받는 말뚝은?

① 나무말뚝
② PC 말뚝
③ 강말뚝
④ RC 말뚝

해설 PC 말뚝(Prestressed Concrete)
PC 강선을 미리 인장하여 주위에 콘크리트를 부어 넣는 방식과 콘크리트에 구멍을 뚫어 놓고 굳은 후 PC 강선을 넣어 인장하는 방식이 있는데, 말뚝을 절단하면 PC 강선이 절단되어 내부응력을 상실한다.

109 다음 중 지하수위를 저하시키는 공법은?

① 동결공법
② 웰 포인트 공법
③ 뉴매틱 케이슨 공법
④ 치환공법

해설 웰 포인트 공법(Well Point Method)
투수성이 좋은 사질지반에 사용되는 강제탈수공법이다.

110 가설통로를 설치하는 경우 경사는 최대 몇 도 이하로 하여야 하는가?

① 20   ② 25
③ 30   ④ 35

해설 가설통로 설치 시 준수사항
㉮ 견고한 구조로 할 것
㉯ 경사는 30° 이하로 할 것(다만, 계단을 설치하거나 높이 2m 미만의 가설통로로서 튼튼한 손잡이를 설치한 때에는 그러하지 아니하다)
㉰ 경사가 15°를 초과하는 때에는 미끄러지지 않는 구조로 할 것
㉱ 추락의 위험이 있는 장소에는 안전난간을 설치할 것(작업상 부득이한 때에는 필요한 부분에 한하여 임시로 이를 해체할 수 있다)
㉲ 수직갱에 가설된 통로의 길이가 15m 이상인 때에는 10m 이내마다 계단참을 설치할 것
㉳ 건설공사에서 사용하는 높이 8m 이상인 비계다리에는 7m 이내마다 계단을 설치할 것

111 철골작업을 중지하여야 하는 기준으로 옳은 것은?

① 1시간당 강설량이 1cm 이상인 경우
② 풍속이 초당 15m 이상인 경우
③ 진도 3 이상의 지진이 발생한 경우
④ 1시간당 강우량이 1cm 이상인 경우

해설 철골작업을 중지해야 하는 기상조건
㉮ 풍속이 10m/sec 이상인 경우
㉯ 강우량이 1mm/hr 이상인 경우
㉰ 강설량이 1cm/hr 이상인 경우

112 흙막이벽의 근입깊이를 깊게 하고, 전면의 굴착 부분을 남겨두어 흙의 중량으로 대항하게 하거나, 굴착 예정 부분의 일부를 미리 굴착하여 기초콘크리트를 타설하는 등의 대책과 가장 관계 깊은 것은?

① 히빙 현상이 있을 때
② 파이핑 현상이 있을 때
③ 지하수위가 높을 때
④ 굴착깊이가 깊을 때

해설 히빙(Heaving)
히빙이란 굴착이 진행됨에 따라 흙막이벽 뒤쪽 흙의 중량과 상부 재하하중이 굴착부 바닥의 지지력 이상이 되면 흙막이벽 근입(根入) 부분의 지반 이동이 발생하여 굴착부 저면이 솟아오르는 현상이다. 이 현상이 발생하면 흙막이벽의 근입 부분이 파괴되면서 흙막이벽 전체가 붕괴하는 경우가 많다.

113 토질시험 중 액체상태의 흙이 건조되어 가면서 액성, 소성, 반고체, 고체상태의 경계선과 관련된 시험의 명칭은?

① 아터버그 한계시험
② 압밀시험
③ 삼축압축시험
④ 투수시험

해설 아터버그 한계(Atterberg Limits)
함수량의 변화에 따라 축축한 상태로부터 건조되어 가는 사이에 일어나는 4개의 과정(액성·소성·반고체·고체) 각각의 상태로 변화하는 한계

114 거푸집동바리 등을 조립 또는 해체하는 작업 시 준수사항으로 옳지 않은 것은?

① 재료, 기구 또는 공구 등을 올리거나 내리는 경우에는 근로자로 하여금 달줄·달포대 등의 사용을 금하도록 할 것
② 낙하·충격에 의한 돌발적 재해를 방지하기 위하여 버팀목을 설치하고 거푸집 동바리 등을 인양장비에 매단 후에 작업을 하도록 하는 등 필요한 조치를 할 것

정답 109.② 110.③ 111.① 112.① 113.① 114.①

③ 비, 눈, 그 밖의 기상상태의 불안정으로 날씨가 몹시 나쁜 경우에는 그 작업을 중지할 것
④ 해당 작업을 하는 구역에는 관계 근로자가 아닌 사람의 출입을 금지할 것

[해설] ① 재료, 기구 또는 공구 등을 올리거나 내리는 경우에는 근로자로 하여금 달줄 또는 달포대 등을 사용하도록 할 것

115 추락의 위험이 있는 개구부에 대한 방호조치와 거리가 먼 것은?

① 안전난간, 울타리, 수직형 추락방호망 등으로 방호조치를 한다.
② 충분한 강도를 가진 구조의 덮개를 뒤집히거나 떨어지지 않도록 설치한다.
③ 어두운 장소에서도 식별이 가능한 개구부 주의표지를 부착한다.
④ 폭 30cm 이상의 발판을 설치한다.

[해설] 개구부 등의 방호조치
㉮ 작업발판 및 통로의 끝이나 개구부로서 근로자가 추락할 위험이 있는 장소에는 안전난간, 울타리, 수직형 추락방호망 또는 덮개 등("난간 등")의 방호조치를 충분한 강도를 가진 구조로 튼튼하게 설치하여야 하며, 덮개를 설치하는 경우에는 뒤집히거나 떨어지지 않도록 설치하여야 한다. 이 경우 어두운 장소에서도 알아볼 수 있도록 개구부임을 표시하여야 한다.
㉯ 난간 등을 설치하는 것이 매우 곤란하거나 작업의 필요상 임시로 난간 등을 해체하여야 하는 경우 기준에 맞는 추락방호망을 설치하여야 한다. 다만, 추락방호망을 설치하기 곤란한 경우에는 근로자에게 안전대를 착용하도록 하는 등 추락할 위험을 방지하기 위하여 필요한 조치를 하여야 한다.

116 부두 등의 하역작업장에서 부두 또는 안벽의 선에 따라 통로를 설치하는 경우, 최소폭의 기준은?

① 90cm 이상   ② 75cm 이상
③ 60cm 이상   ④ 45cm 이상

[해설] 하역작업장의 조치기준
부두·안벽 등 하역작업을 하는 장소에 다음의 조치를 하여야 한다.
㉮ 작업장 및 통로의 위험한 부분에는 안전하게 작업할 수 있는 조명을 유지할 것
㉯ 부두 또는 안벽의 선을 따라 통로를 설치하는 경우에는 폭을 90cm 이상으로 할 것
㉰ 육상에서의 통로 및 작업장소로서 다리 또는 선거(船渠) 갑문(閘門)을 넘는 보도(步道) 등의 위험한 부분에는 안전난간 또는 울타리 등을 설치할 것

117 작업장에 계단 및 계단참을 설치하는 경우 매 제곱미터당 최소 몇 킬로그램 이상의 하중에 견딜 수 있는 강도를 가진 구조로 설치하여야 하는가?

① 300kg
② 400kg
③ 500kg
④ 600kg

[해설] 계단 및 계단참을 설치하는 경우 매 m^2당 500kg 이상의 하중에 견딜 수 있는 강도를 가진 구조로 설치하여야 하며, 안전율은 4 이상으로 하여야 한다.

118 건설현장에서 작업 중 물체가 떨어지거나 날아올 우려가 있는 경우에 대한 안전조치에 해당하지 않는 것은?

① 수직보호망 설치
② 방호선반 설치
③ 울타리 설치
④ 낙하물 방지망 설치

[해설] 물체의 낙하·비래에 대한 위험방지 조치사항
㉮ 낙하물 방지망, 수직보호망 또는 방호선반의 설치
㉯ 출입금지구역의 설정
㉰ 안전모 등 보호구의 착용

119 공사 진척에 따른 공정률이 다음과 같을 때 안전관리비 사용기준으로 옳은 것은? (단, 공정률은 기성공정률을 기준으로 함)

> 공정률 : 70% 이상, 90% 미만

① 50% 이상
② 60% 이상
③ 70% 이상
④ 80% 이상

해설 공사 진척에 따른 안전관리비 사용기준

공정률	50% 이상 ~70% 미만	70% 이상 ~90% 미만	90% 이상 ~100%
사용기준	50% 이상	70% 이상	90% 이상

120 토사붕괴에 따른 재해를 방지하기 위한 흙막이 지보공 부재로 옳지 않은 것은?

① 흙막이판
② 말뚝
③ 턴버클
④ 띠장

해설 턴버클(Turn Buckle)
인장재(줄)를 팽팽히 당겨 조이는 나사 있는 탕개쇠로 거푸집 연결 시 철선을 조이는 데 사용하는 긴장용 철물

제3회 건설안전기사 2024
CBT 복원문제 | 2024. 7. 5. 시행

≫ 제1과목   산업안전관리론

01 다음 중 재해조사의 목적 및 방법에 관한 설명으로 적절하지 않은 것은?

① 재해조사의 목적은 동종 재해 및 유사 재해의 발생을 방지하기 위함이다.
② 재해조사의 1차적 목표는 재해로 인한 손실금액을 추정하는 데 있다.
③ 재해조사는 현장 보존에 유의하면서 재해 발생 직후에 행한다.
④ 피해자 및 목격자 등 많은 사람으로부터 사고 시의 상황을 수집한다.

[해설] 재해조사의 1차적 목표는 재해로 인한 손실금액을 추정하는 데 있는 것이 아니라 동종 재해 및 유사 재해의 발생을 방지하기 위함이다.

02 다음 중 실내에서 석재를 가공하는 산소결핍 장소에 작업하고자 할 때, 가장 적합한 마스크의 종류는?

① 방진마스크   ② 방독마스크
③ 송기마스크   ④ 위생마스크

[해설] 송기마스크
가스·증기·공기 중에 부유하는 미립자상 물질 또는 산소 결핍 공기를 흡입함으로써 발생할 수 있는 근로자의 건강장해에 대한 예방을 위해 사용한다.

03 산업안전보건법상 건설업 중 냉동·냉장 창고시설의 설비공사 및 단열공사를 착공할 때 연면적이 얼마일 경우 유해·위험방지 계획서를 작성하여야 하는가?

① 3천m² 이상   ② 5천m² 이상
③ 7천m² 이상   ④ 1만m² 이상

[해설] 유해위험방지계획서 제출대상 건설공사
㉮ 다음의 어느 하나에 해당하는 건축물 또는 시설 등의 건설·개조 또는 해체(이하 "건설등"이라 한다) 공사
  ㉠ 지상높이가 31m 이상인 건축물 또는 인공구조물
  ㉡ 연면적 3만m² 이상인 건축물
  ㉢ 연면적 5천m² 이상인 시설로서 다음의 어느 하나에 해당하는 시설
    – 문화 및 집회시설(전시장 및 동물원·식물원은 제외한다)
    – 판매시설, 운수시설(고속철도의 역사 및 집배송시설은 제외한다)
    – 종교시설
    – 의료시설 중 종합병원
    – 숙박시설 중 관광숙박시설
    – 지하도상가
    – 냉동·냉장 창고시설
㉯ 연면적 5천m² 이상의 냉동·냉장 창고시설의 설비공사 및 단열공사
㉰ 최대지간길이(다리의 기둥과 기둥의 중심 사이의 거리)가 50m 이상인 교량 건설 등 공사
㉱ 터널 건설 등의 공사
㉲ 다목적댐, 발전용댐 및 저수용량 2천만톤 이상의 용수 전용댐, 지방상수도 전용댐 건설 등의 공사
㉳ 깊이 10m 이상인 굴착공사

04 산업안전보건법령상 산업안전보건위원회의 구성에 있어 사용자 위원에 해당하지 않는 것은?

① 안전관리자
② 명예산업안전감독관
③ 해당 사업의 대표자가 지명한 9인 이내 해당 사업장 부서의 장
④ 보건관리자의 업무를 위탁한 경우 대행기관의 해당 사업장 담당자

01.②   02.③   03.②   04.②

해설 산업안전보건위원회의 구성
  ㉮ 근로자 위원
    ㉠ 근로자 대표
    ㉡ 명예산업안전감독관이 위촉되어 있는 사업장의 경우 근로자 대표가 지명하는 1명 이상의 명예 감독관
    ㉢ 근로자 대표가 지명하는 9명 이내의 해당 사업장의 근로자
  ㉯ 사용자 위원은 다음 각 호의 사람으로 구성한다. 다만, 상시 근로자 50명 이상 100명 미만을 사용하는 사업장에서는 ㉤에 해당하는 사람을 제외하고 구성할 수 있다.
    ㉠ 해당 사업의 대표자
    ㉡ 안전관리자 1명
    ㉢ 보건관리자 1명
    ㉣ 산업보건의
    ㉤ 해당 사업의 대표자가 지명하는 9명 이내의 해당 사업장 부서의 장

05 다음 중 재해 발생의 주요 원인에 있어 불안전한 행동에 해당하지 않는 것은?

① 불안전한 속도 조작
② 안전장치 기능 제거
③ 보호구 미착용 후 작업
④ 결함 있는 기계설비 및 장비

해설 결함 있는 기계설비 및 장비는 불안전한 상태에 속한다.

06 방진마스크의 선정 기준이 아닌 것은?

① 분진 포집효율이 높은 것
② 흡·배기 저항이 높은 것
③ 중량이 가벼운 것
④ 시야가 넓은 것

해설 방진마스크의 선정 기준
  ㉮ 여과 효율이 좋을 것
  ㉯ 흡·배기 저항이 낮을 것
  ㉰ 사용적이 적을 것
  ㉱ 중량이 가벼울 것
  ㉲ 시야가 넓을 것(하방 시야 60° 이상)
  ㉳ 안면 밀착성이 좋을 것
  ㉴ 피부 접촉 부위의 고무질이 좋을 것

07 다음 중 재해 예방의 4원칙에 해당하지 않는 것은?

① 손실 필연의 원칙　② 원인 계기의 원칙
③ 예방 가능의 원칙　④ 대책 선정의 원칙

해설 재해 예방의 4원칙
  ㉮ 손실 우연의 원칙
  ㉯ 원인 계기의 원칙
  ㉰ 예방 가능의 원칙
  ㉱ 대책 선정의 원칙

08 다음 중 재해의 발생 형태에 있어 일어난 장소나 그 시점에 일시적으로 요인이 집중하여 재해가 발생하는 경우를 무엇이라 하는가?

① 연쇄형　　　② 복합형
③ 결합형　　　④ 단순 자극형

해설 산업재해 발생 형태
  ㉮ 단순 자극형(집중형) : 상호 자극에 의하여 순간적으로 재해가 발생하는 유형으로, 재해가 일어난 장소와 그 시기에 일시적으로 요인이 집중한다고 하여 집중형이라고도 한다.
  ㉯ 연쇄형 : 하나의 사고 요인이 또 다른 요인을 발생시키면서 재해를 발생시키는 유형이다. 단순 연쇄형과 복합 연쇄형이 있다.
  ㉰ 복합형 : 단순 자극형과 연쇄형의 복합적인 발생 유형

09 재해 손실비 평가방식 중 시몬즈(Simonds) 방식에서 비보험 코스트의 산정 항목에 해당하지 않는 것은?

① 사망 사고 건수
② 무상해 사고 건수
③ 통원 상해 건수
④ 응급조치 건수

해설 시몬즈의 재해 Cost
총 재해 Cost=산재보험 Cost + 비보험 Cost
비보험 Cost=(휴업 상해 건수 × A)+(통원 상해 건수 × B)+(응급조치 건수 × C)+(무상해 사고 건수 × D)
여기서, A, B, C, D : 장해 정도별 비보험 Cost의 평균치
※ 상기 재해 Cost 산정에서 사망과 영구 전노동 불능(1~3급)은 제외한다.

10 다음 중 TBM 활동의 5단계 추진법을 가장 올바른 순서대로 나열한 것은?

① 도입 – 위험예지훈련 – 작업 지시 – 점검·정비 – 확인
② 도입 – 점검·정비 – 작업 지시 – 위험예지훈련 – 확인
③ 도입 – 확인 – 위험예지훈련 – 작업 지시 – 점검·정비
④ 도입 – 작업 지시 – 위험예지훈련 – 점검·정비 – 확인

해설 TBM의 실시 순서 5단계
㉮ 제1단계 : 도입
㉯ 제2단계 : 점검·정비
㉰ 제3단계 : 작업 지시
㉱ 제4단계 : 위험예지훈련
㉲ 제5단계 : 확인

11 산업안전보건법령상 고용노동부장관은 산업재해를 예방하기 위하여 필요하다고 인정할 때에 대통령이 정하는 사업장의 산업재해 발생 건수, 재해율 등을 공표할 수 있도록 하였는데 이에 관한 공표대상 사업장의 기준으로 틀린 것은?

① 연간 산업재해율이 규모별 같은 업종의 평균재해율 이상인 모든 사업장
② 관련 법상 중대산업사고가 발생한 사업장
③ 관련 법상 산업재해의 발생에 관한 보고를 최근 3년 이내 2회 이상 하지 아니한 사업장
④ 산업재해로 연간 사망재해자가 2명 이상 발생한 사업장, 또는 사망만인율이 규모별 같은 업종의 평균 사망인율 이상인 사업장

해설 산업재해 발생 건수, 재해율 등의 공표대상 사업장
㉮ 산업재해로 인한 사망자가 연간 2명 이상 발생한 사업장
㉯ 사망만인율이 규모별 같은 업종의 평균 사망만인율 이상인 사업장
㉰ 중대산업사고가 발생한 사업장
㉱ 산업재해 발생 사실을 은폐한 사업장
㉲ 산업재해의 발생에 관한 보고를 최근 3년 이내 2회 이상 하지 않은 사업장

12 안전점검의 종류 중 주기적으로 일정한 기간을 정하여 일정한 시설이나 물건, 기계 등에 대하여 점검하는 방법을 무엇이라 하는가?

① 정기점검   ② 일상점검
③ 특별점검   ④ 임시점검

해설 안전점검의 종류
㉮ 수시점검 : 작업 담당자, 해당 관리감독자가 맡고 있는 공정의 설비, 기계, 공구 등을 매일 작업시작 전이나 사용 전 또는 작업 중, 작업 종료 후에 수시로 실시하는 점검
㉯ 정기점검 : 일정 기간마다 정기적으로 실시하는 점검을 말하며, 일반적으로 매주·1개월·6개월·1년·2년 등의 주기로 담당 분야별로 작업 책임자가 기계, 설비의 안전상 중요 부분의 피로·마모·손상·부식 등 장치의 변화 유무 등을 점검
㉰ 임시점검 : 정기점검을 실시한 후 차기 점검일 이전에 트러블이나 고장 등의 직후에 임시로 실시하는 점검의 형태를 말하며, 기계·기구 또는 설비의 이상이 발견되었을 때에 임시로 실시하는 점검
㉱ 특별점검 : 기계, 기구 또는 설비를 신설 및 변경하거나 고장에 의한 수리 등을 할 경우에 행하는 부정기적 점검을 말하며, 일정 규모 이상의 강풍, 폭우, 지진 등의 기상이변이 있은 후에 실시하는 점검과 안전강조기간, 방화주간에 실시하는 점검

13 재해사례연구법 중 사실의 확인 단계에서 사용하기 가장 적절한 분석기법은?

① 클로즈분석도   ② 특성요인도
③ 관리도   ④ 파레토도

해설 재해사례연구법 중 제1단계인 사실의 확인 단계에서는 조사항목인 사람에 관한 것, 물건에 관한 것, 관리에 관한 것을 특성과 요인관계를 도표로 하여 어골상(魚骨象)으로 세분하는 특성요인도로 분석한다.

14 건설기술진흥법령상 건설사고 조사위원회는 위원장 1명을 포함한 몇 명 이내의 위원으로 구성하는가?

① 12명   ② 11명
③ 10명   ④ 9명

해설 건설사고 조사위원회
㉮ 건설사고 조사위원회는 위원장 1명을 포함한 12명 이내의 위원으로 구성한다.
㉯ 건설사고 조사위원회의 위원은 다음의 어느 하나에 해당하는 사람 중에서 해당 건설사고 조사위원회를 구성·운영하는 국토교통부장관, 발주청 또는 인·허가기관의 장이 임명하거나 위촉한다.
  ㉠ 건설공사 업무와 관련된 공무원
  ㉡ 건설공사 업무와 관련된 단체 및 연구기관 등의 임직원
  ㉢ 건설공사 업무에 관한 학식과 경험이 풍부한 사람

15 [개정 2021] 산업안전보건법령상 안전관리자의 업무가 아닌 것은?

① 해당 사업장 안전교육계획의 수립 및 안전교육 실시에 관한 보좌 및 지도·조언
② 사업장 순회 점검·지도 및 조치의 건의
③ 법 또는 법에 따른 명령으로 정한 안전에 관한 사항의 이행에 관한 보좌 및 지도·조언
④ 작업장 내에서 사용되는 전체 환기장치 및 국소배기장치 등에 관한 설비의 점검과 작업방법의 공학적 개선에 관한 보좌 및 지도·조언

해설 안전관리자의 업무
㉮ 산업안전보건위원회 또는 안전 및 보건에 관한 노사협의체에서 심의·의결한 업무와 해당 사업장의 안전보건관리규정 및 취업규칙에서 정한 업무
㉯ 위험성평가에 관한 보좌 및 지도·조언
㉰ 안전인증대상 기계 등과 자율안전확인대상 기계 등 구입 시 적격품의 선정에 관한 보좌 및 지도·조언
㉱ 해당 사업장 안전교육계획의 수립 및 안전교육 실시에 관한 보좌 및 지도·조언
㉲ 사업장 순회점검, 지도 및 조치 건의
㉳ 산업재해 발생의 원인 조사·분석 및 재발방지를 위한 기술적 보좌 및 지도·조언
㉴ 산업재해에 관한 통계의 유지·관리·분석을 위한 보좌 및 지도·조언
㉵ 법 또는 법에 따른 명령으로 정한 안전에 관한 사항의 이행에 관한 보좌 및 지도·조언

㉶ 업무수행내용의 기록·유지
㉷ 그 밖에 안전에 관한 사항으로서 고용노동부장관이 정하는 사항
※ ④ 작업장 내에서 사용되는 전체 환기장치 및 국소배기장치 등에 관한 설비의 점검과 작업방법의 공학적 개선에 관한 보좌 및 지도·조언은 보건관리자의 업무에 속한다.

16 일상점검내용을 작업 전, 작업 중, 작업 종료로 구분할 때, 작업 중 점검내용으로 거리가 먼 것은?

① 품질의 이상 유무
② 안전수칙 준수 여부
③ 이상소음 발생 유무
④ 방호장치의 작동 여부

해설 ④ 방호장치의 작동 여부는 작업 전 점검내용에 속한다.

17 100명의 근로자가 근무하는 A기업체에서 1주일에 48시간, 연간 50주를 근무하는데, 1년에 50건의 재해로 총 2,400일의 근로손실일수가 발생하였다. A기업체의 강도율은 얼마인가?

① 10
② 24
③ 100
④ 240

해설 강도율 $= \dfrac{\text{근로손실일수}}{\text{연근로시간수}} \times 1,000$
$= \dfrac{2,400}{100 \times 48 \times 50} \times 1,000$
$= 10$

18 [개정 2021] 산업안전보건법령상 안전검사 대상 유해·위험 기계 등이 아닌 것은?

① 압력용기
② 원심기(산업용)
③ 국소배기장치(이동식)
④ 크레인(정격하중이 2톤 이상인 것)

정답 15.④ 16.④ 17.① 18.③

해설 안전검사 대상 유해·위험 기계
㉮ 프레스
㉯ 전단기
㉰ 크레인(정격하중 2톤 미만인 것은 제외)
㉱ 리프트
㉲ 압력용기
㉳ 곤돌라
㉴ 국소배기장치(이동식은 제외)
㉵ 원심기(산업용만 해당)
㉶ 롤러기(밀폐형 구조는 제외)
㉷ 사출성형기[형 체결력 294킬로뉴턴(kN) 미만은 제외]
㉸ 고소작업대(「자동차관리법」에 따른 화물자동차 또는 특수자동차에 탑재한 고소작업대로 한정)
㉹ 컨베이어
㉺ 산업용 로봇

19 작업자가 기계 등의 취급을 잘못 해도 사고가 발생하지 않도록 방지하는 기능은?

① Back up 기능
② Fail safe 기능
③ 다중계화 기능
④ Fool proof 기능

해설 풀프루프와 페일세이프
㉮ 풀프루프 : 사람이 기계·설비 등의 취급을 잘못 해도 그것이 바로 사고나 재해와 연결되지 않도록 하는 기능으로, 사람이 착오나 미스 등으로 발생되는 휴먼에러(human error)를 방지하기 위한 것이다.
㉯ 페일세이프 : 기계나 그 부품이 고장이 생기거나 기능이 불량할 때도 안전하게 작동되는 구조 또는 기능이다.
  ㉠ 페일세이프 기능면 3단계
    - Fail passive : 부품이 고장 나면 기계가 정지하는 방향으로 이동
    - Fail active : 부품이 고장이 나면 경보가 울리며 잠시 계속 운전이 가능
    - Fail operational : 부품이 고장 나도 추후에 보수가 될 때까지 안전기능 유지
  ㉡ 구조적 페일세이프의 종류
    - 저균열 속도 구조
    - 조합구조(분할구조)
    - 다경로 하중구조
    - 이중구조(떠받는 구조)
    - 하중 경감 구조

20 다음에서 설명하는 위험예지훈련 단계는?

• 위험요인을 찾아내는 단계
• 가장 위험한 것을 합의하여 결정하는 단계

① 현상파악
② 본질추구
③ 대책수립
④ 목표설정

해설 위험예지훈련의 4Round
㉮ 1R – 현상파악 : 잠재위험요인을 발견하는 단계 (BS 적용)
㉯ 2R – 본질추구 : 가장 위험한 요인(위험 포인트)을 합의로 결정하는 단계
㉰ 3R – 대책수립 : 구체적인 대책을 수립하는 단계 (BS 적용)
㉱ 4R – 행동목표설정 : 행동계획을 정하고 수립한 대책 가운데서 질이 높은 항목에 합의하는 단계 (요약)

≫ 제2과목　산업심리 및 교육

21 다음 중 O.J.T(On the Job Training)의 특징에 관한 설명으로 틀린 것은?

① 개개인에게 적절한 지도 훈련이 가능하다.
② 훈련에만 전념할 수 있다.
③ 상호 신뢰 및 이해도가 높아진다.
④ 직장의 실정에 맞게 실제적 훈련이 가능하다.

해설 O.J.T와 Off J.T의 특징
㉮ O.J.T의 특징
  ㉠ 개개인에게 적합한 지도 훈련이 가능하다.
  ㉡ 직장의 실정에 맞는 실체적 훈련을 할 수 있다.
  ㉢ 훈련에 필요한 업무의 계속성이 끊어지지 않는다.
  ㉣ 즉시 업무에 연결되는 관계로 신체와 관련이 있다.
  ㉤ 효과가 곧 업무에 나타나며, 훈련의 좋고 나쁨에 따라 개선이 용이하다.
  ㉥ 교육을 통한 훈련 효과에 의해 상호 신뢰 이해도가 높아진다.
㉯ Off J.T의 특징
  ㉠ 다수의 근로자에게 조직적 훈련이 가능하다.
  ㉡ 훈련에만 전념하게 된다.
  ㉢ 특별 설비기구를 이용할 수 있다.
  ㉣ 전문가를 강사로 초청할 수 있다.
  ㉤ 각 직장의 근로자가 많은 지식이나 경험을 교류할 수 있다.
  ㉥ 교육훈련 목표에 대해서 집단적 노력이 흐트러질 수도 있다.

22 다음 중 산업심리의 5대 요소에 해당하지 않는 것은?

① 지능　② 동기
③ 감정　④ 습성

해설 산업심리의 5대 요소인 동기·기질·감정·습성·습관의 경우에 안전과 직접 관련이 되어 있으며, 안전사고를 막는 방법은 이 5대 요소를 통제하는 것이다.

23 다음 중 의식수준이 정상적 상태이지만, 생리적 상태가 안정을 취하거나 휴식할 때에 해당하는 것은?

① Phase Ⅰ　② Phase Ⅱ
③ Phase Ⅲ　④ Phase Ⅳ

해설 인간의 의식수준

단계	의식상태	주의작용	생리적 상태
0	무의식, 실신	없음	수면, 뇌발작
Ⅰ	정상 이하 (Subnormal), 의식 둔화	부주의	피로, 단조로움, 졸음, 주취(술취함)
Ⅱ	정상(Normal), 이완(Relaxed)	수동적, 내외적	안정 기거, 휴식, 정상 작업
Ⅲ	정상(Normal), 상쾌(Clear)	능동적, 전향적, 위험예지 주의력 범위 넓음	적극 활동
Ⅳ	초(超)정상 (Hypernormal), 과긴장(Excited)	한 점에 고집(固執), 판단 정지	감정 흥분, 긴급, 방위(防衛) 반응, 당황과 공포반응

24 조직에 있어 구성원들의 역할에 대한 기대와 행동은 항상 일치하지는 않는다. 역할 기대와 실제 역할 행동 간에 차이가 생기면 역할 갈등이 발생하는데, 다음 중에서 역할 갈등의 원인으로 가장 거리가 먼 것은?

① 역할 민첩성　② 역할 부적합
③ 역할 마찰　④ 역할 모호성

해설 역할 갈등
작업 중에는 상반된 역할이 기대되는 경우가 있으며, 그럴 때 갈등이 생기게 되는데 원인은 다음과 같다.
㉮ 역할 부적합
㉯ 역할 마찰
㉰ 역할 모호성

25 다음 중 안전교육의 필요성과 거리가 가장 먼 것은?

① 재해 현상은 무상해 사고를 제외하고, 대부분이 물건과 사람과의 접촉점에서 일어난다.
② 재해는 물건의 불안전한 상태에 의해서 일어날 뿐만 아니라 사람의 불안전한 행동에 의해서도 일어날 수 있다.
③ 현실적으로 생긴 재해는 그 원인 관련 요소가 매우 많아 반복적 실험을 통하여 재해환경을 복원하는 것이 가능하다.
④ 재해의 발생을 보다 많이 방지하기 위해서는 인간의 지식이나 행동을 변화시킬 필요가 있다.

해설 사고 재현 불가능성
현실적으로 생긴 재해는 그 원인 관련 요소가 매우 많아 반복적 실험을 통하여 재해환경을 복원하는 것이 불가능하다.

26 교육 지도의 5단계가 다음과 같을 때 올바르게 나열한 것은?

ⓐ 가설의 설정　ⓑ 결론
ⓒ 원리의 제시　ⓓ 관련된 개념의 분석
ⓔ 자료의 평가

① ⓒ → ⓓ → ⓐ → ⓔ → ⓑ
② ⓐ → ⓒ → ⓓ → ⓔ → ⓑ
③ ⓒ → ⓐ → ⓔ → ⓓ → ⓑ
④ ⓐ → ⓒ → ⓔ → ⓓ → ⓑ

해설 교육 지도의 5단계
㉮ 1단계 : 원리의 제시
㉯ 2단계 : 관련된 개념의 분석
㉰ 3단계 : 가설의 설정
㉱ 4단계 : 자료의 평가
㉲ 5단계 : 결론

정답 22.① 23.② 24.① 25.③ 26.①

27 인간 부주의의 발생 원인 중 외적 조건에 해당하지 않는 것은?

① 기상 조건
② 경험 부족 및 미숙련
③ 작업순서 부적당
④ 작업 및 환경 조건 불량

해설 부주의의 발생 원인과 대책
㉮ 외적 원인 및 대책
  ㉠ 작업, 환경 조건 불량 : 환경 정비
  ㉡ 작업순서의 부적당 : 작업순서 정비
㉯ 내적 조건 및 대책
  ㉠ 소질적 조건 : 적성 배치
  ㉡ 의식의 우회 : 상담(Counseling)
  ㉢ 경험, 미경험 : 교육
㉰ 설비 및 환경적 측면에 대한 대책
  ㉠ 설비 및 작업 환경의 안전화
  ㉡ 표준작업제도 도입
  ㉢ 긴급 시 안전대책
㉱ 기능 및 작업적 측면에 대한 대책
  ㉠ 적성 배치
  ㉡ 안전작업방법 습득
  ㉢ 표준 동작의 습관화
  ㉣ 적응력 향상과 작업 조건의 개선
㉲ 정신적 측면에 대한 대책
  ㉠ 안전의식 및 작업의욕 고취
  ㉡ 피로 및 스트레스의 해소 대책
  ㉢ 주의력 집중 훈련

28 다음 설명에 해당하는 교육방법은?

> FEAF(Far East Air Forces)라고도 하며, 10~15명을 한 반으로 2시간씩 20회에 걸쳐 훈련하고, 관리의 기능, 조직의 원칙, 조직의 운영, 시간관리, 훈련의 관리 등을 교육 내용으로 한다.

① MTP(Management Training Program)
② CCS(Civil Communication Section)
③ TWI(Training Within Industry)
④ ATT(American Telephone & Telegram Co.)

해설 ① MTP(Management Training Program) : FEAF(Far East Air Forces)라고도 하며, 대상은 TWI보다 약간 높은 계층을 목표로 하고, TWI와는 달리, 관리 문제에 보다 더 치중하고 있다. 한 클래스는 10~15명, 2시간씩 20회에 걸쳐서 40시간을 훈련하도록 되어 있다.

② CCS(Civil Communication Section) : ATP(Administration Training Program)라고도 하며, 당초에는 일부 회사의 톱 매니지먼트(Top Management)에 대해서만 행하여졌으나, 그 후에 널리 보급되었다고 한다. 주로 강의법에 토의법이 가미되었다. 매주 4일 1일 4시간씩 8주간(합계 128시간)에 걸쳐서 실시하도록 되어 있다.

③ TWI(Training Within Industry) : 교육 대상을 주로 제일선 감독자에 두고 있는 것으로 전체의 교육시간은 10시간으로 1일 2시간씩 5일에 걸쳐서 행하며, 한 클래스는 10명 정도이고 교육방법은 토의법을 의식적으로 취한다.

④ ATT(American Telephone & Telegram Co.) : 대상 계층이 한정되어 있지 않고, 또, 한 번 훈련을 받은 관리자는 그 부하인 감독자에 대해서 지도원이 될 수 있다. 1차 훈련(1일 8시간씩 2주간), 2차 과정에서는 문제가 발생할 때마다 하도록 되어 있으며, 진행방법은 통상 토의식에 의하여 지도자의 유도로 과제에 대한 의견을 제시하게 하여 결론을 내리는 방식을 취한다.

29 다음 중 엔드라고지 모델에 기초한 학습자로서의 성인의 특징과 가장 거리가 먼 것은?

① 성인들은 주제 중심적으로 학습하고자 한다.
② 성인들은 자기 주도적으로 학습하고자 한다.
③ 성인들은 많은 다양한 경험을 가지고 학습에 참여한다.
④ 성인들은 왜 배워야 하는지에 대해 알고자 하는 욕구를 가지고 있다.

해설 엔드라고지 모델에 기초한 학습자로서의 성인의 특징
㉮ 성인들은 과제 중심적(문제 중심적)으로 학습하고자 한다.
㉯ 성인들은 자기 주도적으로 학습하고자 한다.
㉰ 성인들은 많은 다양한 경험을 가지고 학습에 참여한다.
㉱ 성인들은 왜 배워야 하는지에 대해 알고자 하는 욕구를 가지고 있다.
㉲ 성인들은 학습을 하려는 강한 내·외적 동기를 가지고 있다.

30 집단역학에서 소시오메트리(Sociometry)에 관한 설명으로 틀린 것은?

① 구성원 상호간의 선호도를 기초로 집단 내부의 동태적 상호관계를 분석하는 기법이다.
② 소시오그램은 집단 내의 하위 집단들과 내부의 세부 집단과 비세력 집단을 구분할 수 없다.
③ 소시오메트리 연구 조사에서 수집된 자료들은 소시오그램과 소시오메트릭스 등으로 분석한다.
④ 소시오메트릭스는 소시오그램에서 나타나는 집단 구성원들간의 관계를 수치에 의하여 개량적으로 분석할 수 있다.

해설 소시오그램과 소시오메트리
㉮ 소시오그램 : 집단 구성원 간의 서열 관계 패턴, 하위 집단 중 세력 집단, 비세력 집단, 정규 지위·주변 지위를 도표로 알기 쉽게 표시하는 기법
㉯ 소시오메트리 : 집단의 구조를 밝혀내 집단 내에서 개인 간의 인기의 정도, 지위, 좋아하고 싫어하는 정도, 하위 집단의 구성 여부와 형태, 집단의 충성도, 집단의 응집력을 연구 조사하여 행동 지도의 자료로 삼는 것

31 다음 중 시청각적 교육방법의 특징과 가장 거리가 먼 것은?

① 교재의 구조화를 기할 수 있다.
② 대규모 수업체제의 구성이 어렵다.
③ 학습의 다양성과 능률화를 기할 수 있다.
④ 학습자에게 공통 경험을 형성시켜 줄 수 있다.

해설 시청각적 방법(Audiovisual Method)
교수학습과정(Teaching – Learning Process)을 충분히 이해하고, 거기에 영화, TV, VTR, 라디오와 녹음기, 슬라이드, 필름 스트립(Film – Strip), 현지 견학, 시범, 실물, 표본, 형, 전시물, 스크랩북(Scrap Book), 융판 교재, 사진, 도표, 기타 여러 가지 투시물 등의 시청각교재를 최대한으로 활용하는 방법이다.

㉮ 시청각교육의 필요성
㉠ 교수의 효율성을 높일 수 있다.
㉡ 지식 팽창에 따른 교재의 구조화를 기할 수 있다.
㉢ 인구 증가에 따른 대량 수업체제가 확립될 수 있다.
㉣ 교수의 개인차에서 오는 교수의 평준화를 기할 수 있다.
㉤ 피교육자가 어떤 사물에 대하여 완전히 이해하려면 현실적이고 구체적인 지각 경험을 기초로 해야 한다.
㉥ 사물의 정확한 이해는 건전한 사고력을 유발하고 태도에 영향을 줌으로써 바람직한 인격을 형성시킬 수 있다.
㉯ 시청각교육의 기능
㉠ 구체적인 경험을 충분히 함으로써 상징화·일반화의 과정을 도와주며, 의미나 원리를 파악하는 능력을 길러준다.
㉡ 학습동기를 유발시켜서 자발적인 학습활동이 되게 자극한다(학습효과의 지속성을 기할 수 없다).
㉢ 학습자에게 공통 경험을 형성시켜 줄 수 있다.
㉣ 학습의 다양성과 능률화를 기할 수 있다.
㉤ 개별적인 진로 수업을 가능하게 한다.

32 에빙하우스(Ebbinghaus)의 연구 결과 망각률이 50%를 초과하게 되는 최초의 경과 시간은?

① 30분
② 1시간
③ 1일
④ 2일

해설 에빙하우스(H. Ebbinghaus)의 망각곡선에 의하면, 학습 직후의 망각률이 가장 높다는 것을 알 수 있다. 즉, 1시간 경과 후의 파지율이 44.2%이고, 1일(24시간) 후에는 전체의 1/3에 해당되는 33.7%, 그 후부터는 망각이 완만하여 6일(144시간)이 경과한 뒤에는 파지량이 전체의 1/4 정도인 25.4%를 차지한다.

33 인간의 적응기제(adjustment mechanism) 중 방어적 기제에 해당하는 것은?

① 보상
② 고립
③ 퇴행
④ 억압

해설 **적응기제**
㉮ 방어적 기제(defence mechanism) : 보상, 합리화, 동일시, 승화 등
㉯ 도피적 기제(escape mechanism) : 고립, 퇴행, 억압, 백일몽 등
㉰ 공격적 기제(aggressive mechanism)
　㉠ 직접적 공격기제 : 힘에 의존한 폭행, 싸움, 기물파손 등
　㉡ 간접적 공격기제 : 조소, 비난, 중상모략, 폭언, 욕설 등

34 안전·보건교육의 목적이 아닌 것은?
① 행동의 안전화
② 작업환경의 안전화
③ 의식의 안전화
④ 노무관리의 적정화

해설 **안전·보건교육의 목적**
㉮ 인간정신(의식)의 안전화
㉯ 행동(동작)의 안전화
㉰ 작업환경의 안전화
㉱ 설비와 물자의 안전화

35 교육심리학에 있어 일반적으로 기억과정의 순서를 나열한 것으로 맞는 것은?
① 파지 → 재생 → 재인 → 기명
② 파지 → 재생 → 기명 → 재인
③ 기명 → 파지 → 재생 → 재인
④ 기명 → 파지 → 재인 → 재생

해설 기억은 과거의 경험이 어떠한 형태로 미래의 행동에 영향을 주는 작용으로, '기명 → 파지 → 재생 → 재인'의 단계를 거쳐서 기억이 되는 것이며, 도중에 재생이나 재인이 안 될 경우는 곧 망각되었다는 것을 의미한다.

36 산업안전보건법령상 사업 내 안전보건교육에 있어 건설 일용 근로자의 건설업 기초 안전보건교육의 교육시간으로 옳은 것은 어느 것인가?
① 1시간　　② 2시간
③ 4시간　　④ 8시간

해설 산업안전보건법상 사업 내 안전보건교육에 있어 건설 일용 근로자의 건설업 기초 안전보건교육시간은 4시간이다.

37 교육의 3요소로만 나열된 것은?
① 강사, 교육생, 사회인사
② 강사, 교육생, 교육자료
③ 교육자료, 지식인, 정보
④ 교육생, 교육자료, 교육장소

해설 **교육의 3요소**
㉮ 주체 : 강사, 교사 등
㉯ 객체 : 학생, 수강자, 피교육자 등
㉰ 매개체 : 교재 등

38 조직에 있어 구성원들의 역할에 대한 기대와 행동은 항상 일치하지는 않는다. 역할 기대와 실제 역할 행동 간에 차이가 생기면 역할 갈등이 발생하는데, 역할 갈등의 원인으로 가장 거리가 먼 것은?
① 역할 마찰　　② 역할 민첩성
③ 역할 부적합　　④ 역할 모호성

해설 **역할 갈등의 원인**
㉮ 역할 마찰
㉯ 역할 부적합
㉰ 역할 모호성

39 매슬로우(Maslow)의 욕구 5단계 중 안전 욕구에 해당하는 단계는?
① 1단계　　② 2단계
③ 3단계　　④ 4단계

해설 **매슬로우(Maslow)의 욕구 5단계**
㉮ 1단계 – 생리적 욕구(신체적 욕구) : 기아, 갈등, 호흡, 배설, 성욕 등 기본적 욕구
㉯ 2단계 – 안전의 욕구 : 안전을 구하려는 욕구
㉰ 3단계 – 사회적 욕구(친화 욕구) : 애정, 소속에 대한 욕구
㉱ 4단계 – 인정받으려는 욕구(자기 존경의 욕구, 승인 욕구) : 자존심, 명예, 성취, 지위 등에 대한 욕구
㉲ 5단계 – 자아실현의 욕구(성취 욕구) : 잠재적인 능력을 실현하고자 하는 욕구

34.④　35.③　36.③　37.②　38.②　39.②

40 정신상태 불량에 의한 사고의 요인 중 정신력과 관계되는 생리적 현상에 해당되지 않는 것은?

① 신경계통의 이상
② 육체적 능력의 초과
③ 시력 및 청각의 이상
④ 과도한 자존심과 자만심

해설 ㉮ 정신상태 불량에 대한 개성적 결함요소(성격 결함)
  ㉠ 약한 마음(심약)
  ㉡ 과도한 자존심과 자만심
  ㉢ 사치 및 허영심
  ㉣ 다혈질, 도전적 성격
  ㉤ 인내력 부족
  ㉥ 고집 및 과도한 집착성
  ㉦ 감정의 장기 지속성
  ㉧ 태만(나태)
  ㉨ 경솔성(성급함)
  ㉩ 이기성 및 배타성
 ㉯ 정신력과 관계되는 생리적 현상
  ㉠ 시력 및 청각의 이상
  ㉡ 신경계통의 이상
  ㉢ 육체적 능력의 초과
  ㉣ 근육운동의 부적합
  ㉤ 극도의 피로

≫ 제3과목 인간공학 및 시스템 안전공학

41 발생확률이 각각 0.05, 0.08인 두 결함사상이 AND 조합으로 연결된 시스템을 FTA로 분석하였을 때 이 시스템의 신뢰도는 약 얼마인가?

① 0.004
② 0.126
③ 0.874
④ 0.996

해설 신뢰도 = 1 − 고장발생확률
    = 1 − (0.05×0.08) = 0.996

42 다음 중 신체 동작의 유형에 관한 설명으로 틀린 것은?

① 내선(Medial Rotation) : 몸의 중심선으로의 회전
② 외전(Abduction) : 몸의 중심선으로의 이동
③ 굴곡(Flexion) : 신체 부위 간의 각도의 감소
④ 신전(Extension) : 신체 부위 간의 각도의 증가

해설 외전은 몸의 중심으로부터 이동하는 동작을 말한다.

43 다음 설명 중 해당하는 용어를 올바르게 나타낸 것은?

> ⓐ 요구된 기능을 실행하고자 하여도 필요한 물건, 정보, 에너지 등의 공급이 없기 때문에 작업자가 움직이려고 해도 움직일 수 없으므로 발생하는 과오
> ⓑ 작업자 자신으로부터 발생한 과오

① ⓐ Secondary Error,
   ⓑ Command Error
② ⓐ Command Error,
   ⓑ Primary Error
③ ⓐ Primary Error,
   ⓑ Secondary Error
④ ⓐ Command Error,
   ⓑ Secondary Error

해설 인간 과오(Human Error)의 분류
 ㉮ 원인의 수준(Level)적 분류
  ㉠ 1차 에러(Primary Error) : 작업자 자신으로부터 발생한 과오
  ㉡ 2차 에러(Secondary Error) : 작업형태나 작업조건 중에서 다른 문제가 생김으로써 그 때문에 필요한 사항을 실행할 수 없는 과오나 어떤 결함으로부터 파생하여 발생하는 과오
  ㉢ 지시 에러(Command Error) : 요구된 기능을 실행하고자 하여도 필요한 물건, 정보, 에너지 등의 공급이 없기 때문에 작업자가 움직이려고 해도 움직일 수 없으므로 발생하는 과오

④ 심리적인 분류(Swain) : 과오(Error)의 원인을 불확정, 시간 지연, 순서 착오의 3가지로 나누어서 분류한다.
  ㉠ 생략적 에러(Omission Error) : 필요한 직무(Task) 또는 절차를 수행하지 않는 데 기인한 과오(Error)
  ㉡ 시간적 에러(Time Error) : 필요한 직무 또는 절차의 수행 지연으로 인한 과오
  ㉢ 수행적 에러(Commission Error) : 필요한 직무 또는 절차의 불확실한 수행으로 인한 과오
  ㉣ 순서적 에러(Sequential Error) : 필요한 직무 또는 절차의 순서 착오로 인한 과오
  ㉤ 불필요한 에러(Extraneous Error) : 불필요한 직무 또는 절차를 수행함으로 인한 과오

44 다음 중 청각적 표시장치보다 시각적 표시장치를 이용하는 경우가 더 유리한 경우는?

① 메시지가 간단한 경우
② 메시지가 추후에 재참조되지 않는 경우
③ 직무상 수신자가 자주 움직이는 경우
④ 메시지가 즉각적인 행동을 요구하지 않는 경우

해설 청각장치와 시각장치의 선택
㉮ 청각장치 사용
  ㉠ 전언이 간단하고 짧을 때
  ㉡ 전언이 후에 재참조되지 않을 때
  ㉢ 전언이 시간적인 사상을 다룰 때
  ㉣ 전언이 즉각적인 행동을 요구할 때
  ㉤ 수신자의 시각계통이 과부하 상태일 때
  ㉥ 수신장소가 너무 밝거나 암조응 유지가 필요할 때
  ㉦ 직무상 수신자가 자주 움직이는 경우
㉯ 시각장치 사용
  ㉠ 전언이 복잡하고 길 때
  ㉡ 전언이 후에 재참조될 경우
  ㉢ 전언이 공간적인 위치를 다룰 때
  ㉣ 전언이 즉각적인 행동을 요구하지 않는다.
  ㉤ 수신자의 청각계통이 과부하 상태일 때
  ㉥ 수신장소가 너무 시끄러울 때
  ㉦ 직무상 수신자가 한 곳에 머무르는 경우

45 한 화학공장에는 24개의 공정제어회로가 있으며, 4,000시간의 공정 가동 중 이 회로에는 14번의 고장이 발생하였고 고장이 발생하였을 때마다 회로는 즉시 교체되었다. 이 회로의 평균 고장시간(MTTF)은 약 얼마인가?

① 6,857시간
② 7,571시간
③ 8,240시간
④ 9,800시간

해설
$$MTTF = \frac{총\ 가동시간}{고장건수} = \frac{24 \times 4,000}{14}$$
$$= 6857.142 = 6,857시간$$

46 다음 중 점멸융합주파수에 대한 설명으로 옳은 것은?

① 암조응 시에는 주파수가 증가한다.
② 정신적으로 피로하면 주파수 값이 내려간다.
③ 휘도가 동일한 색은 주파수 값에 영향을 준다.
④ 주파수는 조명강도의 대수치에 선형적으로 반비례한다.

해설
㉮ 점멸융합주파수 : 시각 또는 청각 등의 계속되는 자극들이 점멸하는 것같이 보이지 않고 연속적으로 느껴지는 주파수(30Hz)이다. 피질의 기능으로 중추신경계의 피로, 즉 정신피로의 척도로 사용된다.
㉯ 시각적 점멸융합주파수(VFF)에 영향을 주는 변수
  ㉠ VFF는 조명강도의 대수치에 선형적으로 비례한다.
  ㉡ 시표와 부면의 휘도가 같을 때에 VFF는 최대로 된다.
  ㉢ 휘도만 같으면 색은 VFF에 영향을 주지 않는다.
  ㉣ 암조응 때는 VFF에 영향을 주지 않는다.
  ㉤ VFF는 사람들 간에는 큰 차이가 있으나, 개인의 경우 일관성이 있다.
  ㉥ 연습의 효과는 아주 적다.
  ㉦ 정신적으로 피로하면 주파수 값은 내려간다.

47 다음 중 인간의 과오(Human Error)를 정량적으로 평가하고 분석하는 데 사용하는 기법으로 가장 적절한 것은?

① THERP　　② FMEA
③ CA　　　　④ FMECA

해설
① THERP(인간 과오율 예측기법) : 인간의 과오(Human Error)를 정량적으로 평가하기 위하여 개발된 기법
② FMEA(고정형과 영향분석) : 시스템 안전분석에 이용되는 전형적인 정성적·귀납적 분석 방법으로, 시스템에 영향을 미치는 전체 요소의 고장을 형별로 분석하여 그 영향을 검토하는 것이다(각 요소의 1형식 고장이 시스템의 1영향에 대응한다).
③ CA(치명도 분석) : 고장이 직접 시스템의 손실과 사상에 연결되는 높은 위험도(Criticality)를 가진 요소나 고장의 형태에 따른 분석법을 말한다.
④ FMECA : FMEA와 CA를 병용하는 방법

48 조사 연구자가 특정한 연구를 수행하기 위해서는 어떤 상황에서 실시할 것인가를 선택하여야 한다. 즉, 실험실 환경에서도 가능하고, 실제 현장 연구도 가능한데 다음 중 현장 연구를 수행했을 경우 장점으로 가장 적절한 것은?

① 비용절감
② 정확한 자료수집 가능
③ 일반화 가능
④ 실험조건의 조절 용이

해설　실험실 연구와 현장 연구
㉮ 실험실 연구의 장점
　㉠ 비용절감
　㉡ 자료의 정확성
　㉢ 실험조건 조절 용이
　㉣ 피실험자의 안전성
㉯ 현장 연구의 장점
　㉠ 사실성
　㉡ 현실적인 작업변수 설정 가능(변수관리)
　㉢ 일반화가 가능

49 다음 중 인간공학의 목표와 가장 거리가 먼 것은?

① 에러 감소
② 생산성 증대
③ 안전성 향상
④ 신체 건강 증진

해설　인간공학의 목표
㉮ 안전성 향상과 에러 감소로 인한 사고 방지
㉯ 기계 조작의 능률성과 생산성 향상
㉰ 쾌적성

50 다음 중 일반적인 화학설비에 대한 안전성 평가(Safety Assessment) 절차에 있어 안전대책 단계에 해당되지 않는 것은?

① 보전　　　　② 설비대책
③ 위험도 평가　④ 관리적 대책

해설　안전성 평가의 기본원칙 6단계
㉮ 제1단계 : 관계 자료의 정비 검토
㉯ 제2단계 : 정성적 평가
㉰ 제3단계 : 정량적 평가
㉱ 제4단계 : 안전대책
　㉠ 설비대책 : 안전장치 및 방재장치에 대한 대책
　㉡ 관리대책 : 인원배치, 교육훈련 및 보전에 관한 대책
㉲ 제5단계 : 재해정보에 의한 재평가
㉳ 제6단계 : FTA에 의한 재평가

51 다음 중 실효온도(Effective Temperature)에 대한 설명으로 틀린 것은?

① 체온계로 입 안의 온도를 측정하여 기준으로 한다.
② 실제로 감각되는 온도로서 실감온도라고 한다.
③ 온도, 습도 및 공기 유동이 인체에 미치는 열효과를 나타낸 것이다.
④ 상대습도 100%일 때의 건구온도에서 느끼는 것과 동일한 온감이다.

해설　실효온도는 체온계로 피부온도를 측정하여 기준으로 한다.

52 인간-기계 시스템에서 시스템의 설계를 다음과 같이 구분할 때 제3단계인 기본설계에 해당되지 않는 것은?

- 1단계 : 시스템의 목표와 성능 명세 결정
- 2단계 : 시스템의 정의
- 3단계 : 기본설계
- 4단계 : 인터페이스 설계
- 5단계 : 보조물 설계
- 6단계 : 시험 및 평가

① 화면설계
② 작업설계
③ 직무분석
④ 기능할당

해설 기본설계(제3단계)
㉮ 인간, 하드웨어 및 소프트웨어에 대한 기능할당
㉯ 작업설계(직무설계)
㉰ 과업분석(직무분석)
㉱ 인간 퍼포먼스(Performance) 요건

53 FT도에 사용하는 기호에서 3개의 입력현상 중 임의의 시간에 2개가 발생하면 출력이 생기는 기호의 명칭은?

① 억제 게이트
② 조합 AND 게이트
③ 배타적 OR 게이트
④ 우선적 AND 게이트

해설 수정기호(─◇조건◇─)
㉮ 우선적 AND Gate : 입력사상 가운데 어느 사상이 다른 사상보다 먼저 일어났을 때에 출력사상이 생긴다.
㉯ 짜맞춤(조합) AND Gate : 3개 이상의 입력사상 가운데 어느 것이든 2개가 일어나면 출력사상이 생긴다.
㉰ 위험지속기호 : 결함수에서 입력사상이 생기고 일정한 시간이 지속될 때에 출력이 생기고, 만약에 그 시간이 지속되지 않으면 출력이 생기지 않는 기호
㉱ 배타적 OR Gate : 결함수의 OR 게이트이지만, 2개나 그 이상의 입력이 동시에 존재하는 경우에는 출력이 생기지 않는 게이트

54 FTA에서 사용하는 다음 사상기호에 대한 설명으로 맞는 것은?

① 시스템 분석에서 좀더 발전시켜야 하는 사상
② 시스템의 정상적인 가동상태에서 일어날 것이 기대되는 사상
③ 불충분한 자료로 결론을 내릴 수 없어 더 이상 전개할 수 없는 사상
④ 주어진 시스템의 기본사상으로 고장원인이 분석되었기 때문에 더 이상 분석할 필요가 없는 사상

해설 생략사상(추적 가능한 최후사상)
사상과 원인과의 관계를 충분히 알 수 없거나 또는 필요한 정보를 얻을 수 없기 때문에 이것 이상 전개할 수 없는 최후적 사상을 나타낼 때 사용한다(말단사상).

55 음향기기 부품 생산공장에서 안전업무를 담당하는 ○○○대리는 공장 내부에 경보등을 설치하는 과정에서 도움이 될 만한 몇 가지 지식을 적용하고자 한다. 적용 지식 중 맞는 것은?

① 신호 대 배경의 휘도대비가 작을 때는 백색 신호가 효과적이다.
② 광원의 노출시간이 1초보다 작으면 광속발산도는 작아야 한다.
③ 표적의 크기가 커짐에 따라 광도의 역치가 안정되는 노출시간은 증가한다.
④ 배경광 중 점멸 잡음광의 비율이 10% 이상이면 점멸등은 사용하지 않는 것이 좋다.

해설 경보등 설치 시 고려사항
㉮ 신호 대 배경의 휘도대비가 작을 때는 효과척도가 빠른 적색 신호가 효과적이다.
㉯ 광원의 노출시간이 1초보다 작으면 광속발산도는 커야 한다.
㉰ 표적의 크기가 커짐에 따라 광도의 역치가 안정되는 노출시간은 감소한다.
㉱ 배경광 중 점멸 잡음광의 비율이 10% 이상이면 점멸등은 사용하지 않는 것이 좋다.

56 조종-반응비(Control-Response Ratio, C/R비)에 대한 설명 중 틀린 것은?

① 조종장치와 표시장치의 이동거리 비율을 의미한다.
② C/R비가 클수록 조종장치는 민감하다.
③ 최적 C/R비는 조정시간과 이동시간의 교점이다.
④ 이동시간과 조정시간을 감안하여 최적 C/R비를 구할 수 있다.

해설 C/R비(또는 C/D비)가 작을수록 이동시간은 짧고, 조종은 어려워서 민감한 조정장치이다.

57 인체계측자료의 응용원칙이 아닌 것은?

① 기존 동일 제품을 기준으로 한 설계
② 최대치수와 최소치수를 기준으로 한 설계
③ 조절범위를 기준으로 한 설계
④ 평균치를 기준으로 한 설계

해설 인간계측자료의 응용원칙
㉮ 최대치수와 최소치수 : 최대치수 또는 최소치수를 기준으로 하여 설계한다(극단에 속하는 사람을 위한 설계).
㉯ 조절범위(조절식) : 체격이 다른 여러 사람에게 맞도록 만드는 것이다(조정할 수 있도록 범위를 두는 설계).
㉰ 평균치 기준 : 최대치수나 최소치수, 조절식으로 하기가 곤란할 때 평균치를 기준으로 하여 설계한다(평균적인 사람을 위한 설계).

58 "표시장치와 이에 대응하는 조종장치 간의 위치 또는 배열이 인간의 기대와 모순되지 않아야 한다."는 인간공학적 설계원리와 가장 관계가 깊은 것은?

① 개념양립성   ② 운동양립성
③ 문화양립성   ④ 공간양립성

해설 양립성(compatibility)
정보입력 및 처리와 관련한 양립성은 인간의 기대와 모순되지 않는 자극들 간, 반응들 간 또는 자극반응조합의 관계를 말하는 것으로, 다음의 3가지가 있다.

㉮ 공간적 양립성 : 표시장치와 조종장치에서 물리적 형태나 공간적인 배치의 양립성
㉯ 운동 양립성 : 표시 및 조종장치, 체계반응에 대한 운동방향의 양립성
㉰ 개념적 양립성 : 사람들이 가지고 있는 개념적 연상(어떤 암호체계에서 청색이 정상을 나타내듯이)의 양립성

59 Chapanis가 정의한 위험의 확률수준과 그에 따른 위험발생률로 옳은 것은?

① 전혀 발생하지 않는(impossible) 발생빈도 : 10^{-8}/day
② 극히 발생할 것 같지 않은(extremely unlikely) 발생빈도 : 10^{-7}/day
③ 거의 발생하지 않는(remote) 발생빈도 : 10^{-6}/day
④ 가끔 발생하는(occasional) 발생빈도 : 10^{-5}/day

해설 확률수준과 그에 따른 위험발생률

확률수준	위험발생률
자주 발생하는(frequent) 발생빈도	10^{-2}/day
보통 발생하는(reasonably probable) 발생빈도	10^{-3}/day
가끔 발생하는(occasional) 발생빈도	10^{-4}/day
거의 발생하지 않는(remote) 발생빈도	10^{-5}/day
극히 발생하지 않을 것 같은(extremely unlikely) 발생빈도	10^{-6}/day
발생이 불가능한(impossible) 발생빈도	10^{-8}/day

60 근골격계질환 작업분석 및 평가 방법인 OWAS의 평가요소를 모두 고른 것은?

ⓐ 상지   ⓑ 무게(하중)
ⓒ 하지   ⓓ 허리

① ⓐ, ⓑ
② ⓐ, ⓒ, ⓓ
③ ⓑ, ⓒ, ⓓ
④ ⓐ, ⓑ, ⓒ, ⓓ

해설 OWAS는 철강업에서 작업자들의 부적절한 작업자세를 정의하고 평가하기 위해 개발한 대표적인 작업자세 평가기법으로, OWAS의 평가요소에는 허리, 팔(상지), 다리(하지), 하중이 있다.

≫ 제4과목   건설시공학

61 콘크리트용 골재에 대한 설명 중 옳지 않은 것은?

① 골재는 청정, 견경, 내구성 및 내화성이 있어야 한다.
② 골재에 포함된 부식토, 석탄 등의 유기물은 콘크리트의 경화를 촉진하여 혼화재 대용으로 사용할 수 있다.
③ 골재의 입형은 편평, 세장하지 않은 구형의 입상이 좋다.
④ 골재의 강도는 콘크리트 중에 경화한 모르타르의 강도 이상이 요구된다.

해설 골재가 갖추어야 할 조건
㉮ 쇄석일 경우는 둔각이고, 실적률이 55% 이상인 것이 좋다(모래 실적률 : 55~70%, 자갈 실적률 : 60~65%, 쇄석 실적률 : 55~63%).
㉯ 편평하고 가는 것은 안 되고, 구(球)에 가까울수록 좋다.
㉰ 골재의 강도는 콘크리트 중의 경화한 페이스트의 강도 이상의 것으로 한다.
㉱ 흡수율은 잔골재에서 1~3%이고, 굵은 골재에서 0.5~1.5%이다.
㉲ 점토분의 양을 모래에서는 1.0% 이하, 자갈에서는 0.25% 이하로 한다.
㉳ 모래는 유기 불순물 시험을 행하여 표준색보다 진한 것은 사용하지 않는다.
㉴ 모래 중량의 0.04% 이상의 염분(NaCl)이 포함되어서는 안 된다.
㉵ 골재 씻기 시험에서 소실량은 모래에서 2~3% 이하, 자갈에서 1% 이하로 한다.

62 슬래브에서 4번 고정인 경우 철근 배근을 가장 많이 하여야 하는 부분은?

① 단변 방향의 주간대
② 단변 방향의 주열대
③ 장변 방향의 주간대
④ 장변 방향의 주열대

해설 슬래브 철근 배근을 많이 하는 순서
단변 주열대 > 단변 주간대 > 장변 주열대 > 장변 주간대

63 벽돌 벽면에 구멍을 내어 쌓는 방식으로 장식적인 효과를 내는 벽돌쌓기는?

① 영롱쌓기
② 엇모쌓기
③ 세워쌓기
④ 옆세워쌓기

해설
① 영롱쌓기 : 난간벽과 같이 상부 하중을 지지하지 않는 벽에 장식적인 효과를 기대하기 위해 벽체에 구멍을 내어 쌓는 방법
② 엇모쌓기 : 담이나 처마 부분에 45도로 모서리가 나오도록 쌓는 방법
③ 세워쌓기 : 길이면이 보이도록 벽돌 벽면을 수직으로 세워 쌓는 방법
④ 옆세워쌓기 : 마구리면이 내보이도록 벽돌 벽면을 수직으로 쌓는 방법

64 품질관리(TQC)를 위한 7가지 도구 중에서 불량수, 결점수 등 셀 수 있는 데이터를 분류하여 항목별로 나누었을 때, 어디에 집중되어 있는가를 알기 쉽도록 한 그림 또는 표를 무엇이라 하는가?

① 히스토그램   ② 파레토도
③ 체크시트   ④ 산포도

해설
① 히스토그램 : 공사 또는 제품의 품질상태가 만족한 상태에 있는가의 여부를 판단하는 데 사용한다.
② 파레토도 : 불량품, 결점, 고장 등의 발생 건수를 현상과 원인별로 분류하고 문제의 크기 순서로 나열하여 그 크기를 막대 그래프로 표기하며, 크기를 순차적으로 누적하여 절선 그래프로 나타낸 것으로 결함 항목을 집중적으로 감소시키는 데 효과적으로 사용되는 것이다.
③ 체크시트 : 불량수, 결점수 등 셀 수 있는 데이터를 분류하여 항목별로 나누었을 때 어디에 집중되어 있는가를 알기 쉽도록 한 그림 또는 표로 나타낸 것이다.
④ 산포도 : 2가지 데이터의 상호 관계를 알아보기 위해 한쪽을 x축에, 다른 한쪽을 y축에 잡아 측정값을 매긴 것이다. 착륙시간과 두께의 관계, 온도와 수율의 관계 같이 짝으로 된 특성값의 관계를 알아보는 도구이다.

65 유동화 콘크리트를 제조할 때 유동화제를 첨가하기 전 기본 배합 콘크리트인 베이스 콘크리트의 슬럼프 기준은? (단, 일반 콘크리트 기준)

① 150mm 이하   ② 180mm 이하
③ 210mm 이하   ④ 240mm 이하

해설 베이스 콘크리트의 슬럼프값 : 150mm 이하, 표준 100mm

66 다음과 같은 조건의 굴삭기로 2시간 작업할 경우의 작업량은 얼마인가?

- 버킷 용량 : 0.8m³
- 사이클타임 : 40초
- 작업효율 : 0.8
- 굴삭계수 : 0.7
- 굴삭토의 용적변화계수 : 1.1

① 128.5m³   ② 107.7m³
③ 88.7m³   ④ 66.5m³

해설 굴삭기 작업량
$= \dfrac{0.8\text{m}^3}{40\text{sec}} \times 2\text{hr} \times \dfrac{3,600\text{sec}}{1\text{hr}} \times 0.8 \times 0.7 \times 1.1$
$= 88.7\text{m}^3$

67 철골기둥의 이음부분 면을 절삭가공기를 사용하여 마감하고 충분히 밀착시킨 이음에 해당하는 용어는?

① 밀 스케일(mill scale)
② 스캘럽(scallop)
③ 스패터(spatter)
④ 메탈터치(metal touch)

해설
① 밀 스케일 : 800℃ 이상으로 가열·가공하였을 때, 강의 표면에 생성되는 산화물 피막이다. 색조는 흑색 또는 흑갈색이고, 피막은 다공성, 균열 등이 있으며 밀착성이 약하기 때문에, 방식 효과는 없다.
② 스캘럽 : 용접선의 교차를 피하기 위하여 부재(部材)에 파 놓은 부채꼴의 오목하게 들어간 부분이다.
③ 스패터 : 아크 용접, 가스 용접 등에서 용접, 용단(熔斷) 중에 비산하는 슬래그 및 금속 입자를 말한다.
④ 메탈터치 : 기둥의 축력(軸力)이 매우 크고, 인장력이 거의 발생하지 않는 초고층의 하부 기둥 등에 있어서 상하 부재의 접촉면에서 축력을 전달시키는 이음방법이다.

68 직영공사에 관한 설명으로 옳은 것은?

① 직영으로 운영하므로 공사비가 감소된다.
② 의사소통이 원활하므로 공사기간이 단축된다.
③ 특수한 상황에 비교적 신속하게 대처할 수 있다.
④ 입찰이나 계약 등 복잡한 수속이 필요하다.

해설 직영공사
건축주가 공사계획을 세우고 일체의 공사를 건축주 책임으로 시행하는 공사이다.
㉮ 장점
  ㉠ 임기응변으로 처리가 가능하다(특수한 상황에 신속하게 대처).
  ㉡ 입찰이나 계약 등의 복잡한 수속이 필요 없다.
㉯ 단점
  ㉠ 공사기간이 연장되고 공사비가 증대된다.
  ㉡ 시공 및 안전관리 능력이 부족하다.

69 블록의 하루 쌓기 높이는 최대 얼마를 표준으로 하는가?

① 1.5m 이내   ② 1.7m 이내
③ 1.9m 이내   ④ 2.1m 이내

해설 블록의 하루 쌓기 높이는 최대 1.5m 이내로 제한하는데, 이는 붕괴 위험이 있기 때문이다.

70 다음 중 철근의 피복두께 확보 목적이 아닌 것은?

① 내화성 확보
② 내구성 확보
③ 구조내력의 확보
④ 블리딩 현상 방지

정답 65.① 66.③ 67.④ 68.③ 69.① 70.④

해설 **철근의 피복두께**
피복두께란 콘크리트 표면에서 제일 외측에 가까운 철근 표면까지의 거리를 말하며, 철근의 피복두께 계획 시 고려사항(철근 피복의 목적)은 다음과 같다.
㉮ 내화성 확보
㉯ 내구성 확보
㉰ 구조내력 확보
㉱ 시공상 유동성 확보

71 공사관리계약(construction management contract) 방식의 장점이 아닌 것은?

① 시공 시 단계별 시공법을 적용할 수 있어 설계 및 시공기간을 단축시킬 수 있다.
② 설계과정에서 설계가 시공에 미치는 영향을 예측할 수 있어 설계도서의 현실성을 향상시킬 수 있다.
③ 기획 및 설계과정에서 발주자와 설계자 간의 의견대립 없이 설계대안 및 특수공법의 적용이 가능하다.
④ 대리인형 CM(CM for fee) 방식은 공사비와 품질에 직접적인 책임을 지는 공사관리계약방식이다.

해설 **공사관리계약방식**
설계자나 시공자보다 우수한 건설능력을 가진 자가 발주자를 대신하여 공사과정 전반에 걸쳐 설계자·시공자·발주자를 조정하여 합리적인 공사관리를 수행함으로써 발주자의 이익을 증대시키는 통합관리방식이다.
㉮ 장점
  ㉠ 공기가 단축된다.
  ㉡ VE 기법 적용이 가능하다.
  ㉢ 적정 품질이 확보된다.
㉯ 단점
  ㉠ 총 공사비에 대한 발주자의 위험이 증대된다.
  ㉡ CM의 신중한 선택이 필요하다.
  ㉢ CM 수수료를 포함한 총 공사비가 증가한다.

72 흙을 이김에 의해서 약해지는 정도를 나타내는 흙의 성질은?

① 간극비   ② 함수비
③ 예민비   ④ 항복비

해설 **흙의 예민비** : 예민비란 흙의 비빔(이김)으로 인하여 약해지는 정도를 표시한 것

$$예민비 = \frac{자연상태 시료의 강도}{이긴 상태 시료의 강도}$$

73 PERT/CPM의 장점이 아닌 것은?

① 변화에 대한 신속한 대책수립이 가능하다.
② 비용과 관련된 최적안 선택이 가능하다.
③ 작업 선후관계가 명확하고 책임소재 파악이 용이하다.
④ 주공정(critical path)에 의해서만 공기관리가 가능하다.

해설 **PERT(Program Evaluation and Review Technique) 와 CPM(Critical Path Method)의 장점**
㉮ 변화에 대한 신속한 대책수립이 가능하다.
㉯ 비용과 관련된 최적안 선택이 가능하다.
㉰ 작업 선후관계가 명확하고 책임소재 파악이 용이하다.
㉱ 효과적인 예산통제가 가능하다.
㉲ 요소작업 상호간의 관련성이 명확하다.
㉳ 진도관리의 정확화와 관리통제가 강화된다.

74 실비에 제한을 붙이고 시공자에게 제한된 금액 이내에 공사를 완성할 책임을 주는 공사방식은?

① 실비 비율 보수가산식
② 실비 정액 보수가산식
③ 실비 한정비율 보수가산식
④ 실비 준동률 보수가산식

해설 **실비 정산 보수가산도급 계약제도의 종류**
㉮ 실비 비율 보수가산도급 : 사용된 공사 실비와 계약된 비율을 곱한 금액을 지불
㉯ 실비액 보수가산도급 : 실비 여하를 막론하고 미리 계약된 일정 금액을 보수로 지불
㉰ 실비 한정비율 보수가산도급 : 실비에 제한을 두고 시공자가 제한된 실비 내에서 완공하도록 하는 방법
㉱ 실비 준동률 보수가산도급 : 실비를 여러 단계로 분할하여 공사비가 각 단계의 금액보다 증가된 경우 비율 보수 또는 정액 보수를 체감하는 방법

75 철골부재조립 시 구멍의 위치가 다소 다를 때 구멍을 맞추기 위한 작업은?

① 송곳뚫기(drilling)
② 리이밍(reaming)
③ 펀칭(punching)
④ 리벳치기(riveting)

해설 리이밍(reaming)
뚫린 구멍을 리이머로 정밀하게 다듬는 작업 또는 구멍 크기를 넓히는 작업을 말한다.

76 다음 [보기]의 블록쌓기 시공순서로 옳은 것은?

ⓐ 접착면 청소
ⓑ 세로규준틀 설치
ⓒ 규준쌓기
ⓓ 중간부쌓기
ⓔ 줄눈누르기 및 파기
ⓕ 치장줄눈

① ⓐ → ⓓ → ⓑ → ⓒ → ⓕ → ⓔ
② ⓐ → ⓑ → ⓓ → ⓒ → ⓕ → ⓔ
③ ⓐ → ⓒ → ⓑ → ⓓ → ⓔ → ⓕ
④ ⓐ → ⓑ → ⓒ → ⓓ → ⓔ → ⓕ

해설 블록쌓기 시공순서
㉮ 접착면 청소
㉯ 세로규준틀 설치
㉰ 규준쌓기
㉱ 중간부쌓기
㉲ 줄눈누르기 및 파기
㉳ 치장줄눈

77 콘크리트 타설 시 진동기를 사용하는 가장 큰 목적은?

① 콘크리트 타설 시 용이함
② 콘크리트의 응결, 경화 촉진
③ 콘크리트의 밀실화 유지
④ 콘크리트의 재료 분리 촉진

해설 진동기는 콘크리트에 빠른 충격을 주어 콘크리트를 밀실하게 안정시키기 위하여 사용한다.

78 지내력시험을 한 결과 침하곡선이 그림과 같이 항복상황을 나타냈을 때 이 지반의 단기하중에 대한 허용지내력은 얼마인가? (단, 허용지내력은 m²당 하중의 단위를 기준으로 한다.)

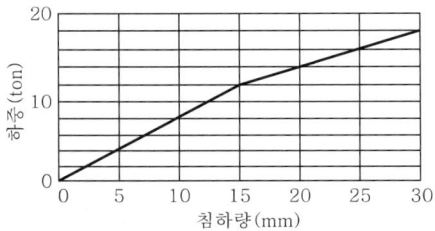

① 6ton/m²
② 7ton/m²
③ 12ton/m²
④ 14ton/m²

해설 단기하중에 대한 허용지내력은 총침하량이 20mm에 도달하였을 때 침하량이 20mm 이하더라도 침하곡선에 항복상황을 나타날 때로 한다.
문제의 그림에서 항복상황을 나타내는 하중은 12ton/m²이며, 바로 단기하중에 대한 허용지내력을 나타내는 것이다.

79 다음 중 공사계약에서 재계약 조건이 아닌 것은?

① 설계도면 및 시방서(specification)의 중대결함 및 오류에 기인한 경우
② 계약상 현장조건 및 시공조건이 상이(difference)한 경우
③ 계약사항에 중대한 변경이 있는 경우
④ 정당한 이유 없이 공사를 착수하지 않은 경우

해설 공사계약 해제의 조건
㉮ 정당한 사유 없이 약정한 착공기일을 경과하고도 공사에 착수하지 아니한 경우
㉯ 책임 있는 사유로 인하여 준공기일 내에 공사를 완성할 가능성이 없음이 명백한 경우
㉰ 계약조건 위반으로 인하여 계약의 목적을 달성할 수 없다고 인정되는 경우

정답 75.② 76.④ 77.③ 78.③ 79.④

80 조적식 구조에서 조적식 구조인 내력벽으로 둘러싸인 부분의 최대 바닥면적은?

① 60m²
② 80m²
③ 100m²
④ 120m²

[해설] 조적식 구조인 내력벽으로 둘러싸인 부분의 최대 바닥면적은 80m²를 넘을 수 없다.

제5과목 건설재료학

81 시멘트의 경화시간을 지연시키는 용도로 일반적으로 사용하고 있는 지연제와 거리가 먼 것은?

① 리그닌설폰산염
② 옥시카르본산
③ 알루민산소다
④ 인산염

[해설] **급결제**
시멘트의 응결시간을 매우 빠르게 하기 위하여 사용되는 혼화제이다. 급결제를 사용하면 콘크리트의 응결이 수십 초 정도로 빨라지며, 1~2일까지 콘크리트의 강도 증진은 매우 크나 장기강도는 일반적으로 느린 경우가 많다. 누수 방지용 시멘트풀, 그라우트에 의한 지수공사, 뿜어붙이기 공사, 주입공사 등에 사용되고 있다. 알루민산소다는 급결제에 속한다.

82 다음 중 건축용 단열재와 거리가 먼 것은?

① 유리면(Glass Wool)
② 암면(Rock Wool)
③ 펄라이트판
④ 테라코타

[해설] 테라코타는 대형의 속이 빈 점토 소성제품으로 단열재로 사용되지 않는다.

83 깬자갈을 사용한 콘크리트가 동일한 시공연도의 보통 콘크리트보다 유리한 점은?

① 시멘트 페이스트와의 부착력 증가
② 수밀성 증가
③ 내구성 증가
④ 단위수량 감소

[해설] 쇄석(깬자갈)은 강자갈에 비하여 표면이 거칠어 시멘트 페이스트와의 부착력이 크기 때문에 강도는 증가한다.

84 강의 가공과 처리에 대한 설명 중 옳지 않은 것은?

① 소정의 성질을 얻기 위해 가열과 냉각을 조합 반복하여 행한 조작을 열처리라고 한다.
② 열처리에는 단조, 불림, 풀림 등의 처리방식이 있다.
③ 압연은 구조용 강재의 가공에 주로 쓰인다.
④ 압출가공은 재료의 움직이는 방향에 따라 전방 압출과 후방 압출로 분류할 수 있다.

[해설] **강의 열처리 방법**
㉮ 풀림(燒鈍, Annealing) : 강을 적당한 온도(800~1,000℃)로 가열한 후에 노(爐) 안에서 천천히 냉각시키는 것이다.
㉯ 불림(燒準, Normalizing) : 800~1,000℃의 온도로 가열한 후에 대기 중에서 냉각시키는 열처리 방법이다.
㉰ 담금질(燒入, Hardening 또는 Quenching) : 강을 가열한 후에 물 또는 기름 속에 투입하여 급랭시키는 열처리 방법이다.
㉱ 뜨임질(燒戾, Tempering) : 담금질한 강에 인성을 주고 내부 잔류응력을 없애기 위해 변태점 이하의 적당한 온도(726℃ 이하 : 제일변태점)에서 가열한 다음에 냉각시키는 열처리 방법이다.

85 목부의 옹이땜, 송진막이, 스밈막이 등에 사용되나 내후성이 약한 도장재는?

① 캐슈
② 워셔프라이머
③ 셸락니스
④ 페인트 시너

[해설] ① 캐슈(Cashew) : 열대성 식물인 옻나무과의 캐슈의 과실 껍질에 함유되어 있는 액을 주원료로 한 유성 도료로 천연산 옻과 비슷한 성질로 합성한 칠 도료가 있다.
② 워셔프라이머 : 폴리비닐부티랄 수지와 인산 등을 주원료로 하여 만든 금속면의 처리제를 겸한 프라이머로서 공사 시방에서 정하는 제품으로 한다. 용도는 시너 금속면의 표면 처리제로 사용
③ 셀락니스 : 용도는 옹이땜, 송진막이, 스밈막이 등에 사용
④ 페인트 시너 : 도료 희석용으로 사용

86 고로 슬래그 분말을 시멘트 혼화재로 사용한 콘크리트의 성질로 틀린 것은?

① 초기 강도는 낮지만 슬래그의 잠재 수경성 때문에 장기강도는 크다.
② 해수, 하수 등의 화학적 침식에 대한 저항성이 크다.
③ 슬래그 수화에 의한 포졸란 반응으로 공극 충전효과 및 알칼리 골재반응 억제효과가 크다.
④ 슬래그를 함유하고 있어 건조수축에 대한 저항성이 크다.

[해설] ④ 슬래그를 함유하고 있어 건조수축에 대한 저항성이 작다.

87 중량 5kg인 목재를 건조시켜 전건 중량이 4kg이 되었다. 건조 전 목재의 함수율은 몇 %인가?

① 20%
② 25%
③ 30%
④ 40%

[해설] 함수율(%) = $\dfrac{W_1 - W_2}{W_2} \times 100$

= $\dfrac{5-4}{4} \times 100 = 25\%$

여기서, W_1 : 목재의 건조 전 질량
W_2 : 건조 후 전건 질량

88 내화벽돌의 내화도 범위로 가장 적절한 것은 어느 것인가?

① 500~1,000℃
② 1,500~2,000℃
③ 2,500~3,000℃
④ 3,500~4,000℃

[해설] **내화벽돌의 내화도**
일반적으로 1,580~2,000℃(SK 26~42)의 범위를 가지며, 내화도에 따라 다음과 같이 나눌 수 있다.
㉮ 저급품 : 1,580~1,650℃(SK 26~29)
㉯ 중급품 : 1,670~1,730℃(SK 30~33)
㉰ 고급품 : 1,750~2,000℃(SK 34~42)

89 경질이고 흡습성이 적은 특성이 있으며 도로나 마룻바닥에 까는 두꺼운 벽돌로서 원료로 연와토 등을 쓰고 식염유로 시유소성한 벽돌은?

① 검정벽돌
② 광재벽돌
③ 날벽돌
④ 포도벽돌

[해설] **포도벽돌**
경질이고 흡습성이 적은 특성이 있으며 도로나 마룻바닥에 까는 두꺼운 벽돌로서 원료로 연와토 등을 쓰고 식염유로 시유소성한 벽돌이다. 기계적 강도, 특히 내마모성이 큰 것을 필요로 하는 성질을 가지며, 흡수율이 작고, 내산성 · 내알칼리성이 작은 것도 필요하다. 교통량에 따라 강도가 다른 것을 채용하는 것이 적당하다.

90 다음 중 각 미장재료에 관한 설명으로 옳지 않은 것은?

① 생석회에 물을 첨가하면 소석회가 된다.
② 돌로마이트 플라스터는 응결시간이 짧으므로 지연제를 첨가한다.
③ 회반죽은 소석회에 모래, 해초풀, 여물 등을 혼합한 것이다.
④ 반수석고는 가수 후 20~30분에 급속 경화한다.

정답 86.④ 87.② 88.② 89.④ 90.②

[해설] **돌로마이트 플라스터**
㉮ 돌로마이트 석회(마그네시아 석회)에 모래와 여물, 그리고 필요한 경우에는 시멘트를 혼합하여 반죽한 바름 재료이다.
㉯ 미장재료 중 점도가 가장 크고 풀이 필요 없으며 변색, 냄새, 곰팡이가 없고 응결시간이 길어 바르기도 좋다.
㉰ 회반죽에 비해 강도가 높다.
㉱ 건조경화 시에 수축률이 커서 균열이 생기기 쉽고 물에 약한 것이 단점이다.

91 콘크리트의 성질을 개선하기 위해 사용하는 각종 혼화재의 작용이 아닌 것은?

① 기포작용　　② 분산작용
③ 건조작용　　④ 습윤작용

[해설] **혼화재**
시멘트·물·골재 이외의 재료로서 비빔 시에 필요에 따라 모르타르나 콘크리트에 혼화재료로 첨가하는 재료를 말하며, 굳지 않은 콘크리트나 경화한 콘크리트의 성질을 개선·향상시킬 목적으로 사용된다. 혼화재는 건조작용을 느리게 할 때 사용되므로 건조작용은 혼화재의 작용에 포함되지 않는다.

92 부재 혹은 구조물의 치수가 커서 시멘트의 수화열에 의한 온도 상승 및 강하를 고려하여 설계·시공해야 하는 콘크리트를 무엇이라 하는가?

① 매스콘크리트
② 한중콘크리트
③ 고강도콘크리트
④ 수밀콘크리트

[해설] **매스콘크리트**
㉮ 정의 : 부재 또는 구조물의 치수가 커서 시멘트의 수화열에 의한 온도의 상승을 고려하여 시공한 콘크리트를 말한다.
㉯ 매스콘크리트의 균열방지 또는 감소대책
　㉠ 중용열 포틀랜드 시멘트를 사용한다.
　㉡ 슬럼프값은 될 수 있는 한 작게 한다.
　㉢ 혼화제로는 장기 강도를 크게 하기 위하여 플라이애시나 포졸란 등을 사용한다.
　㉣ 단위시멘트량을 감소시킨다.

93 진주석 등을 800~1,200℃로 가열 팽창시킨 구상입자 제품으로 단열, 흡음, 보온 목적으로 사용되는 것은?

① 암면 보온판
② 유리면 보온판
③ 카세인
④ 펄라이트 보온재

[해설] 펄라이트(perlite) : 진주석, 흑요석, 송지석 등을 분쇄하여 입상으로 된 것을 800~1,200℃로 가열 팽창시킨 구상입자 제품으로 단열, 흡음, 보온 목적으로 사용된다.

94 경질섬유판(hard fiber board)에 관한 설명으로 옳은 것은?

① 밀도가 0.3g/cm^3 정도이다.
② 소프트텍스라고도 불리며 수장판으로 사용된다.
③ 소판이나 소각재의 부산물 등을 이용하여 접착, 접합에 의해 소요 형상의 인공목재를 제조할 수 있다.
④ 펄프를 접착제로 제판하여 양면을 열압 건조시킨 것이다.

[해설] **경질섬유판**
㉮ 밀도가 0.8g/cm^3 이상이다.
㉯ 하드텍스라고도 불리며 내장재, 가구재, 창호재에 사용된다.
㉰ 가로·세로의 신축이 거의 같으므로 비틀림이 작다.
㉱ 목재펄프의 접착제를 사용, 열압, 건조, 제판한 것이다.
㉲ 본뜨기, 구부림, 구멍뚫기 등의 2차 가공이 용이하다.

95 다음 중 무기질 단열재에 해당하는 것은?

① 발포폴리스티렌 보온재
② 셀룰로스 보온재
③ 규산칼슘판
④ 경질폴리우레탄폼

91.③　92.①　93.④　94.④　95.③

[해설] **무기질 단열재의 종류**
㉮ 유리질 단열재 : 유리면
㉯ 광물질 단열재 : 석면, 암면, 펄라이트 등
㉰ 금속질 단열재 : 규산질, 알루미나질, 마그네시아질 등으로 고온용 내화 단열재로 사용
㉱ 탄소질 단열재 : 탄소질 섬유, 탄소분말 등으로 성형

96 통풍이 좋지 않은 지하실에 사용하는 데 가장 적합한 미장재료는?

① 시멘트 모르타르
② 회사벽
③ 회반죽
④ 돌로마이트 플라스터

[해설] ① 시멘트 모르타르 : 시멘트와 모래를 배합해서 물로 갠 것을 통풍이 좋지 않은 지하실에 사용한다.
② 회사벽 : 석회죽(lime cream)에 모래를 넣어서 반죽한 것을 회사벽이라고 하며, 필요에 따라서는 시멘트 또는 여물을 혼입하기도 한다.
③ 회반죽 : 소석회에 모래, 해초풀, 여물 등을 혼합하여 바르는 미장재료로서 목조 바탕, 콘크리트 블록 및 벽돌 바탕 등에 사용한다.
④ 돌로마이트 플라스터 : 풀 또는 여물을 사용하지 않고 물로 연화하여 사용하는 것으로, 공기 중의 탄산가스와 결합하여 경화하는 미장재료로 벽면 또는 천장면에 흙손바름 마감하는 공사 등에 사용한다.

97 경질 우레탄폼 단열재에 관한 설명으로 옳지 않은 것은?

① 규격은 한국산업표준(KS)에 규정되어 있다.
② 공사현장에서 발포시공이 가능하다.
③ 사용시간이 경과함에 따라 부피가 팽창하는 결점이 있다.
④ 초저온장치용 보냉재로 사용된다.

[해설] **경질 우레탄폼**
㉮ 규격은 한국산업표준(KS)에 규정되어 있다.
㉯ 공사현장에서 발포시공이 가능하다.
㉰ 사용시간이 경과함에 따라 부피가 수축 및 팽창하지 않는다.
㉱ 초저온장치용 보냉재로 사용된다.

㉲ 단열성은 현재까지 알려진 실용적인 소재 중 단열성이 가장 우수하다.
㉳ 압축강도 및 전단강도 등 기계적 강도가 우수하다.
㉴ −200~150℃ 범위에 안정적이며, 복합재를 이용하여 200℃ 이상도 적용될 수 있다.
㉵ 물에 대한 흡수력이 낮고, 물에 뜨는 자기 부력성을 갖는다.

98 굵은 골재의 단위용적중량이 1.7kg/L, 절건밀도가 2.65g/cm³일 때, 이 골재의 공극률은?

① 25%
② 28%
③ 36%
④ 42%

[해설] 공극률$(V) = \left(1 - \dfrac{W}{P}\right) \times 100\%$
$= \left(1 - \dfrac{1.7}{2.65}\right) \times 100$
$= 35.85\%$
여기서, W : 골재의 단위용적중량(kg/L)
P : 골재의 비중

99 고강도 강선을 사용하여 인장응력을 미리 부여함으로써 큰 응력을 받을 수 있도록 제작된 것은?

① 매스 콘크리트
② 프리플레이스트 콘크리트
③ 프리스트레스트 콘크리트
④ AE 콘크리트

[해설] ① 매스 콘크리트 : 부재 혹은 구조물의 치수가 커서 시멘트의 수화열에 의한 온도 상승 및 강하를 고려하여 설계·시공해야 하는 콘크리트
② 프리플레이스트 콘크리트 : 굵은 골재를 거푸집 속에 미리 넣어두고 후에 파이프를 통해서 모르타르를 압입하여 타설한 콘크리트
③ 프리스트레스트 콘크리트 : 외부하중이 가해지기 이전에 미리 부재 내에 응력을 가해 긴장시킴으로써 외부하중에 의해 생기는 인장응력의 일부를 없앤 콘크리트
④ AE 콘크리트 : AE제를 사용하여 콘크리트 속에 미세한 공기를 섞어 성질을 개선한 콘크리트

100 아스팔트 침입도 시험에 있어서 아스팔트의 온도는 약 몇 ℃를 기준으로 하는가?

① 15℃ ② 25℃
③ 35℃ ④ 45℃

해설 침입도
시험기를 사용하여 침(針)이 25℃로 일정한 조건에서 시료에 침입되는 깊이로서 나타내는데, 침입도가 적을수록 경질이다(100g의 추를 5초 동안 바늘을 누를 때 관입한 양이 0.1mm일 때 침입도 1이라 한다).

≫ 제6과목 건설안전기술

101 다음은 달비계 또는 높이 5m 이상의 비계를 조립·해체하거나 변경하는 작업을 하는 경우에 대한 내용이다. ( )에 알맞은 숫자는?

> 비계 재료의 연결·해체 작업을 하는 경우에는 폭 ( )cm 이상의 발판을 설치하고 근로자로 하여금 안전대를 사용하도록 하는 등 추락을 방지하기 위한 조치를 할 것

① 15 ② 20
③ 25 ④ 30

해설 비계 재료의 연결·해체 작업을 하는 경우에는 폭 20cm 이상의 발판을 설치하고 근로자로 하여금 안전대를 사용하도록 하는 등 추락을 방지하기 위한 조치를 할 것

102 작업장으로 통하는 장소 또는 작업장 내에 근로자가 사용할 통로 설치에 대한 준수사항 중 다음 ( ) 안에 알맞은 숫자는?

> • 통로의 주요 부분에는 통로 표시를 하고, 근로자가 안전하게 통행할 수 있도록 하여야 한다.
> • 통로면으로부터 높이 ( )m 이내에는 장애물이 없도록 하여야 한다.

① 2 ② 3
③ 4 ④ 5

해설 통로면으로부터 높이 2m 이내에는 장애물이 없도록 한다.

103 히빙(Heaving) 현상 방지대책으로 옳지 않은 것은?

① 흙막이 벽체의 근입 깊이를 깊게 한다.
② 흙막이 벽체 배면의 지반을 개량하여 흙의 전단강도를 높인다.
③ 부풀어 솟아오르는 바닥면의 토사를 제거한다.
④ 소단을 두면서 굴착한다.

해설 히빙(Heaving)
히빙이란 굴착이 진행됨에 따라 흙막이벽 뒤쪽 흙의 중량이 굴착부 바닥의 지지력 이상이 되면 흙막이벽 근입(根入) 부분의 지반 이동이 발생하여 굴착부 저면이 솟아오르는 현상이다. 이 현상이 발생하면 흙막이벽의 근입 부분이 파괴되면서 흙막이벽 전체가 붕괴되는 경우가 많다.
㉮ 지반조건 : 연약성 점토지반인 경우
㉯ 현상 : 지보공 파괴, 배면 토사 붕괴, 굴착 저면의 솟아오름
㉰ 대책
　㉠ 굴착 주변의 상재하중을 제거한다.
　㉡ 시트 파일(Sheet Pile) 등의 근입심도를 검토한다.
　㉢ 1.3m 이하 굴착 시에는 버팀대(Strut)를 설치한다.
　㉣ 버팀대, 브래킷, 흙막이를 점검한다.
　㉤ 굴착 주변을 웰 포인트(Well Point) 공법과 병행한다.
　㉥ 굴착방식을 개선(Island Cut 공법 등)한다.

104 유해·위험방지계획서의 첨부서류에 해당되지 않는 항목은?

① 공사 개요서
② 재해 발생 위험 시 연락 및 대피방법
③ 산업안전보건관리비 사용 계획
④ 안전보건건강진단 실시 계획

해설 건설공사 시 유해·위험방지계획서의 첨부서류
㉮ 공사 개요서
㉯ 공사 현장의 주변 현황 및 주변과의 관계를 나타내는 도면
㉰ 건설물, 사용 기계설비 등의 배치를 나타내는 도면
㉱ 전체 공정표
㉲ 산업안전보건관리비 사용 계획
㉳ 안전관리 조직표
㉴ 재해 발생 위험 시 연락 및 대피방법

105 토석 붕괴의 원인 중 외적 원인에 해당되지 않는 것은?

① 토석의 강도 저하
② 작업진동 및 반복하중의 증가
③ 사면, 법면의 경사 및 기울기의 증가
④ 절토 및 성토 높이의 증가

해설 토석 붕괴의 원인
㉮ 외적 원인
  ㉠ 사면, 법면의 경사 및 기울기의 증가
  ㉡ 절토 및 성토 높이의 증가
  ㉢ 공사에 의한 진동 및 반복하중의 증가
  ㉣ 지표수 및 지하수의 침투에 의한 토사 중량의 증가
  ㉤ 지진, 차량, 구조물의 하중작용
  ㉥ 토사 및 암석의 혼합층 두께
㉯ 내적 원인
  ㉠ 절토 사면의 토질·암질
  ㉡ 성토 사면의 토질 구성 및 분포
  ㉢ 토석의 강도 저하

106 연약지반의 침하로 인한 문제를 예방하기 위한 점토질 지반의 개량공법에 해당되지 않는 것은?

① 생석회 말뚝공법
② 페이퍼 드레인 공법
③ 진동다짐 공법
④ 샌드 드레인 공법

해설 점토지반의 지반개량공법
㉮ 생석회 공법
㉯ 페이퍼 드레인 머신 공법
㉰ 샌드 드레인 공법
㉱ 치환공법
㉲ 압밀공법
㉳ 여성토(Preloading) 공법 및 조립 등의 작업에만 사용할 수 있다.

107 흙막이 가시설 공사 시 사용되는 각 계측기의 설치 목적으로 옳지 않은 것은?

① 지표침하계 – 지표면 침하량 측정
② 수위계 – 지반 내 지하수위의 변화 측정
③ 하중계 – 상부 적재하중 변화 측정
④ 지중경사계 – 지중의 수평 변위량 측정

해설 ① 지표침하계 : 토류벽 배면에 설치하여 지표면의 침하량 절대치의 변화를 측정
② 지하수위계 : 토류벽 배면지반에 설치하여 지하수의 변화를 측정
③ 하중계(Load Cell) : 버팀보(지주) 또는 어스앵커(Earth Anchor) 등의 실제 축하중 변화상태를 측정
④ 지중경사계 – 지중의 수평 변위량 측정

108 흙의 특성으로 옳지 않은 것은?

① 흙은 선형재료이며, 응력–변형률 관계가 일정하게 정의된다.
② 흙의 성질은 본질적으로 비균질, 비등방성이다.
③ 흙의 거동은 연약지반에 하중이 작용하면 시간의 변화에 따라 압밀침하가 발생한다.
④ 점토 대상이 되는 흙은 지표면 밑에 있기 때문에 지반의 구성과 공학적 성질은 시추를 통해서 자세히 판명된다.

해설 흙은 비탄성체이므로 선형재료가 아니다.

109 항타기 또는 항발기의 권상장치 드럼축과 권상장치로부터 첫 번째 도르래의 축 간의 거리는 권상장치 드럼폭의 몇 배 이상으로 하여야 하는가?

① 5배
② 8배
③ 10배
④ 15배

해설 도르래의 부착 등
㉮ 항타기 또는 항발기의 권상장치의 드럼축과 권상장치로부터 첫 번째 도르래의 축과의 거리를 권상장치 드럼폭의 15배 이상으로 하여야 한다.
㉯ 도르래 권상장치의 드럼의 중심을 지나야 하며, 축과 수직면상에 있어야 한다.
※ 위 규정은 항타기 또는 항발기의 구조상 권상용 와이어 로프가 꼬일 우려가 없는 때에는 이를 적용하지 아니한다.

정답 105.① 106.③ 107.③ 108.① 109.④

110 안전난간대에 폭목(Toe Board)을 대는 이유는?

① 작업자의 손을 보호하기 위하여
② 작업자의 작업능률을 높이기 위하여
③ 안전난간대의 강도를 높이기 위하여
④ 공구 등 물체가 작업발판에서 지상으로 낙하되지 않도록 하기 위하여

해설 폭목(Toe Board, 발끝막이판)
공구 등 물체가 작업발판에서 지상으로 낙하되지 않도록 하기 위하여 높이 10cm 이상 높이로 설치한다.

111 터널공사에서 발파작업 시 안전대책으로 틀린 것은?

① 발파 전 도화선 연결상태, 저항치 조사 등의 목적으로 도통시험 실시 및 발파기의 작동상태를 사전에 점검
② 동력선은 발원점으로부터 최소 15m 이상 후방으로 옮길 것
③ 지질, 암의 절리 등에 따라 화약량 검토 및 시방기준과 대비하여 안전조치 실시
④ 발파용 점화회선은 타동력선 및 조명회선과 한 곳으로 통합하여 관리

해설 발파용 점화회선은 타동력선 및 조명회선과 분리하여 관리한다.

112 달비계(곤돌라의 달비계는 제외)의 최대적재하중을 정할 때 사용하는 안전계수의 기준으로 옳은 것은?

① 달기체인의 안전계수는 10 이상
② 달기강대와 달비계의 하부 및 상부 지점의 안전계수는 목재의 경우 2.5 이상
③ 달기와이어로프의 안전계수는 5 이상
④ 달기강선의 안전계수는 10 이상

해설 달비계(곤돌라의 달비계는 제외)를 작업발판으로 사용할 때 최대적재하중을 정함에 있어서의 안전계수는 다음과 같다.

$$\text{안전계수} = \frac{\text{절단하중}}{\text{최대사용하중}}$$

㉮ 달기와이어로프 및 달기강선의 안전계수 : 10 이상
㉯ 달기체인 및 달기훅의 안전계수 : 5 이상
㉰ 달기강대와 달비계의 하부 및 상부 지점의 안전계수
　㉠ 강재의 경우 2.5 이상
　㉡ 목재의 경우 5 이상

113 유해위험방지계획서를 제출해야 할 대상 공사의 조건으로 옳지 않은 것은?

① 터널 건설 등의 공사
② 최대지간길이가 50m 이상인 다리의 건설 등 공사
③ 다목적댐·발전용댐 및 저수용량 2천만톤 이상의 용수 전용댐, 지방상수도 전용댐 건설 등의 공사
④ 깊이가 5m 이상인 굴착공사

해설 건설업 중 유해위험방지계획서 제출대상 사업장
㉮ 다음의 어느 하나에 해당하는 건축물 또는 시설 등의 건설·개조 또는 해체 공사
　㉠ 지상높이가 31m 이상인 건축물 또는 인공구조물
　㉡ 연면적 3만m² 이상인 건축물
　㉢ 연면적 5천m² 이상인 시설로서 다음의 어느 하나에 해당하는 시설
　　- 문화 및 집회시설(전시장 및 동물원·식물원은 제외)
　　- 판매시설, 운수시설(고속철도의 역사 및 집배송시설은 제외)
　　- 종교시설
　　- 의료시설 중 종합병원
　　- 숙박시설 중 관광숙박시설
　　- 지하도상가
　　- 냉동·냉장 창고시설
㉯ 연면적 5천m² 이상의 냉동·냉장 창고시설의 설비공사 및 단열공사
㉰ 최대지간길이(다리의 기둥과 기둥의 중심 사이의 거리)가 50m 이상인 다리의 건설 등 공사
㉱ 터널의 건설 등 공사
㉲ 다목적댐·발전용 댐 및 저수용량 2천만톤 이상의 용수 전용댐·지방상수도 전용댐 건설 등 공사
㉳ 깊이 10m 이상인 굴착공사

114 로드(rod)·유압 잭(jack) 등을 이용하여 거푸집을 연속적으로 이동시키면서 콘크리트를 타설할 때 사용되는 것으로 silo 공사 등에 적합한 거푸집은?

① 메탈폼
② 슬라이딩폼
③ 워플폼
④ 페코빔

해설 **슬라이딩 폼(sliding form)**
원형 철판 거푸집을 요크(york)로 서서히 끌어올리면서 연속적으로 콘크리트를 타설하는 수직활동 거푸집으로, 사일로, 굴뚝 등에 사용한다.

115 터널 지보공을 조립하거나 변경하는 경우에 조치하여야 하는 사항으로 옳지 않은 것은?

① 목재의 터널 지보공은 그 터널 지보공의 각 부재에 작용하는 긴압 정도를 체크하여 그 정도가 최대한 차이나도록 한다.
② 강(鋼)아치 지보공의 조립은 연결볼트 및 띠장 등을 사용하여 주재 상호간을 튼튼하게 연결할 것
③ 기둥에는 침하를 방지하기 위하여 받침목을 사용하는 등의 조치를 할 것
④ 주재(主材)를 구성하는 1세트의 부재는 동일 평면 내에 배치할 것

해설 **터널 지보공의 조립 또는 변경 시 조치**
㉮ 주재(主材)를 구성하는 1세트의 부재는 동일 평면 내에 배치할 것
㉯ 목재의 터널 지보공은 그 터널 지보공의 각 부재의 긴압 정도가 균등하게 되도록 할 것
㉰ 기둥에는 침하를 방지하기 위하여 받침목을 사용하는 등의 조치를 할 것
㉱ 강(鋼)아치 지보공의 조립은 다음의 사항을 따를 것
  ㉠ 조립간격은 조립도에 따를 것
  ㉡ 주재가 아치작용을 충분히 할 수 있도록 쐐기를 박는 등 필요한 조치를 할 것
  ㉢ 연결볼트 및 띠장 등을 사용하여 주재 상호간을 튼튼하게 연결할 것
㉣ 터널 등의 출입구 부분에는 받침대를 설치할 것
㉤ 낙하물이 근로자에게 위험을 미칠 우려가 있는 경우에는 널판 등을 설치할 것
㉲ 목재 지주식 지보공은 다음의 사항을 따를 것
  ㉠ 주기둥은 변위를 방지하기 위하여 쐐기 등을 사용하여 지반에 고정시킬 것
  ㉡ 양끝에는 받침대를 설치할 것
  ㉢ 터널 등의 목재 지주식 지보공에 세로방향의 하중이 걸림으로써 넘어지거나 비틀어질 우려가 있는 경우에는 양끝 외의 부분에도 받침대를 설치할 것
  ㉣ 부재의 접속부는 꺾쇠 등으로 고정시킬 것
㉳ 강아치 지보공 및 목재 지주식 지보공 외의 터널 지보공에 대해서는 터널 등의 출입구 부분에 받침대를 설치할 것

116 굴착기계의 운행 시 안전대책으로 옳지 않은 것은?

① 버킷에 사람의 탑승을 허용해서는 안 된다.
② 운전반경 내에 사람이 있을 때 회전은 10rpm 정도의 느린 속도로 하여야 한다.
③ 장비의 주차 시 경사지나 굴착작업장으로부터 충분히 이격시켜 주차한다.
④ 전선이나 구조물 등에 인접하여 붐을 선회해야 할 작업에는 사전에 회전반경, 높이제한 등 방호조치를 강구한다.

해설 ② 운전반경 내에 사람이 있을 때는 운전을 중지하여야 한다.

117 굴착공사에서 비탈면 또는 비탈면 하단을 성토하여 붕괴를 방지하는 공법은?

① 배수공
② 배토공
③ 공작물에 의한 방지공
④ 압성토공

해설 ④ 압성토공 : 산사태가 우려되는 자연사면의 하단부에 토사를 성토하여 활동력을 감소시켜 주는 공법

118 항타기 또는 항발기의 권상용 와이어로프의 절단하중이 100ton일 때 와이어로프에 걸리는 최대하중을 얼마까지 할 수 있는가?

① 20ton ② 33.3ton
③ 40ton ④ 50ton

해설 항타기·항발기의 권상용 와이어로프의 안전계수 : 5 이상

$$안전계수 = \frac{절단하중}{최대사용하중}$$

$$\therefore 최대사용하중 = \frac{절단하중}{안전계수} = \frac{100}{5} = 20$$

119 지하수위 상승으로 포화된 사질토 지반의 액상화 현상을 방지하기 위한 가장 직접적이고 효과적인 대책은?

① Well point 공법 적용
② 동다짐 공법 적용
③ 입도가 불량한 재료를 입도가 양호한 재료로 치환
④ 밀도를 증가시켜 한계 간극비 이하로 상대밀도를 유지하는 방법 강구

해설 웰포인트 공법(well point method)
주로 모래질 지반에 유효한 배수공법의 하나이다. 웰포인트라는 양수관을 다수 박아 넣고, 상부를 연결하여 진공펌프와 와권(渦卷)펌프를 조합시킨 펌프에 의해 지하수를 강제 배수한다. 중력 배수가 유효하지 않은 경우에 널리 쓰이는데, 1단의 양정이 7m 정도까지이므로 깊은 굴착에는 여러 단의 웰포인트가 필요하게 된다.

120 이동식 비계를 조립하여 작업을 하는 경우의 준수기준으로 옳지 않은 것은?

① 비계의 최상부에서 작업을 할 때에는 안전난간을 설치하여야 한다.
② 작업발판의 최대적재하중은 400kg을 초과하지 않도록 한다.
③ 승강용 사다리는 견고하게 설치하여야 한다.
④ 작업발판은 항상 수평을 유지하고 작업발판 위에서 안전난간을 딛고 작업을 하거나 받침대 또는 사다리를 사용하여 작업하지 않도록 한다.

해설 이동식 비계 조립 및 사용 시 준수사항
㉮ 이동식 비계의 바퀴에는 뜻밖의 갑작스러운 이동 또는 전도를 방지하기 위하여 브레이크·쐐기 등으로 바퀴를 고정시킨 다음, 비계의 일부를 견고한 시설물에 고정하거나 아웃트리거(outrigger)를 설치하는 등 필요한 조치를 할 것
㉯ 승강용 사다리는 견고하게 설치할 것
㉰ 비계의 최상부에서 작업을 하는 경우에는 안전난간을 설치할 것
㉱ 작업발판은 항상 수평을 유지하고 작업발판 위에서 안전난간을 딛고 작업을 하거나 받침대 또는 사다리를 사용하여 작업하지 않도록 할 것
㉲ 작업발판의 최대 적재하중은 250kg을 초과하지 않도록 할 것

길을 가다가 돌이 나타나면
약자는 그것을 걸림돌이라고 말하고,
강자는 그것을 디딤돌이라고 말한다.
-토마스 칼라일(Thomas Carlyle)-
☆
같은 돌이지만 바라보는 시각에 따라 그리고 마음가짐에 따라
걸림돌이 되기도 하고 디딤돌이 되기도 합니다.
자기에게 주어진 상황을 활용할 줄 아는 자만이
성공의 문에 도달할 수 있습니다. ^^

제1회 건설안전기사 2025

CBT 복원문제 | 2025. 2. 7. 시행

※ 2026년부터 기존 1·2과목(40문항)이 1과목(20문항)으로 통합하여 시행됩니다.

≫ 제1과목 산업안전관리론

01 A사업장에서는 산업재해로 인한 인적·물적 손실을 줄이기 위하여 안전행동 실천운동(5C 운동)을 실시하고자 한다. 다음 중 5C 운동에 해당하지 않는 것은?

① Control
② Correctness
③ Cleaning
④ Checking

해설 5C 운동(안전행동 실천운동)
㉮ Correctness : 복장 단정
㉯ Clearance : 정리정돈
㉰ Cleaning : 청소·청결
㉱ Checking : 점검·확인
㉲ Concentration : 전심전력

02 안전관리조직 중 Line – Staff 조직의 단점에 해당되는 것은?

① 안전 정보가 불충분하다.
② 생산 부문은 안전에 대한 책임과 권한이 없다.
③ 명령 계통과 조언권고적 참여가 혼동되기 쉽다.
④ 생산 부문에 협력하여 안전명령을 전달, 실시하여 안전과 생산을 별도로 취급하기 쉽다.

해설 Line – Staff 혼합형
Line형과 Staff형의 장점을 취한 절충식 조직형태로 안전 업무를 전문으로 담당하는 Staff 부분을 두고 생산 Line의 각 층에도 겸임 또는 전임의 안전담당자를 두어서 안전대책은 Staff 부분에서 기획하고, 이것을 Line을 통해서 실시하도록 한 조직방식이다.

㉮ 장점
 ㉠ 안전 전문가에 의해 입안된 것을 경영자의 지침으로 명령하여 실시하게 함으로써 정확하고 신속하다.
 ㉡ 안전입안계획 평가조사는 스태프에서 실천되고 생산기술의 안전대책은 라인에서 실천된다.
 ㉢ 안전활동이 생산과 떨어지지 않으므로 운용이 적절하면 이상적이다.
 ㉣ 조직원 전원을 자율적으로 안전활동에 참여시킬 수 있다.
㉯ 단점
 ㉠ 명령 계통과 조언권고적 참여가 혼동되기 쉽다.
 ㉡ 스태프의 월권 행위 우려가 있다.
 ㉢ 라인의 스태프에 의존하거나 활용하지 않는 경우도 있다.

03 사고 예방대책의 기본원리 중 시정책의 선정에 관한 사항으로 적절하지 않은 것은?

① 기술적 개선
② 사고 조사 및 점검
③ 안전관리 행정업무의 개선
④ 기술교육을 위한 훈련의 개선

해설 ② 사고 조사 및 점검 : 제2단계 – 사실의 발견

04 산업안전보건법령상의 안전보건표지 중 지시표지의 종류가 아닌 것은?

① 안전대 착용
② 귀마개 착용
③ 안전복 착용
④ 안전장갑 착용

해설 지시표지의 종류
㉮ 보안경 착용 ㉯ 방독마스크 착용
㉰ 방진마스크 착용 ㉱ 보안면 착용
㉲ 안전모 착용 ㉳ 귀마개 착용
㉴ 안전화 착용 ㉵ 안전장갑 착용
㉶ 안전복 착용

01.① 02.③ 03.② 04.①

05 산업안전보건법령상 중대재해에 해당되지 않는 것은?

① 사망자가 2명 발생한 재해
② 부상자가 동시에 7명 발생한 재해
③ 직업성 질병자가 동시에 11명 발생한 재해
④ 3개월 이상의 요양이 필요한 부상자가 동시에 3명 발생한 재해

해설 중대재해의 정의
㉮ 사망자가 1명 이상 발생한 재해
㉯ 3개월 이상의 요양이 필요한 부상자가 2명 이상 발생한 재해
㉰ 부상자 또는 직업성 질병자가 동시에 10명 이상 발생한 재해

06 500명의 상시근로자가 있는 사업장에서 1년간 발생한 근로손실일수가 1,200일이고, 이 사업장의 도수율이 9일 때, 종합재해지수(FSI)는 얼마인가? (단, 근로자는 1일 8시간씩 연간 300일을 근무하였다.)

① 2.0 ② 2.5
③ 2.7 ④ 3.0

해설 $FSI = \sqrt{도수율 \times 강도율}$
$= \sqrt{9 \times \left(\dfrac{1,200}{500 \times 8 \times 300} \times 1,000\right)}$
$= 3.0$

07 다음과 같은 재해사례의 분석내용으로 옳은 것은?

> 작업자가 벽돌을 손으로 운반하던 중 떨어뜨려 벽돌이 발등에 부딪쳐 발을 다쳤다.

① 사고유형 : 낙하, 기인물 : 벽돌, 가해물 : 벽돌
② 사고유형 : 충돌, 기인물 : 손, 가해물 : 벽돌
③ 사고유형 : 비래, 기인물 : 사람, 가해물 : 벽돌
④ 사고유형 : 추락, 기인물 : 손, 가해물 : 벽돌

해설 ㉮ 사고유형 : 물건이 주체가 되어서 사람이 맞은 경우이므로 낙하
㉯ 기인물(불안전상태에 있는 물체, 환경 포함) : 벽돌
㉰ 가해물(직접 사람에게 접촉되어 위해를 가한 물체) : 벽돌

08 산업안전보건기준에 관한 규칙에 따른 고소작업대를 사용하여 작업을 할 때 작업시작 전 점검사항에 해당하지 않는 것은?

① 작업면의 기울기 또는 요철 유무
② 아웃트리거 또는 바퀴의 이상 유무
③ 충전장치를 포함한 홀더 등의 결합상태의 이상 유무
④ 비상정지장치 및 비상하강 방지장치 기능의 이상 유무

해설 고소작업대를 사용한 작업에서 작업시작 전 점검사항
㉮ 작업면의 기울기 또는 요철 유무
㉯ 아웃트리거 또는 바퀴의 이상 유무
㉰ 비상정지장치 및 비상하강 방지장치 기능의 이상 유무
㉱ 과부하 방지장치의 작동 유무(와이어로프 또는 체인 구동방식의 경우)
㉲ 활선작업용 장치의 경우 홈, 균열, 파손 등 그 밖의 손상 유무

09 산업안전보건법상 산업안전보건위원회의 심의·의결사항이 아닌 것은?

① 산업재해 예방계획의 수립에 관한 사항
② 근로자의 건강진단 등 건강관리에 관한 사항
③ 재해자에 관한 치료 및 재해보상에 관한 사항
④ 안전보건관리규정의 작성 및 변경에 관한 사항

해설 산업안전보건위원회의 심의·의결사항
㉮ 사업장의 산업재해 예방계획 수립에 관한 사항
㉯ 안전보건관리규정의 작성 및 변경에 관한 사항
㉰ 안전보건교육에 관한 사항
㉱ 작업환경 측정 등 작업환경의 점검 및 개선에 관한 사항
㉲ 근로자의 건강진단 등 건강관리에 관한 사항
㉳ 산업재해에 관한 통계의 기록 및 유지에 관한 사항

정답 05.② 06.④ 07.① 08.③ 09.③

㉔ 중대재해의 산업재해의 원인 조사 및 재발 방지대책 수립에 관한 사항
㉕ 유해하거나 위험한 기계·기구·설비를 도입한 경우 안전 및 보건 관련 조치에 관한 사항
㉖ 그 밖에 해당 사업장 근로자의 안전 및 보건을 유지·증진시키기 위하여 필요한 사항

10 재해예방의 4원칙에 대한 설명으로 틀린 것은?

① 재해발생에는 반드시 손실을 수반한다.
② 재해의 발생은 반드시 그 원인이 존재한다.
③ 재해예방이 가능한 안전대책은 반드시 존재한다.
④ 재해는 원칙적으로 원인만 제거되면 예방이 가능하다.

해설 재해예방 4원칙
㉮ 손실우연의 원칙 : 사고로 인한 손실(상해)의 종류 및 정도는 우연적이다.
㉯ 원인 연계의 원칙 : 재해발생에는 반드시 원인이 있다.
㉰ 예방 가능의 원칙 : 사고는 예방이 가능하다.
㉱ 대책 선정의 원칙 : 사고예방을 위한 안전대책이 선정되고 적용되어야 한다.

11 재해발생의 주요 원인 중 불안전한 행동이 아닌 것은?

① 권한 없이 행한 조작
② 보호구 미착용
③ 안전장치의 기능 제거
④ 숙련도 부족

해설 불안전한 행동
직접적으로 사고를 일으키는 원인이다(인적 원인).
㉮ 권한 없이 행한 조작
㉯ 불안전한 속도 조작 및 위험경고 없이 조작
㉰ 안전장치를 고장 내거나 기능 제거
㉱ 결함 있는 장비·물자·공구·차량 등의 운전이나 시설의 불안전한 사용
㉲ 보호구 미착용 및 위험한 장소에서 작업
㉳ 필요 장비를 사용하지 않거나 불안전한 기구를 대신 사용
㉴ 불안전한 적재·배치·결합 또는 정리정돈 미실시
㉵ 불안전한 인양 및 운반
㉶ 불안전한 자세 및 위치
㉷ 당황·놀람·잡담·장난 등

12 재해조사 시 유의사항으로 틀린 것은?

① 조사는 현장이 변경되기 전에 실시한다.
② 목격자 증언 이외의 추측의 말은 참고만 한다.
③ 사람과 설비 양면의 재해요인을 모두 도출한다.
④ 조사는 혼란을 방지하기 위하여 단독으로 실시한다.

해설 재해조사 시 유의사항
㉮ 사실을 수집한다.
㉯ 목격자 등이 증언하는 사실 이외에 추측의 말은 참고만 한다.
㉰ 조사는 신속하게 행하고 긴급 조치하여, 2차 재해를 방지한다.
㉱ 사람과 기계설비 양면의 재해요인을 모두 도출한다.
㉲ 객관적인 입장에서 공정하게 조사하며, 조사는 2인 이상이 실시한다.
㉳ 책임 추궁보다 재발 방지를 우선하는 기본태도를 갖는다.
㉴ 피해자에 대한 구급조치를 우선한다.
㉵ 2차 재해의 예방을 위해 보호구를 반드시 착용한다.

13 산업안전보건법령에 따른 안전보건관리규정을 작성하여야 할 사업의 사업주는 안전보건관리규정을 작성하여야 할 사유가 발생한 날부터 며칠 이내에 작성하여야 하는가?

① 15일
② 30일
③ 50일
④ 60일

해설 사업주는 안전보건관리규정을 작성하여야 할 사유가 발생한 날부터 30일 이내에 안전보건관리규정을 작성하여야 한다. 이를 변경할 사유가 발생한 경우에도 또한 같다.

14 산업안전보건법령상 안전관리자를 2명 이상 선임하여야 하는 사업이 아닌 것은?

① 공사금액이 1,000억인 건설업
② 상시근로자가 500명인 통신업
③ 상시근로자가 1,500명인 운수업
④ 상시근로자가 600명인 식료품 제조업

[해설] 각 보기의 안전관리자 수는 다음과 같다.
① 공사금액이 1,000억인 건설업 : 2명
(적용기준 : 공사금액 800억 미만까지는 1명, 700억 증가 시 1명 추가)
② 상시근로자가 500명인 통신업 : 1명
(적용기준 : 상시근로자 50명 이상~1,000명 미만까지는 1명, 1,000명 이상이면 2명)
③ 상시근로자가 1,500명인 운수업 : 2명
(적용기준 : 상시근로자 50명 이상~1,000명 미만까지는 1명, 1,000명 이상이면 2명)
④ 상시근로자가 600명인 식료품 제조업 : 2명
(적용기준 : 상시근로자 500명 미만까지는 1명, 500명 이상이면 2명)

15 산업안전보건법령상 내전압용 절연장갑의 성능기준에 있어 절연장갑의 등급과 최대사용전압이 옳게 연결된 것은? (단, 전압은 교류로 실효값을 의미한다.)

① 00등급 : 500V ② 0등급 : 1,500V
③ 1등급 : 11,250V ④ 2등급 : 25,500V

[해설] 절연장갑의 등급과 최대사용전압

등 급	최대사용전압	
	교류(V, 실효값)	직류(V)
00	500	750
0	1,000	1,500
1	7,500	11,250
2	17,000	25,500
3	26,500	39,750
4	36,000	54,000

16 각 계층의 관리감독자들이 숙련된 안전관찰을 행할 수 있도록 훈련을 실시함으로써 사고의 발생을 미연에 방지하여 안전을 확보하는 안전관찰 훈련기법은?

① THP 기법   ② TBM 기법
③ STOP 기법 ④ TD-BU 기법

[해설] STOP(Safety Training Observation Program)
안전관찰 조치기법으로 각 계층의 관리감독자들이 숙련된 안전관찰을 행할 수 있도록 훈련을 실시함으로써 사고의 발생을 미연에 방지하여 안전을 확보하는 기법인 STOP 기법의 5단계 안전 사이클은 '결심 - 정지 - 관찰 - 조치 - 보고'이다.

17 시몬즈(Simonds)의 총 재해 코스트 계산방식 중 비보험 코스트 항목에 해당하지 않는 것은?

① 사망재해 건수   ② 통원상해 건수
③ 응급조치 건수   ④ 무상해사고 건수

[해설] 시몬즈의 방식에서 재해의 종류
㉮ 휴업상해 : 영구 일부노동불능 및 일시 전노동불능
㉯ 통원상해 : 일시 일부노동불능 및 의사의 통원조치를 필요로 한 상해
㉰ 응급조치상해 : 응급조치상해 또는 8시간 미만 휴업, 의료조치상해
㉱ 무상해사고 : 의료조치가 필요하지 않은 상해사고
단, 사망 또는 영구 전노동불능 상해는 상기 재해 구분에서 제외된다.

18 산업안전보건법령상 건설공사 도급인은 산업안전보건관리비의 사용명세서를 건설공사 종료 후 몇 년간 보존해야 하는가?

① 1년   ② 2년
③ 3년   ④ 5년

[해설] 사업주는 고용노동부장관이 정하는 바에 따라 해당 공사를 위하여 계상된 산업안전보건관리비를 그가 사용하는 근로자와 그의 수급인이 사용하는 근로자의 산업재해 및 건강장해 예방에 사용하고 그 사용명세서를 작성하고 공사 종료 후 1년간 보존한다.

19 브레인스토밍(Brainstorming)의 원칙에 관한 설명으로 옳지 않은 것은?

① 최대한 많은 양의 의견을 제시한다.
② 누구나 자유롭게 의견을 제시할 수 있다.
③ 타인의 의견에 대하여 비판하지 않도록 한다.
④ 타인의 의견을 수정하여 본인의 의견으로 제시하지 않도록 한다.

[해설] 브레인스토밍의 4원칙
㉮ 비평금지 : '좋다, 나쁘다'라고 비평하지 않는다.
㉯ 자유분방 : 마음대로 편안히 발언한다.
㉰ 대량발언 : 무엇이든지 좋으니 많이 발언한다.
㉱ 수정발언 : 타인의 아이디어에 수정하거나 덧붙여 말해도 좋다.

정답 15.① 16.③ 17.① 18.① 19.④

20 재해의 분석에 있어 사고 유형, 기인물, 불안전한 상태, 불안전한 행동을 하나의 축으로 하고, 그것을 구성하고 있는 몇 개의 분류항목을 크기가 큰 순서대로 나열하여 비교하기 쉽게 도시한 통계 양식의 도표는?

① 직선도
② 특성요인도
③ 파레토도
④ 체크리스트

해설 통계적 원인분석방법
㉮ 파레토도 : 사고의 유형, 기인물 등 분류항목을 큰 순서대로 도표화하여 분석하는 방법이다.
㉯ 특성요인도 : 특성과 요인을 도표로 하여 어골상(魚骨狀)으로 세분화한다.
㉰ 클로즈 분석 : 2개 이상의 문제 관계를 분석하는 데 사용하는 것으로, 데이터를 집계하고 표로 표시하여 요인별 결과 내역을 교차한 클로즈 그림으로 작성하여 분석한다.
㉱ 관리도 : 재해발생건수 등의 추이를 파악하고 목표관리를 행하는 데 필요한 월별 재해발생수를 그래프화하여 관리선을 설정·관리하는 방법이다.

≫ 제2과목 산업심리 및 교육

21 다음 중 인사 선발을 위한 심리검사에서 갖추어야 할 요건으로만 나열된 것은?

① 신뢰도, 대표성
② 대표성, 타당성
③ 신뢰도, 타당성
④ 대표성, 규모성

해설 심리검사의 구비조건
㉮ 표준화
㉯ 객관성
㉰ 규준
㉱ 신뢰성
㉲ 타당성

22 집단의 응집성이 높아지는 조건에 해당하는 것은?

① 가입하기 쉬울수록
② 집단의 구성원이 많을수록
③ 외부의 위험이 없을수록
④ 함께 보내는 시간이 많을수록

해설 집단 응집성을 결정하는 요인
㉮ 함께 보내는 시간 : 함께 보내는 시간이 많을수록 더욱 친해지고, 상호간의 이해와 매력이 증진된다.
㉯ 집단 가입의 난이성 : 가입하기 어려운 집단일수록 그 집단의 응집성은 커진다.
㉰ 집단의 크기 : 구성원 수가 많을수록 응집력이 떨어진다(구성원 수가 많을수록 한 구성원이 모든 구성원과 상호작용을 하기가 더욱 어렵기 때문이다).
㉱ 외부의 위협 : 외부 세력으로부터 위협을 받는 경우에는 자신들을 보호하고 집단의 안전을 위하여 협동목적을 찾고 서로 단결함으로써 집단의 응집력을 강화하는 경향이 있다.
㉲ 과거의 경험 : 과거의 성공 또는 실패의 경험이 응집성에 영향을 미친다.

23 부주의현상 중 심신이 피로하거나 단조로운 작업을 반복할 경우 나타나는 의식수준의 저하 현상은 의식수준의 어느 단계에서 발생하는가?

① Phase Ⅰ 이하
② Phase Ⅱ
③ Phase Ⅲ
④ Phase Ⅳ 이상

해설 의식수준의 단계

단계	의식상태	주의작용	생리적 상태
0	무의식, 실신	없음	수면, 뇌발작
Ⅰ	정상 이하 (Subnormal), 의식 둔화	부주의	피로, 단조로움, 졸음, 주취(술취함)
Ⅱ	정상(Normal), 이완(Relaxed)	수동적, 내외적	안정 기거, 휴식, 정상 작업
Ⅲ	정상(Normal), 상쾌(Clear)	능동적, 전향적, 위험예지 주의력 범위 넓음	적극 활동
Ⅳ	초(超)정상 (Hypernormal), 과긴장(Excited)	한 점에 고집(固執), 판단 정지	감정 흥분, 긴급, 방위(防衛) 반응, 당황과 공포반응

24 다음 중 산업안전보건법 시행규칙상 사업 내 안전보건교육에 있어 건설업 일용근로자의 작업내용 변경 시의 최소 교육시간으로 옳은 것은?

① 1시간
② 2시간
③ 3시간
④ 4시간

해설 근로자 및 관리감독자 안전보건교육

교육과정	교육대상		교육시간
정기 교육	사무직 종사 근로자		매 반기 6시간 이상
	그 밖의 근로자	판매업무 종사 근로자	매 반기 6시간 이상
		판매업무 외의 근로자	매 반기 12시간 이상
	관리감독자		연간 16시간 이상
채용 시 교육	근로자	일용근로자 및 1주일 이하인 기간제근로자	1시간 이상
		1주일 초과 1개월 이하인 기간제근로자	4시간 이상
		그 밖의 근로자	8시간 이상
	관리감독자		8시간 이상
작업내용 변경 시 교육	근로자	일용근로자 및 1주일 이하인 기간제근로자	1시간 이상
		그 밖의 근로자	2시간 이상
	관리감독자		2시간 이상
특별 교육	근로자	일용근로자 및 1주일 이하인 기간제근로자 (타워크레인 신호 작업 제외)	2시간 이상
		타워크레인 신호 작업에 종사하는 일용근로자 및 1주일 이하인 기간제근로자	8시간 이상
		일용근로자 및 1주일 이하인 기간제근로자를 제외한 근로자	• 16시간 이상 (최초 작업에 종사하기 전 4시간 이상 실시하고, 12시간은 3개월 이내에서 분할하여 실시 가능) • 단기간 작업 또는 간헐적 작업인 경우에는 2시간 이상
	관리감독자		
건설업 기초 안전보건교육	건설 일용근로자		4시간 이상

25 강의법의 장점으로 볼 수 없는 것은?

① 강의시간에 대한 조정이 용이하다.
② 학습자의 개성과 능력을 최대화할 수 있다.
③ 난해한 문제에 대하여 평이하게 설명이 가능하다.
④ 다수의 인원에서 동시에 많은 지식과 정보의 전달이 가능하다.

해설 강의법의 장점 및 단점
㉮ 장점
 ㉠ 사실, 사상을 시간, 장소에 제한 없이 제시할 수 있으며 시간에 대한 계획과 통제가 용이하다.
 ㉡ 여러 가지 수업매체를 동시에 활용할 수 있다.
 ㉢ 강사가 임의로 시간을 조절할 수 있고, 강조할 점을 수시로 강조할 수 있다.
 ㉣ 학생의 다소에 제한을 받지 않는다.
 ㉤ 학습자의 태도, 정서 등의 감화를 위한 학습에 효과적이다.
㉯ 단점
 ㉠ 개인의 학습속도에 맞추기 어렵다.
 ㉡ 대부분이 일방통행적인 지식의 배합형식이다.
 ㉢ 학습자의 참여와 흥미를 지속시키기 위한 기회가 거의 없다.
 ㉣ 한정된 학습과제에만 가능하다.

26 작업에 대한 평균 에너지소비량을 분당 5kcal로 할 경우 휴식시간 R의 산출공식으로 맞는 것은? (단, E는 작업 시 평균 에너지소비량[kcal/min], 1시간의 휴식시간 중 에너지소비량은 1.5kcal/min, 총작업시간은 60분이다.)

① $R = \dfrac{60(E-5)}{E-1.5}$

② $R = \dfrac{50(E-5)}{E-15}$

③ $R = \dfrac{60(E-4)}{E-5}$

④ $R = \dfrac{50(E-15)}{E-4}$

해설 휴식시간$(R) = \dfrac{60 \times (E-5)}{E-1.5}$

27 생체리듬에 관한 설명으로 틀린 것은?

① 각각의 리듬이 (−)로 최대인 점이 위험일이다.
② 육체적 리듬은 "P"로 나타내며, 23일을 주기로 반복된다.
③ 감성적 리듬은 "S"로 나타내며, 28일을 주기로 반복된다.
④ 지성적 리듬은 "I"로 나타내며, 33일을 주기로 반복된다.

정답 25.② 26.① 27.①

해설 위험일(critical day)
생체리듬이 (+)에서 (−)로, (−)에서 (+)로 변경될 때를 위험일이라 하며 한 달에 6일 정도 일어난다. 위험일에는 뇌졸증이 5.4배, 심장질환 발작이 5.1배, 자살은 6.8배 정도 더 많이 발생된다.

28 리더십의 권한에 있어 조직이 리더에게 부여하는 권한이 아닌 것은?

① 위임된 권한
② 강압적 권한
③ 보상적 권한
④ 합법적 권한

해설 리더십의 권한
㉮ 조직이 지도자에게 부여한 권한
  ㉠ 보상적 권한
  ㉡ 강압적 권한
  ㉢ 합법적 권한
㉯ 지도자 자신이 자신에게 부여한 권한
  ㉠ 전문성의 권한
  ㉡ 위임된 권한

29 Skinner의 학습이론은 강화이론이라고 한다. 이때 강화에 대한 설명으로 틀린 것을 고르면?

① 처벌은 더 강한 처벌에 의해서만 그 효과가 지속되는 부작용이 있다.
② 부분강화에 의하면 학습은 서서히 진행되지만, 빠른 속도로 학습효과가 사라진다.
③ 부적강화란 반응 후 처벌이나 비난 등의 해로운 자극이 주어져서 반응발생률이 감소하는 것이다.
④ 정적강화란 반응 후 음식이나 칭찬 등의 이로운 자극을 주었을 때 반응발생률이 높아지는 것이다.

해설 부분강화
원하는 반응 중 일부만 강화하는 절차로서 그 반응을 계속 유지시키는 데 연속강화보다 효과적이다.

30 안전교육의 방법 중 전개단계에서 가장 효과적인 수업방법은?

① 토의법
② 시범
③ 강의법
④ 자율학습법

해설 학습형태별 최적의 수업방법

수업방법 \ 수업단계	도입	전개	정리
강의법	○		
시범	○		
반복법		○	○
토의법		○	○
실연법		○	○
자율학습법			○
프로그램학습법	○	○	○
학생 상호학습법	○	○	○

31 강의식 교육에 있어 일반적으로 가장 많은 시간이 소요되는 단계는?

① 도입
② 제시
③ 적용
④ 확인

해설 단계별 교육시간 배분

교육법의 4단계	강의식	토의식
1단계 – 도입(준비)	5분	5분
2단계 – 제시(설명)	40분	10분
3단계 – 적용(응용)	10분	40분
4단계 – 확인(총괄)	5분	5분

32 파악하고자 하는 연구과제에 대해 언어를 매개로 구조화된 질의응답을 통하여 교육하는 기법은?

① 면접(interview)
② 카운슬링(counseling)
③ CCS(Civil Communication Section)
④ ATT(American Telephone & Telegram Co.)

해설
① 면접 : 파악하고자 하는 연구과제에 대해 언어를 매개로 구조화된 질의응답을 통하여 교육하는 기법이다.
② 카운슬링 : 상담·협의 또는 권고·조언·충고를 하는 것을 말한다.
③ CCS : ATP(Administration Training Program)라고도 하며, 당초에는 일부 회사의 톱 매니지먼트(Top Management)에 대해서만 행하여졌으나, 그 후에 널리 보급된 교육방법으로 정책의 수립, 조직(경영부문, 조직형태, 구조 등), 통제(조직통제의 적용, 품질관리, 원가통제의 적용 등) 및 운영(운영조직, 협조에 의한 회사운영) 등이 교육내용이다.
④ ATT : 대상 계층이 한정되어 있지 않고, 한 번 훈련을 받은 관리자는 그 부하인 감독자에 대해서 지도원이 될 수 있으며 교육내용은 계획적 감독, 작업의 계획 및 인원배치, 작업의 감독, 공구 및 자료 보고 및 기록, 개인작업의 개선, 종업원의 향상, 인사관계, 훈련, 고객관계, 안전부대 군인의 복무조정 등의 12가지로 되어 있다.

33 평가도구의 기본적인 기준이 아닌 것은?
① 실용도(實用度)
② 타당도(妥當度)
③ 신뢰도(信賴度)
④ 습숙도(習熟度)

해설 교육 평가의 기준
㉮ 타당성 : 평가도구의 타당성은 측정하고자 하는 본래 목적과 일치하느냐의 정도이다.
㉯ 신뢰성 : 신뢰성은 신용도이다. 즉, 측정의 오차가 얼마나 적으냐를 말한다. 누가 측정하든지 관계없이 몇 번을 측정해도 같은 결과가 나와야 한다.
㉰ 객관성 : 측정의 결과에 대해 누가 보아도 일치된 의견이 나올 수 있는 성질이다.
㉱ 실용성 : 검사도구의 실시방법이 너무 복잡하거나 시간과 경비가 너무 많이 들어가면 실용성이 적어지고 자연히 그 도구의 활용은 기피하는 경향을 갖게 된다.

34 아담스(Adams)의 형평이론(공평성)에 대한 설명으로 틀린 것은?
① 성과(outcome)란 급여, 지위, 인정 및 기타 부가보상 등을 의미한다.
② 투입(input)이란 일반적인 자격, 교육 수준, 노력 등을 의미한다.
③ 작업동기는 자신의 투입대비 성과결과만으로 비교한다.
④ 지각에 기초한 이론이므로 자기 자신을 지각하고 있는 사람을 개인(person)이라 한다.

해설 아담스(Adams)의 형평이론
개인이 다른 사람과 비교하여 자신을 어떻게 지각하는지에 따라 동기가 결정된다는 이론
㉮ 성과(outcome) : 임금, 수당, 작업조건, 지위의 상징, 장기근속, 보상 등
㉯ 투입(input) : 직무를 수행하는 데 들어가는 자산으로, 개인이 받은 교육, 지능, 경험, 기술, 근무시간, 노력정도, 건강 등
㉰ 개인(person) : 자기 자신을 지각하고 있는 사람
㉱ 작업동기 : 생물학적 요인보다는 사회적 요인으로부터 발생하는 것

35 MTP(Management Training Program) 안전교육방법의 총 교육시간으로 가장 적합한 것은?
① 10시간
② 40시간
③ 80시간
④ 120시간

해설 MTP(Management Training Program)
㉮ FEAF(Far East Air Forces)라고도 하며, 대상은 TWI보다 약간 높은 계층을 목표로 하고, TWI와는 달리 관리문제에 보다 더 치중하고 있다.
㉯ 교육내용 : 관리의 기능, 조직원 원칙, 조직의 운영, 시간관리학습의 원칙과 부하 지도법, 훈련의 관리, 신인을 맞이하는 방법과 대향자를 육성하는 요령, 회의의 주관, 작업의 개선, 안전한 작업, 과업관리, 사기 앙양 등
㉰ 한 클래스는 10~15명, 2시간씩 20회에 걸쳐서 40시간을 훈련하도록 되어 있다.

36 의사소통의 심리구조를 4영역으로 나누어 설명한 조하리의 창(Johari's windows)에서 "나는 모르지만 다른 사람은 알고 있는 영역"을 무엇이라 하는가?
① Blind area
② Hidden area
③ Open area
④ Unknown area

해설 조하리의 창
㉮ 열린 영역(open area) : 자기 자신과 다른 사람이 공통적으로 알고 있어서 외적으로 나타나는 정보 영역이다. 주로 이름, 성별, 나이 등이 열린 영역에 해당한다. 열린 영역이 넓을수록 다른 사람과 공감대 형성이 수월하여 인간관계가 원만하다.

㉯ 맹인 영역(blind area) : 자기 자신은 모르지만 다른 사람이 알고 있는 정보 영역이다. 가령, 다른 사람 눈에 비춰지는 자기의 무의식적인 언어 습관이나 행동방식 등이 맹인 영역에 해당한다. 맹인 영역이 넓을수록 자기의 감정을 잘 표현하지만 다른 사람들로부터 독선적이라는 평가를 받기 쉽다. 의사소통 과정에서 맹인 영역에 대한 언급은 갈등을 유발할 소지가 있다.

㉰ 숨겨진 영역(hidden area) : 자기 자신만 알고 있고 다른 사람은 모르는 정보 영역이다. 약점이나 비밀과 같이 다른 사람에게 숨기는 자신의 특성이나 상태이다. 가령, 욕망, 감정, 꿈 등이 숨겨진 영역에 해당한다. 대인 간 갈등에 대한 잠재력이 존재하는 영역이다.

㉱ 미지의 영역(unknown area) : 자기 자신과 다른 사람 모두가 모르는 정보 영역에 해당하며 자신에게도, 상대에게도 인지되지 않은 무의식의 영역을 말한다. 심리적 상처가 많은 경우 미지의 영역은 넓어지게 된다. 자기 자신과 다른 사람 양측이 모두 모르는 영역이기 때문에 미지의 영역은 다른 세 가지 영역에 비해 갈등 잠재력이 가장 크다.

37 조직에 있어 구성원들의 역할에 대한 기대와 행동은 항상 일치하지는 않는다. 역할 기대와 실제 역할 행동 간에 차이가 생기면 역할 갈등이 발생하는데, 역할 갈등의 원인으로 가장 거리가 먼 것은?

① 역할 마찰
② 역할 민첩성
③ 역할 부적합
④ 역할 모호성

해설 역할 갈등의 원인
㉮ 역할 마찰
㉯ 역할 부적합
㉰ 역할 모호성

38 인간의 착각현상 가운데 암실 내에서 하나의 광점을 보고 있으면 그 광점이 움직이는 것처럼 보이는 것을 자동운동이라 하는데, 다음 중 자동운동이 생기기 쉬운 조건이 아닌 것은?

① 광점이 작을 것
② 대상이 단순할 것
③ 광의 강도가 클 것
④ 시야의 다른 부분이 어두울 것

해설 운동의 시지각(착각현상)
㉮ 자동운동 : 암실 내에서 정지된 소광점을 응시하고 있으면 그 광점의 움직임을 볼 수 있는데, 이를 '자동운동'이라고 한다. 자동운동이 생기기 쉬운 조건은 다음과 같다.
 ㉠ 광점이 작을 것
 ㉡ 시야의 다른 부분이 어두울 것
 ㉢ 광의 강도가 작을 것
 ㉣ 대상이 단순할 것
㉯ 유도운동 : 실제로는 움직이지 않는 것이 어느 기준의 이동에 유도되어 움직이는 것처럼 느껴지는 현상을 말한다.
㉰ 가현운동(β운동) : 객관적으로 정지하고 있는 대상물이 급속히 나타나거나 소멸하는 것으로 인하여 일어나는 운동으로, 마치 대상물이 운동하는 것처럼 인식되는 현상을 말한다(영화 영상의 방법).

39 선발용으로 사용되는 적성검사가 잘 만들어졌는지를 알아보기 위한 분석방법과 관련이 없는 것은?

① 구성 타당도
② 내용 타당도
③ 동등 타당도
④ 검사-재검사 신뢰도

해설 적성검사가 잘 만들어졌는지 알아보기 위한 분석방법에는 타당도와 검사-재검사 신뢰도가 있다.
㉮ 구성 타당도 : 측정도구가 실제로 무엇을 측정했는가, 또는 조사자가 측정하고자 하는 추상적인 개념이 실제로 측정도구에 의해 측정되었는가의 문제로 이론적 연구에 있어 가장 중요한 것
㉯ 내용 타당도 : 측정도구 자체가 측정하고자 하는 속성이나 개념을 측정할 수 있도록 되어 있는가를 평가하는 것
㉰ 준거 타당도 : 통계적인 유의성을 평가하는 것으로 어떤 측정도구와 측정결과인 점수 간의 관계를 비교하여 타당도를 파악하는 것
㉱ 교차 타당도 : 한 타당도 결과의 신뢰도를 검증하는 것이 되며, 이러한 과정을 통하여 우연적인 변산적 오차의 크기를 추정하여 타당도 자료에 필요한 수정을 하는 것
㉲ 검사-재검사 신뢰도 : 검사를 반복해서 얻은 점수 간의 상관이 얼마나 있는지 알아보는 방법(두 점수 간의 상관이 높을수록 신뢰도가 높다고 할 수 있음)

40 안드라고지(Andragogy) 모델에 기초한 학습자로서의 성인의 특징과 가장 거리가 먼 것은?

① 성인들은 타인 주도적 학습을 선호한다.
② 성인들은 과제 중심적으로 학습하고자 한다.
③ 성인들은 다양한 경험을 가지고 학습에 참여한다.
④ 성인들은 왜 배워야 하는지에 대해 알고자 하는 욕구를 가지고 있다.

해설 안드라고지 모델에 기초한 학습자로서의 성인의 특징
㉮ 성인들은 자기 주도적 학습을 선호한다.
㉯ 성인들은 과제 중심적으로 학습하고자 한다.
㉰ 성인들은 다양한 경험을 가지고 학습에 참여한다.
㉱ 성인들은 왜 배워야 하는지에 대해 알고자 하는 욕구를 가지고 있다.
㉲ 성인의 학습동기는 외재적인 요인보다는 내재적인 요인에 의해 유발된다.

≫ 제3과목 인간공학 및 시스템 안전공학

41 다음 중 모든 시스템 안전 프로그램에서의 최초 단계 해석으로 시스템의 위험요소가 어떤 위험상태에 있는가를 정성적으로 평가하는 분석방법은?

① PHA
② FHA
③ FMEA
④ FTA

해설 PHA(Preliminary Hazards Analysis)
㉮ 개요 : 대부분 시스템 안전 프로그램에 있어서 최초 단계의 분석으로, 시스템 내의 위험한 요소가 얼마나 위험한 상태에 있는가를 정성적으로 평가하는 것이다.
㉯ PHA의 목적 : 시스템의 개발단계에 있어서 시스템 고유의 위험상태를 식별하고 예상되는 재해의 위험 수준을 결정하는 데 있다.

42 인체계측 중 운전 또는 워드작업과 같이 인체의 각 부분이 서로 조화를 이루며 움직이는 자세에서의 인체치수를 측정하는 것을 무엇이라 하는가?

① 구조적 치수
② 정적 치수
③ 외곽 치수
④ 기능적 치수

해설 인체계측의 방법
㉮ 구조적 치수(정적 인체계측)
　㉠ 체위를 정지한 상태에서의 기본자세(선 자세, 앉은 자세 등)에 관한 신체 각 부를 계측하는 것이다.
　㉡ 여러 가지 설계의 표준이 되는 기초적 치수를 결정하는 데 그 목적이 있다.
㉯ 기능적 치수(동적 인체계측)
　㉠ 상지나 하지의 운동이나 체위의 움직임에 따른 상태에서 계측하는 것이다.
　㉡ 설계의 작업, 생활조건에 밀접한 관계를 갖는 현실성 있는 인체치수를 구하는 것이다.

43 어떤 작업을 수행하는 작업자의 배기량을 5분간 측정하였더니 100L이었다. 가스미터를 이용하여 배기 성분을 조사한 결과 산소가 20%, 이산화탄소가 3%이었다. 이때 작업자의 분당 산소 소비량(ⓐ)과 분당 에너지 소비량(ⓑ)은 약 얼마인가? (단, 흡기공기 중 산소는 21vol%, 질소는 79vol%를 차지하고 있다.)

① ⓐ 0.038L/min, ⓑ 0.77kcal/min
② ⓐ 0.058L/min, ⓑ 0.57kcal/min
③ ⓐ 0.073L/min, ⓑ 0.36kcal/min
④ ⓐ 0.093L/min, ⓑ 0.46kcal/min

해설
㉮ 배기량 = $\dfrac{100L}{5min}$ = 20L/min
㉯ 흡기 질소량 = 배기 질소량
　흡기량 × 흡기량 속의 N_2% = 배기량 × 배기량 속의 N_2%
　∴ 흡기량 = 배기량 × $\dfrac{\text{배기량 속의 } N_2\%}{\text{흡기량 속의 } N_2\%}$
　= 20L/min × $\dfrac{100-(20+3)}{79}$
　= 19.49L/min

정답 40.① 41.① 42.④ 43.④

㉰ 산소 소비량=흡기 산소량－배기 산소량
            =19.49×0.21－20×0.2
            =0.0929L/min
㉱ 산소 1L 소비 시 열량은 5kcal 소비되므로,
   소비에너지=0.0929L/min×5kcal/L
           =0.4645kcal

44 안전보건표지에서 경고표지는 삼각형, 안내표지는 사각형, 지시표지는 원형 등으로 부호가 고안되어 있다. 이처럼 부호가 이미 고안되어 이를 사용자가 배워야 하는 부호를 무엇이라 하는가?

① 묘사적 부호　② 추상적 부호
③ 임의적 부호　④ 사실적 부호

해설 시각적 암호, 부호 및 기호의 유형
　㉮ 묘사적 부호 : 사물의 행동을 단순하고 정확하게 묘사하는 것
　　[예] 위험표지판의 해골과 뼈, 도보표지판의 걷는 사람
　㉯ 추상적 부호 : 전언(傳言)의 기본요소를 도시적으로 압축한 부호로서, 원 개념과는 약간의 유사성이 있을 뿐이다.
　㉰ 임의적 부호 : 부호가 이미 고안되어 있으므로 이를 배워야 하는 부호
　　[예] 교통표지판의 삼각형-주의, 원형-규제, 사각형-안내표시

45 다음 그림과 같이 7개의 기기로 구성된 시스템의 신뢰도는 약 얼마인가?

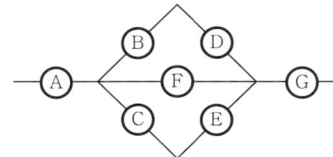

[신뢰도]
A=G : 0.75
B=C=D=E : 0.8
F : 0.9

① 0.5427　② 0.6234
③ 0.5552　④ 0.9740

해설 $R = A \times [1-(1-B \cdot D)(1-F)(1-C \cdot E)] \times G$
　　　$= 0.75 \times [1-(1-0.8 \times 0.8)(1-0.9)$
　　　$(1-0.8 \times 0.8)] \times 0.75$
　　　$= 0.55521$

46 작업장의 소음문제를 처리하기 위한 적극적인 대책이 아닌 것은?

① 소음의 격리
② 소음원을 통제
③ 방음 보호용구 사용
④ 차폐장치 및 흡음재 사용

해설 방음 보호구 사용은 소극적 대책이다.

47 손이나 특정 신체부위에 발생하는 누적손상장애(CTDs)의 발생인자와 가장 거리가 먼 것은?

① 무리한 힘
② 다습한 환경
③ 장시간의 진동
④ 반복도가 높은 작업

해설 누적손상장애(CTDs)의 발생요인
　㉮ 무리한 힘의 사용
　㉯ 진동 및 온도(저온)
　㉰ 반복도가 높은 작업
　㉱ 부적절한 작업자세
　㉲ 날카로운 면과 신체 접촉

48 다음 중 자극-반응 조합의 관계에서 인간의 기대와 모순되지 않는 성질을 무엇이라 하는가?

① 양립성
② 적응성
③ 변별성
④ 신뢰성

해설 양립성
정보입력 및 처리와 관련한 양립성은 인간의 기대와 모순되지 않는 자극들 간, 반응들 간 또는 자극반응조합의 관계를 말하는 것으로 다음의 3가지가 있다.
　㉮ 공간적 양립성 : 표시장치나 조종장치에서 물리적 형태나 공간적인 배치의 양립성
　㉯ 운동 양립성 : 표시 및 조종장치, 체계반응에 대한 운동방향의 양립성
　㉰ 개념적 양립성 : 사람들이 가지고 있는 개념적 연상(어떤 암호체계에서 청색이 정상을 나타내듯이)의 양립성

44.③　45.③　46.③　47.②　48.①

49 FTA 결과 다음과 같은 패스셋을 구하였다. X_4가 중복사상인 경우, 최소 패스셋(minimal path sets)으로 맞는 것은?

$$\{X_2, X_3, X_4\}$$
$$\{X_1, X_3, X_4\}$$
$$\{X_3, X_4\}$$

① $\{X_3, X_4\}$
② $\{X_1, X_3, X_4\}$
③ $\{X_2, X_3, X_4\}$
④ $\{X_2, X_3, X_4\}$와 $\{X_3, X_4\}$

해설 최소 패스셋(minimal path sets)은 정상사상이 일어나지 않는 최소한의 기본사상의 집합이다.

50 A사의 안전관리자는 자사 화학설비의 안전성 평가를 위해 제2단계인 정성적 평가를 진행하기 위하여 평가항목대상을 분류하였다. 주요 평가항목 중에서 설계 관계 항목이 아닌 것은?

① 건조물
② 공장 내 배치
③ 입지조건
④ 원재료, 중간제품

해설 정성적 평가항목

설계 관계	운전 관계
• 입지 조건 • 공장 내 배치 • 건조물 • 소방설비	• 원재료, 중간체, 제품 • 공정 • 수송, 저장 등 • 공정기기

51 사업장에서 인간공학의 적용분야로 가장 거리가 먼 것은?

① 제품 설계
② 설비의 고장률
③ 재해·질병 예방
④ 장비·공구·설비의 배치

해설 인간공학의 적용분야
㉮ 제품 설계
㉯ 작업장 설계
㉰ 재해·질병 예방
㉱ 장비·공구·설비의 배치
㉲ 작업방법의 설계
㉳ 컴퓨터의 설계

52 욕조곡선의 설명으로 맞는 것은?

① 마모고장기간의 고장형태는 감소형이다.
② 디버깅(debugging) 기간은 마모고장에 나타난다.
③ 부식 또는 산화로 인하여 초기고장이 일어난다.
④ 우발고장기간은 고장률이 비교적 낮고 일정한 현상이 나타난다.

해설 ① 마모고장기간의 고장형태는 증가형이다.
② 디버깅(debugging) 기간은 초기고장에 나타난다.
③ 부식 또는 산화로 인하여 마모고장이 일어난다.

53 시스템 수명주기 단계 중 마지막 단계는?

① 구상단계
② 개발단계
③ 운전단계
④ 생산단계

해설 시스템의 수명주기
㉮ 구상단계(concept) : 특정 위험을 찾아내기 위해 예비위험분석(PHA)을 이용한다.
㉯ 정의단계(definition) : 예비설계와 생산기술을 확인하는 단계이다.
㉰ 개발단계(development) : 시스템 정의단계에 환경적 충격, 생산기술, 운영연구 등을 포함시키는 단계로 운용위험분석(OHA)의 입력자료로 사용된다.
㉱ 생산단계(production) : 생산이 시작되면 품질관리 부서는 생산물을 검사하고 조사하는 역할을 한다.
㉲ 운전단계(deployment) : 시스템이 운전되는 단계이다.

54 초기고장과 마모고장 각각의 고장형태와 그 예방대책에 관한 연결로 틀린 것은?

① 초기고장 – 감소형 – 번인(burn in)
② 마모고장 – 증가형 – 예방보전(PM)
③ 초기고장 – 감소형 – 디버깅(debugging)
④ 마모고장 – 증가형 – 스크리닝(screening)

해설 ㉮ 초기고장 : 고장률 감소시기(Decreasing Failure Rate ; DFR)로, 불량 제조나 생산과정에서 품질관리의 미비로 생기는 고장이며, 점검작업이나 시운전 등을 통해 사전에 방지할 수 있다. 초기고장은 결함을 찾아내서 고장률을 안정시키는 기간이라 하여 '디버깅(debugging) 기간'이라고 하며, 물품을 실제로 장시간 움직여 보고 그 동안에 고장 난 것을 제거하는 공정이라 하여 '번인(burn in) 기간'이라고도 한다.

㉯ 마모고장 : 고장률 증가시기(Increasing Failure Rate ; IFR)로, 점차 고장률이 상승하는 증가형이다. 볼베어링, 기어 등 기계적 요소나 부품의 마모, 사람의 노화현상에 의해 어떤 시점에 집중적으로 고장이 발생하는 시기이며 예방보전(PM), 정기점검 또는 특별점검을 통해 예방할 수 있다.

※ 스크리닝(screening)은 선별검사를 말한다.

55 원자력산업과 같이 상당한 안전이 확보되어 있는 장소에서 추가적인 고도의 안전 달성을 목적으로 하고 있으며, 관리, 설계, 생산, 보전 등 광범위한 안전을 도모하기 위하여 개발된 분석기법은?

① DT
② FTA
③ THERP
④ MORT

해설 ① DT(Decision Tree) : 요소의 신뢰도를 이용하여 시스템의 신뢰도를 나타내는 시스템 모델의 하나로서, 귀납적이고 정량적인 분석방법이다.
② FTA(Fault Tree Analysis) : 결함수법(樹法)·결함관련수법(樹法)·고장의 목(木) 분석법 등의 뜻을 나타내며, 기계설비 또는 인간-기계 시스템(man-machine system)의 고장이나 재해의 발생요인을 FT도표에 의하여 분석하는 방법이다.
③ THERP(인간과오율 예측기법) : 인간의 과오를 정량적으로 평가하기 위한 해석기법이다.
④ MORT(Management Oversight and Risk Tree) : 미국 에너지연구개발청(ERDA)의 Johnson에 의해 개발된 시스템안전 프로그램으로, Tree를 중심으로 FTA와 같은 논리기법을 이용하여 관리·설계·생산·보존 등의 광범위한 안전을 도모하며, 고도의 안전을 달성하는 것을 목적으로 한다(원자력산업에 이용).

56 FT도에서 사용하는 기호 중 다음 그림과 같이 OR 게이트이지만 2개 또는 그 이상의 입력이 동시에 존재할 때 출력이 생기지 않는 경우 사용하는 것은?

① 부정 OR 게이트
② 배타적 OR 게이트
③ 억제 게이트
④ 조합 OR 게이트

해설 ① 부정 OR 게이트 : 억제 게이트와 동일하게 부정 모디파이어(not modifier)라고도 하며, 입력사상의 반대사상이 출력된다.
② 배타적 OR 게이트 : 결함수의 OR 게이트이지만, 2개나 그 이상의 입력이 동시에 존재하는 경우에는 출력이 생기지 않는다.
③ 억제 게이트 : 입력사상에 대하여 이 게이트로 나타내는 조건이 만족하는 경우에만 출력사상이 생긴다.
④ 조합 OR 게이트 : 3개 이상의 입력사상 가운데 어느 것이든 2개가 일어나면 출력사상이 생긴다.

57 HAZOP 기법에서 사용하는 가이드워드와 의미가 잘못 연결된 것은?

① No/Not – 설계 의도의 완전한 부정
② More/Less – 정량적인 증가 또는 감소
③ Part of – 성질상의 감소
④ Other than – 기타 환경적인 요인

해설 위험 및 운전성 검토(HAZOP)에서 사용되는 유인어(guidewords)
간단한 용어(말)로서 창조적 사고를 유도하고 자극하여 이상을 발견하고, 의도를 한정하기 위해 사용된다. 즉, 다음과 같은 의미를 나타낸다.
㉮ No 또는 Not : 설계 의도의 완전한 부정
㉯ More 또는 Less : 양(압력, 반응, Flow, Rate, 온도 등)의 증가 또는 감소
㉰ As well as : 성질상의 증가(설계 의도와 운전조건이 어떤 부가적인 행위와 함께 일어남)
㉱ Part of : 일부 변경, 성질상의 감소(어떤 의도는 성취되나, 어떤 의도는 성취되지 않음)
㉲ Reverse : 설계 의도의 논리적인 역
㉳ Other than : 완전한 대체(통상 운전과 다르게 되는 상태)

58 인체측정자료를 장비, 설비 등의 설계에 적용하기 위한 응용원칙에 해당하지 않는 것은?

① 조절식 설계
② 극단치를 이용한 설계
③ 구조적 치수 기준의 설계
④ 평균치를 기준으로 한 설계

해설 인체계측자료 응용원칙
㉮ 극단치 설계
  ㉠ 최대 집단치 : 출입문, 통로, 의자 사이의 간격 등
  ㉡ 최소 집단치 : 선반의 높이, 조종장치까지의 거리, 버스나 전철의 손잡이 등
㉯ 조절식 설계 : 사무실 의자나 책상의 높낮이 조절, 자동차 좌석의 전후조절 등
㉰ 평균치 설계 : 가게나 은행의 계산대 등

59 정보를 전송하기 위해 청각적 표시장치보다 시각적 표시장치를 사용하는 것이 더 효과적인 경우는?

① 정보의 내용이 간단한 경우
② 정보가 후에 재참조되는 경우
③ 정보가 즉각적인 행동을 요구하는 경우
④ 정보의 내용이 시간적인 사건을 다루는 경우

해설 청각장치와 시각장치의 선택
㉮ 청각장치 사용
  ㉠ 전언이 간단하고 짧을 때
  ㉡ 전언이 후에 재참조되지 않을 때
  ㉢ 전언이 시간적인 사상을 다룰 때
  ㉣ 전언이 즉각적인 행동을 요구할 때
  ㉤ 수신자의 시각계통이 과부하 상태일 때
  ㉥ 수신장소가 너무 밝거나 암조응 유지가 필요할 때
  ㉦ 직무상 수신자가 자주 움직이는 경우
㉯ 시각장치 사용
  ㉠ 전언이 복잡하고 길 때
  ㉡ 전언이 후에 재참조될 경우
  ㉢ 전언이 공간적인 위치를 다룰 때
  ㉣ 전언이 즉각적인 행동을 요구하지 않을 때
  ㉤ 수신자의 청각계통이 과부하 상태일 때
  ㉥ 수신장소가 너무 시끄러울 때
  ㉦ 직무상 수신자가 한 곳에 머무르는 경우

60 '화재발생'이라는 시작(초기)사상에 대하여 화재감지기, 화재경보, 스프링클러 등의 성공 또는 실패 작동 여부와 그 확률에 따른 피해 결과를 분석하는 데 가장 적합한 위험분석기법은?

① FTA
② ETA
③ FHA
④ THERP

해설 사건수분석(ETA)
사상(事象)의 안전도를 사용하여 시스템의 안전도를 나타내는 시스템 모델의 하나로, 귀납적이고 정량적인 분석방법으로 '화재발생'이라는 시작(초기)사상에 대하여 화재감지기, 화재경보, 스프링클러 등의 성공 또는 실패 작동 여부와 그 확률에 따른 피해 결과를 분석하는 데 가장 적합한 위험분석기법이다.

≫ 제4과목　건설시공학

61 보기는 거푸집의 콘크리트 측압에 대한 설명이다. 다음 설명 중 옳은 것은 어느 것인가?

① 묽은 콘크리트일수록 측압이 작다.
② 온도가 낮을수록 측압은 작다.
③ 콘크리트의 붓기 속도가 빠를수록 측압이 크다.
④ 거푸집의 강성이 클수록 측압이 작다.

해설 콘크리트 측압이 커지는 조건
㉮ 묽은 콘크리트일수록 측압이 크다.
㉯ 온도가 낮을수록 측압이 크다.
㉰ 거푸집의 강성이 클수록 측압이 크다.
㉱ 타설속도가 빠를수록 측압이 커진다.
㉲ 벽체 두께가 두꺼울수록 측압이 커진다.
㉳ 슬럼프값이 클수록 측압이 커진다.
㉴ 철근 양이 적을수록 측압이 커진다.
㉵ 거푸집의 표면이 평활할수록 측압이 커진다.
㉶ 다짐이 충분할수록 측압이 커진다.
㉷ 시공연도가 좋을수록 측압이 커진다.
㉸ 거푸집의 수평단면이 클수록 크다.

62 기초공사에서 잡석 지정을 하는 목적에 해당되지 않는 것은?

① 구조물의 안정을 유지하게 된다.
② 이완된 지표면을 다진다.
③ 철근의 피복 두께를 확보한다.
④ 버림 콘크리트의 양을 절약할 수 있다.

해설 잡석 지정
㉮ 기초파기를 한 밑바닥에 10~30cm 정도의 잡석을 나란히 깔고, 쇄석, 틈막이 자갈 등으로 틈새를 메우고 견고하게 다진 것이다.
㉯ 잡석 지정의 목적
  ㉠ 구조물의 안정을 유지하게 된다.
  ㉡ 이완된 지표면을 다진다.
  ㉢ 버림 콘크리트의 양을 절약할 수 있다.

63 철근콘크리트 공사에서 철근과 철근의 순간격은 굵은 골재 최대 치수에 최소 몇 배 이상으로 하여야 하는가?

① 1배
② $\frac{4}{3}$배
③ $\frac{5}{3}$배
④ 2배

해설 철근과 철근의 순간격
굵은 골재 최대 치수×$\frac{4}{3}$ 이상

64 다음 중 석축쌓기 공법에 해당하지 않는 것은?

① 건쌓기
② 메쌓기
③ 찰쌓기
④ 막쌓기

해설 석축쌓기 공법
㉮ 건쌓기 : 돌, 석축 등을 모르타르나 콘크리트 등을 쓰지 않고 잘 물려서 그냥 쌓는 돌 쌓기법
㉯ 찰쌓기 : 돌과 돌 사이의 맞댐면에 모르타르를 다져 넣고 뒷고임에도 모르타르나 콘크리트를 채워 넣는 돌 쌓기법
㉰ 메쌓기 : 돌의 맞댐면을 다듬어 잘 맞닿게 하고 배(胴)고임돌을 고여 고정시키고 그 빈틈을 잔 돌로 채우고, 넓고 큰 돌을 골라 끝고임돌로 하고, 다시 그 빈틈을 잔 돌로 채우는 돌 쌓기법

65 거푸집 조립 시 긴결재로 사용하지 않는 것은?

① 폼타이(form tie)
② 플랫타이(flat tie)
③ 철재 동바리(steel support)
④ 컬럼밴드(column band)

해설 거푸집의 긴결재
㉮ 폼타이 : 거푸집과 거푸집 사이에 끼워 넣어 간격을 고정시키고 콘크리트 타설 중 거푸집의 변형을 방지하는 역할
㉯ 플랫타이 : 유로폼 시공 시 거푸집과 거푸집 사이를 일정한 간격으로 유지 및 고정시켜서 내부에 콘크리트 타설을 하여 양생이 이루어지도록 하며 양생 후 매립되는 소모용 자재
㉰ 컬럼밴드 : 기둥 거푸집의 고정 및 측압 버팀용으로 합판 거푸집에 사용

66 지반보다 높은 곳의 굴착에 적합하며, 굴착은 디퍼(dipper)가 행하는 토공사용 기계로 적합한 것은?

① 불도저(bulldozer)
② 클램셸(clamshell)
③ 스크레이퍼(scraper)
④ 파워셔블(power shovel)

해설 ① 불도저 : 블레이드를 트랙터 앞부분에 90°로 설치하여 블레이드를 상하로 조정하면서 임의의 각도로 기울일 수 없게 한 것으로 스트레이트 불도저라고도 한다(앵글도저에 비해 블레이드 용량이 크고 직선 송토작업, 거친 배수로 매몰작업 등에 적합).
② 클램셸 : 붐의 선단에서 클램셸 버킷을 와이어로프로 매달아 바로 아래로 떨어뜨려 흙을 퍼 올리는 토공기계이다.
③ 스크레이퍼 : 흙의 굴착, 싣기, 운반, 하역 등의 일관작업을 연속적으로 행할 수 있는 토공 만능기이다. 작업거리는 100~200m의 중거리 정지공사에 적합하다(비행장이나 도로의 신설 등 대규모 정지작업에 사용).

62.③ 63.② 64.④ 65.③ 66.④

67 철근을 피복하는 이유와 가장 거리가 먼 것은?

① 철근의 순간격 유지
② 철근의 좌굴 방지
③ 철근과 콘크리트의 부착응력 확보
④ 화재, 중성화 등으로부터 철근 보호

해설 **철근의 순간격**
구조물의 단면에 배근되는 철근과 철근 사이의 수직·수평으로 이격시켜야 하는 최소한의 수치로, 철근의 피복 이유와는 상관성이 없다.
다음 3가지 중 가장 큰 값을 철근의 순간격으로 한다.
㉮ 철근 지름의 1.5배 이상
㉯ 2.5cm(25mm) 이상
㉰ 최대 자갈 지름의 1.25배 이상

68 갱폼(gang form)에 관한 설명으로 옳지 않은 것은?

① 타워크레인, 이동식 크레인 같은 양중 장비가 필요하다.
② 벽과 바닥의 콘크리트 타설을 한번에 가능하게 하기 위하여 벽체 및 슬래브 거푸집을 일체로 제작한다.
③ 공사 초기 제작기간이 길고 투자비가 큰 편이다.
④ 경제적인 전용 횟수는 30~40회 정도이다.

해설 **갱폼의 장점·단점**
㉮ 장점
  ㉠ 조립·해체가 생략되고 설치와 탈형만 하기 때문에 인력 절감
  ㉡ 콘크리트 이음부위 감소로 마감 단순화 및 비용 절감
  ㉢ 기능공의 기능도에 좌우되지 않음
  ㉣ 1개의 현장에 사용 후 합판을 교체하여 재사용 가능
㉯ 단점
  ㉠ 장비 필요, 초기투자비 과다
  ㉡ 거푸집 조립시간 필요(취급 어려움)
  ㉢ 기능공의 교육 및 숙달기간 필요

69 철근의 이음방법에 해당되지 않는 것은?

① 겹침 이음   ② 병렬 이음
③ 기계식 이음 ④ 용접 이음

해설 **철근 이음의 종류**
㉮ 겹침 이음   ㉯ 용접 이음
㉰ 기계적 이음 ㉱ 가스 압접

70 블록의 하루 쌓기 높이는 최대 얼마를 표준으로 하는가?

① 1.5m 이내   ② 1.7m 이내
③ 1.9m 이내   ④ 2.1m 이내

해설 블록의 하루 쌓기 높이는 최대 1.5m 이내로 제한하는데, 이는 붕괴 위험이 있기 때문이다.

71 지반개량 지정공사 중 응결공법이 아닌 것은?

① 플라스틱 드레인공법
② 시멘트 처리공법
③ 석회 처리공법
④ 심층혼합 처리공법

해설 **응결공법(고결공법)**
㉮ 약액주입공법 : 지반 내에 주입관을 통해 약액을 주입하여 지반을 고결시키는 공법이다.
  ※ 주입 현탁액 : 시멘트, 아스팔트, 벤토나이트 등
㉯ 생석회 말뚝공법 : 생석회를 주입하여 흙속의 부분과 화학반응 시 발열에 의해 수분을 증발시키는 공법이다.
㉰ 동결공법 : 액체 질소를 이용하여 흙을 동결시키는 공법이다.
㉱ 기타 삼층혼합 처리공법, 소결공법 등이 있다.

72 다음 중 깊은 기초지정에 해당되는 것을 고르면?

① 잡석지정
② 피어기초지정
③ 밑창콘크리트지정
④ 긴주춧돌지정

해설 **깊은 기초지정**
기초지반의 지지력이 충분하지 못하거나 침하가 과도하게 일어나는 경우에 말뚝, 피어, 케이슨 등의 깊은 기초를 설치하여 지지력이 충분히 큰 하부 지반에 상부 구조물의 하중을 전달하거나 지반을 개량한 후에 기초를 설치하는 것을 말한다.

정답 67.① 68.② 69.② 70.① 71.① 72.②

73 분할도급 발주방식 중 지하철 공사, 고속도로 공사 및 대규모 아파트단지 등의 공사에 채용하면 가장 효과적인 것은?

① 직종별 · 공종별 분할도급
② 공정별 분할도급
③ 공구별 분할도급
④ 전문 공종별 분할도급

해설 분할도급 계약제도
공사 유형별로 분할하여 전문업자에게 도급을 주는 방식으로, 다음과 같이 구분된다.
㉮ 전문 공종별 분할도급
　㉠ 전기 · 난방 등의 설비공사 같이 전문적인 공사를 분할하여 직접 전문업자에게 도급을 주는 방식이다.
　㉡ 전문화로 시공의 질이 향상되고, 공사비 증대의 우려가 있다.
　㉢ 건축주의 의사전달이 원활하다.
　㉣ 설비업자의 자본기술이 향상된다.
㉯ 공정별 분할도급
　㉠ 시공과정별로 도급을 주는 방식이다.
　　(예) 기초, 구조체, 방수, 창호 등
　㉡ 설계 부분 완성 시 완료 부분만 발주가 가능하다.
　㉢ 선행 공사 지연 시 후속 공사의 영향이 크고, 후속업자(공정) 변경 시 공사금액 결정이 곤란하다.
　㉣ 정부, 관청에서 발주하는 공사로 예산상 구분될 때 채택한다.
㉰ 공구별 분할도급
　㉠ 대규모 공사(지하철 공사, 고속도로 공사, 대규모 아파트단지 공사) 시 중소업자에게 균등한 기회를 부여하기 위해 분할도급 지역별로 도급을 주는 방식이다.
　㉡ 시공기술력 향상 및 경쟁으로 인한 공기가 단축된다.
　㉢ 사무업무가 복잡하고 관리가 어렵다.
　㉣ 도급업자에게 균등한 기회를 부여한다.
㉱ 직종별 · 공종별 분할도급
　㉠ 직영에 가까운 형태로 전문직 또는 공종별로 도급을 주는 방식이다.
　㉡ 건축주의 의도가 잘 반영된다.
　㉢ 현장관리업무가 복잡하며, 경비 가산으로 인한 공사비 증대의 우려가 있다.

74 용접 불량의 일종으로 용접의 끝부분에서 용착금속이 채워지지 않고 홈처럼 우묵하게 남아 있는 부분을 무엇이라 하는가?

① 언더컷　　　　② 오버랩
③ 크레이터　　　④ 크랙

해설 용접 결함의 종류
㉮ 언더컷(under-cut)
　과전류 및 용접봉 불량 등으로 모재가 녹아서 용착금속이 채워지지 않고 홈으로 남게 된 부분
㉯ 오버랩(over-lap)
　용접금속과 모재가 융합되지 않고 겹쳐지는 것
㉰ 블로홀(blow-hole)
　금속이 녹아들 때에 생기는 기포나 작은 틈
㉱ 크랙(crack)
　용접 후 냉각할 때에 생기는 갈라짐
㉲ 피트(pit)
　용접부에 생기는 미세한 홈
㉳ 슬래그(slag) 감싸들기
　용접봉의 피복재 심선과 모재가 변하여 생긴 회분이 용착금속 내에 혼입되는 현상
㉴ 크레이터
　용접 마지막 부분에서 일어나는 현상으로 용접물이 부족해서 비드가 충분히 위로 올라오지 않고 매우 얕게 생긴 모양

75 조적공사의 백화현상을 방지하기 위한 대책으로 옳지 않은 것은?

① 석회를 혼합한 줄눈 모르타르를 활용하여 바른다.
② 흡수율이 낮은 벽돌을 사용한다.
③ 쌓기용 모르타르에 파라핀 도료와 같은 혼화제를 사용한다.
④ 돌림대, 차양 등을 설치하여 빗물이 벽체에 직접 흘러내리지 않게 한다.

해설 백화현상
㉮ 정의
　공사완료 이후, 벽돌벽 외부에 흰 가루가 도는 현상이다.
㉯ 방지대책
　㉠ 줄눈 · 모르타르의 밀실충전 및 줄눈 모르타르에 방수제를 혼합한다.
　㉡ 치장쌓기의 벽돌벽은 줄눈넣기 조기시공
　㉢ 이어쌓기의 경우, 고인물 완전제거
　㉣ 흡수율이 작은 소성이 잘 된 양질의 벽돌 사용
　㉤ 파라핀 도료를 발라서 염료가 나오는 것을 방지
　㉥ 줄눈 모르타르의 단위 시멘트량을 적게 한다.
　㉦ 벽돌벽의 상부에 비막이를 설치한다.
　㉨ 물-시멘트비(W/C)를 감소시킨다.
※ ① 석회질이 섞인 것을 사용하는 것은 백화현상의 원인이다.

76 공사계약방식 중 직영공사방식에 관한 설명으로 옳은 것은?

① 사회간접자본(SOC ; Social Overhead Capital)의 민간투자유치에 많이 이용되고 있다.
② 영리 목적의 도급공사에 비해 저렴하고 재료 선정이 자유로운 장점이 있으나, 고용기술자 등에 의한 시공관리능력이 부족하면 공사비 증대, 시공성의 결함 및 공기가 연장되기 쉬운 단점이 있다.
③ 도급자가 자금을 조달하고 설계, 엔지니어링, 시공의 전부를 도급받아 시설물을 완성하고 그 시설을 일정기간 운영하는 것으로, 운영수입으로부터 투자자금을 회수한 후 발주자에게 그 시설을 인도하는 방식이다.
④ 수입을 수반한 공공 혹은 공익 프로젝트(유료도로, 도시철도, 발전소 등)에 많이 이용되고 있다.

해설 **직영공사**
건축주가 공사계획을 세우고 일체의 공사를 건축주 책임으로 시행하는 공사이다.
㉮ 장점
　㉠ 임기응변으로 처리가 가능하다(특수한 상황에 신속하게 대처).
　㉡ 입찰이나 계약 등의 복잡한 수속이 필요 없다.
㉯ 단점
　㉠ 공사기간이 연장되고 공사비가 증대된다.
　㉡ 시공 및 안전관리능력이 부족하다.

77 벽돌공사 중 벽돌쌓기에 관한 설명으로 옳지 않은 것은?

① 가로 및 세로줄눈의 너비는 도면 또는 공사시방서에 정한 바가 없을 때에는 10mm를 표준으로 한다.
② 벽돌쌓기는 도면 또는 공사시방서에서 정한 바가 없을 때에는 불식 쌓기 또는 미식 쌓기로 한다.
③ 연속되는 벽면의 일부를 트이게 하여 나중쌓기로 할 때에는 그 부분을 층단 들여쌓기로 한다.
④ 벽돌은 각부를 가급적 동일한 높이로 쌓아 올라가고, 벽면의 일부 또는 국부적으로 높게 쌓지 않는다.

해설 ② 벽돌쌓기는 도면 또는 공사시방서에서 정한 바가 없을 때에는 영식 쌓기 또는 화란식 쌓기로 한다.

78 다음 설명 중 네트워크공정표의 단점이 아닌 것은?

① 다른 공정표에 비하여 작성시간이 많이 필요하다.
② 작성 및 검사에 특별한 기능이 요구된다.
③ 진척관리에 있어서 특별한 연구가 필요하다.
④ 개개의 관련 작업이 도시되어 있지 않아 내용을 알기 어렵다.

해설 **네트워크공정표의 장단점**
㉮ 장점
　㉠ 각 작업 상호 간의 관련성을 표시할 수 있다.
　㉡ 공사 전체의 파악이 용이하다.
　㉢ 계획단계에서 공정상의 문제점을 도출할 수 있으므로 작업 전에 적절히 수정할 수 있다.
　㉣ 작업 수속이 과학적이며 신뢰성이 높다.
㉯ 단점
　㉠ 네트워크 기법에 대한 습득이 어렵다.
　㉡ 공정계획의 작성에 많은 시간이 소요된다.
　㉢ 네트워크 기법의 교시에 있어서의 제약에서 작업의 세분화 정도에 한계가 있다.
　㉣ 공정표를 수정하기가 대단히 어렵다.
　㉤ 점검 및 검사에 특별한 기능이 요구된다.
　㉥ 진척관리에 있어서 특별한 연구가 필요하다.

79 슬라이딩폼(sliding form)에 관한 설명으로 옳지 않은 것은?

① 1일 5~10m 정도 수직 시공이 가능하므로 시공속도가 빠르다.
② 타설작업과 마감작업을 병행할 수 없어 공정이 복잡하다.
③ 구조물 형태에 따른 사용제약이 있다.
④ 형상 및 치수가 정확하며 시공오차가 적다.

해설 슬라이딩폼
㉮ 개요 : 원형 철판 거푸집을 요크로 서서히 끌어올리면서 연속적으로 콘크리트를 타설하는 수직활동 거푸집이다.
㉯ 특징
  ㉠ 공기를 1/3 정도로 단축할 수 있다.
  ㉡ 내·외부에 비계 발판이 필요 없다.
  ㉢ 연속 타설로 콘크리트의 일체성을 확보하기가 용이하다.
  ㉣ 굴뚝, 사일로(silo) 등 평면현상이 일정하고 돌출부가 없는 높은 구조물에 사용한다.

80 발주자가 직접 설계와 시공에 참여하고 프로젝트 관련자들이 상호 신뢰를 바탕으로 Team을 구성해서 프로젝트의 성공과 상호 이익 확보를 공동 목표로 하여 프로젝트를 추진하는 공사수행방식은?

① PM 방식(Project Management)
② 파트너링 방식(Partnering)
③ CM 방식(Construction Management)
④ BOT 방식(Build Operate Transfer)

해설
① PM 방식
   어떠한 프로젝트를 진행할 때 보다 효율적으로 프로젝트를 관리하여 성공적으로 프로젝트를 수행하게 하는 일을 말하며, 프로젝트가 계획되는 시점에서 선정되어, 프로젝트의 시작에서 끝까지 일정관리, 자금관리, 인력관리 등 모든 부분이 이에 포함된다.
③ CM 방식
   건설공사의 기획단계, 설계단계, 구매 및 입찰단계, 시공단계, 유지관리단계 전체의 종합적 관리 시스템을 의미한다.
④ BOT 방식
   사회 간접자본시설의 준공 후 일정 기간 동안 사업 시행자에게 당해 시설의 소유권이 인정되며, 그 기간의 만료 시 시설 소유권이 국가 또는 지방자치단체에 귀속되는 공사수행방식이다.

>> **제5과목** 　　**건설재료학**

81 목재의 방부재에 대한 설명 중 틀린 것은?

① PCP는 방부력이 매우 우수하나, 자극적인 냄새가 난다.
② 크레오소트유는 방부성은 우수하나, 악취가 나고 외관이 좋지 않다.
③ 아스팔트는 가열 용해하여 목재에 도포하면 미관이 뛰어나 자주 활용된다.
④ 유성 페인트는 방부·방습 효과가 있고, 착색이 자유롭다.

해설 아스팔트(Asphalt)
가열하여 목재에 도포하면 흑색으로 착색되어 페인트 칠이 불가능하므로 보이지 않는 곳에서만 사용한다.

82 목재에 관한 설명으로 틀린 것은?

① 심재가 변재보다 비중, 내후성 및 강도가 크다.
② 섬유포화점은 보통 함수율이 30% 정도일 때를 말한다.
③ 변재는 심재부보다 신축 변형량이 크다.
④ 함수율이 증가하면 압축, 휨, 인장강도가 증가한다.

해설 섬유포화점(30% 정도) 이상에서는 함수율이 증가하여도 감도는 일정하며, 섬유포화점 이하에서 함수율의 감소에 따라 강도는 증가하고 탄성은 감소한다.

83 역청재료의 침입도 시험에서 중량 100g의 표준침이 5초 동안에 10mm 관입했다면 이 재료의 침입도는?

① 1   ② 10
③ 100   ④ 1,000

해설 침입도란 물질의 점조도나 경도 등을 나타내는 척도의 일종으로, 침입도 10이란 25℃, 중량 100g, 5초가 표준으로 되어 있으며 바늘이 관입한 깊이는 0.1mm일 때이다.
∴ 침입도 = $\dfrac{10}{0.1}$ = 100

84 킨스 시멘트 제조 시 무수석고의 경화를 촉진시키기 위해 사용하는 혼화재료는?

① 규산백토
② 플라이애시
③ 화산회
④ 백반

해설 킨스 시멘트(keene's cement)
경석고 플라스터라고도 하며 경석고에 명반(백반) 등의 촉진제를 배합한 것으로 약간 붉은 빛을 띤 백색을 나타내는 플라스터이다.

85 콘크리트에 관한 설명으로 옳지 않은 것은?

① 콘크리트의 강도는 대체로 물·시멘트비에 의해 결정된다.
② 콘크리트는 장기간 화재를 당해도 결정수를 방출할 뿐이므로 강도상 영향은 없다.
③ 콘크리트는 알칼리성이므로 철근콘크리트의 경우 철근을 방청하는 큰 장점이 있다.
④ 콘크리트는 온도가 내려가면 경화가 늦으므로 동절기에 타설할 경우에는 충분히 양생하여야 한다.

해설 콘크리트의 장점 및 단점
㉮ 장점
 ㉠ 압축강도가 크다.
 ㉡ 내화성·내구성·내진성·내수성·차음성 등이 좋다.
 ㉢ 강과의 접착이 잘 되고, 강알칼리성이 있으므로 방청력(防錆力)이 크다.
 ㉣ 크기에 제한을 받지 않으므로 임의의 크기 및 모양의 구조물을 만들 수 있다.
 ㉤ 시공하는 데에 특별한 숙련을 필요로 하지 않는다.
 ㉥ 유지비가 적게 든다.
 ㉦ 역학적인 결점은 다른 재료를 사용하여 보완할 수 있다.
㉯ 단점
 ㉠ 자체중량이 비교적 크다.
 ㉡ 경화할 때에 수축균열이 발생하기 쉽고 보수가 어렵다.
 ㉢ 압축강도에 비하여 인장강도와 휨강도가 적다(철근을 사용하여 보강한다).

86 점토제품 시공 후 발생하는 백화에 관한 설명으로 옳지 않은 것은?

① 타일 등의 시유 소성한 제품은 시멘트 중의 경화체가 백화의 주된 요인이 된다.
② 작업성이 나쁠수록 모르타르의 수밀성이 저하되어 투수성이 커지게 되고, 투수성이 커지면 백화 발생이 커지게 된다.
③ 점토제품의 흡수율이 크면 모르타르 중의 함유수를 흡수하여 백화 발생을 억제한다.
④ 물·시멘트비가 크게 되면 잉여수가 증대되고, 이 잉여수가 증발할 때 가용성분의 용출을 발생시켜 백화 발생의 원인이 된다.

해설 ③ 점토제품의 흡수율이 크면 모르타르 중의 함유수를 배출하여 백화 발생을 촉진한다.

87 석재의 일반적인 성질에 관한 설명으로 옳지 않은 것은?

① 화강암의 내구연한은 75~200년 정도로서 다른 석재에 비하여 비교적 수명이 길다.
② 흡수율은 동결과 융해에 대한 내구성의 지표가 된다.
③ 인장강도는 압축강도의 1/10~1/30 정도이다.
④ 비중이 클수록 강도가 크며, 공극률이 클수록 내화성이 작다.

해설 ④ 비중이 클수록 강도가 크며, 공극률이 클수록 내화성이 크다.

88 내화벽돌의 내화도 범위로 가장 적절한 것은 어느 것인가?

① 500~1,000℃   ② 1,500~2,000℃
③ 2,500~3,000℃ ④ 3,500~4,000℃

해설 내화벽돌의 내화도
일반적으로 1,580~2,000℃(SK 26~42)의 범위를 가지며, 내화도에 따라 다음과 같이 나눌 수 있다.
㉮ 저급품 : 1,580~1,650℃(SK 26~29)
㉯ 중급품 : 1,670~1,730℃(SK 30~33)
㉰ 고급품 : 1,750~2,000℃(SK 34~42)

89 굵은 골재의 단위용적중량이 1.7kg/L, 절건밀도가 2.65g/cm³일 때, 이 골재의 공극률은?

① 25%   ② 28%
③ 36%   ④ 42%

해설 공극률 $(V) = \left(1 - \dfrac{W}{P}\right) \times 100\% = \left(1 - \dfrac{1.7}{2.65}\right) \times 100$
$= 35.85\%$
여기서, W : 골재의 단위용적중량(kg/L)
P : 골재의 비중

90 건설용 강재(철근 등)의 재료 시험항목에서 일반적으로 제외되는 것은?

① 압축강도 시험　② 인장강도 시험
③ 굽힘 시험　　　④ 연신율 시험

해설 철근재료 시험항목에는 인장강도 시험, 연신율 시험, 휨강도 시험이 있다.
※ ① 압축강도 시험은 콘크리트 시험항목이다.

91 다음 중 도료의 건조제로 사용되지 않는 것은?

① 리사지　　② 나프타
③ 연단　　　④ 이산화망간

해설 건조제는 도포의 건조를 촉진시키기 위하여 사용하는 것으로서 일반적으로 납(鉛), 망간, 코발트 등의 산화물 또는 염류 등이 사용된다.
건조제의 종류로는 납 건조제(수지산납, 리놀렌산납, 리사지, 연단 등), 망간 건조제(이산화망간, 수지산망간, 리놀렌산망간 등), 코발트 건조제(수지산코발트, 리놀렌산코발트 등), 칼슘 건조제 및 아연 건조제(아연화) 등이 있다.

92 다음 중 시멘트의 분말도가 높을수록 나타나는 성질변화에 관한 설명으로 옳은 것을 고르면?

① 시멘트 입자 표면적의 증대로 수화반응이 늦다.
② 풍화작용에 대하여 내구적이다.
③ 건조수축이 적다.
④ 초기강도 발현이 빠르다.

해설 분말도가 크면 수화작용이 빠르고 초기강도가 높아지며, 블리딩(bleeding : 아직 굳지 않은 모르타르나 콘크리트에 있어서 표면으로 물이 스며나오는 현상)이 적어지나, 지나치게 분말이 미세한 것은 풍화되기 쉽고 건조수축이 커져서 균열이 발생하기 쉽다.

93 다음 중 역청재료의 침입도값과 비례하는 것은?

① 역청재의 중량
② 역청재의 온도
③ 역청재의 비중
④ 대기압

해설 침입도
물질의 점조도나 경도 등을 나타내는 척도의 일종이다. 침입도 10란 25℃, 중량 100g의 추를 5초간 누를 때를 표준으로, 바늘이 관입한 깊이가 0.1mm일 때이다.
또한, 역청재료의 침입도값이 커지기 위해서는 역청재의 온도가 높아야 한다.

94 내열성이 크고 발수성을 나타내어 방수제로 쓰이며 저온에서도 탄성이 있어 gasket, packing의 원료로 쓰이는 합성수지는?

① 페놀수지
② 폴리에스테르수지
③ 실리콘수지
④ 멜라민수지

해설 실리콘수지
내열성이 우수하고 실리콘고무는 −60~260℃에 걸쳐서 탄성을 유지하고, 150~177℃에서는 장시간 연속 사용에 견디며, 270℃의 고온에서도 몇 시간 사용이 가능하다. 도료의 경우, 안료로서 알루미늄분말을 혼합한 것은 500℃에서는 몇 시간, 250℃에서는 장시간을 견딘다. 실리콘은 전기절연성 및 내수성이 좋고 발수성(撥水性)이 있으며 고온과 저온에서 탄성이 있어서 개스킷(gasket)이나 패킹(packing) 등에 쓰인다.

95 강화유리에 관한 설명으로 옳지 않은 것은?

① 유리 표면에 강한 압축응력층을 만들어 파괴강도를 증가시킨 것이다.
② 강도는 플로트 판유리에 비해 3~5배 정도이다.
③ 주로 출입문이나 계단 난간, 안전성이 요구되는 칸막이 등에 사용된다.
④ 깨어질 때는 판유리 전체가 파편으로 잘게 부서지지 않는다.

해설 **강화유리**
평면 및 곡면의 판유리를 열처리(약 600℃까지 가연)한 후 냉각공기로 양면을 급냉각화하여 강도를 높인 안전유리를 말한다.
㉮ 유리 표면에 강한 압축응력층을 만들어 파괴강도를 증가시킨 것이다.
㉯ 강도는 플로트 판유리에 비해 3~5배 정도이다.
㉰ 주로 출입문이나 계단 난간, 안전성이 요구되는 칸막이 등에 사용된다.
㉱ 깨어질 때는 판유리 전체가 콩알 모양의 파편으로 잘게 부서진다.
㉲ 가공이 불가능하므로 제작 전에 나사구멍, 절단 등의 작업을 하여야 한다.

96 다음 중 알루미늄과 같은 경금속 접착에 가장 적합한 합성수지는?

① 멜라민수지
② 실리콘수지
③ 에폭시수지
④ 푸란수지

해설 **에폭시수지 접착제**
㉮ 특성
　㉠ 기본점성이 크며 급경성이다.
　㉡ 내산성, 내알칼리성, 내수성, 내약품성, 전기절연성 등이 우수하다.
　㉢ 강도 등의 기계적 성질도 뛰어나다.
㉯ 용도 : 금속 접착에 적당하고, 플라스틱, 도자기, 유리, 석재, 콘크리트 등의 접착에 사용되는 만능형 접착제이다.

97 도장재료 중 래커(lacquer)에 관한 설명으로 옳지 않은 것은?

① 내구성은 크나 도막이 느리게 건조된다.
② 클리어 래커는 투명 래커로 도막은 얇으나 견고하고 광택이 우수하다.
③ 클리어 래커는 내후성이 좋지 않아 내부용으로 주로 쓰인다.
④ 래커 에나멜은 불투명 도료로서 클리어 래커에 안료를 첨가한 것을 말한다.

해설 **래커**
질화면(nitro cellulose)을 용제(acetone, butanol, 지방산 ester)에 용해시키고 여기에 합성수지·가소제와 안료를 첨가시켜 만든다.

㉮ 래커의 특성
　㉠ 건조가 빠르고(10~20분), 내후성·내수성·내유성 등이 우수하다.
　㉡ 도막이 얇고 부착력이 약한 것이 결점이다.
　㉢ 래커 도막에는 때때로 흐려지거나 백화현상이 일어나는데, 이는 용제가 증발할 때에 열을 도막에서 흡수하기 때문에 일어난다. 이런 경우에는 시너(thinner) 대신으로 리타더(retarder)를 사용하면 방지된다.
㉯ 래커의 종류
　㉠ 클리어 래커(clear lacquer) : 안료가 들어가지 않은 투명 래커로서, 유성 바니시보다 도막은 얇으나 견고하며 담색으로 광택이 우아하지만 내후성이 좋지 않아 내부용으로 주로 쓰인다.
　㉡ 에나멜 래커(enamel lacquer) : 클리어 래커에 안료를 첨가한 래커로서 불투명 도료이다.
　㉢ 하이 솔리드 래커(high solid lacquer) : 에나멜 래커보다 내구력 및 내후성을 좋게 하기 위하여 끈기가 낮은 니트로셀룰로오스 또는 프탈산수지 및 멜라민수지 등을 배합하고, 용해성이 큰 용제를 사용하여 끈기가 오르는 것을 방지함에 따라 내후성·부착력·광택 등은 좋으나 건조가 더디고 연마성이 떨어진다.
　㉣ 핫 래커(hot lacquer) : 하이 솔리드 래커보다 니트로셀룰로오스 및 기타 도막 형성 물질을 많이 함유한 래커이다.

98 다음 미장재료 중 수경성 재료인 것은?

① 회반죽
② 회사벽
③ 석고 플라스터
④ 돌로마이트 플라스터

해설 **응결·경화 방식에 따른 미장재료의 분류**
㉮ 수경성 미장재료(팽창성) : 물(H_2O)과 수화반응에 의해 경화하는 미장재료
　㉠ 시멘트 모르타르
　㉡ 석고 플라스터
　㉢ 경석고 플라스터
　㉣ 인조석 바름
　㉤ 테라조(terrazzo) 현장바름
㉯ 기경성 미장재료(수축성) : 공기 중에서 경화하는 미장재료
　㉠ 진흙
　㉡ 회반죽
　㉢ 회사벽
　㉣ 돌로마이트 플라스터

99 강의 열처리방법 중 결정을 미립화하고 균일하게 하기 위해 800~1,000℃까지 가열하여 소정의 시간까지 유지한 후에 노(爐)의 내부에서 서서히 냉각하는 방법은?

① 풀림 ② 불림
③ 담금질 ④ 뜨임질

해설 강의 열처리방법
㉮ 풀림(annealing) : 강을 적당한 온도(800~1,000℃)로 가열한 후에 노 안에서 천천히 냉각시키는 것
㉯ 불림(normalizing) : 800~1,000℃의 온도로 가열한 후에 대기 중에서 냉각시키는 열처리방법
㉰ 담금질(hardening 또는 quenching) : 강을 가열한 후에 물 또는 기름 속에 투입하여 급랭시키는 열처리방법
㉱ 뜨임질(tempering) : 담금질한 강에 인성을 주고 내부 잔류응력을 없애기 위해 변태점 이하의 적당한 온도(726℃ 이하 : 제일변태점)에서 가열한 다음에 냉각시키는 열처리방법

100 석고보드에 관한 설명으로 옳지 않은 것은?

① 부식이 잘 되고 충해를 받기 쉽다.
② 단열성, 차음성이 우수하다.
③ 시공이 용이하여 천장, 칸막이 등에 주로 사용된다.
④ 내수성, 탄력성이 부족하다.

해설 석고보드
경석고에 톱밥이나 석면 등을 넣어서 판상으로 굳히고, 그 양면에 석고액을 침지시킨 회색의 두꺼운 종이를 부착시켜 압축성형한 것이다.
㉮ 흡수로 인해 강도가 현저하게 저하되며, 탄력성이 부족하다.
㉯ 신축변형이 적고 균열의 위험이 작다.
㉰ 부식이 안 되고 충해를 받지 않는다.
㉱ 단열성이 높다.
㉲ 천장, 벽, 칸막이 등에 직접 사용된다.

≫ 제6과목   건설안전기술

101 가설통로를 설치하는 경우 경사는 최대 몇 도 이하로 하여야 하는가?

① 20 ② 25
③ 30 ④ 35

해설 가설통로 설치 시 준수사항
㉮ 견고한 구조로 할 것
㉯ 경사는 30° 이하로 할 것(다만, 계단을 설치하거나 높이 2m 미만의 가설통로로서 튼튼한 손잡이를 설치한 때에는 그러하지 아니하다)
㉰ 경사가 15°를 초과하는 때에는 미끄러지지 않는 구조로 할 것
㉱ 추락의 위험이 있는 장소에는 안전난간을 설치할 것(작업상 부득이한 때에는 필요한 부분에 한하여 임시로 이를 해체할 수 있다)
㉲ 수직갱에 가설된 통로의 길이가 15m 이상인 때에는 10m 이내마다 계단참을 설치할 것
㉳ 건설공사에서 사용하는 높이 8m 이상인 비계다리에는 7m 이내마다 계단을 설치할 것

102 흙막이 지보공을 설치하였을 때 정기점검 사항에 해당되지 않는 것은?

① 검지부의 이상 유무
② 버팀대의 긴압의 정도
③ 침하의 정도
④ 부재의 손상, 변형, 부식, 변위 및 탈락의 유무와 상태

해설 흙막이 지보공 설치 시 정기적 점검사항
㉮ 부재의 손상·변형·부식·변위 및 탈락의 유무와 상태
㉯ 버팀대의 긴압의 정도
㉰ 부재의 접속부·부착부 교차부의 상태
㉱ 침하의 정도

103 건립 중 강풍에 의한 풍압 등 외압에 대한 내력이 설계에 고려되었는지 확인하여야 하는 철골 구조물에 해당하지 않는 것은 어느 것인가?

① 이음부가 현장용접인 건물
② 높이 15m인 건물
③ 기둥이 타이플레이트(Tie Plate)형인 구조물
④ 구조물의 폭과 높이의 비가 1 : 5인 건물

해설 철골공사 시 철골의 자립도 검토사항
구조안전의 위험성이 큰 다음 항목의 철골 구조물은 건립 중 강풍에 의한 풍압 등 외압에 대한 내력이 설계에 고려되었는지 확인한다.

㉮ 높이 20m 이상의 구조물
㉯ 구조물의 폭과 높이의 비가 1 : 4 이상인 구조물
㉰ 단면구조에 현저한 차이가 있는 구조물
㉱ 연면적당 철골량이 50kg/m² 이하인 구조물
㉲ 기둥이 타이플레이트(Tie Plate)형인 구조물
㉳ 이음부가 현장용접인 구조물

104 외줄비계·쌍줄비계 또는 돌출비계는 벽이음 및 버팀을 설치하여야 하는데, 강관비계 중 단관비계로 설치할 때의 조립간격으로 옳은 것은? (단, 수직방향, 수평방향의 순서이다.)

① 4m, 4m
② 5m, 5m
③ 5.5m, 7.5m
④ 6m, 8m

해설 강관비계의 조립간격

강관비계의 종류	조립간격(m)	
	수직방향	수평방향
단관비계	5	5
틀비계 (높이가 5m 미만인 것은 제외)	6	8

105 구조물 해체작업으로 사용되는 공법이 아닌 것은?

① 압쇄공법
② 잭공법
③ 절단공법
④ 진공공법

해설 구조물 해체공법
㉮ 압쇄공법 ㉯ 잭공법
㉰ 절단공법 ㉱ 대형 브레이커 공법
㉲ 핸드 브레이커 공법 ㉳ 전도공법
㉴ 화약발파공법 ㉵ 철해머 공법
㉶ 팽창압 공법 ㉷ 쐐기타입공법
㉸ 화염공법 ㉹ 통전공법

106 다음은 산업안전보건기준에 관한 규칙의 콘크리트 타설작업에 관한 사항이다. 빈 칸에 들어갈 적절한 용어는?

> 당일의 작업을 시작하기 전에 당해 작업에 관한 거푸집 동바리 등의 (ⓐ), 변위 및 (ⓑ) 등을 점검하고 이상을 발견한 때에는 이를 보수할 것

① ⓐ 변형, ⓑ 지반의 침하 유무
② ⓐ 변형, ⓑ 개구부 방호설비
③ ⓐ 균열, ⓑ 깔판
④ ⓐ 균열, ⓑ 지주의 침하

해설 콘크리트의 타설작업 시 준수해야 할 사항
㉮ 당일의 작업을 시작하기 전에 당해 작업에 관한 거푸집 동바리 등의 변형·변위 및 지반의 침하 유무 등을 점검하고, 이상을 발견한 때에는 이를 보수할 것
㉯ 작업 중에는 거푸집 동바리 등의 변형·변위 및 침하 유무 등을 감시할 수 있는 감시자를 배치하여 이상을 발견한 때에는 작업을 중지시키고 근로자를 대피시킬 것
㉰ 콘크리트의 타설작업 시 거푸집 붕괴의 위험이 발생할 우려가 있는 때에는 충분한 보강조치를 할 것
㉱ 설계도서상의 콘크리트 양생기간을 준수하여 거푸집 동바리 등을 해체할 것
㉲ 콘크리트를 타설하는 경우에는 편심이 발생하지 않도록 골고루 분산하여 타설할 것

107 다음 중 차량계 건설기계에 속하지 않는 것은?

① 불도저
② 스크레이퍼
③ 타워크레인
④ 항타기

해설 차량계 건설기계의 종류
㉮ 도저형 건설기계 : 불도저, 스트레이트도저, 틸트도저, 앵글도저, 버킷도저 등
㉯ 모터그레이더
㉰ 로더 : 포크 등 부착물 종류에 따른 용도 변경 형식을 포함
㉱ 스크레이퍼
㉲ 크레인형 굴착기계 : 클램셸, 드래그라인 등
㉳ 굴삭기 : 브레이커, 크러셔, 드릴 등 부착물 종류에 따른 용도 변경 형식을 포함
㉴ 항타기 및 항발기
㉵ 천공용 건설기계 : 어스드릴, 어스오거, 크롤러드릴, 점보드릴 등
㉶ 지반 압밀침하용 건설기계 : 샌드드레인 머신, 페이퍼드레인 머신, 팩드레인 머신 등
㉷ 지반다짐용 건설기계 : 타이어롤러, 머캐덤롤러, 탠덤롤러 등
㉸ 준설용 건설기계 : 버킷 준설선, 그래브 준설선, 펌프 준설선 등
㉹ 콘크리트펌프카
㉺ 덤프트럭
㉻ 콘크리트 믹서 트럭
㉾ 도로포장용 건설기계 : 아스팔트 살포기, 콘크리트 살포기, 아스팔트 피니셔, 콘크리트 피니셔 등

108 공정률이 65%인 건설현장의 경우 공사 진척에 따른 산업안전보건관리비의 최소 사용기준으로 옳은 것은?

① 40% 이상
② 50% 이상
③ 60% 이상
④ 70% 이상

해설 공사 진척에 따른 안전관리비 사용기준

공정률	50% 이상 70% 미만	70% 이상 90% 미만	90% 이상
사용기준	50% 이상	70% 이상	90% 이상

※ 공정률은 기성공정률을 기준으로 한다.

109 유해위험방지계획서를 제출해야 할 건설공사 대상 사업장 기준으로 옳지 않은 것은?

① 최대지간길이가 40m 이상인 다리 건설 등의 공사
② 지상높이가 31m 이상인 건축물
③ 터널 건설 등의 공사
④ 깊이 10m 이상인 굴착공사

해설 건설업 중 유해위험방지계획서 제출대상 사업장
㉮ 다음의 어느 하나에 해당하는 건축물 또는 시설 등의 건설·개조 또는 해체 공사
  ㉠ 지상높이가 31m 이상인 건축물 또는 인공구조물
  ㉡ 연면적 3만m² 이상인 건축물
  ㉢ 연면적 5천m² 이상인 시설로서 다음의 어느 하나에 해당하는 시설
    - 문화 및 집회시설(전시장 및 동물원·식물원은 제외)
    - 판매시설, 운수시설(고속철도의 역사 및 집배송시설은 제외)
    - 종교시설
    - 의료시설 중 종합병원
    - 숙박시설 중 관광숙박시설
    - 지하도상가
    - 냉동·냉장 창고시설
㉯ 연면적 5천m² 이상의 냉동·냉장 창고시설의 설비공사 및 단열공사
㉰ 최대지간길이(다리의 기둥과 기둥의 중심 사이의 거리)가 50m 이상인 다리의 건설 등 공사
㉱ 터널의 건설 등 공사
㉲ 다목적댐·발전용 댐 및 저수용량 2천만톤 이상의 용수 전용댐·지방상수도 전용댐 건설 등 공사
㉳ 깊이 10m 이상인 굴착공사

110 터널 등의 건설작업을 하는 경우 낙반 등에 의하여 근로자가 위험해질 우려가 있는 경우에 필요한 조치가 아닌 것은?

① 터널 지보공을 설치한다.
② 록볼트를 설치한다.
③ 환기, 조명시설을 설치한다.
④ 부석을 제거한다.

해설 낙반 등에 의한 위험방지
터널 등의 건설작업을 하는 경우에 낙반 등에 의하여 근로자가 위험해질 우려가 있는 경우에 터널 지보공 및 록볼트의 설치, 부석(浮石)의 제거 등 위험을 방지하기 위하여 필요한 조치를 하여야 한다.

111 토질시험 중 연약한 점토 지반의 점착력을 판별하기 위하여 실시하는 현장시험은?

① 베인테스트(vane test)
② 표준관입시험(SPT)
③ 하중재하시험
④ 삼축압축시험

해설 베인테스트(vane test)
깊이 10m 미만의 연약한 점성토에 적용되는 것으로 흙 중에서 시료를 채취하는 일이 원위치에서 점토의 전단강도를 측정하기 위하여 행한다. 일반적으로 베인시험은 +자형의 날개가 붙은 로드를 지중에 눌러 넣어 회전을 가한 경우의 저항력에서 날개에 의하여 형성되는 원통형의 전단면에 따르는 전단저항(점착력)을 구하는 시험이다.

112 건설공사 위험성평가에 관한 내용으로 옳지 않은 것은?

① 건설물, 기계·기구, 설비 등에 의한 유해·위험요인을 찾아내어 위험성을 결정하고 그 결과에 따른 조치를 하는 것을 말한다.
② 사업주는 위험성평가의 실시내용 및 결과를 기록·보존하여야 한다.
③ 위험성평가 기록물의 보존기간은 2년이다.
④ 위험성평가 기록물에는 평가대상의 유해·위험요인, 위험성결정의 내용 등이 포함된다.

해설 건설공사 위험성평가 기록물의 보존기간은 3년이다.

113 중량물을 운반할 때의 바른 자세로 옳은 것은?

① 허리를 구부리고 양손으로 들어 올린다.
② 중량은 보통 체중의 60%가 적당하다.
③ 물건은 최대한 몸에서 멀리 떼어서 들어 올린다.
④ 길이가 긴 물건은 앞쪽을 높게 하여 운반한다.

해설 중량물 운반 시 바른 자세
㉮ 물건을 들어 올릴 때는 팔과 무릎을 사용하여 척추는 곧은 자세로 한다(허리를 구부려서는 안 된다).
㉯ 중량은 보통 체중의 40%가 적당하다.
㉰ 물건은 최대한 몸에 가까이 해서 들어 올린다.
㉱ 길이가 긴 물건은 앞쪽을 높게 하여 운반한다.

114 근로자에게 작업 중 또는 통행 시 전락(轉落)으로 인하여 근로자가 화상 · 질식 등의 위험에 처할 우려가 있는 케틀(kettle), 호퍼(hopper), 피트(pit) 등이 있는 경우에 그 위험을 방지하기 위하여 최소 높이 얼마 이상의 울타리를 설치하여야 하는가?

① 80cm 이상   ② 85cm 이상
③ 90cm 이상   ④ 95cm 이상

해설 근로자에게 작업 중 또는 통행 시 전락(轉落)으로 인하여 근로자가 화상 · 질식 등의 위험에 처할 우려가 있는 케틀(kettle), 호퍼(hopper), 피트(pit) 등이 있는 경우에 그 위험을 방지하기 위하여 필요한 장소에 높이 90cm 이상의 울타리를 설치하여야 한다.

115 클램셸(clamshell)의 용도로 옳지 않은 것은?

① 잠함 안의 굴착에 사용된다.
② 수면 아래의 자갈, 모래를 굴착하고 준설선에 많이 사용된다.
③ 건축구조물의 기초 등 정해진 범위의 깊은 굴착에 적합하다.
④ 단단한 지반의 작업도 가능하며 작업속도가 빠르고 특히 암반굴착에 적합하다.

해설 클램셸(clamshell)
버킷의 유압호스를 크램셸 장치의 실린더에 연결하여 작동시키며 건축구조물의 기초 등 정해진 범위의 깊은 굴착, 수중굴착 및 호퍼 작업에 적합하다.
㉮ 깊은 땅파기 공사와 흙막이 버팀대를 설치하는 데 사용한다.
㉯ 잠함 안의 굴착 등에 적합하나, 흙막이 버팀대에 굴착과 흙을 긁어모으는 버킷의 날 끝에 발톱이 달린 대형의 것을 사용한다.
㉰ 클램셸은 붐의 선단에서 클램셸 버킷을 와이어로프로 매달아 승하강하며 흙을 떠올리는 것이다.
㉱ 연약한 지반이나 수중 굴착과 자갈 등을 싣는 데 적합하다.

116 동바리 등을 조립하는 경우에 준수하여야 할 안전조치기준으로 옳지 않은 것은?

① 동바리로 사용하는 강관은 높이 2m 이내마다 수평연결재를 2개 방향으로 만들고 수평연결재의 변위를 방지할 것
② 동바리로 사용하는 파이프서포트는 3개 이상이어서 사용하지 않도록 할 것
③ 동바리로 사용하는 파이프서포트를 이어서 사용하는 경우에는 3개 이상의 볼트 또는 전용 철물을 사용하여 이을 것
④ 동바리로 사용하는 강관틀과 강관틀 사이에는 교차가새를 설치할 것

해설 동바리 조립 시의 안전조치
㉮ 동바리로 사용하는 강관[파이프서포트(pipe support)는 제외한다]에 대해서는 다음의 사항을 따를 것
  ㉠ 높이 2m 이내마다 수평연결재를 2개 방향으로 만들고 수평연결재의 변위를 방지할 것
  ㉡ 멍에 등을 상단에 올릴 경우에는 해당 상단에 강재의 단판을 붙여 멍에 등을 고정시킬 것
㉯ 동바리로 사용하는 파이프서포트에 대해서는 다음의 사항을 따를 것
  ㉠ 파이프서포트를 3개 이상 이어서 사용하지 않도록 할 것
  ㉡ 파이프서포트를 이어서 사용하는 경우에는 4개 이상의 볼트 또는 전용 철물을 사용하여 이을 것
  ㉢ 높이가 3.5m를 초과하는 경우에는 높이 2m 이내마다 수평연결재를 2개 방향으로 만들고 수평연결재의 변위를 방지할 것

㉰ 동바리로 사용하는 강관틀에 대해서는 다음의 사항을 따를 것
  ㉠ 강관틀과 강관틀 사이에 교차가새를 설치할 것
  ㉡ 최상층 및 5층 이내마다 거푸집 동바리의 측면과 틀면의 방향 및 교차가새의 방향에서 5개 이내마다 수평연결재를 설치하고 수평연결재의 변위를 방지할 것
  ㉢ 최상층 및 5층 이내마다 거푸집 동바리의 틀면의 방향에서 양단 및 5개 틀 이내마다 교차가새의 방향으로 띠장틀을 설치할 것

117 차량계 건설기계를 사용하여 작업할 때에 그 기계가 넘어지거나 굴러떨어짐으로써 근로자가 위험해질 우려가 있는 경우에 조치하여야 할 사항과 거리가 먼 것은?

① 갓길의 붕괴 방지
② 작업반경 유지
③ 지반의 부동침하 방지
④ 도로 폭의 유지

해설 차량계 건설기계를 사용하여 작업할 때에 그 기계가 넘어지거나 굴러떨어짐으로써 근로자가 위험해질 우려가 있는 경우에는 유도하는 사람을 배치하고 지반의 부동침하 방지, 갓길의 붕괴 방지 및 도로 폭의 유지 등 필요한 조치를 하여야 한다.

118 산업안전보건법령에서 규정하는 철골작업을 중지하여야 하는 기후조건에 해당하지 않는 것은?

① 풍속이 초당 10m 이상인 경우
② 강우량이 시간당 1mm 이상인 경우
③ 강설량이 시간당 1cm 이상인 경우
④ 기온이 영하 5℃ 이하인 경우

해설 철골작업을 중지해야 하는 기상조건
㉮ 풍속 : 10m/s 이상
㉯ 강우량 : 1mm/h 이상
㉰ 강설량 : 1cm/h 이상

119 산업안전보건법령에 따른 작업발판 일체형 거푸집에 해당되지 않는 것은?

① 갱폼(gang form)
② 슬립폼(slip form)
③ 유로폼(euro form)
④ 클라이밍폼(climbing form)

해설 작업발판 일체형 거푸집 종류
㉮ 갱폼(gang form)
㉯ 슬립폼(slip form)
㉰ 클라이밍폼(climbing form)
㉱ 터널 라이닝폼(tunnel lining form)
㉲ 그 밖에 거푸집과 작업발판이 일체로 제작된 거푸집 등

120 건설공사 도급인은 건설공사 중에 가설구조물의 붕괴 등 산업재해가 발생할 위험이 있다고 판단되면 건축·토목 분야의 전문가의 의견을 들어 건설공사 발주자에게 해당 건설공사의 설계변경을 요청할 수 있는데, 이러한 가설구조물의 기준으로 옳지 않은 것은?

① 높이 20m 이상인 비계
② 작업발판 일체형 거푸집 또는 높이 6m 이상인 거푸집 동바리
③ 터널의 지보공 또는 높이 2m 이상인 흙막이 지보공
④ 동력을 이용하여 움직이는 가설구조물

해설 설계변경 요청 대상 및 전문가의 범위
㉮ 높이 31m 이상인 비계
㉯ 작업발판 일체형 거푸집 또는 높이 6m 이상인 거푸집 동바리(타설된 콘크리트가 일정 강도에 이르기까지 하중 등을 지지하기 위하여 설치하는 부재)
㉰ 터널의 지보공(무너지지 않도록 지지하는 구조물) 또는 높이 2m 이상인 흙막이 지보공
㉱ 동력을 이용하여 움직이는 가설구조물

2025 제2회 건설안전기사
2025. 5. 10. 시행

≫ 제1과목 산업안전관리론

01 다음 중 점검시기에 따른 안전점검의 종류에 해당하지 않는 것은?

① 정기점검
② 수시점검
③ 임시점검
④ 특수점검

해설 점검시기에 의한 안전점검의 종류
㉮ 수시점검(일상점검)
㉯ 정기점검(계획점검)
㉰ 임시점검
㉱ 특별점검

02 다음 중 안전조직을 구성할 때의 고려사항으로 가장 적합한 것은?

① 회사의 특성과 규모에 부합된 조직으로 설계한다.
② 기업의 규모와 관계없이 생산조직과 분리된 조직이 되도록 한다.
③ 조직 구성원의 책임과 권한에 대하여 서로 중첩되도록 한다.
④ 안전에 관한 지시나 명령이 작업현장에 전달되기 전에는 스태프의 기능이 반드시 축소해야 한다.

해설 안전관리조직의 구비조건
㉮ 회사의 특성과 규모에 부합되게 조직되어야 한다.
㉯ 조직의 기능이 충분히 발휘될 수 있는 제도적 체계가 맞추어져야 한다.
㉰ 조직을 구성하는 관리자의 책임과 권한이 분명해야 한다.
㉱ 생산라인과 밀착된 조직이어야 한다.

03 산업안전보건법령상 산업안전보건위원회의 구성에 있어 사용자 위원에 해당하지 않는 것은?

① 안전관리자
② 명예산업안전감독관
③ 해당 사업의 대표자가 지명한 9인 이내 해당 사업장 부서의 장
④ 보건관리자의 업무를 위탁한 경우 대행기관의 해당 사업장 담당자

해설 ② 명예산업안전감독관은 근로자 위원에 속한다.

04 산업안전보건법령상 안전인증 대상 방호장치에 해당하는 것은?

① 교류아크용접기용 자동전격방지기
② 동력식 수동대패용 칼날접촉 방지장치
③ 절연용 방호구 및 활선작업용 기구
④ 아세틸렌 용접장치용 또는 가스집합 용접장치용 안전기

해설 안전인증 대상 방호장치
㉮ 프레스 및 전단기 방호장치
㉯ 양중기용 과부하 방지장치
㉰ 보일러 압력방출용 안전밸브
㉱ 압력용기 압력방출용 안전밸브
㉲ 압력용기 압력방출용 파열판
㉳ 절연용 방호구 및 활선작업용 기구
㉴ 방폭구조 전기 기계·기구 및 부품
㉵ 추락·낙하 및 붕괴 등의 위험 방지 및 보호에 필요한 가설 기자재로서 고용노동부장관이 정하여 고시하는 것
㉶ 충돌·협착 등의 위험 방지에 필요한 산업용 로봇 방호장치로서 고용노동부장관이 정하여 고시하는 것

정답 01.④ 02.① 03.② 04.③

05 산업안전보건법상 조립·해체 작업장 입구에 설치하여야 할 출입금지표지의 색채로 가장 적당한 것은?

① 바탕 : 노란색, 기본모형 : 검은색,
　관련 부호 : 검은색, 그림 : 검은색
② 바탕 : 흰색, 기본모형 : 빨간색,
　관련 부호 : 검은색, 그림 : 검은색
③ 바탕 : 흰색, 기본모형 : 녹색,
　관련 부호 : 녹색, 그림 : 검은색
④ 바탕 : 파란색, 기본모형 : 빨간색,
　관련 부호 : 흰색, 그림 : 검은색

해설 금지표지의 색채
㉮ 바탕 : 흰색
㉯ 기본모형 : 빨간색(색도기준 : 7.5R 4/14)
㉰ 관련 부호 및 그림 : 검은색

06 안전보건표지의 색채 중 파란색을 사용해야 하는 경우는?

① 주의표지
② 정지신호
③ 특정 행위의 지시
④ 차량 통행표지

해설 안전보건표지의 색도기준 및 용도

색 채	색도기준	용 도	사용 예
빨간색	7.5R 4/14	금지	정지신호, 소화설비 및 그 장소, 유해행위의 금지
		경고	화학물질 취급장소에서의 유해·위험 경고
노란색	5Y 8.5/12	경고	화학물질 취급장소에서의 유해·위험 경고 이외의 위험 경고, 주의표지 또는 기계방호물
파란색	2.5PB 4/10	지시	특정 행위의 지시 및 사실의 고지
녹색	2.5G 4/10	안내	비상구 및 피난소, 사람 또는 차량의 통행표지
흰색	N 9.5	–	파란색 또는 녹색에 대한 보조색
검은색	N 0.5	–	문자 및 빨간색 또는 노란색에 대한 보조색

07 재해사례연구의 진행단계로 옳은 것은?

① 재해상황의 파악 → 사실의 확인 → 문제점 발견 → 근본적 문제점 결정 → 대책 수립
② 사실의 확인 → 재해상황의 파악 → 근본적 문제점 결정 → 문제점 발견 → 대책 수립
③ 문제점 발견 → 사실의 확인 → 재해상황의 파악 → 근본적 문제점 결정 → 대책 수립
④ 재해상황의 파악 → 문제점 발견 → 근본적 문제점 결정 → 대책 수립 → 사실의 확인

해설 재해사례연구의 진행단계
㉮ 전제조건 - 재해상황의 파악 : 재해사례를 관계하여 그 사고와 배경을 다음과 같이 체계적으로 파악한다.
㉯ 제1단계 - 사실의 확인 : 작업의 개시에서 재해의 발생까지의 경과 가운데 재해와 관계가 있는 사실 및 재해요인으로 알려진 사실을 객관적이며 정확성 있게 확인한다.
㉰ 제2단계 - 문제점의 발견 : 파악된 사실로부터 판단하여 각종 기준에서 차이의 문제점을 발견한다.
㉱ 제3단계 - 근본적 문제의 결정 : 문제점 가운데 재해의 중심이 된 근본적 문제점을 결정한 다음 재해원인을 결정한다.
㉲ 제4단계 - 대책 수립 : 재해요인을 규명하여 분석하고 그에 대한 대책을 세운다.

08 연평균 근로자수가 500명인 사업장에 1년간 3명의 사상자가 발생한 경우 이 작업장의 연천인율은?

① 4　　　② 5
③ 6　　　④ 7

해설 연천인율 $= \dfrac{\text{사상자수}}{\text{연 근로자수}} \times 1,000$
$= \dfrac{3}{500} \times 1,000 = 6$

09 다음 중 객관적인 위험을 작업자 나름대로 판정하여 위험을 수용하고 행동에 옮기는 것은?

① Risk Assessment
② Risk taking
③ Risk control
④ Risk playing

[해설] **리스크 테이킹(risk taking)**
객관적인 위험을 자기 나름대로 판정해서 의지결정을 하고 행동에 옮기는 것을 말한다. 안전태도와 Risk Taking과의 관계의 경우, 안전태도가 양호한 자는 Risk Taking의 정도가 적고, 안전태도의 수준이 같은 정도에서는 작업의 달성 동기, 성격, 능률 등 각종 요인의 영향에 의해 Risk Taking의 정도가 변하게 된다.

10 산업안전보건법령상 안전관리자가 수행하여야 할 업무가 아닌 것은?

① 안전·보건에 관한 노사협의체에서 심의·의결한 업무
② 해당 사업장 안전교육계획의 수립 및 안전교육 실시에 관한 보좌 및 지도·조언
③ 산업재해에 관한 통계의 유지·관리·분석을 위한 보좌 및 지도·조언
④ 지휘·감독하는 작업과 관련된 기계·기구 또는 설비의 안전·보건 점검 및 이상 유무의 확인

[해설] **안전관리자의 업무**
㉠ 산업안전보건위원회 또는 안전 및 보건에 관한 노사협의체에서 심의·의결한 업무와 해당 사업장의 안전보건관리규정 및 취업규칙에서 정한 업무
㉡ 위험성평가에 관한 보좌 및 지도·조언
㉢ 안전인증대상 기계 등과 자율안전확인대상 기계 등 구입 시 적격품의 선정에 관한 보좌 및 지도·조언
㉣ 해당 사업장 안전교육계획의 수립 및 안전교육 실시에 관한 보좌 및 지도·조언
㉤ 사업장 순회점검, 지도 및 조치 건의
㉥ 산업재해 발생의 원인 조사·분석 및 재발방지를 위한 기술적 보좌 및 지도·조언
㉦ 산업재해에 관한 통계의 유지·관리·분석을 위한 보좌 및 지도·조언
㉧ 법 또는 법에 따른 명령으로 정한 안전에 관한 사항의 이행에 관한 보좌 및 지도·조언
㉨ 업무수행내용의 기록·유지
㉩ 그 밖에 안전에 관한 사항으로서 고용노동부장관이 정하는 사항

11 산업안전보건법령상 건설업 중 고용노동부령으로 정하는 자격을 갖춘 자의 의견을 들은 후 유해·위험방지계획서를 작성하여 고용노동부장관에게 제출하여야 하는 대상 사업장의 기준 중 ( ) 안에 알맞은 것은?

연면적 ( )m² 이상의 냉동·냉장 창고시설의 설비공사 및 단열공사

① 3,000 ② 5,000
③ 7,000 ④ 10,000

[해설] **유해·위험방지계획서 제출대상 건설공사**
㉠ 지상높이가 31m 이상인 건축물 또는 인공구조물, 연면적 3만m² 이상인 건축물 또는 연면적 5천m² 이상의 문화 및 집회시설, 판매시설, 운수시설, 종교시설, 의료시설 중 종합병원, 숙박시설 중 관광숙박시설, 지하도상가 또는 냉동·냉장 창고시설의 건설·개조 또는 해체
㉡ 연면적 5천m² 이상의 냉동·냉장 창고시설의 설비공사 및 단열공사
㉢ 최대지간길이가 50m 이상인 교량 건설 등의 공사
㉣ 터널 건설 등의 공사
㉤ 다목적댐, 발전용댐 및 저수용량 2천만톤 이상의 용수 전용댐, 지방상수도 전용댐 건설 등의 공사
㉥ 깊이 10m 이상인 굴착공사

12 재해발생의 간접원인 중 교육적 원인이 아닌 것은?

① 안전수칙의 오해 ② 경험훈련의 미숙
③ 안전지식의 부족 ④ 작업지시 부적당

[해설] **재해발생의 원인 중 관리적 원인**
㉠ 기술적 원인
  ㉠ 건물, 기계장치 설계 불량
  ㉡ 구조, 재료의 부적합
  ㉢ 생산공정의 부적당
  ㉣ 점검, 정비, 보존 불량
㉡ 교육적 원인
  ㉠ 안전의식(지식)의 부족
  ㉡ 안전수칙의 오해
  ㉢ 경험·훈련의 미숙
㉢ 작업관리상 원인
  ㉠ 안전관리조직 결함
  ㉡ 안전수칙 미제정
  ㉢ 작업준비 불충분
  ㉣ 인원배치 부적당
  ㉤ 작업지시 부적당

정답 10.④ 11.② 12.④

13 시설물의 안전 및 유지관리에 관한 특별법령에 따른 안전등급별 정기안전점검 및 정밀안전진단의 실시시기 기준 중 다음 ( ) 안에 알맞은 것은?

안전등급	정기안전점검	정밀안전진단
A등급	(ⓐ) 이상	(ⓑ)년에 1회 이상

① ⓐ 반기에 1회, ⓑ 6
② ⓐ 반기에 1회, ⓑ 4
③ ⓐ 1년에 3회, ⓑ 6
④ ⓐ 1년에 3회, ⓑ 4

해설 안전등급별 정밀점검 · 정밀안전진단 및 정기안전점검

등급	정밀점검		정밀안전진단	정기안전점검
	건축물	그 외 시설물		
A	4년에 1회	3년에 1회	6년에 1회	반기(6개월)에 1회 이상
B·C	3년에 1회	2년에 1회	5년에 1회	
D·E	2년에 1회	1년에 1회	4년에 1회	

14 하베이(Harvey)가 제시한 '안전의 3E'에 해당하지 않는 것은?

① Education
② Enforcement
③ Economy
④ Engineering

해설 하베이(J.H. Harvey)의 안전론
하베이는 안전사고를 방지하고 안전을 도모하기 위하여 3E, 즉 교육(Education), 기술(Engineering), 독려(Enforcement)의 조치가 균형을 이루어야 한다고 주장했다.

15 산업안전보건법령상 양중기의 종류에 포함되지 않는 것은?

① 곤돌라
② 호이스트
③ 컨베이어
④ 이동식 크레인

해설 양중기의 종류
㉮ 크레인[호이스트(hoist) 포함]
㉯ 이동식 크레인
㉰ 리프트(이삿짐 운반용 리프트의 경우 적재하중이 0.1톤 이상인 것으로 한정)
㉱ 곤돌라
㉲ 승강기

16 다음 설명에 해당하는 법칙은?

> 어떤 공장에서 330회의 전도사고가 일어났을 때, 그 가운데 300회는 무상해사고, 29회는 경상, 중상 또는 사망은 1회의 비율로 사고가 발생한다.

① 버드 법칙
② 하인리히 법칙
③ 더글라스 법칙
④ 자베타키스 법칙

해설 하인리히의 재해구성비율(1 : 29 : 300의 법칙)
330회의 사고 가운데 중상 또는 사망 1회, 경상 29회, 무상해사고 300회의 비율로 사고가 발생한다는 것을 나타낸다.

17 다음 중 산업재해 발생의 기본원인 4M에 해당하지 않는 것은?

① Media
② Material
③ Machine
④ Management

해설 산업재해의 기본원인 4M(인간 과오의 배후요인 4요소)
㉮ Man : 본인 이외의 사람
㉯ Machine : 장치나 기기 등의 물적 요인
㉰ Media : 인간과 기계를 잇는 매체(작업방법 및 순서, 작업 정보의 실태, 작업환경, 정리정돈 등)
㉱ Management : 안전 법규의 준수방법, 단속, 점검관리 외에 지휘 감독, 교육 훈련 등

18 안전관리는 PDCA 사이클의 4단계를 거쳐 지속적인 관리를 수행하여야 한다. 다음 중 PDCA 사이클의 4단계를 잘못 나타낸 것은?

① P : Plan
② D : Do
③ C : Check
④ A : Analysis

해설 PDCA 사이클의 4단계
계획(Plan) → 실시(Do) → 검토(Check) → 조치(Action)

19 시설물의 안전 및 유지관리에 관한 특별법상 국토교통부장관은 시설물이 안전하게 유지관리될 수 있도록 하기 위하여 몇 년마다 시설물의 안전 및 유지관리에 관한 기본계획을 수립 · 시행하여야 하는가?

① 2년
② 3년
③ 5년
④ 10년

해설 시설물의 안전 및 유지관리에 관한 특별법상 국토교통부장관은 시설물이 안전하게 유지관리될 수 있도록 하기 위하여 5년마다 시설물의 안전 및 유지관리에 관한 기본계획을 수립·시행하여야 한다.

20 산업안전보건기준에 관한 규칙상 지게차를 사용하는 작업을 하는 때의 작업시작 전 점검사항에 명시되지 않은 것은?

① 제동장치 및 조종장치 기능의 이상 유무
② 하역장치 및 유압장치 기능의 이상 유무
③ 와이어로프가 통하고 있는 곳 및 작업장소의 지반상태
④ 전조등·후미등·방향지시기 및 경보장치 기능의 이상 유무

해설 지게차의 작업시작 전 점검사항
㉮ 제동장치 및 조종장치 기능의 이상 유무
㉯ 하역장치 및 유압장치 기능의 이상 유무
㉰ 바퀴의 이상 유무
㉱ 전조등·후미등·방향지시기 및 경보장치 기능의 이상 유무

≫ 제2과목   산업심리 및 교육

21 다음 중 데이비스(K. Davis)의 동기부여이론에서 인간의 "능력(Ability)"을 나타내는 것은?

① 지식(Knowledge)×기능(Skill)
② 지식(Knowledge)×태도(Attitude)
③ 기능(Skill)×상황(Situation)
④ 상황(Situation)×태도(Attitude)

해설 데이비스(Davis)의 동기부여이론
㉮ 인간의 성과×물리적인 성과=경영의 성과
㉯ 인간의 성과=능력×동기유발
㉰ 능력=지식×기능
㉱ 동기유발=상황×태도

22 휴먼에러를 행위적 관점에서 분류할 때 해당하지 않는 것은?

① 입력 오류(Input Error)
② 순서 오류(Sequential Error)
③ 시간적인 오류(Time Error)
④ 생략 오류(Omission Error)

해설 심리적인 분류(Swain)
오류(Error)의 원인을 불확정, 시간 지연, 순서 착오의 세 가지로 나누어 분류한다.
㉮ Omission Error(부작위 실수, 생략 과오) : 필요한 직무(Take) 또는 절차를 수행하지 않는 데 기인한 오류
㉯ Time Error(시간적 과오, 지연 오류) : 필요한 직무 또는 절차의 수행 지연으로 인한 오류
㉰ Commission Error(작위 실수, 수행적 과오) : 필요한 직무 또는 절차의 불확실한 수행으로 인한 오류
㉱ Sequential Error(순서적 과오) : 필요한 직무 또는 절차의 순서 착오로 인한 오류
㉲ Extraneous Error(불필요한 과오) : 불필요한 직무 또는 절차를 수행함으로써 기인한 오류

23 Off J.T(Off the Job Training)와 비교하여 O.J.T(On the Job Training)의 장점이 아닌 것은?

① 직장의 실정에 맞는 구체적이고 실제적인 지도 교육이 가능하다.
② 동기부여가 쉽다.
③ 훈련에 필요한 업무의 계속성이 끊어지지 않는다.
④ 다수를 대상으로 일괄적으로, 조직적으로 교육할 수 있다.

해설 O.J.T와 Off J.T의 특징
㉮ O.J.T의 특징
  ㉠ 개개인에게 적합한 지도 훈련이 가능하다.
  ㉡ 직장의 실정에 맞는 실체적 훈련을 할 수 있다.
  ㉢ 훈련에 필요한 업무의 계속성이 끊어지지 않는다.
  ㉣ 즉시 업무에 연결되는 관계로 신체와 관련이 있다.
  ㉤ 효과가 곧 업무에 나타나며, 훈련의 좋고 나쁨에 따라 개선이 용이하다.
  ㉥ 교육을 통한 훈련 효과에 의해 상호 신뢰 이해도가 높아진다.

④ Off J.T의 특징
  ㉠ 다수의 근로자에게 조직적 훈련이 가능하다.
  ㉡ 훈련에만 전념하게 된다.
  ㉢ 특별 설비기구를 이용할 수 있다.
  ㉣ 전문가를 강사로 초청할 수 있다.
  ㉤ 각 직장의 근로자가 많은 지식이나 경험을 교류할 수 있다.
  ㉥ 교육 훈련 목표에 대해서 집단적 노력이 흐트러질 수도 있다.

24 다음 중 심포지엄(symposium)에 관한 설명으로 가장 적절한 것은?

① 먼저 사례를 발표하고 문제적 사실들과 그의 상호관계에 대하여 검토하고 대책을 토의하는 방법
② 몇 사람의 전문가에 의하여 과제에 관한 견해를 발표한 뒤에 참가자로 하여금 의견이나 질문을 하게 하여 토의하는 방법
③ 새로운 교재를 제시하고 거기에서의 문제점을 피교육자로 하여금 제기하게 하거나, 의견을 여러 가지 방법으로 발표하게 하고 다시 깊이 파고들어서 토의하는 방법
④ 패널 멤버가 피교육자 앞에서 자유로이 토의하고, 뒤에 피교육자 전원이 참가하여 사회자의 사회에 따라 토의하는 방법

해설 **토의법의 종류**
㉮ 포럼(forum, 공개토론회) : 새로운 자료나 교재를 제시하고 거기서의 문제점을 피교육자로 하여금 제기하게 하거나 의견을 여러 가지 방법으로 발표하게 하여 다시 깊이 파고들어 토의를 행하는 방법
㉯ 심포지엄(symposium) : 몇 사람의 전문가에 의하여 과제에 관한 견해를 발표한 뒤 참가자로 하여금 의견이나 질문을 하게 하여 토의하는 방법
㉰ 패널 디스커션(panel discussion) : 패널 멤버(교육과제에 정통한 전문가 4~5명)가 피교육자 앞에서 자유로이 토의하고 뒤에 피교육자 전원이 참가하여 사회자의 사회에 따라 토의하는 방법
㉱ 사례연구법(case study) : 먼저 사례를 제시하고 문제적 사실들과 그의 상호관계에 대해서 검토하고 대책을 토의하는 방법

25 주의의 특성으로 볼 수 없는 것은?

① 타당성   ② 변동성
③ 선택성   ④ 방향성

해설 **주의의 특성**
㉮ 선택성 : 여러 종류의 자극을 자각할 때 소수의 특정한 것에 한하여 선택하는 기능
㉯ 방향성 : 주시점만 인지하는 기능
㉰ 변동성 : 주위에는 주기적으로 부주의의 리듬이 존재

26 교육훈련의 4단계 기법을 맞게 나열한 것은?

① 도입 – 적용 – 실연 – 제시
② 도입 – 확인 – 제시 – 실습
③ 적용 – 실연 – 도입 – 확인
④ 도입 – 제시 – 적용 – 확인

해설 **교육방법의 4단계**
㉮ 제1단계 : 도입(준비단계)
  수강자에게 배우고자 하는 마음가짐을 일으키도록 도입한다. 교육의 주제와 목적 또는 중요성을 말하고 관심과 흥미를 가지도록 동기부여를 함과 동시에 심신의 여유를 갖도록 한다.
㉯ 제2단계 : 제시(설명단계)
  상대의 능력에 따라 교육하고 내용을 확실하게 이해·납득시키는 단계이므로 주안점을 두어서 논리적·체계적으로 반복교육을 하여 확실하게 이해시킨다.
㉰ 제3단계 : 적용(응용단계)
  이해시킨 내용을 구체적인 문제 또는 실제 문제로 활용시키거나 응용시키도록 한다. 사례연구에 따라서 문제해결을 시키거나 실제로 습득시켜 본다.
㉱ 제4단계 : 확인(총괄단계)
  수강자가 교육내용을 정확하게 이해하고 납득하여 습득하였는가, 아닌가를 확인한다. 확인하는 방법은 시험과 과제연구 제출 등의 방법이 있다. 확인결과에 따라 보강을 하거나 교육방법을 개선한다.

27 다음 중 판단과정에서의 착오 원인이 아닌 것은?

① 능력부족
② 정보부족
③ 감각차단
④ 자기합리화

24.② 25.① 26.④ 27.③

해설 **착오 요인(대뇌의 휴먼에러)**
㉮ 인지과정 착오
  ㉠ 생리·심리적 능력의 한계
  ㉡ 정보량 저장능력의 한계
  ㉢ 감각차단현상(단조로운 업무, 반복작업을 장시간 수행 시 발생)
  ㉣ 정서 불안정(공포, 불안, 불만)
㉯ 판단과정 착오
  ㉠ 능력부족
  ㉡ 정보부족
  ㉢ 자기합리화
  ㉣ 환경조건의 불비
㉰ 조치과정 착오

28 안전교육의 내용을 지식교육, 기능교육 및 태도교육 순서로 구분하여 맞게 나열한 것은?

① 시청각 교육 – 안전작업동작 지도 – 현장실습 교육
② 현장실습 교육 – 안전작업동작 지도 – 시청각 교육
③ 안전작업동작 지도 – 시청각 교육 – 현장실습 교육
④ 시청각 교육 – 현장실습 교육 – 안전작업동작 지도

해설 **안전교육의 3단계**
㉮ 제1단계 – 지식교육 : 강의, 시청각 교육을 통한 지식의 전달과 이해
㉯ 제2단계 – 기능교육 : 시범, 실습, 현장실습 교육, 견학을 통한 이해와 경험 체득
㉰ 제3단계 – 태도교육 : 생활지도, 작업동작 지도 등을 통한 안전의 습관화

29 허츠버그(Herzberg)의 2요인 이론 중 동기요인(motivator)에 해당하지 않는 것은?

① 성취   ② 작업조건
③ 인정   ④ 작업 자체

해설 **허츠버그(Herzberg)의 2요인**
㉮ 위생요인 : 기업정책, 개인 상호간의 관계(친교, 대인관계), 감독형태, 작업조건, 임금(급료), 보수, 지위, 안전 등 직무환경에 관계된 곳
㉯ 동기요인 : 성취감, 안정감, 도전감, 책임감, 성장과 발전, 작업 자체 등 직무내용(일의 내용)에 관한 것

30 시행착오설에 의한 학습법칙에 해당하지 않는 것은?

① 효과의 법칙
② 일관성의 법칙
③ 연습의 법칙
④ 준비성의 법칙

해설 **시행착오설에 의한 학습법칙**
㉮ 연습 또는 반복의 법칙(the law of exercise or repetition) : 많은 연습과 반복을 하면 할수록 강화되어 망각을 막을 수 있다는 법칙이다.
㉯ 효과의 법칙(the law of effect) : 쾌고의 법칙이라고 하며 학습의 결과가 학습자에게 쾌감을 주면 줄수록 반응은 강화되고, 반면에 불쾌감이나 고통을 주면 약화된다는 법칙이다.
㉰ 준비성의 법칙(the law of readiness) : 특정한 학습을 행하는 데 필요한 기초적인 능력을 갖춘 뒤에 학습을 행함으로써 효과적인 학습을 이룩할 수 있다는 법칙이다.

31 안전태도교육의 기본과정으로 볼 수 없는 것은?

① 강요한다.
② 모범을 보인다.
③ 평가를 한다.
④ 이해·납득시킨다.

해설 **안전태도교육 기본과정**
㉮ 청취(hearing)
㉯ 이해, 납득(understand)
㉰ 모범(example)
㉱ 권장(exhortation)
㉲ 저벌(punishment)
㉳ 훌륭한 지도자(good-leader)
㉴ 배치(disposition)
㉵ 평가(evaluation)

32 학습의 전이란 학습한 결과가 다른 학습이나 반응에 영향을 주는 것을 의미한다. 이러한 전이의 이론에 해당되지 않는 것은?

① 일반화설
② 동일요소설
③ 형태이조설
④ 태도요인설

정답 28.④ 29.② 30.② 31.① 32.④

> **[해설] 전이의 이론**
> ㉮ 동일요소설 : 선행 학습경험과 새로운 학습경험 사이에 같은 요소가 있을 때에는 서로 연합 또는 연결의 현상이 일어난다는 설이다.
> ㉯ 일반화설 : 학습자가 하나의 경험을 하면 그것으로 그치는 것이 아니고, 다른 비슷한 상황에서 같은 방법이나 태도로 대하려는 경향이 있으므로 이것이 효과를 가져와서 전이가 이루어진다는 설이다.
> ㉰ 형태이조설 : 형태심리학자들이 입증한 학설로, 이것은 경험할 때의 심리학적 사태가 대체로 비슷한 경우라면 먼저 학습할 때에 머릿속에 형성되었던 구조가 그대로 옮겨가기 때문에 전이가 이루어진다는 설이다.

33 적응기제(adjustment mechanism) 중 도피기제에 해당하는 것은?

① 투사
② 보상
③ 승화
④ 고립

> **[해설] 적응기제의 분류**
> ㉮ 방어적 기제(defence mechanism) : 자신의 약점이나 무능력 또는 열등감을 위장하여 유리하게 보호함으로써 안정감을 찾으려는 기제이다.
> ㉠ 보상(compensation)
> ㉡ 합리화(rationalization) : 자기의 실패나 약점에 그럴듯한 이유를 들어서 남의 비난을 받지 않도록 하며, 또한 자위도 하는 행동기제이다. 합리화는 자기방어의 방식에 따라 신포도형, 투사형, 달콤한 레몬형, 망상형으로 나눈다.
> ㉢ 동일시(identification)
> ㉣ 승화(sublimation) : 정신적인 역량의 전환을 의미하는 것이다.
> ㉤ 투사
> ㉥ 반동형성
> ㉯ 도피적 기제(escape mechanism) : 욕구불만에 의한 긴장이나 압박으로부터 벗어나기 위해서 비합리적인 행동으로 공상에 도피하고, 현실세계에서 벗어남으로써 마음의 안정을 얻으려는 기제이다.
> ㉠ 고립(isolation)
> ㉡ 퇴행(regression)
> ㉢ 억압(suppression)
> ㉣ 백일몽(day-dream)
> ㉰ 공격적 기제(aggressive mechanism) : 적극적이며 능동적인 입장에서 어떤 욕구불만에 대한 반항으로 자기를 괴롭히는 대상에 대해서 적대시하는 감정이나 태도를 취하는 것을 말한다.
> ㉠ 직접적 공격기제 : 힘에 의존해서 폭행, 싸움, 기물파손 등을 행한다.
> ㉡ 간접적 공격기제 : 조소, 비난, 중상모략, 폭언, 욕설 등을 행한다.

34 합리화의 유형 중 자기의 실패나 결함을 다른 대상에게 책임을 전가시키는 유형으로, 자신의 잘못에 대해 조상 탓을 하거나 축구선수가 공을 잘못 찬 후 신발 탓을 하는 등에 해당하는 것은?

① 망상형
② 신포도형
③ 투사형
④ 달콤한 레몬형

> **[해설] 합리화(Rationalization)**
> 자기의 실패나 약점에 그럴 듯한 이유를 들어서 남의 비난을 받지 않도록 하며, 또한 자위도 하는 행동기제이다. 합리화는 자기방어의 방식에 따라 다음과 같이 구분할 수 있다.
> ㉮ 망상형 : 원하는 일이 마음대로 되지 않을 때 자신의 능력에 대해 허구적 신념을 가짐으로써 실패의 원인을 합리화하는 것
> ㉯ 신포도형 : 어떤 목표를 위해서 노력했으나 실패했을 때 자아를 보호하기 위하여 원래 그렇게 원하지 않았다고 하는 것
> ㉰ 투사형 : 자기의 실패나 결함을 다른 대상에게 책임을 전가시키는 것
> ㉱ 달콤한 레몬형 : 자기가 현재 가지고 있는 것이 진정 자신이 가장 원했던 것이라고 믿는 것

35 레윈(Lewin)의 행동방정식 $B = f(P \cdot E)$에서 P의 의미로 맞는 것은?

① 주어진 환경
② 인간의 행동
③ 주어진 직무
④ 개인적 특성

> **[해설] Lewin K.의 법칙**
> Lewin은 인간의 행동(B)은 그 사람이 가진 자질, 즉 개체(P)와 심리학적 환경(E)과의 상호 함수관계에 있다고 했다.
> $B = f(P \cdot E)$
> 여기서, B : Behavior(인간의 행동)
> f : function(함수관계)
> P : Person(개인적 특성 : 연령, 경험, 심신상태, 성격, 지능 등)
> E : Environment(심리적 환경 : 인간관계, 작업환경 등)

36 에너지소비량(RMR)의 산출방법으로 맞는 것은?

① $\dfrac{\text{작업 시 소비에너지} - \text{기초대사량}}{\text{안정 시 소비에너지}}$

② $\dfrac{\text{전체 소비에너지} - \text{작업 시 소비에너지}}{\text{기초대사량}}$

③ $\dfrac{\text{작업 시 소비에너지} - \text{안정 시 소비에너지}}{\text{기초대사량}}$

④ $\dfrac{\text{작업 시 소비에너지} - \text{안정 시 소비에너지}}{\text{안정 시 소비에너지}}$

해설 **에너지대사율(RMR : Relative Metabolic Rate)**
작업강도 단위로서 산소호흡량을 측정하여 에너지의 소모량을 결정하는 방식이다.

RMR
$= \dfrac{\text{작업 시 소비에너지} - \text{안정 시 소비에너지}}{\text{기초대사량}}$
$= \dfrac{\text{작업대사량}}{\text{기초대사량}}$

37 안전교육에서 안전기술과 방호장치 관리를 몸으로 습득시키는 교육방법으로 가장 적절한 것은?

① 지식교육
② 기능교육
③ 해결교육
④ 태도교육

해설 **안전보건교육의 단계별 교육내용**
㉮ 제1단계 : 지식교육
  ㉠ 안전의식의 향상 및 안전에 대한 책임감 주입
  ㉡ 안전규정 숙지를 위한 교육
  ㉢ 기능·태도 교육에 필요한 기초지식 주입
㉯ 제2단계 : 기능교육
  ㉠ 전문적 기술 및 안전기술 기능
  ㉡ 안전장치(방호장치) 관리 기능
  ㉢ 점검, 검사, 정비에 관한 기능
㉰ 제3단계 : 태도교육
  ㉠ 작업동작 및 표준작업방법의 습관화
  ㉡ 공구·보호구 등의 관리 및 취급태도의 확립
  ㉢ 작업 전후 점검 및 검사요령의 정확화 및 습관화
  ㉣ 작업 지시·전달·확인 등의 언어·태도의 정확화 및 습관화

38 다음 중 교육지도의 원칙과 가장 거리가 먼 것은?

① 반복적인 교육을 실시한다.
② 학습자에게 동기부여를 한다.
③ 쉬운 것부터 어려운 것으로 실시한다.
④ 한 번에 여러 가지의 내용을 실시한다.

해설 **교육지도의 원칙**
㉮ 피교육자 중심교육(상대방 입장에서 교육)
㉯ 동기부여
㉰ 쉬운 부분에서 어려운 부분으로 진행
㉱ 반복
㉲ 한 번에 하나씩 교육
㉳ 인상의 강화
㉴ 5관의 활용
㉵ 기능적인 이해
㉶ 과거부터 현재, 미래의 순서로 실시
㉷ 많이 사용하는 것에서 적게 사용하는 순서로 실시

39 허시(Hersey)와 브랜차드(Blanchard)의 상황적 리더십 이론에서 리더십의 4가지 유형에 해당하지 않는 것은?

① 통제적 리더십
② 지시적 리더십
③ 참여적 리더십
④ 위임적 리더십

해설 **리더십의 4가지 유형(허시와 브랜차드의 상황적 리더십 이론)**
㉮ 설득적 리더십   ㉯ 지시적 리더십
㉰ 참여적 리더십   ㉱ 위임적 리더십

40 교육의 3요소를 바르게 나열한 것은?

① 교사 - 학생 - 교육재료
② 교사 - 학생 - 교육환경
③ 학생 - 교육환경 - 교육재료
④ 학생 - 부모 - 사회 지식인

해설 **교육의 3요소**
㉮ 주체 : 강사, 교사 등
㉯ 객체 : 학생, 수강자, 피교육자 등
㉰ 매개체 : 교재 등

≫ 제3과목 인간공학 및 시스템 안전공학

41 다음 중 인간 에러(Human Error)에 관한 설명으로 틀린 것은?

① Omission Error : 필요한 작업 또는 절차를 수행하지 않는 데 기인한 에러
② Commission Error : 필요한 작업 또는 절차의 수행 지연으로 인한 에러
③ Extraneous Error : 불필요한 작업 또는 는 절차를 수행함으로써 기인한 에러
④ Sequential Error : 필요한 작업 또는 절차의 순서 착오로 인한 에러

해설 인간 에러(Human Error)의 심리적인 분류(Swain)
㉮ 생략적 에러(Omission Error) : 필요한 직무(Task) 또는 절차를 수행하지 않는 데 기인한 과오(Error)
㉯ 시간적 에러(Time Error) : 필요한 직무 또는 절차의 수행 지연으로 인한 과오
㉰ 수행적 에러(Commission Error) : 필요한 직무 또는 절차의 불확실한 수행으로 인한 과오
㉱ 순서적 에러(Sequential Error) : 필요한 직무 또는 절차의 순서 착오로 인한 과오
㉲ 불필요한 에러(Extraneous Error) : 불필요한 직무 또는 절차를 수행함으로 인한 과오

42 인간의 위치 동작에 있어 눈으로 보지 않고 손을 수평면상에서 움직이는 경우 짧은 거리는 지나치고, 긴 거리는 못 미치는 경향이 있는데, 이를 무엇이라고 하는가?

① 사정효과(Range Effect)
② 간격효과(Distance Effect)
③ 손동작 효과(Hand Action Effect)
④ 반응효과(Reaction Effect)

해설 사정효과
눈으로 보지 않고 손을 수평면 위에서 움직이는 경우에 짧은 거리는 지나치고, 긴 거리는 못 미치는 경향, 조작자는 작은 오차에는 과잉반응, 큰 오차에는 과소반응을 보이는 현상이다.

43 다음 중 작업면상의 필요한 장소만 높은 조도를 취하는 조명방법은?

① 국소조명 ② 완화조명
③ 전반조명 ④ 투명조명

해설 조명방법
㉮ 긴 터널의 경우는 완화조명이 필요하다.
㉯ 실내 전체를 조명할 때는 전반조명이 필요하다.
㉰ 유리나 플라스틱 모서리 조명은 불투명 조명이 좋다.
㉱ 작업에 필요한 곳이나 시각적으로 강한 빛을 필요로 하는 조명은 국소조명이 좋다.

44 다음 중 진동의 영향을 가장 많이 받는 인간의 성능은?

① 추적(Tracking) 능력
② 감시(Monitoring)작업
③ 반응시간(Reaction Time)
④ 형태식별(Pattern Recognition)

해설 진동이 인간 성능에 끼치는 영향
㉮ 진동은 진폭에 비례하여 시력을 손상하여 10~25Hz의 경우 가장 심각하다.
㉯ 진동은 진폭에 비례하며 추적 능력을 손상하여 5Hz 이하로 낮은 진동수에 가장 심하다.
㉰ 반응시간, 감시, 형태식별 등 중앙신경처리에 달린 임무는 진동의 영향을 덜 받는다.
㉱ 안정되고 정확한 근육 조절을 요하는 작업은 진동에 의해서 저하된다.

45 인간공학의 궁극적인 목적과 가장 관계가 깊은 것은?

① 경제성 향상
② 인간 능력의 극대화
③ 설비의 가동률 향상
④ 안정성 및 효율성 향상

해설 인간공학의 목적
근로자의 배치, 작업방법, 기계설비, 전반적인 작업환경 등에서 작업자의 신체적인 특성이나 행동에서의 제약조건 등이 고려된 시스템을 디자인하여 인간과 기계 및 작업환경과의 조화가 잘 이루어질 수 있도록 하여 작업자의 안전도와 작업능률을 향상시키고자 함에 있다.

46 설계단계에서부터 보전에 불필요한 설비를 설계하는 것의 보전방식은?

① 보전예방
② 생산보전
③ 일상보전
④ 개량보전

해설 보전예방
설비보전 정보와 새로운 기술을 기초로 신뢰성, 조작성, 보전성, 안전성, 경제성 등이 우수한 설비의 선정, 조달 또는 설계를 하고 궁극적으로는 설비의 설계, 제작단계에서 보전활동이 불필요한 체제를 목표로 한 설비보전방법을 의미한다.

47 화학설비 안전성 평가 5단계 중 제2단계에 속하는 것은?

① 작성준비
② 정량적 평가
③ 안전대책
④ 정성적 평가

해설 안전성 평가의 기본원칙 6단계
㉮ 1단계 : 관계 자료의 정비검토
㉯ 2단계 : 정성적 평가
㉰ 3단계 : 정량적 평가
㉱ 4단계 : 안전대책
㉲ 5단계 : 재해정보에 의한 재평가
㉳ 6단계 : FTA에 의한 재평가

48 산업안전보건법상 유해위험방지계획서를 제출한 사업주는 건설공사 중 얼마 이내마다 관련법에 따라 유해위험방지계획서의 내용과 실제 공사내용이 부합하는지의 여부 등을 확인받아야 하는가?

① 1개월
② 3개월
③ 6개월
④ 12개월

해설 유해위험방지계획서를 제출한 사업주는 해당 건설물·기계·기구 및 설비의 시운전단계에서 건설공사 중 6개월마다 다음의 사항에 관하여 공단의 확인을 받아야 한다.
㉮ 유해위험방지계획서의 내용과 실제 공사 내용이 부합하는지 여부
㉯ 유해위험방지계획서 변경내용의 적정성
㉰ 추가적인 유해·위험 요인의 존재 여부

49 초음파소음(ultrasonic noise)에 대한 설명으로 잘못된 것은?

① 전형적으로 20,000Hz 이상이다.
② 가청영역 위의 주파수를 갖는 소음이다.
③ 소음이 3dB 증가하면 허용시간은 반감한다.
④ 20,000Hz 이상에서 노출제한은 110dB이다.

해설 ③ 소음이 5dB 증가하면 허용시간은 반감한다.
가청주파수와 초음파소음의 기준
㉮ 가청주파수 : 20~20,000Hz
㉯ 초음파소음 : 20,000Hz 이상

50 FTA(Fault Tree Analysis)에 사용되는 논리기호와 명칭이 올바르게 연결된 것은?

① ◇ : 전이기호
② ▭ : 기본사상
③ ⌂ : 통상사상
④ ○ : 결함사상

해설
① 전이기호 : △
② 기본사상 : ○
④ 결함사상 : ▭

51 입력 B_1과 B_2의 어느 한쪽이 일어나면 출력 A가 생기는 경우를 논리합의 관계라 한다. 이때 입력과 출력 사이는 무슨 게이트로 연결되는가?

① OR 게이트
② 억제 게이트
③ AND 게이트
④ 부정 게이트

정답 46.① 47.④ 48.③ 49.③ 50.③ 51.①

해설 ① OR 게이트 : 입력사상 A, B, C 중 어느 하나가 일어나도 출력의 사상이 일어난다고 하는 논리이다.
② 억제 게이트 : 입력사상에 대하여 이 게이트로 나타내는 조건이 만족하는 경우에만 출력사상이 생기는 것이다.
③ AND 게이트 : 모든 입력 A, B, C의 사상이 일어나지 않으면 안 된다는 논리조작을 나타낸다. 즉, 모든 입력사상이 공존할 때만 이 출력사상이 발생한다.
④ 부정 게이트 : 억제게이트와 동일하게 부정 모디파이어(not modifier)라고도 하며 입력사상의 반대사상이 출력된다.

52 인간공학적 의자 설계의 원리로 가장 적합하지 않은 것은?

① 자세고정을 줄인다.
② 요부 측만을 촉진한다.
③ 디스크 압력을 줄인다.
④ 등근육의 정적 부하를 줄인다.

해설 의자 설계의 일반원리
㉮ 디스크 압력을 줄인다.
㉯ 등근육의 정적 부하 및 자세고정을 줄인다.
㉰ 의자의 높이는 오금 높이와 같거나 낮아야 한다.
㉱ 좌면의 높이는 조절이 가능해야 한다.
㉲ 요추(요부)의 전만을 유도하여야 한다(서 있을 때의 허리 S라인을 그대로 유지하는 것이 가장 좋다).

53 FTA에서 시스템의 기능을 살리는 데 필요한 최소요인의 집합을 무엇이라 하는가?

① Critical set
② Minimal gate
③ Minimal path
④ Boolean indicated cut set

해설 ㉮ 컷셋과 미니멀 컷셋
㉠ 컷셋(cut sets) : 정상사상을 일으키는 기본사상(통상사상, 생략사상 포함)의 집합이다.
㉡ 미니멀 컷셋(minimal cut sets) : 정상사상을 일으키기 위해 필요한 최소한의 컷을 말한다(시스템의 위험성을 나타냄).
㉯ 패스셋과 미니멀 패스셋
㉠ 패스셋(path sets) : 정상사상이 일어나지 않는 기본사상의 집합을 말한다.
㉡ 미니멀 패스셋(minimal path sets) : 필요한 최소한의 패스를 말한다(시스템의 신뢰성을 나타냄).

54 인간의 오류모형에서 "알고 있음에도 의도적으로 따르지 않거나 무시한 경우"를 무엇이라 하는가?

① 실수(slip)
② 착오(mistake)
③ 건망증(lapse)
④ 위반(violation)

해설 ① 실수(slip) : 상황(목표) 해석은 제대로 하였으나 의도와는 다른 행동을 하는 경우
② 착오(mistake) : 상황 해석을 잘못하거나 틀린 목표를 착각하여 행하는 경우
③ 건망증(lapse) : 여러 과정이 연계적으로 일어나는 행동을 잊어버리고 안 하는 경우
④ 위반(violation) : 알고 있음에도 의도적으로 따르지 않거나 무시하고 법률, 명령, 약속 따위를 지키지 않고 어기는 경우

55 국소진동에 지속적으로 노출된 근로자에게 발생할 수 있으며, 말초혈관장해로 손가락이 창백해지고 동통을 느끼는 질환은?

① 레이노 병(Raynaud's phenomenon)
② 파킨슨 병(Parkinson's disease)
③ 규폐증
④ C_5-dip 현상

해설 레이노 병(Raynaud's phenomenon)
말초혈관장해로 손가락이 창백해지고 동통을 느끼는 질환이다. 압축공기해머, 전동톱 등 손에 쥐고 조작하는 진동공구의 국소진동으로 인해 생긴 혈관운동신경장애로 인한 동맥수축 때문에 일어나는 말단 혈류장애이다.

56 모든 시스템 안전분석에서 제일 첫 번째 단계의 분석으로, 실행되고 있는 시스템을 포함한 모든 것의 상태를 인식하고 시스템의 개발단계에서 시스템 고유의 위험상태를 식별하여 예상되고 있는 재해의 위험수준을 결정하는 것을 목적으로 하는 위험분석기법은?

① 결함위험분석(FHA ; Fault Hazard Analysis)
② 시스템위험분석
   (SHA ; System Hazard Analysis)
③ 예비위험분석
   (PHA ; Preliminary Hazard Analysis)
④ 운용위험분석
   (OHA ; Operating Hazard Analysis)

해설 ① 결함위험분석(FHA) : 서브시스템 해석 등에 사용되는 해석법으로, 귀납적인 분석방법
② 시스템위험분석(SHA) : 하부 시스템이 시스템 전체에 미치는 위험성을 분석하는 방법
③ 예비위험분석(PHA) : 대부분의 시스템 안전 프로그램에 있어서 최초단계의 분석으로, 시스템 내의 위험요소가 얼마나 위험한 상태에 있는가를 정성적으로 평가하는 방법
④ 운용위험분석(OHA) : 시스템이 저장되어 이동되고 실행됨에 따라 발생하는 작동시스템의 기능이나 과업, 활동으로부터 발생되는 위험에 초점을 맞춘 위험분석 차트

㉰ 기능별 배치의 원칙 : 기능적으로 관련된 부품들(표시장치, 조정장치 등)을 모아서 배치한다.
㉱ 사용순서의 원칙 : 사용되는 순서에 따라 장치들을 가까이에 배치한다. 일반적으로 부품의 중요성과 사용빈도에 따라서 부품의 일반적인 위치를 정하고 기능 및 사용순서에 따라서 부품의 배치(일반적인 위치 내에서의 배치)를 결정한다.

57 그림과 같은 FT도에서 $F_1 = 0.015$, $F_2 = 0.02$, $F_3 = 0.05$이면, 정상사상 T가 발생할 확률은 약 얼마인가?

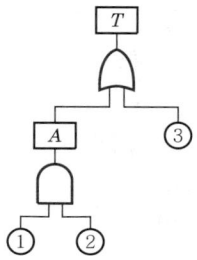

① 0.0002
② 0.0283
③ 0.0503
④ 0.9500

해설 $T = 1-(1-A)(1-③)$
$= 1-(1-①×②)(1-③)$
$= 1-(1-0.015×0.02)×(1-0.05)$
$= 0.0503$

58 작업공간의 배치에 있어 구성요소 배치의 원칙에 해당하지 않는 것은?

① 기능성의 원칙
② 사용빈도의 원칙
③ 사용순서의 원칙
④ 사용방법의 원칙

해설 **부품 배치의 원칙**
㉮ 중요성의 원칙 : 부품을 작동하는 성능이 체계의 목표 달성에 중요한 정도에 따라 우선순위를 설정한다.
㉯ 사용빈도의 원칙 : 부품을 사용하는 빈도에 따라 우선순위를 설정한다.

59 위험분석기법 중 고장이 시스템의 손실과 인명의 사상에 연결되는 높은 위험도를 가진 요소나 고장의 형태에 따른 분석법은?

① CA
② ETA
③ FHA
④ FTA

해설 ① CA(Criticality Analysis ; 위험도 분석) : 고장이 시스템의 손실과 인명의 사상에 연결되는 높은 위험도를 가진 요소나 고장의 형태에 따른 분석법
② ETA(Event Tree Analysis) : 사상의 안전도를 사용하여 시스템의 안전도를 나타내는 시스템 모델의 하나로 귀납적, 정량적인 분석법
③ FHA(Fault Hazard Analysis ; 결함사고 위험분석) : 서브시스템 해석 등에 사용되는 분석법
④ FTA(Fault Tree Analysis) : 기계설비 또는 인간-기계 시스템(Man Machine System)의 고장이나 재해의 발생요인을 FT 도표에 의하여 분석하는 방법

60 자동차를 타이어가 4개인 하나의 시스템으로 볼 때, 타이어 1개가 파열될 확률이 0.01이라면 이 자동차의 신뢰도는 약 얼마인가?

① 0.91
② 0.93
③ 0.96
④ 0.99

해설 자동차를 타이어가 4개인 하나의 시스템으로 볼 때, 타이어 4개는 직렬 연결되어 있다.
신뢰도 $R = 0.99×0.99×0.99×0.99 = 0.9605$

정답 57.③ 58.④ 59.① 60.③

제4과목 건설시공학

61 한중 콘크리트의 제조에 대한 설명으로 틀린 것은?

① 콘크리트의 비빔온도는 기상조건 및 시공조건 등을 고려하여 정한다.
② 재료를 가열하는 경우, 물 또는 골재를 가열하는 것을 원칙으로 하며, 골재는 직접 불꽃에 대어 가열한다.
③ 타설 시의 콘크리트 온도는 5℃ 이상, 20℃ 미만으로 한다.
④ 빙설이 혼입된 골재, 동결 상태의 골재는 원칙적으로 비빔에 사용하지 않는다.

[해설] 재료를 가열하는 경우, 기온이 5~2℃ 이하일 때는 물을 가열하고, 0℃ 이하가 되면 물과 모래를 가열하며, -10℃ 이하가 되면 물, 모래, 자갈 모두 가열하여 사용하며 가열온도는 60℃ 이하로 한다. 가열 시는 직접 불꽃을 대어서는 안 된다.

62 벽돌쌓기에서 도면 또는 공사 시방서에서 정한 바가 없을 때에 적용하는 쌓기법으로 옳은 것은?

① 미식 쌓기
② 영롱 쌓기
③ 불식 쌓기
④ 영식 쌓기

[해설] 벽돌쌓기의 방식
㉮ 영식 쌓기 : 한 켜는 마구리 쌓기, 다음 켜는 길이 쌓기로 하고, 마구리 쌓기 켜의 벽 끝에 이오토막을 사용한다(가장 튼튼한 쌓기법).
㉯ 네덜란드식(화란식) 쌓기 : 한 켜는 마구리 쌓기, 다음 켜는 길이 쌓기로 하고 길이 쌓기 켜의 벽 끝에 칠오토막을 사용한다.
㉰ 불식 쌓기 : 매 켜에 길이와 마구리 쌓기가 번갈아 나오게 한다.
㉱ 미식 쌓기 : 5켜는 길이 쌓기로 하고, 한 켜는 마구리 쌓기로 한다.

63 콘크리트용 골재에 대한 설명 중 옳지 않은 것은?

① 골재는 청정, 견경, 내구성 및 내화성이 있어야 한다.
② 골재에 포함된 부식토, 석탄 등의 유기물은 콘크리트의 경화를 방해하여 콘크리트 강도를 떨어뜨리게 한다.
③ 실트, 점토, 운모 등의 미립분은 골재와 시멘트의 부착을 좋게 한다.
④ 골재의 강도는 콘크리트 중에 경화한 모르타르의 강도 이상이 요구된다.

[해설] ③ 실트, 점토, 운모 등의 미립분은 골재와 시멘트의 부착을 나쁘게 한다.

64 토공사에 사용되는 각종 건설기계에 관한 설명으로 옳은 것은?

① 클램셸은 협소한 장소의 흙을 퍼 올리는 장비로서, 연한 지반에 적합하다.
② 파워셔블은 위치한 지면보다 낮은 곳의 굴착에 적합하다.
③ 드래그셔블은 버킷으로 토사를 굴삭하며 적재하는 기계로서 로더(loader)라고 불린다.
④ 드래그라인은 좁은 범위의 경질 지반 굴착에 적합하다.

[해설] ② 파워셔블 : 중기가 위치한 지면보다 높은 곳의 굴착에 적합하다.
③ 드래그셔블 : 백호(back hoe)라고도 하며 중기가 위치한 지면보다 낮은 곳(지하 6m)의 단단한 지반을 굴착하는 데 적합하다.
④ 드래그라인 : 지반보다 낮은(지하 8m) 연질 지반의 넓은 굴착에 적합하다.

65 철골기둥의 이음부분 면을 절삭가공기를 사용하여 마감하고 충분히 밀착시킨 이음에 해당하는 용어는?

① 밀 스케일(mill scale)
② 스캘럽(scallop)
③ 스패터(spatter)
④ 메탈터치(metal touch)

해설 ① 밀 스케일 : 800℃ 이상으로 가열·가공하였을 때, 강의 표면에 생성되는 산화물 피막이다. 색조는 흑색 또는 흑갈색이고, 피막은 다공성, 균열 등이 있으며 밀착성이 약하기 때문에, 방식 효과는 없다.
② 스캘럽 : 용접선의 교차를 피하기 위하여 부재(部材)에 파 놓은 부채꼴의 오목하게 들어간 부분이다.
③ 스패터 : 아크 용접, 가스 용접 등에서 용접, 용단(熔斷) 중에 비산하는 슬래그 및 금속 입자를 말한다.
④ 메탈터치 : 기둥의 축력(軸力)이 매우 크고, 인장력이 거의 발생하지 않는 초고층의 하부 기둥 등에 있어서 상하 부재의 접촉면에서 축력을 전달시키는 이음방법이다.

66 벽돌벽 두께 1.0B, 벽 높이 2.5m, 길이 8m인 벽면에 소요되는 점토벽돌의 매수는 얼마인가? (단, 규격은 190×90×57mm, 할증은 3%로 하며, 소수점 이하 결과는 올림하여 정수매로 표기한다.)

① 2,980매 ② 3,070매
③ 3,278매 ④ 3,542매

해설 **벽돌쌓기 기준량(1m² 당) 벽돌 수**
㉮ 0.5B : 75
㉯ 1B : 149
㉰ 1.5B : 224
㉱ 2B : 299
∴ 벽돌 소요량=149장/m²×2.5m×8m×1.03 (할증률)
=3069.4≒3,070매

67 다음 모살용접(Fillet Welding)의 단면상 이론 목 두께에 해당하는 것은?

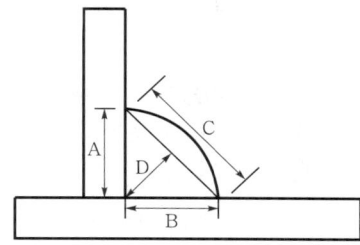

① A ② B
③ C ④ D

해설 모살용접이란 목 두께의 방향이 모체의 면과 45° 각을 이루는 용접을 말한다.
그림에서 B는 다리 길이, D는 이론 목 두께를 나타낸다.

68 주문받은 건설업자가 대상 계획의 기업, 금융, 토지조달, 설계, 시공 등을 포괄하는 도급 계약방식을 무엇이라 하는가?

① 실비정산 보수가산도급
② 정액도급
③ 공동도급
④ 턴키도급

해설 **턴키도급**
㉮ 건설업자가 대상 계획의 기업, 금융, 토지조달, 설계, 시공, 기계·기구 설치, 시운전까지 주문자가 필요로 하는 모든 것을 조달하여 인도하는 도급계약방식이다.
㉯ 새로운 플랜트 공사와 특정 공사 등에만 적용하고 있으며 해외공사 발주 시에 주로 채택된다.

69 콘크리트 블록에서 A종 블록의 압축강도 기준은?

① 2N/mm² 이상
② 4N/mm² 이상
③ 6N/mm² 이상
④ 8N/mm² 이상

해설 **콘크리트 블록의 압축강도**

구 분	A종 블록	B종 블록	C종 블록
압축강도(N/mm²)	4 이상	6 이상	8 이상

70 해체 및 이동에 편리하도록 제작된 수평 활동 시스템 거푸집으로서 터널, 교량, 지하철 등에 주로 적용되는 거푸집은?

① 유로폼(Euro Form)
② 트래블링폼(Traveling Form)
③ 와플폼(Waffle Form)
④ 갱폼(Gang Form)

해설 ① 유로폼 : 경량형강과 합판으로 벽판이나 바닥판을 짜서 못을 쓰지 않고 간단하게 조립할 수 있는 거푸집
② 트래블링폼 : 콘크리트를 부어가면서 경화정도에 따라 거푸집을 수평으로 이동시키면서 연속해서 콘크리트를 타설할 수 있는 거푸집
③ 와플폼 : 무량판 구조 또는 평판 구조에서 2방향 장선(격자보) 바닥판 구조가 가능한 특수 상자 모양의 기성재 거푸집
④ 갱폼 : 주로 고층 아파트와 같이 평면상 상·하부가 동일한 단면 구조물에서 외부 벽체 거푸집과 발판용 케이지를 일체로 하여 제작한 대형 거푸집

㉮ 지반조건 : 연약한 점토 지반인 경우
㉯ 현상
  ㉠ 지보공 파괴
  ㉡ 배면 토사 붕괴
  ㉢ 굴착저면의 솟아오름
㉰ 대책
  ㉠ 굴착 주변의 상재하중을 제거한다.
  ㉡ 시트파일(Sheet Pile) 등의 근입심도 검토
  ㉢ 1.3m 이하 굴착 시에는 버팀대(Strut) 설치
  ㉣ 버팀대, 브래킷, 흙막이 점검
  ㉤ 굴착 주변을 웰포인트(Well Point) 공법과 병행
  ㉥ 굴착방식 개선(Island Cut 공법 등)

71 다음 중 철골구조의 녹막이칠 작업을 실시하는 곳은?

① 콘크리트에 매립되지 않는 부분
② 고력 볼트 마찰 접합부의 마찰면
③ 폐쇄형 단면을 한 부재의 밀폐된 면
④ 조립상 표면 접합이 되는 면

해설 녹막이칠을 할 필요가 없는 부분
㉮ 콘크리트에 밀착 또는 매립되는 부분
㉯ 조립에 의해 서로 밀착되는 면(조립상 표면 접합이 되는 면)
㉰ 현장 용접을 하는 부위 및 그곳에 인접하는 양측 100mm 이내(용접부에서 500mm 이내)
㉱ 고장력 볼트 마찰 접합부의 마찰면
㉲ 폐쇄형 단면을 한 부재의 밀폐된 내면
㉳ 기계깎기 마무리면

72 연약한 점토지반에서 지반의 강도가 굴착 규모에 비해 부족할 경우에 흙이 돌아 나오거나 굴착 바닥면이 융기하는 현상은?

① 히빙
② 보일링
③ 파이핑
④ 틱소트로피

해설 히빙(heaving)
굴착이 진행됨에 따라 흙막이벽 뒤쪽 흙의 중량이 굴착부 바닥의 지지력 이상이 되면 흙막이벽 근입(根入) 부분의 지반이동이 발생하여 굴착부 저면이 솟아오르는 현상이다. 이 현상이 발생하면 흙막이벽의 근입 부분이 파괴되면서 흙막이벽 전체가 붕괴되는 경우가 많다.

73 철골공사에서 철골 세우기 순서가 옳게 연결된 것은?

ⓐ 기초볼트 위치 재점검
ⓑ 기둥 중심선 먹매김
ⓒ 기둥 세우기
ⓓ 주각부 모르타르 채움
ⓔ Base plate의 높이조정용 plate 고정

① ⓐ → ⓑ → ⓒ → ⓓ → ⓔ
② ⓑ → ⓐ → ⓔ → ⓒ → ⓓ
③ ⓑ → ⓐ → ⓒ → ⓓ → ⓔ
④ ⓔ → ⓓ → ⓑ → ⓐ → ⓒ

해설 철골공사
㉮ 철골 세우기 순서
  ㉠ 기둥 중심선 먹매김
  ㉡ 기초볼트 위치 재점검
  ㉢ Base plate의 높이 조정용 plate 고정
  ㉣ 기둥 세우기
  ㉤ 주각부 모르타르 채움
㉯ 철골작업의 공정 순서
  ㉠ 현척도 작성
  ㉡ 본뜨기(형판뜨기)
  ㉢ 변형 바로잡기
  ㉣ 금매김
  ㉤ 절단
  ㉥ 리벳구멍 뚫기
  ㉦ 가볼트
  ㉧ 리벳치기
  ㉨ 검사
  ㉩ 녹막이칠

74 실비에 제한을 붙이고 시공자에게 제한된 금액 이내에 공사를 완성할 책임을 주는 공사방식은?

① 실비 비율 보수가산식
② 실비 정액 보수가산식
③ 실비 한정비율 보수가산식
④ 실비 준동률 보수가산식

해설 실비 정산 보수가산도급 계약제도의 종류
㉮ 실비 비율 보수가산도급 : 사용된 공사 실비와 계약된 비율을 곱한 금액을 지불
㉯ 실비액 보수가산도급 : 실비 여하를 막론하고 미리 계약된 일정 금액을 보수로 지불
㉰ 실비 한정비율 보수가산도급 : 실비에 제한을 두고 시공자가 제한된 실비 내에서 완공하도록 하는 방법
㉱ 실비 준동률 보수가산도급 : 실비를 여러 단계로 분할하여 공사비가 각 단계의 금액보다 증가된 경우 비율 보수 또는 정액 보수를 체감하는 방법

75 다음 중 강관말뚝지정의 특징에 해당하지 않는 것은?

① 강한 타격에도 견디며 다져진 중간지층의 관통도 가능하다.
② 지지력이 크고 이음이 안전하고 강하므로 장척말뚝에 적당하다.
③ 상부구조와의 결합이 용이하다.
④ 길이 조절이 어려우나 재료비가 저렴한 장점이 있다.

해설 강관말뚝지정은 길이 조절이 가능하며, 재료비가 비싼 단점이 있다.
※ 강관말뚝지정의 단점에는 흙에 묻으면 부식에 의해 내구성이 떨어진다는 점도 있다.

76 철근 배근 시 콘크리트의 피복두께를 유지해야 되는 가장 큰 이유는?

① 콘크리트의 인장강도 증진을 위하여
② 콘크리트의 내구성, 내화성 확보를 위하여
③ 구조물의 미관을 좋게 하기 위하여
④ 콘크리트 타설을 쉽게 하기 위하여

해설 철근의 피복두께
㉮ 피복두께 : 콘크리트 표면에서 제일 외측에 가까운 철근 표면까지의 거리
㉯ 철근의 피복두께 계획 시 고려사항(철근 피복의 목적)
 ㉠ 내화성 확보
 ㉡ 내구성 확보(철근의 방청)
 ㉢ 구조내력 확보
 ㉣ 시공상 유동성 확보

77 품질관리를 위한 통계 수법으로 이용되는 7가지 도구(tools)를 특징별로 조합한 것 중 잘못 연결된 것은?

① 히스토그램 – 분포도
② 파레토그램 – 영향도
③ 특성요인도 – 원인결과도
④ 체크시트 – 상관도

해설 품질관리(QC ; Quality Control)활동의 7가지 도구
㉮ 파레토도(pareto diagram) : 시공불량의 내용이나 원인을 분류항목으로 나누어 크기 순서대로 나열해 놓은 그림(영향도)
㉯ 특성요인도 : 결과에 원인이 어떻게 관계하고 있는가를 어골상(생선뼈 모양)으로 나타낸 그림(원인결과도)
㉰ 히스토그램(histogram) : 길이, 무게, 강도 등과 같이 계량치의 데이터가 어떠한 분포를 하고 있는지 알아보기 위하여 작성하는 주상(柱狀) 막대그래프(분포도)
㉱ 체크시트 : 불량수, 결점수 등 셀 수 있는 데이터를 분류하여 항목별로 나누었을 때 어디에 집중되어 있는가를 알기 쉽도록 한 그림 또는 표(도수분포도)
㉲ 산점도(scatter diagram) : 서로 대응되는 두 종류의 데이터의 상호관계를 보는 것(산포도)
㉳ 관리도 : 공정의 상태를 나타내는 특성치에 관해서 그려진 꺾은선그래프
㉴ 층별 : 데이터의 특성을 적당한 범주마다 얼마간의 그룹으로 나누어 도표로 나타낸 것

78 부재별 철근의 정착위치에 관한 설명으로 옳지 않은 것은?

① 작은 보의 주근은 슬래브에 정착한다.
② 기둥의 주근은 기초에 정착한다.
③ 바닥철근은 보 또는 벽체에 정착한다.
④ 벽철근은 기둥, 보 또는 바닥판에 정착한다.

해설 철근의 정착위치
㉮ 기둥의 상부의 주근은 큰 보, 하부의 주근은 기초에 정착시킨다.
㉯ 지중보의 주근은 기초 또는 기둥에 정착시킨다.
㉰ 보의 주근은 기둥에 정착시킨다.
㉱ 작은 보의 주근은 큰 보에 정착시킨다.
㉲ 직교하는 단부 보 밑에 기둥이 없을 때에는 상호 간에 정착시킨다.
㉳ 바닥철근은 보 또는 벽체에 정착한다.
㉴ 벽철근은 기둥, 보 또는 바닥판에 정착한다.

79 다음 설명에 해당하는 공정표의 종류로 옳은 것은?

> 한 공종의 작업이 하나의 숫자로 표기되고 컴퓨터에 적용하기 용이한 이점 때문에 많이 사용되고 있다. 각 작업은 node로 표기하고 더미의 사용이 불필요하며, 화살표는 단순히 작업의 선후관계만을 나타낸다.

① 횡선식 공정표
② CPM
③ PDM
④ LOB

해설 공정표의 종류
㉮ 횡선식 공정표 : 세로축에 작업항목이나 공종, 가로축에 시간을 취하여 각 작업의 개시부터 종료까지의 시간을 막대 모양으로 표현한 공정표이다.
㉯ CPM : 신규 사업이지만 비교적 경험이 있는 사업과 반복 사업으로 불확정 요소는 별로 문제가 되지 않는 사업장에 적용한다.
㉰ PDM(Precedence Diagram Method) : 한 공종의 작업이 하나의 숫자로 표기되고 컴퓨터에 적용하기 용이한 이점 때문에 많이 사용되고 있다. 각 작업은 node로 표기하고 더미의 사용이 불필요하며, 화살표는 단순히 작업의 선후관계만을 나타낸다.
㉱ LOB : 반복작업에서 각 작업조의 생산성을 유지시키면서 그 생산성을 기울기로 하는 직선으로 각 반복작업의 진행을 표시하여 전체 공사를 도식화하는 기법이다.

80 중량 5kg인 목재를 건조시켜 전건중량이 4kg이 되었다. 건조 전 목재의 함수율은 몇 %인가?

① 20% ② 25%
③ 30% ④ 40%

해설
$$함수율(\%) = \frac{W_1 - W_2}{W_2} \times 100$$
$$= \frac{5-4}{4} \times 100 = 25\%$$
여기서, W_1 : 목재의 건조 전 중량
W_2 : 건조 후 전건 중량

제5과목　건설재료학

81 보통 FRP판이라고 하며, 내외장재, 가구재 등으로 사용되며 구조재로도 사용 가능한 것은?

① 아크릴판
② 강화 폴리에스테르판
③ 페놀수지판
④ 경질염화비닐관

해설 FRP(강화 폴리에스테르)
가는 유리섬유에 불포화 폴리에스테르 수지를 넣어 상온에서 가압하여 성형한 강화 플라스틱이다.

82 석재의 종류와 용도가 잘못 연결된 것은?

① 화산암 – 경량 골재
② 화강암 – 콘크리트용 골재
③ 대리석 – 조각재
④ 응회암 – 건축용 구조재

해설 ④ 응회암 – 기초석, 조적 석재 등

83 점토 제품에서 SK 번호란 무엇을 뜻하는가?

① 소성온도를 표시
② 점토 원료를 표시
③ 점토 제품의 종류를 표시
④ 점토 제품 제법 순서를 표시

해설 SK : 점토 제품의 소성온도를 나타낸다.

84 고로시멘트의 특징에 대한 설명으로 옳지 않은 것은?

① 해수에 대한 내식성이 작다.
② 초기강도는 작으나 장기강도는 크다.
③ 잠재수경성의 성질을 가지고 있다.
④ 수화열량이 적어 매스콘크리트용으로 사용이 가능하다.

해설 **고로시멘트**
고로에서 선철을 만들 때 나오는 광재를 공기 중에서 냉각시키고 잘게 부순 것에 포틀랜드시멘트 클링커를 혼합한 다음, 석고를 적당히 섞어서 분쇄하여 분말로 한 것으로, 그 특성은 다음과 같다.
㉮ 수화열과 수축률이 적어서 댐 공사 등에 적합하다.
㉯ 비중이 적고(2.85 이상), 바닷물에 대한 저항이 크다.
㉰ 단기강도가 작고, 장기강도가 크며, 풍화가 용이하다.
㉱ 응결시간이 약간 느리고, 콘크리트의 블리딩(Bleeding)이 적어진다.

85 목재 섬유포화점의 함수율은 대략 얼마 정도인가?

① 10% ② 20%
③ 30% ④ 40%

해설 **목재의 함수율(Water Content)**
㉮ 생재 : 변재는 80~200%, 심재는 40~100% 정도
㉯ 기건재와 전건재
　㉠ 기건재 : 공기 중의 습도에 의해 더 이상의 수분 감소가 없는 상태의 것으로, 기건재의 함수율은 보통 12~18%(평균 15%)의 범위이다.
　㉡ 전건재 : 목재를 건조장치에서 건조하여 함수율이 0%가 되었을 때의 것을 말한다.

㉰ 섬유포화점 : 목재의 건조에 있어서는 먼저 유리수가 증발하며, 그 뒤에 세포수(세포벽에 침투하고 있는 것)의 증발이 시작되는데, 이 양자의 한계에 있어서의 함수상태를 목재의 섬유포화점이라고 하며, 함수율은 30% 정도이다.

86 다음 중 소석회에 모래, 해초풀, 여물 등을 혼합하여 바르는 미장재료로서 목조바탕, 콘크리트 블록 및 벽돌 바탕 등에 사용되는 것은?

① 회반죽
② 돌로마이트 플라스터
③ 시멘트 모르타르
④ 석고 플라스터

해설 ① 회반죽 : 석회, 해초풀, 여물, 모래(초벌이나 재벌에만 섞고 정벌바름에는 섞지 않음) 등을 혼합하여 바르는 미장재료이다.
② 돌로마이트 플라스터 : 돌로마이트 석회(마그네시아 석회)에 모래와 여물, 그리고 필요한 경우에는 시멘트를 혼합하여 반죽한 바름재료이다.
③ 시멘트 모르타르 : 시멘트와 모래를 배합해서 물로 갠 것을 말한다.
④ 석고 플라스터 : 석고에 풀 등의 접착제·응결시간조절제(아교질재 등)·혼화재(점토, 돌로마이트 플라스터 등) 등을 혼합한 것으로, 벽이나 천정 등에 사용하는 미장재료이다.

87 주제와 경화제로 이루어진 2성분형이 대부분으로 금속, 플라스틱, 도자기, 콘크리트의 접합에 이용되고 내구력, 내수성, 내약품성이 매우 우수하여 만능형 접착제로 불리는 것은?

① 에폭시수지 접착제
② 페놀수지 접착제
③ 아크릴수지 접착제
④ 폴리에스테르수지 접착제

해설 **에폭시수지 접착제의 특징**
㉮ 접착할 때 가압할 필요가 없다.
㉯ 내산성·내알칼리성·내수성·내약품성·전기절연성 등이 우수하다.
㉰ 강도 등의 기계적 성질도 뛰어나다.
㉱ 경화제(폴리아민, 지방족 및 방향족 아민과 그 유도체 등)가 반드시 필요하고, 경화제 양의 다소가 접착력에 영향을 끼친다.
㉲ 금속 접착에 적당하고, 플라스틱류·도기 및 유리·콘크리트·목재·천 등의 접착에도 사용된다.

88 굳지 않은 콘크리트의 성질을 표시한 용어가 아닌 것은?

① 워커빌리티(workability)
② 펌퍼빌리티(pumpability)
③ 플라스티시티(plasticity)
④ 크리프(creep)

해설 콘크리트의 성질을 표현하는 용어
㉮ 워커빌리티(workability, 시공연도) : 콘크리트의 반죽질기(consistency)에 의한 작업의 난이도 및 재료 분리에 저항하는 정도를 나타내는 성질
㉯ 컨시스턴시(consistency, 반죽질기) : 주로 수량의 다수에 의해서 변화하는 콘크리트의 유동성 정도
㉰ 플라스티시티(plasticity, 성형성) : 거푸집의 형상에 순응하여 채우기 쉽고 분리가 일어나지 않는 성질
㉱ 피니셔빌리티(finishability, 마무리성) : 굵은 골재의 최대치수, 잔골재율, 잔골재의 입도, 반죽질기 등에 의한 콘크리트 표면의 마무리 정도를 나타내는 성질

89 다음 중 도장공사에 사용되는 투명 도료를 고르면?

① 오일 바니쉬
② 에나멜 페인트
③ 래커 에나멜
④ 합성수지 페인트

해설 유성 바니시(oil varnish)
㉮ 유용성 수지를 건성유에 가열·용해하여 이것을 휘발성 용제로 희석한 것이다.
㉯ 무색 또는 담갈색의 투명 도료로서 목재부 도장에 사용한다.
㉰ 유성 페인트보다 내후성이 작아서 옥외에는 별로 사용하지 않는다.

90 골재의 함수상태에서 유효흡수량의 정의로 옳은 것은?

① 습윤상태와 절대건조상태의 수량의 차이
② 표면건조 포화상태와 기건상태의 수량의 차이
③ 기건상태와 절대건조상태의 수량의 차이
④ 습윤상태와 표면건조 포화상태의 수량의 차이

해설 골재의 흡수량
㉮ 흡수량 : 절대건조상태에서 표면건조 내부포수상태가 될 때까지 흡수하는 수량
㉯ 기건함수량 : 절대건조상태에서 기건상태가 될 때까지 흡수하는 수량
㉰ 표면수량 : 표면건조 내부포수상태에서 습윤상태가 될 때까지 흡수하는 수량
㉱ 함수량 : 절대건조상태에서 습윤상태가 될 때까지 흡수하는 수량

91 플라이애시 시멘트에 관한 설명으로 옳은 것은?

① 수화할 때 불용성 규산칼슘 수화물을 생성한다.
② 화력발전소 등에서 완전연소한 미분탄의 회분과 포틀랜드 시멘트를 혼합한 것이다.
③ 재령 1~2시간 안에 콘크리트 압축강도가 20MPa에 도달할 수 있다.
④ 용광로의 선철 제작 부산물을 급랭시키고 파쇄하여 시멘트와 혼합한 것이다.

해설 플라이애시 시멘트
포틀랜드 시멘트에 플라이애시(분탄 보일러 연소 시 부유하는 회분)를 혼합하여 만든 시멘트로, 그 특성은 다음과 같다.
㉮ 초기 수화열이 낮다.
㉯ 조기강도는 작지만 장기강도는 크다.
㉰ 화학저항이 크다.
㉱ 수밀성이 증대된다.

92 강재의 인장강도가 최대로 될 경우의 탄소함유량의 범위로 가장 가까운 것은?

① 0.04~0.2%
② 0.2~0.5%
③ 0.8~1.0%
④ 1.2~1.5%

해설 강은 탄소함유량이 많을수록 경(硬)하고 강도가 증대되나 신도(연신율)는 감소된다(0.9~1.0% 함유 시 인장강도는 최대로 증대되고 이를 넘으면 감소되며, 경도는 0.9% 함유 시 최대이며 이상 함유되어도 경도는 일정하다).

93 투명도가 높으므로 유기유리라고도 불리며 무색투명하여 착색이 자유롭고 상온에서도 절단·가공이 용이한 합성수지는?

① 폴리에틸렌 수지　② 스티롤 수지
③ 멜라민 수지　　　④ 아크릴 수지

해설 아크릴 수지(acrylic resin)
㉮ 제법 : 아크릴산 또는 에스테르의 중합(重合)으로 된 수지이다.
㉯ 성질 : 투명도가 높으므로 유기유리라고도 불리며 무색투명하여 착색이 자유롭다. 상온에서도 절단·가공이 용이하며, 유연성, 내후성, 내화학약품성이 우수하다.
㉰ 용도 : 도료, 섬유처리, 고문화재(古文化財) 표면 박락(剝落) 방지제, 시멘트 혼화재료 등에 쓰인다.

94 진주석 등을 800~1,200℃로 가열 팽창시킨 구상입자 제품으로 단열, 흡음, 보온 목적으로 사용되는 것은?

① 암면 보온판
② 유리면 보온판
③ 카세인
④ 펄라이트 보온재

해설 펄라이트(perlite) : 진주석, 흑요석, 송지석 등을 분쇄하여 입상으로 된 것을 800~1,200℃로 가열 팽창시킨 구상입자 제품으로 단열, 흡음, 보온 목적으로 사용된다.

95 다음 보기 중 열경화성 수지에 속하지 않는 것은?

① 멜라민수지　　　② 요소수지
③ 폴리에틸렌수지　④ 에폭시수지

해설 합성수지의 종류
㉮ 열가소성 수지
　㉠ 염화비닐수지(PVC)
　㉡ 에틸렌수지
　㉢ 프로필렌수지
　㉣ 아크릴수지
　㉤ 스타이렌수지
　㉥ 메타크릴수지
　㉦ ABS수지
　㉧ 폴리아미드수지
　㉨ 비닐아세틸수지
㉯ 열경화성 수지
　㉠ 페놀수지
　㉡ 요소수지
　㉢ 멜라민수지
　㉣ 알키드수지
　㉤ 폴리에스테르수지
　㉥ 실리콘
　㉦ 에폭시수지
　㉧ 우레탄수지
　㉨ 규소수지

96 점토벽돌 1종의 압축강도는 최소 얼마 이상인가?

① 17.85MPa　② 19.53MPa
③ 20.59MPa　④ 24.50MPa

해설 점토벽돌의 품질

등 급	압축강도(MPa)	흡수율(%)
1종 벽돌	24.5 이상	10 이하
2종 벽돌	20.59 이상	13 이하
3종 벽돌	10.78 이상	15 이하

97 블리딩 현상이 콘크리트에 미치는 가장 큰 영향은?

① 공기량이 증가하여 결과적으로 강도를 저하시킨다.
② 수화열을 발생시켜 콘크리트에 균열을 발생시킨다.
③ 콜드조인트의 발생을 방지한다.
④ 철근과 콘크리트의 부착력 저하, 수밀성 저하의 원인이 된다.

해설 블리딩(bleeding)
콘크리트 타설 후의 시멘트나 골재입자 등이 침하에 따라 물이 분리 상승되어 콘크리트 표면에 떠오르는 현상을 말한다.
㉮ 콘크리트의 품질 및 수밀성, 내구성을 저하시키고, 시멘트풀과의 부착을 저해한다.
㉯ 블리딩을 적게 하기 위해서는 단위수량을 적게 하고, 골재입도가 적당해야 하며 AE제, 플라이애시, 분산감수제, 기타 적당한 혼화제를 사용한다.
㉰ 보통 건축용 콘크리트인 경우 블리딩이 일어나는 시간은 40~60분 사이이며, 부유수의 양은 0.6~1.5% 정도이다.

98 목재 건조 시 생재를 수중에 일정기간 침수시키는 주된 이유는?

① 재질을 연하게 만들어 가공하기 쉽게 하기 위하여
② 목재의 내화도를 높이기 위하여
③ 강도를 크게 하기 위하여
④ 건조기간을 단축시키기 위하여

해설 통나무채로 3~4주간 침수시키면 수액의 농도가 줄어들어 이 상태에서 공기 중에 건조하면 건조기간을 단축할 수 있다.

99 금속 부식에 관한 대책으로 잘못된 것은?

① 가능한 한 이종금속은 이를 인접, 접속시켜 사용하지 않을 것
② 균질한 것을 선택하고, 사용할 때 큰 변형을 주지 않도록 할 것
③ 큰 변형을 준 것은 가능한 한 풀림하여 사용할 것
④ 표면을 거칠게 하고 가능한 한 습윤상태로 유지할 것

해설 ④ 금속 부식 방지를 위해서는 표면을 매끄럽게 하여 표면적을 줄이고, 건조상태를 유지할 것

100 다음 중 건축용 단열재와 거리가 먼 것은?

① 유리면(glass wool)
② 암면(rock wool)
③ 테라코타
④ 펄라이트판

해설 테라코타의 특성
㉮ 일반 석재보다 가볍고, 압축강도는 800~900 kg/cm²로서 화강암의 1/2 정도이다.
㉯ 화강암보다 내화력이 강하고, 대리석보다 풍화에 강하므로 외장에 적당하다.
㉰ 건축에 쓰이는 점토 제품으로는 가장 미술적이고, 색도 석재보다 자유롭다.
㉱ 한 개의 크기는 제조와 취급상 최대 크기를 평물이면 0.5m²를 한도로 하고, 형물이면 1.1m²를 한도로 한다.

제6과목 건설안전기술

101 흙막이공의 파괴 원인 중 하나인 보일링(Boiling) 현상에 관한 설명으로 틀린 것은?

① 지하수위가 높은 지반을 굴착할 때 주로 발생한다.
② 연약 사질토 지반에서 주로 발생한다.
③ 시트파일(Sheet Pile) 등의 저면에 분사현상이 발생한다.
④ 연약 점토지반에서 굴착면의 융기로 발생한다.

해설 보일링(Boiling)
사질토 지반을 굴착 시, 굴착부와 지하수위차가 있을 경우 수두차(水頭差)에 의하여 침투압이 생겨 흙막이벽의 근입부가 지지력을 상실하여 흙막이공의 붕괴를 초래하는 현상이다.
㉮ 지반조건 : 지반수위가 높은 사질토인 경우
㉯ 현상
  ㉠ 저면에 액상화 현상(Quick Sand) 발생
  ㉡ 굴착면과 배면토의 수두차에 의한 침투압 발생
㉰ 대책
  ㉠ 주변 수위를 저하시킨다.
  ㉡ 흙막이벽 근입도를 증가하여 동수구배를 저하시킨다.
  ㉢ 굴착토를 즉시 원상 매립한다.
  ㉣ 작업을 중지시킨다.
  ㉤ 콘 및 필터를 설치한다.
  ㉥ 지수벽 설치 등으로 투수거리를 길게 한다.

102 터널공사에서 발파작업 시 안전대책으로 틀린 것은?

① 발파 전 도화선 연결상태, 저항치 조사 등의 목적으로 도통시험 실시 및 발파기의 작동상태를 사전에 점검
② 동력선은 발원점으로부터 최소 15m 이상 후방으로 옮길 것
③ 지질, 암의 절리 등에 따라 화약량 검토 및 시방기준과 대비하여 안전조치 실시
④ 발파용 점화회선은 타동력선 및 조명회선과 한 곳으로 통합하여 관리

해설 발파용 점화회선은 타동력선 및 조명회선과 분리하여 관리한다.

103 강관을 사용하여 비계를 구성할 때의 설치기준으로 옳지 않은 것은?

① 비계기둥의 간격은 띠장 방향에서는 1.85m 이하로 한다.
② 띠장 간격은 1m 이하로 설치한다.
③ 비계기둥의 제일 윗부분으로부터 31m 되는 지점 밑부분의 비계기둥은 2개의 강관으로 묶어세운다.
④ 비계기둥 간의 적재하중은 400kg을 초과하지 않도록 한다.

해설 강관비계를 구성하는 경우 준수사항
㉮ 비계기둥의 간격은 띠장 방향에서는 1.85m 이하, 장선(長線) 방향에서는 1.5m 이하로 할 것. 다만, 선박 및 보트 건조작업의 경우 안전성에 대한 구조검토를 실시하고 조립도를 작성하면 띠장 방향 및 장선 방향으로 각각 2.7m 이하로 할 수 있다.
㉯ 띠장 간격은 2.0m 이하로 할 것. 다만, 작업의 성질상 이를 준수하기가 곤란하여 쌍기둥틀 등에 의하여 해당 부분을 보강한 경우에는 그러하지 아니하다.
㉰ 비계기둥의 제일 윗부분으로부터 31m 되는 지점 밑부분의 비계기둥은 2개의 강관으로 묶어세울 것. 다만, 브래킷(bracket, 까치발) 등으로 보강하여 2개의 강관으로 묶을 경우 이상의 강도가 유지되는 경우에는 그러하지 아니하다.
㉱ 비계기둥 간의 적재하중은 400kg을 초과하지 않도록 할 것

104 크레인을 사용하여 작업을 하는 때 작업 시작 전 점검사항이 아닌 것은?

① 권과방지장치·브레이크·클러치 및 운전장치의 기능
② 방호장치의 이상 유무
③ 와이어로프가 통하고 있는 곳의 상태
④ 주행로의 상측 및 트롤리가 횡행하는 레일의 상태

해설 크레인의 작업 시작 전 점검사항
㉮ 권과방지장치, 브레이크, 클러치 및 운전장치 기능
㉯ 주행로의 상측 및 트롤리가 횡행하는 레일의 상태
㉰ 와이어로프가 통하고 있는 곳의 상태

105 시스템 동바리를 조립하는 경우 수직재와 받침철물 연결부의 겹침길이 기준으로 옳은 것은?

① 받침철물 전체 길이의 1/2 이상
② 받침철물 전체 길이의 1/3 이상
③ 받침철물 전체 길이의 1/4 이상
④ 받침철물 전체 길이의 1/5 이상

해설 시스템 동바리
㉮ 정의 : 규격화·부품화된 수직재, 수평재 및 가새재 등의 부재를 현장에서 조립하여 거푸집으로 지지하는 동바리 형식을 말한다.
㉯ 시스템 동바리 설치방법
 ㉠ 수평재는 수직재와 직각으로 설치하여야 하며, 흔들리지 않도록 견고하게 설치할 것
 ㉡ 연결철물을 사용하여 수직재를 견고하게 연결하고, 연결부위가 탈락 또는 꺾어지지 않도록 할 것
 ㉢ 수직 및 수평하중에 의한 동바리 본체의 변위가 발생하지 않도록 각각의 단위 수직재 및 수평재에는 가새재를 견고하게 설치하도록 할 것
 ㉣ 동바리 최상단과 최하단의 수직재와 받침철물은 서로 밀착되도록 설치하고 수직재와 받침철물의 연결부의 겹침길이는 받침철물 전체 길이의 1/3 이상 되도록 할 것

106 흙막이벽 설치공법에 속하지 않는 것은?

① 강제널말뚝 공법   ② 지하연속벽 공법
③ 어스앵커 공법   ④ 트렌치컷 공법

해설 트렌치컷 공법은 흙파기 공법이다.

107 크레인의 운전실 또는 운전대를 통하는 통로의 끝과 건설물 등의 벽체의 간격은 최대 얼마 이하로 하여야 하는가?

① 0.2m   ② 0.3m
③ 0.4m   ④ 0.5m

정답 103.② 104.② 105.② 106.④ 107.②

해설 건설물 등의 벽체와 통로의 간격
다음의 간격을 0.3m 이하로 할 것(다만, 추락의 위험이 없는 경우는 그 간격을 0.3m 이하로 유지하지 않을 수 있음)
㉮ 크레인의 운전실 또는 운전대를 통하는 통로의 끝과 건설물 등의 벽체와의 간격
㉯ 크레인 거더(girder)의 통로 끝과 크레인 거더의 간격
㉰ 크레인 거더의 통로로 통하는 통로의 끝과 건설물 등의 벽체와의 간격

108 로드(rod)·유압 잭(jack) 등을 이용하여 거푸집을 연속적으로 이동시키면서 콘크리트를 타설할 때 사용되는 것으로 silo 공사 등에 적합한 거푸집은?

① 메탈폼　　② 슬라이딩폼
③ 워플폼　　④ 페코빔

해설 슬라이딩 폼(sliding form)
원형 철판 거푸집을 요크(york)로 서서히 끌어올리면서 연속적으로 콘크리트를 타설하는 수직활동 거푸집으로, 사일로, 굴뚝 등에 사용한다.

109 토사붕괴재해를 방지하기 위한 흙막이 지보공 설비를 구성하는 부재와 거리가 먼 것은?

① 말뚝　　② 버팀대
③ 띠장　　④ 턴버클

해설 턴버클(turn buckle)
인장재(줄)를 팽팽히 당겨 조이는 나사 있는 탕개쇠로 거푸집 연결 시 철선을 조이는 데 사용하는 긴장기

110 흙막이 지보공을 조립하는 경우 미리 조립도를 작성하여야 하는데 이 조립도에 명시되어야 할 사항과 가장 거리가 먼 것은?

① 부재의 배치　　② 부재의 치수
③ 부재의 긴압정도　　④ 설치방법과 순서

해설 흙막이 지보공을 조립하는 경우 미리 조립도를 작성하여 그에 따라 조립하여야 한다. 또한, 조립도에는 흙막이판·말뚝·버팀대 및 띠장 등 부재의 배치·치수·재질 및 설치방법과 순서가 명시되어야 한다.

111 말비계를 조립하여 사용하는 경우에 지주부재와 수평면의 기울기는 최대 몇 도 이하로 하여야 하는가?

① 30°
② 45°
③ 60°
④ 75°

해설 말비계
㉮ 지주부재(支柱部材)의 하단에는 미끄럼 방지장치를 하고, 근로자가 양측 끝부분에 올라서서 작업하지 않도록 할 것
㉯ 지주부재와 수평면의 기울기를 75° 이하로 하고, 지주부재와 지주부재 사이를 고정시키는 보조부재를 설치할 것
㉰ 말비계의 높이가 2m를 초과하는 경우에는 작업발판의 폭을 40cm 이상으로 할 것

112 잠함 또는 우물통의 내부에서 굴착작업을 할 때의 준수사항으로 옳지 않은 것은?

① 굴착깊이가 10m를 초과하는 경우에는 해당 작업장소와 외부와의 연락을 위한 통신설비 등을 설치하여야 한다.
② 산소 결핍의 우려가 있는 경우에는 산소의 농도를 측정하는 자를 지명하여 측정하도록 한다.
③ 근로자가 안전하게 승강하기 위한 설비를 설치한다.
④ 측정 결과 산소의 결핍이 인정될 경우에는 송기를 위한 설비를 설치하여 필요한 양의 공기를 공급하여야 한다.

해설 잠함 또는 우물통의 내부에서 굴착작업 시 준수사항
㉮ 굴착깊이가 20m를 초과하는 경우에는 해당 작업장소와 외부와의 연락을 위한 통신설비 등을 설치할 것
㉯ 산소 결핍의 우려가 있는 경우에는 산소의 농도를 측정하는 사람을 지명하여 측정하도록 할 것
㉰ 근로자가 안전하게 오르내리기 위한 설비를 설치할 것
㉱ 측정 결과 산소 결핍이 인정되거나 굴착깊이가 20m를 초과하는 경우에는 송기를 위한 설비를 설치하여 필요한 양의 공기를 공급할 것

113 달비계의 구조에서 달비계 작업발판의 폭은 최소 얼마 이상이어야 하는가?

① 30cm ② 40cm
③ 50cm ④ 60cm

해설 **달비계 작업발판의 구조**
㉮ 발판 재료는 작업할 때의 하중을 견딜 수 있도록 견고한 것으로 할 것
㉯ 작업발판의 폭은 40cm 이상으로 하고, 발판 재료 간의 틈은 3cm 이하로 할 것. 다만, 외줄비계의 경우에는 고용노동부장관이 별도로 정하는 기준에 따른다.
㉰ 위 ㉯의 경우에도 불구하고 선박 및 보트 건조작업의 경우 선박블록 또는 엔진실 등의 좁은 작업공간에 작업발판을 설치하기 위하여 필요하면 작업발판의 폭을 30cm 이상으로 할 수 있고, 걸침비계의 경우 강관기둥 때문에 발판 재료 간의 틈을 3cm 이하로 유지하기 곤란하면 5cm 이하로 할 수 있다. 이 경우 그 틈 사이로 물체 등이 떨어질 우려가 있는 곳에는 출입금지 등의 조치를 하여야 한다.
㉱ 추락의 위험이 있는 장소에는 안전난간을 설치할 것. 다만, 작업의 성질상 안전난간을 설치하는 것이 곤란한 경우, 작업의 필요상 임시로 안전난간을 해체할 때에 추락방호망을 설치하며 근로자로 하여금 안전대를 사용하도록 하는 등 추락위험 방지조치를 한 경우에는 그러하지 아니하다.
㉲ 작업발판의 지지물은 하중에 의하여 파괴될 우려가 없는 것을 사용할 것
㉳ 작업발판 재료는 뒤집히거나 떨어지지 않도록 둘 이상의 지지물에 연결하거나 고정시킬 것
㉴ 작업발판을 작업에 따라 이동시킬 경우에는 위험방지에 필요한 조치를 할 것

114 거푸집 해체작업 시 유의사항으로 옳지 않은 것은?

① 일반적으로 수평부재의 거푸집은 연직부재의 거푸집보다 빨리 떼어낸다.
② 해체된 거푸집이나 각목 등에 박혀 있는 못 또는 날카로운 돌출물은 즉시 제거하여야 한다.
③ 상하 동시 작업은 원칙적으로 금지하여 부득이한 경우에는 긴밀히 연락을 위하며 작업을 하여야 한다.
④ 거푸집 해체작업장 주위에는 관계자를 제외하고는 출입을 금지시켜야 한다.

해설 거푸집 해체 시 연직부재의 거푸집은 수평부재의 거푸집보다 빨리 떼어낸다.

115 철골 건립기계 선정 시 사전 검토사항과 가장 거리가 먼 것은?

① 건립기계의 소음 영향
② 건립기계로 인한 일조권 침해
③ 건물형태
④ 작업반경

해설 **철골 건립기계 선정 시 사전 검토사항**
㉮ 건립기계의 소음 영향
㉯ 건립기계의 출입로, 설치장소, 기계조립에 필요한 면적
㉰ 건물의 길이 또는 높이 등 건물형태
㉱ 작업반경이 건물 전체를 수용할 수 있는지의 여부, 붐이 안전하게 인양할 수 있는 하중범위, 수평거리, 수직높이

116 구축물에 안전진단 등 안전성 평가를 실시하여 근로자에게 미칠 위험성을 미리 제거하여야 하는 경우가 아닌 것은?

① 구축물 등의 인근에서 굴착·항타 작업 등으로 침하·균열 등이 발생하여 붕괴의 위험이 예상될 경우
② 구축물 등의 시설물이 그 자체의 무게·적설·풍압 또는 그 밖에 부가되는 하중 등으로 붕괴 등의 위험이 있을 경우
③ 화재 등으로 구축물 등의 내력(耐力)이 심하게 저하됐을 경우
④ 구축물의 구조체가 안전 측으로 과도하게 설계가 됐을 경우

해설 **구축물 등의 안전성 평가**
㉮ 구축물 등의 인근에서 굴착·항타 작업 등으로 침하·균열 등이 발생하여 붕괴의 위험이 예상될 경우
㉯ 구축물 등에 지진, 동해(凍害), 부동침하(不同沈下) 등으로 균열·비틀림 등이 발생했을 경우
㉰ 구축물 등의 시설물이 그 자체의 무게·적설·풍압 또는 그 밖에 부가되는 하중 등으로 붕괴 등의 위험이 있을 경우
㉱ 화재 등으로 구축물 등의 내력(耐力)이 심하게 저하됐을 경우
㉲ 오랜 기간 사용하지 아니하던 구축물 등을 재사용하게 되어 안전성을 검토해야 하는 경우

㉮ 구축물 등의 주요구조부에 대한 설계 및 시공방법의 전부 또는 일부를 변경하는 경우
㉯ 그 밖의 잠재위험이 예상될 경우

117 콘크리트 타설작업과 관련하여 준수하여야 할 사항으로 가장 거리가 먼 것은?

① 당일의 작업을 시작하기 전에 해당 작업에 관한 거푸집 동바리 등의 변형·변위 및 지반의 침하 유무 등을 점검하고 이상이 있으면 보수할 것
② 콘크리트를 타설하는 경우에는 편심이 발생하지 않도록 골고루 분산하여 타설할 것
③ 진동기의 사용은 많이 할수록 균일한 콘크리트를 얻을 수 있으므로 가급적 많이 사용할 것
④ 설계도서상의 콘크리트 양생기간을 준수하여 거푸집 동바리 등을 해체할 것

[해설] 콘크리트 타설작업 시 안전에 대한 유의사항
㉮ 당일의 작업을 시작하기 전에 해당 작업에 관한 거푸집 동바리 등의 변형·변위 및 지반의 침하 유무 등을 점검하고 이상이 있으면 보수할 것
㉯ 작업 중에는 거푸집 동바리 등의 변형·변위 및 침하 유무 등을 감시할 수 있는 감시자를 배치하여 이상이 있으면 작업을 중지하고 근로자를 대피시킬 것
㉰ 콘크리트 타설작업 시 거푸집 붕괴의 위험이 발생할 우려가 있으면 충분한 보강조치를 할 것
㉱ 설계도서상의 콘크리트 양생기간을 준수하여 거푸집 동바리 등을 해체할 것
㉲ 콘크리트를 타설하는 경우에는 편심이 발생하지 않도록 골고루 분산하여 타설할 것
㉳ 진동기(콘크리트 vibrator)는 적절히 사용해야 하며, 지나친 진동은 거푸집 도괴의 원인이 될 수 있으므로 각별히 주의할 것

118 지하수위 상승으로 포화된 사질토 지반의 액상화 현상을 방지하기 위한 가장 직접적이고 효과적인 대책은?

① Well point 공법 적용
② 동다짐 공법 적용
③ 입도가 불량한 재료를 입도가 양호한 재료로 치환
④ 밀도를 증가시켜 한계 간극비 이하로 상대밀도를 유지하는 방법 강구

[해설] 웰포인트 공법(well point method)
주로 모래질 지반에 유효한 배수공법의 하나이다. 웰포인트라는 양수관을 다수 박아 넣고, 상부를 연결하여 진공펌프와 와권(渦卷)펌프를 조합시킨 펌프에 의해 지하수를 강제 배수한다. 중력 배수가 유효하지 않은 경우에 널리 쓰이는 데, 1단의 양정이 7m 정도까지이므로 깊은 굴착에는 여러 단의 웰포인트가 필요하게 된다.

119 차량계 건설기계를 사용하여 작업을 하는 경우 작업계획서 내용에 포함되지 않는 사항은?

① 사용하는 차량계 건설기계의 종류 및 성능
② 차량계 건설기계의 운행경로
③ 차량계 건설기계에 의한 작업방법
④ 차량계 건설기계 사용 시 유도자 배치 위치

[해설] 차량계 건설기계 작업 시 작업계획서에 포함되어야 할 사항
㉮ 사용하는 차량계 건설기계의 종류 및 능력
㉯ 차량계 건설기계의 운행경로
㉰ 차량계 건설기계에 의한 작업방법

120 흙 속의 전단응력을 증대시키는 원인에 해당하지 않는 것은?

① 자연 또는 인공에 의한 지하공동의 형성
② 함수비의 감소에 따른 흙의 단위체적 중량의 감소
③ 지진, 폭파에 의한 진동 발생
④ 균열 내에 작용하는 수압 증가

[해설] ② 함수비의 증가에 따른 흙의 단위체적 중량이 증가되면 흙 속의 전단응력은 증대된다.

2025 | 제3회 건설안전기사
2025. 8. 9. 시행

▶ 제1과목　산업안전관리론

01 다음 중 TBM 활동의 5단계 추진법을 가장 올바른 순서대로 나열한 것은?

① 도입 – 위험예지훈련 – 작업 지시 – 점검·정비 – 확인
② 도입 – 점검·정비 – 작업 지시 – 위험예지훈련 – 확인
③ 도입 – 확인 – 위험예지훈련 – 작업 지시 – 점검·정비
④ 도입 – 작업 지시 – 위험예지훈련 – 점검·정비 – 확인

해설 TBM의 실시 순서 5단계
㉮ 제1단계 : 도입
㉯ 제2단계 : 점검·정비
㉰ 제3단계 : 작업 지시
㉱ 제4단계 : 위험예지훈련
㉲ 제5단계 : 확인

02 다음 중 웨버(D.A. Weber)의 사고발생 도미노 이론에서 "작전적 에러"를 찾아내기 위한 질문의 유형과 가장 거리가 먼 것은 어느 것인가?

① What
② Why
③ Where
④ Whether

해설 웨버(Weber)의 사고발생 도미노 이론
웨버는 불안전한 행동이나 상태, 사고, 상해는 모두 운영 과오의 징후일 뿐이라고 주장하여 다음의 여부를 중심으로 문제해결을 도모해야 한다고 하였다.
㉮ What : 무엇이 불안전한 상태이며 불안전한 행동인가? 즉, 사고의 원인은 무엇인가?
㉯ Why : 왜 불안전한 행동 또는 상태가 용납되는가?
㉰ Whether : 감독과 경영 중에서 어느 쪽이 사고 방지에 대한 안전지식을 갖고 있는가?

03 다음 중 산업현장에서 산업재해가 발생하였을 때의 조치사항을 가장 올바른 순서대로 나열한 것은?

ⓐ 현장 보존
ⓑ 피해자의 구조
ⓒ 2차 재해 방지
ⓓ 피재기계의 정지
ⓔ 관계자에게 통보
ⓕ 피해자의 응급조치

① ⓑ → ⓒ → ⓔ → ⓓ → ⓕ → ⓐ
② ⓓ → ⓑ → ⓕ → ⓔ → ⓒ → ⓐ
③ ⓓ → ⓔ → ⓒ → ⓑ → ⓕ → ⓐ
④ ⓔ → ⓒ → ⓓ → ⓑ → ⓕ → ⓐ

해설 산업재해 발생 시 조치사항
㉮ 1순위 : 피재기계의 정지 및 피해 확산 방지
㉯ 2순위 : 피해자의 구조 – 피해자의 응급조치
㉰ 3순위 : 관계자에게 통보
㉱ 4순위 : 2차 재해 방지
㉲ 5순위 : 현장 보존

04 산업안전보건법령상 건설업의 경우 공사금액이 얼마 이상인 사업장에 산업안전보건위원회를 설치·운영하여야 하는가?

① 80억원
② 120억원
③ 150억원
④ 700억원

해설 건설업의 경우에는 공사금액이 120억원(토목공사업은 150억원) 이상인 사업장의 경우에 산업안전보건위원회를 설치·운영하여야 한다.

정답 01.② 02.③ 03.② 04.②

05 작업으로 인하여 물체가 떨어지거나 날아올 위험이 있는 경우에 사업주의 일반적인 조치사항이 아닌 것은?

① 격벽 설치
② 출입금지구역 설정
③ 방호선반 설치
④ 낙하물방지망 설치

해설 물체가 떨어지거나 날아올 위험이 있는 경우 위험방지 조치사항
㉮ 낙하물방지망·수직보호망 또는 방호선반의 설치
㉯ 출입금지구역의 설정
㉰ 보호구의 착용

06 산업안전보건법상 안전검사를 받아야 하는 자는 안전검사신청서를 검사주기 만료일 며칠 전에 안전검사기관에 제출해야 하는가? (단, 전자문서에 의한 제출을 포함한다.)

① 15일
② 30일
③ 45일
④ 60일

해설 안전검사의 신청 등
㉮ 안전검사를 받아야 하는 자는 안전검사신청서를 검사주기 만료일 30일 전에 안전검사기관에 제출(전자문서에 의한 제출 포함)하여야 한다.
㉯ 안전검사 신청을 받은 안전검사기관은 30일 이내에 해당 기계·기구 및 설비별로 안전검사를 하여야 한다.

07 산업안전보건법상 안전보건표지 중 지시표지의 보조색은?

① 파란색
② 흰색
③ 녹색
④ 노란색

해설 안전보건표지의 색도기준 및 용도

색채	색도기준	용도	사용 예
빨간색	7.5R 4/14	금지	정지신호, 소화설비 및 그 장소, 유해행위의 금지
		경고	화학물질 취급장소에서의 유해·위험 경고
노란색	5Y 8.5/12	경고	화학물질 취급장소에서의 유해·위험 경고 이외의 위험 경고, 주의표지 또는 기계방호물
파란색	2.5PB 4/10	지시	특정 행위의 지시 및 사실의 고지
녹색	2.5G 4/10	안내	비상구 및 피난소, 사람 또는 차량의 통행표지
흰색	N9.5	–	파란색 또는 녹색에 대한 보조색
검은색	N0.5	–	문자 및 빨간색 또는 노란색에 대한 보조색

08 재해손실비 중 직접비가 아닌 것은?

① 휴업보상비
② 요양보상비
③ 장의비
④ 영업손실비

해설 재해손실비 중 직접비의 종류
㉮ 휴업보상비 : 평균임금의 100분의 70에 상당하는 금액
㉯ 장해보상비 : 신체장해가 남은 경우에 장해 등급에 의한 금액
㉰ 요양보상비 : 요양비의 전액
㉱ 장의비 : 평균임금의 120일분에 상당하는 금액
㉲ 유족보상비 : 평균임금의 1,300일분에 상당하는 금액
㉳ 그 밖에 장해특별보상비, 유족특별보상비, 상병보상연금 등이 있다.

09 A사업장에서 무상해무사고 위험순간이 300건 발생하였을 경우 버드(Frank Bird)의 재해구성비율에 따르면 경상은 몇 건이 발생하겠는가?

① 5
② 10
③ 15
④ 20

해설 버드의 재해구성비율
중상·폐질 : 경상 : 무상해사고 : 무상해무사고(아차사고) = 1 : 10 : 30 : 600
10 : 600 = x : 300
∴ $x = \dfrac{10 \times 300}{600} = 5$건

10 연평균 200명의 근로자가 작업하는 사업장에서 연간 3건의 재해가 발생하여 사망이 1명, 50일의 요양이 필요한 인원이 1명 있었다면 이때의 강도율은? (단, 1인당 연간 근로시간은 2,400시간으로 한다.)

① 13.61　② 15.71
③ 17.61　④ 19.71

해설 강도율 = $\dfrac{\text{근로손실일수}}{\text{연 근로 총시간수}} \times 1,000$

$= \dfrac{7,500 + \left(50 \times \dfrac{300}{365}\right)}{200 \times 2,400} \times 1,000 = 15.71$

11 안전대의 완성품 및 각 부품의 동하중시험 성능기준 중 충격흡수장치의 최대전달충격력은 몇 kN 이하이어야 하는가?

① 6　② 7.84
③ 11.28　④ 5

해설 안전대의 완성품 및 각 부품의 동하중시험 성능기준 중 충격흡수장치의 최대전달충격력은 6KN 미만이어야 한다.

12 산업안전보건법령상 재해발생 원인 중 설비적 요인이 아닌 것은?

① 기계·설비의 설계상 결함
② 방호장치의 불량
③ 작업표준화의 부족
④ 작업환경조건의 불량

해설 ④ 작업환경조건의 불량은 환경적인 요인에 속한다.

13 안전보건관리계획의 개요에 관한 설명으로 틀린 것은?

① 타 관리계획과 균형이 되어야 한다.
② 안전보건의 저해요인을 확실히 파악해야 한다.
③ 계획의 목표는 점진적으로 낮은 수준의 것으로 한다.
④ 경영층의 기본방침을 명확하게 근로자에게 나타내야 한다.

해설 안전보건관리계획 수립 시 유의사항
㉮ 사업장의 실태에 맞도록 독자적으로 수립하되 실현 가능성이 있도록 한다.
㉯ 타 관리계획과 균형이 있어야 하며 직장단위로 구체적 계획을 작성한다.
㉰ 계획에 있어서 재해감소 목표는 점진적으로 수준을 높이도록 한다.
㉱ 현재의 문제점을 검토하기 위해 자료를 조사·수집한다.
㉲ 계획에서 실시까지의 미비점 또는 잘못된 점을 피드백(feedback)할 수 있는 조정기능을 가져야 한다.
㉳ 적극적인 선취 안전을 취하여 새로운 착상과 정보를 활용한다.
㉴ 계획안이 효과적으로 실시되도록 라인-스태프(line-staff) 관계자에게 충분히 납득시킨다.

14 산업안전보건법령에 따른 지방고용노동관서의 장이 사업주에게 안전관리자·보건관리자 또는 안전보건관리담당자를 정수 이상으로 증원하게 하거나 교체하여 임명할 것을 명할 수 있는 기준 중 다음 (　) 안에 알맞은 것은?

- 해당 사업장의 연간 재해율이 같은 업종 평균재해율의 (ⓐ)배 이상인 경우
- 중대재해가 연간 (ⓑ)건 이상 발생한 경우
- 관리자가 질병이나 그 밖의 사유로 (ⓒ)개월 이상 직무를 수행할 수 없게 된 경우

① ⓐ 3, ⓑ 3, ⓒ 2　② ⓐ 3, ⓑ 3, ⓒ 3
③ ⓐ 2, ⓑ 3, ⓒ 2　④ ⓐ 2, ⓑ 2, ⓒ 3

해설 안전관리자 등의 증원·교체임명 명령
지방고용노동관서의 장은 다음의 어느 하나에 해당하는 사유가 발생한 경우에는 사업주에게 안전관리자·보건관리자 또는 안전보건관리담당자를 정수 이상을 증원하게 하거나 교체하여 임명할 것을 명할 수 있다.
㉮ 해당 사업장의 연간 재해율이 같은 업종 평균 재해율의 2배 이상인 경우
㉯ 중대재해가 연간 2건 이상 발생한 경우. 다만, 해당 사업장의 전년도 사망만인율이 같은 업종의 평균 사망만인율 이하인 경우는 제외한다.
㉰ 관리자가 질병이나 그 밖의 사유로 3개월 이상 직무를 수행할 수 없게 된 경우
㉱ 화학적 인자로 인한 직업성 질병자가 연간 3명 이상 발생한 경우

정답 10.② 11.① 12.④ 13.③ 14.④

15 다음 설명에 가장 적합한 조직의 형태는?

- 과제 중심의 조직
- 특정 과제를 수행하기 위해 필요한 자원과 재능을 여러 부서로부터 임시로 집중시켜 문제를 해결하고, 완료 후 다시 본래의 부서로 복귀하는 형태
- 시간적 유한성을 가진 일시적이고 잠정적인 조직

① 스태프(staff)형 조직
② 라인(line)식 조직
③ 기능(functional)식 조직
④ 프로젝트(project) 조직

해설 프로젝트 조직
특정한 사업목표를 달성하기 위하여 일시적으로 조직 내의 인적·물적 자원을 결합하는 조직형태를 말한다. 프로젝트 자체가 시간적 유한성을 지니기 때문에 프로젝트 조직도 임시적이며 잠정적이다. 즉, 프로젝트 조직은 해산을 전제로 하여 임시로 편성된 일시적 조직이며, 혁신적·비일상적인 과제의 해결을 위해 형성되는 동태적 조직이다.

16 상해의 종류 중 스치거나 긁히는 등의 마찰력에 의하여 피부 표면이 벗겨진 상해는?

① 자상   ② 타박상
③ 창상   ④ 찰과상

해설 상해 종류에 의한 분류(상해 형태, 즉 인적 측면의 재해 형태)
㉮ 골절 : 뼈가 부러진 상해
㉯ 동상 : 저온물 접촉으로 생긴 동상 상해
㉰ 부종 : 국부의 혈액순환 이상으로 몸이 퉁퉁 부어오르는 상해
㉱ 찔림(자상) : 칼날 등의 날카로운 물건에 찔린 상해
㉲ 타박상(좌상) : 타박·충돌·추락 등으로 피부 표면보다는 피하조직 또는 근육부를 다친 상해
㉳ 절단 : 신체 부위가 절단된 상해
㉴ 중독, 질식 : 음식·약물·가스 등에 의한 중독이나 질식된 상해
㉵ 찰과상 : 스치거나 문질러서 벗겨진 상해
㉶ 베임(창상) : 창이나 칼 등에 베인 상해
㉷ 화상 : 화재 또는 고온물 접촉으로 입은 상해
㉸ 청력 장해 : 청력의 감퇴 또는 난청이 된 상해
㉹ 시력 장해 : 시력의 감퇴 또는 실명된 상해
㉺ 기타 : ㉮~㉹ 항목으로 분류가 불가능할 때, 상해 명칭을 기재
㉻ 그 외 : 뇌진탕·익사·피부병 등

17 하인리히 사고예방대책 5단계의 각 단계와 기본원리가 잘못 연결된 것은?

① 제1단계 – 안전조직
② 제2단계 – 사실의 발견
③ 제3단계 – 점검 및 검사
④ 제4단계 – 시정방법의 선정

해설 사고예방대책의 기본원리 5단계

단계	과정	내용
1단계	안전조직	• 경영자의 안전목표 • 안전관리자의 임명 • 안전의 라인 및 참모 조직 구성 • 안전활동 방침 및 계획 수립 • 조직을 통한 안전활동
2단계	사실의 발견	• 사고 및 안전활동 기록 검토 • 작업 분석 • 안전점검 및 안전진단 • 사고조사 • 안전회의 및 토의 • 근로자의 제안 및 여론조사 • 관찰 및 보고서의 연구 등을 통하여 불안전요소 발견
3단계	분석평가	• 사고보고서 및 현장조사 • 사고기록 및 인적·물적 조건의 분석 • 작업공정 분석 • 교육훈련 분석 등을 통하여 사고의 직접원인 및 간접원인 규명
4단계	시정책 선정	• 기술적 개선 • 인사조정(배치조정) • 교육훈련의 개선 • 안전행정의 개선 • 규정 및 수칙 작업표준제도의 개선 • 확인 및 통제체제 개선
5단계	시정책 적용	• 기술적(engineering) 대책 • 교육적(education) 대책 • 단속적(enforcement) 대책

18 보호구 안전인증고시에 따른 가죽제 안전화의 성능시험방법에 해당되지 않는 것은?

① 내답발성 시험
② 박리저항 시험
③ 내충격성 시험
④ 내전압성 시험

해설 가죽제 안전화의 성능시험방법
㉮ 내답발성 시험
㉯ 박리저항 시험
㉰ 내충격성 시험
㉱ 내압박성 시험

19 산업안전보건법령상 안전 및 보건에 관한 노사협의체의 근로자위원 구성 기준 내용으로 옳지 않은 것은? (단, 명예산업안전감독관이 위촉되어 있는 경우)

① 근로자대표가 지명하는 안전관리자 1명
② 근로자대표가 지명하는 명예산업안전감독관 1명
③ 도급 또는 하도급 사업을 포함한 전체 사업의 근로자대표
④ 공사금액이 20억원 이상인 공사의 관계 수급인의 각 근로자대표

해설 노사협의체의 구성기준
㉮ 근로자위원
  ㉠ 도급 또는 하도급 사업을 포함한 전체 사업의 근로자대표
  ㉡ 근로자대표가 지명하는 명예산업안전감독관 1명(다만, 명예산업안전감독관이 위촉되어 있지 않은 경우에는 근로자대표가 지명하는 해당 사업장 근로자 1명)
  ㉢ 공사금액이 20억원 이상인 공사의 관계수급인의 각 근로자대표
㉯ 사용자위원
  ㉠ 도급 또는 하도급 사업을 포함한 전체 사업의 대표자
  ㉡ 안전관리자 1명
  ㉢ 보건관리자 1명(보건관리자 선임대상 건설업으로 한정한다)
  ㉣ 공사금액이 20억원 이상인 공사의 관계수급인의 각 대표자

20 작업자가 기계 등의 취급을 잘못 해도 사고가 발생하지 않도록 방지하는 기능은?

① Back up 기능
② Fail safe 기능
③ 다중계화 기능
④ Fool proof 기능

해설 풀프루프와 페일세이프
㉮ 풀프루프 : 사람이 기계·설비 등의 취급을 잘못 해도 그것이 바로 사고나 재해와 연결되지 않도록 하는 기능으로, 사람이 착오나 미스 등으로 발생되는 휴먼에러(human error)를 방지하기 위한 것이다.
㉯ 페일세이프 : 기계나 그 부품에 고장이 생기거나 기능이 불량할 때도 안전하게 작동되는 구조 또는 기능이다.
  ㉠ 페일세이프 기능면 3단계
    - Fail passive : 부품이 고장 나면 기계가 정지하는 방향으로 이동
    - Fail active : 부품이 고장 나면 경보가 울리며 잠시 계속 운전이 가능
    - Fail operational : 부품이 고장 나도 추후에 보수가 될 때까지 안전기능 유지
  ㉡ 구조적 페일세이프의 종류
    - 저균열 속도 구조
    - 조합구조(분할구조)
    - 다경로 하중구조
    - 이중구조(떠받는 구조)
    - 하중 경감 구조

≫ 제2과목 산업심리 및 교육

21 집단역학에서 소시오메트리(Sociometry)에 관한 설명으로 틀린 것은?

① 구성원 상호간의 선호도를 기초로 집단 내부의 동태적 상호관계를 분석하는 기법이다.
② 소시오그램은 집단 내의 하위 집단들과 내부의 세부 집단과 비세력 집단을 구분할 수 없다.
③ 소시오메트리 연구 조사에서 수집된 자료들은 소시오그램과 소시오메트릭스 등으로 분석한다.
④ 소시오메트릭스는 소시오그램에서 나타나는 집단 구성원들간의 관계를 수치에 의하여 개량적으로 분석할 수 있다.

해설 소시오그램과 소시오메트리
㉮ 소시오그램 : 집단 구성원 간의 서열 관계 패턴, 하위 집단 중 세력 집단, 비세력 집단, 정규 지위·주변 지위를 도표로 알기 쉽게 표시하는 기법
㉯ 소시오메트리 : 집단의 구조를 밝혀내 집단 내에서 개인 간의 인기의 정도, 지위, 좋아하고 싫어하는 정도, 하위 집단의 구성 여부와 형태, 집단의 충성도, 집단의 응집력을 연구 조사하여 행동 지도의 자료로 삼는 것

22 매슬로우(Maslow)의 욕구 위계를 바르게 나열한 것은?

① 생리적 욕구 – 사회적 욕구 – 인정받으려는 욕구 – 자아실현의 욕구
② 생리적 욕구 – 안전의 욕구 – 사회적 욕구 – 인정받으려는 욕구 – 자아실현의 욕구
③ 안전의 욕구 – 생리적 욕구 – 사회적 욕구 – 인정받으려는 욕구 – 자아실현의 욕구
④ 안전의 욕구 – 생리적 욕구 – 사회적 욕구 – 자아실현의 욕구 – 인정받으려는 욕구

해설 매슬로우(Maslow)의 욕구 5단계
㉮ 1단계 – 생리적 욕구(신체적 욕구) : 기아, 갈증, 호흡, 배설, 성욕 등 기본적 욕구
㉯ 2단계 – 안전의 욕구 : 안전을 구하려는 욕구
㉰ 3단계 – 사회적 욕구(친화 욕구) : 애정, 소속에 대한 욕구
㉱ 4단계 – 인정받으려는 욕구(자기 존경의 욕구, 승인 욕구) : 자존심, 명예, 성취, 지위 등에 대한 욕구
㉲ 5단계 – 자아실현의 욕구(성취 욕구) : 잠재적인 능력을 실현하고자 하는 욕구

23 다음은 무엇에 관한 설명인가?

> 다른 사람으로부터의 판단이나 행동을 무비판적으로 받아들이는 것

① 모방(Imitation)
② 암시(Suggestion)
③ 투사(Projection)
④ 동일화(Indentification)

해설 인관 관계의 메커니즘(Mechanism)
㉮ 동일화(Indentification) : 다른 사람의 행동양식이나 태도를 투입시키거나, 다른 사람 가운데서 자기와 비슷한 것을 발견하는 것을 말한다.
㉯ 투사(Projection) : 자기 속의 억압된 것을 다른 사람의 것으로 생각하는 것을 투사(또는 투출)라고 한다.
㉰ 커뮤니케이션(Communication) : 갖가지 행동양식이나 기호를 매개로 하여 어떤 사람으로부터 다른 사람에게 전달되는 과정을 말한다.
㉱ 모방(Imitation) : 남의 행동이나 판단을 표본으로 하여 그것과 같거나 또는 그것에 가까운 행동 또는 판단을 취하려는 것이다. 모방에는 단순모방(기계적 기억)과 창조모방(논리적 기억)이 있다.
㉲ 암시(Suggestion) : 다른 사람으로부터의 판단이나 행동을 무비판적으로 논리적·사실적 근거 없이 받아들이는 것을 말한다.

24 다음 중 피로의 검사방법에 있어 인지역치를 이용한 생리적 방법은?

① 광전비색계
② 뇌전도(EEG)
③ 근전도(EMG)
④ 점멸융합주파수(flicker fusion frequency)

해설 점멸융합주파수
정신적 부담이 대뇌피질의 피로수준에 미치고 있는 영향을 측정하는 방법으로 인지역치를 이용한 피로의 생리적 측정법이다.

25 과거의 학습경험을 통해서 학습된 행동이 현재와 미래에 지속되는 것을 무엇이라 하는가?

① 파지
② 기명
③ 재생
④ 재인

해설 파지와 망각
㉮ 파지 : 획득된 행동이나 내용이 지속되는 현상
㉯ 망각 : 획득된 행동이나 내용이 지속되지 않고 소멸되는 현상
※ 나머지 보기에 해당하는 용어의 의미는 다음과 같다.
② 기명(memorizing) : 사물의 인상을 마음 속에 간직하는 것
③ 재생(recall) : 보존된 인상을 다시 의식으로 떠올리는 것
④ 재인(recognition) : 과거에 경험했던 것과 같은 비슷한 상태에 부딪쳤을 때에 떠오르는 것

26 교육방법 중 하나인 사례연구법의 장점으로 볼 수 없는 것은?

① 의사소통기술이 향상된다.
② 무의식적인 내용의 표현 기회를 준다.
③ 문제를 다양한 관점에서 바라보게 된다.
④ 강의법에 비해 현실적인 문제에 대한 학습이 가능하다.

해설 사례연구법
먼저 사례를 제시하고 문제가 되는 사실들과 그의 상호관계에 대해서 검토하며 대책을 토의하는 방식으로, 토의법을 응용한 교육기법이다.
㉮ 장점
  ㉠ 흥미가 있고 학습동기를 유발할 수 있다.
  ㉡ 현실적인 문제의 학습이 가능하다.
  ㉢ 관찰, 분석력을 높이고 판단력, 응용력의 향상이 가능하다.
  ㉣ 토의과정에서 각자 자기의 사고방향에 대하여 태도의 변형이 생긴다.
㉯ 단점
  ㉠ 적절한 사례의 확보가 곤란하다.
  ㉡ 원칙과 규정(rule)의 체계적 습득이 곤란하다.
  ㉢ 학습의 진보를 측정하기가 어렵다.

27 직무에 적합한 근로자를 위한 심리검사는 합리적 타당성을 갖추어야 한다. 이러한 합리적 타당성을 얻는 방법으로만 나열된 것은?

① 구인 타당도, 공인 타당도
② 구인 타당도, 내용 타당도
③ 예언적 타당도, 공인 타당도
④ 예언적 타당도, 안면 타당도

해설 ㉮ 구인 타당도 : 검사도구가 측정하고자 하는 개념이나 이론을 재대로 측정하고 있는지에 대한 타당도
㉯ 내용 타당도 : 검사문항이 측정하려고 하는 내용을 얼마나 잘 대표하고 있는지를 나타내는 타당도

28 다음 중 안전교육의 형태와 방법 중에서 Off J.T(Off the Job Training)의 특징이 아닌 것은?

① 외부의 전문가를 강사로 초청할 수 있다.
② 다수의 근로자에게 조직적 훈련이 가능하다.
③ 공통된 대상자를 대상으로 일관적으로 교육할 수 있다.
④ 업무 및 사내의 특성에 맞춘 구체적이고 실제적인 지도교육이 가능하다.

해설 O.J.T와 Off J.T의 특징

O.J.T (현장중심교육)	Off J.T (현장 외 중심교육)
• 개개인에게 적합한 지도 훈련을 할 수 있다. • 즉시 업무에 연결되는 관계로 신체와 관련이 있다. • 훈련이 필요한 업무의 계속성이 끊어지지 않는다. • 직장의 실정에 맞는 실체적 훈련을 할 수 있다. • 효과가 곧 업무에 나타나며 훈련의 좋고 나쁨에 따라 개선이 용이하다. • 교육을 통한 훈련효과에 의해 상호 신뢰 이해도가 높아진다.	• 다수의 근로자에게 조직적 훈련이 가능하다. • 훈련에만 전념하게 된다. • 특별설비기구를 이용할 수 있다. • 전문가를 강사로 초청할 수 있다. • 각 직장의 근로자가 많은 지식이나 경험을 교류할 수 있다. • 교육훈련목표에 대해서 집단적 노력이 흐트러질 수도 있다.

29 맥그리거(Douglas Mcgregor)의 X·Y이론에서 Y이론에 관한 설명으로 틀린 것은?

① 인간은 서로 신뢰하는 관계를 가지고 있다.
② 인간은 문제해결에 많은 상상력과 재능이 있다.
③ 인간은 스스로의 일을 책임하에 자주적으로 행한다.
④ 인간은 원래부터 강제 통제하고 방향을 제시할 때 적절한 노력을 한다.

해설 맥그리거의 X·Y이론

X이론	Y이론
• 인간 불신감 • 성악설 • 인간은 본래 게으르고 태만하여 남의 지배받기를 즐긴다. • 물질욕구(저차원적 욕구) • 명령통제에 의한 규제관리 • 저개발국형	• 상호 신뢰감 • 성선설 • 인간은 부지런하고 근면하며, 적극적·자주적이다. • 정신욕구(고차원적 욕구) • 목표 통합과 자기통제에 의한 자율관리 • 선진국형

30 학습목적의 3요소가 아닌 것은?

① 목표 ② 학습성과
③ 주제 ④ 학습정도

해설 학습목적의 3요소
반드시 명확하고 간결해야 하며, 수강자들의 지식·경험·능력·배경·요구·태도 등에 유의해야 하고 한정된 시간 내에 강의를 끝낼 수 있도록 작성해야 한다.

㉮ 목표(goal) : 학습목적의 핵심으로 학습을 통하여 달성하려는 지표를 말한다.
㉯ 주제(subject) : 목표달성을 위한 테마(theme)를 의미한다.
㉰ 학습정도(level of learning) : 학습범위와 내용의 정도를 말하며, 다음과 같은 단계에 의해 이루어진다.
  ㉠ 인지(to acquaint) : ~을 인지해야 한다.
  ㉡ 지각(to know) : ~을 알아야 한다.
  ㉢ 이해(to understand) : ~을 이해해야 한다.
  ㉣ 적용(to apply) : ~을 ~에 적용할 줄 알아야 한다.

31 하버드학파의 학습지도법에 해당하지 않는 것은?

① 지시(order)
② 준비(preparation)
③ 교시(presentation)
④ 총괄(generalization)

해설 하버드학파의 5단계 교수법
㉮ 제1단계 : 준비(preparation)
㉯ 제2단계 : 교시(presentation)
㉰ 제3단계 : 연합(association)
㉱ 제4단계 : 총괄(generalization)
㉲ 제5단계 : 응용(application)

32 현장의 관리감독자 교육을 위하여 가장 바람직한 교육방식은?

① 강의식(lecture method)
② 토의식(discussion method)
③ 시범(demonstration method)
④ 자율식(self-instruction method)

해설 TWI(Training Within Industry)
교육대상을 주로 제일선 감독자에 두고 있는 교육방법이다.
㉮ TWI의 교육내용
  ㉠ JI(Job Instruction) : 작업을 가르치는 방법(작업지도기법)
  ㉡ JM(Job Method) : 작업의 개선방법(작업개선기법)
  ㉢ JR(Job Relation) : 사람을 다루는 방법(인간관계 관리기법)
  ㉣ JS(Job Safety) : 안전한 작업법(작업안전기법)

㉱ 전체의 교육시간
10시간으로 1일 2시간씩 5일에 걸쳐서 행하며, 한 클래스는 10명 정도이고 교육방법은 토의법을 취한다.

33 다음은 각기 다른 조직형태의 특성을 설명한 것이다. 각 특징에 해당하는 조직형태를 연결한 것으로 맞는 것은?

ⓐ 중규모 형태의 기업에서 시장 상황에 따라 인적 자원을 효과적으로 활용하기 위한 형태이다.
ⓑ 목적지향적이고 목적 달성을 위해 기존의 조직에 비해 효율적이며 유연하게 운영될 수 있다.

① ⓐ 위원회 조직, ⓑ 프로젝트 조직
② ⓐ 사업부제 조직, ⓑ 위원회 조직
③ ⓐ 매트릭스형 조직, ⓑ 사업부제 조직
④ ⓐ 매트릭스형 조직, ⓑ 프로젝트 조직

해설 기업의 조직 분류
㉮ 프로젝트(project) 조직 : 경영조직을 프로젝트별로 분화하여 조직화를 꾀한 조직으로 목적지향적이고 목적 달성을 위해 기존의 조직에 비해 효율적이며 유연하게 운영될 수 있는 형태이다.
㉯ 매트릭스형 조직 : 기능형 조직과 프로그램형 조직의 중간 형태로 중규모 형태의 기업에서 시장 상황에 따라 인적 자원을 효과적으로 활용하기 위한 형태이다.
㉰ 사업부제 조직 : 기업 규모가 커지고 최고경영자가 기업의 모든 업무를 관리하기 어려울 때 채택하는 조직으로, 하나의 조직 자체가 소규모회사 형태로 운영된다.
㉱ 위원회 조직 : 계층제에 기반하는 독임형 조직에 대응되는 개념으로서, 정책의 결정을 기관장 단독으로 하는 것이 아니고 다수의 위원이 참여하는 조직체에서 집단적으로 하는 조직 형태이다.

34 안전교육방법 중 수업의 도입이나 초기단계에 적용하며, 많은 인원에 대하여 단시간에 많은 내용을 동시 교육하는 경우에 사용되는 방법으로 가장 적절한 것은?

① 시범
② 반복법
③ 토의법
④ 강의법

해설 강의법(Lecture Method)
많은 인원의 수강자(최적 인원 : 40~50명)를 단기간의 교육시간에 비교적 많은 교육내용을 전수하기 위한 방법이다.
㉮ 강의식 교육의 장점
  ㉠ 사실, 사상을 시간과 장소의 제한 없이 어디서나 제시할 수 있다.
  ㉡ 교사가 임의로 시간을 조절할 수 있고 강조할 점을 수시로 강조할 수 있다.
  ㉢ 학생의 다소에 제한을 받지 않는다.
  ㉣ 학습자의 태도, 정서 등의 감화를 위한 학습에 효과적이다.
  ㉤ 여러 가지 수업매체를 동시에 다양하게 활용할 수 있다.
㉯ 강의식 교육의 단점
  ㉠ 개인의 학습속도에 맞추어 수업이 불가능하다.
  ㉡ 대부분이 일방통행적인 지식의 배합형식으로, 학습자 개개인의 이해도(성취정도)를 점검하기 어렵다.
  ㉢ 학습자의 참여가 제한되고 흥미를 지속시키기 위한 기회가 없어 집중도가 낮다.
  ㉣ 학습과제에 제한이 있다.
㉰ 적용
  ㉠ 수업의 도입이나 초기단계
  ㉡ 학교의 수업이나 현장훈련
  ㉢ 시간은 부족한데, 가르칠 내용이 많은 경우
  ㉣ 강사의 수는 적고, 수강자는 많아서 한 강사가 많은 사람을 상대해야 할 경우
  ㉤ 비교적 모든 교과에 가능

35 피로의 측정분류 시 감각기능검사(정신·신경기능검사)의 측정대상 항목으로 가장 적합한 것은?

① 혈압
② 심박수
③ 에너지대사율
④ 플리커

해설 플리커법(CFF법, Flicker Test)
㉮ 정의
  광원 앞에 사이가 벌어진 원판을 회전속도를 변화시켜서 눈에 들어오는 빛을 단속시킨다. 회전속도가 느리면 빛이 아른거리다가 빨라지면 융합되어 하나의 광점으로 보인다. 이 단속과 융합의 경계에서 빛의 단속주기를 플리커치(Flicker값)라고 하며 피로도 검사에 사용되며, 피로의 측정분류 시 감각기능검사(정신·신경기능검사)의 측정대상 항목으로 가장 적합한 방법이다.

㉯ 특징
  ㉠ 정신활동이 높을 때 CFF값이 높아지고, 잘 때나 멍하게 있을 때는 낮아진다.
  ㉡ 보통 3시간 이상 작업 시에 CFF값의 저하도가 크다.
  ㉢ 오후 10시에서 저하되기 시작하여 새벽 6시에 최저치를 기록하며, 그 후 회복되어 정오에 최고치에 도달하게 된다.

36 존 듀이(Jone Dewey)의 5단계 사고과정을 순서대로 나열한 것으로 맞는 것은?

ⓐ 행동에 의하여 가설을 검토한다.
ⓑ 가설(hypothesis)을 설정한다.
ⓒ 지식화(intellectualization)한다.
ⓓ 시사(suggestion)를 받는다.
ⓔ 추론(reasoning)한다.

① ⓔ → ⓑ → ⓓ → ⓐ → ⓒ
② ⓓ → ⓒ → ⓑ → ⓔ → ⓐ
③ ⓔ → ⓒ → ⓑ → ⓓ → ⓐ
④ ⓓ → ⓐ → ⓑ → ⓒ → ⓔ

해설 듀이의 사고과정 5단계
㉮ 시사를 받는다(suggestion).
㉯ 머리로 생각한다(intellectualization).
㉰ 가설을 설정한다(hypothesis).
㉱ 추론한다(reasoning).
㉲ 행동에 의하여 가설을 검토한다.

37 미국 국립산업안전보건연구원(NIOSH)이 제시한 직무스트레스 모형에서 직무스트레스 요인을 작업요인, 조직요인, 환경요인으로 구분할 때 조직요인에 해당하는 것은?

① 관리유형
② 작업속도
③ 교대근무
④ 조명 및 소음

해설 직무스트레스 요인
㉮ 작업요인 : 작업속도, 교대근무
㉯ 조직요인 : 관리유형
㉰ 환경요인 : 조명 및 소음

38 다음 중 안전교육을 위한 시청각교육법에 대한 설명으로 가장 적절한 것은?

① 지능, 적성, 학습속도 등 개인차를 충분히 고려할 수 있다.
② 학습자들에게 공통의 경험을 형성시켜 줄 수 있다.
③ 학습의 다양성과 능률화에 기여할 수 없다.
④ 학습자료를 시간과 장소에 제한없이 제시할 수 있다.

해설 시청각교육의 기능
㉮ 구체적인 경험을 충분히 함으로써 상징화 · 일반화의 과정을 도와주며, 의미나 원리를 파악하는 능력을 길러준다.
㉯ 학습 동기를 유발시켜서 자발적인 학습활동이 되게 자극한다(학습효과의 지속성을 기할 수 없다).
㉰ 학습자에게 공통 경험을 형성시켜 줄 수 있다.
㉱ 학습의 다양성과 능률화를 기할 수 있다.
㉲ 개별적인 진로수업을 가능하게 한다.

39 상황성 누발자의 재해유발 원인과 가장 거리가 먼 것은?

① 기능 미숙 때문에
② 작업이 어렵기 때문에
③ 기계설비에 결함이 있기 때문에
④ 환경상 주의력의 집중이 혼란되기 때문에

해설 사고 경향성자(재해 빈발자)의 유형
㉮ 미숙성 누발자
  ㉠ 기능이 미숙한 자
  ㉡ 작업환경에 익숙하지 못한 자
㉯ 상황성 누발자
  ㉠ 기계설비에 결함이 있거나 본인의 능력 부족으로 인하여 작업이 어려운 자
  ㉡ 환경상 주의력의 집중이 어려운 자
  ㉢ 심신에 근심이 있는 자
㉰ 소질성 누발자(재해 빈발 경향자) : 성격적 · 정신적 또는 신체적으로 재해의 소질적 요인을 가지고 있다.
  ㉠ 주의력 지속이 불가능한 자
  ㉡ 주의력 범위가 협소(편중)한 자
  ㉢ 저지능 자
  ㉣ 생활이 불규칙한 자
  ㉤ 작업에 대한 경시나 지속성이 부족한 자
  ㉥ 정직하지 못하고 쉽게 흥분하는 자
  ㉦ 비협조적이며, 도덕성이 결여된 자
  ㉧ 소심한 성격으로 감각운동이 부적합한 자
㉱ 습관성 누발자(암시설)
  ㉠ 재해의 경험으로 겁이 많거나 신경과민 증상을 보이는 자
  ㉡ 일종의 슬럼프(slump) 상태에 빠져서 재해를 유발할 수 있는 자

40 어느 철강회사의 고로작업 라인에 근무하는 A씨의 작업강도가 힘든 중작업으로 평가되었다면 해당되는 에너지대사율(RMR)의 범위로 가장 적절한 것은?

① 0~1   ② 2~4
③ 4~7   ④ 7~10

해설 에너지대사율(RMR)에 따른 작업강도의 구분
㉮ 경(輕)작업 : 0~2RMR
㉯ 보통(中)작업 : 2~4RMR
㉰ 중(重)작업 : 4~7RMR
㉱ 초중(超重)작업 : 7RMR 이상

≫ 제3과목 인간공학 및 시스템 안전공학

41 다음 중 인간공학에 있어서 일반적인 인간-기계 체계(Man-Machine System)의 구분으로 가장 적합한 것은?

① 인간체계, 기계체계, 전기체계
② 전기체계, 유압체계, 내연기관 체계
③ 수동체계, 반기계 체계, 반자동 체계
④ 자동화 체계, 기계화 체계, 수동체계

해설 인간-기계 통합체계의 유형
㉮ 수동체계(Manual System) : 수동체계는 수공구나 기타 보조물로 구성되며, 자신의 신체적인 힘을 동력원으로 사용하여 작업을 통제하는 사용자와 결합된다.
㉯ 기계화 체계(Mechanical System) : 반자동(Semiautomatic) 체계라고도 하며, 동력제어장치가 공작기계와 같이 고도로 통합된 부품들로 구성되어 있다. 이 체계는 변화가 별로 없는 기능들을 수행하도록 설계되어 있으며, 동력은 전형적으로 기계가 제공하고, 운전자의 기능은 조정장치를 사용하여 통제하는 것이다. 인간은 표시장치를 통하여 체계의 상태에 대한 정보를 받고, 정보처리 및 의사결정 기능을 수행하여 결심한 것을 조종장치를 사용하여 실행한다.

38.② 39.① 40.③ 41.④

㉰ 자동체계(Automatic System) : 체계가 완전히 자동화된 경우에는 기계 자체가 감지, 정보처리 및 의사결정, 행동을 포함한 모든 임무를 수행한다. 신뢰성이 완전한 자동체계란 불가능한 것이므로, 인간은 주로 감시(Monitor)·프로그램(Program)·유지보수(Maintenance) 등의 기능을 수행한다.

42 다음 중 동작경제의 원칙에 있어서 "신체 사용에 관한 원칙"에 해당하지 않는 것은?

① 두 손의 동작은 동시에 시작해서 동시에 끝나야 한다.
② 손의 동작은 유연하고 연속적인 동작이어야 한다.
③ 공구, 재료 및 제어장치는 사용하기 가까운 곳에 배치해야 한다.
④ 동작이 급작스럽게 크게 바뀌는 직선동작은 피해야 한다.

해설 동작경제의 3원칙
㉮ 신체 사용에 관한 원칙
  ㉠ 두 손의 동작은 같이 시작하고, 같이 끝나도록 한다.
  ㉡ 휴식시간을 제외하고는 양손이 같이 쉬지 않도록 한다.
  ㉢ 두 팔의 동작은 서로 반대방향으로 대칭적으로 움직인다.
  ㉣ 손과 신체의 동작은 작업을 원만하게 처리할 수 있는 범위 내에서 가장 낮은 동작 등급을 사용하도록 한다.
  ㉤ 가능한 한 관성을 이용하여 작업을 하도록 하되, 작업자가 관성을 억제하여야 하는 경우에는 발생되는 관성을 최소 한도로 줄인다.
  ㉥ 손의 동작은 스무스하고 연속적인 동작이 되도록 하며, 방향이 갑자기 크게 바뀌는 모양의 직선동작은 피하도록 한다.
  ㉦ 타도 동작은 제한되거나 통제된 동작보다 더 신속하고 용이하며 정확하다.
  ㉧ 가능하다면 쉽고도 자연스러운 리듬이 작업동작에 생기도록 작업을 배치한다.
  ㉨ 눈의 초점을 모아야 작업을 할 수 있는 경우는 가능하면 없애고, 불가피한 경우에는 눈의 초점이 모아지는 서로 다른 두 작업 지정간의 거리를 짧게 한다.
㉯ 작업장의 배치에 관한 원칙
  ㉠ 모든 공구나 재료는 자기 위치에 있도록 한다.
  ㉡ 공구, 재료 및 제어장치는 사용 위치에 가까이 두도록 한다.
  ㉢ 중력이송원리를 이용한 부품상자나 용기를 이용하여 부품을 제품 사용 위치에 가까이 보낼 수 있도록 한다.
  ㉣ 가능하다면 낙하식 운반방법을 사용한다.
  ㉤ 공구나 재료는 작업동작이 원활하게 수행되도록 위치를 정해준다.
  ㉥ 작업자가 잘 보면서 작업할 수 있도록 적절한 조명을 한다.
  ㉦ 작업자가 작업 중 자세를 변경, 즉 앉거나 서는 것을 임의로 할 수 있도록 작업대와 의자 높이가 조정되도록 한다.
  ㉧ 작업자가 좋은 자세를 취할 수 있도록 의자는 높이뿐만 아니라 디자인도 좋아야 한다.
㉰ 공구 및 장비의 설계에 관한 원칙
  ㉠ 치구나 족답 장치를 효과적으로 사용할 수 있는 작업에서는 이러한 장치를 활용하여 양손이 다른 일을 할 수 있도록 한다.
  ㉡ 공구의 기능을 결합하여서 사용하도록 한다.
  ㉢ 공구와 자재는 가능한 한 사용하기 쉽도록 미리 위치를 잡아준다.
  ㉣ 각 손가락에 서로 다른 작업을 할 때에는 작업량을 각 손가락의 능력에 맞게 분배해야 한다.
  ㉤ 레버, 핸들, 그리고 제어장치는 작업자가 몸의 자세를 크게 바꾸지 않더라도 조작하기 쉽도록 배열한다.

43 다음 중 의자 설계 시 고려하여야 할 원리로 가장 적합하지 않은 것은?

① 자세고정을 줄인다.
② 조정이 용이해야 한다.
③ 디스크가 받은 압력을 줄인다.
④ 요추 부위는 후만곡선을 유지한다.

해설 의자 설계의 일반 원리
㉮ 디스크 압력을 줄인다.
㉯ 등근육의 정적부하 및 자세고정을 줄인다.
㉰ 의자의 높이는 오금 높이와 같거나 낮아야 한다.
㉱ 좌면의 높이는 조절이 가능해야 한다.
㉲ 요추(요부)의 전만을 유도한다(서 있을 때의 허리 S라인을 그대로 유지하는 것이 가장 좋다).

44 다음 중 FTA(Fault Tree Analysis)에 관한 설명으로 가장 적절한 것은?

① 복잡하고, 대형화의 시스템의 신뢰성 분석에는 적절하지 않다.
② 시스템 각 구성요소의 기능을 정상인가 또는 고장인가로 점진적으로 구분짓는다.
③ "그것이 발생하기 위해서는 무엇이 필요한가?"라는 것은 연역적이다.
④ 사건들을 일련의 이분(Binary) 의사결정 분기들로 모형화한다.

해설 FTA(결함수 분석법)
㉮ 고장원인이 무엇인가 하는 연역적 사고방식으로 톱 다운(Top-down) 접근방법이다.
㉯ 시스템의 고장을 결함수 차트(Chart)로 탐색해 나감으로써 어떤 부품들이 고장의 원인이었는가를 찾아내는 해석기법이다.
㉰ FTA는 복잡하고 대형화된 시스템의 신뢰성 분석 및 안전성 분석에 많이 이용되는 기법이다.

45 시스템 안전분석방법 중 예비위험분석(PHA) 단계에서 식별하는 4가지 범주에 속하지 않는 것은?

① 위기 상태
② 무시가능 상태
③ 파국적 상태
④ 예비조처 상태

해설 예비위험분석(PHA)에서 식별하는 4가지의 범주(Category)
㉮ 파국적(Catastrophic)
㉯ 위기, 중대(Critical)
㉰ 한계적(Marginal)
㉱ 무시가능(Negligible)

46 소리의 크고 작은 느낌은 주로 강도의 함수이지만 진동수에 의해서도 일부 영향을 받는다. 음량을 나타내는 척도인 phon의 기준 순음 주파수는?

① 1,000Hz
② 2,000Hz
③ 3,000Hz
④ 4,000Hz

해설 음의 크기의 수준
㉮ phon에 의한 음량수준 : 1,000Hz 순음의 음압 수준(dB)을 phon이라 한다.
㉯ sone에 의한 음량 : 40phon(1,000Hz, 40dB의 음압 수준을 가진 순음의 크기)을 1sone이라 한다.
㉰ 인식 소음수준 : PNdB(Perceived Noise Level)의 척도는 같은 시끄럽기로 들리는 910~1,090Hz 대의 소음 음압 수준으로 정의되고, 최근에 사용되는 PLdB(Perceived Level Of Noise) 척도는 3,150Hz에 중심을 둔 1/3옥타브(Octave)대 음을 기준으로 사용한다.

47 의자 설계에 대한 조건 중 틀린 것은?

① 좌판의 깊이는 작업자의 등이 등받이에 닿을 수 있도록 설계한다.
② 좌판은 엉덩이가 앞으로 미끄러지지 않는 재질과 구조로 설계한다.
③ 좌판의 넓이는 작은 사람에게 적합하도록, 깊이는 큰 사람에게 적합하도록 설계한다.
④ 등받이는 충분한 넓이를 가지고 요추 부위부터 어깨 부위까지 편안하게 지지하도록 설계한다.

해설 ③ 좌판의 넓이는 큰 사람에게 적합하도록, 깊이는 작은 사람에게 적합하도록 설계한다.

48 산업안전보건법상 유해위험방지계획서를 제출한 사업주는 건설공사 중 얼마 이내마다 관련법에 따라 유해위험방지계획서의 내용과 실제 공사내용이 부합하는지의 여부 등을 확인받아야 하는가?

① 1개월
② 3개월
③ 6개월
④ 12개월

해설 유해위험방지계획서를 제출한 사업주는 해당 건설물·기계·기구 및 설비의 시운전단계에서 건설공사 중 6개월마다 다음의 사항에 관하여 공단의 확인을 받아야 한다.
㉮ 유해위험방지계획서의 내용과 실제 공사 내용이 부합하는지 여부
㉯ 유해위험방지계획서 변경내용의 적정성
㉰ 추가적인 유해·위험 요인의 존재 여부

49 다음 그림과 같은 시스템의 신뢰도는 약 얼마인가? (단, 각각의 네모 안의 수치는 각 공정의 신뢰도를 타나낸 것이다.)

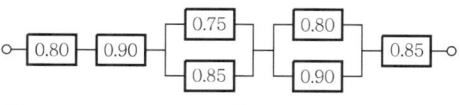

① 0.378
② 0.478
③ 0.578
④ 0.675

해설 $R = 0.8 \times 0.9 \times [1-(1-0.75)(1-0.85)]$
$\times [1-(1-0.8)(1-0.9)] \times 0.85$
$= 0.577269$

50 다음 내용의 ( ) 안에 들어갈 내용을 순서대로 정리한 것은?

> 근섬유의 수축단위는 (ⓐ)(이)라 하는데, 이것은 두 가지 기본형의 단백질 필라멘트로 구성되어 있으며, (ⓑ)이(가) (ⓒ) 사이로 미끄러져 들어가는 현상으로 근육의 수축을 설명하기도 한다.

① ⓐ 근막, ⓑ 마이오신, ⓒ 액틴
② ⓐ 근막, ⓑ 액틴, ⓒ 마이오신
③ ⓐ 근원섬유, ⓑ 근막, ⓒ 근섬유
④ ⓐ 근원섬유, ⓑ 액틴, ⓒ 마이오신

해설 ⓐ 근원섬유 : 근섬유를 이루는 섬유모양의 구조체이다.
ⓑ 액틴 : 근육의 근원섬유를 구성하는 주요한 단백질의 하나로 섬유상 구조를 가지며, 미오신(myosin)과 결합하여 근수축을 일으킨다. 근육 이외의 세포에도 널리 분포한다.
ⓒ 마이오신 : 근육 단백질을 이루는 2가지 기본적 단백질 중 하나로, 굵은 필라멘트를 이루고 있고 머리 부분과 꼬리 부분으로 이루어진 단백질이다.

51 기계설비 고장 유형 중 기계의 초기 결함을 찾아내 고장률을 안정시키는 기간은?

① 마모고장 기간
② 우발고장 기간
③ 에이징(aging) 기간
④ 디버깅(debugging) 기간

해설 ㉮ 디버깅(debugging) 기간 : 초기 고장의 결함을 찾아내어 고장률을 안정시키는 기간
㉯ 버닝(burning) 기간 : 어떤 부품을 조립하기 전에 특성을 안정화시키고 결함을 발견하기 위해 동작시험을 하는 기간

52 작업공간의 포락면(包絡面)에 대한 설명으로 맞는 것은?

① 개인이 그 안에서 일하는 일차원 공간이다.
② 작업복 등은 포락면에 영향을 미치지 않는다.
③ 가장 작은 포락면은 몸통을 움직이는 공간이다.
④ 작업의 성질에 따라 포락면의 경계가 달라진다.

해설 **작업공간(work space)**
㉮ 작업공간 포락면(包絡面 ; envelope) : 사람이 한 장소에 앉은 채로 수행하는 작업활동을 하는 데 사용하는 공간으로, 작업의 성질에 따라 경계가 달라진다.
㉯ 파악한계(grasping reach) : 앉은 작업자가 특정한 수작업기능을 편히 수행할 수 있는 공간의 외곽 한계를 말한다.

53 FMEA의 장점이라 할 수 있는 것은?

① 분석방법에 대한 논리적 배경이 강하다.
② 물적·인적 요소 모두가 분석대상이 된다.
③ 서식이 간단하고 비교적 적은 노력으로 분석이 가능하다.
④ 두 가지 이상의 요소가 동시에 고장 나는 경우에도 분석이 용이하다.

해설 **FMEA의 장점 및 단점**
㉮ 장점 : 서식이 간단하고 비교적 적은 노력으로 특별한 훈련 없이 분석을 할 수 있다.
㉯ 단점 : 논리성이 부족하고, 특히 각 요소 간의 영향을 분석하기 어렵기 때문에 동시에 두 가지 이상의 요소가 고장 날 경우 분석이 곤란하다. 또한 요소가 물체로 한정되어 있기 때문에 인적 원인을 분석하는 데는 어려움이 있다.

54 착석식 작업대의 높이 설계를 할 경우 고려해야 할 사항과 가장 관계가 먼 것은?

① 의자의 높이
② 대퇴 여유
③ 작업의 성격
④ 작업대의 형태

해설 **착석식 작업대 높이 설계 시 고려사항**
㉮ 의자의 높이
㉯ 대퇴 여유
㉰ 작업대의 두께
㉱ 작업의 성격

55 다음 FT도에서 최소컷셋(minimal cut set)으로만 올바르게 나열한 것은?

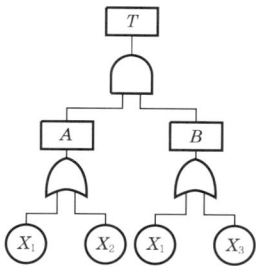

① $[X_1]$
② $[X_1], [X_2]$
③ $[X_1, X_2, X_3]$
④ $[X_1, X_2], [X_1, X_3]$

해설
$A = X_1 + X_2$
$B = X_1 + X_3$
$T = A \cdot B = (X_1 + X_2) \cdot (X_1 + X_3)$
$\quad = X_1 X_1 + X_1 X_3 + X_1 X_2 + X_2 X_3$
$\quad = X_1 + X_1 X_3 + X_1 X_2 + X_2 X_3$
$\quad = X_1 (1 + X_3 + X_2) + X_2 X_3$
$\quad = X_1 + X_2 X_3$

56 인간이 기계보다 우수한 기능으로 옳지 않은 것은? (단, 인공지능은 제외한다.)

① 암호화된 정보를 신속하게 대량으로 보관할 수 있다.
② 관찰을 통해서 일반화하여 귀납적으로 추리한다.
③ 항공사진의 피사체나 말소리처럼 상황에 따라 변화하는 복잡한 자극의 형태를 식별할 수 있다.
④ 수신상태가 나쁜 음극선관에 나타나는 영상과 같이 배경 잡음이 심한 경우에도 신호를 인지할 수 있다.

해설 정보처리 및 의사결정
㉮ 인간이 갖는 기계보다 우수한 기능
  ㉠ 보관되어 있는 적절한 정보를 회수(상기)
  ㉡ 다양한 경험을 토대로 의사결정
  ㉢ 어떤 운용방법이 실패할 경우, 다른 방법 선택
  ㉣ 원칙을 적용하여 다양한 문제를 해결
  ㉤ 관찰을 통해서 일반화하여 귀납적으로 추리
  ㉥ 주관적으로 추산하고 평가
  ㉦ 문제해결에 있어서 독창력을 발휘
㉯ 기계가 갖는 인간보다 우수한 기능
  ㉠ 암호화된 정보를 신속·정확하게 회수
  ㉡ 연역적으로 추리
  ㉢ 입력신호에 대해 신속하고 일관성 있는 반응
  ㉣ 명시된 프로그램에 따라 정량적인 정보처리
  ㉤ 물리적인 양을 계수하거나 측정

57 인체에서 뼈의 주요 기능이 아닌 것은?

① 인체의 지주
② 장기의 보호
③ 골수의 조혈
④ 근육의 대사

해설 인체에서 뼈의 주요 기능
㉮ 지주 : 고형물로 몸의 기본적인 체격을 이룬다.
㉯ 보호 : 주위의 다른 장기 또는 조직들을 지지해주며, 뼛속에 위치한 장기를 외력으로부터 보호한다.
㉰ 운동 : 근육을 부착시킴으로써 이들에 대하여 지렛대로서의 역할을 한다.
㉱ 조혈 : 뼛속의 골수에서는 혈액을 만들어내는 조혈기관으로서의 역할을 한다.
㉲ 무기물 저장 : Ca, P 등의 저장창고 역할을 한다.

58 컷셋(cut sets)과 최소 패스셋(minimal path sets)의 정의로 옳은 것은?

① 컷셋은 시스템 고장을 유발시키는 필요 최소한의 고장들의 집합이며, 최소 패스셋은 시스템의 신뢰성을 표시한다.
② 컷셋은 시스템 고장을 유발시키는 기본 고장들의 집합이며, 최소 패스셋은 시스템의 불신뢰도를 표시한다.
③ 컷셋은 그 속에 포함되어 있는 모든 기본사상이 일어났을 때 정상사상을 일으키는 기본사상의 집합이며, 최소 패스셋은 시스템의 신뢰성을 표시한다.
④ 컷셋은 그 속에 포함되어 있는 모든 기본사상이 일어났을 때 정상사상을 일으키는 기본사상의 집합이며, 최소 패스셋은 시스템의 성공을 유발하는 기본사상의 집합이다.

해설 컷셋과 패스셋
㉮ 컷셋 : 그 속에 포함되어 있는 모든 기본사상 (여기서는 통상사상, 생략, 결함사상 등을 포함한 기본사상)이 일어났을 때 정상사상을 일으키는 기본집합이다.
㉯ 미니멀 컷셋 : 정상사상을 일으키기 위한 필요한 최소한의 컷의 집합, 즉 시스템의 위험성을 나타낸다.
㉰ 패스셋 : 시스템 내에 포함되는 모든 기본사상이 일어나지 않으면 Top 사상을 일으키지 않는 기본집합이다.
㉱ 미니멀 패스셋 : 어떤 고장이나 패스를 일으키지 않으면 재해가 일어나지 않는다는 것, 즉 시스템의 신뢰성을 나타낸다. 다시 말하면 미니멀 패스는 시스템의 기능을 살리는 요인의 집합이라고 할 수 있다.

59 두 가지 상태 중 하나가 고장 또는 결함으로 나타나는 비정상적인 사건은?

① 톱사상 ② 결함사상
③ 정상적인 사상 ④ 기본적인 사상

해설 FT 기호
㉮ 톱사상 : FT의 제일 위에서 발생하는 사상이다.
㉯ 정상적인 사상 : 두 가지 상태가 규정된 시간 내에 일어날 것으로 기대ㆍ예정되는 사상이다.
㉰ 결함사상 : 두 가지 상태 중 하나가 고장 또는 결함으로 나타나는 비정상적인 사건이다.
㉱ 기본적인 사상 : 사상 요소수준에서 일어나는 결함사상 또는 정상적인 사상이다.
㉲ 1차적인 사상 : 부품이 지니고 있는 고유한 특성 때문에 발생하는 사상이다.
㉳ 2차적인 사상 : 외적인 원인에 의해 발생하는 사상이다.

60 FMEA 분석 시 고장평점법의 5가지 평가요소에 해당하지 않는 것은?

① 고장발생의 빈도
② 신규 설계의 가능성
③ 기능적 고장 영향의 중요도
④ 영향을 미치는 시스템의 범위

해설 FMEA 분석 시 고장평점법의 5가지 평가요소
㉮ 고장발생의 빈도
㉯ 신규 설계의 정도
㉰ 기능적 고장 영향의 중요도
㉱ 영향을 미치는 시스템의 범위
㉲ 고장방지 가능성

≫ 제4과목 건설시공학

61 원가 구성항목 중 직접공사비에 속하지 않는 것은?

① 외주비 ② 노무비
③ 경비 ④ 일반관리비

해설 건설공사의 원가 계산
㉮ 공사비 구성체계
  ㉠ 공사 원가=직접공사비+간접공사비
  ㉡ 총 원가=공사 원가+일반관리비
  ㉢ 총 공사비(견적 가격)=총 원가+이윤 (=총 원가×이윤율 %)
㉯ 직접공사비
  자재비(재료비)+노무비+외주비+경비
  ㉠ 자재비(재료비) : 공사 목적물의 실체를 형성하는 직접재료비와 공사 목적물의 실체를 형성하지는 않으나 공사에 보조적으로 소비되는 간접재료비로 구성된다.
  ㉡ 노무비 : 크게 직접노무비와 간접노무비로 나누며, 직접노무비는 작업에 종사하는 종업원, 노무자의 기본급, 제수당, 퇴직급여 등이 포함된다.

62 건설현장 개설 후 공사 착공을 위한 공사계획 수립 시 가장 먼저 해야 할 사항은?

① 현장 투입 직원 조직 편성
② 공정표 작성
③ 실행예산의 편성 및 통제 계획
④ 하도급 업체 선정

해설 공사계획 수립 시 가장 우선적으로 조치할 사항은 현장원(현장 투입 직원) 편성이다.

63 기초굴착방법 중 굴착공에 철근망을 삽입하고 콘크리트를 타설하여 말뚝을 형성하는 공법으로, 안정액으로 벤토나이트 용액을 사용하고 표층부에서만 케이싱을 사용하는 것은?

① 리버스 서큘레이션 공법
② 베노토 공법
③ 심초 공법
④ 어스드릴 공법

해설 ① 리버스 서큘레이션 공법 : 리버스 서큘레이션 드릴로 대구경의 구멍을 파고 철근망을 삽입하고 콘크리트를 타설하여 제자리콘크리트 말뚝을 만드는 공법
② 베노토 공법 : 프랑스의 베노토사가 개발한 대구경 고속 천공굴착기를 사용한 시공법으로, 케이싱 튜브를 진동 관입시켜 공벽을 보호하고 해머 그래브 버킷으로 굴착해서 대구경의 구멍을 지중에 뚫은 후 철근 상자를 삽입하고 콘크리트를 구멍 속에 충전함과 동시에 케이싱 튜브를 뽑아 기초말뚝을 축조하는 공법
③ 심초 공법 : 인력으로 굴착하는 공법이며, 굴착을 하면서 벽공 흙막이를 하는 공법과 미리 흙막이벽을 압입해 두고 굴착하는 공법
④ 어스드릴 공법 : 굴착공에 철근망을 삽입하고 콘크리트를 타설하여 말뚝을 형성하는 공법으로, 안정액으로 벤토나이트 용액을 사용하고 표층부에서만 케이싱을 사용하는 공법

64 다음 네트워크 공정표에서 결합점 ②에서의 가장 늦은 완료 시각은?

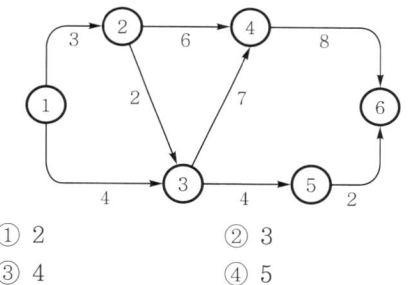

① 2 ② 3
③ 4 ④ 5

해설 결합점 ②는 주공정선에 속하는 작업이고, 결합점 ①의 작업 소요일수가 3일이므로, 결합점 ②에서의 가장 늦은 완료시각(LFT)은 3일이다.

65 보강 콘크리트 블록조에 관한 설명으로 옳지 않은 것은?

① 블록은 살 두께가 두꺼운 쪽을 위로 하여 쌓는다.
② 보강 블록은 모르타르, 콘크리트 사춤이 용이하도록 원칙적으로 막힌줄눈쌓기로 한다.
③ 블록 1일 쌓기 높이는 6~7켜 이하로 한다.
④ 2층 건축물인 경우 세로근은 원칙으로 기초, 테두리보에서 위층의 테두리보까지 잇지 않고 배근한다.

해설 보강 블록 공사
㉮ 통줄눈 쌓기로 하며 수직근과 수평근을 보강하여 전단파괴와 휨파괴에 대하여 저항하기 위한 쌓기방법이다.
㉯ 벽 세로근은 기초 보 또는 테두리보의 위치, 나누기에 따라 배치한다. 블록 나누기와 맞지 않을 때는 콘크리트를 파내고, 수직과 30° 이내로 구부리기를 한다.
㉰ 세로 철근은 기초보, 테두리보에 40d 이상을 정착한다.
㉱ 가로근의 간격은 블록 3켜(60cm) 또는 4켜(80cm)마다 넣는다.
㉲ 가로근의 끝부분은 벽체 상호에 40d 이상을 정착한다. 이음을 할 때는 25d 이상으로 한다.
㉳ 보강 블록 쌓기는 원칙적으로 통줄눈 쌓기로 한다.
㉴ 콘크리트 또는 모르타르 사춤은 블록 2켜 쌓기 이내마다 하고, 이음위치는 블록 윗면에서 5cm 정도 밑에 둔다.
㉵ 사춤 콘크리트 다지기를 할 때, 철근의 이동이 없도록 주의한다.
㉶ 급수관, 배전관, 가스관 등을 배관할 때는 블록 쌓기와 동시에 시공하고 철근이 복잡한 곳을 가급적 피한다.

66 일반적으로 사질 지반의 지하수위를 낮추기 위해 이용하는 것으로 펌프를 통해 강제로 지하수를 뽑아내는 공법은?

① 웰포인트 공법 ② 샌드드레인 공법
③ 치환 공법 ④ 주입 공법

해설 웰포인트 공법
주로 모래질 지반에 유효한 배수공법의 하나로서 웰포인트라는 양수관을 다수 박아 넣고, 상부를 연결하여 진공펌프와 와권 펌프를 조합시킨 펌프에 의해 지하수를 강제 배수한다.

67 다음 조건에 따른 백호의 단위시간당 추정 굴삭량으로 옳은 것은?

• 버킷 용량 $0.5m^3$
• 사이클타임 20초
• 작업효율 0.9
• 굴삭계수 0.7
• 굴삭토의 용적변화계수 1.25

① $94.5m^3$ ② $80.5m^3$
③ $76.3m^3$ ④ $70.9m^3$

해설 굴삭량(V)
$$= Q \times \frac{3,600}{\text{cm}} \times EKF$$
$$= 0.5 \times \frac{3,600}{20} \times 0.9 \times 0.7 \times 1.25$$
$$\fallingdotseq 70.9 \text{m}^3/\text{h}$$

68 토류 구조물의 각 부재와 인근 구조물의 각 지점 등의 응력변화를 측정하여 이상변형을 파악하는 계측기는?

① 경사계(inclino meter)
② 변형률계(strain gauge)
③ 간극수압계(piezo meter)
④ 진동측정계(vibro meter)

해설 스트레인게이지(strain gauge ; 변형률계)
기계나 구조물의 표면에 접착해 두면 그 표면에서 생기는 미세한 치수의 변화, 즉 스트레인(strain)을 측정하는 것이다. 금속저항소자의 저항치 변화에 따라 피측정물 표면의 변형을 측정하는 것이다.

69 지내력시험을 한 결과 침하곡선이 그림과 같이 항복상황을 나타냈을 때 이 지반의 단기하중에 대한 허용지내력은 얼마인가? (단, 허용지내력은 m²당 하중의 단위를 기준으로 한다.)

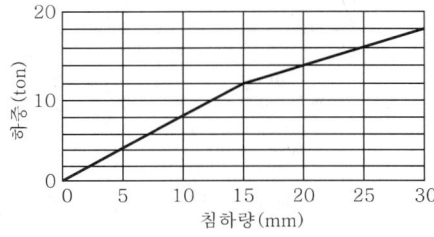

① 6ton/m²
② 7ton/m²
③ 12ton/m²
④ 14ton/m²

해설 단기하중에 대한 허용지내력은 총침하량이 20mm에 도달하였을 때 침하량이 20mm 이하더라도 침하곡선에 항복상황을 나타날 때로 한다.
문제의 그림에서 항복상황을 나타내는 하중은 12ton/m²이며, 바로 단기하중에 대한 허용지내력을 나타내는 것이다.

70 다음 중 콘크리트 구조물의 품질관리에서 활용되는 비파괴 검사방법과 가장 거리가 먼 것은?

① 슈미트해머법
② 방사선투과법
③ 초음파법
④ 자기분말탐상법

해설 자기분말탐상법
강자성체인 시험체를 자화시켰을 때 시험체 조직의 변화 또는 결함 등이 존재하는 경우에는 이로 인하여 시험체에 형성된 자장의 연속성이 깨어져 이 부분에 누설자장이 형성된다. 이때 시험체의 표면에 자분을 산포하면 누설자장이 형성된 부위에 자분이 달라붙어 시험체 조직의 변화 또는 결함 등의 존재 유무, 위치, 크기, 방향 및 범위 등을 검사할 수 있다. 자기탐상검사는 우선적으로 시험체가 자화될 수 있는 재질, 즉 강자성체이어야 검사가 가능하며, 시험체 표면에 존재하는 결함의 검출에 적당하다.
㉮ 장점 : 검사조건에 따라서 시험체 표면으로부터 최대 1/4인치 깊이에 존재하는 표면 바로 밑에 존재하는 결함도 검출 가능하다. 미세한 표면균열 검출에 가장 적합하며, 시험체의 크기, 형상 등에 크게 구애됨이 없이 검사 수행이 가능하다.
㉯ 단점 : 자분탐상검사는 모든 재질에 대해 적용할 수 있는 것이 아니라 자화가 가능한 강자성체에만 국한되고, 시험체의 표면 근처에 존재하는 결함만을 검출할 수 있어 내부 전체의 건전성을 판별하기 위해서는 다른 검사방법을 병행하여 수행해야 하며, 검사방법에 따라서는 전기접촉부위에서의 아크(arc) 발생으로 시험체가 손상될 우려가 있다.

71 피어 기초공사에 관한 설명으로 옳지 않은 것은?

① 중량구조물을 설치하는 데 있어서 지반이 연약하거나 말뚝으로도 수직지지력이 부족하고 그 시공이 불가능한 경우와 기초지반의 교란을 최소화해야 할 경우에 채용한다.
② 굴착된 흙을 직접 탐사할 수 있고 지지층의 상태를 확인할 수 있다.
③ 무진동·무소음 공법이며, 여타 기초형식에 비하여 공기 및 비용이 적게 소요된다.
④ 피어 기초를 채용한 국내의 초고층 건축물에는 63빌딩이 있다.

정답 68.② 69.③ 70.④ 71.③

해설 피어 기초공법은 견고한 지반까지 75cm 이상의 수직공을 굴착한 뒤 현장에서 콘크리트를 타설하여 구조물의 하중을 지지층에 전달하도록 하는 기초공법으로 무진동 · 무소음 공법이며, 여타 기초형식에 비하여 공기 및 비용이 많이 소요된다.

72 자연상태로서의 흙의 강도가 1MPa이고, 이긴상태로의 강도가 0.2MPa라면 이 흙의 예민비는?

① 0.2
② 2
③ 5
④ 10

해설 예민비 = $\dfrac{\text{자연시료의 강도}}{\text{이긴시료의 강도}} = \dfrac{1}{0.2} = 5$

$= \dfrac{1}{0.2} = 5$

73 다음 중 철근공사의 배근 순서로 옳은 것은?

① 벽 → 기둥 → 슬래브 → 보
② 슬래브 → 보 → 벽 → 기둥
③ 벽 → 기둥 → 보 → 슬래브
④ 기둥 → 벽 → 보 → 슬래브

해설 **철근공사**
㉮ 철근의 배근 순서 : 기둥 → 벽 → 보 → 슬래브
㉯ 철근 결속선 : #18~#20 철선
㉰ 배근간격 : 아래의 세 가지 값을 구해 가장 큰 값으로 한다.
  ㉠ 철근의 간격은 조골재 최대 치수의 1.25배 이상
  ㉡ 2.5cm
  ㉢ 이형 철근인 경우에는 철근 지름의 1.7배 이상, 원형 철근인 경우에는 철근 지름의 1.5배 이상

74 바닥판 거푸집의 구조 계산 시 고려해야 하는 연직하중에 해당하지 않는 것은?

① 굳지 않은 콘크리트의 중량
② 작업하중
③ 충격하중
④ 굳지 않은 콘크리트의 측압

해설 **거푸집 설계 시 고려하중**
㉮ 연직방향 하중(바닥판, 보 밑 등 수평부재)
  ㉠ 작업하중(150kg/m^2)
  ㉡ 콘크리트 자중
  ㉢ 타설 충격하중
  ㉣ 거푸집 중량(거푸집 중량은 40kg/m^{2}로 무시해도 된다.)
㉯ 횡방향 하중(벽, 기둥, 보 옆 등 수직부재)
  ㉠ 생콘크리트의 측압
  ㉡ 풍하중
  ㉢ 지진하중

75 기성 콘크리트 말뚝의 특징에 관한 설명으로 옳지 않은 것은?

① 말뚝이음 부위에 대한 신뢰성이 떨어진다.
② 재료의 균질성이 부족하다.
③ 자재하중이 크므로 운반과 시공에 각별한 주의가 필요하다.
④ 시공과정상의 항타로 인하여 자재 균열의 우려가 높다.

해설 **기성 콘크리트 말뚝의 특징**
㉮ 말뚝이음 부위에 대한 신뢰성이 높은 말뚝은 강재말뚝이며, 기성 콘크리트 말뚝은 타격하여 말뚝을 설치하므로 말뚝머리 파손으로 이음부위에 문제점이 발생한다.
㉯ 재료의 균질성이 우수하다.
㉰ 자재하중이 크므로 운반과 시공에 각별한 주의가 필요하다.
㉱ 시공과정상의 항타로 인하여 자재 균열의 우려가 높다.

76 터널 폼에 관한 설명으로 옳지 않은 것은?

① 거푸집의 전용 횟수는 약 10회 정도로 매우 적다.
② 노무 절감, 공기단축이 가능하다.
③ 벽체 및 슬래브 거푸집을 일체로 제작한 거푸집이다.
④ 이 폼의 종류에는 트윈쉘(twin shell)과 모노쉘(mono shell)이 있다.

해설 터널 폼(Tunnel Form)은 벽과 바닥의 콘크리트 타설을 일체화기 위하여 ㄱ자 또는 ㄷ자형의 기성재 거푸집으로, 전용 횟수가 200회 정도로 경제적이다(초기 투자비는 고가).

77 철골부재 절단방법 중 가장 정밀한 절단방법으로 앵글커터(angle cutter) 등으로 작업하는 것은?

① 가스 절단 ② 전단 절단
③ 톱 절단   ④ 전기 절단

해설 철골의 절단방법
㉮ 절단력(shear)을 이용하여 자르는 방법
㉯ 톱에 의한 절단(가장 정밀한 방법)
㉰ 가스 절단

78 콘크리트 타설 시 진동기를 사용하는 가장 큰 목적은?

① 콘크리트 타설 시 용이함
② 콘크리트의 응결, 경화 촉진
③ 콘크리트의 밀실화 유지
④ 콘크리트의 재료 분리 촉진

해설 진동기는 콘크리트에 빠른 충격을 주어 콘크리트를 밀실하게 안정시키기 위하여 사용한다.

79 공동도급방식의 장점이 아닌 것은?

① 위험의 분산
② 시공의 확실성
③ 이윤 증대
④ 기술·자본의 증대

해설 공동도급방식의 장단점
㉮ 장점
  ㉠ 소자본으로 대규모 공사 도급 가능
  ㉡ 기술·자본 증대, 위험부담의 분산 및 감소
  ㉢ 기술의 확충, 강화 및 경험의 증대
  ㉣ 공사계획과 시공이행의 확실
㉯ 단점
  ㉠ 각 업체의 업무방식에서 오는 혼란
  ㉡ 현장관리의 곤란
  ㉢ 일식 도급보다 경비 증대

80 흙이 소성 상태에서 반고체 상태로 바뀔 때의 함수비를 의미하는 용어는?

① 예민비   ② 액성한계
③ 소성한계   ④ 소성지수

해설 흙의 경·연도
㉮ 소성한계 : 흙이 소성 상태에서 반고체 상태로 바뀔 때의 함수비로 파괴 없이 변형을 일으킬 수 있는 최소의 함수비이다.
㉯ 액성한계 : 외력에 전단저항이 0이 되는 최소함수비로 액성한계가 크면 수축, 팽창이 커진다.
㉰ 수축한계 : 함수비가 감소해도 부피의 감소가 없는 최대의 함수비이다.

≫ 제5과목 건설재료학

81 알루미나 시멘트에 관한 설명 중 틀린 것은?

① 강도 발현 속도가 매우 빠르다.
② 수화작용 시 발열량이 매우 크다.
③ 매스 콘크리트, 수밀 콘크리트에 사용된다.
④ 보크사이트와 석회석을 원료로 한다.

해설 알루미나 시멘트는 발열량(수화열)이 대단히 커서 -10℃의 동기(冬期) 공사 및 긴급공사에 사용된다.

82 다음 열가소성 수지 중 열변형 온도가 가장 큰 것은?

① 폴리염화비닐(PVC)
② 폴리스틸렌(PS)
③ 폴리카보네이트(PC)
④ 폴리에틸렌(PE)

해설 ㉮ 열가소성 수지의 열변형 온도 : 60~140℃ 정도
  ㉠ 폴리염화비닐 수지(PVC) : 70℃ 정도
  ㉡ 폴리카보네이트(PC) : 150℃ 정도
㉯ 열경화성 수지 열변형 온도 : 110~130℃ 정도

83 일반적으로 단열재에 습기나 물기가 침투하면 어떤 현상이 발생하는가?

① 열전도율이 높아져 단열 성능이 좋아진다.
② 열전도율이 높아져 단열 성능이 나빠진다.
③ 열전도율이 낮아져 단열 성능이 좋아진다.
④ 열전도율이 낮아져 단열 성능이 나빠진다.

정답 77.③ 78.③ 79.③ 80.③ 81.③ 82.③ 83.②

해설 단열재에 습기나 물기가 침투할 경우 열전도율이 높아져 단열 성능이 나빠진다.

84 녹 방지용 안료와 관계없는 것은?

① 연단
② 징크로메이트
③ 크롬산아연
④ 탄산칼슘

해설 방청 도료(녹막이 도료 또는 녹막이 페인트)의 종류
㉮ 광명단 도료(鉛丹塗料) : 광명단(Pb_3O_4)을 보일드유에 녹인 유성페인트의 일종으로, 광명단 등의 알칼리성 안료는 기름과 잘 반응하여 단단한 도막을 만들어 수분의 투과를 막게 되므로 부식을 방지한다.
㉯ 산화철 도료 : 산화철에 안료(아연화, 아연 분말, 연단 등)를 가하고, 이것을 스테인오일(stain oil)이나 합성수지 등에 녹인 도료로서 도막의 내구성이 좋다.
㉰ 알루미늄 도료 : 알루미늄 분말을 안료로 하는 도료로서 방청효과 및 광선, 열반사의 효과를 내기도 하며, 전색제에 따라 여러 가지가 있고 녹막이 효과는 전색제에 따라 정해진다.
㉱ 징크로메이트 도료(zincromate paint) : 크롬산아연을 안료로 하고 알키드수지를 전색제로 한 도료로서 녹막이 효과가 좋고, 아연철판이나 알루미늄판의 초벌용으로 적합하다.
㉲ 워시 프라이머(wash primer) : 합성수지의 전색제에 소량의 안료와 인산을 첨가한 도료로서 에칭 프라이머(etching primer)라고도 하며, 금속면의 바탕 처리를 위해 사용된다.
㉳ 역청(瀝靑)질 도료 : 역청질(아스팔트, tar pitch 등)에 건성유, 수지류를 첨가한 도료로서 안료에 의해 착색한 것과 알루미늄분을 배합한 것이 있다.

85 다음 중 플라스틱 재료에 관한 설명으로 틀린 것은?

① 아크릴수지의 성형품은 색조가 선명하고 광택이 있어 아름다우나 내용제성이 약하므로 상처 나기 쉽다.
② 폴리에틸렌수지는 상온에서 유백색의 탄성이 있는 수지로서 얇은 시트로 이용된다.
③ 실리콘수지는 발포제로서 보드상으로 성형하여 단열재로 널리 사용된다.
④ 염화비닐수지는 P.V.C라고 칭하며 내산·내알칼리성 및 내후성이 우수하다.

해설 실리콘(Silicon) 수지
㉮ 제법 : 염화규소에 그리냐르 시약(grignard reagent)을 가하여 클로로실란을 제조하여 만든다.
㉯ 성질 : 실리콘수지는 내열성이 우수하다. 실리콘고무는 -60~260℃에 걸쳐서 탄성을 유지하고, 150~177℃에서는 장시간 연속 사용에 견디며, 270℃의 고온에서도 몇 시간 사용이 가능하다. 도료의 경우, 안료로서 알루미늄 분말을 혼합한 것은 500℃에서는 몇 시간, 250℃에서는 장시간을 견딘다. 실리콘은 전기절연성 및 내수성이 좋고 발수성(撥水性)이 있다.
㉰ 용도 : 실리콘고무는 고온과 저온에서 탄성이 있어서 개스킷(gasket)이나 패킹(packing) 등에 쓰인다. 또한 실리콘수지는 성형품, 접착제, 기타 전기절연 재료로 많이 쓰인다.

86 목재의 섬유방향 강도에 대한 일반적인 대소 관계를 옳게 표기한 것은?

① 압축강도 > 휨강도 > 인장강도 > 전단강도
② 전단강도 > 인장강도 > 압축강도 > 휨강도
③ 인장강도 > 휨강도 > 압축강도 > 전단강도
④ 휨강도 > 압축강도 > 인장강도 > 전단강도

해설 목재의 섬유방향 강도 크기순서
인장강도 > 휨강도 > 압축강도 > 전단강도

87 합성수지계 접착제 중 내수성이 가장 좋지 않은 접착제는?

① 에폭시수지 접착제
② 초산비닐수지 접착제
③ 멜라민수지 접착제
④ 요소수지 접착제

해설 초산비닐수지 접착제
아세틸렌(Acetylene)과 빙초산의 반응에 의해서 만들어지는 유백색의 점성 액체이다(수지분 50%, 수분 50%).
㉮ 작업성이 좋고 값이 싸다.
㉯ 경화제의 접착제는 물에 녹으며 밀폐해 두면 장기간 보존이 가능하다.
㉰ 접착력이 낮고 가소성이 있으며, 내수성이 낮으므로 요소 또는 멜라민수지를 첨가하여 성능을 향상시킨다.

88 콘크리트의 워커빌리티에 영향을 주는 인자에 관한 설명으로 옳지 않은 것은?

① 골재의 입도가 적당하면 워커빌리티가 좋다.
② 시멘트의 성질에 따라 워커빌리티가 달라진다.
③ 단위수량이 증가할수록 재료 분리를 예방할 수 있다.
④ AE제를 혼입하면 워커빌리티가 좋게 된다.

해설 워커빌리티(workability, 시공연도)란 콘크리트의 반죽질기에 의한 작업의 난이도 및 재료 분리에 저항하는 정도를 나타내는 성질이며, 단위수량을 적게 하여야 재료 분리를 예방할 수 있다.

89 목재용 유성 방부제의 대표적인 것으로 방부성이 우수하나, 악취가 나고 흑갈색을 외관이 불미하여 눈에 보이지 않는 토대, 기둥, 도리 등에 이용되는 것은?

① 유성 페인트
② 크레오소트 오일
③ 염화아연 4% 용액
④ 불화소다 2% 용액

해설 크레오소트유(creosote oil)의 특성
㉮ 방부력이 우수하고 침투성이 양호하다.
㉯ 염가이어서 많이 쓰인다.
㉰ 도포부분은 갈색이고 페인트를 칠하면 침출되기 쉽다.
㉱ 냄새가 강해 실내에서는 사용할 수 없다.

90 ALC(Autoclaved Lightweight Concrete)에 관한 설명으로 옳지 않은 것은?

① 규산질, 석회질 원료를 주원료로 하여 기포제와 발포제를 첨가하여 만든다.
② 경량이며 내화성이 상대적으로 우수하다.
③ 별도의 마감 없이도 수분이 차단되어 주로 외벽에 사용된다.
④ 동일 용도의 건축자재 중 상대적으로 우수한 단열성능을 가지고 있다.

해설 ALC(경량 기포 콘크리트)
미분쇄한 석회계 원료 및 실리카계 원료인 슬러리에 금속 알루미늄의 분말을 혼합하여 발포시킨다. 이 발포한 지름 1mm 정도의 기포를 슬러리 속에 균일하게 분산시키고 오토클레이브 양생하여 경화시킨 것이 기포 콘크리트이다.
㉮ 중량이 보통 콘크리트의 약 4분의 1 정도이다.
㉯ 열전도율은 약 10분의 1로 단열성이 우수하다.
㉰ 불연성이기 때문에 내화재료로 이용한다.
㉱ 흡음성·차음성이 크다.
㉲ 다공질이기 때문에 흡수율이 높고, 동결융해 저항이 낮다.
  ※ 흡수율이 높아 별도의 마감 없이는 외벽에 사용할 수 없다.
㉳ 경량으로 인력에 의한 취급이 가능하고, 필요에 따라 현장에서 절단 및 가공이 용이하다.

91 양질의 도토 또는 장석분을 원료로 하며, 흡수율이 1% 이하로 거의 없고 소성온도가 약 1,230~1,460℃인 점토제품은?

① 토기   ② 석기
③ 자기   ④ 도기

해설 점토 소성 제품의 종류 및 특성

종 류	소성온도(℃)	제 품
토기	790~1,000	벽돌, 기와, 토관
도기	1,100~1,230	타일, 테라코타, 위생도기
석기	1,160~1,350	벽돌, 타일, 토관, 테라코타
자기	1,230~1,460	타일, 위생도기

92 콘크리트의 성질을 개선하기 위해 사용하는 각종 혼화재의 작용이 아닌 것은?

① 기포작용
② 분산작용
③ 건조작용
④ 습윤작용

해설 혼화재
시멘트·물·골재 이외의 재료로서 비빔 시 필요에 따라 모르타르나 콘크리트에 혼화재료로 첨가하는 재료를 말하며, 굳지 않은 콘크리트나 경화한 콘크리트의 성질을 개선·향상시킬 목적으로 사용된다. 혼화재는 건조작용을 느리게 할 때 사용되므로 건조작용은 혼화재의 작용에 포함되지 않는다.

정답 88.③ 89.② 90.③ 91.③ 92.③

93 표면을 연마하여 고광택을 유지하도록 만든 시유타일로 대형 타일에 많이 사용되며, 천연 화강석의 색깔과 무늬가 표면에 나타나게 만들 수 있는 것은?

① 모자이크 타일 ② 징크 패널
③ 논슬립 타일   ④ 폴리싱 타일

해설 ① 모자이크 타일 : 소형 타일로서 바닥에 많이 쓰인다. 같은 색을 쓸 때도 있으나, 다수의 색을 사용하여 아름다운 무늬를 만들 수 있다.
② 징크 패널 : 아연 성분이 함유된 소재로, 얇은 판상재의 형태로 지붕과 외벽 등 건축 외장에 사용한다.
③ 논슬립 타일 : 계단의 모서리에 붙이는 것으로서 마모에 대한 저항성은 금속제의 non-slip보다 우수하다. 양질품은 자기질이나 경질도기, 조도기(粗陶器) 등이 있다.

94 건축용으로 판재지붕에 많이 사용되는 금속재는?

① 철   ② 동
③ 주석 ④ 니켈

해설 **구리(Cu) : 동(銅)**
㉮ 제법 : 황동광(黃銅鑛)으로 용광로를 통하여 만들어진 조동(粗銅)을 반사로에 넣어 전기분해하여 얻는다.
㉯ 물리적 성질
  ㉠ 비중 8.9, 비열 0.0917cal/g·℃, 열전도율 0.923cal/cm·sec·℃, 융점 1,083℃, 비등점 2,595℃, 용해잠열 49cal/g이다.
  ㉡ 열 및 전기도율은 공업용 금속 중 가장 크다(열 및 전기의 양도체이다).
  ㉢ 상온에서 전성·연성이 풍부하여 가공이 용이하다.
  ㉣ 고온에서 취약하다.
  ㉤ 주조하기 어려우며, 주조된 것은 조직이 거칠고 압연재보다 불량하다.
  ㉥ 인장강도는 상온 압연품이 35~45kg/mm^{2}이고, 풀림한 것은 21~28kg/mm^{2}이지만, 신장률은 증대된다.
㉰ 화학적 성질
  ㉠ 건조공기 중에서는 산화가 잘 안 되지만, 습기 중에서는 CO_2의 작용에 의하여 녹청색의 염기성 탄산동[$CuCO_3 \cdot Cu(OH)_2$]을 발생시켜 유독하다. 적열할 때에도 산화가 용이하고 흑색의 Cu_2O를 발생시킨다.
  ㉡ 암모니아, 기타 알칼리에 약하다. 따라서 화장실 둘레 부분이나 해양 건축에서는 동의 내구성이 약간 떨어진다.
  ㉢ 초산이나 진한 황산에 녹기 쉬우나, 염산에는 강하다.
  ㉣ 대기 중이나 흙 중에서는 철보다 내식성이 있다.
㉱ 용도 : 지붕 잇기 동판 및 동기와 홈통·철사·못·동관·전기공사용 재료 또는 장식재료 등에 사용한다.

95 보통 포틀랜드 시멘트에 관한 설명으로 옳지 않은 것은?

① 시멘트의 응결시간은 분말도가 작을수록, 또 수량이 많고 온도가 낮을수록 짧아진다.
② 시멘트의 안정성 측정법으로 오토클레이브 팽창도 시험방법이 있다.
③ 시멘트의 비중은 소성온도나 성분에 따라 다르며, 동일 시멘트인 경우에 풍화한 것일수록 작아진다.
④ 시멘트의 비표면적이 너무 크면 풍화하기 쉽고 수화열에 의한 축열량이 커진다.

해설 ① 시멘트의 응결시간은 분말도가 클수록, 또 수량이 적고 온도가 높을수록 짧아진다.

96 목재의 나뭇결 중 다음의 설명에 해당하는 것은?

> 나이테에 직각방향으로 켠 목재면에 나타나는 나뭇결로, 일반적으로 외관이 아름답고 수축 변형이 적으며 마모도 낮다.

① 무늿결 ② 곧은결
③ 널결   ④ 엇결

해설 **목재의 나뭇결 종류**
㉮ 널결 : 연륜에 평행방향의 결·목재면(절설 방향면)에 나타난 물결 모양으로 결이 거칠고 불규칙하게 나타난다(수축률이 가장 크다).
㉯ 곧은결 : 연륜의 직각 변에 나타난 평행선상의 결로, 수축 변형과 마모율이 적고 외관도 아름답다.
㉰ 엇결 : 나무섬유가 꼬여서 나뭇결이 어긋나게 나타난 목재면
㉱ 마구리 : 수목 횡단면을 말하며, 이 부분에 수분 침입이 잘 되어 부패의 원인이 된다.

97 다음 중 알루미늄과 같은 경금속 접착에 가장 적합한 합성수지는?

① 멜라민수지
② 실리콘수지
③ 에폭시수지
④ 푸란수지

🔍 **에폭시수지 접착제**
㉮ 특성
  ㉠ 기본점성이 크며 급경성이다.
  ㉡ 내산성, 내알칼리성, 내수성, 내약품성, 전기절연성 등이 우수하다.
  ㉢ 강도 등의 기계적 성질도 뛰어나다.
㉯ 용도 : 금속 접착에 적당하고, 플라스틱, 도자기, 유리, 석재, 콘크리트 등의 접착에 사용되는 만능형 접착제이다.

98 알루미늄의 성질에 관한 설명으로 옳지 않은 것은?

① 비중이 철에 비해 약 1/3 정도이다.
② 황산, 인산 중에서는 침식되지만 염산 중에서는 침식되지 않는다.
③ 열, 전기의 양도체이며 반사율이 크다.
④ 부식률은 대기 중의 습도와 염분함유량, 불순물의 양과 질 등에 관계되며 0.08mm/년 정도이다.

🔍 **알루미늄(Al)**
㉮ 알루미늄의 제법
  원광석인 보크사이트(bauxite)에서 알루미나(Al_2O_3)를 분리 추출하고, 다시 이를 용융된 빙정석 중에서 전기분해하여 제조한 금속이다.
㉯ 물리적 성질
  ㉠ 비중 2.7(철에 비해 약 1/3 정도), 융점 659℃, 비열 0.214kcal/kg · ℃, 전기전도율은 동의 64% 정도이다.
  ㉡ 경량질에 비하여 강도가 크다.
  ㉢ 광선 및 열에 대한 반사율이 극히 크므로 열차단재로 쓰인다.
  ㉣ 연하고 가공이 용이하며, Mn, Mg 등을 적당히 가한 것은 주조할 수도 있다.
  ㉤ 융점이 낮아서 내화성이 적고 열팽창이 크다(철의 2배).
㉰ 화학적 성질
  ㉠ 순도 높은 알루미늄은 공기 중에서 Al_2O_3의 얇은 막이 생겨서 내부를 보호한다.
  ㉡ 내산성 및 내알칼리성이 약하며, 콘크리트에 접하는 면에는 방식도장을 요한다.
  ㉢ 전해법에 의하여 알루미늄 표면에 Al_2O_3로 얇게 층을 부착시킨 것을 알마이트라고 하는데, 산·알칼리에 강하다(알마이트는 굽히거나 마찰하면 벗겨지므로 건축재료에는 많이 사용하지 않음).
  ㉣ 800℃로 가열하면 급히 산화하여 백광을 발하며 빛난다.
  ㉤ 알루미늄분에 산화철분을 혼입한 것을 테르밋(thermit)이라 하고, 이를 가열하여 철의 용접에 사용하기도 한다.
  $2Al + Fe_2O_3 \rightarrow Al_2O_3 + 2Fe + 열$
  ㉥ 부식률은 대기 중의 습도와 염분함유량, 불순물의 양과 질 등에 관계되며 0.08mm/년 정도이다.

99 콘크리트용 혼화제의 사용 용도와 혼화제 종류를 연결한 것으로 옳지 않은 것은?

① AE 감수제 : 작업성능이나 동결융해 저항성능의 향상
② 유동화제 : 강력한 감수효과와 강도의 대폭적인 증가
③ 방청제 : 염화물에 의한 강재의 부식 억제
④ 증점제 : 점성, 응집작용 등을 향상시켜 재료분리를 억제

🔍 ② 유동화제 : 강력한 감수효과를 이용한 유동성의 대폭적인 개선에 사용된다.

100 인조석 갈기 및 테라조 현장갈기 등에 사용되는 구획용 철물의 명칭은?

① 인서트(insert)
② 앵커볼트(anchor bolt)
③ 펀칭메탈(punching metal)
④ 줄눈대(metallic joiner)

🔍 ① 인서트 : 구조물 등을 달아매기 위하여 콘크리트를 부어넣기 전에 미리 묻어 넣은 고정 철물
② 앵커볼트 : 구조물과 콘크리트 또는 철근콘크리트의 기초를 연결하는 볼트
③ 펀칭메탈 : 두께가 1.2mm 이하로 얇은 금속판에 여러 가지 모양으로 도려낸 철물로서 환기공 및 라디에이터 커버(radiator cover) 등에 쓰인다.
④ 줄눈대, 사춤대 : 테라조, 인조석 등의 신축균열방지 및 의장효과를 위해 구획하는 줄눈에 넣는 철물

» 제6과목　건설안전기술

101 히빙(Heaving) 현상 방지대책으로 틀린 것은?

① 소단굴착을 실시하여 소단부 흙의 중량이 바닥을 누르게 한다.
② 흙막이 벽체 배면의 지반을 개량하여 흙의 전단강도를 높인다.
③ 부풀어 솟아오르는 바닥면의 토사를 제거한다.
④ 흙막이벽체의 근입깊이를 깊게 한다.

[해설] 부풀어 솟아오르는 바닥면의 토사를 제거하면 오히려 히빙 현상이 발생된다.

102 콘크리트 타설 시 거푸집 측압에 대한 설명 중 틀린 것은?

① 타설속도가 빠를수록 측압이 커진다.
② 거푸집의 투수성이 낮을수록 측압은 커진다.
③ 타설높이가 높을수록 측압이 커진다.
④ 콘크리트의 온도가 높을수록 측압이 커진다.

[해설] **콘크리트의 측압이 커지는 조건**
㉮ 벽두께가 클수록, 슬럼프가 클수록 크다.
㉯ 기온이 낮을수록 크다.
㉰ 콘크리트의 치어붓기 속도가 클수록 크다.
㉱ 거푸집의 수밀성이 높을수록 크다.
㉲ 콘크리트의 다지기가 충분할수록 크다.
㉳ 거푸집의 수평 단면이 클수록 크다.
㉴ 거푸집 강성이 클수록 크다.
㉵ 거푸집 표면이 매끄러울수록 크다.
㉶ 콘크리트의 비중이 클수록 크다.
㉷ 묽은 콘크리트일수록 크다.

103 액상화 현상 방지를 위한 안전대책으로 옳지 않은 것은?

① 모래 입경이 가늘고, 균일한 모래층 지반으로 치환
② 입도가 불량한 재료를 입도가 양호한 재료로 치환
③ 지하수위를 저하시키고 포화도를 낮추기 위해 Deep Well을 사용
④ 밀도를 증가하여 한계 간극비 이하로 상대밀도를 유지하는 방법 강구

[해설] 액상화 현상 방지를 위해서는 모래 입경이 굵고, 불균일한 모래층 지반으로 치환한다.

104 달비계(곤돌라의 달비계는 제외)의 최대 적재하중을 정할 때 사용하는 안전계수의 기준으로 옳은 것은?

① 달기체인의 안전계수는 10 이상
② 달기강대와 달비계의 하부 및 상부 지점의 안전계수는 목재의 경우 2.5 이상
③ 달기와이어로프의 안전계수는 5 이상
④ 달기강선의 안전계수는 10 이상

[해설] 달비계(곤돌라의 달비계는 제외)를 작업발판으로 사용할 때 최대적재하중을 정함에 있어서의 안전계수는 다음과 같다.

$$\text{안전계수} = \frac{\text{절단하중}}{\text{최대사용하중}}$$

㉮ 달기와이어로프 및 달기강선의 안전계수 : 10 이상
㉯ 달기체인 및 달기훅의 안전계수 : 5 이상
㉰ 달기강대와 달비계의 하부 및 상부 지점의 안전계수
　㉠ 강재의 경우 2.5 이상
　㉡ 목재의 경우 5 이상

105 토질시험 중 액체상태의 흙이 건조되어 가면서 액성, 소성, 반고체, 고체상태의 경계선과 관련된 시험의 명칭은?

① 아터버그 한계시험
② 압밀시험
③ 삼축압축시험
④ 투수시험

[해설] **아터버그 한계(Atterberg Limits)**
함수량의 변화에 따라 축축한 상태로부터 건조되어 가는 사이에 일어나는 4개의 과정(액성·소성·반고체·고체) 각각의 상태로 변화하는 한계

106 깊이 10.5m 이상의 굴착의 경우 계측기기를 설치하여 흙막이 구조의 안전을 예측하여야 한다. 이에 해당하지 않는 계측기기는?

① 수위계
② 경사계
③ 응력계
④ 지진 가속도계

정답　101.③　102.④　103.①　104.④　105.①　106.④

해설 깊이 10.5m 이상의 굴착 시 설치해야 할 계측기기
㉮ 수위계
㉯ 경사계
㉰ 하중 및 침하계
㉱ 응력계

107 흙막이 공법을 흙막이 지지방식에 의한 분류와 구조방식에 의한 분류로 나눌 때, 지지방식에 의한 분류에 해당하는 것은?

① 수평 버팀대식 흙막이 공법
② H-pile 공법
③ 지하연속벽 공법
④ Top down method 공법

해설 흙막이 공법의 종류

구 분	공법 종류
흙막이 지지방식에 의한 분류	• 자립 공법 • 버팀대 공법 (빗버팀대식, 수평버팀대식) • 어스앵커 공법 • 타이로드 공법
흙막이 구조방식에 의한 분류	• H-pile 공법(H말뚝, 흙막이토류판 공법) • 버팀대 공법(강널말뚝 공법, 강관널말뚝 공법) • Slurry wall[지하연속벽 공법(주열식, 벽식), 다이어프램 월] • Top down 공법(역타 공법)

108 철골작업 시 기상조건에 따라 안전상 작업을 중지하여야 하는 경우에 해당되는 기준으로 옳은 것은?

① 강우량이 시간당 5mm 이상인 경우
② 강우량이 시간당 10mm 이상인 경우
③ 풍속이 초당 10m 이상인 경우
④ 강설량이 시간당 20mm 이상인 경우

해설 철골작업을 중지해야 하는 기상조건
㉮ 풍속 10m/s 이상
㉯ 강우량 1mm/h 이상
㉰ 강설량 1cm/h 이상

109 건설현장에서 작업 중 물체가 떨어지거나 날아올 우려가 있는 경우에 대한 안전조치에 해당하지 않는 것은?

① 수직보호망 설치
② 방호선반 설치
③ 울타리 설치
④ 낙하물 방지망 설치

해설 물체의 낙하·비래에 대한 위험방지 조치사항
㉮ 낙하물 방지망, 수직보호망 또는 방호선반의 설치
㉯ 출입금지구역의 설정
㉰ 안전모 등 보호구의 착용

110 보통 흙의 건지를 다음 그림과 같이 굴착하고자 한다. 굴착면의 기울기를 1 : 0.5로 하고자 할 경우 L의 길이로 옳은 것은?

① 2m
② 2.5m
③ 5m
④ 10m

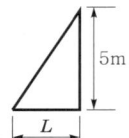

해설 높이가 1m일 때 너비 0.5m로 굴착한다면, 높이가 5m일 때의 너비는 2.5m가 된다.

111 부두·안벽 등 하역작업을 하는 장소에서 부두 또는 안벽의 선을 따라 통로를 설치하는 경우에는 그 폭을 최소 얼마 이상으로 하여야 하는가?

① 80cm   ② 90cm
③ 100cm ④ 120cm

해설 하역작업장의 조치기준
㉮ 작업장 및 통로의 위험한 부분에는 안전하게 작업할 수 있는 조명을 유지할 것
㉯ 부두 또는 안벽의 선을 따라 통로를 설치하는 경우에는 폭을 90cm 이상으로 할 것
㉰ 육상에서의 통로 및 작업장소로서 다리 또는 선거(船渠) 갑문(閘門)을 넘는 보도(步道) 등의 위험한 부분에는 안전난간 또는 울타리 등을 설치할 것

정답 107.① 108.③ 109.③ 110.② 111.②

112 항타기 또는 항발기의 권상장치 드럼축과 권상장치로부터 첫 번째 도르래의 축간의 거리는 권상장치 드럼 폭의 몇 배 이상으로 하여야 하는가?

① 5배 ② 8배
③ 10배 ④ 15배

해설 도르래의 위치
㉮ 항타기 또는 항발기의 권상장치 드럼축과 권상장치로부터 첫 번째 도르래의 축과의 거리를 권상장치 드럼 폭의 15배 이상으로 하여야 한다.
㉯ 도르래는 권상장치 드럼의 중심을 지나야 하며 축과 수직면상에 있어야 한다.
㉰ ㉮ 및 ㉯의 규정은 항타기 또는 항발기의 구조상 권상용 와이어로프가 꼬일 우려가 없는 때에는 이를 적용하지 아니한다.

113 건설현장에서 높이 5m 이상인 콘크리트 교량의 설치작업을 하는 경우 재해예방을 위해 준수해야 할 사항으로 옳지 않은 것은?

① 작업을 하는 구역에는 관계 근로자가 아닌 사람의 출입을 금지할 것
② 재료, 기구 또는 공구 등을 올리거나 내릴 경우에는 근로자로 하여금 크레인을 이용하도록 하고 달줄, 달포대 등의 사용을 금하도록 할 것
③ 중량물 부재를 크레인 등으로 인양하는 경우에는 부재에 인양용 고리를 견고하게 설치하고, 인양용 로프는 부재에 두 군데 이상 결속하여 인양하여야 하며, 중량물이 안전하게 거치되기 전까지는 걸이로프를 해제시키지 아니할 것
④ 자재나 부재의 낙하·전도 또는 붕괴 등에 의하여 근로자에게 위험을 미칠 우려가 있을 경우에는 출입금지구역의 설정, 자재 또는 가설시설의 좌굴(挫屈) 또는 변형 방지를 위한 보강재 부착 등의 조치를 할 것

해설 ② 재료, 기구 또는 공구 등을 올리거나 내리는 경우에는 근로자로 하여금 달줄 또는 달포대 등을 사용하도록 할 것

114 다음은 사다리식 통로 등을 설치하는 경우의 준수사항이다. ( ) 안에 들어갈 숫자로 옳은 것은?

사다리의 상단은 걸쳐 놓은 지점으로부터 ( )cm 이상 올라가도록 할 것

① 30 ② 40
③ 50 ④ 60

해설 사다리식 통로의 구조
㉮ 견고한 구조로 할 것
㉯ 심한 손상·부식 등이 없는 재료를 사용할 것
㉰ 발판의 간격은 일정하게 할 것
㉱ 발판과 벽과의 사이는 15cm 이상의 간격을 유지할 것
㉲ 폭은 30cm 이상으로 할 것
㉳ 사다리가 넘어지거나 미끄러지는 것을 방지하기 위한 조치를 할 것
㉴ 사다리의 상단은 걸쳐 놓은 지점으로부터 60cm 이상 올라가도록 할 것
㉵ 사다리식 통로의 길이가 10m 이상인 때에는 5m 이내마다 계단참을 설치할 것
㉶ 사다리식 통로의 기울기는 75° 이하로 할 것(다만, 고정식 사다리식 통로의 기울기는 90° 이하로 하고 높이 7m 이상인 경우 바닥으로부터 2.5m 되는 지점부터 등받이울을 설치할 것)
㉷ 접이식 사다리 기둥은 사용 시 접혀지거나 펼쳐지지 않도록 철물 등을 사용하여 견고하게 조치할 것

115 근로자의 추락 등의 위험을 방지하기 위한 안전난간의 구조 및 설치요건에 관한 기준으로 옳지 않은 것은?

① 상부 난간대는 바닥면·발판 또는 경사로의 표면으로부터 90cm 이상 지점에 설치할 것
② 발끝막이판은 바닥면 등으로부터 10cm 이상의 높이를 유지할 것
③ 난간대는 지름 1.5cm 이상의 금속제 파이프나 그 이상의 강도를 가진 재료일 것
④ 안전난간은 구조적으로 가장 취약한 지점에서 가장 취약한 방향으로 작용하는 100kg 이상의 하중에 견딜 수 있는 튼튼한 구조일 것

해설 안전난간의 구조 및 설치요건
㉮ 상부 난간대, 중간 난간대, 발끝막이판 및 난간기둥으로 구성할 것. 다만, 중간 난간대, 발끝막이판 및 난간기둥은 이와 비슷한 구조와 성능을 가진 것으로 대체할 수 있다.
㉯ 상부 난간대는 바닥면·발판 또는 경사로의 표면(이하 "바닥면등")으로부터 90cm 이상 지점에 설치하고, 상부 난간대를 120cm 이하에 설치하는 경우에는 중간 난간대는 상부 난간대와 바닥면등의 중간에 설치하여야 하며, 120cm 이상 지점에 설치하는 경우에는 중간 난간대를 2단 이상으로 균등하게 설치하고 난간의 상하 간격은 60cm 이하가 되도록 할 것. 다만, 계단의 개방된 측면에 설치된 난간기둥 간의 간격이 25cm 이하인 경우에는 중간 난간대를 설치하지 아니할 수 있다.
㉰ 발끝막이판은 바닥면등으로부터 10cm 이상의 높이를 유지할 것. 다만, 물체가 떨어지거나 날아올 위험이 없거나 그 위험을 방지할 수 있는 망을 설치하는 등 필요한 예방조치를 한 장소는 제외한다.
㉱ 난간기둥은 상부 난간대와 중간 난간대를 견고하게 떠받칠 수 있도록 적정한 간격을 유지할 것
㉲ 상부 난간대와 중간 난간대는 난간 길이 전체에 걸쳐 바닥면등과 평행을 유지할 것
㉳ 난간대는 지름 2.7cm 이상의 금속제 파이프나 그 이상의 강도가 있는 재료일 것
㉴ 안전난간은 구조적으로 가장 취약한 지점에서 가장 취약한 방향으로 작용하는 100kg 이상의 하중에 견딜 수 있는 튼튼한 구조일 것

116 지면보다 낮은 땅을 파는 데 적합하고 수중굴착도 가능한 굴착기계는?

① 백호
② 파워서블
③ 가이데릭
④ 파일드라이버

해설 ① 백호(back hoe) : 중기가 위치한 지면보다 낮은 곳의 땅을 파는 데 적합하고 수중굴착도 가능한 굴착기계로, 붐(boom)이 견고하여 상당히 굳은 지반도 굴착할 수 있어 지하층이나 기초의 굴착에 사용
② 파워서블(power shovel) : 굳은 점토의 굴착과 깨진 돌이나 자갈 등의 옮겨 쌓기 등에 사용하는 굴착기계로, 중기가 위치한 지면보다 높은 장소의 굴착 시 적합
③ 가이데릭 : 철골 세우기용 장비
④ 파일드라이버(pile driver) : 말뚝(파일 ; pile)을 박는 기계

117 본 터널(main tunnel)을 시공하기 전에 터널에서 약간 떨어진 곳에 지질조사, 환기, 배수, 운반 등의 상태를 알아보기 위하여 설치하는 터널은?

① 프리패브(prefab) 터널
② 사이드(side) 터널
③ 실드(shield) 터널
④ 파일럿(pilot) 터널

해설 파일럿(pilot) 터널
본 갱의 굴진 전에 사전에 굴착하는 소형의 터널. 지질의 확인, 지하수위의 저하, 운반로, 통로, 환기, 지산(地山, 원래 자연 그대로의 땅) 안정처리의 작업 갱 등의 목적으로 설치한다.

118 안전계수가 4이고 2,000MPa의 인장강도를 갖는 강선의 최대허용응력은?

① 500MPa
② 1,000MPa
③ 1,500MPa
④ 2,000MPa

해설 안전계수 = $\dfrac{\text{파괴하중(인장강도)}}{\text{허용응력}}$

허용응력 = $\dfrac{\text{인장강도}}{\text{안전계수}}$
= $\dfrac{2,000\text{MPa}}{4}$
= 500MPa

119 강관틀비계를 조립하여 사용하는 경우 준수하여야 할 사항으로 옳지 않은 것은?

① 비계기둥의 밑둥에는 밑받침 철물을 사용할 것
② 높이가 20m를 초과하거나 중량물의 적재를 수반하는 작업을 할 경우에는 주틀 간의 간격을 1.8m 이하로 할 것
③ 주틀 간에 교차가새를 설치하고 최하층 및 3층 이내마다 수평재를 설치할 것
④ 길이가 띠장방향으로 4m 이하이고, 높이가 10m를 초과하는 경우에는 10m 이내마다 띠장방향으로 버팀기둥을 설치할 것

해설 강관틀비계 조립 시 준수사항
㉮ 비계기둥의 밑둥에는 밑받침 철물을 사용하여야 하며, 밑받침에 고저차가 있는 경우에는 조절형 밑받침 철물을 사용하여 각각의 강관틀비계가 항상 수평 및 수직을 유지하도록 할 것
㉯ 높이가 20m를 초과하거나 중량물의 적재를 수반하는 작업을 할 경우에는 주틀 간의 간격을 1.8m 이하로 할 것
㉰ 주틀 간에 교차가새를 설치하고 최상층 및 5층 이내마다 수평재를 설치할 것
㉱ 수직방향으로 6m, 수평방향으로 8m 이내마다 벽이음을 할 것
㉲ 길이가 띠장방향으로 4m 이하이고, 높이가 10m를 초과하는 경우에는 10m 이내마다 띠장방향으로 버팀기둥을 설치할 것

120 버팀보, 앵커 등의 축하중 변화 상태를 측정하여 이들 부재의 지지효과 및 그 변화추이를 파악하는 데 사용되는 계측기기는?

① Water level meter
② Load cell
③ Piezo meter
④ Strain gauge

해설 ① 수위계(water level meter) : 지반 내 지하수위 변화를 측정
② 하중계(load cell) : 버팀보(지주) 또는 어스앵커(earth anchor) 등의 실제 축하중 변화 상태를 측정
③ 간극수압계(piezo meter) : 지하수의 수압을 측정
④ 변형률계(strain gauge) : 흙막이 구조물의 지지체인 버팀보, 엄지말뚝 및 띠장 등의 표면에 부착하여 부재의 응력이나 휨모멘트 상태를 파악

MEMO

MEMO

건설안전기사 기출문제집 [필기]

2022. 1. 15. 초 판 1쇄 발행
2026. 1. 7. 개정4판 1쇄(통산 10쇄) 발행

검인

지은이 | 강윤진
펴낸이 | 이종춘
펴낸곳 | BM (주)도서출판 성안당

주소 | 04032 서울시 마포구 양화로 127 첨단빌딩 3층(출판기획 R&D 센터)
      10881 경기도 파주시 문발로 112 파주 출판 문화도시(제작 및 물류)
전화 | 02) 3142-0036
      031) 950-6300
팩스 | 031) 955-0510
등록 | 1973. 2. 1. 제406-2005-000046호
출판사 홈페이지 | www.cyber.co.kr
ISBN | 978-89-315-8557-5 (13500)
정가 | 30,000원

이 책을 만든 사람들
책임 | 최옥현
진행 | 박현수
교정·교열 | 채정화
전산편집 | 오정은
표지 디자인 | 임홍순
홍보 | 김계향, 임진성, 김주승, 최정민, 이해솜
국제부 | 이선민, 조혜란
마케팅 | 구본철, 차정욱, 오영일, 나진호, 강호묵
마케팅 지원 | 장상범
제작 | 김유석

이 책의 어느 부분도 저작권자나 BM (주)도서출판 성안당 발행인의 승인 문서 없이 일부 또는 전부를 사진 복사나 디스크 복사 및 기타 정보 재생 시스템을 비롯하여 현재 알려지거나 향후 발명될 어떤 전기적, 기계적 또는 다른 수단을 통해 복사하거나 재생하거나 이용할 수 없음.

※ 잘못된 책은 바꾸어 드립니다.